HANDBUCH
DOSIEREN

Gerhard Vetter (Hrsg.)

HANDBUCH DOSIEREN

VULKAN-VERLAG ESSEN

Die Deutsche Bibliothek - CIP-Einheitsaufnahme

Handbuch Dosieren / Gerhard Vetter (Hrsg.). – Essen : Vulkan-
Verl., 1994

ISBN 3-8027-2167-5

NE: Vetter, Gerhard [Hrsg.]

Printed in Germany

Vorwort

Die Automatisierung von Produktionsprozessen schreitet fortwährend voran, weil damit die wirtschaftliche und flexible Herstellung von Produkten hoher verläßlicher Qualität erreicht wird. Eine neue Dimension stellt die Qualitätssicherung und -protokollierung nach DIN/ISO 9000 dar.

Automatische Dosierprozesse für Stoffkomponenten sind in Chemie, Petrochemie, Erdöl- und Erdgasgewinnung, Papier- und Zelluloseherstellung, Ver- und Entsorgungstechnik, Energie- und Aufbereitungstechnik, Lebensmittel- und Pharmaindustrie, Agrar- und Umwelttechnik sowie Maschinen- und Gerätebau erforderlich. Die Automatisierung entwickelt sich auch in Forschungs- und Pilotanlagen, Laboratorien sowie in Kleinanlagen weiter.

Zur optimalen Lösung von Dosieraufgaben müssen Belange der Verfahrens-, Meß-, Regel-, Automatisierungs- und Umwelttechnik verbunden werden. Eine große Zahl chemischer, physikalischer und technischer Einflußgrößen sind zu beachten und die wirtschaftlichste Investitionsentscheidung zu treffen.

Das Buch entstand aus der vieljährigen Zusammenarbeit der Autoren bei Weiterbildungsveranstaltungen und Seminaren im Dialog mit Anwendern. Es berichtet über den aktuellen Stand sowie die Entwicklungstrends der Dosiertechnik fester, flüssiger und gasförmiger Stoffe.

Im ersten Kapitel werden Grundlagen, Systematik und Dosiergenauigkeit der Dosierverfahren sowie die Charakterisierung der zu dosierenden Stoffe erläutert.

Das zweite Kapitel beleuchtet volumenabgrenzende Dosiergeräte oder Stellglieder für Fluide und Schüttgüter. Es wird ausführlich über Dosierpumpen und Schüttgutdosierer aller Art berichtet.

Die große Bedeutung der Wägetechnik kommt im umfangreichen dritten Kapitel über gravimetrische Dosierverfahren zum Ausdruck. Es werden Wägesensoren, Signalverarbeitung sowie kontinuierliche und diskontinuierliche Wäge- und Automatisierungssysteme behandelt.

Die Dosiertechnik der Fluide im vierten Kapitel umfaßt die Erläuterung der Durchflußmeßtechnik mit Signalverarbeitung, Kommunikation sowie Prozeßleit- bzw. Regeltechnik.

Im fünften und letzten Kapitel wird auf eine Reihe Spezialfragen der Anwendung wie Modular- und Systemtechnik, Schüttgutflußprobleme, kontinuierliche Vielkomponentendosierung, Dosierpumpenkontrolle, Dosierung hochviskoser Stoffe, diskontinuierliche Dosiervorgänge und Qualitätssicherung DIN/ISO 9000 eingegangen.

Das Buch ist von erfahrenen Fachleuten geschrieben und soll Grundlage, Anregung und Hilfsmittel für Planung, Projektierung, Ausführung und Betrieb modernen Dosieranlagen sein. Dieses Ziel möge erreicht und somit ein Beitrag zum Fortschritt geleistet werden.
Den Autoren danke ich herzlich für die Mitarbeit und gute Kooperation. Dem Vulkan-Verlag sei für die Herausgabe des Buches gedankt, dem ich viel Erfolg im Leserkreis wünsche.

April 1994 Prof. Dipl.-Ing. G. Vetter

Inhalt

1. Grundlagen

Systematik und Dosiergenauigkeit der Dosierverfahren für Stoffkomponenten

G. Vetter

Charakterisierung der Stoffeigenschaften bei Dosieraufgaben

G. Vetter und R. Flügel

2. Volumenabgrenzende Dosierverfahren

2.1 Volumenabgrenzende Schüttgutdosierung

Schüttgutdosierung mit volumetrischen Dosiergeräten

G. Rogge

Schüttgutmechanische Auslegung von Schneckendosiergeräten

G. Vetter

2.2 Volumenabgrenzende Flüssigkeitsdosierung

Verdrängerdosierpumpen

G. Vetter

3.2 Kontinuierliche Dosierwaagen

Dosierbandwaagen

H. Heinrici

Dosierrotorwaagen

H.W. Häfner

Differentialdosierwaagen

K. Hlavica

Dosierung von Schüttgütern durch Inline-Messung mit Korrelationsmethoden

R. Schmedt

4.2 Fluiddosierung mit Durchflußmessung

Überblick der Durchflußmesser für Flüssigkeiten und Gase

H. Häfelfinger

Trends bei der Kommunikation in der Prozeßautomatisierung

K.W. Bonfig

Massedurchflußmessung mit Hilfe der Coriolis-Kraft

C. van Doorn und T. Hinzman

Gasdurchflußmessung und -Regelung kleiner Massenströme nach dem thermodynamischen Prinzip

C. van Doorn

Messung kleiner pulsierender Flüssigkeitsströme mit Coriolisdurchflußmessern

G. Vetter und S. Notzon

5. Gestaltung und Anwendungen

Systemtechnik der Schüttgutdosierung

H. Gericke

Modulartechnik bei der Schüttgutdosierung: ein neues Konzept in der Bewährung

M.O. Rohr

Neues Wechselkassettensystem für das Dosieren aus flexiblen Großbehältern

J. Thiele

Rührwerke zur Verbesserung des Schüttgutflusses bei Schneckendosiergeräten

G. Vetter und H. Wolfschaffner

Dosierungen für die Kunststoffcompoundierung und Rahmenbedingungen für gravimetrische Dosiersysteme

M. Sander

Dosieren von Flüssigkeiten mit Dosierpumpen und Dosiersystemen

H. Fritsch

1. Grundlagen

Systematik und Dosiergenauigkeit der Dosierverfahren für Stoffkomponenten

Von G. VETTER[1)]

1. Dosieren – Aufgabe und Begriffe –

Das Dosieren von Stoffkomponenten ist ein wichtiger Schritt in Stoff- und Energieumwandlungsprozessen sowie Produktionsverfahren [1, 2].

Die Lösung einer Dosieraufgabe erfordert für die zu dosierenden Stoffkomponenten:

das **Messen** oder die quantitative Abgrenzung

das **Fördern**, meist unter Energiezufuhr,

das **Einstellen** bzw. Regeln des Sollwertes.

Nur die Erfüllung aller drei Forderungen führt schließlich zur Lösung eines Dosierproblems (Bild 1).

Nach Umfang und Kompaktheit bezeichnet man die technische Realisierung der auf verschiedenen Prinzipien beruhenden **Dosierverfahren** als **Dosiergeräte, Dosiereinrichtungen** und **Dosieranlagen**. Dosiergeräte sind kompakt, Dosiereinrichtungen sind die Kombination von Einzelgeräten, und Dosieranlagen umfassen mehrere Dosiereinrichtungen (Bild 2). Dosieranlagen können viele Komponenten mit umfangreichen Meß- und Regeleinrichtungen einschließen und wichtige Teile der Prozeßautomatisierung darstellen.

[1)] Prof. Dipl.-Ing. G. Vetter, Lehrstuhl für Apparatetechnik und Chemiemaschinenbau, Universität Erlangen, Erlangen

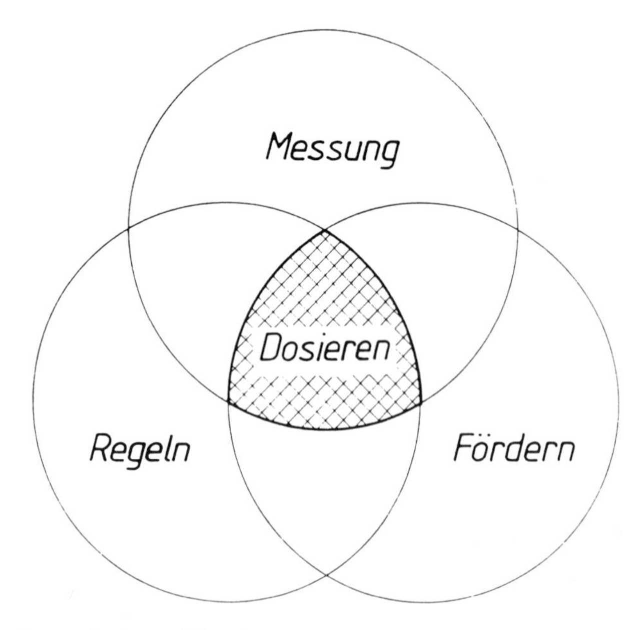

Bild 1: Dosieren = Messen, Fördern und Einstellen

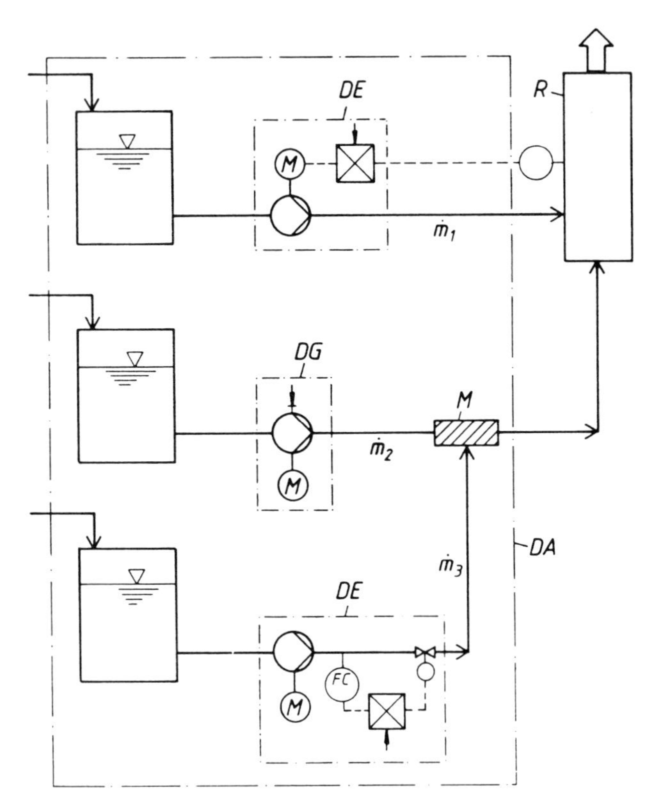

Bild 2: Dosieranlage (DA)
DG Dosiergerät
DE Dosiereinrichtung
R Reaktor, M Mischer

Die *Grundanwendungen der Stoffdosierung* (Bild 3) umfassen:

- **Rezepturdosierung** zur Gemengebildung oder Stoffumwandlung
- **Funktionaldosierung** (Sonderfall: Proportionaldosierung)
- **Dosierregelung**

Die Rezepturdosierung, die sowohl zur reinen Gemengebildung als auch zur Stoffumwandlung dienen kann, findet entsprechend der Prozeßphilosophie kontinuierlich oder diskontinuierlich bzw. chargenweise statt (Bild 3a und b).

Die ,,Dosierregelung'' ist keine Dosierung im eigentlichen Sinne, weil der Sollwert nicht Dosierstrom oder -menge (Bild 3d), sondern irgendeine Prozeßregelgröße ist (Bild 2 oben).

Es muß also zwischen Dosierverfahren mit ,,internem'' Regelkreis für den Dosierstrom (Bild 2, unten) und der Dosierregelung unterschieden werden. Die Dosierregelung stellt den Regelkreis für eine Prozeßgröße dar, und die Dosiereinrichtung ist dabei lediglich Stellglied. Der interne Regelkreis einer Dosiereinrichtung dient dagegen zur Regelung des Dosierstromes selbst.

Im Rahmen von Dosieranlagen treten oft alle erläuterten Grundanwendungen mehrfach auf.

Bei der Rezeptur- und Funktionaldosierung wird **quantitative Dosiergenauigkeit** verlangt, bei der Dosierregelung reicht dagegen meist **Dosierkonstanz** allein.

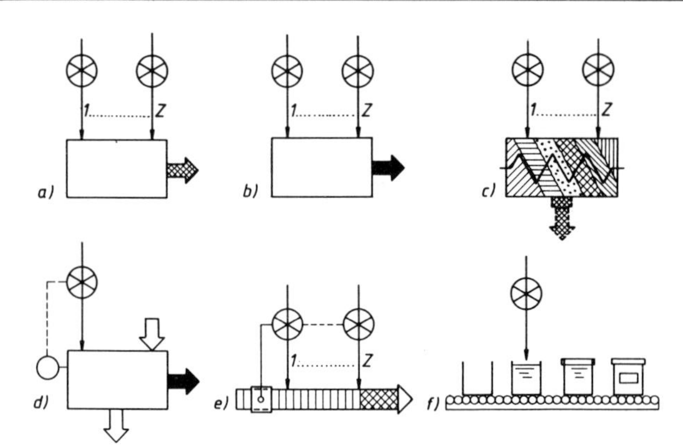

Bild 3: *Grundanwendungen des Dosierens*
a) Gemengebildung kontinuierlich
b) Stoffumwandlung kontinuierlich
c) Gemengebildung diskontinuierlich
d) Dosierregelung
e) Funktional(Proportional)-Dosierung
f) Abfüllung

Es soll noch ergänzt werden, daß die Richtung der Stoffdosierung nicht nur die **Zuteilung**, sondern auch das **Abziehen** (Austragen) oder **Umwälzen** (Zirkulieren) sein kann.

Es ist zweckmäßig, die Begriffe **Dosieren** und **Abfüllen** zu unterscheiden (Bild 3f). In beiden Fällen steht zwar die quantitative Mengenabgrenzung im Vordergrund und die dazu verwendeten Dosiergeräte und -einrichtungen sind ähnlich oder gleich. Abfüllen ist dabei der Sonderfall der chargenweisen Rezepturdosierung mit nur einer einzigen Komponente. Abfüllvorgänge, die stets chargenweise mit meist hoher Taktzahl erfolgen, erfordern gegenüber dem Dosieren aber eine total verschiedene Peripherie. Bei der Abfülltechnik tritt der eigentliche Dosiervorgang gegenüber Gebindeerzeugung, -transport, -etikettierung, -verschluß und -palettierung zurück. Das Abfüllen gehört in diesem Sinne zur Verpackungstechnik. Gegenüber dem Dosieren im Bereich der Produkterzeugung zeigt das Abfüllen auch die Besonderheit, daß für den Bereich der quantitativen Abgrenzung der Abfüllmasse gesetzliche Vorschriften, insbesondere das **Eichgesetz**, zutreffen [3, 4], was bedeutet, daß Konstruktion und Betrieb einschließlich aller Kontrollen sich nach diesen Vorschriften richten müssen.

Wichtige Begriffe für Dosiereinrichtungen gehen aus Bild 4 hervor; im übrigen gelten die Begriffe der Meß- und Regeltechnik [5, 6, 7, 8]. Statt der Begriffe **Dosierstrom bzw. -menge** sind auch gebräuchlich: Förderleistung oder -menge, Förderstärke, Dosierleistung.

Jede Dosiereinrichtung weist eine charakteristische **Stellgröße** Y auf, deren **Stell- oder Regelbereich** R während der **Stellzeit** t_R durchfahren werden kann. Für die Stellgliedeigenschaften sind **Ansprechschwelle** und **Umkehrspanne** [5] wichtig. Der **kleinstmögliche Stellschritt** spielt bei der automatischen Sollwerteinstellung von Rezepturen gelegentlich für die Genauigkeit eine wichtige Rolle.

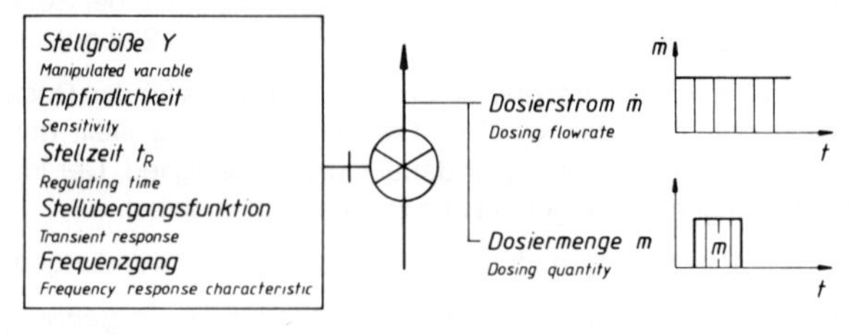

Bild 4: *Begriffe für Dosiereinrichtungen*

Bei Dosiereinrichtungen mit Messung ist die **Empfindlichkeit** kennzeichnend, die den Quotienten aus Meßsignal- zu Meßgrößenänderung darstellt. Die Empfindlichkeit sagt aber nichts über die Genauigkeit aus. Als **Auflösung** wird die kleinste Meßgrößenänderung bezeichnet, die eben noch eine erkennbare Meßsignaländerung bewirkt.

2. Systematik der Dosierverfahren

Die Dosierung betrifft stets die Masse der Stoffkomponenten. Insofern ist die quantitative Abgrenzung mit der Bestimmung der Masse verbunden, wenn sich die Abgrenzungsmethode selbst auch auf das Volumen bezieht.

Zwei Hauptgruppen der Dosierverfahren werden unterschieden:

Dosierverfahren mit Messung von Dosierstrom bzw. -menge beruhen auf einer geeigneten Meßmethode für die dosierte Masse und arbeiten mit permanentem oder sequentiellem Soll/Ist-Vergleich.

Dosierverfahren ohne Messung beziehen die Sollwerteinstellung aus dem kalibrierten Zusammenhang zwischen Dosierstrom bzw. -menge und Stellgröße (Kalibrierkennlinie, Dosierstromkennlinie). Störeinflüsse werden mit Wahrscheinlichkeit durch die Kontrolle wesentlicher Einflußgrößen (Randbedingungen) ausgeschaltet.

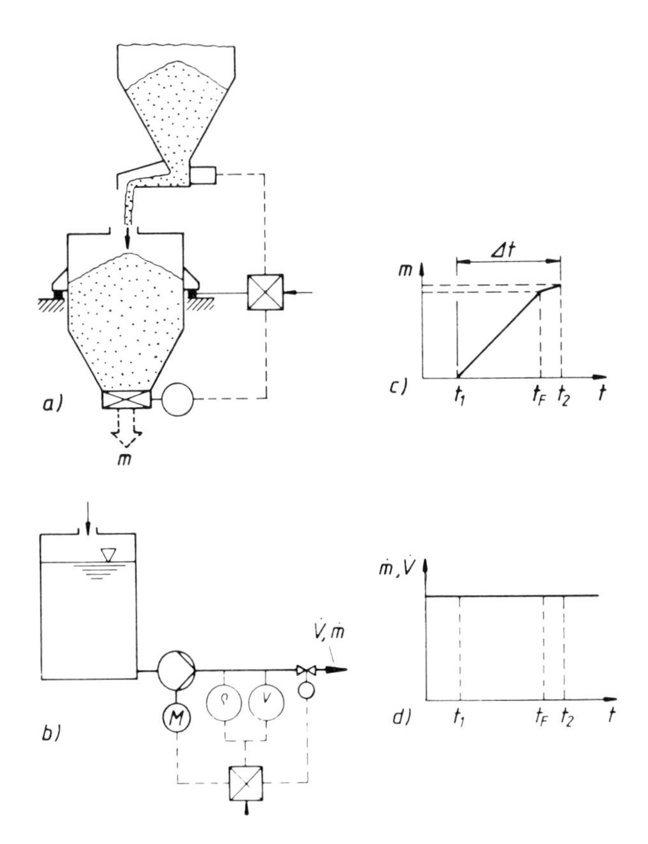

Bild 5: Dosierverfahren mit Messung
a) diskontinuierliche Wägung t_1 Start, t_2 Stop, t_F Feinstrom
b) kontinuierliche Fluiddosierung mit Volumenstrom- und Dichtemessung

2.1 Dosierverfahren mit Messung

Automatische Dosierverfahren mit Massen- oder Volumenmessung arbeiten diskontinuierlich mit Dosiermengensteuerung bzw. kontinuierlich mit Dosierstromregelung (Bild 5a und b). Die Genauigkeit erfordert bei der Chargenabgrenzung meist Grob-/Feinstrom-Füllung bzw. -Entnahme. Die Chargenabgrenzung kann auch mit kontinuierlichen Dosiereinrichtungen durch Abgrenzung eines Zeitintervalls mit Grob-/Feinstrom-Steuerung erfolgen.

2.1.1 Massenmessung

In der Dosiertechnik wird die Masse indirekt [9, 10] über Masseneffekte, wie Trägheits- oder Impulskräfte, Strahlenabsorption und Wärmetransport, gemessen (Tafel 1). Dosierverfahren, die auf der Messung der Gewichtskraft beruhen, werden als gravimetrische oder Wägeverfahren bezeichnet. Es ist aber falsch, Dosierverfahren, die Trägheitskräfte bestimmen, generell Waagen (z.B. „Prallwaagen"!) zu nennen, was nämlich eine abwegige Genauigkeitsvorstellung implementiert.

Die Inline-Messung und -Regelung von Schüttgutströmen durch Volumenstrom- bzw. Konzentrationsbestimmung (Bild 6) ist bis heute nur als Dosierregelung geeignet und wird mit Korrelationstechnik realisiert.

Am genauesten sind **diskontinuierliche gravimetrische Wägedosierverfahren**. Sie weisen als einzige Meßgröße die Gewichtskraft auf (Erdbeschleunigung lokal konstant). Die Anwendung reicht von wenigen Gramm bis zu vielen Tonnen pro Charge für Schüttgüter und Flüssigkeiten. Die Wägedosierung erfolgt sowohl additiv als auch subtraktiv (Bild 7a und b). Es ist festzuhalten, daß die diskontinuier-

Tafel 1: Prinzipien der Massen- bzw. Massenstrommessung
m Masse, $\dot{m}$ Massenstrom, F Kraft
v Geschwindigkeit, ω Winkelgeschwindigkeit
Δt Temperaturdifferenz, Q Wärmefluß, I Intensität
Δt Zeit, c_P spezifische Wärmekapazität, μ Faktor, r Bahnradius

Massenwirkung	Meßgröße	Bezeichnung
Erdbeschleunigung	Gewichtskraft $F_G = m \cdot g$	Waage gravimetrische Dosierverfahren
Zentrifugalbeschleunigung	Zentrifugalkraft $F_Z = m \cdot \frac{v^2}{r} = m \cdot \omega^2 \cdot r$	Durchlauf-Dosiergerät Umlenkschurre
Coriolis-beschleunigung	Corioliskraft $F_C = 2\, m \cdot \omega \cdot v$	Durchlauf-Dosiergerät Coriolis-Durchflußmesser
Impulskraft	Impulskraft $F_I \cdot \Delta t = m \cdot \Delta v$	Durchlauf-Dosiergerät Prallplatte
Strahlenabsorption	Intensitätsschwächung $\frac{I_m}{I_o} = \exp.(-\mu \cdot m)$	Radiometrische Dosierverfahren
Thermisches Prinzip	Wärmefluß $\dot{Q} = \dot{m} \cdot \Delta t \cdot c_P$	Thermische (Kalorische) Durchflußmesser

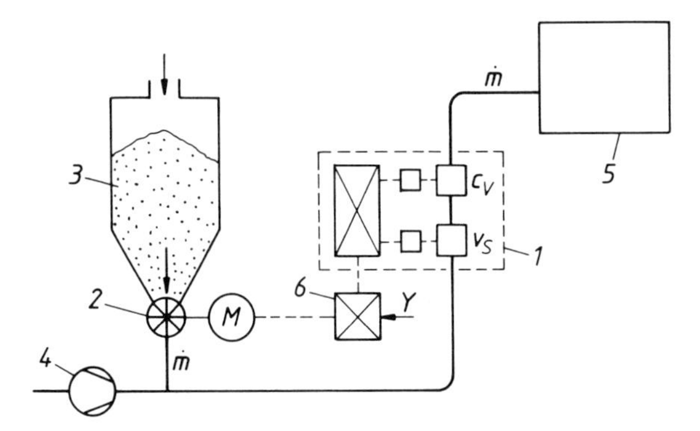

Bild 6: Schüttgutdosierung mit korrelativer Inline-Messung
1 Inline-Meßgerät für Volumenstrom bzw. Strömungsgeschwindigkeit v_S und Konzentration c_V
2 Schüttgutzugabe, 3 Silo, 4 pneumatische Förderung, 5 Prozeß, 6 Regler

liche Entnahmeverwägung prinzipiell als die genaueste Dosiermethode zu werten ist, weil keinerlei Entleerfehler auftreten können.

Gegenüber der diskontinuierlichen treten bei der **kontinuierlichen gravimetrischen Dosierung** zusätzliche Fehler auf. So weist beispielsweise das heute seltener verwendete Wägeband (Bild 7d) zusätzlich zum Wägefehler noch Fehler durch Bandgeschwindigkeit, Geometrie der Bandbelegung und Regelung auf (Bild 8). Bei geschwindigkeitsgeregelten Dosierbandwaagen (Bild 7c) wird der Wägefehler noch zusätzlich durch die Bandübertragung beeinflußt.

Der Vorteil der Dosierdifferentialwaage (loss-in-weight), die eine kontinuierliche Entnahmeverwägung darstellt, liegt in der Vermeidung von Fehlereinflüssen, weil auch hier, wie bei der diskontinuierlichen Wägung, das Gewicht die einzige Meßgröße darstellt (Bild 7e).

Kontinuierliche gravimetrische Dosierverfahren werden von wenigen 100 g/h bis zu vielen 100 t/h hauptsächlich für Schüttgüter, aber auch teilweise für Flüssigkeiten, eingesetzt (Bild 9).

Alle anderen Dosierverfahren, deren Massenmessung nicht auf der Bestimmung der Gewichtskraft beruht, sind prinzipiell ungenauer, weil wesentliche zusätzliche Fehler, teilweise auch schwankende Stoffparameter, wirksam sind.

Die **Messung der Corioliskraft** strömender Stoffe, wie sie zur Flüssigkeits- und Schüttgutdosierung verwendet wird, ist unabhängig von den Stoffeigenschaften mit guter Genauigkeit möglich (Bild 7h und 10g): Allerdings hat man sowohl die Winkelgeschwindigkeit als auch den Kraftübertragungsmechanismus des Systems als eventuell störungsbehaftet zu betrachten. Die Realisierung des Meßprinzips erfolgt für Flüssigkeiten in hochfrequent schwingenden Rohrsystemen und für Schüttgüter durch rotierende Laufräder mit Radialströmung. Während mit Corioliskraftmessung die Flüssigkeitsdosierung bis zu Bruchteilen von kg/h gelingt, ist dies bei Schüttgütern aufgrund der geringen Größe der Meßsignale und Störeinflüsse bis heute noch auf den Bereich $> 0{,}5$ t/h beschränkt.

Die **Messung von Zentrifugal- oder Impulskräften** bei der Schüttgutdosierung mit Schurren oder Prallplatten hängt von den Schüttguteigenschaften – Reibung, gegebenenfalls Stoßfaktor, Auftreffwinkel und -geschwindigkeit – ab und ist daher nur mit geringerer Genauigkeit möglich. Der Schwerpunkt der Anwendung liegt bei großen Dosierströmen ($> 0{,}5$ t/h). Die sogenannten Durchlauf-Dosiergeräte [1] sollten mit dem betreffendem Schüttgut selbst kalibriert werden. Sie bilden selbstverständlich nur im Verbund mit Fördergeräten, Stellgliedern und Regelkreisen eine Dosiereinrichtung (Bild 7g).

[1]) Durchlauf-Dosiergerät: die Bezeichnung ist für „Schüttgut-Durchflußmesser" im deutschen Sprachgebrauch üblich.

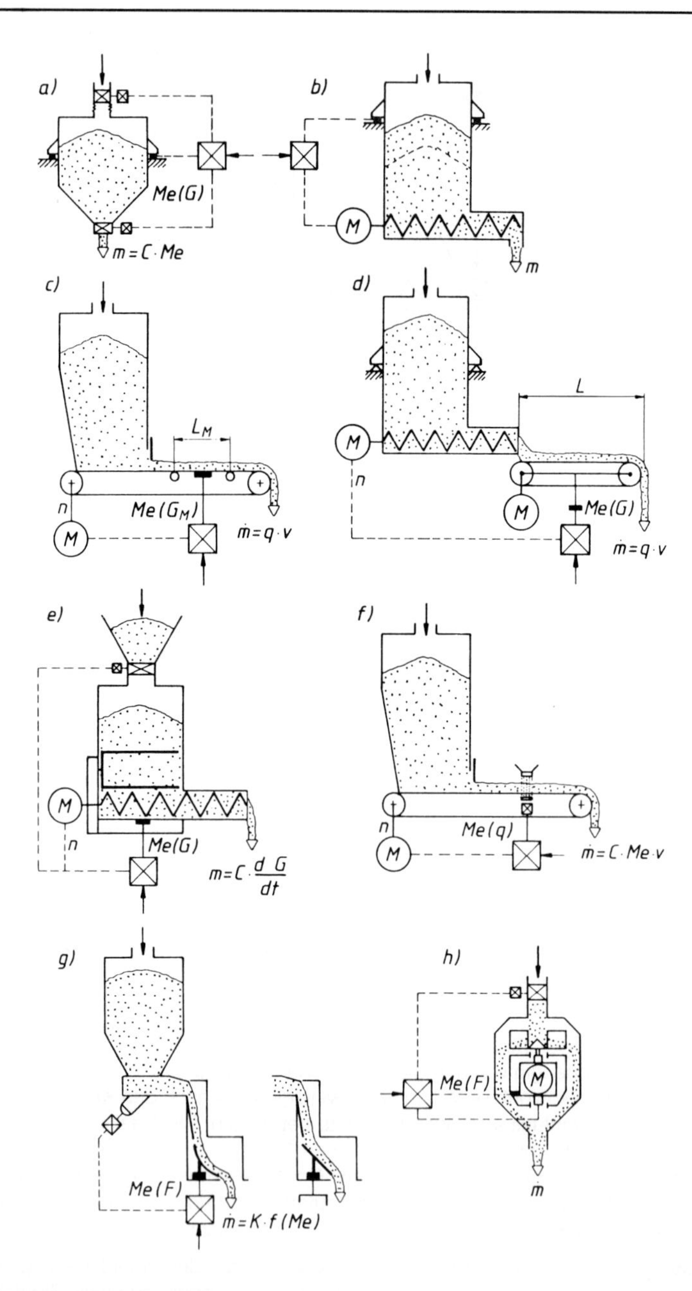

Bild 7: Dosierverfahren mit Massenmessung für Schüttgüter
a) Behälterwaage, diskontinuierlich
b) Entnahmewaage, diskontinuierlich
c, d) Dosierbandwaage
e) Dosierdifferentialwaage
f) Radiometrische Dosierstromerfassung
g) Durchlaufdosiergeräte: Schurre/Prallplatte
h) Durchlaufdosiergerät: Corioliskraftmessung

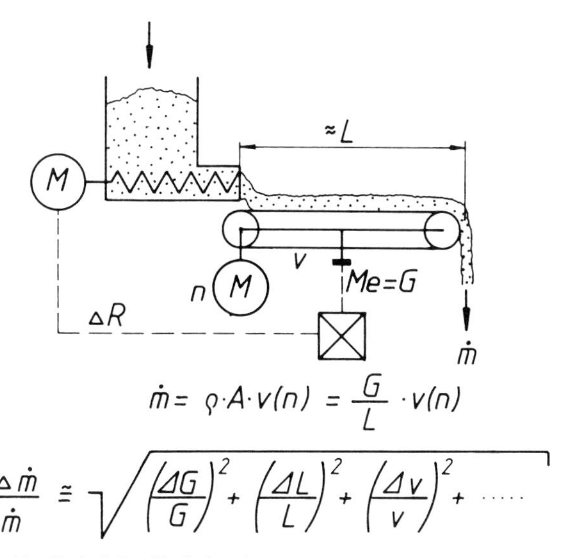

Bild 8: Dosierfehlerbeiträge bei kontinuierlichen Dosierbandwaagen
G Bandlast, L Belegungslänge, v Bandgeschwindigkeit, ϱ_r Schüttgutdichte

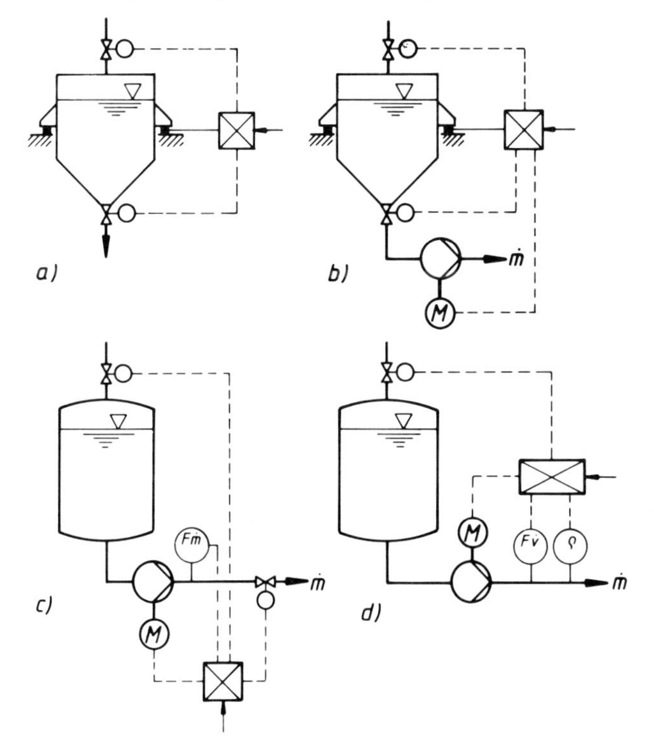

Bild 9: Dosierverfahren mit Massenmessung für Fluide
a) Behälterwaage, diskontinuierlich
b) Dosierdifferentialwaage, kontinuierlich
c) Massenstrommessung und -regelung
d) Volumenstrom- bzw. Dichtemessung und -regelung

Die **radiometrische Massenstrommessung** von Schüttgütern beruht auf der **Strahlenabsorption** (radioaktive oder γ-Strahlen) durch Schüttgutschichten und somit der Bestimmung der spezifischen Bandbeladung. Neben der Bestimmung der Bandgeschwindigkeit muß die radiometrische Messung der Bandbeladung durch Kalibrierung mit Originalschüttgut erfolgen. Das Verfahren eigent sich für große Dosierströme gut zum Einbau in Transportbänder zur Registrierung, weniger zur Dosierung, weil die Genauigkeit beschränkt ist.

Zur Massenstrommessung von Flüssigkeiten und Gasen wird bei der **thermischen Durchflußmessung** die Wärmeflußbestimmung angewendet. Ermittelt man beispielsweise den Wärmefluß Q (elektrische Heizleistung) bei konstant geregelter Temperaturdifferenz Δt zweier der Strömung ausgesetzter Widerstände, so kann der (Tafel 1) Massenstrom $\dot{m}$ allein mit der spezifischen Wärmekapazität c_p als Stoffwert des Fluids bestimmt werden. Die thermische Durchflußmessung ist bis zu kleinsten Fluidströmen (< 50 ml/h) für Gase und Flüssigkeiten recht genau möglich [11, 12].

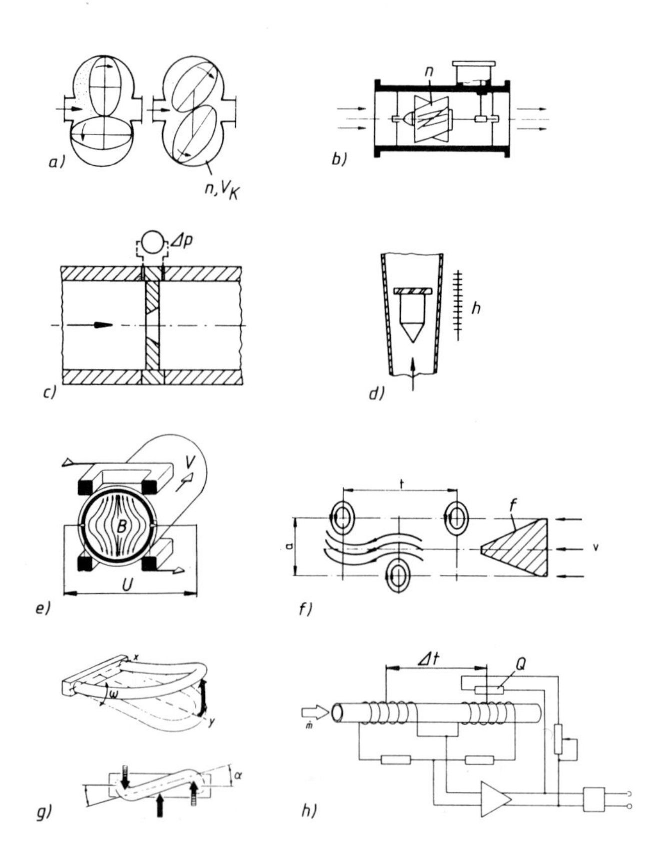

Bild 10: Wesentliche Meßprinzipien für Volumen- und Massenstrom
a) Verdrängung unmittelbar (z. B. Ovalrad, Ringkolben)
b) Strömungsantrieb mittelbar (z. B. Flügelrad, Turbine)
c) Wirk/Staudruck, Wirkhöhe (z. B. Blende, Venturi, Wehr)
d) Strömungskraft (z. B. Schwebekörper, Stauscheibe)
e) Magnetisch-induktiv
f) Wirbel (z. B. Wirbeldurchflußmessung)
g) Corioliskraft (z. B. Coriolisdurchflußmessung)
h) Thermisches Prinzip (z. B. thermische Durchflußmessung)

2.1.2 Volumenmessung

Bei der Volumenmessung zur Massenstrombestimmung muß die Dichte ϱ bekannt sein. Viele Flüssigkeiten weisen eine konstante, als kaum druck- und temperaturabhängige Dichte auf. Je mehr der thermodynamische Zustand sich aber den Siedebedingungen nähert, desto mehr sind die (p, T-) Einflüsse zu berücksichtigen. Bei Gasen im unter- und überkritischen Bereich und bei kompressiblen Flüssigkeiten bei hohen Drücken ist die direkte oder indirekte Dichtebestimmung (Bild 9c und d) zur genauen Massenbestimmung also absolut notwendig. Die kontinuierliche Volumenmessung zur Fluiddosierung erfolgt mit Durchflußmessern (Bild 10), deren Anwendungsbereich von einigen ml/h bis zu vielen m^3/h reicht.

Zur diskontinuierlichen Volumendosierung eignen sich besonders die Volumenzähler, deren digitales Ausgangssignal zur Volumenabgrenzung durch Impulszählung verwendet werden kann (Bild 10a und b).

Diskontinuierlich erfolgt für Flüssigkeiten und Gase die Volumenmessung und -dosierung auch mit Dosierbehältern durch Füllstandsmessung (Bild 11a). Man findet auch kontinuierliche Volumenmessung (loss-in-volume) als Entnahmesysteme mit Niveaumessung. Mit (p, T-) Messung und -auswertung kann daraus auch eine Massenstromdosierung werden. Bei Schüttgütern ist die Volumenmessung aufgrund der unsicheren Dichte nicht interessant.

2.2 Dosierverfahren ohne Messung

Dosierverfahren ohne Messung grenzen Volumen stetig oder periodisch ab. Es hat sich (fälschlicherweise) der Begriff **„volumetrische"** Dosierverfahren eingeführt, obwohl zwar eine Volumenabgrenzung, jedoch **keine Volumenmessung** stattfindet. Die diskontinuierliche Volumenabgrenzung erfolgt prinzipiell durch Bestimmung eines Zeitintervalls. Bei periodisch abgrenzenden Dosiergeräten ist die Volumenabgrenzung auch auf die Zählung einzelner Teil- oder Kammervolumen zurückzuführen.

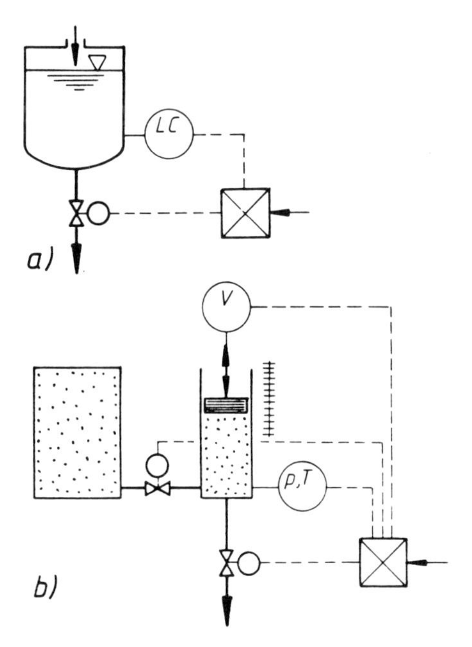

Bild 11: Diskontinuierliche Dosierung von Fluiden mit Dosierbehältern a) Niveaumessung, b) Volumen- und Dichtemessung (Gase)

2.2.1 Volumenabgrenzende Dosierung bei Schüttgütern

Die **Volumenabgrenzung** erfolgt bei Schüttgütern in **Fließ- oder Förderquerschnitten** (z. B. Schichten, Nuten, Schnecken), die mit bestimmter Transportgeschwindigkeit v_s bewegt, oder durch **Kammern**, die mit bestimmter Frequenz befüllt oder entleert werden (Bild 12 und 13).

Abgrenzung mit Fließ- oder Förderquerschnitt A_s

$$\dot{m} = A_s \cdot v_s \cdot \varrho_r \tag{1}$$

Abgrenzung mit Kammern (i Kammervolumen V_κ pro Umdrehung)

$$\dot{m} = V_\kappa \cdot n \cdot \varrho_r \cdot i \tag{2}$$

Am genauesten gelingt die Volumenabgrenzung mit **Schüttgut reproduzierbarer Dichte** ϱ_r durch **geometrisch genau definierte und verläßlich befüllte Kammern** (Bild 12a). In stärkerem Maß fehlerbehaftet sind alle Methoden mit Abgrenzung durch Fließqurschnitte. Neben dem Dichteeinfluß sind sowohl der Fließquerschnitt A_s als auch die axiale Geschwindigkeit v_s des Schüttguts teilweise unsichere Größen, die von Betriebs- und Stoffbedingungen abhängen (Bild 12b und c).

Die Schüttgutdosierung mit Volumenabgrenzung gelingt generell am genauesten mit gutfließenden, wenig kompressiblen bzw. kohäsiven Schüttgütern. In der Regel lassen sich also körnige Schüttgüter gut volumenabgrenzend dosieren.

Feinpulvrige Schüttgüter zeigen beispielsweise gegenüber Flüssigkeiten bei geringen Druckbelastungen derart starke Kompressibilität, daß von einer reproduzierbaren Dichte ϱ_r bei wechselnden äußeren Randbedingungen nicht die Rede sein kann. Ganz generell ist hauptsächlich bei kohäsiven, schlecht fließenden Schüttgütern größtes Augenmerk auf möglichst gleichmäßigen Schüttgutfluß zu richten, was durch die Anwendung von Rühreinrichtungen im Dosierbehälter gelingt [9].

Die Rühr- und Walkeinrichtungen dienen sowohl zur Brückenzerstörung als auch zur Vergleichmäßigung der Schüttgutdichte durch Auflockerung.

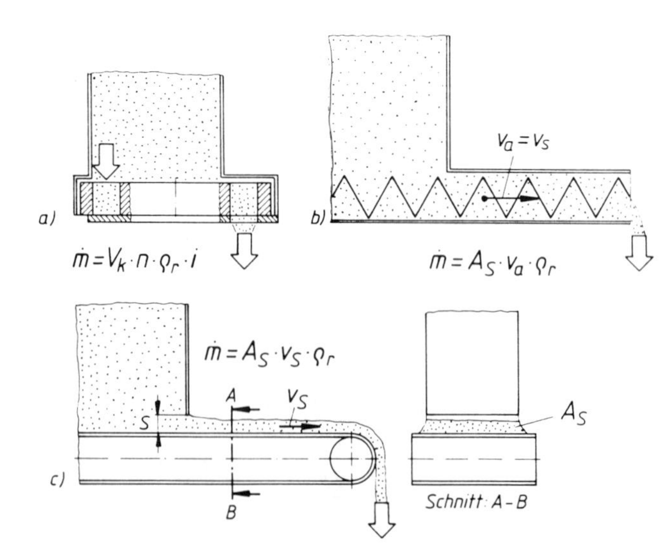

Bild 12: Volumenabgrenzung von Schüttgütern mit Kammern und Fließ- bzw. Förderquerschnitten a) Kammern, b) Schnecke, c) Band (Schicht)

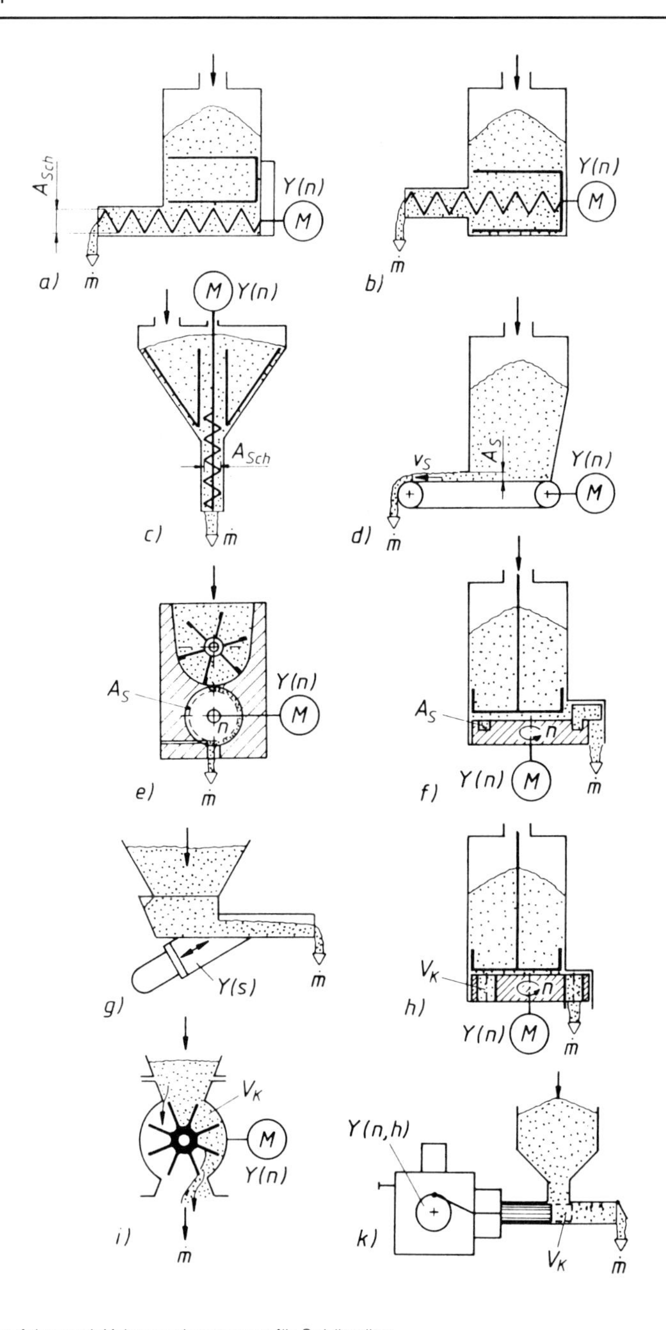

Bild 13: *Dosierverfahren mit Volumenabgrenzung für Schüttgüter*

a) - c) Schnecke mit Rührwerken (horizontal, vertikal)
d) Schicht (Band)
e) f) Schicht (Rille, Nut)
g) Schicht (Vibrationsrinne oder -rohr)
h) i) Kammer (Zellenrad horizontal, vertikal)
k) Kammer (Kolben)

2.2.2 Volumenabgrenzende Dosierung bei Fluiden

a) Dosierpumpen

Flüssigkeiten können, aufgrund ihrer meist gut reproduzierbaren, wenig druck- und temperaturabhängigen Dichte sehr genau mit Volumenabgrenzung dosiert werden. In aller Regel fließen Flüssigkeiten – im Gegensatz zu manchen Schüttgütern – leicht und füllen Abgrenzungsräume gut und bereitwillig aus.

Dosiereinrichtungen zur volumenabgrenzenden Flüssigkeitsdosierung sind in aller Regel Dosierpumpen mit oszillierendem oder rotierendem Verdränger (Bild 14), die auch ganz erhebliche Energiezufuhr, also das Dosieren gegen hohen Druck, erlauben. Alle Bauformen von Dosierpumpen sind „Kammerdosierer", deren Kammern sich mit bestimmter Sequenz füllen und entleeren.

Durch **Elastizitäts- und Leckageeinflüsse** wird allerdings die exakte geometrische Volumenabgrenzung mehr oder weniger verfälscht (i Kammern V_K pro Umdrehung)

$$\dot{m} = V_K \cdot i \cdot n \cdot \varrho_r \cdot \eta_V \tag{3}$$

was der volumetrische Wirkungsgrad η_V angibt, der von Betriebs- und Fluidbedingungen abhängt [13].

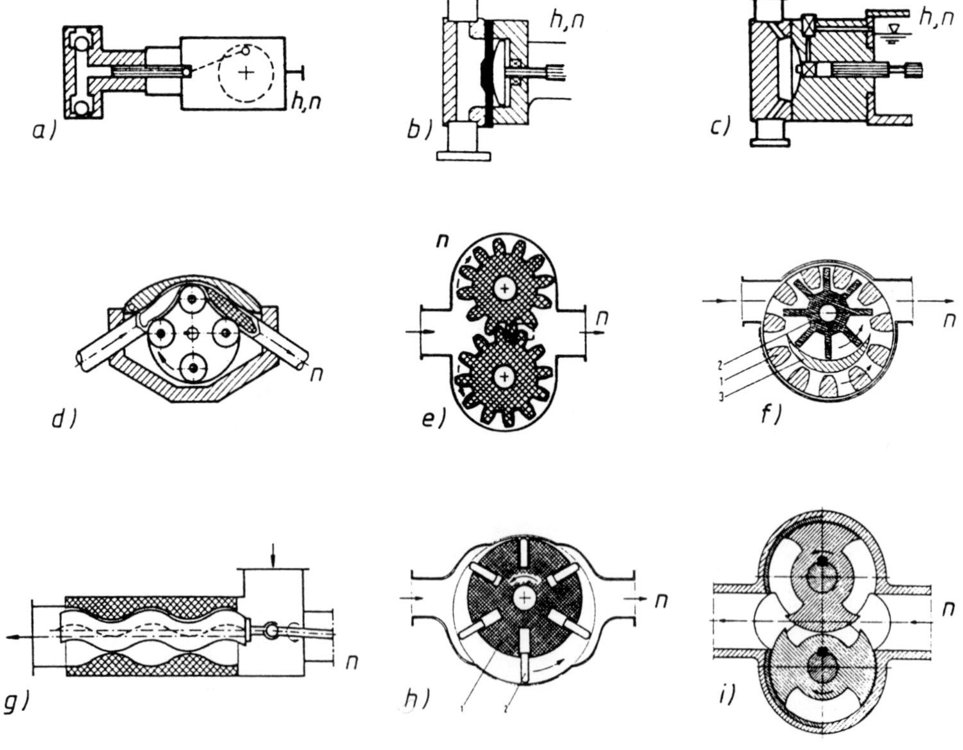

Bild 14: Dosierpumpen
a) b) c) Kolben/Membran/Faltenbalg (oszillierend)
d) Schlauch
e) f) Zahnrad
g) Exzenterschnecke, Schraubenspindel
h) Flügelzelle
i) Kreiskolben

In erster Linie entstehen Elastizitäts- und Leckageeinflüsse durch den von der Dosierpumpe erzeugten Differenzdruck Δp, welchen das Dosierproblem eines Prozesses erfordert. Dosierpumpen sollten also mit möglichst starrem und dichtem Arbeitsraum ausgeführt werden. Verschwindet der Differenzdruck, so ist in aller Regel $\eta_V \approx 1$ und die volumenabgrenzende Dosierung ideal genau, wenn der Fluidzulauf nicht behindert wird.

Oszillierende Dosierpumpen mit zylindrischem Verdrängerkolben sind zur Flüssigkeitsdosierung am günstigsten, weil ihr Kammer- bzw. Hubvolumen (d_K Kolbendurchmesser, h_K Kolbenhub)

$$V_K = V_h = \frac{\pi d_K^2}{4} \cdot h_K \tag{4}$$

geometrisch genau definiert ist und ziemlich leckfrei durch Pumpenventile und Kolbenabdichtungen abgedichtet wird. Die Hublänge h_K ist zusätzlich zur Hubfrequenz n als zweite Stellgröße anwendbar (für einzylindrige Ausführung $i = 1$):

$$\dot{m} = h_K \cdot A_K \cdot n\, \varrho_r \cdot \eta_V \tag{5}$$

Oszillierende Dosierpumpen eignen sich aufgrund des **digitalen Charakters ihres Dosierstromes** hervorragend zur diskontinuierlichen Volumenabgrenzung durch Hubzählung.

Bei **rotierenden Verdrängerpumpen** ist das Verdrängervolumen durch Spalte, Maßtoleranzen sowie Elastizitäten der Arbeitsraumwände weniger genau definiert und durch Verschleiß im Betrieb gewissen Schwankungen unterworfen. Sie weisen durch konstruktiv und betrieblich bedingte Spalte merkliche innere Leckage auf, deren Wirkung erst bei Fluiden höherer Viskosität verschwindet, was den Anwendungsbereich rotierender Dosierpumpen bestimmt.

Die genaue Flüssigkeitsdosierung mit Dosierpumpen setzt generell voraus, daß das Fluid homogen das Abgrenzungsvolumen füllt. Blasenbildung im Fluid durch **Ausgasung oder Kavitation** ist also durch entsprechende Ansaugbedingungen sicher zu vermeiden!

Die volumenabgrenzende Dosierung von Gasen ist aufgrund der variablen Dichte selten gegenüber der Volumenmessung lohnend.

b) Sonstige volumenabgrenzende Dosierverfahren für Fluide

Die volumenabgrenzende Dosierung mit kalibrierten Dosierbehältern wird für Fluide heute seltener angewandt, weil mit Füllstandsmessung bessere Zuverlässigkeit, Automatisierungsmöglichkeiten und Genauigkeit bei mäßigem Investitionsmehraufwand erreicht wird.

Andere volumenabgrenzende Dosierverfahren beruhen auf der adhäsiven Übertragung von Tropfen bzw. Schichten sowie der Verdunstung und führen in Sonderfällen zu Problemlösungen.

2.3 Kontrolle und Betriebssicherheit der Dosierverfahren

Dosierverfahren mit Messung von Dosierstrom oder -menge arbeiten mit permanentem Soll/Ist-Vergleich. Bei kontinuierlichen Dosierverfahren dient zur Störgrößenausregelung ein interner Regelkreis. Die Ausführung soll eine derartige Störgrößenreduzierung (Materialfluß, Stabilität der Stellgliedkennlinien, Installationseinflüsse und Rückwirkungen) bewirken, daß die Regelung genügend genau den Sollwert erreicht.

Bei kohäsiven Schüttgütern muß dazu meistens der stetige Schüttgutfluß durch Rühr-, Rüttel- und Walkbewegungen unterstützt werden. Alle Auslegungsmaßnahmen sind also auf Störgrößenreduzierung zu richten.

Dosierverfahren ohne Messung hingegen beruhen auf der Sollwerteinstellung nach der kalibrierten Dosierstromkennlinie, welche meist linear zur Stellgröße verläuft, wobei übrigens eine weitgehende Kennlinie-Analogie zwischen den verschiedenen Dosiergeräten besteht (Bild 15). Lineare Kennlinien durch den Ursprung zeigen die meisten volumetrischen Dosierer für Schüttgüter. Lineare, parallel verschobene Kennlinien zeigen die Dosierpumpen und Vibrationsdosierer für Schüttgüter. Unlinearitäten sind in der Regel durch Störungen in der Umsetzung des Abgrenzungsvolumens zu suchen.

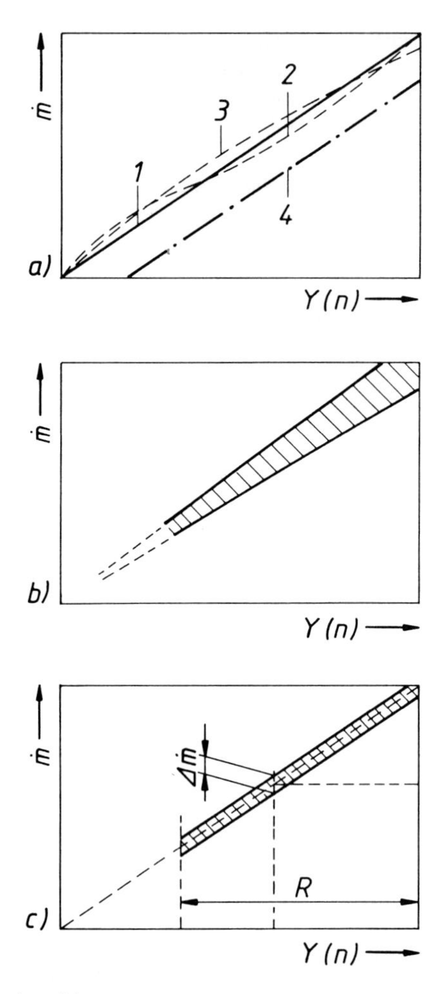

Bild 15: *Kalibrierte Dosierstromkennlinie*
a) Dosiergerätekennlinien: 1 linear; 2, 3 nicht linear; 4 linear, parallel verschoben (siehe Text)
b) Dosiergerät als Stellglied
c) Dosiergerät zur quantitativen Dosierung

Während bei Verwendung von Dosiergeräten im Regelkreis eine mit der Stellgröße stetig steigende Kennlinie mit langsamen mäßigen Schwankungen (Bild 15b) durchaus genügt, muß bei volumenabgrenzender Dosierung ohne Soll/Ist-Vergleich die Kennlinie genügend genau reproduzierbar (Bild 15c) sein.

Den physikalischen Unterschied zwischen Messung und Volumenabgrenzung erklärt Bild 16 am Beispiel der Fluiddosierung mit Durchflußmesser oder Dosierpumpe. Bei der Messung treibt der Dosierstrom den Durchflußmesser an; bei der Volumenabgrenzung (Beispiel: Zahnraddosierpumpe) ist es umgekehrt. Allein beim Meßvorgang besteht aber ein ursächlicher Zusammenhang zwischen Dosierstrom und Meßsignal. Die Dosierpumpe kann sich, wenn kein Fluid vorhanden ist, drehen, ohne daß ein Dosierstrom entsteht, und somit fälschlicherweise richtige Funktion über Stellgrößenrückmeldung anzeigen.

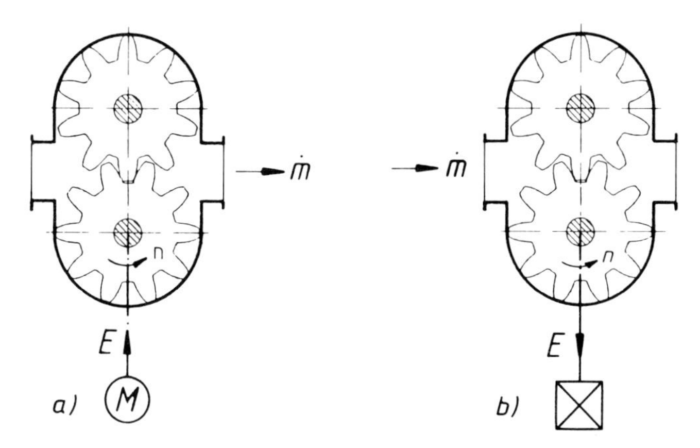

Bild 16: Volumenabgrenzung (a) und -messung (b), Energiefluß E

Weil bei Dosierverfahren ohne Messung der permanente Soll/Ist-Vergleich fehlt und man sich auf kalibrierte Dosierstromkennlinien verlassen muß, ist zur Vermeidung von Fehldosierung meistens eine Störgrößenkontrolle notwendig.

Bei der Flüssigkeitsdosierung (Bild 17a) gelten geeignete Kontrollmaßnahmen dem Flüssigkeitsvorrat im Versorgungsbehälter, der Sollwerteinstellung (Drehzahl) und eventuell Ja/Nein-Aussagen über Förderdruck und Volumenstrom jeweils mit Störmeldung. Die Maßnahmen beruhen auf der Erfahrung, daß volumenabgrenzende Dosiereinrichtungen bei Erfüllung bestimmter Randbedingungen und Vermeidung grober Störungen stabile, reproduzierbare Kennlinien aufweisen und somit genau dosieren.

Der Übergang von der rein volumenabgrenzenden Dosierung mit Störmeldung zur Messung des Dosierstromes ist – auch bezüglich des Investitionsaufwandes – fließend. Ein Prüfbunker (Bild 17b) mit periodischer automatischer Neukalibrierung des Dosiergerätes erfüllt nehezu die Aufgaben einer Regelung.

3. Dosiergenauigkeit

Der Begriff Dosiergenauigkeit kennzeichnet die größte zulässige Abweichung vom eingestellten Sollwert für Dosierstrom oder -menge (Bild 18). Es handelt sich um eine Qualitätsangabe der Dosiereinrichtung, die auch Garantiefragen zwischen Hersteller und Betreiber betrifft. In der Meßtechnik wird allgemein von den Fehlergrenzen der Geräte oder deren Meßunsicherheit gesprochen.

Zur Nachprüfung der Dosiergenauigkeit sind Vereinbarungen über die Definition der Fehlergrößen sowie der Bestimmungs- und Berechnungsmethodik notwendig. Auch ist es erforderlich, den Betriebszustand und die Beobachtungsdauer der Dosiereinrichtung bei ihrer Überprüfung genau festzulegen. Auf diesem Gebiet entstehen wegen fehlender Normen oft Unklarheiten und Mißverständnisse, zu deren Vermeidung dieses Kapitel [14] beitragen soll. Es wird darauf hingewiesen, daß unterschiedliche Definitionen in der Praxis verwendet werden. Die Ausführungen sind also als ein Vorschlag zur Vereinheitlichung aufzufassen.

Prüft man jedenfalls die Dosiergenauigkeitsangaben in vereinbarter Weise (Wiederholbedingungen DIN 1319) nach, so müssen die Ergebnisse im Toleranzband (Bild 18) liegen. Die Dosiergenauigkeit relativ zum Sollwert $\dot{m}_{soll}$ bzw m_{soll} beträgt ($\dot{m}$; m Dosierstrom/-menge):

$$s_T = \frac{\Delta \dot{m}}{\dot{m}_{soll}} \cdot 100\,\% \quad \text{bzw.} \quad = \frac{\Delta m}{m} \cdot 100\,\% \tag{6}$$

Innerhalb des Regelbereiches R kann die Dosiergenauigkeit auf den jeweils eingestellten Sollwert oder auf den Regelbereichsendwert (R = 100 %) bezogen werden, was wesentliche Unterschiede bedeutet (Bild 19).

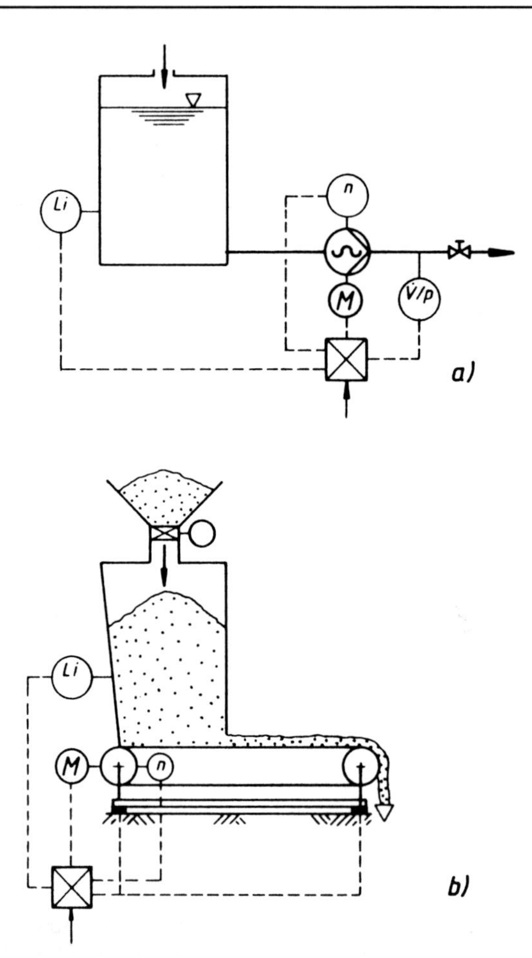

Bild 17: Kontrolleinrichtungen volumenabgrenzender Dosierverfahren
a) Fluiddosierung mit Dosierpumpe
b) Banddosierer mit Prüfbunker

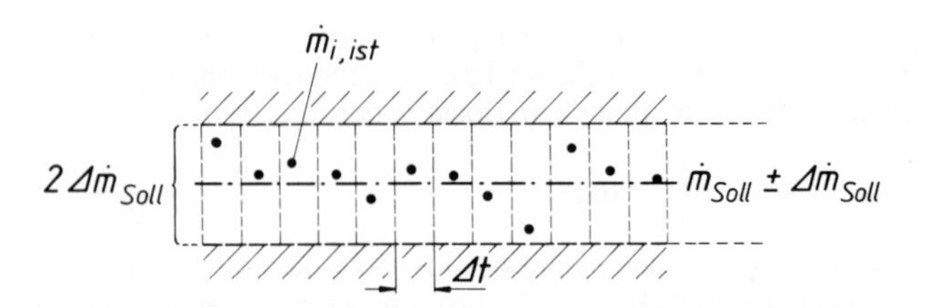

Bild 18: Dosiergenauigkeit als Toleranzband zum Sollwert

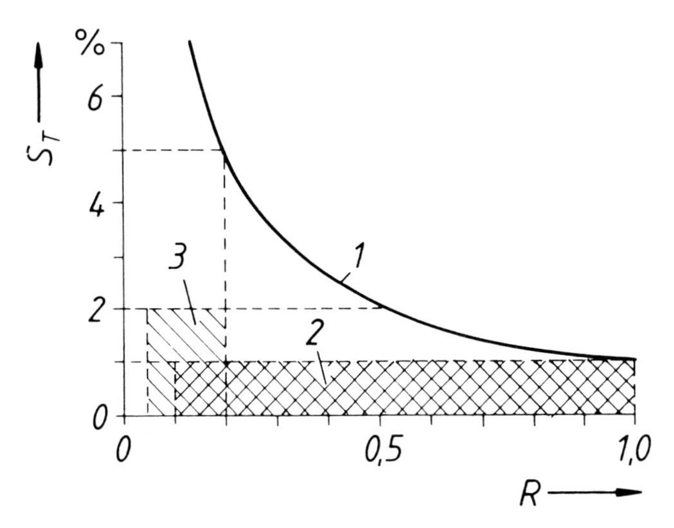

Bild 19: *Dosiergenauigkeit und Regelbereich*
1 bezogen auf Regelbereichsendwert
2, 3 bezogen auf Sollwert

Die Ursachen von Sollwertabweichungen können mannigfaltiger Art sein (Bild 20). Bei geregelten Dosiereinrichtungen stellt man den Sollwert an Dosierregler oder -steuerung ein. Der sich einstellende Gesamtfehler rührt von Einstell(S_E)-, Meß(S_M)-, Übertragungs($S_Ü$)- und Regel- bzw. Steuerungsfehlern (S_{Re}) her (Bild 20a).

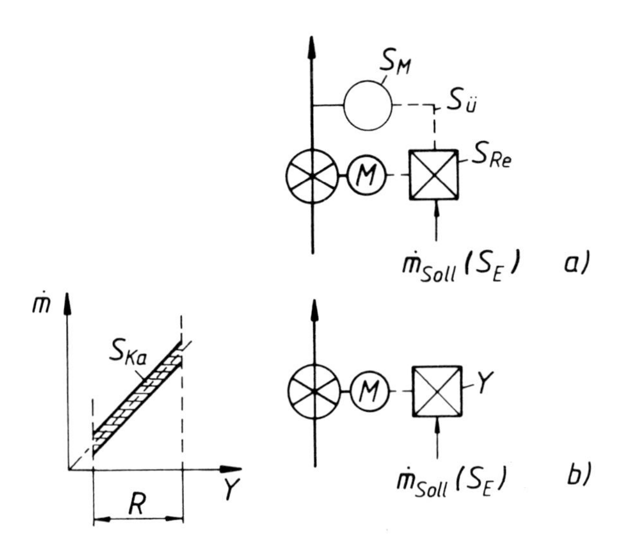

Bild 20: *Ursachen für Sollwertabweichungen*
a) geregelte Dosierung, b) volumenabgrenzende Dosierung
S_E Einstellfehler, S_M Meßfehler
S_{Re} Regelfehler, S_{Ka} Kalibrierfehler
$S_Ü$ Übertragungsfehler

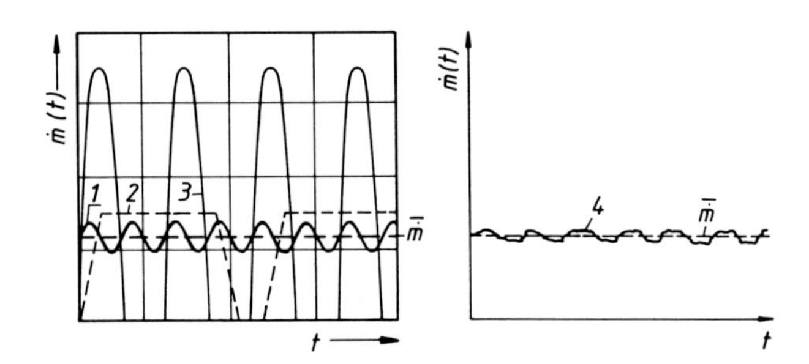

Bild 21: *Momentan- und Mittelwert des Dosierstromes*
1, 2, 3 Systematische Schwankungen (Schnecken-, Kammer-, Vibrationsdosierer, rotierende und oszillierende Dosierpumpen)
4 zufällige Schwankungen eines zeitlich konstant fördernden Dosiergerätes

Bei volumenabgrenzenden Dosiereinrichtungen wird der Sollwert anhand der kalibrierten Kennlinie eingestellt, was manuell oder hard- bzw. softwaremäßig als Funktion dem Automatisierungssystem vorgegeben werden kann. Abweichungen rühren dann von Einstell(S_E)- und Kalibrier(S_{Ka})-Fehlern her (Bild 20b). Die Genauigkeit der kalibrierten Kennlinie spielt hier also eine entscheidende Rolle für die Dosiergenauigkeit.

3.1 Momentan- und Mittelwert

Der zeitliche Dosierstromverlauf $\dot{m}(t)$ **schwankt zufällig oder pulsiert** bei allen periodisch volumenabgrenzenden Dosiereinrichtungen funktional bedingt systematisch (Bild 21).

Der Mittelwert $\bar{\dot{m}}$ ergibt sich aus dem Momentanwert $\dot{m}(t)$ durch Integration über die Zeitbasis $\Delta t = t_2 - t_1$ der Beobachtung:

$$\bar{\dot{m}} = \frac{\int_{t_1}^{t_2} m\,(t)\;dt}{t_2 - t_1} \tag{7}$$

Aus Bild 21 (z. B. Pos. 1 ÷ 3) ergibt sich, daß der Mittelwert offensichtlich im Zusammenhang mit der Zeitbasis Δt steht. Im Grenzfall verschwindend kleiner Zeitbasis folgt der „mittlere" Dosierstrom dem Momentanwert, der bei manchen Dosiereinrichtungen (z. B. Dosierkolbenpumpen) von Null bis Maximum schwanken kann. Den systematischen überlagern sich noch zusätzlich die zufälligen Schwankungen. Es ist einleuchtend, daß ganz allgemein, und bei pulsierendem Charakter des Dosierstromes speziell, zur genauen Messung eine genügend große Zeitbasis gewählt werden muß.

Die Prüfpraxis zeigt, daß die Abweichungen um den Mittelwert $\bar{\dot{m}}$ mehr oder weniger streuen und in der Regel eine gewisse Mittelwertabweichung vom Sollwert m_{soll} besteht. Dabei geschieht es, daß Dosiereinrichtungen zwar konstant (s. **Dosierkonstanz**), aber dennoch ungenau (s. **Dosierfehler**) arbeiten. Weiter besteht selbstverständlich ein Einfluß der Betriebsdauer durch Driften unterschiedlicher Richtung (**Betriebsdosierfehler**).

Die Dosiergenauigkeit bezieht sich allgemein hauptsächlich auf die einzelne Dosiereinrichtung, wobei die Abgrenzung am Geräteabwurf liegt (Bild 22 GI). Nachdem aber innerhalb von Anlagen noch Fehlereinflüsse anderer Einrichtungen wirksam sind, wird auch oft die **System(dosier)genauigkeit** (s. **Systemdosierfehler**) betrachtet; die Systemgrenze ist genau zu definieren (Bild 22 GII).

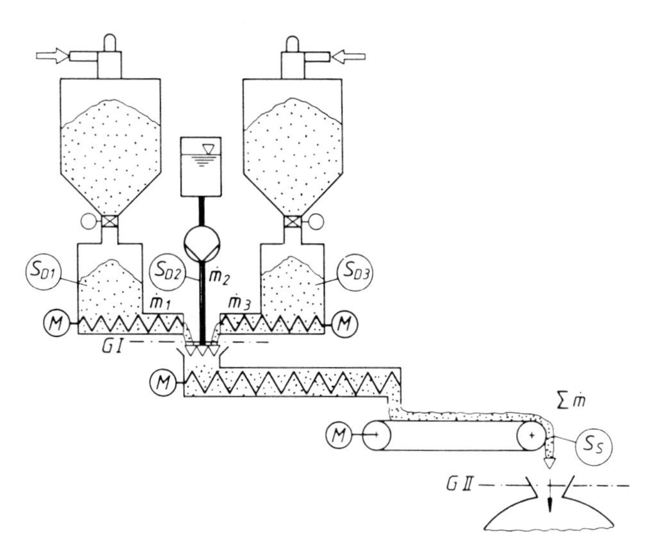

Bild 22: System(dosier)fehler

3.2 Fehlergrößen beim Dosieren

Bei der meßtechnischen Nachprüfung der Dosiergenauigkeit erhält man den **Dosierfehler** S_D, also die zum Prüfzeitpunkt wirklich festgestellte Abweichung vom Sollwert. Die Prozedur der Nachprüfung sollte genau festgelegt werden (s. Kap. 3.3). Die Meßwerte der Fehlergröße streuen um einen Mittelwert, der bei der gewählten Zeitbasis Δt praktisch den arithmetischen Mittelwert der z Einzelbeobachtungen darstellt (Bild 23).

$$\bar{\dot{m}} = \frac{\sum_{1}^{z} \dot{m}_i}{z} \quad \text{bzw.} \quad m = \frac{\sum_{1}^{z} m_i}{z} \tag{8}$$

Bei chargenweiser Dosierung entspricht die Zeitbasis der Chargenzeit Δt_c; gelegentlich findet man auch den Begriff **Chargen-Dosierfehler.**

Ganz generell bedeutet der **Dosierfehler S_D** (S_D absoluter, s_D relativer Fehler) die Abweichung vom Sollwert, die **Dosierkonstanz** S_K jene vom realen Mittelwert. Ob bei einem Prozeß die quantitative Genauigkeitsaussage des Dosierfehlers oder ,,nur'' die Dosierkonstanz wichtig ist, hängt von der Art der Steuerung oder Regelung, die zur Produktqualität führt, ab. Dient die Dosierung der Gemenge- oder Gemischerzeugung oder einer überwiegend stochiometrischen Reaktion, so wird Genauigkeit (s. Dosierfehler) verlangt. Werden dagegen Dosiereinrichtungen von Prozeßgrößen geführt, welchen Dosierstrom oder -menge folgen, so ,,genügt'' die Beobachtung der Dosierkonstanz, weil Mittelwertabweichungen ausgeregelt werden.

Bei volumenabgrenzenden Dosiereinrichtungen ohne Messung von Dosierstrom oder -menge, wird der Dosierfehler auf jenen Sollwert bezogen, der mit der kalibrierten Kennlinie eingestellt worden ist.

Im Zusammenhang mit der Sollwerteinstellung ist der **Einstellfehler S_E**, als Teil des Dosierfehlers, zu beachten. Die Positionierung der Stellgröße (Drehzahl, Hublänge, Hubanzahl, Zeitdauer) zur Sollwerteinstellung ist nämlich oft ein merklicher Beitrag zum Dosierfehler. Ein Maß für den Einstellfehler ergibt sich aus der **Reproduzierbarkeit** S_R, wozu die Dosierkonstanz mit Sollwertverstellung zwischen den einzelnen Beobachtungen und erneuter Einstellung auf denselben Wert bei sonst unveränderten Betriebsbedingungen bestimmt wird.

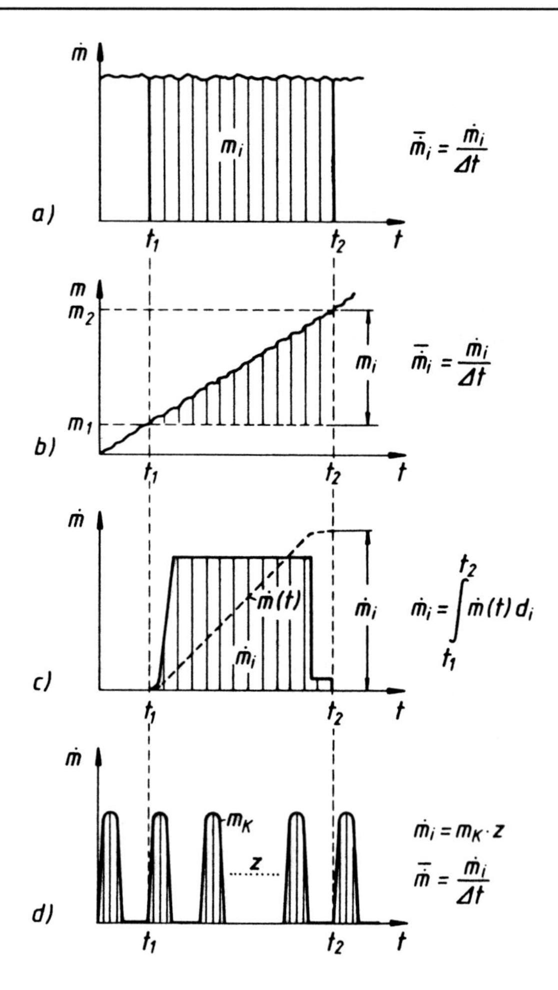

Bild 23: *Abgrenzung der Einzelbeobachtung*
a) und b) mechanische oder softwaremäßige Abgrenzung
c) diskontinuierliche Chargen
d) Zeitabgrenzung durch Zählung

Umfaßt die Dosiereinrichtung noch Peripheriegeräte und -ausrüstungen, die Fehlerbeiträge liefern können (z. B. Rohrleitungen, Kanäle, Transportgeräte durch Materialansammlungen), so wird der **Systemdosierfehler** S_S bestimmt, der sich vom Dosierfehler des Gerätes im Betrachtungsumfang der Anlage (battery limit) unterscheidet (Bild 22).

Der Systemfehler kann auch beispielsweise das Mischungsverhältnis von mehreren Komponenten nach Transport- und Mischstrecken betreffen.

Nachdem alle die genannten Fehlergrößen durch die gewählte Zeitbasis der Betrachtung charakterisiert sind, sollte man die Fehler entsprechend kennzeichnen. Es bedeutet also $S_{D\Delta t}$ den Dosierfehler für die Beobachtungs-Zeitbasis Δt (z. B. S_{D600} = Dosierfehler, Zeitbasis 600 s).

Normalerweise wählt man Δt „genügend lange" zur genauen Messung oder nach den Erfordernissen des Prozesses. Prozesse mit sehr kurzen Reaktionszeiten erfordern eher die Beobachtung der Fehlergrößen in kurzen Zeitintervallen.

Mit der angegebenen Bezeichnungsweise kann man sich Begriffe wie **Kurzzeit-, Langzeit- und Momentan-Dosiergenauigkeit** ersparen. Die Bezeichnung S_{D1} (Zeitbasis $\Delta t = 1$ s) bedeutet also beispielsweise den „Momentan-Dosierfehler" bei Zeitintervallen von 1 s. Es sind also Fehlergrößen beim Dosieren stets durch die Angabe der Beobachtungszeitintervalle zu charakterisieren.

Die Bestimmung der Fehlergrößen erfolgt in der Regel während der kurzen Zeit der Prüfung, Kalibrierung, Justierung oder des Garantienachweises. Langzeiteinflüsse durch Verschleiß oder Driften werden dadurch nicht erfaßt (s. **Betriebsdosiergenauigkeit oder -fehler**).

3.3 Zeitbasis, Dosierfehlerbestimmung

Die Zeitbasis, die man bei kontinuierlichen Dosiervorgängen wählen muß, richtet sich einerseits nach den Prozeßeigenschaften und andererseits nach der Meßmethode für den Dosierstrom.

Die Berücksichtigung der **Prozeßeigenschaften** hat Vorrang und erfolgt nach **Verweilzeit, Mischverhalten** und gegebenenfalls **Reaktionsgeschwindigkeit**. Dabei sind selbstverständlich funktionsbedingte Dosierstrompulsationen in erster Linie zu betrachten, denn sie bestimmen sozusagen die zeitliche Grundschwankung des Dosierstromes (s. Bild 21), dem sich weitere zufällige nur noch überlagern.

Die meisten Prozesse erlauben durchaus eine Zeitbasis von 1–10 min oder entsprechend 100–1000 Einzelimpulsen der Dosierstrompulsation. Schnelle Prozesse mit kurzer Verweilzeit und wenig Längsmischung verlangen allerdings auch Zeitintervalle von 15 s und weniger. Die Festlegung der Zeitbasis ist uneinheitlich und teilweise von betrieblichen Belangen mitgeprägt. So wird bei Dosierbandwaagen kürzestens ein Bandumlauf, bei Dosierdifferentialwaagen die Einbeziehung mindestens eines Befüllvorganges empfohlen.

Hat man systematisch oder zufällig „wellige" Dosierströme, so wird der Dosierfehler der Rezeptur mit abnehmender Zeitbasis immer größer. Bei systematisch bedingter Welligkeit (Pulsation) empfiehlt sich die Synchronisierung der Pulsation zur Verbesserung der Rezepturgenauigkeit.

Die Wahl der Zeitbasis wird auch durch die verwendete **Meßmethode** beeinflußt, weil die Massenabgrenzung der Einzelbeobachtungen der Meßgenauigkeit für Zeitbasis und Masse bzw. Volumen unterliegt, die deutlich besser als der zu ermittelnde Dosierfehler sein sollte (Bild 23).

Die Massenabgrenzung der Einzelbeobachtungen des Dosierstromes kann diskontinuierlich, durch Steuerung von Schaltorganen (Weichen, Ventile) oder automatisch (softwaremäßig) durch additive oder subtraktive Entnahme- oder Füllvorgänge erfolgen (Bild 23a und b). Der diskontinuierliche Dosiervorgang ist dabei ein Sonderfall, bei dem die Zeitbasis der Dauer des Dosiervorganges selbst entspricht (Bild 23c). Bei deutlicher Dosierstrompulsation kann die Zeitbasisbestimmung auch auf eine möglichst getriggerte Zählung zurückgeführt werden, was aber Drehzahlkonstanz des Dosiergeräts voraussetzt (Bild 23d).

Die Bestimmung der Zeitbasis ist mit elektronisch schnell abtastenden (z. B. 50 ms-Schritte) rechnergestützten Meßsystemen leicht und genau möglich; dagegen verursachen mechanische Abgrenzungsmethoden bis um Faktor 10 größere Zeitfehler.

Der Meßfehler für die abgrenzende Menge selbst hängt von der Genauigkeit der verwendeten Meßgeräte (z. B. Waage, Niveau- oder Durchflußmessung) ab.

Die Dosierfehlerbestimmung bedarf besonderer Prüfinstallationen und -einrichtungen, die mit der Dosieranlage zu planen sind (Bild 24). Geeignet sind für Schüttgüter addierende Waagen oder Prüfbunker (Bild 24a und b). Für Flüssigkeiten ist zusätzlich noch die Niveaumessung (Prüfbüretten) und der Vergleich mit kalibrierten Durchflußmeßgeräten üblich (Bild 24c).

Bei kurzen Zeitintervallen bleibt schließlich aus meßtechnischen Gründen nur das Speicherband mit (mühseliger) Einzelabgrenzung übrig, was aber ein einigermaßen realistisches Abbild des Dosierfehlers bei kurzen Zeitintervallen vermittelt (Bild 24d). Bei diskontinuierlichen Dosierverfahren legt die Dosiersteuerung die Zeitdauer der Charge fest, deren Genauigkeit durch die Art der Annäherung an den gewünschten Wert (Grob-/Feinstrom) bestimmt wird. Die Zeitbasis spielt hier als Meßwert keine Rolle. Die Prozedur der Dosierfehlerbestimmung ist aber nach Abgrenzung der Einzelbeobachtungen wie bei

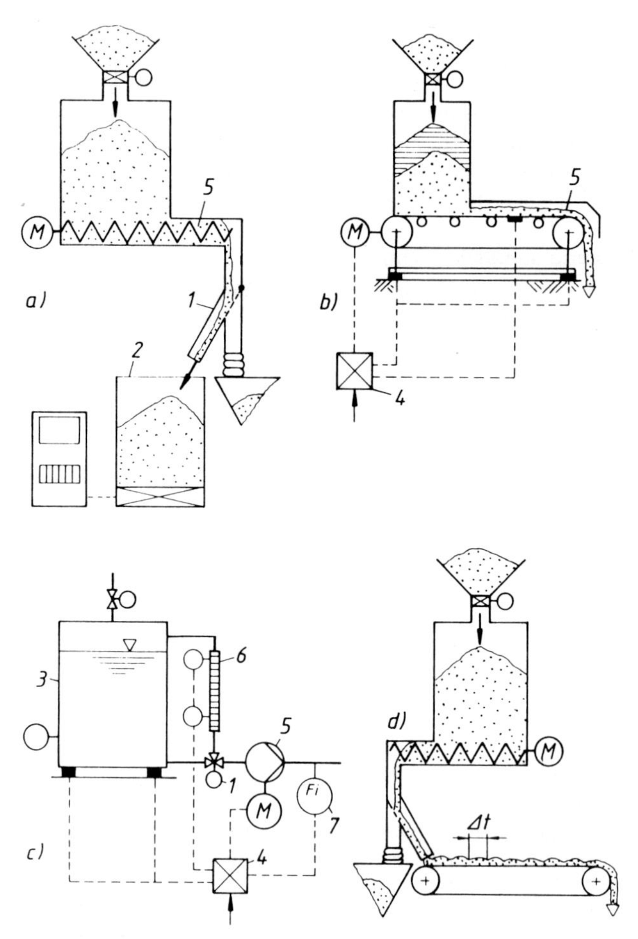

Bild 24: *Prüfinstallationen*
a) Schneckendosierer mit Prüfwaage (addierend)
b) Dosierbandwaage mit Prüfbunker
c) Speicherband mit Zeitabgrenzung über Strecken
d) Volumen-, Durchfluß- oder Wägeprüfung bei der Fluiddosierung
1 Weiche, Ventil
2 Auffangbehälter
3 Vorratsbehälter/Prüfbunker (Wägung, Niveau/Volumen)
4 Regelung/Steuerung
5 Dosiergerät
6 Volumenkontrolle
7 Durchflußkontrolle

kontinuierlichen Dosierverfahren. Wird bei diskontinuierlicher Dosierung jedoch aus einem kontinuierlichen Dosierstrom zeitlich ausgegrenzt, so hat die Genauigkeit der Zeitintervallbestimmung wieder Einfluß.

3.4 Rechnerische Bestimmung des Dosierfehlers aus Meßwerten

Aus praktischen Dosierfehlerbeobachtungen [15, 16] folgt, daß das Meßwertekollektiv näherungsweise **normal verteilt** ist, was auf viele kleine zufällige Fehlereinflüsse hinweist [16]. Für die Fehlerberechnung können daher aus der Meßtechnik bekannte Methoden (DIN 1319) verwendet werden.

Abweichungen von der Normalverteilung werden stets durch zusätzliche systematische Einflüsse hervorgerufen. Schwankt beispielsweise im Beobachtungszeitraum der Dosierstrom zwischen zwei Mittelwerten (Luftblasen bei Dosierpumpen, Fließstörungen bei Schneckendosierern), so kann eine ,,Kamelhöckerverteilung'' beobachtet werden. Bei periodischen Schwankungen (Befüllstöße bei Schneckendosierern) wird der Normalverteilung eine Schwingung überlagert, die scheinbar wieder eine Verteilung ergibt, die Ähnlichkeit der Normalverteilung zeigt. Die Verformung der Normalverteilung durch systematische (also nicht zufällige!) Schwankungen ist geradezu ein Indiz für systematische Fehler und insofern Anlaß für **Analysen und Maßnahmen**.

Zur Fehlercharakterisierung bei approximativ normal verteilten Meßwertkollektiven wird üblich die relative Standardabweichung s_v (Variationskoeffizient) angegeben, die (Meßwerte $\bar{\dot{m}}_i$, arithmetischer Mittelwert $\bar{\dot{m}}$ und Anzahl der Einzelbeobachtung z) nach Gl. (9) beträgt (S empirische Standardabweichung):

$$S_v = \frac{S}{\bar{\dot{m}}} = \sqrt{\frac{\sum_1^z (\dot{m} - \bar{\dot{m}})^2}{z-1}} = \frac{1}{\bar{\dot{m}}} \cdot \sqrt{\frac{\Sigma (\bar{\dot{m}}_i)^2 - \frac{1}{z} \cdot (\Sigma \bar{\dot{m}}_i)^2}{z-1}} \tag{9}$$

Gegenüber der Standardabweichung liefert die relative mittlere Abweichung (**Fehler**) um ca. 20–30 % geringere Zahlenwerte [18].

Das Ergebnis einer Dosierfehlerbestimmung (Bild 25) weist meist eine relative Mittelwertabweichung

$$s_m = \left| \frac{\bar{\dot{m}} - \dot{m}_{soll}}{\dot{m}_{soll}} \right| = \left| \frac{\Delta \bar{\dot{m}}}{\dot{m}_{soll}} \right| \tag{10}$$

sowie die als Dosierkonstanz bezeichnete Streuung um den realen Mittelwert, welche durch die Standardabweichung ausgedrückt wird, auf.

3.5 Statistische Sicherheit, Vertrauensbereich

Es muß beachtet werden, daß sich mit der Standardabweichung und ihren Vielfachen eine Aussage über die **statistische Sicherheit P** verbindet, wieviel Meßwerte $\bar{\dot{m}}_i$ also im so beschriebenen Streuband enthalten sind (Bild 26).

Der **Vertrauensbereich des Mittelwertes** $\bar{\dot{m}}$ hängt dagegen in erster Linie von der Zahl der Einzelbeobachtungen ab, mit denen er bestimmt wurde (Tafel 2). Der halbe Betrag des absoluten Vertrauensbereichs ist dann (relativer Vertrauensbereich: Division durch $\bar{\dot{m}}$):

$$u_z = \frac{t \cdot S}{\sqrt{z}} \tag{11}$$

Werte für t bzw. $t/\sqrt{z}$ sind tabelliert ([19] DIN 1319).

Bei unendlich vielen Einzelbeobachtungen z verschwindet der Vertrauensbereich, innerhalb dessen der reale Mittelwert $\bar{\dot{m}}_{real}$ liegt ($\bar{\dot{m}} = \bar{\dot{m}}_{real}$).

Tafel 2: Werte für t und $t/\sqrt{z}$

z		5	10	20	50	∞
P = 68,26 %	t	1,15	1,06	1,03	1,01	1,00
	$t/\sqrt{z}$	0,51	0,34	0,23	0,14	$1/\sqrt{z}$
P = 95 %	t	2,78	2,26	2,09	2,01	1,96
	$t/\sqrt{z}$	1,24	0,71	0,48	0,28	$1{,}96/\sqrt{z}$
P = 99 %	t	4,60	3,25	2,86	2,68	2,58
	$t/\sqrt{z}$	2,06	1,03	0,64	0,38	$2{,}58/\sqrt{z}$

$$\bar{\dot{m}} + \frac{t \cdot S}{\sqrt{z}} > \bar{\dot{m}}_{real} > \bar{\dot{m}} - \frac{t \cdot S}{\sqrt{z}} \tag{12}$$

Zur Bestimmung von Dosierfehlergrößen ist die zweckmäßige Wahl das statistische Sicherheit P zu vereinbaren. Der Vertrauensbereich des Mittelwertes kann dagegen durch genügende Zahl Einzelbeobachtungen eingegrenzt werden.

Alle Ergebnisse sind im Spiegel der **Meßunsicherheit** zu sehen, die man in der Regel allein nach den angegebenen oder ermittelten Fehlergrenzen der verwendeten Geräte beurteilen kann. Was den Mittelwert $\bar{\dot{m}}$ anbetrifft, so liegt man auf der sicheren Seite, wenn man den absoluten Vertrauensbereich linear erweitert

$$u_g = u_z + u_s \tag{14}$$

wobei u_s einigermaßen pauschal die systematische und zufällige Meßunsicherheit der Meßwerterfassung kennzeichnen soll. Nachdem hier ein Feld für Unklarheiten sein kann, werden Vereinbarungen empfohlen [20].

3.6 Bewertung von Dosierfehlerbestimmungen

Ganz allgemein fällt die Bestimmung einer Fehlergröße als Meßwertekollektiv an mit dem Mittelwert $\bar{\dot{m}}$ und der empirischen Standardabweichung S (Bild 25). Die Bewertung richtet sich nach den Prozeßerfordernissen und muß vereinbart werden. Folgende alternative Bewertungen sind anwendbar:

a) **Der Vertrauensbereich u_g des Mittelwertes m soll innerhalb der durch die Dosiergenauigkeit S_T festgelegten Toleranzen liegen** (Bild 25a). Die zu vereinbarende statistische Sicherheit hat einen gewissen Einfluß auf das Ergebnis. Kalibrierungen oder Justierungen sollten bei derartigen Untersuchungen nur einmal für den gesamten Regelbereich zulässig sein.

b) **Die Dosierkonstanz ist kennzeichnend,** weil der Prozeß selbst die Dosiereinrichtung führt und Mittelwertabweichungen ausgeregelt werden. Üblich ist in diesen Fällen die Wahl der statistischen Sicherheit im Bereich P = 68−95 % (ein- oder zweifache empirische Standardabweichung). Die Zahl der Einzelbeobachtungen sollte $z > 10$ betragen, damit das statistische Ergebnis einigermaßen aussagefähig ist.

c) **Die Beobachtungswerte sollen bei der vereinbarten statistischen Sicherheit im Rahmen der Dosiergenauigkeitsangabe liegen** (Bild 25b). Im Falle dieser strengsten Forderung gilt für die absoluten Abweichungen:

$$S_T > |S_m| + |S_\kappa| \tag{15}$$

$$S_\kappa = k \cdot S \tag{16}$$

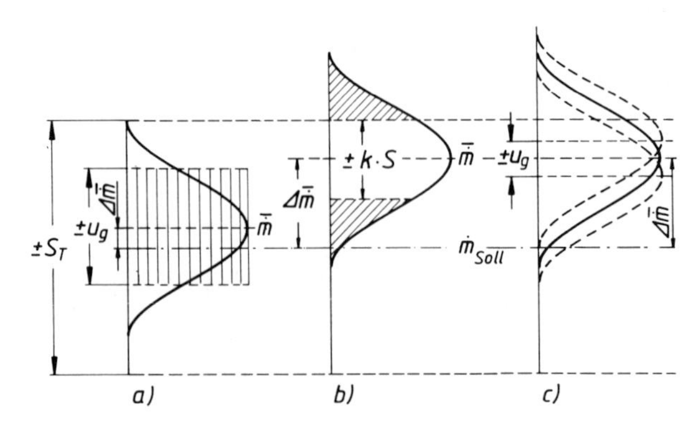

Bild 25: Dosierfehler und -konstanz beim Nachweis der Dosiergenauigkeit

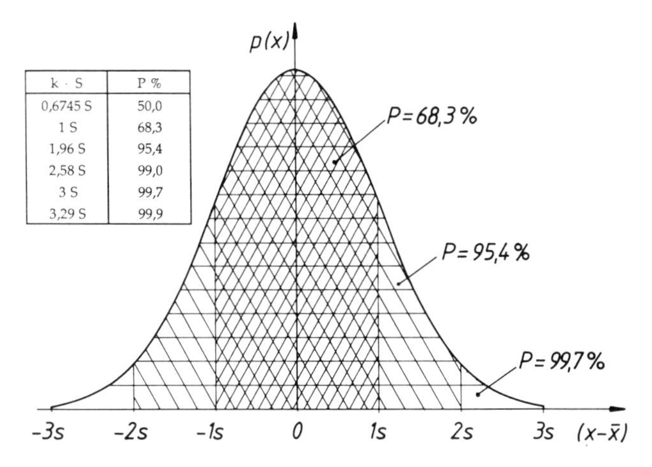

Bild 26: Statistische Sicherheit

Tafel 3: Definition und Vereinbarungen zur Nachprüfung und Anwendung der Dosiergenauigkeit

DEFINITIONEN	
DOSIERGENAUIGKEIT	**Qualitätsangabe**
DOSIERFEHLER REPRODUZIERBARKEIT DOSIERKONSTANZ	**Abweichung vom Sollwert zusätzliche Sollwert-Verstellung Streuung Ist-(Mittel) Wert**
BESTIMMUNG (Vereinbarungen)	
ZEITBASIS	**Prozeß, Meßtechnik, Dosiereinrichtung**
BERECHNUNG	**Standardabweichung s (vielfaches k·s) mittlerer Fehler**
STATISTISCHE SICHERHEIT	**Prozeß, Qualitätsrisiko z.B. P = 99%, k = 2; P = 68%, k = 1**
ZAHL EINZELBEOBACHTUNGEN z	**Vertrauensbereich des Mittelwerts u_z**
MESSMETHODE	**Meßunsicherheit u_s**
BEWERTUNG	**Dosierfehler (Reproduzierbarkeit)= Standardabweichung (k) zuzügl. Mittelabweichung, Vertrauensbereich und Meßunsicherheit Dosierkonstanz = Standardabweichung (Mindestzahl z)**

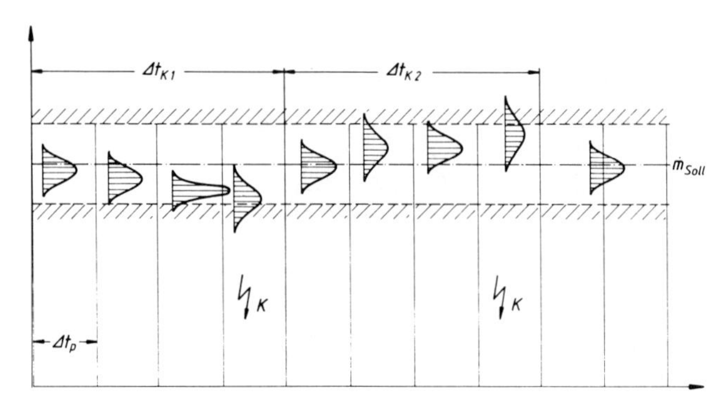

Bild 27: Betriebsdosierfehler und Kalibrierzyklen

Der Faktor k hängt von der gewählten statistischen Sicherheit P ab (Bild 26). Die Zahl der Einzelbeobachtungen sollte $z > 10$ betragen; die Unsicherheit der Meßwerterfassung sollte dem gemessenen Mittelwert angelastet werden (Bild 25c).

In Tafel 3 wird ein Überblick zur Dosiergenauigkeit und den erforderlichen Vereinbarungen zu deren Nachprüfung gegeben.

3.7 Dosiergenauigkeit und Betriebszeit

Dosiergenauigkeitsangaben enthalten normalerweise keine Festlegungen über das Langzeitverhalten von Dosiereinrichtungen.

Das Prüfergebnis der Dosiergenauigkeit erfaßt nur den ganz kurzen Prüfzeitraum (wenige Stunden). Der Anwender will gerne eine Prognose, über welchen Betriebszeitraum er die Einhaltung der zugesagten Dosiergenauigkeit erwarten kann.

Die Betriebszeit bewirkt nämlich in der Regel durch Verschleiß, Ermüdung und sonstige Veränderungen in Richtung der Vergrößerung des Dosierfehlers. Es ist ein ausgesprochenes Qualitätsmerkmal einer Dosiereinrichtung, wenn sie langzeitgenau und unempfindlich ist.

Langzeiterfahrung in dieser Hinsicht gewinnt man durch regelmäßige Prüfung und Kalibrierung, wozu geeignete Einrichtungen vorhanden sein müssen. Häufig reicht die Prüfung bestimmter Funktionen der Dosiereinrichtung (z.B. Wägezellen mit Gewichten etc.) Aus der Kalibriererfahrung (Bild 27) findet man die erforderlichen Kalibrierzyklen Δt_K. Aus derartigen Untersuchungen ergibt sich der **Betriebsdosierfehler $S_{DB\Delta t_K}$**, bei dem die Mindestbetriebszeit Δt_K angemerkt ist, innerhalb welcher erfahrungsgemäß die Dosierfehlergröße in vorgegebenen Schranken bleibt.

Schrifttum:

[1] Vetter, G.: Kap. 6 Dosierverfahren. – In: Messen, Steuern und Regeln in der Chemischen Technik. (Hrsg. v. J. Hengstenberg, B. Sturm, O. Winkler); Springer-Verlag, Berlin, Dritte Auflage Bd I, 1980.
[2] Vetter, G.: Dosieren von festen und fluiden Stoffen. – Chem.-Ing.-Tech. (1985) No. 5. 395–409.
[3] Eichordnung Ausgabe 1975. Deutscher Eichverlag Braunschweig.
[4] Zweites Gesetz zur Änderung des Eichgesetzes. 20.1.76, BGBl. I. 141.
[5] DIN 1319, Grundbegriffe der Meßtechnik.
[6] DIN 19226, Regelungs- und Steuerungstechnik, Begriffe und Benennungen.
[7] DIN 8120, Teil 3, Begriffe im Waagenbau, 1981.
[8] DIN 19229, Übertragungsverhalten dynamischer Systeme, Begriffe.
[9] Vetter, G. und H. Wolfschaffner: Entwicklungslinien der Schüttgutdosiertechnik. – Chem.-Ing.-Tech. (1990) Nr. 9, S. 695–706.

[10] Horn, K.: Wägeprinzipien, aus: Handbuch des Wägen (Hrsg. M. Kochsiek) S. 43 ff, Friedrich Vieweg & Sohn, Braunschweig 1985.
[11] Vetter, G.: Die Durchflußkontrolle kleiner Dosierpumpen bei stetiger und pulsierender Strömung. – Chem.-Ing.-Tech. 60 (1988) Nr. 9. 672–685.
[12] Vetter, G.; St. Notzon: Meßgenauigkeit und Störungen von Coriolisdurchflußmessern bei pulsierender Strömung, GVC Jahrestreffen der Verfahrensingenieure, Nürnberg 1993.
[13] Vetter, G.: Ausführungskriterien und Störeinflüsse bei oszillierenden Dosierpumpen. – In: Pumpen Jahrbuch 1. Ausgabe. (Hrsg. G. Vetter). Vulkan-Verlag, Essen, 1987.
[14] Vetter, G.: Die Dosiergenauigkeit bei der Stoffdosierung. – Chem.-Ing.-Tech. 61 (1989). 136–140
[15] Vetter, G.; H. Gericke und D. Fritsch: Zur kontinuierlichen Dosierung von Schüttgütern mit Schneckendosiergeräten. – Aufbereitungstechnik. 25. (1984) 12. 705 ff.
[16] Fritsch, D.: Zum Verhalten volumetrischer Schneckendosiergeräte für Schüttgüter. – Diss. Universität Erlangen-Nürnberg 1988.
[17] Bronstein, I.N. und K.A. Semandjajew: Taschenbuch der Mathematik. – 22. Auflage, Hrsg. v. G. Gosche, V. Ziegler, D. Ziegler. Thun und Frankfurt/Main: Harri Rentsch, 1985.
[18] Colijn, H.: Weighing and Proportioning of Bulk Solids. – 2. Ed., Houston: Gulf Publishing Co, 1983.
[19] Hemmi, P.: Statistische Meßfehler. – In: Handbuch der Meßtechnik. (Hrsg. P. Profos). – Vulkan-Verlag, Essen, 1974.
[20] Hengstenberg, J.; B. Sturm und O. Winkler (Hrsg.): Messen, Steuern und Regeln in der Chemischen Technik. – Bd I, Springer-Verlag, Berlin, 1980. 213 ff.

Charakterisierung der Stoffeigenschaften bei Dosieraufgaben

Von G. VETTER und R. FLÜGEL[1])

1. Einleitung

Bei Dosieraufgaben ist die Charakterisierung der Stoffeigenschaften, welche den Dosiervorgang bestimmen, von größter Bedeutung. Insbesondere betrifft dies alle Daten, die das Fließen und die Dichte der Stoffe beeinflussen.

Die folgenden Erläuterungen beschränken sich auf **Flüssigkeiten und Schüttgüter.** Gase sind in der Regel durch Zustandsdiagramme gut charakterisiert.

[1]) Prof. Dipl.-Ing. G. Vetter, Dipl.-Ing. R. Flügel, Lehrstuhl für Apparatetechnik und Chemieanlagenbau, Universität Erlangen, Erlangen

Tafel 1: Checkliste für Fluide

Bezeichnung			
chemische Zusammensetzung			
Druck		Dampfdruck	
Temperatur		Schmelztemperatur	
Dichte		Kompressibilitätskoeffizient	
dynamische/kinemat. Viskosität		Volumenausdehnungskoeffizient	
Schallgeschwindigkeit		elektrische Leitfähigkeit	
spezifische Wärmekapazität		Wärmeleitfähigkeit	
Dielektrische Konstante		Gaskonstante	
Oberflächenspannung		Isentropenexponent	
Luft-/Gaslöslichkeit			
Struktur	homogen/heterogen		
	Feststoffkonzentration, Kornverteilung/-form		
	Partikelhärte		

abrasiv		belagbildend					
korrosiv		radioaktiv					
toxisch		reagierend					
explosiv		hygroskopisch					
entzündbar		klebrig					

Tafel 2: Checkliste für Schüttgüter

Bezeichnung									
chemische Zusammensetzung									
Klassifizierung DIN ISO 3435									
Partikelgröße									
Partikelform									
Partikelverteilung									
Böschungswinkel α_B						Auslaufwinkel α_A			
Schüttdichte ρ_{Sch}						Rutschwinkel α_R			
Rütteldichte ρ_{SR}						Feuchtegehalt			
Kompressibilität, Schüttgutdichte ρ_{Sp}									
Fluidisierung/Entgasung									
eff. Reibungswinkel ϕ_e						Wandreibungswinkel ϕ_w			
inn. Reibungswinkel ϕ_i						Fließfaktor ff_c			
Schüttgutfestigkeit f_c						Fließwert ρ_{Sp}/ρ_{Sch}			
aufbauend	n		brennbar	s		übelriechend x			
abrasiv	o		staubend	t		giftig y			
korrosiv	p		feucht	u					
zerbrechlich	q		klebrig	v					
explosiv	r		hygroskopisch	w					

Es bestehen grundsätzliche Unterschiede, wie fließende Stoffe Räume füllen: Flüssigkeiten und Gase füllen bereitwillig und vollständig, Schüttgüter bilden Böschungen und können Fließstörungen durch Brückenbildung zeigen.

Es ist zweckmäßig, für die erforderlichen Stoffeigenschaften Checklisten zu verwenden (Tafel 1 + 2).

2. Flüssigkeiten

Bei nicht zu großer Viskosität fließen Flüssigkeiten gut. Die Raumbefüllung im Detail hängt vom Benetzungsverhalten ab. Geringe **Kontaktwinkel** (Bild 1) bzw. **Oberflächenspannungen** sind für gute Befüllung von Abgrenzungsräumen günstig [1].

2.1 Dichte und Kompressibilität

Grundsätzlich ergeben sich alle erforderlichen Daten aus Zustandsgleichungen bzw. -diagrammen (z. B. TS-Diagramm, Bild 2).

Kontaktwinkel	System Fest / Flüssig
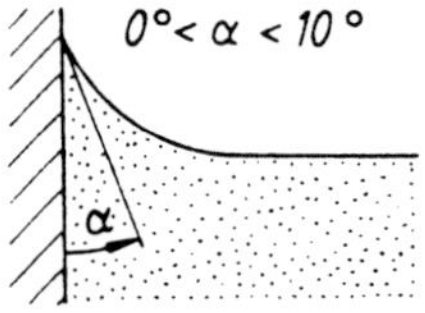 $0° < \alpha < 10°$	Kupfer / Äthylalkohol (breitet sich aus) Eisen / Wasser Glas / Aceton
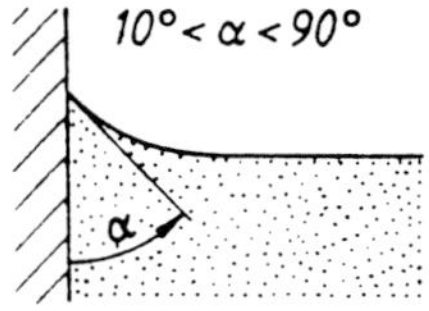 $10° < \alpha < 90°$	Glas / Glyzerin Nickel / Schwefelsäure (10 %) Graphit / Wasser
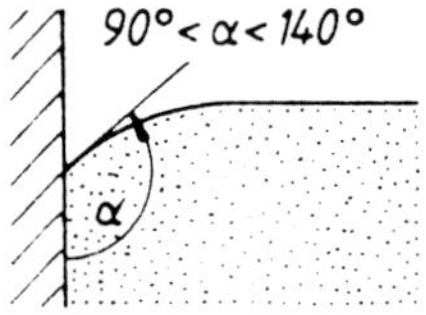 $90° < \alpha < 140°$	Paraffine / Wasser PTFE / Wasser
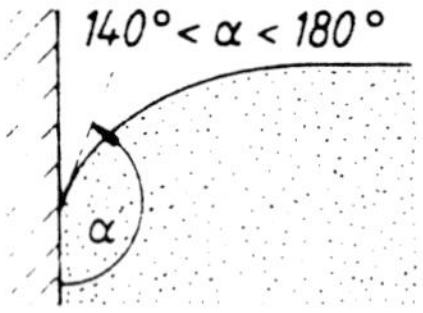 $140° < \alpha < 180°$	Glas / Quecksilber Stahl / Quecksilber

Bild 1: Benetzungsverhalten von Fluiden

Bei vielen Dosierungen liegt man weitab von den kritischen Bedingungen, und die linearisierte Zustandsgleichung ist genügend genau für das spezifische Volumen ($\upsilon = 1/\varrho$):

$$\upsilon (p, t) = [1 + \beta_0 (T - T_0) - \chi_0 (p - p_0)] \qquad (1)$$

isobarer Volumenausdehnungskoeffizient:

$$\beta_0 = \frac{1}{\upsilon} \left(\frac{\delta \upsilon}{\delta T} \right)_p \qquad (2)$$

isothermer Kompressibilitätskoeffizient (Bild 3):

$$\chi_0 = - \frac{1}{\upsilon} \cdot \left(\frac{\delta \upsilon}{\delta p} \right)_T \qquad (3)$$

Zwischen den in Nachschlagewerken genannten Werten für die relative Volumenkompression $\Delta V/V$, dem Kompressionsmodul K_c und dem Kompressibilitätskoeffizienten χ gilt:

$$\chi = \frac{1}{K_c} = - \frac{\Delta V}{V} \cdot \frac{1}{\Delta p} \qquad (4)$$

In der Fluiddosiertechnik muß meist die Umrechnung von Volumen- in Massenstrom über die Dichte ϱ (p, T) erfolgen, was mit Einzelwerten (Bild 4) oder Näherungsgleichungen für bestimmte Zustandsbereiche (z. B. Gl. (1)) software-mäßig erfolgen kann.

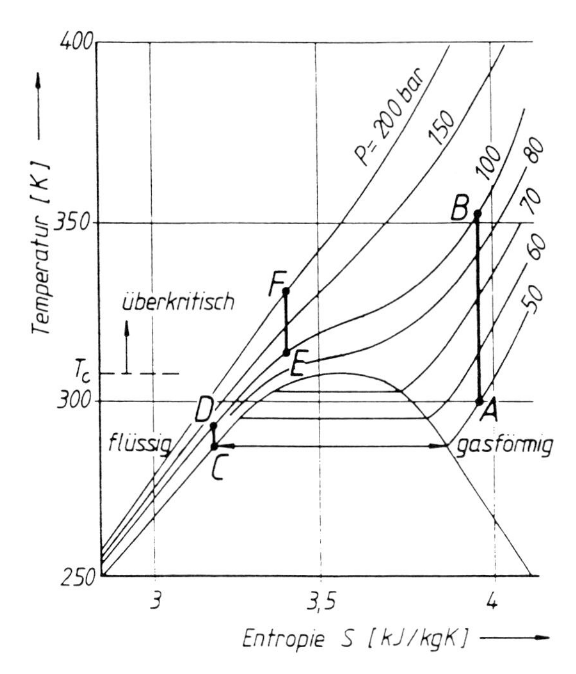

Bild 2: TS-Diagramm (Beispiel CO_2) und Zustandsänderungen in Pumpen und Verdichtern
DC Flüssigkeit, EF überkritisches Fluid, AB Gas

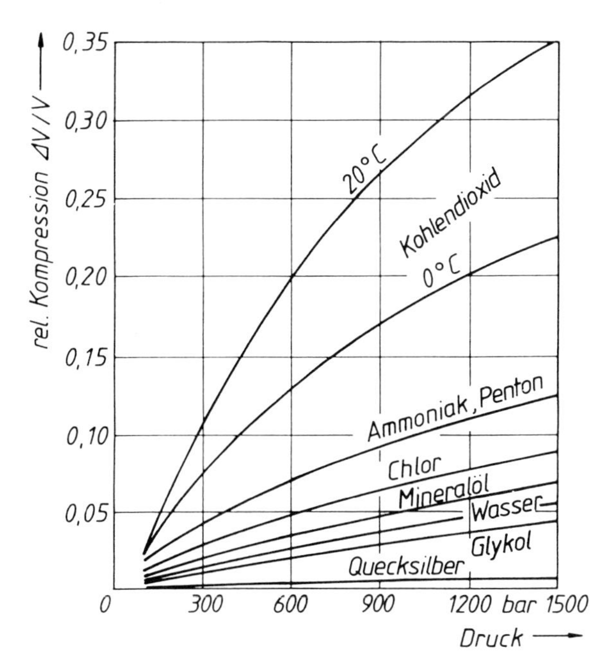

Bild 3: Relative Volumenkompression für Flüssigkeiten

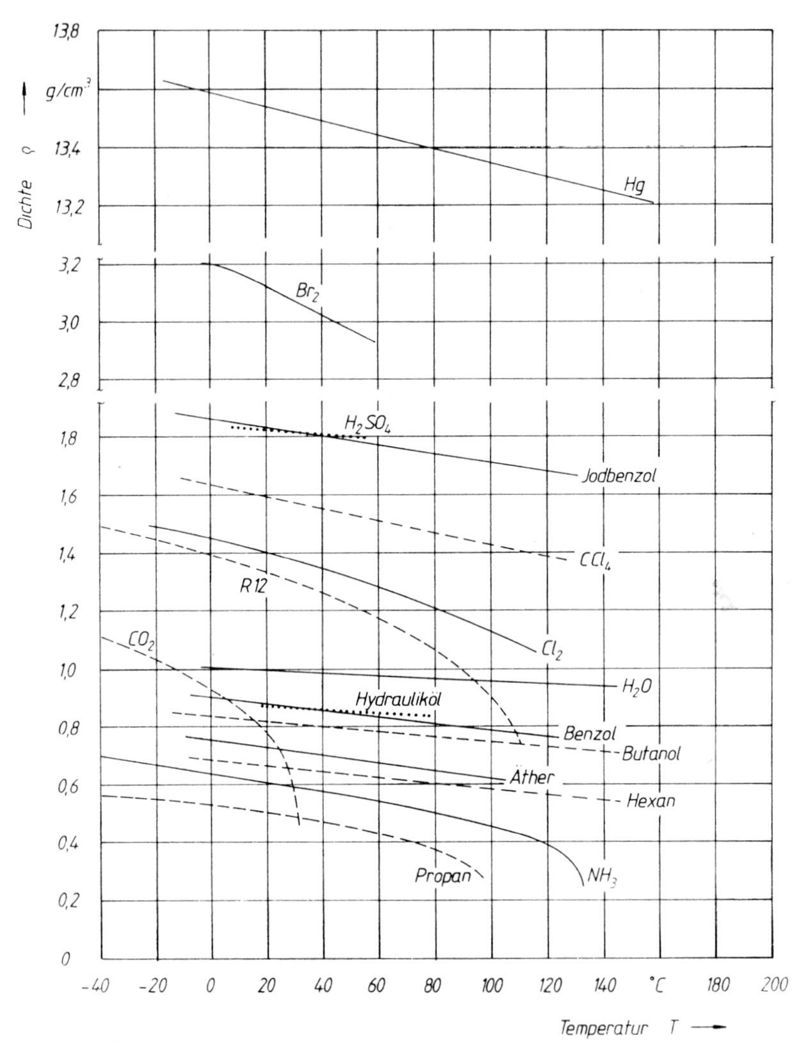

Bild 4: Dichte verschiedener Fluide in Abhängigkeit von der Temperatur (bei 1 bar oder Dampfdruck)

2.2 Dampfdruck, Gaslöslichkeit

Phasenwechsel ist bei Volumen-Dosiervorgängen – Dosierpumpen, Volumendurchflußmesser – zu vermeiden, weil sonst die Dichtebestimmung problematisch ist. Zudem erzeugt Phasenwechsel Druckstöße und Verschleiß durch Dampfkavitation. Der **Dampfdruck** ist eine temperaturabhängige Stoffkonstante (Bild 5); bei Stoffgemischen ist nach bekannten Regeln oder experimentell die Bestimmung vorzunehmen.

Bei Dosiervorgängen stören weiter aus dem Fluid austretende **Gasblasen**. Gase lösen sich teilweise stark in Flüssigkeiten (Tafel 3). Beispielsweise beträgt die Luftsättigung in Hydrauliköl bei 1 bar 10 Vol.-% (etwa linear mit dem Druck ansteigend).

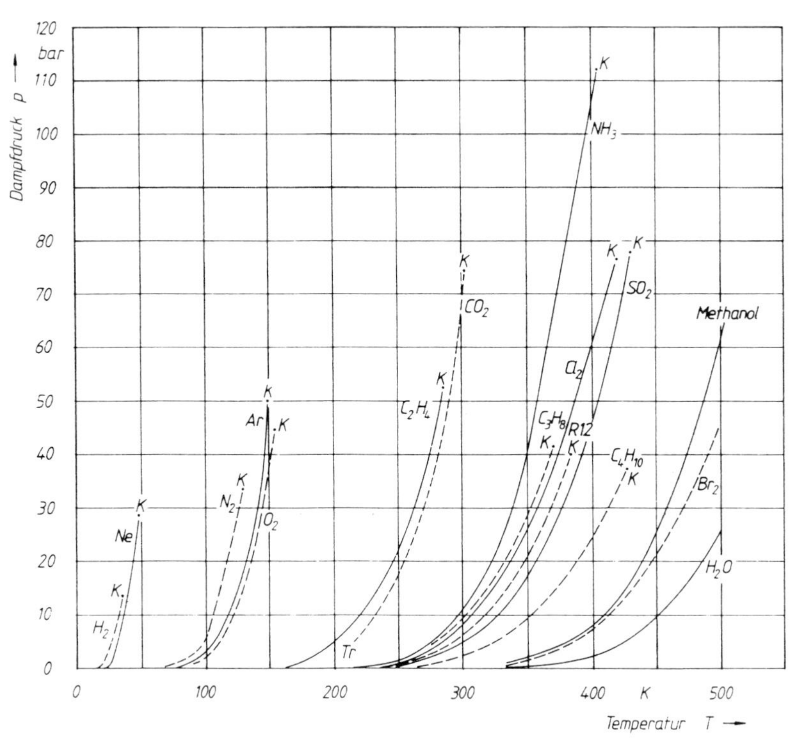

Bild 5: Dampfdruck von Fluiden

Bei Druckabsenkung treten, ausgehend vom Sättigungszustand, kontinuierlich Gasblasen aus, teilweise mit verdampfungsähnlichem Aufschäumen (Gas- im Gegensatz zu Dampfkavitation). Es ist eine wichtige Aufgabe, bei der Planung von Flüssigkeitsdosiersystemen Phasenwechsel durch geeignete Druckverteilung sicher zu unterbinden.

Tafel 3: Löslichkeit von Luft (20 °C, 1 bar)

Stoff	Löslichkeit Nm^3/t bar
n-Hexan	0,35
n-Oktan	0,25
Methanol	0,21
Butanol	0,16
Cyclohexan	0,19
Aceton	0,2
Hydrauliköl	0,085
Tetrachlorkohlenstoff	0,09
Äthylenglykol	0,012

2.3 Viskosität

Die Viskosität bestimmt beim Strömen von Fluiden maßgeblich den Druckverlust. Als Definitionsmodell dient die Bewegung zweier paralleler Platten mit einer Fluid-Zwischenschicht. Die Schubspannung ist bei Fluiden eine Funktion des Schergefälles ($dw/dy = \dot{\gamma}$):

$$\tau = K \cdot \frac{dw}{dy} = K \cdot \dot{\gamma} \tag{5}$$

Dieser Zusammenhang wird als **Fließkurve** bezeichnet.

Eine Reihe kennzeichnender Eigenschaften müssen unterschieden werden, wobei der Schwerpunkt bei leichter fließfähigen Stoffen liegen soll:

a) Zeitunabhängige oder rein-viskose Fluide

Die Zeitdauer der Scherbeanspruchung beeinflußt die isotherme Fließkurve nicht. **Newtonsche Fluide** zeigen eine lineare Fließkurve (Bild 6). Die Größe K kennzeichnet die Steigung der Geraden, ist eine Konstante und entspricht der **dynamischen Viskosität** η (Einheit: $Ns/m^2 = Pa \cdot s = 10^3$ mPas).

Die **kinematische Viskosität** beträgt $\nu = \eta/\varrho$ (Einheit: $m^2/s = 10^6\ mm^2/s$)

Newtonsche Fluide sind viele niedrigviskose Öle und Harze sowie Wasser und wässrige Lösungen.

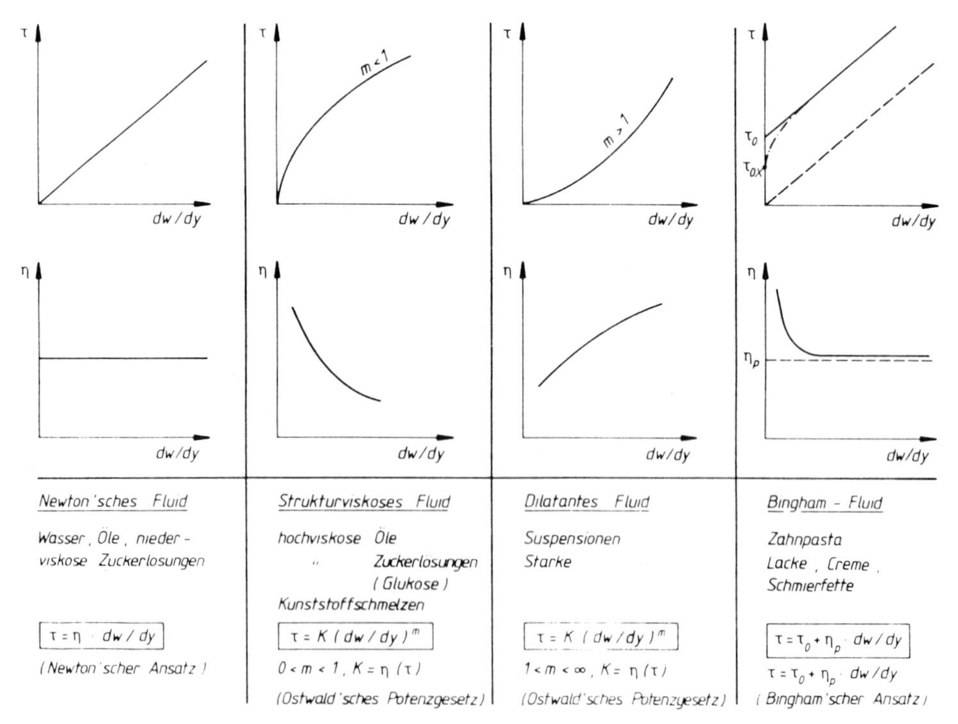

Bild 6: Fließgesetze reinviskoser Fluide

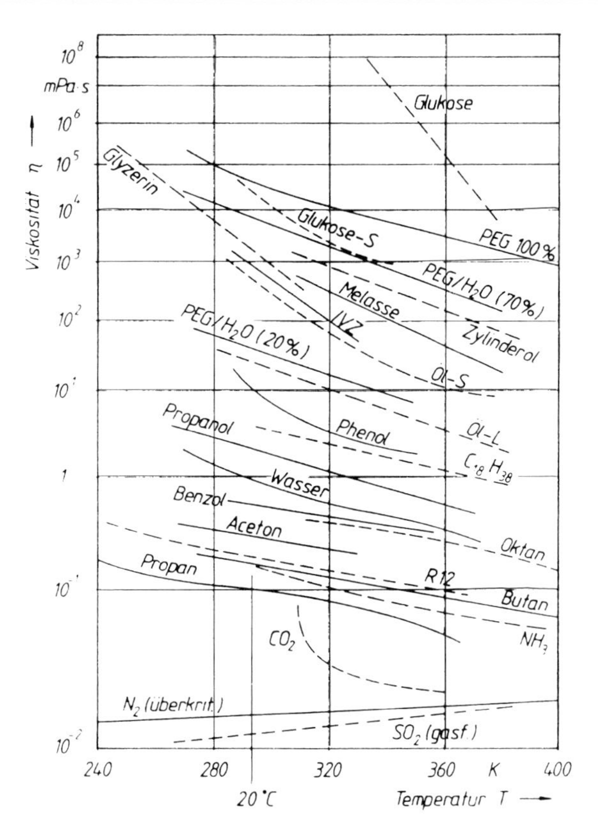

Bild 7: Dynamische Viskosität von Fluiden in Abhängigkeit von der Temperatur

Der Temperatur- und Druckeinfluß auf die Viskosität Newtonscher Fluide erfolgt in der Form (Bild 7 + 8)

$$\eta = A \cdot \exp\left(\frac{p}{T} + C\right) \tag{6}$$

Die Viskosität sinkt stark mit der Temperatur und steigt wenig mit dem Druck.

Strukturviskose oder pseudoplastische Fluide zeigen mit dem Schergefälle abnehmende Steigung der Fließkurve. Die ,,Viskosität'' $\eta = K$ reduziert sich also mit dem Schergefälle (,,scherverdünnend''). Beispiele: Tapetenkleister, manche hochviskosen Öle und Harze, Farben und Farbpigmente.

Bei **dilatanten Fluiden** nimmt die Viskosität mit dem Schergefälle dagegen zu (,,scherverdikkend'': Dilatante Fluide sind manche Suspensionen wie z.B. Gips-, Kalk-, Sand-, Stärke-Suspensionen in Wasser).

Newtonsche, strukturviskose und dilatante Fluide lassen sich beispielsweise mit dem **Ostwaldschen Potenzansatz** beschreiben (Bild 6).

$$\tau = K \cdot \dot{\gamma}^m \tag{7}$$

Plastisches Fließverhalten zeigen Fluide mit Fließgrenze. Sie erfordern eine bestimmte Schubspannung τ_0, bevor der Fließvorgang einsetzt. Ansonsten kennen wir Fluide mit linearer, degressiver

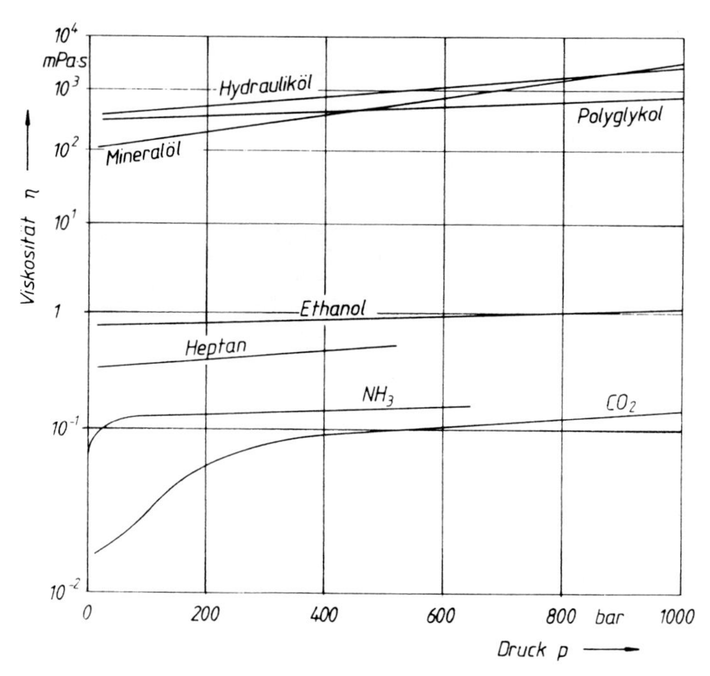

Bild 8: Druckabhängigkeit der Viskosität Nowtonscher Fluide

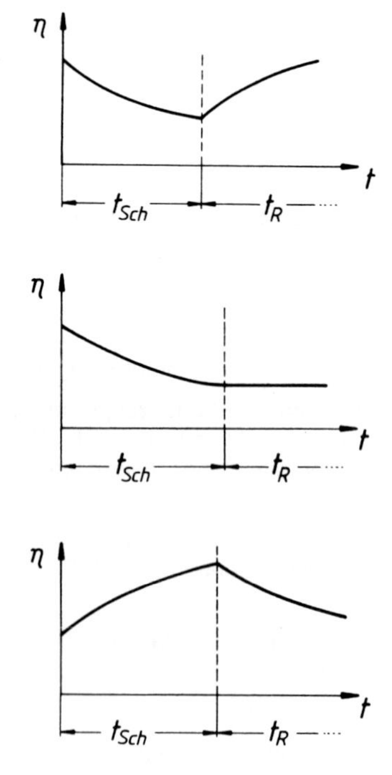

Bild 9: Fließverhalten zeitabhängiger Fluide (schematisch)

oder progressiver Steigung der Fließkurve. Eine Näherung, die für eine Reihe Fluide – Zahnpasta, Senf, Schmierfette – zutrifft, ist der **Bingham-Ansatz** des Fließgesetzes

$$\tau = \tau_0 + \eta_p \cdot \dot{\gamma} \qquad (8)$$

mit linearem Fließgesetz nach Überwindung der Fließgrenze. Eine Reihe anderer Ansätze zur Beschreibung des Fließgesetzes plastischer Fluide sind bekannt.

b) Zeitabhängige Fluide

Die isotherme Fließkurve ist bei diesen Fluiden sowohl vom Schergefälle als auch von der Scherzeit sowie von der Reihenfolge der Beanspruchung abhängig.

Thixotrope Fluide – z. B. Dispersionsfarben – zeigen abnehmende Viskosität mit der Scherzeit t_{Sch} (Bild 9 a); nach einer Beanspruchung (Ruhezeit t_R) „erholt" sich das Fluid durch reversible Struktur- bzw. Sol-Gel-Umwandlung wieder. Die schnell durchfahrene Fließkurve zeigt eine Hysterese gegen den Sinn des Uhrzeigers.

Unecht ist die Thixotropie, z. B. bei Dickmilch, wenn die scherzeitbedingte Strukturzerstörung nicht reversibel ist (Bild 9 b).

Rheoplexe Fluide – z. B. Seifen-Schlicker – zeigen mit der Scherzeit zunehmende Viskosität. Die Fließkurve (Bild 9 c) zeigt eine Hysterese im Uhrzeigersinn.

2.4 Schmelztemperatur

Auf die Schmelztemperatur sowie das Schmelzverhalten von Stoffen generell wird nicht eingegangen. Mit Bild 10 soll der oft übersehene Druckeinfluß auf die Schmelztemperatur dargestellt werden. Mancher hat nämlich schon erlebt, daß ein Fluid bei der Verdichtung auf hohen Druck erstarrte!

2.5 Schallgeschwindigkeit

Für Dosiervorgänge spielt die Schallgeschwindigkeit eine Rolle zur Beurteilung von Stoßdrücken und Druckschwingungsresonanzen, die gewaltige Störungen auslösen können [1]).

Die Schallgeschwindigkeit folgt unmittelbar aus den Zustandsdaten

$$a = \sqrt{\left(\frac{\delta p}{\delta \varrho}\right)_{ad}} \qquad (9)$$

mit dem Kompressionsmodul K gilt auch

$$a = \sqrt{\frac{K}{\varrho}} \qquad (10)$$

Der Elastizitätseinfluß der Wände von Rohren wird mit Fluidkompressibilität χ_F, Elastizitätsmodul E des Rohrleitungswerkstoffs, Rohrleitungsdurchmesser d_i und Wandstärke t als Kompressionsmodul

$$K = \frac{1}{\chi_F + \frac{d_i}{E \cdot t}} \qquad (11)$$

berücksichtigt.

Die „freie" Schallgeschwindigkeit von Flüssigkeiten ist also größer als jene in elastischen Rohren. Dramatisch ist ferner der mindernde Einfluß von Gasbläschen auf die Schallgeschwindigkeit.

---

[1]) s. Kap. 4.2 (Beitrag G. Vetter, Notzon) dieses Buches

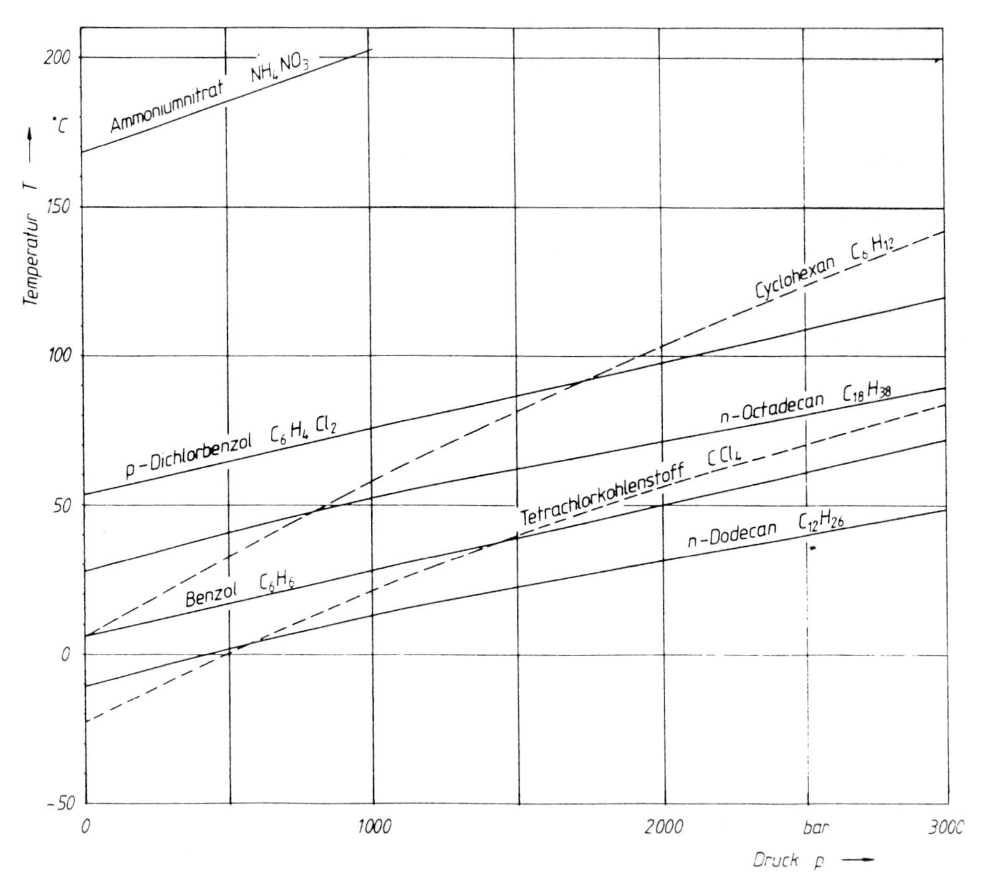

Bild 10: Schmelztemperatur in Abhängigkeit vom Druck

3. Schüttgüter

Schüttgüter zeigen vergleichsweise zu Fluiden viel kompliziertere Fließeigenschaften. Feinkörnige Schüttgüter können unter Pressung durch Kohäsion Druckfestigkeit entwickeln und **kohäsive Gutbrücken** bilden. Grobkörnige Schüttgüter entwickeln durch Verkeilung **mechanische Gutbrücken**. Bei Brückenbildung erliegt der Schüttgutfluß. Andererseits werden Schüttgüter durch Luftaufnahme **fluidisiert und fließen wie Fluide**. Bei der Volumenabgrenzung stellt sich die Frage nach der realen Schüttgutdichte, die durch Kompressibilität stark vom Auflastdruck abhängig ist.

3.1 Fließstörungen bei Dosiergeräten und wichtige Schüttguteigenschaften[2])

Volumetrische und gravimetrische Dosierer sind besonders in ihren Abgrenzungsquerschnitten oder -volumen von den Fließeigenschaften der Schüttgüter abhängig. Stetiger Schüttgutfluß ist eine Voraussetzung für die genaue Dosierung. Beispielsweise verhindert Brückenbildung des Schüttgutes über der Kammer eines Kammerdosierers oder der Schnecke eines Schneckendosierers die gleichmäßige Befüllung des angebotenen Volumens bis hin zum vollständigen Erliegen des Dosierstromes. Andererseits führt schießendes Schüttgut, das lange im fluidisierten Zustand verweilt, beim Erreichen der Austragsorgane, wie Band, Rinne oder Schnecke, zum unkontrollierten Fluß.

---

[2]) s. Beiträge G. Vetter, Kap. 1, und G. Vetter und H. Wolfschaffner, Kap. 2 dieses Buches

Die Kompressibilität des Schüttgutes ist ein wichtiges Indiz für zu erwartende Dichte- und damit Dosierstromschwankungen.

Eine Checkliste zur Charakterisierung von Schüttgütern für Dosiergeräte sollte auf jeden Fall folgende Kennwerte enthalten (Tafel 2):

I. Schüttdichte und Kompressibilität

Sie dienen zur Berechnung des Massenstroms unter Auflastbedingungen und als Indiz für Dichteschwankungen. Die Kompressibilität von Schüttgütern läßt auch Rückschlüsse auf das kohäsive Schüttgutverhalten zu, denn stark kompressible Schüttgüter sind in der Regel stark kohäsiv.

II. Fließeigenschaften

Die Gut- und Wandreibungseigenschaften des Schüttgutes ermöglichen die Auslegung des Aufgabebehälters des Dosiergerätes für Massenfluß. Eine der wesentlichen Parameterfunktionen ist die Fließfunktion f_c (σ_1), welche die einaxiale Druckfestigkeit als Funktion der Verfestigungsspannung σ_1 darstellt.

Mit der kritischen Druckfestigkeit $f_{c,\,krit}$ läßt sich die kohäsive Brückenspannweite unter Auflast und der evtl. nötige Rührerdurchmesser zur Zerstörung der kohäsiven Brücke bestimmen [2–4]. Zur Bestimmung der Transportgeschwindigkeit des Schüttgutes in Schnecken wird der Wandreibungswinkel gebraucht [5, 6].

III. Fluidisation und Entgasung

Sie geben Aufschluß, wie leicht ein Schüttgut beim Wiederbefüllen des Aufgabebehälters Luft aufnimmt (Selbstfluidisation) und wie lange diese gehalten wird. Die charakteristische Entgasungszeit gestattet die Bestimmung des Behältervolumens bzw. der mittleren Verweilzeit des Gutes im Aufgabebehälter, um zu verhindern, daß das Gut in diesem flüssigkeitsähnlichen Zustand die Austragsorgane überflutet. Für leicht fluidisierbare Güter müssen (z.B. bei Bandwaagen) Beruhigungsstrecken vorgesehen werden.

IV. Korngröße und Korngrößenverteilung

Der mittlere Partikeldurchmesser gibt grobe Auskunft über die Feinkörnigkeit des Schüttgutes. Je weiter er unter 100 µm liegt, desto mehr nehmen Kohäsion und Kompressibilität zu. Leicht fluidisierbare Schüttgüter liegen im Korngrößenbereich von 20 µm bis 200 µm. Mit der Kenntnis des mittleren Partikeldurchmessers läßt sich bereits abschätzen, ob Fließstörungen durch brückenbildende oder schießende Schüttgüter zu erwarten sind.

3.2 Merkmale von Schüttgütern

Nach ihrer Kornform läßt sich grob zwischen isotropen (annähernd Kugelgestalt) und anisotropen (Fasern, Schuppen, Plättchen) Schüttgütern unterscheiden. Anisotrope Schüttgüter sind in der Regel kompressibel, aber nicht kohäsiv, sie neigen eventuell zu mechanischen Gutbrücken. Typische Unterschiede der Eigenschaften zeigen isotrope kohäsionslose, kohäsive oder selbstfluidisierende Schüttgüter [7].

Kohäsionslose, frei fließende Schüttgüter sind mit der Schüttdichte ϱ_{Sch}, dem Winkel der inneren Reibung Φ_i und dem Wandreibungswinkel Φ_w ausreichend beschrieben. Bei der Auswertung von Scherzellentests mit der Mohrkreis-Darstellung fallen der Fließort des beginnenden Fließens mit dem des stationären Fließens zusammen, d.h. der innere entspricht dem effektiven Reibungswinkel. Außerdem erhält man bei gut fließenden Schüttgütern mit der einfachen Messung des Böschungswinkels α einen relativ verläßlichen Wert für die innere Gutreibung bei geringem Druck.

Für die Kennzeichnung **kohäsiver Schüttgüter** sind noch folgende Parameter notwendig:

- die Schüttgutdichte ϱ_{Sp} aus Kompressions- oder Stampftest
- die einaxiale Druckfestigkeit f_c (σ_1) zur Berechnung der Brückenspannweite

– der effektive Gutreibungswinkel Φ_e und der Wandreibungswinkel Φ_w zur Auslegung des Aufgabebehälters.

Aufgrund der Partikelhaftkräfte schwankt der Böschungswinkel α stark und erlaubt keine verläßliche Aussage über den inneren Reibungswinkel Φ_i. An einigen Substanzen wurde näherungsweise der Zusammenhang $\Phi_i = 3/4\ \alpha$ ermittelt [8].

Erschwerend kommt hinzu, daß alle diese Parameterfunktionen nicht konstant, sondern konsolidationsabhängig sind, d. h. die Vorgeschichte beeinflußt sie im Hinblick auf Druck, Lagerzeit, Temperatur und Feuchtegrad.

Selbstfluidisierende Schüttgüter haben die Eigenschaft, daß sie bei intensiver Mischung mit Luft oder anderen Gasen, z. B. bei der Wiederbefüllung des Aufgabebehälters vom Silo aus, zeitweilig die innere Reibung und Wandreibung verlieren und sich wie Fluide verhalten. Da selbstfluidisierende Schüttgüter im entgasten Zustand deutlich kohäsiv sind, tritt zu den dafür erforderlichen Daten noch die Bestimmung des Entgasungsverhaltens. Weniger fluidisierende Schüttgüter entgasen unter 30 s, schießende brauchen dazu oft Stunden und Tage.

3.3 Schüttgutdaten und ihre Bedeutung

Seit den Anfängen der Schüttguttechnik [9] sind viele verschiedene Schergeräte [10] und andere Meßgeräte entwickelt worden, und in der Fachliteratur gibt es eine Vielzahl von Veröffentlichungen, die sich kritisch mit der Ermittlung von Schüttguteigenschaften auseinandersetzen [11–14]. Bis heute erfolgte jedoch keine einheitliche Normung der Meßgeräte bzw. der -verfahren.

Eine gute Zusammenstellung der Meßmethoden physikalischer Eigenschaften von Schüttgütern findet sich bei [15], Richtlinien über Klassifizierung, Symbolisierung und Meßmethoden in den FEM-Regelwerken [16–23] und der DIN/ISO 3435 [24].

Klassifizierung und Symbolisierung

Nach DIN ISO 3435 (s. Tafel 2) wird durch Produktbezeichnung, Partikelgröße, -form-, -verteilung, Böschungswinkel, besondere physikalische und chemische Eigenschaften, Feuchtigkeitsgehalt, Schüttdichte und Zusatzinformationen gekennzeichnet. Hierzu zwei Beispiele:

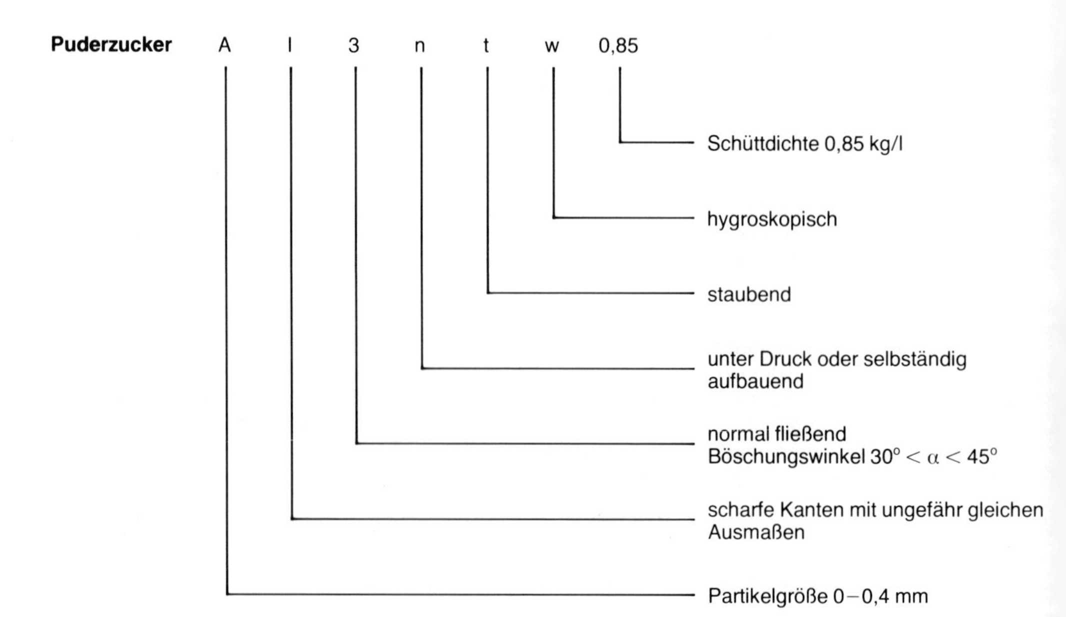

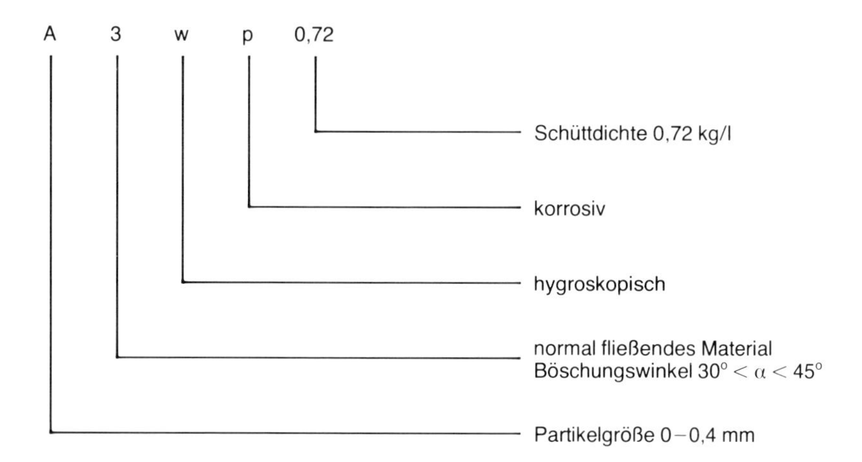

Andere Klassifizierungsraster beruhen auf praktischen Erfahrungen, wonach aus einer Reihe zusammenfallender Eigenschaften Gruppen gebildet werden können, die für eingeschränkte Anwendungsbereiche zur Charakterisierung ausreichen:

Volumenabgrenzende Schüttgut-Dosierer

1 Pulver rieselfähig
2 Pulver, fluidisierbar, großes Lufthaltevermögen
3 Pulver, haftend, backend, nicht fluidisierbar
4 Granulat, hart
5 Granulat, bruchempfindlich
6 Granulat, plastisch verformbar
7 Schuppen (Folienschnitzel)

Austrag- und Fördergeräte sowie Schüttgut-Dosierer

1 Granulat

Gut fließend, Schüttwinkel $< 40°$, harte Körner, Korngröße $> 2{,}5$ mm, Oberflächenfeuchte $< 6-7\,\%$, Kompressibilität $< 15\,\%$, z. B. Kohle, Kalk, Salz, Zucker, Kunststoffgranulate, Getreide

2 Granulat und Pulvergemisch

Gut fließend, Schüttwinkel $< 50°$, Korngröße 0,25–2,5 mm, Oberflächenfeuchte $< 10\,\%$, Schüttdichte $> 0{,}3$ kg/dm^3, Kompressibilität $< 20\,\%$, z. B. Mehle, Stärke, Kunststoffharze, Oxide

3 Feine, fluidisierbare Pulver

Teilweise schießend, kohäsiv, Korngröße $< 0{,}12$ mm, Oberflächenfeuchte 0–15 %, Kornform unregelmäßig, blättchenförmig, eckig, sonst wie 2), z. B. Pigmente, Ruß, Zement, gebrannter Kalk, TiO_2, Talg, Zinkoxid

4 Flockige Schüttgüter

Schüttwinkel $> 50°$, Kompressibilität $< 35\,\%$, z. B. Holz- und Folienschnitzel, Sägespäne, Getreideflocken

5 Faserige Schüttgüter

Schüttwinkel > 60°, Schüttdichte < 0,3 kg/dm³, Kompressibilität > 35 %, z. B. Holzschnitzel, Glasfasern, Asbest

Partikelverteilung und -form

Es wird auf die Literatur verwiesen (z. B. [15]). Bei anisotropen Schüttgütern muß gelegentlich die Bildauswertung als Hilfsmittel verwendet werden. Die Partikelgröße spielt eine Rolle zur Beurteilung **mechanischer Gutbrücken**, die durch Verkeilung entstehen. Es gilt für die Brückenspannweite die Regel $d_B < (5 \div 7)\ d_{pmax}$ (d_{pmax} maximale Korngröße).

Schüttdichte ϱ_{Sch}

Die Schüttdichte [21] ist das Verhältnis von Masse zu Volumen eines frei geschütteten Gutes in Ruhe. Aus einem Trichter mit vorgegebenen Abstand zu einem zylindrischen Gefäß wird langsam das Schüttgut in das Gefäß mit bekanntem Volumen gefüllt, bis das Gefäß überläuft. Nach vorsichtigem Abstreifen des überstehenden Gutkegels wird die Einwaage bestimmt.

Bei granularen Stoffen, die inkompressibel sind, ist die Angabe der Schüttdichte ausreichend. Dagegen liegen kohäsive und kompressible Schüttgüter meist in einer höheren Dichte, der Schüttgutdichte, vor, weil schon geringste Kräfte oder Erschütterungen eine merkliche Dichteerhöhung herbeiführen.

Die DIN/ISO 3435 [24] gibt für die Schüttdichte den Zustand vor, wie das Fördergut dem Förderer aufgegeben wird, d. h. die Dichte kann auch über der gemäß FEM 2481 [21] definierten liegen.

Schüttgutdichte ϱ_{Sp}, Schüttgutkompressibilität

Die Verdichtung von Schüttgütern unter Normalkräften kann prinzipiell im Translationsscherzellengerät erfaßt werden. Die dort übliche Probenquerschnittsfläche verlangt jedoch eine sehr hohe Gewichtsauflage zur Erzeugung der notwendigen Pressung. Zudem ist die Probenvorbereitung aufwendig. Zur Messung der Schüttgutkompressibilität unter statischen Auflasten hat sich auch das Komprimeter (Bild 11) bewährt [5].

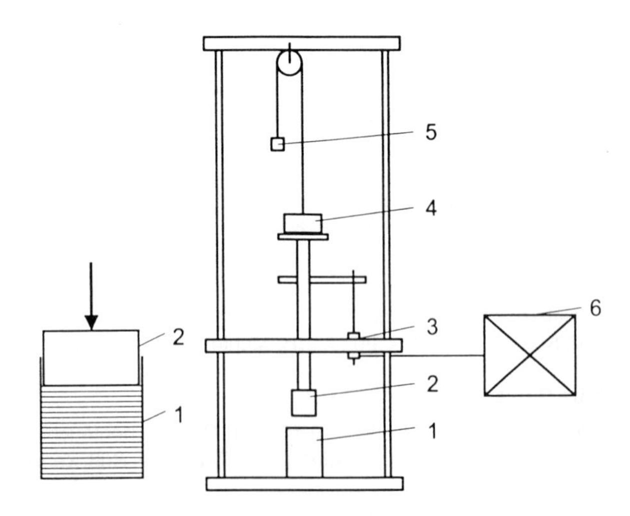

Bild 11: Schüttgutkomprimeter
1 Probenzylinder (D, h = 50 mm)
2 Kolben (d = 48 mm)
3 induktiver Wegaufnehmer
4 Auflagegewicht
5 Ausgleichsgewicht
6 Auswerteelektronik

Die Befüllung des Probezylinders wird mit gesiebtem Gut vorgenommen. Damit ist eine lockere Schüttung, weitgehend frei von Agglomeraten erreichbar.

Eine Wartezeit von 1 min ist für die selbsttätige Entgasung der Proben bei vielen Schüttgütern ausreichend, womit die Ausgangsdichte definiert ist. Mit einem Metallspatel wird das über den Rand stehende Gut vorsichtig abgestreift, wodurch keine wesentliche Normalbelastung entsteht.

Im weiteren Versuchsablauf wird der zunächst unbelastete Kolben an die Probenoberfläche herangeführt, die Einzellasten werden schrittweise in Abständen von 2 min erhöht und der dabei zurückgelegte Kolbenweg mit dem induktiven Wegaufnehmer erfaßt. Die ermittelten Schüttgutdichten unter statischer Auflast werden, im meßtechnisch realisierbaren Rahmen, wenig von den Entgasungsmöglichkeiten der Probe und dem Probendurchmesser geprägt. Deutlicher ist der Einfluß, wenn die Belastungszeit unter 2 min und der Ringspalt zwischen Kolben und Zylinder groß ist [5].

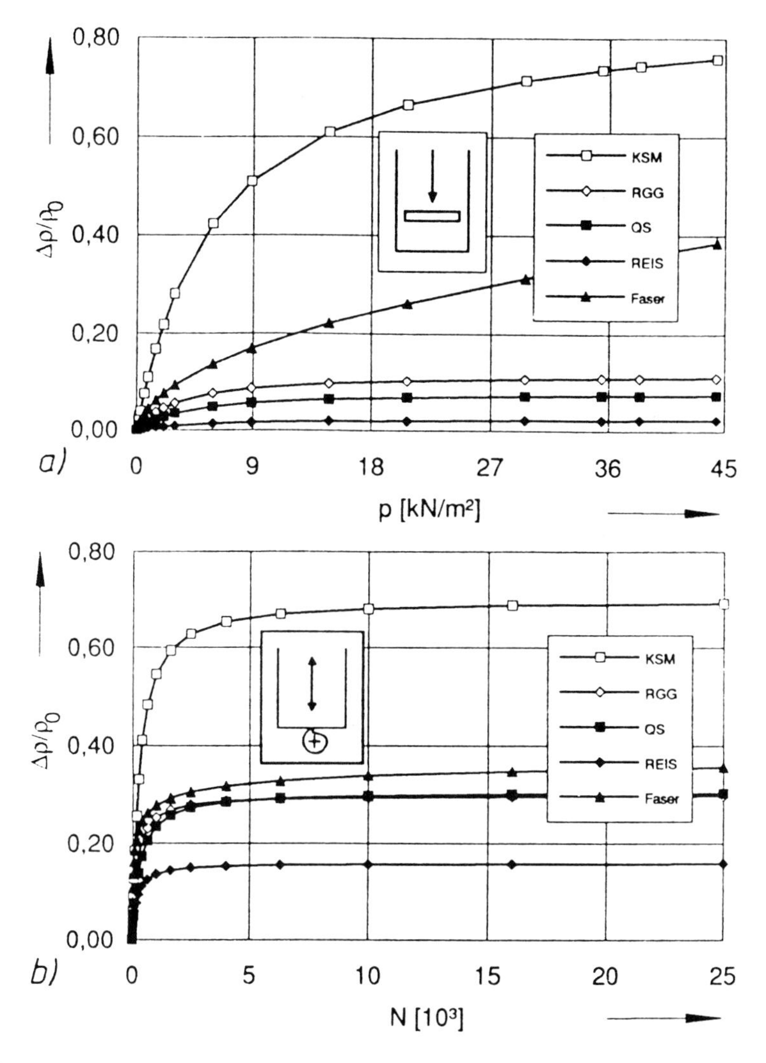

Bild 12: Schüttgutkompression: a) Kolbenkomprimeter, b) Stampfvolumeter [59]
KSM Kalksteinmehl, RGG Rauchgasgips, QS Quarzsand, Faser (Glasfaser)

Die Berücksichtigung der Wandabstützung bei der Berechnung des Prüfdruckes zeigt besonders im Bereich kleiner Verfestigungsdrucke im Verdichtungsverlauf einen Einfluß, ist jedoch ziemlich vernachlässigbar. Die Reproduzierbarkeit der Messung ist mit Streuungen von ca. 15 % im niedrigen Lastbereich und ca. 6 % im hohen Lastbereich behaftet [5].

In Anlehnung an [25] läßt sich die relative Dichtezunahme in Abhängigkeit des Prüfdruckes p mit den Regressionsparametern a* und b* darstellen:

$$\frac{\varrho - \varrho_0}{\varrho_0} = \frac{a^* \, b^* \, p}{1 + b^* \, p} \tag{12}$$

Die Größe a* entspricht der maximal möglichen Dichtezunahme für unendlichen Verdichtungsdruck. Mit a*, b* und der Dichte der freien Schüttung ϱ_{sch} bzw. der Anfangsdichte ϱ_0 ist der Verdichtungsverlauf über einen vorgegebenen Druckbereich berechenbar:

$$\varrho_{Sp.}(p) = \varrho_{sch} \cdot \left[\frac{a^* \, b^* \, p}{1 + b^* \, p} + 1 \right] \tag{13}$$

Bild 12a zeigt die relative Schüttgutverdichtung (ausgehend von Schüttdichte) für verschiedene Schüttgüter, ermittelt mit dem Kolbenkomprimeter.

Die Schüttgutkompressibilität ändert sich bei isotropen Schüttgütern schüttgutcharakteristisch mit der Kornverteilung. Granulare Schüttgüter sind kaum kompressibel. Anisotrope, faserige Schüttgüter sind teilweise stärker kompressibel.

Rüttel- oder Stampfdichte [26, 27]

Die Schüttgutprobe wird durch Vibration verdichtet. Vorteil ist die einfache Versuchsdurchführung, Nachteil die fehlende Verbindung zu lastabhängigen Größen. Die Rütteldichte liefert daher nur qualitative und vergleichsweise nutzbare Informationen zur Schüttgutkompressibilität. In der Regel zeigen die Ergebnisse des Stampfvolumeters (Bild 12b) höhere Werte, was wohl von den vibrationsbedingt erleichterten Partikelumlagerungen herrührt. Bei faserigen Schüttgütern gibt es auch umgekehrte Effekte. Dennoch liefert die Rütteldichte bei genügender Zahl Vibrationszyklen einen schnellen, einfachen Einblick zum Kompressionsverhalten. Es bestehen zwar gewisse Korrelationen zwischen Rütteldichte und Schüttgutkompressibilität [5, 28], die jedoch für quantitative Berechnungen unbefriedigend sind.

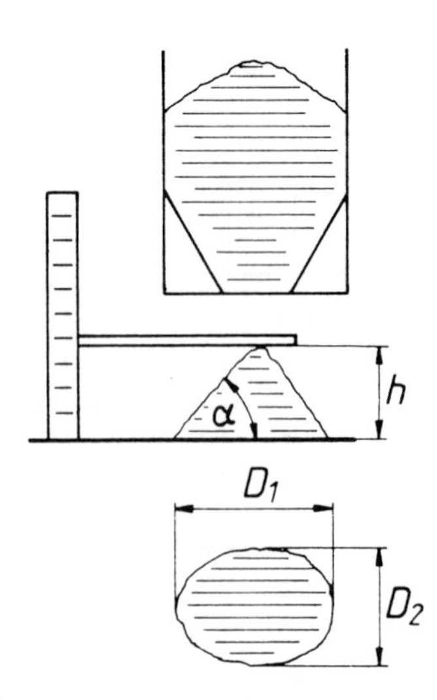

Bild 13: Messung des Böschungswinkels

Böschungswinkel α_B

Der Böschungswinkel α_B ist ein grobes Maß für die innere Schüttgutreibung und die Fließfähigkeit, aber für irgendwelche quantitativen Berechnungen kaum geeignet. Die Bestimmung [23] erfolgt beispielsweise durch eine Anordnung nach Bild 13.

$$\alpha_B = \arctan \frac{4h}{D_1 + D_2} \quad (14)$$

Erfahrungsgemäß gilt bezüglich der Fließfähigkeit:

$\alpha_B < 30°$ sehr gut fließend

$30° < \alpha_B < 45°$ frei fließend

$\alpha_B > 45°$ schlecht fließend

Es gibt empirische Regeln für den Zusammenhang (z.B. [8]) von α_B und Φ_i (innerer Reibungswinkel s. unten).

Reibungsverhalten beim Fließen

Den umfassendsten Einblick in die Fließfähigkeit von Schüttgütern vermitteln Scherversuche [10, 28, 29]. Die daraus ermittelten Kennwerte sind bewährte Größen zur Dimensionierung von Silos, Dosiergeräten, Walzpressen, Extrudern und Rührern. Scherversuche sind ein aussagefähiges, aber leider aufwendiges Mittel zur Schüttgutcharakterisierung.

Besonders Bedeutung besitzen Jenike-Scherzellen (Bild 14) [30–37], wobei die Probe mit einer Normalkraft N belastet und die Scherkraft S bei definierter Schergeschwindigkeit ermittelt wird. Es ergibt sich ein charakteristischer Verlauf der Fließortkurve $\sigma = N/A$ (Bild 15a). Dabei entspricht der Endpunkt der Fließortkurve jeweils dem Zustand stationären Fließens. Der individuelle Fließort ist die Einhüllende der größten Mohrkreise für beginnendes Fließen. Zur praktischen Auswertung ermittelt man mit den Mohrschen Spannungshalbkreisen (Bild 15a) die größte auftretende Haupt-

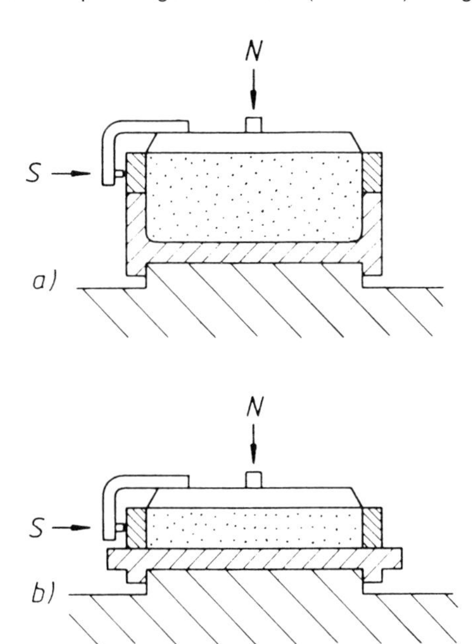

Bild 14: Jenike-Scherzelle zur Bestimmung der inneren Reibung (a) sowie der Wandreibung (b)

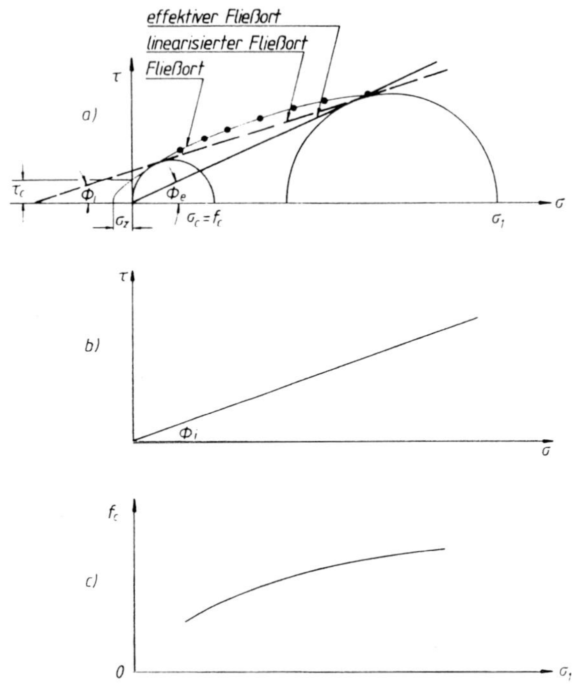

Bild 15: Fließorte (a, b) sowie Fließfunktion (c)
a) kohäsiv, b) kohäsionsloses Schüttgut

spannung σ_1 sowie die **Schüttgutfestigkeit** $\sigma_c = f_c$. Es ist üblich, den Winkel Φ_e (Tangente durch Ursprung am größten Mohrschen Halbkreis) als **effektiven Reibungswinkel** zu bezeichnen; er ist eine wichtige Kenngröße zur Charakterisierung der Kohäsion eines Schüttgutes. Die gekrümmte Form der individuellen Fließkurven kann linearisiert und durch **innere Reibungswinkel** Φ_i (σ_1) beschrieben werden. Die inneren Reibungswinkel sind von der eingestellten Schüttgutdichte bzw. Hauptspannung σ_1 abhängig. Die Schubspannung τ_c (Achsabschnitt auf der Koordinate) kennzeichnet die Kohäsion, σ_z die ertragbare Zugspannung. Ist $\tau_c = 0$, liegt kohäsionsloses, freifließendes Schüttgut vor ($\Phi_i = \Phi_e$ Bild 15b).

Aus verschiedenen individuellen Fließortkurven gewinnt man die **Fließfunktion** $\mathbf{f_c = f\ (\sigma_1)}$ Bild 15c). In Bild 16 sind einige Fließfunktionen dargestellt [38–41]. Bei „gleichen" Schüttgütern beeinflussen mittlere Korngröße, Kornform, Feuchtigkeit und Vorverdichtung die Fließfunktion. Die Schüttgutfestigkeit f_c ist für die Prognose kohäsiver Gutbrücken von größter Bedeutung.

Der **Wandreibungswinkel** Φ_w geht aus dem Wandfließort $\tau = f\ (\sigma)$ hervor (ähnlich Bild 15b, jedoch $\Phi_w < \Phi_i$), der sehr einfach bestimmbar ist und gute Dienste bei der Silo- und Schneckenauslegung leistet. Neuere Untersuchungen belegen, daß Wandreibungswerte von einigen Einflußgrößen abhängig sind, wie Oberflächenrauhigkeit der Wandprobe, Härte der Wandprobe im Verhältnis zur Schüttguthärte [42, 43], Feuchtigkeit [44], Druck und Gleitgeschwindigkeit [45]. Deshalb sollten Wandreibungskräfte unter den Bedingungen der tatsächlichen Gegebenheiten des jeweiligen Anwendungsfalles gemessen werden.

Der Schertest ist eine zeitraubende, aber die genaueste Methode zur Messung der Reibungseigenschaften von Schüttgütern. Ein erfahrener Experimentator benötigt zur Messung einer ausreichenden Anzahl von Fließorten mehrere Tage.

Tafel 4: Fließeigenschaften von Schüttgütern ff_{c10}; F_{K10} (10 N/cm²)

Schüttgut	ff_{c10}	F_{K10}
Kunststoffgranulat	35,4	1,01
Sand (d_p = 100 µm)	8,3	1,05
Quarzsand (d_p = 77,8 µm)	21,1	1,06
Rauchgasgips	12,3	1,14
Titandioxid	2,1	1,23
Zement	3,3	1,30
Kalkhydrat	2,7	1,35
Kalksteinmehl	1,8	1,44
Bentonit	2,4	1,35
Flugasche	2,1	1,33

Der Jenike-Schertest liefert den **Fließfaktor $ff_c = f_c/\sigma_1$**, der eine Einordnung der Schüttgüter nach ihrer Fließfähigkeit erlaubt:

$ff_c < 1$ verhärtet (Lagerung)
$ff_c < 2$ sehr kohäsiv, nicht fließfähig
$2 < ff_c < 4$ kohäsiv, schlecht fließend
$4 < ff_c < 10$ leicht fließend
$ff_c > 10$ freifließend

Der **Fließwert $F_K = \varrho_{sp}/\varrho_{sch}$**, der ein Kompressibilitätsmaß darstellt [53], läßt sich ebenfalls zur Schüttgutcharakterisierung anwenden, wenn man sich auf normiert äußere Druckbelastung – z. B. 10 N/cm² (ff_{c10}, F_{K10}) – bezieht.

Tafel 4 zeigt Werte für ff_{c10} und F_{K10} im Vergleich. Kompressibilitätsdaten erlauben eine gewisse Prognose der Kohäsion:

$1 < F_K < 1{,}1$ fließend
$1{,}1 < F_K < 1{,}4$ kohäsiv
$1{,}4 < F_K$ sehr kohäsiv

Da besonders die Druckfestigkeit f_c zur Berechnung der kohäsiven Brückenspannweite interessiert, sind hierzu verschiedene, alternative Meßmethoden entwickelt worden, die einfacher und in Prüftemperatur und Preßdruck unbeschränkt sind.

Bei freistehenden Schüttgutpreßlingen wird das Schüttgut in eine zylindrische Hohlform gefüllt und durch senkrechten Druck verfestigt (Bild 17). Sodann wird der Preßling durch zunehmenden vertikalen Druck belastet, bis er zusammenbricht. Die Verdichtung und die nachfolgende „Zerstörspannung" werden als Punkte der Fließfunktion des Materials betrachtet. Der Versuch kann auf verschiedene Weise ausgeführt werden [47–51]. Es wurde gute Übereinstimmung mit Jenike-Scherzellendaten festgestellt, jedoch ist das Durchmesser-/Höhenverhältnis des Probekörpers für jedes Schüttgut zu optimieren.

Weiter wurde der in der Bodenmechanik übliche Kegeleindringversuch zur Messung der Druckfestigkeit von kohäsiven Pulvern herangezogen [52] und eine Beziehung zwischen der vertikalen Kraft F, der Eindringtiefe h und der Druckfestigkeit f_c abgeleitet:

$$f_c = a_{fc}\,(\mu_w, \Phi_i) \cdot \frac{F}{h^2} \tag{15}$$

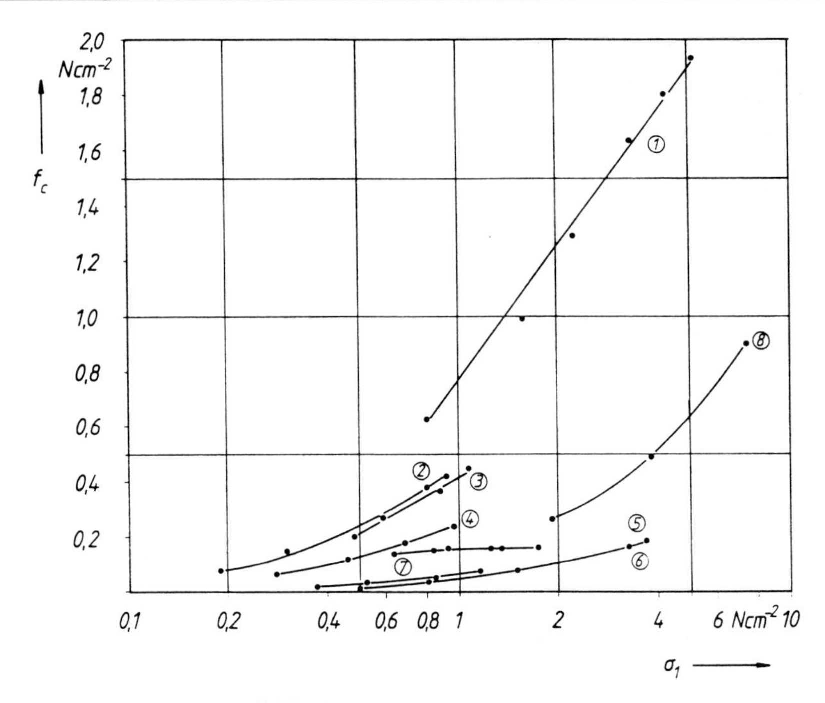

Bild 16: Fließfunktionen verschiedener Schüttgüter

1	Feldspat	[37]
2	Kalksteinpulver $\bar{x}$ = 2,5 µm	[38]
3	Kalksteinpulver $\bar{x}$ = 38 µm	[38]
4	Kalksteinpulver $\bar{x}$ = 10,9 µm	[38]
5	Adipinsäure	[38]
6	PVC	[38]
7	Kalksteinpulver $\bar{x}$ = 17,8 µm	[38]
8	Waschpulver	[39]

in der a_{fc} eine Konstante ist, die von dem inneren Reibungswinkel Φ_i und dem Wandreibungskoeffizienten μ_w abhängt. Messungen an fünf kohäsiven Pulvern ergaben im Vergleich zu Rotations-Schertestversuchen einen konstanten Weg $a_{fc} \approx 1,4$.

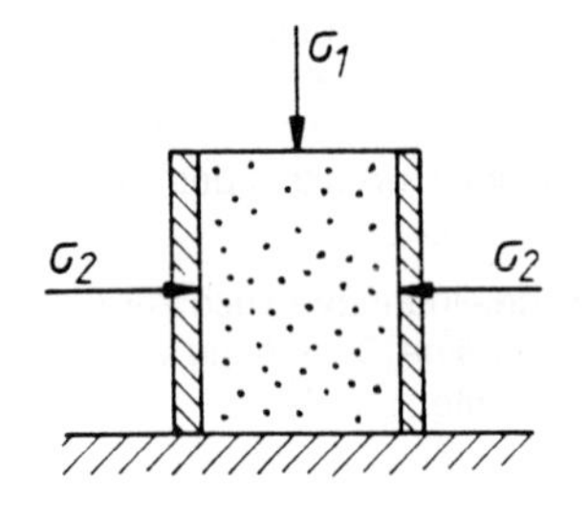

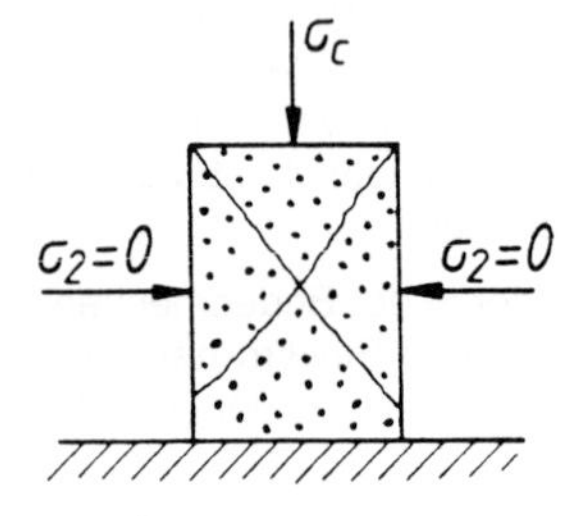

Bild 17: Direkte Ermittlung der Druckfestigkeit [46]

Fluidisierung und Entgasung

Beim Befüllen des Aufgabebehälters eines Dosiergerätes ist die Schüttgutfluidisierung möglich, weil das Schüttgut im freien Fall von der Einfüllöffnung an Luft aufnehmen kann. Die Größe des Behälters und der Zeitpunkt der Wiederbefüllung müssen daher so gewählt werden, daß das Schüttgut wieder entgast ist, wenn es das Dosierorgan erreicht. Die Verweilzeit im Vorratsbehälter muß also größer als die zu erwartende Entgasungszeit sein.

Die Ermittlung der Fluidisierfähigkeit erfolgt in speziellen Fluidisier- und Entgasungsapparaten [15, 21] (Bild 18).

Zur Bestimmung der Minimalfluidisationsgeschwindigkeit u_{mf} werden die Meßgrößen Volumenstrom bzw. Luftgeschwindigkeit über dem Druckverlust Δp bei Luftzufuhr und Drosselung aufgetragen. Der Druckverlust wird mit der Schüttgutmasse M und der durchströmten Querschnittsfläche A normiert:

$$\Delta p = \frac{\Delta p}{M \cdot g/A} \qquad (16)$$

Leicht fluidisierbare Schüttgüter erreichen schon bei kleinen Luftgeschwindigkeiten ein Plateau, die sog. Wirbelschichtlinie. Ihr Schnittpunkt mit der fallenden Druckverlustlinie (Festbettlinie) ergibt die Minimalfluidisationsgeschwindigkeit (Bild 19). Hierzu wird nur die Drosselkurve herangezogen, da die Zufuhrkurve oft, bedingt durch die Anfangsverfestigung, einen überhöhten Verlauf aufweist.

Nach [54, 55] existiert eine Einteilung der Schüttgüter entsprechend ihrer Fluidisierfähigkeit in verschiedene Gruppen. Gruppe A bezeichnet fluidisierbare und Gruppe C kohäsive Schüttgüter. Gruppe C-Güter bilden bei kleinem Luftdurchsatz Kanäle und Risse und lassen sich erst mit hohen Luftströmen in einen fluidisationsähnlichen Zustand versetzen. Bei ihnen läßt sich keine exakte Minimalfluidisationsgeschwindigkeit feststellen.

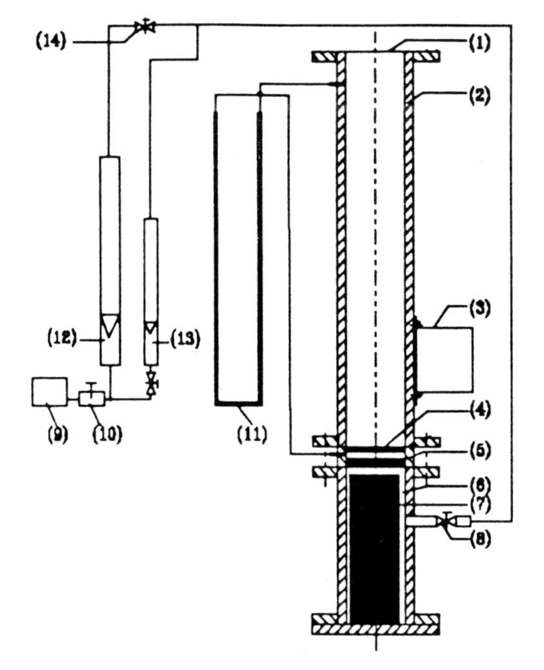

1 Filtertuch
2 Plexiglaszylinder
3 Vibrator
4 Sinterbodenplatte
5 Verteilerbodenplatte
6 Unterbodenraum
7 Vollzylinder aus Holz
8 Absperrhahn
9 Druckluftquelle
10 Druckminderer
11 U-Rohr-Manometer
12 großes Rotameter
13 kleines Rotameter
14 Absperrhahn

Bild 18: Fluidisations- und Entgasungsapparatur

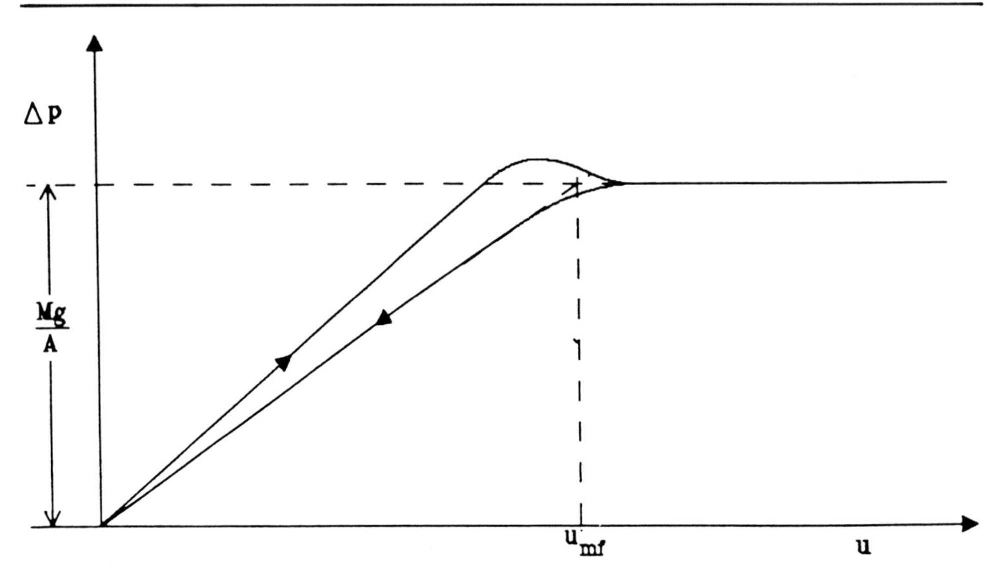

Bild 19: Bestimmung von u_{mf} aus Messung der Druckverlustkennlinie des Bettes

Unter dem **Entgasungs- oder Absetzverhalten** eines Schüttgutes versteht man das Entweichen der in einem fluidisierten Bett enthaltenen Luft und das damit verbundene Absinken der Feststoffoberfläche nach Unterbrechung der Luftzufuhr.

Meßgrößen sind Zeit t und Betthöhe h. Sobald die großen Blasen entwichen sind, wird die Zeitmessung gestartet und die sich einstellende Betthöhe als Anfangswert notiert.

Eine typische Absetzkurve eines Gruppe-A-Schüttgutes ist in Bild 20 dargestellt. Das anfangs schnelle Absetzen des Bettes bis auf h_s ist auf das Entweichen der großen Blasen zurückzuführen. Danach sinkt die Bettoberfläche langsam mit einer nahezu konstanten Absetzgeschwindigkeit U_a, bis die Betthöhe h_a erreicht ist. Anschließend setzt sich das Bett weiter, allerdings erheblich langsamer, noch auf die Höhe h_∞, indem das restliche enthaltene Gas entweicht.

Die Absetzzeit oder Entgasungszeit feinkörniger Güter mit unregelmäßiger Kornform und geringer Feststoffdichte ist größer als die von grobkörnigen Gütern mit kugeligen Partikeln und hoher Feststoffdichte.

In der Regel zeichnen sich schießende Schüttgüter durch kleine Minimalfluidisationsgeschwindig (< 0,5 cm/s) und lange Absetzzeit (> 5 min) aus. In [15] werden noch einige einfache Tests zur Ermittlung der Entgasung und der Neigung zum Schießen erwähnt; es fehlt aber noch ein Standard.

Eine einfache Möglichkeit, die im Labor gewonnenen Daten für die Entgasungszeit t_{Labor} auf die Entgasungszeit des Aufgabebehälters t_{Beh} zu übertragen, findet sich in [56]. Bei geometrischer Ähnlichkeit der Laboranlage und des Aufgabebehälters gilt:

$$t_{Beh} = \left[\frac{H_{Beh}}{H_{Labor}} \right]^2 t_{Labor} \tag{17}$$

Die Höhe H beschreibt den maximalen Weg, den das Gas zurücklegen muß, wenn es aus dem Schüttgut entweicht. Sie wird gebildet aus dem Mittelwert der Schütthöhen im fluidisierten und entgasten Zustand. Mit der gewählten Masse der Wiederbefüllung gelangt man unter der Annahme von Massenfluß zu der nötigen mittleren Verweilzeit des frisch nachgefüllten Gutes, damit es nur im entgasten Zustand die Austragsorgane des Dosiergerätes erreicht.

Diese Methode des Scale-up kann zur Abschätzung der Entgasungszeit im Aufgabebehälter dienen.

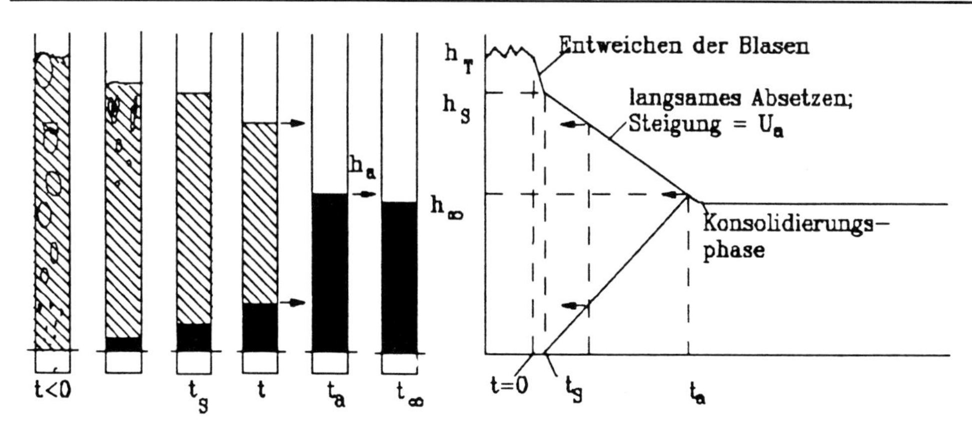

Bild 20: Absetzverhalten eines leicht fluidisierbaren Schüttgutes

Schüttgutsteckbrief

Tafel 5 und Bild 21 zeigen Beispiele der Charakterisierung von Schüttgütern, die man sich noch durch die Checkliste Tafel 2 ergänzt vorstellen muß.

Tafel 5: Schüttgut-Datentabelle

			Rauchgas-gips	Kalkstein-mehl	Talkum	Kakao
Schüttdichte	ρ_{sch}	kg/m³	1136	748	517,4	323,9
Schüttgutdichte	$\rho_{Sp}(\sigma_1)$	kg/m³	1239	1137	785,0	547,0
Kawakita-Konstanten	a^* b^*	- m²/kN	0,129 0,396	0,918 0,218	0,606 0,382	0,755 0,535
Fluid.-Geschwind.	u_{mf}	cm/s	0,11	-	0,88	-
Entgasungszeit	t_∞	s	36	< 3	50	28
Böschungswinkel	α_B	°	22	43	27	49
effekt. Reibwinkel	ϕ_e	°	36,7	50,6	34,2	41,0
indiv. Reibwinkel	ϕ_i	°	35,6	27,9	27,3	32,7
Hauptspannung	σ_1	kN/m²	6,0	6,0	15,3	19,1
Druckfestigkeit	$f_c(\sigma_1)$	kN/m²	0,6	3,7	4,3	5,2
Fließfaktor	$ff_c(\sigma_1)$	-	10,0	1,6	4,2	3,4
Wandreibungswi. St 37 St 1.4541 St 1.4541, poliert Plexiglas	 ϕ_W ϕ_W ϕ_W ϕ_W	 ° ° ° °	 28,0 28,2 11,6 27,3	 27,5 28,7 15,9 27,5	 18,4 15,6 14,8 15,3	 16,5 17,1 8,9 9,2
Korndurchmesser	d_p	µm	36,8	6,5	-	-

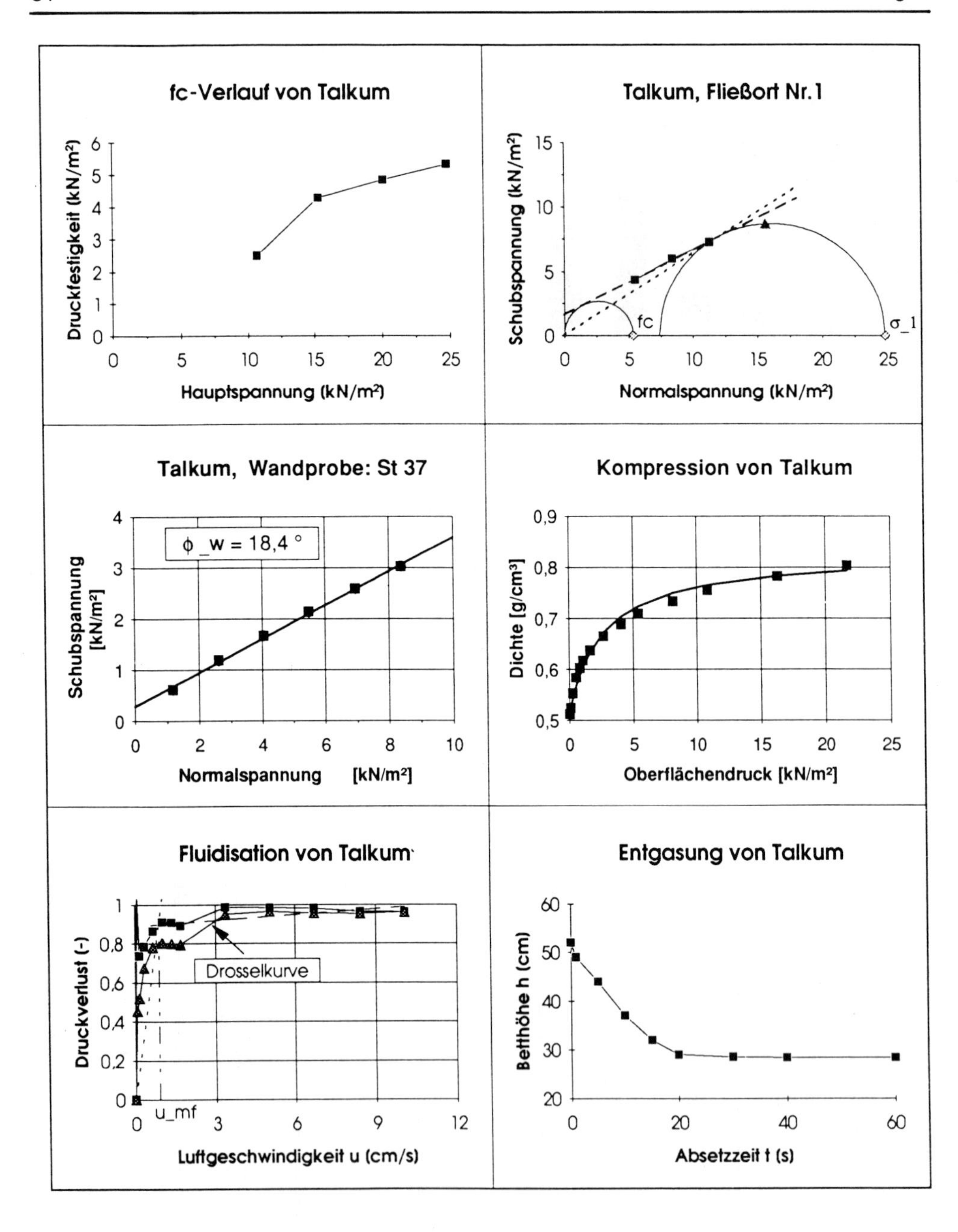

Bild 21: Ermittlung der Schüttguteigenschaften von Talkum

Schrifttum

[1] Kaeble, D.H.: Physical Chemistra of Adhesion. Wiley Interscience, New York, 1971.
[2] Jenike, A.W.: Storage and flow of solids. Bulletin of the Univ. of Utah, No. 123 (1967).
[3] Jenike, A.W.: Gravity flow of bulk solids. Bulletin of the Univ. of Utah, No. 108 (1961).
[4] Molerus, O: Schüttgutmechanik, Grundlagen und Anwendungen in der Verfahrenstechnik. Springer-Verlag, Berlin, Heidelberg, New York, Tokyo (1985).
[5] Fritsch, D.: Zum Verhalten volumetrischer Schneckendosiergeräte für Schüttgüter. Diss. Universität Erlangen-Nürnberg, 1988.
[6] Vetter, G.; Fritsch, D.; Wolfschaffner, H.: Schüttgutmechanische Gesichtspunkte bei der Auslegung von Schneckendosiergeräten. Chem.-Ing.-Tech. 62 (1990) Nr. 3, S. 224–225.
[7] Peschl, I.A.S.Z.: Neue Entwicklungen auf dem Gebiet der meßtechnischen Erfassung der Schüttguteigenschaften und ihre Anwendung bei der Planung der Anlagen. Vortrag auf dem European Symposium Particle Technology vom 3. bis 5. Juni in Amsterdam.
[8] Goldacker, E.; Rautenbach, R.: Zur Theorie der Pulverförderung gegen Druck in Extrudern. Chem.-Ing.-Tech. 44 (1972) 6, S. 405–410.
[9] Jenike, A.W.: Das Fließen und Lagern schwerfließender Schüttgüter – Ein Überblick. Aufbereitungstechnik (1982) H. 8, S. 411–422.
[10] Schwedes, J.: Entwicklung der Schüttguttechnik seit 1974. Aufbereitungstechnik 23 (1982) H. 8, S. 403–410.
[11] Haaker, G.: Zum besseren Verständnis und zur Messung von Schüttguteigenschaften. Aufbereitungstechnik 32 (1991) H. 2, S. 49–56.
[12] Eisenhart-Rothe, M.; Hoppe, H.: Kritischer Vergleich von Meßwerten für Schüttgutparameter. Industrie Anzeiger 100 (1978) H. 103/104, S. 52–54.
[13] Hoppe, H.; Lübbehusen, P.: Die Meßtechnik in der Schüttgutmechanik als Mittel zur sicheren Auslegung von Anlagen. Verfahrenstechnik 15 (1981) H. 4, S. 267–270.
[14] Wehking, K.-H.: Kritische Betrachtung der Ermittlungsverfahren für physikalische Kennwerte von Schüttgütern. fördern und heben 35 (1985) H. 3, S. 168–172.
[15] Svarovsky, L.: Powder Testing Guide – Methods of measuring the physical properties of bulk powders. Elsevier Applied Science, London, New York 1987.
[16] FEM 2125: Einfluß der Schüttguteigenschaften auf Gestaltung und Bemessung der horizontalen und leicht geneigten Schneckenförderer (bis etwa 20°), 1989.
[17] FEM 2127: Einfluß der Schüttguteigenschaften auf Gestaltung und Bemessung von Schwingrinnen, 1989.
[18] FEM 2181: Spezifische Schüttguteigenschaften bei der mechanischen Förderung, 1989.
[19] FEM 2321: Einfluß der Schüttguteigenschaften auf die Planung und Auslegung von Silos, Mai 1989.
[20] FEM 2381: Spezifische Schüttguteigenschaften der Schüttgüter in bezug auf die Silolagerung, Ermittlung und Darstellung der Fließeigenschaften, Februar 1986.
[21] FEM 2481: Spezifische Schüttguteigenschaften bei der pneumatischen Förderung, 1984.
[22] FEM 2581: Schüttguteigenschaften, 1984.
[23] FEM 2582: Allgemeine Schüttguteigenschaften hinsichtlich der Klassifizierung und der Symbolisierung, 1984.
[24] DIN/ISO 3435: Stetigförderer – Klassifizierung und Symbolisierung von Schüttgütern, Februar 1979.
[25] Kawakita, K.; Lüdde, K.H.: Die Pulverkompression. Die Pharmazie 21 (1966) H. 7, S. 393 ff.
[26] DIN/ISO 787, Teil 11: Allgemeine Prüfverfahren für Pigmente und Füllstoffe – Bestimmung des Stampfvolumens und der Stampfdichte, August 1983.
[27] DIN 53194: Prüfung von Pigmenten u. a. pulverförmigen oder granulierten Erzeugnissen – Bestimmung der Stampfdichte und des Stampfvolumens, April 1975.
[28] Kohn, H.; Gonell, H.W.: Schüttungskenngrößen staubförmiger (disperser) Stoffe und ihre Messung. Staub 23 (1950) S. 420 ff.
[29] Schwedes, J.: Vergleichende Betrachtung zum Einsatz von Schergeräten zur Messung von Schüttguteigenschaften. Freib.-Forsch.-H. A634 (1980) H. 35.
[30] Ogniwek, D.: Die innere Reibung von Schüttgütern – Untersuchungen von Materialeigenschaften verschiedener Silolagerstoffe. Fortschr.-Ber. VDI-Z. Reihe 3, Nr. 50.
[31] Goldacker, E.: Untersuchungen zur inneren Reibung von Pulvern, insbesondere im Hinblick auf die Förderung in Extrudern. Dissertation TH Aachen, 1971.
[32] Vock, F.: Zur Rührmechanik von Feststoffschüttungen. Dissertation TH Karlsruhe, 1975.
[33] Jenike, A.W.; Elsey, P.J.; Wooley, R.H.: Flow Properties of Bulk Solids, Proc. ASTM 60 (1960) S. 1168 ff.
[34] Carr, J.F.; Walker, D.M.: An Annular Shear Cell for Granular Materials. Powder Technology 1 (1967/68) S. 369 ff.
[35] Schwedes, J.: Scherverhalten leicht verdichteter kohäsiver Schüttgüter. Dissertation TH Karlsruhe, 1971.
[36] Novosad, J.: Beitrag zur Scherspannungsmessung in der Jenike-Scherzelle, Freib. Forsch.-H.-H., A634 (1980) 63.
[37] Kurz, H.P.: Messung von Schüttguteigenschaften am Schergerät nach Jenike. Verfahrenstechnik, 10 (1976) 2, S. 68 ff.
[38] Hoffmann, O.H.: Neuere Grundlagen der Mechanik körniger Hanfwerke. Grundlagen der Landtechnik Bd. 25 (1975) S. 48–58.
[39] Molerus, O.: Fluid-Feststoffströmungen, Springer 1982.
[40] Silem, H.; v. Seebach, H.M.: Bestimmung des Fließverhaltens von pulverförmigen Gütern. Zement-Kalk-Gips 29 (1976) 2, S. 49–55.
[41] Gebhard, H.: Scherversuche an leichtverdichteten Schüttgütern unter besonderer Berücksichtigung des Verformungsverhaltens. Fortschr.-Bericht, VDI-Z., Reihe 3, Nr. 68.
[42] Fanghänel, E.; Höhne, D.; Schünemann, U.: Charakterisierung der Wandreibungsvorgänge bei Schüttgütern und Einflußgrößen auf die Wandreibung. Aufbereitungs-Technik 30 (1989) H. 3, S. 130–137.

[43] Dau, G.: Messung des Wandreibungswinkels von Schüttgütern an verschiedenen Wandmaterialien. Aufbereitungs-Technik 24 (1983) H. 11, S. 633–646.
[44] Kammler, R.R.: Einfluß des Schüttgutes und dessen Feuchtigkeit auf den Wandreibungswinkel. Aufbereitungs-Technik 23 (1982) H. 2, S. 72–76.
[45] Haaker, G.; Rozeboom, J.; Verel, W.J.Th.: Eine Untersuchung zur Wandreibung und zum Verschleiß beim Handling von Schüttgütern. Aufbereitungs-Technik 30 (1989) H. 3, 122–129.
[46] Schwedes, J.; Schulze, D.: Measurement of flow properties of bulk solids. Powder Techn. 61 (1990) S. 59–68.
[47] Williams, J.C.; Birks, A.H.; Bhattacharya, D.: The direct measurement of the failure function of a cohesive powder. Powder Technol. 4 (1970/71) S. 328–337.
[48] Gerritsen, A.H.: Preprints Partec, Part 3, Nürnberg 1986.
[49] Gerritsen, A.H.: Dissertation Univ. Groningen (1982).
[50] Haaker, G.; Rademacher, F.J.C.: Direkte Messung der Fließeigenschaften von Schüttgütern mit einem abgeänderten Triaxial-Gerät. Aufbereitungs-Technik 24 (1983) H. 11, S. 647–655.
[51] Kozler, J.; Novosad, J.: A method for testing the flowability of fertilizers, Bulk Solids Handl. 9 (1989) H. 1, S. 43–48.
[52] Knight, P.C.; Johnson, S.H.: Measurement of powder cohesive strength with a penetration test. Powder Technol. 54 (1988) S. 279–283.
[53] Kammler, R.R.: Verfahren zur Schnellbestimmung der Fließeigenschaften von Schüttgütern. Aufbereitungs-Technik 26 (1985) H. 3, S. 136–141.
[54] Geldard, D.: Types of Gas Fluidisation. Powder Technology 7 (1973) S. 285–292.
[55] Dry, R.J.; Judd, M.R.; Shingles, T.: Two-phase theory and fine powders. Powders Technol. 34 (1983) S. 213–223.
[56] Murfitt, P.G.; Bransby, P.L.: Deaeration of powders in hoppers. Powder Technol. 27 (1980) S. 149–162.
[57] Drescher, H.: Übertragbarkeit Charakteristischer Schüttgutdaten auf das Dosierverhalten Fasriger Schüttgüter mit Vibrationsrinnen. Diss. Universität Erlangen-Nürnberg, (in Vorbereitung) 1994.

2. Volumenabgrenzende Dosierverfahren

2.1 Volumenabgrenzende Schüttgutdosierung

Schüttgutdosierung mit volumetrischen Dosiergeräten

Von G. ROGGE[1])

1. Grundbegriffe

Dosieren

Unter dem Begriff „Dosieren" versteht man das definierte Zuteilen eines Stoffes, welches die drei Funktionen – Fördern, (Ab)Messen (was gleichbedeutend mit dem Abspalten oder Entnehmen von Teilmengen aus einem Vorrat an Dosiergut ist) und Einstellen – beinhaltet.

Das kann chargenweise oder kontinuierlich erfolgen, jedes der beiden Verfahren ist volumetrisch oder gravimetrisch möglich.

Bei der diskontinuierlichen (Chargen-)Dosierung wird eine bestimmte Menge eines Stoffes zugeteilt.

Bei der kontinuierlichen Dosierung wird ein definierter Produktstrom erzeugt, der ein Volumen- oder Massenstrom sein kann (Bild 1) [1].

---

[1]) Dipl.-Ing. (FH) G. Rogge, K-TRON Deutschland GmbH, Friedrichsdorf
[1]) s. Kap. 1 dieses Buches

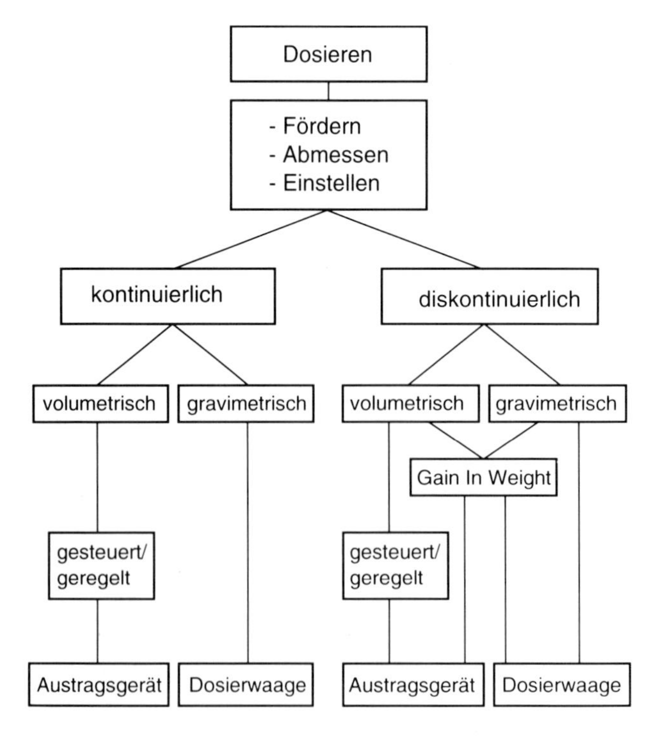

Bild 1: Systematik des Dosierens

2. Volumetrisches Dosieren

Die hierfür verwendeten Geräte fördern oder verdrängen abgemessene Teilmengen aus einem Vorlagebehälter, wobei deren Volumina oder Querschnitt reproduzierbar und die Fördergeschwindigkeit einstellbar sind.

Bei der volumetrischen Dosierung wird der Dosierstrom nicht gemessen, (weshalb der Begriff „volumetrisch" eigentlich falsch ist) sondern durch reproduzierbare Antriebsgrößen, wie z. B. Motordrehzahl, erzeugt. Meistens besteht ein einfacher Zusammenhang zwischen Dosierstrom und Antriebsgrößen. Mit einfachen Maßnahmen (Drehzahl- oder Vibrator-Steuerung) kann die Förderleistung der Dosiergeräte in einem beschränkten Bereich reproduzierbar verstellt werden. Der lineare Verstellbereich wird durch mehrere Faktoren beeinflußt:

- Verdrängungsfrequenz bzw. -drehzahl (beispielsweise einer Spirale).
- Geräteparameter, Rührwerk (beispielsweise Produkteinläufe, Austrittsquerschnitt, Dosierwerkzeug, Siloform, Oberflächenbeschaffenheit).
- Produkteigenschaften (beispielsweise gut oder schlecht fließend, brückenbildend, komprimierend, klebend).

Den Aufbau eines Dosiergerätes mit Steuerung zeigt Bild 2 [2].

Die Austragsleistung als Volumenstrom errechnet sich aus Förderquerschnitt A und axialer Fördergeschwindigkeit v_a und wird in Volumen pro Zeiteinheit angegeben.

$$V = A \cdot v_a \tag{1}$$

Mit der Schüttgutdichte ϱ_{sp} ergibt sich der Massenstrom.

$$\dot{m} = A \cdot v_a \cdot \varrho_{sp} \tag{2}$$

Dabei bedeutet ϱ_{sp} die Schüttgutdichte bei dem Auflastdruck im Einzugsbereich des Abzugsorgans.

Die axiale Fördergeschwindigkeit v_a hängt bei allen volumetrischen Dosiergeräten ziemlich linear von Antriebsdrehzahl bzw. -frequenz ab.

Diese Berechnungsgrundlagen können allerdings nur für optimale Dosierbedingungen verwendet werden[1]).

[1]) s. Kap. 5 dieses Buches

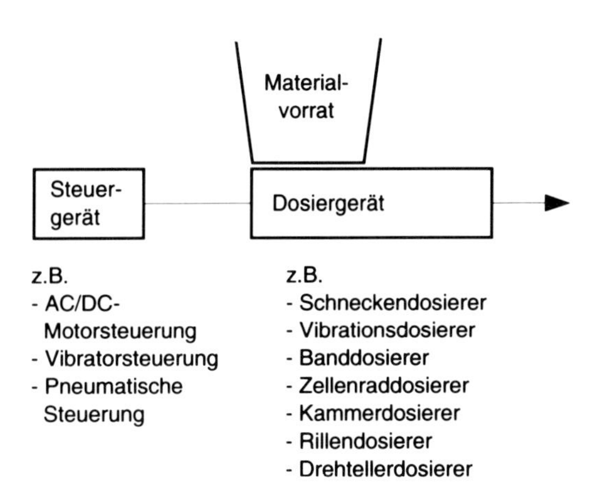

Bild 2: Aufbau eines Dosiergerätes mit Steuerung

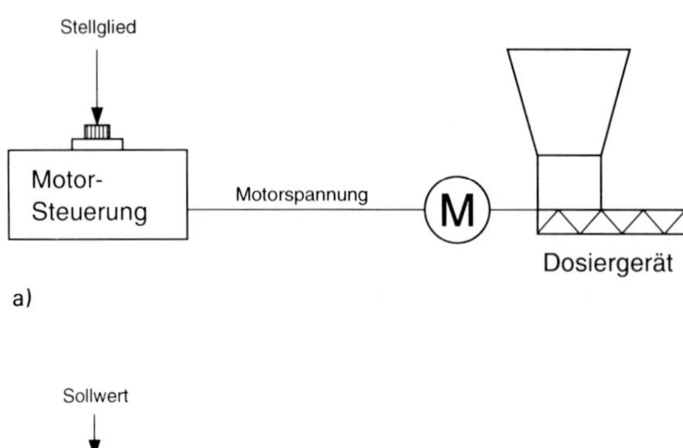

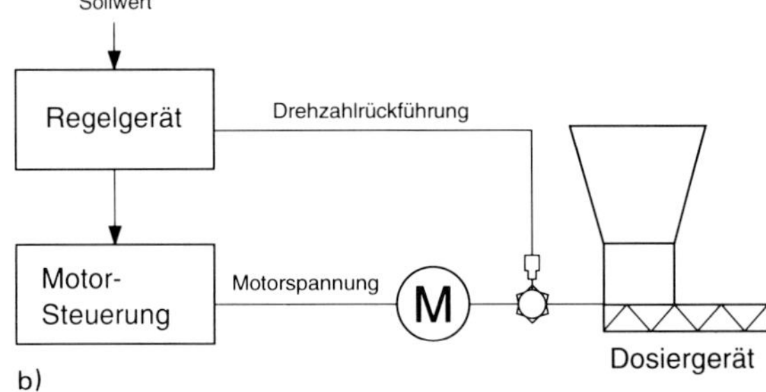

Bild 3: Gesteuerte a) und geregelte b) Einstellung des Sollwertes

Gesteuerte und geregelte Stellgröße

Bei **gesteuerter volumetrischer Dosierung** (Bild 3 a) wird der Sollwert dem Antriebsmotor als Motorspannung über die Motorsteuerung vorgegeben.

Aufgrund des Fehlens einer Bestimmung und Rückführung des Drehzahl (Frequenz) -Istwertes gehen in die Dosierung zu allen anderen Fehlern auch noch Sollwerteinstellungsfehler ein.

Bei **geregelter volumetrischer Dosierung** wird der Sollwert dem Motor als Motorspannung vom Regelgerät bzw. der Motorsteuerung vorgegeben. Der Sollwert wird permanent mit dem Istwert verglichen, Abweichungen werden korrigiert (Bild 3 b). Der Vorteil der geregelten Drehzahl (Frequenz)-Einstellung ist die Ausschaltung einer wichtigen Fehlergröße.

3. Schüttguteigenschaften

Zur Auslegung von volumetrischen Dosiergeräten sind die vollständigen Schüttguteigenschaften nötig. Neben der Charakterisierung nach DIN ISO 3435 [3] gehören dazu Schüttgutdichte, Kompressibilität, Fließeigenschaften (z. B. aus JENIKE-Schertests [4] sowie das Fluidisierungs- bzw. Entgasungsverhalten. Weiter sind andere physikalisch/chemische Daten, wie beispielsweise Abrasivität, Toxizität, Feuchtegehalt usw. erforderlich. Die Hersteller von Dosiergeräten haben Checklisten mit besonders wichtigen Daten für die jeweiligen Gerätebauformen entwickelt. Einen groben Überblick der Dosiergeräteverträglichkeit mit Schüttguteigenschaften zeigt Tafel 1.

4. Ausführung und Eigenschaften der Dosiergeräte

4.1 Dosiergeräte mit Abgrenzungskammern

Sie teilen Teilvolumina ab und sind hauptsächlich für gut fließende Schüttgüter geeignet. Die Dosierleistung ergibt sich mit Kammervolumen V_k, Kammerzahl pro Umdrehung i, Drehzahl n und der realen Schüttgutdichte ϱ_{sp} zu:

Tafel 1: Volumetrische Dosiergeräte und Schüttguteigenschaften

Bezeichnung	Skizze	Schüttgutspezifikation									Stellgröße Grob-/Feinbereich	Dosiermengenstromschwankungen $\Delta\dot{m}$ (%)
		Pulver rieselfähig	Pulver fluidisierbar	Pulver haftend back.	Granulat hart	Granulat bruchempf.	Gran. plast. verformb.	Schuppen	große Pulsation	kleine Pulsation		
Dosierschnecke		●	●	●	●	●	●	●		×	1 : 30	± 1...5
Vibrationsdosierer		●	—	—	●	●	●	●		×	1 : 10	>± 10
Pneum. Förderrinne		●	●	—	—	—	—	—		×	1 : 5	>± 10
Banddosierer		●	—	—	●	●	●	○		×	1 : 20	± 1...5
Zellenradschleuse		●	●	●	●	●	○	○	×		1 : 10	± 2...10
Kammerdosierer		●	○	—	●	○	○	—	×		1 : 10	± 2...10
Drehtellerdosierer		●	—	—	●	○	—	—		×	1 : 5	± 1...5
Dosierschieber		●	○	—	○	○	—	—		×	1 : 10	>± 5
Kolbendosierer		●	○	—	○	○	—	—	×	×	1 : 10	>± 5

● geeignet ○ bedingt geeignet — nicht geeignet

$$\dot{m} = i \cdot V_k \cdot n \cdot \varrho_{sp} \cdot \varepsilon \tag{3}$$

wobei der Füllgrad ε nur bei teilgefüllten Kammern berücksichtigt werden muß (sonst $\varepsilon = 1$).

Kammerdosierer weisen prinzipbedingt einen pulsierenden Dosierstrom auf.

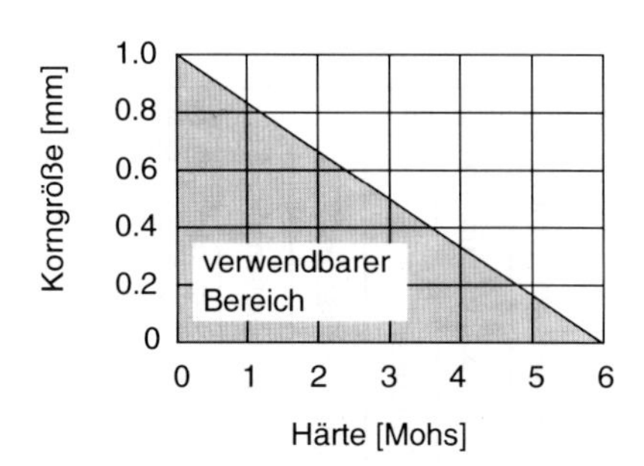

Stoff	Härtestufe
Talk	1
Gips	2
Kalkspat	3
Flußspat	4
Apatit	5
Orthoklas	6
Quarz	7
Topas	8
Korund	9
Diamant	10

Bild 4: Anwendungseinschränkungen bei abrasivem Verschleiß

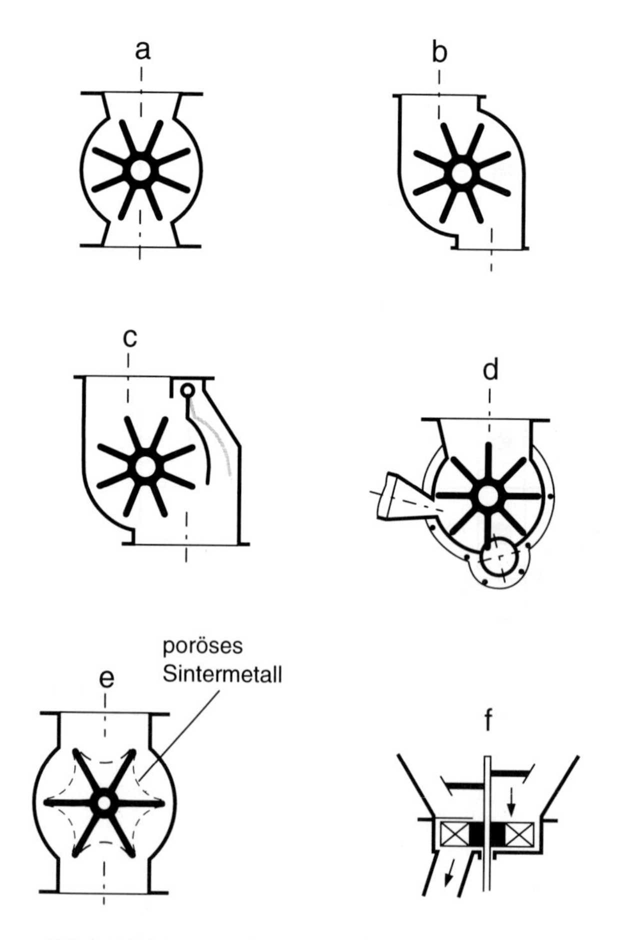

Bild 5: Gestaltung von Zellenraddosierern

Zellenraddosierer

Der Zellenraddosierer (-schleuse) wird überwiegend für die kontinuierliche (Vor-)Dosierung frei fließender, zum Schießen neigender, nicht zu harter Schüttgüter verwendet.

Das im Gehäuse abdichtende Zellenrad erfüllt sowohl die Absperrfunktion gegen den Silodruck als auch die Förderfunktion. Aufgrund der engen Passungen sind Zellenraddosierer gut geeignet zur Einspeisung von Feststoffen auf ein höheres (Prozeß-) Druckniveau. Allerdings sollten wegen des auftretenden Verschleißes der Anwendungsbereich nach **Mohs'scher** Ritzhärte und Korngröße beschränkt werden (Bild 4). Mit Sondermaßnahmen des Verschleißschutzes können die Grenzen überschritten werden.

(In der Mohs'schen Härteskala sind 10 verschiedene harte Stoffe bzw. Mineralien so zusammengestellt, daß jeder folgende seine Vorgänger ritzen kann. Die Härte eines Materials liegt zwischen der Härte desjenigen Stoffes aus der Skala, von dem er gerade noch geritzt wird und der Härte des Stoffes, den er selbst gerade noch ritzt.)

Die Ausführung der Zellenradschleusen richtet sich nach den Produkteigenschaften und dem Anwendungsfall. Um ein Verklemmen von großen Teilchen zu verhindern, versetzt man die Ein- und Ausläufe (Bild 5b), oder bringt Ausgleichsschwingen an (Bild 5c).

Durchblasschleusen (Bild 5d) eignen sich zum Einschleusen von Schüttgut in Fördersystemen.

Bei anhaftenden Schüttgütern besteht der Kammerboden aus porösem Sintermetall, und es kann gesteuert der Inhalt abgeblasen werden (Bild 5e); gelegentlich findet man auch Putz- und Räumräder für diesen Zweck [5]. Das Taschenvolumen sowie die Anzahl der Kammern werden bestimmt von den Pulsationsanforderungen an den Dosierstrom und der Dichtigkeit, wobei sich 6–8 Taschen als Mindestanforderung erwiesen haben. Vorteilhaft sind glatte Wände mit halbrundem Grund bei nicht zu großer Tiefe (Bild 6a und b).

Die einfachen, für höhere Temperaturen geeigneten Ausführungen (Bild 6a und b) weisen geringere Dichtheit auf. Außerdem ist bei entsprechenden Schüttgütern Verschleiß aufgrund von Verklemmungen vorprogrammiert. Eine bessere Abdichtung wird mit nachstellbaren Dichtleisten aus Metall (Bild 6e) oder Elastomeren (Bild 6c und d) erzielt, wobei sich Variante Bild 6f besonders zum Dosieren von grobkörnigen, faserigen Produkten eignet. Bei anhaftenden Produkten setzt man Schaber ein, die den Stegen jeweils das notwendige Spiel freischaben (Bild 6e).

Zellenradschleusen können für Druckdifferenzen in druckstoßfester Ausführung, zur Schnellreinigung oder für Schutzgasüberlagerung gebaut werden.

Zur **Funktionsweise bei Differenzdruck** (z. B. als Durchblasschleuse): Dreht sich eine Kammer dem Siloauslauf zu, wird diese durch Schwerkraft mit Schüttgüter gefüllt. Der Füllgrad der Kammern ist von der Luftwiderstandskraft durch aufsteigende Leckluft (Δp) und von der durch die Drehung entstehenden Fliehkraft, deren Einfluß mit zunehmender Drehzahl ständig zunimmt, abhängig. Dadurch entsteht der prinzipielle Zusammenhang von Dosierstrom und Drehzahl unter Differenzdruckeinguß, der real nur im niedrigen Drehzahlbereich genutzt wird (Bild 7). Zum Dosieren beschränkt man sich auf den linearen Bereich. Die Zellenradschleusen werden üblicherweise mit Drehzahlen von $n = 10...60\ Umin^{-1}$ eingesetzt und für Leistungen von einigen dm^3/h bis 1.000 m^3/h gebaut [6].

Neben der horizontalen Anordnung der Rotorachse kann diese auch vertikal ausgeführt werden (Bild 5f). Zum Zuführen des Produktes in die Kammern ist meist ein Rührwerk erforderlich, welches die Bildung von Totzonen (Schlot-/Kamin-Bildung) verhindert und einen größeren Einzugsquerschnitt gestattet.

Kammerdosierer

Diese, den Zellenradschleusen verwandten Dosiergeräte, erfreuen sich aufgrund ihrer einfachen Bauart großer Beliebtheit und werden hauptsächlich für die Einfärbung von Kunststoffen eingesetzt. Bei dieser quasikontinuierlichen Dosierung wird jede entleerte Kammer berührungslos gezählt. Die Anzahl der geleerten Kammern ist entsprechend der Rezeptur ein Maß für die jeweils dosierte Menge.

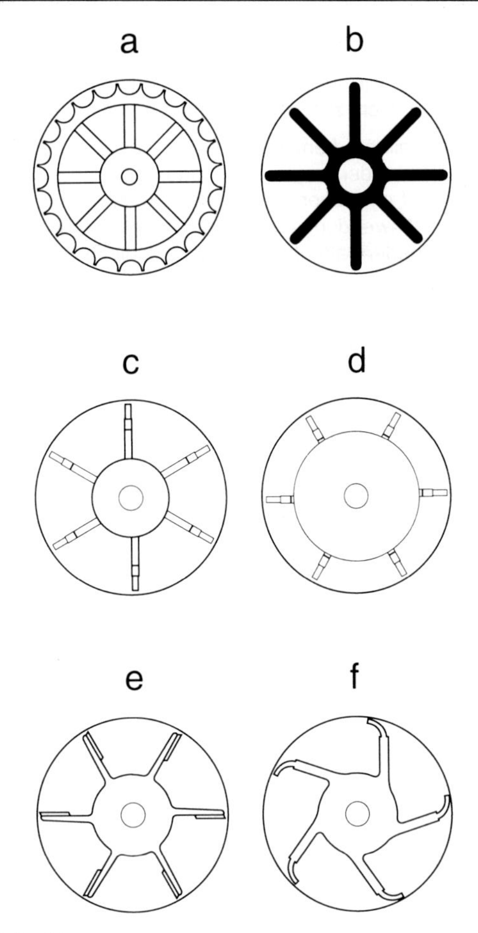

Bild 6: Ausführung von Zellenrädern

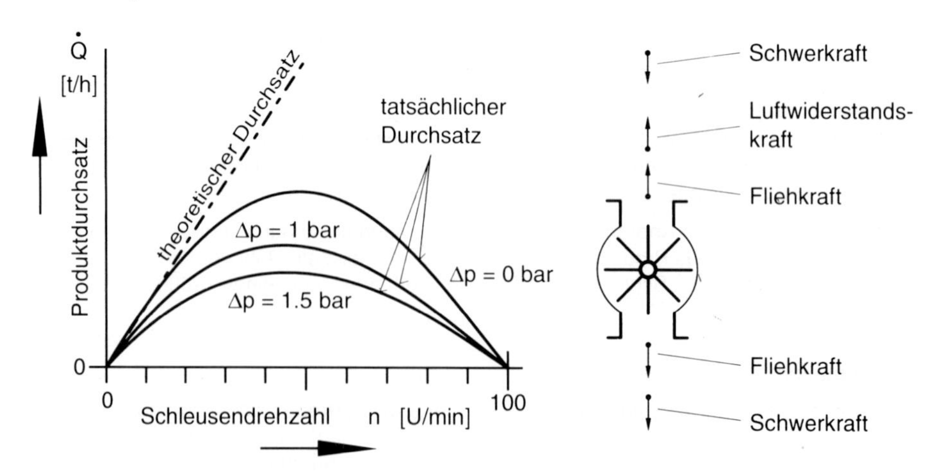

Bild 7: Funktionsweise von Zellenraddosierern

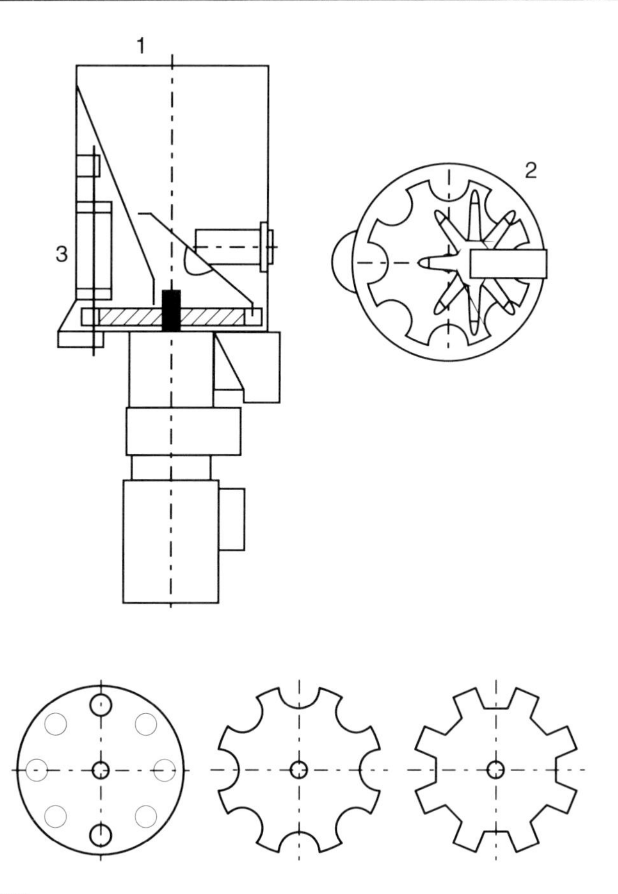

Bild 8: Kammerdosierer (unten Rotorausführungen)

Das Dosierorgan ist eine sich um die vertikale Achse drehende Scheibe mit Löchern oder Ausnehmungen am Umfang, den Dosierkammern. Bei der Drehung durch einen Getriebemotor füllen sich die Kammern mit dem über ihnen lagernden Dosiergut und entleeren sich nach ungefähr einer halben Umdrehung über der Auslauföffnung, die durch eine schräge Trennwand gegenüber dem Dosiergut abgedeckt ist (Bild 8).

Bei rieselfähigen Schüttgütern und langsamen Drehzahlen ist die Befüllung der Kammern gut und reproduzierbar möglich. Um Kamin- und Brückenbildung während des Dosiervorgangs zu verhindern, aber auch um die Schüttgutdichte möglichst konstant zu halten, kann im Vorratsbehälter ein Rührstern (Bild 8, Pos. 2) eingebaut werden, der z. B. von der Dosierscheibe angetrieben wird. Zusätzlich wird mit einem Füllstandwächter das Produktniveau relativ konstant gehalten. Anbackungen in den Dosierkammern, z. B. bei Pigmenten, beseitigt ein über der Auswurföffnung befindlicher Räumfinger (Bild 8, Pos. 3). Er springt in jede Kammer hinein, gleitet an ihrer Wand entlang und verläßt sie wieder. Dabei wird die Kammer zwangsweise entleert und an der Wandung anhaftende Produktreste abgestreift [7].

Werden bei einem Verarbeitungsprozeß gleichzeitig mehrere Komponenten zugegeben, kann dies mit speziellen Mehrkomponentengeräten in kompakter Baugröße geschehen (Kreisförmige Anordnung).

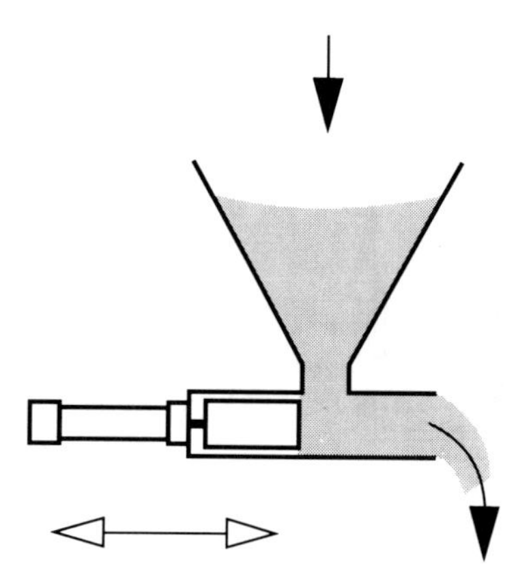

Bild 9: Kolbendosierer

Kolbendosierer

Kolbendosierer finden zur Schüttgutdosierung nur in Ausnahmefällen Verwendung. Es gibt Ausführungen für kleine Dosierströme rieselfähiger Schüttgüter (Bild 9). Ferner sind auf dem Kolbenprinzip beruhende Dosierschleusen für die Eindosierung von Schüttgütern in Druckräume bekannt [8].

4.2 Schichtbildende Dosiergeräte

Diese Dosiergeräte grenzen das Volumen kontinuierlich über einen Gutquerschnitt ab und zeichnen sich durch pulsationsfreien Dosierstrom aus.

Die Austragsleistung ergibt sich mit Förderquerschnitt A_s, der Bandgeschwindigkeit v_a und der realen Schüttgutdichte ϱ_{sp} zu:

$$\dot{m} = A_s \cdot v_a \cdot \varrho_{sp} \qquad (4)$$

Die Bandgeschwindigkeit v_a wird von der Antriebsdrehzahl linear bestimmt. Sie dient als Einstellgröße. Eine Grobeinstellung des Leistungsbereiches erfolgt über die Schichthöhe der Bandbelegung, die theoretisch linear den Förderquerschnitt festlegt.

Der Banddosierer besteht aus einem Förderband (Bild 10, Pos. 1) mit Schichthöheneinsteller (Bild 10, Pos. 2) für den Produktquerschnitt auf dem Band. Ein weiterer Schieber (Bild 10, Pos. 3) wird oft unterhalb des Einlauftrichters zum Absperren des Schüttgutes für Reinigungszwecke oder Bandwechsel installiert.

Über Lenkersysteme (Bild 10, Pos. 4) wird eine automatische Bandzentrierung gewährleistet. Spezielle Abstreifer (Bild 10, Pos. 5) aber auch (drehende) Bürsten oder Ausräumschnecken sorgen für eine permanente Reinigung des Bandes von anhaftenden Schüttgutpartikeln.

Mittels virbrierter Einläufe, Zellenradschleusen, Schnecken- oder Vibrationsdosierer als Zuteilorgane, lassen sich eine Vielzahl von Produkten unterschiedlicher Eigenschaften dosieren. Der Übergang zu Bandwaagen ist fließend.

Banddosierer eignen sich zum Dosieren von rieselfähigen, bruch- und temperaturempfindlichen, schleißenden, grobkörnigen und generell allen abzugsfähigen Schüttgütern.

Mit speziellen Aufgabegeräten/Vordosierern sind Banddosierer auch für schlecht fließende, schießende, faserige oder flockige Schüttgüter geeignet.

Dosierbänder sind für haftende, anbackende, fluidisierende und staubende Schüttgüter ohne Sondermaßnahmen ungeeignet.

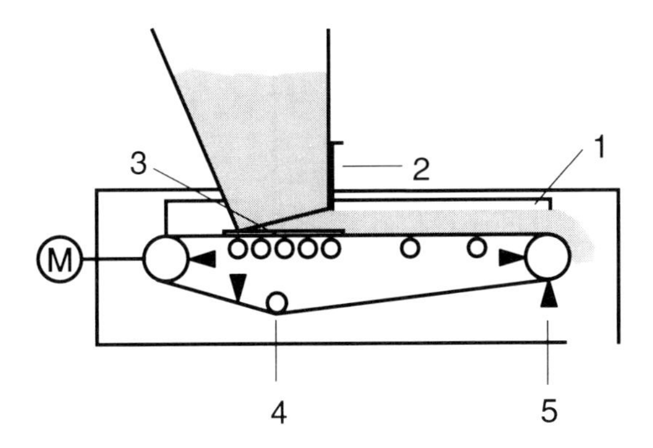

Bild 10: Banddosierer

Die Bandqualität wird den Schüttgütern angepaßt. Sie reicht von weißen lebensmitteltauglichen Silikonkautschukbändern bis zu Stahlplattenbändern für schleißende Güter oder hohe Temperaturen.

Dosierfehler ergeben sich durch nicht konstante Schichthöhe, Bandschlupf auf den Antriebsrollen und bei Überfluten des Bandes.

Aus diesen Gründen ist der Einsatz vor allem für größere Durchsatzleistung im Bereich von ca. 100 bis weit über 100.000 dm^3/h interessant, da der Raumbedarf dann vergleichsweise gering ist. Bei kleineren Durchsätzen sind die genannten Fehlereinflüsse oft schwer beherrschbar. Hier werden gravimetrische Systeme, wie Dosierbandwaagen oder Differentialdosierwaagen, eingesetzt.

Drehteller-Dosierer

Das aus dem Austragsschlitz hervorquellende Produkt wird durch einen Ausstreifer radial ausdosiert. Für sehr kleine Volumenströme wird in den dann exzentrisch zum Zylinder angeordneten Drehteller eine Rille eingearbeitet, die sich beim Drehen füllt und durch einen Ausräumfinger geleert wird. Gelegentlich wird der Dosierteller mit einer Randleiste versehen und als Ganzes vibriert, worauf eine Überlaufdosierung erfolgt. Meistens wird für eine bessere Produktzuführung ein vertikales Rührwerk eingebaut (Bild 11) [9].

Die Austragsleistung wird von mehreren Einstellgrößen wie Größe des Austragsschlitzes, Abstand von Zylinder zu Drehteller, Stellung des Ausstreifers, Drehzahl des Tellers und Schwingamplitude bei vibrierten Geräten beeinflußt.

Dadurch ist bei deren Kombination ein großer Verstellbereich möglich.

Leider verursachen Schüttgutdichteänderungen und Kompression des Schüttgutes sowie die Möglichkeit der Verstopfung des Austragsschlitzes oder des Durchschießens Probleme bei Dosierkonstanz und Reproduzierbarkeit.

Ringnutdosierer (auch Rillendosierer)

Dieses für kleine und mittlere Leistungen entwickelte Dosiergerät ist im Prinzip eine andere Ausführungsform des Drehtellerdosierers (Bild 12) [10].

Die Ringnut in einer horizontal angeordneten Walze (Dosierrotor) wird mit Schüttgut, unterstützt von einem Paddelrührer, gefüllt. Ein tangential angeordneter Ausstreifer entleert die Ringnut nach einer halben Walzendrehung.

Die Austragsleistung ist proportional zur Drehzahl der Walze. Es ist ein großer Verstellbereich möglich (1 : 50).

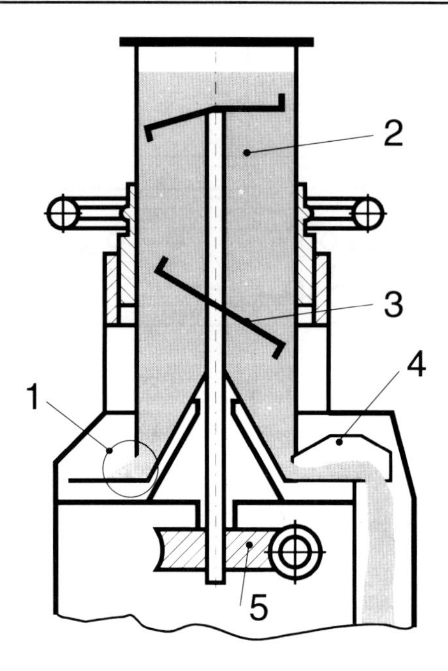

Bild 11: Drehtellerdosierer
1 verstellbarer Spalt
2 Vorratsbehälter
3 Rührwerk
4 Abstreifer
5 Antrieb

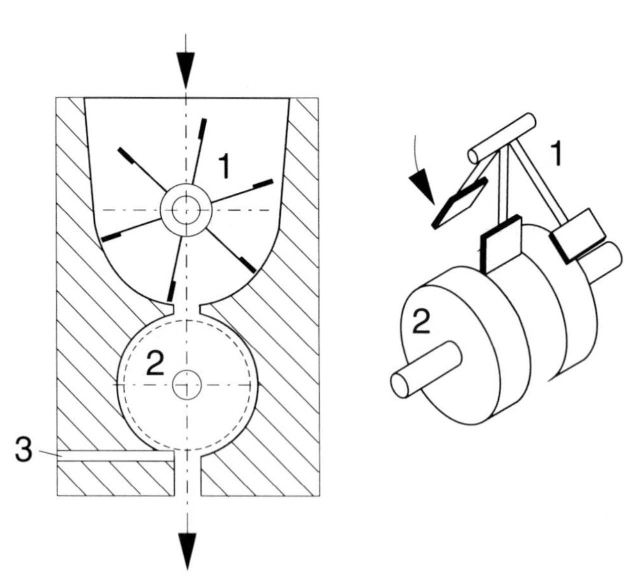

Bild 12: Ringnutdosiere
1 Rührer
2 Dosierrotor mit Nute
3 Profilabstreifer

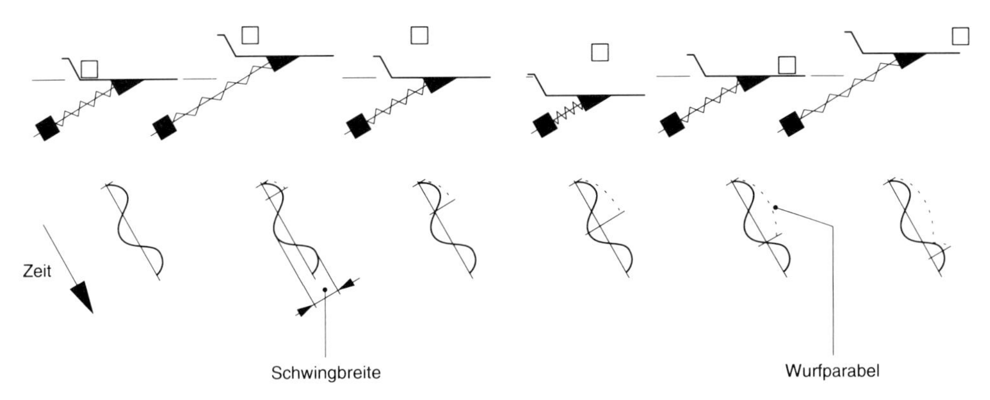

Bild 13: Mikrowurfprinzip der Schwingförderung

Der Ringnutdosierer ist sowohl für rieselfähige, als auch für kohäsive, haftende Pulver einsetzbar. Die maximale Korngröße ist von dem Querschnitt der Ringnut abhängig. Der Leistungsbereich liegt bei ca. 0,01 dm^3/h bis über 100 dm^3/h.

Vibrationsdosierer

Der Förderung liegt in der Regel das Mikrowurfprinzip zugrunde, das zu einer mit bestimmter Geschwindigkeit sich bewegenden Schicht führt, die durch die Schichthöheneinstellung grob festgelegt wird.

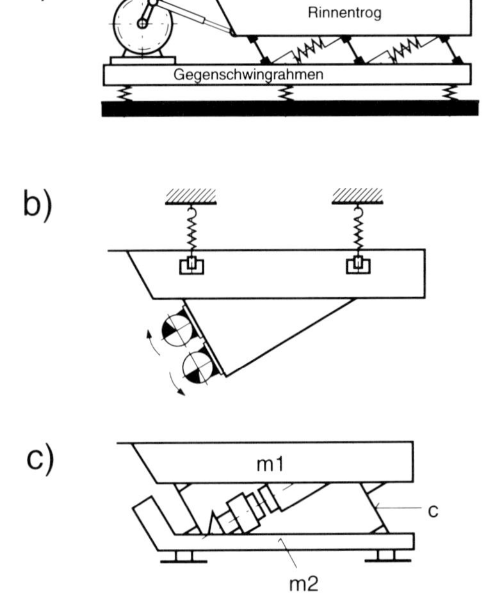

Bild 14: Antriebssysteme für Vibrationsdosierer
a) Schubkurbel
b) Unwuchtmotor
c) Schwingungssystem

Der Rinnenboden bewegt sich parallel in einer um 20 bis 45 Grad gegenüber der Horizontalen geneigten Richtung. Ein Schüttgutteilchen wird bei einer bestimmten Schwingfrequenz und Amplitude in Schwingrichtung schräg hochgeworfen. Dabei beschreibt es eine Wurfparabel und setzt an einem weiter am Rinnenauslauf liegenden Punkt wieder auf. Dieser Vorgang wiederholt sich periodisch. Eine geschlossene Schüttgutschicht bewegt sich ähnlich wie die Einzelteilchen. Bei hohen Schwingfrequenzen und kleinen Amplituden entsteht somit ein kontinuierlicher Materialfluß (Bild 13).

Wesentliche, den Fördervorgang beeinflussende Größen sind Schwingrichtung, -frequenz und -amplitude, Rinnenneigung und die Schüttguteigenschaften. Veränderungen des Dosierstromes entstehen, wenn Schüttgutreibung und Korngröße variieren. Prinzipiell sind nur granulare Schüttgüter, die nicht kohäsiv sind oder zum Fluidisieren neigen, gut beherrschbar.

Die Dosierleistung ergibt sich nach Gleichung 4 wenn man die horizontale Fördergeschwindigkeit v_a, den Förderquerschnitt A_s und die Schüttdichte ϱ_s einsetzt. Die Stellgröße ist meist die Schwingamplitude(breite), die unmittelbar mit der Schwinggeschwindigkeit über die Frequenz (meist konstant) zusammenhängt. Voraussetzung für die Entstehung der Wurfförderung und somit einer stabilen Kennlinie ist, daß mindestens die vertikale Partikelbeschleunigung über der Erdbeschleunigung liegen muß. Die Grenze nach oben liegt etwa bei 3 g.

Als Antriebssysteme haben sich durchgesetzt (Bild 14):

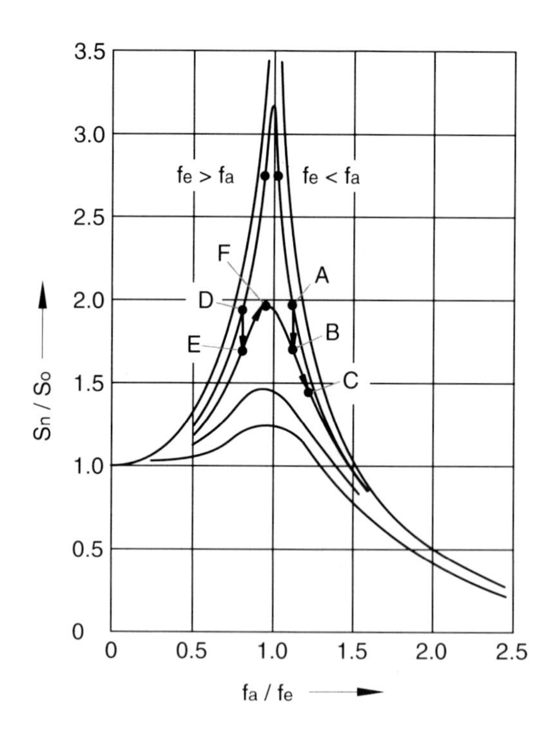

Bild 15: Verstärkungsfaktor S_n/S_o in Abhängigkeit der Frequenzverhältnisse f_a/f_e

$f_e < f_a$ überkritischer Bereich
A = B durch Dämpfung
B = C durch Massenankoppelung
$f_e > f_a$ unterkritischer Bereich
D = E durch Dämpfung
E = F durch Massenankoppelung

a) Bei Rinnen mit **Schubkurbelantrieb** wird die Fördergeschwindigkeit durch die Drehzahl des Antriebsmotors und den einstellbaren Angriffsradius der Schubkurbel bestimmt. Aufgrund der praktisch beliebig hohen Erregerkräfte, kann auf eine Ausnutzung des Resonanzprinzips verzichtet werden. Mit Schubkurbelgeräten lassen sich große Rinnenlängen realisieren. Eine Schwingbreitenverstellung ist jedoch aufwendig, Ein- und Ausschaltvorgänge werden verzögert.

b) Ohne Ausnutzung des Resonanzprinzips kommen ebenfalls Förderrinnen mit Antrieb durch **Umwuchtmotoren** aus. Eine Veränderung der Erregerkraft und damit der Fördergeschwindigkeit über Verdrehen der Unwuchten ist nur im Stillstand möglich. Es bestehen ähnliche Vor- und Nachteile wie bei Rinnen mit Schubkurbelantrieb.

c) Rinnen mit **elektromagnetischem Antrieb** arbeiten nach dem **Resonanzprinzip**. Erregt man das Schwingungssystem (Bild 14c) in der Nähe der Eigenfrequenz f_e, so erreicht man starke Amplitudenüberhöhung S_n/S_o und erzielt also mit wenig Energie- und Bauaufwand eine große nutzbare Schwingbreite S_n.

Die Resonanzmaxima nehmen nach Bild 15 mit zunehmender Dämpfung D nicht nur ab, sondern verschieben sich darüber hinaus noch nach tieferen Frequenzen hin, da die Eigenfrequenz f_e mit wachsender Dämpfung D kleiner wird.

Die mit Elektromagneten erreichbaren Erregerkräfte sind im Vergleich zu den Fliehkräften der Unwuchtmotoren gering. Aus diesem Grund werden Fördergeräte mit elektromagnetischem Antrieb ausnahmslos als Resonanzantriebe ausgelegt. Die Einstellung des Dosierstromes erfolgt durch die am Magneten anliegende Spannung. Unwucht- und Schubkurbelantriebe werden hauptsächlich zur Förderung von Schüttgütern bei größeren Leistungen ($>$ 1 t/h) elektromagnetische für kleinere Leistungen und Dosierzwecke eingesetzt.

Die gebräuchliche Bauart ist die Ausführung als Zweimassensystem (Bild 14c). Die Masse m1 ist das Gewicht der Rinne mit Fördergut, Vibratorbefestigung und des Vibratorteils (mit der Rinne verbunden). Die Masse m2 umfaßt die Teile der Vibrationsfreiseite. Beide Massen sind über Federn gekoppelt.

Durch m1 und m2 und die Federkonstante c ist die Eigenfrequenz f_e des Schwingungssystems gegeben. Die nutzbare Schwingbreite S_n hängt von der Auslegung des Zweimassensystems, der Resonanznähe der Erregung und der Dämpfung durch den Schüttgutbelag ab.

Zur Anpassung an den jeweiligen Bedarfsfall ist zu beachten (Bild 15):

Überkritischer Betrieb ($f_e < f_a$): Beim Vergrößern der Dämpfung, bespielsweise infolge der Fördergutbelastung, nimmt die Schwingbreite ab (Strecke A–B). Durch teilweise Massenankopplung des Fördergutes sinkt die Eigenfrequenz und die Schwingbreite wird weiter verkleinert (Strecke B–C). Die Schwingbreite und damit der Dosierstrom sind also stärkeren betrieblichen Schwankungen unterworfen.

Unterkritischer Betrieb ($f_e > f_a$): Auch hier nimmt die Schwingbreite beim Vergrößern der Dämpfung ab (Strecke D–E). Da durch Masseankoppelung die Eigenfrequenz sinkt, nimmt die Schwingbreite wieder zu (Strecke E–F). Dämpfung und Massenkoppelung wirken einander entgegen. Aufgrund der geringeren Instabilität gegenüber dem überkritischen Betrieb wird der unterkritische Betrieb bei den meisten Vibrationssystemen angewendet.

Mit der Entwicklung eine Regelkreises (Bild 16), der mittels des Amplituden-Rückführsignals einen permanenten Betrieb in der Resonanzfrequenz ermöglicht, ist eine erhebliche Verbesserung der Dosierkonstanz erreicht worden [11].

In der Nähe der Resonanzfrequenz ist die benötigte Erregerleistung am geringsten, d.h. der Wirkungsgrad des Vibrators optimal. Da diese Eigenfrequenz beeinflußbar ist, muß der Vibrationsregler eine Frequenznachführung zur Anpassung des Antriebes an die Eigenfrequenz aufweisen. Die Relation zwischen Schwingbreite und Dosierstrom ist im Resonanzpunkt fast linear (Bild 17).

In Verbindung mit Differentialdosierwaagen kann die verbleibende Nichtlinearität leicht korrigiert werden.

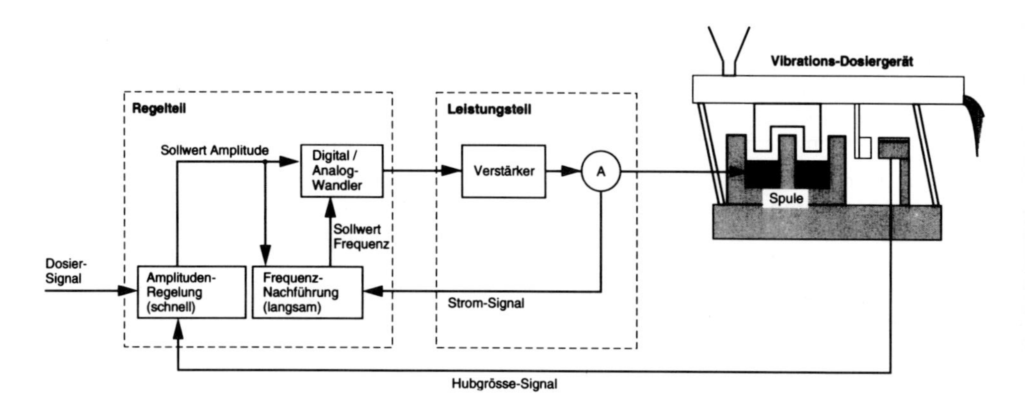

Bild 16: Resonanzregelung für Vibrationsdosiergeräte

Die Schwingbreite wird mit einem induktiven Sensor innerhalb des Vibrationsantriebes aufgenommen und erzeugt das Rückführsignal, dessen Amplitude direkt proportional zur Schwingbreite ist. Die Frequenz des Vibrationsantriebes wird zur Anpassung an die Eigenfrequenz durch das Frequenzführungssystem permanent variiert.

In Verbindung mit der sehr schnellen Amplitudenregelung folgt eine Abstimmung des Systems auf die jeweilige Resonanzfrequenz f_e.

Schüttguteinflüsse bei Vibrationsdosieren

Allerdings kann selbst eine aufwendige Regelung ungünstige Schüttguteigenschaften nicht ausgleichen. Bei kohäsivem Schüttgut bilden sich beispielsweise Bruchkanten am Rinnenende mit undefiniertem Massenabwurf.

Die Bildung von Luftblasen bei feinen, luftundurchlässigen Pulvern kann durch Belegen des Rinnenbodens mit einem flexiblen, von außen belüfteten Innenboden verhindert werden. Schießende Güter sind nicht beherrschbar. Für faserige Schüttgüter (z. B. Glasfasern) werden, neben der fließgünstigen Einlaufgeometrie, Faserregalisatoren verwendet, um die länglichen Fasern besser aufzulockern und zusätzlich ausrichten zu können und damit Verkeilungen zu verhindern (Bild 18) [12].

Bei lockerem, federnden Material (z. B. Tabakblätter) wird der Wurfimpuls gedämpft, so daß die Fördergeschwindigkeit stark abnimmt und das Gut nur in bestimmten Schichthöhen zu fördern ist.

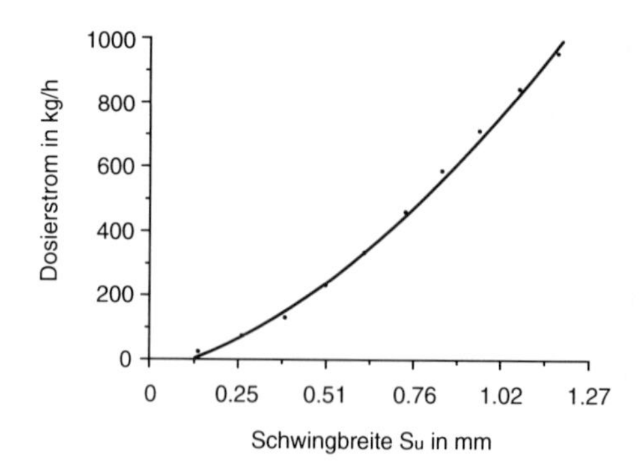

Bild 17: Dosierstrom-Kennlinie am Beispiel eines Resonanzfrequenz-geregelten Vibrationsdosierers (90 mm Rohr, Weizengrieß)

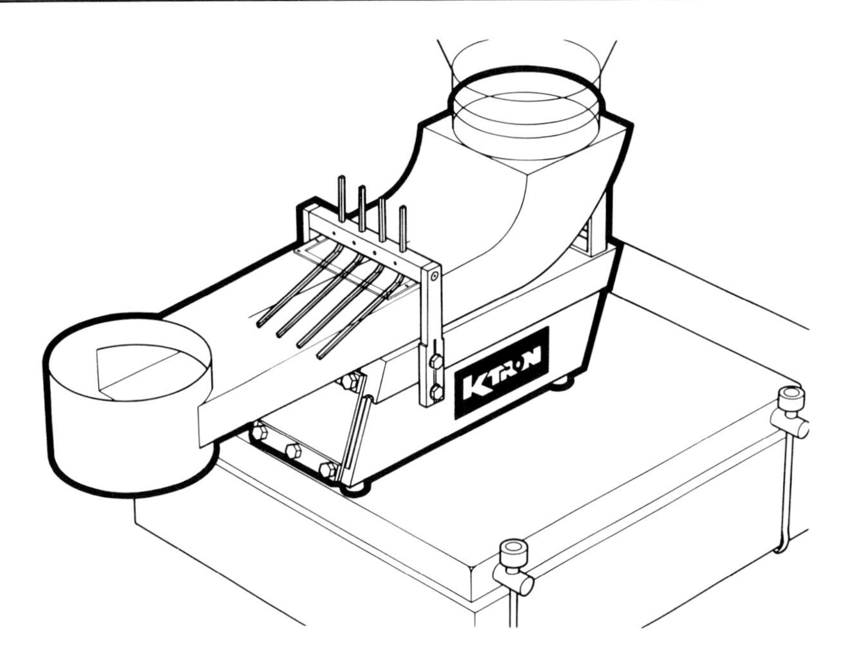

Bild 18: Vibrationsdosierer zur Glasfaserdosierung

Für Chargenanwendungen ist es empfehlenswert, eine Schnellschlußklappe am Rinnenende zu installieren, da das Schüttgut am Nachrieseln gehindert werden muß.

Die hohe Antriebsfrequenz von (25 ... 100 Hz) bewirkt eine schonende, verschleißarme Förderung der Schüttgüter (kurze Liegezeit des Schüttgutes auf der Rinne), was die Vibrationsrinne zur Dosierung bruchempfindlicher Güter favorisiert. Auch sind statische Aufladung und eventuelle Materialverunreinigungen durch Reibung vernachlässigbar.

4.3 Schneckendosierer [1])

Alle Schneckenkonstruktionen basieren auf der archimedischen Schraube. Sie verdrängen das zu dosierende Schüttgut und erzeugen eine bestimmte Axialgeschwindigkeit im Dosierrohr. In Abhängigkeit von der Schüttgutzufuhr lassen sich von grobkörnigen, zum Schießen neigenden, über feinkörnig-pulverige, bis zu klebenden Schüttgüter aller Fließeigenschaften beherrschen.

Der Dosierstrom ergibt sich aus dem von der Schnecke agitierten Förderquerschnitt A_s, der Axialgeschwindigkeit v_a und der realen Schüttgutdichte ϱ_{sp} zu [13]:

$$\dot{m} = A_s \cdot v_a \cdot \varrho_{sp} \qquad (5)$$

Dabei ist A_s von der Schneckengeometrie abhängig. Die Axialgeschwindigkeit v_a ist proportional zur Schneckendrehzahl. Es werden bezüglich der Ausführung Förder-, Siloabzugs- und Dosierschneckengeräte unterschieden [4].

Förderschnecken dienen primär dem Material**transport** [14]. Das Schüttgut wird durch rotierende, schraubenförmige, durchgehende oder unterbrochene Schnecken bzw. Wendeln in einem Trog

[1]) s. Kap. 5 dieses Buches

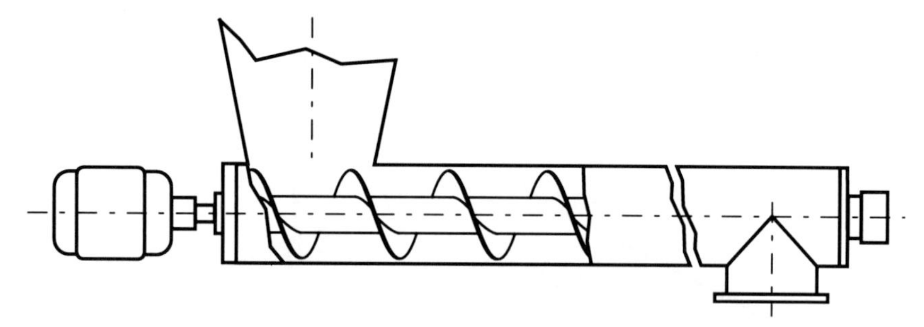

Bild 19: Einwelliger Schneckenförderer mit Trog

oder Rohr gefördert (Bild 19). Mit flexiblen Förderschnecken lasen sich auch gekrümmte Förderwege realisieren (Bild 20).

Vollblattschnecken (Bild 21 a) eignen sich zur Förderung von feinkörnigen bis staubförmigen, nicht haftenden Schüttgütern. Bandschnecken (Bild 21 b) setzt man bei stückigem, zähem und gering haftenden Produkt ein. Soll neben der Förderung noch eine Durchmischung erfolgen, so benutzt man Paddelschnecken (Bild 21 c). Durch die Kombination von links- und rechtsgängigen Schneckenstegen kann das Schüttgut auf zwei Ausgänge verteilt oder von zwei Eingängen eingezogen werden (Bild 21 d).

Förderschnecken betreibt man aufgrund der Baulänge und auftretenden (Material-)Reibung meist teilgefüllt. Sie entnehmen nicht selbständig das Schüttgut aus einem Bunker, sondern werden durch Räumräder, Bänder oder Schaufelradbagger beschickt. Förderschnecken werden bis zu Längen von 60 m und Förderleistungen bis mehrere 100 m^3/h gebaut.

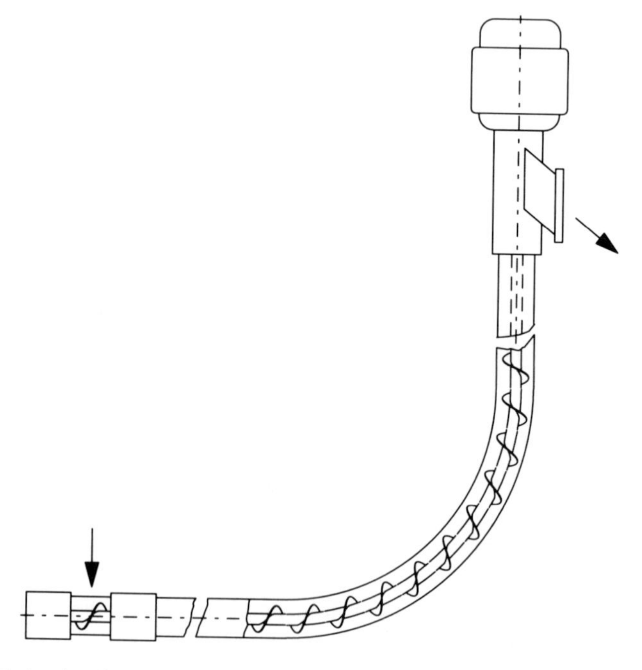

Bild 20: Flexible Förderschnecke

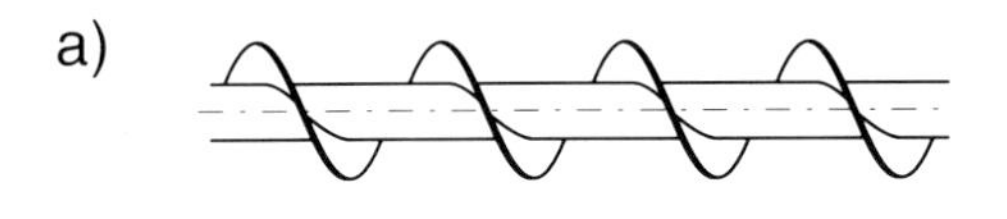

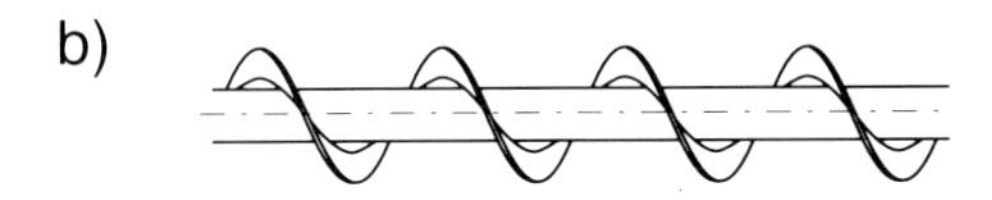

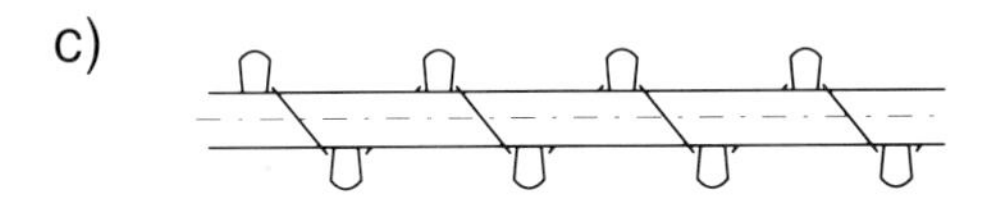

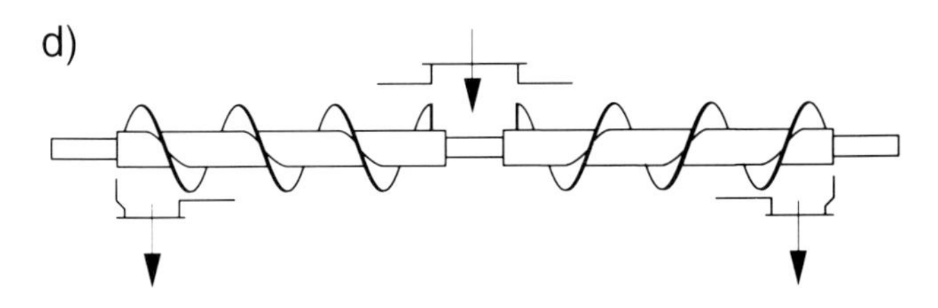

Bild 21: Schneckenformen

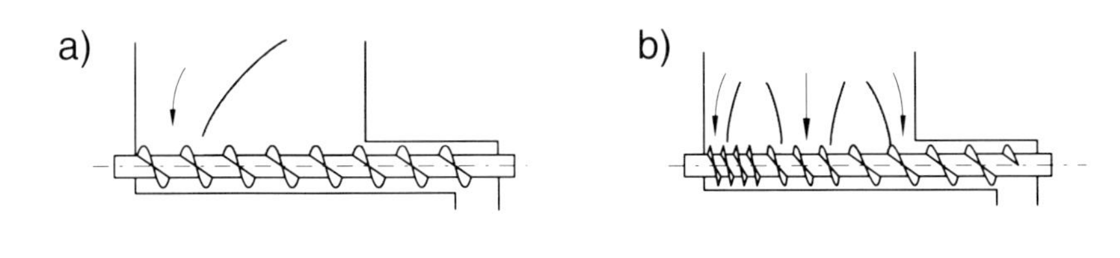

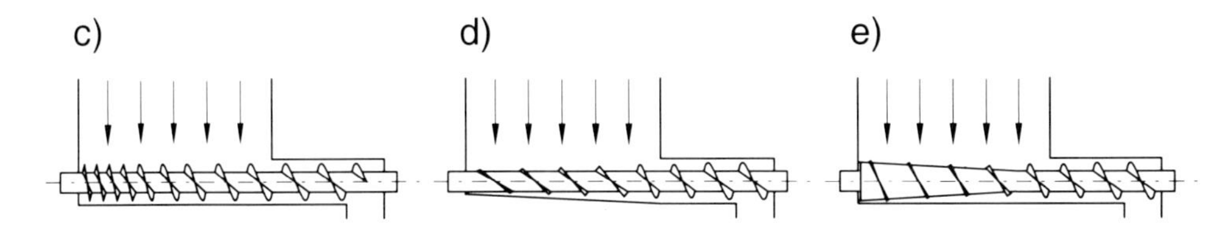

Bild 22: Ausführung von Siloabzugsschnecken
a) konstante Geometrie
b) abgestufte Steigung
c) progressive Gangsteigung
d) konischer Außendurchmesser
e) degressiver Kerndurchmesser

Siloabzugsschnecken dienen zur möglichen gleichmäßigen Siloentleerung. Selbst wenn Massenfluß aufgrund der Silokonstruktion zu erwarten ist, können bei nicht richtig abgestimmten Abzugsschnecken strömungsarme Zonen auftreten (Bild 22).

Wenngleich der Einsatz der beschriebenen Schneckengeometrien sich als vorteilhaft erweist, ist deren Verwendung bei reinen **Dosier**schnecken kleinerer Leistung aufgrund des fertigungstechnischen Aufwandes selten.

Dosierschneckengeräte werden stets horizontal gebaut, da die Sperrwirkung im Stillstand und die Überbrückung kleiner lokaler Entfernungen benötigt wird.

Basis bildet der Einlauftrog (Schneckentrog) mit angeflanschtem Schneckenrohr und Dosierwerkzeug mit verstellbarem Antrieb. Die kurzen Schnecken (gegenüber Förderschnecken) sind meist nur einseitig gelagert (Bild 23 a).

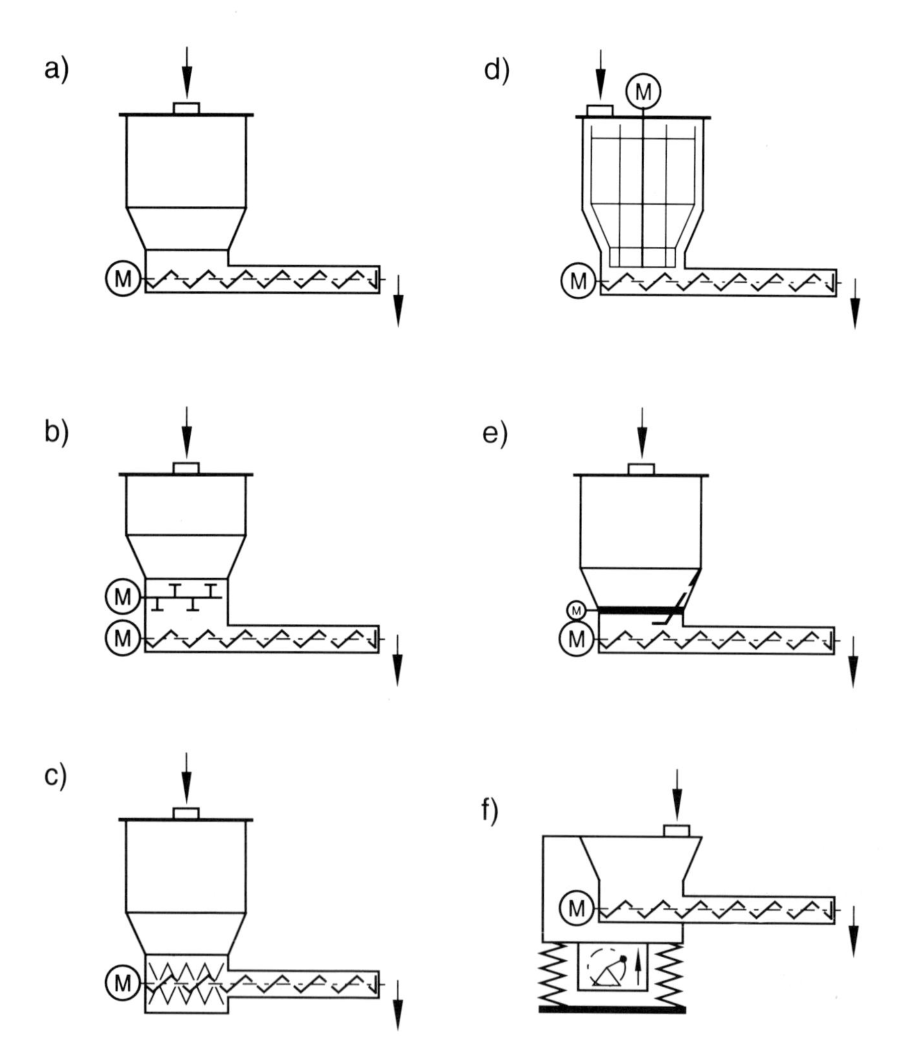

Bild 23: Schneckendosierer-Ausführungen

Je nach Antriebsart beträgt der Verstellbereich bis 1 : 30 (Gleichstrommotor mit Thyristor-Steuerung), bis 1 : 17,5 (Drehstrommotor mit Frequenzumrichtung) und bis 1 : 100 (Drehstrommotor mit mechanisch verstellbaren Planetengetriebe). Für viele (rieselfähige) Schüttgüter ergeben sich lineare Kennlinien teilweise bis über 600 $Umin^{-1}$. Um reproduzierbare Stellgrößen und eine verbesserte Linearisierung zu erzielen, ist die Verwendung einer Drehzahlregelung vorteilhaft (Bild 3).

Die unterschiedlichen Bauarten von Schneckendosierern dienen der Gewährleistung eines reproduzierbaren Dosierstromes.

Zur sicheren Füllung der Schnecke werden langsam laufende Auflockerungs- und Zuführrührwerke angeordnet, entweder konzentrisch zur Dosierschnecke oder parallel über die Dosierschnecke. Entsprechend dem Durchmesser des Rührwerkes ergibt sich in der Verlängerung des Rührtroges ein großer Einlaufquerschnitt, über dem nur ganz „schwierige" Produkte Brücken bilden und eine weitere Fließhilfe brauchen (Bild 23 b und c).

Schneckendosierer mit Vertikalrührwerken können selbst diese schwierigen Produkte beherrschen. Allerdings haben deren Vorratsbehälter nur ein begrenztes Fassungsvermögen (Bild 23 d).

Tafel 2: Einsatzgebiete der Dosierschneckenausführungen (einwellig)
Es bedeuten:
1 Pulver, 2 Pellets, 3 Granulat, 4 Fasern, 5 Flocken
⊙ Rührer erforderlich

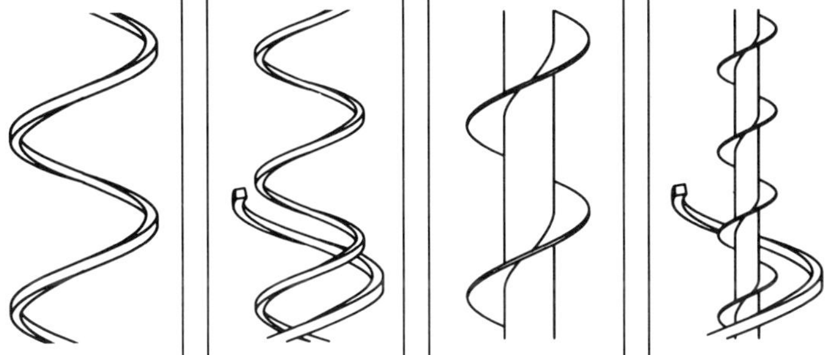

Eigenschaften		**Spiralschnecke**	**Spiralschnecke mit Wendel**	**Vollblattschnecke**	**Vollbalttschnecke mit Wendel**
sehr gut fliessend		1 2 3 4 5	1 2 3 4 5	1 2 3 4 5	1 2 3 4 5
frei fliessend		1 2 3 4 5	1 2 3 4 5	1 2 3 4 5	1 2 3 4 5
bedingt fliessend	O	2 3 5	1 2 3 4 5	1 2 3 4 5	1 2 3 4 5
schlecht fliessend	O	2 3	2 3	1 2 3 4	1 2 3 4
staubend	O	1 2 3 4 5	1 2 3 4 5	1 2 3 4 5	1 2 3 4 5
klebrig	O	2 3 4 5	2 3 4 5		
klumpig	O				
fettig	O	2 3 4 5	2 3 4 5	4 5	4 5
feucht	O	2 3 4 5	2 3 4 5	1 4 5	1 4 5
hygroskopisch	O	1 2 3 4 5	1 2 3 4 5	1 2 3	1 2 3 4 5
brückenbildend	O	5	1 2 3 4 5		1 2 3 4 5
kaminbildend	O	1 5	1 2 3 4 5		1 2 3 4 5
schliessend				2 3 5	2 3 5
verdichtend	O	1	1	1 2 3 5	1 2 3 5
fludisierend				2 3 5	2 3 5
plastifizierend	O			5	5

Tafel 3: Einsatzgebiete der Dosierschneckenausführungen (zweiwellig)
Es bedeuten:
1 Pulver, 2 Pellets, 3 Granulat, 4 Fasern, 5 Flocken
○ Rührer erforderlich

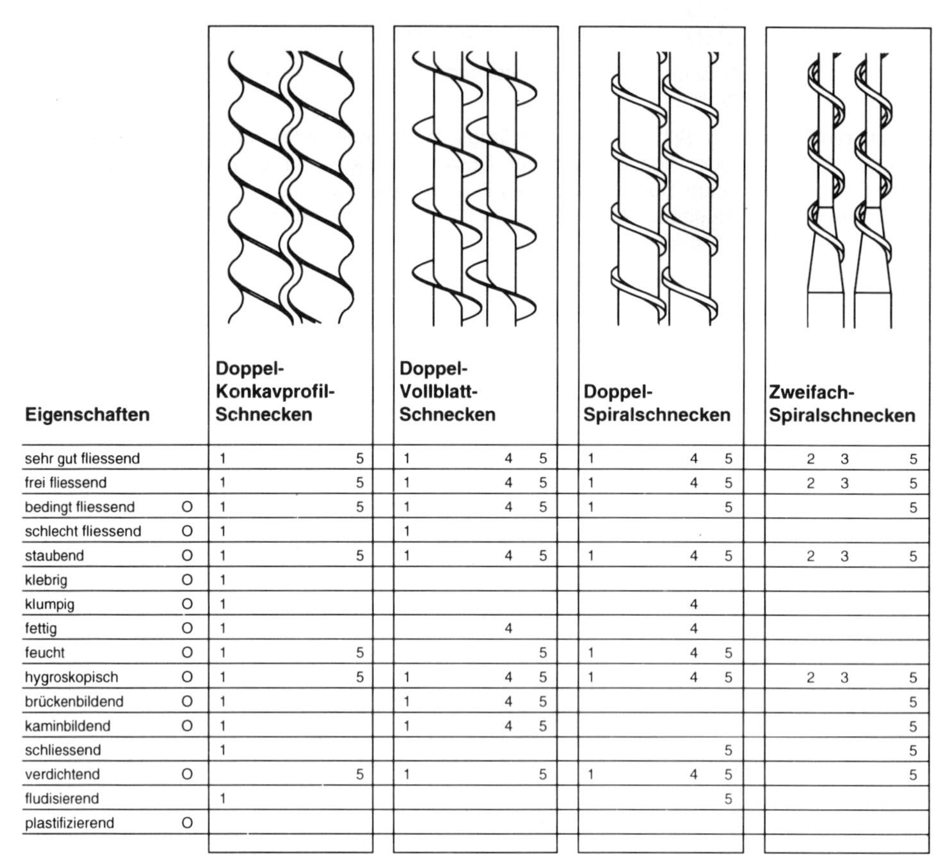

Eigenschaften		Doppel-Konkavprofil-Schnecken	Doppel-Vollblatt-Schnecken	Doppel-Spiralschnecken	Zweifach-Spiralschnecken
sehr gut fliessend		1 5	1 4 5	1 4 5	2 3 5
frei fliessend		1 5	1 4 5	1 4 5	2 3 5
bedingt fliessend	O	1 5	1 4 5	1 5	5
schlecht fliessend	O	1	1		
staubend	O	1 5	1 4 5	1 4 5	2 3 5
klebrig	O	1			
klumpig	O	1		4	
fettig	O	1	4	4	
feucht	O	1 5	5	1 4 5	
hygroskopisch	O	1 5	1 4 5	1 4 5	2 3 5
brückenbildend	O	1	1 4 5		5
kaminbildend	O	1	1 4 5		5
schliessend		1		5	5
verdichtend	O	5	1 5	1 4 5	5
fludisierend		1		5	
plastifizierend	O				

Dieser Nachteil kann jedoch von Schneckendosierern mit Konusrührwerken eliminiert werden (Bild 23e).

In manchen Fällen reicht es, den Einlauftrichter oder die ganze Konstruktion vibrieren zu lassen (Bild 23f), damit sich bildende Schüttgutbrücken laufend zerstört werden.

Die Hersteller verfügen meist über eine größere Zahl von Dosierwerkzeugen und Erfahrungen zur optimalen Anwendung (Tafeln 2 + 3) [15].

Einwellige Vollblattschnecken eignen sich für gut rieselfähige Schüttgüter. Granulate können zu Verklemmungen führen, wenn das Spiel zwischen Schnecke und Dosierrohr zu klein ist. Adhäsive Schüttgüter haften an Vollblattschnecken und verringern den Querschnitt und somit die Reproduzierbarkeit.

Spiralschnecken neigen weniger zu Schüttgutanhaftungen. An dem geringen Stirnquerschnitt der aus rechteckigem Draht gefertigten Spiralschnecken können sich keine großen Anbackungen aufbauen. Die axialen und radialen Bewegungen der Schnecke verringern die Tendenz zur Ansatzbildung auch im Dosierrohr. Grobkörnige Schüttgüter wie z. B. Granulate neigen bei genügendem Spiel nicht zu Verklemmungen.

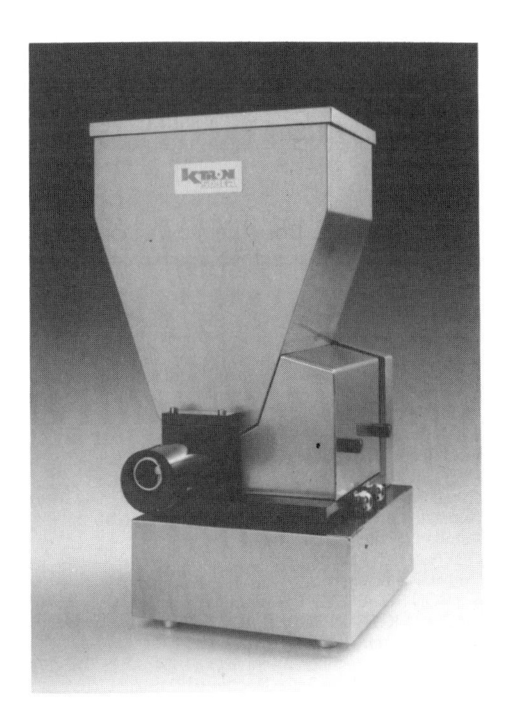

Bild 24: Einwelliger Schneckendosierer mit rotierendem Dosierrohr

Einwellige Dosierschnecken haben geringe Sperrwirkung und sind für fluidisierte Schüttgüter ungeeignet.

Dosierdoppelschnecken haben sich (neben den preisgünstigeren einwelligen) für besonders schwierige Aufgaben bewährt. Sie arbeiten mit einem Schneckenpaar, das gleichsinnig dreht (kämmend). Die Schnecken sind mit konkavem Profil gefräst. Damit wird eine echte Zwangsförderung erreicht, bei der sich die Profile gegeneinander freischaben und das Kammer- bzw. Fördervolumen konstant bleibt.

Das Schneckenrohr hat zwei parallele Bohrungen (eine liegende Acht), die sich teilweise überschneiden und so die Umhüllende der beiden Schnecken bilden.

Während bei der einwelligen Dosierschnecke bei niedrigen Drehzahlen bauartbedingt eine deutliche Pulsation zu verzeichnen ist, zeigt sich bei den zweigängig gefrästen Doppel-Konkavprofil-Schnecken ein erheblich gleichmäßigerer Produktabwurf, da diese 4 Ausstoßmaxima pro Umdrehung erzeugen.

Ein gutes Mittel gegen die erwähnte Dosierstrompulsation einwelliger Dosierschnecken ist die Dosierrohrrotation (Bild 24) [16].

Doppelschnecken sperren gut bei fluidisierten Schüttgütern und sind auch für anhaftende, klebende Produkte geeignet. Dosierdoppelschnecken können in Lösebehälter eintragen, an denen einwellige Schnecken durch aufsteigende Reaktionsdämpfe zukrusten.

Mit weiteren, auswechselbaren Schneckenpaaren anderer Bauformen lassen sich weitere spezielle, aber auch weniger schwierige Schüttgüter beherrschen (Tafel 3).

Grenzen bei der Verwendung von Schneckendosierern liegen bei sehr bruch- oder temperaturempfindlichen Produkten. Für diese sollten eventuell Vibrationsdosierer eingesetzt werden. Auch größere Korngrößen, je nach Durchmesser der Schnecke bzw. Durchmesser-Differenz von Schnecke zu Dosierrohr, können den Einsatz von Dosierschnecken nicht verwerfen. Harte, durch die Schnecke nicht zerstörbare Agglomerate, müssen über der Schnecke gebrochen werden.

5. Modulartechnik bei Dosiergeräten [1])

Eine Anzahl von Unternehmen müssen ihre Dosiergeräte wechselnden Anwendungen anpassen. Die Dosiergerätehersteller bieten dafür modular aufgebaute Konstruktionen an, die das besonders schnell und einfach ermöglichen.

Schrifttum

[1] Rogge, G.: in: Dosiertechnik im modernen Produktionsprozeß, Extrusions- und Snack-Tagung 1993 (Leitung Prof. Dr. D.J. Zuilichem und Dr. B. v. Lengerich) Zentralfachhochschule der Deutschen Süßwarenwirtschaft e. V., Solingen.
[2] N.N.: in: Schulungshandbuch der K-TRON SODER AG, CH-Niederlenz.
[3] N.N.: DIN ISO 3435.
[4] Jenike, A.W.: Storage and Flow of Solide. Univ. Utah, Engn. Exp. Station, Bull. 123. 164.
[5] N.N.: Druckschriften: Bühler-Miag, Jaudt, Lafontaine, Waeschle, Westinghouse.
[6] Krambrock, W.: Apparate für die pneumatische Förderung. Aufbereitungstechnik (1982) 8, S. 436–452.
[7] Mück, W.: in: Dosieren in der Kunststofftechnik. VDI-Verlag, Düsseldorf, 1978.
[8] Gericke, H.: Dosieren von Feststoffen (Schüttgütern) 1989.
[9] N.N.: Druckschrift K-TRON SODER AG, CH-Niederlenz.
[10] N.N.: Druckschrift GERICKE GmbH, Rielasingen.
[11] N.N.: Druckschrift N-2017-d, K-TRON SODER AG, CH-Niederlenz, 1988.
[12] N.N.: Druckschrift 08.28-3016-d Rev. 1 K-TRON SODER AG, CH-Niederlenz, 1986.
[13] Fritsch, D.: Dissertation, Universität Elangen-Nürnberg, 1988.
[14] Vetter, G., Gericke, H. und Fritsch, D.: Aufbereitungs-Technik 25 (1984) 12, S. 705–717.
[15] N.N.: Druckschrift HB 106 der K-TRON SODER AG, CH-Niederlenz, 1993.
[16] N.N.: Druckschrift 08.28-3020-d Rev. 2 der K-TRON SODER AG, CH-Niederlenz, 1991.

Schüttgutmechanische Auslegung von Schneckendosiergeräten

Von G. VETTER[1])

1. Einführung

Schneckendosiergeräte sind zur Dosierung und Förderung von mittel- bis feinkörnigen, kohäsiv-pulverigen sowie faserigen Schüttgütern geeignet [1]. Die Ausführung der Geräte muß dazu allerdings durch geeignete Schnecken, Spalte zwischen Dosierrohr und Schnecke sowie Bauformen von Dosierbehältern und Rührwerken zur Homogenisierung, Lockerung und Fließverbesserung an die Dosier- bzw. Förderaufgabe angepaßt werden.

In der vorliegenden Arbeit wird für ein bestimmtes Kollektiv von Ausführungs- und Schüttgutbedingungen das Förderverhalten von einwelligen Schneckendosiergeräten auf schüttgutmechanischer Grundlage theoretisch beschrieben.

Die Schüttguteigenschaften reichen von frei fließend granular bis pulverig kohäsiv, umfassen also einen großen Bereich der realen Anwendungen.

2. Überblick zu Schneckendosiergeräten

Die Lage der Schneckenachse kennzeichnt zwei große Anwendungsbereiche (Bild 1):

Horizontale Anordnung für die Prozeßtechnik zur Komponentendosierung: horizontaler Transport über Distanz, Sperrwirkung, geringe Bauhöhe, günstige Entlüftung prozeßseitig, Anwendung zur volumetrischen und gravimetrischen Dosierung.

Vertikale Anordnung zur volumetrischen Schüttgutabfüllung (z.B. Schlauchbeutelmaschinen): zweckmäßiger und günstiger Schüttgutfluß, Abschlußorgan erforderlich, stets Vordosierung in den Dosierbehälter.

Dosiergeräte in horizontaler Anordnung werden in der Regel entkoppelt über ein Austragorgan am Silo angebaut, mit dem Ziel:

---

[1]) Prof. Dipl.-Ing. G. Vetter, Lehrstuhl für Apparatetechnik und Chemiemaschinenbau, Universität Erlangen, Erlangen

[1]) s. Kap. 1 und 5 dieses Buches (Beiträge von G. Vetter und H. Wolfschaffner)

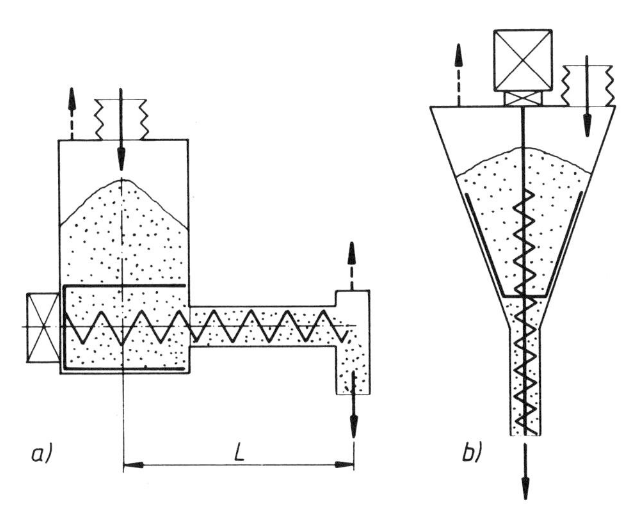

Bild 1: Anordnung der Schneckenachse

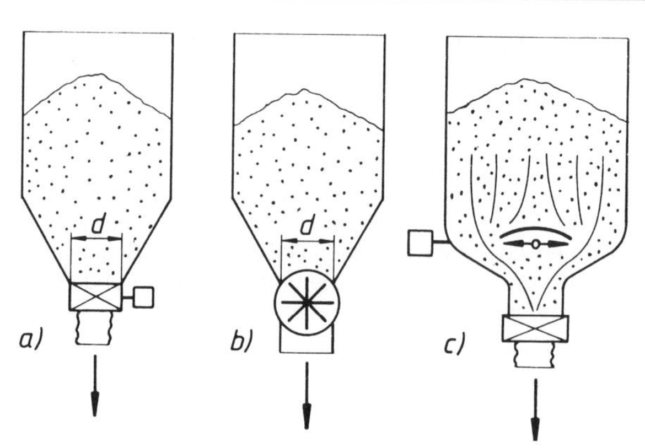

Bild 2: Austragorgane
a) Schieber b) Kammerschleuse c) Schwingtrichter

- Vermeidung von kohäsiven Schüttgutbrücken (Querschnittsdimension)
- Verbesserung des Schüttgut-Fließverhaltens durch Entlastung
- Anpassung des Austrags an den Dosierstrom (Regelung)
- intermittierende Vorratsbehälterbefüllung des Schneckendosiergerätes, insbesondere bei gravimetrischen Dosiersystemen.

Austragorgane werden dem Fließverhalten angepaßt: Absperrschieber sowie Kammerschleusen genügender Dimension für gutfließende, Schwingtrichter und großdimensionierte Austragsschnecken für kohäsive, schlechtfließende Schüttgüter (Bild 2).

Im gesamten Verlauf des Schüttgutflusses wird Brückenbildung durch geeignete Querschnittsdimensionen sowie Wandneigungswinkel vermieden (Bild 3).

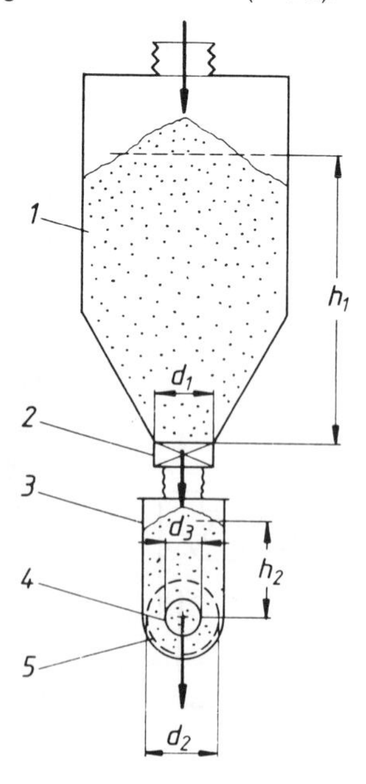

Bild 3: Schüttgutfluß und kritische Brückendimensionen

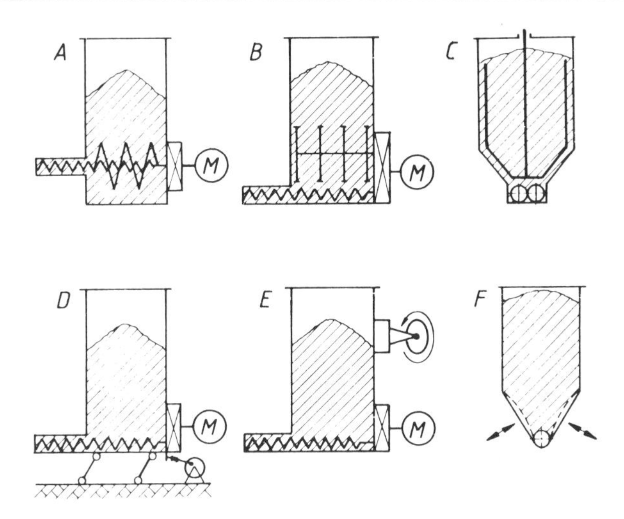

Bild 4: Verschiedene Methoden zur Förderung des Schüttgutflusses
A Rührer konzentrisch, horizontal
B Rührer oben, horizontal
C Rührer oben, vertikal
D, E Vibration
F bewegte Wände

Da bei vielen kohäsiven Schüttgütern der charakteristische Querschnitt im Schneckenbereich d_2 Anlaß zu kohäsiven Brücken gibt, muß durch geeignete Rührer Bewegung ins Schüttgut gebracht werden, um das stetige Fließen zu erzeugen.

Die Rühreranordnungen richten sich (Bild 4) nach den Schüttguteigenschaften sowie der Entleerung oder Reinigung bei Komponentenwechsel.

Verbreitet sind konzentrische sowie obenliegende horizontale und vertikale Rührer (Auflockerer, Homogenisierer).

Der ungestörte Schüttgutfluß bzw. die Vermeidung von Brücken wird auch durch Einbringung von Vibrationen oder anderer Bewegungen (Walkwände) bewirkt. Allerdings sind höherfrequente Vibrationen bei kompressiblen Schüttgütern meist aus Gründen der verdichtenden Wirkung ungeeignet.

Die Rührer im Schneckeneinzugsbereich sollen den Schüttgutfluß im Dosierbehälter bewirken und vergleichmäßigen, so daß möglichst keine Stagnation mit verdichtender Wirkung auftritt.

Die Dosierschnecken müssen das Schüttgut sowohl gleichmäßig unter Volumenabgrenzung transportieren als auch am freien, nicht volumenabgegrenzten Fließen hindern. Besonders bei fluidisierten Schüttgütern ist die sperrende Funktion für die Dosierung von entscheidender Bedeutung (Bild 5).

Wendeln eignen sich für frei fließende bis kohäsive Schüttgüter, die nicht zum Fluidisieren neigen. Es gibt Zinken und Bügel, die mit der Schnecke rotieren und über eine gewisse Fernwirkung Brücken verhindern. Wendeln sind leicht herzustellen und bieten große aktive Transportquerschnitte. Zur Versteifung werden gelegentlich zentrale Wellen verwendet.

Vollblattschnecken sperren besser gegen Schießen, sind teuerer in der Herstellung und steifer, weisen aber geringeren aktiven Querschnitt auf. Sonst ist der Anwendungsbereich ähnlich wie bei Wendeln.

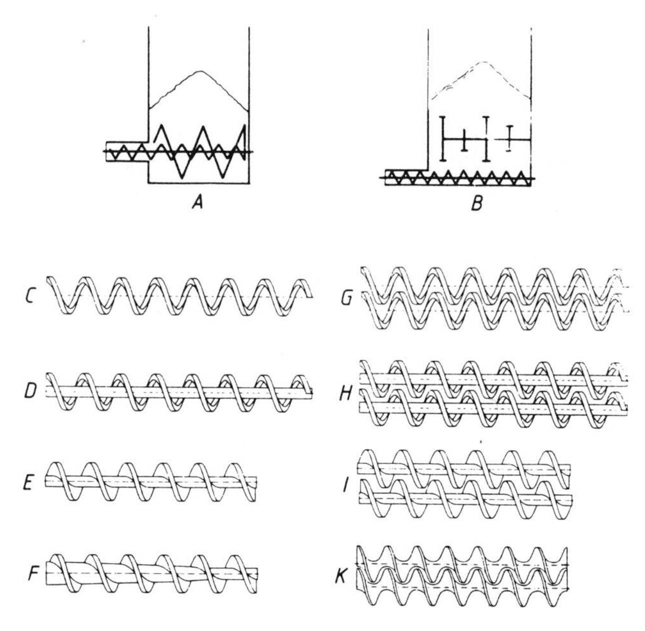

Bild 5: Schneckenformen
A, B Ein-/Zweiwellenausführung
C Wendel
D Wendel mit Mittelachse
E Vollblattschnecke
F Vollblattschnecke degressiver Kern
G Doppel-Wendeln
H Doppel-Wendeln mit Mittelachse
I Doppel-Vollblattschnecke
K Doppel-Konkavschnecke

Verschiedene Formen von **Doppelwendeln** mit und ohne Mittelachse sowie **Doppel-Vollblattschnecken** zeigen größeren Antriebsquerschnitt und erweisen sich nach empirischen Feststellungen für manche Schüttguteigenschaften als optimal. Verschiedene Faserarten erfordern beispielsweise eine günstige Mischung aus Zwang und Spielraum für das Schüttgut.

Doppel-Konkavschnecken sind für pulverig-kohäsive Schüttgüter geeignet und vermeiden wirkungsvoll Schießen unter Fluidisierungsbedingungen. Ihre in der Regel im Einzugsbereich größere Dimension kann in kritischen Fällen zur Vermeidung von Brücken vorteilhaft sein (d_3 in Bild 3). Allerdings werden die Schüttgüter durch Doppelkonkavschnecken stärker mechanisch beansprucht.

3. Dosierstrom von Schneckendosiergeräten

3.1 Theoretisches Modell

Die übliche Ausführung (Bild 3) entspricht auch der Anwendung von Schneckendosiergeräten in Differentialwaagen [3].

Betrachtet wird ein Gerät mit den charakteristischen Abmessungen nach Bild 6.

Vorausgesetzt der Schüttgußfluß im Dosierbehälter erfolgt unbehindert und gleichmäßig durch Rührer, so treibt allein die Schnecke das Schüttgut an, wobei der Dosierstrom $\dot{m}_D$ vom Transportquerschnitt A_{fw}, der axialen Transportgeschwindigkeit v_{ax}, der realen Schüttgutdichte ϱ_r sowie dem Füllgrad ε ($\varepsilon = 1$ bei Dosierung aus dem Vollen) bestimmt wird [3].

$$\dot{m}_D = A_{fw} \cdot v_{ax} \cdot \varrho_r \cdot \varepsilon \tag{1}$$

In der axialen Transportgeschwindigkeit steckt die als Stellgröße des Schneckendosierers wichtige Schneckendrehzahl n_s (s. Gl. 6).

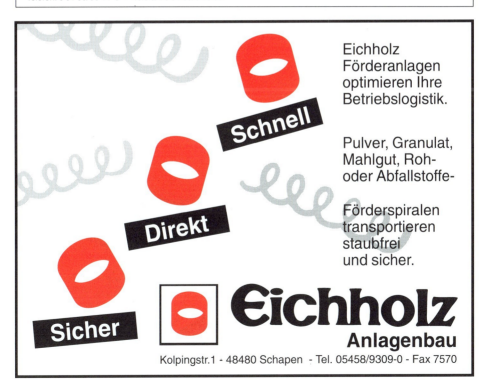

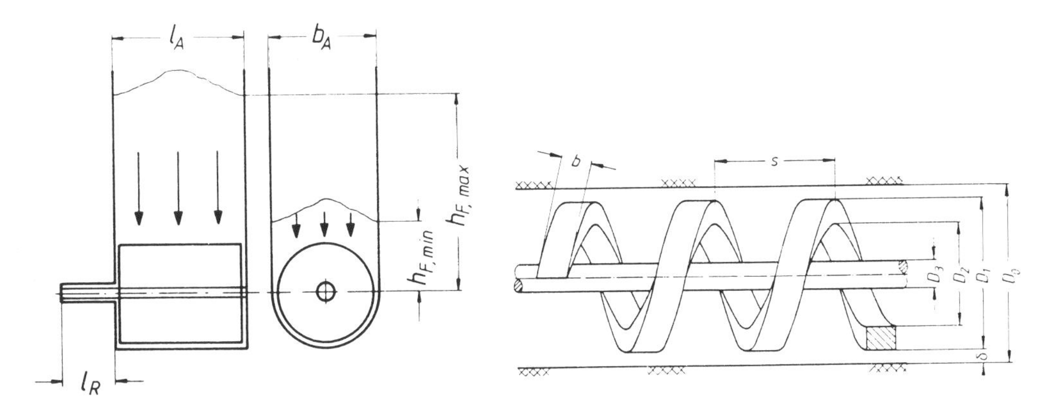

Bild 6: Typische Geräteabmessungen

Transportquerschnitt A_{fw}

Erfahrungsgemäß treibt die Schnecke das Schüttgut nicht nur im Bereich ihres geometrischen Querschnittes, sondern auch teilweise oder im gesamten Spaltquerschnitt an. Bei (kernlosen) Wendeln nimmt der Wendelinnenquerschnitt am Fördervorgang total angekoppelt teil; es gibt normalerweise keinen Grund, weshalb sich das Schüttgut in diesem Bereich anders verhalten sollte. Somit besteht der Transportquerschnitt A_{fw} aus dem Schneckenantriebsquerschnitt A_{Sch} und dem von der Schneckenwirkung agititierten Spaltquerschnitt A_{Sk} (Bild 6):

$$A_{fw} = A_{Sch} + A_{Sk} \tag{2}$$

Der **Schneckenantriebsquerschnitt** A_{Sch} ergibt sich aus der Geometrie (Bild 6).

Vollblattschnecken

$$A_{Sch} = \frac{\pi}{4}\,(D_1^2 - D_2^2) - \frac{b}{2s}\,(D_1 - D_2)\sqrt{\frac{\pi^2}{4}\,(D_1 + D_2)^2 + s^2} \tag{3a}$$

Wendeln, Rechteckquerschnitt mit Mittelachse

$$A_{Sch} = \frac{\pi}{4}\,(D_1^2 - D_3^2) - \frac{b}{2\,s}\,(D_1 - D_2)\sqrt{\frac{\pi}{4}\,(D_1 - D_2)^2 + s^2} \tag{3b}$$

Für Wendeln ohne Mittelachse ist $D_3 = 0$. Bei Rundstabquerschnitt ist $b = (D1 - D_2)/2$ zu setzen.

Zur Ermittlung des agitierten Spaltquerschnittes dient die Erfahrung, daß abhängig vom Schüttgut der ganze Spalt (granulare Schüttgüter) oder nur ein Teil (Belagbildung bei kohäsiven Schüttgüter) am Fördergang teilnimmt.

Die Abschätzung gelingt mit einem vereinfachten Momentgleichgewicht [3].

Da die Reibbeiwerte an der Wand μ_w und im Schüttgut μ_i unterschiedlich sind, gibt es Bedingungen, unter denen eine Schüttgutscherung während des Betriebes innerhalb der radialen Spalterstreckung stattfindet.

Der ,,kritische" Spalt δ_K ergibt sich daraus zu (Bild 7):

$$\frac{\delta_k}{D_1} = \sqrt{\frac{b}{s} + \frac{\mu_i}{\mu_w}\left[1 - \frac{b}{s}\right]} - 1 \tag{4}$$

$$A_{Sk} = \pi\,\delta_k\,(D_1 + \delta_k) = \frac{\pi}{4}\,(D_w^2 - D_1^2) \tag{4a}$$

$$D_W = D_1 + 2\,\delta_k \tag{4b}$$

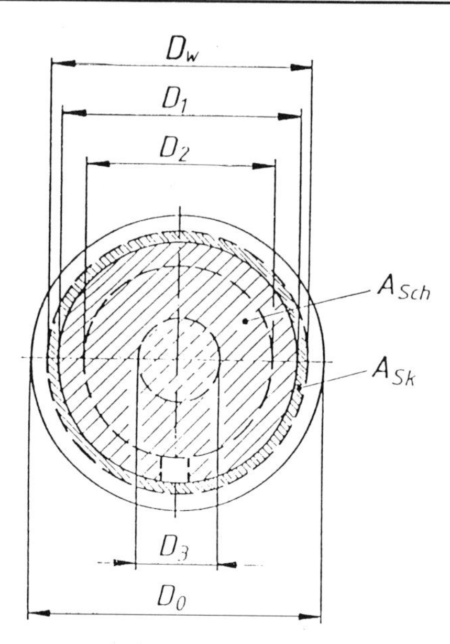

Bild 7: Schneckenantriebsquerschnitt

Solange der wirksame Schneckendurchmesser $D_W \leq D_0$ ist, wirkt die Schnecke, als ob sie einen Außendurchmesser D_W hätte. Ist $D_W > D_0$, so wird der gesamte Spaltquerschnitt angetrieben und die Schnecke wirkt mit $D_W = D_0$. Die Ermittlung des agitierten Spaltquerschnittes ist aufgrund der getroffenen Annahmen eine Näherung, die aber, verglichen mit Messungen und Beobachtungen, die Realität ganz ordentlich wiedergibt [4].

Axiale Transportgeschwindigkeit

Nimmt man bei vollgefüllter Schnecke blockförmige Verschraubung des Schüttgutes an, so kann man den mittleren Durchmesser so ansetzen, daß dieser das Schnecken- oder Wendelblatt in zwei gleiche Teilflächen zerlegt:

$$D^* = \sqrt{\frac{D_1^2 + D_2^2}{2}} \tag{5}$$

Mit der Umfangsgeschwindigkeit $v_u = \pi D^* \cdot n_s$ ergibt sich dann die mittlere Axialgeschwindigkeit (β^* Schneckensteigung bei D^*)

$$\upsilon_{ax} = \pi D^* n_s \frac{\tan\omega \tan\beta^*}{\tan\omega + \tan\beta^*} \tag{6}$$

Das Modell zur Bestimmung des Transportwinkels ω („Verschraubungswinkel") beruht auf folgenden Annahmen:

- Füllgrad $\varepsilon = 1$
- Alle „Wände" des Transportraumes stehen im Kraftschluß mit dem Schüttgut; alle Wandreibungskoeffizienten sind gleich und unabhängig von Normalkraft und Geschwindigkeit; Reibung an rückseitigen Wendelflanken sowie nach außen gerichteten Umfangsflächen (äußerer Wendelrand, Mittelachsenumfang) wird nicht berücksichtigt.
- Das Schüttgut wird als Block verschraubt.

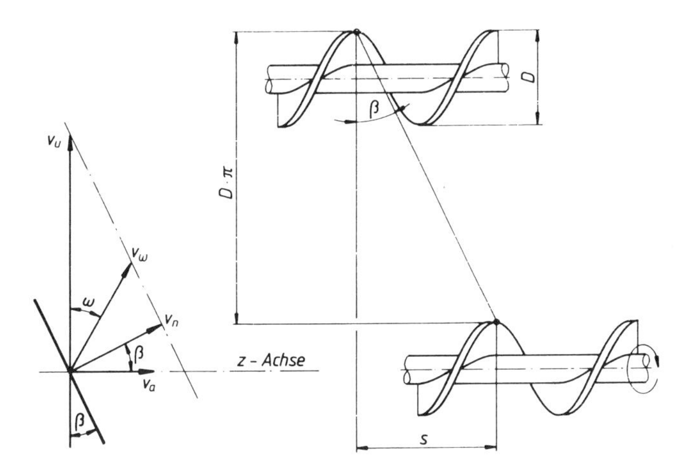

Bild 8: Bewegungsverhältnisse an der Schneckenflanke

- Der Transportquerschnitt wird durch den wirksamen Durchmesser D_W bestimmt.
- Die Schüttgutspannungen innerhalb des Transportquerschnittes sind konstant, unabhängig von Radius und Winkel; es besteht kein Einfluß auf den inneren Reibungskoeffizienten.
- Schwer- und Zentrifugalkräfte sind vernachlässigbar.

Mit dem Kräftegleichgewicht in axialer Richtung und dem Momentengleichgewicht um die Schneckenachse findet man [6] beispielsweise für eine Wendelschnecke:

$$\omega = \arctan \left\{ \frac{1 - \mu_{Ws} \tan\beta^* - \dfrac{2k\,\mu_{Ws}\, b \tan\beta^*}{D_1 - D_2}}{\tan\beta^* + \mu_{Ws} + \dfrac{4k\,\mu_{Ws}\, b\, D_2^2}{(D_1^2 + D_2^2)(D_1 - D_2)}} \right\} \tag{7}$$

Der Verschraubungswinkel ω ist hauptsächlich vom Wandreibungskoeffizienten μ_{Ws} an der Schneckenflanke sowie von einigen Geometriegrößen abhängig.

Der Druckanisotropiekoeffizient k ist allerdings noch vom effektiven Reibungswinkel Φ_e, dem Wandreibungswinkel Φ_{Ws} (Wandreibungskoeffizient μ_{Ws}) sowie dem Transportwinkel selbst abhängig, so daß erst eine Iteration der Gl. (7) + (8) zu ω führt. Als Startwert für die Iteration dient der näherungsweise festgelegte Transportwinkel ω'.

$$k = \frac{1 - \sin\Phi_e}{Z_1 + Z_2 + Z_3} \tag{8}$$

$$Z_1 = \sin^2(\omega' + \beta^*) \cos^2\alpha \tag{8a}$$

$$Z_2 = \left[\frac{1 - \sin\Phi_e}{1 + \sin\Phi_e}\right] \sin^2(\omega' + \beta^*) \sin^2\alpha \tag{8b}$$

$$Z_3 = \left[\frac{1 - \sin\Phi_e}{1 + \sin\Phi_e}\right] + 0{,}5 \left(1 - \left[\frac{1 - \sin\Phi_e}{1 + \sin\Phi_e}\right]\right) \cos^2(\omega' + \beta^*) \tag{8c}$$

$$\omega' = 90^\circ - (\Phi_W + \beta^*) \tag{8d}$$

$$\alpha = 45^\circ - \Phi_e/2 \tag{8e}$$

Mit dem Transportwinkel ω findet man schließlich die im Transportquerschnitt herrschende mittlere Axialgeschwindigkeit v_{ax}. Der Startwert ω' ist in der Regel bereits eine so gute Näherung, daß die Rechnung mit Gl. (8d) vereinfacht werden ($\omega' \approx \omega$) kann.

Reale Schüttgutdichte ϱ_r

Bei stationärem Dosierbetrieb mit bestimmter Füllhöhe h_F herrscht im Schüttgut in der Zone des Schneckeneinzugs ein bestimmter Vertikaldruck. Wie immer auch der Befüllvorgang der Schnecken im Detail stattfindet, aufgrund der Scherzonen durch Schnecken und Rührer ist das Schüttgut wohl in einem kritisch verfestigten Zustand. Es wird trotz der geringen Bewegungsstörungen angenommen, der Vertikaldruck bilde sich wie im statischen Fall nach der Janssengleichung aus [5]

$$p_v = \frac{\varrho_s\, g\, A_B}{\mu_W\, k\, U_B} \left[1 - \exp\left(-\mu_W\, k\, h_F\, \frac{U_B}{A_B}\right)\right] \tag{9}$$

Der Druckanisotropiekoeffizient wird mit dem effektiven Reibungswinkel Φ_e [6] angenähert:

$$k = \frac{1 - \sin\Phi_e}{1 + \sin\Phi_e} \tag{10}$$

Die Dichteänderung des Schüttgutes unter dem Auflastdruck p_v kann mit einem Kompressionsmeßgerät ermitteln und gut mit der Kawakita-Gleichung [3, 7] approximieren ($\varrho_r = \varrho_p$):

$$\frac{\varrho_p}{\varrho_s} = \left[1 - \frac{a\, b\, p_v}{1 + b\, p_v}\right]^{-1} \tag{11}$$

Am praktischen Beispiel (Bild 9) findet man bedeutende Dichteänderungen für kompressible, kohäsive Schüttgüter. Insbesondere bei den kleinen Füllhöhen von Schneckendosiergeräten befindet

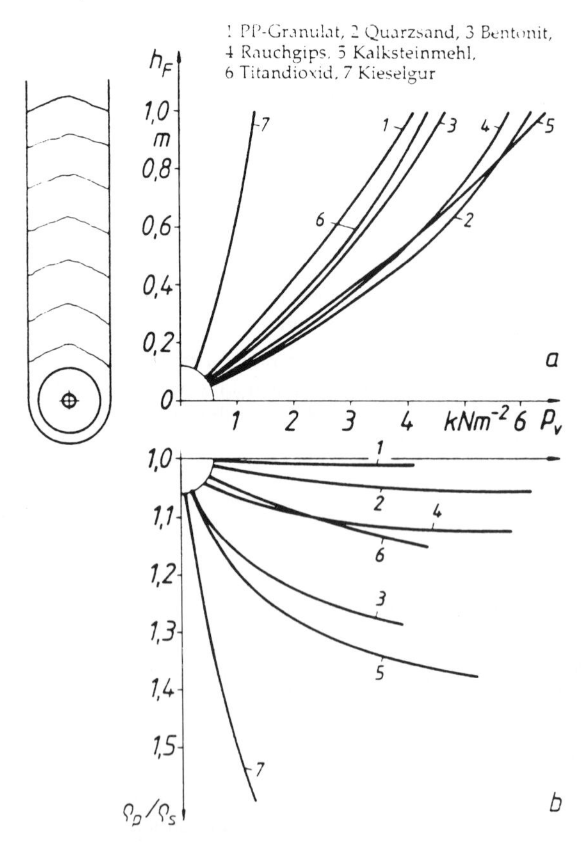

Bild 9: Schüttgutkompression ϱ_p/ϱ_s in Abhängigkeit von der Füllhöhe

man sich im Bereich großer Gradienten von ϱ_p/ϱ_S. Es wäre also falsch, den Massenstrom $\dot{m}_D$ mit der Schüttdichte ϱ_S, statt der realen Schüttgutdichte $\varrho_r = \varrho_p$ zu berechnen.

Über instationäre Befülleinflüsse, die zu Druck-, Dichte- und somit Dosierstromschwankungen führen, wurde früher [8] berichtet und gezeigt, daß mit einer modifizierten Janssengleichung der beim Befüllimpuls auftretende momentane Vertikaldruck abgeschätzt werden kann:

$$p_v = \left[p_0 - \frac{\varrho_S\, g\, A_B}{\mu_W\, k\, U_B}\right] \exp\left(-\mu_W\, k\, h_F\, \frac{U_B}{A_B}\right) + \frac{\varrho_S\, g\, A_B}{\mu_W\, k\, U_B} \qquad (12)$$

Die Vertikaldruckerhöhung durch den Befüllstrom $\dot{m}_F$ mit der Fallhöhe h_A äußert sich dabei [9] im Beitrag

$$p_0 = \frac{\dot{m}_F}{A_F} \sqrt{2\, g\, h_A} \qquad (13)$$

3.2 Experimentelle Überprüfung

Das theoretische Modell zur Ermittlung des Dosierstromes $\dot{m}_D$ wurde mit verschiedenen Schüttgütern überprüft.

Charakterisierung der Schüttgüter

Für quantitative Auswertungen ist die verbale Charakterisierung [10, 11] nicht ausreichend. Man braucht vielmehr Daten zum Fließ- und Reibungsverhalten (Jenike-Scherzelle), die Kompressibilität und die Schüttdichte. Tafel 1 sowie Bild 9b illustrieren die Schüttgutcharakterisierung. Die Palette der Schüttgüter reicht von frei fließend (PP-Granulat, ffc = 28) bis zu stark kohäsiv (Kalksteinmehl, ffc = 1,6).

Schüttgutkreislauf für Versuche [3]

Die Versuche erfolgten mit Schneckendosiergeräten in weitgehend handelsüblicher Ausführung in einem Schüttgutkreislauf. Zum Verständnis der Verifizierungsübersicht dient die Dokumentation des hier beschriebenen Versuchsgerätes A in Tafel 2.

Experimentelle Verifizierung des theoretischen Modells

Durch Zugabe von Farbspuren konnte der für die rechnerische Prognose wichtige **Transport- bzw. Verschraubungswinkel** ω am transparenten Dosierrohr direkt gemessen werden. Generell werden die Modellannahmen für den gesamten ins Auge gefaßten Bereich der Geräteanforderungen gut bestätigt. Abweichungen bei relativ grobkörnigen Schüttgütern (PE-Granulat) muß man u. a. auch im Lichte der beschränkten Genauigkeit der Stoffwertermittlung mit Jenike-Scherversuchen beurteilen; weiter trifft die Annahme der Blockverschraubung für Schüttgüter mit verschwindender Kohäsion nicht mehr genau zu. Auch die Beobachtungen des Verschraubungswinkels selbst sind etwas fehlerbehaftet und bei Belagbildung im Dosierrohr durch den nur teilweise agitierten Spalt erschwert.

Die Beobachtungen bestätigen übrigens die prognostizierte Belagbildung im Dosierrohr recht zufriedenstellend.

Auch der verschwindende Einfluß des Wandreibungskoeffizienten am Dosierrohr auf den Transportwinkel konnte durch die Untersuchung stark unterschiedlicher Dosierrohrwerkstoffe [3] nachgewiesen werden.

Mit einer größeren Zahl unterschiedlicher Schneckenausführungen, Schüttgüter sowie einem handelsüblichen Schneckendosiergerät (Tafel 2) wird der Vergleich der theoretisch und experimentell bestimmten **Kennlinien** dargestellt. Aufgrund von Tests wurde dabei die Drehzahl des mehr willkürlich gewählten Rührers (Bild 10, Typ I) so hoch gewählt, daß der in Abhängigkeit von der Rührerdrehzahl erreichbare Dosierstrom im Maximum lag. So war sichergestellt, daß grobe Störungen des

Tafel 1: Charakterisierung verschiedener Schüttgüter bei Dosiertests

Schüttgut	Schüttdichte	Konstanten der Kawakita-gleichung				Wandreibwinkel PMMA	St 1.4301	effektiver Reibwinkel	innerer Reib-winkel	mittlerer Korn-Ø	Druck-festig-keit	Fließ-faktor
	ρ_s	a	b	a_T	b_T	ϕ_W		ϕ_e	ϕ_i	$d_{P50,3}$	f_c	ffc
	$kg\,m^{-3}$		$m^2\,kN^{-1}$			°		°	°	µm	$kN\,m^{-2}$ ($\sigma_1=6kNm^{-2}$)	
PP-Granulat	559.9	0,020	0,21	0,033	0,60	16,8	14,6	40,4	38,6	2971	0,21	29
Quarzsand	1163,6	0,075	0,39	0,222	1,20	25,0	27,8	38,2	36,9	77,8	0,34	18
Bentonit	757.9	0,285	0,94	0,325	1,50	26,5	27,0	43,7	31,0	11,1	2,77	2,2
Rauchgasgips	1073,9	0,134	0,91	0,180	1,10	26,8	25,6	36,7	35,6	36,8	0,60	10
Kalksteinmehl	879,4	0,325	1,04	0,424	0,30	23,1	23,0	50,6	27,9	6,5	3,70	1,6
Titandioxid	743,6	0,242	0,27	0,337	2,10	29,5	38,2	49,8	38,9	1,7	3,15	1,9
Kieselgur	240,0	0.564	1.48	--	--	--	33,0	44,0	34,0	4,6	--	--

Schüttgutflusses vermieden wurden und die Voraussetzungen der theoretischen Modellierung genügend genau zutrafen.

Die Kennlinien von Wendeln verschiedenster Betriebsbedingungen werden theoretisch recht gut vorhergesagt (Bild 11). Selbst bei Vollblattschnecken (Bild 11 b) scheinen die Modellannahmen genügend genau zuzutreffen. Die Schüttguteigenschaften zeigen den erfahrungsgemäß deutlichen Einfluß auf den Dosierstrom.

Den Spalteinfluß erläutert Bild 12. Für die Untersuchungen wurden Schnecken etwa gleichen Außendurchmessers, mit stark unterschiedlichen Dosierrohren verwendet (D_0 = 0,55 und 0,071 m). PE-Granulat koppelt ziemlich total den gesamten Dosierrohrquerschnitt zur Förderung an. Dagegen wird Titandioxid, was auch die Theorie aussagt, am Wendelrand abgeschert; es bildet einen für die Förderung inaktiven Spalt.

4. Störungen des Schüttgutflusses im Dosierbehälter

Neben der Wirkung von Befüllimpulsen [8] werden allerlei Arten von Fließstörungen beobachtet, die meist auf folgenden Effekten beruhen:

a) der Mindestquerschnitt zur Vermeidung kohäsiver Brücken an der Schnecke wird unterschritten (Bild 13 B);

b) seltener tritt dieser Fall sogar oberhalb des Rührerwirkkreises auf (Bild 13 C);

c) es entstehen Schlote längs der Schneckenachse durch unterschiedliche Entnahmewirkung der Schnecke (Bild 13 D_1 bis D_3). Überwiegend erzeugen allerdings Schnecken gleicher Steigung den Schlot am hinteren Ende (Bild 13 D_1).

Nach allen bisherigen Beobachtungen liefert für den Rechteckquerschnitt im Schneckeneinzugsbereich das Kriterium [12]

$$d > \frac{f_c}{\varrho_p\, g} \tag{14}$$

Tafel 2: Erläuterungen zum Schneckendosiergerät A

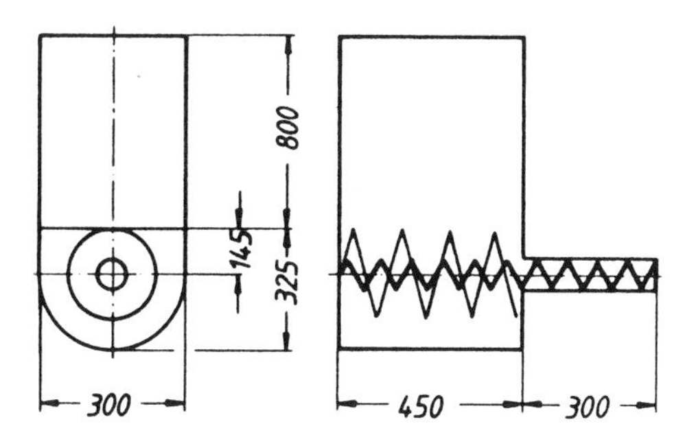

	Blatt-außen-Ø D_1 mm	Blatt-innen-Ø D_2 mm	Wellen-Ø D_3 mm	Ganghöhe s mm	Blattbreite b mm
1 Vollblatt T0,5	48	15	15	22	3
2 Vollblatt T1,0	48	15	15	51	3
3 Vollblatt T1,5	49	15	15	72	3
4 Bandwendel	48	17	--	52	4
5 PA 6.6-Wendel*)	48	21	--	48	22
6 Wendel m.MA (qu)	49	35	15	51	7
7 Wendel (qu)	48	34	--	51	7
8 Wendel (rund)	48	32	--	51	8

*) PA (Polyamid)

Dosierrohr	Innendurchmesser D_0 mm	Wandmaterial	Dosierrohrlänge l_R mm
I	55	1.4301	450
II	71	1.4301	450
III	52	1.4301	450
IV	55	PMMA 1)	450
V	71	PTFE 2)	450

1) PMMA Polymethylmethacrylat, Plexiglas ®
2) PTFE Polytetrafluorethylen, Teflon ®

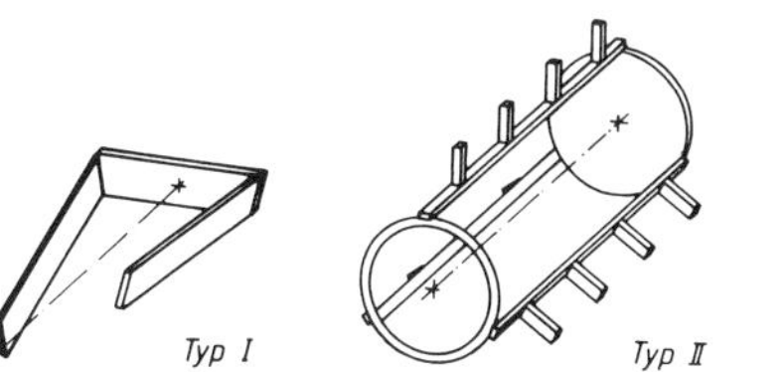

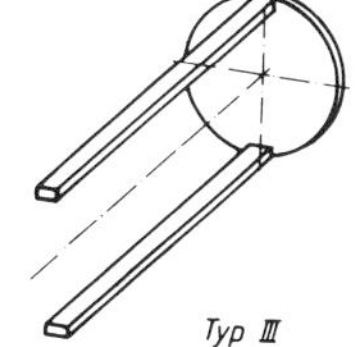

Bild 10: Rührerausführungen zum Schneckendosiergerät A

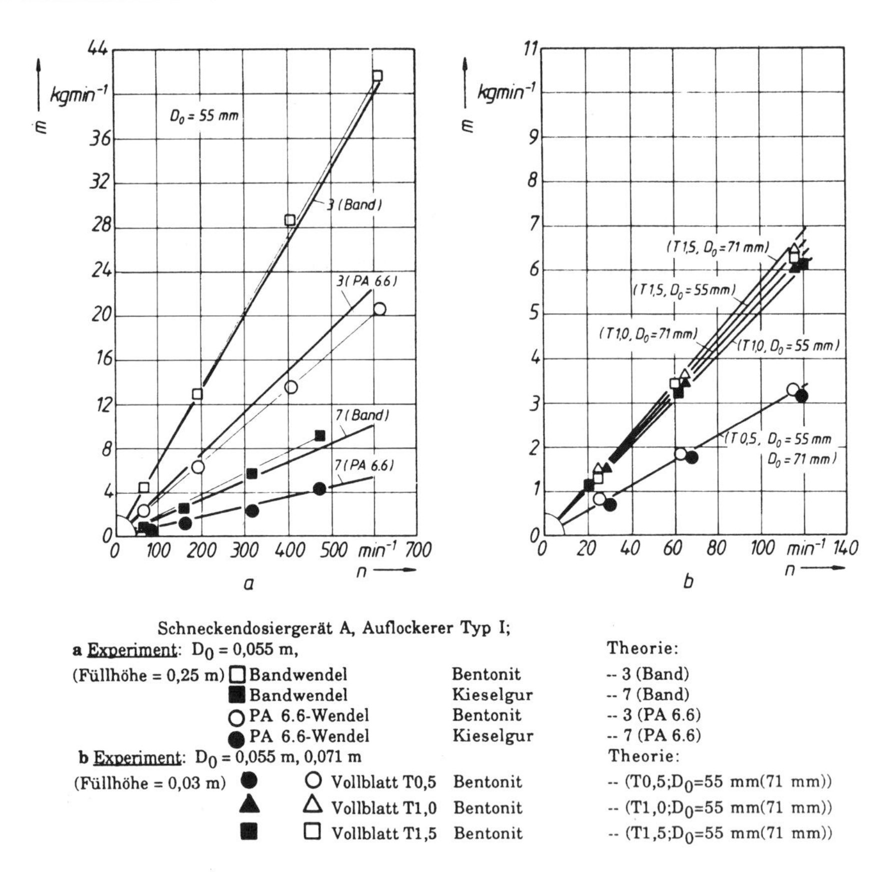

Bild 11: Experimentelle Verifizierung des Modells mit Wendeln und Vollblattschnecken

recht brauchbare, auf sicherer Seite liegende Voraussagen über die Entstehung kohäsiver Brücken. Dabei wird ϱ_p nach Gl. (9) bzw. (11) ermittelt, f_c-Werte der Schüttgüter stammen aus Jenike-Versuchen.

Ist Kriterium Gl. (14) nicht erfüllt, so sind meist Rührer als „Fließtransformatoren" nötig (Bild 11 A–C).

Bei bestimmten Verhältnissen für Schüttgut und Dosiergerät bedarf es einer Mindestdrehzahl des Rührers n_R, um zum Dosierstrommaximum zu gelangen. Offenbar wird zum Abbau der Fließhemmung um so mehr Rühreraktivität verlangt, je größer der geförderte Schüttgutfluß ist. Dies ist in charakteristischer Weise von der Geometrie, jedoch nicht vom Drehsinn abhängig.

An den Kennlinien des Schneckendosiergerätes sowie der Standardabweichung der Dosierkonstanz stellt man übrigens Fließstörungen feinfühlig fest.

Symbolverzeichnis

A_B Aufgabebehälterquerschnitt
A_F Befüllquerschnitt
A_{fw} freier wirksamer Querschnitt
A_{Sch} Schneckenantriebsquerschnitt

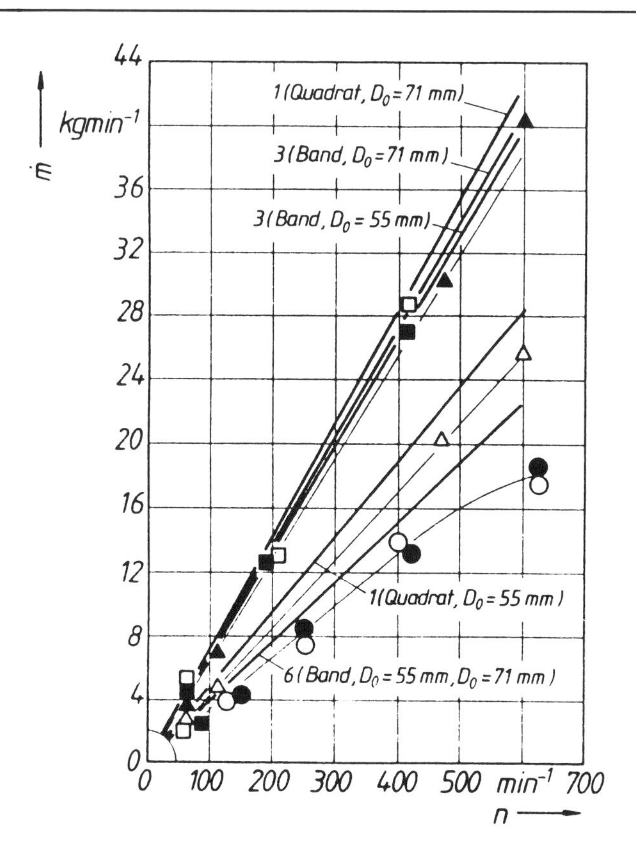

Schneckendosiergerät A, Auflockerer Typ I;
D_0 = 0,055 m

Experiment: (Füllhöhe 0,25 m)		Theorie:
△ PP-Granulat,	Quadratwendel	--1 (Quadrat)
□ Bentonit,	Bandwendel	--3 (Band)
○ Titandioxid	Bandwendel	--6 (Band)

Schneckendosiergerät A, Auflockerer Typ I;
D_0 = 0,071 m

Experiment: (Füllhöhe 0,25 m)		Theorie:
▲ PP-Granulat,	Quadratwendel	--1 (Quadrat)
■ Bentonit,	Bandwendel	--3 (Band)
● Titandioxid	Bandwendel	--6 (Band)

Bild 12: Experimentelle Verifizierung des Spalteinflußmodells

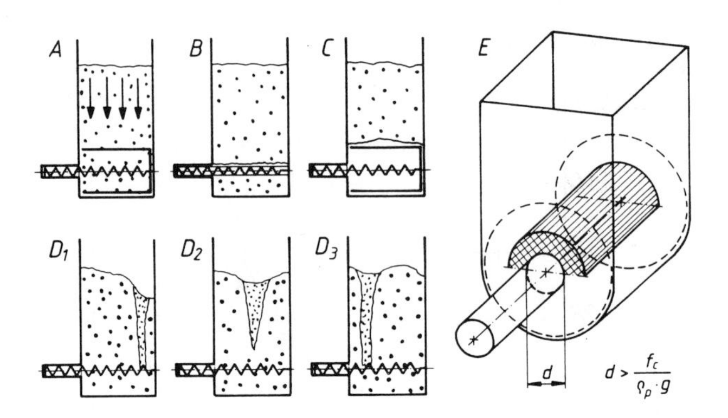

Bild 13: Verschiedene Formen von Fließstörungen
A: Guter Schüttgutfluß
B: Kohäsive Brücke über der Schnecke
C: Kohäsive Brücke über dem Rührer
D1 – D3: Schlote
E: Modell der kohäsiven Brücke über der Schnecke

A_{Sk} kritischer Spaltquerschnitt
D^* mittlerer Blattdurchmesser
D_0 Dosierrohrdurchmesser
D_1 Schnecken-/Wendelaußendurchmesser
D_2 Wendelinnendurchmesser
D_3 Wellendurchmesser
D_w wirksamer Durchmesser
U_B Aufgabebehälterumfang
a Schüttgutkonstante nach Kawakita
b Schüttgutkonstante nach Kawakita
Blattbreite
b_A Aufgabebehälterbreite
d Durchmesser
d_p Partikeldurchmesser
f_c Druckfestigkeit
ffc Fließfaktor
g Erdbeschleunigung
h_A Fallhöhe
h_F Füllhöhe
k Druckanisotropiekoeffizient
l_A Aufgabebehälterlänge
l_R Dosierrohrlänge
Dosiermassenstrom
Füllmassenstrom
n, n_s Schneckendrehzahl
n_R Rührerdrehzahl
p Flächenlast
p_0 Druck durch Befüllimpuls
p_v Vertikaldruck
s Ganghöhe
v_{ax} axiale Transportgeschwindigkeit
v_n Geschwindigkeit in Normaleinrichtung
v_u Umfangsgeschwindigkeit

v_w Geschwindigkeit in Verschraubungsrichtung
β Steigungswinkel
β^* Steigungswinkel bei D*
δ_K kritischer Spalt
ε Füllgrad
Φ_e effektiver Reibungswinkel
Φ_w Wandreibungswinkel
μ_i innerer Reibbeiwert
μ_w Wandreibbeiwert
ϱ_p Schüttgutdichte unter Druck p
ϱ_r reale Schüttgutdichte
ϱ_s Schüttdichte
ω Verschraubungswinkel
ω' genäherter Verschraubungswinkel

Schrifttum

[1] Vetter, G.; Gericke, H.; Fritsch, D.: Zur kontinuierlichen Dosierung von Schüttgütern mit Schneckendosiergeräten. Aufbereitungstechnik Jahrg. 25 (1984) Heft 12, S. 705–717.
[2] Gericke, H.: Stand und Entwicklung der kontinuierlichen gravimetrischen Dosierung von festen und flüssigen Stoffen. Chem.-Ing.-Techn. 58 (1986) 3, S. 195 ff.
[3] Fritsch, D.: Zum Verhalten volumetrischer Schneckendosiergeräte für Schüttgüter. Dissertation Universität Erlangen-Nürnberg, 1988.
[4] Schumacher, W.: Zum Förderverhalten von Bunkerabzugsschnecken mit Vollblattwendeln. Dissertation RWTH Aachen, 1987.
[5] Janssen, H.A.: Versuche über Getreidedruck in Silozellen. Z. VDI 39 (1985) S. 1045.
[6] Schöneborn, P.R.; Molerus, O.: Auslegung von Kernflußbunkern. VT-Hochschulkurs 2: Mechanische Verfahrenstechnik, VT 7 (1971) 6, I–IV.
[7] Kawakita, K.; Lüdde, K.H.: Some Considerations on Powder Compression Equations. Powder Technology 4 (1970) S. 61.
[8] Vetter, G.; Fritsch, D.: Zum Einfluß der Zulaufbedingungen von Schneckendosierern auf Dosierstromschwankungen. Chem.-Ing.-Techn. 58 (1986) 4, S. 334.
[9] Johanson, J.R.; Jenike, A.W.: Settlement of Powders in Vertical Channels caused by Gas Escape, Journal of Applied Mechnics (1972) 12, S. 863.
[10] FEM-Dokument, Section VI, 2, 1981, Jan. 1979.
[11] FEM-Dokument Section VI; 2, 5/81, Entwurf A, Ausgabe D

2.2 Volumenabgrenzende Flüssigkeitsdosierung

Verdrängerdosierpumpen

Von G. VETTER[1])

1. Allgemeines

Zur Fluiddosierung werden gemäß den Druckverhältnissen der Anlage Stellventile oder Fluidarbeitsmaschinen – Pumpen, Verdichter, Gebläse – als Stellglieder in Durchflußregelkreisen eingesetzt (Bild 1) [1–6]. Fluidarbeitsmaschinen sind immer notwendig, wenn dem Fluid Energie zugeführt werden muß.

Bei der Dosierung von Flüssigkeiten bestehen wesentliche Unterschiede zwischen Kreisel- und Verdrängerpumpen.

Kreiselpumpen zeigen **„druckweiche" Kennlinien**, da die Wandlung von Strömungs- in Druckenergie bei großen Strömungsgeschwindigkeiten erfolgt und mit entsprechenden Reibungs- und Spaltverlusten verbunden ist. Insbesondere entstehen progressive Verluste abseits vom Betriebszustand (Bestpunkt) stoßfreier Anströmung der Schaufelgitter. Diese Verluste bestimmen direkt das Förderverhalten, das üblicherweise durch Drosselung oder Drehzahlverstellung geregelt werden kann (Linien n und d, Bild 2).

[1]) Prof. Dipl.-Ing. G. Vetter, Lehrstuhl für Apparatetechnik und Chemiemaschinenbau, Universität Erlangen, Erlangen

[1]) s. Kap. 5 dieses Buches (Beiträge von H. Fritsch und E. Schlücker)

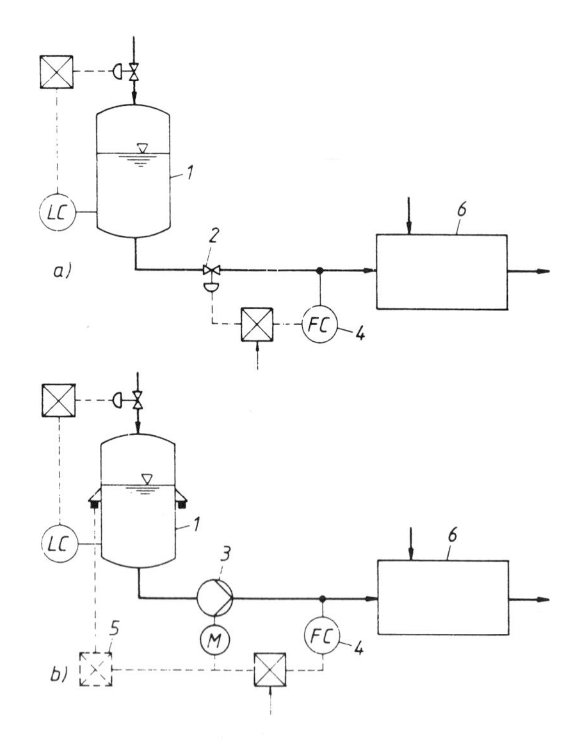

Bild 1: Fluiddosierung
a) ohne Energiezufuhr
b) Energiezufuhr mit Fluidarbeitsmaschine
1 Behälter; 2 Stellventil; 3 Pumpe; 4 Durchflußregelung; 5 Wägeregelung; 6 Reaktor

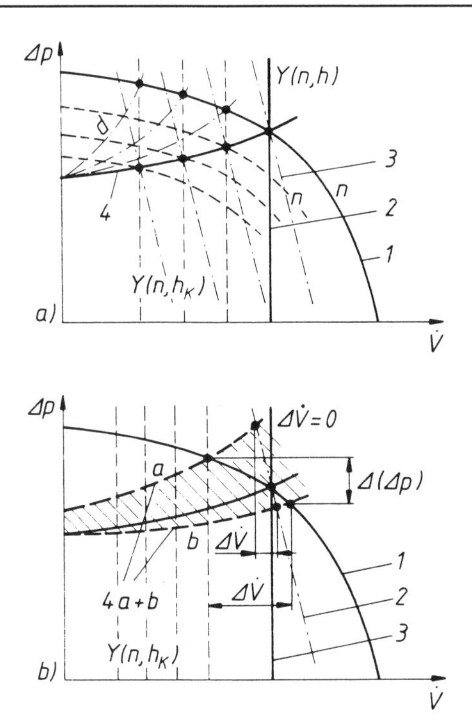

Bild 2: Kennlinien von Pumpen zur Fluidosierung
a) Betriebspunkt
b) Schwankungen des Betriebszustandes bei Prozeßschwankungen
1 Kreiselpumpe; 2 Oszill. Verdrängerdosierpumpe; 3 rot. Verdrängerdosierpumpe; 4 Anlagenkennlinien (a und b: Schwankungen); d Drosselzustände; n Drehzahl; h Hublänge; Y Stellgröße; V Volumenstrom. Δp; H Förderdruck/-höhe

Schwanken die Druckbedingungen der Anlage, beispielsweise durch Änderung der statischen Druckdifferenz oder der Reibungsverluste (Verschmutzung), so entstehen teilweise dramatische Förderstromschwankungen, die ausgeregelt werden müssen. Der Regelbereich von Kreiselpumpen ist durch den erforderlichen Förderdruck sowie betriebliche Erfordernisse (NPSHr, Wirkungsgrad, eventueller Radialschub) eingeengt. Dagegen zeigen Verdrängerpumpen **drucksteife Kennlinien**, weil die Enrgieumwandlung durch mechanische Verdrängung dicht abgegrenzter Arbeitsraumvolumen und somit hydrostatische Kraftübertragung entsteht. Der Förderstrom ist unabhängig von der Strömungsgeschwindigkeit und linear abhängig von der Drehzahl.

Bei oszillierenden Verdrängerpumpen, deren Arbeitsraum im technischen Sinne dicht ist, sind die Kennlinien bei mäßigen Druckdifferenzen nahezu drucksteif (vertikale Linien in Bild 2a). Bei rotierenden Dosierpumpen sind dagegen funktional erforderliche Spalte Anlaß für interne Leckströme und somit Viskositäts- und Druckabhängigkeit der Kennlinien.

Schwanken betriebsbedingt die Druckverhältnisse in einer Anlage (schraffierter Bereich Bild 2b), so prägen Verdrängerpumpen den eingestellten Dosierstrom dem System ein (Bild 2b). Dagegen entstehen bei Kreiselpumpen Förderstromschwankungen (Bild 2b, $\Delta\dot{V}$), die ausgeregelt werden müssen.

Verdrängerpumpen sind meistens zur rein volumenabgrenzenden Flüssigkeitsdosierung ohne Durchflußregelung geeignet und somit besonders wirtschaftlich. Alle Verdrängerpumpen (Bild 3) weisen die gemeinsame Eigenschaft auf, daß pro Umdrehung oder Hubbewegung ein be-

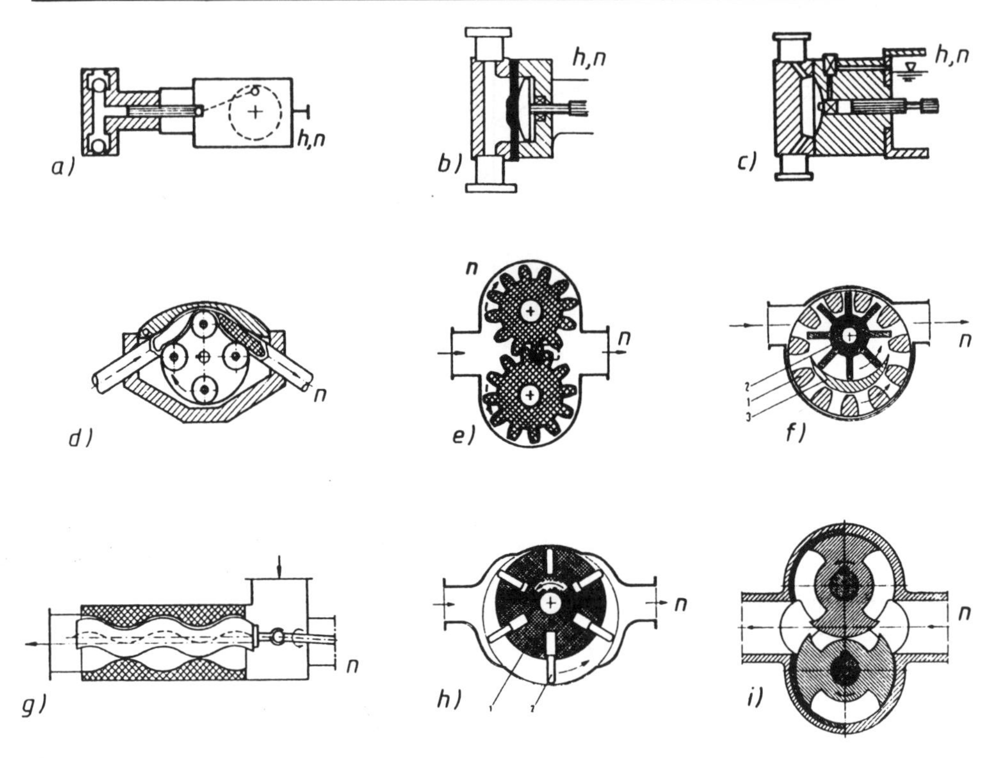

Bild 3: Verdrängerdosierpumpen
a) b) c) Kolben/Membran/Faltenbalg (oszillierend);
d) Schlauch; e) f) Zahnrad;
g) Exzenterschnecke (auch Schraubenspindel)
h) Flügelzelle; i) Kreiskolben

stimmtes Volumen verdrängt wird. Für Dosierzwecke sind hauptsächlich Pumpenbauarten geeignet, deren Verdrängervolumen geometrisch genau definiert ist und reproduzierbar gefördert wird.

Als Einflußgrößen wirken der Förderdruck sowie Elastizitäten und Leckströme.

Oszillierende Verdrängerpumpen zeigen den geringen Einfluß des Druckes auf den Förderstrom. Das Hubvolumen ist, insbesondere bei Verdrängerkolben, genau definiert, der Arbeitsraum auch bei niedrig-viskosen Fluiden nahezu vollkommen dicht und zudem meist wenig elastisch. Oszillierende Dosierpumpen weisen als wichtigen Vorteil **zwei voneinander unabhängige Stellgrößen** – Hublänge h und Hubfrequenz n – auf. Diese Eigenschaften sind verantwortlich, daß unter dem Begriff **Dosierpumpe** hauptsächlich hubverstellbare, **oszillierende Kolben-, Membran- und Faltenbalgpumpen** verstanden werden.

Rotierende Verdrängerpumpen eignen sich für Dosierzwecke um so besser, je geringer die Leckströme durch die unvermeidbaren Spalte sind und je genauer das Umdrehungsvolumen geometrisch definiert und reproduzierbar ist. Generell eignen sich rotierende Verdrängerpumpen daher hauptsächlich zur Dosierung viskoser Fluide bei geringeren Förderdrücken. Sie besitzen mit der Drehzahl n meist nur **eine einzige Stellgröße.**

Mit dem Begriff Dosierpumpe ist also verbunden, daß die Kennlinie drucksteif und reproduzierbar ist und zumindest eine Stellgröße in möglichst linearem Zusammenhang mit dem Dosierstrom steht. Derartige Dosiereinrichtungen erlauben die volumenabgrenzende Dosierung von Flüssigkeiten auch ohne zusätzliche direkte oder indirekte Messung des Dosierstromes.

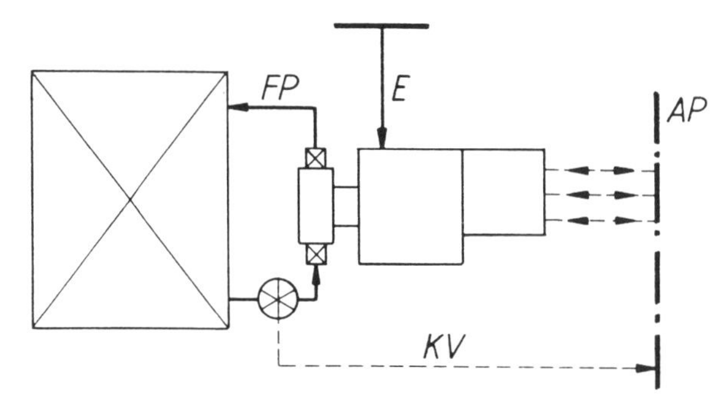

Bild 4: Dosierpumpe im Prozeß
FP Prozeß (Fluid) -Peripherie
AP Automatisierungsperipherie
E Energieversorgung
KV Kommunikative Verbindung (z. B. Dosierstrommessung)

Die Dosierpumpe ordnet sich in den Produktionsprozeß über die Fluidperipherie (FP), die Automatisierungsperipherie (AP) und die Energieversorgung (E) ein (Bild 4). Greift eine **weitere kommunikative Verbindung** (KV, z. B. Durchflußmessung) **zur Regelung der Dosierpumpen** ein, so erfüllt die **Dosierpumpe nur noch Stellgliedaufgaben.**

Die Attraktivität von Verdrängerdosierpumpen als Automatisierungskomponenten liegt also in der Kombinationswirkung als **Gerät der Volumenabgrenzung („Meßgerät") und Arbeitsmaschine.**

Man sollte sich im Anwendungsfall Rechenschaft ablegen, ob von der Dosierpumpe quantitative Präzision oder allein ihre Verstellbarkeit verlangt wird. Beide Anwendungen sind häufig und erfordern unterschiedliche Achtsamkeit bei der Auslegung.

2. Oszillierende Verdrängerdosierpumpen

Nahezu alle fließfähigen, quasihomogenen Stoffe können mit oszillierenden Dosierpumpen dosiert werden. Die Dosierströme reichen von wenigen ml/h bis zu vielen m^3/h, die Förderdrücke von Vakuum bis mehrere Tausend bar. Es gibt weder Dichte- noch Viskositätsgrenzen, wenn auch übliche oszillierende Dosierpumpen hauptsächlich für fließende Fluide ($<$ 50.000 mPas) geeignet sind. Die Fluide können toxisch, abrasiv, korrosiv, belästigend, gefährlich, explosiv, radioaktiv sein; selbstverständlich bestehen Grenzen für Größe und Umfang von Partikelbeimengungen. Der Temperaturbereich reicht von etwa $-200\,°C$ bis $+500\,°C$; CiP-, SiP- und Aseptikanforderungen sind erfüllbar.

Der wirtschaftliche Einsatzbereich oszillierender Dosierpumpen liegt erfahrungsgemäß meist unter 10 m^3/h; der Anreiz ihres Einsatzes steigt mit zunehmendem Förderdruck und abnehmendem Dosierstrom.

2.1 Bauartenüberblick [7–9]

Die am weitesten verbreiteten **Verdrängerantriebe** leiten sich mehr oder weniger vom **Geradschubkurbelgetriebe** [10] ab (Tafel 1, Zeile 1) und sind hubverstellbar. Die Hubkinematik ist bei allen Hubeinstellungen quasiharmonisch. Als Getriebemechanismen werden meist Exzentersysteme, Hebelanordnungen oder Schwenkkurbeln verwendet. Bei einigen Ausführungen wird der oszillierenden noch eine rotierende Bewegung überlagert, so daß die Arbeitsraumöffnungen ventillos schiebergesteuert werden können [11, 12].

Tafel 1: Verdrängerantriebe oszillierender Verdrängerdosierpumpen

Bezeichnung	Nr.	Funktionsprinzip	Verdrängerkinematik	Verstellung	Verdrängersystem
Hubverstellbarer quasiharmonischer Antrieb ein- und mehrzylindrig	1	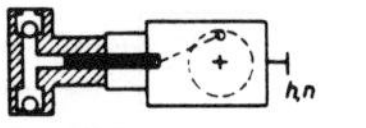 h,n	 ṁ, h_1, h_2, t	h(n) $n < 350\ min^{-1}$	K FM MH SH
	2	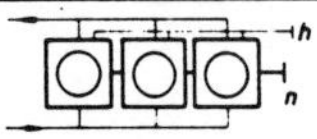 h, n	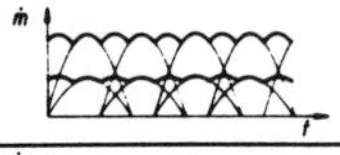 ṁ, t		
Hubverstellbarer Antrieb mit Phasenanschnitt mechanisch und hydraulisch	3	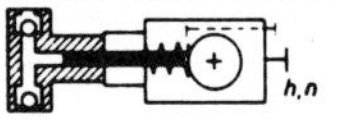 h,n	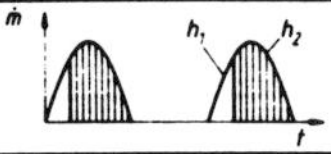 ṁ, h_1, h_2, t	h(n) $n < 150\ min^{-1}$	(K) FM MM MH
	4	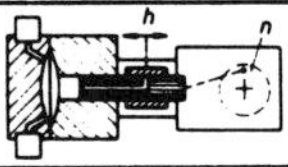 h, n			
Linearantrieb einzylindrig magnetisch, pneumatisch	5	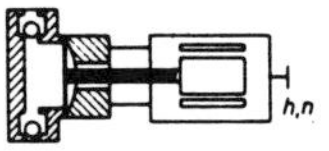 h,n	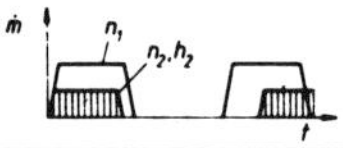 ṁ, n_1, n_2,h_2, t	h,n $n < 100\ min^{-1}$	MM MH
	6	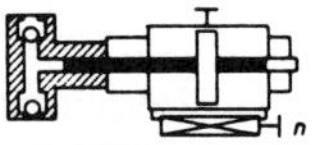 n	 ṁ, t	h,n $n < 80\ min^{-1}$	K MH
Linearantrieb Superposition zweizylindrig pneumatisch (direkt)	7	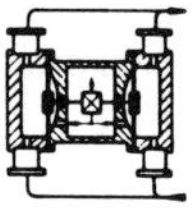	 m, t	n $n < 100\ min^{-1}$	Md
hydraulisch	8	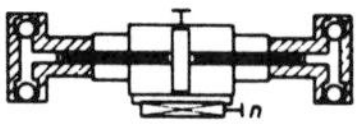 n	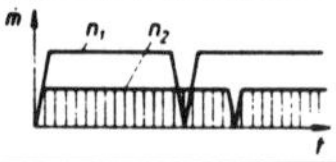 ṁ, n_1, n_2, t		K MH
Exzenter mit pulsierender Winkelgeschwindigkeit	9	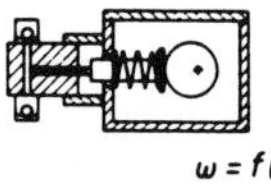 ω = f(t)	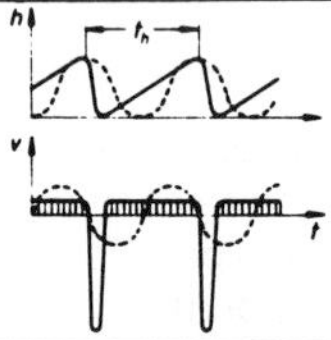 h, t_h, t; v, t	n $n < 60\ min^{-1}$	K (MH)
Superpositionsantrieb zweizylindrig	10	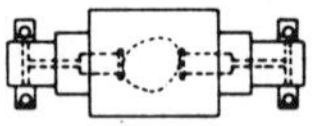	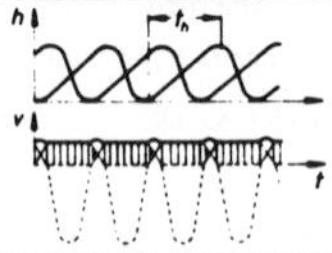 h, t_h, t; v, t	n $n < 100\ min^{-1}$	K (MH)
Spindelantrieb ein- und zweizylindrig	11	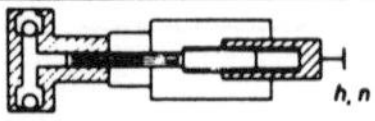 h, n	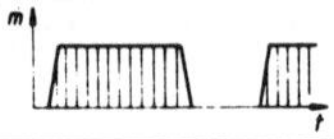 m, t	n(h) $n < 30\ min^{-1}$	K
	12	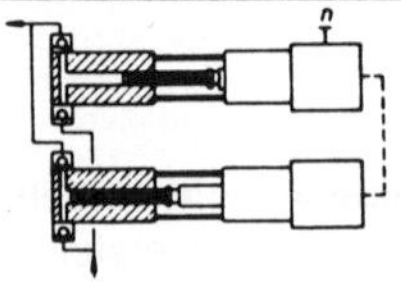 n	 m, t		

Eine weitere Gruppe stellen Verdrängerantriebe mit **Hubverstellung durch Phasenanschnitt** der Verdrängerbewegung dar. Die Hubbewegung ist hier bei Teilhub stoßbehaftet (Tafel 1, Zeile 3), d. h. der Volumenstrom startet jeweils mit einem Geschwindigkeitssprung. Weil dadurch Druckstöße im Rohrleitungssystem entstehen, sind diese Verdrängerantriebe nur bei niedriger Hubfrequenz und für kleine hydraulische Leistungen (< 200 W) anwendbar. Mechanische und hydraulische Phasenanschnitt-Systeme lassen sich kostengünstig herstellen.

Federnockentriebwerke sind beispielsweise für die Dosierung kleiner Förderströme (< 1 l/h) aufgrund des Spielausgleichs sowie der ruckartigen Ventilsteuerung besonders vorteilhaft. Weil mechanische Verdrängersysteme mit Phasenanschnitt meist mit Rückholfeder arbeiten, werden vorzugsweise reibungsarme Membran-Verdrängersysteme verwendet.

Hydraulische Phasenanschnitt-Hubverstellung (Tafel 1, Zeile 4) erfolgt durch entsprechende Steuerung durch Schieber oder Ventile im Hydrauliksystem relativ zum Verdrängerkolben.

Von den **Linearantrieben** hat der Magnetantrieb für kleine hydraulische Leistung (< 50 W) die größte Bedeutung erlangt, weil er höchst einfach Hubfrequenzsteuerung erlaubt sowie für proportionale Kopplungen und Automatisierungszwecke verwendet werden kann (Tafel 1, Zeile 5). Eine gewisse Bedeutung haben auch pneumatische Linearantriebe bei Explosionsschutz (Tafel 1, Zeilen 6 und 7).

Die Hubbewegung kraftschlüssiger Linearantriebe ist stellenweise gleichförmig mit Beschleunigungen und Verzögerungen an den Umkehrpunkten. Die Hubfrequenz ist meist wegen der Umsteuerung gering und wird von einem elektronischen Taktgeber vorgegeben. Auch Hubverstellung mit Anschlagbegrenzung (Phasenanschnitt) wird in Kombination mit der Frequenzverstellung angewendet.

Alle bisher erwähnten Verdrängerantriebe erzeugen einen **pulsierenden Dosierstrom**, der nur **durch Mehrzylinderanordnung oder mit Pulsationsdämpfern geglättet** werden kann (Tafel 1, Zeile 2), was aber teuer ist und bei kleinen Dosierströmen zu kleinen Hubvolumen mit hohem Störpotential führt.

In seltenen Fällen finden für die Dosierung nichtkorrosiver schmierender Fluide auch die aus der Leistungshydraulik stammenden verstellbaren mehrzylindrigen Axial- und Radialkolbenpumpen Verwendung.

Der **hydraulische Linearantrieb** (Tafel 1, Zeile 8) mit zwei sich überlagernden Pumpenzylindern hat sich für spezielle Anwendungsbereiche zur relativ pulsationsarmen und geregelten Dosierung gegen höchste Drücke bewährt [13].

Einzylindrige hydraulische Linearantriebe eignen sich für intermittierende Dosiervorgänge bei pastenförmigen Kleber- und Dichtmassen [14] mit hilfsenergiegesteuerten Ventilen bei extremen Anforderungen an die zeitweise völlig gleichförmige Dosierung.[1])

Eine Reihe Dosierpumpenausführungen sind bekannt, welche die **Dosierstrompulsation** durch **die geeignete Superposition zweier Verdränger vermeiden**. Für verschwindende Drücke eignen sich hierfür spezielle Antriebsnocken, die gleichförmige Verdrängerbewegung über einen bestimmten Drehwinkel bewirken, so daß sich in der Summe ein kaum pulsierender Förderstrom ergibt [15, 16] (Tafel 1, Zeile 10).

Weiter sind Superpositionssysteme bekannt, die mit **unterschiedlicher Winkelgeschwindigkeit** (Tafel 1, Zeile 9) sowie Kompensation des druckabhängigen volumetrischen Wirkungsgrades die weitgehende zeitliche Konstanz des Volumenstromes erreichen [17]. Typische Anwendungen sind hierfür die Eluentenförderung in der HPLC-Analytik [18] sowie allgemein Dosierprobleme in Forschungsanlagen, wenn Störeinflüsse durch ungleichmäßige Dosierung vermieden werden müssen.

---

[1]) s. Kap. 5 (Beitrag E. Schlücker) dieses Buches

Im Grenzfall entfällt übrigens der zweite Pumpenzylinder, und die Pulsation wird durch extreme zeitliche Unsymmetrie zwischen der Länge von Saug- und Druckhub annähernd geglättet (Tafel 1, Zeile 9).

Der mechanische Spindelantrieb [19] wird zur Dosierung mit Unterbrechungen über längere Zeitabschnitte und für Abfüllvorgänge angewendet (Zeilen 11 und 12).

Zur Tafel wird bemerkt, daß die Verdrängerantriebe der Zeilen 1–5 nahezu alle praktisch zum Einsatz kommenden oszillierenden Dosierpumpen umfassen. Die darüber hinaus dargestellten Ausführungen dienen hauptsächlich zur Lösung von Sonderfällen.

Das **Verdrängersystem**, das den chemischen und physikalischen Eigenschaften des Förderfluids ausgesetzt ist, zeigt besondere Vielfalt (Bild 5). Die Verdrängersysteme arbeiten meist mit **selbsttätigen Ventilen**; nur in Sonderfällen werden **hilfsenergiegesteuerte Ventile** oder **Steuerkolben** angewendet.

Die **Kolben-Verdrängersysteme** (Bild 5 a) – auch mit **hydraulisch angetriebener Membran** – übertragen das Kolbenhubvolumen am genauesten auf das Förderfluid auch bei hohen Drücken (Bild 5 b + c).

Ziel der konstruktiven Ausführung ist die weitgehende Reduzierung von **Arbeitsraumelastizitäten sowie Leckströmen**.

Ein Trend zu dichten Systemen (Membrandosierpumpen) bei toxischen und gefährlichen Fluiden ist festzustellen [9].

Der direkte, **mechanische Antrieb von Membranen** ist ein Kompromiß zwischen Bauaufwand und Präzision. Die elastischen Verdränger sind direkt der Förderdruckdifferenz ausgesetzt und somit dadurch zusätzlich beansprucht. Weiter entstehen **störende Elastizitätseinflüsse** mit der Folge beschränkter Förderdrücke sowie ungenauerer Arbeitsweise (Bild 5 d + e).

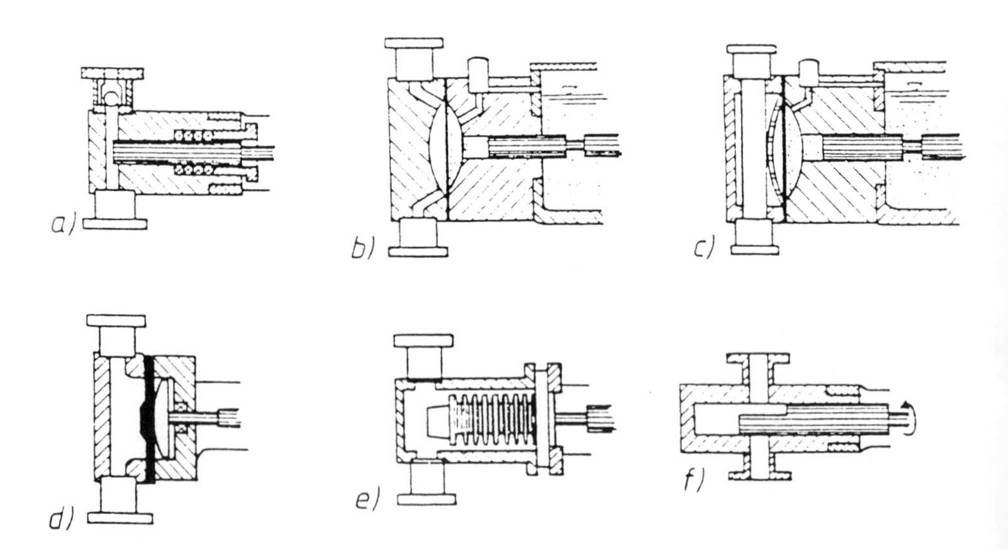

Bild 5: Verdrängersysteme
- *a) Kolben; < 3000 bar; −250 ÷ + 500 °C*
- *b) Kolben-Membran MH (hydraulisch); 350 bar; < 250 °C*
- *c) Kolben-Membran/Schlauch (hydraulisch) SH; < 200 bar; < 150 °C*
- *d) Membran MM (mechanisch); < 20 bar < 150 °C*
- *e) Faltenbalg FM (mechanisch); < 5 bar; < 120 °C*
- *f) Steuerkolben KS*

Ventillose Steuerkolben-Verdrängersysteme (Bild 5f) sind heute in zwei Anwendungsnischen bewährt: Bei weichheterogenen Beimengungen in Fluiden werden Ventilprobleme verhindert. Bei sehr kleinen Dosierströmen können kleinste Schadräume erreicht und Ventilstörungen ausgeschlossen werden.

2.2 Eigenschaften

Die Funktion beruht auf der periodischen Abgrenzung des eingestellten Hubvolumens durch meist fluidgesteuerte (selbsttätige), seltener fremdenergiegesteuerte Pumpenventile.

2.2.1 Kinematik der Verdrängerbewegung

Die Stangenbewegung des Triebwerks ist fast immer mit der Verdrängerbewegung (Kolben, Membran) selbst identisch. Die Hubkinematik – Hub h_K, Geschwindigkeit v_K und Beschleunigung b_K des Verdrängers – einiger charakteristischer Triebwerkssysteme zeigt Bild 6. Viele hubverstellbare Triebwerke beruhen auf dem **Geradschubkurbelsystem**, wobei die Exzentrizität ($r = h_{Kx}/2$) eingestellt wird und $\lambda_s = r/l$ das Stangenverhältnis darstellt: h_{Kx} eingestellter, h_{K100} maximal möglicher Hub, $\omega = 2\,\pi n$ Winkelgeschwindigkeit, n Hubfrequenz).

$$h_K(t) = \frac{h_{Kx}}{2} \cdot (1 - \cos\omega t + \frac{\lambda_s}{2} \cdot \frac{h_{Kx}}{h_{k100}} \cdot \sin^2\omega t) \quad (1)$$

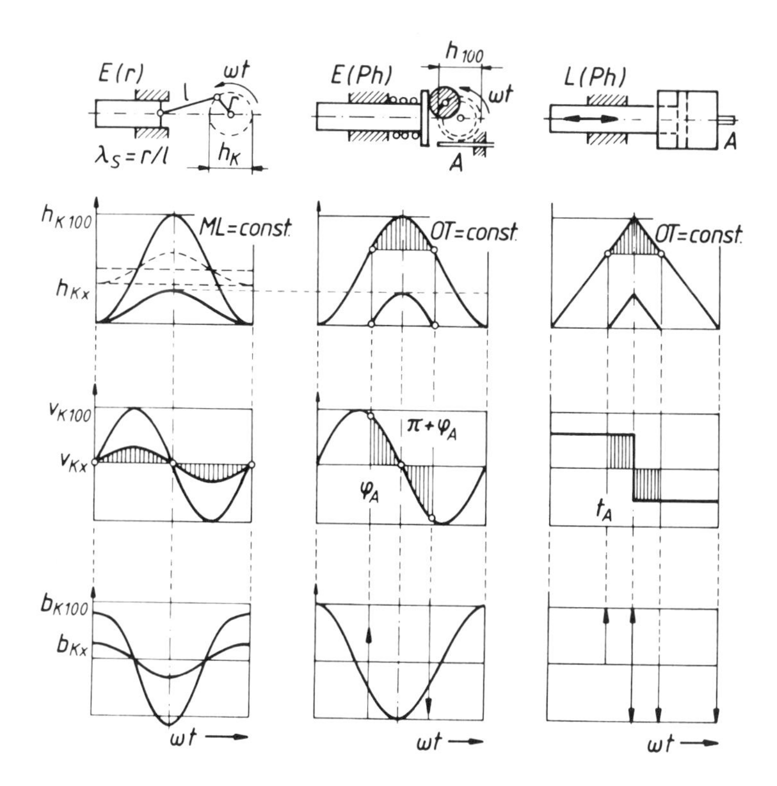

Bild 6: Hubkinematik verschiedener Triebwerkssysteme
E(r) Geradschubkurbelgetriebe mit einstellbarer Exzentrizität r
E(Ph) Kreisnockengetriebe mit einstellbarem Phasenanschnitt φ_A
L(Ph) Linearantrieb konstanter Hubgeschwindigkeit mit einstellbarem Phasenanschnitt (t_A)

$$v_K(t) = \frac{h_{Kx}}{2} \cdot \omega \cdot (\sin\omega t - \frac{\lambda_s}{2} \cdot \frac{h_{Kx}}{h_{k100}} \cdot \sin 2\omega t) \tag{2}$$

$$h_K(t) = \frac{h_{Kx}}{2} \cdot \omega^2 \cdot (\cos\omega t + \lambda_s \cdot \frac{h_{Kx}}{h_{k100}} \cdot \cos 2\omega t) \tag{3}$$

Wichtige Merkgrößen bei bestimmter Hubeinstellung h_{Kx}/h_{k100}:

$$h_{Kmax} = h_{Kx} \tag{1 a}$$

$$v_{Kmax} = \frac{h_{Kx}}{2} \cdot \omega \tag{2 a}$$

$$b_{Kmax} = \frac{h_{Kx}}{2} \cdot \omega^2 \cdot (1 \pm \lambda_s) \tag{3 a}$$

Das **Kreisnockengetriebe** weist genau harmonische Hubkinetik auf ($\lambda_s = 0$). Wird der Hub durch Phasenanschnitt φ_A (z. B. Anschlag A) eingestellt, so gilt im Bereich $\varphi_A < \varphi < \pi + \varphi_A$:

$$h_K(t) = \frac{h_{K100}}{2} \cdot (1 - \cos\omega t) - h_{KA}(\varphi_A) \tag{4}$$

$$v_K(t) = \frac{h_{K100}}{2} \cdot \omega \sin\omega t \tag{5}$$

$$b_K(t) = \frac{h_{K100}}{2} \cdot \omega^2 \cdot \cos\omega t \tag{6}$$

Wichtige Merkgrößen bei Hubeinstellung h_{Kx}/h_{K100}

$$v_{Kmax} = \frac{h_{K100}}{2} \cdot \omega \tag{5 a}$$

$$b_{Kmax} = \frac{h_{K100}}{2} \cdot \omega^2 \tag{6 a}$$

Aus Gl. (3 a) und (6 a) folgt, daß das Geradschubkurbelgetriebe um Faktor $(1 \pm \lambda_s)$ größere Beschleunigungs- bzw. Verzögerungswerte aufweist, während die maximalen Hubgeschwindigkeiten gleich sind.

Bei $\varphi = \varphi_A$ bzw. $\varphi_A + \pi$ liegen beim Kreisnockengetriebe Geschwindigkeitssprünge Δv_K

$$\frac{\Delta V_{Kx}}{V_{K100}} = 2\sqrt{\frac{h_{Kx}}{h_{k100}} - \left(\frac{h_{Kx}}{h_{k100}}\right)^2} \tag{7}$$

und somit – völlig starres System vorausgesetzt – unendliche Beschleunigungsspitzen vor.

Beim **idealen starren formschlüssigen Linearbetrieb** mit aufgezwungenen Geschwindigkeitssprüngen gilt:

$$h_K(t) = 2\, h_{K100} \cdot n \cdot t \tag{8}$$

$$v_K(t) = 2\, h_{K100} \cdot n = \text{const} \tag{9}$$

Beim Starten und Stoppen der Hubbewegung sind Beschleunigungs- und Verzögerungsspitzen unvermeidbar. Diesem Modell kommen formschlüssige Spindelantriebe am nächsten.

Bei kraftschlüssigen (hydraulisch, pneumatisch, magnetisch) Linearantrieben ist die Antriebskraft im Mittel etwa konstant und die Hubbeschleunigung somit limitiert, jedoch abhängig von der angekoppelten statischen und dynamischen Last. Die Hubgeschwindigkeit ist zeitabhängig und die maximale Hubfrequenz lastabhängig. Ein Vorteil kraftschlüssiger Linearantriebe ist ihre einfache Überlastungssicherung durch die Antriebskraftlimitierung.

2.2.2 Dosierstrom

Der Dosierstrom ergibt sich mit Dichte ϱ, Hubvolumen V_h, Hubfrequenz n und Zylinderzahl i zu

$$\dot{m} = \varrho \cdot V_h \cdot n \cdot i \cdot \eta_v \tag{10}$$

wobei der volumetrische Wirkungsgrad η_v das Verhältnis aus realem und geometrischem Dosierstrom bedeutet

$$\eta_v = \eta_E \cdot \eta_G = \frac{\dot{m}_{eff}}{\dot{m}_g} = \frac{\dot{m}_{eff}}{\varrho\, V_h \cdot n \cdot i} \tag{11}$$

und durch Elastizitäts- sowie Leckageeinflüsse beim Verdrängungsvorgang beeinflußt wird. Das Hubvolumen ist bei allen **Kolbenverdrängungssystemen** genau definiert (d_K Kolbendurchmesser)

$$V_h = \frac{\pi\, d_K^2}{4} \cdot h_K \tag{12}$$

Bei mechanisch über Schubstangen angetriebenen Faltenbälgen oder Membranen ist die Verdrängungsintensität meist etwas hubabhängig, was auch kleine Linearitätsabweichungen bewirken kann. Approximativ kann $V_h = A^* \cdot h_K$ gesetzt werden, wobei A^* ein äquivalenter empirischer Verdrängerquerschnitt ist. Hervorzuheben ist aber, daß Kolbenverdrängersysteme wegen der genauen Hubvolumeneinstellung stets vorteilhaft sind.

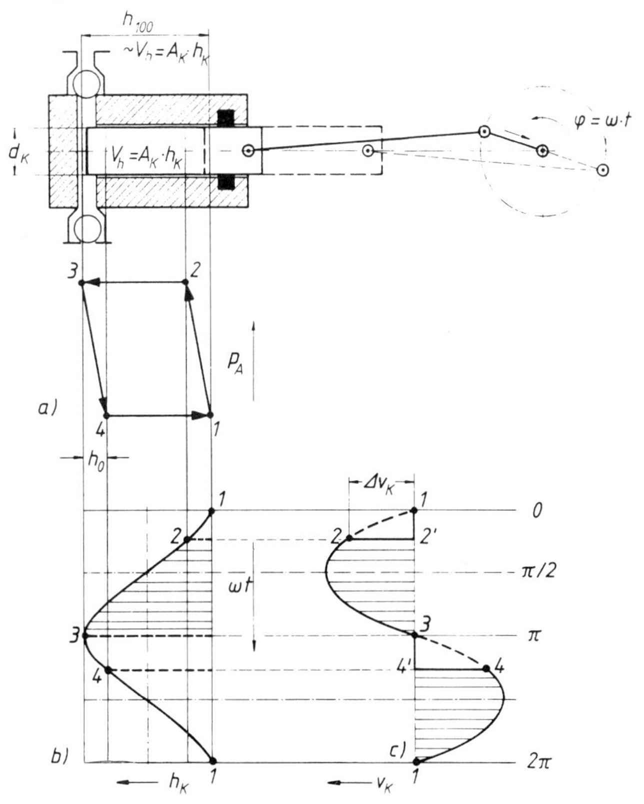

Bild 7: Elastizitätseinflüsse auf den Fördervorgang
a) Indikatordiagramm $p_A = f(h_K)$
b) Kolbenweg h_K
c) Kolbengeschwindigkeit v_K

Elastizitätseinflüsse

Beim Fördervorgang eines Verdrängungshubes werden Fluid- und Arbeitsraumelastizitäten wirksam (Bild 7), die das Indikatordiagramm (Arbeitsdruck p_A abhängig vom Kolbenhub h_K) anschaulich zeigt: Komprimieren 1-2, Fördern, 2-3, Rückexpandieren 3-4, Ansaugen 4-1. Kompression und Rückexpansion beanspruchen bestimmte Kolbenwege aufgrund verschiedener Elastizitätseinflüsse, zu denen Förder- und Hydraulikfluid sowie alle Arbeitsraumwände – Membran, Faltenbälge, Kolbendichtungen, Begrenzungsteile – beitragen.

Bei Hochdruckpumpen mit starren Arbeitsraumwänden überwiegen Fluidelastizitäten, bei Niederdruckpumpen dagegen Arbeitsraumelastizitäten durch elastische Membranverdränger (Bild 8). Der Elastizitätsgrad η_E folgt aus den Pumpen-, Fluid- und Betriebsparametern für Differenzdruck Δp [20, 21]

$$\eta_E = 1 - (A \cdot \frac{h_{K100}}{h_K} - B)\,\Delta p \qquad (13)$$

wobei A und B davon abhängig sind, ob das Triebwerk mit konstanter oberer Totlage (Bild 6, E(Ph)) oder Mittellage (Bild 6, E(r)) arbeitet (Tafel 2). Die relativen Schadräume ε sind das Verhältnis aus Totraum zu Hubvolumen

$$\varepsilon = \frac{V_T}{V_h} \qquad (14)$$

Die Elastizitätskonstante des Arbeitsraums ist definiert als

$$\lambda = \frac{1}{\Delta p} \cdot \frac{\Delta V_E}{V_{h100}} \qquad (15)$$

wobei ΔV_E die elastische Arbeitsraumaufweitung bedeutet. ε-Werte ergeben sich aus den Geometriedaten; λ ist experimentell zu bestimmen.

Die Fluidkompressibilität χ hängt mit dem Elastizitätsmodul E und der relativen Volumenkompression $\Delta V/V$ zusammen:

$$\chi = \left|\frac{\Delta V}{V}\right| \cdot \frac{1}{\Delta p} = \frac{1}{E} \qquad (16)$$

Möglichst hohe Werte von η_E werden also durch starre Arbeits- und geringe Toträume sowie – bei hydraulischen Membranpumpen – durch wenig kompressible Hydraulikfluide erreicht.

Tafel 2: Elastizitätsgrad bei verschiedener Totpunktlage des Triebwerks

Triebwerkssystem	Pumpenart	
	Kolbenpumpe ($\chi_F = \chi_H = \chi$; $\varepsilon_T = \varepsilon_{TF} + \varepsilon_{TH}$)	Hydraulische Membranpumpe
Konst. O.T.	$\eta_E = 1 - (\varepsilon_T \cdot \chi + \lambda)\Delta p \frac{h_{K100}}{h_K}$ $A = \varepsilon_T \cdot \chi + \lambda \qquad B = 0$	$\eta_E = 1 - (\varepsilon_{TF} \cdot \chi_F + \varepsilon_{TH} \cdot \chi_{TH} + \lambda)\Delta p \frac{h_{K100}}{h_K} + (\chi_F - \chi_H)\,\Delta p$ $A = \varepsilon_{FF} \cdot \chi_F + \varepsilon_{TH} \cdot \chi_H + \lambda \qquad B = \chi_F - \chi_H$
Konst. Kolbenmittellage	$\eta_E = 1 - \left[(\varepsilon_T + \frac{1}{2}) \cdot \chi + \lambda\right]\Delta p \frac{h_{K100}}{h_K} + \frac{\chi}{2}\Delta p$ $A = (\varepsilon_T + \frac{1}{2}) + \lambda \qquad B = \frac{\chi}{2}$	$\eta_E = 1 - \left[\varepsilon_{TF} \cdot \chi_F + (\varepsilon_{TH} + \frac{1}{2}) \cdot \chi_H + \lambda\right]\Delta p \frac{h_{K100}}{h_K} + (\chi_F - \frac{\chi_H}{2})\,\Delta p$ $A = \varepsilon_{TF} \cdot \chi_F + (\varepsilon_{TH} + \frac{1}{2}) \cdot \chi_H + \lambda \qquad B = \chi_F - \frac{\chi_H}{2}$

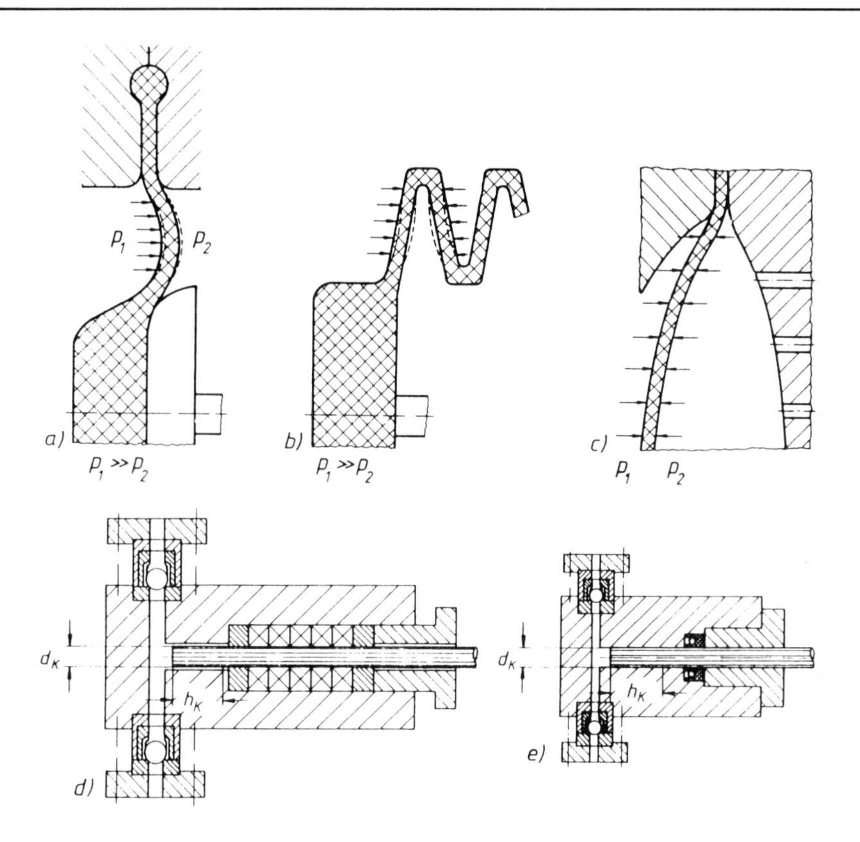

Bild 8: Elastizitätseinflüsse durch Arbeitsraumwände
a) b) mechanisch angetriebene Membranen
c) hydraulisch angetriebene Membranen
d) Dichtungsvolumen (und Schadraum) groß
e) Dichtungsvolumen (und Schadraum) klein

Die Arbeitsraumelastizitäten entstehen hauptsächlich durch mechanisch angetriebene Membranen (Bild 8a + b) und Kolbendichtelemente (Bild 8d + e), die man durch Kammerung, Vorpressung und geringe Dichtungsvolumen optimieren kann. Besonders bei Mikrodosierpumpen müssen Elastizitätseinflüsse minimiert werden. Alle Elastizitätseinflüsse verschwinden ($\eta_E = 1$) nach Gl. 13, wenn $\Delta p = 0$ ist; daher sind auch sogenannte Meßfüllmaschinen eichfähig [22, 23].

Elastizitätseinflüsse führen nach Bild 7 zu einem bezüglich der Förderwirkung inaktiven Hubanteil 1-2 und somit zu einem Phasenanschnitt mit Geschwindigkeitssprung Δv_K (2-2'). Durch die Rückexpansion 3-4 findet dies auch beim Saughub (4-4') statt.

Der Phasenanschnitt h_{K0} geht unmittelbar aus Gl. (13) mit der Bedingung $\eta_E = 0$ hervor:

$$\frac{h_{K0}}{h_{K100}} = \frac{\Delta \cdot \Delta p}{1 + B \cdot \Delta p} \tag{17}$$

Explizite Gleichungen für η_E sind in Tafel 2 enthalten; bei hydraulischen Membranpumpen tritt zusätzlich der hydraulikseitige Totraum ($\varepsilon_H = V_{TH}/V_h$) auf.

Leckageeinflüsse

Während des Verdrängervorganges entstehen – wenn auch geringe – Spaltleckagen ($\Delta\eta_{GLS}$) (Pumpen-, Überström-, Entlüftungsventile, Kolbenabdichtungen) sowie Rückströmverluste ($\Delta\eta_{GLV}$) der selbsttätigen Pumpenventile durch deren Schließverzögerung, die durch den Gütegrad η_G ausgedrückt werden:

$$\eta_G = 1 - \Delta\eta_{GLS} - \Delta\eta_{GLV} \quad (18)$$

Den Einfluß der Spaltleckagen gibt folgende Gleichung wieder:

$$\Delta\eta_{GLS} = C \cdot \frac{\Delta p}{\eta} \cdot \left(\frac{h_{K100}}{h_{Kx}}\right) \cdot \left(\frac{n_{100}}{n_x}\right) \quad (19)$$

Dabei repräsentiert die (nicht dimensionslose) Konstante C Spaltgeometrie, zeitliche Spaltbeaufschlagung sowie Pumpendaten. Wichtig ist zu beachten, daß Spaltleckagen von Hub und Drehzahleinstellung beeinflußt werden. Gl. (19) gilt nur für laminare Spaltströmung, was oft, jedoch nicht immer zutrifft.

Die unvermeidliche Schließverzögerung selbsttätiger Pumpenventile („Ventilschlupf") ist eine Folge der entkoppelten Kolben- und Ventilschließkörperkinematik und kann in Abhängigkeit der Pumpen- und Fluiddaten numerisch rechnerisch bestimmt werden [24–30]. Sind beide Pumpenventile gleichermaßen schließverzögert, so gilt:

$$\Delta\eta_{GLV} = 1 - \frac{1}{2}\left(\frac{\varphi_s^0 \cdot \pi}{180}\right)^2 \quad (20)$$

wobei φ_s von Pumpen- und Fluiddaten – insbesondere von Hubfrequenz und Federbelastung – abhängt (Bild 9).

Aus Bild 10 gehen die verschiedenen beim Fördervorgang wichtigen Daten hervor, insbesondere sieht man die Ventilöffnungsverzögerung φ_o durch Kompression und die Ventilschließverzögerung φ_s.

Die Leckageeinflüsse können in der Regel durch folgende Maßnahmen derart minimiert werden, daß $\eta_G \approx 1$ wird:

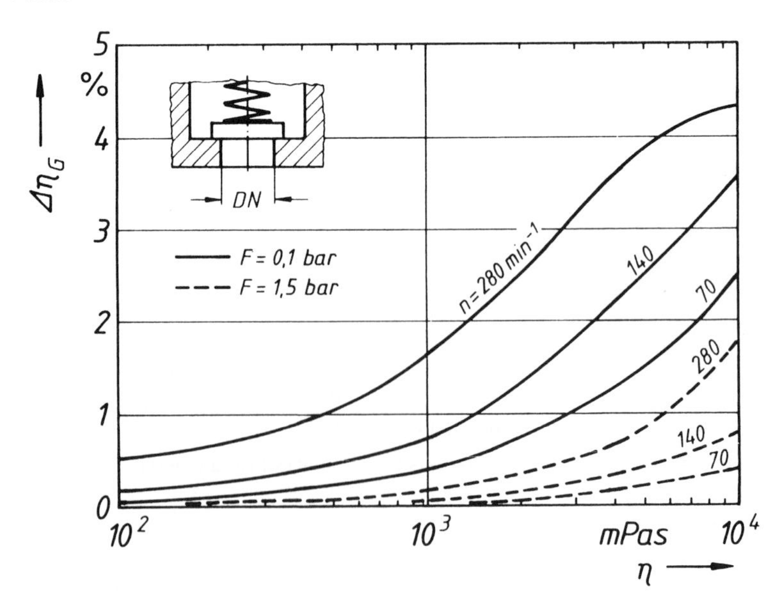

Bild 9: Auslegungsdiagramm eines Plattenventils

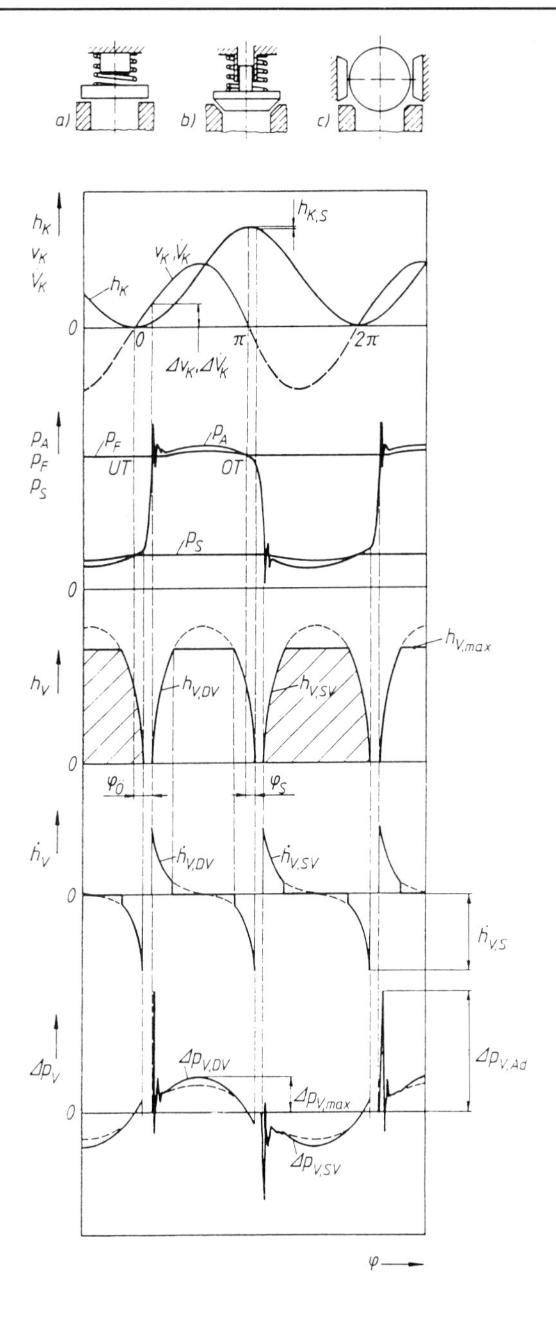

Bild 10: Pumpenventile (a ÷ c) und Verdrängungs- bzw. Ventilkinematik
h_K Kolbenhub; v_K Kolbengeschwindigkeit; $\dot{V}_K$ Kolbenverdrängung; p_A, p_F, p_S Arbeitsraum-, Saug-, Förderdruck; h_V, $h_{\dot{V}}$ Ventilhub-, -geschwindigkeit; Δp_V Ventilverlust

- Dichte statische und dynamische Abdichtungen an Ventilen und Kolben
- Vermeidung zu großer Schließverzögerungen durch Federbelastung sowie Reduzierung der Ventilabmessungen oder der Hubfrequenz.

2.2.3 Kennlinien

Die **Kennlinien** in Abhängigkeit der Stellgröße Hub h_{Kx}/h_{K100} und Hubfrequenz n_x/n_{100} folgen unmittelbar aus den Gl. (10), (11), (13) und (19), wobei meist $\eta_G \approx 1$ ist ($\dot{V}_{gmax} = V_{h100} \cdot n_{100}$):

$$\dot{m} = \varrho \cdot (V_{h100} \cdot n_{100}) \cdot \frac{h_{Kx}}{h_{k100}} \cdot \frac{n_x}{n_{100}} \cdot [1 - (A \frac{h_{K100}}{h_{Kx}} - B) \Delta p] \cdot \eta_G \quad (21)$$

Der Dosierstrom ist (Bild 11 a) linear von den Stellgrößen n und h_K abhängig.

Die Kennlinie $\dot{m} = f(h_{Kx}/h_{K100})$ bei $n_x/n_{100} = \text{const}$ ist nach Gl. (17) um h_{K0}/h_{K100} aus dem Ursprung verschoben. Ein genauer Blick auf Tafel 2 zeigt ,daß nur bei Kolbenpumpen und Triebwerken mit konstanter oberer Totlage die $\dot{m} = f(h_{Kx}/h_{K100})$-Kennlinien mit Δp **parallel aus dem Ursprung** verschoben sind. Im allgemeinen Fall erfolgt die Verschiebung nicht genau parallel, sondern mit Δp leicht zunehmender Steigung, was nur bei sehr hohen Differenzdrücken merklich ist. Das Maß der Verschiebung mit Δp ist nach Gl. (21) in der Näherung linear, praktisch hängt dies aber von der hydraulischen ($\chi(\Delta p)$) und mechanischen Elastizität ($\lambda(\Delta p)$) ab. Die Fluidkompressibilität $\chi(\Delta p)$ ist schwach unlinear, was sich bei hoher Druckdifferenz in einer leichten Krümmung der $m(\Delta p)$-Kurven (Bild 11 c) zeigt. Mechanische Elastizitäten von Membranen (s. Bild 8) sind teilweise mit Δp und h_{Kx}/h_{K100} etwas unlinear.

Verschwindet der Diffferenzdruck ($\Delta p \rightarrow 0$), so wird $h_{KO} = 0$ und die Kennlinie geht in allen Fällen durch den Ursprung.

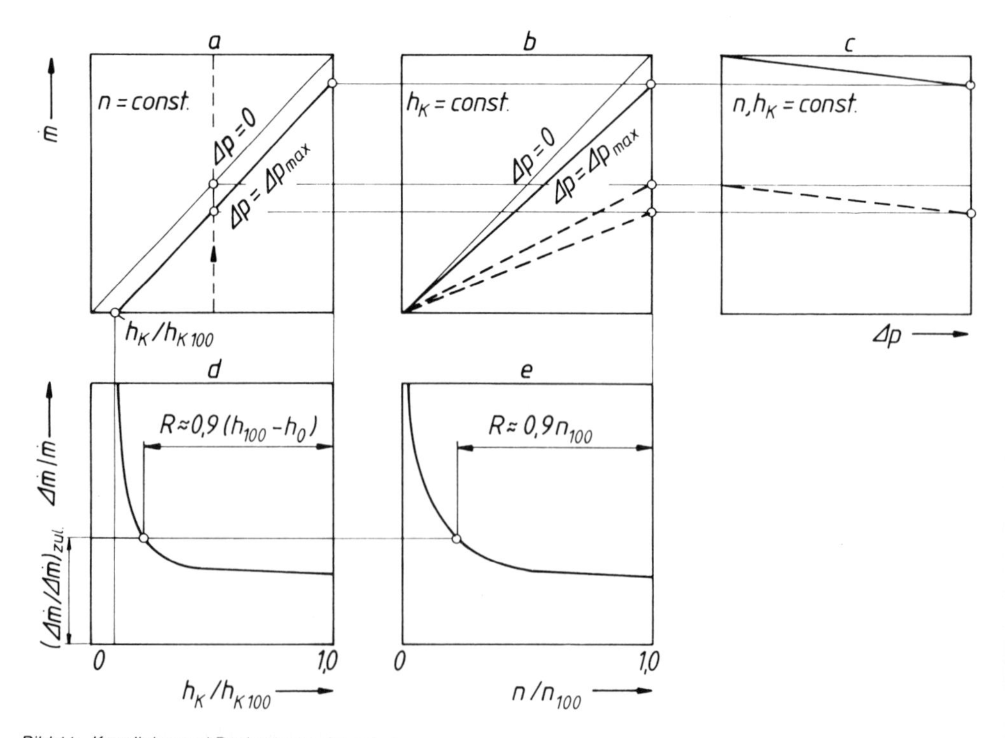

Bild 11: Kennlinien und Dosierstromschwankung

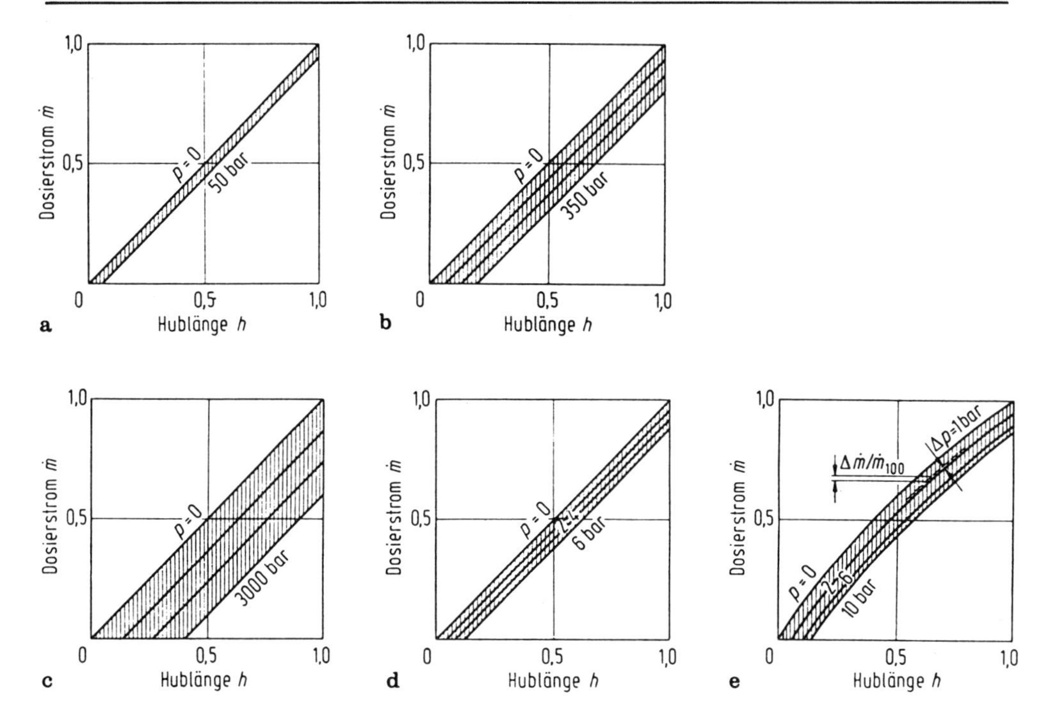

Bild 12: Kennlinien verschiedener oszillierender Dosierpumpen
a) Kolben-Dosierpumpe
b) größere hydraulische Membran-Dosierpumpe $\Delta p < 400$ bar
c) kleinere hydraulische Membran-Dosierpumpe $\Delta p < 3000$ bar
d) Faltenbalg-Dosierpumpe
e) mechanische Membran-Dosierpumpe

Die Kennlinie $\dot{m} = f(n_x/n_{100})$ bei $h_{Kx}/h_{K100} =$ const verläuft linear durch den Ursprung (Bild 11 b). Eine kleine, meist unmerkliche Verschiebung ergibt sich durch Leckageeinflüsse (Gl. 19).

Dies ist der Grund für gewisse Abweichungen von der theoretischen Kennliniengestalt, insbesondere in Nullpunktnähe ($\Delta p \to 0$, $h_K \to h_0$, $n \to 0$).

Eine Reihe realer Kennlinien (leicht schematisiert) zeigt Bild 12: Kolbendosierpumpen zeigen bei mäßigem Druck nur kleine Elastizitätseffekte; hydraulische Membrandosierpumpen sind abhängig von Größe und Druck elastizitätssensibler Dosierpumpen mit mechanisch angetriebener Membran erweisen sich als stärker elastizitätsbeeinflußt, wobei Faltenbalgdosierpumpen gut linear (radiale Steifigkeit des Faltenbalges) sind, Membrandosierpumpen jedoch mehr oder weniger große Linearitätsabhängigkeit zeigen.

2.2.4 Dosiergenauigkeit

Die Dosiergenauigkeit als Qualitätsmerkmal von Dosierpumpen bedarf klarer Definitionen und Vereinbarungen zur Nachprüfung [1]).

Bei Dosierpumpen bedeutet Dosiergenauigkeit die Toleranz, innerhalb welcher Soll- und Istwerte des Dosierstromes voneinander abweichen.

---

[1]) s. Kap. 1 dieses Buches

Dosierfehler entstehen durch die Schwankungen der Einfluß- und Störgrößen, die den Dosierstrom bestimmen. Meist liegt der Sollwerteinstellung eine Kalibrierkurve zugrunde, die mit bestimmter Fehlertoleranz ermittelt wurde. Der Dosierfehler drückt dann[1]) die Mittelwertabweichung zuzüglich der Standardabweichung oder ihr Vielfaches des Meßwertekollektivs aus.

Oft wird auch unter Dosiergenauigkeit lediglich die Dosierkonstanz verstanden, welche die Streuung des Meßwertekollektivs um den Istmittelwert wiedergibt.

Einen Eindruck der Parameterempfindlichkeit des Dosierfehlers liefert das Gaußsche Fehlerfortpflanzungsgesetz, das angewendet auf

$$\dot{m} = \varrho \cdot A_K \cdot n \cdot i \cdot h_K \cdot (1 - (A \cdot \left(\frac{h_{K100}}{h_K}\right) - B) \cdot \Delta p \cdot \eta_G \tag{22}$$

für die Dosierstromschwankung $\Delta\dot{m}/\dot{m}$ bei Einzelschwankungen der Einflußgrößen ergibt ($\Delta A_K = 0$, $\Delta i = 0$) [20, 21, 29, 30]:

$$\frac{\Delta\dot{m}}{\dot{m}} = \sqrt{\left(\frac{\Delta\varrho}{\varrho}\right)^2 + \left(\frac{\Delta n}{n}\right)^2 + \left(\frac{\Delta\eta_G}{\eta_G}\right)^2 + \left(\frac{\Delta h_K}{h_K}\right)^2 \frac{1 + B\Delta p}{N} + \left(\frac{\Delta\,(\Delta p)}{\Delta p}\right)^2 \frac{Bh_K - Ah_{K100}}{N}} \tag{23}$$

mit $N = h_K\,(1 - A\,\frac{h_{K100}}{h_K} - B)\,\Delta p$

Daraus geht hervor, daß bei $h_K \rightarrow h_{K0}$ (Klammerausdrücke im Nenner N der Terme 4 und 5 werden Null) die Dosierstromschwankung $\Delta\dot{m}/\dot{m} \rightarrow \infty$ geht (Bild 11 d). Dasselbe gilt mit Hinweis auf Gl. (18)–(20) für $n \rightarrow 0$ bzw. $n \rightarrow n_0$ (Bild 11 e).

Der Verstellbereich muß also bei bestimmten Dosiergenauigkeitsforderungen auf $R = 0{,}9\,(h_{K100} - h_{K0})$ bzw. $0{,}9\,n_{100}$ beschränkt werden. Reicht der zulässige Stellbereich einer Stellgröße nicht aus, so muß auf Leistungsstufung oder kombinierte Hub/Hubfrequenz-Verstellung zurückgegriffen werden.

Typische Dosierfehlerkurven (S_T), die auch experimentell nachgewiesen worden sind [31], unterscheiden sich generell in der Position der beiden charakteristischen Asymtoten h_{K0}/h_{K100} und S_{T0} bei $h_K/h_{K100} = 1$. In Bild 13 repräsentiert Fall a eine hochgenaue Dosierpumpe großen Stellbereichs, erreicht unter anderem durch kleinste Toträume und präzise Ventilarbeit. Die beiden Fälle b und c zeigen elastizitätssensiblere Ausführungen mit eingeschränktem Stellbereich; zusätzlich ist Aus-

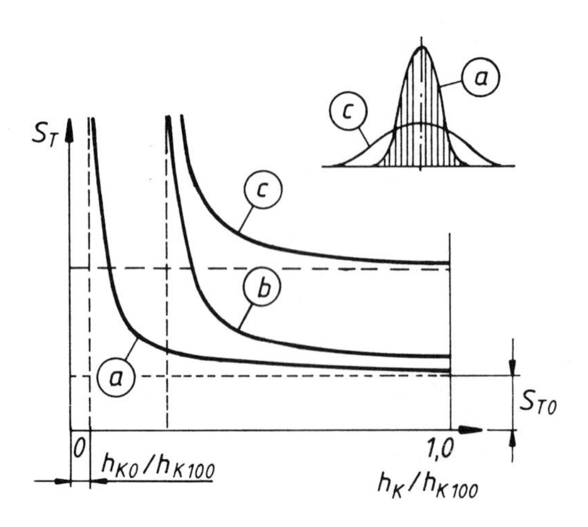

Bild 13: Typische Dosierfehlerkurven

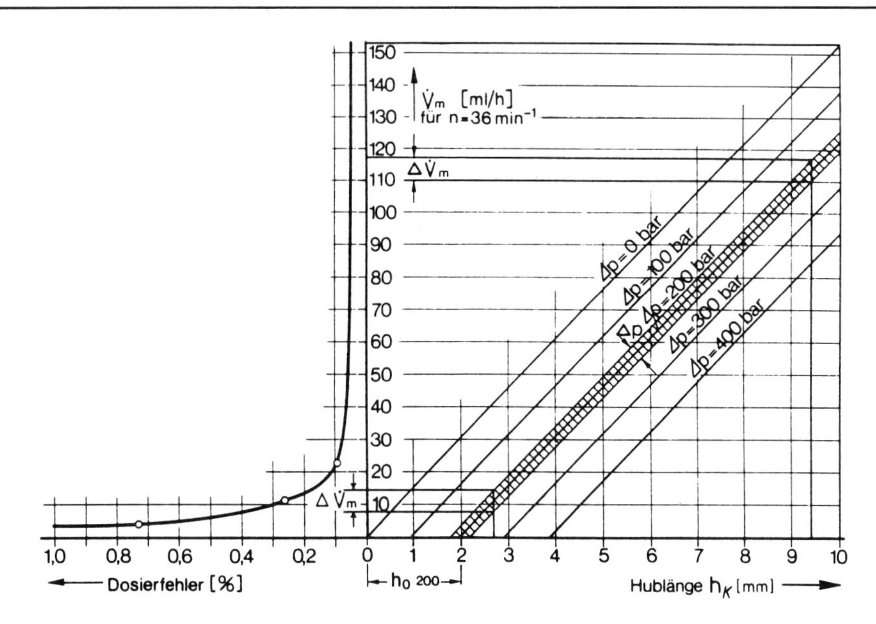

Bild 14: Kennfeld $\dot{V} = f(h_K, \Delta p)$ sowie Dosierfehler einer Mikro-Membrandosierpumpe [32]

führung c noch mit größeren Schwankungen durch beispielsweise unpräzise Ventilarbeit behaftet. Die unterschiedliche Dosiergenauigkeit drückt sich in der Breite der Gaußverteilung (s. Bild 13 oben) der Meßwertkollektive und somit der Standardabweichung aus. Das Kennfeld einer Mikro-Membrandosierpumpe [32] für hohen Druck sowie die dazugehörige Dosierfehlerkurve zeigt Bild 14.

Zur quantitativen Dosierung mit Dosierpumpen müssen die einzelnen Einflußgrößen betrachtet werden und eventuell optimiert werden.

Fluiddichte ϱ (P, T) kann durch Druck bzw. Temperaturmessungen (eventuell softwaremäßig) korrigiert werden. Ähnliches gilt für die Fluidkompressibilität. Die **Einstellungsgenauigkeit des Hubes** ist meist auf $\pm$ 0,02 $\div$ 0,05 mm beschränkt. Bei einem Triebwerk mit h_{K100} = 10 mm bedeuten bei h_{k10} also $\pm$ 0,02 mm Einstelltoleranz bereits $\pm$ 2 % Einstellfehler! Triebwerke mit kleinen Hublängen benötigen also Federspielangleich mit präziser Noniushubeinstellung und steife Ausführung. Die **Einstellgenauigkeit der Hubfrequenz** ist stark vom Antrieb abhängig. Für drehzahlkonstante Antriebe reichen in der Regel Drehstromasynchronmotoren an konstanten Netzen aus. Höchste Drehzahlkonstanz oder Einstellgenauigkeit ermöglichen Synchron- bzw. Schrittmotoren oder Antriebe mit Drehzahlregelkreisen. Hier sind im Gegensatz zur Hubeinstellung praktisch keine Grenzen gesetzt.

Ein dominantes Dosierfehlerpotential liegt in Elastizitätseinflüssen durch **Förderdruckschwankungen**. Prinzipiell sind diese durch Druckmessung kennlinienbasiert korrigierbar.

Vergrößern noch weitere Fehlereinflüsse (s. Störeinflüsse Kap. 2.4) das Fehlerpotential (Bild 15), so muß die volumetrische Dosierung ohne Soll/Ist-Vergleich durch eine Dosierstromregelung ergänzt werden[2]).

---

[2]) s. Kap. 5 (Beitrag H. Fritsch) dieses Buches

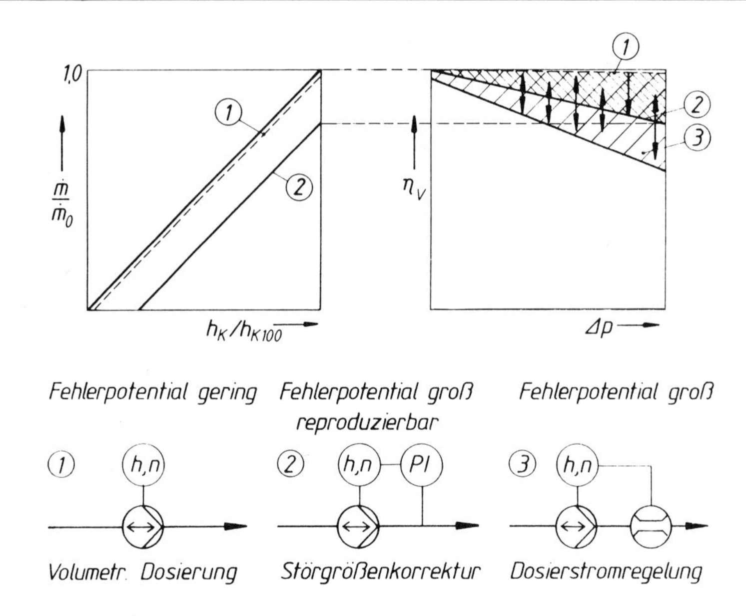

Bild 15: Fehlerpotential und Dosiermethode

2.3 Ausführung oszillierender Verdrängerpumpen

2.3.1 Baukonzepte

Durch Anwendungsschwerpunkte haben sich wirtschaftliche Baukonzepte – **Kompakt- bzw. Modularbauweise** – durchgesetzt.

Hauptsächlich bei kleinen hydraulischen Leistungen ($P = \dot{V}\Delta p < 50$ W) herrschen **Kompaktdosierpumpen** vor, die für eine einzige Fluidkomponente (variable Baugröße und Werkstoffausführung) geeignet sind. Die überwiegende Ausführungsform ist die Membrandosierpumpe mit mechanischer Membranbetätigung über **magnetische Linearantriebe**, welche **flexible elektronische Schnittstellen** zur Sollwerteinstellung und Steuerung aufweisen (Bild 16 a). Mit elektronischen Bausteinen können auch Mehrkomponenten-Dosierprobleme kontinuierlich und auch chargenweise gelöst werden. Dabei kommt die leichte Ansteuerbarkeit des Magnetantriebs über Halbleiterschalter der kompakten und wirtschaftlichen Ausführung bei kleiner Leistung entgegen.

Verwandt mit kompakten Magnetdosierpumpen sind auch Ausführungen mit mechanischen Exzenter- und Nockengetrieben (Bild 16 b), deren Antrieb hauptsächlich über drehzahlverstellbare Einbaumotoren erfolgt.

In der HPLC-Analytik finden für hohe Drücke und kleine Dosierströme (s. Tafel 1) kompakte hubfrequenzregelbare Nockenantriebe Verwendung, die ebenfalls alle Automationsschnittstellen aufweisen und zudem durch hydraulische Überlagerung pulsationsarm sind.

Bei größerer hydraulischer Leistung muß die oszillierende Verdrängerbewegung mit **mechanischen Exzenter- oder Nockentriebwerken** erzeugt werden, weil nur so hohe Stangenkräfte und Drehmomente aufzubringen sind. Da Anwendungen vielfältige Anforderungen an Komponentenzahl, Automatisierung, hydraulische Leistung, Lastdaten sowie Werkstoffe stellen, ist die wirtschaftliche Antwort die **Modularbauweise** (Bild 16 c). Unterschiedliche hubverstellbare Triebwerksgrößen werden – meist mit flexiblen internen Untersetzungsgetrieben – auf einer Welle gekuppelt. Die Schnittstelle zur Automatisierung bilden die elektrischen oder pneumatischen Hubstellantriebe, drehzahlstellbare Antriebsmotoren und analoge oder digitale Rückmeldegeräte. Die Fluidseite wird ent-

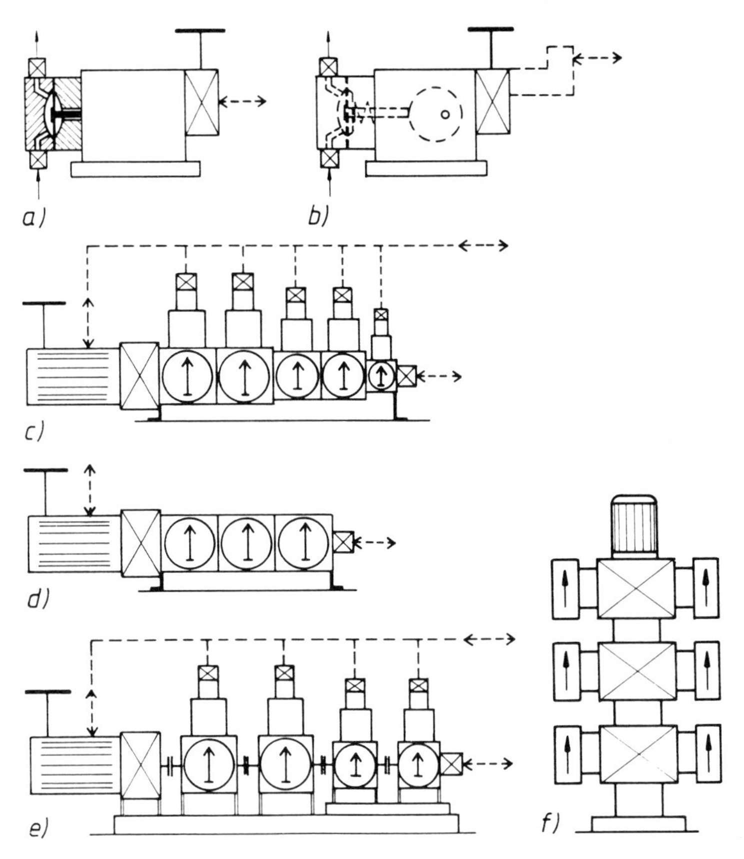

Bild 16: Baukonzepte
a) Kompakt-Dosierpumpe (magnet. Linearantrieb)
b) Kompakt-Dosierpumpe (mechan. Nockenantrieb)
c) Modularaufbau (selbsttragend) von Dosierpumpen (für mehrere Komponenten)
d) modulare Mehrzylinder-Dosierpumpe (für eine Komponente)
e) Modularaufbau (Grundplattenaufbau) von Dosierpumpen (für mehrere Komponenten)
f) Modularaufbau (vertikal

sprechend den physikalischen, chemischen und hydraulischen Anforderungen mit Kolben und Membranpumpenköpfen beherrscht. Die Modularbauweise oszillierender Dosierpumpen, die insbesondere hervorragend zur Mehrkomponentendosierung geeignet ist, reicht bis zur hydraulischen Leistung von etwa 30 kW pro Dosierelement (**„Dosiermaschine“**).

Die Verfügbarkeit **zweier unabhängiger Stellgrößen oszillierender Dosierpumpen** ist für flexible Anwendungen hilfreich. Auch kann der **digitale Charakter** des Dosierstroms (Folge von Einzelhüben!) bei Chargendosierprozessen genutzt werden. Oszillierende Verdrängerpumpen mit Drehzahlverstellung in Mehrzylinderbauweise zur Pulsationsglättung sind der Sonderfall der Modularbauweise (Bild 16d).

2.3.2 Oszillierende Verdrängerantriebe

Die Verdrängerantriebe (Triebwerke) sind sowohl Übertragungsglieder der hydraulischen Energie als auch mit ihren beiden Stellgrößen (Hublänge/-frequenz) die Schnittstellen zur Automatisierungsperipherie.

Triebwerke mit harmonischer oder quasiharmonischer Hubbewegung

Die Hubverstellung erfolgt entweder direkt **über die Exzentrizität** oder durch **Phasenanschnitt**.

Die Verdrängerbewegung ist harmonisch (Kreisnocken, Taumelscheibe, abgesehen vom Phasenanschnitt) oder quasiharmonisch (Geradschubkurbel). Qualitätsmerkmale der vielfältigen Ausführungsformen sind Präzision, Auflösung und Linearität der Einstellung der Stellgrößen, das Leistungsgewicht, die Baugröße, die Größe der Stellkräfte, die Realisierung individueller Hubfrequenz des einzelnen Triebwerkelements durch Einbaugetriebe, die Möglichkeit der Mehrfachanordnung auch unterschiedlicher Triebwerkgrößen, die Flexibilität der Automatisierungsschnittstellen, Überlastbarkeit, Steifigkeit, Lebensdauer, Kapselung gegen Umgebungseinflüsse, Geräuschemission, Explosionsschutz.

Von den zahlreichen Ausführungsformen werden nur einige erläutert.

Das **Exzenterverstellsystem** (Bild 17) ist weit verbreitet, weil es den optimalen Kompromiß der erforderlichen Eigenschaften darstellt: robust, präzise lineare Hubeinstellung, Geradschubkurbelkinematik, hohe Leistungsdichte. Die Hubmittellage bleibt bei Hubverstellung konstant. In der Ausführung Bild 17 treibt die Schnecke 1 den rohrförmigen Lagerträger 2 an, der Pleuel 3, 4 und Schubstange 5 über den Schiebeexzenter 6, 7 hubverstellbar antreibt.

Das **Drehkurbelsystem** (Bild 18) weist näherungsweise Geradschubkurbelkinematik, ziemlich lineare Hubverstellung sowie näherungsweise konstante vordere Totlage der Hubbewegung auf: Taumelscheibe 1 mit Schneckenrad 2 werden von der Schneckenwelle 3 angetrieben. Durch Schrägstellung über die Hubeinstellung 4 entsteht über Schubstange 5 die Kolbenstangenbewegung 6; allerdings erfordern die Gelenke zuverlässige Schmierung.

Beim **Hebellenkersystem** (Bild 19) als weiteres Beispiel vermag der Kipphebel 9 (statisch bestimmt abgestützt) den Anlenkpunkt des Pleuels 4 so zu verschieben, daß der Übertragungshebel 6 auf die Kolbenstange 4 einen Hub überträgt: Hubkinematik näherungsweise quasiharmonisch, Hubverstellung nichtlinear.

Die erläuterten Triebwerksysteme mit Amplitudenverstellung, deren gemeinsame Eigenschaft eine affine quasiharmonische Hubkinematik (Bild 20) ist, werden (einzylindrig) in der Spanne von etwa 0,2–30 kW pro Triebwerkselement gebaut, was Stangenkräften/Hublängen von etwa 1 kN/

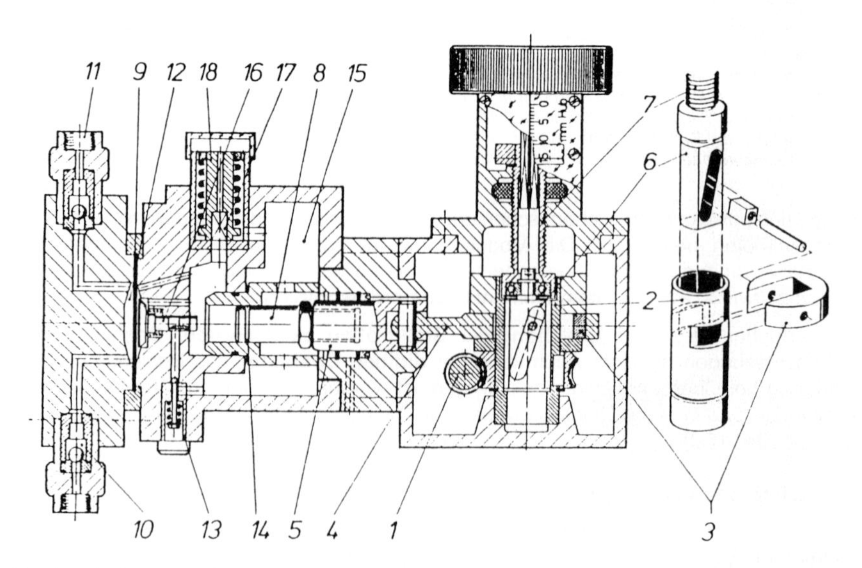

Bild 17: Membrandosierpumpe mit Exzenterverstellsystem (LEWA)

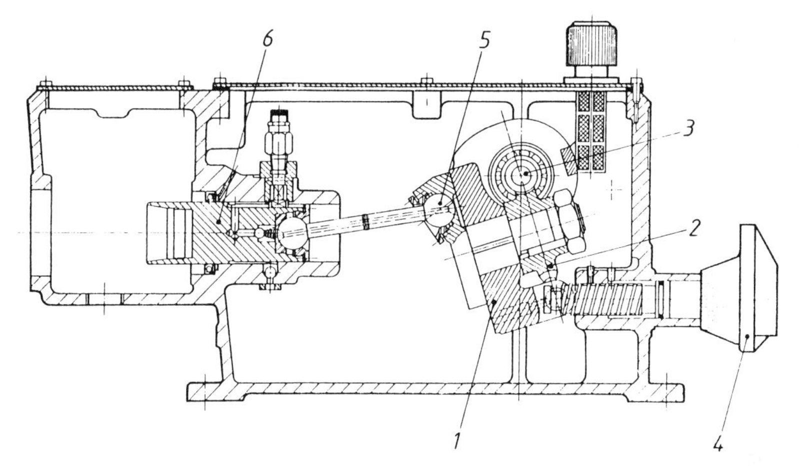

Bild 18: Drehkurbelsystem (DOSAPRO)

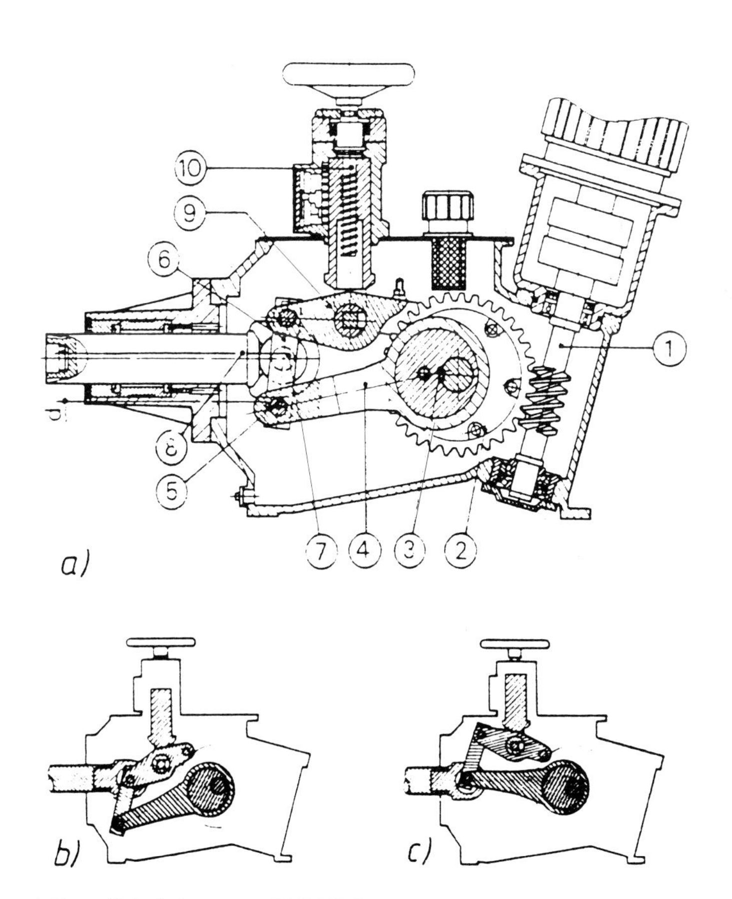

Bild 19: Hubverstellbares Hebellenkersystem (DOSAPRO)

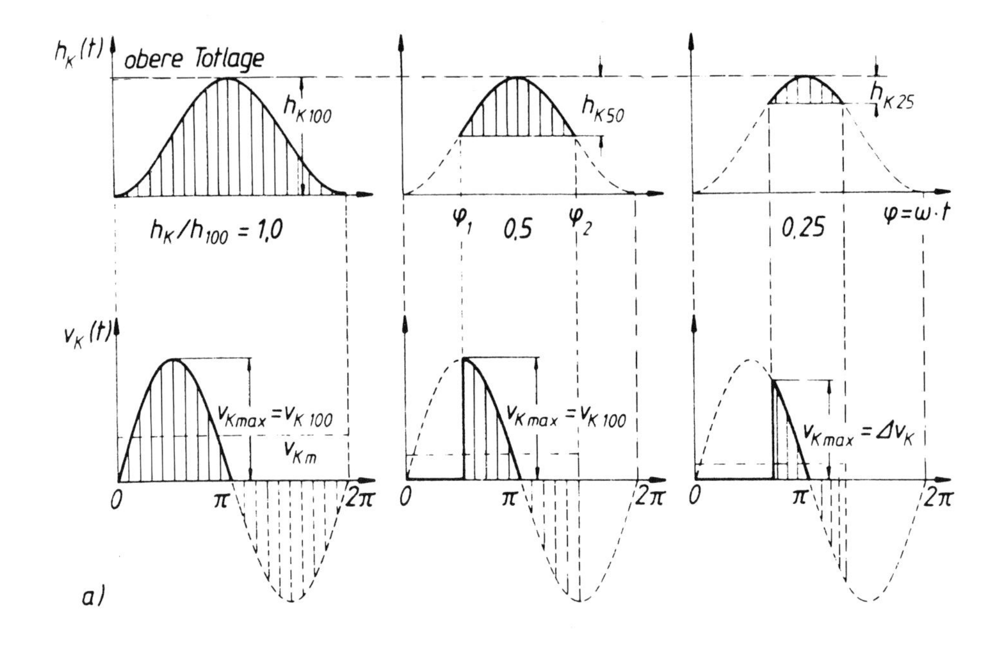

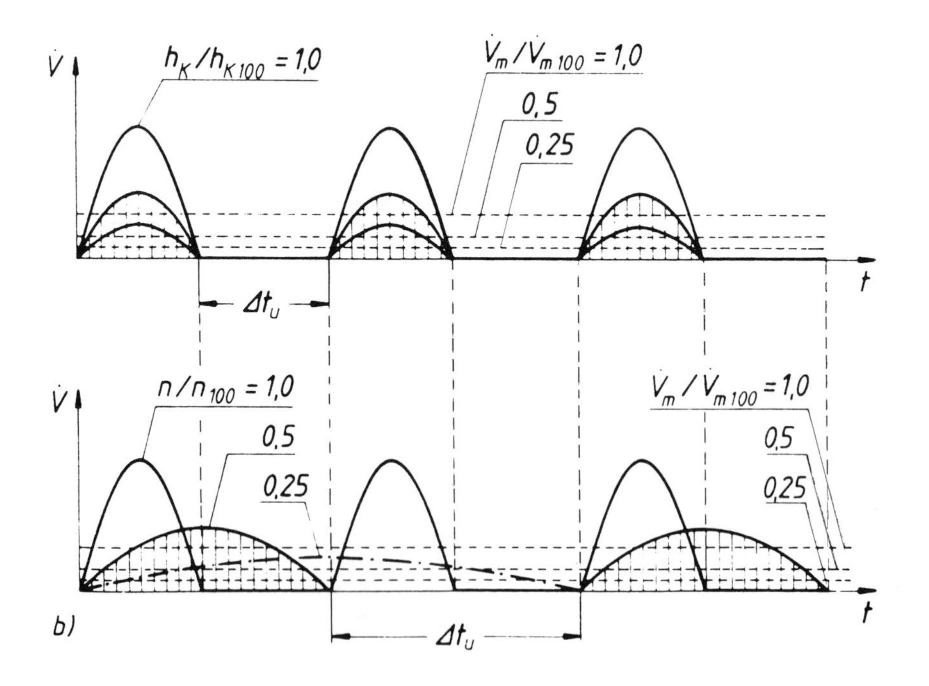

Bild 20: Verdrängungskinematik von Dosierpumpen mit Phasenanschnitt (a) und Exzenter-Hubverstellung (b)
h_K Kolbenhub (h_{K50} Δ 50 %), v_K Kolbengeschwindigkeit, φ Kurbelwinkel, Δv_K Geschwindigkeitsstoß

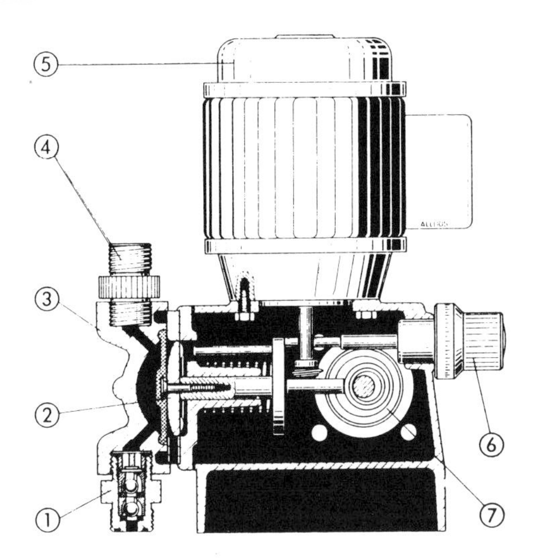

Bild 21: Mechanische Phasenanschnitthubverstellung mit Federnockentriebwerk (ALLDOS)

15 mm bis 100 kN/120 mm entspricht. Sie stellen den Bereich der Modularbauweise dar, wobei horizontale und vertikale Anordnung, teilweise selbsttragend kompakt oder mit Kupplungen auf Grundplatte bekannt sind (Bild 16). Die horizontale Reihenbauweise ist bedien- und installationsfreundlich, die vertikale Bauweise spart Grundfläche.

Triebwerke mit **mechanischer und hydraulischer Phasenanschnitt-Hubverstellung** schließen bei hydraulischen Leistungen unterhalb 0,2 kW mit mehr oder weniger großer Überlappung an. Nachdem in der Regel eine Federrückholung (Kraft- statt Formschluß!) zum Saughub notwendig und auch die Ursache für die niedrigeren Herstellungskosten ist, sind nur im wesentlichen Membranverdrängersysteme aufgrund der hier verschwindenden Kolbenreibung sinnvoll; höchstens bei sehr kleinen, glatten Kolben (< 5 mm) und reibungsarmen, selbstspannenden kurzen Kolbendichtungen bestätigen Ausnahmen die Regel.

Der **Phasenanschnitt wird mechanisch** meistens durch Anschlagbegrenzung des Kolbensaughubes von Kreisnocken- oder Taumelexzentern bewirkt (Bild 21).

Aufgrund der damit bei Teilhubeinstellung verbundenen Stöße ist eine Anwendung der Phasenanschnitthubverstellung für größere Leistungen (< 0,2 kW) nicht zweckmäßig. Bei kleineren Membrandosierpumpen stehen leistungsfähige und flexible Automatisierungsmöglichkeiten mit Hubfrequenzsteuerung und Proportionalkoppelung (periodischer Ein/Aus-Betrieb) zur Verfügung.

Die **Phasenanschnitt-Hubverstellung** erfolgt **bei hydraulischen Membranverdrängersystemen** durch einstellbar-gesteuerte Absperrung des Hydrauliksystems. Der im Schiebergehäuse 6 gleitende Steuerkolben 7 (Bild 22b) sperrt erst ab einer bestimmten Hublänge das Hydrauliksystem ab, so daß der Verdrängerkolben mit Schubkurbelgetriebe 1, 2 die Membran 3 zum Förderhub auslenken kann.

Bei der Schiebemuffensteuerung (Bild 22c) trägt der Verdrängerkolben 3 (Rückholfeder) eine Öffnung, die von der Schiebemuffe 4 einstellbar verschlossen werden kann, so daß sich die hydraulische Verdrängung auf die Membran 5 überträgt. Bei der Ausführung in Bild 22d wird über einen einstellbaren Schließkörper 1 der geöffnete Verdrängerkolben 2 geschlossen und dadurch Membran 3 verdrängungsaktiv. Der Einstellmechanismus 4 erlaubt die stufenlose Positionierung des Schließkörpers, der federgestützt dem Kolbenhub jeweils folgen kann.

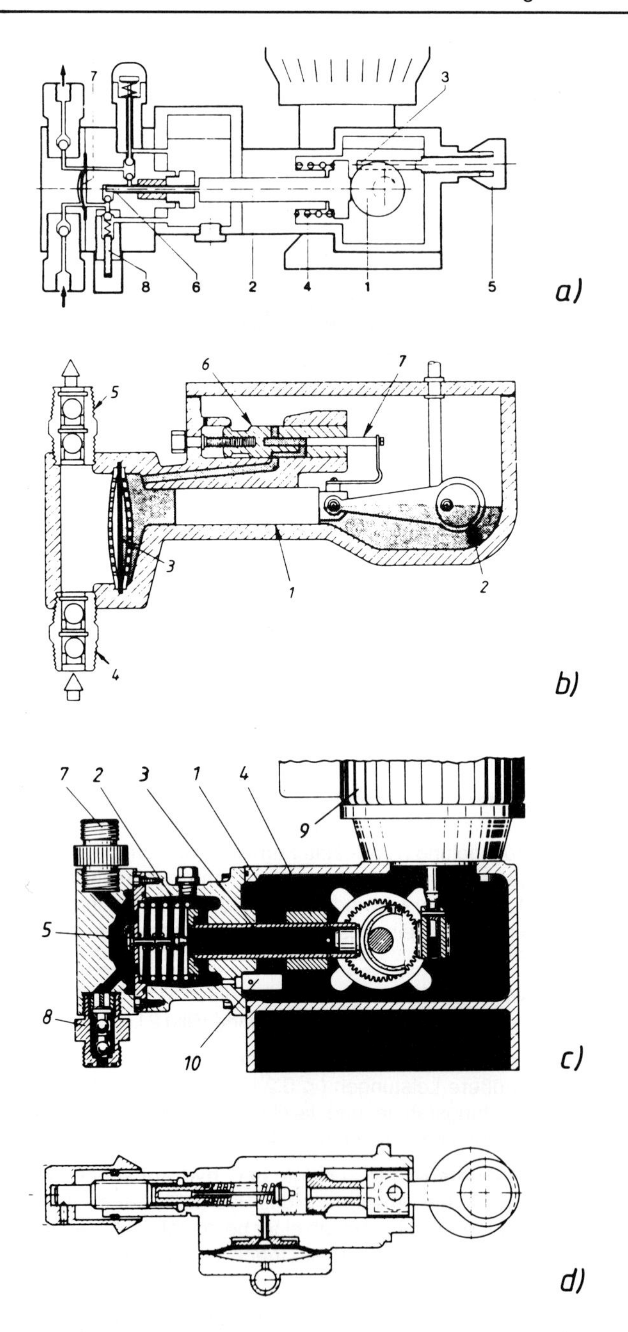

Bild 22: Hydraulische Phasenanschnitthubverstellung
a) hydraulische Membrandosierpumpe mit mechanischer Phasenanschnitthubverstellung (LEWA)
b) Steuerkolben(schieber) (DOSAPRO)
c) Schiebemuffe (ALLDOS)
d) Schließkörper (BRAN & LÜBBE)

Bei den Schiebersteuerungen innerhalb des Hydrauliksystems wird ein kleiner Teil des Kolbenhubs zur Überbrückung der Schieberüberdeckung verbraucht (dies nützt man auch zur permanenten Entlüftung), so daß bei Vollhub bereits ein kleiner Phasenanschnitt vorliegt. Es ist auch ein gewisser innerer Leckstrom zu Beginn der Schieberüberdeckung unvermeidlich.

Während also **mechanische Phasenanschnittsysteme** (Kreisnocken Bild 22a) **sich durch äußerste Präzision und Spielfreiheit auszeichnen, sind hydraulische Phasenanschnitthubverstellungen prinzipiell fehlerbehaftet.**

Die starken Geschwindigkeitsstöße (Bild 20a) durch Phasenanschnitthubverstellung sind bei der Installationsplanung zu beachten.

Automatisierungsschnittstellen

Die **Hubverstellung** erfolgt – außer von Hand – mit elektrischen oder pneumatischen Stellantrieben. Die **elektrischen Stellantriebe** sind mit Reversier-Motoren (Wechsel-/Drehstrom) und aktiver oder passiver analoger Stellungsrückmeldung (Potentiometer, RI-Umsetzer) ausgerüstet. Elektronische Stellungsregler können im Schaltkasten untergebracht und mit elektronischen oder elektromechanischen Wendeschützen ausgestattet sein. Moderne elektrische Stellantriebe sind über Kabelstecker (Stark- und Schwachstrom) leicht anschließbar, sie entsprechen Schutzarten IP54 (IP65) bzw. EExde II CT6 bzw. EExe II T4. Typische Durchstellzeiten liegen um 30–60 s, was zusammen mit der Regeldynamik trägheitsloser Dreipunktregler in aller Regel die günstige Dosierpumpenankoppelung in Regelsystemen ermöglicht. Zur genauen Hubeinstellung bei flexibler Rezepturvorwahl ist meist eine digitale (statt analoge) Stellungsrückmeldung (z.B. 500-1000 Impulse für den Einstellbereich) erforderlich.

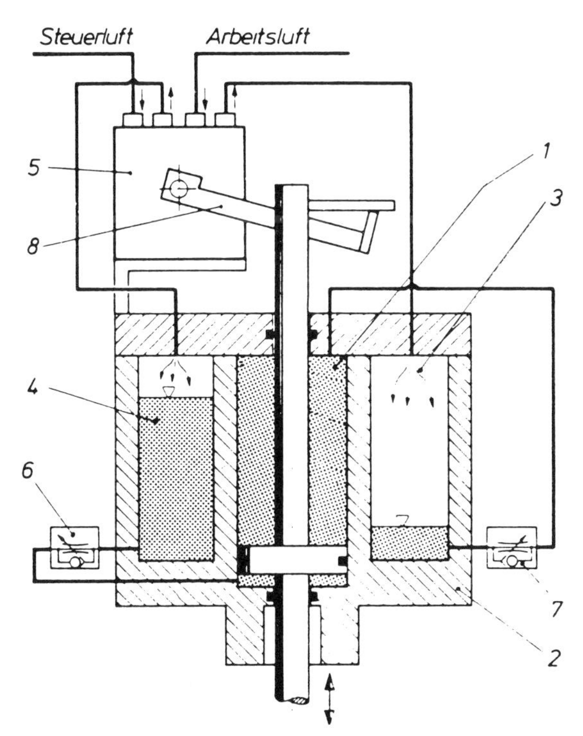

Bild 23: Pneumatischer Hubstellantrieb (LEWA)
1, 2 Hydraulikkolben; 3, 4 Hydrostatische Luft/Öl-Kraftübertragung;
5, 6 Stellungsregler; 6 hydraulische Dämpfdrosseln

Zur **pneumatischen Hubverstellung**, bei explosionsgefährdeten Anlagen allgemein in der chemischen Technik favorisiert, werden pneumatische Kolbenanstelltriebe bei größeren pulsierenden Stellkräften des mechanischen Stellsystems mit hydraulischer Dämpfung ausgeführt (Bild 23).

Oszillierende Linearantriebe

Die direkte Erzeugung oszillierender Verdrängerbewegungen unter Vermeidung von Getrieben zur Umwandlung von Dreh- in Hubbewegung ist nur unter speziellen Bedingungen wirtschaftlich.

Breite Anwendung findet beispielsweise für sehr kleine hydraulische Leistungen (<< 50 W) der **elektrische Magnet-Linearantrieb**, bei welchem durch halbleitergesteuerte Schalter die Magneterregung präzise einstellbar über Frequenzgeneratoren getaktet erfolgt. Die Federrückholung im Saughub bedingt die Anwendung von Membranverdrängersystemen mit geringer mechanischer Reibung, welche stets eine kompakte Kombination mit dem Magnetantrieb darstellen (Bild 24). Bei niedrigem Differenzdruck (< 20 bar) werden die Membranen mechanisch über eine Schubstange, bei höheren Drücken (bis 500 bar) mit hydraulischer Übertragung (Bild 25) bewegt. Es entspricht dem Stand der Technik, Pumpenkopf, Magnetantrieb und elektronische Steuerung kompakt mit Automatisierungsschnittstellen auszuführen, die für kontinuierliche Regelungen und diskontinuierliche Chargensteuerungen verwendet werden können. Die zusätzlich zur elektronischen Hubfrequenz vorhandene mechanische Hublängeneinstellung (Phasenanschnitt) dient zur flexiblen Erweiterung des Stellbereichs.

Die externe Ansteuerung erfolgt meist über analoge (0/4 – 20) mA-Signale oder Kontakteingang, wobei externe Signale eventuell geformt oder über Impulsuntersetzer angepaßt werden müssen.

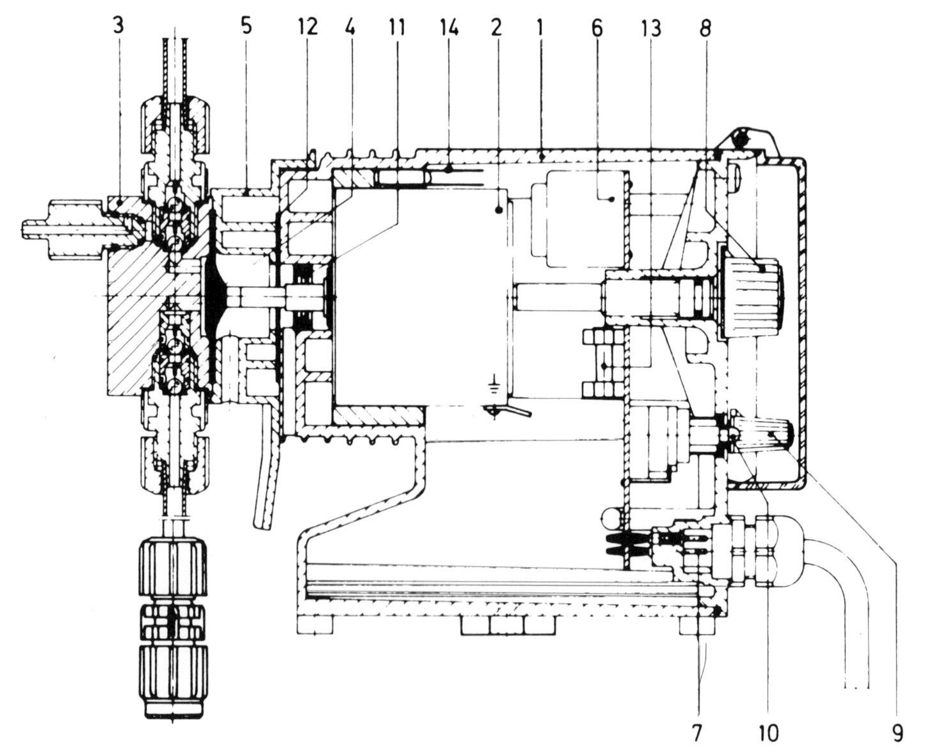

Bild 24: Membrandosierpumpe mit Magnetantrieb (PROMINENT)
2 Magnet; 3, 4 Membranpumpenkopf; 6, 7 elektrische Steuerung; 8 Hubeinstellung; 9 Hubfrequenzeinstellung

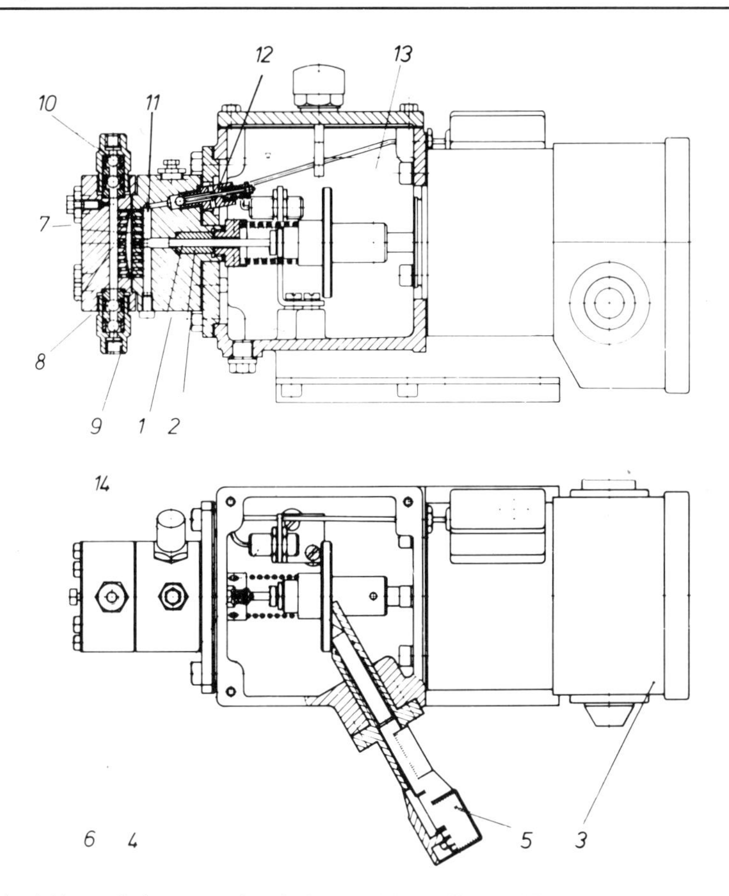

Bild 25: Hochdruck-Magnetdosierpumpe mit explosionsgeschütztem Magnet (LEWA)
1, 2 Kolben; 3 Magnet, 4, 5 Hubverstellung; 6 Näherungsschalter; 8 = 14 Membranpumpenkopf

Kontaktein- und Relaisausgänge eignen sich zusammen mit entsprechenden Steuerungen zur Chargendosierung.

Explosionsschutz erfordert nicht nur entsprechende Magnete, sondern auch meist eigensichere Steuerkreise. Für besondere Anwendungen (beispielsweise Erdgasodorierung) mit hohen Differenzdrücken bis über 200 bar sind explosionsgeschützte Magnetdosierpumpen mit ölgefluteten Magneten bewährt (Bild 25), die ebenfalls mit zusätzlicher Handhubverstellung (Pos. 5) ausgestattet sind [33, 34].

Pneumatische Linearantriebe sind wegen Explosionsschutz oder eines am Einsatzort verfügbaren Treibgases an entlegenen Einsatzorten gelegentlich attraktiv (z. B. Erdgasfelder!). Da sowohl die Möglichkeit der einfach wirkenden Steuerung mit Federrückholung als auch doppeltwirkender pneumatischer Steuerung besteht, können Kolben sowie mechanisch oder hydraulisch angetriebene Membranpumpenköpfe angebaut werden. In der Regel steuert ein Magnetventil die Pumpenhubfrequenz, das Signal stammt aus einer A/D-Reglerplatine; die Hublänge kann zusätzlich von Hand eingestellt werden. Auch vollpneumatische Hubfrequenzsteuerungen (pneumatischer Oszillator) sind bekannt [35].

Für größere Förderleistungen und mäßige Differenzdrücke (z. B. bei 30 m^3/h, 8 bar) finden pneumatische Membrandosierpumpen Anwendung, bei welchen die **antreibende Preßluft über ein**

weggesteuertes Umschaltventil direkt auf die Membranen wirkt (Tafel 1, Zeile 7). In Verbindung mit elektronischer Hubfrequenzsteuerung oder -zählung können kontinuierliche und diskontinuierliche Dosierprobleme (auch für fluidisierbare Schüttgüter!) gelöst werden. Der maximale Förderdruck liegt auch dabei normalerweise deutlich unter dem verfügbaren Arbeitsluftdruck.

Der Luftverbrauch pneumatischer Linearantriebe ist beträchtlich.

Der Vorteil kraftschlüssiger Linearantriebe ist ihre einfache Hubfrequenzsteuerung, insbesondere wenn bei Proportionalkoppelung vom Durchflußmeßsystem eine Impulsfolge vorliegt.

Kraftschlüssige Linearantriebe fördern jedoch bei Einzylinderausführung pulsierend wie mechanische oszillierende quasiharmonische Antriebe auch.

Pulsationsarme Antriebssysteme

In Tafel 1 sind die wesentlichen Möglichkeiten pulsationsarmer Antriebssysteme gezeigt. Die **gleichmäßige Überlagerung mehrerer Verdränger mit harmonischen oder quasiharmonischen Antrieben** erlaubt effektive Pulsationsminderung bei gleichzeitig möglichst nahe bei $\eta_v = 1$ liegendem Wirkungsgrad (Bild 26). Dabei gelten folgende Regeln: Harmonische Superposition ist effektiver als quasiharmonische, nur bei $\eta_v = 1$ sind ungerade Zylinderzahlen günstiger; $\eta_v < 1$ implementiert starke Pulsationszunahme (Stöße).

Die Anwendung von Mehrzylinderpumpen ist verbreitet, meist ausreichend, gelegentlich aber teuer. Verbunden mit Pulsationsdämpfern erreicht man gute Pulsationsglättung.

Die mechanische Koppelung zweier Verdränger (Tafel 1, Zeile 7 + 8) liefert auch bei präzisen **mechanischen (Spindel), pneumatischen oder hydraulischen (Konstantstromsteuerung) Linearantrieben** nur stückweise pulsationsfreie Verdrängung mit Unterbrechungen durch Kompressionszeiten. Allerdings empfindet dennoch der Verbraucher deutlich geringere Pulsation.

Die praktische Anwendung von gekoppelten Zweizylinder-Linearsystemen ist auf Sonderfälle beschränkt, z.B. die Initiatordosierung zur PE-Herstellung bei sehr hohem Reaktionsdruck [36].

Verglichen mit der Mehrzylinderbauweise sind hydraulische Linearantriebe im Normalfall durch höhere Investition und Energiekosten nicht wirtschaftlich.

Nur bei Entkoppelung (Tafel 1, Zeile 12) und entsprechender Kompressionssteuerung bzw. schnellerem Saughub kann ziemliche Pulsationsfreiheit erzielt werden. Es muß dann der vor dem Einsatz stehende Verdrängerantrieb sensorgesteuert bereits auf Förderdruck gebracht werden [36–38].

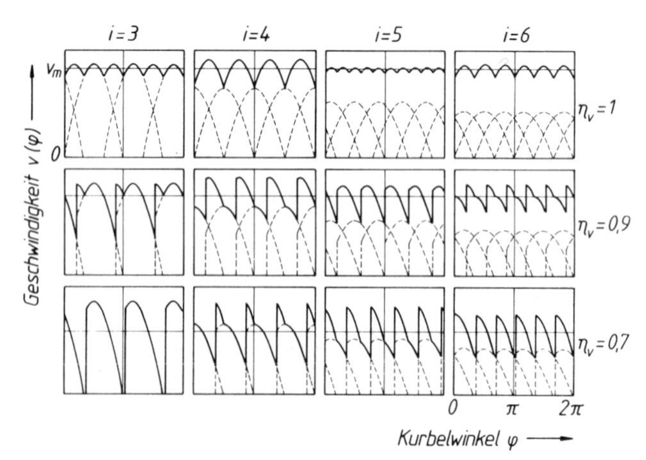

Bild 26: Dosierstrompulsation bei reduziertem volumetrischen Wirkungsgrad
i Zahl der überlagerten Zylinder; η_v volumetrischer Wirkungsgrad

Anwendung erfolgt hauptsächlich und selten für Forschungsanlagen, wo auf Pulsationsfreiheit größter Wert gelegt werden muß. In gleichem Maße sind Konstantantriebe für zeitweise pulsationsfreie Förderung geeignet und bewährt [38] (Tafel 1, Zeile 11).

Für kleine Dosierströme (10 bis 1000 ml/h) werden Superpositionsantriebe unterschiedlichster Funktion verwendet, deren Effekt meist ist, die Wirkung zweier Verdränger derart zu überlagern oder zu steuern (Tafel 1, Zeile 10), daß möglichst ein zeitlich konstanter Dosierstrom entsteht. Geeignet sind hierzu beispielsweise Nocken, deren Form stückweise einer archimedischen Spirale entspricht.

Bei einer speziellen Ausführung mit nur einem Verdränger (Tafel 1, Zeile 9) wird die Verdrängergeschwindigkeit durch Nockenform und Winkelgeschwindigkeit (Schrittmotor) so gesteuert, daß über lange Perioden ein zeitlich gleichbleibender Dosierstrom entsteht, der nur kurz zwischen Saug- und Druckhub unterbrochen ist. Prinzipiell hat der Nocken stückweise die Form einer archimedischen Spirale (über den Drehwinkel gleichförmig verdrängend). Ab der oberen Totlage des Kolbens erfolgt ein schneller (Nockenform und höhere Winkelgeschwindigkeit) Saughub (Dekompression, Ansaugen) und darauffolgend – bereits im Bereich des archimedischen Spiralnockens – die Vorkompression auf den gewählten Förderdruck (bis 500 bar). Danach erfolgt drucksensorgesteuert die Einstellung der für den gewünschten Dosierstrom erforderlichen Winkelgeschwindigkeit des Schrittmotors. Der Drucksensor befindet sich im Förderraum. Durch die Einstellung der Verdrängerhubzeit in weitem Bereich wird die zu Dekompression, Ansaugen und Kompression erforderliche Unterbrechungszeit im Hauptanwendungsbereich kleiner Dosierströme relativ unbedeutend, so daß der Dosierstrom von der Anlage als zeitlich konstant empfunden wird (Tafel 1, Zeile 4). Die Steuerung erfolgt mit Mikrorechner.

Superpositionsantriebe finden – neben der HPLC-Analytik – für Dosieraufgaben in Forschungsanlagen Anwendung, wo geringe Pulsation und das Zusammenwirken mit Durchflußmeßsystemen gewünscht wird.

Triebwerke zur Ventilsteuerung

Die Pumpenventile müssen bei Sonderbedingungen (Kap. 2.4) zwangsgesteuert werden.

Drehkolbensysteme arbeiten mit rotierenden und oszillierenden Kolben. Bei der Ausführung Bild 27a bewegen der Schneckenantrieb (Pos. 8–10) und die Kolbenstange 7 den Steuerkolben 12 (abgestützt auf der einstellbaren Kurbel 2 $\pm$ 6) drehend und oszillierend, wobei der Kolben Verdrängungs- und Ventilsteuerungsfunktionen übernimmt [11].

Bei kleinen ventillosen Mikrodosierpumpen ist die Kolbenachse (Bild 27b) zur Hubeinstellung schwenkbar.

Den ähnlichen Zweck erfüllen bei mechanisch hubverstellbarem Triebwerk zahnriemengekoppelte Betätiger [39] oder Kontaktgeber zur pneumatischen bzw. magnetischen Ventilbetätigung.

Dosierpumpen mit direktem Hauptstromantrieb

Bei der Proportionaldosierung kleiner Additivströme zu energiereichen Hauptströmen erweist sich im Spezialfall die direkte Koppelung gelegentlich als besonders wirtschaftliche Lösung. Bekannt sind Lösungen mit direktem mechanischen oder hydrostatischem Pumpenantrieb durch beispielsweise Transportbänder sowie Volumenzähler. Weiter sind Proportionalkoppelungen über Kippzähler sowie allerlei ,,Flüssigkeitsmotoren'', die proportional zum Hauptstrom die Dosierpumpe (meist kompakt integriert) antreiben, bekannt [40]. Diese Problemlösungen sind stets wirtschaftlich, wenn sich wiederholende, gleiche oder ähnliche Aufgabenstellungen der Proportionaldosierung vorliegen (z. B. Düngerzudosierung in Wasser, Heizöleinfärbung).

2.3.3 Pumpenköpfe – fluidberührte Schnittstelle zum Prozeß

Aufgrund der vielfältigen Anwendungen werden flüssigkeitsberührte Teile zur Beherrschung der Korrosion aus ferritischen, weichmartensitischen, halb- und vollaustenitischen Cr-Ni(Mo)-Stählen, aus Titan, Tantal, Nickel, NiCrMo-Legierungen (Hastelloy®-Sorten), aus PVC, PVDF, PTFE, Glas,

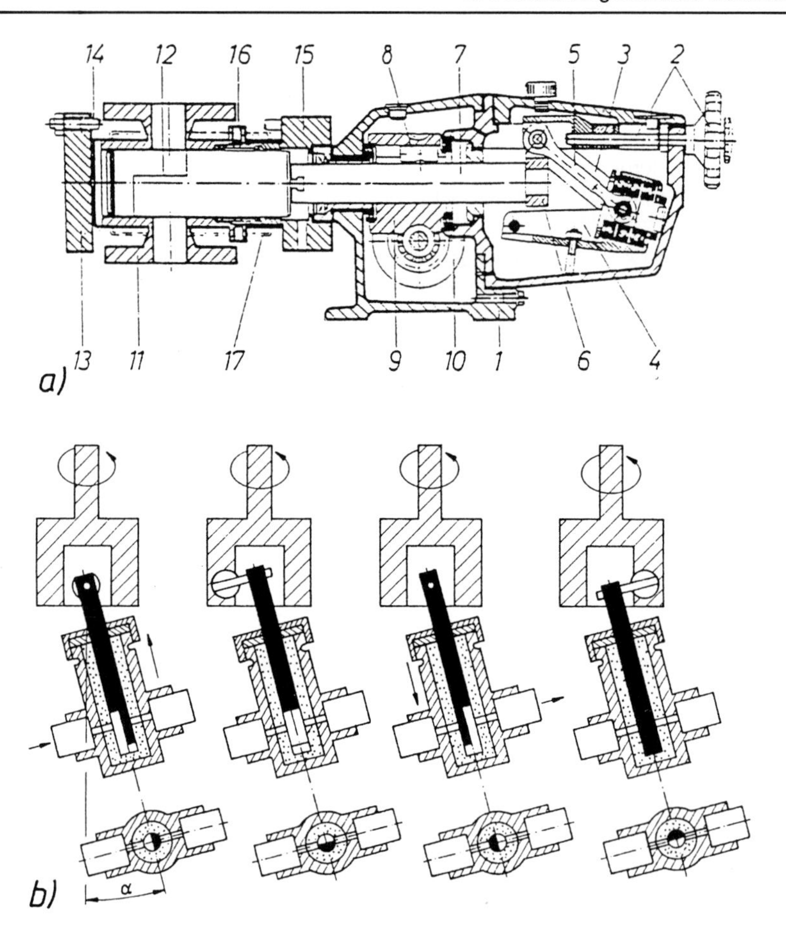

Bild 27: Mikrodosierpumpen mit Drehschiebersteuerung, a) ORLITA, b) FMI Hublängen-Einstellwinkel α

Oxidkeramik sowie mit verschiedenen Oberflächenbeschichtungen ausgeführt. Die Anwendungsbedingungen haben einige Standardwerkstoffkombinationen (z. B. rostfreier, ferritischer Cr-Stahl; säurebeständiger austenitischer Cr-Ni-Stahl; PVC, PTFE/Keramik/Glas) hervorgebracht. Die Werkstoffeigenschaften legen die konstruktive Gestaltung ziemlich fest. Der Dosierpumpenbau erlaubt aufgrund der funktionsbedingt engen Passungen und der erforderlichen Oberflächengüte in der Regel nur verschwindend kleinen Oberflächenabtrag durch Korrosion, Abrasion oder Erosion. Besonderes Augenmerk muß hier auf die Formgenauigkeit von Dichtstellen an dynamischen Kolben- und Ventildichtungen, aber auch auf bestimmte statische Dichtstellen, wie Membran-, Gehäuse- und Rohrleitungsdichtungen, gerichtet werden. Ein hauptsächliches, aber nicht das einzige Kriterium bei der Werkstoffwahl ist die Korrosionsbeständigkeit, auf den Einfluß der Strömung sowie die lokale Beanspruchung (z. B. Schlagbeanspruchung) wird hingewiesen.

Pumpenventile (Bild 28)

Pumpenventile sind die zum Volumenabgrenzungsvorgang wichtigsten Komponenten. Überwiegend werden **selbsttätige, also fluidgesteuerte Pumpenventile** verwendet, weil diese den

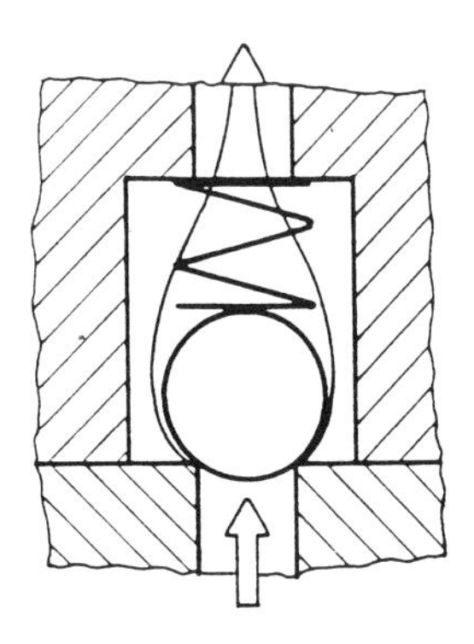

Kinematik
Verzögerungsfreies Schließen (η_V)
Geringe Schließenergie (L)
Geringer Druckverlust (I)

Belastung, Betrieb
Mäßige Dichtpressung (L)
Geräuscharm (L)
Statische Druckhaltung
Verschleißarm (L)
Schmutz/Partikelunempfindlich (I)
Dichtheit (η_V)

Bild 28: Anforderungen an Pumpenventile zur Begünstigung von volumetrischem Wirkungsgrad (η_V), Lebensdauer (L) und Installation (I)

geringsten Aufwand erfordern. Die Anforderungen an Pumpenventile führen zu verschiedenen größen-, werkstoff- und belastungsabhängigen Ausführungsformen (Bild 29). Die Auslegungsoptimierung bezüglich Strömung und Kinematik ist ein Kompromiß zwischen Druckverlust und volumetrischer Präzision oder eine Abstimmung von Federbelastung und Hubfrequenz (Kap. 2.2). Ventilgröße bzw. Fließquerschnitt des Ventils folgen der Pumpenförderleistung. Aufgrund der einfachen Herstellbarkeit aus vielerlei Werkstoffen werden für kleine Ventilnennweiten ($\leq$ 30 mm) hauptsächlich Kugelventile eingesetzt. Höchste Präzision (Formfehler) ist nur mit harten Werkstoffen (gehärteter Cr-Stahl, Hartmetalle, synthetischer Rubin oder Saphir) erzielbar. Für die Mikrodosierung (< 1000 ml/h) sind **Miniaturkugelventile** (DN 1 bis 3; Sitz/Kugel: Siliziumnitrid/Rubin) üblich. Die Präzision der Ventilarbeit ist bei kleinen Verdrängervolumen allerdings nur mit reinen Fluiden möglich.

Bei mittleren Dosierströmen (< 50 l/h) sind **Doppel- oder Mehrkugelventile** mit und ohne Federbelastung typisch (Bild 30 a + b). Dabei vergrößern die seriell geschalteten Kugeln die Dichtheitswahrscheinlichkeit in Fällen von Störungen durch Partikel oder Beläge. Allerdings muß man auch wissen, daß dann abhängig von der real abdichtenden Kugel der wirksame Schadraum schwanken kann.

Kugelventile sind, solange ihre freie Drehbarkeit besteht (ohne Federbelastung) weniger verschleiß- und verschmutzungssensibel als Kegel- oder Plattenventile. Ihre Anwendung ist durch die Zunahme des Kugelgewichts mit der dritten Potenz des Durchmessers auf kleine Ventilnennweiten

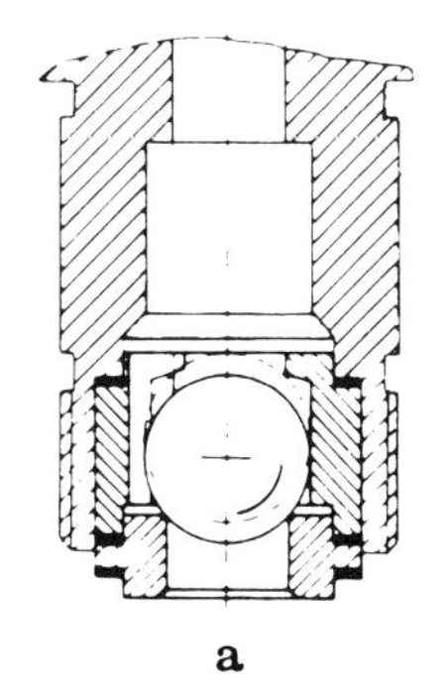

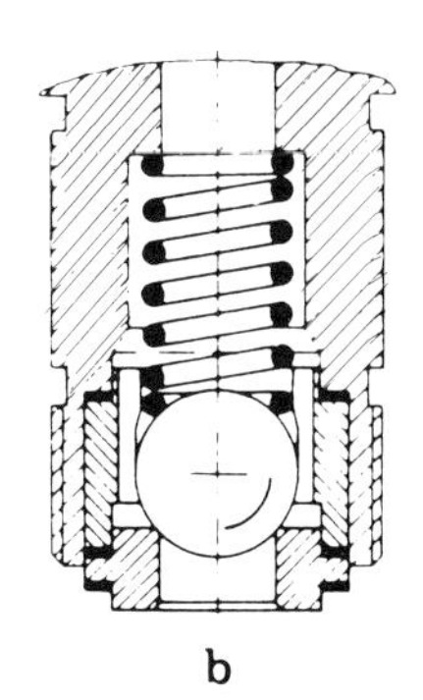

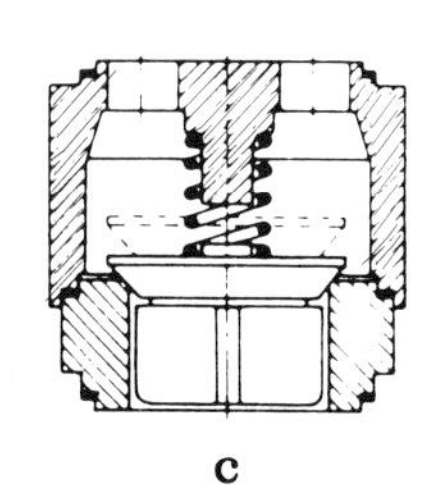

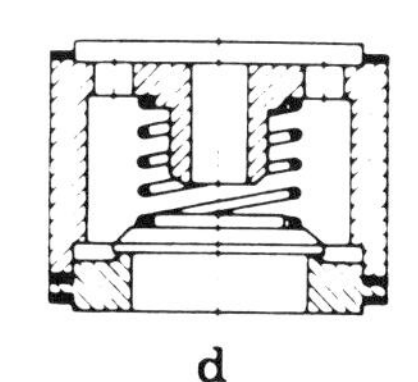

Bild 29: Einige Ausführungen selbsttätiger Pumpenventile (LEWA)

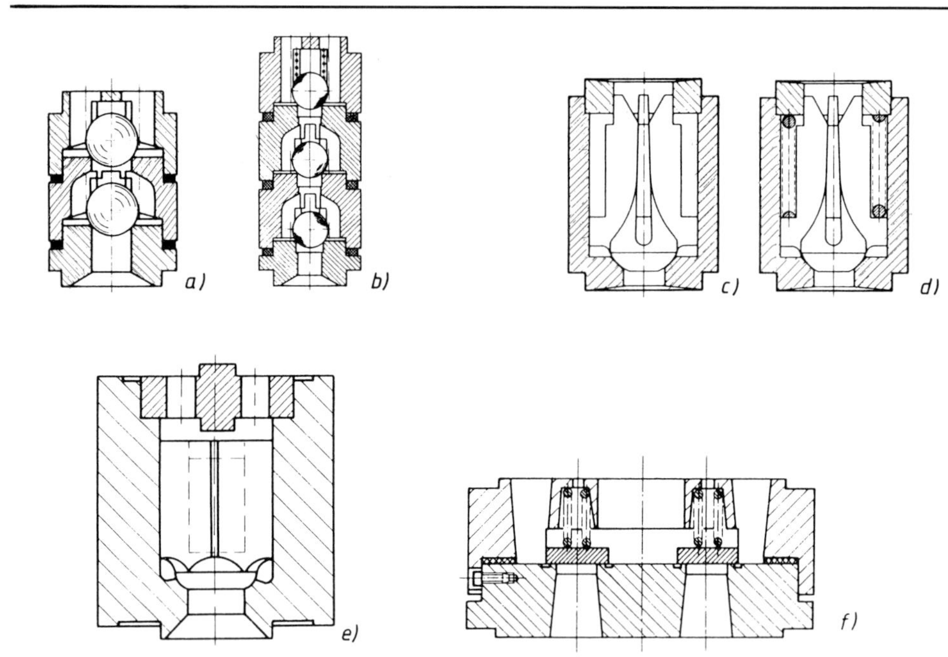

Bild 30: Verschiedene Bauformen selbsttätiger Pumpenventile (BRAN & Lübbe)
a) b) Doppel/Dreikugel-Ventil
c) d) Kegelventil (mit und ohne Feder)
e) Kunststoff-Kegelventil mit Bleiinnenkörper
f) doppelflutiges, federbelastetes Ringplattenventil

und Hubfrequenzen (< 150 min^{-1}) begrenzt. Allerdings sind auch Kugelventile größerer Dimension immer als „Nothelfer" bei heterogenen, verschleißenden Fluiden geeignet (Hohlkugeln).

Bei größeren Nennweiten (< 25 mm) sind leicht federbelastete **Platten- und Kugelventile** aufgrund der leichteren Ventilschließteile auch für höhere Hubfrequenzen (bis 500 min^{-1}) bewährt.

Führungslose Plattenventile (Bild 29 d) stellen einen guten Kompromiß zwischen Bauaufwand, Schmutzunempfindlichkeit sowie günstigen dynamischen Eigenschaften dar. Allerdings wirkt sich die **Führung von Kugelventilen** (Bild 29 c + 30 c–f) auf die Präzision der Kinematik günstig aus.

Bei der Ausführung aus Kunststoffen (PTFE, PVDE, PVC) ist die Auswahl geeigneter Werkstoffe für die Federn aufgrund der Korrosionsbeständigkeit meist ein Problem (oft kommen nur metallische Sonderwerkstoffe in Frage), weshalb (Bild 30 e) zur Erhöhung des Schließkörpergewichtes auch metallische Innenkörper zum Einsatz kommen [41, 42].

Bei sehr großen Volumenströmen sind zur Vergrößerung des Strömungsquerschnitts und Begrenzung des Druckverlustes **zweiflutige Plattenventile** zweckmäßig (Bild 30 f).

Die Gestaltung des Dichtfasenbereichs von Pumpenventilen erfordert besondere Aufmerksamkeit bezüglich Werkstoff und Geometrie. In aller Regel ist der kugelförmige Dichtungseingriff (selbsttätige Anpassung) bei den üblichen Ventilhüben ($h_v \approx$ (0,2–0,3 · DN) ein gutes Konzept, was durch Feinbearbeitung der Sitzfläche erreicht wird. Kegelige und ebene Dichtflächen erfordern Freiheitsgrade (Spiel, Anpaßbewegungen) des beweglichen Ventilteils, die nach Einlauf zur selbsttätigen Herausbildung einer optimalen Oberflächenform führen. Es ist dann günstig, wenn der Werkstoff des beweglichen Ventilteils etwas härter ist.

Tafel 3: Vergleich von Werkstoff- und Verschleißpartikelhärten

Werkstoffe	Härte HV	Mineralien	Härte Mohs
Si-Nitrid (Si_3N_4)			
	2500		
Oxidkeramik (Al_2O_3)	2000	Korund	9
Sinterhartmetalle (WC)	1500	Topas	8
Hartschichten (WC, Cr_2O_3) Hartchrom	1000	Quarz	
	800		7
Cr-St. geh./Stellite	600	Feldspat	
	500		6
weichmart. Cr-Ni-St	400	Apatit	
	300		5
austenit. Cr-Ni-St	200	Flußspat	4
	150	Kalkspat	3
	100		
	80		2
	60	Gips	
	50	Talk	1
	40		

Bei **stark korrosiven Fluiden** ist der Korrosionsabtrag im Dichtfasenbereich durch Schlagbeanspruchung und Strömung erfahrungsgemäß um eine Größenordnung größer als bei ruhender Beanspruchung. Die Korrosionsbeständigkeit der zusammenwirkenden Ventilteile sollte also zumindest lokal deutlich höher sein, was auch durch entsprechende Ventileinsätze (Metalle, PTFE) oder Auftragsschweißung bzw. -spritzung erreicht werden kann.

Bei **abrasivem Verschleiß** sind, wie beim Korrosionsangriff, stationäre oder mobile harte oder gummielastische Ventileinsätze notwendig, um lokal die optimalen Werkstoffeigenschaften zu realisieren.

Gegen abrasive Partikel sind Elastomereinsätze im Sitz oder Hilfsdichtungen im beweglichen Ventilteil in der Regel die günstigste Lösung. Wenn Korrosion, Druckbelastung und Temperatur diese nicht zulassen, bleibt nur die Wahl von Hartstoffen, die allerdings nicht zu spröde sein sollten.

Nach den Gesetzen der Tribologie [43, 44] muß dann der gewählte Werkstoff beider Ventilteile im Bereich der Dichtfase möglichst deutlich härter sein als das im Fluid vorhandene Partikelkollektiv (Tafel 3).

Die **Sitzbreite** richtet sich nach dem abzudichtenden Differenzdruck sowie der Materialfestigkeit. Die Dichtpressung liegt bei üblichen Sitzbreiten meist beim mehrfachen Differenzdruck, aber deutlich unter der Materialstreckgrenze. Das bedeutet, daß die Sitzbreite bei höherem Differenzdruck größer oder die Materialfestigkeit höher gewählt werden müssen.

Eine Reihe betrieblicher Belange bestimmt noch zusätzlich die Auslegung:

Hat das Fluid gegenüber dem Schließkörperwerkstoff eine höhere Dichte (Quecksilber/Stahl; Brom/Glas), so gelingt die selbsttätige Ventilsteuerung ohne zusätzliche Federbelastung wegen der Kompensation der Gewichts- durch die Auftriebskraft nicht, es sei denn, man kehrt die Förderrichtung um (von oben nach unten). Die generell übliche vertikale Förderrichtung von unten nach oben hat jedoch Vorteile für die Pumpenentlüftung und die Installationsanordnung.

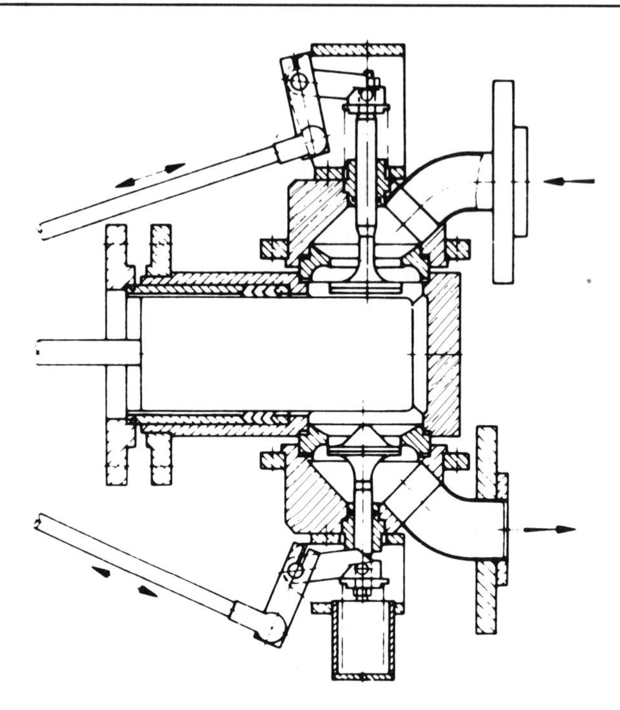

Bild 31: Mechanisch gesteuerte Pumpenventile (BRAN & LÜBBE)

Zur Bewältigung heterogener Beimengungen im Fluid ist ein Konzept erforderlich, das Feststoffsedimentation der Verklemmung des Schließkörpers in der Führung verhindert. Die Maßnahmen betreffen die strömungsgünstige Ausführung, eventuell größere Führungsspiele oder das Weglassen der Führung überhaupt sowie die Sitzbreite und -form. Faserige Beimengungen werden beispielsweise von scharfkantigen Sitzen besser bewältigt.

In seltenen Anwendungsfällen (viskose Fluide mit weichen heterogenen Beimengungen z. B. Früchtepumpen) sind **mechanisch oder magnetisch gesteuerte Ventile** die einzige betriebssichere Lösung. Der Zweck der Fremdenergiesteuerung ist die Erzeugung hoher Schließkräfte, die zum lokalen Zerschneiden von Gutteilchen ausreichen sowie die Reduzierung der Druckdifferenzen zur Ventilöffnung (Bild 31). Meistens lassen sich allerdings derartige Dosierprobleme mit weichheterogenen viskosen Fluiden besser mit ventillosen Drehschieber-Kolbendosierpumpen oder rotierenden Verdrängerdosierpumpen lösen.

Pumpenköpfe mit fluidberührter Kolbenabdichtung

a) Kolbenabdichtungen

In der Dosierpumpentechnik wird von der Kolbenabdichtung hohe Dichtheit sowie geringe Elastizität verlangt.

Spaltdichtungen können aufgrund der Leckage nur in seltenen Fällen bei höherviskosen und schmierenden Fluiden eingesetzt werden. In hydraulischen Membranpumpen ist dies beispielsweise gelegentlich der Fall.

Alle Kolbendichteelemente beruhen auf der Ausbildung einer radialen Dichtpressung, die zumindest über dem abzudichtenden Druck liegen muß (Bild 32).

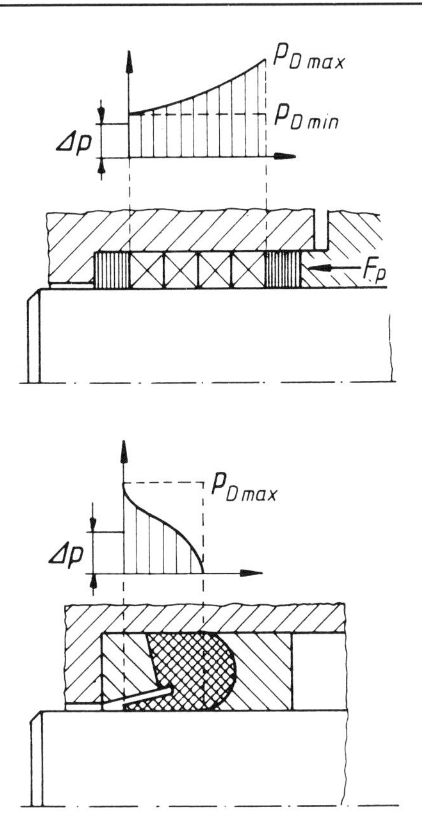

Bild 32: Wirkungsweise und Eigenschaften von Kolbenabdichtungen

Packungsringe werden auf Einbaumaß vorgepreßt eingebaut und über die ,,Stopfbuchsmutter'' vorgespannt. Das gesamte Dichtungsvolumen wird dabei elastisch/plastisch verspannt, wobei die Dichtungspressung aufgrund der Reibverhältnisse zum Dichtungsende hin zunimmt (Bild 32, oben). Die Elastizität des Dichtungspakets, das Dichtungsvolumen und der unvermeidbare Abrieb (Volumenverlust) bestimmen die Wartungssequenz; zunehmende Zahl von Nachspannvorgängen verhärtet die Dichtung und verkürzt die Wartungsintervalle, bis schließlich die Betriebssicherheit nicht mehr gewährleistet ist.

Packungsdichtungen erfordern ein gewisses Mindestdichtungsvolumen, damit der Vorspannungszustand genügend lang erhalten bleibt. Weiter muß Verlust an Dichtungsvolumen durch Verschleiß, Korrosion, Schmier- und Gleitmittelauslaugung verhindert werden.

Packungsdichtungen sind robust, erfordern Wartung, bewirken stets etwas Arbeitsraumelastizität und erzeugen meist größere Kolbenreibung als Formdichtungen.

Formdichtringe erfahren ihre Dichtungspressung **selbsttätig** durch den abzudichtenden Druck. Durch die Gestaltung der Dichtringe (V-, Lippen, Nutringe) kann die Dichtpressung aufgrund der Elastizität bzw. Steifigkeit der Dichtringe und der verwendeten Werkstoffe eingestellt werden; von außen wird nicht oder kaum vorgespannt. Formdichtungen erzeugen weniger Kolbenreibung (Bild 32, unten).

Die Auffindung des Formoptimums erfordert viel Erfahrung und hat zu den Standardformen geführt. Sind Formdichtungen durch Abrieb (des Dichtlippenbereichs) ihrer Dichtpressung beraubt oder aufgrund der Mikroform (Anrisse, Rauhigkeit) undicht, so hilft externes Nachspannen bei weichen Ringen nie, bei steiferen meist nur kurzzeitig. Formdichtungen sind sehr sensibel gegen Oberflächenfehler (Riefen, Rauhigkeit) von Kolben oder Gehäusen. Im Vergleich dazu ist eine Packungsdichtung weniger sensibel und fast immer durch Nachspannen (Wartungsaufwand!) wieder vorübergehend dichtungsfähig.

Von allergrößter Bedeutung für beide Dichtungsarten sind die Werkstoffwahl, die Abstützung, Kühlung bzw. Schmierung der Dichtelemente (Reibungswärmeabfuhr) sowie die Führungsgenauigkeit und Oberflächenqualität des Kolbens.

Bei der Werkstoffwahl ist die chemische Beständigkeit der Einzelkomponenten (Elastomere oder Plastomere, Gleit-, Füll-, Schmierstoffe, Gewebeverstärkung) genau zu beachten. Volumenverlust führt zur Entspannung, Quellung zum Heißlaufen.

Bei Formdichtungen muß die Steifigkeit mit dem Druck zunehmen. In demselben Maße kann die Dichtung auch von außen etwas nachgespannt werden. Viele Arten von Lippen- oder Nutringen aus Elastomeren sind auf eine gewisse Schmierfähigkeit des Fluids angewiesen. Nutringe eignen sich bei nicht zu hohem Druck auch für heterogene Suspensionen, weil sie die Partikeln abstreifen, insbesondere, wenn auf der Dichtungsrückseite gespült wird.

Alle V-Manschetten aus steifen PTFE-Kompositionen erfordern sorgfältige Justage; Schmierung ist immer gewünscht. Formdichtringe dürfen sich im Betrieb nicht unzulässig entspannen; axiales Spiel führt zur Zerstörung.

Packungsringe erlauben breite Werkstoffvariation und sind universell anwendbar. Während die verschiedenen Lippen- und Nutringe sowie Dachmanschetten aus homogenen Elastomeren (evtl. Baumwoll- oder Synthesefaser-verstärkt) oder PTFE-Mischungen hergestellt sind, können Packungsringe aus verschiedenen Fasern, Geflechtarten, mit Füllstoffen und Überzügen gestaltet werden, so daß ein Optimum an Verformbarkeit, Festigkeit, Gleiteigenschaften und chemisch-physikalischer Beständigkeit besteht. Hauptbestandteil sind PTFE-, Graphit- und Aramidfasern.

Allerdings ist die breite Dichtfläche nicht nur stark reibungsbehaftet, sondern speichert auch leichter Schmutzpartikeln, erzeugt Wärme im Dichtbereich und ist somit für manche Fluide (Suspensionen, Flüssiggase mit niedrigem Dampfdruck, polymerisierende Stoffe) ungeeignet.

Zur Verbesserung der Schmierung, zum Entfernen von Ablagerungen, zur Verhinderung von Verdampfung bzw. Trockenlauf, als Hygieneschnittstelle sowie zur Leckagesperrung bzw. -abführung werden **Kolbenabdichtungen mit Spül- und Sperrsystemen** versehen. Die „Laternenringe“ schaffen dabei einen Raum hinter der Dichtung mit künstlichen Bedingungen, welche die Dichtungslebensdauer und die Dichtheit günstig beeinflussen (Bild 33). Die kürzeren Kolbenabdichtungen mit Formdichtringen sind Spül-/Schmierströmen meist besser zugänglich, insbesondere, wenn der Laternenraum lang genug ist und für eindeutige Durchströmung gesorgt wird.

Damit die Spülung bzw. Schmierung auch an den richtigen Stellen wirkt, sollte der Fluidstrom möglichst die Dichtungshinterseite erreichen und der Kolben in voller Hublänge in den Laternenraum eintauchen, was bei Hubverstellung oft nicht realisierbar ist.

Spülsysteme richten sich nach den Zielen und Fluideigenschaften. Sie reichen vom einfachen Sperren mit geringem Druck über Druckspülsysteme bis zur Kreislaufspülschmierung bei angehobenem Druckniveau, beispielsweise zur Vermeidung des Ausdampfens (Trockenlauf!) von Flüssiggasen [45, 46].

Soll die Spülung als **Sterilschnittstelle** [47] dienen (Dampf oder Heißwasser 130 °C), so sind möglichst kurze gut bespülbare Dichtungen sowie leicht zur Reinigung demontierbare Ausführungen vorzusehen (Bild 34).

Bei der Dosierung abrasiver Suspensionen ist in aller Regel die strikte Fernhaltung der Partikel von der Kolbenabdichtung die einzige Lösung. Verschiedene Konzepte, die allerdings in der Fluidfördertechnik eine größere Rolle als in der Dosiertechnik spielen [47–50], beruhen auf der Sedimentation der Partikeln und der Freispülung der Kolbenabdichtung.

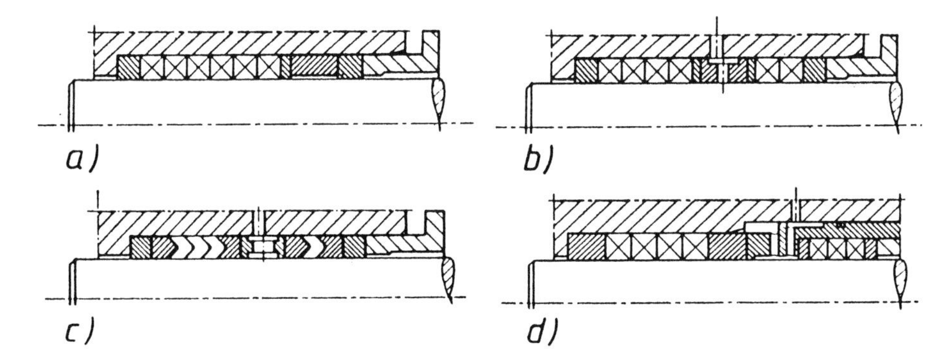

Bild 33: Verschiedene Kolbenabdichtungen
a) Packungsringe, b) Packungsringe mit Spüllaterne
c) Dachmanschetten mit Spüllaterne
d) Packungsringe mit separat gespannter Spüllaternendichtung

Die volumetrische Spülung von Kolbenabdichtungen mit separaten Spülpumpen in einen der Dichtung vorgelagerten Spalt ist gelegentlich ein Mittel zur betriebssicheren Gestaltung. Allerdings liegt heute der Schritt zur ,,stopfbuchslosen" Membrandosierpumpe mehr im Trend als die Verwendung immer komplizierterer Dichtungssysteme.

Für die **Betriebssicherheit und Lebensdauer** sind Grundregeln zu beachten: Die Abstützung bzw. ,,Kammerung" der einzelnen Dichtringe, die fluchtende Kolbenführung, die Pressungsverteilung sowie die Kühlung sind im Detail zu beachten. Am Beispiel (Bild 35) einer zweistufigen Hochdruck-Packungsringdichtung wird dies erläutert. Der **querbewegliche sowie gelenkig** befestigte Kolben wird in Führungsbuchse 2 fluchtend geführt. Die Packungsringe 3 sind eventuell zum Dichtungsende hin in ihrer Elastizität (härter) abgestuft, so daß die Pressung in Grenzen bleibt, Kammerungsringe 4 (evtl. geschlitzt, Bronze, Monel-Sinter-Werkstoff oder dgl.) führen Wärme nach außen ab. Das Spiel dieser Ringe gegen den Kolben liegt bei wenigen Hundertstel mm. Gute Kammerung der Dichtringe

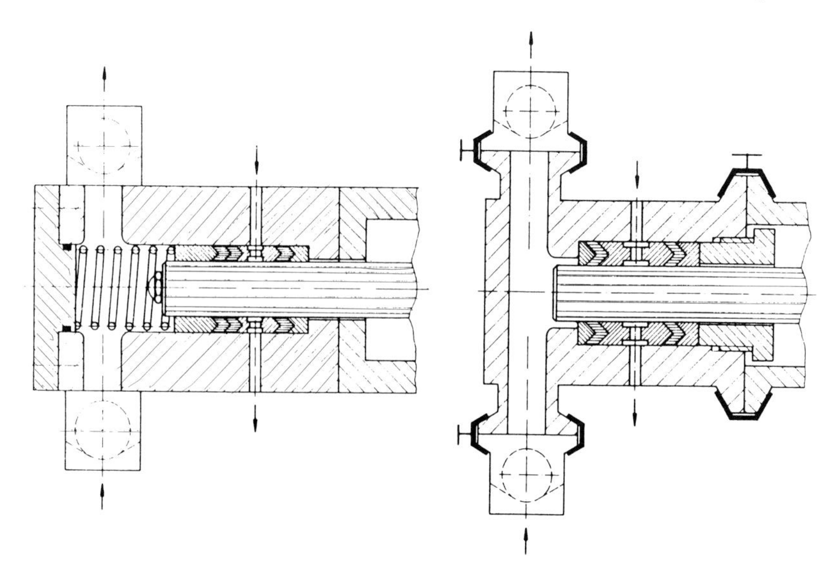

Bild 34: Sterilschnittstelle an der Kolbenabdichtung bei Hygienebetrieb

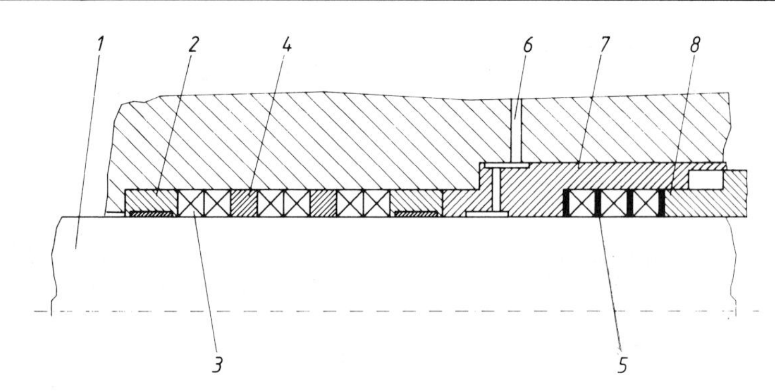

Bild 35: Zweistufige Kolbenabdichtungsanordnung
1 Kolben; 2 Führungsring; 3 Packungsring; 4 Kammerungsring; 5, 8 Laternendichtung; 6, 7 Spüllaternensystem

[51] und fluchtende, querkraftfreie Kolbenführung sind der Kern einer guten Gestaltung. Die Führungsbuchsen (Pos. 2) sind häufig massiv aus geeigneten Kunststoffen oder Metallen oder auch in Verbundausführung gestaltet.

Für niedrige Dichtungsdrücke reichen schmale Kunststoffringe als Kammerscheiben, wie dies bei der Laternenabdichtung Pos. 5–8 in Bild 35, die nur den geringen Spüldruck abdichtet, der Fall ist.

Überragende Bedeutung für die Betriebssicherheit von Kolbenabdichtungen hat die **Kolbenqualität** bezüglich Werkstoffhärte, Oberflächengüte und Formgenauigkeit. Die Dichtungswerkstoffe selbst zeigen durch Geflechtstoffe (Baumwolle, Kunststoffe) oder durch Füllstoffe (Glas-, Kohle, Keramik-, Metallpulver) eine gewisse verschleißende Wirkung, die eine Mindesthärte des Kolbenwerkstoffs von 500–700 HV (in Sonderfällen bis 1500 HV) erfordern. Mit zunehmendem Druck steigen die Dichtpressung und somit die erforderliche Kolbenhärte (z. B. $>$ 300 bar, Sinterhartmetall). Ein hervorragender Kolbenwerkstoff, was Härte und Korrosionsbeständigkeit anbetrifft, ist Oxidkeramik Al_2O_3, der allerdings bei kleinerem Kolbendurchmesser ($<$ 15 mm) aufgrund der Sprödig-

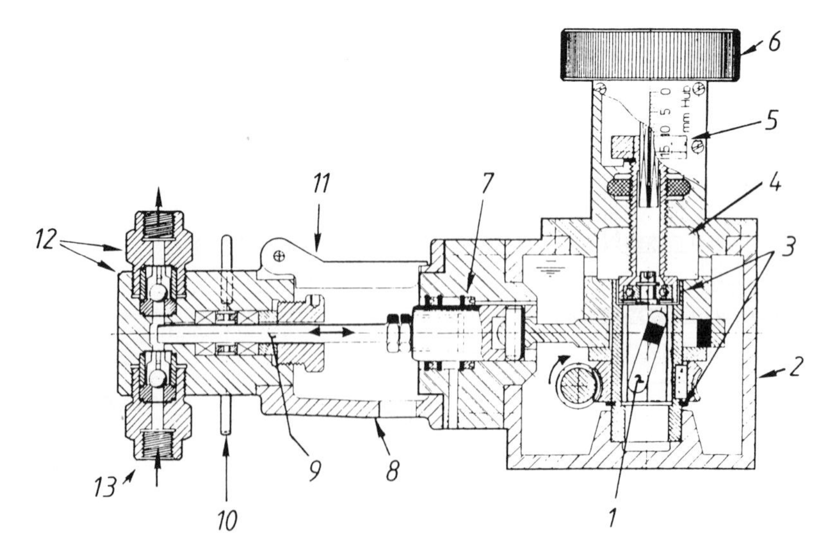

Bild 36: Kolbendosierpumpe (LEWA)

keit bzw. Bruchgefahr ungeeignet ist. Im übrigen ist eine große Zahl verfügbarer Hartschichten (Plasma-, Flammspritzen) bewährt.

Die Anforderungen an die Oberflächengüte steigen mit dem abzudichtenden Druck und umgekehrt mit dem Durchmesser (Hubvolumen); übliche und erreichbare Werte für die gemittelte Rauhtiefe R_Z liegen bei $< 1\ \mu m$ (Mittenrauhtiefe $R_a < 0{,}15\ \mu m$).

Für sehr kleine, kurze Kolben mit Miniaturdichtungen (Kap. 2.2, Bild 8e) sind auch Saphirkolben bewährt, deren Herstellungspräzision die Obergrenze des Erreichbaren darstellt.

b) Kolbenpumpenköpfe

Dosierkolbenpumpen sind für ungefährliche Fluide nach wie vor die wirtschaftlichste Lösung. Die konstruktive Ausführung richtet sich nach Werkstoff, Baugröße, Druckstufe und sonstigen speziellen Anforderungen.

Bei **kleinen Baugrößen aus metallischen Werkstoffen** werden die Pumpenventile mit Nippeln verspannt (Bild 37). Mit zunehmendem Druck (> 200 bar) empfiehlt es sich, drehend gespannte Ventildichtungen zu vermeiden und Flanschverspannungen zu bevorzugen; meist sind dann derartige **Hochdruckausführungen** mit doppelspannbarer Kolbenabdichtung (Bild 35) gestaltet. Es

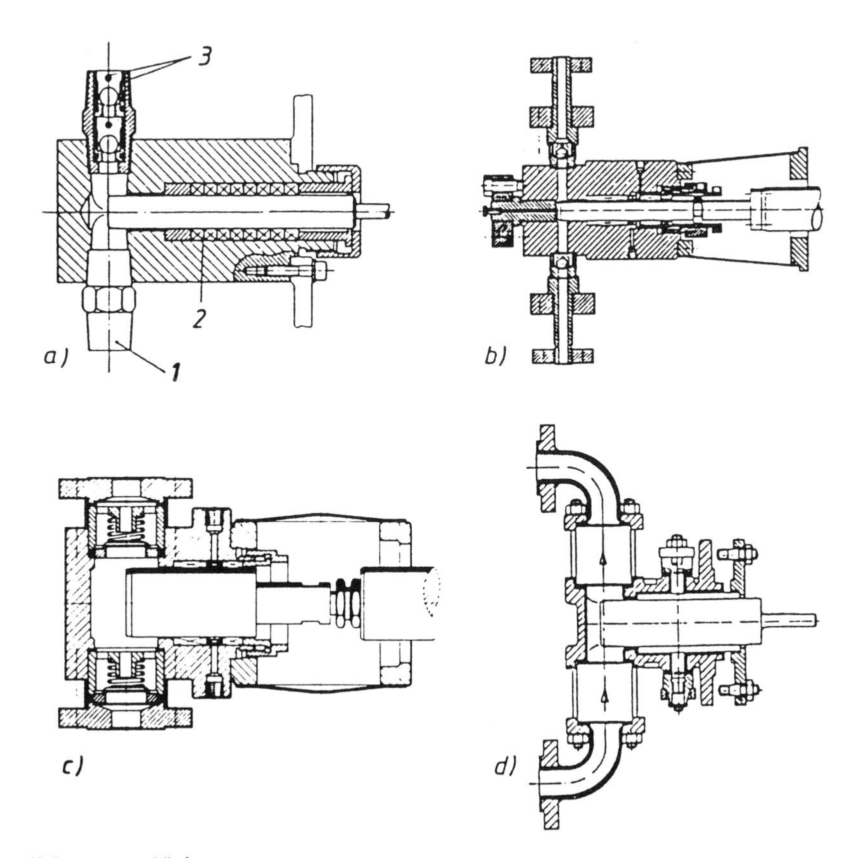

Bild 37: Kolbenpumpenköpfe
a) kleiner Kolbenpumpenkopf mit Nippel-verspannten Ventilen (DOSPRO)
b) Hochdruck-Kolbenpumpenkopf mit Flansch-verspannten Ventilen (LEWA)
c) Kolbenpumpenkopf aus Stahlguß (LEWA)
d) Kolbenpumpenkopf in gummierter Ausführung mit Gußgehäuse (BRAN & LÜBBE)

wird auf die Spannungskonzentration an T-förmigen Bohrungsverschneidungen und sonstigen Kerbstellen verwiesen, die zur Materialermüdung bei hohem pulsierenden Druck führen können, ein Vorgang, der durch Schwingungskorrosion bereits bei viel niedrigeren Drücken auftreten kann [52–54]. Geeignete Werkstoffe (z.B. weichmartensitische oder halbaustenitische Cr-Ni-Stähle) sowie Formgebung mit geringen Spannungsspitzen oder Autofrettage erlauben dauerfeste Ausführungen bis über 2000 bar.

Größere Baugrößen aus metallischen Werkstoffen werden **aus Schmiede- bzw. Gußwerkstoffen** in der Regel mit flanschverspannten Ventile ausgeführt (Bild 37c). Krümmeranschlüsse erleichtern durch bessere Zugangsmöglichkeiten oft im Betrieb die Ventilwartung (Bild 37d).

Die **Pumpenkopfbeheizung** (oder -kühlung) erfolgt meist mit Dampf oder sonstigen Wärmeträgern über Heizmäntel (Bild 38a + b), wobei abhängig von den thermischen Gegebenheiten sowie den Fluideigenschaften sorgfältig auf gleichmäßige Temperierung geachtet werden muß.

Kunststoffausführung (Bild 38c) erfordert eine besondere Stützung und Armierung des Pumpenzylinders gegen Rohrleitungskräfte, flanschverspannte möglichst steife Pumpenventile entsprechend korrosionsbeständige Kolben (Oxid-Keramik) und meist gespülte Kolbenabdichtungen (PTFE).

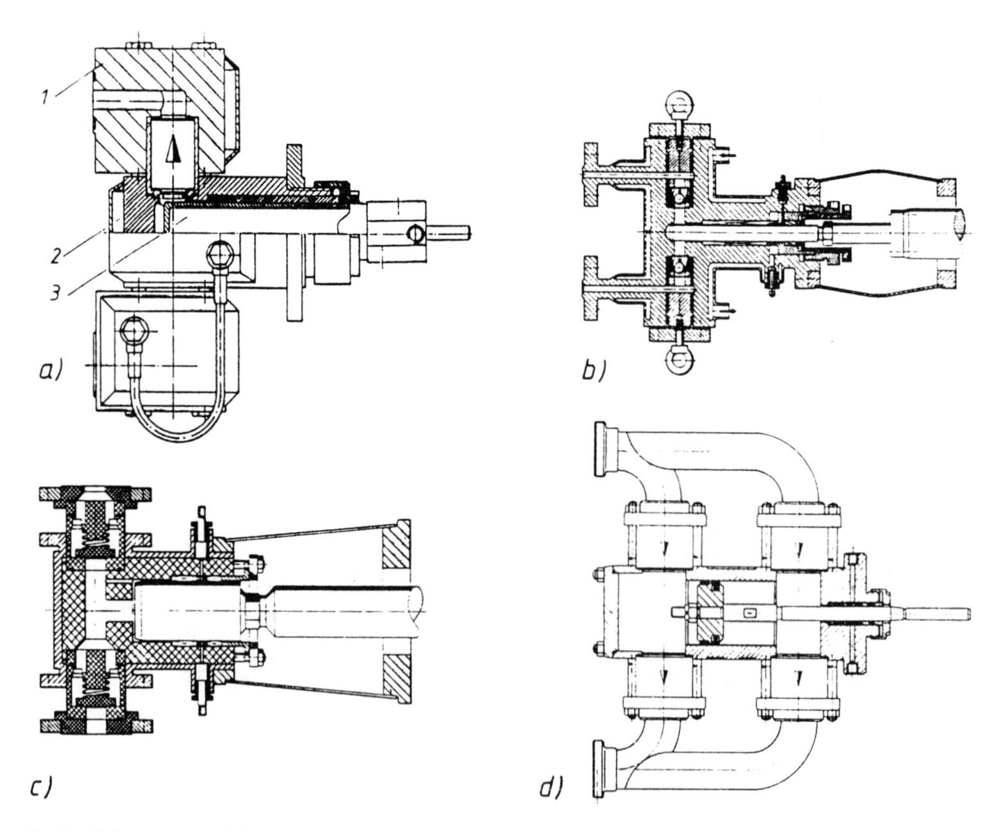

Bild 38: Kolbenpumpenköpfe
a) beheizter Kolbenpumpenkopf mit Kolbenheizung (BRAN & LÜBBE)
b) total beheizter Kolbenpumpenkopf (LEWA)
c) Kolbenpumpenkopf in Kunststoffausführung (LEWA)
d) doppeltwirkender Kolbenpumpenkopf (BRAN & LÜBBE)

Für sehr große Dosierströme ist die Anwendung **doppeltwirkender Kolbenpumpenköpfe** wirtschaftlich (Bild 38d), weil durch den Druckausgleich (ausgenommen Kolbenstangenquerschnitt) die Triebwerksstangenkraft im Druck- und im Saughub (meist etwas reduziert) genutzt werden kann.

Die **hygienegerechte Ausführung** stellt [55–57] besondere Anforderungen, wobei neben hygienegerechten Werkstoffen die Oberflächenglätte und Spaltfreiheit des Arbeitsraumes zur Reinigung (CiP = Cleaning in Place; reinigungsfähig ohne jegliche Demontage allein mit Durchströmung) sowie die Sterilisierbarkeit (Sterilschnittstelle) hervorzuheben sind. Meistens wird leichte Demontierbarkeit aus Gründen der permanenten hygienischen Inspektion gefordert.

Wie bereits in Kap. 2.2 eingehend erläutert, nehmen die Störeinflüsse durch Ventilschließverzögerung und Arbeitsraumelastizitäten mit abnehmendem Hubvolumen zu. Für niedrige Förderdrücke (5–10 bar) haben sich hochfrequente Kolbendosierpumpen mit Drehschiebersteuerung der Arbeitsraumöffnungen bewährt (Bild 27). Kolben und Zylinder sind in der Regel aus Oxid-Keramik oder anderen synthetischen Mineralstoffen mit hochpräziser Einschliffdichtung und weisen minimalen Schadraum sowie keine Ventilschließprobleme auf. Somit wird ein Höchstmaß an volumetrischer Präzision realisiert; allerdings sind die üblichen Einschränkungen des Kolbeneinschliffs (Verkleben, Beläge) zu beachten.

Pumpenköpfe in leckfreier Ausführung

Bei gefährlichen Fluiden ist zur Vermeidung von Emissionen die Leckfreiheit heute eine Notwendigkeit und Stand der Technik [58–61]. Leckfrei bedeutet, daß der vom Förderfluid berührte Arbeitsraum nach außen allein durch statische Dichtungen ,,hermetisch" abgedichtet ist. Konstruktiv erreicht man dies mit Membranen unterschiedlicher Form, die als elastische Wände direkt die Fluidverdrängung bewirken.

Erfahrungsgemäß zeigen leckfreie Dosierpumpen bezüglich Betriebssicherheit, Wartungsaufwand, Lebensdauer und Dosiergenauigkeit derart günstige Eigenschaften, daß sie auch bei nicht extrem gefährlichen Fluiden trotz höheren Preises wirtschaftlich eingesetzt werden. Das ist besonders zur Vermeidung von Schwierigkeiten an Kolbenabdichtungen bei hohem Förderdruck der Fall.

Der Anwendungsbereich erstreckt sich von wenigen ml/h bis zu vielen m^3/h, wobei der Förderdruck bis zu etwa 1000 bar reichen kann. Bezüglich der Bauarten wurde bereits in Kap. 2.3.2 über kompakte Membrandosierpumpen berichtet.

c) Mechanischer Membranantrieb

Der **mechanische Membranantrieb** wird weniger aus Sicherheits- oder Emissionsgründen als vor allem zur Reduzierung von Bauaufwand, Wartung und Kolbenabdichtungsreibung ausgeführt.

Der **magnetische Linearantrieb** hat sich für den untersten Leistungsbereich (ca. 10 W hydraulische Leistung) als das beste Konzept erwiesen (s. Bild 24). Er ist nicht nur preisgünstig und kompakt, sondern bietet regel- und steuerungstechnisch günstige Möglichkeiten. Magnetdosierpumpen weisen meistens PTFE-kaschierte Kurzhub-Elastomermembranen auf (wenige mm Hub), die zur Versteifung einen plattenförmigen Stahlkern enthalten. Die Verformung tritt also hauptsächlich in der randnahen Biegezone auf.

Für **Membrandosierpumpen mit phasenanschnitthubverstellbaren Kreisnocken-Triebwerken** (Bild 21) liegt der Bereich wirtschaftlicher Anwendung des mechanischen Membranantriebes bei viel größerer hydraulischer Leistung (< 100–200 W). In Kompaktausführung wenden sie sich dann an denselben Anwendungsbereich wie Magnetdosierpumpen. Als Membranen finden vorwiegend Elastomermembranen mit bis zu 10 mm Auslenkung Anwendung, die bei entsprechender Stützung eine Rollbewegung ausführen. Der Anwendung des direkten mechanischen Membranantriebes sind bei Verwendung stetig hubverstellbarer Geradschubkurbelgetriebe prinzipiell keine Grenzen gesetzt.

Erst in neuerer Zeit wurde eine Dosierpumpenreihe bekannt [62], die hier neue Maßstäbe setzt. Mit einer meist vierlagigen speziell geformten PTFE-Sandwich-Membran werden (Bild 39) betriebs-

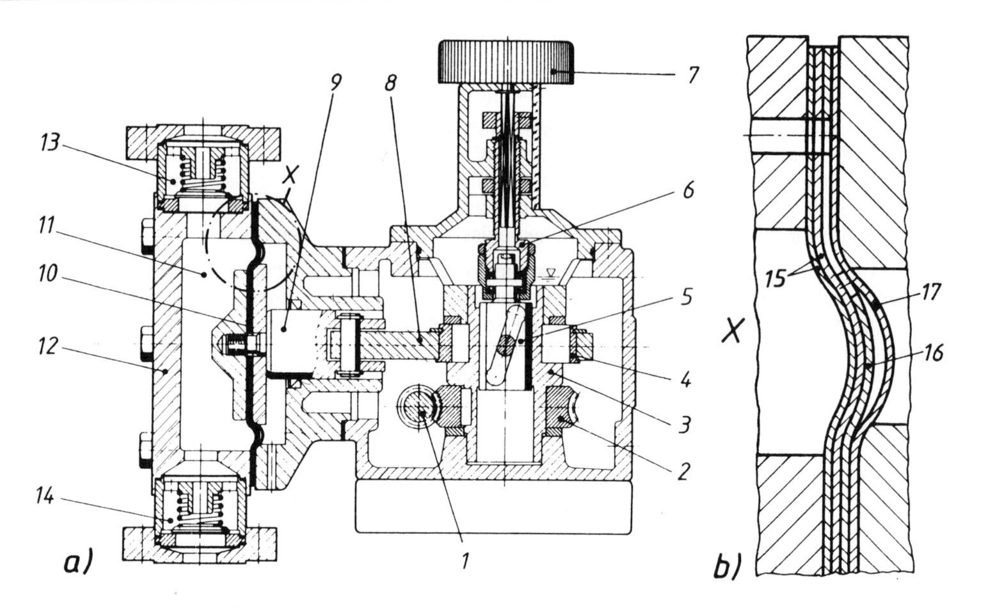

Bild 39: Mechanisch angetriebene Sandwichmembran (LEWA)
a) Schnitt b) Einzelheiten der Sandwichmembran
1 = 7 Triebwerk; 8 Pleuel; 9 Kolbenstange; 10 Membran; 11 ÷ 14 Arbeitsraum und Ventile, 15 Membranlagen; 16 geschlitzte Membran; 17 Sicherheitsmembran

sicher Differenzdrücke bis 20 bar erreicht. Nachdem die Sandwichmembran auf einfache bekannte Weise die automatische Membranbruchmeldung erlaubt, liegt hier für reduzierte Anforderungen an die Drucksteifigkeit und Linearität der Dosierstromkennlinie ein preisgünstiges Substitutionsprodukt für Dosierpumpen mit hydraulischem Membranbetrieb vor, das der Anwender auch wegen des einfachen Aufbaus begrüßen wird (bis ca. 3 kW, 5–20 bar). Der Fortschritt gegenüber PTFE-kaschierten Elastomermembranen liegt auf der Hand. Die Gefahr der Permeation und Korrosion sehr dünner PTFE-Auflagen ist durch die „massive" PTFE-Membran vermieden, weiter ist so auch die CiP/SiP-Eignung außer Zweifel.

Der **PTFE-Faltenbalg** stellt durch die Serienschaltung mehrerer Einzelmembranen eine Sondermembran (Bild 5e) dar. Obwohl der Faltenbalg wegen seiner Radialsteifigkeit günstige Kennlinien (s. Bild 12d) sowie die Nutzung der vollen Hublänge von Dosierpumpentriebwerken erlaubt, beschränkt sich heute die Anwendung hauptsächlich auf das schmale Gebiet der Glastechnik. Der PTFE-Faltenbalg ist teuer, kompliziert und im Anwendungsbereich (Druck, Temperatur) zu sehr eingeschränkt.

Beim mechanischen Membranantrieb lastet stets der Förderdruck als äußere Belastung auf der Membran, wodurch Dehnungen und damit Elastizität des Arbeitsraumes entstehen (Bild 8). Die Kennlinien sind daher druckelastisch und häufig nicht exakt linear, die Dosiergenauigkeit ist durch den merklichen Förderdruckeinfluß einem gewissen Störpotential ausgesetzt.

Die Lebensdauer mechanisch betätigter Elastomer-Membranen liegt erfahrungsgemäß unter 5000 h, bei manchen Förderfluiden, erhöhter Temperatur sowie an der oberen Druckgrenze eventuell viel niedriger, was aber im einzelnen Anwendungsfall voll befriedigen mag. PTFE-kaschierte Elastomermembranen können böse Überraschungen zeigen, wenn die PTFE-Auflage porig ist. PTFE-Sandwichmembranen sind dagegen günstiger in der Lebensdauer (bis 10000 h) und auch kaum fluidbeeinflußt. PTFE-Faltenbälge weisen in aller Regel zuverlässige und ebenfalls nicht fluidabhängige Lebensdauer auf, sind aber stärker überlastempfindlich.

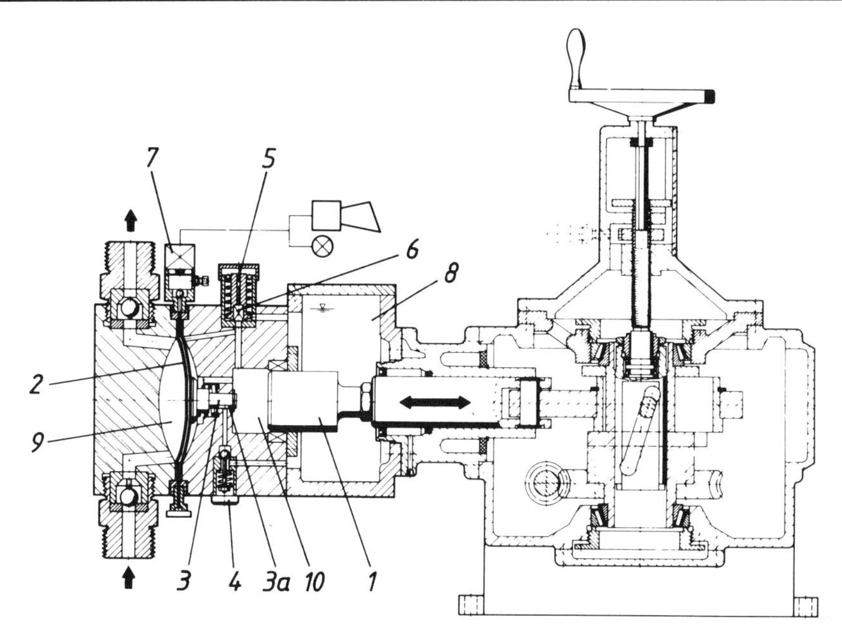

Bild 40: Membrandosierpumpe mit hydraulischem Membranantrieb (LEWA)

Ganz generell gilt: Dosierpumpen mit mechanischem Membranantrieb erfordern zwar geringeren Investitionsaufwand und sind einfacher im Aufbau, dosieren aber ungenauer und sind meist weniger zuverlässig als hydraulische Membrandosierpumpen. Es ist hier für den speziellen Anwendungsfall die optimale Lösung auf der Grundlage von Betriebserfahrungen auszuwählen.

d) Hydraulischer Membranantrieb

Für Membrandosierpumpen größerer hydraulischer Leistung (> 0,5 kW) und für höheren Förderdruck (> 5–10 bar) dominiert heute der **hydraulische Membranantrieb**, der es erlaubt, die langhubige Kolbenbewegung auf die relativ kleine Membranauslenkung zu untersetzen (Bild 40). Dabei befindet sich die Membran durch beiderseits nahezu gleichen Druck im Gleichgewicht und braucht keine äußeren Kräfte abzustützen (Kap. 2.2, Bild 8c). Es haben sich bestimmte Membranformen als geeignet erwiesen [63].

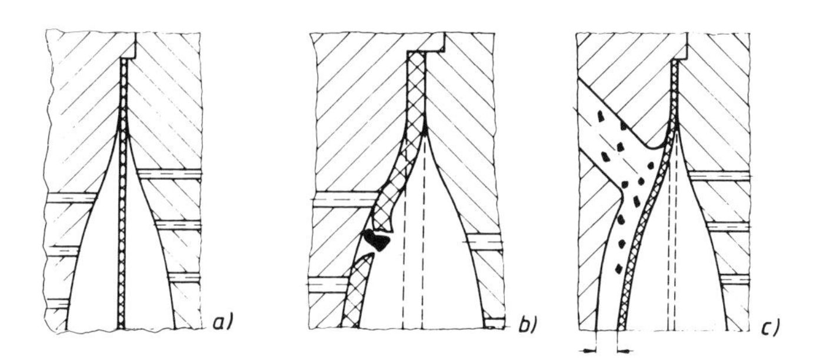

Bild 41: Membranbewegung im Arbeitsraum
a) Membran zwischen Lochplatten, b) Gefahr von Schäden durch Partikel, c) Membran in sicherem Abstand zur Begrenzungsfläche

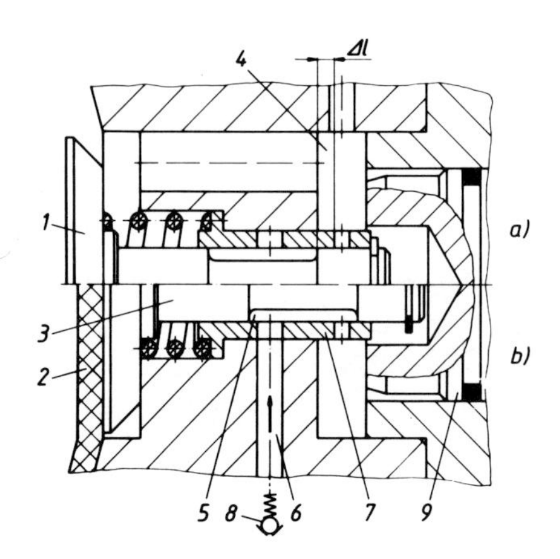

Bild 42: Steuerschieberdetails
a) geschlossene Position, b) offene Position

Die hydraulische Lagesteuerung ist allgemeiner Stand der Technik; sie hält durch die lagenabhängige Leckergänzung im Normalbetrieb die Membran in sicherem Abstand von der fluidseitigen Arbeitsraumbegrenzung und verhindert so (Bild 41) Membranbeschädigung durch Partikeln im Fluid. Die Lagensteuerung wird durch mechanische Schleusen erreicht.

Die Schnüffelschleuse (Bild 42, Detail aus Bild 40) aktiviert das Unterdruck-Schnüffelventil (Pos. 8) erst, wenn die Schiebernut (Pos. 5) die erforderliche Verbindung herstellt, was nur in der hinteren Membrantotlage geschieht.

Eine andere Ausführung (Bild 43) sieht dagegen die Entsperrung des Schnüffelventils durch Membranbetätigung der Lochscheibe (Pos. 2) in der hinteren Totlage vor. Beim System Bild 44 wird die Federbelastung des Schnüffelventils durch die Membranbetätigung in der hinteren Totlage so abgebaut, daß in dieser Position eine Leckergänzung durch Unterdruck möglich ist (Pos. 1, 2, 3).

Alle bewährten Hydrauliksysteme mit Lagensteuerung werden durch Druckbegrenzungsventile hydraulikseitig gesichert.

Weil alle Erfahrungen zeigen, daß sich Luftblasen im Hydrauliksystem nicht völlig vermeiden lassen, werden möglichst volumetrische **automatische Gasausschleusventile** verwendet, die für permanente Ausschleusung mit einem kleinen Fuidstrom sorgen. Der Gasblasenbildung kann man auch durch genügenden Zulaufdruck und reibungsarme Kolbenabdichtung entgegenwirken.

Die hydraulische Lagesteuerung der Membran ist derzeit hauptsächlich für PTFE- bzw. Elastomermembranen bewährt, womit allerdings die Mehrheit aller Ausführungen erfaßt ist, die bis zum Druckniveau von etwa 500 bar reichen.

Bei den seiltener angewendeten Metallmembranen (Bild 45) – Druck bis 3000 bar, Temperatur bis 200 °C, spezielle Werkstofferfordernisse, absolute Porenfreiheit, geringste Leckraten – setzt man zur hydraulischen Steuerung meist Unterdruck-Schnüffelung über kalottenförmige oder ebene Membrananlage ein. Dieses Hydrauliksystem, von dem historisch die Entwicklung von Membrandosierpumpen ausging, ist sensibel gegen Schmutzpartikel, erfordert also sauberes Förderfluid (Gefahr Membranperforation, Bild 41 c) sowie relativ große Membranabmessungen (Vergleich PTFE/Metall nach heutigem Stand Bild 46).

Die Sensibilität gegen Schmutzpartikel rührt daher, daß das hydraulische Leckergänzungssystem nicht zwischen Mangel an Hydraulikfluid und Fehlsteuerung (z. B. geschlossenes, saugseitiges Absperrorgan) unterscheidet und somit eine förderseitige Fangplatte benötigt. Neuerdings wird die Lagensteuerung auch mit Metallmembranen ausgeführt (Bild 47) [64], was die Schmutz-

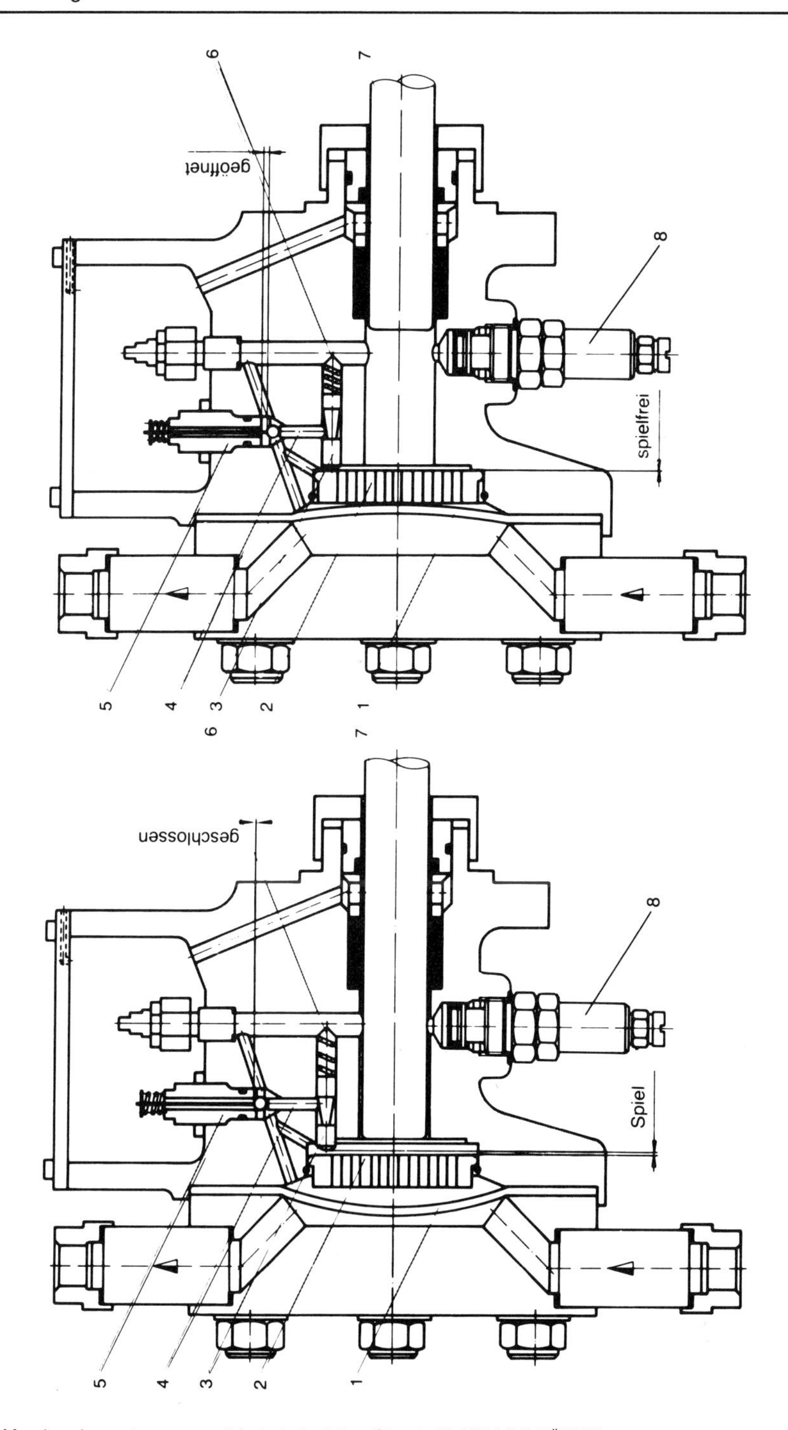

Bild 43: Membranlagensteuerung mit federbelastetem Steuerstift (BRAN & LÜBBE)
1 Membran; 2 Platte; 3, 4 Steuerstifte; 5 Leckergänzungsventil; 6 Feder; 7 Kolben; 8 Druckbegrenzungsventil

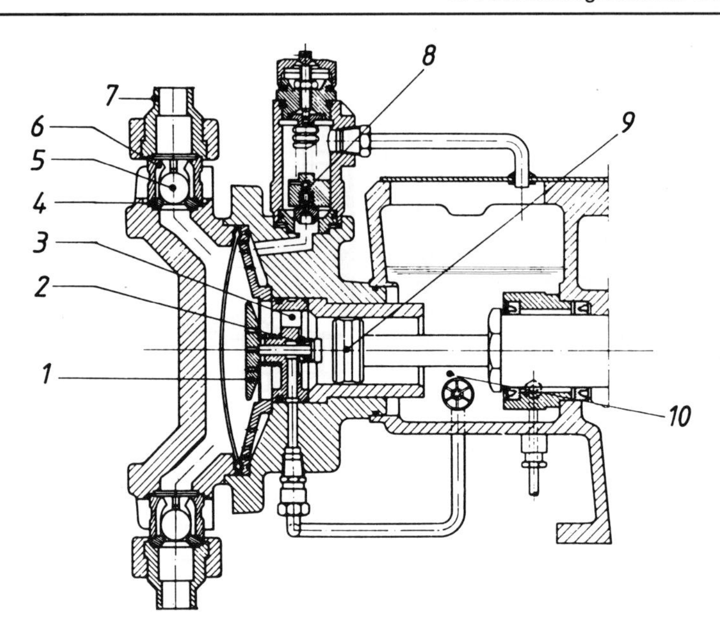

*Bild 44: Hydraulische Lagensteuerung der Membran über Tast-Ausgleichsventil (DOSAPRO)
1 Tastteller; 2 Schnüffelventil; 3 Hydraulikraum; 4, 5, 6 Pumpenventil; 8 Sicherheitsventil; 9 Kolben; 10 Hydraulikvorrat*

sensibilität mindert. Die Membranlage wird über Taststift 8 (Feder 9) abgetastet, und so das Schnüffelventil zum richtigen Zeitpunkt entsperrt.

Für Mikrodosierpumpen werden ausschließlich Metallmembranen angewendet (z.B. Bild 22a, Pos. 5), wobei hier die Steifigkeit des Arbeitsraumes das Hauptanwendungsmotiv ist. An dieser Stelle wird auf die intensive Entwicklung der Mikrodosiertechnik der letzten Jahre hingewiesen. Neben Spezialentwicklungen von Kolbenpumpen für kleine pulsationsarme Dosierströme im Anwendungsbereich der HPLC sind kompakte Membrandosierpumpen mit Magnetantrieb für hohen Druck gegenüber den längst bewährten Ausführungen mit Federnockentriebwerk neu am Markt. Die vertikale Anordnung des Kolbens derartiger Magnetdosierpumpen erlaubt nicht nur kompakte Bauweise, sondern auch einfache automatische Entlüftung sowie Überlastsicherung des Hydrauliksystems. Der wesentliche Anwendungsbereich liegt im Bereich von Forschungs- und Pilotanlagen für den Druckbereich bis 700 bar.

Gegenüber Magnetdosierpumpen mit mechanischem Membranantrieb erlauben die hydraulischen Magnetdosierpumpen in der Regel eine deutlich bessere Dosiergenauigkeit.

Die Anwendung des **Hydrauliksystems zur Hubverstellung von Membrandosierpumpen** (Bild 22) führt zwar durchweg zur gewünschten Verringerung des Herstellungsaufwands, doch besteht wie bei allen Phasenanschnittssystemen der Nachteil der stoßweisen Verdrängungskinematik bei Teilhubeinstellung. Auch ist die Verschmelzung der Triebwerksschmierung mit dem Hydrauliksystem (Schaumbildung, Abrieb) einer genauen Dosierung nicht immer zuträglich.

Alle hydraulischen Membranpumpen müssen gegen länger andauerndes Vakuum vom Installationssystem geschützt werden. Geeignet sind Membranfangplatten (Bild 48c), an die sich im Sicherungsfalle die Membran anlegt. Es werden auch Membranen mit Fangfedern und anderen Sicherungssystemen verwendet. Nützlich sind auch Bypass-Steuerventile (Bild 48a + b), Pos. 6), die beim Anfahren eine günstige Membranpositionierung erlauben.

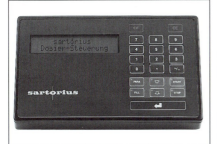

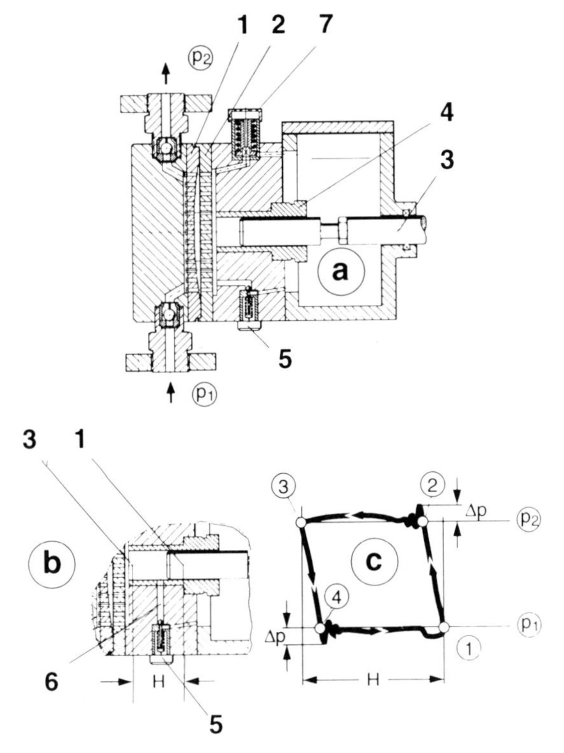

Bild 45: *Membran-Unterdrucksteuerung MUS*
a) Prinzipieller Aufbau MUS, b) MUS mit zusätzlicher Steuerung durch den Kolben, c) Indikatordiagramm
1, 2 Lochplatten; 3, 4 Kolben, Kolbenabdichtung; 5 Leckergänzungsventil; 6 Druckbegrenzungsventil;
7 Verbindungsbohrung

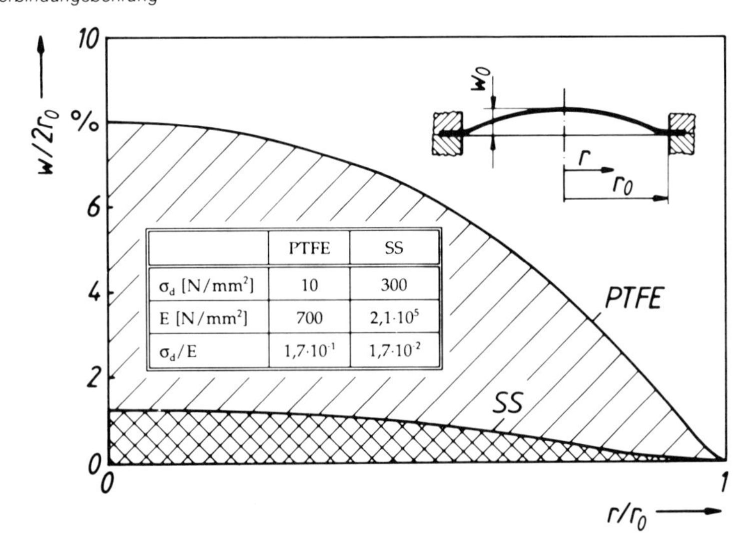

	PTFE	SS
σ_d [N/mm²]	10	300
E [N/mm²]	700	$2{,}1 \cdot 10^5$
σ_d/E	$1{,}7 \cdot 10^{-1}$	$1{,}7 \cdot 10^{-2}$

Bild 46: *Vergleich der Auslenkungspotentiale von planparallelen Membranen aus PTFE und Edelstahl*
σ_d Zulässige Spannung; w Auslenkung; E Elastizitätsmodul; r Membranradius

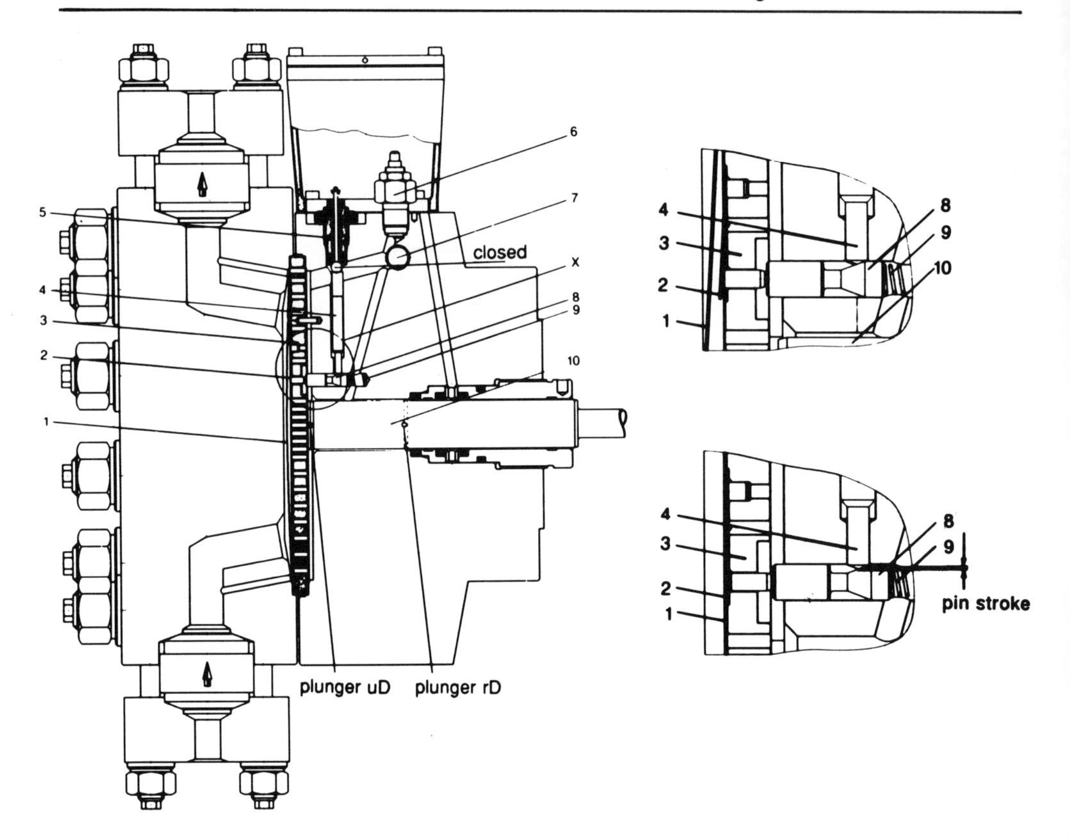

Bild 47: Membranlagensteuerung für Metallmembranen (BRAN & LÜBBE)
1 Membran; 2, 3, 4 Steuerung des Leckergänzungsventils; 6 Druckbegrenzungsventil

c) Membranausführung und Sicherheitskonzept

Elastomermembranen (auch PTFE-kaschiert) für mechanischen Membranantrieb werden hauptsächlich für die vorgesehenen Einbau- und Betriebsbedingungen gestaltet. Die Lebensdauer (max. 5000 h) wird nicht nur von der Verformung, sondern auch von der Reibung im Stützbereich und vom Förderfluid beeinflußt.

Auch bei **PTFE-Faltenbälgen** dominiert die empirische Optimierung, wobei allerdings Fluid- und Spann- bzw. Stützeinflüsse zurücktreten. Der Weiterentwicklung zu größerer Verdrängungsintensität sind nach dem Stand der Technik enge Grenzen gezogen. Die erzielbare Lebensdauer von einigen 1000 h erfüllt die Anforderungen meistens zufriedenstellend. Ganz generell zeigen Membranen und Faltenbälge aus PTFE gegenüber Elastomerausführungen zuverlässige Lebensdauer, weil der ungünstige Fluid- und Tmperatureinfluß weitgehend entfällt. Beispielsweise erreichen PTFE-Sandwichmembranen (Bild 39) durchschnittlich $>$ 10.000 h Lebensdauer.

Als **Sicherheitskonzept** für mechanisch angetriebene Membranverdränger wird überwiegend die **Überwachung eines geschlossenen Auffangraumes** hinter Membran- oder Faltenbalg vorgesehen (Niveau- oder Benetzungssensoren). Falls die so entstehende **Abdichtkapsel** einer dynamischen Dichtung bedarf, sollte man auf einfache Weise für deren Schmierung sorgen. Auch bei mechanischem Membranantrieb werden erfolgreich **Sandwichmembranen mit Drucksensoren** gewählt (Bild 40).

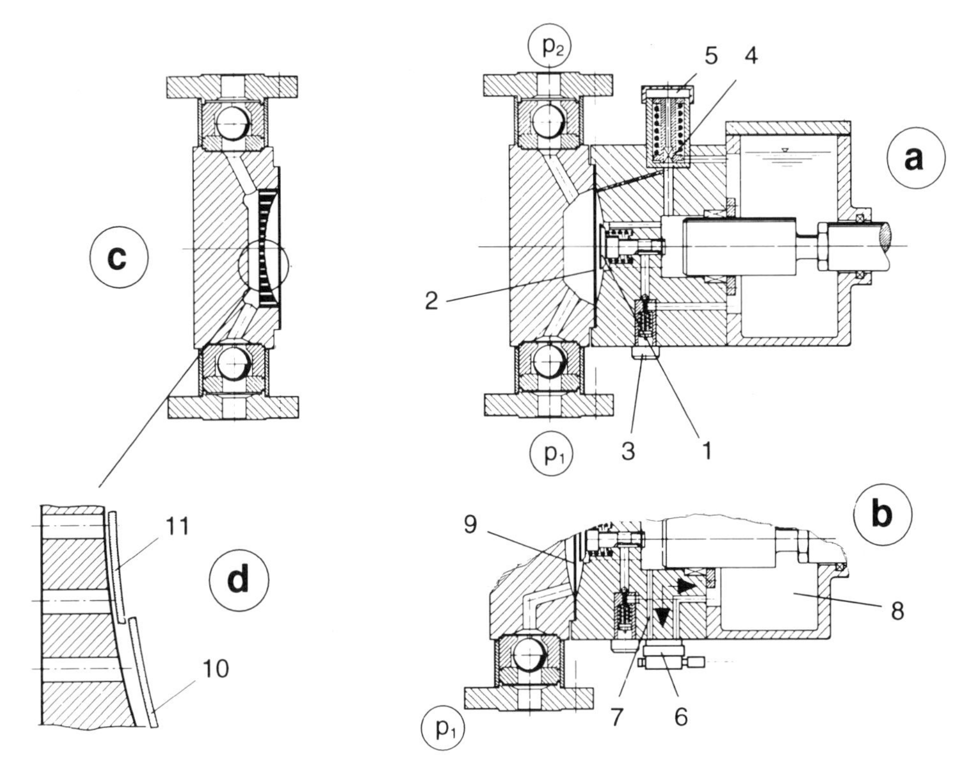

Bild 48: Membranlagensteuerung (MPS)
a) prinzipieller Aufbau MPS, b) Ausschnitt MPS und Anfahrentlastung, c) zusätzliche Lochplatte, d) Membranposition
1 Steuerschieber; 2 Membran; 3 Leckergänzungsventil; 4 Gasaustragventil; 5 Druckbegrenzungsventil; 6 Steuerventil; 7 Verbindungsbohrung; 8 Hydraulikvorrat; 9 hintere Membranposition; 10 normale vordere Membranposition; 11 Membran-Grenzposition

Bei **hydraulischen Membrandosierpumpen** werden vorwiegend PTFE-Membranen – planparallel oder gewellt – verwendet. So beherrscht man nahezu alle vorkommenden Fluide und einen ausgedehnten Temperatur-/Druckbereich (150 °C, 500 bar).

Die Verformungsintensität erreicht etwa ± 10 % des Einspanndurchmessers. Planparallele Scheibenmembranen sind einfach und mit gleichbleibender Qualität herstellbar; sie erfordern aber für genügend Auslenkung geringe Dicke (0,5 – 1,5 mm), und gelegentlich entstehen daher Probleme mit Mikroporen. Wellmembranen verhalten sich dagegen aufgrund ihrer größeren Dicke (1 – 2 mm) hier etwas günstiger. Allerdings ist die Herstellung mit zuverlässiger Qualität teuerer. Wellmembranen ertragen formbedingt gegenüber Flachmembranen deutlich geringere flächige Anpressung an den Arbeitsraumbegrenzungsflächen, wie sie im Falle hohen Saugdruckes entsteht (Bild 49).

Da meistens hydraulische Lagensteuerung der Membran erfolgt und so ein sicherer Abstand der Membran vom Spanndeckel erzwungen wird, können **mit Membrandosierpumpen auch feinkörnige, abrasive Suspensionen oder verschmutzte Fluide** gefördert werden. Die Lebensdauer von hydraulisch betätigten PTFE-Membranen beträgt normalerweise > 15.000 h.

Die Membran wird mit „**begrenzter Pressung**“ bzw. im Kraftnebenschluß eingespannt, wobei eine geeignete Rillung im Spannbereich Dichtheit und Klemmung unterstützt (Bild 49c).

Dem **Sicherheitskonzept wird mit der Sandwichausführung der Membran** entsprochen [65], bei der die beiden Membranlagen (Bild 50) beim Saughub hydraulisch gekoppelt werden. Die Membranen sind dabei durch einen Flüssigkeitsfilm bei Saughub adhäsiv verbunden; beim Druckhub besteht dagegen Formschluß. Im Falle des Bruchs einer Membran wird der Druckanstieg im Sensor (Bild 50d, Pos. 4, 5) zur Signalisierung benutzt. Das Pumpensystem bleibt dabei total dicht und kann gefahrlos dekontaminiert werden.

Metallmembranen erlauben gegenüber PTFE-Membranen viel geringere Auslenkung. Der Dimensionierung werden die berechenbaren Beanspruchungen zugrunde gelegt. Einspannung und Abdichtung werden durch hohe, kraftschlüssige Pressung erzielt, oft mit O-Ring-Unterstützung. Das meist angewandte Hydrauliksystem mit deckelseitiger Anlagensicherung (MUS) ist partikelempfindlich, so daß die Lebensdauer von Metallmembranen meist unter 5000 h liegt.

Die Membranbruchsignalisierung nach dem Sandwichprinzip wird für Metallmembranen ebenfalls angewendet (Bild 50c).

f) Besondere Betriebsbedingungen

Hydraulische Pendelsysteme ermöglichen, **hohe Fluidtemperatur** fernzuhalten, also den in dieser Hinsicht eingeengten Einsatzbereich hydraulischer Membranpumpen (< 150–200 °C) zu erweitern. In seltenen Fällen –**radioaktive Fluide** – lohnt es sich vom Gesamtsicherheitskonzept her, Membrandosierpumpen hydraulisch fernbetätigt (sog. Remote-head-Ausführung) auszuführen. Dabei befindet sich der Bedienteil völlig außerhalb der Gefahrenzone.

Bei **hohem Systemdruck** bewegt sich die Membran stets von der hinteren Totlage aus, wobei im Falle der Leckergänzung sogar der volle System- als Differenzdruck die Membran anpreßt und beansprucht. Die wenig kerbempfindlichen PTFE-Membranen ertragen dies, wenn sie planparallel ausgeführt sind, bei spaltarmer, glatter Anlage bis zum Druckniveau von 300 bar ganz gut. Metallmembranen bedürfen erfahrungsgemäß bei dieser Beanspruchung eines aufgeladenen Leckergänzungssystems, bei welchem der Differenzdruck bei der Leckergänzung wesentlich reduziert wird.

g) Eigenschaften

Beim Vergleich von Kolben- und Membrandosierpumpen sind wichtig: Dosierstromkennlinie, Dosiergenauigkeit, erforderliche Saugbedingungen (NPSHr), Zuverlässigkeit und Investitionsaufwand.

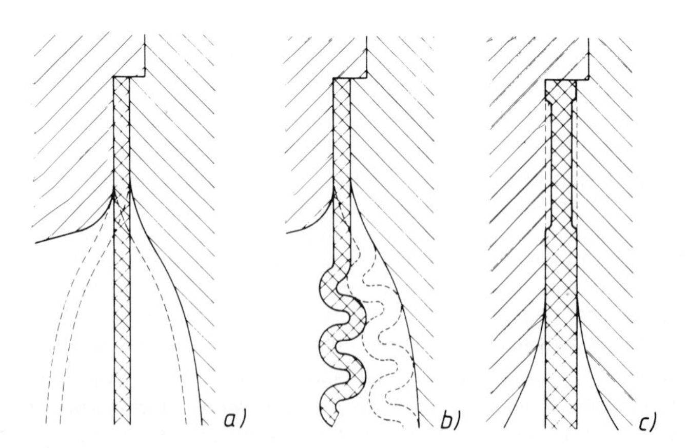

Bild 49: Einspannung von Membranen
a) planparallele Membran, begrenzte Pressung
b) Wellmembran, begrenzte Pressung
c) Rillen, begrenzte Pressung

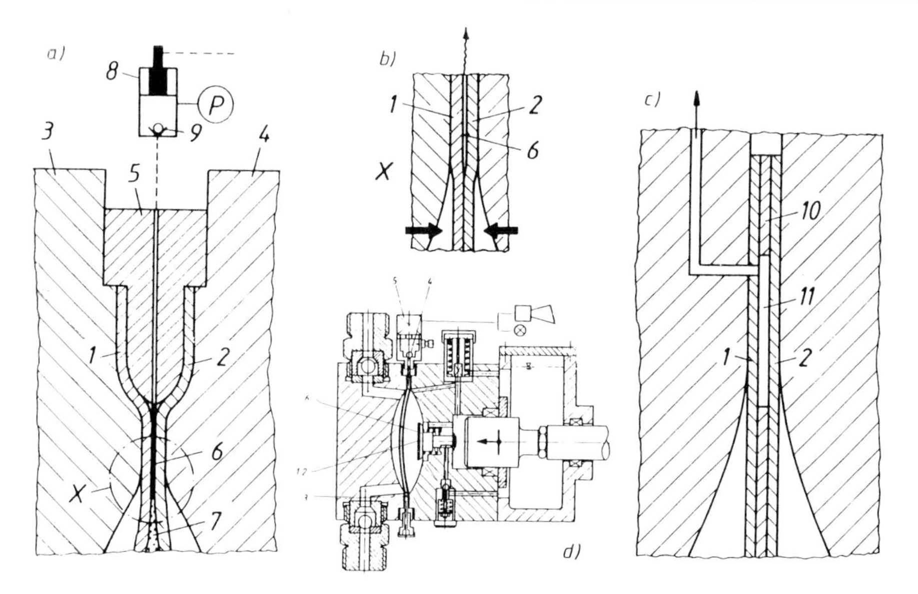

Bild 50: Membranbruchsignalisierung
a) PTFE-Sandwichmembran (eingebaut)
b) PTFE-Sandwichmembran (nach Inbetriebnahme)
c) Metall-Sandwichmembran
d) Membranpumpenkopf mit Sandwichmembran

Membrandosierpumpen mit mechanischem Membranantrieb zeigen in der Regel unter vergleichbaren Bedingungen druckelastischere, oft nicht genau lineare Kennlinien. Die Dosiergenauigkeit ist daher reduziert, jedoch oft völlig ausreichend.

Die Saugbedingungen sind gegenüber anderen Dosierpumpen nicht auffällig. Eine Begrenzung kann die Federrückholung darstellen. Die Investitionskosten sind selbst gegenüber Kolbendosierpumpen reduziert. Die Pumpen bauen kompakt und bei leichten Betriebsbedingungen – insbesondere Aussetzbetrieb – reicht die Zuverlässigkeit aus.

Membran-Dosierpumpen mit hydraulischem Membranantrieb zeigen gegenüber Kolbendosierpumpen bei vergleichbarer Optimierung der Arbeitsraumelastizität ähnliche Dosierstromkennlinien. Der volumetrische Wirkungsgrad ist durch größere Schadräume etwas geringer, was mit zunehmendem Differenzdruck besonders deutlich wird. Membranpumpen pulsieren daher auch etwas stärker [66, 67] und erfordern besondere Aufmerksamkeit bei der Analyse der Druckschwingungen und Installation, wobei aber keine prinzipiellen Unterschiede zu Kolben-Dosierpumpen bestehen.

Der erforderliche NPSHr hydraulischer Membrandosierpumpen ist normalerweise größer, weil zu den Druckverlusten in den selbsttätigen Pumpenventilen noch zusätzliche innere Druckverluste im Hydrauliksystem auftreten. Der minimale Absolutdruck im Hydrauliksystem sollte erfahrungsgemäß etwa 0,6 bar nicht unterschreiten, weil sonst die Gasblasenbildung zu groß wird. Man muß sich dabei vor Augen halten, daß das Hydraulikfluid bei Normaldruck ziemlich luftgesättigt ist und somit die kleinste Druckabsenkung bereits zu Gasblasenbildung führt. In der Regel ist es daher oft nicht allein der fluidseitige NPSHr (beruhend auf Fluiddampfdruck), der die Saugbedingungen bestimmt. Generell gilt die Regel, daß hydraulische Membrandosierpumpen am besten mit genügend positivem Zulauf betrieben werden sollten. Manche Bauarten erfordern sogar deutlichen Vordruck.

Beim Dosieren kompressibler Fluide gegen sehr hohen Druck entsteht beträchtliche Kompressionserwärmung, die bei der NPSHr-Ermittlung beachtet werden muß [68]. Liegen die Saugbedingungen beim Dampfdruck, so kommt man um eine kräftige Fluidunterkühlung nicht herum.

Ein beträchtlicher Vorteil von Membrandosierpumpen ist ihre **Trockenlaufeignung** sowie die Möglichkeit der Erfüllung von CiP/SiP-Bedingungen.

2.3.4 Störeinflüsse

Die Zuverlässigkeit und Genauigkeit der Dosierung wird von Stoffwerten, Pumpengrößen sowie Betriebs- und Installationsbedingungen bestimmt (Kap. 2.2).

Stoffwerte

Dichte, Kompressibilität und Viskosität des Fluids beeinflussen unmittelbar Dosierstrom und Dosiergenauigkeit, und zwar unabhängig von der Pumpengröße. Nachdem meist (p, T)-Abhängigkeit besteht, kann durch zusätzliche Messung korrigiert werden (evtl. softwaremäßig).

Enthält das Fluid- geplant oder ungeplant – Feststoffpartikeln, ist die Verträglichkeit mit selbsttätigen Pumpenventilen sicherzustellen: Schmutzfänger, Ventilspiel, strömungstechnische Gestaltung zur Vermeidung von Sedimentation, fremdgesteuerte Ventile oder Drehschiebersteuerung. Verschleiß- bzw. Korrosionsprobleme sind zu lösen. Da Partikeleinflüsse den Gütegrad unmittelbar betreffen, nehmen diese mit abnehmender Pumpengröße stark zu.

Pumpengrößen

Arbeitsraumelastizität (z. B. Membranen oder Kolbenabdichtungen bei veränderlicher Temperatur), Hublänge und -frequenz, deren Einstellgenauigkeit (Spiel!) und Verdrängerquerschnitt (Kolbenverschleiß) beeinflussen unmittelbar – übrigens teilweise auch pumpengrößenabhängig – die geometrische Verdrängung. Die Langzeitkonstanz der Pumpengrößen ist ein Qualitätsmerkmal.

Betriebsbedingungen

Schwankungen des Förderdruckes gehen um so stärker in die Zuverlässigkeit und Genauigkeit der Dosierung ein, je höher die Elastizitäts- und Leckageeinflüsse sind. Drucksteife Kennlinien sind Qualitätsmerkmale, sie sind bei kleinem Hubvolumen immer schwierig zu realisieren. Schmutz und Verschleiß sind als tückische Einflüsse möglichst zu vermeiden.

Installationseinflüsse

Bei Planung und Betrieb von Dosieranlagen mit oszillierenden Dosierpumpen sind die Installationsbedingungen besonders zu beachten. Durch die pulsierende Arbeitsweise und die damit verbundenen Massenträgheitseffekte werden periodische Druckschwankungen und eventuell Resonanzdruckschwingungen erzeugt. Für die Dosierpumpe sind Phasenwechsel des Fluids durch Kavitation oder Ausgasung, Überförderung (Saugdruck zeitweise größer als Förderdruck) und Überlastung durch zu hohen Förderdruck absolut zu vermeiden.

Kavitation führt zu Dampfblasenbildung im Arbeitsraum mit entsprechenden volumetrischen Fehlern, aber auch gefährlichen Druckstößen. Die Vermeidungsstrategie ist, daß der erforderliche NPSHr größer als der von der Anlage angebotene (NPSHa) ist, was in der Regel genügende Zulaufhöhe und kurze, dicke Saugleitung bedeutet. **Ausgasung** tritt bei gasgesättigten Fluiden bei jeglicher Druckabsenkung unter den Sättigungsdruck ein. Auch hier helfen meist genügend Zulauf sowie geringe saugseitige Druckschwankungen.

Hydraulische Membranpumpen stellen noch eine Sonderbedingung, daß der Druck im Hydrauliksystem eine Erfahrungsgrenze von ca. 0,6 bar nicht unterschreiten sollte, weil sonst die Ausgasung so zunimmt, daß Gasausschleuseventile überfordert sind. Alle Phasenwechseleffekte im Arbeitsraum wirken sich besonders fatal auf die Dosiergenauigkeit bei kleinem Hubvolumen aus. Gasbläschen werden bei kleiner Strömungsgeschwindigkeit nämlich durch Wandhaftung nicht effizient ausgespült. Daher sind Mikrodosierpumpen mit günstigen Zulaufbedingungen, eventuell Blasenabscheider und größerer Strömungsgeschwindigkeit auszulegen.

Tafel 4: Bauformen und Eigenschaften rotierender Verdrängerdosierpumpen

Pumpenart	Eingriff / Spalte	Pulsation / Drehzahl min^{-1}	Arbeitsraum / leckfrei	Kennlinie / selbstansaug.	Dosiergenauigk. / Trockenlauf
Za 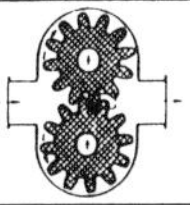	treibend	mäßig	starr	reprod.	+ o
	U, St	0-1500 (3000)	nein	ja	nein
Zi 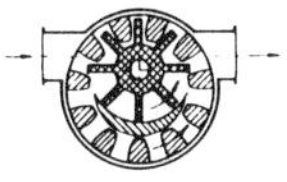	treibend	mäßig	starr	reprod.	+ o
	U, St	0-1500 (3000)	nein	ja	nein
Spa 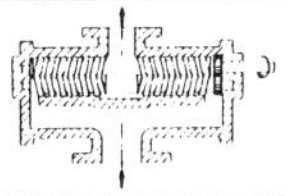	kämmend	gering	starr	reprod.	o
	U, K	0-1500 (3000)	nein	ja	ja(bedingt)
Spi 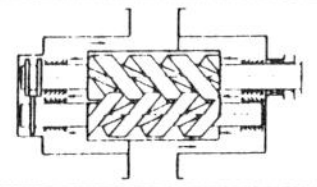	treibend	sehr gering	starr	reprod.	o
	U	0-1500 (3000)	nein	ja	nein
E 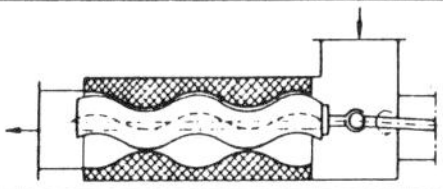	gleitend	merklich	elastisch	(reprod.)	o (-)
	Dichtlinie	0-750 (1500)	nein	ja	nein
Fe 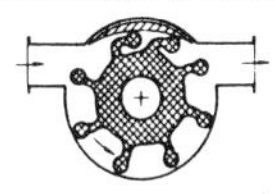	gleitend	merklich	sehr elastisch	nicht reprod.	o (-)
	(U), St	0-750 (1500)	nein	ja	nein
Fs 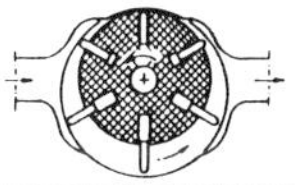	gleitend	mäßig	starr	reprod.	+ o
	(U), St	0-750	nein	ja	nein
K1 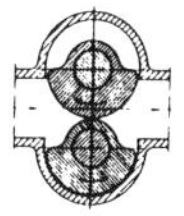	kämmend	mäßig, merklich	starr	reprod.	o
	U, St, K	0-750	nein	ja	ja bedingt
K2 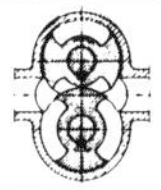	kämmend	mäßig	starr	reprod.	o
	U, St, K	0-750	nein	ja	ja bedingt
Kn 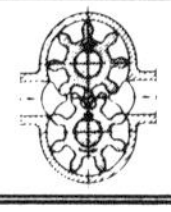	kämmend	mäßig	starr	reprod.	o
	U, St, K	0-750	nein	ja	ja bedingt
Se 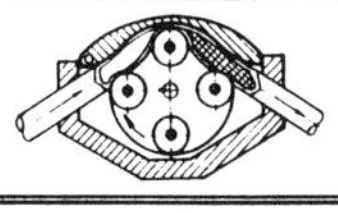	quetschend	gering/mäßig	elastisch	(reprod.)	o (-)
	Q	0-150	ja	ja	bedingt
We 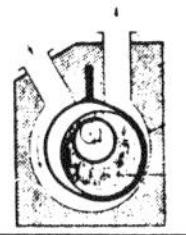	gleitend	merklich	sehr elastisch	nicht reprod.	-
	U, Q, St	0-750	ja	ja	bedingt

Überförderung ist bei geringem Differenzdruck besonders zu beachten. Neben der Analyse der dynamischen Druckverhältnisse helfen oft Druckhalteventile oder Federbelastung der Pumpenventile.

Überlastung muß bei oszillierenden Verdrängerpumpen aufgrund der drucksteifen Kennlinie obligatorisch durch Überströmventile begrenzt werden. Überlastungen rühren aber auch von Druckschwankungen des Fluids unter der Pumpenanregung her und dürfen wegen der Pumpenbelastung und der Schüttelkräfte auf Rohrleitungsstrukturen Grenzwerte nicht überschreiten.

Dosierpumpen mit Phasenanschnitthubeinstellung erzeugen bei Teilhub Druckstöße, die durch entsprechende Rohrleitungsnennweite reduziert werden müssen, sonst sprechen Überströmventile permanent kurzzeitig an.

Generell ist die pulsierende Förderung für die meisten Installationsrückwirkungen verantwortlich, weshalb alle Maßnahmen zur Reduzierung der Pulsationen vorteilhaft sind. Neben den in Kap. 2.3.2 beschriebenen Möglichkeiten kommen gas- oder fluidgefüllte Pulsationsdämpfer in Frage.

Beim selbstentlüftenden Ansaugen arbeitet die Dosierpumpe vorübergehend als Luftverdichter und muß entsprechend ausgelegt werden. Zu langer Trockenlauf schadet Kolben-, jedoch nicht Membranpumpen.

Bei der Anwendung oszillierender Dosierpumpen ist es wichtig, der Installationsauslegung größte Aufmerksamkeit zu schenken, weil hier die Hauptquelle der Störungen liegt. Die Hersteller verfügen über qualifizierte Hinweise [69], im übrigen wird auf dies umfangreiche Schrifttum verwiesen.

3. Rotierende Verdrängerdosierpumpen

Bei rotierenden Verdrängerpumpen entsteht ein Fördervorgang direkt aus der Rotation des Verdrängersystems. Die Arbeitsräume werden dabei durch den Eingriff oder das Gleiten der Verdränger in der Regel durch bestimmte **Dichtspalte** abgedichtet, deren Größe funktions- und herstellungsbedingt ist.

Durch die inneren Leckverluste sowie wegen der Schmierung der Eingriffszonen, eignen sich rotierende Verdrängerpumpen hauptsächlich für **viskose Fluide**.

Die Möglichkeiten der Werkstoffwahl, die Art der Arbeitsraumabdichtung und die zulässige Fluidscherung bestimmen die Förder- und Betriebseigenschaften verbunden mit großer **Bauartenvielfalt** [70] und spezifischen Anwendungsschwerpunkten.

3.1 Bauartenüberblick

Rotierende Verdrängerpumpen für Dosier- bzw. Förderaufgaben unterscheiden sich prinzipiell nicht. Die als Dosierpumpen verwendeten Bauarten erfordern eine Verstellmöglichkeit, die überwiegend durch drehzahlregelbare Getriebe und Elektromotoren geschieht. Nur Flügelzellenpumpen lassen sich auch durch direkten Eingriff in das Verdrängersystem über die Exzentrizität verstellen [71], wenn man von Konstruktionsvorschlägen zur Verstellung der wirksamen Zahnradbreite bei Zahnradpumpen absieht. Zu den Bauformen und Eigenschaften (Tafel 4) einige Bemerkungen:

a) **Treibender Eingriff** liegt vor, wenn die ineinander kämmenden Verdränger Drehmoment übertragen, wie dies bei Zahnrad- (Za, Zi) und Schraubenspindelpumpen (Spi) der Fall ist. Die lokale Pressung und Gleitung an der Eingriffsstelle, darf nicht zu Verschleiß- oder Freßerscheinungen führen. Erfahrungsgemäß sind dazu zumindest gehärtete oder hartbeschichtete Stähle erforderlich, deren Korrosionsbeständigkeit (Cr-Stähle, vergütbare weichmartensitische Cr-Ni-Stähle) beschränkt ist. Durch starke Herabsetzung der Belastungen (Differenzdruck) sind auch andere Werkstoffpaarungen (PTFE-Verbundmaterial, keramische Werkstoffe) möglich.

Auch kann durch aufwendige Oberflächenbeschichtung die extreme Verschleißempfindlichkeit des treibenden Eingriffs gegen abrasive Partikeln reduziert werden.

Ganz generell sind die Verdrängerdosierpumpen mit **treibendem Eingriff nur für ziemlich gut schmierende, also homogene viskose Fluide betriebssicher und wirtschaftlich** (Tafel 5).

Tafel 5: Anwendungsüberblick rotierender Verdrängerdosierpumpen

Merkmal		Pumpenart											
		Za	Zi	Spa	Spi	E	Fe	Fs	K1	K2	Kn	S	We
Fluid Viskosität mPas	bis 10^6	+	-	-	-	+	-	-	o	o	o	-	-
	10^2-10^5	+	+	+	+	+	+	+	+	+	+	+	+
	< 1-10	o	o	+	o	+	o	o	+	+	+	+	+
Fluid Struktur	homogen	+	+	+	+	+	+	+	+	+	+	+	+
	fein, heterogen abrasiv (hart)	-	o	+	-	+	-	o	o	o	o	+	-
	fein, heterogen, weich	o	o	+	o	+	+	+	+	+	+	+	+
	klumpig, grob, weich	-	-	o	-	+	+	+	+	+	-	o	o
Förderung schonend		-	-	o	o	+	+	+	+	+	o	+	o
Hygiene	CiP	-	-	-	-	+	+	o	+	+	+	+	o
	Sanitary	-	-	-	-	+	o	o	+	+	+	+	o
	steril	-	-	-	-	+	o	o	+	+	+	+	o
Fluid-strom m^3/h	> 100	-	-	+	+	+	-	-	-	-	-	-	-
	1-100	+	+	+	+	+	+	+	+	+	+	+	+
	< 1	+	o	o	o	+	+	o	+	+	+	+	+
	< 0,01	+	-	-	-	+	+	o	o	o	o	+	o
Differenz-druck bar	> 200	+	-	-	+	-	-	-	-	o	-	-	-
	< 20-50	+	+	+	+	+	-	o	o	o	o	-	-
	< 20	+	+	+	+	+	+	+	+	+	+	+	+
charakt. Werk-stoffe	rostfr. Cr-Stahl, gehärtet	+		+	+	+		o	+	+	+	-	o
	hochleg. Cr-Ni-Stahl, vergütet	+		+		+			+	+	+	-	o
	austenit. Cr-Ni-Stahl	o	o	+		+	+	o	+	+	+	-	+
	Hastelloy-Sorten	o		o		+	o		o	o	o	-	o
	Elastomere (diverse)					+	+					+	+
	PTFE Komp., Kunststoffe	o	-			o		+					
	Keramische Werkstoffe	o				o							
	Hartbeschichtg.	o		o	o	+			o	o	o		o

Za; Zi	Zahnradpumpe außen/innenverzahnt
Spa/Spi	Schraubenspindelpumpe (außen/innengelagert)
K1/K2/Kn	Kreiskolbenpumpe mit 1, 2, n Flügeln
Fe, Fs	Flügelzellenpumpe (elastisch/starr)
We	Wälzkolbenpumpe mit elastischem Rotor
Se	Schlauch(quetsch)pumpe
+, o, -	Eignung: ja, bedingt, nein

b) **Eingriff der Verdränger mit definiertem Abstandsspalt**, wie dies bei außengelagerten Schraubenspindel-(Spa) und allen Arten von Kreiskolbenpumpen (K1, K2, Kn) durch außenliegende Koppelungszahnradgetriebe erzielt wird, verhindert die Preßbeanspruchung sowie die damit verbundenen Werkstoffkonsequenzen. Da die Verdrängerbauteile stets auf Abstand gehalten werden, ist man in der Werkstoffwahl ziemlich frei (austenitische Cr-Ni-Stähle, Cr-Ni-Basis-Legierungen u.a.m.), muß aber der fehlenden Rotor-Abstützung durch steifere Bauweise und den aufgrund der Spalte **größeren inneren Leckverlusten** Rechnung tragen.

Die Umfangs- und eventuell Stirnspalte weisen, unabhängig von der Eingriffsart, Gleiten bei geringer Spaltweite sowie Spaltströmung durch den anliegenden Differenzdruck auf. Hier sind grundsätzliche Problemstellen für Verschleiß. Verdrängerpumpen mit definiertem Abstandsspalt im Eingriffsbereich sind prädestiniert für **viskose und korrosive Fluide, die auch Partikelbeimengungen aufweisen können, deren maximale Korngröße aber unterhalb des kleinsten real vorhandenen Gleit- oder Strömungsspalts liegen sollten.**

c) **Gleitende Dichtungslinien** des Arbeitsraumes zeigen Flügelzellen (Fe-, Fs-) und Exzenterschnecken (E)-Pumpen. Die gegenüber Ausführungen mit definiertem Abstandsspalt bessere innere Dichtheit wird auch noch durch eine gewisse konstruktiv vorgesehene Verschleißreserve unterstützt. Flügelzellenkonstruktionen erlauben unter dem Differenzdruck das Nachsetzen der Dichtleisten (auch bei Elastomerrotoren), und bei Exzenterschneckenpumpen wird die im Einbauzustand vorhandene Überdeckung zwischen Rotor und Elastomerstator ausgenutzt [72] (Bild 51).

Im übrigen bewirkt im Falle des Einsatzes bei feinabrasiven Fluiden (z.B. Pigmentensuspensionen) der „abstreifende" Dichtungseingriff offenbar bei Flügelzellenpumpen zwar Gleit- aber durch höhere Dichtheit weniger Strahlverschleiß.

Das Zusammenwirken des Elastomerstators mit dem harten Rotor bei Exzenterschneckenpumpen erlaubt harten Partikeln das schadlose elastische Eindringen, so daß die lokalen Pressungen und somit der Verschleiß reduziert werden. Das Tribosystem aller Spindel- und Flügelzellenpumpen ist prinzipiell durch Gleitbewegung partikelabweisend.

Flügelzellenpumpen mit starren Flügelblättern (Fs) werden etwa in demselben Anwendungsbereich wie innenverzahnte Zahnradpumpen (Zi) verwendet. Sie eignen sich jedoch zur **schonenden Förderung** von Fluiden, sind aber wegen der Flügelnuten weniger günstig für Hygiene-(CIP)-Anwendungen. Mit elastischem Rotor (Fe) werden sie besonders auch für grobweiche Fluidbeimengungen (Früchtepulpen, Gemüsebrei) eingesetzt.

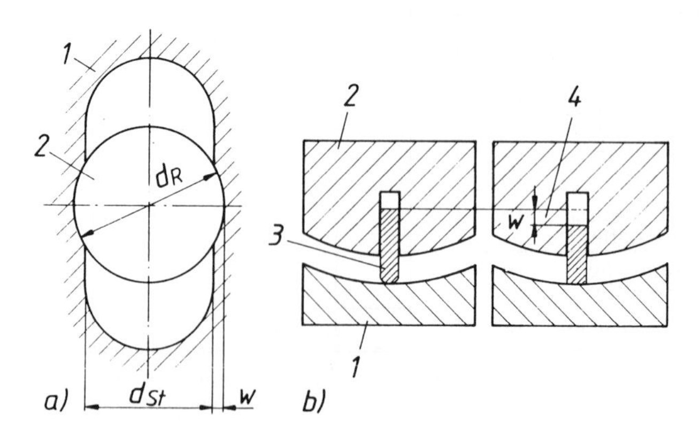

Bild 51: Verschleißreserven bei Gleitdichtungen
a) Exzenterschneckenpumpe; b) Flügelzellenpumpe

1 Stator; 2 Rotor; 3 Dichtleiste; 4 Verschleißreserve

Exzenterschneckenpumpen (E) sind hervorragend für homogene und heterogene (grob, fein, abrasiv, weich) Fluide, Suspensionen und Pasten geeignet, wobei sowohl CIP- als auch Aseptikbetrieb möglich sind.

d) In Schlauch(S)- bzw. Wälzkolbenpumpen (We) bildet sich durch die geometrische **Abstimmung ein Quetschspalt**. Bei Schlauchpumpen erreicht man über Rollen oder geschmierte Gleitkörper das ziemlich dichte Abquetschen des elastischen Schlauches von außen, womit allerdings eine zeitliche Volumenänderung und somit Pulsation verbunden ist. Schlauchpumpen (S) sind auch für Fluide mit fein heterogenen (abrasiv, weich) Beimengungen geeignet. Ihr Vorteil liegt in der nicht erforderlichen Wellendichtung, der hervorragenden Sterilisierbarkeit sowie schonenden Fluidförderung (Hygiene, Medizin).

Wälzkolbenpumpen (We) zeigen prinzipbedingt deutlich größere Innenleckage und – wie übrigens auch Flügelzellenpumpen (Fe) mit Elastomerrotor – ziemlich druckelastische Kennlinien. Ihr Anwendungsbereich ist jenen von Schlauchpumpen ähnlich, wobei aber vergleichsweise ein deutlicher Nachteil darin besteht, daß die Gehäusewand am Fördervorgang teilnimmt und somit aus entsprechenden Werkstoffen ausgeführt sein muß.

e) Die **Abdichtung des Arbeitsraumes** nach außen erfolgt bei allen rotierenden Verdrängerpumpen mit üblichen Wellendichtungen (Gleitring, Formdichtung, Packung) unter Anwendung unterschiedlicher Spül-, Sperr- und Schmiermethoden.

Leckfrei vom Verdrängersystem her sind allein Schlauchpumpen, bei denen der Verdrängungsvorgang durch eine elastische Wand von außen wirkt.

Alle anderen Verdrängerpumpen können durch **Verwendung von Permanentmagnetkupplungen leckfrei** gestaltet werden, was aber einigen Grenzen (Fluidreibung, Erwärmung, Sedimentation, Beläge, Hygiene u. a. m.) unterliegt und somit bei den für diese Pumpenarten interessanten Fluideigenschaften oft nicht anwendbar ist.

3.2 Eigenschaften

3.2.1 Dosierstrom

Mit dem geometrisch definierten Verdrängungsvolumen pro Umdrehung V_u ergibt sich für den mittleren Dosierstrom $\dot{m}$ mit der Pumpendrehzahl n, der Fluiddichte ϱ und dem volumetrischen Wirkungsgrad η_v der Dosierstrom

$$\dot{m} = \varrho \cdot V_u \cdot n \cdot \eta_v \tag{24}$$

Der „geometrische" Massenstrom $\dot{m}_g = \varrho \cdot V_u \cdot n$ wird hauptsächlich durch Leckagen und bei einigen Bauformen auch durch Elastizitätseinflüsse gemindert. Die Elastizitätseinflüsse rühren beim üblichen Differenzdruck allein von den Arbeitsraumwänden her und treten gegenüber den Spaltleckagen in der Regel zurück.

Als Stellgröße wird fast überwiegend die Drehzahl verwendet, deren genaue Einstellung also große Bedeutung hat.

3.2.2 Pulsation

Das spezifische Verdrängungsvolumen V_u ist mit der Geometrie definiert und kann Herstellungstoleranzen und betrieblichen Veränderungen (Verschleiß, Schwund, Quellung) unterliegen.

Kennt man die Verdrängungswirkung $\dot{V}_g(\varphi)$ in Abhängigkeit vom Drehwinkel $\varphi = \omega t$ (ω Winkelgeschwindigkeit), so gilt:

$$V_u = \int_0^{2\pi} \dot{V}_g(\varphi) \cdot d\varphi \tag{25}$$

Ist insbesondere $d\dot{V}_g(\varphi)/d\varphi = 0$, **so liegt ein geometrisch pulsationsfreier Förderstrom** vor.

Massenstrompulsation wird durch den **Ungleichförmigkeitsgrad** angegeben:

$$\delta_u = \frac{\dot{m}_{max} - \dot{m}_{min}}{\dot{m}} \qquad (26)$$

wenn $\dot{m}_{max}$ und $\dot{m}_{min}$ die Extremwerte innerhalb einer Periode des zeitlichen Verlaufes $\dot{m}(\varphi)$ darstellen.

Die geometrische Pulsation gibt nicht immer – verschwindende Elastizitätseinflüsse vorausgesetzt – die reale Pulsation wieder. Der reale zeitliche Massenstrom $\dot{m}(\varphi)$ ist nämlich die Differenz aus dem geometrischen Massenstrom und dem Leckstrom

$$\dot{m}(\varphi) = \dot{m}_g(\varphi) - \dot{m}_L(\varphi) \qquad (27)$$

woraus mit

$$\eta_V(\varphi) = \frac{\dot{m}_g(\varphi) - \dot{m}_L(\varphi)}{\dot{m}_g(\varphi)} \qquad (28)$$

folgt, daß der momentane volumetrische Wirkungsgrad auch dann eine Zeitfunktion darstellen kann, wenn nur der innere Leckstrom $\dot{m}_L(\varphi)$ eine zeitabhängige Größe ist. Der innere Leckstrom $\dot{m}_L(\varphi)$ ist bei einer Reihe rotierender Verdrängerpumpen drehwinkelabhängig, was sich übrigens bei niedrigem Differenzdruck kaum, bei hohem stärker auswirken kann [73].

Dadurch können rotierende Verdrängerpumpen, deren geometrische Pulsation $d\dot{V}_g(\varphi)/d\varphi = 0$ ist, dennoch unter Differenzdruck deutlich pulsieren.

3.2.3 Verdrängungsvolumen

a) Zahnradpumpen (Bild 52)

Bei gleicher Zähnezahl der Rotoren ergibt sich für DIN-Evolventenverzahnung mit Zahnradbreite b, Zahnrad-Modul m, Zähnezahl z, Eingriffwinkel α:

ohne Flankenspiel $$V_{u_0} = m^2 \cdot \pi \left(2z + 2 \cdot \left(1 - \frac{\pi^2}{48} \cos^2\alpha\right)\right) \cdot b \qquad (29a)$$

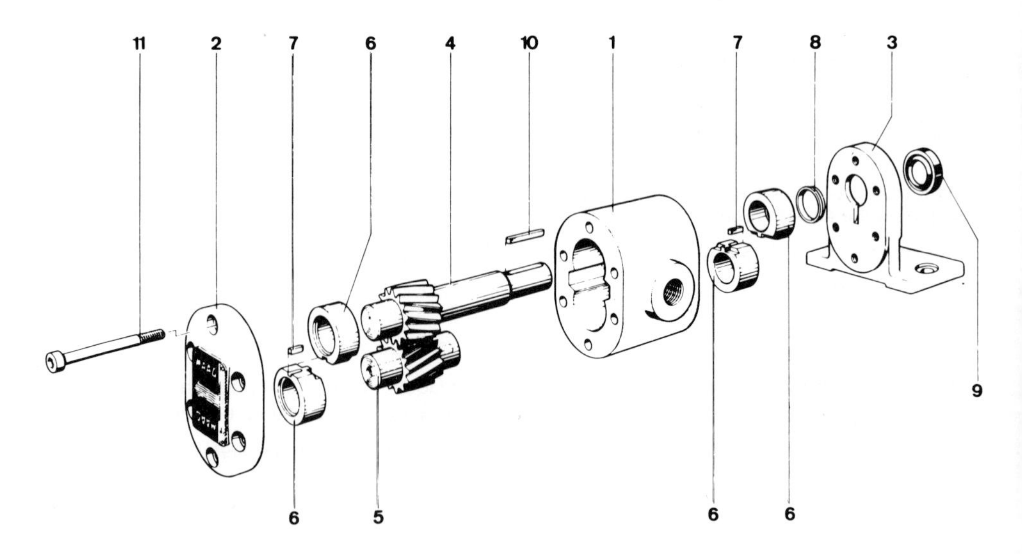

Bild 52: Zahnradpumpe mit Quetschnut (MAAG)

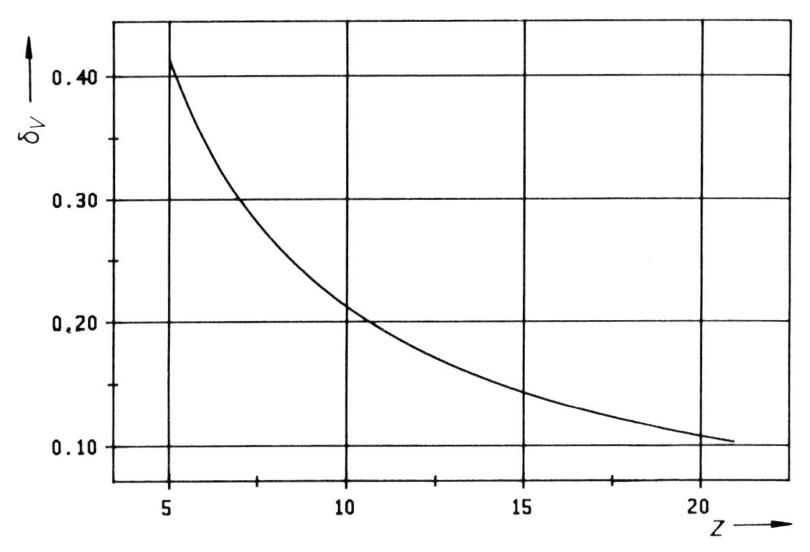

Bild 53: Ungleichförmigkeitsgrad in Abhängigkeit von der Zähnezahl z ($z_1 = z_2$) für Zahnradpumpen (Za)

mit Flankenspiel $V_{u_m} = m^2 \cdot \pi \left(2z + 2 \cdot \left(1 - \frac{\pi^2}{12} \cos^2\alpha\right)\right) \cdot b$ (29b)

Mit Gl. (29b) folgt für den geometrischen Volumenstrom

$$\dot{V}_{geo} = m^2 \cdot \left(2z + 2 - \frac{1}{6} \cdot \pi^2 \cdot \cos^2\alpha\right) \cdot \frac{b}{d_{Ko}} \cdot \pi \cdot d_K \cdot n \quad (29c)$$

Haupteinflußgrößen sind als Geometriegrößen und die Umfangsgeschwindigkeit $u_K = \pi \cdot d_{Ko} \cdot n$ (d_{Ko} Kopfkreisdurchmesser).

Der Unterschied zwischen Gl. 29a und b besteht in der Förderung des Fluids aus dem Quetschraum am Zahngrund, der bei spielfreier Ausführung vollständig auf die Druckseite gelangen kann [74–76]. Damit dies bei spielfreier Verzahnung auch wirklich erfolgt, werden Nuten angebracht (Bild 52).

Das geometrische Verdrängungsvolumen unterliegt, abgesehen von allen Einflußgrößen, auch der Schwankung zwischen Gl. 29a und b, die mehrere Prozent (z.B. z = 10; $\alpha = 20°$, ca. 5 %) ausmachen kann.

Der geometrische Ungleichförmigkeitsgrad für eine Evolventenverzahnung nach DIN 867 beträgt (Bild 53):

mit Flankenspiel $\delta_{um} = \frac{1}{\left(\frac{4z+4}{\pi^2 \cdot \cos^2\alpha} - \frac{1}{3}\right)}$ (30a)

ohne Flankenspiel $\delta_{uo} = \frac{1}{4 \cdot \left(\frac{4z+4}{\pi^2 \cdot \cos^2\alpha} - \frac{1}{12}\right)}$ (30b)

Die Pulsationsfrequenz liegt bei $f = z \cdot n$, im Falle spielfreier Verzahnung beim Doppelten.

Andere Verzahnungsarten- und formen (Innen-, Zykloiden- oder Spezialverzahnung) kann man in ähnlicher Weise rechnerisch erfassen.

b) Umlaufkolbenpumpen

Merkmal ist das Kämmen der Rotoren mit definiertem Abstandspalt durch außenliegende Koppelungsgetriebe.

Kreiskolbenpumpen: Echte Kreiskolbensysteme (Tafel 4, K1, K2) zeigen bei verschwindender geometrischer Pulsation ($d\dot{V}_g/d\varphi = 0$) das Verdrängungsvolumen (D, d Rotordurchmesser, b Rotorbreite)

$$V_u = \frac{\pi \cdot b\,(D^2 - d^2)}{4} \tag{31}$$

Tatsächlich dennoch feststellbare Pulsationen rühren von winkelabhängigen inneren Leckagen her, die um so ausgeprägter sind, je höher der Differenzdruck und je kleiner die Fluidviskosität sind.

Andere Umlaufkolbenbauformen (Bild 54) zeigen einen stetigen Übergang vom Zahnrad- zum Kreiskolbenverdränger (Tafel 4, K1 bis Kn). Beim Übergang vom echten Kreiskolben zur Verzahnung entsteht geometrische Pulsation!

In [86] findet sich eine Näherungsmethode zur Bestimmung von V_u (Mittelwert) und δ_u für beliebige Wälzkörper.

c) Flügelzellenpumpen (Bild 55)

Für starre Flügelblätter (Tafel 4, Fs) gilt Gl. (31) für den Fall, daß entweder die Flügelblätter relativ dünn sind oder die radiale Verdrängung stets zur Druckseite gelangt. Aufgrund der hier kaum vorhandenen Drehwinkelabhängigkeit der inneren Leckage ist die Förderstrompulsation klein. Flügelzellenpumpen können in manchen Ausführungen durch Verstellung der Rotorexzentrizität im Umdrehungsvolumen verstellt werden.

Bei Flügelzellenpumpen mit elastischem Rotor (Tafel 4, Fe) gilt zwar prinzipiell Gl. (8) auch, jedoch sind die realen geometrischen Gegebenheiten (Rotordicke und Verformung) zu berücksichtigen. Die Pulsation derartiger Flügelzellenpumpen wird auch stark von der Elastizität der Arbeitsraumwände geprägt, was sich in druckelastischen Kennlinien ausdrückt, die für Dosieranwendungen unbrauchbar sind.

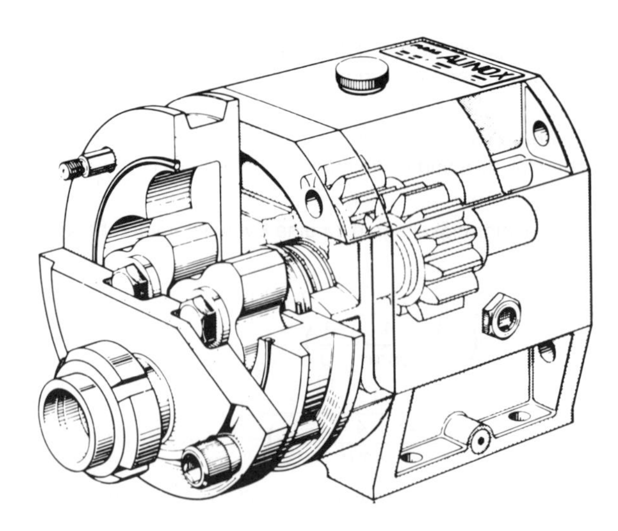

Bild 54: Umlaufkolbenpumpe (dreiflügelig MAAG)

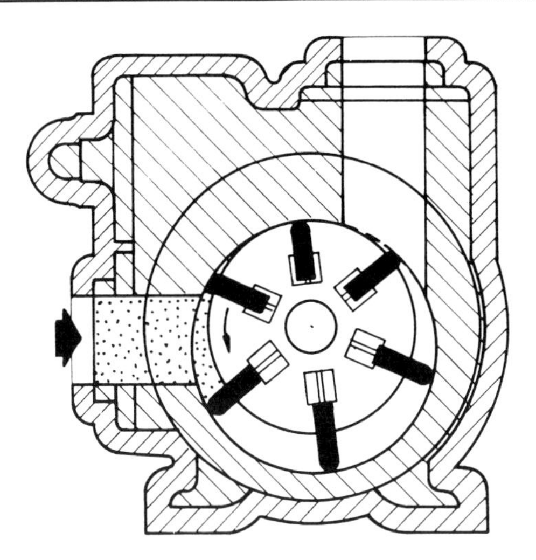

Bild 55: Flügelzellenpumpe (BLACKMER)

d) Exzenterschneckenpumpen (Bild 56)

Der schraubenförmige Rotor mit kreisförmigem Querschnitt bewegt sich in einem schraubenförmigen Stator langlochförmigen Querschnitts doppelter Steigung. Die Rotorbewegung erfolgt rotierend und oszilliernd in der Symmetrieachse des Statorquerschnitts, wobei die Exzentrizität des kardanischen Rotorantriebes eine geometrische Pumpengröße darstellt. Aus Statorsteigung h_{St}, Exzentrizität e und Rotordurchmesser d (= Statorquerschnittsbreite) ergibt sich das Verdrängungsvolumen

$$V_u = 4e \cdot b\, h_{St} \tag{32}$$

Nachdem konstruktiv zur Erzielung guter Dichtheit eine gewisse Klemmung (Bild 51) ($b = d - 2w$; w größenabhängig: wenige Zehntel mm) vorhanden ist, die durch Verschleiß sich verändert, und Elastomere durch Toleranzen und Quellung nicht völlig formgenau sein können, ist V_u gewissen Abweichungen vom Sollwert unterworfen.

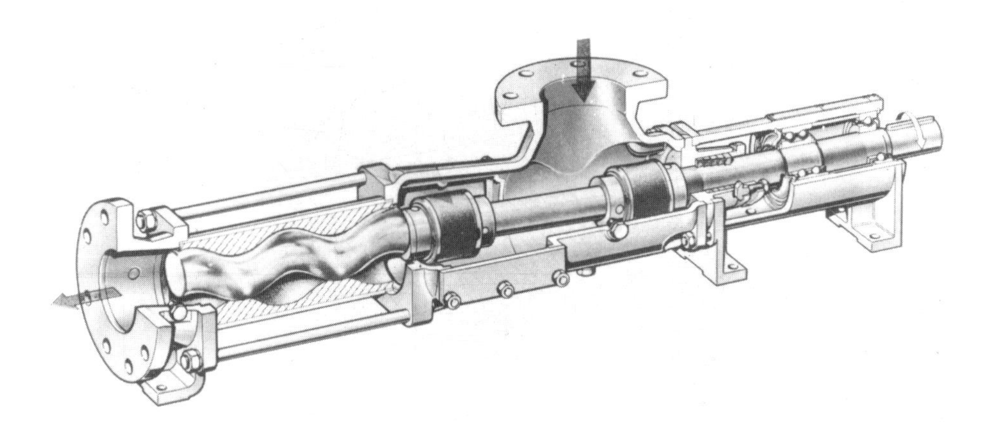

Bild 56: Exzenterschneckenpumpe (BORNEMANN)

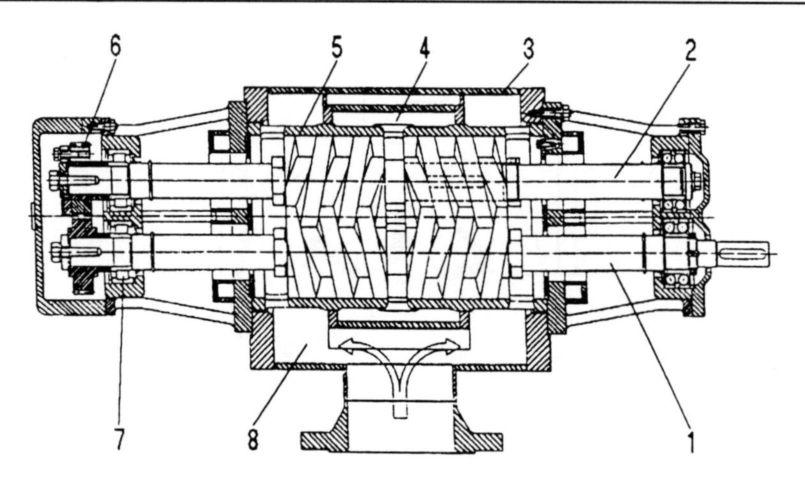

Bild 57: Schraubenspindelpumpe (Za, LEISTRITZ)

Exzenterschneckenpumpen sind geometrisch zwar pulsationsfrei, wie alle Spindelpumpen. Praktisch ist Förderstrompulsation u. a. deshalb vorhanden, weil die innere Dichtheit drehwinkelabhängig ist. Mit der Ausführung mehrerer serieller Stufen mildert man diese Einflüsse.

e) Schraubenspindelpumpen (Bild 57)

Die einfachste Methode der Bestimmung des Verdrängervolumens ist die (planimetrische) Ermittlung des freien Förderquerschnitts A (Bild 58). Mit der Steigung der Hauptspindel h_{Sp} ergibt sich dann [77, 78]:

$$V_u = A \cdot h_{Sp} \tag{33}$$

Schraubenspindelpumpen weisen präzise Geometrie und in der Regel mehrere bis viele Stufen auf, weshalb die Pulsation – geometrisch zwar Null – real sehr klein ist.

f) Schlauchpumpen (Bild 59)

Es sind eine oder mehrere Rollen im Eingriff. Zunehmende Rollenzahl vergrößert die Dichtheit und reduziert aber das Verdrängungsvolumen pro Umdrehung [79].

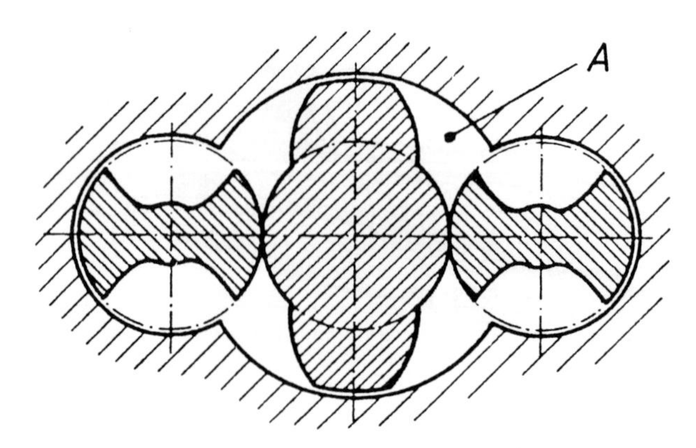

Bild 58: Förderquerschnitt einer Dreispindelpumpe (Zi)

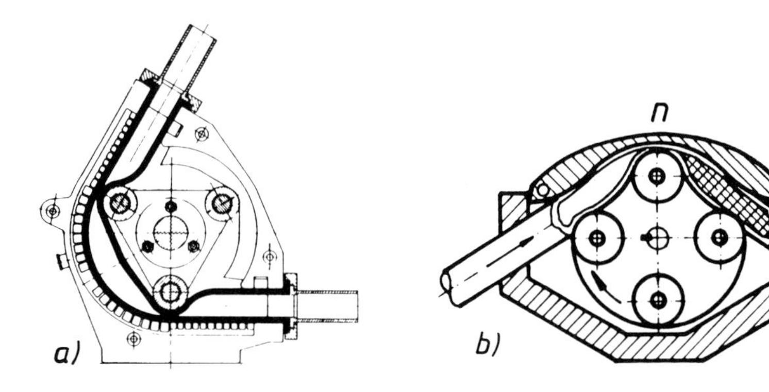

Bild 59: Schlauchpumpe (Se)
a) Zweirollen-Schlauchpumpe
b) Mehrrollen-Schlauchpumpe

$$V_u = A_S \cdot \pi \cdot D_S - (i - 1)\, V_R \tag{34}$$

wenn A_S der Schlauchquerschnitt, D_S der mittlere Krümmungsdurchmesser, i die Zahl der pro Umdrehung eingreifenden Rollen, V_R das Rolleneintauchvolumen bedeuten. Große Rollenzahl bedeutet also geringeres Verdrängungsvolumen, jedoch höhere Pulsationsfrequenz.

Das reale Verdrängungsvolumen ist abhängig von der effektiven Schlauchverformung und von den realen Schlauchabmessungen und somit im Betrieb auch bei niedrigen Drücken nicht genau konstant. Das Saugvermögen hängt auch von der Schlauchelastizität ab.

Durch periodisches Ein- und Austauchen der Rollen entsteht eine gewisse Pulsation des Volumenstroms.

g) Wälzkolbenpumpen (Tafel 4, We)

Die Wälzkolbenpumpe ist prinzipiell eine Innen-Flügelzellen (auch Schieber-)-Pumpe und ihr Verdrängungsvolumen ergibt sich prinzipiell nach Gl. (31), wenn auch, wie bei der Flügelzellenpumpe mit elastischem Rotor, starke Elastizitätseinflüsse zu wenig drucksteifen Kennlinien führen. Wälzkolbenpumpen sind (wie Elastomer-Flügelzellenpumpen) für Dosierzwecke wenig geeignet.

3.2.4 Volumetrischer Wirkungsgrad

Der volumetrische Wirkungsgrad, definiert als das Verhältnis des realen zum geometrischen Volumenstrom, setzt sich formal aus Elastizitätsgrad η_E und Gütegrad η_G zusammen (s. Kap. 2.2.2).

Der **Elastizitätsgrad** η_E beschreibt den Einfluß von Fluid- und Arbeitsraumelastizität. In aller Regel spielt die **Fluidelastizität** bei den überwiegend niedrigen Differenzdrücken rotierender Verdrängerpumpen kaum eine Rolle.

Die **Arbeitsraumelastizität** hat bei Flügelzellen (Fe)-, Wälzkolben (We)- und Schlauchpumpen (Se) mit weichen Elastomerteilen teilweise sehr deutlichen Einfluß. Dagegen spielen derartige Elastizitätseinflüsse bei rotierenden Verdrängerpumpen mit starrem Arbeitsraum keine Rolle.

Die prinzipielle Wirkung der Einflußgrößen auf den **Gütegrad** η_G, der im wesentlichen die innere Leckage beschreibt, folgt aus der Strömung von Fluiden durch parallele oder serielle Spalte unter Differenzdruck [78].

Aus der Theorie der glatten Rechteckspalte ergibt sich (Spaltbreite, -länge, -weite b, L, s; Fluidviskosität/-dichte: ν, ϱ) ohne Beachtung von Ein- und Austrittsvorgängen sowie der Relativbewegung von Spaltwänden (Wandreibungszahl λ):

Laminare Strömung ($\lambda = 96/Re$) $\dot{V}_L = K_1 \cdot \frac{\Delta p \cdot s^3}{\nu} \cdot \frac{b}{L} \cdot \frac{1}{\varrho}$ (35a)

Turbulente Strömung ($\lambda = 0{,}427\ Re$) $\dot{V}_L = K_2 \cdot \left(\frac{\Delta p}{L\varrho}\right)^{\frac{4}{7}} \cdot s^{\frac{12}{7}} \cdot \frac{1}{\nu^{\frac{1}{7}}} \cdot b$ (36a)

Bei Umschlag der Strömungsform finden also starke Änderungen in der Spaltleckage statt. Der mächtige Spaltweiteneinfluß (s) (Potenz 3) bei laminarer reduziert sich bei turbulenter Strömung; ähnliches gilt für den Differenzdruck- und insbesondere den Viskositätseinfluß.

Für den häufigen Fall laminarer Spaltströmung und verschwindender Elastizitätseinflüsse ergibt sich für den volumetrischen Wirkungsgrad (s. Kap. 2.2.2, Gl. 19)

$$\eta_V = \eta_G = 1 - K^* \cdot \frac{\Delta p}{\nu} \cdot \frac{n_{100}}{n} \quad (37)$$

Man beachte: Steigerung der Viskosität um Faktor 100 (Wasser auf Öl) reduziert Spaltverlusteinfluß auf 10^{-2}! Verdoppelung der Spaltweite erhöht Spaltverlust um fast Faktor 10!

Daraus leiten sich Gestaltungsprinzipien rotierender Verdrängerpumpen ab:

- enge, lange Dichtspalte
- mehrstufiger Abbau der Differenzdrücke durch serielle Spalte
- möglichst hoher Überdeckungsgrad an Verzahnungseingriffen
- Pumpen für Fluide hoher Viskosität am besten geeignet
- Anwendungen geringen Differenzdrucks bevorzugen

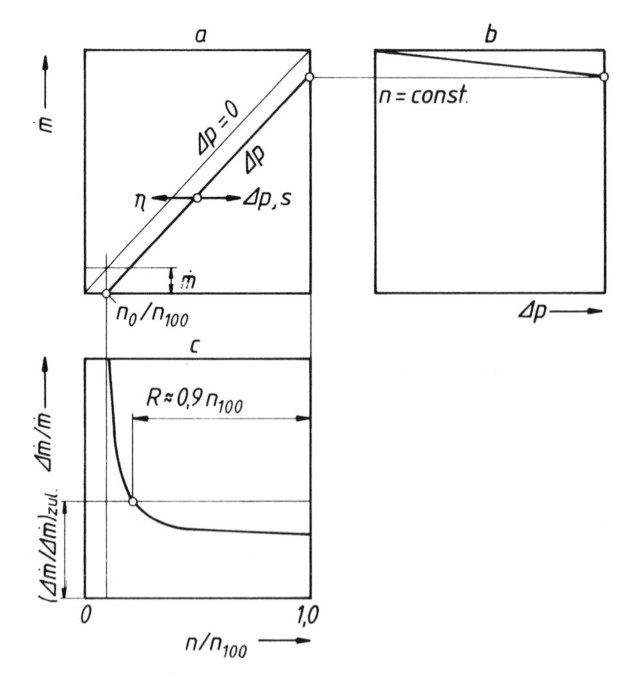

Bild 60: Dosierstromkennlinien (a) und Dosierstromschwankung (b) von rotierenden Verdrängerdosierpumpen mit Stellgröße Drehzahl n

3.2.5 Kennlinien

Für den Fall laminarer innerer Spaltströmung beträgt der Dosierstrom (C Konstante)

$$\dot{m} = V_u \cdot n \cdot \varrho \cdot \left(1 - C \cdot \frac{\Delta p}{\eta} \cdot \frac{n_{100}}{n}\right) \tag{38}$$

$$\dot{m} = \dot{m}_g - \Sigma\, \dot{m}_{L_i} = \dot{m}_g - \dot{m}_L \tag{38a}$$

wobei der Gesamtleckstrom $\dot{m}_L$ im zweiten Term eine Pumpenkenngröße darstellt. Die Dosierstromkennlinie als Funktion der Drehzahl (Stellgröße) ist also eine Geradenschar, die parallel nach rechts aus dem Ursprung nach Maßgabe von $\dot{m}_L$ verschoben ist (Bild 60). Wird bei der Drehzahl $n_0/n_{100} = C \cdot \Delta p/\eta$ der Klammerterm zu Null, so schneidet bei $\dot{m} = 0$ die Dosierstromkennlinie die Abszisse. Nur bei verschwindendem Förderdruck ($\Delta p = 0$) ist der Massenstrom direkt proportional zur Stellgröße. Zunehmende Fluidviskosität schiebt die Kennlinie nach links, zunehmender Differenzdruck nach rechts. Enge, lange Dichtspalten bewirken Kennlinien mit geringer Parallelverschiebung aus dem Ursprung.

Die in Bild 60 dargestellte Dosierstromkennlinie trifft prinzipiell für alle rotierenden Verdrängerdosierpumpen zu. Die Verschiebung der Kennlinien aus dem Ursprung ist bei Pumpen mit deutlicher Spaltleckage am ausgeprägtesten. Die Pumpenbauarten mit relativ dichter Linien- (z. B. Klemmung bei Exzenterschneckenpumpen) oder Quetschdichtung (Schlauchpumpe) zeigen auch Dosierstromkennlinien, die überwiegend durch den Ursprung gehen. Dieses Verhalten verschwindet aber, sobald durch Verschleiß permanente Spalte entstanden sind.

Einige bauformtypische Kennlinien zeigen (nach Herstellerangaben) die Bilder 61 – 65. Die Kennlinien sind als Beispiele anzusehen; im Anwendungsfall sollte man vom Hersteller jedoch genaue Werte anfordern.

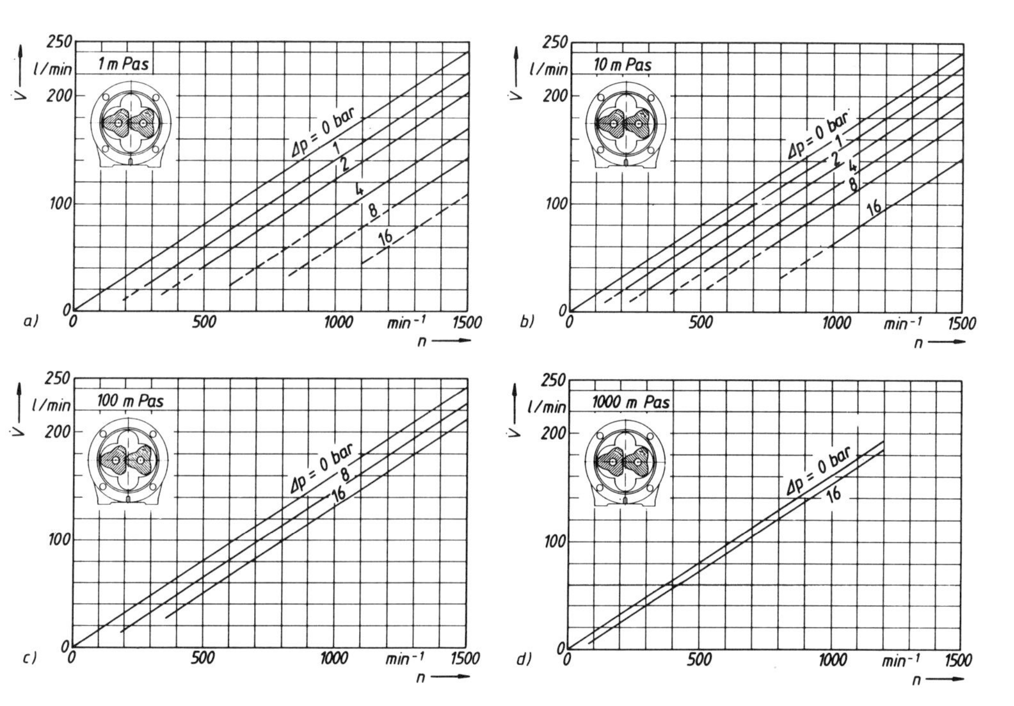

Bild 61: Dosierstromkennlinien einer Umlaufkolbenpumpe (Kn) bei verschiedener Fluidviskosität

Pumpen mit starren Arbeitsräumen (metallische Zahnrad-, Umlaufkolben-, Schraubenspindelpumpen) zeigen reproduzierbar lineare Kennlinien. Bei geringer Viskosität (Bild 61 und 62) ist der Differenzdruckeinfluß beträchtlich, so daß Druckschwankungen starke Dosierstromschwankungen bewirken (z. B. Bild 61 a + b).

Die Kennlinien zeigen bei näherer Analyse auch den Umschlag zwischen turbulenter und laminarer Strömung in den Spalten. Sie verschieben sich mit zunehmender Viskosität in Richtung Proportionalität von Dosierstrom und Stellgröße (Drehzahl n). **Zahnradpumpen mit treibendem Eingriff** (z. B. Bild 62) weisen in der Regel geringere interne Leckverluste auf. In dieser Hinsicht haben **Zahnradspinnpumpen** extrem kleine Spalte und Leckverluste; sie eignen sich mit harten Zahnradwerkstoffen als Mikrodosierpumpen mit relativ drucksteifen Kennlinien auch bei hohem Differenzdruck.

Generell führt allerdings die Miniaturisierung (bei variablen Werkstoffen) zu immer stärker druckabhängigen Kennlinien, weil die Spalte herstellungsbedingt nicht beliebig minimierbar sind. Dennoch erreicht man durch einschleiffähige Werkstoffe (z. B. PTFE-Komp.) und Differenzdruckanpressung von Gehäusedichtteilen (Bild 63b) bei mäßigem Differenzdruck selbst bei wasserdünnen Fluiden recht brauchbare Kennlinien. Allerdings gibt es auch Bauarten mit deutlichen Unlinearitäten, weil die Spaltverhältnisse offenbar teilweise drehzahlabhängig sind.

Langzeitkonstanz der Dosierstromkennlinien ist nur bei unveränderten Spaltverhältnissen vorhanden. Dies ist in der Regel bei Dauerbetrieb nur der Fall, wenn weder metallische Berührung der Dichtflächen noch Korrosions- oder Abrasionsverschleiß auftritt.

Schlauchpumpen für kleine Dosierströme (meist 4–6 Rollen) zeigen bei verschwindenden Gegendrücken ($\Delta p < 2$ bar) gute Linearität (Bild 63c + d), allerdings lassen Maßtoleranzen der Schläuche sowie Temperatureinflüsse auf das Elastizitätsverhalten Abstriche in der Reproduzierbarkeit der Kennlinien bei Schlauchwechsel erwarten (Größenordnung ± 10 %).

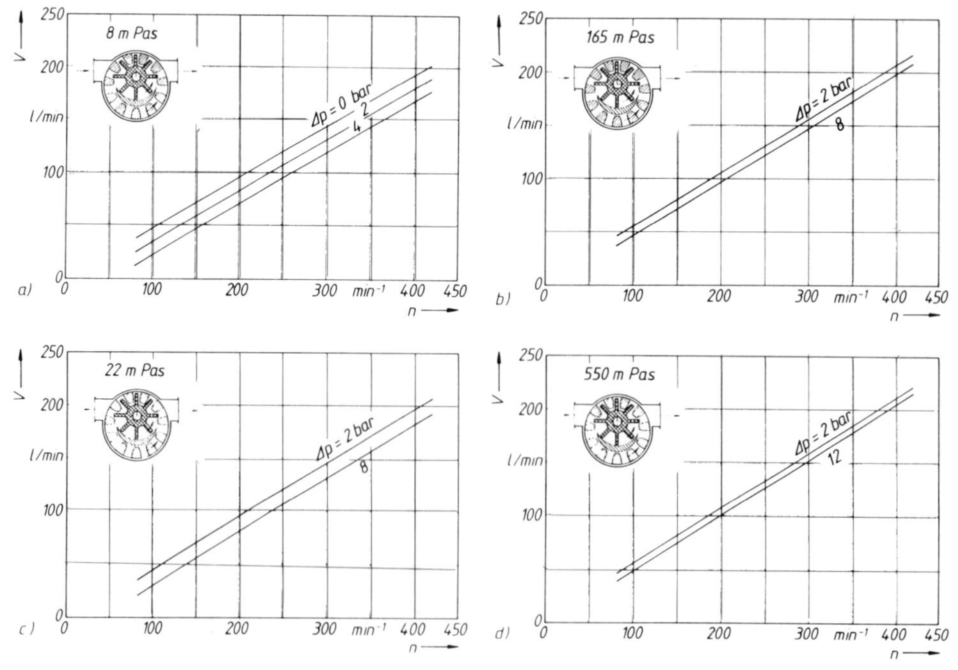

Bild 62: Dosierstromkennlinien einer Zahnradpumpe (Zi) bei verschiedenen Fluidviskositäten

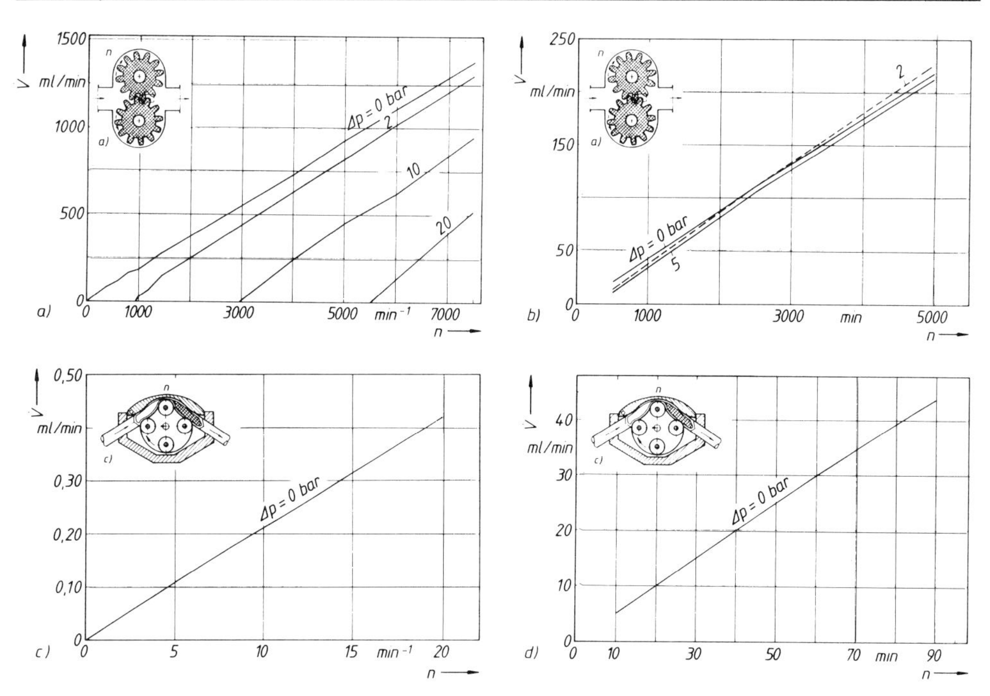

Bild 63: Dosierstromkennlinien von Mikrodosierpumpen (Za, Se; Förderfluid Wasser)

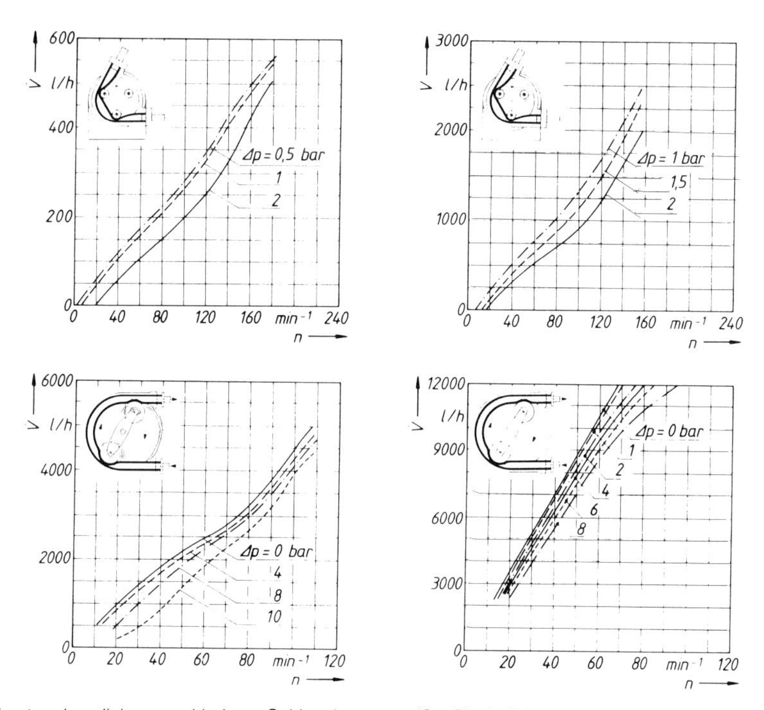

Bild 64: Dosierstromkennlinien verschiedener Schlauchpumpen (Se, Förderfluid Wasser)

Größere Schlauchpumpen (Bild 64) zeigen stets gewisse Unlinearitäten sowie deutliche Differenzdruckeinflüsse. Meist ist bei geringem Differenzdruck annähernde Proportionalität zwischen Dosierstrom und Drehzahl gegeben. Bei Schlauchwechsel oder -veränderungen ist Neukalibrierung unerläßlich.

Schlauchpumpen sind nur bei geringer Belastung (Druck, Drehzahl, Fluid) für Dauerbetrieb geeignet, weil die Schlauchlebensdauer zwischen einigen Hundert bis zu wenigen Tausend Betriebsstunden liegt.

Bei Ausführungen mit eingefädeltem Schlauch kann mit periodischem Durchziehen (Wartungsvorgang) die Pumpenlebensdauer verlängert werden.

Die Dosierstromkennlinien von **Exzenterschneckenpumpen** hängen von der Rotor/Statorüberdeckung ab [80]. Exzenterschneckenpumpen mit Spalten zeigen die bereits bekannten linearen Kennlinien mit Parallelverschiebung bei wachsendem Differenzdruck; höhere Fluidviskosität wirkt in umgekehrter Richtung (Bild 65a). Die Dosierstromkennlinien von Pumpen mit Überdeckung (Klemmung) sind in weitem Bereich linear-proportional; allerdings entstehen bei hohen Drehzahlen durch Walkeffekte Unlinearitäten (Bild 65b). Da durch Verschleiß Klemmung in Spalte übergehen kann, muß im Anwendungsfall die Dosierstromkennlinie nachkalibriert werden.

Allgemein neigen Verdrängerdosierpumpen mit gleitender Dichtung ohne genügende Verschleißreserve zur Langzeitinstabilität der Dosierstromkennlinien und sind für Dosierzwecke nur in geeigneten Kontroll- oder Regelstrategien geeignet.

Dies gilt in ganz ausgeprägtem Maß für die Flügelzeiten- (Fe-) und Wälzkolbenpumpen (We-) in Elastomerausführung.

3.2.6 Dosiergenauigkeit

Die Dosierstromschwankungen aufgrund schwankender Einflußgrößen (s. Kap. 2.2.4) nach Gl. (38) ergibt:

$$\frac{\Delta\dot{m}}{\dot{m}} = \sqrt{\left(\frac{\Delta V_u}{V_u}\right)^2 + \left(\frac{\Delta n}{n}\right)^2 \left(\frac{1}{N}\right)^2 + \left(\frac{\Delta\varrho}{\varrho}\right)^2 + \frac{\Delta(\Delta p)^2}{\Delta p}\left(\frac{\frac{C\,n_{100}}{\eta}}{N}\right)^2 + \left(\frac{\Delta\eta}{\eta}\right)^2\left(\frac{n + C\cdot\frac{n_{100}\,\Delta p}{\eta}}{N}\right)^2}$$

$$\text{mit}\quad N = n - C\cdot n_{100}\frac{\Delta p}{\eta} \qquad (39)$$

Analog zu oszillierenden Verdrängerdosierpumpen hat die Dosierstromschwankung $\Delta\dot{m}/\dot{m}$ bei $n_0/n_{100} = C\cdot\Delta p/\eta$ eine Unendlichkeitsstelle (Bild 60c), und der Regelbereich ist auf $R \approx 0{,}9\,(n_{100} - n_0)$ beschränkt. Würde man Gl. (39) noch bezüglich der Größe C, die den Spalteinfluß enthält, ergänzen, so träte der starke Einfluß der Spaltweite s zutage. Dasselbe gilt auch für Elastizitätseinflüsse auf das Verdrängungsvolumen V_u.

3.2.7 Störeinflüsse und Auslegungshinweise

Wegen prinzipieller Analogie mit oszillierender Verdrängerpumpen wird auf Kap. 2.4 hingewiesen und lediglich einige besondere Merkpunkte hervorgehoben:

a) Der dramatische Unterschied im Einfluß des Förderdrucks ist am Vergleich Kolben-/Kreiskolben-Dosierpumpe (Bild 66) ersichtlich. Nur bei Fluiden höherer Viskosität ist die Drucksteifigkeit vergleichbar.

b) Rotierende Verdrängerpumpen sind fast immer Verschleiß unterworfen, der über die Spaltleckage unmittelbar und stark den Dosierstrom verändert. Hinzu kommt, daß durch Fertigungstoleranzen sowie Fluid- und Temperatureinflüsse bei Elastomeren das Verdrängungsvolumen V_u beeinflußt wird. Daher werden rotierende Verdrängerpumpen bei hohen Ansprüchen an die Dosiergenauigkeit meist mit Dosierstromregelung über Durchflußmessung eingesetzt.

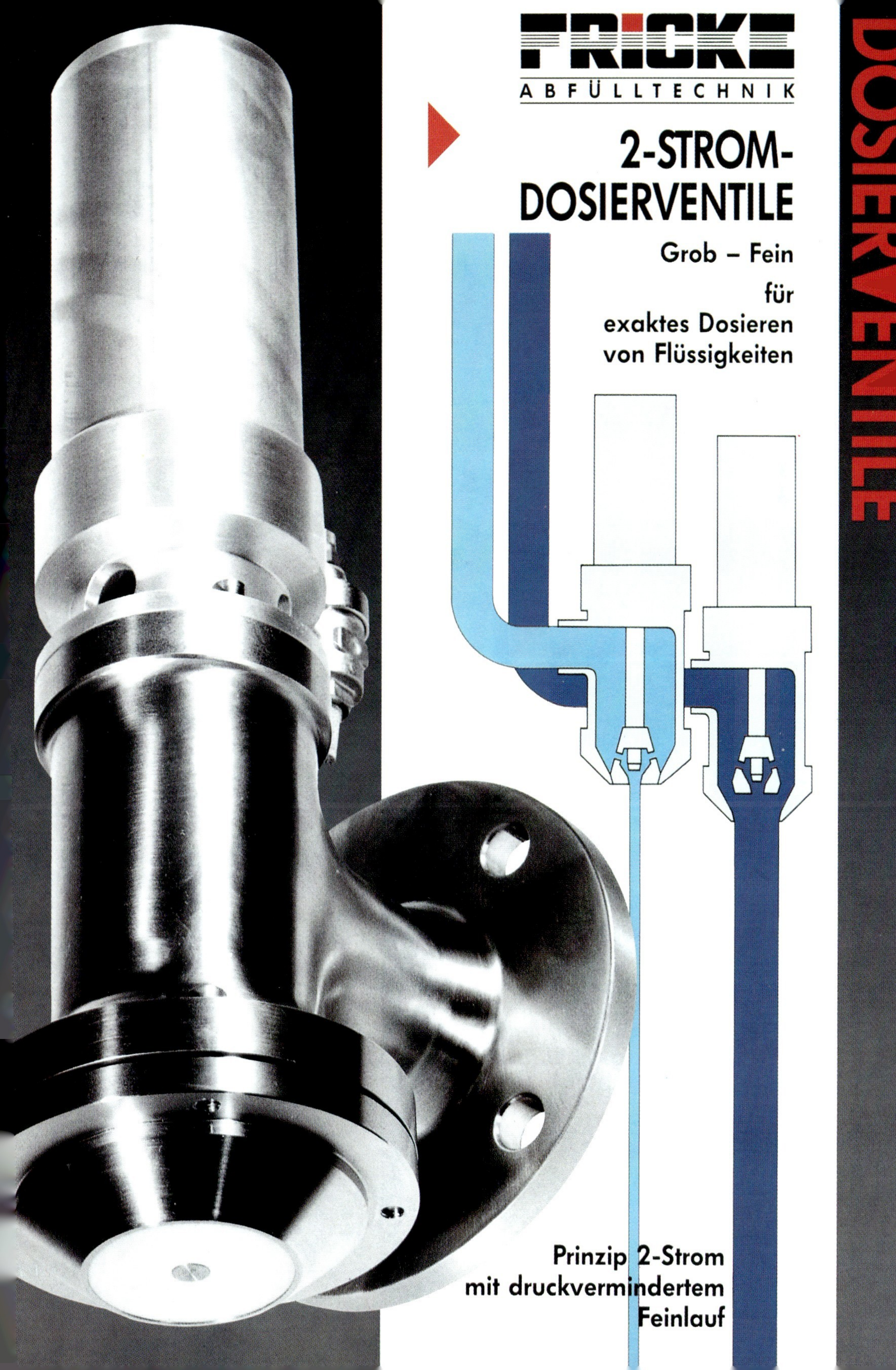
FRICKE
ABFÜLLTECHNIK
2-STROM-
DOSIERVENTILE
Grob – Fein
für
exaktes Dosieren
von Flüssigkeiten
Prinzip 2-Strom
mit druckvermindertem
Feinlauf
DOSIERVENTILE

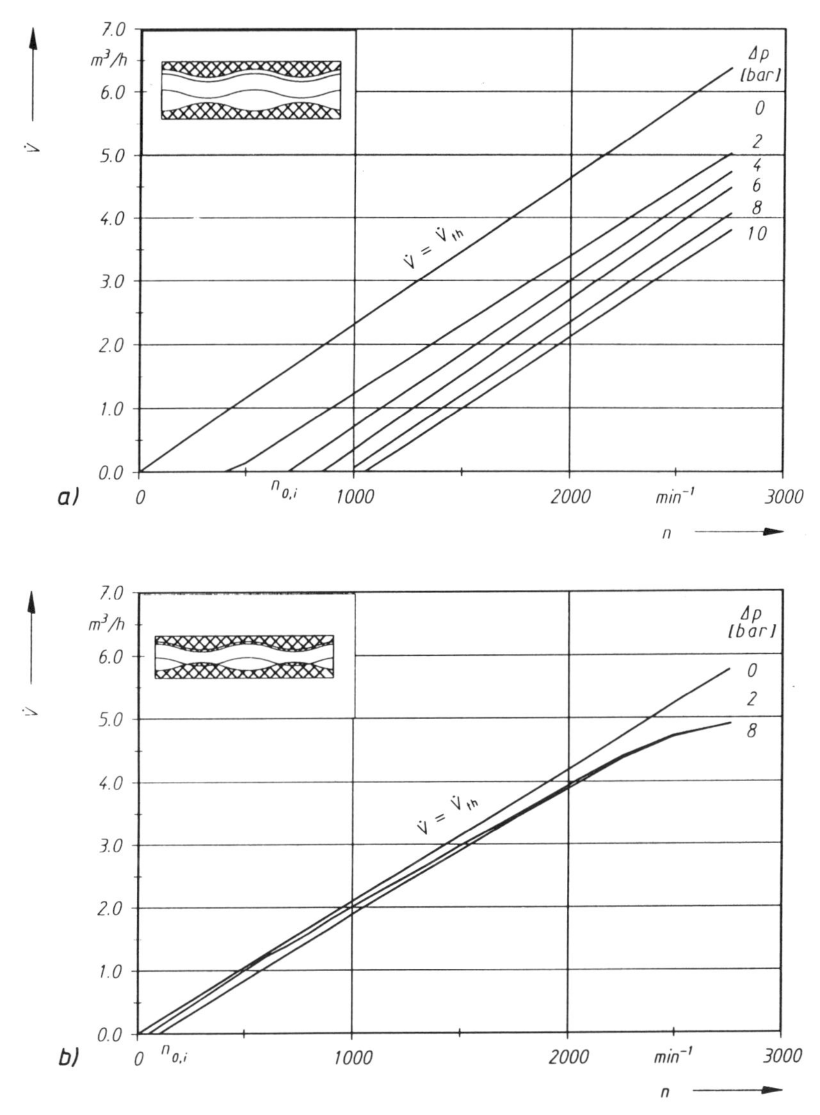

Bild 65: Dosierstromkennlinien von Exzenterschneckenpumpe in Spalt- (a) und Klemmungsausführung (b)

c) Rotierende Verdrängerpumpen sind durchweg nicht trockenlauffähig; sie benötigen teilweise sogar eine Trockenlaufsicherung. Es bestehen deutliche Unterschiede zwischen trockenem und benetztem, selbstentlüftendem Ansaugen. Bezüglich NPSHr stellen rotierende Verdrängerpumpen in der Regel keine besonderen Anforderungen. NPSHr-Werte geben Hersteller, für manche Bauarten [81] gibt es auch Berechnungsverfahren.

d) Bei der Anwendung rotierender Verdrängerpumpen sind die Tafeln 4 und 5 hilfreich. Keine andere Pumpengattung erfordert so viel Aufmerksamkeit bezüglich der Werkstoffauswahl im Detail, weil in der Regel vielerlei Plastomere und Elastomere, neben metallischen Legierungen, involviert sind. Verschleißprobleme – treibender/nicht-treibender Eingriff, gleitende Dichtungen – zwingen zu zusätzlichen Auslegungsanpassungen.

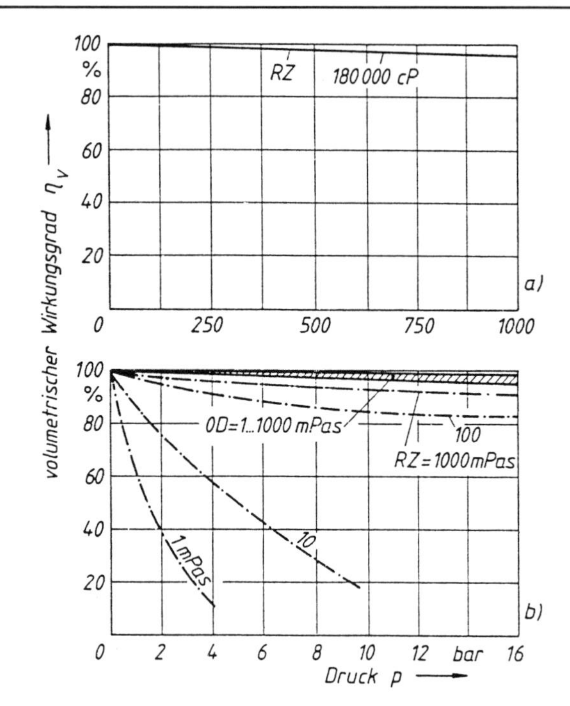

Bild 66: Vergleich des volumetrischen Wirkungsgrades
a) Zahnradpumpe (Za) mit hochviskosem Fluid
b) oszillierende/rotierende (Kn) Verdrängerdosierpumpe

Schrifttum

[1] Florjancic, D.: Sulzer Kreiselpumpen Handbuch, Hrsg. Gebr. Sulzer AG, 1. Aufl. Juli 1985.
[2] N.N.: Grundlagen für die Planung von Kreiselpumpen-Anlagen, Hrsg. SIHI-Gruppe, 1978.
[3] Piwinger, F.: Stellgeräte und Armaturen für strömende Stoffe, VDI-Verlag, Düsseldorf, 1971.
[4] Karrasik, I.J.; Krutzsch, W.C.; Fraser, W.H.; Messina, J.P.: Pump Handbook, McGraw-Hill Book Co., New York, 1976.
[5] Lobanoff, V.S.; Ross, R.R.: Centrifugal Pumps, Design & Application, Gulf Publishing Company, Houston, 1985.
[6] Vetter, G. (Hrsg.): Pumpen, Vulkan-Verlag, Essen, 1. Ausgabe 1987, 2. Ausgabe 1992.
[7] McRabe; Lauckton, P.G.; Dwyer, W.V.: Metering Pump Handbook, Industrial Press Inc., New York, 1984.
[8] Poynton, J.P.: Metering Pumps, Marcel Dekker, New York and Basel, 1983.
[9] Vetter, G. (Hrsg.): Leckfreie Pumpen und Verdichter, Vulkan-Verlag, Essen, 1992.
[10] Busch, E.; Horak, J.: Schubkurbelgetriebe, VEB Fachbuchverlag, Leipzig, 1976.
[11] Kraus, H.: Dosierpumpen in Abfüllmaschinen und Verpackungsanlagen, Maschinenmarkt 45 (1985) S. 882–884 und MM 93 (1985) S. 1956–1958.
[12] N.N.: FMI Metering Pumps Druckschrift 401-91E.
[13] N.N.: Uhde High Pressure Pumps Druckschrift HT 80-4e.
[14] N.N.: Kern Liebers Dosiertechnik, Automatic application of adhesives and sealing compounds by means of volumetric dosing devices, VD 10.89 S. 1000.
[15] Funke, H.: Eluentenfördersysteme in der HPLC. Labor Praxis, 1984, S. 18–29.
[16] Patentschrift DE 3139925 A1 (Hewlett-Packard), 1981.
[17] Patentschrift OL 2649593, Varian 1976.
[18] US Patent 4.359 312 (Erfinder: Funke et al.), 1982.
[19] N.N.: WÜRSCHUM Druckschrift Abfüllen, Dosieren, Verschließen, 1/87.
[20] Vetter, G.; Fritsch, H.; Müller, A.: Einflüsse auf die Dosiergenauigkeit oszillierender Verdrängerpumpen. Aufbereitungstechnik, 1974, S. 1–13.
[21] Fritsch, H.; Jarosch, J.: Einflußparameter auf die Genauigkeit von Dosierpumpen. Chem. Ing. Tech. 58 (1986) Nr. 3. S. 242–243.
[22] N.N.: Eichordnung, Band 2, Anlage 4: Meßgeräte für die Volumenmessung von Flüssigkeiten im ruhenden Zustand. Deutscher Eichverlag, Braunschweig, 1975.
[23] N.N.: Eichordnung, Band 3, Anlage 5: Meßgeräte zur Ermittlung des Volumens oder der Masse von strömenden Flüssigkeiten (außer Wasser), Deutscher Eichverlag, Braunschweig, 1975.

[24] Vetter, G.: Ausführungskriterien und Störeinflüsse bei oszillierenden Dosierpumpen, in: Pumpen – Bauelemente der Anlagentechnik, Jahrbuch, 1. Ausgabe (Hrsg. G. Vetter) S. 521 ff, Vulkan-Verlag, Essen, 1987.
[25] Vetter, G.; Thiel, E.: Die Kinematik selbsttätiger Pumpenventile oszillierender Verdrängerpumpen bei der Förderung Newtonscher Fluide. Konstruktion 40 (1988) S. 468–474.
[26] Vetter, G.; Thiel, E.; Störk, U.: Reciprocating Pump Valve Design, Proc. 6th International Pump Users Symposium, Houston Tx, 1989.
[27] Adolph, U.: Vorausberechnung der Funktion und der Schlaggrenze selbsttätiger Flachsitzventile von Kolbenpumpen bei reiner Flüssigkeitsströmung. Dissertation TU Dresden, 1967.
[28] Vetter, G.; Thiel, E.: Kinematik und Druckverlust selbsttätiger Pumpenventile oszillierender Verdrängerpumpen, in: Pumpen (Hrsg. G. Vetter), 2. Auflage, Vulkan-Verlag, Essen 1991, S. 229–253.
[29] Fritsch, H.: Leckfreie Mikro-Dosierpumpen. Technische Mitteilung 81 (1988) Heft 1, S. 570–578.
[30] Vetter, G.; Christel, W.: Durchflußkontrolle kleiner Dosierpumpen bei stetiger und pulsierender Strömung. Chem.-Ing.-Tech. 60 (1988) Nr. 9, S. 672–685.
[31] Vetter, G.: Genauigkeit von Dosierkolbenpumpen. Chem. Ing. Tech., 1963, S. 267–272.
[32] Vetter, G.; Fritsch, H.; Lange, R.: Dosierung im Milliliterbereich gegen hohe Drücke. Verfahrenstechnik (12), 1978.
[33] N.N.: LEWA-DA7 und DA8. Die kompletten Odorieranlagen für THT und Mercaptan, D6-151d, 1989.
[34] N.N.: LEWA: Steuerung, Regelung und Überwachung für LEWA Odorieranlagen, D6-152, 1987.
[35] N.N.: BURDOSA Dosiertechnik: Vollpneumatisch angetriebene Dosierpumpen 02.906.010.1; 7.78.
[36] Vetter, G.: Pumpen und Verdichter für hohe Drücke – Festigkeit, Dichtungen, Verschleiß, Chem. Ing. Tech. 57 (1985) S. 218 ff.
[37] Schulz-Walz, A.: Meß- und Dosiertechnik beim Betrieb von Miniplants. Chem. Ing. Tech. 62 (1990) Nr. 6, S. 453–457.
[38] N.N.: FINKE Druckschrift Abfüll- und Dosiertechnik 1993.
[39] N.N.: BRAN & LÜBBE: Katalog 2.4, Pumpenköpfe mit mechanisch gesteuerten Ventilen.
[40] N.N.: Aragonite Feindosiergerät Nr. KH685.
[41] N.N.: BRAN & LÜBBE, Katalog 2.11 Pump Valve Designs.
[42] N.N.: LEWA Druckschrift Pumpenköpfe D2-010d.
[43] Vetter, G.; Klotzbücher, G.: Einige tribologische Grundlagenuntersuchungen zum abrasiven Gleit- und Strahlverschleiß von Pumpenwerkstoffen. Konstruktion 45 (1994) Heft 11, S. 371–378.
[44] Vetter, G.; Störk, U.: Zum Verschleiß selbsttätiger Ventile oszillierender Verdrängerpumpen durch abrasive Suspensionen. Konstruktion 41 (1988) Heft 2, S. 67–72.
[45] N.N.: LEWA D10.011d: Eigenschaften und Installation von Dosierpumpen.
[46] N.N.: BRAN & LÜBBE, Katalog 2.12, Abdichtungssysteme.
[47] Vetter, G.: Dosieren von festen und fluiden Stoffen. Chem. Ing. Tech. 57 (1985) Nr. 5, S. 395–409.
[48] Dettinger, W.: Eigenschaften von Kohlemaischepumpen für Hydrieranlagen. Chem. Ing. Tech. 54 (1982) Nr. 5, S. 501–505.
[49] Vetter, G.: Förderung bei hohem Druck beherrschbar. Chemische Industrie, 10/1986, S. 944 ff.
[50] Schaaf, M.: Piston and Diaphragm Pumps for Long-Distance-Hydraulic Conveying. Bulk-Solids-Handling. 1981, S. 301–305.
[51] Druckschrift DE 3405351 A1, Hochdruckdichtungen (Erfinder J.P. Zöllner, BRAN & LÜBBE), 1984.
[52] Vetter, G.; Fritsch, H.: Zur Berechnung und Formgebung von Bauteilen unter schwellender Innendruckbeanspruchung. Chem. Ing. Tech. 40 (1986) Nr. 13, S. 662 ff.
[53] Vetter, G.; Mischorr, G.: Fatigue of Thickwalled Zylinders from High-alloyed Corrosion Resistant CrNi-Steels under Pulsating Pressure, Proc. Int. Conf. on Fract. and Fract. Mechanics, Shanghai, 1987, S. 721 ff.
[54] Mischorr, G.: Zur Ermüdung dickwandiger Rohre aus weichmartensitischen und halbaustenitischen Chrom-Nickel-Stählen durch schwellenden Innendruck. Diss. Universität Erlangen-Nürnberg, 1990.
[55] Vetter, G.: Hygienegerechte Konstruktion. Vorlesung Universität Erlangen, 1990.
[56] Meyer, D.: Aseptische Dosier- und Homogenisiermaschinen, Ausführung und Betrieb, (BRAN & LÜBBE), Koll. zu Ehren von Prof. Dr.-Ing. W. Dettinger, Erlangen, 1985 (VDMA Fachg. Pumpen; Lehrstuhl für Apparatetechnik und Chemiemaschinenbau Prof. G. Vetter) S. 67 ff.
[57] N.N.: 3 A Sanitary Standards (E0200, E3A, E0401).
[58] Vetter, G.: Reliability and Future Development of High Pressure Diaphragm Pumps for Process Service, Proceed. 5th Int. Pump Users Symp., Houston Tx, 1988.
[59] Fritsch, H.: Pumpen in Prozeßanlagen. 3R international 27 (1988) Heft 7, S. 485–493.
[60] Kraus, H.: Hermetisch dichte Dosierpumpen-Entwicklung für einen sicheren Betrieb, in: Pumpen – Bauelemente der Anlagentechnik, Jahrbuch, 1. Ausgabe (Hrsg. G. Vetter), Vulkan-Verlag, 1987.
[61] Bräuer, R.: Leckfreie Dosierpumpen für schwierige Anwendungen. 3R international 27 (1988) Heft 7, S. 494–497.
[62] N.N.: LEWA-Druckschrift Nr. D1-001d, 5.90 Lewa ecodos, Vorbildliche Sicherheit bei Niederdruck.
[63] Vetter, G.; Jarosch, J.; Schlücker, E.; Horn, W.: Neuere Entwicklungen von Membranpumpen für die Verfahrenstechnik. 3R international 32 (1993) Heft 9, S. 455–465.
[64] N.N.: BRAN & LÜBBE Katalog 2.8, 1991.
[65] N.N.: Patentschrift 1800 18 Erfinder G. Vetter).
[66] Vetter, G.; Seidl, B.: Pressure pulsation dampening methods for reciprocating pumps, 10th Pumps Users Symp. Houston Tx USA, 1993, p. 25–39.
[67] Vetter, G.; Schweinfurter, F.: Computation of pressure pulsations in piping systems with reciprocating positive displacement pumps, 3rd Joint ASCE/ASME Mech. Conf. San Diego USA, p. 21–31.
[68] Vetter, G.; Depmeier, L.; Schubert, W.: Design and Installation of Diaphragm Pumps for High-Pressure and Supercritical Fluids. The Journal of Supercrit. Fl. 1992, 5, p. 181–185.

[69] N.N.: LEWA-Druckschrift D10-012d: Eigenschaften und Installation von Dosierpumpen.
[70] Leiber, W.: Die Funktionsmerkmale verschiedener rotierender Verdrängerpumpen als Basis für anlagen- und pumpengerechten Einsatz. Pumpen, Vakuumpumpen, Kompressoren, VDMA Fachgemeinschaft Pumpen, Kompressoren, Vakuumpumpen, 1990, S. 17–26.
[71] N.N.: Blackmer Bulletin 100, 1987.
[72] Vetter, G.; Wirth, W.: Influence on Efficiency and Starting Torque of Single Screw Pumps, Interfluid 1st Congr. on Fluid Handling Systems, Essen, 1990.
[73] Vetter, G.; Völklein, J.: Ein Rechenmodell zur Bestimmung der Pulsation und der Kennlinien von Kreiskolbenpumpen. Konstruktion 40 (1988) S. 25–32.
[74] Schulz, H.: Die Pumpen. Springer Verlag Berlin, 13. Auflage, 1977.
[75] Molly, H.: Die Zahnradpumpe mit evolventischen Zähnen. Ölhydraulik und Pneumatik, 1985, Heft 9, S. 21–26.
[76] Hagen, K.: Volumenverhältnisse, Wirkungsgrade und Druckschwankungen in Zahnradpumpen. Diss. T.H. Stuttgart, 1958.
[77] Vetter, G.; Wincek, M.: Zum Förderverhalten von Schraubenspindelpumpen bei der Förderung von Flüssigkeits-/Gas-Gemischen. Konstruktion 45 (1993) S. 203–210.
[78] Wincek, M.: Zur Berechnung des Förderverhaltens von Schraubenspindelpumpen bei der Förderung von Flüssigkeits-Gas-Gemischen. Dissertation Universität Erlangen 1992.
[79] Coe, G.H.: The Peristaltic Pump. Int. Conf. on Positive Displacement Pumps, 1986, BHRA Chester/England.
[80] Vetter, G.; Wirth, W.: Suitability of eccentric helical pumps for turbid water deep well pumping in photovoltaic systems, Solar Energy, Vol. 51, No. 3, p. 205-214, 1993.
[81] Vetter, G.; Zimmermann, G.: Zur Ermittlung von NPSHr rotierender Verdrängerpumpen am Beispiel der Kreiskolbenpumpe. 3R international 32 (1993) Heft 7, S. 376–383.

3. Gravimetrische Dosierverfahren für Schüttgüter und Fluide

3.1 Wägesensoren und -elektronik

Wägesensorik im Vergleich[2])

Von J. PAETOW[1])

Die moderne Waage nutzt physikalisch sehr unterschiedliche Sensorprinzipien. Der Übergang vom Sensor zum Aufnehmer und zur Waage ist fließend, auch dem Sprachgebrauch nach. Wägesensorik untereinander zu vergleichen, ist aus mehreren Gründen kritisch. Die folgenden Ausführungen sollten deshalb nicht allzu eng an ihrer Überschrift gemessen werden. Es ist auch nicht ihr Anliegen, die verschiedenen Sensorprinzipien oder gar die sie nutzenden Produkte zu bewerten. Sie können aber dem Aufnehmeranwender helfen, eigene Maßstäbe zu finden, indem sie ihm die wichtigsten Kriterien dafür aufzeigen.

Der Schwerpunkt ist dabei auf die Gegebenheiten der Dosiertechnik ausgerichtet, soweit es einem Aufnehmerhersteller möglich ist, in deren Tiefen einzudringen. Nach einem Blick auf das Warum und Wie des Wägens in der Dosiertechnik und einer Gegenüberstellung Waage/Aufnehmer werden die – soweit abgrenzbar – dosierspezifischen Anforderungen an die Aufnehmer sowie deren charakteristische Eigenschaften aufgezeigt. Ferner werden die relevanten Sensorprinzipien beschrieben und deren Entwicklungsstand sowie Entwicklungstendenzen dargelegt.

1. Wägen in der Dosiertechnik: warum und womit?

Leben ohne Dosierprozesse läßt sich nicht vorstellen. Die Ökonomie ist dabei nur ein Teilaspekt. Ökonomisches Verhalten ist eng verknüpft mit der Forderung nach Genauigkeit. In der Dosiertechnik spielt die Frage der Genauigkeit eine elementare Rolle, und die wird weitgehend durch den Sensor vorgegeben. Zur präzisen Bestimmung von Massen ist die Waage das vorherrschende Werkzeug.

Seitdem die Waage ein elektrisches Ausgangssignal hat, läßt sie sich immer besser an ihre Aufgabe als Glied der Regelstrecke anpassen. Mit dem Aufkommen der Wägezelle wurden völlig neue Dosierkonzepte möglich. Das „Zusammenwachsen" von Wägezelle und Elektronik und die fortschreitende Anpassung dieses „Prozessors" an die spezifischen Dosieraufgaben führten zu einer weiteren Optimierung, auch bezüglich der Genauigkeit.

Die heute genutzten elektrischen Verfahren umfassen die breite Palette vom einfachsten Sensor und der Wägezelle mit diskreter Elektronik bis zur vollständigen Waage. Wie weit die einzusetzende Wägeeinrichtung als vollständige Funktionseinheit verfügbar ist oder sich aus einzelnen, austauschbaren Bauelementen zusammensetzen läßt, hängt von der Art der Dosieraufgabe, der Wahl des physikalischen Prinzips und dem Durchsatz ab. Der Aufbau aus einzelnen Komponenten bietet den Vorteil größerer Variabilität in der Konstruktion, auch der Austauschbarkeit von Elementen. Die Komplettlösung dagegen kann preiswerter sein; sie setzt auch weniger Detailkenntnisse über die Komponenten und deren Zusammenwirken voraus.

Die verschiedenen Umformungsprinzipien lassen sich nicht systematisch spezifischen Einsatzgebieten zuordnen. Allerdings sind allein die DMS-Wägezellen für beliebig große Kräfte geeignet. Somit bieten sie sich bei Dosieranlagen mit hohem Durchsatz besonders an, da sonst teure und empfindliche Hebelwerke benötigt werden.

Die meisten Verfahren unterscheiden sich nicht grundsätzlich in der erzielbaren Genauigkeit. Allerdings kann der notwendige Aufwand zur Realisierung hoher Genauigkeit sehr unterschiedlich sein. Dabei spielt auch die Nennlast des Aufnehmers oder der Waage eine erhebliche Rolle. Hier bietet die Hybridkonstruktion gewisse Vorteile.

Die Frage: „Waage oder Aufnehmer?" hat kaum noch Bedeutung. Am Beginn trat der Aufnehmer gegen die Waage an; heute sind beide kaum noch zu unterscheiden. Der Aufnehmer wird seiner Funktion nach mehr und mehr zur Waage, und diese paßt sich zunehmend an die Steuerung vollständiger Produktionsabläufe an.

---

[1]) Dipl.-Ing. J. Paetow, Darmstadt

[2]) Erstveröffentlichung: „wägen und dosieren" 1/1992, Verlagsgesellschaft Keppler-Kirchheim mbH, Mainz

Der Sensor als Element des Aufnehmers

Der Begriff „Sensor" ist nicht fest umrissen. Er kam später auf als der „Aufnehmer". Anfangs bezeichnete er meist das erste Element in der Meßkette, das die Eingangsgröße in eine elektrische Größe umformt. Da aber „Sensorik" wesentlich griffiger ist als „Aufnehmerik", wird der „Sensor" heute fast in der gesamten Meßtechnik umfassend benutzt. Er sollte aber beschränkt bleiben auf Einrichtungen mit elektrischem Ausgang. Deutlich wird die Problematik an der Frage: Ist die Waage ein Sensor? Bedeutung kann sie haben, wenn man die einzelnen Glieder einer Meßkette bewertet. Im folgenden soll der „Sensor" zur Abgrenzung gegenüber dem „Aufnehmer" in seinem ursprünglichen Sinn benutzt werden. Die nachfolgend beschriebenen Sensorprinzipien sind also Elemente der Aufnehmertechnik. Ihre Funktion muß aber stets im Zusammenhang mit dem Aufnehmer, teilweise auch der gesamten Meßanordnung, gesehen werden.

2. Die Wägezelle als Element der Wägeeinrichtung

Die Waage in ihrer hergebrachten mechanischen Konstruktion hat erstaunliche Anpassungen an automatische Prozesse erlebt. Wo immer höchste Genauigkeit verlangt wurde, trat allerdings die Federwaage zurück. Dem physikalischen Prinzip nach ist die Wägezelle die Fortsetzung der Federwaage, richtiger: ihres lastumformenden Teiles. Erst mit Zusatzeinrichtungen wie Lastaufnahme, evtl. Stützelementen und – nicht zuletzt – der Elektronik mit dem Anzeiger wird die Gesamtfunktion erfüllt. Derart aufgebaute Waagen haben inzwischen eine beachtliche Genauigkeit erreicht. Ihr Hauptvorteil liegt sicher in der Art des Meßsignales: einer elektrischen Größe. Ganz wesentlich ist aber auch die sehr geringe Verformung des Aufnehmers durch die Last sowie seine Flexibilität oder relative Selbständigkeit als Konstruktionselement. Hinzu kommt eine größere Robustheit, die die Einsatzmöglichkeiten der Waage im Prozeß erweitert.

Konstruktiv erfordert die Wägezelle meist mechanische Ergänzungen, z. B. zur Krafteinleitung, zur Abstützung oder zur Kraftübersetzung; sie bedarf aber bei weitem nicht so weitgehender Anpassung an den Prozeß wie die mechanische Waage. Auch die Gesamtkonzeption der elektromechanischen Waage erfährt mehr Spielraum, da mehrere Wägezellen ohne Probleme mechanisch und elektrisch gemeinsam betrieben werden können, zum Teil mit minimalem Zusatzaufwand.

Bezüglich Signalaufbereitung und Hilfsenergieanforderungen unterscheiden sich die einzelnen Sensorprinzipien erheblich. Je mehr Elektronik bereits im Aufnehmer angeordnet ist, desto enger wird die Auswahl der Meßelektronik. Für den Anlagenhersteller berührt dies auch die Frage der Wertschöpfung.

Ihrer mechanischen Konstruktion nach speziell auf Dosierprozesse zugeschnittene Wägezellen gibt es offensichtlich bisher nicht. Ein weiterer Anpassungsprozeß an die allgemeinen Gegebenheiten industrieller Prozesse ist jedoch abzusehen.

Das technische Wissen um die Wägezelle und ihre Peripherie ist inzwischen beachtlich, wohl aber noch nicht so verbreitet wie naturgemäß bei der mechanischen Waage. Es ist jedoch Voraussetzung für den erfolgreichen Bau der elektromechanischen Waage.

3. Eigenschaften und Einsatzbedingungen der Wägezellen

Die Mindestanforderungen an den Aufnehmer liegen auf der Hand: Genauigkeit und Zuverlässigkeit zu vertretbaren Kosten. Beide können nur in strengem Zusammenhang mit den Betriebsbedingungen gesehen werden, und sie unterliegen weitgehend denselben Einflüssen; das sind insbesondere

- Dynamik des Meßvorganges
- Fehlbelastungen (Höhe, Richtung, Art)
- Erschütterungen
- Temperatur
- Umgebungsverhältnisse.

Der Aufnehmerhersteller wird zunehmend gefordert, seine Erzeugnisse bezüglich dieser Parameter umfassender zu spezifizieren.

Eichfähigkeit ist in der Dosiertechnik keine generelle Forderung, oft jedoch notwendig; sie dient auch als Qualitätsmaßstab. Mit fast allen eingesetzten Aufnehmerarten ist sie realisiert. Gewisse Unterschiede in den **zulässigen Teilezahlen** bestehen weniger bei den Aufnehmerprinzipien als bei deren konstruktiven Ausführungen. Unterschiede in der zunehmend spezifizierten **Auflösung** lassen sich nur bedingt zur Bewertung der Genauigkeit heranziehen. Sie können unmittelbar mit der dem Umformungsprinzip zugeordneten Elektronik zusammenhängen (räumliche Zusammenfassung, Digitalisierung, Frequenzumsetzung, Mikroprozessor).

Umfang und Art der **Genauigkeitsspezifikationen** unterscheiden sich bei den einzelnen Aufnehmerherstellern deutlich. Sie tragen aber zum Wert des Produktes wesentlich bei. Üblich sind zumindest Angaben zur Umformungscharakteristik wie Kennwert, Linearität, Kriechen, Umkehrspanne und Temperatureinflüsse. Die ihnen zugrundeliegenden Definitionen sollten aber nicht fehlen. Dazu sei hier auf die Richtlinien VDI/VDE 2637 und 2638 hingewiesen sowie auf die Empfehlung R60 der OIML (Organisation internationale de métrologie légale).

Dosiertechnik-spezifische Anforderungen an Genauigkeit und Zuverlässigkeit lassen sich allgemein kaum herausstellen, da diese Technik sehr unterschiedliche Arbeitsweisen entwickelt hat. So erfährt z. B. eine Wägezelle in einer Förderbandwaage ein völlig anderes Beanspruchungsspektrum als in einer Differential-Dosierwaage.

Man kann wohl davon ausgehen, daß die Wägezelle in der Dosiertechnik in größerem Maße **dynamischen** und **schwingenden Beanspruchungen** unterliegt. Diese müssen zum einen auf Dauer ertragen werden, dürfen zum anderen aber keine zusätzlichen Fehler hervorrufen.

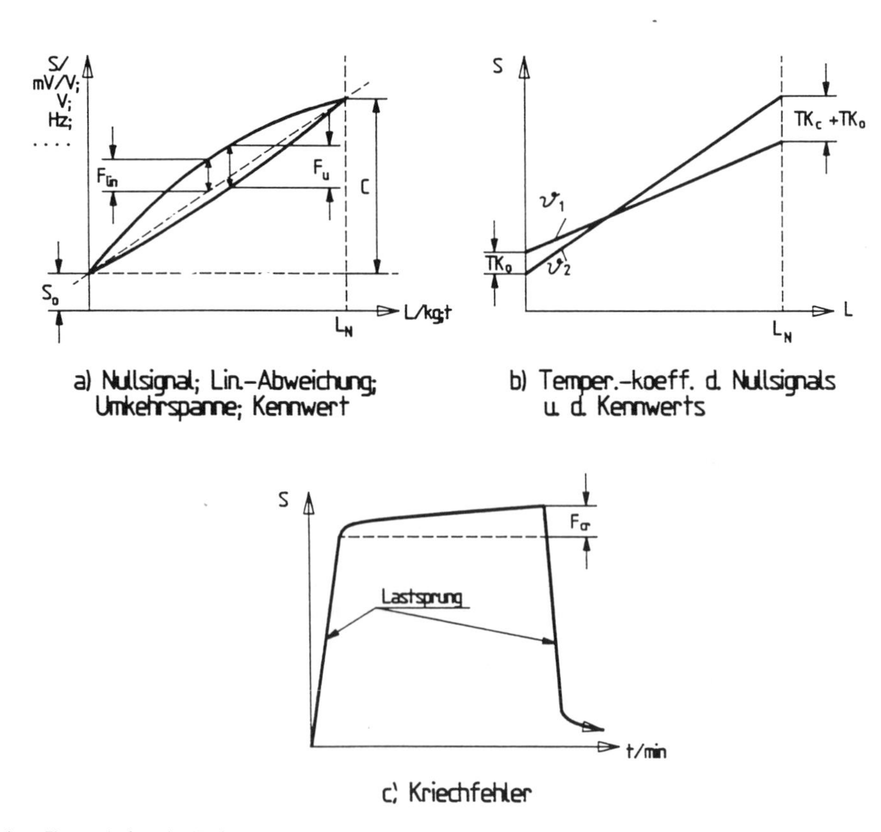

Bild 1: Eigenschaften der Umformungs-Charakteristik

Die Meßaufgabe dagegen ist eher statischer Natur, d. h. benötigt wird der kurzzeitige Mittelwert der Eingangsgröße. Das Dämpfungsverhalten der Wägezelle bzw. der Meßkette bedarf also besonderer Aufmerksamkeit. Eine große Dämpfungszeit kann unter Umständen den ganzen Prozeß bestimmen. Aufnehmersysteme auf Federbasis sind praktisch ungedämpft. Für kleinere Nennlast werden sie vereinzelt mit einer viskosen Dämpfung ausgerüstet. Diese Technik unterliegt naturgemäß Einschränkungen bezüglich Last- und Temperaturbereich.

In den meisten Fällen dürfte es allerdings mehr darum gehen, das Signal zu „glätten". Hierfür sind inzwischen elektronische Filter zu akzeptablen Kosten verfügbar. Auf den Vorteil einstellbarer Filter sei hier nur hingewiesen.

Die Dämpfung kraftkompensierender Systeme ist – bei entsprechendem regelungstechnischem Aufwand – fast beliebig einstellbar. Allerdings bleibt auch diese Technik auf niedrigere Belastungen beschränkt, wenn man kein Hebelwerk einsetzt.

Fehlbelastungen kommen in der Dosiertechnik sicher nicht häufiger vor als in vielen anderen Anwendungen. Verursacht werden können sie durch Fehler in der Konstruktion, der Montage und im Prozeß. Jeder Aufnehmer kann nur in Grenzen Überlastungen und parasitäre Beanspruchungen (Querkräfte, Momente) ertragen. Viel entscheidender allerdings ist seine Reaktion auf diese Störungen. In dieser Hinsicht unterscheiden sich die verschiedenen Aufnehmerkonstruktionen erheblich mit entsprechenden Auswirkungen auf den konstruktiven Aufwand im Meßteil der Dosieranlage. Konkrete Zahlenangaben zu dieser Situation sind kaum vorhanden.

Temperaturangaben dagegen sind meist zu finden, sowohl über die zuslässigen Bereiche als auch über die Auswirkungen der Temperatur.

Die – neben der Temperatur – für Aufnehmer bzw. Waagen bedeutsamsten **Umgebungseinflüsse** sind:

- Feuchte
- aggressive Medien
- Staub
- Luftdruckänderungen
- starke elektrische Felder.

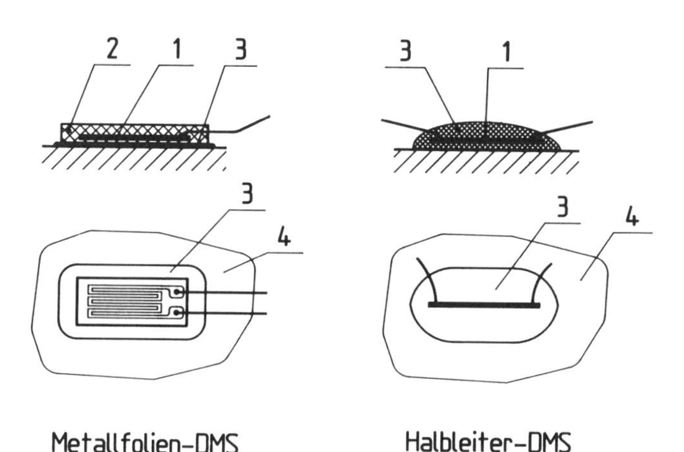

Bild 2: Dehnungsmeßstreifen

1 Folienwiderstand bzw. Haltleiter-Stäbchen
2 Kunststoffträger
3 Kleber
4 Oberfläche Meßfeder

Das Vorhandensein dieser Störquellen ist nach Art und Umfang sehr unterschiedlich bei den einzelnen Betriebsverhältnissen. Die üblichen Schutzmaßnahmen verteuern die Aufnehmer erheblich; die Aufnehmerkonstruktionen weisen auch hier große Unterschiede auf.

Feuchte und aggressive Medien sind wirksam nur durch hermetische (meist metallische) Kapselung zu eliminieren. Dichte Gehäuse können bei Wägezellen kleiner Meßbereiche allerdings eine geringe Abhängigkeit des Nullpunktes vom Luftdruck hervorrufen. Diese darf – bei eichpflichtigen Einrichtungen – nicht mehr als 1 Eichwert pro 1 KPa betragen. Ursache für Undichtigkeiten ist oft die Kabeleinführung oder der Steckeranschluß.

Dichtigkeitsangaben sind verbreitet; sie beruhen meist auf den IP-Schutzarten für elektrische Betriebsmittel entsprechend DIN 40050. Erst die höchste Klasse – IP68 – bietet bei diesen Meßmitteln hinreichende Sicherheit unter lang anhaltender hoher Feuchte. Hilfreich können auch Angaben zu den klimatischen Anwendungsklassen nach DIN 40040 sein.

Staub ist nur als Kraftnebenschluß bedeutsam, eventuell als undefinierte Zusatzlast. Im Extremfall kann Explosionsschutz erforderlich sein.

Sehr schwierig sind quantitative Aussagen über die **Korrosionsbeständigkeit**. Aufnehmer werden deshalb in zunehmendem Maße aus korrosionsbeständigem Stahl gefertigt.

Zur Beschreibung der Zuverlässigkeit unter elektromagnetischen Störungen (**EMV**) besteht noch keine Einheitlichkeit im europäischen und internationalen Rahmen. Sicherheit bei Störstrahlungen bis 10 V/m im Bereich hoher Frequenzen bis 1 GHz könnte die Standardforderung werden. Prüfergebnisse liegen bisher nur vereinzelt vor. Störungen sind eher in der Elektronik und in den Verbindungen zum Aufnehmer zu erwarten. Verursacher sind nicht nur elektronische Einrichtungen wie z. B. Nachrichtenmittel, sondern auch elektrische Maschinen.

Die Umformungs-Charakteristik des Aufnehmers wird im wesentlichen beschrieben durch:

- Kennwert (Größe des Ausgangssignals) (C)
- Linearitätsabweichung (F_{lin})
- Umkehrspanne (Hysterese) (F_u)
- Kriechen (F_{cr})
- Temperatureinflüsse auf Nullsignal und Kennwert (TK_0; TK_c) (Bild 1).

Geeignete Definitionen sind in den bereits erwähnten Richtlinien zu finden.

Die Bedeutung dieser Parameter hängt stark vom Anwendungsfall ab. So ist z. B. die **Linearitätsabweichung** ohne Belang, wenn die Folgeelektronik eine Kennlinienanpassung erlaubt oder wenn nur ein enger Bereich der Kennlinie genutzt wird, wie bei Dosierprozessen möglich.

Bei der **Umkehrspanne** ist die Situation ähnlich. Sie ist ferner vernachlässigbar, wenn stets nur in einer Belastungsrichtung gemessen wird, wie z. B. bei der Differential-Dosieranlage.

Für den **Kriechfehler** gelten ähliche Überlegungen. Auch bei nur kurzzeitiger Belastung fällt er weniger ins Gewicht.

Die **Temperatureinflüsse auf Kennwert und Nullpunkt** können naturgemäß ebenfalls sehr gering bleiben, wenn kaum Temperaturschwankungen vorhanden sind bzw. der Prozeß gelegentliche Tarierung erlaubt.

Eher kritisch können Temperaturgradienten sein, z. B. als Folge schneller Temperaturwechsel.

Vorstehende Gesichtspunkte gelten unabhängig vom Sensorprinzip. Die Spezifikationen der verschiedenen Aufnehmerarten weisen bei diesen Parametern auch keine grundsätzlichen Unterschiede auf.

Pauschale Genauigkeitsangaben werden vom Anwender gerne gesehen, sind jedoch unrealistisch. Meßfehler rühren in erheblichem Maße von äußeren Einflüssen her; ihre Größe hängt somit vom Prozeß und auch vom Geschick des Konstrukteurs ab. Der Aufnehmerhersteller kann nur versuchen, die wichtigsten Einzelfehler bzw. Auswirkungen von Einflüssen zu spezifizieren. Bei sehr genauen Aufnehmern liegen diese derzeit an der 0,01 %-Grenze (bei Temperatureinflüssen: pro 10 K). Bezug ist dabei meist das Nennlastsignal, obwohl alle Mängel der Kennlinie eher lastabhängig sind. Nur der Temperatureinfluß auf das Nullsignal ist eine absolute Größe und deshalb Haupthindernis für weitere Meßbereichsspreizung bzw. größere Auflösung.

Ein leicht übersehener Genauigkeitsaspekt betrifft die Kompatibilität der Einzelglieder der Meßanordnung. Aufnehmer und Meßelektronik müssen angepaßt sein; der Einfluß der Kabelverbindungen kann durch geeignete Schaltungstechniken klein gehalten werden.

4. Sensorprinzipien

Von den zahlreichen zur Kraftmessung geeigneten Sensorprinzipien finden in der Dosiertechnik vorwiegend die folgenden Anwendungen:

- DMS-Verfahren
- elektromagnetische Kraftkompensation
- Schwingsaite
- Induktivaufnehmer
- Kreiselpräzession

Ihre Verbreitung ist recht unterschiedlich. Konzentrationen auf bestimmte Anwendungsgebiete dürften eher marktpolitisch begründet sein. Manche Anlagenhersteller verwenden ihre eigenen Wägezellen. Am weitesten verbreitet sind Dehnungsmeßstreifen-Wägezellen, wohl wegen ihrer großen Robustheit und der weiten Meßbereichspalette. Im folgenden sollen die genannten Verfahren und ihre Realisierungen vorgestellt werden.

4.1 Dehnungsmeßstreifen-Verfahren

Der DMS nutzt die Erscheinung aus, daß ein elektrischer Leiter seinen Widerstand unter mechanischer Beanspruchung ändert. Er besteht aus dünnen, oft mäanderartig angeordneten Leiterbahnen in oder auf Kunststoff-Folien (Bild 2).

Es werden vorwiegend spezielle Metallegierungen verwendet; Halbleiter finden in Wägezellen keine Anwendung. Der DMS wird aufgeklebt; in der Aufnehmertechnik kommen auch andere Beschichtungsverfahren vor.

DMS-Wägezellen bestehen aus starren Federkörpern unterschiedlichster Form, auf deren Oberfläche an geeigneter Stelle die DMS angebracht sind. Auf jeder Meßfeder befinden sich mindestens vier DMS derart, daß die Wirkungen parasitärer Kräfte funktionell ausgeschaltet werden.

Zwei typische, auch in Dosieranlagen eingesetzte DMS-Wägezellen zeigt Bild 3.

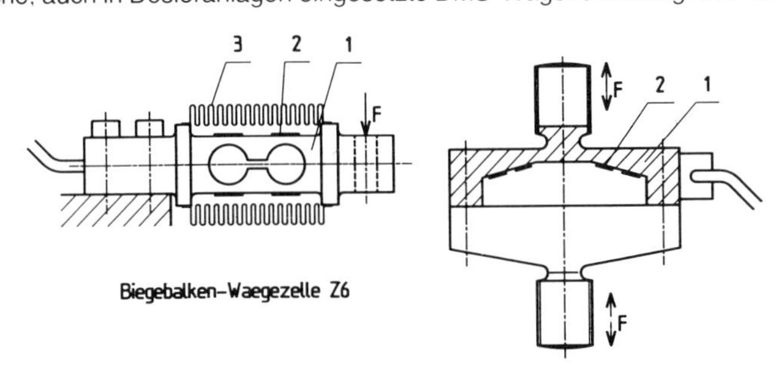

Bild 3: DMS-Wägezellen
1. Meßfeder
2. Dehnungsmeßstreifen
3. Metallbalg

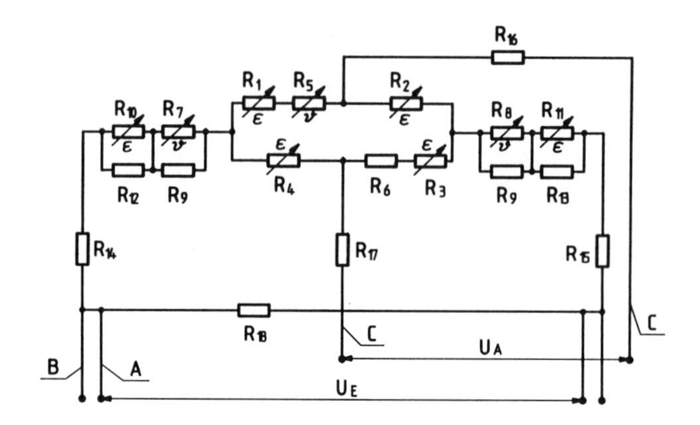

$R_1 \dots R_4$: Dehnungsmessstreifen
R_5 : Temp.-Komp. Nullpunkt
R_6 : Abgleich Nullpunkt
$R_7 \dots R_9$: Temp.-Komp. Kennwert
$R_{10} \dots R_{13}$: Lineraritaetskorrektur
$R_{14} \dots R_{17}$: Abgleich Kennwert
R_{18} : Abgleich Widerstand
A : Speiseleitungen
B : Fuehlerleitungen
C : Ausgangsleitungen

Bild 4: Brückenschaltung von DMS-Wägezellen

Die DMS sind in einer Brückenschaltung zusammengefaßt. Bild 4 gibt die vollständige Anordnung wieder mit allen Korrekturgliedern, die – je nach einzustellender Genauigkeit – individuell justiert werden müssen.

Der Anschluß nach außen erfolgt über ein 4adriges Kabel; bei größeren Entfernungen (bis 500 m) wird im 6-Leiter-System betrieben.

Das Ausgangssignal ist analog. Es beträgt bei Nennlast 1 bis 3 mV pro Volt Speisespannung und ist in der Regel eng justiert. Die max. Auflösung liegt bei etwa 10^6 Teilen. Damit werden Meßbereichsunterteilungen in weiten Grenzen möglich. DMS-Wägezellen werden für Nennlasten von ca. 1 kg bis 500 t hergestellt. Ihre Verformungen betragen 0,1 bis 0,7 mm. Sie enthalten keine beweglichen Teile; Abnutzung ist nur an der Lasteinleitung zu erwarten, wenn der Aufnehmer ständig unter Last bewegt wird.

4.2 Elektromagnetische Kraftkompensation

Eine Spule verschiebt sich im Magnetfeld, wenn sie von einem Strom durchflossen wird. Verhindert man durch Änderung des Stromes die Verschiebung, dann ergibt sich ein linearer Zusammenhang zwischen Kraft und Strom in der Spule (Bild 5). Bewirkt wird dies mit Hilfe eines Wegsensors, der allein die Aufgabe hat, Verschiebungen der Spule festzustellen. In einer nachfolgenden Regelstrecke wird der Spulenstrom so lange erhöht, bis die Null-Lage wieder erreicht ist. Das Funktionsprinzip des Wegsensors kann beliebig sein; er muß nur eine hohe Empfindlichkeit und extreme Nullpunktstabilität aufweisen.

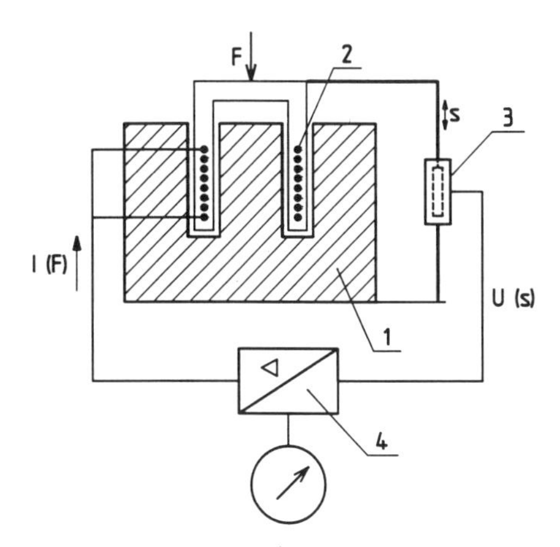

Bild 5: Prinzip der elektromagnetischen Kraftkompensation

1. *Magnet*
2. *Spule*
3. *Wegsensor*
4. *Vergleicher, Signalaufbereiter, Verstärker*

Die Genauigkeit des Systems hängt naturgemäß von der Beständigkeit des Zusammenhanges zwischen Kraft und Strom sowie von der Signalaufbereitung ab. Das erfordert einigen zusätzlichen Aufwand an Kompensationsmitteln, wie die Prinzipdarstellung einer praktischen Realisierung vermittelt (Bild 6). Dazu gehören auch mechanische Mittel zur Stabilisierung der Spulenlage in allen übrigen Freiheitgraden.

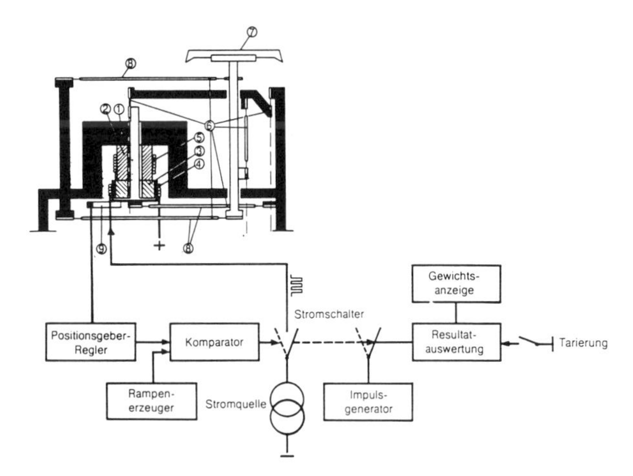

Bild 6: Funktionsprinzip einer kraftkompensierenden Waage (Mettler)

1. *Magnet*
2. *Magnet*
3. *Polschuh*
4. *Kompensationsspule*
5. *Temperaturkompensation*
6. *Biegelager*
7. *Waagschale*
8. *Lenker*
9. *Positionsgeber*

Der Spulenstrom wird in Puls-Form aufbereitet; das Meßsignal entspricht der Pulsdauer und ist somit zählbar. Eine lastabhängige Dämpfung im Regelkreis ist möglich. Die einzelnen Gruppen dieses Konzepts sind räumlich zu einer Einheit zusammengefaßt, also zur vollständigen Waage. Der Verformungsweg dieses Systems ist äußerst gering, wodurch sich Rückwirkungen evtl. erforderlicher Kraftnebenschlüsse verringern. Lasten über einigen Kilogramm erfordern Hebelübersetzungen, die z. T. schon im System angeordnet sind. Mit äußeren Hebelwerken sind – wie bei jeder Waage – auch große Kräfte aufzunehmen. Das Auflösungsvermögen beträgt einige 10^5 Teile. Derartige Waagen sind eichfähig bis zu einigen tausend Teilen; sie werden in Schutzart IP67 und auch für explosionsgefährdete Bereiche ausgeführt. Mit entsprechender Peripherie finden sie auch Eingang in industrielle Prozesse.

4.3 Schwingende Saite

Zwischen der Resonanzfrequenz (f) einer Saite und ihrer Spannkraft F sowie ihrer Länge und Masse besteht folgender Zusammenhang:

$$f \sim \sqrt{\frac{F}{l\,m}}$$

Die Umsetzung dieser Beziehung in einen elektromechanischen Resonanzschwinger ist mit einfachen Mitteln möglich, wie Bild 7 veranschaulicht. Der Weg zum zuverlässigen und hochgenauen Aufnehmer wurde jedoch erst durch die moderne Elektronik möglich. Dabei entstanden verschiedene konstruktive Lösungen wie z. B. die Anordnung von zwei, mit unterschiedlicher Frequenz schwingenden Saiten. Dadurch konnten Linearität und Temperaturfehler wesentlich verbessert werden.

Die Schwingung der Saite kann auch angeregt werden, indem man sie zwischen Permanentmagneten anordnet und einen Strom hindurchleitet. Dieser Erregerstrom erzeugt ein Magnetfeld um die Saite, das sie zur Querbewegung veranlaßt. Aus der Bewegung wiederum resultiert eine Spannung in der Saite, die zur Modulation des Erregerstromes verwendet wird. Dieses Prinzip und seine mechanische Realisierung gibt Bild 8 wieder.

Die interne Elektronik dient neben der Linearisierung und Temperaturkompensation auch schon der Digitalisierung mit rechnerkompatibler Schnittstelle. Damit wird die Signalübertragung über große Entfernungen möglich. Die Auflösung erreicht bis zu 10^6 Teile. Als ,,Massensensor" beträgt die maximale Nennlast etwa 10 kg, bei Verformungen bis ca. 0,2 mm; ,,Kraftsensoren" sind bis 10 kN belastbar. Die Schutzarten gehen bis zu ,,IP67". Anwendungen im eichpflichtigen Verkehr kommen vor.

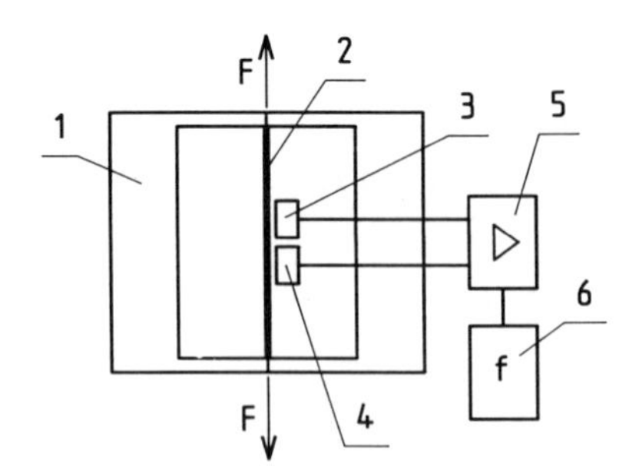

Bild 7: Prinzip des Schwingsaiten-Kraftaufnehmers

1. *Kraftaufnahme*
2. *Saite*
3. *Erreger*
4. *Sensor*
5. *Resonanzverstärker*
6. *Frequenzzähler*

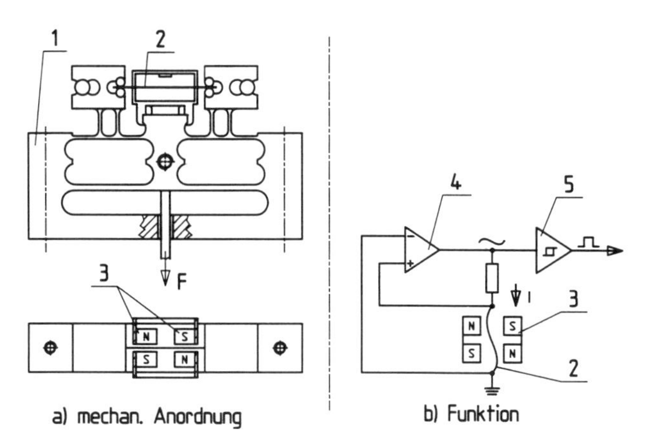

Bild 8: Schwingsaiten-Wägezelle

1. *Kraftaufnahme*
2. *Schwingsaite*
3. *Permanentmagnete*
4. *Differenzverstärker*
5. *Signalumformer*

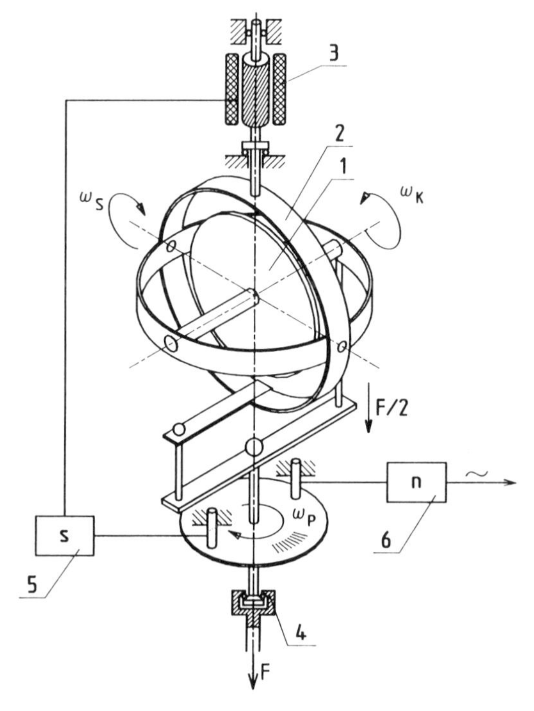

Bild 9: Prinzip der Kreiselwägezelle

1. *Kreisel. Drehmasse*
2. *kardanische Aufhängung*
3. *Stützmotor*
4. *Axiallager*
5. *Meßsystem für Absenkung*
6. *Drehzahlmeßsystem*

4.4 Kreiselwägezelle

Wird ein Kreisel durch ein Moment M um eine Achse senkrecht zu seiner Drehachse beaufschlagt, dann erfährt er eine Drehbewegung um die dritte Achse (Präzession). Die Winkelgeschwindigkeit der Präzession folgt der Gesetzmäßigkeit

$$\omega_p \sim \frac{M}{\omega_K \Theta}$$

Das Prinzip vermittelt Bild 9.

Bei entsprechender Anordnung des Kraftangriffs rotiert das Kreiselgehäuse um die Kraftachse. Reibungsverluste und Beschleunigungsreaktionen beeinflussen allerdings die Präzession und verursachen ein Absinken der Lasteinleitung. Das wird durch einen „Stützmotor" verhindert, der ein zusätzliches Moment um die Kraftachse erzeugt. Dieser wird von einem Lagesensor angesteuert, der die Längsbewegungen erfaßt. Zur Drehzahlmessung dient ein hochauflösendes inkrementales System. Das Meßsignal liegt hier also direkt als auszählbare Pulsfolge vor.

Bei entsprechender Umsetzung der Pulsfolge sind hohe Auflösungen möglich; Waagenzulassungen mit derartigen Aufnehmern gehen bis etwa 10^4 Teile.

4.5 Induktive Wägezelle

Die Induktivität einer Spule ändert sich durch Verschieben eines Kernes aus magnetisierbarem Material um den Weg s in folgendem Verhältnis (Bild 10):

$$L \sim \frac{C_1}{1 + SC_2}$$

Bei konstanter Frequenz folgt auch der Wechselstromwiderstand dieser Beziehung. Sie ist aber für viele meßtechnische Anwendungen nicht hinreichend linear. Deswegen – und zwecks besserer Temperaturkompensation – ordnet man zwei Spulen hintereinander an und ergänzt zu einer Brückenschaltung. Diesem Differentialdrosselsystem entsprechend Bild 10b steht der Differentialtransformator (Bild 10c) gegenüber.

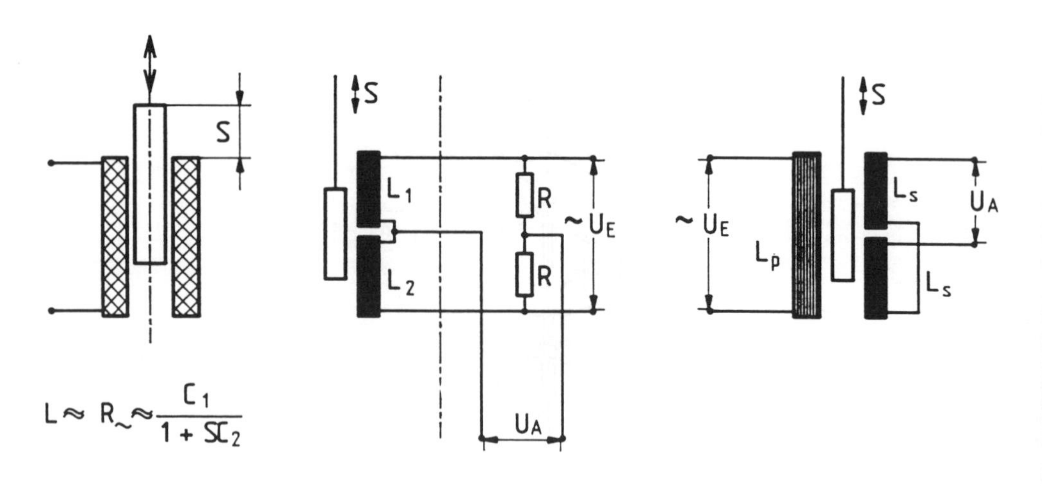

Bild 10: Induktivaufnehmer

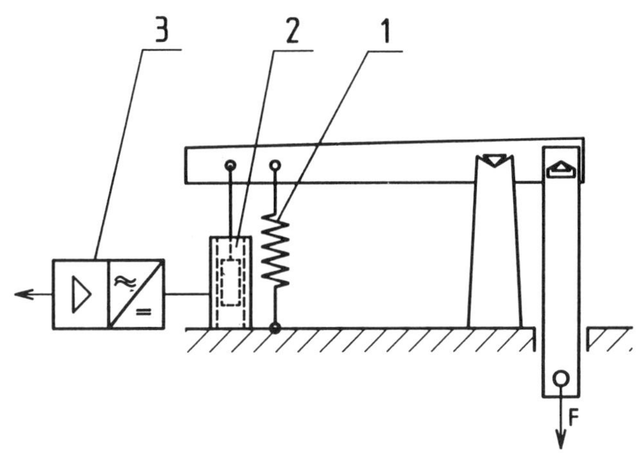

Bild 11: Prinzip Induktive Wägezelle
1. Kraftmeßfeder
2. Indukt. Wegaufnehmer
3. Trägerfrequenz-Verstärker

Hier ist eine dritte Spule vorgesehen, deren Kopplung zu den beiden Sekundärspulen durch die Kernposition beeinflußt wird. Beide Einrichtungen werden in Aufnehmern verwendet.

In Verbindung mit einer Meßfeder ergibt sich die induktive Wägezelle, deren Prinzip Bild 11 vermittelt.

Zur Signalerzeugung wird ein Wechselstrom höherer Frequenz (Trägerfrequenz, einige kHz) benötigt, dessen Amplitude moduliert wird. Nach phasenkritischer Gleichrichtung steht ein vorzeichengerechtes Gleichspannungssignal zur Verfügung. Dem Vorteil der Trägerfrequenztechnik – stabiler Nullpunkt, gute Störsicherheit – stehen die höheren Kosten des Meßverstärkers gegenüber. Die Meßgenauigkeit genügt mittleren Ansprüchen; Eichfähigkeit für höhere Waagenklassen liegt nicht vor. Hermetische Kapselung ist möglich, ebenso der Betrieb in eigensicheren Stromkreisen.

5. Ausblick

Eine Vorausschau enthält stets spekulative Elemente. Trotzdem sei der Versuch gewagt, die Linie der Entwicklung zu „extrapolieren". Als vor über 40 Jahren als erstes die DMS-Kraftmeßdose aufkam, war ihre Funktion klar umrissen. Mechanisch bildete sie eine geschlossene Einheit, vereinzelt ergänzt durch Konstruktionselemente für die Krafteinleitung. Elektrisch stellte sie einen reinen passiven Vierpol dar mit großer Kompatibilität zur – seinerzeit allerdings noch spärlich vorhandenen – Meßelektronik. Im wesentlichen gilt dies für den DMS-Aufnehmer auch heute noch. Seine Produktpalette hat sich jedoch erheblich erweitert, auch in Richtung „Spezialisierung" (z. B. Kraftaufnehmer vs. Wägezelle; vereinfachter Wägesensor); die Aufnehmer wurden kleiner und weniger anspruchsvoll in der Krafteinleitung; sie wurden genauer. Die Meßelektronik ist in ihrer Vielfalt heute kaum noch zu überschauen, aber weiterhin vorwiegend selbständig. Abgesehen von wenigen länger zurückliegenden Versuchen hat sie erst vor kurzem begonnen, sich mit der Wägezelle zu vereinigen. Anfangs waren die Möglichkeiten beschränkt auf die Anhebung des Signalpegels, dann kamen Signalumformungen hinzu. Neue, starke Impulse brachte dann der Mikroprozessor. Inzwischen ist er vereinzelt in DMS-Wägezellen zu finden. Seine Aufgaben sind dort Fehlerkorrektur, Anpassung und Signalumformung, z. B. digitale Kodierung. Damit bahnt sich der direkte Anschluß an den PC oder speziellen Prozeßrechner an. Dazu gehört auch die Dialogfähigkeit Aufnehmer/Rechner. Wie weit auch prozeßspezifische Aufgaben – z. B. Selbstlernfunktionen – sich in den Aufnehmer verlagern, muß die weitere „Evolution" zeigen.

Bald nach dem DMS-Aufnehmer kamen die induktiven Systeme auf. Ihr anfangs großer Vorteil, der höhere Signalpegel, hat heute nur noch geringe Bedeutung. Das an sich preiswerte Sensorprinzip konnte dem Trend zur höheren Genauigkeit weniger folgen. Als analoges Verfahren bietet es sich weniger für die „Digitalisierung“ an. Wie weit auch hier der Mikroprozessor neue Wege öffnet, ist nicht abzusehen.

Schwingsaite und magnetische Kraftkompensation wurden erst durch die moderne Elektronik möglich, zumindest mit den heutigen Genauigkeitsmerkmalen. Da sie meist als Waage realisiert wurden – also als selbständige Meßeinheit –, ist die Prozeßanpassung schon weiter fortgeschritten. Der Unterschied zum diskreten Aufnehmer, betrieben mit diskreter Elektronik, ist jedoch vorwiegend logistischer Natur. Bei Schwingsaitenaufnehmern dürfte die Entwicklung zu größeren Meßbereichen fortschreiten, ebenfalls forciert durch den Mikroprozessor.

Die mechanische Peripherie der Aufnehmer ist noch weiter ausbaufähig. Auf der einen Seite steht das Bemühen, dem Anwender Kosten und Mühen bei Einbau und Montage der Aufnehmer zu verringern. Hier stehen Montagehilfen und Krafteinleitungselemente im Vordergrund. Auf der anderen Seite werden die Aufnehmer anspruchsloser in dieser Hinsicht. Der Wettbewerb bei den Aufnehmern ist inzwischen sehr groß mit der Folge, daß die Preise kaum noch Reserven aufweisen. Fundamental andere Meßverfahren oder Konstruktionen sind nicht abzusehen. Die Herstellerbemühungen richten sich deshalb stark auf die Rationalisierung der Fertigung und die Prozeßbeherrschung, wozu auch der Einsatz von Qualitätssicherungssystemen gehört. Erhebliche Anstrengungen gelten ferner der Steigerung der Meßgenauigkeit. Hier ist der Fortschritt aber besonders mühsam. Jedoch auch hier gilt, daß allein das Verhältnis von Preis zu Leistung den Fortschritt bestimmt, nicht das Sensorprinzip.

Wägezellen und -elektronik der kontinuierlichen Entnahmeverwägung

Von R. STÖCKLI[1)]

1 Bedeutung der Gewichtserfassung bei kontinuierlichen Dosierwaagen

Die Zeichen der Zeit sind eindeutig. Automatisieren, Qualitätsanforderungen erfüllen, rasch und flexibel auf wechselnde Marktanforderungen reagieren und Umweltgesetze berücksichtigen, das sind Anforderungen, die alle Komponenten einer Dosieranlage prägen. Ganz besonders betroffen ist das Element "Gewichtserfassung". Als Herz des Regelsystems, als Quelle vieler Betriebsdaten und als Element, welches die Geschwindigkeit nach einer Inbetriebnahme mit veränderten Rezepten mitbestimmt, ist die Bedeutung des Gewichts-Sensors sehr gross. Von Gewichts-Sensoren spricht man bei Kraftaufnehmern mit einem elektrischen Ausgangssignal.

Anforderungen und Problematik

Die Anforderungen an eine bestimmte Dosierwaage scheinen klar. Ein Schüttgut muss bezüglich Genauigkeit, Dosierleistung, Dosierverhältnis zu anderen Schüttgütern oder zu einer Führungsgrösse und nach definierten Alarmkonditionen den Anforderungen entsprechend dosiert werden. Aus diesen Angaben lässt sich vielleicht bereits die Dosierwaage mit dem geeigneten Austragsgerät, mit dem richtigen Leistungsbereich und mit der entsprechenden Behältergrösse auswählen, wenn das Verhalten des Schüttgutes genügend gut bekannt ist. Noch nicht gesprochen wurde von den Raumkonditionen und den Prozessumständen. Dazu kommen die Anforderungen an das Regelsystem aus den Qualitätssicherungsansprüchen. Es sind also eine ganze Reihe von Einflussgrössen, die für die Lösung berücksichtigt werden müssen.

Bei den Einflussgrössen entsteht manchmal eine Problematik, weil diese Grössen laufenden Änderungen unterworfen sind, die in ihren Auswirkungen beherrscht werden müssen.

Schüttgut:	Schüttgewicht und Verhalten
Umgebung:	Vibrationen, Temperatur, Zugluft, Staub
Schüttgutzufuhr:	Menge, Druckwelle, Zeit, Geschwindigkeit
Prozess:	Druck, Dichtigkeit, Druckwellen, Menge
Bedienung:	Sachgerecht, Einfach, Verständlich
Regelung:	Qualitätskontrolle, Kommunikation, Alarmkonditionen
Gewichts-Sensor:	Signalumwandlung, Kalibrierung, EMV, Temperatur,

2 Spezifikationen der Kraft-Messzellen

Einige Parameter sind in der Richtlinie VDI/VDE 2637 "Wägezellen, Kenngrössen" definiert und werden in diesem Kapitel erklärt. Dabei sind aber wesentliche Parameter die zur Qualität einer Dosierung beitragen nicht berücksichtigt. Es sind dies die dynamischen Parameter wie Vibrationseinflüsse, Schock und die Dynamik des Messvorganges sowie die Auflösung des Messbereichs.

2.1 Lastgrössen

Der **Kennwert C** einer Wägezelle mit Verstärker ist die Ausgangsgrösse als Spannung [V], Strom [A] oder Frequenz [Hz], die infolge der aufgelegten Last auftritt. Der Kennwert ist das Produkt aus der Nennlast L_n und der Steigung der Geraden durch die Punkte P1 [L_p, S_p] und P2 [L_n, S_n] der Kennlinie der Wägezelle bei zunehmender Belastung (Bild 1).

[1)] R. Stöckli, K-TRON, CH–Niederlenz

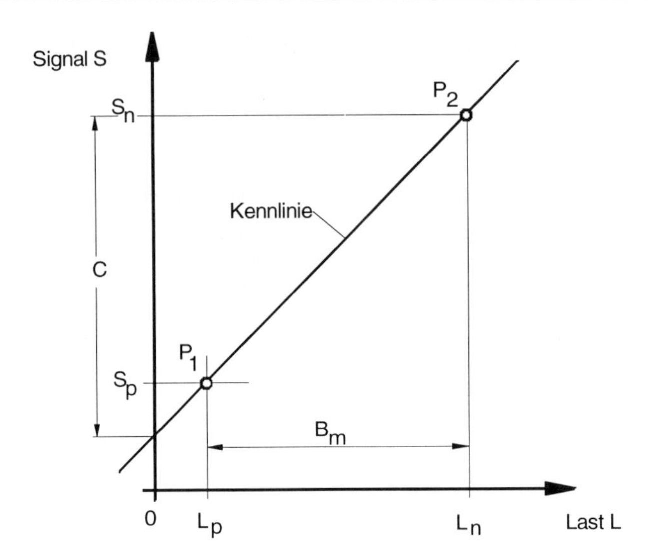

Bild 1: Wägezellenkennlinie (Bm: Messbereich)

C = Steilheit · Nennlast

$$C = \frac{S_n - S_p}{L_n - L_p} \cdot L \quad (1)$$

Da bei den meisten Wägezellen die untere Lastgrenze L_p mit der unteren Messbereichsgrenze übereinstimmt, kann die obige Gleichung durch $L_p = 0$ vereinfacht werden:

$$C = S_n - S_p \quad (2)$$

Tatsächlicher Kennwert C_i: der an einer Wägezelle gemessene Kennwert.

Kennwerttoleranz: Zulässige Abweichung des tatsächlichen Kennwertes C_i vom Nennkennwert C_n bezogen auf den Nennkennwert C_n.

Linearitätsfehler F_{lin}: Maximale Abweichung der Kennlinie im Messbereich B_m von der besten Geraden, bezogen auf den Nennkennwert C_n für zunehmende und abnehmende Belastung.

Hysterese, Relative Umkehrspanne F_{hys}: Die Hysterese ist die maximale Differenz zwischen der Kennlinie bei zunehmender und derjenigen bei abnehmender Belastung. Dieser Fehler ist in der Dosiertechnik meistens vernachlässigbar da fast ausschliesslich in einer Belastungsrichtung gearbeitet wird (Bild 2).

Zusammengesetzter Fehler F_{comb}: Halber Abstand c zwischen den Grenzen des Toleranzbandes, das die Kennlinie im Messbereich B_m bei zunehmender und abnehmender Belastung umschliesst, bezogen auf den Nennkennwert C_n. Die Mittellinie des Toleranzbandes trifft bei der Vorlast L_p mit der Kennlinie bei zunehmender Belastung zusammen (S_o) (Bild 2).

Kriechfehler F_{cr}: Maximale Veränderung F_{cr} des Ausgangssignals S innerhalb eines definierten Zeitraumes von 10 s bis 30 min bezogen auf die Laständerung ΔL. Im Normalfall wird die Laständerung L_n (100 %) innerhalb von 5 s aufgelegt (Bild 3).

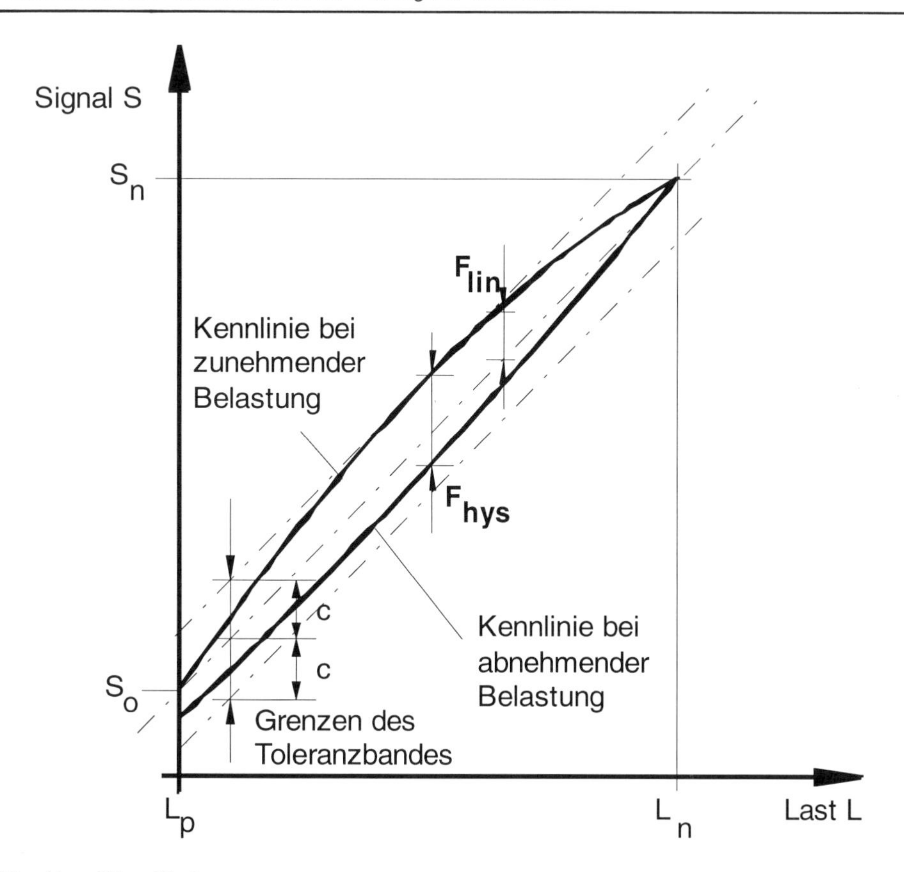

Bild 2: Linearität und Hysterese

Beispiel: Eine Wägezelle mit 100 Kg Nennlast zeigt 1 Kg. Es wird eine Last von 80 Kg aufgelegt. Nach 30 min zeigt sie 81.015 Kg. Der Kriechfehler beträgt:

$$F_{cr} = \frac{81.015\,\text{kg} - 1\,\text{kg} - 80\,\text{kg}}{80\,\text{kg}} \cdot 100\,\% = 0.019\,\%$$

2.2 Temperatur

Referenztemperatur: Die Referenztemperatur ist die Umgebungstemperatur auf die sich die technischen Spezifikationen der Wägezellen beziehen, soweit nicht anders angegeben. Sie beträgt in der Regel 23 ° C (Bild 4).

Nenntemperaturbereich: Bereich der Umgebungstemperatur innerhalb dessen die Wägezellen praktisch angewendet werden sollen und innerhalb welchem die Spezifikationen gelten.

Gebrauchstemperaturbereich: Bereich der Umgebungstemperatur innnerhalb dessen die Wägezellen ohne bleibende Änderungen der Messeigenschaften betrieben werden können. Die für den Nennbereich spezifizierten Fehlergrenzen können in diesem Bereich überschritten werden oder es sind grössere Fehlergrenzen für diesen Bereich spezifiziert.

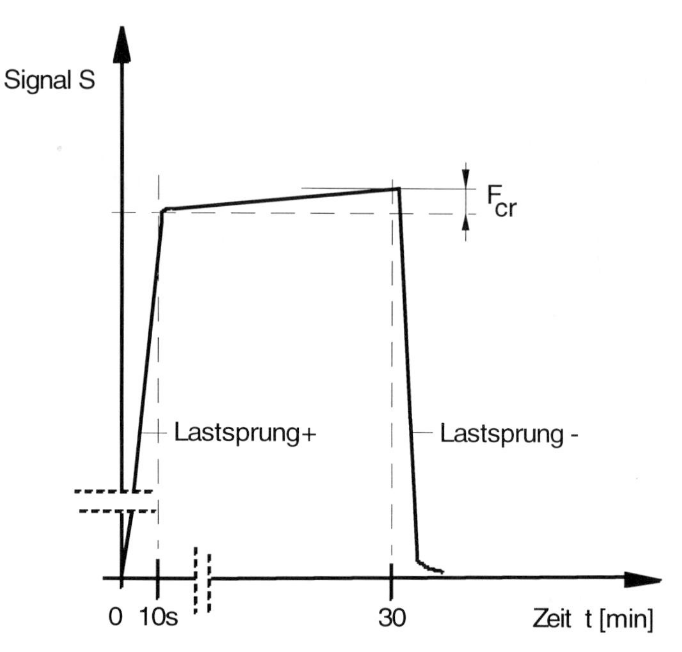

Bild 3: Kriechfehler

Lagertemperaturbereich: Bereich der Umgebungstemperatur, in dem die Wägezellen mechanisch und elektrisch unbeansprucht gelagert werden dürfen, ohne dass bleibende Änderungen ihrer Messeigenschaften auftreten.

Der **Temperaturkoeffizient des Nullsignals TK_0:** des Nullsignals ist die auf den Nennkennwert C_n bezogene Änderung des Ausgangssignals des unbelasteten Messgebers infolge einer Temperaturänderung (Bild 5), vorzugsweise 1 K oder 10 K. Es wird der maximale Temperaturkoeffizient im Nenntemperaturbereich angegeben.

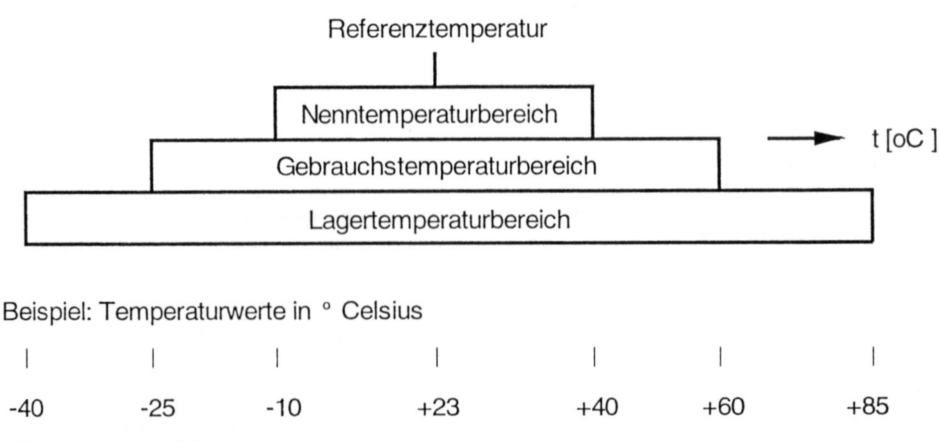

Bild 4: Temperaturdefinitionen

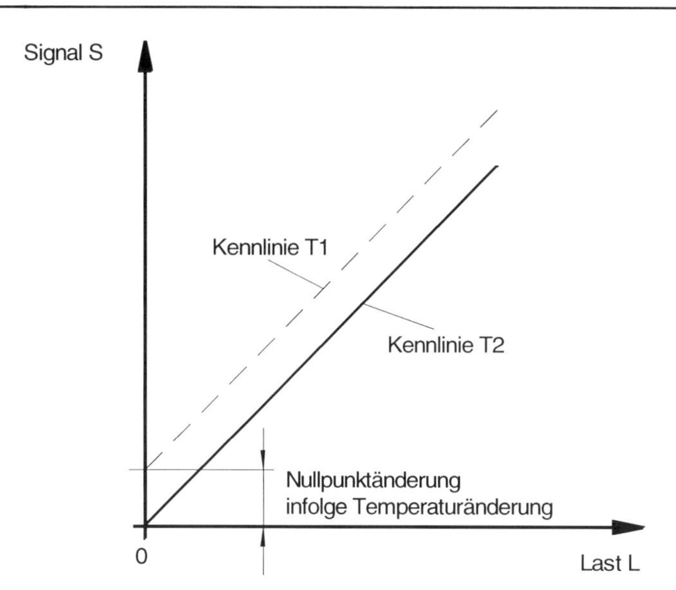

Bild 5: Temperaturkoeffizient des Nullsignals

Der **Temperaturkoeffizient des Kennwertes** ist die relative Änderung des tatsächlichen Kennwertes C_i infolge einer Temperaturänderung, bezogen auf den Nennkennwert C_n und bezogen auf eine Temperaturänderung von 10° C (Bild 6). Es wird der maximale Temperaturkoeffizient pro 10 K im Nenntemperaturbereich angegeben.

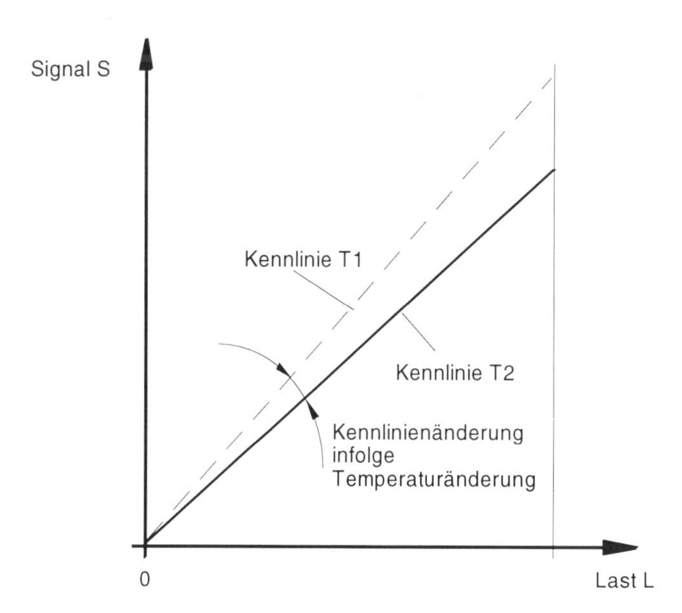

Bild 6: Temperaturkoeffizient des Kennwertes

2.3 Auflösung

Bei Dosieranwendungen ist das für die Regelung zur Verfügung stehende Wägezellensignal pro Zeiteinheit massgebend für die Güte des Massenstroms. Der Bedarf an hoher Auflösung wird hier anhand eines Beispiels sichtbargemacht. Über eine Differentialdosierwaage mit 100 Kg Nennkpazität wird ein Massenstrom von 180 g/h gefördert, Legt man eine Aufösung der Wägezelle von 50 Teilen für die in einer Sekunde zu dosierende Menge zugrunde, so ist für eine Dosiermenge von 1 Kg eine Aufösung von 1 Mio Teilen notwendig.

180 g/h → 0.05 g/s, mit 50 Teilen pro Sekunde ergibt sich 0.001 g pro Teil

$$\frac{1\,\text{kg}}{0.001\,\text{g}} = 1\,\text{Mio}$$

3 Gewichts-Sensoren im Ueberblick

Im Laufe der letzten 10 Jahre wurden verschiedene Prinzipien angewendet. Sie werden kurz erläutert, und anhand der Theorie, die Entwicklung nachvollzogen. Die Entwicklung der Sensor-Technologie ist ein Spiegel der Elektronik- und Computerentwicklung.

Gebräuchliche Wägezellen für die Dosieranwendung sind:

- Differentialtransformator (LVDT)
- Schwingende Saite
- Dehnungsmeßstreifen

Weniger gebräuchliche Wägezellen sind:

- Elektromagnetische Kraftkompensation
- Kreiselwaage
- Piezoelektrischer Kraftaufnehmer
- Laser Interferometer

Differentialtransformator (LVDT)

Die Funktion wir anhand von Bild 7 beschrieben. Die Kraft F wirkt auf eine Messfeder mit gekoppeltem Differentialtransformator zur Federweg-Messung. Der Differentialtransformator besteht aus einem linear beweglichen Eisenkern, einer Primärspule und zwei symmetrisch angeordneten Sekundärspulen. Die Spulen sind konzentrisch um den Eisenkern und zu sich selbst angeordnet. Die Primärspule wird mit einer stabilen Wechselspannung von einigen kHz gespeist. In den Sekundärspulen werden Spannungen abhängig von der Kernposition induziert. Das gleichgerichtete Ausgangssignal ist lageproportional, der Messweg liegt im mm-Bereich.

Dehnungsmeßstreifen DMS

DMS basieren auf Druck oder Zug beanspruchten Metallkörpern mit aufgeklebten DMS-Folien. Diese Folien sind dünne metallische Leiter, die meanderförmig auf einem Kunststoff-Substrat angeordenet sind (Bild 9). Die Kraft F wirkt hier am Beispiel einer Kompressions-Lastzelle auf den Hohlzylinder (Bild 8). Dieser wird durch die einwirkende Kraft in Längsrichtung innerhalb des Elastizitätsbereiches gestaucht. Auf dem Hohlzylinder sind zwei DMS-Folien in Kraftrichtung und zwei senkrecht dazu aufgeklebt. Der elektrische Widerstand der DMS in Kraftrichtung wird durch die applizierte Kraft verkleinert, der elektrische Widerstand der DMS quer zur Kraftrichtung wird vergrössert. Die Widerstände werden in einer Brückenschaltung betrieben. Das kraftproportionale Ausgangssignal beträgt ca. 1 ... 3 mV für den gesamten Messbereich. Bei einer Auflösung von 3000 beträgt ein Increment 0.33 ... 1 µV.

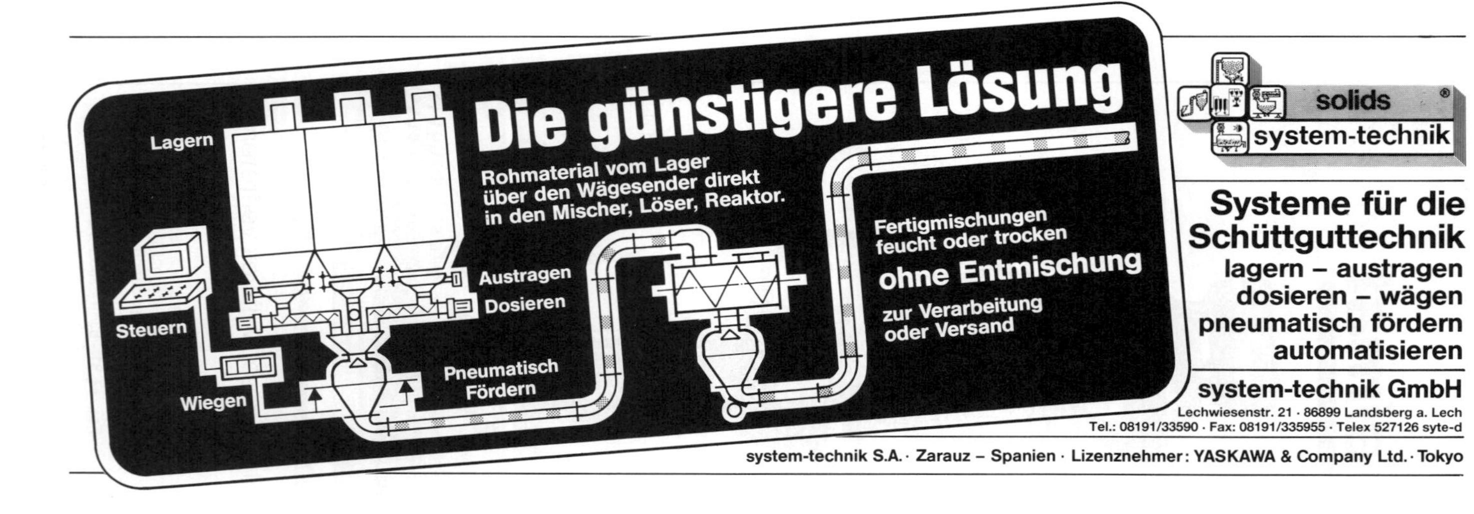
Die günstigere Lösung
Lagern
Steuern
Wiegen
Rohmaterial vom Lager
über den Wägesender direkt
in den Mischer, Löser, Reaktor.
Austragen
Dosieren
Pneumatisch
Fördern
Fertigmischungen
feucht oder trocken
ohne Entmischung
zur Verarbeitung
oder Versand
solids ®
system-technik
Systeme für die
Schüttguttechnik
lagern – austragen
dosieren – wägen
pneumatisch fördern
automatisieren
system-technik GmbH
Lechwiesenstr. 21 · 86899 Landsberg a. Lech
Tel.: 08191/33590 · Fax: 08191/335955 · Telex 527126 syte-d
system-technik S.A. · Zarauz – Spanien · Lizenznehmer: YASKAWA & Company Ltd. · Tokyo

ZELLENRADSCHLEUSEN
® SCHÄFFER
Die fortschrittliche Technologie
DN 50 bis
DN 600
150 x 150 bis
1200 x 700
bis 1000 m³/h
bis 650°C
600 x 400
400 x 250
150 x 150
SCHÄFFER-Verfahrenstechnik
Postfach 1152 · D-86670 Thierhaupten
Tel. (08276) 669 · Telefax 08276/1897

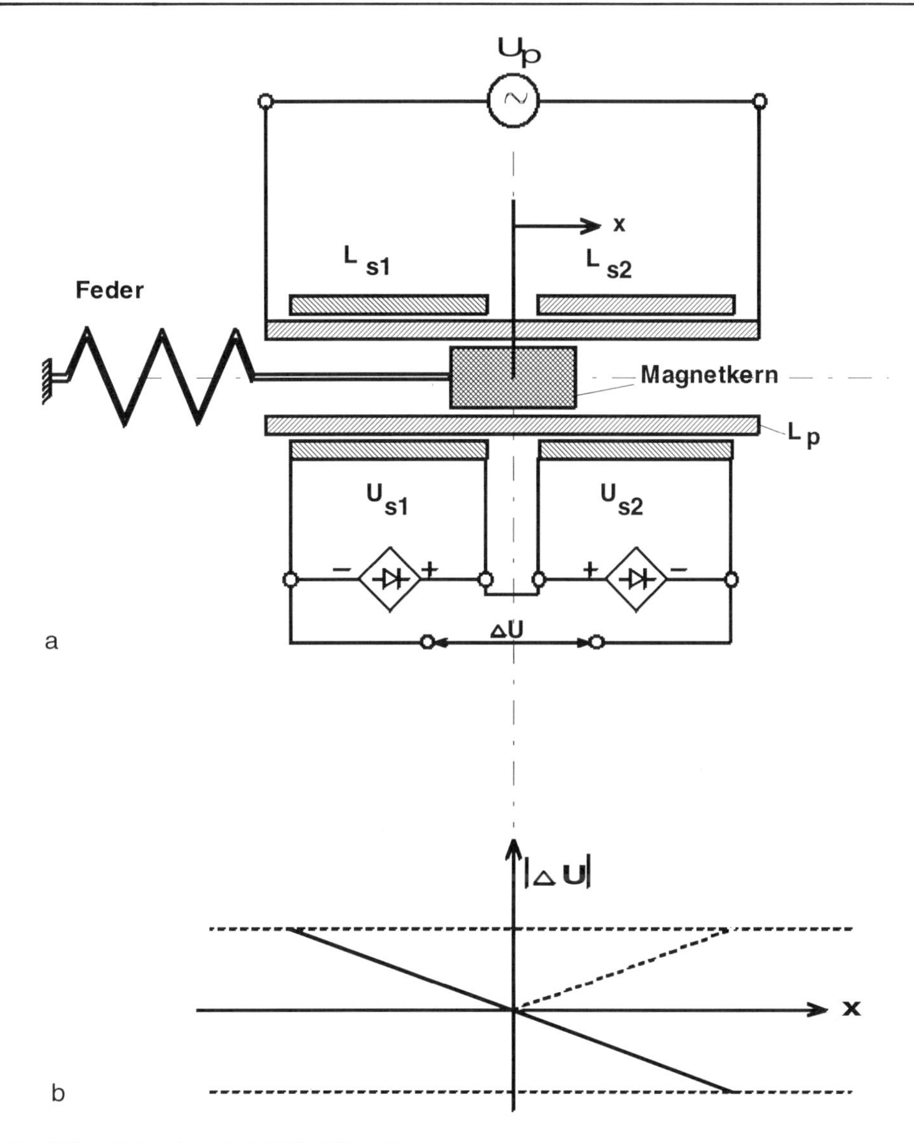

Bild 7: Differentialtransformator (LVDT) - Wägezelle
a) Induktionsschaltbild b) Kennlinie

Schwingende Saite am Beispiel der heute üblichen Einsaiten-Wägezelle

Die in den Sensor eingeleitete Kraft verursacht eine Dehnung der metallischen Schwingsaite. Diese befindet sich in einem Magnetfeld gebildet durch Permanentmagnete. Die Spannkraft in der Saite bestimmt ihre Resonanzfrequenz. Der Erregerstrom, ein Wechselstrom mit der Eigenfrequenz der Saite (einige kHz), durchfliesst die Saite und bringt sie durch die erzeugte Kraft zum Schwingen. In der im Magnetfeld bewegten Saite wird eine Spannung induziert. Der Erregerstom wird in der Erregerelektronik durch Verstärken der induzierten Spannung erzeugt. Saite und Elektronik bilden also zusammen einen

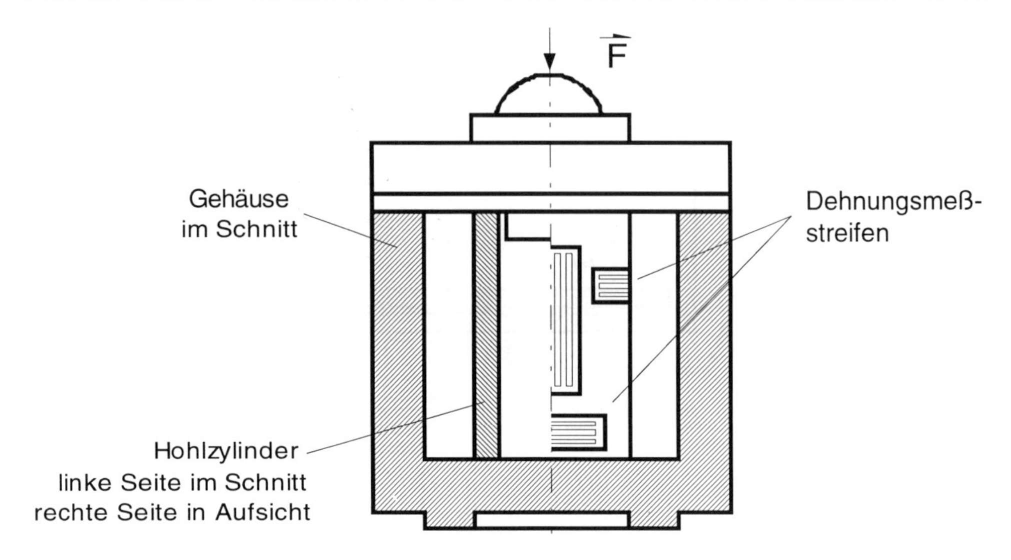

Bild 8: Dehnungsmeßstreifen (DMS) - Wägezelle

Oszillator. Die Frequenz wird direkt mit Zählern gemessen (Bild 11). Ein Temperatursensor ermöglicht eine elektronische Kompensation des Temperturfehlers.

Die Schwingung der Saite ist abhängig von der Saitenlänge l, vom Saitenquerschnitt A und der Dichte ς des Saitenmaterials und der eingeleiteten Kraft F. Die Schwing -Frequenz f berechnet sich zu

$$f = \frac{1}{2l} \cdot \sqrt{\frac{F}{\varsigma \cdot A}} \quad (3)$$

Die Frequenz ist also proportional der Wurzel aus der Kraft (Bild 10).

Eine der wichtigsten Eigenschaften der Saitenmesszelle (Bild 12) ist das konstante Verhalten, d.h. nach der Kalibrierung im Werk ist keine Nachkalibrierung mehr notwendig. Dies ist nicht nur ein technischer, sondern auch ein wirtschaftlicher Vorteil, da dadurch Aufwand durch geschultes Personal entfällt.

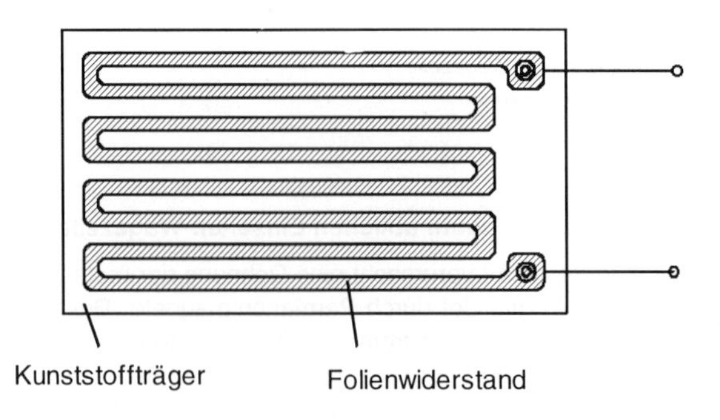

Bild 9: Metallfolien DMS

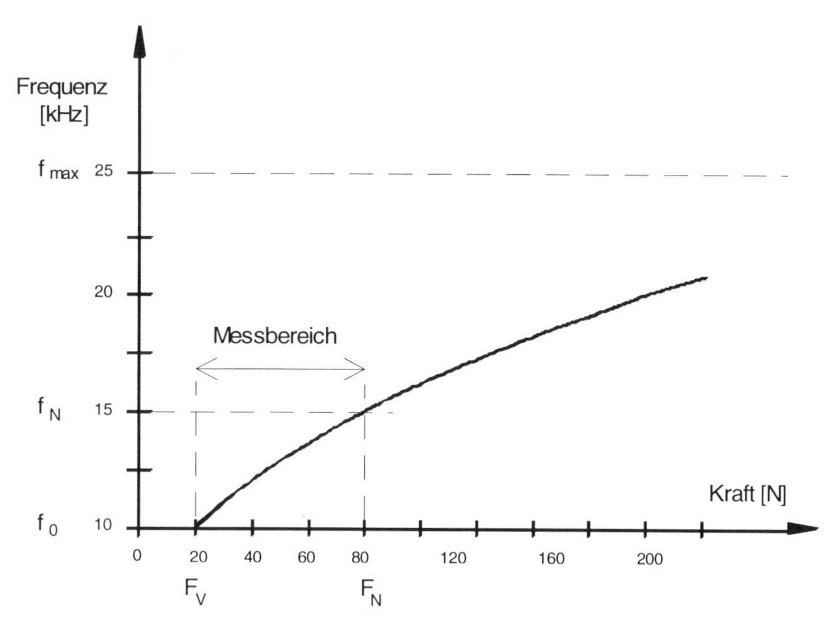

F_v = Vorspannkraft

F_N = Nennkraft

f_o = Frequenz im Nullpunkt

f_N = Frequenz bei Nennlast

f_{max}= maximale Saitenfrequenz

Bild 10: Kennlinie der Schwingsaite

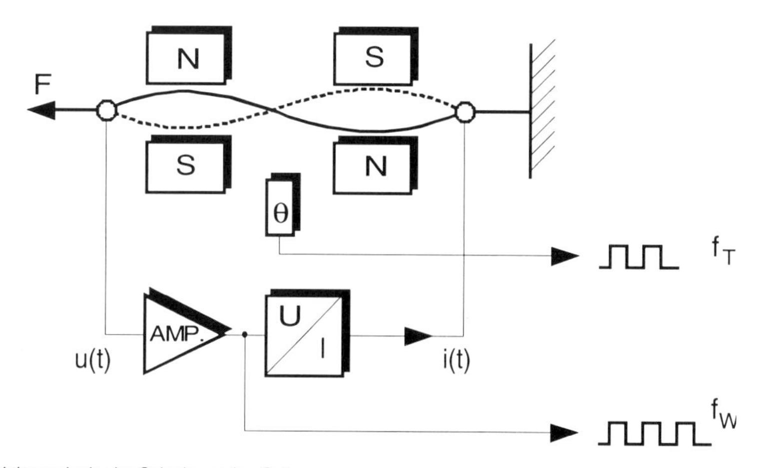

Bild 11: Funktionsprinzip der Schwingenden Saite

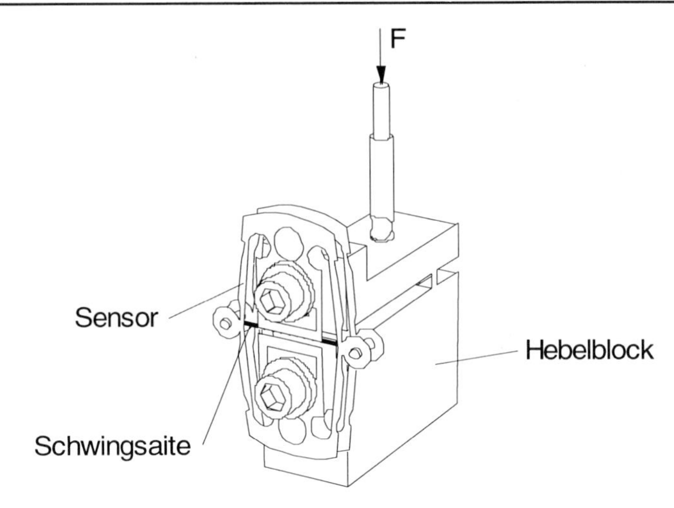

Bild 12: Sensor mit Schwingsaite

4 Busfähige integrierte Wägezelle

Smart Force Transducer

Um den wachsenden Anforderungen an die Kraftmessung in gravimetrischen Dosiergeräten gerecht zu werden, wurde die Messzelle auf der Basis der Saitenmesstechnik zum "Smart Force Transducer" weiterentwickelt. Den hohen Forderungen bezüglich Auflösung, Servicefreundlichkeit, Robustheit und Datenübertragungs-Sicherheit im praktischen Einsatz wird durch stetige, marktorientierte Weiterentwicklung Rechnung getragen.

Um die Vorteile der digitalen Messtechnik wirklich zu nutzen, liegt es auf der Hand, die weitere Verarbeitung des Kraftsignals in den Sensor zu integrieren (Bild 13). Die wichtigsten Merkmale dieser Lösung sind:

- Die Kalibrierwerte sind im EEPROM direkt in der Messdose gespeichert. Weitere Informationen, wie Messdosentyp, Bereich und Geräte-Nr. sind ebenfalls im EEPROM abgelegt.
- Die Linearisierung der Mechanik wird in der Messdose vorgenommen.
- Temperaturmessung und deren Kompensation sind unmittelbar beim Sensor im selben Gehäuse
- Normierung des Kraftsignals im eingebauten Mikrocomputer für eine einfache und sichere Verarbeitung im Regler (distributed computer).
- Integrierte Fehlerdiagnose zur Verringerung des Serviceaufwands

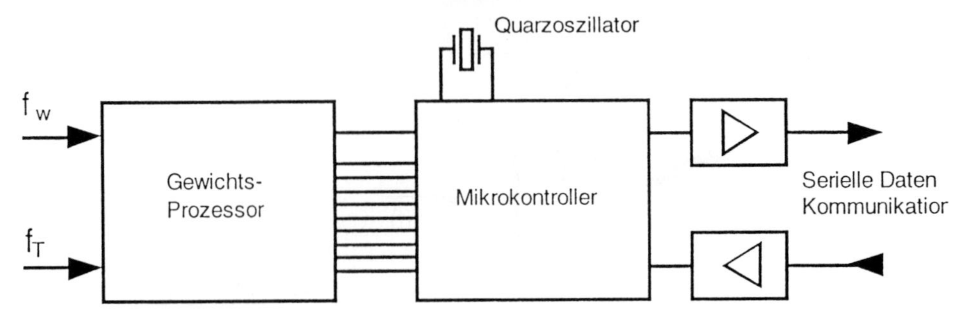

Bild 13: Blockschema Smart Force Transducer

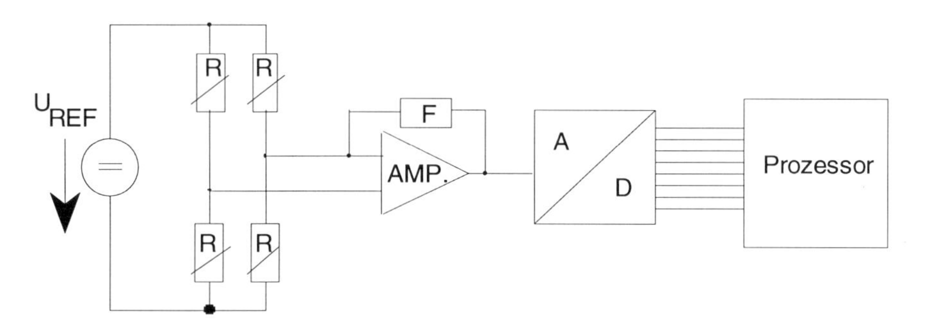

Bild 14: Blockschaltbild Analogmessung

Von der analogen zur digitalen Messtechnik

Die älteren Kraftmesstechniken beruhen auf Analogtechnik (LVDT und DMS).

Der Signalfluss bis zum Digitalcontroller benötigt die in Bild 14 dargestellten Baugruppen:

U_{REF}	Referenzspannung		
R	Brückenwiderstände	A/D	Analog-Digital-Converter
AMP	Differenzverstärker	F	Rückkopplungsnetzwerk

Die Auflösung des Messbereiches sowie dessen Qualität (Rauschen) ist vom analogen Verstärker und vom A/D-Wandler abhängig.

Qualitätsmerkmale der analogen Übertragung:

- Hohe Qualität des A/D-Wandlers für Auflösung von 12 bits und höher ist gefordert.
- Die analoge Filterung darf das Meßsignal nicht zu stark verzögern
- Die Übertragungsdistanz der analogen Signale, besonders im mV-Bereich sollte sehr kurz gehalten werden

Mit einem schnellen D/A-Wandler kann zwar eine hohe Messrate erreicht werden, die Information zwischen den abgetasteten Messpunkten geht jedoch verloren; das kann zu grösseren Messfehlern führen. Im extremen Beispiel (Bild 15), wo die Abtastung jeweilen im Messwertmaximum stattfindet, ist die Differenz zwischen Messwert und effektivem Mittelwert ersichtlich.

Digitale Messtechnik

Die digitale Kraftmessung, hier am Beispiel der schwingenden Saite gezeigt, bietet eine Resonanzfrequenz als kraftabhängige Grösse an. Dieses Frequenzsignal wird mittels elektronischen Zählern direkt digital erfaßt und steht für die weitere Verarbeitung zur Verfügung. Durch diese Messmethode werden Auflösungen von einer Million und mehr realisiert.

Die Messgrösse kann durch Wahl einer geeigneten Messzeit (Sample time) der Aufgabe angepasst werden. Die Messgrösse wird über die Messzeit aufintegriert. Dadurch werden äussere Störkräfte mitintegriert und somit durch Mittelwertbildung eliminiert (Bild 16). Durch Zeitgleichheit des Starts der Messzeit n+1 und den Stopp der Messzeit n, geht keine Gewichtsinformation verloren. Dies bringt für dynamische Vorgänge (Dosierer) enorme Vorteile.

5 Digitale Kraftmessung als Lösung

Signalerfassung: Die Störempfindlichkeit wird mit der digitalen Lösung drastisch reduziert. Da keine analogen Verstärker gebraucht werden, ist keine Limitierung der Auflösung durch das Rauschen in Kauf zu nehmen.

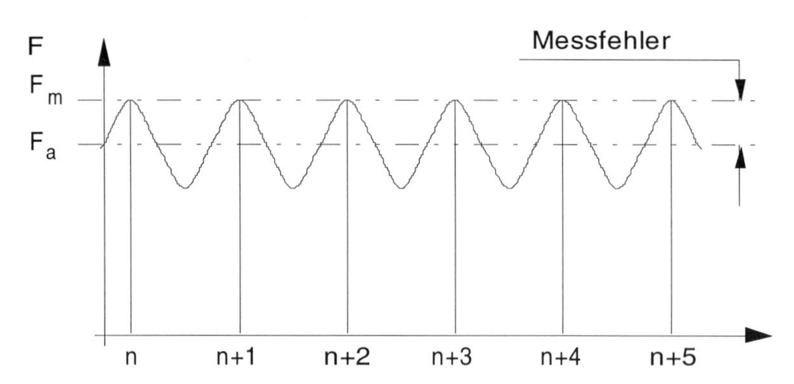

Bild 15: Analogmeßsignal, F_m: Meßwert, F_a: Mittelwert

Kalibrierung: Der Serviceaufwand wird durch den Einsatz von kalibrierfreien Saitenmesszellen verringert. Die mühsame, nur durch Fachpersonal auszuführende Kalibrierarbeit entfällt.

EMV (Elektromagnetische Verträglichkeit): Problematische Installationen von Dosiergeräten in EM-verseuchter Umgebung verlangen nach gut geschützten Messzellen. Mit der Messwerterfassung und der Bearbeitung in demselben Gehäuse und einer robusten seriellen Schnittstelle (RS 422/485) sind die höchsten 'Level' der EMV-Erfordernisse erreichbar. Beispielsweise IEC 801-4 (high transient burst test) Level 4 für Anwendungen in rauher Industrieumgebung, oder IEC 801-3 (Elektromagnetische Feldeinwirkung) Level 3 (10 V/m).

Temperatur: Die Temperatureinflüsse werden in der Messzelle an Ort und Stelle kompensiert. Das Auswertegerät und dessen Temperaturverhalten haben keinen Einfluss auf das Messsignal.

Messtechnik: Um eine hohe Genauigkeit bei kleinen Dosierleistungen zu erreichen, ist eine hohe Auflösung von 1:1 Mio notwendig. Mit einer digitalen Messzelle können diese Werte erreicht werden.

Wartungsfreiheit: Es ist keine Nachkalibration notwendig. Auch die Fehlerdiagnose wird durch den integrierten Mikrocomputer mit Diagnosesoftware sehr einfach, d.h. ein weiterer Schritt in Richtung Automation.

Austauschbarkeit: Soll beispielsweise die Wägekapazität eines Dosiergerätes erhöht werden, müssen die Messzellen ausgetauscht werden. Beim Austausch von herkömmlichen Messzellen ist eine aufwendige Kalibrierung notwendig. Moderne Smart Force Transducer sind ab Werk kalibriert und nach

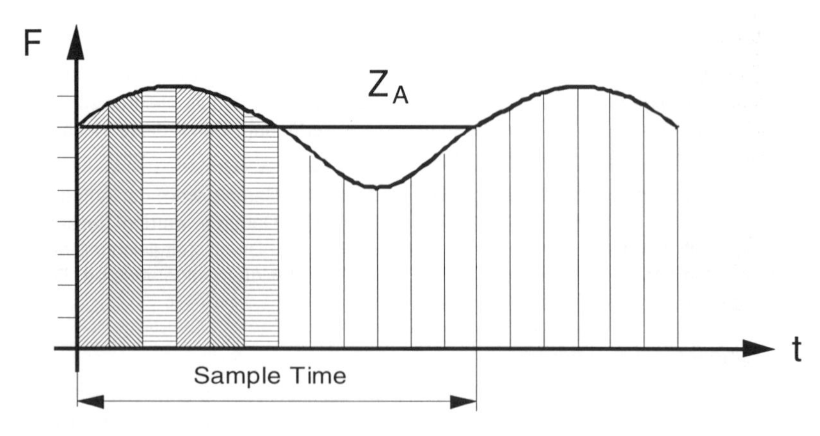

Bild 16: Integrierter digitaler Messwert

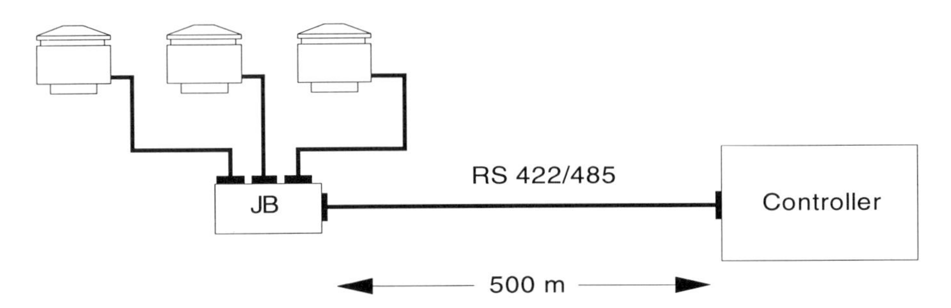

Bild 17: Verdrahtung von SFT-Wägezellen

dem Einbau sofort betriebsbereit. Der Regler holt sich die Information bezüglich der neuen Kapazität über die serielle Schnittstelle und ist automatisch wieder betriebsbereit.

6 Serielle Datenkommunikation

Mit der seriellen Kommunikation können einerseits enorme Einsparungen bei den Verkabelungskosten gemacht und andererseits kann eine störsichere Übertragung auch bei längeren Distanzen (500 m) gewährleistet werden (Bild 17). Bis zu 15 K-SFT-Wägezellen können an einem seriellen Kanal angeschlossen werden.

Die SFT-Wägezelle arbeitet mit einer Schnittstelle nach der Hardwaredefinition RS 422/ 485. Diese Schnittstelle arbeitet symmetrisch und ist somit geeignet für lange Leitungen (bis 1200 m) in gestörter Umgebung. Im Gegensatz dazu sind asymmetrische Schnittstellen wie z.B. RS 232 nur für kurze Distanzen (bis 15 m) in schwach gestörter Umgebung geeignet (Bild 18).

Asymmetrische Uebertragung

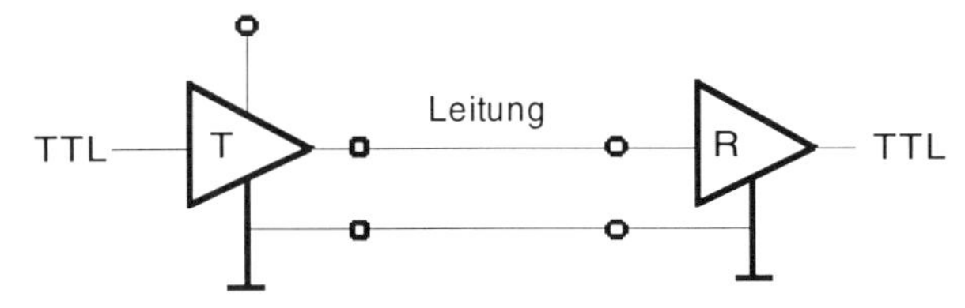

Symmetrische Uebertragung

Bild 18: Symmetrische und Asymmetrische Übertragung

Erhöhung der Betriebssicherheit und Genauigkeit der kontinuierlichen Dosierung durch digitale Signalbearbeitung

Von B. ALLENBERG und G. JOST [1])

1. Einführung

Systeme zur gravimetrischen Dosierung von Schüttgütern, wie beispielsweise Dosierbandwaagen oder auch Differentialdosierwaagen, sind während des Betriebes im industriellen Umfeld vielfältigen Störeinflüssen unterworfen. Teilweise sind diese Einflüsse bedingt durch das Meßprinzip, zum Teil resultieren sie auch aus den vorherrschenden Umgebungsbedingungen (Schmutz, Vibrationen etc.). Im Rahmen dieses Beitrages wird über neue Methoden berichtet, die es erlauben, gravimetrische Dosiersysteme im praktischen Einsatz unempfindlich gegenüber solchen Störeinflüssen zu realisieren und damit die Betriebssicherheit und Genauigkeit der Dosierung im praktischen Einsatz erheblich zu verbessern.

Die Genauigkeit herkömmlicher Dosierbandwaagen wird nahezu ausschließlich durch den Bandeinfluß eingeschränkt. Die Bandeinfluß-Kompensation erlaubt es bei diesem Waagentyp jedoch, den Einfluß des Bandes auf das Meßsignal im laufenden Betrieb zu erfassen und in der weiteren Meßsignalverarbeitung vom Meßsignal zu substrahieren. Dieses Verfahren gewährleistet eine vollständige Kompensation des Bandeinflusses. Man erreicht damit höhere Dosiergenauigkeit und, als Folge, konstantere Mischungszusammensetzung bei der Dosierung auf ein Sammelband sowie genauere Chargenverwiegung.

Die adaptive Optimalregelung von Differentialdosierwaagen ist in der Lage, wichtige Kennwerte der Schüttgewichtsschwankungen und der Signalstörungen zu ermitteln, um daraus eine optimale Reglereinstellung vorzunehmen. Dies erleichtert die Inbetriebnahme und steigert die Dosiergenauigkeit bei variablen Betriebsbedingungen.

Die Beispiele ,,Ausblendung von Störspitzen" und ,,Überwachung von Füllklappen" zeigen, wie mit Hilfe von parametrischen Modellen die Betriebssicherheit und/oder die Genauigkeit bei Differentialdosierwaagen erhöht werden können.

2. Bandeinfluß-Kompensation bei Dosierbandwaagen

Dosierbandwaagen werden eingesetzt, um fließfähige Schüttgüter zu dosieren. Das Schüttgut wird mit einem Flachgurtförderer aus einem Aufgabetrichter gemäß Bild 1 ausgetragen. Die Messung der Bandbeladung erfolgt mit Hilfe von Wägezellen, die die Kraft auf die Meßrolle ermitteln. Das Produkt aus Bandbeladung p_s pro Meter und Transportgeschwindigkeit v entspricht der Förderstärke. Durch Regelung der Bandgeschwindigkeit kann die Förderstärke auf dem gewünschten Wert gehalten werden.

Meßtechnisch zugänglich ist nur das Meßsignal q. Dieses setzt sich zusammen aus der Schüttgutbeladung q_s, dem Bandeinfluß q_b und der konstanten Totlast q_t.

$$q = q_s + q_b + q_t \tag{1}$$

Das Signal q_s, das durch das Schüttgut auf dem Band verursacht wird, ist überlagert vom Bandeinfluß q_b. Dieser Bandeinfluß beeinträchtigt die Genauigkeit der Dosierung. Dies führt insbesondere dann zu Störungen im weiteren Verarbeitungsprozeß, wenn prozeßbedingt eine hohe Dosierkonstanz gefordert wird. Die durch den Bandeinfluß hervorgerufenen Meßfehler liegen etwa um den Faktor 100 über den genauigkeitseinschränkenden Einflüssen der üblicherweise verwendeten Präzisions-Meßwertaufnehmer. Meßfehler des Aufnehmers sind im Vergleich hierzu somit völlig vernachlässigbar.

Der Bandeinfluß wird im wesentlichen von Bandsteifigkeitsschwankungen verursacht. Besonders im Bereich der Endlosmachung des Bandes treten beträchtliche Steifigkeitsänderungen auf. Passiert eine solche Stelle die Meßstrecke, so wirkt sich dies in erheblichem Maße auf das Meßsignal q aus. Die Steifigkeit eines Bandes wird stark von der Temperatur beeinflußt. Daher reicht eine einmalige Messung von q_b

---

[1]) Dr. B. Allenberg, Dr. G. Jost, Schenck AG, Darmstadt
s. Kap. 3.2 dieses Buches (Beitrag H. Heinrici und K. Hlavica)

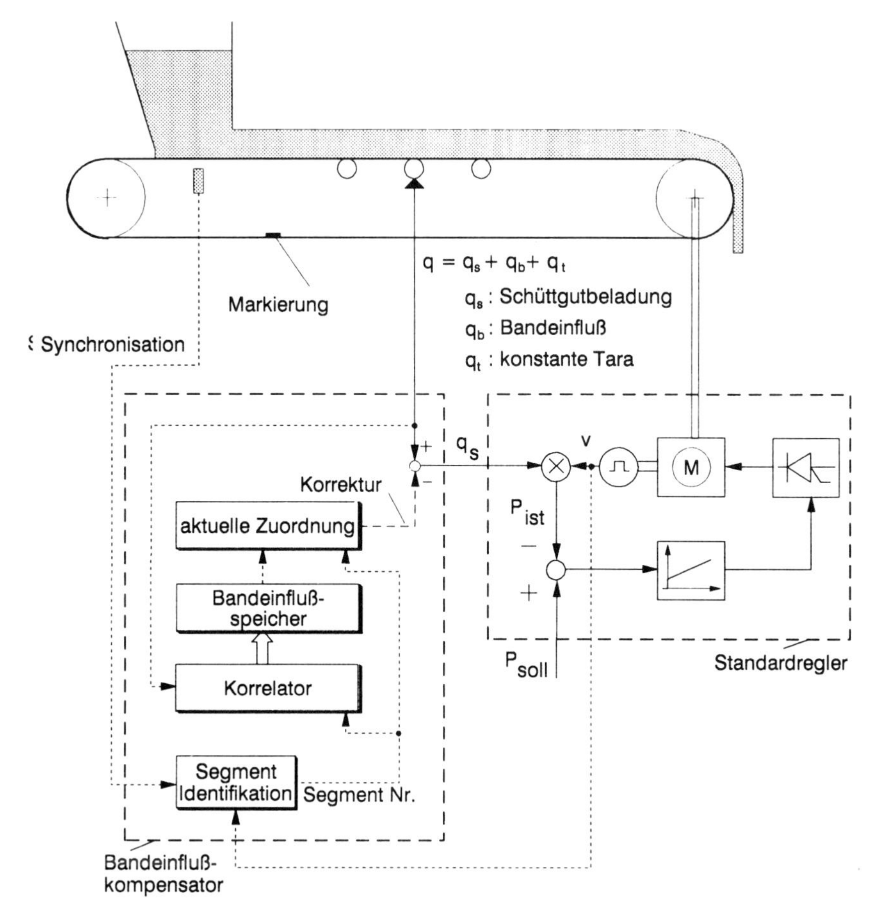

Bild 1: Geschwindigkeitsgeregelte Dosierbandwaage

– beispielsweise während des Tariervorganges – für eine dauerhafte Kompensation nicht aus. Im laufenden Betrieb ist eine Adaption erforderlich.

Das Bandeinfluß-Kompensationsverfahren BIC (= **B**elt **I**nfluence **C**ompensation) erlaubt es, q_b im laufenden Betrieb aus dem meßtechnisch zugänglichen Signal q zu bestimmen. Dies ist aufgrund der unterschiedlichen statistischen Natur von Bandeinfluß und Schüttgutbeladungssignal möglich. Über mehrere Bandumläufe betrachtet stellt die Schüttgutbeladung ein stochastisches Signal dar. Der Bandeinfluß hingegen ist mit dem Bandumlauf korreliert, d. h. die Bandeinflußsignale nacheinander folgender Bandumläufe sind einander sehr ähnlich. Mit Hilfe eines Korrelators läßt sich der Bandeinfluß q_b im laufenden Betrieb aus dem Meßsignal gemäß Bild 1 ermitteln und dem jeweiligen Bandteilstück zuordnen. Durch Subtraktion des Bandeinflusses q_b von q läßt sich damit q_s auf einfache Weise berechnen. Die Wirksamkeit dieses Verfahrens ist im Bild 2 dargestellt.

Man erkennt im oberen Teil des Bildes die ermittelte Bandbeladungsschwankung ohne Bandeinfluß-Kompensation. Im unteren Teil ist dargestellt, wie nach Aktivierung von BIC der Einfluß der Bandgewichtsschwankungen eliminiert wird.

Herkömmliche Dosierbandwaagen dosieren das Schüttgut am Ort der Wägebrücke, d. h. die geregelte Förderleistung entspricht nur am Ort der Wägebrücke dem gewünschten Sollwert, nicht jedoch am

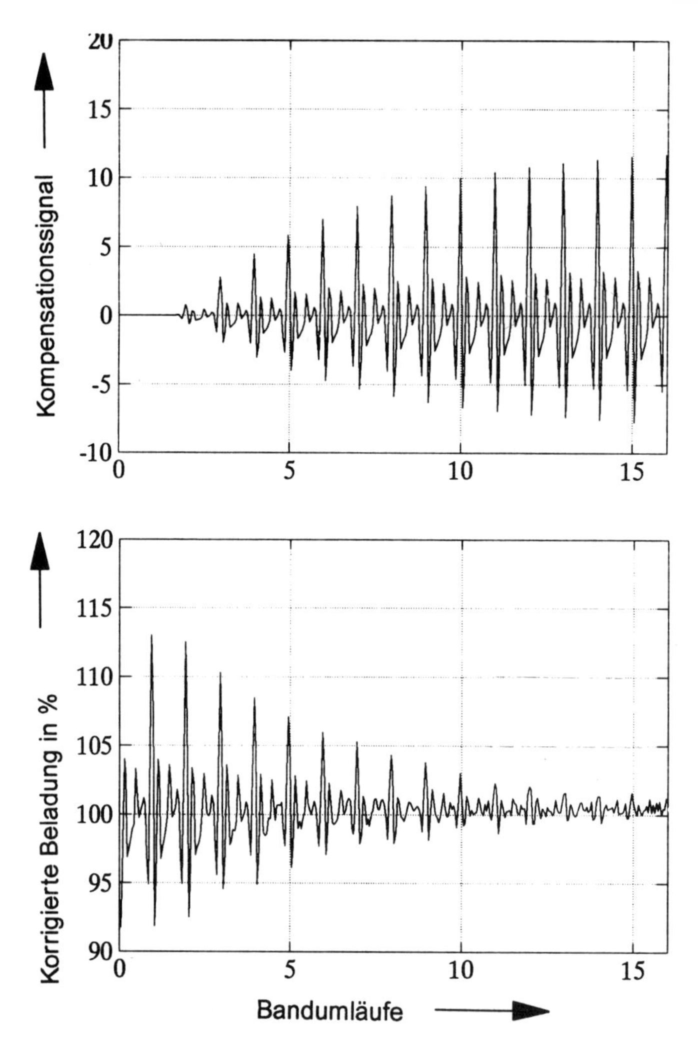

Bild 2: Bandeinfluß-Kompensation

für den Prozeß wirksamen Abwurfpunkt im Bereich der Bandumlenkung. Neuere, nach dem DAP-Verfahren (**D**osierung am **A**bwurf-**P**unkt) arbeitende Dosierwaagen hingegen berechnen und regeln die Förderleistung auf den Abwurfpunkt verschoben. Das Verfahren bietet dort besondere Vorteile, wo durch das Schüttgut bedingt die Bandbelastung stark variiert.

Das Ergebnis von Dosierkonstanz- und Chargiergenauigkeitsmessungen mit und ohne Bandeinfluß-Kompensation ist in den Bildern 3 und 4 dargestellt.

Es wird deutlich, daß sowohl die Dosierkonstanz als auch die Chargiergenauigkeit mit Bandeinfluß-Kompensation und Dosierung auf den Abwurfpunkt in erheblichem Maße verbessert werden. Diese Verbesserung bringt für viele Applikationen entscheidende Vorteile. Die wesentlich höhere Dosierkonstanz wirkt sich besonders bei langsam laufenden Dosierbändern positiv aus. Die Mischung mehrerer Komponenten auf dem Sammelband wird gleichmäßiger, was die Schwankungsbreite der Zusammensetzung

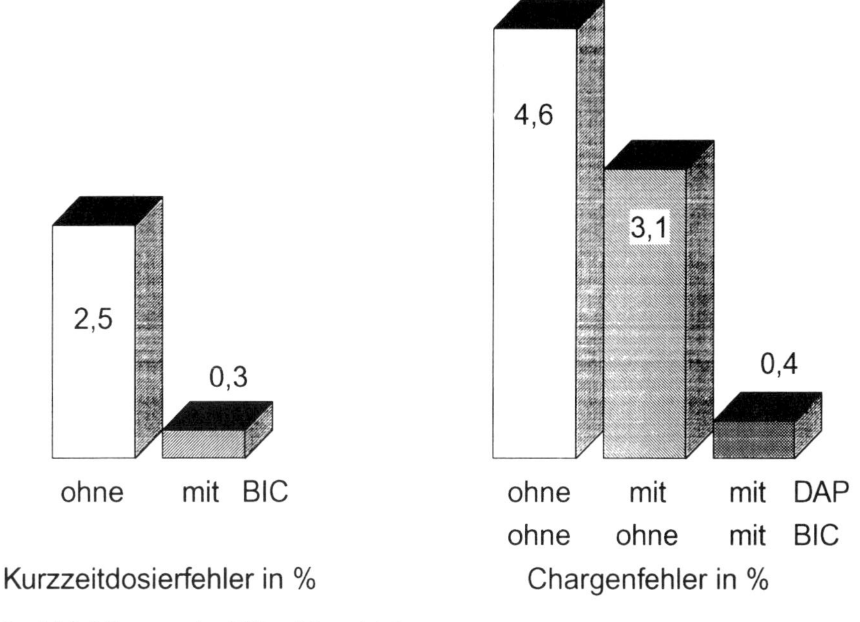

Bild 3: Bandeinfluß-Kompensation, DAP und Genauigkeit

wesentlich vermindert und somit direkt die Qualität des Endproduktes erhöht. Die gesteigerte Chargiergenauigkeit ermöglicht weiterhin das Chargieren relativ kleiner Mengen mit hoher Genauigkeit.

Die wesentlich gesteigerte Chargiergenauigkeit verbessert direkt die Reproduzierbarkeit von On-Stream-Kontrollmessungen. Die Kontrollmeßergebnisse und die darauf basierende Korrektur der Dosierwaage werden damit zuverlässiger. Im Endergebnis läßt sich damit bei Anwendungen von Dosierbandwaagen mit höchsten Genauigkeitsanforderungen, nämlich Dosierbandwaagen mit Kontrollmeßeinrichtungen, die Genauigkeit und Reproduzierbarkeit weiter verbessern.

Bild 4: Dosierbandwaage mit Bedien- und Steuerungselektronik

Bild 4 zeigt eine moderne Dosierbandwaagen-Mechanik kombiniert mit der erforderlichen Meß- und Regelelektronik am Beispiel des Systems der Fa. Schenck. Für die Erfassung der Meßsignale ist eine Meßdatenerfassungseinheit lokal an der Waage vorgesehen, die über eine serielle Verbindung mit der Meß- und Regeleinheit verbunden ist. Die Bandeinfluß-Kompensation wird direkt in der Meßdatenerfassungseinheit vorgenommen. Das Signal zur Synchronisation mit der Bandposition erlaubt zusätzlich eine Bandschlupf- und Bandgeradeauslauf-Überwachung. Der Einsatz hochgenau kalibrierter Wägezellen ermöglicht die Grundjustage ohne Prüfgewichte. Der Wegfall dieser Prüfgewichte eliminiert die Gefahr von Fehlbedienungen bei späteren Nachjustagen und ermöglicht es, alle Systembaugruppen ohne Neujustage auszutauschen. Die modulare Elektronik bietet ein Höchstmaß an Zuverlässigkeit und Betriebssicherheit durch weitreichende integrierte Funktionsüberwachung.

3. Optimalregelung von Differentialdosierwaagen

Differentialdosierwaagen für Schüttgüter, häufig eingesetzt in Prozessen der chemischen Industrie, bestehen aus einem Meßbehälter, aus dem über ein in seiner Förderstärke verstellbares Dosierorgan Schüttgut ausgetragen wird. In der gravimetrischen Phase berechnet sich die Förderstärke aus dem Differential dG/dt des Behältergewichts. Dieser Wert wird durch Nachführung des Dosierorgans auf den Sollwert in einem Aufbau nach Bild 5 geregelt. Füllzyklen unterbrechen die gravimetrische Austragsphase, um den Behälter wieder mit Schüttgut nachzufüllen. Die Austragsleistung wird während dieser Zeit volumetrisch eingestellt.

Das Meßsignal G_m des Behältergewichts enthält stets Störkomponenten, z. B. aus Vibrationen der Waagenaufstandsfläche. Der Differenzierer, der in der Meßkette angeordnet ist, hat anderrerseits die unangenehme Eigenschaft, diese Störwelligkeit – insbesondere im oberen Frequenzbereich – erheblich zu vergrößern. Aufgrund dessen werden in der Regel Filter eingesetzt, die die Störwelligkeit der erfaßten

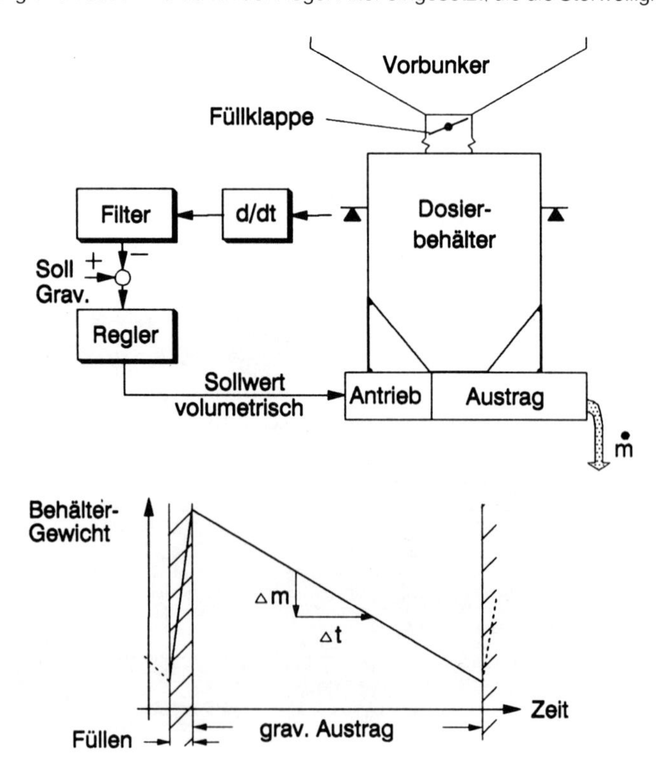

Bild 5: Prinzip einer Differentialdosierwaage

Istförderstärke auf ein vertretbares Maß zurückführen. In vielen Fällen kommt eine Kombination aus linearem und nichtlinearem Filter zum Einsatz. Das lineare Filter begrenzt in konventioneller Weise die Schwankungsbreite der Istförderstärke, während das nichtlineare Filter bei Störspitzen eingreift und diese letztlich unterdrückt.

3.1 Lineare, adaptive Filter zum Eliminieren permanenter Störungen

Luftströmungen und Schwingungen am Aufstellort verursachen permanent Störsignale bei der Gewichtserfassung. Die optimale Einstellung von Filter und Regler muß daher einen Kompromiß zwischen schnellem Durchgriff auf die Stellgröße zum Ausregeln von Veränderungen der Schüttguteigenschaften einerseits und zur Unterdrückung der unvermeidlichen Störungen bei der Gewichtsmessung andererseits darstellen. Es leuchtet ein, daß die Einstellung von Filter und Regler abhängig von den aktuellen Umfeldbedingungen unter Berücksichtigung des volumetrischen Austragsverhaltens des gerade geförderten Schüttgutes vorgenommen werden muß. Standardverfahren verwenden jedoch nur feste, bei der Inbetriebnahme als geeignet gefundene Einstellungen.

Mit Hilfe digitaler Signalverarbeitung läßt sich hier eine Selbstjustage und eine Adaption im Normalbetrieb durchführen. Dazu bestimmt ein Frequenzanalysator nach Bild 6 das Spektrum des differenzierten Meßsignals während der gravimetrischen Phase. Auf der Basis dieses Spektrums und geeigneter Modelle lassen sich die Störquellen und ihre Eigenschaften identifizieren. Die Filtertheorie liefert dann die Einstellvorschriften für Filter und Regler, die unter den gegebenen Störbedingungen die bestmögliche Dosierkonstanz versprechen.

Da das Verfahren bei laufender Dosierung On-Line abläuft, ist die bestmögliche Einstellung, unabhängig von den zufällig bei der Inbetriebnahme vorgefundenen Verhältnissen, jederzeit gewährleistet. Versuche belegen eine gegenüber dem herkömmlichen Verfahren der einmaligen Einstellung um den Faktor 4 verbesserte Dosierkonstanz im laufenden Betrieb.

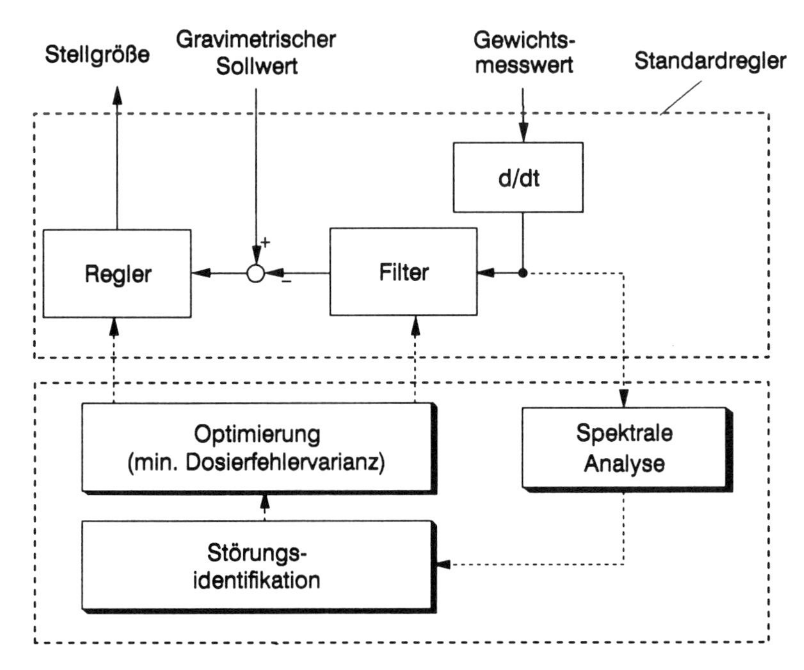

Bild 6: Adaptive Filtereinstellung

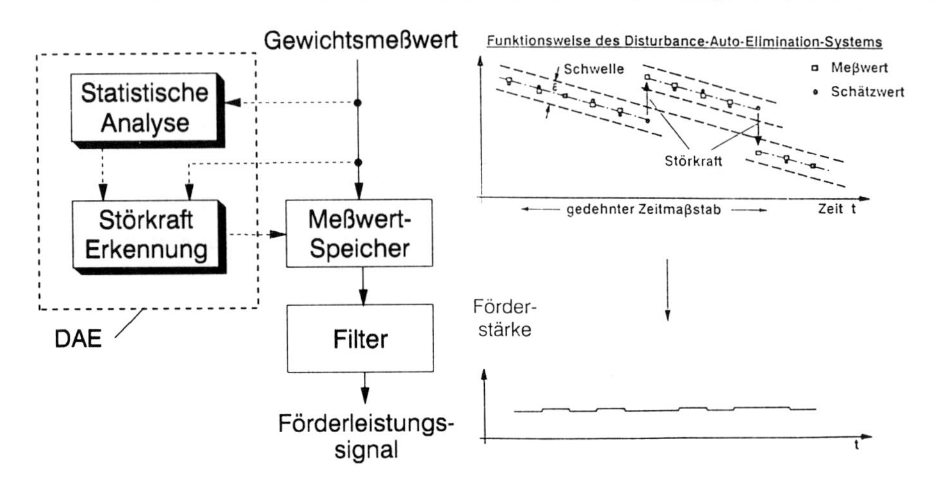

Bild 7: Aufbau und Wirkung des DAE-Systems

Bei vielen Einsatzfällen – z. B. bei der Beschickung von Extrudern in der Kunststoffverarbeitung, wo wegen der Dosierung mehrerer Komponenten direkt in die Extrudierschnecke auf höchste Dosierkonstanz Wert gelegt werden muß – führt der Einsatz des selbstoptimierenden Dosiersystems zu einer deutlichen Verbesserung der Qualität und Gleichmäßigkeit des erzeugten Endproduktes. Entsprechend verkleinert das Verfahren den Fehler bei der Dosierung insbesondere kurzer Chargen. Chargen können somit – bei gleicher Wahrscheinlichkeit der Unterschreitung eines Grenzwertes – im Mittel weniger zudosierte Additive enthalten. Zugleich wird die Gemengezusammensetzung einer Charge genauer eingehalten.

Neben der Selbstoptimierung des Dosiersystems liefert das Verfahren wichtige Kennwerte für die Eigenschaften des Schüttguts, der Dosiereinrichtung, der Umgebungsbedingungen und daraus für die zu erwartende Dosierkonstanz, Werte, die im laufenden Betrieb bisher nicht zu gewinnen waren. Sie dienen der Diagnose des Systems und liefern wichtige Hinweise zu Ursachen in eventuellen Fehlerfällen. Das System stellt damit eine wichtige Komponente in einer qualitätskontrollierten Produktion nach DIN ISO 9000 dar.

3.2 Nichtlineare Filter zum Eliminieren von Störspitzen

Die durch zufällige Berührungen des Dosierbehälters oder nachrutschendes Schüttgut aus dem Bereich der Nachfüllung verursachte Störungen werden durch das nichtlineare DAE-Filterverfahren (**D**isturbance **A**uto-**E**limination) unterdrückt. Über eine statistische Analyse des Meßsignals wird dabei zunächst der Normalzustand des Systems festgestellt. Die während des Betriebs auftretenden Signale werden dahingehend analysiert, mit welcher Wahrscheinlichkeit sie im Normalzustand auftreten würden. Unwahrscheinliche Signale deuten auf eine Störspitze im Meßwert hin und aktivieren die Korrektureinrichtung. Mit Hilfe eines Modells des ungestörten Systems werden dort die Störungen aus den Meßwerten eliminiert.

Das DAE-System steigert die Fehlertoleranz einer Differentialdosierwaage, z. B. bei Kraftnebenschlüssen am Wägebehälter. Eine gesteigerte Ansprechhäufigkeit der Ausblendung deutet daneben auf unsachgemäß vorgenommene Umbauarbeiten im Gebäude oder Verschleiß- und Setzungserscheinungen insbesondere im Bereich des Abwurfs und der Befüllung des Behälters hin. Damit werden Diagnosewerte zur Verfügung gestellt, die bereits vor einer Betriebsstörung Hinweise auf zukünftig zu erwartende Dosierprobleme liefern.

Bild 8: Aufbau einer Differentialdosierwaage

Die Optimalregelung von Differentialdosierwaagen – kombiniert mit dem beschriebenen nichtlinearen Filter zur Ausblendung von Störkräften – gewährleistet Dosierkonstanz und Betriebssicherheit unter den realen und sich verändernden Betriebsbedingungen im industriellen Alltag. Nicht zuletzt ist damit auch eine wesentliche Vereinfachung der Inbetriebsetzung verbunden. Bild 8 zeigt die typische Ausführung einer Differentialdosierwaage für Anwendungen in der Chemie, die mit einer Bild 4 entsprechenden modularen Elektronik betrieben wird. Zusammen mit den zuvor beschriebenen Filtern garantiert die modulare Ausführung von auf die Mechanik mit moderner Software abgestimmter Elektronik höchste Zuverlässigkeit und Flexibilität.

4. Füllungsüberwachung von Differentialdosierwaagen

Während der Füllphase einer Differentialdosierwaage ist die gravimetrische Erfassung der Förderstärke nicht möglich. Die Förderung erfolgt in dieser Zeit daher volumetrisch gesteuert. Um den Einfluß auf die Genauigkeit zu minimieren, ist es das Ziel, die volumetrische Phase möglichst kurz zu halten, was eine kurze Reaktionszeit der Füllklappe und eine ausreichend hohe Füllförderstärke voraussetzt. Nach dem Ende der Befüllung darf erst dann wieder gravimetrisch dosiert werden, wenn mit großer Sicherheit kein Schüttgut mehr nachrieselt. Andernfalls ist mit hohen Dosierfehlern zu rechnen.

Das Ende des Füllvorgangs wird oft durch die Rückmeldung der Füllklappe signalisiert. Im Normalfall kann nach Ablauf einer Wartezeit davon ausgegangen werden, daß kein Schüttgut mehr nachfällt. Bei verschlissener oder verschmutzter Klappe läuft jedoch jedoch nach Ablauf dieser Zeit noch Schüttgut nach.

Mit Hilfe eines den Füllvorgang beschreibenden Modells läßt sich aus den Meßwerten eine Identifikation des Füllablaufes, insbesondere in der Endphase bei bereits geschlossener Klappe, durchführen. Die so bestimmten Kennwerte werden mit den Werten bei intakter Klappe verglichen und liefern ein Zustandssignal.

Die modellgestützte Füllungsüberwachung erlaubt es, den Füllvorgang sehr detailliert bis über die Systemgrenzen der eigentlichen Waage hinaus zu analysieren. Die Statusmeldungen geben Aufschluß über Schwachstellen, und Störungen können wirksam verhindert werden.

5. Schlußbetrachtung

Die erhöhten Anforderungen an Qualität und Betriebssicherheit haben auch in Schüttgutprozessen die Anforderungen an die MSR-Elektronik gesteigert. Moderne gravimetrische Dosiersysteme tragen diesen Anforderungen Rechnung und stellen neben den bereits bekannten Grundfunktionen wichtige Erweiterungen zur Verfügung, die über intelligente Analysen der vorhandenen Signale Störeinflüsse kompensieren, auf Betriebsstörungen schließen, diese Störungen soweit möglich diagnostizieren und eliminieren. Zukünftige Entwicklungen werden darauf abzielen, noch detailliertere Zustandsinformationen in Verbindung mit Prozeduren zur Selbsteinstellung zu implementieren. Die Systeme werden sich damit noch anwendungsfreundlicher gestalten lassen.

Zusammenfassend läßt sich feststellen: Moderne gravimetrische Wäge- und Dosiersysteme entwickeln sich weg vom reinen Stellglied zum funktionsüberwachten Dosiersystem, das es erlaubt, einen kontinuierlichen Produktionsprozeß mit höchster Betriebssicherheit und Genauigkeit zu betreiben. Die Systeme beinhalten die Erkenntnisse der modernen digitalen Signalverarbeitung. Über serielle Schnittstellen ist eine einfache, für den Benutzer transparente Einbindung in das Anlagenleit- und Qualitätssicherungssystem möglich.

3.2 Kontinuierliche Dosierwaagen

Dosierbandwaagen

Von H. HEINRICI[1])

1. Einleitung

Dosierbandwaagen werden in der chemischen Industrie, der Nahrungs- und Futtermittelindustrie, der Steine-Erden-Industrie und der Grundstoffindustrie in vielfältiger Weise zum Dosieren von kontinuierlichen Schüttgutströmen eingesetzt.

Bild 1 zeigt in einem Chemiebetrieb eine kleine Dosierbandwaage im staubdicht gekapselten Gehäuse. Im Vordergrund rechts zu sehen, dosiert sie gravimetrisch das Schüttgut in den nächsten Verfahrensschritt. Eine weitere Komponente wird volumetrisch von einer Trogschnecke zugeteilt.

In Bild 2 sind ebenfalls diese kleinen Dosierbandwaagen in einem ähnlichen Einsatzfall für eine Gemengebildung zu sehen.

Die Dosierbandwaagen sind hängend am Silo befestigt und tragen, da die verschiedenen Waschmittelprodukte frei fließend und kohäsionslos sind, das Schüttgut direkt aus.

Bild 3 zeigt aus dem Bereich der Grundstoffindustrie das Dosieren von Oxidmaterial verschiedener Körnung in den Siebstationen einer Direktreduktionsanlage mit Dosierbandwaagen.

In Bild 4 ist das Dosieren von Ballast- und Vollwertkohle auf Gurtförderer in einer Gleisverladeanlage wiedergegeben. Es zeigt zwei Dosierbandwaagen, welche die Kohle direkt über einen Aufgabetrichter aus einem Silo abziehen und auf einen Gurtförderer aufgeben. Der Gurtförderer fördert die Kohle dann zur Verladestation.

In Bild 5 ist als Beispiel aus der Steine- und Erden-Industrie die Klinkerdosierung mit einer Dosierbandwaage in einem Zementwerk zu sehen. Der Zementklinker wird auch hier direkt aus dem Silo abgezogen. Der Schichthöheneinsteller besteht aus beweglichen Stahlplatten, um ein Verkeilen des grobkörnigen Klinkers zu vermeiden. Die flexiblen Seitenleisten an den Seiten des Gurtes verhindern, daß der gut fließende Klinker vom Gurt abrollt und die Dosierbandwaage verschmutzt.

[1]) Dipl.-Ing. H. Heinrici, Carl Schenck AG, 64273 Darmstadt

Bild 1: Gekapselte Dosierbandwaage

Bild 2: Dosierbandwaagen in der Waschmittelindustrie

Bild 3: Dosierbandwaagen in einer Direktreduktionsanlage

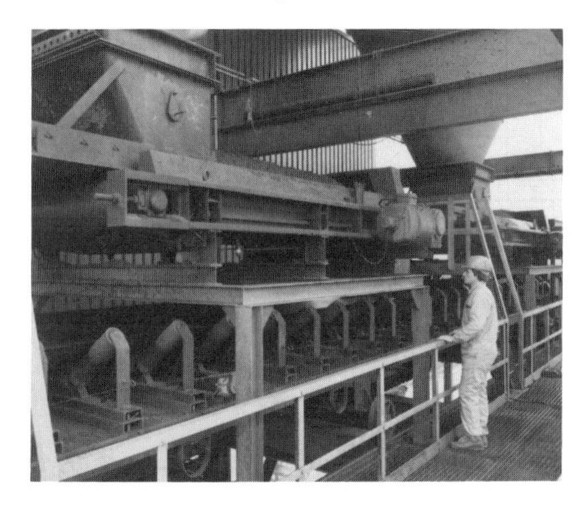

Bild 4: Dosierbandwaagen für Kohle in einer Gleisverladeanlage

Bild 5: Dosierbandwaage für Klinker in einem Zementwerk

2. Prinzipieller Aufbau und Signalverarbeitung

Die Dosierbandwaage ist das weitestverbreitete gravimetrische Dosiersystem. Zur Meßwerterfassung wird hier das Meßprinzip der Förderbandwaage genutzt.

Eine Dosierbandwaage besteht aus (Bild 6):

- einem Gurtförderer
- einem Antrieb mit Drehzahlaufnehmer zur Bestimmung der Bandgeschwindigkeit
- einer Schüttgutaufgabeeinrichtung, z. B. Trichter mit Schichthöheneinsteller
- einer Förderbandwaage und
- einer elektronischen Meß- und Regeleinrichtung.

Die Meß- und Regeleinrichtung hat die Aufgabe, durch Multiplikation der mit der Förderbandwaage gemessenen Bandbeladung q (kg/m) und der mit dem Geschwindigkeitsaufnehmer ermittelten Bandgeschwindigkeit v (m/s) die Förderstrecke m (kg/h) zu bestimmen und durch eine Regelung den voreingestellten Wert konstant zu halten.

Für Funktion und Genauigkeit einer Dosierbandwaage ist die Baugruppe Förderbandwaage von zentraler Bedeutung.

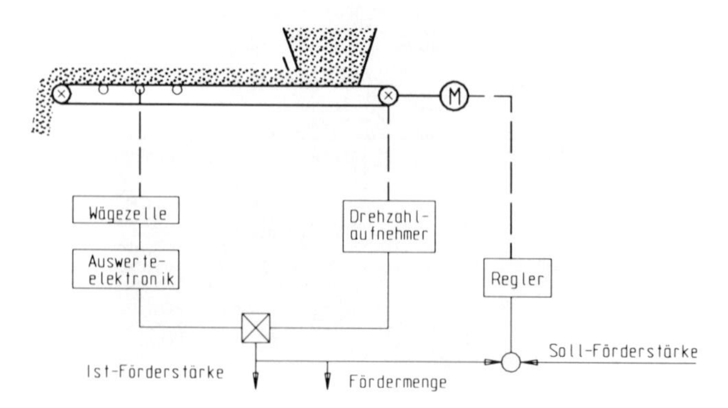

Bild 6: Signalverarbeitung der Dosierbandwaage

In der Regel werden bei Dosierbandwaagen elektromechanische Einrollen-Förderbandwaagen mit Taralastkompensation eingesetzt (Bild 7). Hierbei wird eine Förderbandrolle des Gurtförderers von einer drehbaren Schwinge so aufgenommen, daß sie vertikal beweglich ist. Auf der anderen Seite der Schwinge ist ein Gewicht angebracht, das die Taralast der Förderbandrolle, des darüberliegenden Bandabschnitts sowie der Schwinge größtenteils kompensiert. Die Schwinge stützt sich auf einer Wägezelle ab. Diese Wägezelle mißt somit die resultierende Kraft G der Schüttgutteilchen, die sich auf dem darüberliegenden Bandabschnitt zwischen den beiden benachbarten Tragrollen befinden. Die Bandbeladung q ergibt sich dann aus dem Quotienten der Kraft G und dem Abstand zwischen zwei Förderbandrollen, der Meßstrecke L. Wird diese Größe mit der Bandgeschwindigkeit multipliziert, erhält man die Förderstärke. Die Integration der Förderstärke über der Zeit liefert schließlich die geförderte Menge.

Je nachdem welche mechanische Größe geregelt wird, unterscheidet man zwischen geschwindigkeits- oder bandbeladungsgeregelten Dosierbandwaagen.

2.1 Geschwindigkeitsgeregelte Dosierbandwaagen

In vielen Anwendungsfällen wird die Dosierbandwaage so angeordnet, daß das Schüttgut direkt aus dem Silo oder Pufferbehälter abgezogen wird. Der Schichthöheneinsteller bewirkt eine nahezu konstante volumetrische Bandbeladung, die Förderstärke wird durch die Drehzahl des Förderbandantriebs bestimmt.

Für die Signalverarbeitung (Bild 6) wird das Wägezellensignal zunächst verstärkt und dann analog/digital gewandelt. Die Mikroprozessor-gesteuerte Meß- und Regeleinrichtung führt die Multiplikation mit dem digitalen Drehzahlsignal aus. Die so ermittelte Ist-Förderstärke wird mit der vorgegebenen Soll-Förderstärke verglichen und die Differenz auf den Eingang des Reglers geführt. Dieser Regler hat die Funktion, die Förderstärke konstant zu halten. Die Stellgröße wird für den Drehzahlregler so berechnet, daß durch die Veränderung der Bandgeschwindigkeit am Abwurf die gewünschte Soll-Förderstärke erreicht wird.

2.2 Bandbeladungsgeregelte Dosierbandwaage

Neben den geschwindigkeitsgeregelten werden auch bandbeladungsgeregelte Systeme eingesetzt, die auch Wägeband oder gewichtsgeregelte Dosierbandwaage genannt werden. Hierbei wird das Förderband mit einer konstanten Geschwindigkeit angetrieben und die Bandbeladung mit einem Zuteiler, z. B. Dosierschnecke (Bild 8), Zellenradschleuse, Vibrationsrinne oder Plattenband, geregelt.

Die Signalverarbeitung erfolgt prinzipiell wie bei der geschwindigkeitsgeregelten Dosierbandwaage, nur wirkt das Stellsignal des Reglers nicht auf den Bandantrieb sondern, auf den regelbaren Zuteiler.

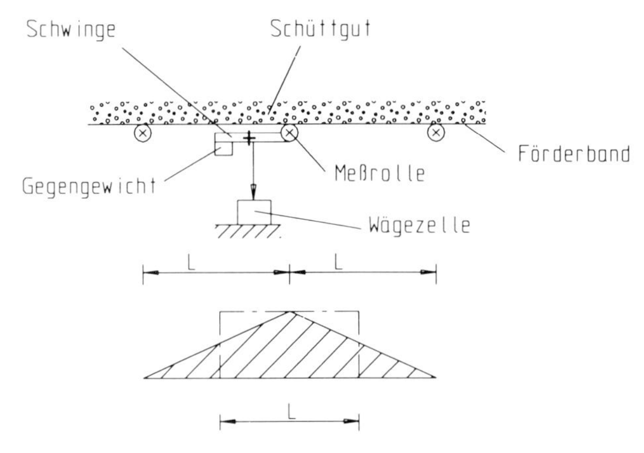

Bild 7: Meßprinzip Förderbandwaage

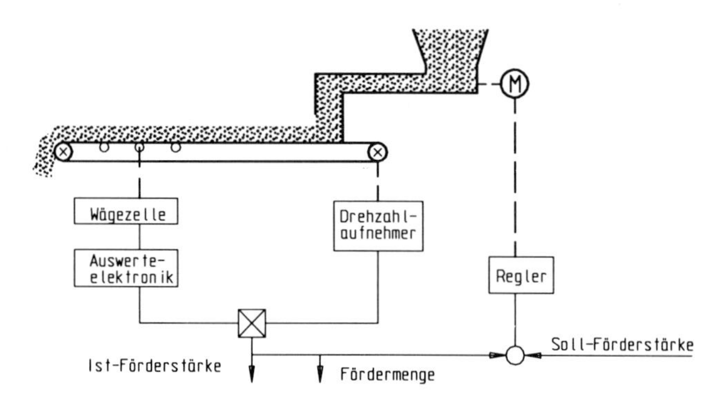

Bild 8: Bandbeladungsgeregelte Dosierbandwaage

Daher kann es zwischen Schüttgutaufgabestelle und Meßstelle zu größeren Totzeitstrecken kommen, was nachteilig für die Regelgüte sein kann. Daraus können ungünstigere Kurzzeit-Dosierkonstanzwerte resultieren. Bei Gemengebildungen, bei denen eine Komponente der Führungsgröße nachgesteuert werden soll, führt der große Abstand zwischen Aufgabe- und Meßstelle dann zu einer trägen Prozeßsteuerung.

Ein weiterer Nachteil dieses Systems ist die bei verringerter Förderstärke im gleichen Maße verringerte Bandbeladung. Dadurch kann der relative Einfluß von Störgrößen, wie z.B. ungleichmäßige Steifigkeit des Förderbandes oder Taraveränderungen, deutlich zunehmen.

Zur Bestimmung der Bandbeladung kann an Stelle der Wägung mit der Förderbandwaage auch der gesamte Gurtförderer mittels Wägezellen verwogen werden. Dadurch können die Fehlereinflüsse aus dem Förderband vermieden werden. Andererseits wirken sich Staubablagerungen und Beläge am Band oder den Walzen durch Taraveränderungen negativ auf die Meßgenauigkeit aus. Auch die Stoßkräfte des herabfallenden Schüttgutes an der Aufgabestelle sowie Veränderungen beim Abböschen des Schüttgutes am Bandende können zu Ungenauigkeiten führen.

Bandbeladungsgeregelte Dosierbandwaagen werden vorzugsweise bei solchen Schüttgütern eingesetzt, die nicht direkt abzugsfähig sind und daher ohnehin einen Zuteiler erfordern. Aufgrund der geringeren Qualität der Regelung sind sie aber weniger gut geeignet für Einsatzfälle mit großen Einstellbereich und häufigen Sollwertänderungen.

2.3 Dosierbandwaage mit geregeltem Zuteiler als Dosierblock

Die Kombination eines geregelten Zuteilers mit einer geschwindigkeitsgeregelten Dosierbandwaage wird Dosierblock genannt. Dabei wird die Antriebsdrehzahl des Förderbandes parallel zu der Drehzahl des Zuteilers so geregelt, daß sich eine konstante Bandbeladung einstellt (Bild 9).

Somit können größere Stellbereiche realisiert werden, weil auch bei kleiner Förderstärke aufgrund der konstanten Bandbeladung die Fehlereinflüsse des Bandes minimiert werden. Der Aufwand für die zwei geregelten Antriebe des Dosierblocks kann durch die Kombination der Vorteile der geschwindigkeits- und bandbeladungsgeregelten Dosierbandwaage gerechtfertigt werden.

2.4 Steuerungssystem

Kontinuierliche Dosiereinrichtungen beinhalten grundsätzlich Meßwertaufnehmer zur Erfassung der Förderstärke und ein regelbares Dosierorgan. Die primäre Aufgabe der Steuerungssysteme ist daher die Umsetzung der von den Sensoren ermittelten physikalischen Größen in digitale Werte. Eine weitere Aufgabe bei dem Dosiersystem „Dosierbandwaage" ist es, die Regelung auf konstanten Schüttgutmassenstrom zu erreichen. In der Software machen diese beiden Funktionen jedoch nur einen geringen Teil aus; 80 bis 90 % der gesamten Programmlänge besteht aus Steuerungsfunktionen, System- und

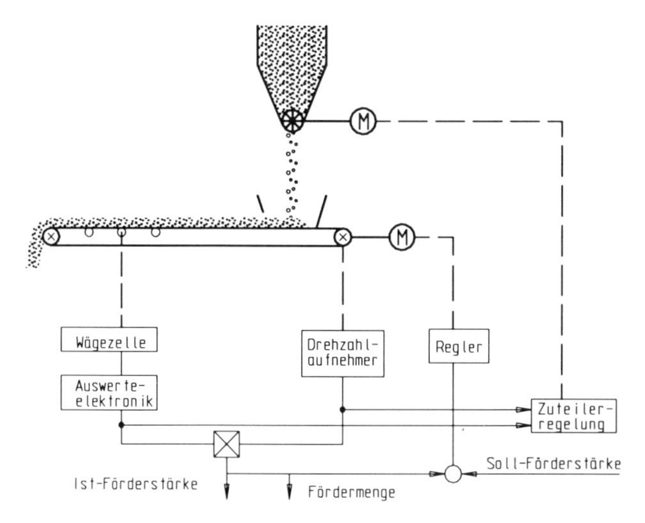

Bild 9: Dosierbandwaage mit geregeltem Zuteiler als Dosierblock

Sensorüberwachung, Signalfilterung, Strögrößenunterdrückung, Bedien- und Beobachtungsfunktionen, Service- und Justagefunktionen, Ansteuerung bzw. Auswertung der Schnittstellen, Sicherheitsfunktionen sowie automatischen Selbstkontroll- und Kalibrierprozeduren [1]. Aus den Anforderungen und den Mitteln der Realisierung (Prozessoren, Speicher, Interfacebausteine) ergibt sich, daß die kontinuierlichen Wäge- und Dosiersysteme in ihrer Leistungsfähigkeit etwa mit Speicherprogrammierbaren Steuerungen der oberen Leistungsklasse verglichen werden können. Dieser Vergleich ist sicher nur bedingt zulässig, da diese Einheiten für unterschiedliche Aufgaben spezialisiert sind. Beispielsweise haben Speicherprogrammierbare Steuerung keine Echtzeiteigenschaften, dafür aber eine effektive Bitverarbeitung für Steuerungsaufgaben in kurzen Taktzeiten. Ein Vergleich der Leistungsdaten ergibt jedoch eindeutig, daß die kontinuierlichen Wäge- und Dosiersysteme nicht in der Ebene der Meßumformer oder intelligenten Sensoren eingeordnet werden dürfen, sondern als dezentrale Automatisierungsstationen in die Ausführungsebene gehören.

Der Hardware-Aufbau eines MSR-Systems ist so gestaltet, daß es möglich ist, Wäge- und Dosieraufgaben umfassend zu lösen und auf einfache Weise die einzelnen Komponenten einer Dosieranlage zu vernetzen. Das MSR-System besteht dann aus den Funktionseinheiten:

- Basisgerät
  Netzteil, Systemeinheit, Ein-/Ausgabeeinheit
- Bediengerät
- Antriebseinheit
- Meßdatenerfassungseinheit

Eine optionale dezentrale Meßdatenerfassungseinheit erlaubt es, mehrere Signale zu erfassen und über eine gemeinsame Sammelleitung weiter zu geben. Bei längeren Verkabelungswegen lassen sich die Verkabelungskosten damit erheblich reduzieren.

Dosierbandwaagensysteme können bis zu 3 Regelkreise beinhalten, die im Rahmen der Inbetriebnahme eingestellt werden müssen. Ein modernes MSR-System verfügt über selbsteinstellende Regelkreise, die ein optimales Dosierverhalten gewährleisten. Erforderlich ist die Eingabe einiger weniger Regelstreckendaten. Das Regleroptimierungsprogramm wählt dann die geeignete Reglerstruktur aus und stellt die Reglerparameter ein.

2.5 Bandlaufüberwachung

Ein sicherer Geradeauslauf des Förderbandes ist Voraussetzung für eine störungsfreie Funktion der Dosierbandwaage. Durch Verschmutzen der Umlenktrommel ist es aber möglich, daß das Förderband schief läuft und die Überwachungskontakte ein Abschalten auslösen. Eine leistungsfähigere Bandlaufüberwachung als über Endkontakte basiert auf einer kontinuierlichen Messung der seitlichen Bandmittenabweichung mit Hilfe eines kodierten Bandes. Diese Bandschieflaufüberwachung in zwei Stufen ermöglicht:

1. Schieflaufwarnung, wenn das Band den vorgegebenen Arbeitsbereich verläßt
2. Schieflaufalarm, wenn das Band den vorgesehenen Sicherheitsbereich verläßt
3. Bandschlupfüberwachung

In den meisten Fällen ermöglicht die Schieflaufüberwachung eine Korrektur des Bandlaufs, bevor die Dosierbandwaage infolge eines Schieflaufalarms ausgefallen ist.

2.6 Bandeinflußkompensation

Der Bandeinfluß des Förderbandes wird im wesentlichen von Bandsteifigkeitsschwankungen verursacht. Besonders im Bereich der Endlosmachung des Bandes wirken sich diese Steifigkeitsänderungen auf das Meßsignal q aus. Aufgrund der Tatsache, daß der Bandeinfluß zeitabhängig ist, reicht eine einmalige Messung – beispielsweise während des Tariervorganges – für eine dauerhafte Kompensation nicht aus. Im Dauerbetrieb ist eine Adaption erforderlich. In Bild 10 sind die zeitabhängigen Bandsteifigkeitsschwankungen dargestellt. Aufgezeichnet ist das Wägezellensignal der Dosierbandwaagen-Meßstrecke bei mehreren Bandumläufen ohne Schüttgut. Die Signalmaxima ändern sich sowohl im Betrag als auch in der Position.

Meßtechnisch zugänglich ist das Meßsignal q. Dieses setzt sich aus der Schüttgutbeladung qs, dem Bandeinfluß qB und dem Totlastsignal qT zusammen. Das Signal qs wird durch das Schüttgut auf dem Band verursacht. Dieses muß erfaßt werden, um auf konstante Förderstärke regeln zu können.

Überlagert wird qs vom Bandeinfluß. Dieser Bandeinfluß kann bei Betrachtung ganzer Bandumläufe vernachlässigt werden. Für kürzere Zeiträume muß jedoch von einer Beeinträchtigung der Kurzzeitgenauigkeit ausgegangen werden.

Das Bandeinfluß-Kompensationsverfahren erlaubt es nun, die Schüttgutbeladung qs aus dem meßtechnisch zugänglichen Meßsignal q zu berechnen. Dies ist aufgrund der unterschiedlichen statistischen Natur von Bandeinfluß- und Schüttgutbeladungssignal möglich [2].

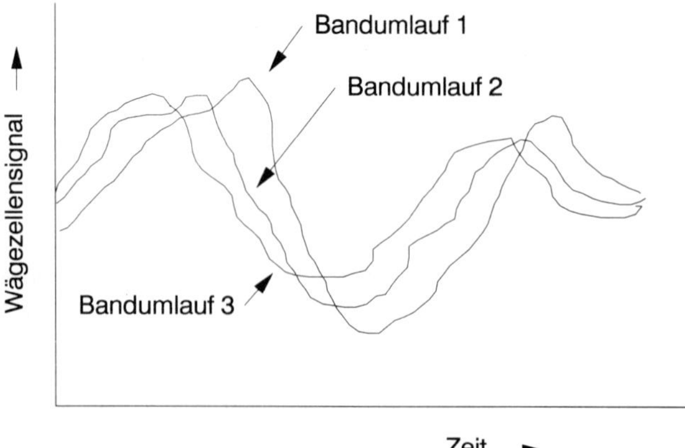

Bild 10: Bandsteifigkeitsschwankungen

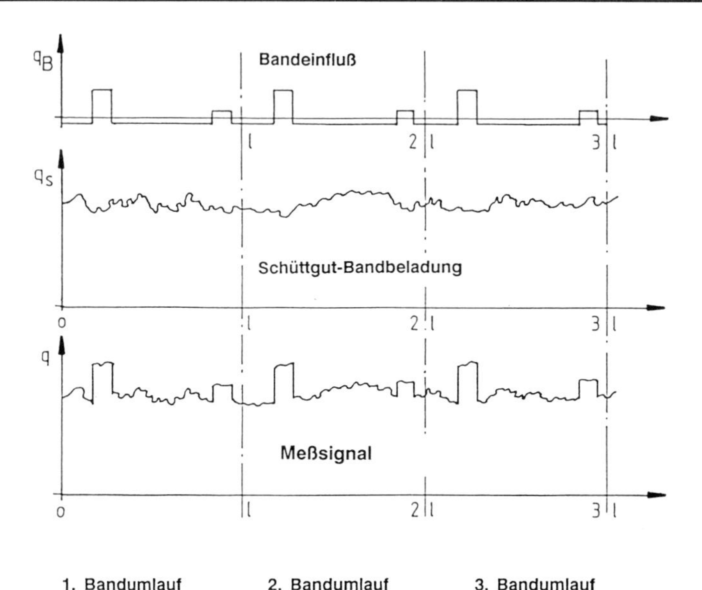

Bild 11: Bandeinfluß

Betrachtet man mehrere Bandumläufe, so stellt die Schüttgutbeladung ein stochastisches Signal mit einer bestimmten Verteilung dar. Der Bandeinfluß hingegen ist korreliert, das Signal des Bandeinflusses ähnelt sich sehr stark in jedem Durchlauf (Bild 11).

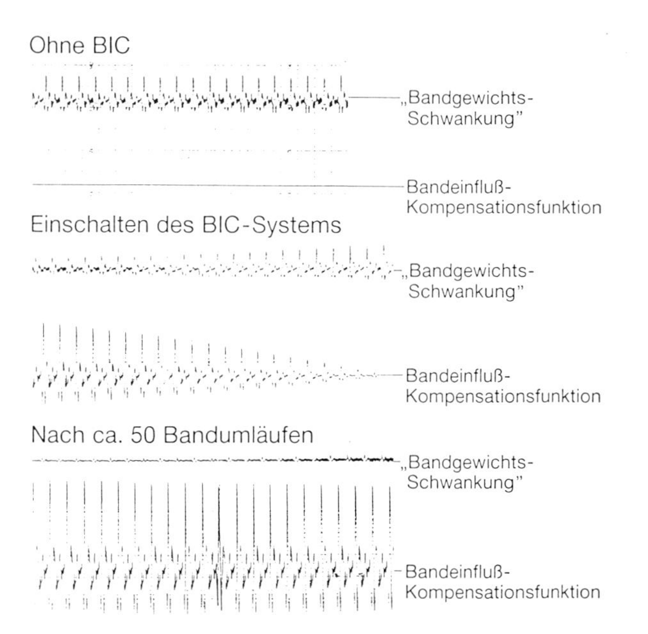

Bild 12: Bandeinflußkompensation

Mit Hilfe eines Korrelators läßt sich durch Ausnutzung der unterschiedlichen stochastischen Eigenschaften von qB und qs der Bandeinfluß im laufenden Betrieb aus dem Meßsignal q ermitteln. Durch Subtraktion des Bandeinflusses von q läßt sich damit qs auf einfache Weise berechnen (Bild 12). Es ist zu beachten, daß die Zeitachse in Bild 12 von rechts nach links verläuft.

Bild 12 zeigt in der jeweils oberen Reihe das Signal qB. Nach Einschalten der Bandeinflußkompensationsfunktion BIC wird im mittleren Bild deutlich, daß die Bandgewichtsschwankungen nach einer Reihe von Bandumläufen herausgerechnet werden kann.

3. Konstruktive Verwirklichung

An die konstruktive Gestaltung der Dosierbandwaage müssen folgende Anforderungen gestellt werden:

- gleichmäßig laufender Gurtförderer
- exakte Messung der Bandbeladung und Bandgeschwindigkeit
- keine Relativbewegung zwischen Band und Schüttgut
- zuverlässiger Bandantrieb mit großem Regelbereich
- robuste Konstruktion mit geringem Wartungsaufwand

Diese Anforderungen können beispielsweise folgendermaßen erfüllt werden. Der Gurtförderer wird als Flachgurtförderer ausgebildet, der auch mit seitlichen Wellkanten versehen werden kann. Als Werkstoff für die Förderbänder werden Elastomere mit Gewebeeinlagen eingesetzt, die bei besonderen Anwendungsfällen auch speziellen Anforderungen genügen müssen, wie z. B. Hochtemperaturbeständigkeit oder Eignung für Lebensmittel. Die Bänder müssen einen Kompromiß zwischen möglichst hoher Gebrauchsdauer einerseits und möglichst großer Flexibilität andererseits erfüllen, damit die Störeinflüsse bei der Kraftmessung durch das Band gering bleiben.

Bei Konstruktion, Fertigung und Montage ist auf exakte Fluchtung und geringe Schlagtoleranz der Förderbandrollen sowie der Antriebs- und Umlenktrommel zu achten, da dies von entscheidender Bedeutung für die Genauigkeit der Dosierbandwaage ist. Aus diesem Grund ist auch auf steife Rahmenkonstruktion und Wägezelle mit hoher Federsteife, d. h. geringen Meßweg, Werte zu legen. Moderne Dehnungsmeßstreifen-Wägezellen machen bei Nennbelastung einen Weg von nur wenigen Zehntel Millimetern, so daß durch die Bandbeladung praktisch keine Entfluchtung der Meßrolle entsteht. Die Bandspannung hat dadurch nur geringen Einfluß auf das Wägeergebnis. Die Wägezelle ist mit einer Überlastsicherung ausgestattet.

Beim Einsatz von Einrollen-Förderbandwaagen mit Taralastkompensation ist es wichtig, eine reibungsarme und möglichst verschleißfreie Drehlagerung der Schwinge vorzusehen. Aus diesen Gründen sind Kreuzfedergelenke hierfür besser geeignet als Wälzlager. Dies gilt besonders, wenn die Schwinge aufgrund einer steifen Wägezelle nur sehr kleine Wege durchführt. Die Kreuzfedergelenke bewirken dann nahezu keine Rückstellkräfte. Im Gegensatz zu Wälzlagerungen bedarf diese Lagerart keiner Schmierung und Abdichtungsvorkehrung, sie sind auch in rauher Industrieumgebung über lange Zeiträume voll funktionsfähig.

Zur Messung der Bandgeschwindigkeit werden induktive Näherungsschalter eingesetzt, die ein Polrad abtasten. Die Anordnung dieses Drehzahlaufnehmers an der Welle des Antriebsmotors ist vorteilhaft, da so eine möglichst hohe Signalfrequenz erreicht wird. Mit der Getriebeübersetzung und dem Antriebstrommelradius wird dann aus der Motordrehzahl die Bandgeschwindigkeit berechnet.

Der Rahmen der Dosierbandwaage wird aus gekanteten Profilen geschweißt und verschraubt. Durch entsprechende Konstruktion kann dadurch bei geringem Gewicht eine höhere Steifigkeit erzielt werden, als bei der Verwendung von Stahlprofilen. Die Steifigkeit des Rahmens ist so groß, daß für einen Bandwechsel nach Entspannen des Bandes und Entfernen der Stützen auf einer Seite der Fördergurt ohne Hilfseinrichtungen abgenommen werden kann [3].

Die seitlichen Materialführungsleisten auf dem Förderband erfüllen eine Doppelfunktion: zum einen verhindern sie das unerwünschte seitliche Abböschen des Schüttgutes in den Bereich der

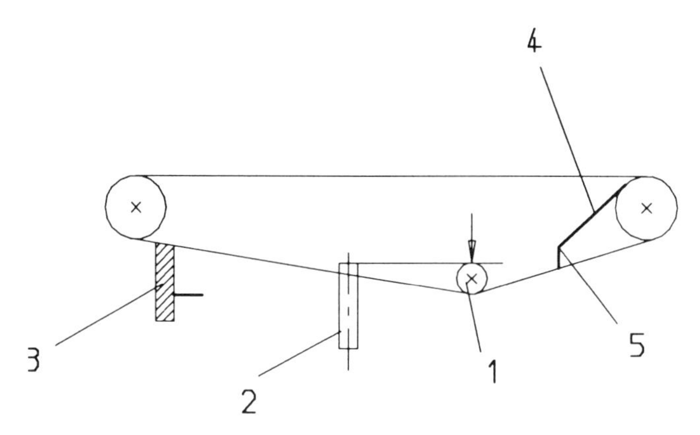

Bild 13: Bandspann- und Lenkeinrichtung

Rollenlagerungen, zum anderen schützen sie das Bedienpersonal vor Eingriffen und der damit verbundenen Quetschgefahr zwischen Fördergurt und Rollen.

Eine Gewichtsspanneinrichtung (Bild 13 Pos. 1) sorgt für eine konstante Gurtspannung. Dadurch wird sowohl eine Überbeanspruchung des Bandes als auch ein Gurtschlupf vermieden.

Ein sicherer Geradeauslauf des Bandes wird durch eine automatische Bandlenkung mittels einer schwenkbaren Rolle im Untertrum erreicht (Bild 13 Pos. 2).

Bandabstreifer mit auswechselbaren Gummileisten (Bild 13 Pos. 3) und ein Trommelabstreifer (Bild 13 Pos. 4) verhindern eine Taraveränderung durch Bandverschmutzung. Darüber hinaus leitet ein geschlossener Pflugabstreifer (Bild 13 Pos. 5) zwischen Gurt und Trommel sicher Fremdkörper auf dem Untertrum seitlich ab.

4. Aufgabeeinrichtungen für Dosierbandwaagen

Die einwandfreie Funktion einer Dosierbandwaage hängt maßgeblich von der Beschickung mit Schüttgut ab. In Abhängigkeit von dem zu dosierenden Schüttgut ist daher die optimale Aufgabeeinrichtung vorzusehen.

4.1 Aufgabetrichter

Die wohl am häufigsten eingesetzte Aufgabeeinrichtung ist ein Aufgabetrichter. Voraussetzung hierfür ist, daß keine Gefahr der Brückenbildung oder des Durchschießen des Schüttgutes besteht. Dies ist bei frei fließenden Schüttgütern der Fall. Mit Hilfe einer schüttgutmechanischen Auslegung (Scherversuche) können auch kohäsive Schüttgüter mit einem Aufgabetrichter auf die Dosierbandwaage aufgegeben werden.

Der rechteckige Aufgabetrichter wird an dem Bunkerauslauf angeflanscht. Die untere Auslauföffnung des Trichters ist nicht bandparallel, sondern steigt in Förderrichtung an. Dadurch wird ein möglichst gleichmäßiges Abziehen des Schüttgutes über dem gesamten Trichterquerschnitt erreicht. Bei größeren Abzugslängen ist es zusätzlich erforderlich, die Abzugsbreite in Förderrichtung zu vergrößern, um eine in Förderrichtung steigende Kapazität des Siloauslaufs zu erreichen. Dadurch können sich keine toten Zonen im Silo ausbilden, das Fließverhalten im Silo wird verbessert, die Antriebsleistung der Dosierbandwaage reduziert und die Beanspruchung des Gurtes vermindert.

An der vorderen Stirnwand des Trichters ist ein Vertikalschieber (Bild 14 Pos. 1) angebracht, um die Schichthöhe des Dosiergutes entsprechend der gewünschten Bandbeladung einzustellen. Unterhalb des Trichters kann für Wartungsarbeiten ein hand- oder spindelbetätigter Absperrschieber vorgesehen werden (Bild 14 Pos. 2).

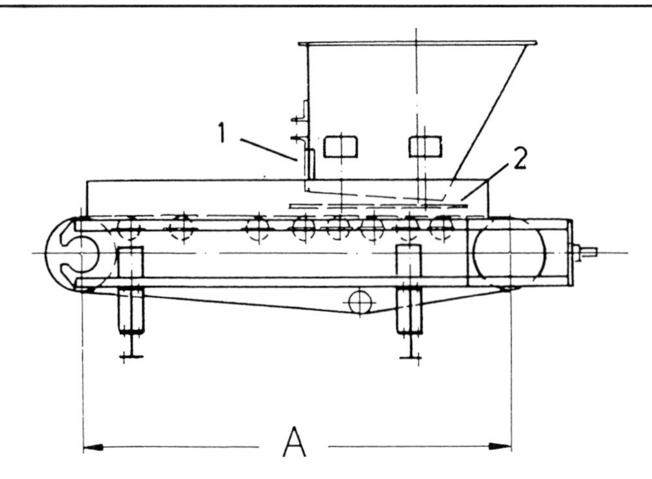

Bild 14: Aufgabetrichter

4.2 Schwingtrichter

Kohäsive Schüttgüter können oft zur Brückenbildung neigen. In disem Fall bilden sich in dem Bunkerkonus oder in dem Aufgabetrichter eine stabile Schüttgutbrücke.

Solche Brücken können durch gezielte Einleitung von Vibrationen zum Einstürzen gebracht werden. Hierfür wird an einem Aufgabetrichter ein Schwingungserreger (Bild 15 Pos. 1) montiert und der gesamte Schwingtrichter mittels elastischer Lagerelemente (Bild 15 Pos. 2) an dem Bunker angebracht.

Der Schwingungserreger darf nur dann eingeschaltet werden, wenn sich eine Schüttgutbrücke bildet, da anderenfalls das Gegenteil von dem eintreten kann, was eigentlich erwünscht ist. Die Vibrationen können nämlich auch zu einer Verdichtung und damit einhergehend zu einer Verschlechterung des Fließverhaltens führen. Die Ansteuerung des Schwingungserregers sollte daher von der Dosier-

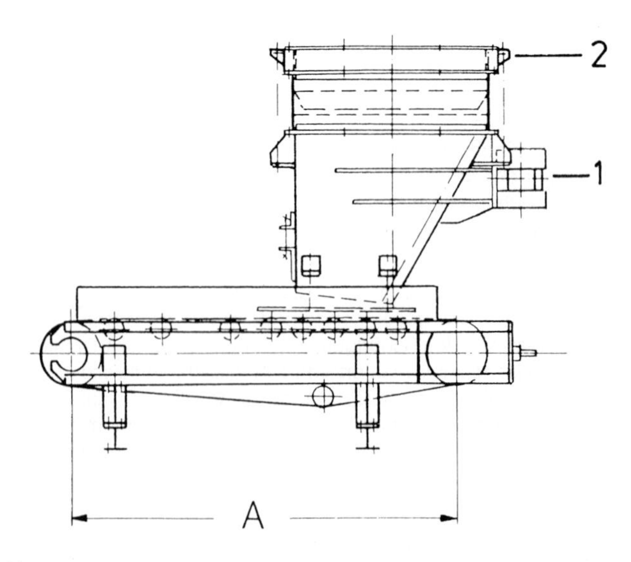

Bild 15: Schwingtrichter

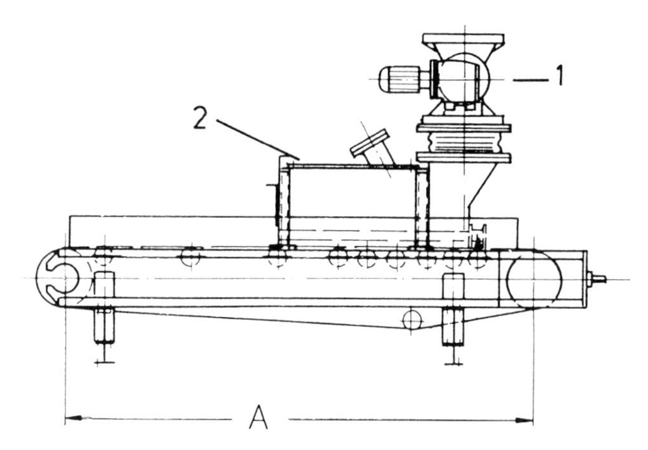

Bild 16: Drosselstrecke

bandwaage selbst erfolgen. Eine Möglichkeit ist es, ein drehbar gelagertes Pendel an der Stirnseite des Trichters anzubauen. Zieht die Dosierbandwaage Schüttgut aus dem Trichter ab, liegt das Pendel auf dem Schüttgut oben auf. Bildet sich nun eine Schüttgutbrücke, so wird der Schüttgutbelag auf dem Band niedriger, das Pendel klappt schwerkraftbedingt nach unten und betätigt dabei einen elektrischen Kontakt zum Einschalten des Schwingungserregers. Nach Einstürzen der Brücke bildet sich wieder ein Materialbelag auf dem Band, das Pendel wird wieder nach oben geklappt und der Schwingungserreger ausgeschaltet.

4.3 Zellenradschleuse mit Drosselstrecke

Schüttgüter, die zum Schießen neigen, können mit Zellenradschleusen abgezogen bzw. dosiert werden. Bei kleinen Förderstärken wird ein Aufgabetrichter unterhalb der Zellenradschleuse (Bild 16 Pos. 1) intermittierend gefüllt. Die Ansteuerung des Drehstrommotors der Schleuse kann über Füllstandwächter oder über Verwiegen der gesamten Dosierbandwaage mit Wägezellen erfolgen. Bei größeren Förderstärken wird die Schleuse von einem Gleichstrommotor angetrieben, dessen Drehzahl gemeinsam mit dem Antrieb der Dosierbandwaage geregelt wird (kontinuierliche Blockregelung).

Die Neigung des Schüttgutes zum Durchschießen resultiert aus einem hohen Luftanteil im Schüttgut. Für die Bestimmung der Ist-Förderstärke ist es notwendig, daß das Schüttgut ohne Relativgeschwindigkeit zum Förderband über die Wägerolle transportiert wird. Daher wird das Schüttgut auf einer sogenannten Drosselstrecke (Bild 16 Pos. 2) nach dem Aufgabetrichter beruhigt und entlüftet. Hierfür werden in einem kastenförmigen Gehäuse Einbauten aufgehängt, die das Schüttgut abbremsen und an denen die Luft aus dem Schüttgut emporsteigt.

4.4 Dosierwalze mit Drosselstrecke

Zur Dosierung von fluidisierten Schüttgütern mit großen Förderstärken werden Dosierbandwaagen mit Walzenschiebern als Vordosierer eingesetzt. Die Dosierwalze (Bild 17 Pos. 1) wird von einem stellungsgeregelten Getriebeverstellmotor angetrieben. Eine vorgeschaltete pneumatische Absperrwalze (Bild 17 Pos. 2) schließt bei Stromausfall oder beim Abschalten der Dosierbandwaage automatisch. Auch hier verhindert eine Drosselstrecke (Bild 17 Pos. 3) Relativbewegungen des Schüttgutes auf der Wägestrecke.

5. Dosierbandwaage mit automatischer Kontroll- und Korrektureinrichtung

In der Regel werden Dosierbandwaagen mit Schüttgut-Kontrollmessungen justiert. Hohe Genauigkeitsanforderungen erfordern eine automatische Schüttgut-Kontrollmessung während des Betriebs mit

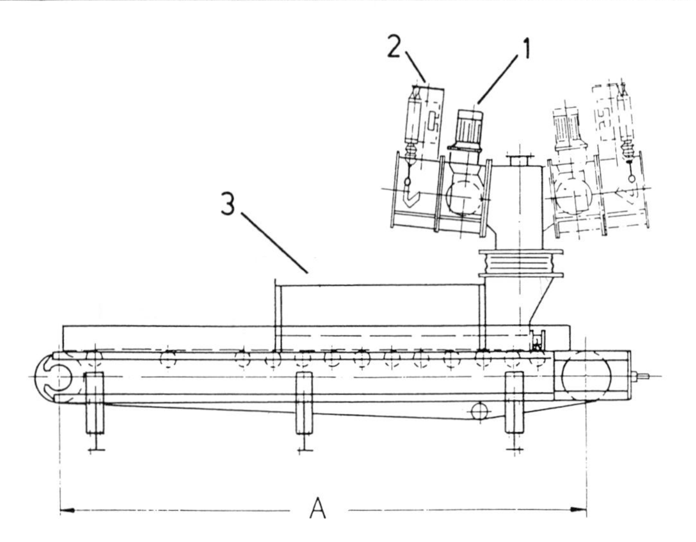

Bild 17: Dosierbandwaage mit Dosierwalze

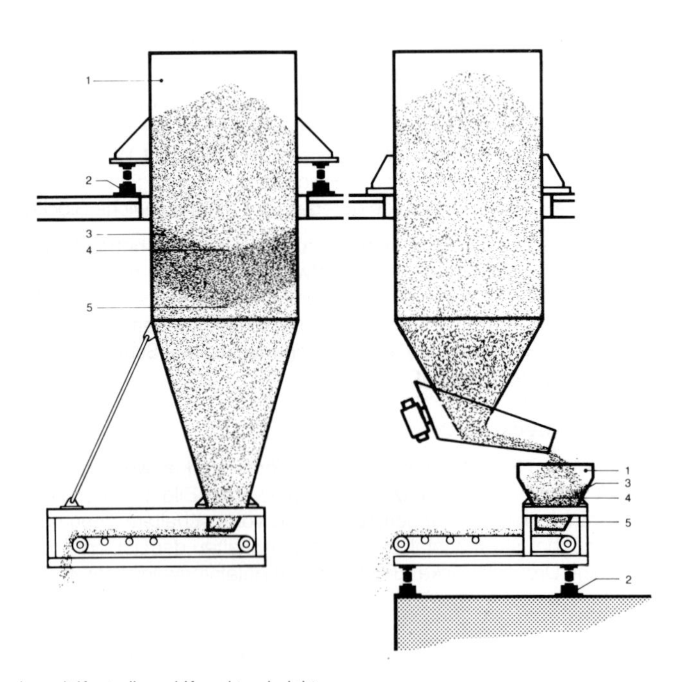

Bild 18: Prüfbunker mit Kontroll- und Korrektureinrichtung
1 Prüfbunker, 2 Wägezelle, 3 Prüfmenge, 4 Start der Kontrolle, 5 Ende der Kontrolle

Kontroll- und Korrekturmeßeinrichtungen. Ist die Dosierbandwaage direkt an das Vorratssilo angeflanscht, wird der Silo mit Dosiersystem auf Wägezellen gesetzt (Bild 18).

Sind Vorratssilo mit Zuteiler und Dosierbandwaage getrennt voneinander aufgestellt, wird nur die Dosierbandwaage mit einem kleinen Vorbehälter auf Wägezellen verlagert. Mit Hilfe dieser Wägezellen wird eine Prüfmenge als Gewichtsdifferenz zwischen zwei festgelegten Grenzwerten gemessen und mit der im gleichen Zeitraum gemessenen Fördermenge des Dosiersystems verglichen. Aus der Differenz dieser beiden Werte wird ein Korrekturfaktor berechnet und damit das Dosiersystem im laufenden Betrieb nachjustiert.

6. Dosiergenauigkeit und Förderstärkenbereiche

Mit Dosierbandwaagen läßt sich eine Dosiergenauigkeit von +/− 0,5 % bezogen auf die eingestellte Förderstärke erreichen. Dies gilt für einen Bereich von 10 % bis 100 % der Nennförderstärke. Die Dosiergenauigkeit ist dabei meist auf einen oder mehrere vollständige Bandumläufe bezogen. Bei Einsatz der Bandeinfluß-Kompensation (vgl. Kap. 2.6) ist diese Einschränkung nicht mehr erforderlich. Bei hohen Anforderungen an die Kurzzeitdosierkonstanz ist zu beachten, daß je nach Kohäsivität des Schüttgutes kein gleichmäßiges Abfallen des Schüttgutes vom Band möglich ist. Hier kann eine Differential-Dosierwaage bei entsprechender Auslegung des Dosierorgans bessere Möglichkeiten bieten.

Der Förderstärkeneinsatzbereich reicht von ca. 20 kg/h bis zu 2000 t/h. Ein einzelner Typ einer Dosierbandwaagenbaureihe kann standardmäßig für Stellbereiche 1 : 20 und in Spezialfällen auch darüber eingesetzt werden. Wird der Schichthöheneinsteller zusätzlich verstellt, kann der Stellbereich auch größer als 1 : 100 sein.

Schrifttum

[1] Biebel, J.: Kontinuierliches Wägen und Dosieren in der Prozeßautomatisierung, Automatisierungstechnische Praxis, 4/88.
[2] Allenberg, B., G. Jost: Kurzzeitgenauigkeit und Betriebssicherheit bei der Schüttgutdosierung. wägen + dosieren, 3/92.
[3] Carl Schenck AG, Druckschrift Dosierbandwaagen.

Dosierrotorwaagen

Von H.W. HÄFNER[1])

1. Einleitung

Dosiereinrichtungen für die kontinuierliche Schüttgutdosierung erhalten besonders bei chemischen und thermischen Prozessen angesichts der gestiegenen Anforderungen an Wirtschaftlichkeit, Qualitätssicherung und Umweltschutz einen zunehmenden Stellenwert.

Der Trend von der volumetrischen Schüttgutdosierung hin zur gravimetrischen Schüttgutdosierung ist Ausdruck dieser Anforderungen. Der Vorteil liegt dabei in exakter reproduzierbarer Dosierung und Registrierfähigkeit im Rahmen der Prozeßführung und -überwachung.

Moderne Prozeßtechnik verlangt deshalb bei der Schüttgutdosierung und Einschleusung in den Prozeß nach geeigneten gravimetrisch arbeitenden Stellgliedern.

Die Anforderungen an diese Stellglieder bestehen u.a. darin, daß Schüttgutaustrag aus dem Silo, Meßstrecke, Stellantrieb und Schüttgutübergabe auch in druckbeaufschlagte Prozesse in baulich einfachen, funktionssicheren und vollkommen geschlossenen Dosiergeräten zusammengefaßt werden.

Hohe Kurzzeitgenauigkeit, permanent gravimetrische Betriebsweise, verzögerungsfreies Folgen der Prozeßführungsgröße und redundante Funktionsüberwachung sind weitere wichtige Notwendigkeiten.

[1]) H.W. Häfner, Pfister Kontitechnik, Augsburg

Bild 1: Dosierrotorwaage in druckstoßfester und flammendurchschlagsicherer Ausführung

Dosiersysteme mit zu großen Totzeiten, volumetrischen Dosierphasen, zusätzlichen Auf- und Übergabeeinrichtungen in Prozesse können diese Anforderungen meist nur unzureichend erfüllen.

Die Dosierrotorwaage (Bild 1) stellt sowohl vom meß- und regeltechnischen Gesichtspunkt als auch apparativ aufgrund ihres kompakten, völlig geschlossenen Aufbaues ein ideales Stellglied zur kontinuierlich gravimetrischen Dosierung von staubförmigen und feinkörnigen Schüttgütern besonders bei der Beschickung druckbeaufschlagten Prozessen dar.

2. Eigenschaften und Vorteile der Dosierrotorwaage im Vergleich zu anderen gravimetrischen Dosiersystemen

Zur gravimetrisch kontinuierlichen Dosierung von Schüttgütern steht eine Reihe von Dosiersystemen zur Verfügung.

Hierzu zählen Dosierbandwaagen, Differentialdosierwaagen, Durchlaufmeßgeräte mit geregelten Aufgabegeräten (Prallplatten, Schurren, Coriolislaufrad) und schließlich Dosierrotorwaagen.

Problematisch erweist sich besonders die gravimetrische Dosierung in druckbeaufschlagte Prozesse und pneumatische Fördersysteme.

Gerade aber die pneumatische Druck- und Saugförderung entwickelt sich zunehmend zu einem unverzichtbaren Bindeglied zwischen Dosierung und Prozeß.

Offene Dosiergeräte, wie Dosierbandwaagen (Bild 2a) benötigen zur pneumatischen Förderleitung und zu druckbeaufschlagten Prozessen hin eine zusätzliche Schnittstelle als Druck- und Gassperre, beispielsweise in Form einer Zellenschleuse oder Schneckenpumpe. Auch eignen sich Dosierbandwaagen nur eingeschränkt für die Dosierung staubförmiger Schüttgüter.

Die Eindosierung von Schüttgütern in druckbeaufschlagte Systeme mit Differentialdosierwaagen (Bild 2b) ist mit geeigneten Dosierorganen bedingt möglich, erfordert jedoch Vorkehrungen, die den baulichen und gerätetechnischen Aufwand steigern.

Wichtig für die einwandfreie Funktion der Gewichtserfassung bei Differentialdosierwaagen ist die Verhinderung von Kraftnebenreaktionen aufgrund des Gasdruckes durch Druckausgleichskompensatoren am Ein- und Auslauf des Dosiergerätes in Verbindung mit dem Einschleussystem.

Rasch schwankende Druckverhältnisse lassen sich mit Druckausgleichskompensatoren nur unzureichend kompensieren, wodurch in der Praxis die Dosierung oft empfindlich gestört ist.

Auch ist die Dosierqualität bei der Differentialdosierwaage während des volumetrischen Betriebes in der unkontrollierten Nachfüllphase meist eingeschränkt, zumindest aber unkontrolliert.

Für Prozesse, die auf hohe Kurzzeitgenauigkeit angewiesen sind, erweist sich auch die nachführende Regelung zusammen mit volumetrischen Dosierphasen als nachteilig. Störungen aus Über- oder Unterdosierung werden erst dann erkannt, wenn diese den Prozeß bereits negativ beeinflussen.

Auch Dosiereinrichtungen, bestehend aus einem Durchlaufmeßgeräte (Bild 2c) und einem volumetrischen Aufgabegerät, besitzen prinzipbedingt eine nachführende Regelung. Wegen der großen Totzeit zwischen Aufgabegerät und Meßstrecke fällt dieser Nachteil verstärkt ins Gewicht.

Neben den systembedingten Meßfehlern können auch erhebliche Meßunsicherheiten bei Änderung von Schüttgut, Schüttgewicht, Körnung, Feuchte, Schüttgutplastizität und Gasströmungen auftreten.

Demgegenüber besitzt die **Dosierrotorwaage** (Bild 2d) besonders bei der Beschickung von druckbeaufschlagten Prozessen oder pneumatischen Förderungssystemen eine Reihe prinzipieller Vorteile und kann in vielen Fällen Dosierbandwaagen, Differentialdosierwaagen und Durchlaufmeßgeräte vorteilhaft ersetzen.

Die Dosierrotorwaage dosiert gravimetrisch kontinuierlich staubförmige und feinkörnige Schüttgüter vorzugsweise im Dosierleistungsbereich von 0,05 bis 50 t/h.

Neben der **Schüttgutentnahme direkt aus dem Silo** kann die Dosierrotorwaage **direkt in eine pneumatische Förderanlage** ohne weitere Zusatzgeräte integriert werden (Bild 3).

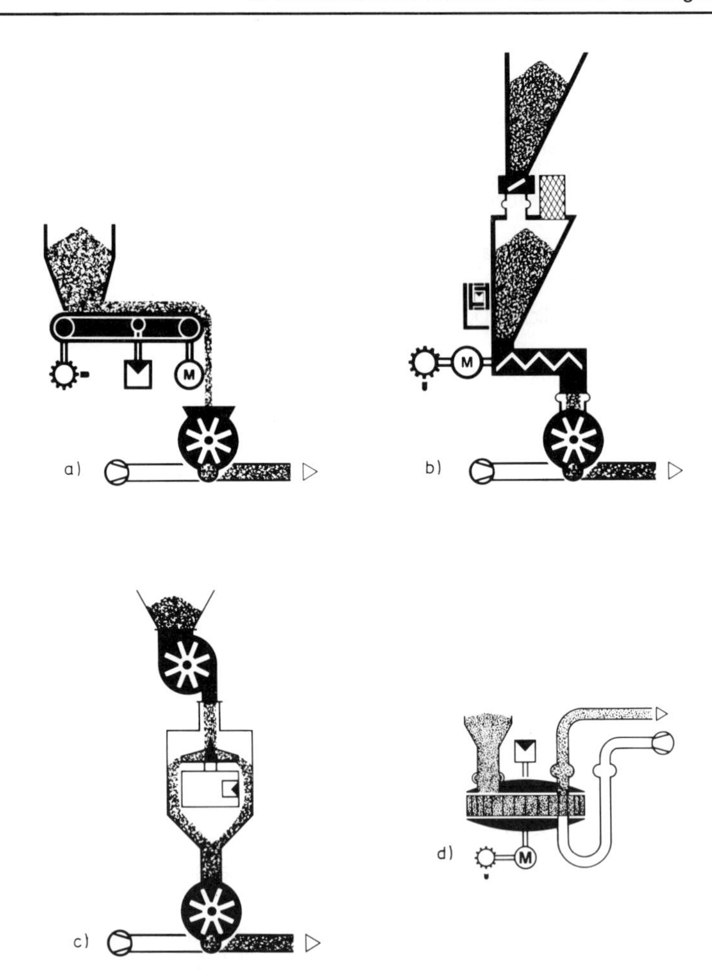

Bild 2: Beispiele zur gravimetrischen Eindosierung von Schüttgütern in die pneumatische Förderung
a) Dosierbandwaage
b) Differentialdosierwaage
c) Durchlaufdosiergerät
d) Dosierrotorwaage

Durch die **Zusammenfassung von Schüttgutaustrag, Meßstrecke, Stellglied, pneumatischer Förderung** in einem Gerät und dem direkten Anschluß an das Schüttgutsilo ergibt sich der **kompakte, besonders einfache Aufbau** dieses **vollkommen geschlossenen gravimetrischen Dosiergerätes.**

Die Dosierrotorwaage verzichtet auf die Installation von zusätzlichen volumetrischen Dosiergeräten, Zwischengefäßen, Waagbehältern, Filtern, Entlüftungen, Durchblasschleusen und Schneckenpumpen.

Modularer Aufbau, einfache Wartung und Reinigung sind weitere Kennzeichen des weltweit patentierten Dosierrotorwaagensystems. Bei explosionsgefährdeten Stäuben, wie Kohlenstaub ist die Dosierrotorwaage durckstoßfest und flammendurchschlagsicher ausgeführt.

Die Dosierrotorwaage garantiert **hohe Kurzzeitgenauigkeit durch Störgrößenkompensation und kontinuierlich permanente gravimetrische Betriebsweise**, selbst bei schwankenden Schüttgutdichten und Systemdrücken.

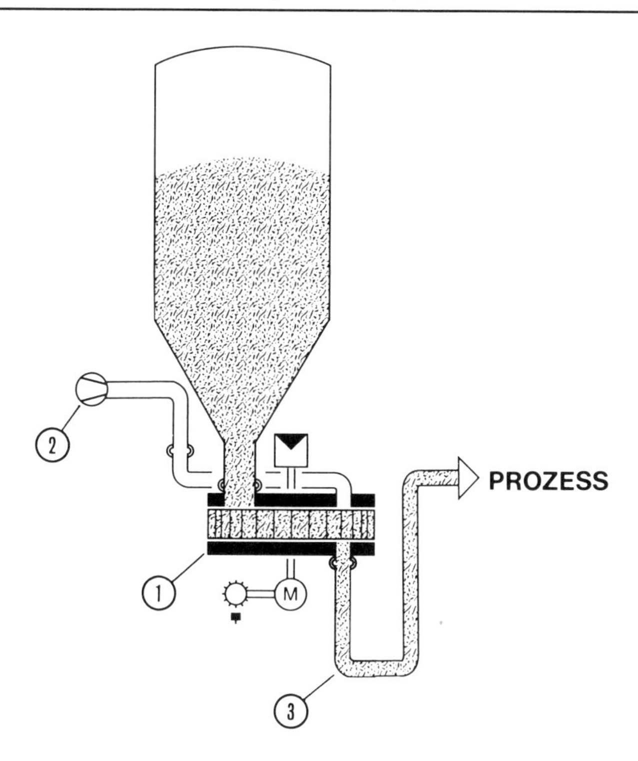

Bild 3: Dosierrotorwaage mit direkter Integration in die pneumatische Förderleitung
1 Dosierrotorwaage
2 Gebläse
3 Förderleitung

3. Aufbau der Dosierrotorwaagen

Die Dosierrotorwaage wirkt als Abgrenzungsorgan zwischen Silo und Prozeß ähnlich einer Durchblaszellenschleuse (Bild 4).

Das Schüttgut wird durch die Kammern des Rotors (Zellenrad) 1 direkt aus dem Silo 2 abgezogen.

Durch Drehung des Rotors gelangen die mit Schüttgut gefüllten Kammern vom Materialeinlauf (= Siloauslauf) 3 zur Rotorabwurfstelle 4. Dort werden sie durch die von einem Gebläse 5 gelieferte Trägerluft direkt in die pneumatische Förderleitung 6 entleert. Die Entleerung kann abhängig vom Einsatz mit Förderrichtung nach oben oder unten erfolgen.

Zur Vermeidung von Pulsationen in der pneumatischen Förderleitung ist der Rotor mit einer Vielzahl von Kammern versehen, die mehrreihig umlaufend und in ihrer Teilung zueinander versetzt sind.

Mehrere Rotortypen ermöglichen die Anpassung an verschiedene Schüttgüter und Dosierleistungen.

Zu Wartungszwecken läßt sich die Dosierrotorwaage in kurzer Zeit mit Hilfe einer integrierten Absenkeinrichtung in die Hauptfunktionsbaugruppen ohne zusätzliche Hilfswerkzeuge zerlegen.

3.1 Gravimetrisches Wirkprinzip

Das Rotorgehäuse ist außermittig schwenkbar über zwei Wägegelenke am Basisrahmen der Dosierrotorwaage aufgehängt (Bild 5).

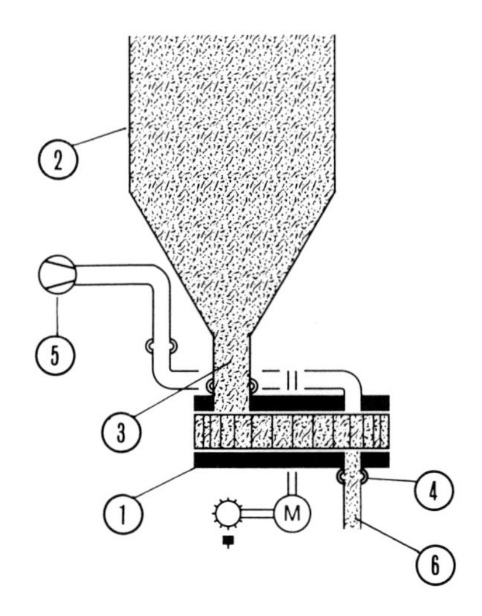

Bild 4: Dosierrotor als Abgrenzungsorgan

1 Dosierrotor
2 Silo
3 Siloauslauf
4 Rotorabwurfstelle
5 Gebläse
6 Förderleitung

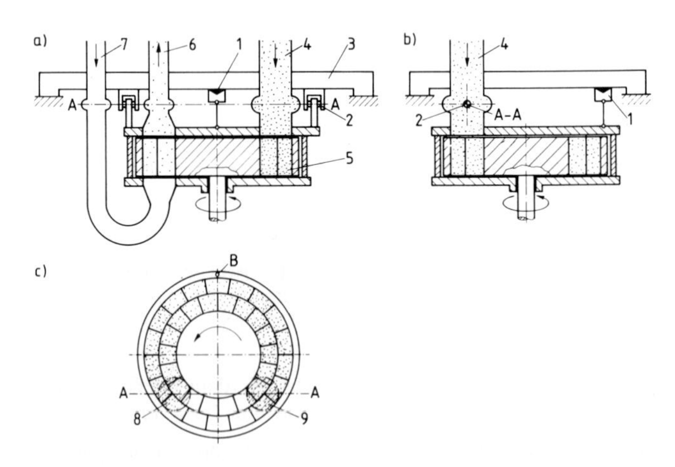

Bild 5: Gravimetrisches Wirkprinzip der Dosierrotorwaage

a) Vorderansicht
b) Seitenansicht
c) Rotordraufsicht

1 Wägezelle, 2 Gelenk, 3 Basisrahmen, 4 Schüttguteinlauf, 5 Rotorkammer, 6 Ausblasleitung, 7 Luftzufuhr, 8 Schüttgutaustritt, 9 Schüttguteintritt
A-A Wägeachse, B Wägepunkt

Die durch die Wägegelenke gebildete Schwenkachse A-A verläuft dabei durch die Mitten der Anschlußkompensatoren von Schüttgutaustrag, Schüttgutabwurf und Gebläseanschluß.

Die Schwenkachse A-A bildet zusammen mit der ihr gegenüberliegenden Aufhängung an der Wägezelle (1) die Rotormeßstrecke.

Durch die spezielle Anordnung von Schwenkachse, Kompensatoren und Wägezelle werden Kraftreaktionen an Ein- und Auslauf, die durch unterschiedliche Drücke hervorgerufen werden, in den Wägegelenken aufgefangen und beeinflussen somit die Rotormeßstrecke nicht.

Das in der Rotormeßstrecke (Bild 5) befindliche Schüttgut bewirkt mit seiner Masse das Wägemoment um die Schwenkachse A-A der Dosierrotorwaage, das als resultierende Momentanlast mit einer Wägezelle in B (Bild 5c) gemessen wird.

Der Schüttgutmassenstrom ergibt sich aus dem Produkt der jeweils wirkenden Momentanlast und der Winkelgeschwindigkeit des Rotors.

Die Winkelgeschwindigkeit und -stellung des Rotors wird durch einen Digitaltacho und einen Positionssensor gemessen.

Die jeweilige Momentanlast aus der Schüttgutmasse in der Rotormeßstrecke ist aufgrund des Rotormeßprinzips zeitlich vor dem Erreichen der Schüttgutabwurfposition bereits bekannt.

Hieraus ergibt sich ein gravierender Vorteil des Dosierrotorwaagenprinzips gegenüber anderen Dosiersystemen:

3.2 Die Realisierung einer vorausschauenden Regelung

Die jeweilige Momentanlast wird in der Wägeelektronik (Bild 6) gespeichert. Durch fortlaufende Messung ist die Winkelposition der gespeicherten Momentanlast relativ zum Schüttgutabwurf stets feststellbar.

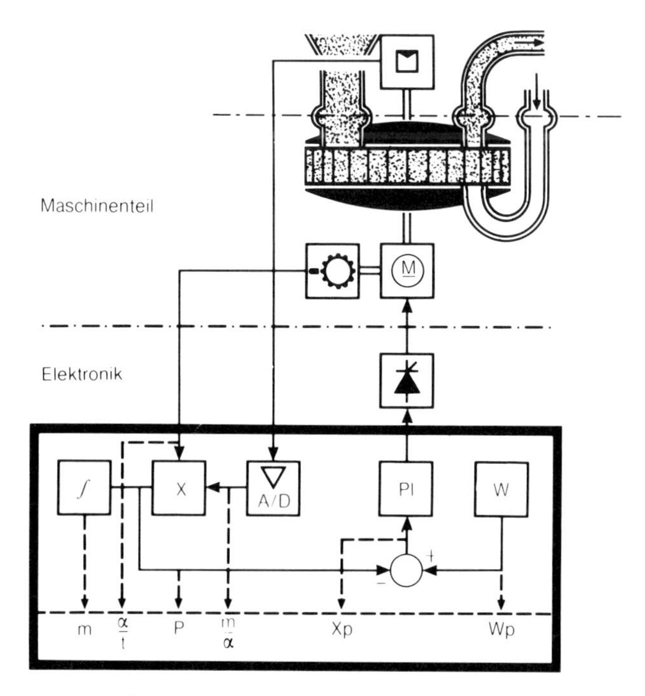

Bild 6: Die Dosierrotorwaage im Regelkreis

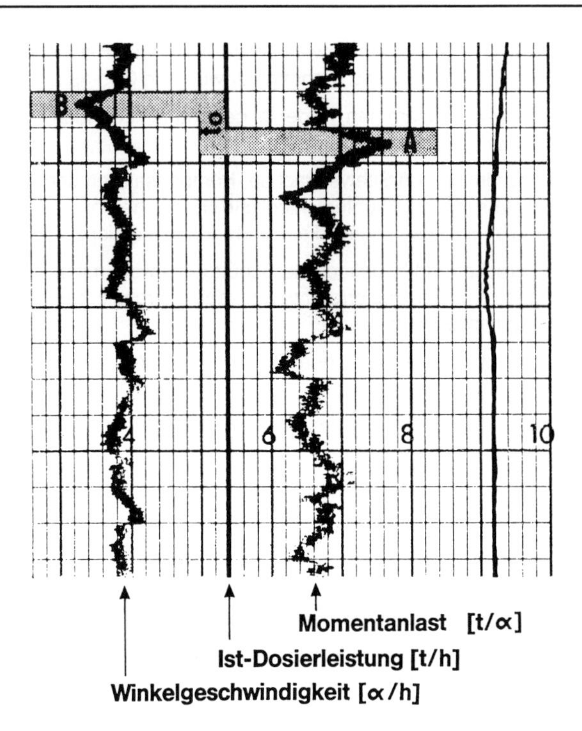

Bild 7: Regeldiagramm einer Dosierrotorwaage mit vorausschauender Regelung

Kurz vor dem Eintritt der Rotorkammern mit der jeweils gespeicherten Momentanlast in den Auslaufbereich wird durch Regelung der Rotorwinkelgeschwindigkeit der Schüttgutmassestrom entsprechend der Sollwertvorgabe eingestellt.

Durch das Prinzip der vorausschauenden Regelung wird eine Störgrößenkompensation mit dem Ergebnis optimaler Kurzzeitgenauigkeit der Dosierung realisiert.

In Bild 7 ist die Wirkung der Störgrößenkompensation an einem Meßschrieb aus der Praxis deutlich sichtbar.

Es ist die Momentanlast aus der in der Rotormeßstrecke wirkenden Schüttgutmasse und die eingestellte Rotorwinkelgeschwindigkeit neben dem Istwert des Schüttgutmassenstromes dargestellt.

Zum Zeitpunkt A wird eine erhöhte Momentanlast aus der Schüttgutmasse in der Rotormeßstrecke festgestellt.

Gelangt die erhöhte Momentanlast nach der Zeitdauer t_0 an den Schüttgutabwurf, wird die Rotorwinkelgeschwindigkeit entsprechend der gespeicherten Momentanlast umgekehrt proportional eingestellt, was einer Absenkung der Winkelgeschwindigkeit (Zeitpunkt B) des Rotors entspricht. Der Ist-Schüttgutmassestrom bleibt dadurch zum Zeitpunkt der Übergabe in den Prozeß stets konstant.

Signifikant für staubförmige und feinkörnige Schüttgüter ist die rasche Veränderung des Schüttgewichtes abhängig, ob frische, fluidisierte oder abgelagerte Schüttgutpartien aus dem Silo ausgetragen werden.

Man erkennt, daß Schwankungen der Schüttgutmasse in der Rotormeßstrecke infolge von Schüttgewichtsschwankungen und Füllgradänderungen mit der Dosierrotorwaage wirkungsvoll ausgeregelt werden und sich ein sehr konstanter Schüttgutmassenstrom ergibt.

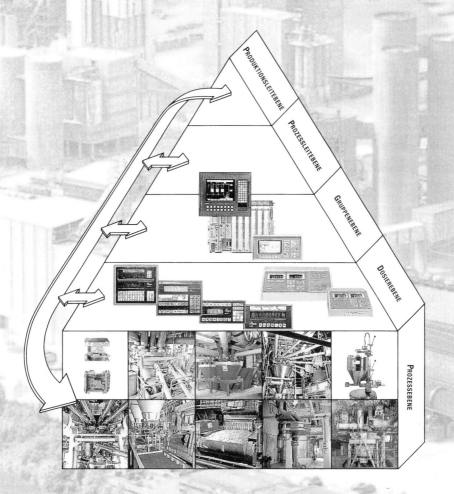

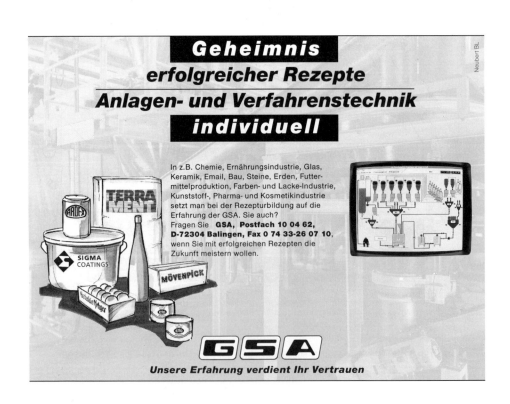

3.3 Technische Realisierung der Dosierrotorwaage

a) Dosierrotorwaage

Bild 8 zeigt die technische Ausführung der Dosierrotorwaage für die Dosierung staubförmiger Brennstoffe.

Das Rotorgehäuse 1 mit Rotor, Antrieb und Förderluftverteilung ist am Basisrahmen 2 in den Wägegelenken 3 gelagert und in der Wägeeinrichtung 4 eingehängt.

Die wägetechnische Entkopplung erfolgt durch die mit den Wägelagern gebildete Schwenkachse A-A, die durch die Mitten der Kompensatoren 5 und 6 der Blasleitung und 7 des Schüttguteinlaufes verläuft.

Wegen der oft erforderlichen Druckstoßfestigkeit von 10 bar und der Flammendurchschlagsicherheit ist der horizontal liegende Rotor 8 durch stabile Dichtplatten, die sich über ein ellipsoidförmiges Rotorgehäuse abstützen, umschlossen. Das Schüttgut fließt unter Schwerkraftwirkung aus dem Silo in die

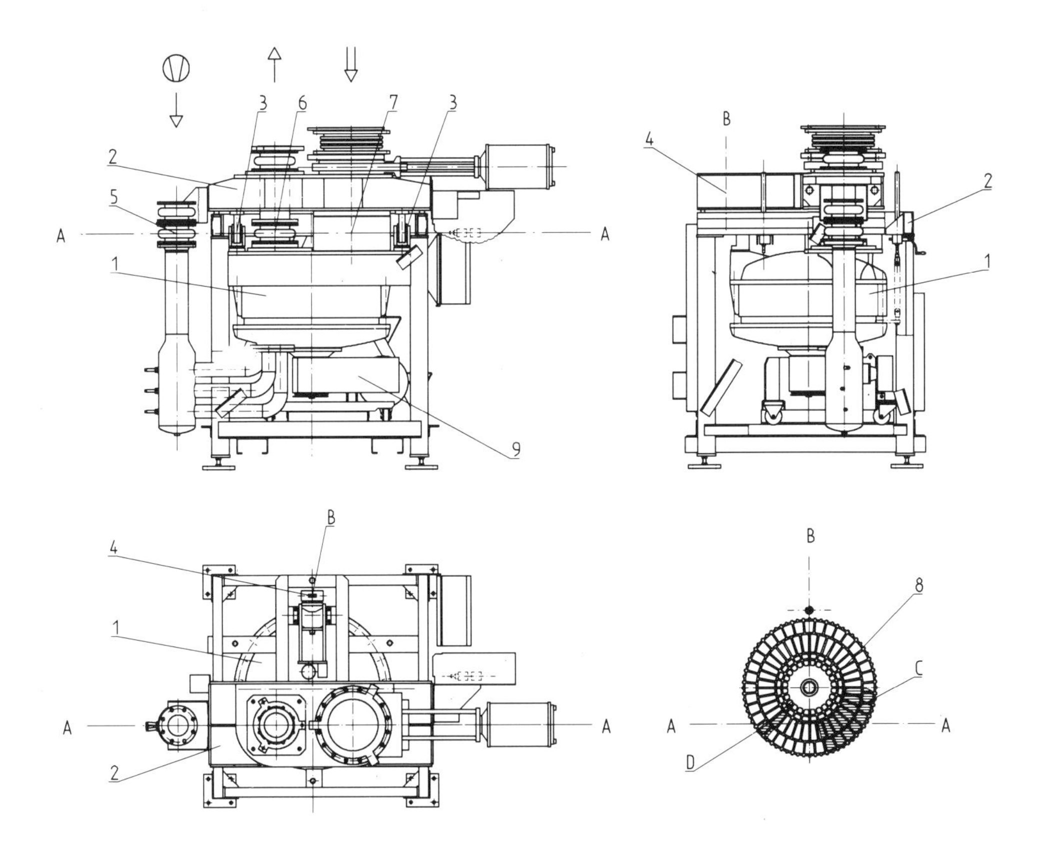

Bild 8: Ausführung der Dosierrotorwaage für staubförmige Brennstoffe

A-A	*Schwenkachse*		
B	*Wägezelle*	*4*	*Wägeeinrichtung*
C	*Einlauffeld*	*5*	*Reingaskompensator*
D	*Ausblaskopf*	*6*	*Ausblaskompensator*
1	*Rotorgehäuse*	*7*	*Einlaufkompensator*
2	*Basisrahmen*	*8*	*Rotor*
3	*Wägegelenk*	*9*	*Antrieb*

Kammern C des Rotors ein. Durch Drehung des Rotors gelangt das Schüttgut in die Abwurfposition am Ausblaskopf D.

Die vom Gebläse gelieferte Trägerluft wird auf die drei Rotorkammerreihen gleichmäßig verteilt, wodurch bei Strömungsgeschwindigkeiten zwischen 18 und 40 m/s der sichere Austrag des Schüttgutes aus den Rotorkammern gewährleistet ist. Die große Zahl von Kammerstegen des Rotors zwischen Schüttguteinlauf und Ausblaskopf sowie die axiale Einstellbarkeit des Dichtspaltes gewährleisten die hohe Dichtheit zwischen Schüttgutaustrag und Blasleitung. Förderstrecken von über 200 m sind deshalb ohne weiteres möglich.

Durch die große Anzahl der Rotorkammern in Verbindung mit einem Stellbereich von 1 : 20 kann die Dosierrotorwaage auch bei sehr niedrigen Dosierleistungen nahezu pulsationsfrei Schüttgut dosieren.

Der Antrieb 9 des Rotors erfolgt über einen frequenzgesteuerten Drehstrommotor oder bei großem Stellbereich durch eine 4Q-Gleichstrommotor.

Besonderer Wert wurde auf einfachen Service und den schnellen Austausch von Verschleißteilen gelegt (Bild 9). Durch Integration von Serviceeinrichtungen in die Dosierrotorwaage kann dieser Austausch ohne Demontage des Gesamtsystems, ohne Einsatz von Hebezeugen und Spezialwerkzeugen in kürzester Zeit realisiert werden. Darüber hinaus wurde die Werkstoffauswahl unter dem Gesichtspunkt

Bild 9: Dosierrotorwaage in Serviceposition

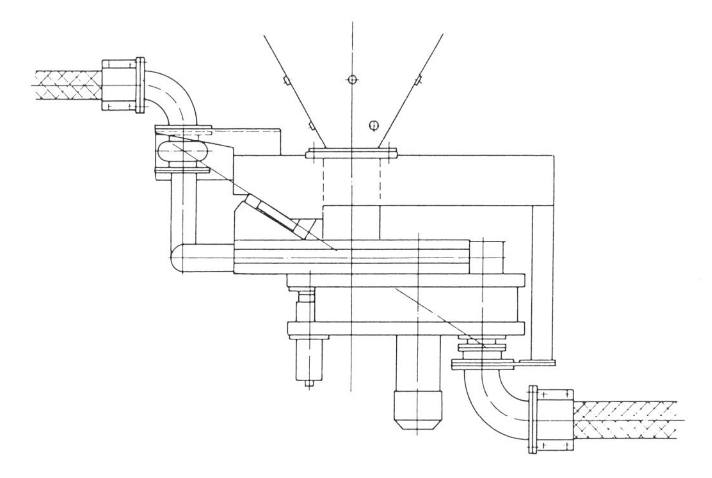

Bild 10: Ausführung der Universalrotorwaage URW

hoher Standzeit und einer möglichen Nachbearbeitung getroffen. Für Kohlenstäube beispielsweise kann nach den Ergebnissen aus der Praxis von einer mehrjährigen Standzeit der Verschleißteile ausgegangen werden.

Für den weltweiten Service und zur schnellen Systemdiagnose wird die Steuerung der Dosierrotorwaage mit einer Protokollierung von Betriebsdaten und Parametern ausgerüstet.

b) Universalrotorwaage

(Bild 10) Die Universalrotorwaage ist gegenüber dem vorher beschriebenen Modell eine Variante, die nicht druckstoßfest ausgeführt ist. Es handelt sich um das gleiche Funktionsprinzip, wobei die Drehachse zur Horizontalen geneigt und zur Kompensation von Kraftreaktionen an den Ein- und Ausläufen wieder durch die Kompensatoren gelegt ist. Der Leistungsbereich erstreckt sich zwischen 0,01 und 50 t/h, womit auch Anwendungen mit sehr kleinen Dosierströmen realisiert werden können.

Durch den kompakten Aufbau läßt sich die Universalrotorwaage direkt an den Siloauslauf anflanschen. Übergangsstücke oder Fallrohre entfallen, wodurch sich eine einfache und Bauhöhe sparende Installation ergibt.

3.4 Langzeitdosierkonstanz durch systemintegrierte Prüfverwägung

Dosierrotorwaagen sind ideale Stellglieder für Prozesse, die höchste Kurzzeitdosierkonstanz erfordern. Eine Langzeitnullpunktdrift ist dort für die Funktion als gravimetrisches Stellglied grundsätzlich ohne Bedeutung. Ähnlich wie Dosierbandwaagen unterliegen Dosierrotorwaagen einer geringen Langzeitnullpunktdrift. Bei Anwendungen, die Dosierpausen beinhalten, erfolgt ein vollautomatischer Nullpunktsabgleich der Rotorwaage, nachdem der Rotor einfach leer gefahren wurde. Bei langer, unterbrechungsfreier Betriebszeit, ist dies jedoch nicht möglich.

Wird dennoch eine Bilanzierung des dosierten Schüttgutstromes und damit eine hohe Langzeitgenauigkeit der Dosierrotorwaage gefordert, kann eine Bunkerkontrollmeßeinrichtung (Bild 11) selbständig, ohne Unterbrechung der Dosierung durch Messung der Gewichtsabnahme des auf DMS-Kraftmeßzellen stehenden Silos die Dosierrotorwaage kontrollieren. Wird ein Zwischengefäß verwendet, erfolgt die Bestimmung des Schüttgutstromes durch Wägung des Zwischengefäßes zusammen mit der Dosierrotorwaage (Bild 12). Wird eine Abweichung festgestellt, erfolgt über einen Abgleichalgorithmus automatisch die gleitende Nullpunktkorrektur der Dosierrotorwaage.

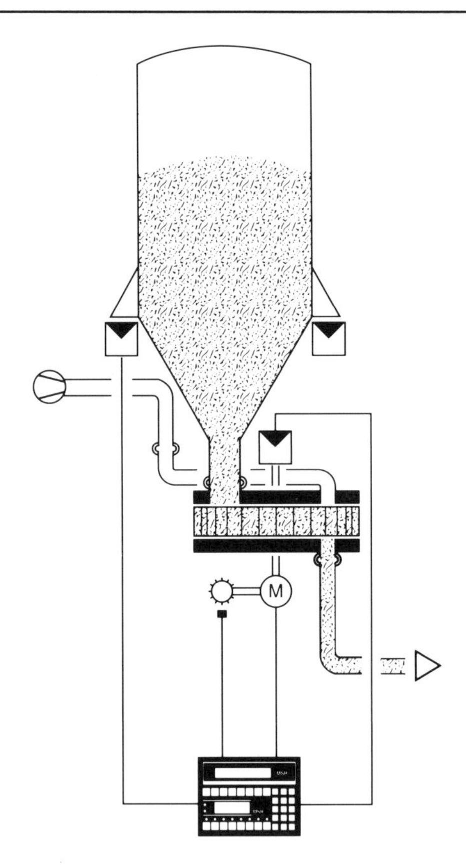

Bild 11: Dosierrotorwaage mit systemintegrierter Prüfwägung

3.5 Schüttgutfluß zur Dosierrotorwaage

Ein wichtiger, die Dosierung bestimmender Faktor ist der Schüttgutnachfluß zum Dosiergerät. Zur einwandfreien Funktion müssen zumindest Schüttgutnachflußunterbrechungen im Silo über der Dosierrotorwaage verhindert werden. Hierzu werden die Silos für die Dosierrotorwaage 4 üblicherweise mit einem steilen Edelstahlkonus 1 ausgerüstet (Bild 13a). Die Rotorwaage wird dann mit einem leicht schrägen Fallrohr 3 an den Siloauslaß angekoppelt.

Schlechtfließende Schüttgüter erfordern jedoch oft zusätzliche Flußaktivierung durch mechanische Agitation oder Fluidisierung, wobei die letzte Maßnahme Vorteile durch einfache Installation und Flexibilität besitzt. Fluidisation ist zur Flußunterstützung bei den meisten Dosiergeräten aufgrund mangelnder Sperrwirkung nicht möglich. Im Gegensatz dazu ist fluidisiertes Schüttgut bei Einsatz von Dosierrotorwaagen wegen der guten Sperrwirkung unproblematisch und wegen der guten Siloentleerung vorteilhaft.

Bei schwierigen Schüttgütern erfolgt Schüttgutflußunterstützung im Silokonus – fallweise auch im Fallrohr – durch Segmentintervallbelüftung 5. Zusätzlich wirkt die aus den Rotorkammern durch das Schüttgut verdrängte Luft am Einlauf schüttgutlockernd.

Bei Einsatzfällen, bei denen mehrere Dosierrotorwaagen aus einem Silo gespeist werden, wird ein mechanischer Schüttgutaktivator 2 eingesetzt (Bild 13b). Ein Rührarm agitiert hierbei den gesamten Austragsquerschnitt. Somit wird Brückenbildung verhindert und gleichmäßiger Materialabzug bewirkt. Für Kohlestaubsilos wird der Schüttgutaktivator auch druckfest ausgeführt.

Bild 12: Dosierrotorwaagen-Blocksystem mit Kontrollbehälter
1 Schleusenaktivator
2 Kontrollbehälter
3 Dosierrotorwaage
4 Wägezellen
5 Silobelüftungskonus

Bei Anwendungen mit der Universalrotorwaage zeigt die Erfahrung, daß oft keine zusätzliche Fluidisationsluft nötig ist, da aus dem Rotor verdrängte Luft am Siloeinlauf genügend Auflockerung bewirkt, um den Rotor zu befüllen. In Sonderfällen, bei sehr schlecht fließenden Schüttgütern wird der Silokonus zusätzlich belüftet.

Im folgenden wird an einigen ausgewählten Beispielen der Einsatz von Dosierrotorwaagen in der industriellen Praxis gezeigt.

4. Einsatz von Dosierrotorwaagen

4.1 Gravimetrische Stellglieder am Zementdrehrohrofen

Forderungen nach Wirtschaftlichkeit, Qualitätssicherung, Verfügbarkeit und Umweltschutz geben der gravimetrischen kontinuierlichen Dosierung von Kohlenstaub, Ersatzbrennstoffen und Rohmehl einen besonderen Stellenwert beim Zementbrennprozeß (Bild 14).

Der moderne Zementbrennprozeß verlangt gravimetrisch arbeitende Stellglieder, bei denen Schüttgutaustrag, Stellantrieb und direkte Schüttgutübergabe in den Brennprozeß in einem baulich einfachen geschlossenen Dosiergerät zusammengefaßt sind. Hohe Kurzzeitgenauigkeit, permanent gravimetrische Betriebsweise, verzögerungsfreies Folgen der Prozeßführungsgröße, Funktionsüberwachung und hohe Verfügbarkeit sind Forderungen, die die Dosierrotorwaage erfüllt.

a)

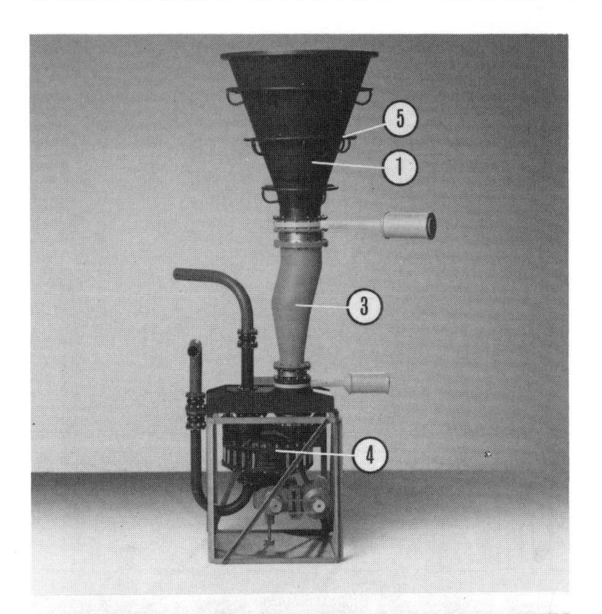

b)

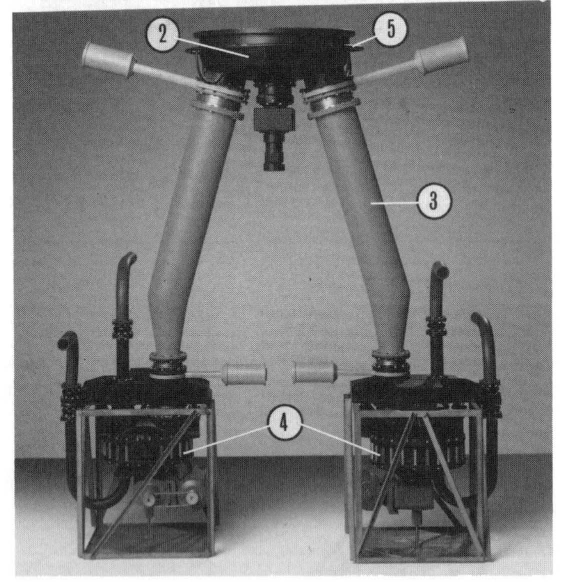

Bild 13 a/b: Schüttgutaktivierung zur Flußunterstützung durch

a) Segmentbelüftung und
b) mechanischen Schüttgutaktivator

1 Edelstahlkonus
2 Schüttgutaktivator
3 Fallrohr
4 Dosierrotorwaage
5 Segmentbelüftung

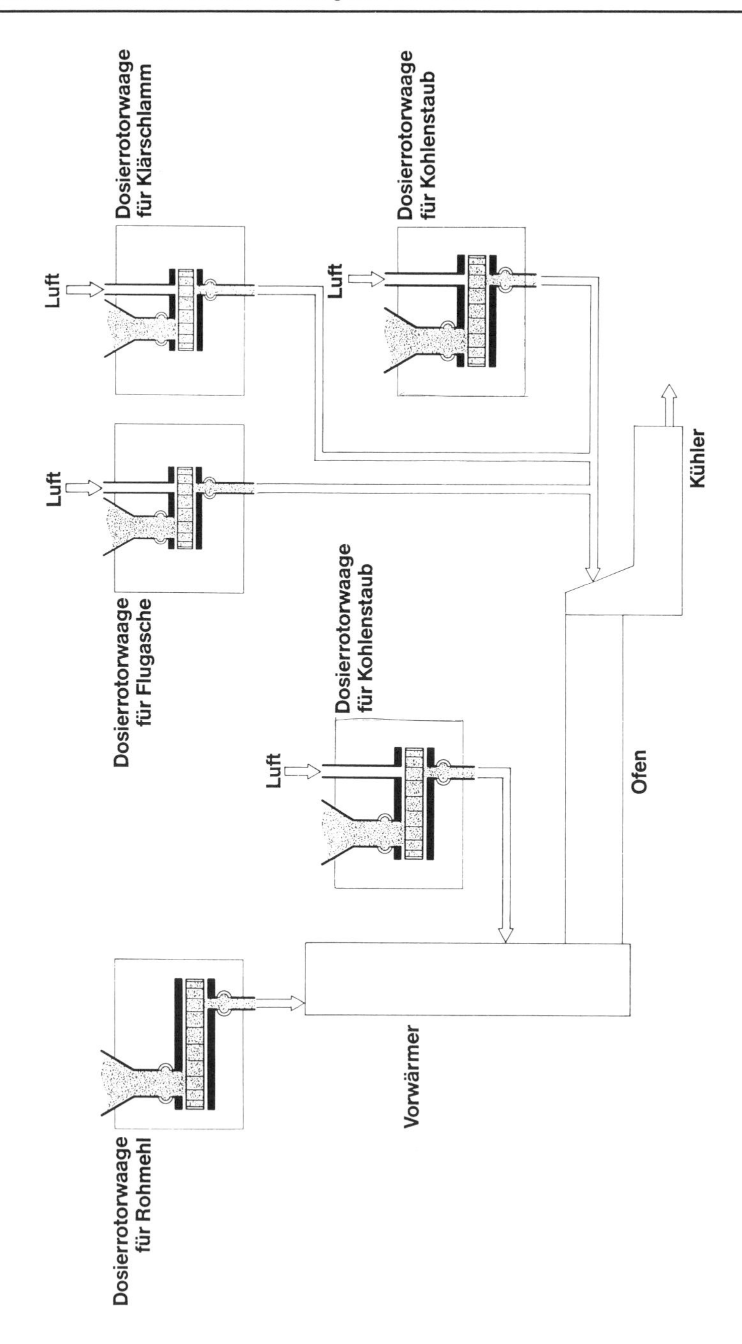

Bild 14: Dosierrotorwaagen als gravimetrische Stellglieder am Zementrohrofen

Die Weiterentwicklung der Dosierrotorwaage zu einem System gravimetrischer Rotorstellglieder für den Zementbrennprozeß wurde konsequent betrieben, um die Vorteile dieser Technik auch auf Dosierrotorwaagen für Schüttgüter wie Flugasche, Klärschlamm, Additive und Rohmehl zu übertragen.

4.2 Einsatz der Dosierrotorwaagen bei der Kohlenstaubdosierung zur Beschickung von Zementdrehrohröfen

Zur Gewährleistung einer optimal kontrollierten Flamme ist im Zementbrennprozeß eine äußerst konstante kontinuierliche Kohlenstaubdosierung von großer Bedeutung. Aufgrund der aus der Praxis bekannten Probleme mit bisher eingesetzter konventioneller Wägetechnik und wegen der Vorteile des Rotorwaagensystems werden viele Dosierrotorwaagen weltweit erfolgreich eingesetzt.

Druckstoßfest und flammendurchschlagsicher ausgeführt, besitzt das System der Dosierrotorwaagen bei geringem gerätetechnischen Aufwand alle Vorteile einer zuverlässigen Dosiereinrichtung zur Brennerbeschickung. Kennzeichnend ist hohe Verfügbarkeit, geringer Wartungsaufwand und gute Austauschbarkeit der Verschleißteile.

Bild 15 zeigt beispielhaft die kontinuierliche Dosierung und Mischung von Kohlenstaub und Flugasche in die gemeinsame pneumatische Förderleitung eines Drehrohrofenbrenners.

Bei der Auslegung von Kohlenstaubfeuerungen für Drehrohröfen müssen nicht nur die Dosiereinrichtung selbst, sondern auch Kohlenstaubsilo, die erforderlichen Austragshilfen, das für den Staubtransport in den Ofenbrenner notwendige Gebläse, die Brennerblasleitung und der Brenner eine sorgfältig aufeinander abgestimmte Einheit bilden.

4.3 Betriebserfahrungen bei Kohlenstaubfeuerungen

Über Kohlenstaubfeuerungen von Zementdrehrohröfen mit der Dosierrotorwaage liegen umfangreiche Betriebserfahrungen und Meßergebnisse vor. Die hervorragende Dosiergüte, insbesondere die Kurzzeitgenauigkeit der Dosierrotorwaage, zeigt sich an Gasanalysemessungen am Drehrohrofen.

Das in Bild 16 dargestellte Diagramm zeigt die Entwicklung des CO-Gehaltes in Abhängigkeit vom O_2-Gehalt des Drehrohrofenabgases bei unterschiedlicher Kohlestaubdosierung. Ziel ist immer bei möglichst geringem O_2-Gehalt minimalen CO-Gehalt zu realisieren.

Im Vergleich ist der Sauerstoff und Kohlenmonoxidgehalt

- eines Durchlaufmeßgerätes mit geregelter Aufgabezellenradschleuse mit nachführender Regelung (Kennlinie a)
- und einer Dosierrotorwaage mit Störgrößenkompensation (Kennlinie b) dargestellt.

Deutlich ist zu erkennen, daß sich bei Verwendung eines Durchlaufdosiergerätes vergleichsweise ungünstige Verhältnisse ergeben. Sinkt der Sauerstoffüberschuß unter 2,0 % steigt der CO-Anteil im Drehrohrofenabgas unkontrolliert an. Selbst bei hohem Sauerstoffüberschuß von 5 % liegt der CO-Gehalt immer noch deutlich über 0,15 %.

Bei Verwendung einer Dosierrotorwaage hingegen ergibt sich ein wesentlich günstigeres Bild. Der Sauerstoffgehalt muß hier unter 1,0 % sinken, bevor überhaupt ein Ansprechen der CO-Anzeige zu verzeichnen ist. Erst bei Reduzierung des Sauerstoffüberschusses auf 0,5 % wird ein CO-Gehalt von 0,1 % erreicht.

Dieses günstige Verhalten ist jederzeit reproduzierbar und ist deshalb eindeutig auf das gute Dosierverhalten der Dosierrotorwaage zurückzuführen.

Störgrößen, beispielsweise resultierend aus unterschiedlicher Mahlfeinheit, Fluidisierungsgrad, Feuchte und Kohlenstaubart, werden also unter Einhaltung der notwendigen Kurzzeitgenauigkeit problemlos mit der Dosierrotorwaage ausgeglichen. Durch den Einsatz der Dosierrotorwaage ist deshalb eine weitere Optimierung des Ofenbetriebes bei Minimierung des Brennstoffeinsatzes möglich.

Der insgesamt erforderliche gerätetechnische Aufwand ist gegenüber anderen gravimetrischen Dosiereinrichtungen wesentlich niedriger, was sich auch in günstigen Gesamtinvestitionskosten und in einer reduzierten Störungsrate ausdrückt.

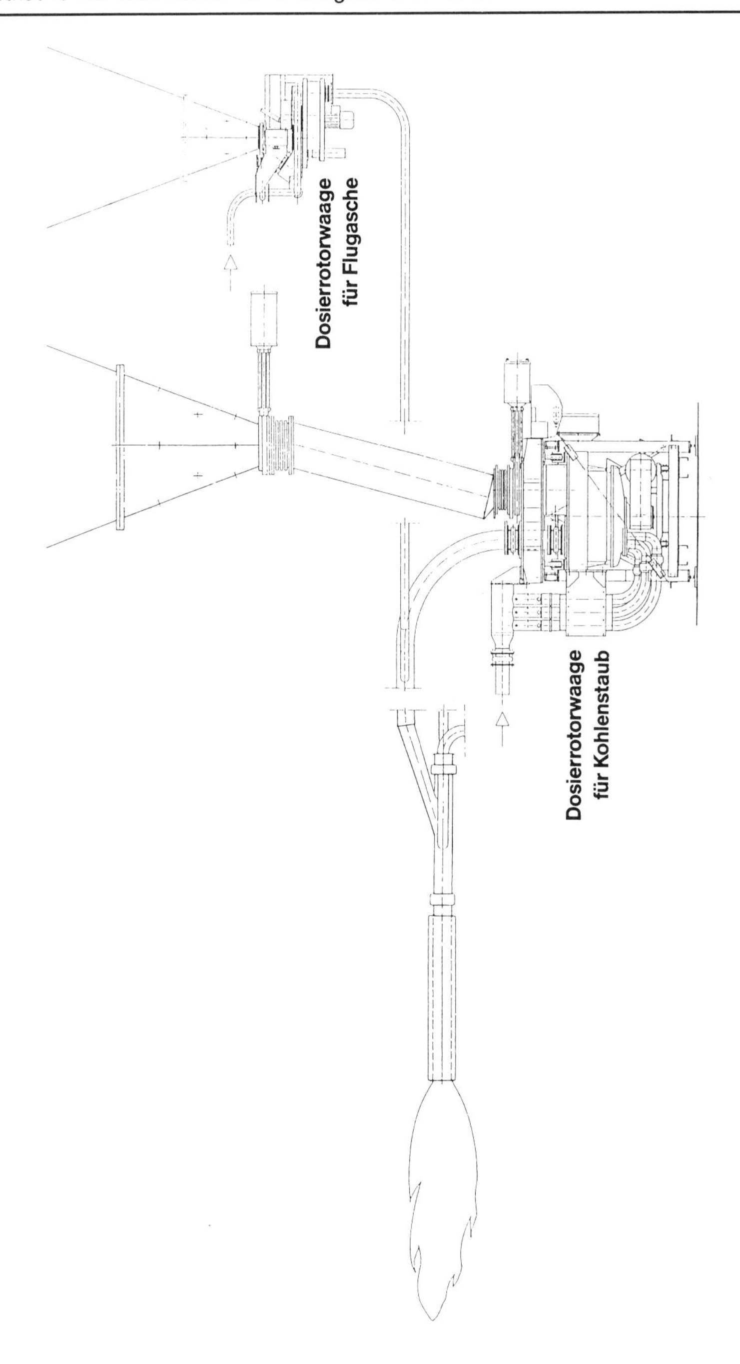

Bild 15: Kohlenstaubfeuerung mit gravimetrisch dosierter Beigabe von Flugasche

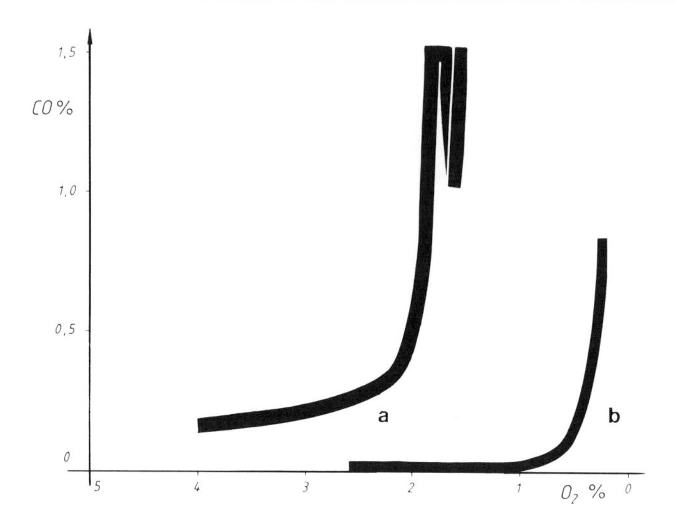

Bild 16: *Entwicklung des CO-Gehaltes in Abhängigkeit vom O_2-Gehalt des Drehrohrofenabgases bei der Dosierung mit*
a) Durchlaufdosiergeräten
b) Dosierrotorwaagen

4.4 Einsatz der Dosierrotorwaage bei der Dosierung von Ersatzbrennstoffen im Zementwerk

Besonders bei der gravimetrischen Dosierung von Flugaschen, getrockneten Klärschlämmen u. a. über pneumatische Fördersysteme in Mühlen und Feuerungsanlagen zeichnet sich die Dosierrotorwaage mit ihren Multifunktionen aus.

Die kontinuierliche Mischung und Dosierung verschiedener staubförmiger Brennstoffe und Ersatzstoffe durch Einspeisung über mehrere Dosierrotorwaagen in eine gemeinsame pneumatische Förderleitung steht bei diesen Prozessen in bezug auf konstanten Heizwert und chemischer Zusammensetzung im Vordergrund.

Über den Einsatz der Dosierrotorwaage zur Dosierung von Flugasche zusammen mit Kohlenstaub und anderen Brennstoffen liegen ebenfalls positive Erfahrungen vor.

Durch die gravimetrische Zugabe von Flugaschen und anderen Ersatzbrrennstoffen wird der Verbrauch primärer Brennstoffe bei vergleichbarer Zementqualität reduziert und ein Beitrag zur Entsorgung von Abfallstoffen geleistet.

4.5 Einsatz der Dosierrotorwaage für die Zementrohmehldosierung zur Beschickung von Zementdrehrohröfen

Die Beschickung von Zementdrehrohröfen mit Zementrohmehl bei Dosierleistungen bis zu 600 t/h wurde mit den bisher eingesetzten Dosierbandwaagen und Durchlaufmeßgeräten gemessen an den Bedürfnissen des Ofenprozesses nur unzureichend gelöst.

Wie bei der Kohlenstaubdosierung ist eine äußerst konstante Aufgabe des Zementrohmehls in den Wärmeaustauscher und Vorkalzinator des Drehrohrofens gefordert.

Abweichend von der Dosierrotorwaage mit Integration in eine pneumatische Förderleitung dosiert die Dosierrotorwaage für Zementrohmehl im freien Fall über eine weiterführende Luftförderrinne in den Zementdrehrohrofen.

Der prinzipielle Aufbau der Dosierrotorwaage für Zementrohmehl ist in Bild 17 zusammen mit dem Funktionsbild der Bunkerkontroll-Meßeinrichtung mit automatischer Nullpunktskorrektur dargestellt.

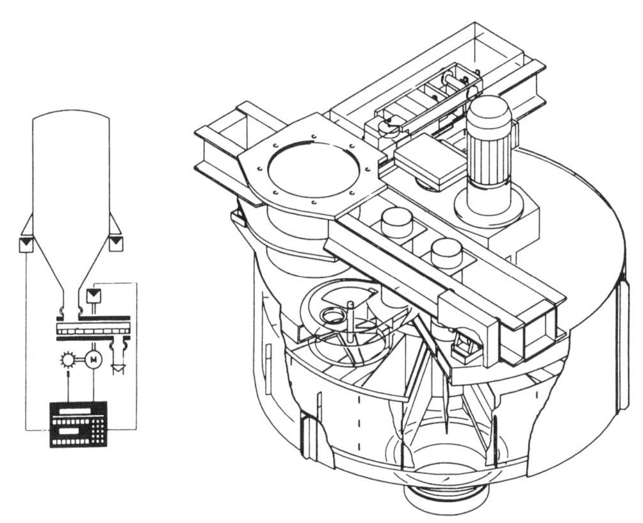

Bild 17: Dosierrotorwaage für die Zementrohmehldosierung

4.6 Einsatz der Dosierrotorwaage bei der Rauchgasreinigung

Die Rauchgase von Kraftwerken, Müllverbrennungsanlagen, Metallschmelzwerken und anderen Prozeßanlagen enthalten verschiedene Schadstoffe, insbesondere saure Gase und Halogene, aber auch Schwermetalle und organische Kohlenstoffverbindungen. Über die Zudosierung von Additiven mit einer Dosierrotorwaage und einer pneumatischen Förderung direkt in den Feuerungsraum oder den Rauchgasstrom lassen sich durch Trockensorption mit und ohne Konditionierung hohe Abscheidegrade von Schadstoffen (TA Luft) erreichen (Bild 18).

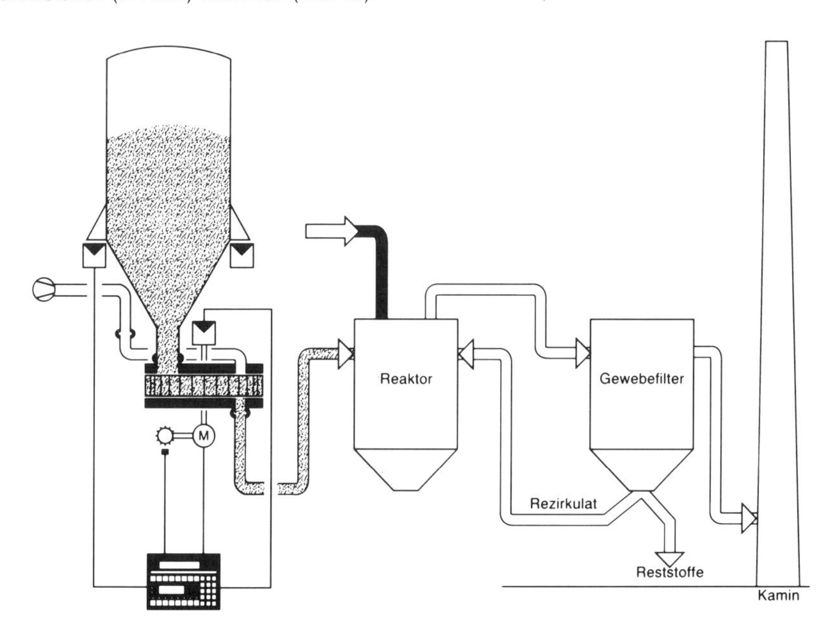

Bild 18: Universalrotorwaage für Additive bei der Rauchgasreinigung

Bild 19: Dosierstation für Additive mit Dosierrotorwaage, Silo und Kontrollmeßeinrichtung

Die Rauchgasreinigung in Verbrennungs- und Prozeßfeuerungsanlagen durch Trockensorptionverfahren mit Hilfe von Additiven (z. B. feinkörniges Kalkhydrat, Aktivkoks) gewinnen deshalb zunehmend an Attraktivität. Das Sorbens wird kontinuierlich gravimetrisch über eine Blasleitung direkt in den Rauchgasstrom eindosiert und bildet so einen weiteren Einsatzschwerpunkt der Dosierrotorwaage.

Mitentscheidend für den maximalen Abscheidegrad bei sparsamem Einsatz der Additive ist auch hier neben der direkten Additiventnahme aus dem Silo und der pneumatischen Übergabe in den Prozeß die hohe Kurzzeitgenauigkeit der Dosierrotorwaage.

Sowohl vom meß- und regeltechnischen Standpunkt als auch apparativ aufgrund ihres kompakten, völlig geschlossenen Aufbaues stellt die Dosierrotorwaage auch hier eine optimale Lösung zur gravimetrischen Dosierung von Additiven dar (Bild 19).

Additive auf Kalkhydratbasis sind nach der Fluidisierung beim Einblasen in das Silo und nach einer pneumatischen Aktivierung äußerst stark schließend. Selbst eine kleine Öffnung im Silo kann zu einer vollständigen unkontrollierten Siloentleerung führen. Auch bei diesen stark schließenden Schüttgütern zeigt die Dosierrotorwaage gegenüber anderen Dosiersystemen ihre besondere Eignung.

Die Einstellbarkeit des Dichtspaltes und die große Anzahl von Kammern zwischen Schüttgutaustrag und Übergabe in die pneumatische Förderung bewirken die hervorragende Dichtwirkung der Dosierrotorwaage auch gegen das Durchschießen.

5. Zusammenfassung

Dosierrotorwaagen bieten sich wegen ihrer hohen Kurzzeit-Dosiergenauigkeit, ihrer permanent gravimetrischen Arbeitsweise und ihrem funktionellen, vollständig geschlossenen Aufbau unter Zusammenfassung von Schüttgutdirektaustrag, Meßstrecke, Stellglied und pneumatischer Förderung für die gravimetrische Aufgabe staubförmiger und feinkörniger Schüttgüter in chemische und thermische Prozesse an.

Die Installation der Dosierrotorwaage ist einfach und platzsparend, da zusätzliche Einrichtungen, wie Verschlüsse, Förderschnecken, Waagbehälter, Staubschutzgehäuse, Filter, Entlüftungen, Aspirationen, Durchblasschleusen und Schneckenpumpen entfallen.

Störgrößenkompensation vor Übergabe des Schüttgutes in den Prozeß, Unempfindlichkeit gegen stark wechselnde Drücke und Temperaturen sowie einfache Wartung und Reinigung, Kontroll- und Kalibrierautomatik mit zusätzlicher Funktionsüberwachung machen die Dosierrotorwaage zu einem wichtigen gravimetrischen Stellglied zur Schüttgutdosierung.

Ausgehend von den positiven Erfahrungen mit der Dosierrotorwaagentechnik werden weitere Systeme der gravimetrischen Schüttgutdosiertechnik entwickelt, die der Idee folgen, Dosiergeräte und Waagen zu neuen umweltfreundlichen geschlossenen Systemen zusammenzufassen.

Schrifttum

Häfner, H.W.: Die Kohlenstaubbefeuerung von Zementdrehöfen mit Dosierrotorwaagen. ZEMENT-KALK-GIPS, 44 (1991) 11.

Häfner, H.W.: Flugasche- und Additivdosierung mit der Universalrotorwaage URW. ZEMENT-KALK-GIPS, 45 (1992) 8.

Häfner, H.W.: Einsatz der Dosierrotorwaage als gravimetrisches Stellglied bei Prozeßfeuerungsanlagen, wägen + dosieren (1993) 3.

Barten, H.: Industrielle Wägetechnik, verlag moderne industrie, Landsberg/Lech 1992.

Differentialdosierwaagen

Von K. HLAVICA[1])

1. Einleitung

Dieser Beitrag behandelt die kontinuierliche Dosierung von Schüttgütern und Flüssigkeiten mit Differentialdosierwaagen deren Funktionsweise zunächst erklärt wird (Kap. 2).

Das Kapitel 3 befaßt sich mit Konstruktionsmerkmalen von Differentialdosierwaagen vom Zuteilorgan bis zur Steuerung und zeigt Beispiele verschiedener Differentialdosierwaagen in hybrider Bauweise. Nach der Diskussion möglicher Fehlerquellen (Kap. 4) beim Einsatz von Differentialdosierwaagen werden die Kriterien der Auslegung der Differentialdosierwaage behandelt (Kap. 5).

Die Problematik der Nachfüllphase zusammen mit den Möglichkeiten deren Optimierung ist Bestandteil von Kapitel 6, gefolgt von einer Beschreibung der Instrumentierung bzw. der elektronischen Ausrüstung von Differentialdosierwaagen (Kap. 7).

In vielen Fällen wird nicht nur eine Komponente mit einer Differentialdosierwaage dosiert, sondern das Endprodukt besteht aus mehreren Komponenten, deren Zusammensetzung durch eine präzise Dosierung bestimmt wird. Die Problematik umfangreicher Dosiersysteme behandelt Kap. 8.

In der Zusammenfassung sind die betrieblichen Merkmale und Einsatzmöglichkeiten von Differentialdosierwaagen gezeigt (Kap. 9).

Anhang A ergänzt diesen Beitrag um einige für die Planung einer Dosieraufgabe notwendigen praktischen Hinweise. Die heutige Verbreitung der Differentialdosierwaagen hängt eng mit der Entwicklung der Elektronik und vor allem der Mikroprozessortechnik zusammen. Erst diese Entwicklung hat die Genauigkeit und Zuverlässigkeit der Differentialdosierwaagen so verbessert und diesen zu wirklichem Durchbruch geholfen. Deshalb werden die am häufigsten verwendeten Begriffe der Elektronik und Regelungstechnik, die man zum Verständnis einiger Kapitel braucht oder mit denen man in der täglichen Praxis konfrontiert wird, in Anhang B erklärt.

Differentialdosierwaagen können jedoch nicht nur als von den anderen Schritten eines Produktionsprozesses isolierte Geräte betrachtet werden. Um eine zuverlässige Dosierung zu erreichen, muß zuerst eine Lösung für den gesamten verfahrenstechnischen Prozeß gefunden werden [3]. Die Dosierung muß dann in diesem Gesamtsystem positioniert, die verfahrenstechnischen (Materialfluß) und elektronischen (Informationsfluß) Schnittstellen müssen definiert und anschließend gelöst werden.

2. Funktionsweise einer Differentialdosierwaage

Die Entwicklung der Differentialdosierwaagen (Loss-in-Weight oder Weight-Loss-Feeders) als kontinuierliche Entnahmewaage stellt einen wichtigen Fortschritt der kontinuierlichen gravimetrischen Dosiertechnik dar. Es gelingt, auch Dosiergüter mit sehr schlechtem (kohäsiv, adhäsiv) und variablem Fließverhalten mit guter Langzeitgenauigkeit zu dosieren. Insbesondere können auch kleinere Leistungsbereiche (unter 30 kg/h bis wenige g/h) für die Pulverdosierung beherrscht werden. Dadurch werden Prozesse mit Zugabe kleiner Mengen von Additiven, Wirkstoffen, Stabilisatoren, Katalysatoren usw. in kontinuierlichem Betrieb möglich.

Die Differentialdosierwaage besteht aus (Bild 1):

A Dosiergerät mit Dosiergeräteantrieb D
B Wägesystem
C Dosiersteuerung und -regelung.

Das Dosiergerät 1 mit aufgebautem Behälter wird im Wägesystem 3 abgestützt oder aufgehängt. Dosiergerät und Behälter sind am Einlauf bzw. Auslauf mit flexiblen Verbindungsmanschetten

---

[1]) Dr. K. Hlavica, Gericke AG, CH–Regensdorf
s. Kap. 2.2 und 3.2 dieses Buches (Beiträge G. Vetter und H. Wolfschaffner)

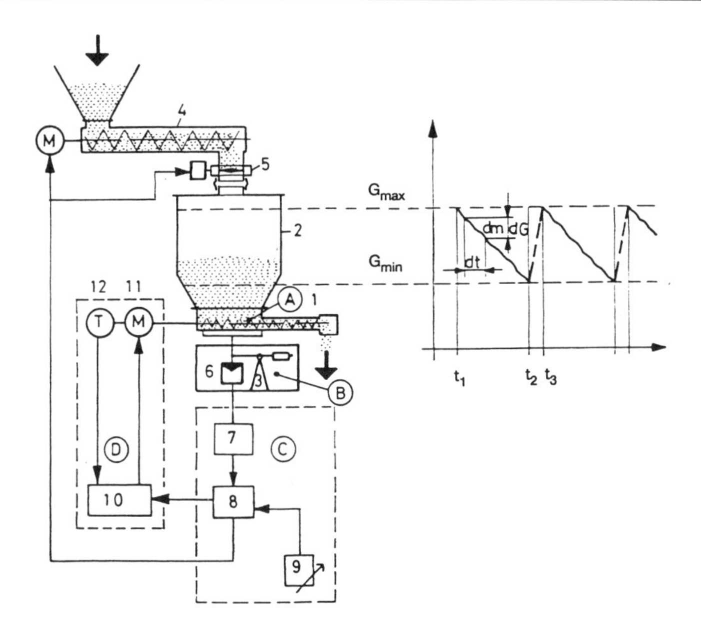

Bild 1: Differentialdosierwaage
A Dosiergerät, B Wägesystem, C Dosierregler, D Dosiergeräteantrieb
1 Dosiergerät, 2 aufgebauter Behälter, 3 Wägesystem, 4 Nachfüllgerät, 5 Abschlußorgan, 6 Wägezelle, 7 Differenzierung des Gewichtssignals, 8 Dosierregler, 9 Soll-Wert-Steller, 10 Motorregler, 11 Antriebsmotor, 12 Tachogeber

versehen. Das Nachfüllorgan 4, meistens mit Abschlußorgan 5, füllt das Dosiergerät bis zum oberen Füllstand G_{max}.

Die Wägezelle 6 mißt in regelmäßigen Intervallen (Sekunden-Bruchteile) das Gewicht. Nach Abschalten des Nachfüllgerätes und eventuellem Schließen des Abschlußorganes 5 bildet ein Differenzierglied 7 aus diesen regelmäßig gemessenen Gewichten die Gewichtsabnahme pro Zeiteinheit (dG/dt bzw. dm/dt), die der tatsächlichen Dosierleistung (auch Dosierstrom, Dosierstärke oder Förderstärke genannt) – also dem Ist-Wert – entspricht. Nach Vergleich des Ist-Wertes im Dosierregler 8 mit dem vom Einsteller 9 vorgegebenen Soll-Wert wird über den Motorregler 10 der Antrieb 11 des Dosiergerätes so geregelt, daß der Dosierstrom dem gewählten Soll-Wert angeglichen wird. Der Tachogeber 12 meldet die Drehzahl an den Motorregler zur genauen Einstellung der Drehzahl (unterlagerter Regelkreis).

Sobald der Minimalfüllstand G_{min} erreicht ist, wird die Dosierung auf konstante Drehzahl des Antriebes 11 umgeschaltet und die Nachfüllung durch das Nachfüllgerät 4 ausgelöst. Nach Auffüllung auf den Maximalfüllstand G_{max} und Beruhigung des Wägesystems, beginnt wieder die gravimetrische Regelung. Während der Nachfüllzeit wird auch die Totalisierung des dosierten Stromes rechnerisch aufrecht erhalten.

Pro Stunde können in der Regel 10 bis 20 und mehr Nachfüllungen erfolgen. Der Nachfüllstrom wird so hoch gewählt, daß die Summe der nichtgeregelten Zeitperioden t_2-t_3, bestehend aus der Nachfüll- und Beruhigungszeit, einen vorgegebenen Zeitanteil (z.B. 10 bis 20%) der Gesamtzeit nicht übersteigt.

3. Bauarten von Differentialdosierwaagen

Die Kriterien zur Unterscheidung der verschiedenen Bauarten der Differentialdosierwaagen können unterschiedlich sein:

- In der Bauart des Dosiergerätes.
- Im Aufbau des Wägesystems.
- Im Aufbau ihrer Steuerungssysteme.

3.1 Dosiergeräte

Dosiergeräte zur Volumenabgrenzung werden im Detail in anderen Kapiteln des Buches behandelt.

Die Differentialdosierwaagen für Schüttgüter können folgende Dosiergeräte haben:

Schneckendosierer ohne oder mit einem oder zwei zusätzlichen Rührwerken.

Die Rührwerke sollten keine niederfrequenten Schwingungen auf die Waage übertragen; solche Schwingungen können die Dosiergenauigkeit negativ beeinflussen. Schwingungen dieser Art können dann auftreten, wenn die Drehzahl sehr niedrig oder das Produkt stark kohäsiv ist und wenn das Rührwerk eine große Unwucht hat.

Die Schneckendosierer sind heute die am meisten verwendeten Dosierorgane für Differentialdosierwaagen.

Vibrationsdosierer.

Vibrationsdosierer werden vor allem für bruchempfindliche Güter wie Flocken und für wärmeempfindliche Güter mit niedrigem Schmelzpunkt eingesetzt.

Die durch den Dosierer verursachten Vibrationen haben keinen Einfluß auf die Dosiergenauigkeit einer Differentialdosierwaage, weil die Frequenz der Vibrationen viel höher liegt als die Abtastraten der Messungen der Gewichtsabnahme. Dadurch werden sie durch den Tiefpaßfilter der Gewichtsmessung ausgefiltert.

Dosierschleusen (Zellenräder).

Sie werden vor allem für rieselfähige, nichthaftende Güter verwendet; sie sind jedoch recht selten auf einer Differentialdosierwaage zu finden.

Dosierbänder

Dosierbänder als Dosierorgane von Differentialdosierwaagen werden relativ selten verwendet. Sie werden vor allem für grobstückige, bruch- oder wärmeempfindliche Güter, die sich nicht mit Vibrationsdosierern dosieren lassen, eingesetzt. Man darf solche Geräte nicht mit Dosierbandwaagen verwechseln.

Andere Arten von Dosiergeräten.

Drehteller-, Rührwerk-, bzw. Ringnutdosierer werden nur in speziellen Fällen verwendet. Drehteller- und Ringnutdosierer eignen sich vor allem für sehr kleine Dosierströme, wobei Ringnutdosierer nur für pulverartige Produkte einsetzbar sind.

Für die Dosierung von Flüssigkeiten mittels Differentialdosierwaage dient als Dosierorgan eine **Dosierpumpe**. Diese wird nicht auf der Waage plaziert, damit keine mechanische Beeinflussung des Wägesystems auftritt. Allgemein kann man sagen, daß für die Flüssigkeitsdosierung die Differentialdosierwaagen relativ selten eingesetzt werden, weil der Aufwand (technisch und kostenmäßig) im Vergleich zur volumetrischen Dosierung oder zum Einsatz der Massendurchfluß-Meßgeräte erheblich größer ist. Erst wenn die Nachteile dieser Verfahren in Form einer ungenügenden Dosiergenauigkeit (z.B. durch zu hohe Temperatur- oder Viskositätsschwankungen verursacht) überwiegen, werden die Differentialdosierwaagen eingesetzt.

3.2 Wägesysteme

Die verschiedenen Wägesysteme für Differentialdosierwaagen unterscheiden sich durch folgende Merkmale:

- Bauart des Wägesystems.
- Mechanischer Aufbau der Waage.
- Eingesetzte Sensorik.

Die einzelnen Bauarten werden auf ihre Eignung für kontinuierliche gravimetrische Dosierung nach folgenden Kriterien beurteilt.

3.2.1 Kriterien bei der Wahl von Sensoren und Meßeinrichtungen

Die Anforderungen an die Wägeeinrichtung in einem Dosierverfahren lassen sich in folgende Gruppen einteilen:

- Meßtechnische Eigenschaften der Meßwertaufnehmer.
- Meß- und regeltechnische Eigenschaften der gesamten Wägeeinrichtung.
- Reaktion auf umweltbedingte Einflüsse.
- Bedienung, Unterhalt, Wartung.

Zur ersten Gruppe gehören:

1. Empfindlichkeit (Auflösung).

Die Auflösung ist definiert als die kleinste Belastungsänderung, die noch gemessen wird. Als Auflösung wird auch angegeben, in wie viele meßbare Schritte der Wägebereich unterteilt werden kann. Empfindlichkeit ist reziprok zur Auflösung. Es ist wichtig, ob diese Auflösung eichfähig ist oder nicht. Für kontinuierliche Dosierwaagen liegen aus der Eichordnung keine definierten Begriffe oder Fehlergrenzen vor, d.h. sie können nicht geeicht werden. Bei der Beurteilung der Auflösung muß man unterscheiden, ob es sich um die Auflösung der Meßzelle, des Meßsystems oder des gesamten Systems handelt. Wichtig ist die tatsächlich gemessene und durch die Signalverarbeitung verwendbare Auflösung unter Berücksichtigung von Meß- und Auswertungsfehlern (nicht nur eine rein elektrische Auflösung des Signals).

Die Auflösung ist ein sehr wichtiges Kriterium für die Wahl von Gewichtsmeßeinrichtungen von Differentialdosierwaagen. Um die Gewichtsabnahme messen zu können, muß das Gewichtssignal differenziert werden. Je öfter und je genauer die Gewichtsabnahme gemessen wird und je kleiner die gemessene Dosierleistung ist (relativbezogen auf die Wägekapazität der Waage), desto größer muß die Auflösung sein.

2. Art und Bereich der Tarierung.

Bei der Tarierung handelt es sich um eine meßtechnische Berücksichtigung oder um einen Ausgleich der Taralast auf Null (Nullwertabgleich).

Bei der **additiven** Tarierung wird die Vorlast ohne Inanspruchnahme des Wägebereiches der Waage ausgeglichen. Dadurch kann der Wägebereich geringer gewählt und die verfügbare Empfindlichkeit bzw. Genauigkeit erhöht werden.

Die **subtraktive** Tarierung beansprucht einen Teil des Waagennutzbereiches. Dadurch wird die Empfindlichkeit im Verhältnis zur Nettolast reduziert.

3. Genauigkeit der Meßzelle und des Meßsystems.

Genauigkeit ist ein qualitativer Begriff für die Fähigkeit eines Meßgerätes, einen Meßwert nahe dem richtigen Wert anzuzeigen, sondern auch die Genauigkeit der nachfolgenden Verarbeitung im Meßsystem, wie z. B. der Speisung der Meßzelle, der Verstärkung des Signals, der Umwandlung in ein digitales Signal.

4. Wägebereich.

Der Wägebereich ist ein durch Mindestlast und Höchstlast begrenzter Bereich, innerhalb dessen eine Waage zum Wägen benützt werden kann. Die richtige Bestimmung des notwendigen Wägebereiches einer Differentialdosierwaage muß mehrere Faktoren berücksichtigen, z. B. die Behältergröße und Änderung der Schüttgutdichte des zu dosierenden Produktes oder Anzahl der Wiederbefüllungen. Je größer der Wägebereich einer Meßeinrichtung ist, desto flexibler und vielseitiger einsetzbar ist die Differentialdosierwaage. Für eine ausreichende Genauigkeit der Messung der Gewichtsabnahme muß bei gegebener Empfindlichkeit und Meßgenauigkeit auch der Wägebereich begrenzt werden.

5. Art der Verwiegung.

Es kann zwischen netto/brutto und negativer/positiver Verwiegung unterschieden werden. Bei den Differentialdosierwaagen handelt es sich um Negativ-Netto-Verwiegung. Das Meßsystem muß diese Art Verwiegung unterstützen.

6. Minimale/maximale Dosierleistung.

Dabei ist die zulässige Änderungsgeschwindigkeit des Gewichtes wichtig. Die minimale Dosierleistung wird durch die Empfindlichkeit und Genauigkeit der Meßvorrichtung begrenzt. Die maximale Dosierleistung kann durch die Auslegung der Elektronik (maximale zulässige Änderung der Gewichtsabnahme) begrenzt werden.

Es handelt sich um einen sehr wichtigen Parameter – vor allem für die Auslegung einer Dosierwaage.

Zur zweiten Gruppe der Eigenschaften (Meß- und regeltechnische Eigenschaften der gesamten Wägeeinrichtung) gehören:

7. Eigenschaften des Reglers.

Bei der dynamischen und statischen Genauigkeit, die bei der Meß- und Regeleinrichtung sehr wichtig ist, müssen auch die dynamischen Eigenschaften des Sensors berücksichtigt werden. Diese müssen den dynamischen Eigenschaften des Reglers entsprechen. Ein schneller Regler wird falsch regeln, wenn er die Daten aus einem langsamen Sensor zur Ermittlung des Ist-Wertes erhält.

Zur dritten Gruppe der Eigenschaften (Reaktion auf Umweltbedingungen und -einflüsse) gehören:

8. Überlastempfindlichkeit bzw. Sicherung gegen Überlast.

Dies ist sehr wichtig für die Betriebssicherheit einer Wägemeßvorrichtung. Im industriellen Betrieb kann man die Überlastung einer Wägevorrichtung durch Fehlbedienung oder Betriebsstörung nie ausschließen. Industrietaugliche Lösungen müssen gegen Überlast um ein Mehrfaches der Nennlast gesichert werden.

9. Empfindlichkeit auf Einflüsse aus der Krafteinleitung und Umgebung.

Es muß berücksichtigt werden, wie diese Einflüsse eleminiert oder zumindest gedämpft werden können (mechanisch und/oder elektronisch). Die gefährlichen Einflüsse aus der Umgebung sind Schwingungen und pulsartige Stöße.

10. Möglichkeiten von Explosionsschutz.

Die ständig strenger werdenden Vorschriften für die Betriebssicherheit in der Industrie schreiben immer häufiger vor, explosionsgeschützte Einrichtungen einzusetzen. In vielen Industriebereichen sind diese unentbehrlich. Dies muß bei der Wahl einer Meßeinrichtung unbedingt berücksichtigt werden. Einige Arten von Meßeinrichtungen sind entweder ganz ungeeignet – oder mit erheblichem Aufwand nur bedingt geeignet für einen solchen Einsatz.

11. Empfindlichkeit auf Feuchtigkeit, Staub, Korrosion.

Diese Kriterien sind vor allem in einer industriellen Umgebung sehr wichtig. Solche Einflüsse sollten sich heute nicht mehr negativ auf die Genauigkeit einer Meßeinrichtung auswirken.

Zur letzten Gruppe der Eigenschaften (Bedienung, Unterhalt, Wartung) gehören:

12. Notwendigkeit periodischer Wartung und Unterhalt – Lebensdauer.

Eine solche Notwendigkeit kann immense Kosten verursachen. Die Kosten für Verschleißteile und Unterhaltsarbeiten über die gesamte Lebensdauer müssen berücksichtigt werden.

13. Bedienungsmöglichkeiten für Betrieb und Service

Durch die Bedienungsfreundlichkeit einer Meßeinrichtung kann Zeit (für Einschulung und eigentliche Bedienungsoperationen) gespart und eine höhere Betriebssicherheit erreicht werden. Vor allem im Falle einer Betriebsstörung ist ein Fehlerdiagnose-System für eine rasche Feststellung der Ursache und Beseitigung der Störung notwendig.

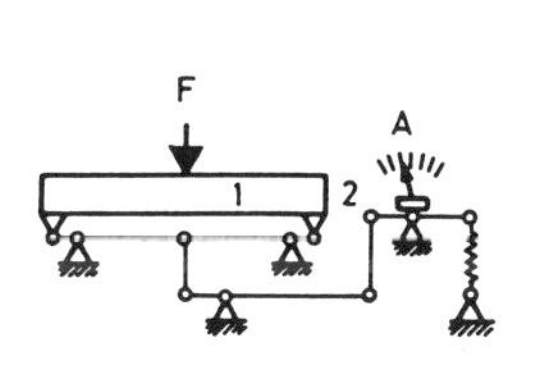

Mechanisch
1 Kraftaufnahme, mechanisch
2 mechanische Übertragung und Anzeige

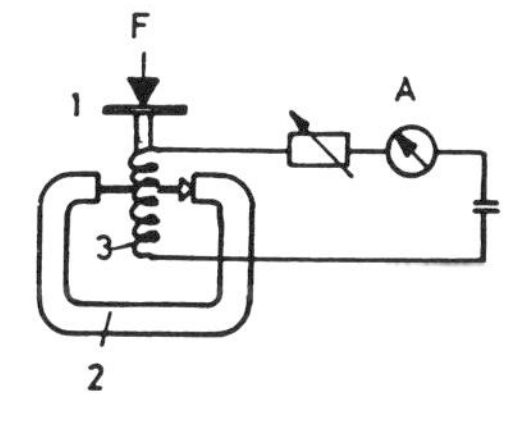

elektronisch
1 Kraftaufnahme, elektronisch
2 Erzeuger des Magnetfeldes
3 Stromspule

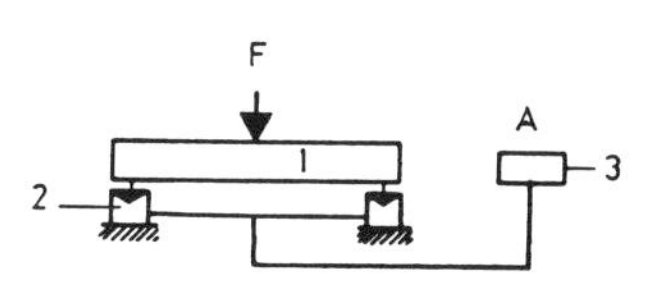

elektromechanisch
1 Kraftaufnahme, mechanisch
2 Wägezelle
3 elektronische Signalverarbeitung und Anzeige

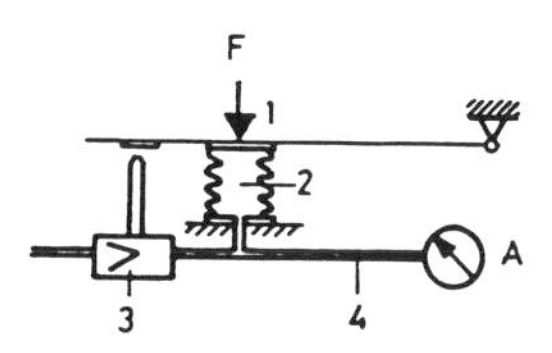

pneumatisch oder hydraulisch
1 Kraftaufnahme pneumatisch oder hydraulisch
2 pneumatische oder hydraulische Lastzelle
3 Druckregler
4 pneumatische oder hydraulische Anzeige

Bild 2: Wägeprinzipien: Ausgleich der Kraftwirkung F der Last sowie Meßwertausgabe und -anzeige A

Tafel 1: Wägesysteme – mögliche Bauarten

Bezeichnung	Ausgleich der Kraftwirkung der Last (Auswägeeinrichtung)	Messwertausgabe und Anzeige
Mechanische Waagen	mechanisch	mechanisch
Elektro-mechanische Waagen	mechanisch	elektronisch
Elektronische Waagen	elektronisch	elektronisch
Pneumatische Waagen	pneumatisch	pneumatisch
Hydraulische Waagen	hydraulisch	hydraulisch

3.2.2 Wägesysteme – Bauarten

Aufgrund ihres Wägeprinzips können die Bauarten unterschieden werden nach

- der Art, die Kraftwirkung der Masse (der Last) auszugleichen,
- der Art der Darstellung des Meßergebnisses (Bild 2).

Die Bauarten der Wägesysteme sind in der Tafel 1 zusammengefaßt.

Die meistverbreiteten Bauarten für die kontinuierliche gravimetrische Dosierung sind die elektromechanischen Waagen. Auch die elektronischen Waagen werden eingesetzt. Alle anderen Bauarten werden nicht verwendet, es hat sich erwiesen, daß diese für solch anspruchsvolle Aufgaben wie die kontinuierliche gravimetrische Dosierung weniger geeignet oder gar nicht einsetzbar sind. Dies ist vor allem zurückzuführen auf das Fehlen der technischen Gegebenheiten, die im vorherigen Kapitel als Kriterien für die Wahl einer Meßeinrichtung zusammengefaßt sind. In einigen Fällen sind aber auch preisliche Gründe die Ursache für den Mißerfolg einiger Bauarten.

3.2.3 Mechanischer Aufbau einer Waage

Wenn man die verschiedensten Differentialdosierwaagen, die bis heute auf dem Markt erschienen sind und die in der Dosierpraxis eingesetzt werden, vergleicht, können diese nach folgenden Kriterien unterteilt werden.

Hebellose Abstützung oder hybride Abstützung mit Hebelwerk.

Man unterscheidet grundsätzlich zwischen einer direkten hebellosen Abstützung auf den Wägezellen und einer hybriden Abstützung über Wägebrücke mit Hebelwerk auf der Wägezelle.

Wird bei den nicht rein mechanischen Waagentypen lastseitig zusätzlich ein Hebelwerk zur Übersetzung der Krafteinwirkung eingesetzt, spricht man von *Hybridwaagen* (Hybrid = zusammengesetzte, gemischte Bauart) – s. Bild 3.

Vorteile der Hybridbauweise:

- Die Zahl der notwendigen Wägezellen kann verringert werden (z. B. bei einer Behälterwaage nur eine statt drei Wägezellen).
- Eine Wägezelle mit einer bestimmten Nennlast kann für verschieden große Nutzlasten (Inhalt von Behälter und/oder Dosierorgan) verwendet werden, wenn sich die Hebelverhältnisse den verschiedenen Nutzlasten anpassen können.

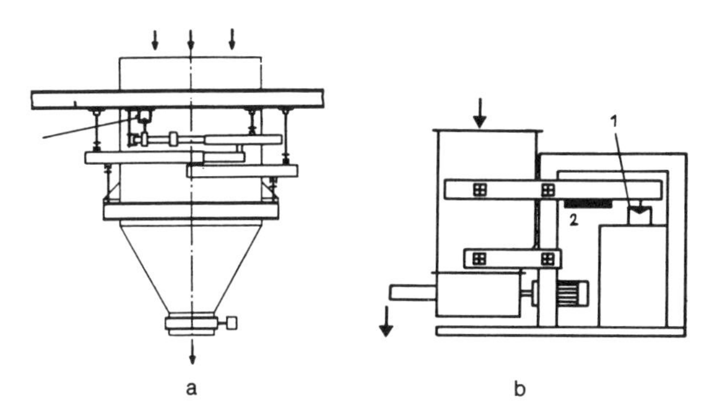

Bild 3: Hybride Bauart:
a) Diskontinuierliche Behälterwaage, 1 Meßzelle
b) Kontinuierliche Differentialdosierwaage. 1 Meßzelle, 2 Taraausgleich

– Das Eigengewicht von Behälter und/oder Dosierorgan kann vollständig oder teilweise mechanisch austariert werden. Dadurch kann ein kleinerer Wägebereich der Meßzelle gewählt und die Genauigkeit verbessert werden.

Nachteile:

– Je nach Konstruktion des Hebelwerkes besteht Anfälligkeit gegenüber Verstaubung, Korrosion und Abrasion; es kann auch periodischer Unterhalt notwendig werden.

– Die Konstruktion ist komplizierter – der Preis kann höher sein.

– Durch das Hebelwerk kann die Konstruktion mehr Platz in Anspruch nehmen und dadurch Platzengpässe beim Einsatz verursachen.

Die neuen Wägezellen mit Krafteinleitung über ein integriertes Parallelogramm ermöglichen auch bei hebelloser Ausführung die Verwendung von nur einer Wägezelle, ohne ecklastabhängig zu sein.

Vollastwaagen oder mechanischer Taraausgleich.

Bei den Vollastwaagen (Bild 4 a und 4 b) erfolgt der Taraausgleich mittels subraktiver Tarierung. Alle hebellosen Waagen mit direkter Krafteinleitung in die Meßzelle sind Vollastwaagen.

Bei den hybriden Waagen mit Hebelwerk kann der Taraausgleich mechanisch durch Auflegen der Gewichte der Tarakompensation erfolgen, diese Waagen ermöglichen die additive Tarierung ohne Verlust eines Teiles des Wägebereiches (Bild 4 c).

Plattform- oder Hängewaage.

Eine Plattformwaage ist eine Brückenwaage mit ebenem Lastträger, auf dem das Zuteilorgan (Dosiergerät) aufgestellt ist.

Bei der Hängewaage ist das Zuteilorgan an der Wägeeinrichtung aufgehängt.

Diese Arten der Konstruktion bestimmen Platzbedarf, mechanische Stabilität (Hängewaagen haben einen niedrigeren Schwerpunkt als Plattformwaagen, und reagieren dadurch weniger empfindlich auf Vibrationen), Austauschbarkeit des Dosiergerätes (in der Regel ist der Austausch des Dosiergerätes bei den Plattformwaagen einfacher), Zugänglichkeit für Servicearbeiten und weitere Eigenschaften.

Wegloses oder wegbehaftetes System

Der mechanische Aufbau der Waage wird stark von der Art der verwendeten Wägezelle beeinflußt, je nach dem ob es sich handelt um:

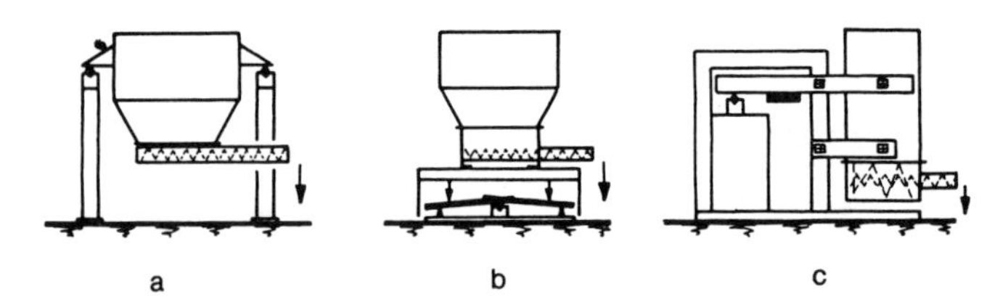

Bild 4: Wiegesysteme von Differentialdosierwaagen; a) direkte hebellose Abstützung auf den Wägezellen, b) hybride Abstützung über Wägebrücke mit Hebelwerk, c) hybride Bauart mit mechanischem Taraausgleich

- ein wegbehaftetes System, d.h. bei der Messung des Gewichtes ändern sich Lage und Winkel am Krafteinleitungssystem (wie im Falle der induktiven Sensoren, s. nächstes Kapitel),
- ein wegloses System, in welchem bei der Gewichtsmessung keine wesentliche Änderung der Position am Krafteinleitungssystem erfolgt (Dehnungsmeßstreifen, Schwingsaitenaufnehmer usw.).

Beide Syteme haben ihre Vor- und Nachteile. Wegbehaftete Systeme haben in der Regel schlechtere (trägere) dynamische Eigenschaften, dafür kann man sie besser dämpfen und unempfindlicher gegenüber mechanischen Schwingungen einstellen.

3.2.4 Sensorik für Gewichtserfassung

Die Sensoren (Meßwertaufnehmer) zur Erfassung der Masse oder der Gewichtskraft sind sogenannte Wägezellen (auch Lastzellen, Meßzellen, Kraftaufnehmer oder Gewichtsauflöser genannt). Die Richtlinien nach VDI/VDE 2637 über Wägezellen definieren die meßtechnischen Eigenschaften von Wägezellen.

Die wichtigsten Typen von Sensoren zur Gewichtserfassung bei den kontinuierlichen Dosierwaagen sind:

1. Dehnungsmeßstreifen (DMS)

Die mechanische Verformung eines metallischen Meßkörpers verursacht eine Veränderung des Widerstandes des aufgeklebten DMS-Sensors, welche als Maß für die Gewichtskraft verwendet wird. Es handelt sich um praktisch weglose Meßsysteme (Weg 0,2 bis 0,7 mm – Extremfälle 1 mm) und um die heute am meisten verbreiteten Wägezellen, die in einem breiten Spektrum an Größen und Ausführungen lieferbar sind (auf Druck oder Zug ausgelegt). Probleme entstehen bei Überlastschutz und Dämpfung der Schwingungen. Einsetzbar im Ex-Bereich, gut kapselbar gegen Umwelteinflüsse (Staub, Feuchtigkeit usw.).

2. Schwingsaitenaufnehmer

Saiten, welche zu Schwingungen angeregt werden, ändern unter Zuglast ihre Frequenz. Einsaitenmeßzellen messen die Gewichtskraft, Zweisaitenmeßzellen führen einen Massenvergleich der bekannten mit einer unbekannten Last durch. Sie sind praktisch weglos (unter 0,1 mm). Probleme mit der Dämpfung der Schwingungen bestehen weiter, während der Überlastschutz bei den neuesten Produkten gelöst zu sein scheint. Probleme mit Einsatz im Ex-Bereich, schlechter kapselbar gegen Umwelteinflüsse (Staub, Feuchtigkeit usw.).

3. Induktive Sensoren für Wegmessung.

Eine Feder wandelt die Gewichtskraft in Weg um. Die Änderung des Wegs wird durch einen induktiven Sensor gemessen (Tauchspule), und diese ist Maß der Gewichtskraft. Wegbehaftetes System (einige mm). Keine Probleme mit der Dämpfung der Schwingungen und dem Überlastschutz (100 % sicher). Einsatz im Ex-Bereich möglich, schlechter kapselbar gegen Umwelteinflüsse.

Gericke

Die neue Dosierwaagengeneration von GERICKE.

Technik für Präzision und Sicherheit in der Produktion.

High tech in robuster Hülle: Kompaktdosierwaage DIW-KC von GERICKE, ab 300g/h.

Robust und solide im Aufbau, können ihr Erschütterungen nichts anhaben.Mechanische Dämpfungssysteme sorgen dafür, daß trotz externer Störungen eine präzise Dosierung gewährleistet ist. Hart im Nehmen hält sie jedem Zuviel gelassen stand, da ein zuverlässiger Überlastschutz dafür sorgt, daß das Gerät keinen Schaden erleidet und die Produktion störungslos weiterverläuft. Weil bei Gericke alles zu Ende gedacht wird, sind die Geräte schnell und unkompliziert zu reinigen.

Dosierwaage DIW-C: Präzises Dosieren im Bereich von 20-25000 kg/h

Vorsprung durch Intelligenz: Die UC-500 von GERICKE.

Die UC-500 denkt für Sie mit:
In Eigenenergie führt sie automatische Diagnosen durch und garantiert so ein Höchstmaß an aktiver und passiver Sicherheit.
Ihr phänomenales Gedächtnis, der Mehrfachspeicher für Produktdaten und Rezepturen, leistet ihr dabei zuverlässige Dienste.
Auch ein schneller Produktwechsel bringt sie nicht aus dem Konzept. Alle Daten sind stets abrufbereit. Die UC-500 vergißt oder verliert niemals etwas! Durch den TÜV ist ihre elektromagnetische Verträglichkeit nach IEC und Namur-Normen nachgewiesen.

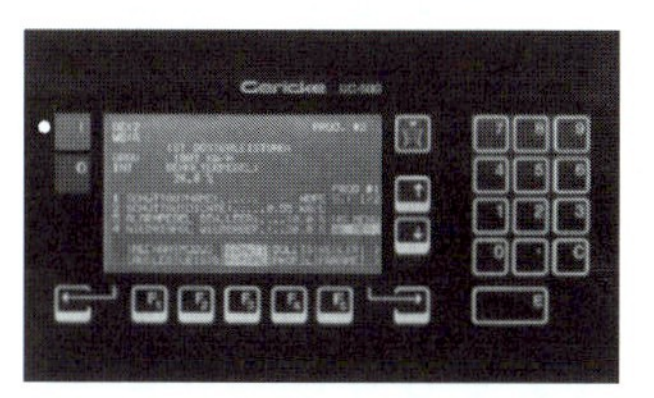

Transparenz durch Betriebsdatenanzeige

Abruf der gespeicherten Betriebsparameter

Die Bedienung macht Ihnen die UC-500 leicht: Sie erfolgt unkompliziert über Menütechnik und Klartext - gleichgültig, ob es sich um eine Einzelwaagensteuerung oder um eine Systemsteuerung für Mehrkomponentensysteme handelt.

Verständigungspropleme sind ausgeschlossen: ein Knopfdruck und die UC-500 spricht die Sprache, die Sie verstehen.

Richtige Investitionsentscheidung durch Nachweis im GERICKE-Technikum.

Praxisversuche: Dosierwaagen und kontinuierlicher Mischer im GERICKE-Technikum

Gericke, das sind 100 Jahre Forschung und Erfahrung im Bereich Schüttguttechnik.
Das GERICKE-Technikum oder ein Leihgerät stehen Ihnen zur Verfügung. So können Sie das optimale Dosierkonzept für Ihr Produkt selbst ermitteln.
Unsere Spezialisten erklären Ihnen, warum die GERICKE-Dosierwaagen ein Maximum an aktiver und passiver Sicherheit bieten - für die Qualitätssicherung ihres Produktes.

Gericke

Spezialfabrik für Dosier-, Förder- und Mischanlagen

CH-8105 Regensdorf-Zürich
Telefon (01) 8402711
Telefax (01) 8411073

Singapore 2678

D-78239 Rielasingen
Telefon (07731) 5909-0
Telefax (07731) 2006

F-95100 Argenteuil

NL-3870 Hoevelaken
Telefon (03495) 36888
Telefax (03495) 34410

GB-Ashton-under Lyne

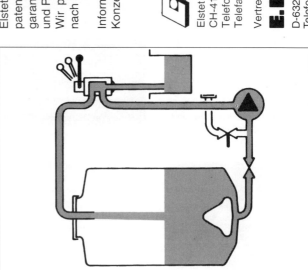

4. Elektromagnetische Kompensation

Ein stromdurchflossener Leiter in einem Magnetfeld bewirkt eine Kraft, welche die Gewichtskraft kompensiert. Der Strom (proportional zur Gewichtskraft) wird so geregelt, daß die Position des Leiters unverändert bleibt (Wegmessung induktiv, kapazitiv oder optoelektrisch). Keine Probleme mit der Dämpfung der Schwingungen (können im Regelkreis elektronisch gedämpft werden) und dem Überlastschutz (100 % sicher). Einsatz im ex-Bereich problematisch, schlecht kapselbar gegen Umwelteinflüsse.

3.3 Steuerungssysteme

Als letztes Unterscheidungskriterium kann das Regel- und Steuerungsgerät genannt werden. Dabei muß erwähnt werden, daß die meisten modernen Steuerungsgeräte für Differentialdosierwaagen auf der Mikroprozessortechnik (also digitale Regel- und Steuerungssysteme) basieren. Nur in Ausnahmefällen wird ein Analog-Regelsystem eingesetzt; auch in solchen Fällen ist die Eingabe der Parameter in digitaler Form realisiert.

Die Unterschiede bei den Regel- und Steuerungsgeräten bestehen hauptsächlich in folgenden Merkmalen:

In der Art des Aufbaus der Elektronik.

Man unterscheidet zwischen offenen oder geschlossenen Systemen. **Offene** Systeme ermöglichen eine Erweiterung der Elektronik mit den Produkten auch dritter Hersteller, die Hardware- und Software-Schnittstellen für die Anwendung solcher elektronischer Baugruppen sind für den Kunden offengelegt, als Beispiel könnte eine Dosiersteuerung auf der Basis von SPS (Speicher-Programmierbare-Steuerungen) mit offener Software-Struktur dienen. Die meisten auf dem Markt befindlichen Steuerungssysteme für Differentialdosierwaagen sind **geschlossene** Systeme, die nur die Hardware und Firmware (Software des Herstellers) akzeptieren. Sie sind Bestandteil vom Know-how des Herstellers der Differentialdosierwaagen.

Viele Steuerungssysteme sind **modular** aufgebaut, d.h. man kann eine optimale Konfiguration einer Steuerung für eine Dosieraufgabe durch Zusammensetzen verschiedener Baugruppen (Module) erreichen.

In der Bedienungsphilosophie.

Die Bedienungsphlosophie hat einen sehr großen Einfluß auf den Bedienungskomfort und die damit verbundene Betriebssicherheit (höherer Komfort kann die Sicherheit der Bedienung erhöhen und dadurch Fehleingabe der Betriebsdaten vermeiden helfen).

Auf der niedrigsten Stufe des Bedienungskomforts stehen die Bedienungspanels mit Tastenfeldern oder Vorwahldekaden und Potentiometern mit numerischen Displays, gefolgt von einzeiligen alphanumerischen Displays. Der Tend der neuesten Steuerungen geht in Richtung mehrzeilige Bildschirme und menügeführte Bedienung mit Funktionstasten (es werden nur solche Befehle angeboten, die einen Sinn haben und die Betriebssicherheit nicht negativ beeinflussen können).

In einigen Algorithmen für Dosiervorgänge.

Viele der heutigen Steuerungen der führenden Hersteller zeichnen sich durch raffinierte Algorithmen aus, die eine zuverlässige Funktion während des Dosiervorganges garantieren sollen. Es handelt sich vor allem um die Algorithmen für Nachfüllkompensation, Verriegelung bei extremen Störungen, gutes dynamisches Verhalten des Reglers, Ausfilterung der Vibrationen u.a.

In vorhandenen Schnittstellen.

Es handelt sich um die Schnittstellen zum Prozeß (vor allem über digitale oder analoge Ein- und Ausgänge), zu Peripherien (wie Drucker, Fernbedienung) oder zu übergeordnetem Steuerungssystem (Leitsystem – digitale oder analoge Ein- und Ausgänge, serielle Schnittstellen).

Die Schnittstellen unterscheiden sich in Anzahl, Konfigurationsmöglichkeiten und Ausführung (elektrische Parameter).

3.4 Beispiele verschiedener Differentialdosierwaagen

Die nächsten Bilder zeigen Ausführungen diverser Differentialdosierwaagen in der Praxis.

Bild 5 zeigt eine Differentialdosierwaage in Plattformausführung, und Bild 6 eine solche in Hängebauart mit Behälter bis 150 l. Auf Bild 7 sind Differentialdosierwaagen mit 10000-l-Behältern dargestellt. Bei allen gezeigten Waagen handelt es sich um eine hybride Bauart mit Hebelwerk und mechanischem Taraausgleich (additive Tarierung). Bild 8 zeigt die Waage aus Bild 6 im praktischen Einsatz als Rührwerkkesselbeschickung; die Nachfüllung erfolgt mittels Austragsschwingtrichter

4. Fehlerquellen bei Differentialdosierwaagen

4.1 Mögliche Fehlerquellen

Folgende Fehlerquellen können die Dosiergenauigkeit oder Zuverlässigkeit des Dosierens mit Differentialdosierwaagen negativ beeinflussen.

Ungenügende Auflösung des Masse-/Gewichtsaufnehmers.

Sie kann besonders bei subtraktiver Tarierung des Eigengewichtes von Dosiergerät und Behälter schwerwiegend sein. Wie schon betont, benötigen speziell die Differentialdosierwaagen eine extrem hohe Auflösung des Gewichtes, weil das Gewicht für die Bestimmung des Ist-Wertes der Dosierleistung differenziert sein muß, d. h. die Gewichtsabnahme muß bestimmt werden.

Bild 5: Differentialdosierwaage mit Schneckendosierer. Hybride Wägeeinrichtung im Sockel mit additiver Tarierung für Dosierleistung ab 0,2 kg/h

Bild 6: Differentialdosierwaage in hybrider Hängebauart, additive Tarierung. Dosierleistung ab 3 kg/h

Bild 7: Differentialdosierwaagen mit 10 000 l Behälter, in hybrider Hängebauart mit additiver Tarierung. Dosierleistung bis 50 m^3/h

Bild 8: Differentialdosierwaage zur Rührwerkkesselbeschickung, Nachfüllung mit Austragsschwingtrichter

Bei zu kleiner Auflösung wird entweder der Ist-Wert ungenau berechnet oder diese Messung muß relativ lange dauern (bis die Gewichtsdifferenz genau bestimmt werden kann), was das dynamische Verhalten solcher Differentialdosierwaagen negativ beeinflußt (bei Störungen im Materialfluß reagiert die Waage nicht rechtzeitig). Dieses Phänomen tritt vor allem bei kleineren Dosierleistungen (im Vergleich zum Wägebereich) in den Vordergrund.

Korrosion und Abnützung an der Meßeinrichtung.

Bei den modernen Meß-Sensoren treten diese Probleme nicht mehr auf. Die Meßzellen sind meistens hermetisch gekapselt und aus korrosionsbeständigen Materialien hergestellt.

Bei den hybriden Waagen mit Hebelsystem, vor allem bei Schneide/Pfanne-Lagerungen, können diese Einflüsse gravierende Folgen für die Dosiergenauigkeit haben. Diese Art der Lagerung ist heute bei Differentialdosierwaagen sehr selten zu finden. Die heutigen modernen Konstruktionen, mit Lagerung mit Kreuzfedergelenken oder Bändern in geeigneten Materialien ausgeführt, kennen solche Probleme praktisch nicht mehr.

Einflüsse von Schnittstellen zum Dosiergut.

In dieser Gruppe sind die Fehlerquellen der Schnittstelle zwischen Dosiergutvorrat und Dosiergerät zusammengefaßt. Es handelt sich um:

– Zu lange Nachfüllphasen bzw. zu geringer Nachfüllstrom ohne Nachfülloptimierung. Während der Nachfüllphase kann der Dosierstrom nicht geregelt werden, die Differentialdosierwaage hat keine

Kontrolle über das Dosiergut. Deshalb sollte diese Phase nicht zu lange dauern (bezogen auf die geregelte Phase). Probleme können vor allem bei schwierigen Produkten oder Störungen im Materialfluß entstehen.

- Brückenbildung in der Kette vor dem Dosiergerät oder Blockieren im Dosiergeräteeinlauf, Ausbleiben oder schlechtes Nachfließen des Gutes in das Dosiergerät.
- Durchschießen von (fluidisiertem) Gut
- Krafteinfluß durch nichtausreichende Entkopplung zwischen Zufuhreinrichtung und Dosieren (kann vor allem bei gravimetrischer Dosierung zu schwerwiegenden Fehlern führen).
- Über- oder Unterdruck durch Schutzgasüberlagerung, durch pneumatische Saug- oder Druckförderung des Gutes.
- Nicht ausreichendes Absperren des Gutes in Fällen, wo dies notwendig ist (z. B. nach Beendigung der Chargendosierung oder während des geregelten Dosierens einer Differentialdosierwaage).

Einflüsse der Schnittstelle zur dosierten Einrichtung.

Zusätzlich zu den Einflüssen aus der Schnittstelle zum Dosiergut können an dieser Schnittstelle folgende Fehlerquellen auftreten:

- Rückstau nach dem Dosiergerät:
  Ein typisches Beispiel ist die Dosierung in einen schlecht ausgelegten kontinuierlichen Mischer. Wenn der Mischer überfüllt ist, kann sich das Produkt bis zur Waage stauen. Sehr oft wird ein solcher Stau mittels Vollmelder überwacht.
- Die aus dem dosierten Prozeß aufsteigenden Dämpfe müssen durch eine geeignete Entlüftung abgeführt werden und dürfen sich nicht auf den Dosierprozeß auswirken:
  Durch solche Dämpfe oder durch eine zu hohe Feuchtigkeit können sich Anhaftungen auf dem Dosiergerät bilden, die das Dosieren beeinträchtigen oder im Extremfall sogar blockieren. Wenn es sich um aggressive Dämpfe handelt, können diese Beschädigungen am Dosiergerät verursachen.
- Unter- oder Überdruck:
  Diese Probleme entstehen relativ oft. Ein typisches Beispiel stellt die Dosierung in eine pneumatische Förderung (z. B. direkt in die Förderleitung) dar, was manchmal zu sehr aufwendigen und teuren Lösungen führt. Ein anderes Beispiel ist die in die Dosiereinrichtung geführte Entlüftung des nachgeschalteten Prozesses, welche die Druckverhältnisse stört und dadurch eine Beeinflussung des Dosierprozesses verursachen kann.

Fehlerquellen direkt am Dosiergerät.

Hierunter fallen:

- Zu steife und unrichtige flexible Verbindungen an Ein- und Auslauf.
  Ein sehr oft auftretender Fehler; er kann einen sehr großen Einfluß auf die Dosiergenauigkeit haben.
- Druckschwankungen bei Staubabsaugung am Austritt (die Entlüftung beim Nachfüllen erfolgt während der ungeregelten Phase und hat keinen Einfluß). Die Differentialdosierwaagen reagieren auf solche Störungen sehr empfindlich (wegen der Gewichtsdifferenzierung).
- Unwucht von drehenden Teilen (dynamische Fehler).
  Verursacht Übertragung der dynamischen Kräfte auf die Waage und beeinflußt dadurch die Messung der Gewichtsabnahme. Kritisch nur bei Teilen mit niedrigeren Drehzahlen (unter **100** U/min); höhere Frequenzen der damit verbundenen Schwingungen können elektronisch ohne großen Aufwand ausgefiltert werden.
- Blockieren des Dosiergerätes selbst.
  Dieser Fehler wird meistens sofort entdeckt; entweder stellt die Dosiersteuerung eine zu große

Regeldifferenz fest oder der durchfließende Strom im Antrieb des Dosiergerätes wird als zu hoch diagnostiziert.

Verfahrenstechnische Probleme im Dosiergerät.

- Brückenbildung im Dosierbehälter.
  Wenn kein Schüttgut mehr in das Dosiergerät einfließt (wenn sich eine Brücke über dem Einzugsgebiet des Dosiergerätes bildet), versagt auch die beste Waage mit dem besten Dosierregler. Dann bleibt nichts anderes übrig, als Alarm zu melden, daß kein Produkt mehr aus der Waage kommt, daß die Regeldifferenz zu groß ist.
- Durchschießen des Gutes.
  Kann dann auftreten, wenn das Dosiergut fluidisiert wird (z.B. durch die Nachfüllung). Es gibt auch ganz gefährliche Produkte, die nur unter besonderen Umständen, die manchmal nicht voraussehbar sind, fluidisiert werden und durchschießen können. Die Differentialdosierwaage kann in solchem Fall höchstens nur registrieren, daß die ausgelaufene Menge des Materials nicht der programmierten Dosierleistung entspricht und einen Alarm auslösen.
- Maximale volumetrische oder gravimetrische Durchsatzgrenze erreicht.
  Kann vor allem bei einem falsch ausgelegten Dosiergerät passieren. In einem solchen Fall reagiert die Dosiersteuerung mit Alarm, daß die Dosierung eine zu große negative Regeldifferenz aufweist.
- Schubweiser Gutaustritt (kein kontinuierlicher, gleichmäßiger Gutstrom).
  Tritt vor allem bei kompressiblen Produkten auf. Eine Verbesserung kann durch den Einsatz von Kreuzfaden-Abschlüssen am Dosierrohrende erzielt werden.

Äußere Einflüsse.

Zu solchen Einflüssen gehören Schwingungen und Vibrationen, die sich auf die Differentialdosierwaage übertragen; ferner Luftstöße und Luftzug. Diese Fehlerquellen haben oft eine Verschlechterung der Dosiergenauigkeit zur Folge. Die Maßnahmen gegen Luftzug oder Luftstöße sind nicht so kostspielig wie solche gegen Schwingungen und Vibrationen, die eine genaue Dosierung behindern können und zu deren Beseitigung ein kompletter Umbau des Gerüstes der Differentialdosierwaagen notwendig ist.

4.2 Fehlerbetrachtung

Der Einsatz einer Differentialdosierwaage in einem Dosiersystem ist fast immer mit einem relativ großen apparativen Aufwand verbunden. Bei der Betrachtung der Fehlermöglichkeiten muß die gesamte Strecke von der Produktaufgabe bis zur Produktverarbeitung einbezogen werden (als Beispiel für die Betrachtung des Systemfehlers im kontinuierlichen System dient Bild 9). Dieser Systemfehler ist für die Qualität des Endproduktes entscheidend. Zur Analyse der Ursachen der Systemfehler muß das System in die einzelnen Subsysteme mit ihren Fehlerursachen zerlegt werden.

Das apparative System, welches für die Erfassung der Systemgenauigkeit betrachtet werden muß, schließt also im weiteren Sinne ein:

- Vorratssilo über Dosierwaage.
- Befüllung des Silos.
- Austragsorgan am Silo.
- Zwischensilo oder Zwischentrichter unmittelbar über dem Dosiergerät.
- Produktabgabe auf die nachfolgende Verarbeitungsmaschine.
- Eventuelle Druckschwankungen, aufsteigende Dämpfe usw., herrührend von der nachgeschalteten Apparateeinheit.
- Staubabsaugung.
- Schutzgasüberlagerung.

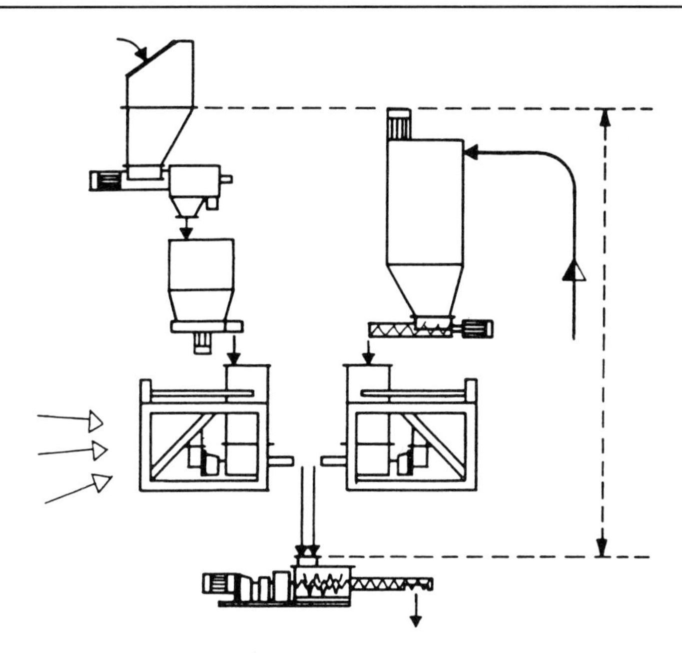

Bild 9: Betrachtungsbereich für den Systemfehler im kontinuierlichen System

- Aufstellung der Dosierwaage.
- Umgebung (Staub, Feuchtigkeit, Schwingungen, Erschütterungen, Temperatur).

Ein konkretes Beispiel für die Notwendigkeit der Betrachtung des Gesamtsystems bei der Fehleranalyse zeigt Bild 10:

Die beiden Komponenten werden präzise dosiert und optimal gemischt. In weiteren Prozeßschritten wird das Produkt pneumatisch gefördert (mittels Flugförderung) und dadurch, noch bevor es zum Ende des Prozesses gelangt, teilweise entmischt. Die Endproduktqualität wird dann trotz bester Dosier- und Mischresultate schlecht sein.

Die meisten Fehlerursachen beim Dosieren mittels einer Differentialdosierwaage wurden im vorherigen Kapitel genannt.

Dazu kommen noch Einflüsse, die auf einzelne oder mehrere Teile der Anlage wirken. Hierzu gehören:

- Schwankung der Temperatur oder Luftfeuchtigkeit der Umgebung.
- Erfüllung der Vorschriften für Explosions- und Verpuffungsschutz.
- Erfüllung der Hygieneanforderungen, Verhinderung von Verschmutzung und Cross-Contamination.

Zu diesen Problemen kommen noch weitere hinzu, die man zuerst als banal und unwahrscheinlich betrachtet und nicht berücksichtigt, vor allem in Entwicklungsländern:

- Extreme Luftfeuchtigkeit und Umgebungstemperaturen.
- Extreme Schwankungen der Netzspannung mit öfteren Netzausfällen.
- Unfähigkeit oder sogar Sabotage des Bedienungspersonals.

Viele der bisher genannten Probleme erscheinen auf den ersten Blick so selbstverständlich, daß man schnell der Meinung ist, sie müssen gar nicht erwähnt werden. Ein Beispiel aus der Praxis zeigt jedoch, daß dem nicht immer so sein muß:

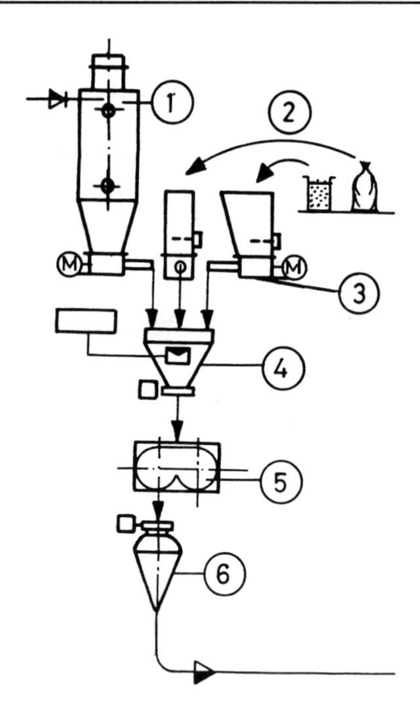

Bild 10: Förder- und Dosiervorgänge im automatisierten Produktionssystem
1 Komponentensilo
2 Komponente in Gebinden (Sack, Faß, Big-Bag, Container usw.)
3 Austrags- und Dosiergeräte (diskontinuierlich)
4 Behälterwaage
5 Mischer
6 pneumatische Förderung

Ein Anwender hat eine Dosieranlage gekauft. In der Evaluationsphase standen mehrere auf den ersten Blick als geeignet erachtete Anlagen, in der Preisspanne zwischen 40 und 200 TDM zur Auswahl. Der lieferant der teuersten Anlage hatte den Anwender auf die Tatsache aufmerksam gemacht, daß er mit ähnlichen Produkten schon Probleme mit Durchschießen gehabt habe und daß diese teuerste Anlage diese Probleme zuverlässig beseitigt habe. Bei den Dosiertests im Technikum war das Problem des Durchschießens des Produktes jedoch nicht aufgetreten, weshalb der Anwender die billigere Anlage gekauft hat.

Einige Monate später hat sich dann gezeigt, daß ein Durchschießen des zu dosierenden Gutes ab und zu doch vorgekommen war und, was noch schlimmer war, die schlechte Qualität wurde erst durch den Endkunden bemerkt und beanstandet (bis zum Endkunden waren zwei weitere Lieferanten in der Herstellungskette tätig). In einer Prozeßanalyse wurde festgestellt, daß diese Qualitätsverschlechterung ihre Ursache in der Dosierung hatte. Die Produktion mußte eingestellt werden. Die Dosieranlage wurde ausgebaut. Jetzt wurde die teurere Anlage gekauft. Weil diese jedoch viel größer war als die alte, mußte die ganze Produktionslinie umgebaut werden. Die damit verbundenen Kosten haben das Mehrfache der ursprünglichen Preisdifferenz erreicht.

Nach Inbetriebnahme der neuen Anlage hat sich bestätigt, daß keine Störungen durch Schießen des Produktes mehr erfolgten. Die im Anschaffungspreis teurere Anlage hat zur vollen Zufriedenheit des Kunden funktioniert. Bei der zweiten Produktionslinie wurde von Anfang an die große und teurere Anlage geplant; man kann sagen, die ganze Produktionslinie wurde rund um die Schlüsseloperation Dosieren gebaut.

5. Auslegung einer Differentialdosierwaage

Damit eine Differentialdosierwaage richtig ausgelegt werden kann, muß zuerst die Dosieraufgabe vollständig vom Anwender definiert werden (2]. Hierzu kann die Checkliste für eine Dosieraufgabe (Anhang A) verwendet werden.

1. Wahl eines geeigneten Dosierorganes.

Es soll ein ununterbrochener, möglichst gleichmäßiger Dosierstrom auch bei schwerfließenden Gütern, beides in Verbindung mit dem aufgesetzten Behälter, erzielt werden. Die Guteigenschaften bestimmen die Wahl des Dosierorganes. Die Möglichkeiten bei der Auswahl des Dosiergerätes und dessen Auslegung werden in anderen Beiträgen behandelt. Nur zur Erinnerung: Alle Parameter müssen für die extremen Bedingungen ausgelegt werden (maximal mögliche Dosierleistung, minimale Schüttgutdichte, schlechteste Fließeigenschaften), weil meistens eine Differentialdosierwaage mehrere verschiedene Produkte dosieren muß.

2. Volumetrischer Durchsatz des Dosierorganes (Verstellbereich).

Hier sind die Grenzen für die verlangte minimale und maximale Dosierleistung zu berücksichtigen. Ohne Auswechseln der Dosierschnecke kann bei einem Schneckendosiergerät mit einem Verstellbereich bis zu 1 : 50 gerechnet werden (hängt auch von der Schüttguteigenschaft ab, bei bestimmten Gütern ist nur 1 : 20 oder sogar 1 : 10 möglich). Mit Auswechseln des Schneckeneinsatzes sind die Dosierstrombereiche bezüglich volumetrischen Durchsatzes sehr groß. Vibrationsdosierer (elektromagnetisch) sind je nach Förderbarkeit des Gutes im Bereich 1 : 30 und mehr verstellbar.

3. Behältergröße und Nachfüllstrom.

Erste Voraussetzung ist die richtige Formgebung des Behälters zur Vermeidung von Brücken- und Schachtbildung. Je nach Guteigenschaften muß neben der Form des Behälters auch die Lage des Minimum- und Maximum-Pegels gewählt werden (und dadurch auch der Ausnützungskoeffitient des Nettovolumens).

Die Größe des Behälters und des Nachfüllstromes wird in Abhängigkeit von Schüttgutdichte, Dosierleistung, Anzahl Befüllungen pro Stunde und zulässiger Dauer einer Nachfüllphase bestimmt. Dabei ist auch die notwendige Beruhigungszeit nach der Nachfüllung zu berücksichtigen. Als Faustregel gilt, daß die Nachfülleistung zehnmal größer sein sollte als die maximale Dosierleistung, für die das Dosierorgan ausgelegt wurde.

4. Gewichtsmäßige Grenzen.

Aufgrund des ausgewählten Dosiergerätes und des ermittelten Behälternutzinhaltes ergibt sich unter Berücksichtigung der maximalen Schüttgutdichte des Produktes das maximale Nettowaagengewicht.

Der minimale Dosierstrom wird durch die Laständerung pro Abtast-Zyklus der Meßwerterfassung (und Berechnung der Ist-Dosierleistung) bestimmt, welche durch die Auflösung des Aufnehmers noch erfaßbar ist. Diese Grenze muß nach der Bestimmung der Wägekapazität kontrolliert werden. Bei additiver Tarierung der Vorlast (d.h. die Vorlast wird nicht den nutzbaren Meßbereich verkleinern) kann der Meßbereich des Gewichtsaufnehmers kleiner gewählt werden, wodurch die Auflösung verbessert wird.

5. Entlüftung und Staubabsaugung.

Während der Nachfüllung ist der Behälter über eine Entlüftungsleitung mit einem Filter oder mit dem über dem Dosiergerät befindlichen Vorratsbehälter verbunden. Druckschwankungen im Vorratssilo machen sich nicht bemerkbar, da in der Nachfüllphase keine Meßwertaufnahme erfolgt.

6. Weitere Aspekte.

Meistens müssen noch weitere Aspekte und Bedingungen für den erfolgreichen Einsatz einer Differentialdosierwaage berücksichtigt werden:

- Räumliche Verhältnisse am Einsatzort. Diese können sehr oft zu Korrekturen der Auslegung führen, weil für eine optimale Auslegung aus der Sicht eines Verfahrensingenieurs kein Platz vorhanden ist.
- Einfache Reinigung entscheidet oft auch darüber, welcher Typ Differentialdosierwaage eingesetzt werden kann. Manchmal spielen auch die Reinigungsmöglichkeiten des Außenmantels der Waage eine wichtige Rolle.
- Umgebungsverhältnisse wie Lufttemperatur und -Feuchtigkeit, Störungseinflüsse (Vibrationen oder Stöße).

6. Nachfüllphase

6.1 Art des Nachfüllorganes

Die Wahl der Art der Nachfüllung gehört zu den wichtigen Aufgaben bei der Planung einer Dosieranlage mit Differentialdosierwaage. Hier gelten die Auslegungskriterien zur Bestimmung des Nachfüllstromes, und auch die möglichen Fehlerquellen durch Einfluß der Schnittstelle zum Dosiergut müssen möglichst eliminiert werden.

Folgende Arten der Nachfüllung kommen vor allem in Frage:

Über direkte Aufschüttung.

Bei dieser Art wird die Differentialdosierwaage manuell durch das Bedienungspersonal befüllt (Bild 11 a). Sie wird oft nur aus Kosten- oder Platzgründen gewählt; bei vollautomatischen Produktionsprozessen kann sie jedoch zu Fehlern und Betriebsausfällen führen, wenn z. B.:

- ein falsches Produkt aufgeschüttet wird.
- das Bedinungspersonal nicht rechtzeitig auf die Aufforderung zur Nachfüllung reagiert und die Waage LEER-Zustand (mit entsprechendem Alarm) meldet.
- eine Waage mit einem relativ kleinen Behälter überfüllt wird.

Deshalb wird diese Art der Nachfüllung von den Herstellern der Differentialdosierwaagen nicht bevorzugt. Wenn sie jedoch notwendig ist, sollten folgende Regeln eingehalten werden:

- Die Aufforderung zur Befüllung muß das Bedienungspersonal erreichen können.
- Das einzufüllende Produkt darf nicht verwechselbar sein und sollte immer in der Nähe der Waage schnell zugänglich sein.
- Die Waage sollte so ausgelegt werden (vor allem die Behältergröße), daß die Befüllungsrate zwischen 3 bis max. 6 pro Stunde liegt.
- Bei der Befüllung darf die Waage nicht überfüllt bzw. überlastet werden (führt meistens zu Alarm und Betriebsunterbruch). Eine Überlastung kann oft durch Fuß- oder Körperabstützung durch das Personal auf der Waage während der Aufschüttung verursacht werden.

Über Nachfüllung mit Hilfe eines Dichtstromförderers.

Diese Art (Bild 11 b) ermöglicht den Transport des Gutes aus größeren Entfernungen, ist jedoch mit einem relativ großen apparativen Aufwand verbunden. Für ein richtiges Funktionieren der Differentialdosierwaage ist eine absolut zuverlässige Druckentlastung der Förderleitung nach der Befüllphase wichtig. Schon geringste Schwankungen des Druckes im Waagenbehälter verursachen große Dosierfehler. Wahl und Dimensionierung des Filters sind sehr wichtig.

Wegen dieser Nachteile wird diese Art der Befüllung relativ selten eingesetzt.

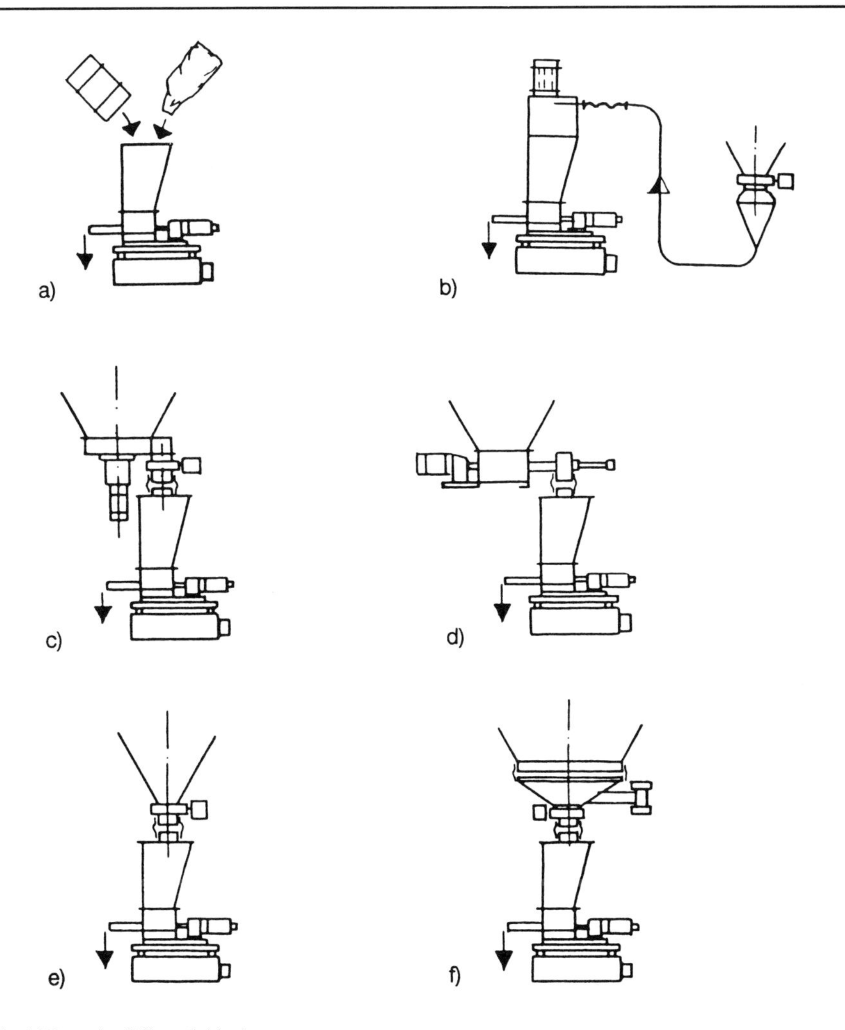

Bild 11: Nachfüllung der Differentialdosierwaage.
a) Direkte Aufschüttung, b) mit Hilfe eines Dichtstromförderers, c) durch Rührwerkaustragsapparat, d) durch Schnecke, e) durch Schwerkraftfluß mit Schieber oder Klappe, f) durch Schwerkraftfluß mit Austragsschwingtrichter

Nachfüllung durch Rührwerkaustragsapparat.

Ist eine sehr verbreitete Befüllungsmethode (vor allem bei größeren Nachfülleistungen). Stellt keine besondere Anforderungen an den apparativen Aufbau (Bild 11 c).

Nachfüllung durch Schnecke.

Diese Art wird vor allem bei kleineren Nachfülleistungen verwendet (Bild 11 d). Die komplette Anlage wird oft durch den Hersteller der Differentialdosierwaage geliefert.

Nachfüllung durch Schwerkraftfluß mit Schieber oder Klappe.

Gehört zu den billigeren Arten der Nachfüllung (Bild 11 e). Ist bei gut fließenden, aber nicht fluidisierenden Produkten und für größere bis ganz große Nachfülleistungen anwendbar.

Nachfüllung durch Schwerkraftfluß mit Austragsschwingtrichter.

Gehört zusammen mit der Nachfüllung durch Rührwerkaustragsapparat zu den häufigsten Arten (Bild 11 f); wird auch in ähnlichen Fällen eingesetzt, vor allem bei nicht kompressiblen Produkten.

6.2 Problematik der Nachfüllphase

Die Dauer der Nachfüllphase mit ungeregelter (volumetrischer) Dosierphase beträgt je nach Anzahl und Dauer der Nachfüllung in der Praxis 3 bis 6 min./h (z.B. bei 10 Nachfüllungen pro Stunde und jede Nachfüllung dauert 30 Sekunden), manchmal auch mehr. Um diese Zeit minimal zu halten, muß das Befüllungsorgan richtig ausgelegt sein (genügend große Nachfülleistung, schnelles Schließen des Abschlußorganes über dem Dosiergerät). Die aus der Nachfüllphase entstehenden Ungenauigkeiten sind bei richtiger Wahl des Dosier- und Nachfüllorganes und entsprechender Ausrüstung des Steuer- und Regelgerätes so gering, daß sie kaum meßbar sind.

6.3 Optimierung der Nachfüllphase

In einigen Fällen ist das Erreichen der verlangten Dosiergenauigkeit während der Nachfüllphase nicht ohne weiteres möglich. Man greift in solchen Fällen zu folgenden Maßnahmen:

Wahl eines Dosiergerätes, das einen Ausgleich der Schüttgutdichte bewirkt.

Bei Gütern mit variabler Schüttgutdichte wird ein Dosiergerät gewählt, das einen Ausgleich der Schüttgutdichte bewirkt. Dies ermöglicht es, die Schwankung der Schüttgutdichte in einem bestimmten Rahmen und den Dosierstrom auch während der Nachfüllphase ziemlich konstant zu halten.

Optimierung der Lage der Minimal- und Maximalpegel.

Die Lage der Minimal- und Maximalpegel sowie die Art der Nachfüllung werden optimiert, um die Schwankung der Schüttgutdichte im Einzugsbereich des Dosierorganes zu minimieren. Je kleiner die Schwankung der Höhe der Produktsäule im Behälter ist, desto kleinere Schwankungen (vor allem bei kompressiblen Produkten) der Schüttgutdichte treten im Dosierorgan auf. Wenn in extremen Fällen eine sehr kleine Differenz zwischen der unteren und oberen Grenze des Behälterpegels gewählt wird, führt dies entweder zu ganz großen Behältern (große Platzansprüche, höhere Kosten) oder zu einer zu großen Anzahl Wiederbefüllungen (die ungeregelte Phase kann dann zu lange dauern auf Kosten der geregelten Phase, was zu schlechterer Dosiersicherheit und -genauigkeit führt).

Füllhöhenausgleich.

Bei Gütern, deren Füllhöhe über dem Dosiergerät sich unmittelbar auf den Dosierstrom auswirkt (z.B. bei kompressiblen Produkten, deren Schüttgutdichte stark von der Füllhöhe abhängig ist; manchmal wird diese Eigenschaft noch durch die Form des Behälters und durch konstruktive Details am Dosierorgan beeinflußt), kann diese Einwirkung durch eine Steuerungsschaltung erfaßt werden (Bild 12).

Während der gravimetrischen geregelten Entnahmephase wird zu verschiedenen Zeitpunkten t_i die jeweilige Drehzahl n_i des Dosiergerätes erfaßt und gespeichert. Während der Nachfüllphase t_2–t_3 wird das Dosiergerät auf diejenige Drehzahl geregelt, welche jeweils den verschiedenen Füllhöhen (erfaßt durch das Gewicht der Gutsäule) entspricht.

Beim Beispiel Bild 12 sinkt die Schüttgutdichte mit niedrigerer Gutsäule (Behälterpegel). Dadurch steigt die Stellwertgröße des Dosierorgans gegen Ende der Entnahmephase. Während der Nachfüllphase wird die Stellwertgröße in Anhängigkeit von dem steigenden Behälterpegel verkleinert.

Verstellung des Dosierstromes während der Nachfüllphase.

In Dosiersystemen mit mehreren Komponenten muß bei Gesamtstromänderung eine gleichzeitige Dosierstromverstellung aller Dosierwaagen erfolgen, d.h. die Dosiersteuerung muß auch

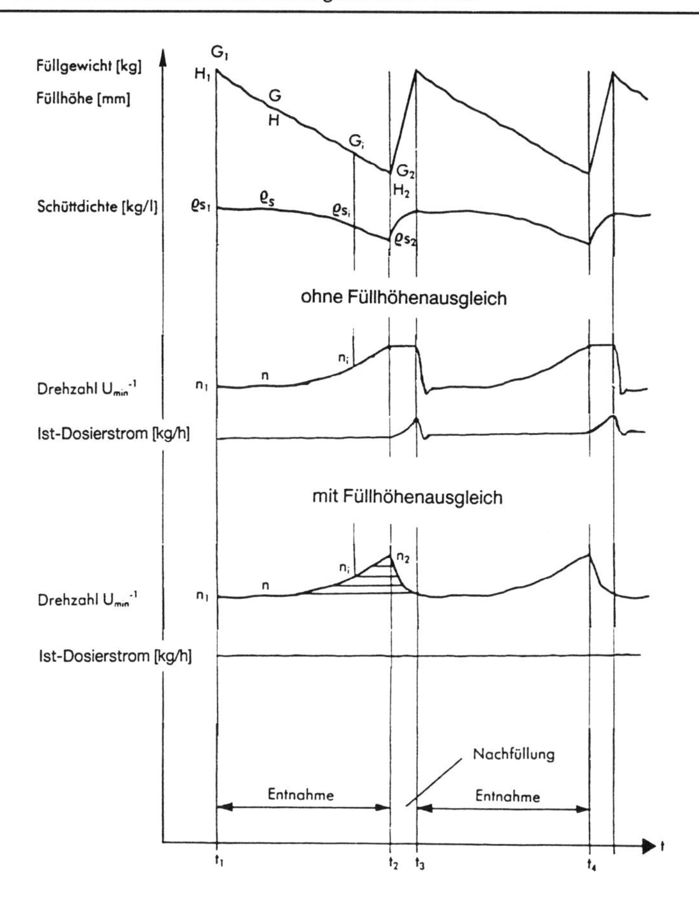

Bild 12: Nachfülloptimierung durch Füllhöhenausgleich (Soll-Dosierleistung ist konstant)

während der Nachfüllphase das Stellorgan sofort entsprechend einer gespeicherten Kennlinie einstellen. Diese Anforderung ist noch nicht bei allen Differentialdosierwaagen auf dem Markt erfüllt.

In letzter Zeit wurden weitere Algorithmen vorgestellt [5], welche die Unsicherheiten und möglichen Störungen während der Nachfüllphase zu minimieren versuchen. Der Erfolg hängt sehr oft von der Konstanz der Schüttguteigenschaften ab. Wenn die Schüttguteigenschaften sich von einer zur anderen Charge stark verändern, versagen meistens diese speziellen Algorithmen. Dann hilft nur die optimale Auslegung des Dosiergerätes in bezug auf Schüttgutdichteausgleich.

7. Instrumentierung

Jedes Steuer- und Regelgerät einer Differentialdosierwaage kann in folgende Hauptteile (s. Bild 13) aufgeteilt werden:

- Wägeelektronik
- Dosierregler
- Bedienungseinheit
- Antriebsregler

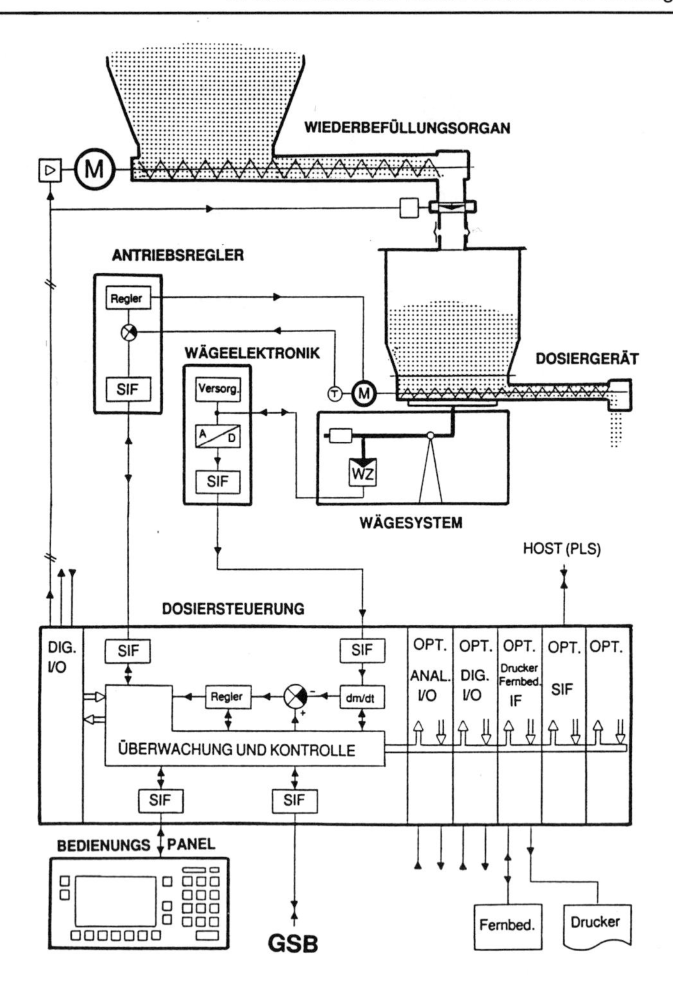

Bild 13: Schema einer Dosiersteuerung und -regelung für eine Differentialdosierwaage. GSB ist hier die Bezeichnung für einen Anschluß an eine Steuerung der Maschinengruppe bei Mehrkomponentendosierung

7.1 Wägeelektronik

Die Wägeelektronik ist bei modernen Systemen meistens eine mit Selbstdiagnose ausgerüstete intelligente Einheit, deren Aufgaben sind:

1. Spannungsversorgung der Wägezelle.

Diese Versorgung muß stabilisiert und unempfindlich gegen Störungen aus der Umwelt (EMV – elektromagnetische Verträglichkeit) sein. Bei bestimmten Wägezellen (wie z. B. Dehnungsmeßstreifen) kann die Spannungsversorgung für die Meßgenauigkeit maßgebend sein.

2. Vorverarbeitung und Messung des Signals aus der Wägezelle.

Unter Vorverarbeitung wird meistens die Verstärkung und Vorfilterung des Meßsignals verstanden. Dafür ist ein Meßverstärker verantwortlich. Dazu kann auch eine Umschaltung zwischen Meß- oder Rückführungssignalen mit einem Multiplexer kommen.

3. *Abtastung und Umwandlung des Wägesignals in eine digitale Information.*

Die Umwandlung in eine digitale Information ist nur bei digitalen Systemen notwendig, welche heute bei den Differentialdosierwaagen am häufigsten vertreten sind. Die Umwandlung geschieht in einem sogenannten Analog/Digital-Wandler, der nach verschiedenen Prinzipien arbeiten kann. In diesem Teil der Signalverarbeitung wird die Auflösung bestimmt.

4. *Weiterverarbeitung des digitalen Signals.*

Dazu gehört vor allem die Filterung des Signals. Die digitalen Filter ermöglichen eine sehr effiziente Unterdrückung der fremden Einflüsse auf das Gewichtssignal; Vibrationen, elektrische Störungen usw.

5. *Umwandlung des Signals in Gewichtswerte.*

Für diese Operation muß die Waage zuerst kalibriert werden, d.h. es muß der Elektronik mitgeteilt werden, daß zu einer bestimmten Signalgröße bestimmte Gewichtswerte gehören. Bei den neuesten Systemen besteht die Möglichkeit, die Kalibrierung an mehreren Punkten durchzuführen und dadurch eine allfällige Nichtlinearität der Wägeeinrichtung zu kompensieren.

6. *Übertragung der Gewichtswerte auf den Dosierregler.*

Die Information über das Gewicht muß an den Dosierregler in ihrer digitalen Form übertragen werden. Die Übertragung geschieht bei den modernen Systemen mittels einer seriellen Schnittstelle. Bei den industrietauglichen Systemen, wenn die Distanz zwischen der Wägeelektronik und dem Dosierregler mehr als einige Meter beträgt, ist diese Schnittstelle eine RS 422/485 Schnittstelle oder ein Lichtwellenleiter, der vor allem in extremen Störungsfeldern eingesetzt wird, weil er zur Zeit noch zu teuer ist.

In jedem Aufgabenpunkt findet eine Überwachung und Fehldiagnose statt, die das Risiko minimiert, daß die Übertragung falscher Gewichtswerte an den Dosierregler durch eine Fehlfunktion der Wägeelektronik erfolgt.

Die neuen Geräte bieten auch die Möglichkeit zum Anschluß eines kleinen Terminals an die Wägeelektronik. Dadurch wird die detaillerte Fehlerdiagnose und die Einstellung aller Parameter der Wägeelektronik bzw. deren Kalibrierung durch Servicepersonal in einer sehr effizienten und einfachen Art und Weise ermöglicht.

Bei den Differentialdosierwaagen auf dem Markt sind auch Meßsysteme vertreten, bei denen:

- alle Aufgaben im Dosierregler integriert sind (Anschluß des Sensors direkt an den Regler);
- nur die Punkte 1 und 2 bei der separaten Wägeelektronik ausgeführt sind (an den Dosierregler wird das analoge Signal angeschlossen und dort digitalisiert und weiterverarbeitet);
- der Punkt 5 beim Dosierregler durchgeführt wird; die Wägeelektronik wird nicht kalibriert.

Die Vorteile der dezentralen Verarbeitung in der Wägeelektronik nach den Punkten 1 bis 6 liegen darin, daß die Waage auch ohne Dosierregler als autarke Meßvorrichtung funktioniert, was sich in einer klaren Aufteilung der Aufgaben, höherer Betriebssicherheit und verbesserter Fehlerdiagnosen auswirkt.

7.2 Dosierregler

Die modernen Dosierregler sollten eher als Dosiersteuerung bezeichnet werden. Die eigentliche Regelung ist nämlich nur ein Bruchteil der Aufgaben, die solche Geräte heute übernehmen müssen. Zu solchen Aufgaben gehören:

Empfang der Gewichtsdaten aus der Wägeelektronik.

Bei den neuesten Geräten findet die Übertragung der Gewichtswerte von der Wägeelektronik über eine serielle Schnittstelle statt, die eine höchstmögliche Sicherheit der Datenübertragung gewährleistet. In einem solchen Fall muß aber auch eine Kontrolle auf Richtigkeit der empfangenen Daten erfolgen mit Algorithmen für die Korrektur-Sequenzen im Falle einer Fehlerübertragung.

Differenzierung des Gewichtssignals.

Für die Bildung des Ist-Wertes der Dosierleistung bei der Differentialwaage muß die Differenzierung des Gewichtssignals durchgeführt werden. Dabei werden diverse Algorithmen verwendet, von einer einfachen Berechnung der Differenz der Gewichtsabnahme bis zu statistischen Methoden, die die Störungseinflüsse bei der Wägung, auf die jede Differenzierung sehr empfindlich reagiert, wirksam unterdrücken.

Regelung der Gewichtsabnahme.

Diese stellt also die ursprüngliche Funktion eines Dosierreglers dar. Meistens handelt es sich um die digitalen PID Regler, bei einigen Geräten sind die PID-Regler selbsteinstellbar. In einigen Fällen sind auch die analogen PID-Regler vertreten, im Trend ist aber eindeutig der Übergang auf die digitale Regelungstechnik, die sich wahrscheinlich in Zukunft in Richtung der nicht-linearen Systeme und der ‚unscharfen' Regelungstechnik (Fuzzy-Control) entwickeln wird.

Messung des Gesamtdurchsatzes.

Diese sogenannten Totalisatoren messen den gesamten Durchsatz des Materials, das seit dem letzten Löschen des Totalisators ausgetragen wurde. Einige Dosierregler haben mehrere Totalisatoren, die den Durchsatz in jeder Schicht oder während des gesamten Herstellungsprozesses messen. Während der Befüllungsphase werden diese Totalisatoren nur rechnerisch aufrecht erhalten, was einen Einfluß auf die Meßgenauigkeit hat (keine effektive Kontrolle des Durchsatzes ist möglich).

Überwachung der Alarmzustände.

Zu diesen gehören die Überlastung der Waage, überfüllter oder leerer Behälter, keine Nachfüllung, Überlastung des Antriebes, Regeldifferenz größer als erlaubt usw. Diese Alarmzustände werden auf der Bedienungseinheit, über digitale Ausgänge oder über eine serielle Schnittstelle auf einen Host-Rechner gemeldet. Diese Funktionen sind für die hohe Betriebssicherheit der Differentialdosierwaagen mitverantwortlich und ihre Parametrierung und Abläufe von sehr großer Wichtigkeit.

Selbstdiagnose

In modernen Dosierreglern läuft eine ständige Überwachung der Elektronik auf mögliche Ausfälle und Defekte. Ausfälle sind solche Betriebsstörungen und Ereignisse, die die Sicherheit des Dosierprozesses unmittelbar beeinträchtigen (z. B. Ausfall der Kommunikation zur Wägeelektronik) und die ein sofortiges Abbrechen des Dosierprozesses zur Folge haben. Bei defekten, die keine unmittelbare Gefahr für den Dosierprozeß darstellen, wird die Dosierung fortgesetzt, der Defekt selbst wird jedoch dem Bedienungspersonal oder der Leitebene signalisiert. Durch solche Maßnahmen wird die höchstmögliche Sicherheit der Dosierung gewährleistet.

Kontrolle der Gewichtsabnahme auf Plausibilität.

Im Dosierregler muß überwacht werden, ob keine externe Störung der Wägeeinrichtung aufgetreten ist, ob die festgestellte Abnahme des Gewichtes plausibel ist. Wenn diese Plausibilität durch den Dosierregler nicht gefunden wird, wird eine Verlegung gestartet. Diese hat zur Folge, daß der Regler ausgeschaltet und der letzte Stellwert eingefroren wird. Die Verriegelung dauert so lange, bis die Auswirkung der Störung auf den Dosierprozeß nicht mehr feststellbar ist.

Überwachung der Nachfüllung.

Die Überwachung der Nachfüllung schließt mehrere Tätigkeiten ein:

- Kontrolle des Behälterinhalts auf unteren oder oberen Füllstand (zum Starten oder Stoppen der Nachfüllung).
- Durchführung der Füllhöhenkompensation (wenn diese aktiviert wurde).
- Überwachung der Beruhigungsphase nach Stoppen der Nachfüllung; Umschaltung der Regelung, wenn die Nachfüllphase definitiv als abgeschlossen betrachtet werden kann.

Austausch der Daten mit der Bedienungseinheit.

Diese Tätigkeit ermöglicht die Bedienung der Steuerung der Differentialdosierwaage und schließt im Falle der seriellen Datenübertragung zwischen Dosierregler und Bedienungseinheit auch die Datensicherung ein.

Überwachung und Ansteuerung der Peripherien.

Die Peripherien des Dosierprozesses werden über digitale oder analoge Ein- und Ausgänge überwacht und angesteuert. Deshalb müssen diese Eingänge ständig eingelesen und überwacht werden und die Ausgänge ständig dem Verlauf des Dosierprozesses entsprechend angesteuert werden.

Für Dosierregler können diverse Optionen angeboten werden, wie:

- Zusätzliche digitale Ein- und Ausgänge (für Meldung der Betriebszustände, externe Befehlseingabe).
- Analoge Ein- und Ausgänge (für Meldung der für den Dosierprozeß wichtigsten physikalischen Größen oder für externe Eingabe der Soll-Werte).
- Schnittstelle zum Drucker (ermöglicht den Ausdruck aller Betriebsdaten).
- Fernbedienungseinheit für die Vor-Ort-Bedienung (bei einigen Steuerungsgeräten können auch mehrere angeschlossen werden).
- Schnittstellen zur Steuerung der Maschinengruppe (bei Mehrkomponentendosiersystemen notwendig).
- Schnittstellen zum Leitsystem (für die Eingabe der Befehle und Ausgabe der Betriebszustände und -parameter).

7.3 Bedienungseinheit

Die Bedienungseinheit besteht aus einem Eingabefeld (meistens Tastenfeld) und einem Anzeigefeld (beinhaltet Signallampen, Display oder Bildschirm und/oder akustische Meldungen, sogar mittels Sprache, sind möglich). Beispiel eines Bedienungspanels der neuesten Generation ist auf dem Bild 14.

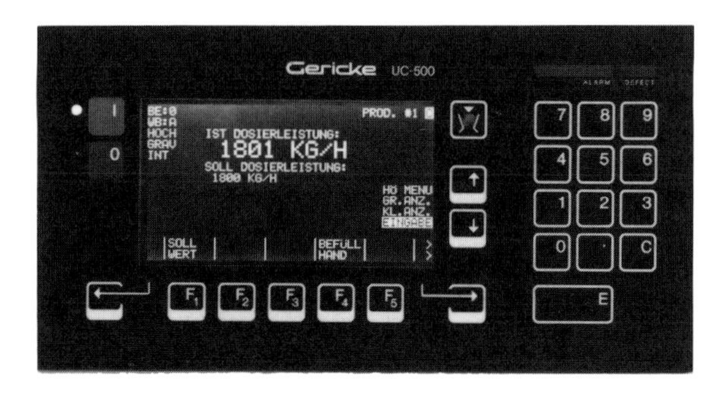

Bild 14: Beispiel eines Bedienungspanels der neuesten Generation

Bei den neuesten Geräten findet der Datenaustausch zwischen der Steuerung und der Bedienungseinheit über eine serielle Schnittstelle statt. Dadurch wird einerseits eine höhere Sicherheit der Datenübertragung erreicht und andererseits eine größere Distanz zwischen der Bedienungseinheit und der Dosiersteuerung ermöglicht. In solchen Fällen bildet das Bedienungsgerät eine selbständige Einheit mit eigenem Prozessor und eigener Fehlerdiagnose und -Überwachung.

Ein modernes Steuer- und Regelgerät gestattet folgende Möglichkeiten für die Bedienung, Datenein- und -ausgabe, Kontrolle und Überwachung sowie Protokollierung durch vorhandene Schnittstellen zu einem Leitsystem:

Eingabe und Anzeige der Betriebsart.

Dazu gehören die Wahl zwischen:

- Dosiermodus, gravimetrisch oder volumetrisch;
- der Art der Sollwert-Eingabe INTERN (direkt über Tastatur) oder EXTERN (über analog Signal) oder bei der Mehrkomponentendosierung SYSTEM, (über Maschinengruppensteuerung, als Bestandteil eines Rezeptes;
- Nachfüllungsart manuell (wird durch Tastendruck ausgelöst) oder automatisch (wird durch die Dosierregler selbst gestartet).

Anzeige des Betriebszustandes.

Unter Betriebzustand verstehen wir, ob zum Beispiel:

- sich der Regler im Ansteuerungsmodus (z.B. während der Nachfüllung, einer nicht geregelten Rampe) oder im geregelten Zustand befindet;
- während einer Rampe bei der Sollwert-Änderung (auch nach Starten der Dosierung) dosiert wird;
- Der Füllstand im Behälter leer, niedrig, hoch oder überfüllt ist;
- die Verriegelung nach einer Störung aktiviert wurde.

Eingabe des Sollwertes für den Dosierstrom.

Die Eingabe des Sollwertes erfolgt je nach Dosiermodus in Gewichtseinheiten pro Stunde absolut (im Modus gravimetrisch intern) oder in bezug auf ein externes Signal (im Modus extern): in Prozenten der Gesamtdosierleistung bei Mehrkomponentensystemen.

Anzeige der erreichten Werte der einzelnen für den Dosierprozeß wichtigen Größen.

Zu diesen Größen gehören: Istwert der Dosierleistung, Drehzahl des Motors, erreichter Pegel des Materials im Behälter, Stellwert für Antrieb (Ausgang des Dosierreglers), Zustand der digitalen Ein- und Ausgänge, gemessenes Gewicht auf der Waage usw.

Anzeige und Eingabe des Löschbefehls der Totalisatoren.

Die Totalisatoren müssen angezeigt und auch durch das Bedienungspersonal gelöscht werden.

Ein- und Ausgabe aller vom Gut abhängiger Parameter des Dosierprozesses.

Zu solchen Parametern gehören zum Beispiel:

- Bezeichnung des Gutes und seiner Schüttgutdichte.
- Der obere und untere Füllstand (wichtig für Stoppen und Starten der Nachfüllung).
- Parameter des Reglers (P-, I- und D-Teil).
- Leistungskurve des Dosiergerätes (wichtig vor allem für die Ansteuerungsphase, wenn keine Regelung stattfindet) und die Parameter der Füllhöhenkompensation.

- Alarmwerte für die Regeldifferenz während verschiedener Betriebszustände und Steilheit der Rampen beim Start oder bei Sollwert-Änderung.
- Die für die Dosierung optimale Dosiergarnitur (Dosierwerkzeuge wie Dosierspirale und Dosierrohr bei Schneckendosierern).

Ein- und Ausgabe aller vom Gut unabhängiger Parameter und der Konfiguration der Differentialdosierwaage.

Zu solchen Parametern gehören zum Beispiel:

- Dosiergerätetyp und seine Parameter (wie Behälter- und Muldeninhalt)
- Konfiguration des Antriebes (Art der Stellwert-Ausgabe, maximale Drehzahl).
- Parameter der Wägeelektronik, wie zum Beispiel Kalibriergewichte, Version, Maximalgewicht.
- Konfiguration des Dosierreglers (z. B. welche Optionen sind bestückt) und Paßworte für die Zugriffsberechtigung.
- Funktionen der digitalen und analogen Ein- und Ausgänge.

7.4 Antriebsregler

Ein Antriebsregler gehört heute auch zur Instrumentierung einer Differentialdosierwaage. Es kann sich um einen Motorregler bei Schneckendosiergeräten oder Bändern als Zuteiler, oder um einen Schwingbreitenregler bei Vibrationsdosierern handeln.

Auch für die Datenkommunikation zwischen der Dosiersteuerung und dem Antriebsregler werden mehr und mehr die seriellen Schnittstellen eingesetzt (vor allem RS 422/485). In solchen Fällen werden meistens folgende Daten zwischen dem Dosier- und dem Antriebsregler ausgetauscht:

- Stellwert für die Drehzahl.
- Istwert der Drehzahl.
- Start- und Stop-Befehl für den Antrieb.
- Zustand des Antriebsreglers (seine Startbereitschaft, Fehler usw.).

Wenn keine serielle Schnittstelle beim Antriebsregler zur Verfügung steht, findet die Vorgabe des Stellwertes für den Antriebsregler über ein Analog-Signal statt. Über ein Analog-Signal kann auch die Übertragung des Istwertes für Drehzahl an die Dosiersteuerung erfolgen. Die Start- und Stop-Befehle und die Zustandsmeldungen des Antriebsreglers können mittels digitaler Ein- und Ausgänge übertragen werden.

Die modernen Antriebsregler besitzen auch ihr eigenes Diagnose- und Fehlerüberwachungssystem; die Fehlerzustände werden an die Dosiersteuerung gemeldet (über die serielle Schnittstelle oder über digitale Ausgänge).

Für eine bessere Stabilität des Regelkreises der Gewichtsabnahme wird auch eine untergeordnete Regelschleife für eine konstante Drehzahl bei Motorreglern geschlossen. Der Istwert der Drehzahl wird dann mit Hilfe eines Tachos (auf dem Motor montiert) durch den Motorregler gemessen. Bei Vibrationsgeräten wird die Schwingungsbreite mittels eines Sensors auf der Rinne gemessen und durch den Antriebsregler auch geregelt.

8. Kontinuierliche gravimetrische Dosiersysteme

8.1 Übersicht, Anwendung

Bei Systemen zur kontinuierlichen Dosierung mehrerer Komponenten sind folgende Varianten möglich:

- Jede Komponente wird autonom, ohne Abhängigkeit von anderen Komponenten eingestellt.

- Jede Komponente wird in einem bestimmten Verhältnis zur Gesamtheit der Komponenten eingestellt (sogenannte Rezepturdosierung).
- Eine Komponente dient als führende Komponente (Master), eine oder mehrere Komponenten sind geführte Komponenten (Slave) – sogenannte Abhängigkeitsdosierung (oder Master/Slave-Dosierung).

Die erste Variante ist mit mehreren Nachteilen verbunden:

- Die Einstellung der Soll-Dosierleistung für die einzelnen Komponenten ist mit einem größeren Aufwand verbunden (die Einstellung muß bei jedem Gerät separat durchgeführt werden).
- Wenn die gesamte Dosierleistung für alle Komponenten geändert werden muß, müssen die einzelnen Soll-Dosierleistungen neu berechnet und bei jedem Gerät wieder neu eingestellt werden.
- Wenn kein Zusammenhang zwischen den einzelnen Dosiereinrichtungen besteht (z.B. keine Überwachung durch ein übergeordnetes Leit- oder Steuerungssystem), kann der Ausfall einer Komponente zu einer falschen Zusammensetzung des Endproduktes führen, ohne daß ein rechtzeitiges Eingreifen in Form von Alarm oder Stoppen der Dosierung möglich wäre.

Deshalb werden bei einer Mehrkomponentendosierung übergeordnete Leit- oder Steuerungssysteme eingesetzt, die eine Überwachung der Zusammensetzung sowie die Registrierung der Gesamtdosierleistung und des Gesamtdurchsatzes ermöglichen. Die Eingabe der Soll-Dosierleistung für die einzelnen Komponenten kann zentral erfolgen; sie muß nicht neu vorgenommen werden, wenn die gesamte Soll-Dosierleistung geändert werden muß.

8.2 Rezepturdosierung

Ist auf Bild 15a dargestellt (als Beispiel für 4 Komponenten).

Gewichtsmäßige Rezeptanteile:

$X1 + X2 + X3 + X4 = X$ [kg/h].

An einer übergeordneten Rezeptursteuerung werden die Anteile Xi für eine bestimmte Gesamtdosierung (Gesamtstrom) X in % dieser Dosierleistung (des Gesamtstromes) eingegeben. Wenn die Größe der gesamten Soll-Dosierleistung geändert wird, bleiben die prozentualen Anteile der einzelnen Komponenten gleich.

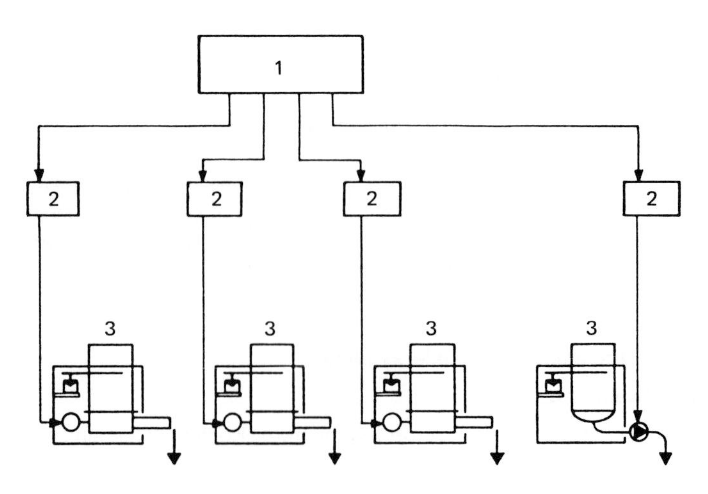

Bild 15a: Rezepturdosierung, 1 Leitgerät, 2 Dosierregler, 3 Dosierwaagen

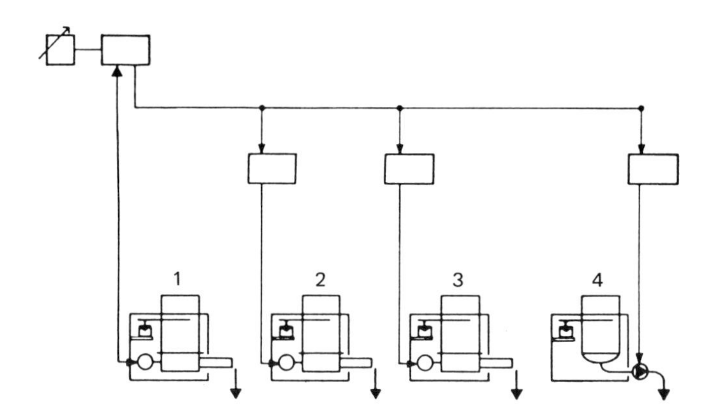

Bild 15b: Master/Slave-Dosierung. 1 Führungskomponente (Master), 2, 3, 4 abhängige Komponenten (Slave)

Wenn während der Dosierung die Ist-Dosierleistung einer der Komponenten sich ändert und eine Differenz zur Soll-Dosierleistung aufweist, wird das keinen direkten Einfluß auf die Dosierung der restlichen Komponenten haben. Die gesamte Ist-Dosierleistung ändert sich um diese absolute Differenz; der Anteil dieser Komponente bestimmt, welche relative Änderung diese Differenz zur Folge hat.

8.3 Abhängigkeitsdosierung

Diese Art von Dosierung wird oft auch als Master/Slave bezeichnet.

Die Komponente 1 dient (Bild 15b) als Führungskomponente (Master). Die Komponenten 2 bis 4 sind geführte Komponenten (Slaves); ihre Dosierströme sind in Prozenten der Führungskomponente eingestellt. Eine andere Möglichkeit der Einstellung der Soll-Dosierleistung für alle Komponenten ist, daß alle Soll-Dosierleistungen für die Komponenten wieder als prozentuale Anteile der gesamten Soll-Dosierleistung des ganzen Systems eingestellt sind. Beide Möglichkeiten haben ihre Vor- und Nachteile, die Auswirkung auf den Dosierprozeß ist die gleiche.

Bei den Master/Slave-Systemen kann man weiterhin unterscheiden zwischen zwei Fällen:

- Die Führungskomponente wird mit angewähltem konstantem Dosierstrom dosiert. Bei Änderung dieses Stromes bleiben die prozentualen Anteile der geführten Komponenten erhalten.
- Die Führungskomponente weist einen variabel anfallenden Dosierstrom auf (egl. Wild Flow), welcher laufend durch eine Meßwaage gemessen wird. Die geführten Komponenten halten den eingestellten Prozentanteil aufrecht.

In beiden Fällen hat eine Änderung der Ist-Dosierleistung der führenden Komponente eine entsprechende Änderung der gesamten Ist-Dosierleistung (als Summe aller Komponenten) zur Folge. Die Änderung der Ist-Dosierleistung der geführten Komponenten bedeutet gleiche Konsequenzen für die gesamte Ist-Dosierleistung wie bei der Rezepturdosierung.

An dieser Stelle sei noch ein spezieller Fall einer Abhängigkeitsdosierung erwähnt: die sogenannte Komplementärdosierung.

Wenn bei der Komplementärdosierung die führende Komponente ihren Dosierstrom ändert, wird die geführte Komponente so geregelt, daß die Summe beider Komponenten konstant bleibt. Das heißt, nimmt der Dosierstrom der ersten Komponente ab, wird der Dosierstrom der geführten Komponente um diese Differenz erhöht. Oft handelt es sich bei der Führungskomponente um einen laufend variablen Dosierstrom, der durch eine Meßwaage erfaßt wird.

Beispiele:

- Frischgut- und Rückgutmenge, wovon die eine variabel anfällt, werden in der Summe konstant gehalten.
- Schüttgutdichteregelung, indem zwei Komponenten mit unterschiedlicher Schüttgutdichte je nach der gewünschten Endschüttdichte dosiert werden.

8.4 Rezepturen

Ein Rezept für eine Mehrkomponentendosierung beinhaltet neben dem Wert für den Gesamtdosierstrom (Soll-Dosierleistung des ganzen Mehrkomponentensystems) vor allem die Soll-Dosierströme von einzelnen Komponenten in Form der prozentualen Anteile dieser Komponenten am Gesamtstrom.

Für einen optimalen Dosierprozeß sind oft auch weitere Parameter eines Rezeptes notwendig. Als Beispiele können genannt werden:

Anfahr- und Verstellrampen.

Die Steilheit dieser Rampen für die einzelnen Komponenten oder für den Gesamtdosierstrom hat Auswirkungen auf die Zusammensetzung des Gesamtproduktes bei Änderung der gesamten Soll-Dosierleistung. Wenn alle Komponenten synchron ihre Soll-Dosierleistung ändern, kann die Zusammensetzung des Endproduktes auch während einer Rampe unverändert bleiben. Bedingung ist, daß die Dauer aller Rampen gleich ist.

Schüttgutdichte, Befüllzeiten und Umschaltpunkte der Nachfüllung.

Diese Parameter können sich bei verschiedenen Produkten oder verschiedenen Dosierleistungen ändern, bzw. können von der Dosierleistung abhängig sein. Wenn die Befülleistung vor allem auf eine kleinere Dosierleistung optimal ausgelegt ist, kann sich die Befüllzeit bei einem Rezept mit einer viel höheren Dosierleistung für diese Komponente dramatisch verlängern; bei einer verzögert startenden Befüllung muß die Befüllphase früher gestartet werden, damit der Behälterpegel nicht unter die Grenze LEER sinkt, was einen Alarm zur Folge haben kann.

Leistungscharakteristika der Dosiergeräte und Kompensationsparameter.

Diese Parameter hängen stärker von den Schüttguteigenschaften und der entsprechenden Wahl des volumetrischen Dosiergerätes in der Dosierwaage ab. Sie sind von der Dosierleistung relativ unabhängig, d. h. sie müssen vor allem bei Produktwechsel geändert werden.

Parameter des Reglers.

Die Einstellung des Dosierreglers kann sehr oft nicht nur von der Verfahrenstechnik des volumetrischen Teiles der Dosierung abhängig sein, sondern auch von der eingestellten Soll-Dosierleistung. Deshalb sollten auch diese Parameter in einem Rezept berücksichtigt werden.

Genauigkeitstoleranzen der Dosierung.

Diese können für ein Rezept von entscheidender Bedeutung sein. Oft hängen die Endprodukteigenschaften sehr stark von den Anteilen bestimmter kritischer Komponenten ab. Es ist dann notwendig, diese Grenzen (Toleranzen der Dosiergenauigkeit) für jede Komponente separat festzulegen, oft unterschiedlich in positiver oder negativer Richtung. Diese Toleranzen können während einer Rampe größer sein (die Rampen dauern in der Regel kürzere Zeit und sind allgemein regeltechnisch schlechter beherrschbar) als bei einer Dosierung mit konstantem Soll-Dosierstrom.

Bei vielen hochwertigen Prozessen sind noch weitere Parameter der Rezeptur notwendig, um die verlangte Qualität des Endproduktes zu gewährleisten.

Für die Erstellung, Handhabung und Verwaltung der Rezepturen wie auch für den praktischen Betrieb ist folgendes wichtig:

- Eingabe der Rezepturen und deren Speicherung.
- Möglichkeiten der Änderung der Rezepturen und deren Verwaltung (inklusive Verwaltung der Änderungen).
- Abruf eines Rezeptes und Eingabe desselben in den Aufbereitungsprozeß,
- Vorübergehende Änderung einiger Parameter des Rezeptes aufgrund von während der Produktion geänderten Produkt- und Prozeßdaten.

Diese Schritte können über ein Display der Mehrkomponenten-Dosiersteuerung, über einen Host oder ein intelligentes Eingabegerät (z. B. PC) erfolgen. Die Rezepte können ebenfalls direkt in der Dosiersteuerung oder auf externen Speichermedien (Disketten, magnetische oder intelligente elektronische Karten, Speichermodule mit EEPROM) gespeichert werden.

Sehr wichtig wird in naher Zukunft die Verwaltung der Rezepturen sein. Denn eine falsch abgerufene Rezeptur führt automatisch zu Fehlern in der Produktion und dadurch zu Konsequenzen für die Qualitätssicherung.

9. Zusammenfassung

9.1 Betriebliche Merkmale von Differentialdosierwaagen

Folgende betriebliche Merkmale charakterisieren die Differentialdosierwaagen:

Unabhängigkeit von Taraveränderung.

Bei der Differentialdosierwaage ist nur die Abnahme des Materials für die Dosiergenauigkeit maßgebend. Wenn die Taraänderung sehr langsam erfolgt (Mehrfaches des Befüllzyklus), beeinflußt sie die Dosiergenauigkeit keineswegs.

Dadurch hat Verstauben oder Anbacken von Gut – auch am Austragsorgan und im Dosiergerät selbst, solange sie nicht zur wesentlichen Beeinflussung der Regelmäßigkeit des volumetrischen Dosierstromes führt – keine negativen Einflüsse auf die Dosierung zur Folge.

Dadurch kann die Nachtarierung (mit notwendigem Unterbruch der Dosierung) entfallen.

Die modernen Konstruktionen sind heute so robust und derart ausgeführt, daß das Verschmutzen und Verstauben von mechanischen Teilen des Antriebs- und Wiegesystems auch keinen Einfluß auf die Funktion der Differentialdosierwaage hat.

Dichtigkeit nach außen.

Durch die geschlossene Bauweise kann die Waage staubdicht nach außen sein, teure Respirationsanlagen bei gefährlichen Produkten können entfallen.

Die Dosierwaage kann gasdicht gebaut werden, dadurch ist sie besonders für Schutzgasüberlagerungen geeignet.

Einfache Reinigung.

Die Differentialdosierwaagen sind sehr einfach zu reinigen, sowohl trocken als auch naß. Es ist möglich, auch ein Cleaning-in-place-System in die Waage zu integrieren.

Dadurch ist auch eine Hygieneausführung für hohe Ansprüche möglich.

Einsatz unter erschwerten Umweltbedingungen.

Die Dosierguttemperatur kann relativ hoch sein, meistens bis ca. 200 °C, in Sonderbauart ist eine Temperatur bis 400 °C möglich.

Auch eine druckstoßfeste Ausführung ist mit einem vertretbaren Aufwand realisierbar.

Diese Eigenschaften ermöglichen:

- Gute Dosiergenauigkeit in kurzen Zeitintervallen.
- Sehr gute Dosiergenauigkeit in Langzeitintervallen.
- Eignung für extrem haftende, kohäsive, brückende, staubende oder schießende Güter.
- Dosierung auch kleinster Ströme und von schlecht fließenden Pulvern möglich (ab ca. 50 g/h).
- Viel weniger bis fast keine Unterhalts- und Wartungsarbeiten im Vergleich zu Bandwaagen.

9.2 Einsatz und Anwendung

Die Differentialdosierwaage ist für jedes dosierbare Schüttgut, auch für extrem haftende und kohäsive Pulver, Fasern, wie Glas- und Kohlenfasern, sich verhakende Schnitzel usw. einsetzbar. Primäres Erfordernis ist die Verfügbarkeit eines geeigneten Dosierorganes.

Die Ausführung der Differentialdosierwaagen kann explosionsgeschützt oder druckstoßfest sein und ist auch für Schutzgasüberlagerung geeignet.

Durch den Einsatz eines entsprechenden Dosiergerätes sind sie auch sehr gut für eine sehr präzise Dosierung von Flüssigkeiten und pastösen Produkten einsetzbar.

Die Differentialdosierwaage hat daher in großem Umfang die Dosierbandwaagen für Leistungen unter 10 t/h ersetzt. Insbesondere wird es möglich, Prozesse mit Zugabe kleiner Mengen Additive, Wirkstoffe, Stabilisatoren usw. kontinuierlich durchzuführen.

Anhang A – Praktische Hinweise

A.1 Checkliste für eine Dosieraufgabe [1]

Mit Hilfe der Checkliste sollte immer ein Pflichtenheft für eine Dosieraufgabe erstellt werden. Einige Fragen dieser Checkliste sehen auf den ersten Blick zu selbstverständlich aus, die Praxis zeigt jedoch, daß viele dieser Punkte von dem Anwender nie berücksichtigt wurden.

1. Welche Güter sollen dosiert werden (alle vorgesehenen Produkte aufzählen)?
2. Eigenschaften dieser Güter (der Feststoffe), wie Schüttgutdichte, Kornspektrum, Fließeigenschaften, Feuchtigkeit usw.
3. Wo ist jedes Dosiergut zu entnehmen, wie kommt es dorthin?
4. Wohin sind die Güter zu dosieren (nächste Verfahrensstufe)?
5. Anforderungen an zeitlichen Ablauf (Durchsatz), die verlangte minimale und maximale Dosierleistung, die Dosiergenauigkeit, die Fehlertoleranzen.
6. Randbedingungen wie:
   - Aufstellungsort (Raumverhältnisse).
   - Temperatur.
   - Feuchtigkeit.
   - Energieversorgung.
   - Schutzart.
   - Ex-Schutz.
   - Umgebungseinflüsse (auch Vibrationen).
   - Umweltschutzvorschriften.
7. Überwachung, Kontrolle und Protokollierung des Dosierprozesses, Alarmorganisation.

8. Verknüpfung mit anderen Prozessen und höheren Leitebenen:
   - Mechanisch.
   - Elektrisch und elektronisch.
   - Datentechnisch.

A.2 Weitere zu berücksichtigende Aspekte [4]

1. Distanzen zwischen Waage, Motorregler, Steuerung.
2. Flexibilität bei Produktwechsel:
   - Einfache Reinigung.
   - Wechsel der Dosierwerkzeuge.
   - Steuerungstechnisch – Änderung der Parameter des Schüttgutes.
3. Bedienungseinfachheit und -komfort, Möglichkeiten (Klartext – in Muttersprache).
4. Aufbau der Steuerung:
   - Einfacher Ausbau bei Erweiterungen im Dosierprozeß (Modularität), Übergang von Ein- auf Mehrkomponentendosierung.
   - Möglichkeiten beim Ausfall der einzelnen Baugruppen und Steuerungen (Ausfall der Systemsteuerung).
5. Servicefreundlichkeit und einfache Inbetriebnahme:
   - Mechanik.
   - Steuerung.

Anhang B – Begriffe aus der Elektronik

In diesem Anhang werden die am häufigsten verwendeten Begriffe der Elektronik erklärt, die auch im Zusammenhang mit Differentialdosierwaagen und der Leittechnik auftauchen.

Bei den Begriffen der Regelungstechnik wird ihre Anwendung bei der Differentialdosierwaage gezeigt.

B.1 Begriffe der Informationstechnik

Bit (als Abkürzung für **B**inary dig**it**)

Die kleinste Einheit der digitalen Information. Kann nur 0 oder 1 sein (oder, anders gesagt NEIN oder JA, AUS oder EIN, L oder H, FALSCH oder WAHR). Ein digitaler Ausgang mit Relais übermittelt auch eine Ein-Bit-Information.

Byte

Ein Codewort, besteht aus 8 Bits, trägt die Information als Kombination der 8 Bits (d.h. kann 256 verschiedene Werte oder Informationen tragen).

Wort

Besteht aus mindestens 2 Bytes, kann schon eine relativ komplexe Information tragen (als Kombination der 256^n verschiedenen Werte oder Informationen, n ist Anzahl der Bytes in einem Wort). Am häufigsten hat ein Wort 2 oder 4 Bytes (16-Bit oder 32-Bit Systeme).

ASCII (Abkürzung für **A**merican **S**tandard **C**ode for **I**nformation **I**nterchange)

Amerikanischer Standard-Code für den Informationsaustausch. Heute meistverbreitete Codierung für alphanumerische Zeichen, sowohl in der Elektronik als auch bei der EDV. Jedes Zeichen wird als 7-Bit oder 8-Bit-Code definiert.

BCD (**B**inary **C**oded **D**ecimal)

Binärcodierter Dezimalcode. 4 Bits codieren eine Dezimalstelle in Dezimalzahl (Beispiel, 1001 ist Code für 9). Oft verwendet bei den parallelen Schnittstellen als Eingang für Dezimalzahlen, z. B. Sollwert-Vorgabe.

Oversampling (Überabtastung)

Die Abtastrate ist viel höher als notwendig. Dieser Datenüberschuß wird für eine bessere Auflösung benützt.

Beispiel:

Wenn eine Abtastung und anschließende Analog/Digital-Umwandlung eine Sequenz von 3 mal 11 und 7 mal 10 feststellt, dann wird der Mittelwert über 10 Werte 10,3 sein, obwohl von der Auflösung her keine Dezimalstelle möglich wäre.

B.2 Grundbegriffe der Computertechnik

EPROM (**E**rasable **P**rogrammable **R**ead-**O**nly-**M**emory)

Der Inhalt des Speichers kann beliebig oft und sehr schnell gelesen werden; geändert wird er nur durch eine Programmierung. Zuerst muß jedoch der komplette Inhalt des Speiches durch UV-Licht zerstört (gelöscht) werden. Die Pragrammierung (Änderung des Inhaltes) ist nicht allzu schnell und erlaubt nur eine sehr beschränkte Anzahl der Programmierzyklen (z. B. 100). Nach einem Stromausfall bleibt die Information jahrzehntelang erhalten.

Wird normalerweise als Programm-Speicher verwendet. Ein heute als Standard betrachteter Speicherinhalt (Informationsmenge) beträgt bis zu 4 000 000 Bits auf einem Chip.

EEPROM (**E**lectrically **E**rasable **P**rogrammable **R**ead-**O**nly-**M**emory)

Ähnlich wie EPROM. Der Inhalt der einzelnen Zellen kann jedoch elektrisch programmiert werden (inkl. Löschen der alten Information). Die Programmierung (Änderung des Inhaltes) ist schneller als bei EPROM, jedoch immer noch relativ langsam. Erlaubt zwar eine größere aber immer noch beschränkte Anzahl Programmierzyklen (typisch 10 000), man erreicht aber nicht eine so hohe Speicherkapazität wie bei den EPROM's. Nach einem Stromausfall bleibt die Information auch jahrzehntelang erhalten.

EEPROM wird normalerweise als Parameter-Speicher verwendet (wenn sich die Parameter nicht allzu oft ändern).

RAM (**R**andom-**A**ccess-**M**emory)

Schreib-Lese-Speicher (die Information kann sehr schnell gelesen und geändert werden). Nach einem Stromausfall verliert der Speicher sofort seinen Inhalt. Deshalb wird sehr oft eine sogenannte Batterie-Pufferung von RAM verwendet, bei welcher nach Speisespannungsausfall die Versorgung der RAM auf Batterie oder Akkumulator umgeschaltet wird, um den Verlust der Daten zu verhindern.

Man unterscheidet zwischen sogenannten dynamischen und statischen RAM's (DRAM und SRAM). Die dynamischen RAM's haben einfachere Strukturen, weshalb man höhere Speicherkapazitäten auf einem Chip (integrierte Schaltung) erreichen kann (heute schon 16 000 000 Bits). Sie benötigen jedoch eine spezielle Schaltung, welche die Daten ständig auffrischt, damit sie nicht verlorengehen (sog. Refresh-Schaltung). Sie werden vor allem in Computer-Systemen verwendet (auch PC).

Die statischen RAM's erreichen heute eine Speicherkapazität von max. 4 000 000 Bits auf einem Chip. Sie benötigen jedoch keine Refresh-Schaltung, dadurch ist die Hardware einfacher und billiger. Sie werden vor allem bei Störungen und kleineren Rechnern eingesetzt.

RAM wird normalerweise als Arbeitsspeicher verwendet (Zustände und Variablen werden dort gespeichert).

LCD (**L**iquid **C**rystal **D**isplay)

Die Flüssigkristall-Anzeige funktioniert nach dem Prinzip der Änderung der Polarisation des Lichtes durch elektrische Felder. Dadurch wird eine organische Verbindung (diese Flüssigkristalle) entweder lichtdurchlässig oder undurchlässig und somit wird das Licht reflektiert. Sie ist im Prinzip eine passive Anzeige (keine eigene Lichtemission). Es gibt 3 Sorten von Anzeigen:

- reflective(reflektiert das fremde Licht von oben).
- transmissive (läßt das Licht aus einer eingebauten Lichtquelle durch)
- Transfective (Kombination der beiden ersten).

LCD's sind heute die am meisten verbreiteten Anzeigen, von einfachen, kleinen Anzeigen (z.B. bei Digitaluhren) bis hinzu Bildschirmen (heute sogar auch in Farbe). Sie zeichnen sich durch eine relativ lange Lebensdauer, sehr kleinen Stromverbrauch und günstige Preise aus.

LED (**L**ight **E**mitting **D**iode)

Die Leuchtdioden emittieren das Licht nach Anschluß einer in Durchlaßrichtung angelegten Spannung. Es handelt sich um eine aktive Anzeige (emittiert selber das Licht). Sie haben eine sehr lange Lebensdauer, für komplexere Anzeigen sind sie jedoch relativ teuer. Sie werden als Signallampen oder in einfacheren alphanumerischen Anzeigen verwendet.

B.3 Problematik der Schnittstellen

Parallele Schnittstellen

Mehrere Bits (als Träger der Informationen) werden gleichzeitig übertragen. Beispiel: Centronics Schnittstelle für Drucker-Anschluß.

Diese Art Daten kann auch über die digitalen Ein- und Ausgänge übertragen werden. Für jeden Informationsbit wird mindestens eine separate Leitung benötigt (Beispiel: Für ein Byte (8 Bits) der Information werden 8 Leitungen benötigt).
Vorteil: Einfachere Protokolle, schnelle Datenübertragung.
Nachteil: Mehrere Leitungen nötig – Hardware und Verdrahtung teuer.

Serielle Schnittstelle

Die einzelnen Informationsträger (die Bits) werden seriell (d.h. hintereinander) übertragen.

Für jede Richtung des Informationsflusses wird mindestens nur eine Leitung gebraucht.

Die so übertragenen Nachrichten müssen jedoch speziell codiert werden, damit der Informationsinhalt ersichtlich ist.
Vorteil: Kleiner Hardware- und Verdrahtungsaufwand.
Nachteil: Komplizierte Protokolle und langsamere Datenübertragung.

Datenübertragung bei den Schnittstellen kann erfolgen als:
Simplex:

Die Datenübertragung zwischen zwei Teilnehmern kann nur in einer Richtung erfolgen. Typisches Beispiel ist eine Drucker-Schnittstelle – die Daten werden nur vom Computer zum Drucker geschickt und nicht umgekehrt.

Duplex:

Die Datenübertragung zwischen zwei Teilnehmern erfolgt gleichzeitig in beiden Richtungen. Als Beispiel kann die Kommunikation zwischen Rechner und Terminal dienen: Die Daten müssen auf dem Bildschirm des Terminals angezeigt werden (Datenübertragung vom Rechner zum Terminal) und auch der Rechner muß die über die Tastatur eingegebenen Daten erhalten (Richtung von Terminal zum Rechner). Beides erfolgt gleichzeitig.

Halbduplex:

Die Datenübertragung zwischen zwei Teilnehmern erfolgt zwar in beiden Richtungen, aber nicht gleichzeitig. Zuerst muß die Information vom Teilnehmer A zum Teilnehmer B gesendet werden und erst dann (als Antwort) wird die Information von B zu A geschickt. Als Beispiel nennen wir die Kommunikation auf einem Bus zwischen mehreren Steuerungen, wovon eine der Master ist (als Dirigent des Datenaustausches auf dem Bus) und die anderen Slaves. Der Master sendet einen Befehl an einen Slave, der Slave antwortet nach Erhalt des Befehls dem Master. Nur eine Steuerung kann Daten senden.

Typologie der Schnittstellen

Man unterscheidet folgende Strukturen der Schnittstellen (s. auch Bild B. 1):

Punkt-zu Punkt-Verbindung:

Jede Datenleitung verbindet nur zwei kommunizierende Teilnehmer miteinander (Bild B.1 a). Alle Teilnehmer eines solchen Kommunikationssystems sind untereinander verbunden, jeder kann mit jedem sofort kommunizieren.

Stern-Verbindung:

Ein Teilnehmer (als Zentrale) ist mit allen restlichen Teilnehmern des Kommunikationssystems verbunden (Bild B.1 b). In der Praxis bedeutet das, daß, wenn zwei restliche Teilnehmer miteinander Daten austauschen wollen, der Datenaustausch über diese Zentrale erfolgen muß. Beispiel: Telefonnetz mit Telefonzentrale.

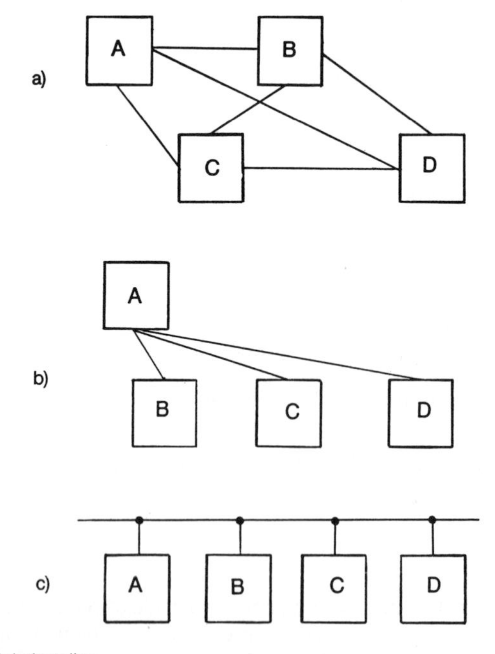

Bild B.1 Topologie der Schnittstellen
a) Punkt-zu-Punkt-Verbindung
b) Stern-Verbindung
c) Bus-Verbindung

Bus-Verbindung

An einer Leitung sind mehrere Geräte angeschlossen. Theoretisch kann jeder mit jedem Daten austauschen, die Leitung muß jedoch frei sein (damit es zu keiner Kollision kommt). Ein Beispiel dafür sind die Ethernet-Netze für lokale Netze in Büros (Datenaustausch zwischen mehreren Rechnern).

Ein Sonderfall ist **Ring** , bei welchem die beiden Enden der Leitung miteinander verbunden sind und die Daten dementsprechend nach einem bestimmten Schema von Teilnehmer zu Teilnehmer zirkulieren.

RS 232 (in Europa auch V.24 genannt)

Serielle Spannungsschnittstelle mit gemeinsamer Masse (d.h. asymmetrisch). In jedem PC als Standardschnittstelle vorhanden).
Maximale Kabellänge: 15 bis 30 m.
Maximale Datenübertragungsrate: 20000 Bits/s.
Einsatz als Terminal-Leitungen oder zum Drucker für kurze Distanzen und niedrige Datenübertragungsraten.

RS 422 (auch V.11/V.27)

Serielle Differenz-Spannungsschnittstelle – symmetrisch (die Spannungsdifferenz zwischen 2 Leitungen wird gemessen und als Datenträger verwendet). Sehr störungsunempfindlich.
Maximale Kabellänge: bis 1500 m (je nach Datenübertragungsrate).
Maximale Datenübertragungsrate: bis 1 000000 Bits/s.
Einsatz für schnelle und zuverlässige Datenübertragung zwischen zwei Teilnehmern (als Punkt-zu-Punkt- oder Stern-Verbindung).

RS 485 (auch V.11/V.27)

Gleich aufgebaut und mit gleichen elektrischen Daten wie RS 422. Einziger Unterschied: Für mehrere Sender geeignet (bis 32), dadurch busfähig (wenn mehrere Stationen miteinander über eine gemeinsame Leitung kommunizieren).

B.4 Problematik der Regelungstechnik

Stellglied

Verändert die Energiezufuhr (Stellgröße) zur physikalischen Größe und damit diese Größe selbst.
Bei Differentialdosierwaagen: Motor mit der Dosierschnecke (beeinflußt den Materialstrom).

Steuerung

Man verändert mit einer Stellgröße unmittelbar das Stellglied und damit den Istwert einer physikalischen Größe. Der Istwert kann sich durch zusätzliche äußere Einflüsse unerwünschterweise verändern.
Bei Differentialdosierwaagen: Wenn man volumetrisch dosiert.

Regelung

Ist dann vorhanden, wenn der Istwert einer physikalischen Größe (Regelgröße x) fortlaufend mit dem Sollwert einer Führungsgröße w verglichen und bei der Abweichung so beeinflußt wird, daß er sich dem Sollwert weitgehend nähert.
Bei Differentialdosierwaagen: Bei gravimetrischer Dosierung (die Drehzahl des Dosiergerätes wird so beeinflußt, daß der Materialstrom konstant bleibt).

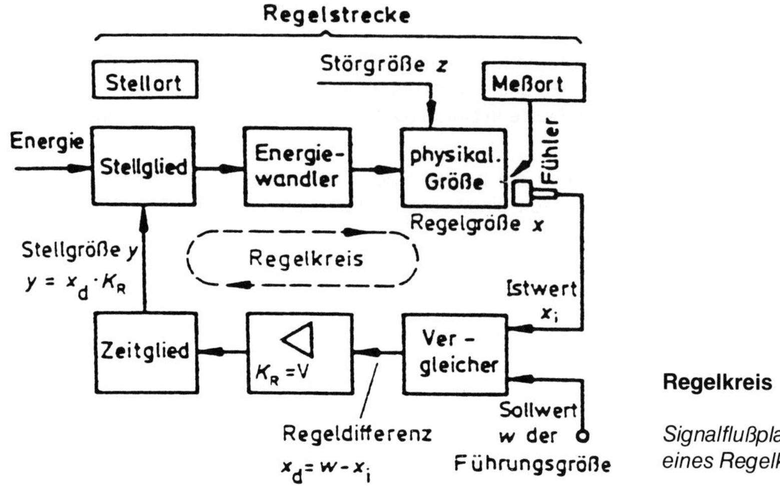

Regelkreis

Signalflußplan eines Regelkreises [6]

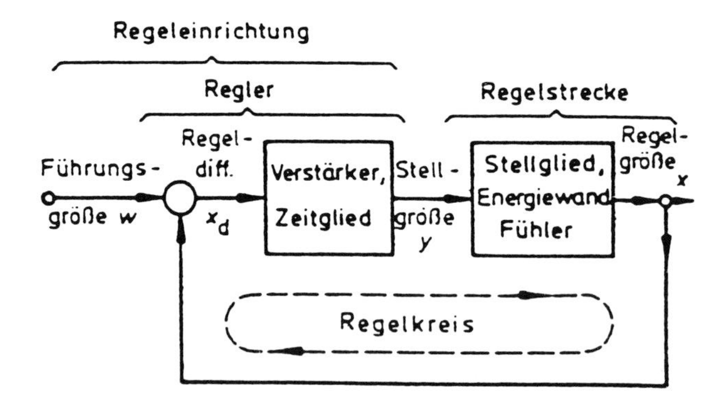

Energieflußplan eines Regelkreises [6]

Regelgröße x

Eine physikalische Größe, deren Istwert durch eine Regeleinrichtung konstant gehalten werden soll.
Bei Differentialdosierwaagen: Ist-Dosierleistung (Ist-Materialstrom).

Führungsgröße w

Eine physikalische Größe, deren Sollwert den gewünschten Istwert der Regelgröße bestimmt.
Bei Differentialdosierwaagen: Soll-Dosierleistung (Soll-Materialstrom).

Stellgröße y

Eine Ausgangsgröße der Regeleinrichtung; sie beeinflußt unmittelbar den Eingang des Stellgliedes.
Bei Differentialdosierwaagen: Soll-Drehzahl für den Antrieb der Dosierschnecke (entweder über eine serielle Schnittstelle als Befehl oder als Analog-Spannung oder – Strom aus einem Analog-Ausgang).

Regeldifferenz

Auch Regelabweichung genannt. Differenz zwischen Sollwert und Istwert.

Schrifttum

[1] Gericke, H.: Dosieren von Feststoffen (Schüttgütern). Gericke 1989.
[2] Schavilje, R.: Auslegungskriterien für eine kontinuierliche, gravimetrische Dosier- und Mischanlage. Verfahrenstechnik 24 (1990) Nr. 6.
[3] Gericke, H.: Systemtechnik der Schüttgutdosierung. wägen + dosieren 23 (1992), Nr. 3.
[4] Hlavica, K.: Gravimetrische Dosierung mit Differentialdosierwaagen. Seminar Verfahrenstechnik für Schüttgüter (Leitng. Prof. G. Vetter), Technische Akademie Wuppertal 1991.
[5] Allenberg, B. und Jost, G.: Kurzzeitgenauigkeit und Betriebssicherheit bei der Schüttgutdosierung – Fortschritte durch Smart Control Strategies. wägen + dosieren 23 (1992), Nr. 3.
[6] Benz, W., Henks, P., Starke, L.: Tabellenbuch Elektronik, Frankfurter Fachverlag 1989.

Schüttgutmechanische Auslegung von Dosierdifferentialwaagen mit Schneckenaustrag

Von G. VETTER und H. WOLFSCHAFFNER [1])

1. Einleitung

Steigende Prozeßanforderungen [1, 2, 3] verstärken den Trend zu messenden Dosierverfahren. Wegen ihrer in der Regel höheren Genauigkeit besitzen gravimetrische Dosiersysteme gegenüber anderen massemessenden Systemen (Strahlenabsorbtion, Impulskraft, Corioliskraft) größere Bedeutung. Die dominante Rolle im Bereich der kontinuierlichen Dosierung bei kleinsten bis mittleren Dosierströmen spielt die Dosierdifferentialwaage aufgrund ihrer Regelddynamik, Kapselung und Betriebssicherheit. Durch nahezu beliebige Austragsorgane sind Dosierdifferentialwaagen flexibel anwendbar. Sie werden meist mit Schnecken als Abgrenzungsorgan ausgerüstet, welche sich durch gute Sperrwirkung, hohen Antriebszwang im Verdrängungsquerschnitt für schließende, kohäsive und klebrige Schüttgüter in gleichem Maß eignen.

Dosierdifferentialwaagen müssen hauptsächlich auch nach schüttgutmechanischen Gesichtspunkten ausgelegt werden, was im folgenden erläutert wird.

2. Anforderungen

Der Betrieb von Dosierdifferentialwaagen ist in eine **geregelte gravimetrische** und eine **ungeregelte volumetrische Dosierphase** unterteilt (Bild 1).

Während der **gravimetrischen Dosierphase** erfolgt ein geregelter Massenstromaustrag, dessen Ermittlung auf der kontinuierlichen Entnahmeverwägung beruht. Es wird die Gewichtsabnahme erfaßt, durch Differentiation der Massenstrom bestimmt und durch Soll/Istwert-Vergleich (Regelung) auf die Stellgröße (Schneckendrehzahl) zurückgeführt. Da der Massenstrom unmittelbar am Abwurf bestimmt wird, entsteht keine Totzeit bei der Regelung. Voraussetzung ist eine **stetige, reproduzierbare Kenn-**

[1]) Prof. Dipl.-Ing. G. Vetter, Universität Erlangen, Lehrstuhl für Apparatetechnik und Chemiemaschinenbau, Erlangen, Dr.-Ing. H. Wolfschaffner, Pfister KontiTechnik, Augsburg

[2]) s. Kap. 1 dieses Buches (Beitrag G. Vetter und R. Flügel)

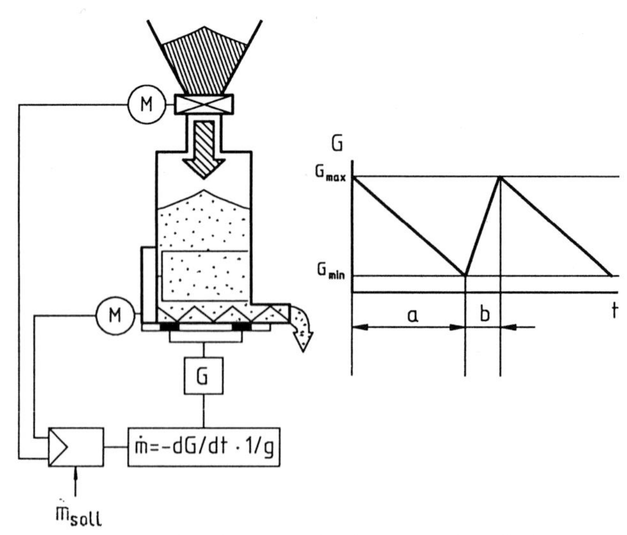

Bild 1: Arbeitsweise von Differentialwaagen. Gravimetrische a) und volumetrische b) Dosierphase

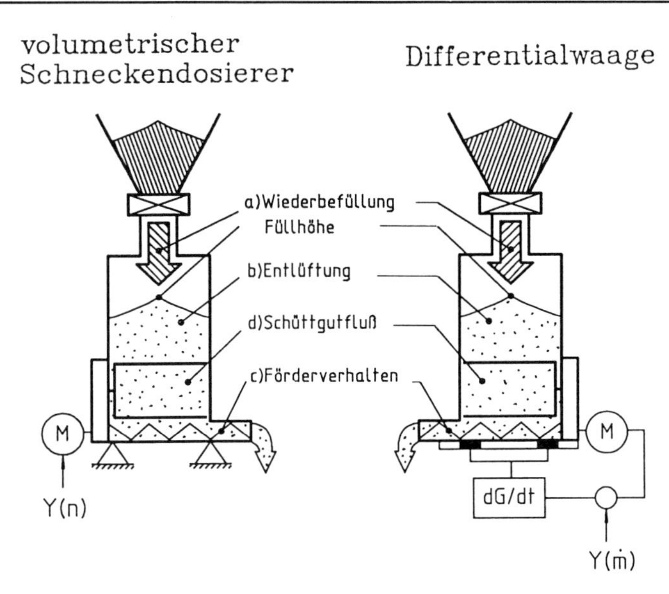

Bild 2: Einflüsse auf die Auslegung von Differentialwaagen

linie des Austragsorganes und guter Schüttgutfluß, andernfalls sind noch so ausgeklügelte Regelungssysteme nicht in der Lage, eine zufriedenstellende Dosierung zu erzielen.

Die kurze **volumetrische Dosierphase** beginnt mit der Wiederbefüllung des Dosiergerätes. Da in diesem Zeitraum keine Massenstrombestimmung und Regelung erfolgen kann, wird das Dosiergerät vorübergehend rein volumetrisch betrieben, und der permanente Soll/Istwert-Vergleich unterbleibt.

Da Differentialwaagen also zumindest zeitweise volumetrisch arbeiten, muß gefordert werden, daß während dieser kurzen Zeit der Dosierstrom möglichst konstant bleibt, was bedeutet [4] (Bild 2):

a) Die **Schüttgutdichte** im Bereich des Austragsgerätes soll trotz der Einflüsse von Füllhöhe und Art der Befüllung möglichst konstant bleiben.
b) Dem Schüttgut sollte durch **ausreichende Verweilzeit** im Dosiergerät Gelegenheit zur Entlüftung gegeben werden.
c) Es ist die **geeignete Schnecke** zu wählen.
d) Die permanente **Realisierung eines guten Schüttgutflusses.**

Schlechter Schüttgutfluß kann Differentialwaagen empfindlich stören.

2.1 Auslegungsstrategie unter schüttgutmechanischen Gesichtspunkten

Überblick

Die Auslegung von Dosierdifferentialwaagen mit Schnecken als Austragsorgan ist von Anforderungen geprägt, welche der **Prozeß** und die **Schüttguteigenschaften** bestimmen.

Damit ist der **Schneckentyp** auszuwählen. Ergibt die Überprüfung, daß Fließstörungen zu erwarten sind, sind **Fließhilfen** vorzusehen. Schließlich muß im Sinne einer Minimierung von Schüttgutdichteschwankungen in der Nachfüllphase eine optimale **Befüllstrategie** ausgewählt werden. Über geeignete **konstruktive Anpassung** ist Explosivität, Toxizität, Korrosion, Hygroskopie, Geruchsemission, Reaktivität, Abrasivität, Hygiene und Sterilität Rechnung zu tragen.

Anforderungen

Primäre Daten sind **Größe und Regelbereich des Dosierstromes**. Verbunden damit ist die Forderung einer stetigen und reproduzierbaren Kennlinie des Austragsgerätes. Die **Dosiergenauigkeit** ist ein wichtiges Qualitätsmerkmal. Sie setzt sich aus der Konstanz des Dosierstromes und dessen Mittelwertabweichung vom eingestellten Sollwert zusammen. Die Genauigkeitsanforderungen werden durch die Produktqualität vorgegeben [5]. Bei Differentialwaagen ist zu beachten, daß die Dosiergenauigkeit die gravimetrische und volumetrische Dosierphase umfaßt.

Erforderliche Schüttguteigenschaften

Die zur Dosiergeräteauslegung nötigen Schüttgutdaten werden in Tafel 1 zusammengestellt [7–14].

Die **Schüttgutdichte** ist zur Schneckendimensionierung erforderlich. Ist sie wenig abhängig von der Pressung, was bei granularen Schüttgütern der Fall ist, so reicht zur Schneckenauslegung die Normalschüttdichte. Vermehrten Aufwand erfordert die Bestimmung der Schüttgutdichte kohäsiver, feinkörniger Schüttgüter, die meist stark verdichtbar sind. Die Schüttgutdichte wird hier durch den Druck in Schneckennähe und somit durch die Füllhöhe und die Art der Befüllung geprägt.

Tafel 1: Schüttguteigenschaften zur Auslegung von Schnecken-Differentialwaagen

Eigenschaftsgruppe	spezifische Eigenschaft
Verdichtungsverhalten	Schüttdichte ϱ_{Sch} Schüttgutdichte unter Auflast $\varrho_p = f(p)$
Fließeigenschaften	Böschungswinkel α Auslaufwinkel β Schüttgutdruckfestigkeit $f_c = f(\varrho_1)$ Fließfaktor ff_c Effektiver Reibungswinkel φ_e innerer Reibungswinkel φ_i Wandreibungswinkel φ_W Fließwert $F_{k,p}$ [17]
Fluidisationseigenschaften	Entgasungszeit Fluidisationsverhalten
Äußere Erscheinungsform	Korngrößenverteilung Mittlere Korngröße $d_{p,50}$ Kornform (Plättchen, Fasern, etc.)
Sonstige (Charakterisierung z. B. nach DIN ISO 3435 bzw. FEM-Richtlinien)	Abrasivität Korrosivität Mechanisch empfindlich Explosiv, brennbar Staubigkeit Adhäsion, Klebrigkeit Hygroskopisch Toxizität Geruch Temperaturempfindlichkeit Neigung zum Erhärten

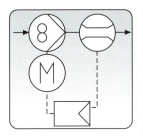

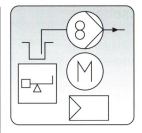

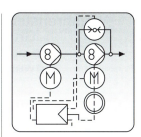

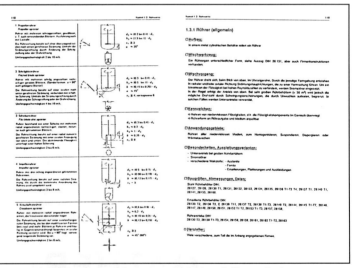

Für Abschätzungen des Kompressionsverhaltens und zur Bestimmung der Maximalverdichtung eignen sich sogenannte Stampfvolumeter [15]; genauere Informationen über die Druck-Dichte Beziehung werden jedoch mit Schertests oder Kompressionsuntersuchungen mit speziellen Komprimetern [16] gewonnen.

Die **Fließfähigkeit** des Schüttgutes wird durch das **innere und äußere Reibungsverhalten** charakterisiert. Eine einfache, jedoch grobe Methode zum Abschätzen des inneren Reibungsverhaltens stellt die Bestimmung des Böschungs- oder Auslaufwinkels dar.

Das Fließverhalten läßt sich auch über die Verdichtungseigenschaften abschätzen, weil die Kohäsion von Schüttgütern mit deren Verdichtungsfähigkeit zunimmt [17, 18].

Die genaueste und zugleich aufwendigste Methode ist die Messung der Reibeigenschaften mit Schergeräten, woraus sich der innere Reibungswinkel φ_i, der effektive Reibungswinkel φ_e, der Wandreibungswinkel φ_w und die Druckfestigkeit f_C des Schüttgutes unter Auflast ergibt. Die Werte aus Schertests werden zur Auslegung der Schnecke und Aufgabebehälters benötigt [19].

Fluidisations- und Entgasungsverhalten beeinflussen Konstruktion und Betriebsweise des Dosiergerätes. Bei gut fluidisierbaren Schüttgütern müssen sperrende Schnecken verwendet werden. Andernfalls wird eine Mindestverweilzeit im Dosierbehälter nötig, die zur Entfluidisierung (Entgasung) des Schüttgutes bis zum Eintritt in die Schnecke ausreicht. Die Ermittlung dieser Schüttguteigenschaften erfolgt in speziellen Fluidisations- und Entgasungsapparaturen [12, 20].

Auslegung der Dosierschnecke [1])

Zur Auswahl stehen Wendeln, Wendeln mit Mittelachse und Vollblatt- oder Konkavschnecken in ein- oder zweiwelliger Anordnung (Bild 3).

Wendeln eignen sich zum Transport von gutfließenden bis kohäsiven Gütern. Der Partikeldurchmesser kann hierbei grob- oder feinkörnig sein. Die Mittelachse dient zur Erhöhung der Stabilität von Wendeln. Wendeln sind für fluidisierte Schüttgüter nicht geeignet; Vorteile sind niedrige Herstellungskosten und schonende Produktförderung.

Vollblattschnecken besitzen generell bessere Sperrwirkung, da fluidisiertem Schüttgut durch Umlenkung auf dem Weg durch den Schneckenkanal die Möglichkeit zur Entlüftung gegeben wird.

Doppel-Wendeln und -Schnecken sind in ihren Anwendungen etwa mit den jeweiligen einwelligen Anordnungen zu vergleichen, bewirken jedoch wegen des größeren Verdrängungsquerschnittes höheren Durchsatz. Weiterhin zeigt die Erfahrung, daß ein größerer Antriebszwang auf das Schüttgut ausgeübt wird, was sich besonders vorteilhaft bei der Dosierung von fasrigen und anhaftenden Schüttgütern auswirkt.

---

[1]) s. Beitrag G. Vetter Kap. 2 dieses Buches

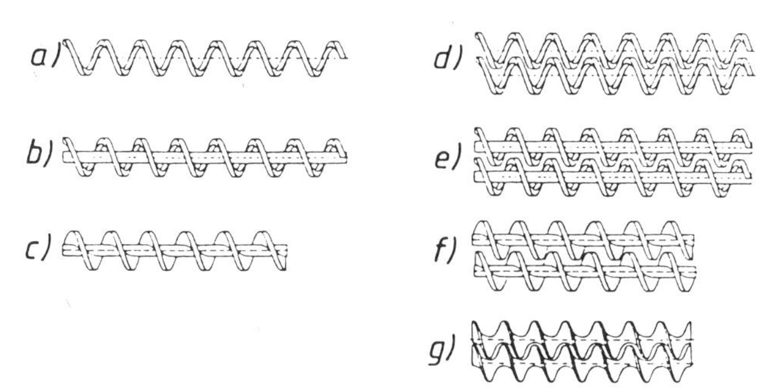

Bild 3: Verschiedene Dosierschneckentypen: a) Wendel; b) Wendel mit Mittelachse; c) Vollblattschnecke; d) Doppel-Wendeln; e) Doppelwendeln mit Mittelachse; f) Doppel-Vollblattschnecke; g) Doppel-Konkavschnecke

Wegen größerer Befüllquerschnitte sind die an sich teureren Doppelwellengeräte weniger anfällig gegen Brückenbildung.

Optimal sperrend wirken kämmende **Doppel-Konkav-Schnecken**. Durch die engen Spalte wird das „Durchschießen" meist wirksam verhindert. Somit ist diese teuere Schneckenbauform oft die einzige Lösung für klebende, adhäsive Schüttgüter. Nachteilig ist die mechanische Beanspruchung der Partikel, das Korngrößenspektrum ist auf feinkörnige Schüttgüter beschränkt.

Nach der Auswahl des passenden Schneckentyps erfolgt die Schneckendimensionierung unter Berücksichtigung der Reibeigenschaften und der Schüttgutdichte. Dimensionsierungsgrößen sind Schneckendurchmesser, Ganghöhe und Drehzahl.

Zur Berechnung des Schüttguttransports durch Schnecken steht ein Rechenmodell zur Verfügung, das auch experimentell verifiziert wurde [19, 21].

Bei vollständig gefüllter Schnecke berechnet sich der Dosierstrom dann aus Transportgeschwindigkeit v_{ax}, Transportquerschnitt A_{fw} und Schüttgutdichte ϱ_p.

$$\dot{m} = \upsilon_{ax} A_{fw} \varrho_p \tag{1}$$

Zur Bestimmung der **Transportgeschwindigkeit v_{ax}**, in der linear die Schneckendrehzahl steckt, wird angenommen, daß sich das Schüttgut in axialer Richtung schraubenförmig als Block bewegt.

Die Schüttgutverschraubung ist mit ausreichender Genauigkeit mit der Schneckengeometrie und dem Wandreibungswinkel φ_w zu ermitteln.

Der **Transportquerschnitt A_{fw}** setzt sich aus dem Transportquerschnitt der Schnecke und dem agitierten Spaltquerschnitt zusammen.

Der Transportquerschnitt der Schnecke ist eine rein geometrische Größe und stellt das Zylindervolumen der Schnecke reduziert durch ihr Eigenvolumen dar.

Der agitierte Spaltquerschnitt läßt sich aus den Schüttgutdaten rechnerisch abschätzen. Es zeigt sich, daß bei feinkörnigen Schüttgütern die Fernwirkung der Schnecke geringer und instationäre Belagbildung mit Verschlechterung der Dosierkonstanz möglich ist. Der Spalt sollte dann minimiert werden, jedoch nur soweit, daß ein Verklemmen von Partikeln ausgeschlossen ist, was bei einem Spalt von etwa dem doppelten maximalen Partikeldurchmesser gewährleistet ist. Granulare Schüttgüter erfordern in der Regel größere Spalten, die aber ziemlich vollständig am Fördervorgang aktiv teilnehmen.

Die reale **Schüttgutdichte** ϱ_p wird von den Druckverhältnissen in der Schneckenebene geprägt. Der Vertikaldruck ist nach der Janssengleichung [22] abzuschätzen. Das Verdichtungsverhalten des Schüttgutes in Abhängigkeit der Auflast wird experimentell bestimmt, wobei $\varrho_p = f(p)$ sich im Auflastbereich von Dosiergeräten recht gut mit der von Kawakita und Lüdde [23] vorgeschlagenen Gleichung approximieren läßt.

Schüttgutfluß im Dosierbehälter

Entscheidend für die Funktion des Dosiergerätes ist, daß überhaupt Schüttgutfluß zur Schnecke stattfindet, wozu eine Überprüfung auf Brückenbildung notwendig ist. Brückengefährdet ist der kleinste Querschnitt, der durch den Schneckendurchmesser d_S gegeben ist. Zur Verhinderung von Brückenbildung muß der Schneckendurchmesser größer als die zu erwartende Brückenspannweite [24] (Bild 4) sein, andernfalls müssen Fließhilfen die Brücken zerstören, wozu meistens Rührwerke eingesetzt werden. Man unterscheidet nach der Anordnung horizontale konzentrische, obenliegende, vertikale und seitliche Rührwerke (Bild 5), wobei horizontale Konfigurationen überwiegen.

Bislang erfolgte die Dimensionierung dieser Rühreinrichtungen rein empirisch, was gelegentlich zu Dosierproblemen führte. Neuere Untersuchungen [4, 25, 26] klärten das Wirkprinzip von horizontalen Rührwerken auf und führten zu Modellvorstellungen und Auslegungsrichtlinien.

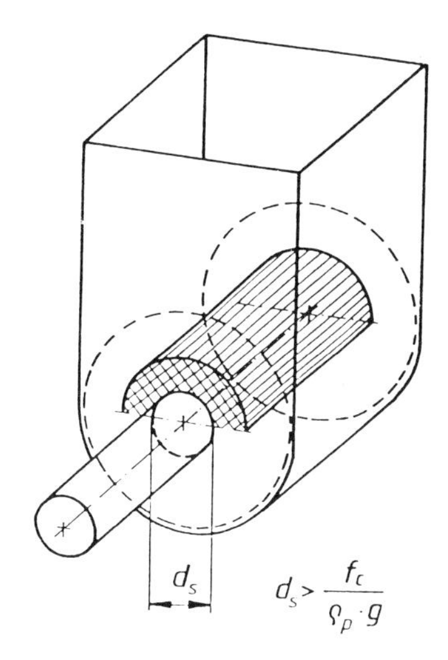

Bild 4: Modell der kohäsiven Brücke über der Schnecke

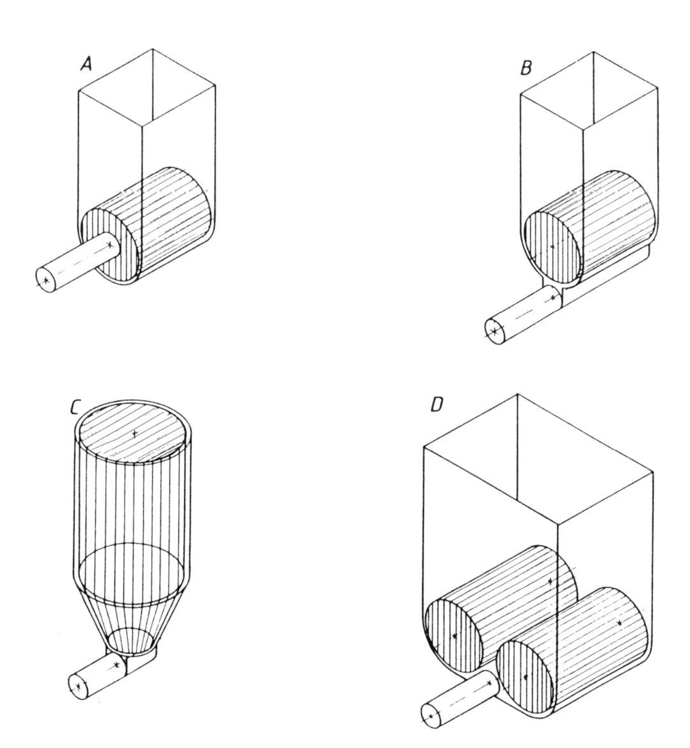

Bild 5: Anordnung von Rührwerken; A horizontal-konzentrisch, B horizontal-obenliegend; C vertikal; D seitlich liegend

Auslegungsstrategie (Bild 6)

Nach Wahl des Schneckentyps erfolgt die Schneckendimensionierung auf der Grundlage der Schüttgutcharakterisierung. Schnecken- und Dosierbehältergeometrie mit den Schüttgutfließeigenschaften offenbaren schließlich, ob unmittelbare Brückenbildung zu befürchten und eine Fließhilfe vorzusehen ist. Die Dimensionierung der Fließhilfe sowie die Wahl der Befüllstrategie wird in den folgenden Kapiteln näher erläutert.

3. Wirkung horizontaler Rührwerke als Fließhilfe

Wie mächtig der Rührer auf die Dosierung einwirkt, wird in Bild 7a am Beispiel des Einflusses der Rührerdrehzahl deutlich. Ist nämlich das Schüttgut genügend kohäsiv, so bildet sich ohne Rührerbetrieb ($n_R = 0$) sofort eine Brücke über der Schnecke, der Dosierstrom erliegt vollständig. Bereits bei kleinen Rührerdrehzahlen stellt man Schüttgutaustrag fest. Wird die Rührerdrehzahl gesteigert, erreicht der Dosierstrom schließlich einen Grenzwert. Höhere Abzugsgeschwindigkeit (Schneckendrehzahl n_S) erfordert mehr Rühreraktivität.

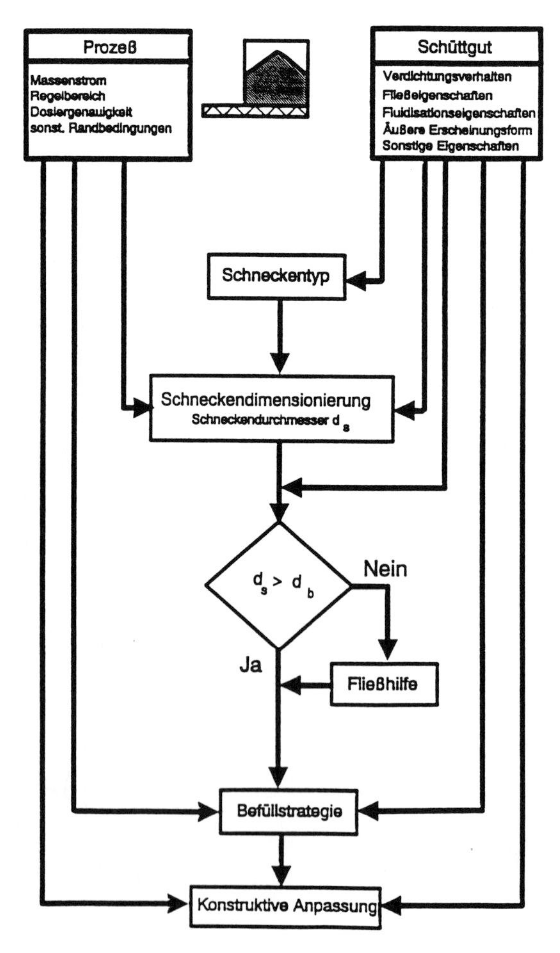

Bild 6: Auslegungsstrategie

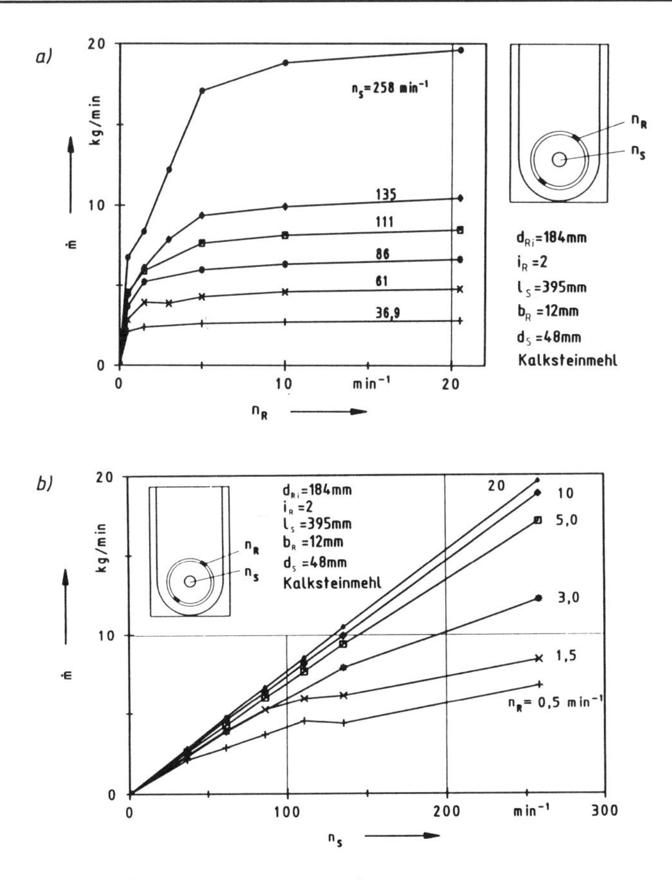

Bild 7: Einfluß von Rührer und Schneckendrehzahl auf den Dosierstrom.
a) Rührerkennlinien; b) Dosiererkennlinien

Die Betrachtung der Dosiererkennlinien (Bild 7b) zeigt, daß zu geringe Rührerdrehzahl nichtlineare Kennlinien bewirkt, wobei dann Dosierstromschwankungen auftreten, was auf Fließstörungen hinweist.

Schüttgutflußbeobachtungen[1]) zeigen im Haupteinzugsgebiet der Schnecke, das etwa die hinteren zwei Schneckengänge umfaßt, mit von $n_R = 0$ ausgehender Rührerdrehzahl folgende Fließprofile im Dosierbehälter (Bild 8):

- **Brücke über der Schnecke,**
- **instabiler und stabiler Kernfluß,**
- **Massenfluß.**

Eine **Brücke über der Schnecke** (Bild 8 a) stellt den Katastrophenfall schlechthin dar, der jedoch mit Hilfe der Schüttgutmechanik zu verhindern ist (s. Bild 4).

Bei **instabilem und stabilem Kernfluß** (Bild 8 b) findet Schüttgutfluß nur in der Behältermittenachse statt. Diese beiden Fließtypen sind wegen ungleichmäigem Schüttgutfluß und schlechter Dosierkonstanz zu vermeiden. Durch das laufende Einstürzen von inneren Hohlräumen kann hierbei die kontinuierliche Gewichtserfassung gestört werden, was zu Dosierfehlern führt. Die Regelung muß in solchen Fällen un-

[1]) s. Beitrag G. Vetter und H. Wolfschaffner Kap. 5 dieses Buches

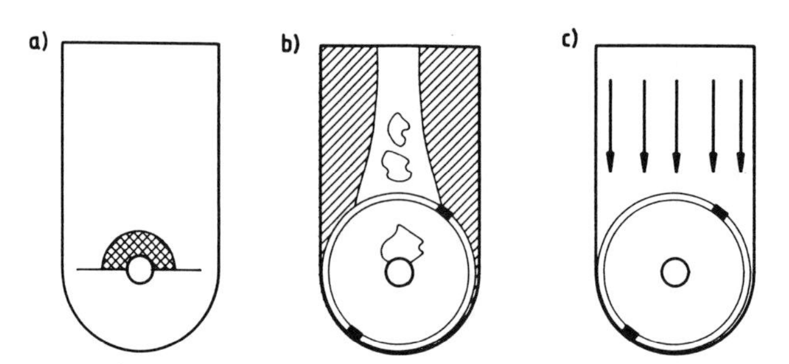

Bild 8: Verschiedene Fließprofile bei unterschiedlicher Rührerwirkung:
a) Brückenbildung – kein Schüttgutfluß
b) instabiler Kernfluß – „stotternder" Schüttgutfluß
c) Massenfluß – ungestörter, stetiger Schüttgutfluß

empfindlicher eingestellt werden, was die Regeldynamik verschlechtert. Dosierdifferentialwaagen reagieren im Extremfall mit Störabschaltung.

Genügende Schneckenlänge kann Befüllstörungen teilweise ausgleichen. Durch stagnierende Zonen kommt es jedoch weiterhin zu stark ungleichmäßiger Verweilzeitverteilung. Im Sinne optimaler Dosierung ist Kernfluß also möglichst zu vermeiden.

Bei **Massenfluß** (Bild 8c) ist der gesamte Dosierbehälterinhalt in Bewegung. Ferner wird die Schnecke gut mit Schüttgut versorgt. Massenfluß mit guter Dosierkonstanz ist generell anzustreben, was durch genügende Rühreraktivität erreicht wird.

Die **Variation der Rührergeometrie** im Sinne steigender Rührerverdrängung (größere Blattbreite b_R, Stabanzahl i_R, Rührerdurchmesser d_{Rw}) wirkt in ähnlicher Weise verbessernd auf den Schüttgutfluß wie die Rührerdrehzahl.

Auslegung von Rührwerken

Zur optimalen Dosierung brückenbildender Schüttgüter sollten durch genügende Rührerwirkung folgende Bedingungen erfüllt sein (Bild 8c):

- Im gesamten Dosierbehälter soll Massenfluß vorliegen.
- Um gute Dosierkonstanz zu gewährleisten, soll die Schnecke voll gefüllt werden.

Um **Massenfluß im Haupteinzugsgebiet** der Schnecke zu erreichen, muß der Rührer ein bestimmtes Maß an aktiver Verdrängung bewirken. Experimentelle Untersuchungen haben gezeigt, daß die Schnecke beim Eintreten von Massenfluß gerade locker mit Schüttdichte ϱ_{Sch} gefüllt ist und einen nach Gl. (1) bestimmbaren Dosierstrom $\dot{m}_{S,\,\rho Sch}$ aufweist. Diesen Schüttgutstrom muß der Rührer an seiner Schnittstelle zum Dosierbehälter (oberer Halbkreis) in den Rührerwirkungskern durch aktive Verdrängung transportieren (Bild 9). Nach Beobachtungen (Variation der Rührergeometrie – Blattbreite b_R, Stabanzahl i_R, Durchmesser d_{Rw}) arbeitet der Rührer offensichtlich nach dem Prinzip der volumetrischen Verdrängung. Der von ihm bewirkte Schüttgutstrom $\dot{m}_{R,\,Sch}$ ist also in erster Näherung proportional zum Produkt aus Stirnfläche in Bewegungsrichtung und Umfangsgeschwindigkeit. Für den Massenfluß ist nur die Rührerwirkung im Haupteinzugsgebiet der Schnecke in Betracht zu ziehen, deren Länge l_e aus Erfahrungen grob mit zwei Schneckenganghöhen s abgeschätzt werden kann. Für die Mindestrührerdrehzahl bei Massenfluß ergibt sich:

$$n_{R,\,MF} = \frac{2\,\upsilon_{ax}\,A_{fw}\,\varrho_{Sch}}{(d_{Ra}^2 - d_{Ri}^2)\,\frac{\pi}{4}\,i_R\,l_e\,\varrho_p} \tag{2}$$

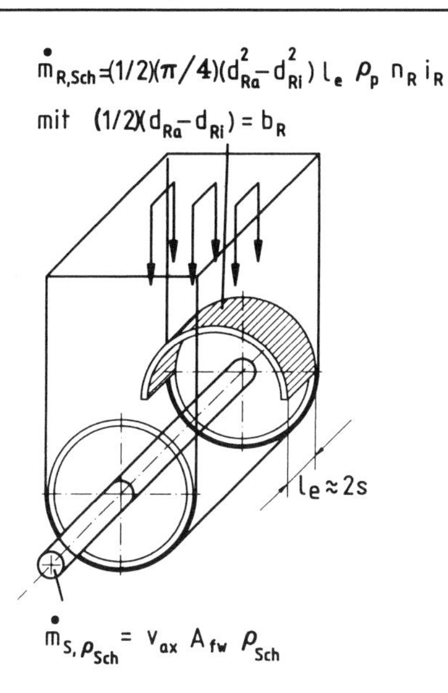

$\dot{m}_{R,Sch} = (1/2)(\pi/4)(d_{Ra}^2 - d_{Ri}^2)\, l_e\, \rho_p\, n_R\, i_R$
mit $(1/2)(d_{Ra} - d_{Ri}) = b_R$
$l_e \approx 2s$
$\dot{m}_{S,\rho_{Sch}} = v_{ax}\, A_{fw}\, \rho_{Sch}$

Bild 9: Massenfluß durch aktive Verdrängung des Rührers

Ein schwächeres, jedoch erfahrungsgemäß oft auch befriedigendes Kriterium stellt die alleinige **Forderung nach totaler Schneckenfüllung** dar. Im Grenzfall ist die Schnecke dann gerade locker mit Schüttdichte ϱ_{Sch} am Ende der gesamten verfügbaren Einzugslänge gefüllt. Der wesentliche Unterschied zum Massenflußkriterium (Abgrenzungsort am Ende der Einzugszone) ist also der Abgrenzungsort (Dosierrohr). Es liegt dann natürlich nicht zwangsläufig Massenfluß im gesamten Dosiergerät vor, vielmehr werden sich entlang der Schnecke unterschiedliche Fließprofile – vom völlig gestörten (instabiler Kernfluß) bis zum ungestörten Fließzustand (Massenfluß) – einstellen. Der Rührer füllt (Rührermassenstrom $\dot{m}_{R,\,vol}$, Bild 10) auf seiner ganzen Länge die Schnecke, wobei der konzentrische Rührer auf seinem ganzen Umfang, der obenliegende nur bei seiner abwärtsgerichteten Bewegung (Bild 10 b) wirkt.

Bezieht man den rechnerischen Rührermassenstrom bei Betriebsbedingungen mit gerade gefüllter Schnecke auf den Austragsmassenstrom der Schnecke bei Schüttdichtebedingungen $\dot{m}_{S,\,\varrho Sch}$, so ergibt sich der Rührerwirkungsgrad η_R:

$$\eta_R = \frac{\dot{m}_{R,\,vol}}{\dot{m}_{S,\,\varrho Sch}} \tag{3}$$

Die experimentelle Ermittlung von η_R mit einem umfangreichen Datenbestand [25], der wesentliche Variationen der Rührergeometrie (Blattbreite, Stabanzahl, Rührerdurchmesser, Schneckenlänge) sowie der Betriebsparameter (Schnecken-/Rührerdrehzahl) enthält, zeigt, daß für volle Schneckenfüllung für den konzentrischen $\eta_R = 4$, bzw. für den obenliegenden Rührer $\eta_R = 2$ sein muß, will man auf der sicheren Seite liegen.

Da beim obenliegenden Rührer nur die Hälfte eines Umlaufes volumetrisch aktiv ist, ergeben sich mit dem Kriterium für volle Schneckenfüllung bei beiden Konfigurationen die gleichen Mindestdrehzahlen:

$$n_{R,\,\eta_V,\,\varrho Sch\,=\,1} \geq 4\,\frac{\upsilon_{ax}\,A_{fw}\,\varrho_{Sch}}{(d_{Ra}^2 - d_{Ri}^2)\frac{\pi}{4}\,i_R\,l_S\,\varrho_p} \tag{4}$$

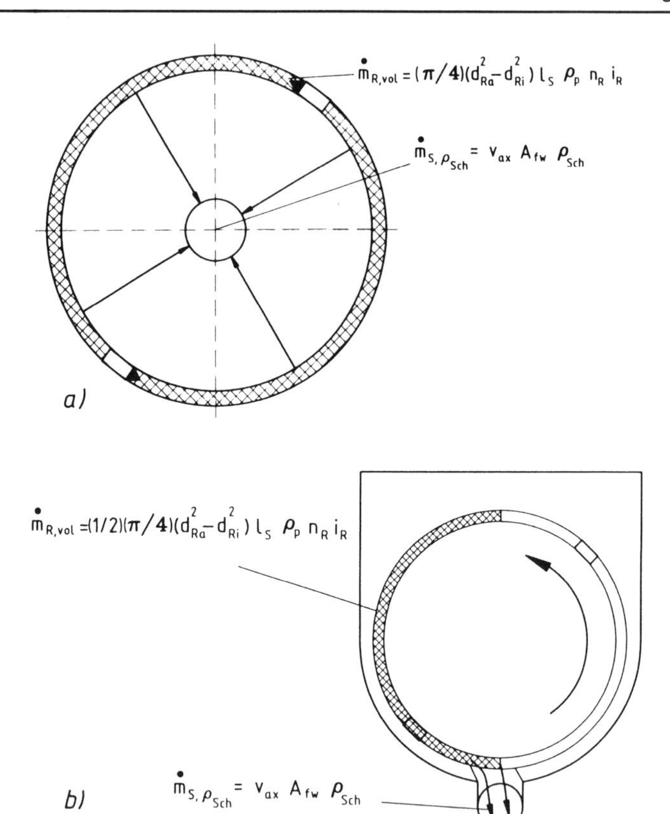

Bild 10: Modell der Schneckenbefüllung beim konzentrischen (a) und obenliegendem (b) Rührer

Als Zusatzbedingung für obenliegenden Rührer gegen Pulsation sollte die Zahl der Rührerarme $i_R \geq 4$ sein [25].

Auslegungsstrategie horizontaler Rührwerke (Bild 11)

Die Modelle führen zu Auslegungsstrategien, die das Zusammenspiel von Schneckenabzug und Rührerwirkung den Dosiergenauigkeitsforderungen anpassen:

- **Für gute Dosiergenauigkeit und enge Verweilzeitverteilung** muß in der Einzugszone **Massenfluß herrschen und die Schnecke voll gefüllt** sein. Bei üblichen Dosiergeräten ($l_S/s > 4$) ist das **Massenflußkriterium strenger** und führt somit zu höherer **Rührerdrehzahl** (Gl. 2).
- **Bei mäßigen Dosiergenauigkeitsforderungen und der Tolerierung ungleichmäßiger Verweilzeitverteilung** ist das Kriterium für volle Schnecke angebracht (Gl. 4). Es werden hierbei alle Fließprofile (Massenfluß, Kernfluß, Stagnation) entlang der horizontalen Dosierbehälterachse zugelassen.

4. Befüllstrategie

Da die Nachfüllphase die Dosiergenauigkeit beeinflußt, sollte die Befüllstrategie Dichteschwankungen des Schüttgutes in engen Grenzen halten, wobei die Schüttgutkompressibilität zu beachten ist.

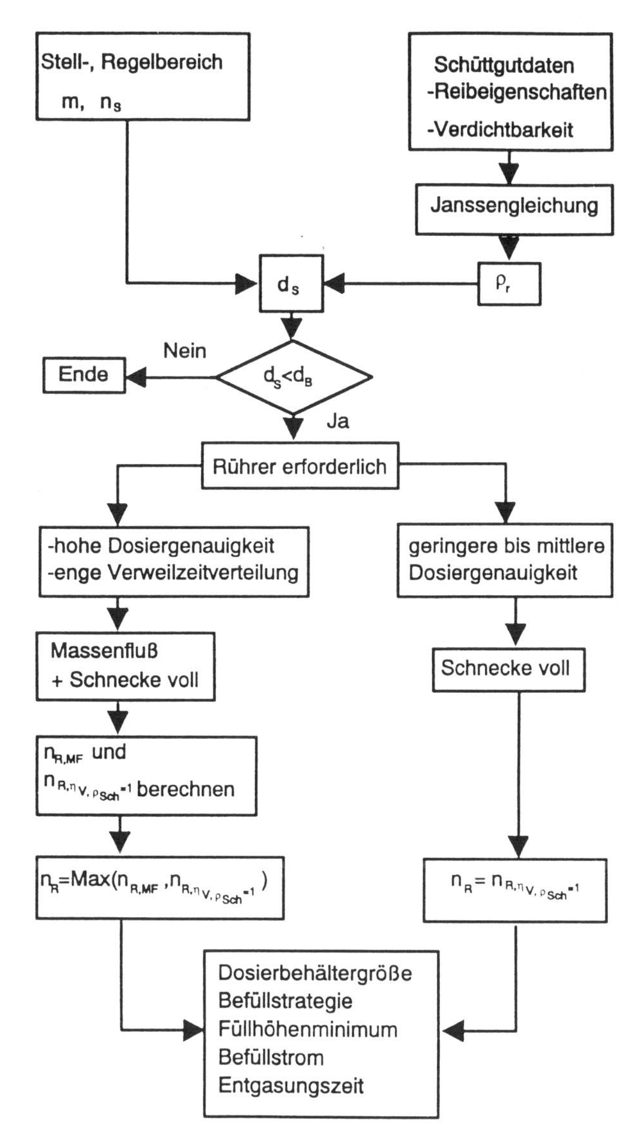

Bild 11: Auslegungsstrategie für konzentrischen Rührer

Ursache für Schüttgutdichteänderungen bei der Wiederbefüllung ist schwankender Schüttgutdruck in Schneckenebene:

- Durch unterschiedliche Füllhöhe variiert die Vertikallast.
- Der Nachfüllstrom übt beim Aufprall auf den Schüttgutrest im Dosierbehälter einen Impuls mit resultierender Druckänderung aus.

Zur Befüllstrategie gehört eventuell auch die Einstellung genügender Verweilzeit zur Schüttgutentgasung nach Befüllfluidisierung.

Die Auswirkung der reinen **Füllhöhenänderung** auf die Schüttgutdichte zeigt Bild 12a beispielhaft für verschiedene Schüttgüter.

Dazu wurden $\varrho_p = f(p)$-Daten verschiedener Schüttgüter aus Komprimeteruntersuchungen mit der Janssengleichung [21] auf Füllhöhe umgerechnet.

Typisch ist der starke Dichteanstieg im Bereich kleiner Füllhöhen, während die Dichte bei größeren Füllhöhen einem Sättigungswert entgegenstrebt.

Die Schüttgutdichte kann sich bei kompressiblen Schüttgütern beim Befüllimpuls beträchtlich ändern.

Um Schwankungen entgegenzuwirken, kann man sich den Effekt zu Nutze machen, daß viele Schüttgüter bei üblichen Füllhöhen von 0,5 m bereits nahe ihrer Enddichte sind [4]. Am Beispiel eines stark verdichtbaren Schüttgutes (Kalksteinmehl) zeigt Bild 12b (Kurve I) eine Befüllstrategie. Läßt man nämlich die Füllhöhe nicht unter eine Grenze (im Beispiel $h_F > 0,5$ m) absinken und befüllt stets oberhalb davon, so werden Dichteschwankungen wirkungsvoll unterbunden. Diese Methode erfordert allerdings größere Dosierbehälter oder häufigere Nachfüllungen.

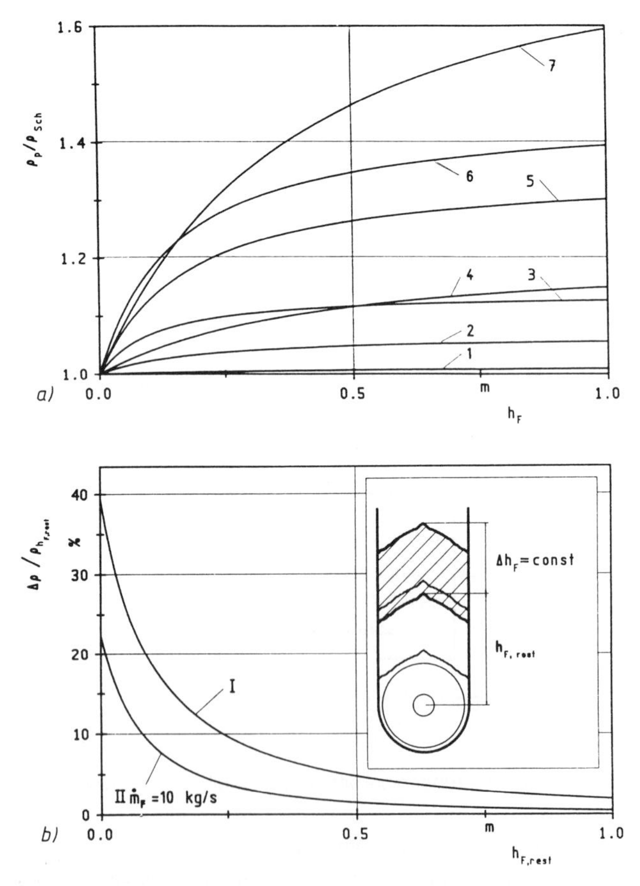

Bild 12: Befüllstrategie
a) Dichteabhängigkeit von Schüttgütern von der Füllhöhe 1) PP-Granulat; 2) Quarzsand; 3) REA-Gips; 4) Titandioxid; 5) Bentonit; 6) Kalksteinmehl; 7) Kieselgur nach [21]
b) Relative Dichteänderung durch Füllhöhenänderung (Kurve I) und reinen Befüllimpuls (Kurve II) in Abhängigkeit von der Restfüllhöhe

Bekannt ist auch die Korrektur der Dichteschwankungen durch Nachsteuerung der Schneckendrehzahl entsprechend der Füllhöhe nach experimenteller Kalibrierung [2].

Befüllimpulse verursachen, da Dosierdifferentialwaagen beim Befüllvorgang meßtechnisch „blind" sind, stets Dosierstromschwankungen.

Abhilfe schafft entweder die Verminderung des Impulses selbst oder eine wirksame permanente Vorkompression des Schüttgutes durch genügende Restfüllhöhe.

Impulsminderung erzielt man mit „schonender" Befüllung, also kleiner Fallhöhe und geringerem Befüllmassenstrom, was mindestens ein einstellbares Vordosierorgan erfordert und die volumetrische Dosierphase verlängert.

Bild 12b (Kurve II) zeigt die Abschätzung der Dichteänderung für ein kompressibles Schüttgut bei „schlagartiger" Befüllung durch Befüllimpuls.

Da alle Schneckenformen fluidisierte Schüttgüter nicht genügend genau volumetrisch dosieren können, sollte das Schüttgut bei Schneckeneintritt wieder zum kohäsiven Zustand zurückkehren, wozu **genügende Entgasungszeit** erforderlich ist. Es sind daher die minimale Füllhöhe zur Vermeidung von Schüttgutdichteschwankungen und die minimale Verweilzeit zur Entlüftung geeignet abzustimmen, wobei die Parameter in die gleiche Richtung wirken.

5. Symbolverzeichnis

A_{fw} wirksamer Transportquerschnitt
b_R Rührerblattbreite
d_B Brückenspannweite
$d_{p,50}$ mittlere Partikelgröße
d_{Rw} Rührerdurchmesser
d_{Ra} Rühreraußendurchmesser
d_{Ri} Rührerinnendurchmesser
d_S Schneckendurchmesser
f_C Druckfestigkeit
$F_{k,p}$ Fließwert
g Gravitationskonstante
G, G_M Gewicht
h_F Füllhöhe
$h_{f,\,rest}$ Restfüllhöhe
i_R Rührerarmanzahl
l_S zugängliche Schneckenlänge
l_e Länge der Einzugszone
m Masse
$\dot{m}$, $\dot{m}_D$ Dosierstrom
$\dot{m}_F$ Befüllmassenstrom
$\dot{m}_{R,\,vol}$ volumetrischer Rührmassenstrom
$\dot{m}_{R,\,Sch}$ Rührermassenstrom an der Schnittstelle zum Rührerwirkkreis
$\dot{m}_{S,\,\varrho Sch}$ Dosierstrom bei gerade voll gefüllter Schnecke
n Drehzahl
n_R Rührerdrehzahl
$n_{R,\,\eta V,\,\varrho Sch\,=\,1}$ Mindestrührerdrehzahl für voll gefüllte Schnecke
$n_{R,\,MF}$ Mindestrührerdrehzahl für Massenfluß
n_S Schneckendrehzahl
ϱp Schüttgutdruck
s Ganghöhe
t Zeit
v_{ax} axiale Transportgeschwindigkeit
Y Stellgröße

α	Böschungswinkel
β	Auslaufwinkel
$\Delta\varrho_{imp}$	Dichteerhöhung durch Befüllimpuls
ϱ	Dichte
$\varrho_{\Delta hf}$	Dichteerhöhung durch Füllhöhenänderung
$\varrho_{hf, rest}$	Dichte bei Restfüllhöhe $h_{f, rest}$
ϱ_p	Schüttgutdichte bei der Auflast p, reale Dichte
ϱ_{Sch}	Schüttdichte
φ_e	effektiver Reibungswinkel
φ_i	innerer Reibungswinkel
φ_W	Wandreibungswinkel
η_R	Rührerwirkungsgrad
σ	Schüttgutspannung

Schrifttum

[1] Vetter, G.: Dosieren von festen und fluiden Stoffen, Chem.Ing.Tech. 57 (1985) 5, S. 395.
[2] Vetter, G., Wolfschaffner, H.: Entwicklungslinien der Schüttgutdosiertechnik, Chem. Ing. Tech. 62 (1990) 9, S. 695.
[3] Vetter, G.: Systematik und Dosiergenauigkeit der Dosierverfahren für Stoffkomponenten, wägen und dosieren (1990) 6, S. 7; (1991) 1, S. 2.
[4] Vetter, G., Wolfschaffner, H.: Zur schüttgutmechanischen Auslegung von Dosier- Differentialwaagen, Vortrag GVC-Jahrestreffen der Verfahrensingenieure, Köln 1991.
[5] Vetter, G.: Dosiergenauigkeit bei der Stoffdosierung, Chem.-Ing.-Tech. 61 (1989) 2, S. 136.
[6] DIN ISO 3435: Stetigförderer, Klassifizierung und Symbolisierung von Schüttgütern, 02.1979.
[7] FEM 2125: Einfluß der Schüttguteigenschaften auf Gestaltung und Bemessung der horizontalen und leicht geneigten Schneckenförderer (bis etwa 20°), 1989.
[8] FEM 2127: Einfluß der Schüttguteigenschaften auf Gestaltung und Bemessung von Schwingrinnen, 1989.
[9] FEM 2181: Spezifische Schüttguteigenschaften bei der mechanischen Förderung, 1989.
[10] FEM 2321: Einfluß der Schüttguteigenschaften auf die Planung und Auslegung von Silos, 03.1989.
[11] FEM 2381: Spezifische Schüttguteigenschaften der Schüttgüter in bezug auf die Silolagerung. Ermittlung und Darstellung der Fließeigenschaften, 02.1986.
[12] FEM 2481: Spezifische Schüttguteigenschaften bei der pneumatischen Förderung, 1984.
[13] FEM 2581: Schüttguteigenschaften, 1984.
[14] FEM 2582: Allgemeine Schüttguteigenschaften hinsichtlich der Klassifizierung und Symbolisierung, 1984.
[15] DIN ISO 787, Teil 11: Allgemeine Prüfverfahren für Pigmente und Füllstoffe. Bestimmung des Stampfvolumens und der Stampfdichte, 08.1983.
[16] Vetter, G., Fritsch, D: Zum Einfluß der Zulaufbedingungen von Schneckendosierern auf Dosierstromschwankungen, Chem.-Ing.Tech. 58 (1986) 4, S. 685.
[17] Kammler, R.R.: Verfahren zur Schnellbestimmung der Fließeigenschaften von Schüttgütern, Aufbereitungstechnik 3 (1985) S. 136.
[18] Runge, R.: Eigenschaftsbeziehungen für Schüttgüter, Vortrag bei der Sitzung des GVC Fachausschusses ,,Agglomerations- und Schüttguttechnik'', Freising-Weihenstephan, Mai 1991.
[19] Vetter, G., Fritsch, D., Wolfschaffner, H.: Schüttgutmechanische Gesichtspunkte bei der Auslegung von Schneckendosiergeräten, Chem.-Ing.-Tech. 62 (1990) 3, S. 224.
[20] Svarovsky, L.: Powder Testing Guide: Methods of Measuring the Physical Properties of Bulk Powders, Elsevier Apllied Science, New York 1987.
[21] Fritsch, D.: Zum Verhalten volumetrischer Schneckendosiergeräte für Schüttgüter, Dissertation, Erlangen 1988.
[22] Janssen, H.A.: Versuche über Getreidedruck in Silozellen, Zeitschrift des Vereins deutscher Ingenieure 39 (1895) 35, S. 1045.
[23] Kawakita, K., Lüdde, K.H.: Some Considerations on Powder Compression Equations, Powder Technology 4 (1970) S. 61.
[24] Molerus, O.: Schüttgutmechanik, Springer-Verlag, Berlin 1985.
[25] Wolfschaffner, H.: Zur Wirkung von Rührwerken auf den Schüttgutfluß in Schneckendosiergeräten, Dissertation, Erlangen 1992.
[26] Vetter, G., Wolfschaffner, H.: Zur Schüttgutmechanischen Auslegung von Dosierdifferentialwaagen. Vortrag bei der Sitzung des GVC-Fachausschusses ,,Agglomerations- und Schüttguttechnik''. Köln, Mai 1990.

3.3 Diskontinuierliche Dosierwaagen

Diskontinuierliche, gravimetrische Dosierung von Schüttgütern und Fluiden

Von E. NAGEL[1])

1. Abgrenzung diskontinierlicher und kontinuierlicher Dosierwaagen

Gravimetrisches Dosieren von Stoffkomponenten bedeutet das quantitative Abmessen einer Stoffmenge nach vorgegebenem Sollwert.

Dies kann manuell oder automatisch gesteuert werden. Dem industriellen Prozeß entsprechend kann die gravimetrische Stoffmengenabmessung diskontinuierlich oder kontinuierlich erfolgen.

Letzteres zielt auf förderstärkengeregelte gravimetrische Dosierung in z. B. t/h des Materialstromes nach vorgegebenem Sollwert. Hierbei steht die quantitative Mengenabmessung (z. B. in Tonnen) im Hintergrund, wenngleich die gravimetrische Mengenerfassung zusätzlich erfolgt, z. B. zur Mengenbilanzierung oder -begrenzung (Abschaltung), wie dies bei Mühlen-, Mischer-, Kneter- oder Ofenbeschikkungen der Fall ist.

Jedoch gibt es auch sogenannte Durchlaufmischer und Durchlaufmühlen, bei denen keine Mengenbegrenzung und somit keine Abschaltung des Stoffflusses gewünscht ist.

Kontinuierliche Waagen erfordern also eine Kurzzeitkonstanz in der Dosiergenauigkeit der Förderstärke aus der durch Integration die Fördermenge gebildet werden kann.

Diskontinuierliche Waagen erfordern in der Standardanwendung keine hochkonstante Förderstärke, sondern die Dosierung einer Fördermenge in kürzest möglicher Zeit, mit optimaler Abschaltgenauigkeit bezogen auf einen vorgegebenen Sollwert.

Die erforderliche bzw. erlaubte Dosierzeit je Komponente ist neben der Abschaltgenauigkeit ein wichtiges Kriterium einer diskontinuierlich arbeitenden Dosierwaage, weil der Prozeß bzw. das Anlagenkonzept meist beides vorgibt. Abschaltgenauigkeit und erforderliche Dosierzeit stehen hierbei im Widerspruch zueinander:

Hohe Abschaltgenauigkeit erfordert längere Dosierzeit und umgekehrt.

Die Förderstärke des Materialstromes wird deshalb während des Dosiervorganges heruntergeregelt, beginnend mit Grobstrom und übergehend zum Feinstrom. Das Abregeln kann hierbei stufenweise oder kontinuierlich in Abhängigkeit vom Vergleich zwischen Soll- und Istwert erfolgen (Bild 1).

2. Entscheidungskriterien

Wägen und Dosieren ist ein Mittel zur Qualitätssicherung in der Verfahrenstechnik.

Im Produktionsprozeß dienen Waagen vorwiegend zur Erzeugung eines Produktes mit gleichbleibendem Standard. Waagen zur innerbetrieblichen Nutzung unterliegen meist nicht der Eichpflicht.

Trotzdem sind die Genauigkeitsforderungen an diese Waagen oft höher als an eichpflichtige Waagen.

Ein typisches Beispiel sind dosierende Waagen in Gemengeanlagen. Aufgabengemäß soll damit ein gleichbleibendes rezeptgetreues Verhältnis der beteiligten Komponenten eines Gemenges garantiert werden.

Die eingesetzten Wägesysteme müssen hohe Zuverlässigkeit (Verfügbarkeit), Wäge- und Dosiergenauigkeit aufweisen.

Integrationsfähigkeit in moderne elektrische Automatisierungskonzepte ist technischer Standard.

Nachfolgend werden wesentliche Entscheidungshilfen erläutert.

---

[1]) Dipl.-Ing. (FH) E. Nagel, Schenck AG, Darmstadt

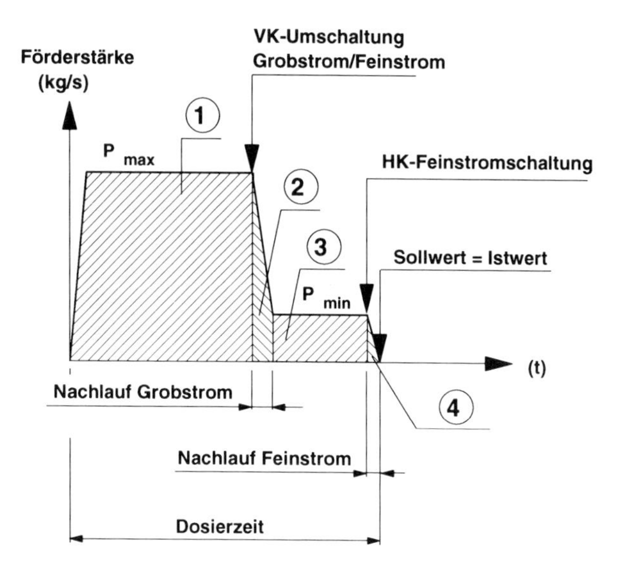

Bild 1: Verlauf des Dosierstromes bei stufenweiser Steuerung des Dosierorgan-Antriebs

L: 1 Grobstrommenge
2 Nachstrommenge Grobstrom
3 Feinstrommenge
4 Nachstrommenge Feinstrom
VK Vorkontakt
HK Hauptkontakt

2.1 Eichpflichtige Handels- und Abfüllwaagen

Aufgrund der geforderten Genauigkeit kommen hierbei in der Regel diskontinuierliche Waagen zum Einsatz:

- Handelswaagen, wie z. B. Verlade- und Annahmewaagen, auf denen ein Produkt nach vorgegebenem Sollwert eichpflichtig verwogen und per Gewicht verkauft wird
- Waagen in der Pharmazie, wegen der geltenden Vorschriften
- Abfüllwaagen zur Abfüllung fester Gebindegrößen.

Abfüllwaagen werden, weil kein allgemeines Dosierproblem, hier nicht weiter behandelt.

2.2 Prozeßbedingte Genauigkeitsanforderungen

Diskontinuierliche Prozesse erfordern in der Regel auch diskontinuierliche Waagen (Bild 2), weil

- der Prozeß chargenweise Bereitstellung der Stoffmengen erfordert,
- diese Waagen genauer sind,
- das Chargenbilden, Abschalten, genauer, schneller und problemloser möglich ist,
- das mechanische layout „platzsparender" und wirtschaftlicher ist.

Kontinuierliche Prozesse erfordern in der Regel kontinuerliche Waagen; dem können jedoch die Anforderungen an die Dosiergenauigkeit und Mischqualität widersprechen.

Die Bereitstellung des Gemenges in „Sandwich-Technik" mit Dosierbandwaagen und nachgeschaltetem Durchlaufmischer ist bei vielen Prozessen die richtige Lösung.

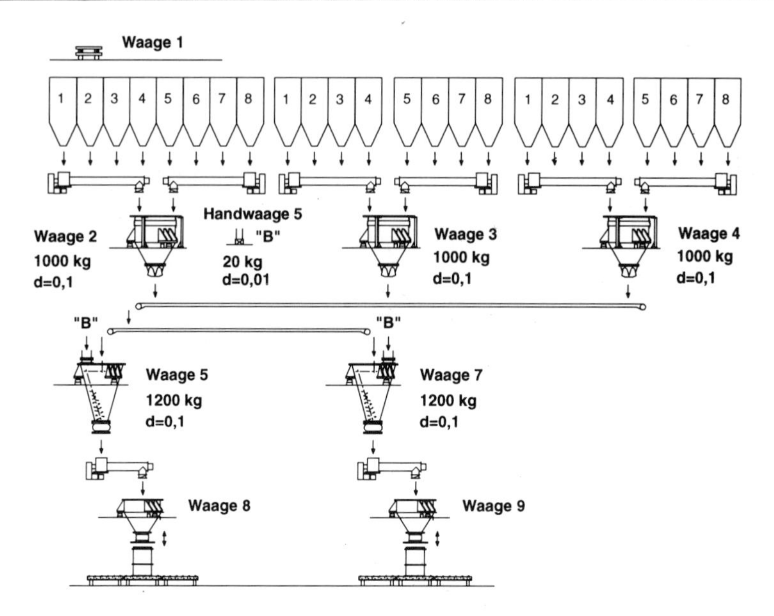

Bild 2: Diskontinuierlicher Prozeß mit diskontinuierlichen Waagen

Ein kontinuierlicher Prozeß mit diskontinuierlicher Gemengebildung

ist beispielsweise das Beschicken der Glaswanne und die Glasproduktion. Es handelt sich zwar prinzipiell um einen kontinuierlichen Prozeß, jedoch werden außergewönlich hohe Anforderungen an die Genauigkeit der Rezeptur und die Mischqualität gestellt (Bild 3).

Solche Anlagen arbeiten meist nur mit ein bis zwei Rezepturen, aber auch mit einer größeren Zahl Kleinstmengenanteilen.

Realisiert werden, bezogen auf den Wägebereichsendwert:
0,05 % statische Wägegenauigkeit und
0,05 % Abschaltgenauigkeit der Dosierung.

Derartige Anlagen werden aus folgenden Gründen mit Einkomponenten-Abzugswaagen realisiert:

- Große Vorratsbunker sind nötig, mit denen sich ein Konzept mit Mehrkomponentenwaagen nur schlecht realisieren läßt
- zur Erhöhung der Mischqualität ist zeitgestaffelte Entleerung auf die Förderbänder nötig („Sandwich-Bildung").
- Die Genauigkeitsforderungen sind mit Einkomponentenwaagen besser zu beherrschen als mit Mehrkomponentenwaagen (Vermeidung von Entleerfehlern). Die Entnahmewaage zeigt nur die Menge an, welche die Waage tatsächlich verlassen hat.
- Anpassung des Wägebereiches an die Sollwerte der Einzelkomponenten.
- Justierung der Waage auf kleinste Abweichung vom Sollwert, wenn mit fast konstantem Rezept gefahren wird.

Diskontinuierliches Wägen eines kontinuierlichen Schüttgutstromes

erfolgt mit selbsttätigen, eichfähigen Handelswaagen, bei denen das Wägegut selbsttätig zugeführt, in einzelnen Füllungen gewogen und abtransportiert wird. Dieser automatische Ablauf wird ohne Eingreifen von Bedienungspersonal immer wieder neu eingeleitet (Bild 4).

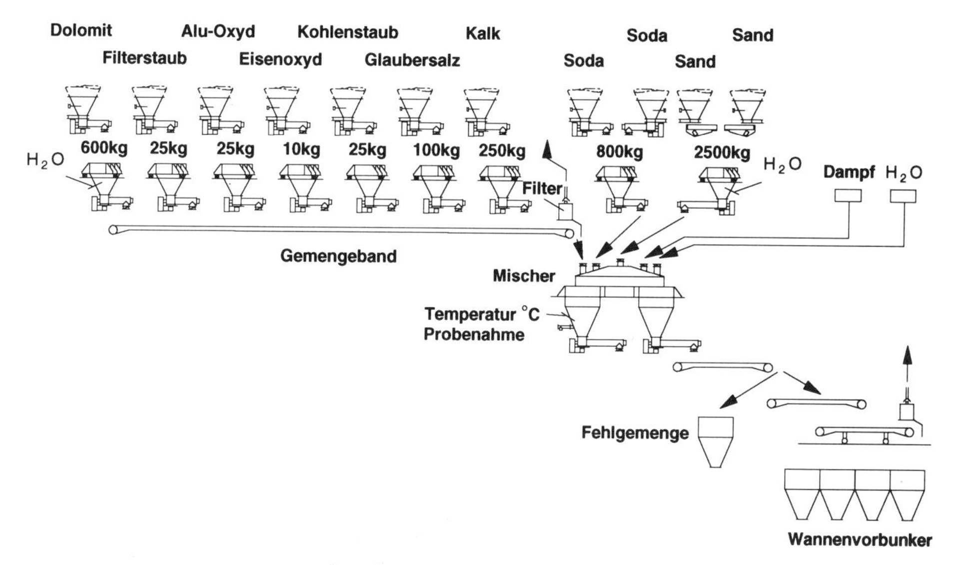

Bild 3: Kontinuierlicher Prozeß mit diskontinuierlicher Gemengeanlage – Floatglasanlage –

Im Chargenbetrieb für Verladeanlagen wird nach vorgegebenem Mengensollwert ein Soll-Ist-Vergleich mit automatischer Abschaltung der Förderung (Dosierung) durchgeführt.

2.3 Mehrkomponentendosierung

Mehrkomponentendosierung mit Rezeptur (Sollwerte je Komponente) kann diskontinuierlich in einer Waage realisiert werden, wenn dies die geforderte Dosiergenauigkeit und der nachgeschaltete Prozeß erlauben (Bild 5)

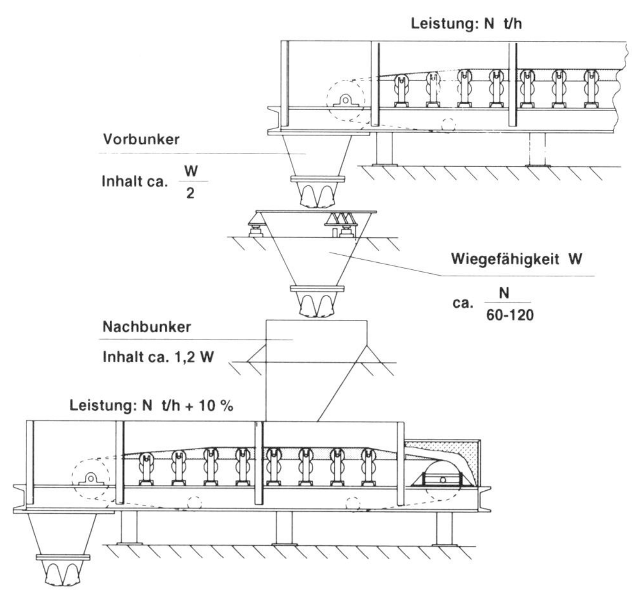

Bild 4: Diskontinuierliches Wägen eines kontinuierlichen Materialstromes (Annahmewaagen/Verladeanlagen SWW)

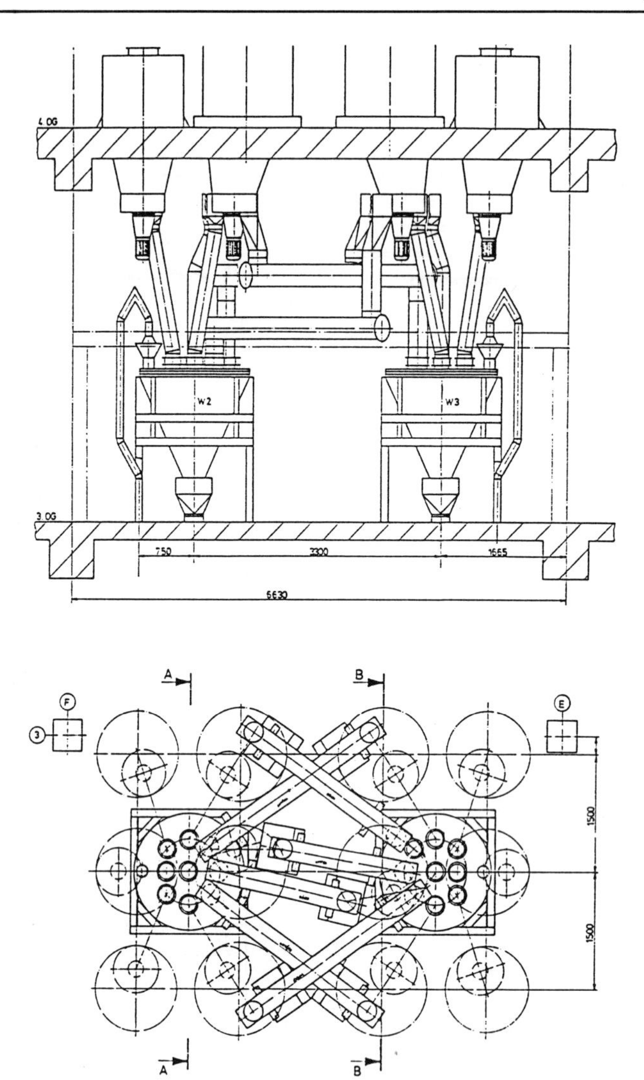

Bild 5: Mehrkomponentendosierung

Die Wägegenauigkeit der diskontinuierlichen Waagen ist um den Faktor 5 bis 10 besser als bei kontinuierlichen. Bei letzteren wird indirekt „durch" ein Transportorgan (Förderband) gewogen.

Bei einem Konzept mit kontinuierlichen Waagen würde je Komponente eine separate Waage erforderlich sein.

Der wirtschaftliche Aufwand wäre unverhältnismäßig höher.

2.4 Große Stoffmengenanteile: kombinierte diskontinuierliche und kontinuierliche Chargierung

Mitunter gibt es prozeßtechnische Zwänge, die für die Gemengeaufbereitung eine Kombination aus diskontinuierlich und kontinuierlich arbeitenden Waagen erfordern.

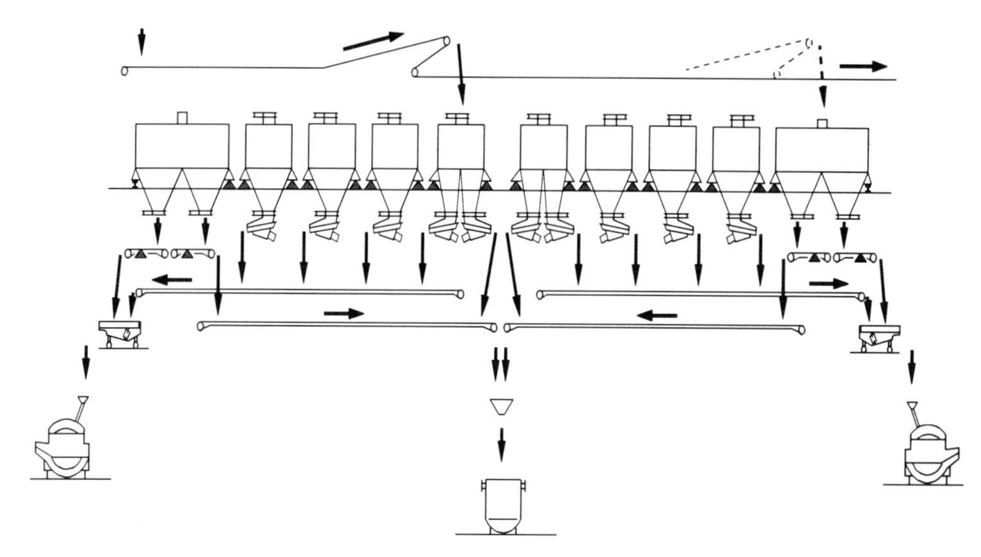

Bild 6: Kombination kontinuierlicher und diskontinuierlicher Waagen im Chargenprozeß (E-Ofen-Beschickung)

Bei der Elektro-Schmelzofen-Beschickung handelt es sich um einen diskontinuierlichen arbeitenden Chargenprozeß. Die Legierungsmittel und die meisten Zuschläge werden mit diskontinuierlich arbeitenden Waagen bereitgestellt (Bild 6).

Pellets und Kalkstein sind jedoch in sehr großen Mengen erforderlich, und daher erfolgt – abhängig vom Schmelzprozeß sowie gesteuert über die Stromaufnahme der Schmelzelektroden, die Langzeit-Chargierung dieser beiden Komponenten mit kontinuierlichen Waagen, die aber chargenweise abgeschaltet werden.

3. Prinzipielle Baugruppen

Die mechanischen Baugruppen bestehen aus:

- Der Lastaufnahme (in der Regel Behälter)
- den Lasteinleitungselementen
- den Wägezellen
- den Dosierorganen
- den Verschlußorganen
- ggf. Austragshilfen

Das zugehörige Engineering umfaßt nachstehende Problemlösungen:

- Die konstruktive Gestaltung der Lastaufnahme
- die korrekte Lasteinleitung
- Füllen und Entleeren (Dosierorgane, Klappen, Ventile, Förderer usw.)
- Regelung und Steuerung der Stoffmengen
- die Wäge- und Dosiergenauigkeit.

3.1 Lastaufnahmen sind bestimmt durch Dosiergut und Prozeß

Es kann sich um eine einfache Abfüllwaage (Plattformwaage mit Füllgeschirr) oder im komplexeren Fall um eine Gemengeanlage mit mehreren Waagen handeln.

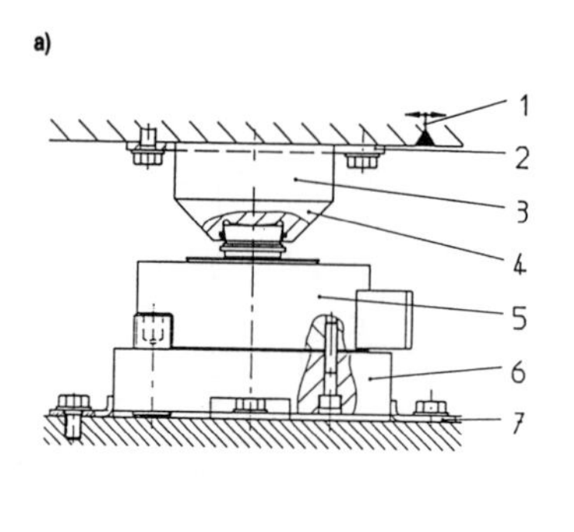

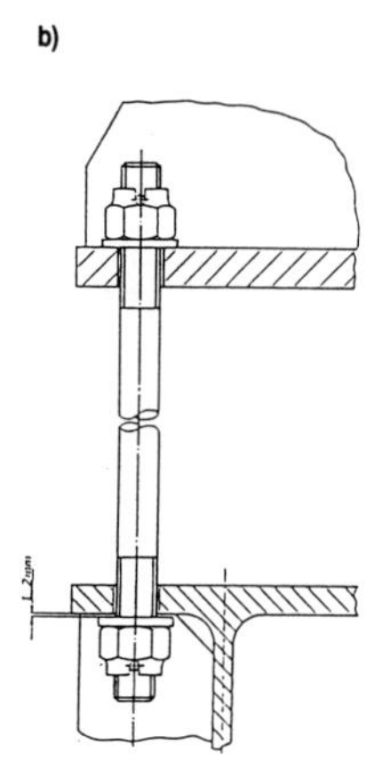

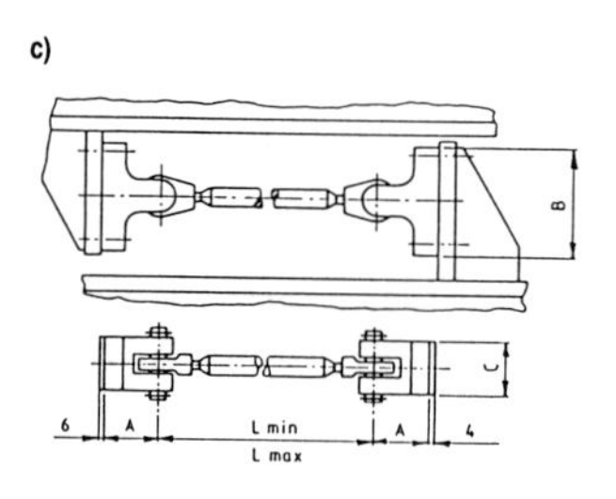

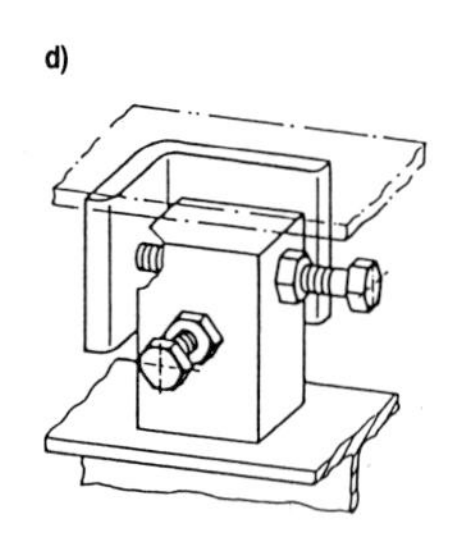

Bild 7: Lasteinleitungselemente

L: a) Zusammenstellungszeichnung Wägezelle + Lager
b) Abhebesicherung
c) Zug-Druck-Lenker
d) Stoßfänger

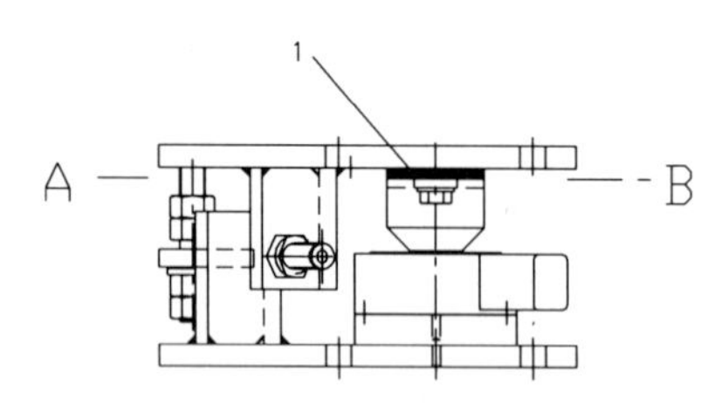

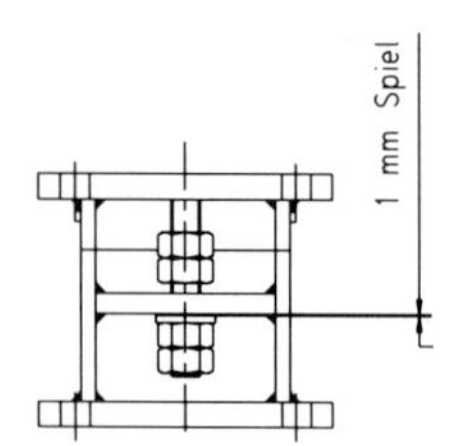

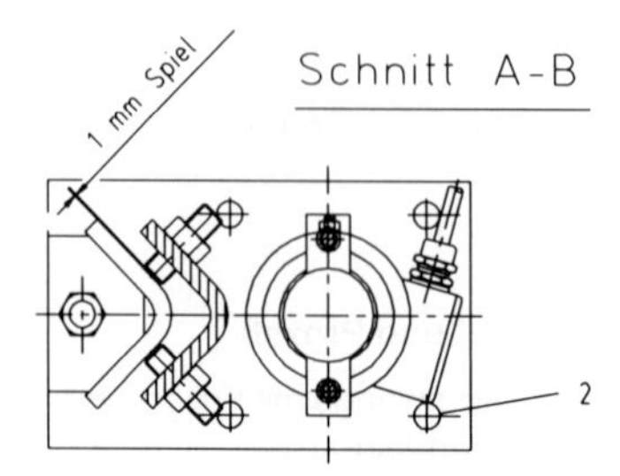

Bild 8: Kompaktlager

L: 1 Ausgleichbleche
2 Löcher für Befestigungsschrauben

Besondere Beachtung ist hierbei der ,,Lasteinleitung" in die Wägezellen zu widmen, die momentfrei, kraftnebenschlußfrei, vollständig, senkrecht und punktförmig erfolgen muß.

3.2 Lasteinleitungselemente

Lager, Stoßfänger/Lenker, Abhebesicherungen können kompakte Lagereinheiten sein, die alle Elemente eines Lastpunktes beinhalten oder der Lastpunkt wird aus Einzelelementen aufgebaut (Bild 7 und 8).

Das beste elektronische Wägesystem ist nutzlos, wenn in der mechanischen Lasteinleitung Versäumnisse vorliegen.

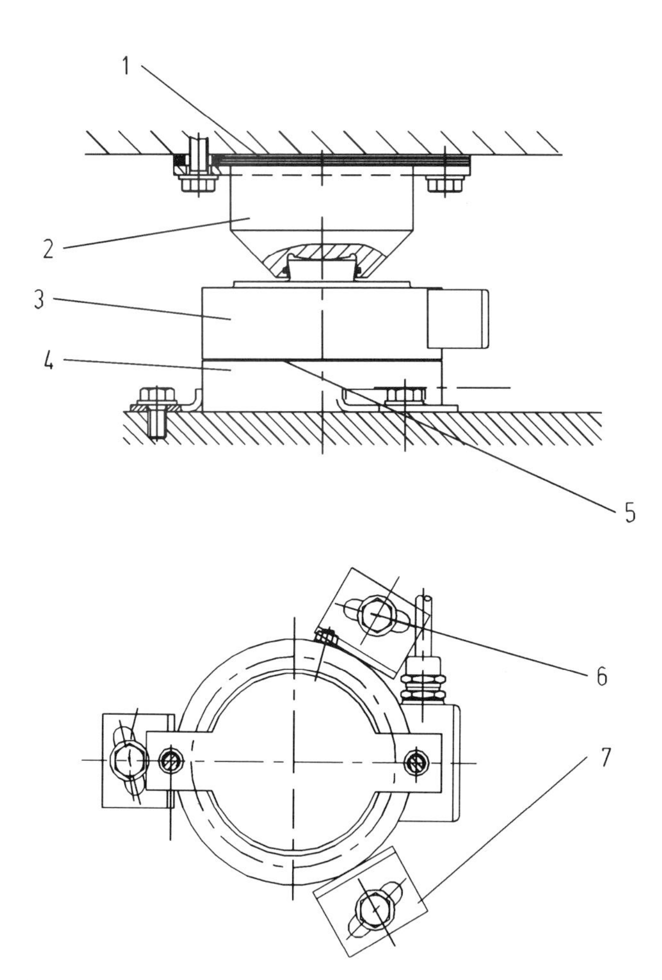

Bild 9: Elastisches Lager

L: 1 Ausgleichbleche
2 Elastomer-Druckstück
3 Wägezelle
4 Grundplatte
5 Fläche für Überlastsicherung
6 Befestigungsschrauben
7 Fixierstücke, nach Ausrichten anschrauben oder anschweißen

Die **Lager** differieren stark in Funktion und Ausführung entsprechend den Anforderungen der spezifischen Wägezellen.

Die Standardausführung für Druckwägezellen sind obere und untere Lagerplatten mit speziellen Druckstücken, die dafür sorgen, daß die Last punktförmig und vertikal in den Lastknopf der Wägezelle übertragen wird.

Sogenannte Pendellager sind nicht selbstzentrierend, sie erfordern daher eine Lenkerabspannung, welche die vertikale Lasteinleitung aufrecht erhalten und störende Seitenkräfte aufnehmen.

Selbstzentrierende Lager arbeiten lenkerfrei; dynamische Seitenkräfte (Stoßbelastungen) werden durch elastische Verformung des Lagers in seitlicher Richtung aufgenommen (Bild 9).

Eine Lastaufnahme, die lenkerfrei, selbstzentrierend montiert ist, kann sich in bestimmten Grenzen unter horizontalen Stoßbelastungen frei bewegen und kommt automatisch in ihre Ruhelage zurück, wenn die Seitenkräfte abklingen. Zwei Beispiele für Lasteinleitungen bei Behälterwaagen sind in Bild 10 und 11 dargestellt.

Lenker erfordern Wartung und können die Wägegenauigkeit negativ beeinflussen (Kraftnebenschluß durch falsche Justage, Setzerscheinungen, insbesondere bei Bühnenkonstruktionen, Verwindungen der Rahmenkonstruktion in fahrbaren Waagen, Verformung der Lastaufnahme während unter-

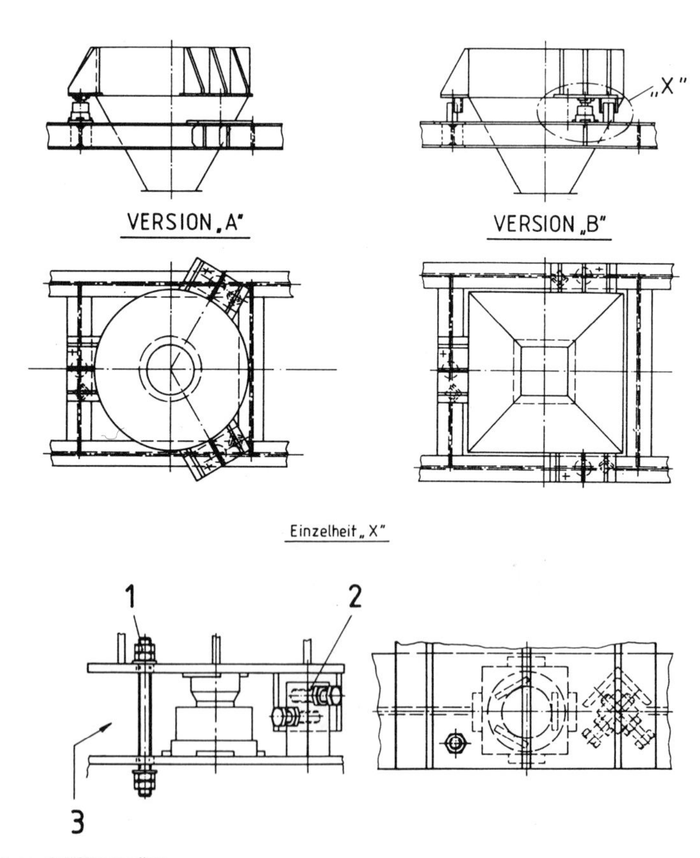

Bild 10: Behälter auf 3 Wägezellen

L: 1 Abhebesicherung
2 Stoßfänger und Sicherheitsstütze
3 Raum für Hubvorrichtung

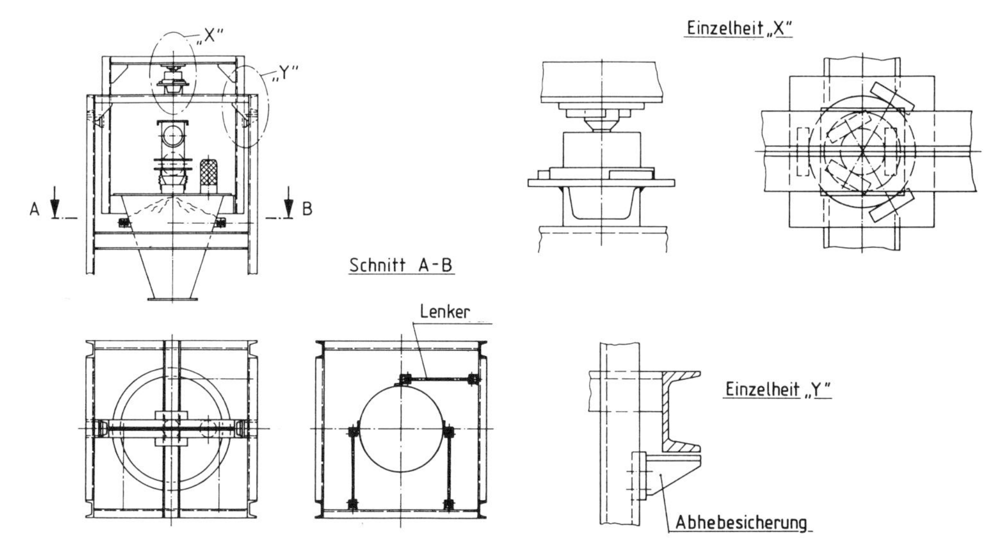

Bild 11: Behälter mit einer Wägezelle und Lenkern

schiedlichem Füllungsgrad). Nicht in jedem Fall kann auf Lenker verzichtet werden, wie spätere Beispiele zeigen werden.

Stoßfänger sind nötig für nichtgefesselte, lenkerlose Lastaufnahmen. Sie begrenzen die horizontale Bewegungsfreiheit der Lastaufnahme in Verbindung mit selbstzentrierenden Lagern auf ein akzeptables Maß (einige Millimeter).

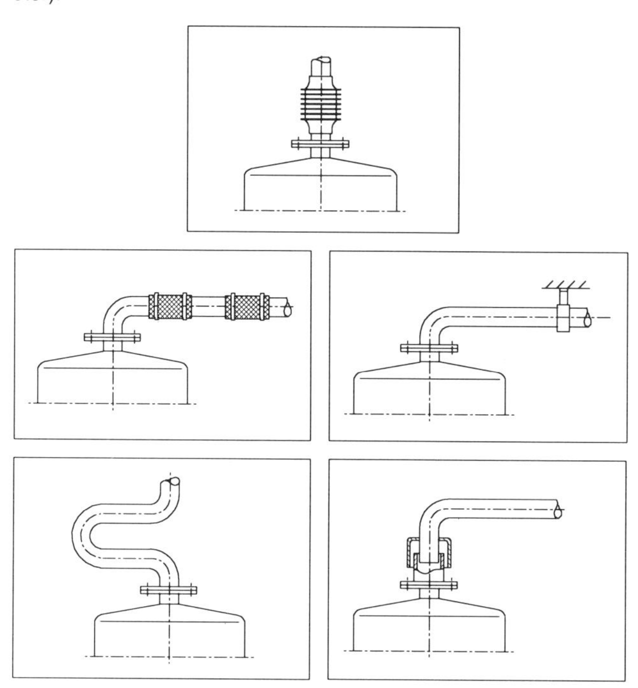

Bild 12: Anschlußmöglichkeiten von Rohren (mit und ohne Kompensatoren)

Abhebesicherungen sind nötig, wenn die Gefahr des Kippens der Lastaufnahme durch dynamische Stöße oder Kräfte besteht.

Relevant ist dies bei kleinen Nennlasten, Windeinfluß bei hohen Behältern im Freien, fahrbaren Waagen, ungünstiger Schwerpunktslage der Lastaufnahme zur Abstützebene.

Kompensatoren und flexible Verbindungen sind erforderlich wenn z. B. Rohrleitungen an Reaktionsgefäße, pneumatische Sendegefäße usw. herangeführt werden müssen, die gewogen werden sollen.

Möglichkeiten einer weitgehend kraftnebenschlußfreien Anbindung werden in den Bildern 12–14 dargestellt.

Für Entstaubungsanschlüsse sind flexible Manschetten oder „offene Absaugungsanschlüsse" die Lösung. Ähnliches gilt für den kraftnebenschlußfreien Anschluß von Dosierorganen an Lastaufnahmen.

Maßnahmen zur Vermeidung von Wägefehlern:

- Bühnenkonstruktionen ausreichend steif auslegen, Durchbiegung maximal 1/1000 der Stützweite. (Risiken: Schrägstellung in der Lasteinleitung; niederfrequente Schwingungen).
- Rohrleitungen mit Kompensatoren möglichst horizontal heranführen (keine Kompensatorkräfte in Meßrichtung)
- Rohrleitungsfestpunkte starr mit der Waagenbühne verbinden
- Vertikalleitungen möglichst weich kompensieren, bei Druckbehältern, Kompensation auf Ober- und Unterseite
- Entlüftung für Kühl-Heizmantel vorsehen
- Berücksichtigung verschiedener Betriebszustände (Druck, Temperatur, Heizen, ...) bei der Justage
- Zwischentarierung, wenn Wechsel zwischen Kühlen und Heizen erfolgt

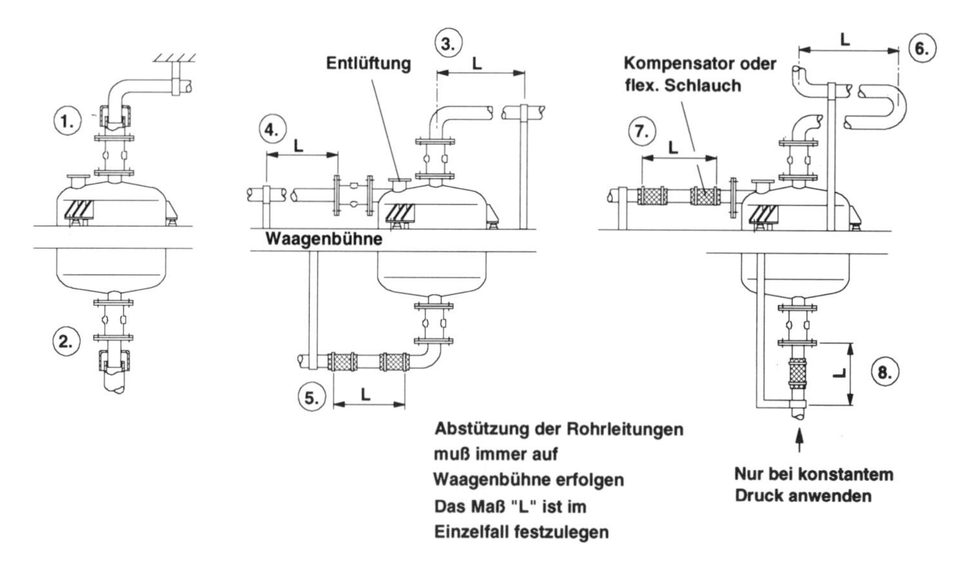

Bild 13: Ausführungsdetails für Rohranschlüsse (mit und ohne Kompensatoren)

L: 1. Freier Einlaufstutzen
2. Freier Auslaufstutzen
3./4. Langes Einlaufrohr
5./7./8. Elastische Rohrverbindung
6. Rohrbogen

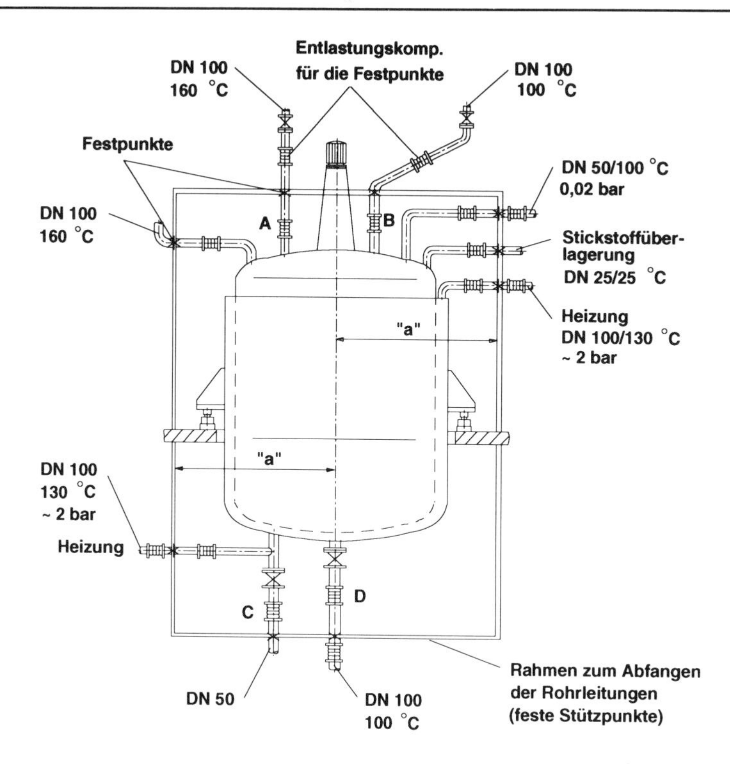

Bild 14: Rohrleitungsanschlüsse an einer Mischerwaage
L: Die außenliegenden Kompensatoren fangen Wärmedehnungen auf
Die Kompensatoren A, B, C und D sind senkrecht eingebaut, um Produktablagerungen zu verhindern

- richtige Kompensatorenauswahl, Berücksichtigung der Druckverhältnisse in den Rohren und Behältern
- Horizontalleitungen gleichmäßig am Behälterumfang verteilen.

3.3 Wägezellen (DMS)

Wägezellen sind Meßaufnehmer für die elektrische Messung von Gewichtskräften (DIN 8210).

Wägezellen nutzen den Effekt der elastischen Verformung eines metallischen Meßkörpers (Feder) unter Last.

Die Verformung wird auf vier Dehnungsmeßstreifen (DMS) übertragen, die auf den Meßkörper geklebt und elektrisch zu einer Wheatstoneschen Vollbrücke zusammengeschaltet sind.

Neben der mehrheitlich genutzten DMS-Technik sind industriell noch andere Methoden üblich. An dieser Stelle sollen einige Bemerkungen zu verbreiteten Bauformen von DMS-Wägezellen genügen.

In der Regel haben Meßfedern, die Biegung oder Schub ausgesetzt sind, eine charakteristische Empfindlichkeit von bis zu 2 mV je Volt Speisespannung.

Die klassische Form einer Meßfeder ist der Stabmeßkörper, auf den vier mäanderförmige DMS-Gitter aufgeklebt werden, die die Verformung unter Last partiell messen.

Prinzipiell beinhaltet diese Methode einige Nachteile:

- Der Querschnitt ändert sich mit steigender Last, was prinzipielle Nichtlinearitäten erzeugt, die durch Halbleiter-DMS kompensiert werden müssen.

- Die Empfindlichkeit in der Querrichtung (Dehnung) ist nur ca. ein Drittel so groß wie in der Vertikalen (Stauchung).
- Der relativ hohe Meßkörper ist sehr empfindlich gegen Seitenkräfte, so daß er mit einer Stabilisierungsmembrane gestützt werden muß.
- Der relativ niedrige Innenwiderstand von üblicherweise 350 Ohm begrenzt die mögliche Speisespannung auf 10 ... 12 V und damit die Höhe des möglichen Ausgangssignales auf ca. 20 mV.

Ringmeßkörper (Bild 15) bringen Vorteile:

- Rotationssymmetrische Lasteinleitung mit ringförmig aufgebrachten DMS über den gesamten Umfang.

  Dabei werden jeweils zwei konzentrische DMS auf der abgeflachten Ober- und Unterseite des Ringmeßkörpers aufgebracht, die eine besonders günstige Aufnahme der Zug- und Druckspannungen über die gesamte Fläche ermöglichen.
- Speisespannung bis zu 100 V möglich.
- Gleiche Empfindlichkeit in allen vier DMS entsprechend 2,85 mV/V Speisespannung.
- Resultierendes Ausgangssignal bis ca. Faktor 10 besser als bei Stabmeßkörpern (285 mV!).
- Eingebauter Überlastschutz.

3.4 Verschluß- und Dosierorgane

Zur stetigen kontrollierten Entnahme von Schüttgütern aus Behältern (Vorratssilos, Waagen) sind Austragseinrichtungen notwendig, deren Materialdurchsatz in möglichst weitem Bereich regelbar sein soll.

Die richtige Auslegung ist für die Gesamtfunktion der Dosierwaage entscheidend (Bild 16).

Üblicherweise kommen Dosierschnecken, Schwingrinnen, Kammerdosierer (Zellradschleusen) zum Einsatz, bei Fluiden stufenweise schaltbare Magnetventile oder regelbare Dosierventile/-pumpen.

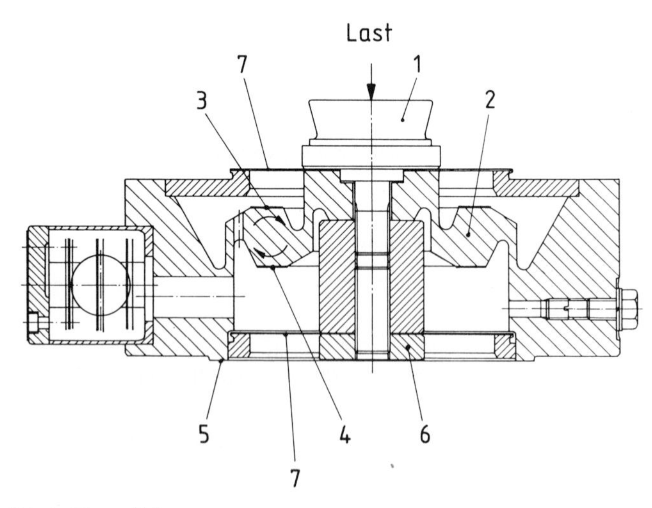

Bild 15: Wägezelle: Prinzip Ringmeßkörper

L: 1 Lasteinleitungskopf
2 Ringmeßkörper
3 DMS gestaucht
4 DMS gedehnt
5 Lastausleitungsring
6 Integrierte Überlastsicherung
7 Verschluß-Membranen

Schieber und Klappen eignen sich nur bedingt für kontrollierte Materialaufnahme; sie dienen als Absperr- bzw. Entleerorgane.

Auf die vielfältigen Arten der Abschlußorgane (Klappen, Schieber, Ventile) wird hier nicht weiter eingegangen, es sei nur erwähnt, daß Entleerorgane eine Doppelfunktion haben können, nämlich die des Abschluß- und des Dosiergerätes.

Durchschießen beim Nachfüllen bzw. Nachrieseln beim Abschaltvorgang muß vermieden werden, z. B. durch pneumatisch gesteuerte Abfangklappen.

Die speziellen Möglichkeiten der Dosierung mit pneumatisch arbeitenden Druck- und Saugfördersystemen werden hier nur vollständigkeitshalber erwähnt.

Austragshilfen unterstützen die Austragsorgane bei Austragsschwierigkeiten:

- Klopfer
- Vibratoren } mit senkrecht gerichteter oder Kreisschwingung
- Schwingböden, -konen
- Rührwerke
- Belüftungswände/-kissen
- Flexible Wägebehälter/-konen

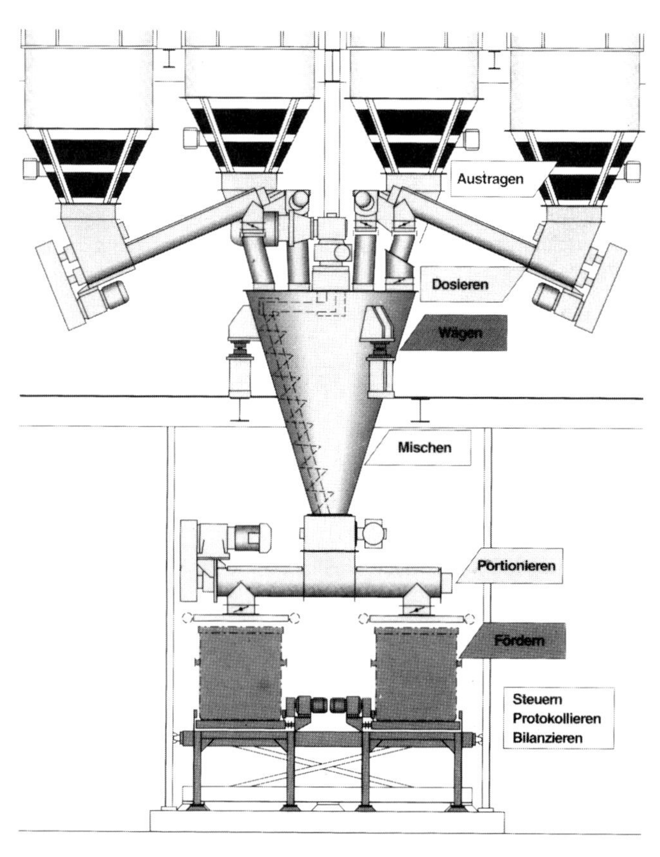

Bild 16: Gemengebildung im Chargenbetrieb
L: Austrags- und Dosierorgane

4. Wäge- und Dosierverfahren

Es wird unterschieden zwischen der Füllwägung mit Ein-/Mehrkomponentenwaagen und der Einkomponenten-Entnahmewägung.

Bei der **Füllwägung** erfolgt das genaue Wägen und Dosieren während des Einfüllens des Wägegutes in das Wägegefäß. Einer Waage können eine oder mehrere Komponenten zugeordnet sein, die additiv mit Zwischentarieren nacheinander eingewogen werden (Bild 16).

Entscheidungskriterien für Ein- oder Mehrkomponentenwägung sind u. a.

- erreichbare Wäge- und Dosiergenauigkeit sollwertbezogen im Verhältnis zum Wägebereich der Waage
- Produktverträglichkeit der Komponenten untereinander
- geometrische Zuordnungsmöglichkeiten mit den sich ergebenden Dosierzeiten.

Beim Entleeren der Waage können durch Materialanbackungen nachträgliche Dosierfehler entstehen.

Die **Entnahmewägung (Abzugswägung)** ist auf Einkomponentenwaagen beschränkt, bei denen der Dosiervorgang nicht wie bei der Füllwägung in die Waage hinein, sondern aus der Waage heraus erfolgt.

Das Dosierorgan befindet sich daher am Ausgang des Wägegefäßes und dient gleichzeitig als Verschluß.

Die Waage wird gefüllt bis zu einem festgelegten maximalen Füllpunkt.

Die Füllung kann wegen geringer Genauigkeitsforderungen mit relativ hoher Leistung, ohne Grob-/Feinstromumschaltung durchgeführt werden. Die Füllmenge muß mindestens dem Sollwert der zu dosierenden Menge entsprechen. Nach Tarieren der gefüllten Waage kann die ausgetragene Menge positiv angezeigt werden, vergleichbar mit der Füllwägung.

Vorteilhaft bei diesem Verfahren ist, daß nur der tatsächlich ausgetragene Gewichtswert von der Waage erfaßt wird; es gibt keine Entleerprobleme, da verfahrensbedingt immer eine Restmenge im Wägegefäß verbleibt.

5. Wäge-und Dosiergenauigkeit

Es müssen die möglichen Einzelfehler – Waagenfehler, Befüllfehler, Steuerungsfehler, Entleerfehler, Transportfehler – des Wäge- und Dosiersystems betrachtet werden, die den Systemfehler ergeben.

5.1 Waagenfehler

Der Waagenfehler setzt sich aus mehreren Einzelfehlern zusammen. Zu den Fehlern aus der Meßkette (Wägezellen, Auswerteeinrichtung) addieren sich evtl. Fehler aus der Belastung von heranführenden Versorgungsleitungen sowie Verfälschungen aus flexiblen Anschlüssen von Dosiergeräten.

Die Waage selbst kann den Fehler nicht ermitteln. Er kann durch Vergleichsmessung – Massen/Kräfte – beim Kalibrieren oder Prüfen festgestellt werden, weshalb er in den Dosierfehler nicht einbezogen wird.

An dieser Stelle eine Bemerkung zur Unterscheidung der Begriffe **Auflösung und Genauigkeit:**

Der Wägebereich wird in eine bestimmte Anzahl Teile aufgelöst, z. B. 1500 kg in 3000 Teile zu 0,5 kg. Dies sagt zunächst über die Genauigkeit der Waage gar nichts aus. Voraussetzungen für eine hohe Auflösung (notwendige aber nicht hinreichende Bedingung für hohe Genauigkeit) sind

- ein hochauflösbares reproduzierbares Wägezellen-Meßsignal und
- eine entsprechende Auswerteeinheit.

Zusätzliche Bedingungen für hohe Genauigkeiten sind

- richtige Lasteinleitungen und

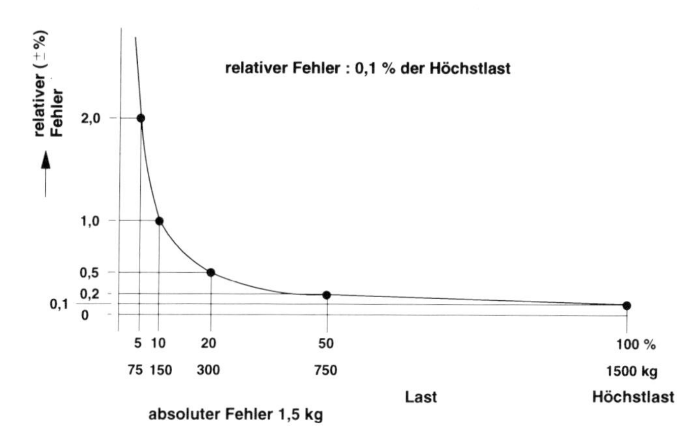

Bild 17: Relativer und absoluter Wägefehler bei Einbereichswaagen

– Kompensation von Rohrleitungskräften.

Eine hochaufgelöste Waage kann demnach mit ungünstigeren Randbedingungen ungenauer sein als eine Waage mit geringerer Auflösung.

Relativer und absoluter Wägefehler

In der Wägetechnik werden die zulässigen ±-Abweichungen von der Sollanzeige durch Fehlergrenzen festgelegt. Diese werden meistens auf den Wägebereichsendwert bezogen.

Aus Bild 17 ist zu ersehen, daß die Angabe eines konstanten, absoluten Fehlers einen steigenden relativen Fehler ergibt.

Gesetzliche Eichfehlergrenzen

Bei speziellen Anforderungen können auch andere Fehlergrenzen angewandt werden, z. B. Staffelung für eichpflichtige Waagen (Handelsklasse III, Bild 18).

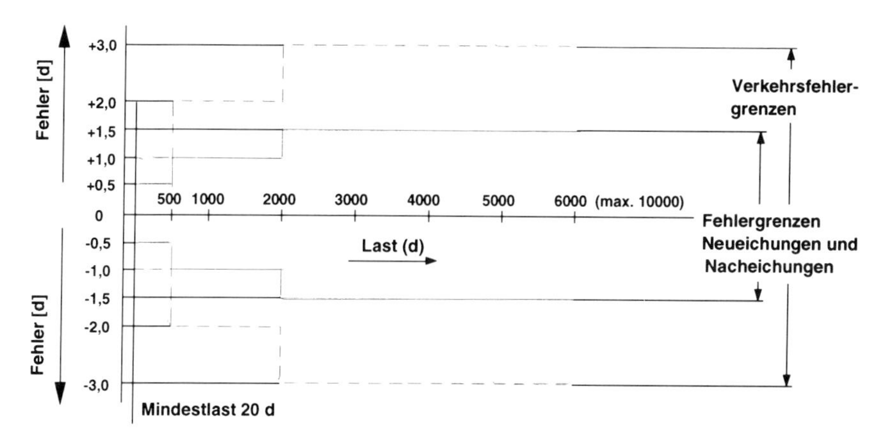

Bild 18: Eichfehlergrenzen für Handelswaagen Klasse III

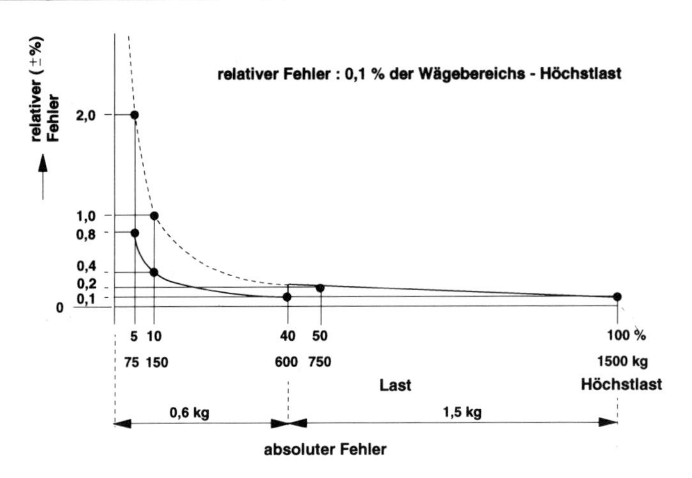

Bild 19: Relativer und absoluter Wägefehler bei Mehrbereichswaagen

Die Staffelung ergibt sich dadurch, daß der zulässige Fehler auf die Teilezahl der digitalen Auflösung, nicht auf den Wägebereichsendwert, bezogen wird! Diese setzt selbstverständlich ein Wägesystem voraus, das in bezug auf Linearität, Reproduzierbarkeit und Größe des verwertbaren Meßsignals diese Genauigkeit zuläßt.

Mehrbereichs- und Mehrteilungswaagen

Eine mögliche Maßnahme zur Genauigkeitsverbesserung ist die Aufteilung des Wägebereiches mit unterschiedlichen Teilungswerten (Auflösungen) und damit die Änderung des Bezugspunktes. Dies erlaubt sowohl die Mehrbereichs- als auch die Mehrteilungswaage. Die Fehlerangabe wird dann auf den Endwert des jeweiligen Wägebereiches bezogen.

Bei der Mehrbereichswaage (Bild 19) besteht eine feste Zuordnung der Bereiche und somit das Problem, daß der kleinste Wägebereich nur am unteren Ende des Gesamtwägebereiches zur Verfügung steht.

Werden beispielsweise in der Pharmazie, wo Eichpflicht besteht, Kleinkomponenten in Mehrkomponentenwaagen eindosiert, sollen diese möglichst nicht als erste Komponente dosiert werden, da die Gefahr des Anbackens am Wägegefäß besteht. Sie sollen dennoch mit der Genauigkeit eingewogen werden können, die der kleinste Teilbereich zuläßt.

Hierfür werden Mehrteilungswaagen eingesetzt, bei denen es möglich ist, an beliebiger Stelle des Wägebereiches die Waage auf „Null“ zu tarieren und dort einen kleinen Wägebereich mit entsprechend kleinerer Teilung und höherer Genauigkeit neu anzusetzen (Bild 20).

Bei nicht eichpflichtigen Waagen wird anstatt der eichfähigen Mehrteilungswaage, deren fiktive Teilezahl bei DMS-Technik z. B. auf 7500 begrenzt ist, eine höherauflösende Einbereichswaage eingesetzt. Damit lassen sich auch höhere Auflösungswerte, z. B. 20000 Teile erzielen.

Genauigkeit bei hochauflösenden, nicht eichpflichtigen Waagen

Sind nicht eichpflichtige Waagen mit der entsprechenden Ausrüstung versehen, lassen sich auf diese die Eichfehlergrenzen als Mittel zur Staffelung der Fehlergrenzen übertragen.

Beispiel:

Wägebereich	4000 kg
Teilezahl	20000
Teilung	d = 0,2 kg

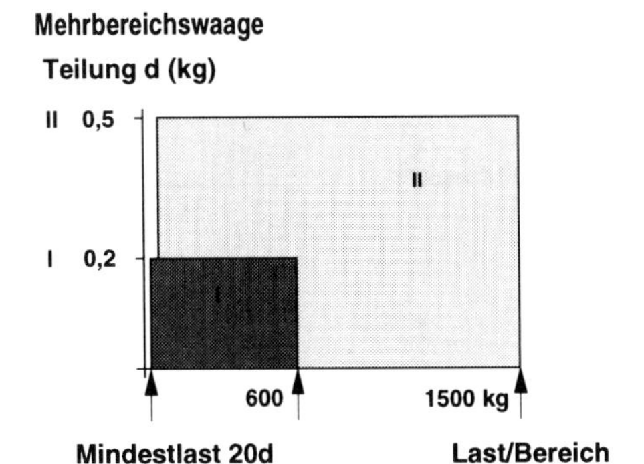

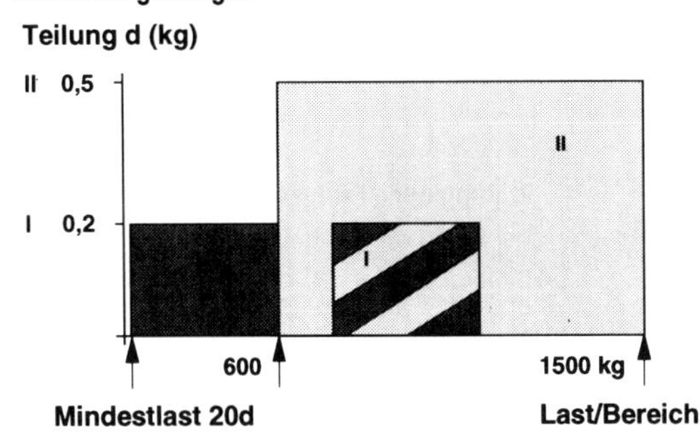

Der kleine Wägebereich steht für den gesammten Wägebereich zur Verfügung

Bild 20: Wägebereich bei Mehrbereichs- und Mehrteilungswaagen

Damit ergeben sich für die einzelnen Bereiche die folgenden Fehler (Bild 18).

Wägebereiche: (Sollwerte)	Fehler
0– 500 d	± 1 d
0– 100 kg	± 0,2 kg
500– 2000 d	± 2 d
100– 400 kg	± 0,4 kg
2000–20000 d	±3 d
400– 4000 kg	± 0,6 kg

Als Fehler wird hier der Verkehrsfehler aus den Eichfehlergrenzen zugrunde gelegt. In Anlehnung an die Verschiebbarkeit der kleineren Wägebereiche (hier: 0–100 kg und 100–400 kg) bei der eichpflichtigen Mehrteilungswaage, läßt sich eine kleine Komponente innerhalb des Gesamtwägebereiches mit der Genauigkeit des kleineren Bereiches einwiegen. Werden Kleinkomponenten bis 100 kg in diese 4000 kg-Waage eingewogen, geschieht dies mit einer Genauigkeit von 0,2 kg. Diese entsprechen theoretisch einem Fehler von ± 0,005 % des Wägebereichsendwertes von 4000 kg.

Im Kennlinienverlauf der Waage kann durch Tarieren in einem kleineren Abschnitt der Kennlinie gearbeitet werden. Dadurch ist auch die Abweichung von der Ideallinie geringer als für den Gesamtwägebereich, wodurch die genannten Fehlergrenzen bei Kurzzeitwägung möglich sind.

Prüfmethoden für statische Wägegenauigkeit

Abhängig von den baulichen Gegebenheiten der Anlage, der Größe des Wägebereiches und den Aufwendungen für die Prüfeinrichtung, können verschiedene Methoden angewendet werden, die jeweils eine Vergleichsmessung ergeben mit:

- separater Testwaage
- Testeinrichtung mit Kräften
- Testeinrichtung mit bekannten Totlasten

(Bild 21).

5.2 Dosiergenauigkeit

Hierunter sind alle Fehler zusammengefaßt, die nicht unmittelbar die Waage betreffen.

Der **Befüllfehler** wird verursacht durch die konstruktiven Gegebenheiten eines Dosiergerätes und durch die Unregelmäßigkeiten des zu dosierenden Materials. Durch die produktspezifische Wahl und Auslegung von Silo, Siloauslauf und Dosiergerät kann die Dosiergenauigkeit erhöht werden. Austrags-

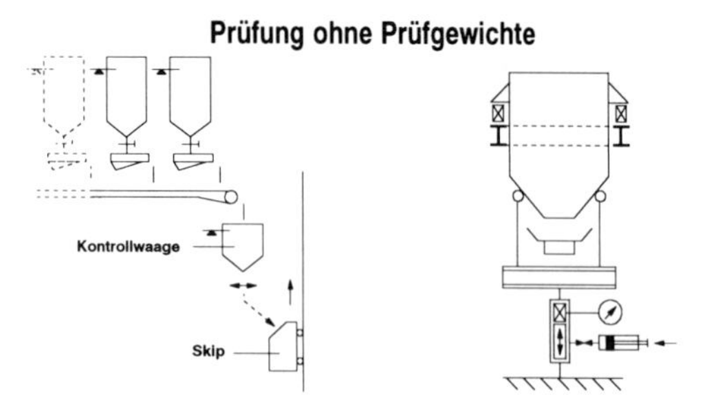

Prüfung durch Kontrollwägung

Justiergehänge m. Prüfwägezelle und Hydraulikpumpe

Prüfung mit Prüfgewichten

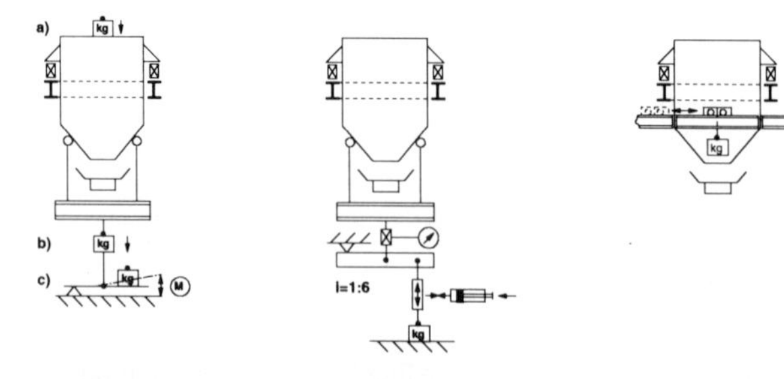

a) Auflegen manuell
b) Anhängen manuell
c) Anhängen motorisch

Prüfgewicht mit Übersetzungshebel und Prüfwägezelle

Aufbringen motorisch

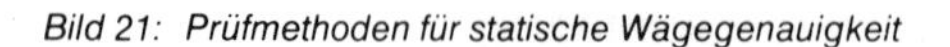

Bild 21: Prüfmethoden für statische Wägegenauigkeit

hilfen im Silobereich sind z. B.: Belüftungen, Austragsböden, Rührwerke, Schwingmundstücke aus Gummi und ähnliche Maßnahmen.

Neben den Maßnahmen zum gleichmäßigen Nachlauf aus dem Silo sind auch am Dosierorgan selbst Einrichtungen zur Verbesserung der Reproduzierbarkeit des Nachlaufes möglich, wie z. B. Schnellschlußklappen, progressive Schneckensteigung zur Verminderung des Füllungsgrades, der Einbau von Dosiersternen, Abschlagwalzen usw.

Der Materialnachlauf eines Dosierorganes wird durch Veränderung von Schüttgewicht, Fließverhalten, Schließzeiten von Schnellschlußklappen an Schnecken - bzw. Rinnenausläufen, Zeiten in der Abschaltung des Dosierorganes beeinflußt.

Aus der Summe dieser Einflüsse ergeben sich Schwankungen des Material-Nachlaufens eines Dosierorganes. Während ein konstanter Nachlaufwert als Vorabschaltung berücksichtigt werden kann, ergibt die stochastische Änderung des Nachlaufes eine Abweichung und Streubreite, die sich als Unterschied zwischen dem Sollwert und dem Istwert der Waage bemerkbar macht.

Die automatische Nachlaufoptimierung berücksichtigt Veränderungen der Einflußgrößen durch ständiges Anpassen an die schwankenden Fließeigenschaften einer Komponente. Der Einfluß der Förderstärke des Dosierorganes wird bei der Auslegung der Steuerung berücksichtigt. Eine geringe Fallhöhe für das Material bewirkt auch einen geringeren Nachstrom.

Dynamische Effekte durch den Auftreffimpuls und den Nachstrom des in der Luft befindlichen Materials können die Dosiergenauigkeit ebenfalls beeinflussen.

Der **Steuerungsfehler** resultiert im wesentlichen aus der Verzögerungszeit der Wäge- und Dosiereinrichtungen bei der Ausführung des Schaltbefehles. Da er weitgehend reproduzierbar ist, kann er in der Vorhaltzeit für die Abschaltung berücksichtigt und minimiert werden, soweit er nicht in unzureichender Meßzykluszeit begründet ist.

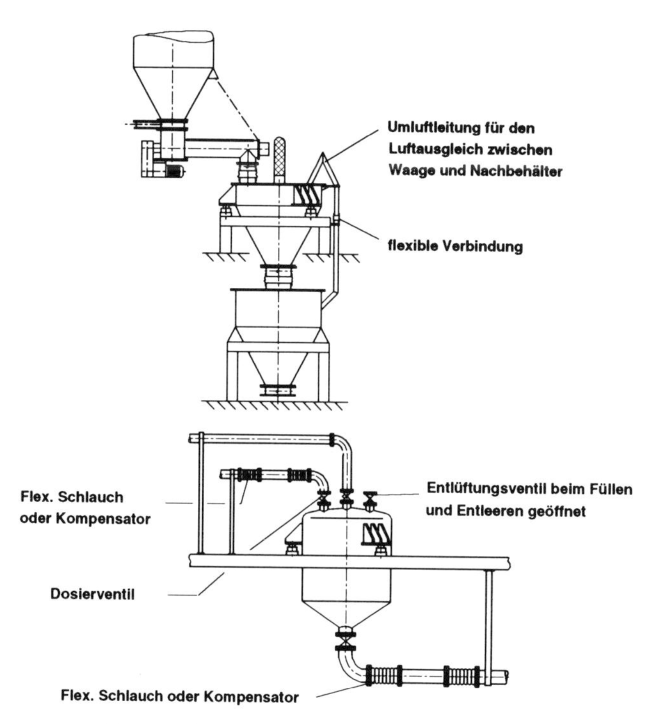

Bild 22: Behälterwaagen mit flexiblen Anschlüssen (Rohrleitungen)

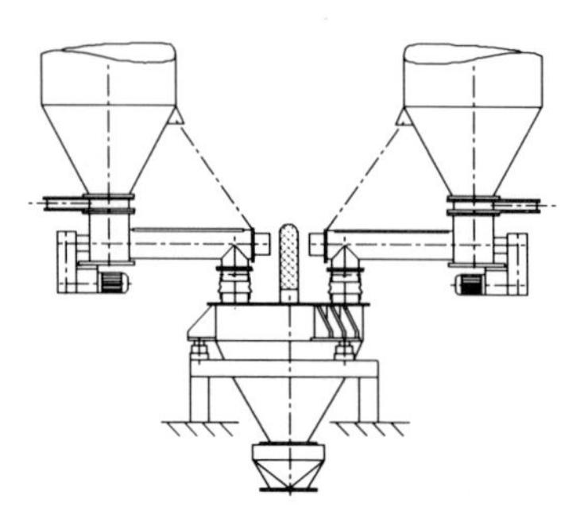

Wiegegefäß mit festem Deckel, flex. Verbindung zwischen Deckel und Dosierorganen, separate Aufhängung des Dosieorganes

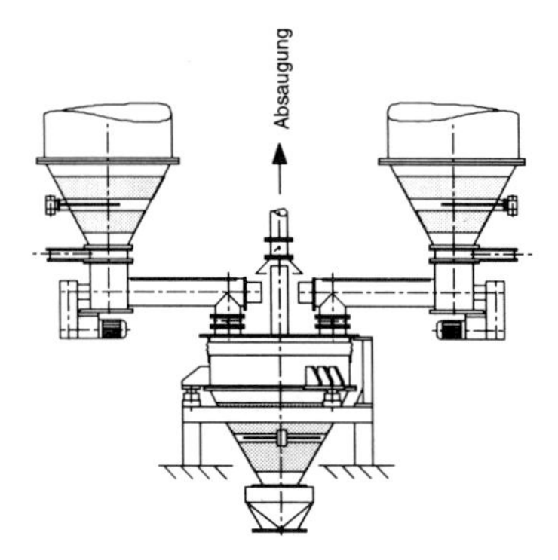

Wiegegefäß mit stationär abgestütztem Deckel, flex. Verbindung zwischen Deckel und Wiegegefäß, Abstützung der Dosierorgane auf dem Deckel möglich

Bild 23: Behälterwaagen mit flexiblen Anschlüssen (Dosierorgane)

Beim Füllwägungsverfahren sind **Entleerfehler** durch Materialanbackungen nicht völlig vermeidbar. Entleerhilfen sind in den meisten Fällen erforderlich. Sie können zugeschaltet werden, wenn die Leermeldung der Waage nicht in vorgegebener Zeit erfolgt.

Transportfehler treten auf langen, horizontalen Transportwegen, Umleitschurren durch Anhaften des Materials auf. Eine Absaugung der Staubluft kann zu geringfügigen Materialverlusten führen. In Gemengeanlagen mit mehreren Waagen findet man daher häufig am Ende der Transportwege eine Kontrollwaage, mit der das Summengewicht aller Komponenten auf seine Toleranz zum Summensollwert überprüft wird. Unzulässige Fehlmengen können festgestellt werden.

Sonstige Fehler, verursacht durch andere Störungen, können Ungenauigkeiten hervorgerufen, wenn sie nicht kompensiert oder verhindert werden. Verbindungselemente zwischen Behälterwaage und Dosiersystem müssen flexibel sein, damit keine senkrechten Kraftkomponenten in die Waage eingeleitet werden (Eigengewicht der Dosierorgane, Reibungskräfte durch Materialfluß, Kraftnebenschlüsse durch Rohrleitungen, nicht gereinigte Filtersäcke, Druckunterschiede beim Füllen bzw. Entleeren (Bilder 22 und 23).

Wind verursacht Seitenkräfte an Silos oder kann durch Sogwirkung Auftriebskräfte am Siloboden verursachen und somit auch Wägefehler bewirken.

In der Waage selbst können Druckstöße bei pneumatischer Füllung oder senkrechter Staubabsaugung Fehler hervorrufen.

6. Bauformen dosierender Waagen

6.1 Bei **stationären Waagen**

ist der Lastträger für Schüttgüter und Fluide in der Regel ein Behälter (Bild 24), der als Waage ausgebildet wird bzw. der Behälter wird als Transportmittel benutzt und auf einer Plattformwaage (Bild 25) gewogen.

Bild 24: Stationäre Mehrkomponenten-Gefäßwaage

Bild 25: Stationäre Plattformwaage mit Mehrkomponenten-Dosierventilen und Transportbehälter

Grundsätzlich können beide Wägesysteme stationär oder fahrbar sein und als Ein- oder Mehrkomponentenwaage ausgebildet werden.

6.2 Fahrbare Waagen

haben den Vorteil, daß man mit einer einzigen Waage aus mehreren Silos entsprechend der Rezeptur Material entnehmen und dosieren kann. Es ist allerdings zu bedenken, daß durch das Fahren der Waage in Verbindung mit ihrer genauen Positionierung an den Einfüllstellen ein Zeitproblem entsteht und der Wägebereich für ein Sollwertspektrum bemessen werden muß.

Deshalb ist eine fahrbare Waage nur dort sinnvoll, wo die Chargengröße so groß ist, daß mit längeren Spielzeiten (z. B. 15 ... 20 min., je nach Komponentenanzahl) gerechnet werden kann.

Verfügt die Waage über mehrere Wägebereiche und ein mitfahrendes Sammelgefäß, in welches jede Komponente nach dem Wägen entleert wird, so ist praktisch die Genauigkeit einer Einzelwägung erzielbar (Bild 26).

6.3 Wägebänder

sind als „gestreckte" Gefäßwaage zu verstehen. Hier wird der Gurtförderer als „Quasi-Wägebehälter" komplett auf Wägezellen abgestützt. Eine solche Waage kann z. B. bis zu 25 m lang sein (Bild 27), so daß mit einer derartigen stationären Wägeanlage eine ganze Silobatterie wägetechnisch erfaßt werden kann.

Allerdings können nur trockene, nicht anhaftende Komponenten auf diese Weise gewogen werden. Das Wägeband stellt dann auch gleich das Sammel- und Transportband dar. Solche Waagen findet man häufig in Anlagen für keramische Produkte (Feuerfeststeine, Porzellan).

Bild 26: Fahrbare Gefäßwaage mit Sammelgefäß und stationärem Sendegefäß

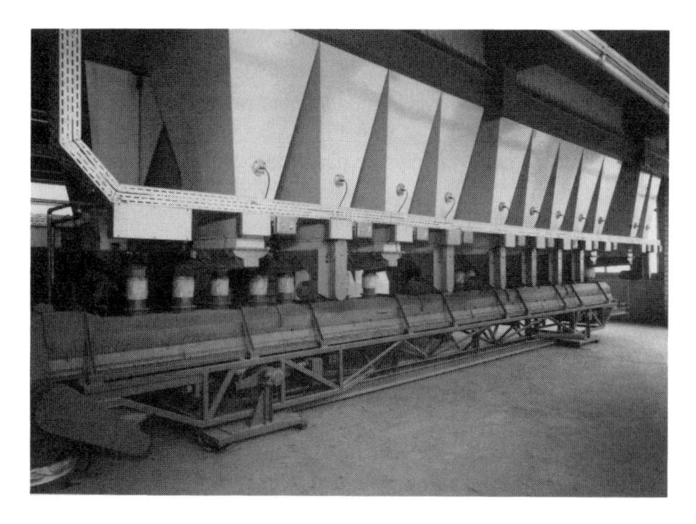

Bild 27: Mehrkomponentenwaage als Wägeband

6.4 Mischen und wägen, Mischer als Waage

In vielen Prozessen, in denen mehrere Einzelkomponenten nach Rezepturen gewogen werden, ist nach dem Wägevorgang ein Mischvorgang einzuleiten, der die gewünschte Homogenität des Gemenges sicherstellen soll.

Wird der Mischer oder Reaktionsbehälter mit Rührwerk (Bild 27) direkt als Waage ausgebildet, indem er auf Wägezellen gesetzt wird, so lassen sich erhebliche Investitionskosten und Bauhöhe sparen.

Aufgrund der hohen Totlasten setzt dies Wägezellen mit hohem Ausgangssignal voraus, weil teilweise bis zu 60 % – 80 % Totlast das Nutzsignal der Wägezellen beschneiden. Zu beachten sind Kraftnebenschlüsse sowie Vibrationen aufgrund des Mischprozesses, die aus dem Nutzsignal ausgefiltert werden müssen.

Bild 28: Reaktionsbehälter mit Rührwerk

Als Vorteile sind zu nennen:

- Einsparung von Förderstrecken
- Keine Verluste auf dem Weg von einer vorgeschalteten Waage zum Mischer (reduzierter Dosierfehler)
- Prozeßtechnisch bedingte Zugabe von Wasser (Dampf) direkt in den Mischer kann wägetechnisch über die Mischerwaage erfaßt werden
- Optimierung des Produktionsablaufes (Förderzeiten).

7. Auslegungskriterien für dosierende Waagen in Gemengeanlagen

7.1 Anlagenleistung, Chargengröße und Spielzeit

Das Anlagenkonzept für eine Gemengeanlage (für Ein- und Mehrkomponentenwaagen) entsteht aus den Anforderungen des Prozesses:

- Gemengeleistung (z. B. t/h)
- Rezepturen und damit die Anzahl der Komponenten
- Zugriffshäufigkeit auf die Komponenten
- Bevorratungsmöglichkeiten für die Komponenten
- Genauigkeitsforderungen für die Komponentenanteile

Hieraus werden festgelegt:

- Bauart und Anzahl der Waagen
- Zuordnung der Komponenten auf die Waagen (Genauigkeit, chemische/physikalische Verträglichkeit, räumliche Anordnung)
- Chargengröße und Spielzeit
- Wägeverfahren (Füll- bzw. Entnahmewägung)
- Dosierorgane und ihre Steuerung
- Förder- und Mischsysteme
- Bauart der Anlage (Turm- oder Reihenanlage)
- Automatisierungssystem

Die Spielzeit für die Chargenbildung wird unter anderem bestimmt durch:

- Die Anzahl und Zeitdauer der Operationen der Waage, die nacheinander ausgeführt werden müssen, z. B. Dosieren mehrerer Komponenten nacheinander in eine Waage, Fahr- und Beruhigungszeiten bei fahrbaren Waagen usw.
- Die Genauigkeitsforderungen an die Komponentenwägung; große Genauigkeiten erfordern längere Dosierzeiten, und diese sind auch abhängig von der Chargengröße.
- Mindestzeiten, die sich ergeben aufgrund von Operationen, die dem Wägen und Dosieren folgen, z. B. Transportieren, Mischen, Granulieren usw.

Die Chargengröße wird unter anderem bestimmt durch:

- Die Kapazität der weiterverarbeitenden maschinellen Einrichtungen (z. B. Mischer), aber auch durch Losgrößen (anlagenunabhängige Verkaufsgrößen, Gebindegrößen).

7.2 Auslegung des Dosierorganes

Richtwerte für die Grob-/Feinstromumschaltung der Antriebe:

- Polumschaltbare Motoren 6:1 (max. 10:1)

– Gleichstrommotoren – Wechselstrommotoren mit Frequenzumrichter – Vibrationsrinnen (magneterregte) – Dosierventile	bis 30 : 1 und mehr

Aus dem Spielzeitdiagramm ergibt sich die zulässige Dosierzeit für den Grob-/Feinstrom-Bereich.

Die Feinstromzeit ergibt sich aus einer empirisch angenommenen Feinstromzeit einschließlich Totzeiten für Umschaltung etc.

Die Gesamtdosierzeit, vermindert um die Gesamtfeinstromzeit, ergibt die verbleibende Zeit für Grobstromdosierung.

Dividiert man den Wägebereich durch die Hauptstromzeit (Feinstromzeit vernachlässigt), so ergibt dies den Hauptdosierstrom.

Zur Festlegung des Feinstromes sind ausgehend von der erforderlichen Abschaltgenauigkeit, als Einflußgrößen zu berücksichtigen:

- der Meßzyklus bei zyklisch messenden Waagen.
- das Abschaltverhalten des Dosierorganes (Abschaltfehler).

Der Abschaltfehler des Dosierorganes kann ausgedrückt werden in Dosierzeit, bezogen auf den Feinstromwert:

– Magnetrinnen	0,5 ... 1,0 sec.
– Schnecken	0,2 ... 0,3 sec.
– Dosierventile	0,1 ... 0,2 sec.

Die besterreichbare **Abschaltgeschwindigkeit** ist ± 2 d (d ≙ Ziffernschritt).

Somit ist anhand der geforderten Abschaltgenauigkeit (z. B. 1 ‰ vom Wägebereichsendwert) die nötige digitale Auflösung (d) des Wägebereiches festzulegen.

$$\frac{2\,d}{0{,}001} = \frac{x}{1} \qquad x = 2000\,d$$

Mindestauflösung für 100 % Bereich

Die gewünschte Abschaltgenauigkeit in (d), dividiert durch den Zeitrichtwert für das Abschaltverhalten (Abschaltfehler), ergibt den Feinstrom in d/sec.

Beispiel:

$$\frac{2\,d\ \text{Abschaltgenauigkeit}}{0{,}2\ \text{sec. Abschaltfehler (Schnecke)}} \mathrel{\widehat{=}} 10\ \text{d/sec. Feinstrom}$$

Aus dem errechneten Grobstrom und dem wie erläutert ermittelten Feinstrom ergibt sich das Umschaltverhältnis Grob- zu Feinstrom.

Nun muß überprüft werden, ob die Genauigkeit mit dem errechneten Grobstrom bei einem vernünftigen Umschaltverhältnis realisierbar ist.

Weiterhin ist zu überprüfen, ob die empirisch angenommene Feinstromzeit zum Umschaltverhältnis paßt bzw. ausreichend lang ist.

Eine große Stufung in der Umschaltung bedingt einen längeren Feinstrom als eine kleinere Stufung, aufgrund der Streubreite der Fördermenge zum Umschaltpunkt Grob-/Feinstrom (Bild 1).

Zu frühe Grobstromabschaltung bedingt zusätzliche Dosierzeit im Feinstrom (Bild 29).

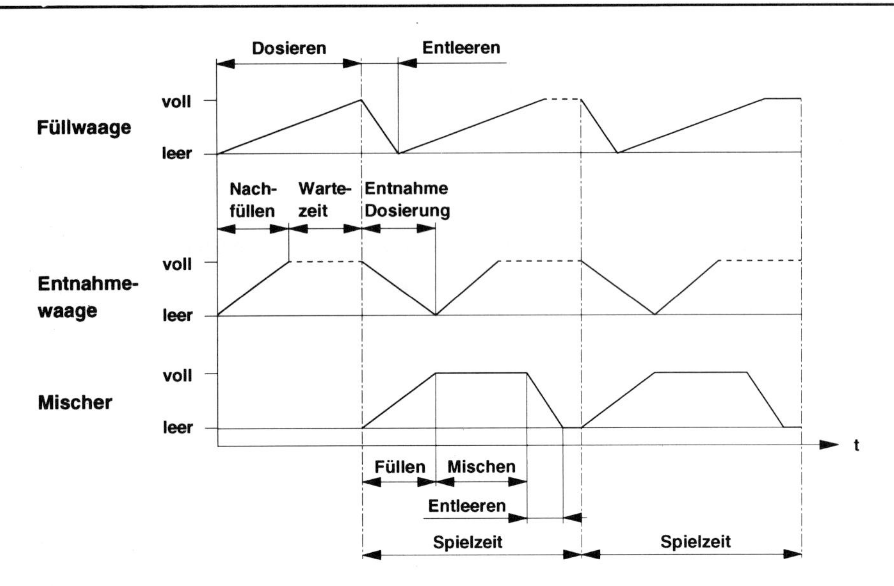

Bild 29: Spielzeitdiagramm:
Füllwaage + Entnahmewaage + Mischer

Beispiel:

Anlagenleistung 20 t/h

Mischzeit
(abhängig vom Mischertyp) 6 min.

Spielzeit = Mischzeit + Füllen + Entleeren + Totzeiten angenommen 10 min.

$$\text{Spielzahl/h} = \frac{60\text{ min.}}{10\text{ min.}} \mathrel{\hat{=}} 6\text{ Spiele/h}$$

$$\text{Chargengröße} = \frac{\text{Anlagenleistung}}{\text{Spielzahl/h}} = \frac{20\text{ t/h}}{6\text{/h}} = 3{,}3\text{ t}$$

8. Merkmale moderner Automatisierungssysteme

8.1 Wägen, Steuern, Datenverarbeiten

Eine moderne Waage wird immer mehr zum Instrument der Prozeßautomatisierung, zum Datenterminal.

Die Waage muß sich an die verschiedensten betrieblichen Abläufe anpassen und die Probleme Wägen, Steuern, Datenverarbeiten möglichst universell und freiprogrammierbar lösen können. Mikroprozessortechnik und kostengünstige Hardwarebausteine in Verbindung mit softwareorientierten Anwenderprogrammen für Funktionsabläufe erlauben heute ein großes Maß an Flexibilität in der Anpassung.

Anpassung ist nötig an kundenspezifische Aufgabenstellungen, bei gleichzeitig hoher Wirtschaftlichkeit für die Investition und die Anwendung industrieller Wägetechnik. Der in Hard- und Software modulare Aufbau solcher Systeme erlaubt das Eingliedern der Wägetechnik in den Daten- und Steuerungsverbund hierarchistisch überlagerter Systeme (Host-Computer, Prozeßleitsysteme, speicherprogrammierbare Steuerungen).

Für die Einzelwaage gilt dies ebenso, wie auch für größere Wägeanlagen.

Konsequenterweise muß ein modernes industrielles Wäge-Automatisierungssystem die Bereiche Meß-, Daten- und Steuerungstechnik flexibel im Umfang und Automatisierungsgrad abdecken.

Bezogen auf eine dosierende Behälterwaage ergeben sich für das Automatisierungssystem folgende prinzipielle Aufgaben:

- Meßwertaufbereitung (Wägen)
- arithmetischer Soll-/Istvergleich (Soll/Nachlaufkorrektur)
- logische Ablaufsteuerung des Dosiervorganges mit Steuerung der Verschlüsse, Dosierorgane etc.
- Signalisierung des Prozeßzustandes, Störmeldungen
- Kopplungen zu peripheren Systemen
  (Terminals, Drucker, EDV, SPS usw.)

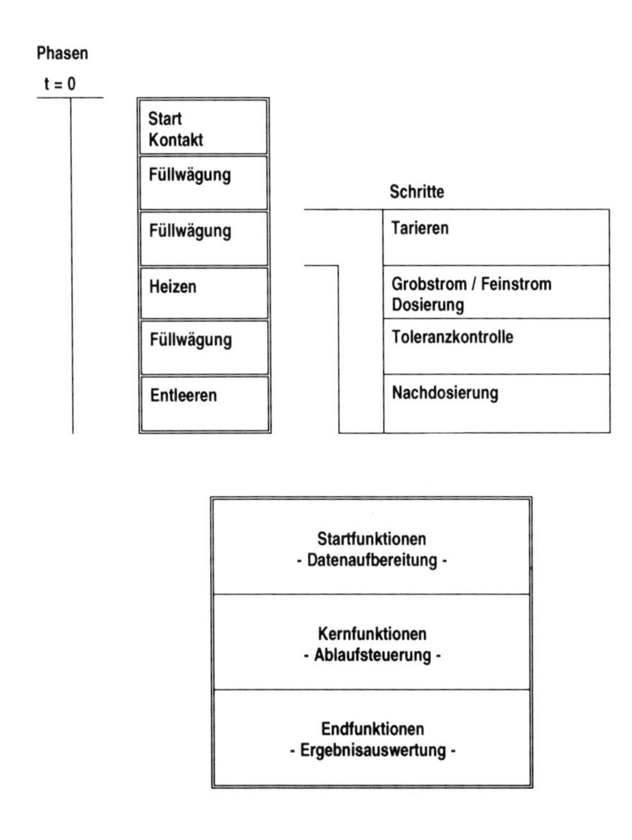

Bild 30: Rezeptursteuerung: Phasenschritte und Strukturen

- Verwaltung der Dateien für
  - Sollwerte, Rezepte
  - Bilanzen (Bestände, Verbräuche, Produktion)
  - Formatierung und Ausgabe des Chargenprotokolls
- Dialog: Mensch/Maschine

8.2 Ablaufsteuerung für Chargenprozesse mit wechselnden Rezepturen

Aus vielen Industriezweigen kommen die Anforderungen Mehrkomponenten-Wägeanlagen so auszurüsten, daß Rezeptwechsel und Eingabe neuer Rezepte schnell und einfach durchzuführen sind. Der „Normenausschuß für Meß- und Regelungstechnik" (NAMUR) der chemischen Industrie hat in seinem Arbeitskreis „Automatisierung von Chargenprozessen" Anforderungen festgelegt.

Zur Automatisierung wird eine Rezeptursteuerungssoftware eingesetzt, die speziell für Ablaufsteuerungen von Chargenprozessen mit wechselnden Steuerrezepturen ausgelegt ist.

Rezept bedeutet hier Herstell- oder Verarbeitungsvorschrift.

Die zur Lösung der Aufgabenstellung benötigten Verfahrensabläufe werden durch das Aneinanderreihen entsprechender Verfahrensschritte, wie Dosieren, Mischen, Heizen, Kühlen, Rühren, Entleeren (Phasen) realisiert.

Die Gemengesteuerungssoftware bietet die Möglichkeit, innerhalb einer Steuerrezeptur durch Ändern der Komponentennummern und/oder der Sollwerte die Reihenfolge und/oder die Anteile an der Charge zu variieren sowie aus bestehenden Steuerrezepturen einzelne Phasen zu entfernen oder weitere Phasen hinzuzufügen.

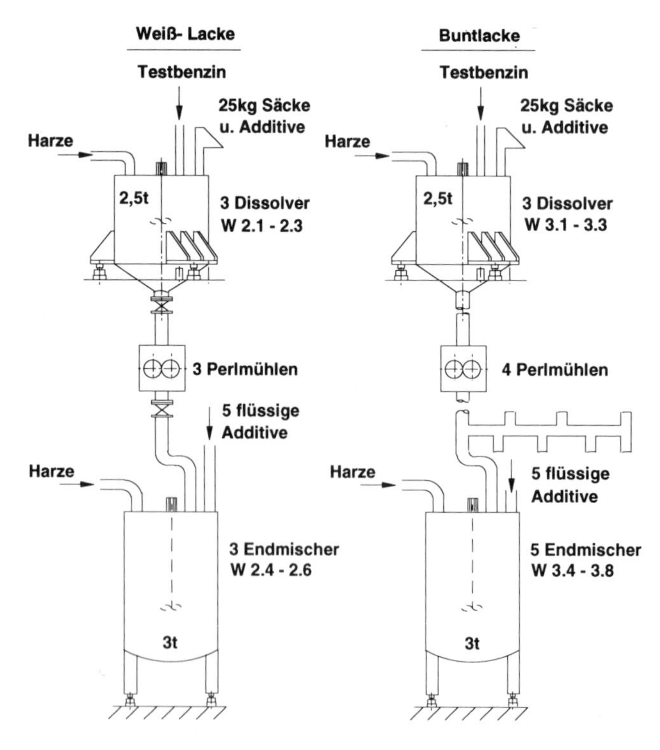

Bild 31: Lackherstellung in mehreren Produktionslinien – Fließschema –

Abhängig vom Hardwareausbau des Systems können neue Verfahrensabläufe durch weitere Steuerrezepturen beschrieben werden, ohne daß Softwareänderungen erforderlich werden.

Im Bild 30 (oben) ist ein kurzer Ablauf mit den Phasen: „Füllwägung" und „Entleeren" für drei Komponente dargestellt.

Die Phasen bestehen aus mehreren Einzelschritten, wie dem Bild zu entnehmen ist.

Jede Phase hat eine Start-, Kern- und Endefunktion. Bei den Start- und Endefunktionen erfolgt z. B. ein Datenaustausch oder ein Kontaktsetzen. In der Kernfunktion wird die eigentliche Aufgabe ausgeführt (Bild 30, unten).

Die Rezeptursteuerung ermöglicht den Parallelbetrieb mehrerer Waagen, also eine gleichzeitige Abarbeitung mehrerer Teilrezepte.

8.3 Ausführungsbeispiele zum Automatisierungskonzept Rezeptursteuerung

Das Bild 31 zeigt eine Anlage zur Herstellung verschiedener Lacke. Zu jeder Linie gehören Dissolver, Perlmühle und Mischer, wobei Dissolver und Mischer als Wägebehälter ausgeführt sind.

Die Buntlack- und die Weißlack-Linien werden jeweils in einer Waagensteuerung zusammengefaßt (Bild 32). Die Funktionseinheiten FE1 übernehmen die Wäge- und Dosieraufgaben mit Grob-/Feinstrom-Umschaltung, auf den Funktionseinheiten FE4 läuft die Rezeptursteuerungssoftware.

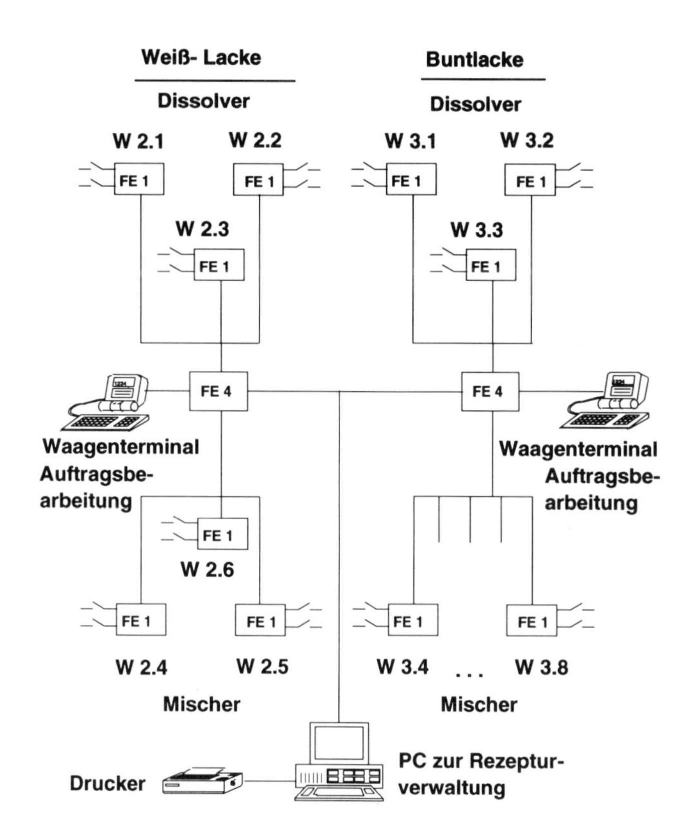

Bild 32: Lackherstellung in mehreren Produktionslinien – Blockschema –

Für alle gemeinsam ist ein Rezepturverwaltungs-PC mit Drucker überlagert. Von diesem PC-Platz aus werden die Rezepte an die Waagen geladen und die Protokolle nach Abschluß eines Rezeptes abgedruckt.

Rezeptänderungen werden unmittelbar am PC vorgenommen. Somit kann schnell auf Kundenwünsche reagiert werden. In dieser Anlage werden neben automatischen Komponenten auch Handkomponenten, z. B. über Sackaufgabestationen dem Prozeß zugeführt. Werden vorverwogene Kleinkomponenten eingesetzt, die aufgrund des größeren Dissolver-Wägebereiches nicht eingewogen werden können, wird von der Rezeptursteuerung der Sollwert gleich Istwert übernommen.

Solche Anlagen können sowohl mit eichfähigen Waagen (Pharmazie) ausgestattet sein, als auch in explosionsgefährdeten Bereichen eingesetzt werden.

Im Bild 33 ist eine Produktionsanlage gezeigt, die in einer einzigen Linie mit mehreren Plattform- und Behälterwaagen im Parallelbetrieb arbeitet.

Auf den Plattformwaagen werden die Vorverwiegungen der flüssigen und festen Kleinkomponenten manuell vorgenommen. Diese werden anschließend per Pumpe oder Aufgabetrichter dem Prozeß zugeführt. Die Hauptkomponenten werden automatisch direkt in die Mischer eingewogen.

Die beiden Plattformwaagen zur Vorverwiegung der Feststoffe sind steuerungstechnisch aus logistischen Gründen von den übrigen Waagen getrennt. Von einem gemeinsamen PC wird hier wieder die Rezeptverwaltung vorgenommen.

Mit den einzelnen Bausteinen dieses Rezeptursteuerungssystems lassen sich Mehrkomponenten-Dosieranlagen nahezu jeder Größenordnung zusammenstellen. Es sind vor allem nachträgliche Erweiterungen und Änderungen leicht zu realisieren. Damit wird den Anforderungen einer modernen produzierenden Industrie Genüge geleistet.

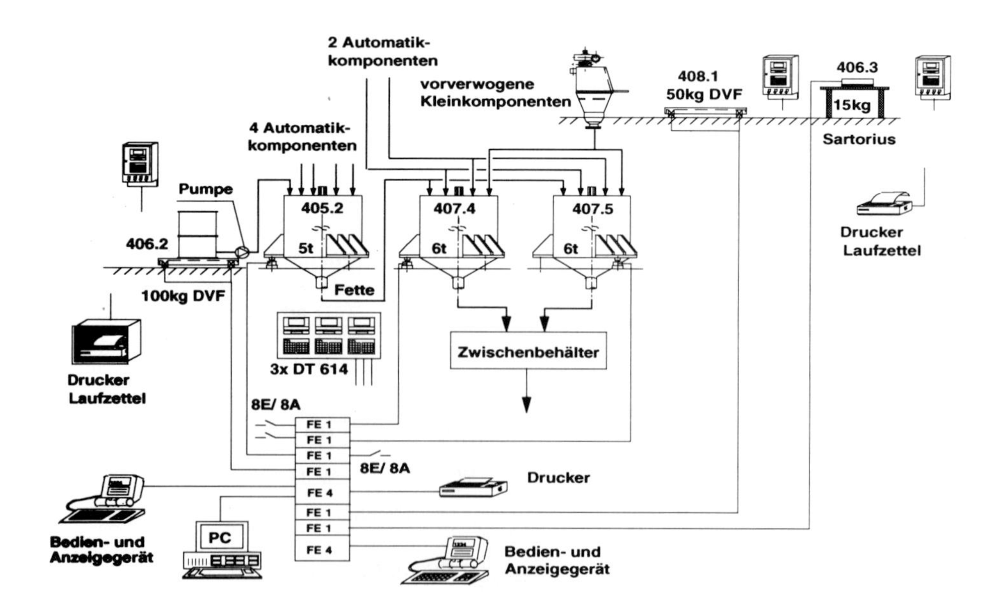

Bild 33: Chargennerstellung in einer Produktionslinie auf mehreren Behälter- und Plattformwaagen

Die automatische Kleinkomponenten-Verwiegung

Von H.H. BRUCKSCHEN und W. REIF[1])

1. Einleitung: Subsystem Kleinkomponenten

Qualitätssicherung im Bereich der Verwiegung von Kleinkomponenten umfaßt einen kleinen – jedoch wichtigen Teil – des gesamten Produktionsmanagements. Nur mit einem integrierten Qualitätskonzept können die angestrebten Qualitätsziele erreicht werden. Insellösungen sollen vermieden werden; dennoch ist es zweckmäßig, die Auswirkungen des Teilsystems ,,Kleinkomponenten'' separat zu betrachten.

2. Definition: Kleinkomponente

Eine einheitliche Definition für Kleinkomponenten gibt es zur Zeit noch nicht. Die Unterscheidung richtet sich bisher nach:

1. vorhandenen Rezeptstrukturen
2. Methoden der Dosierung
3. technischen Grenzen der Verwiegetechnik (Toleranzgrenzen)
4. Mengenanteil am Gesamtdurchsatz

Ohne Anspruch auf Allgemeingültigkeit soll für diese Ausführungen gelten:

1. Kleinstkomponenten $K_N <$ 0,1 kg pro Komponente
2. Kleinkomponente 0,1 $< K_N <$ 15,0 kg pro Komponente

Falls besondere Anforderungen an Verwiegetoleranzen bestehen, findet man noch zusätzlich den Begriff:

3. Mittelkomponente 15 $< K_N <$ 50,0 kg

3. Fehlerquellen

Im Bereich der metallverarbeitenden Industrie kann man aus verschiedenen Quellen folgende Zuordnung von Fehlern zu ihrer Entstehung finden:

1. Phasen

Zulieferant	ca. 20 %
Konstruktion und Planung	ca. 40 %
Fertigung	ca. 20 %

2. Verursachende Produktionsfaktoren (*Bild 1*)

Mensch	ca. 60 %
Maschine	ca. 30 %
Methode und Material	ca. 10 %

In der Planungsphase werden bereits 40 % aller Fehler vorbestimmt; der Mensch verursacht unter den Produktionsfaktoren die meisten Fehler. Dies erlaubt sicher auch Rückschlüsse auf Schwachstellen in kautschukverarbeitenden Betrieben.

4. Grundfließbild der Kleinkomponenten-Verwiegung

Der gesamte Materialfluß von der Warenannahme, über Zwischenläger, Umfüll- und Verwiegeoperationen bis zur Übergabe in die Verarbeitungsmaschine (Kneter, Mischer) muß in die Qualitätsbetrachtung einbezogen werden (Bild 2).

---
[1]) Prof. Dr. H.H. Bruckschen, Moers, W. Reif, Weingarten

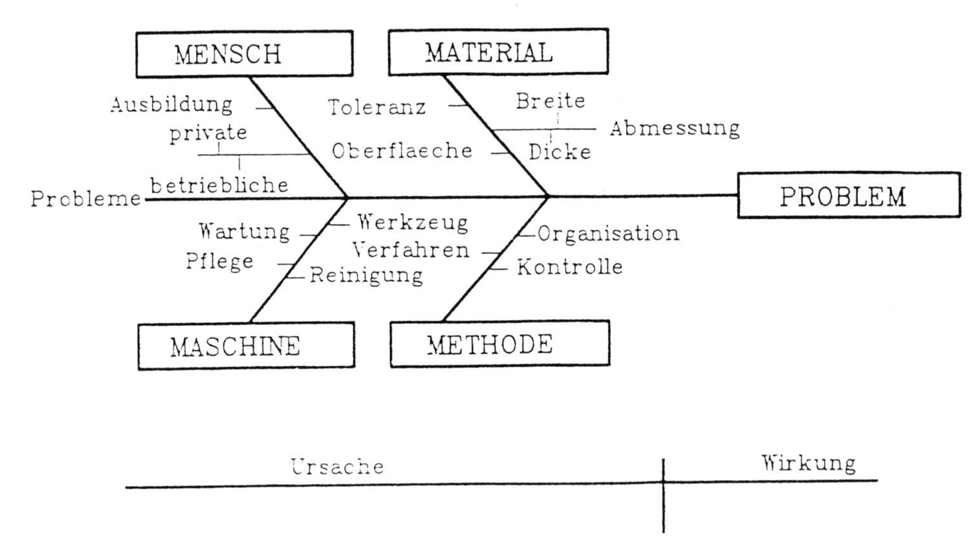

Bild 1: Ishikawa-Diagramm [1]

Die in der Mitte dargestellten Verfahrensschritte können je nach Wahl der maschinellen Ausstattung einzeln auftreten, mit nachfolgenden Schritten zu einer einzigen Operation verbunden werden oder ganz entfallen. So kann der Schritt „innerbetrieblicher Transport II" ganz entfallen, wenn die angelieferten Gebinde direkt auf der KKA positioniert werden (Wechselcontainer).

Der notwendige Informationsfluß – meist ADV-gestützt – ist auf der rechten Seite des Bildes 2 dargestellt.

Die 4-M/Ishikawa-Methode legt nahe, den menschlichen Einfluß auf den Produktionsablauf möglichst auszuschalten oder zumindest diese manuellen Eingriffe einer Bedienerführung und Dokumentation zu unterwerfen. Dies ist bisher aus Kostengründen im Bereich der Kleinkomponenten-Verwiegung häufig noch nicht geschehen. Oft heißt es: „Das rechnet sich nicht". Diese Aussage ist jedoch nur bei isolierter Betrachtung des Kleinkomponenten-Handlings richtig. Betrachtet man den gesamten Fertigungsprozeß, so gilt folgende Faustformel: 10–30 % Kosten – bezogen auf den Umsatz – entstehen durch Qualitätsmängel. Werden Kleinkomponenten verwechselt, so schlägt dies eben bis auf das Endprodukt durch.

Folgende Qualitätsziele können in bezug auf die Kleinkomponenten-Verwiegung formuliert werden:

Qualitätsziele (primäre Ziele)

1. Staubfreiheit
2. Abfüllgenauigkeit (Einhaltung von Toleranzen)
3. Reproduzierbarkeit der Rezepte
4. Registrierung und Dokumentation von Rezepten, Komponenten und Verfahrensschritten
5. Verhinderung von Produktverwechselung

Sekundäre Ziele (Kosten, Ergonomie)

6. Hohe Leistung der Anlage (verwogene Rezepte/Stunde)
7. Geringer Personalbedarf

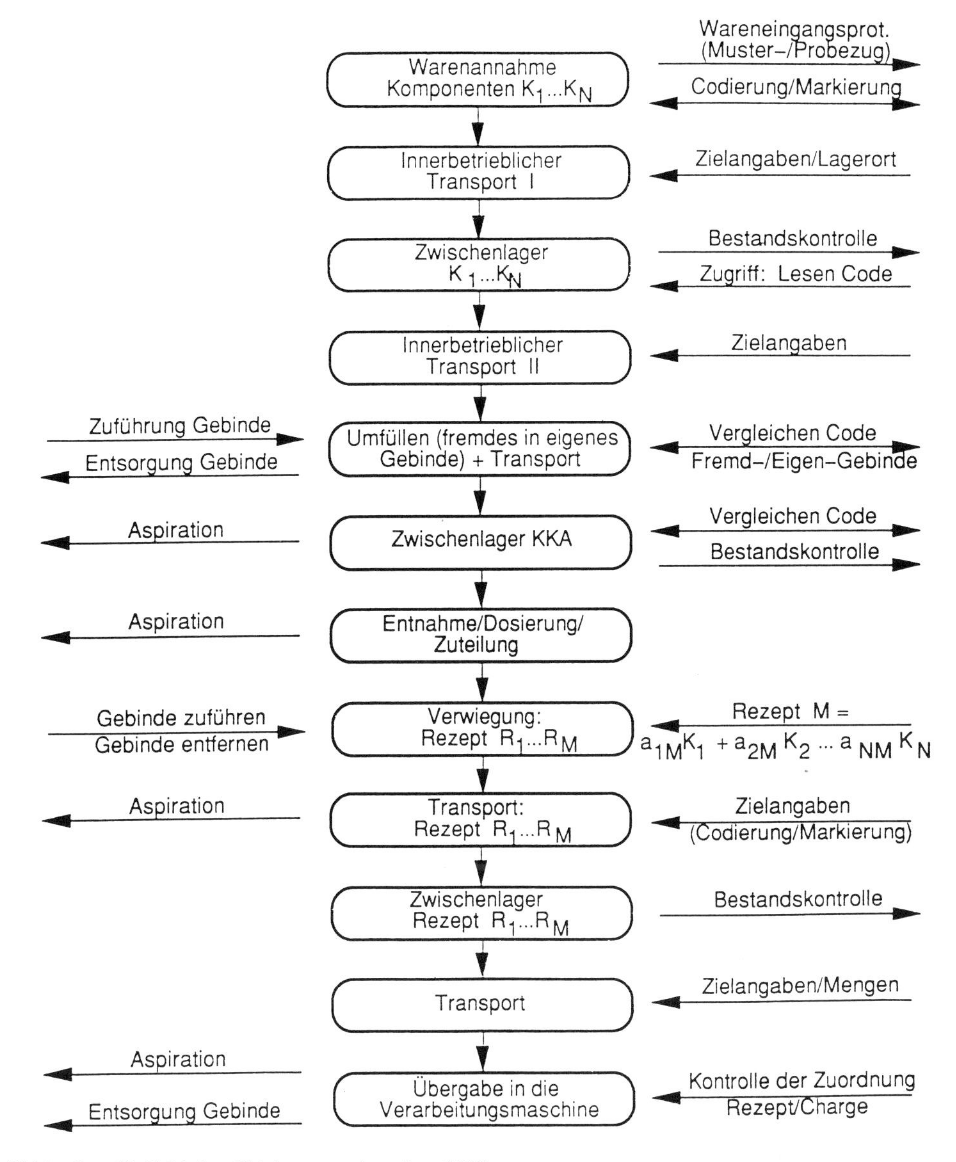

Bild 2: Grundfließbild einer Kleinkomponentenanlage (KKA)

8. Geringe Belastung des Personals (toxische Stäube, eintönige Tätigkeit)
9. Entsorgung der entleerten Gebinde (Papier- und Kunststoffsäcke)

Kleinkomponenten-Handling gibt es in verschiedenen technischen Ausführungen am Markt. Die Anlagen sollen im folgenden charakterisiert werden nach:

- Verfahrensarten (Tafel 1)
- Konstruktiven Varianten (Bild 3)
- Räumlicher Anordnung (Tafel 2)

Tafel 1: Verfahrensarten

	1	2	3	4	5	6
Dosierung/Entnahme	m	m	m	m	a	a
Waage	o. Ko.	m. Ko.	m. Ko.	m. Ko.	m. Ko.	m. Ko.
Zugriff auf Komponente	o. Ko.	o.Ko.	m. Ko.	m. Ko.	m. Ko.	m. Ko.
Befüllung der KKA	o. Ko.	o. Ko.	o. Ko.	m. Ko.	o. Ko.	m. Ko.

m/a manuelle / automatische Entnahme
o./m.Ko. ohne / mit Kontrolle

1. **Mischsaal alter Form, Bediener holt Komponenten und bedient die Waage**
2. **Computerwaage mit Rezeptverwaltung und Toleranzkontrolle**
3. **zusätzlich zu 2. Behälterverriegelung**
4. **zusätzlich zu 3. Kontrolle auf Zulässigkeit: Befüllung**
5. **vollautomatische AKKA (automatische Kleinkomponenten Anlage)**
6. **zusätzlich zu 5. Kontrolle auf Zulässigkeit: Befüllung**

5. Vollautomatische Kleinkomponenten-Verwiegung

Die genannten Qualitätsziele werden am leichtesten durch eine vollständige Automation (AKKA) erreicht. Dies sei am Beispiel einer Anlage erläutert, die unter Punkt 6 in Bild 2 charakterisiert ist und auf dem Modulsystem basiert (Bild 4). Sie ist für 38 Komponenten ausgelegt und erreicht einen Durchsatz von 1800 kg/h. Das sind 120 verwogene Rezepte pro Stunde, bei einem Gesamtgewicht von 15 kg/Rezept und von bis zu zehn Komponenten pro Rezept.

5.1 Rohstoffeingabe und Gebindeentsorgung

Gemäß dem Grundfließbild (Bild 2) werden die Gebinde oben auf der AKKA direkt vor den Einschüttgossen abgestellt. Als Schutz vor Verwechselung von Komponenten können am Wareneingang die Gebinde mit Bar-Codes versehen werden. Vor dem Befüllen der AKKA wird über einen Lesestift die richtige Zuordnung von Einschüttgosse und Produkt abgefragt; erst danach löst sich die Verriegelung. Die Einschüttgossen sind 1 m breit (= Palettenbreite). Innerhalb der Einschüttung befindet sich ein Sieb, das den Eintrag von Papierresten verhindert. Die leeren Gebinde werden ebenfalls innerhalb der Sackschütte abgesaugt und pneumatisch in einen Sammelbehälter gefördert; dort kann eine weitere Behandlung erfolgen (Shreddern, Absieben, Verdichten), um die Entsorgung vorzubereiten. Staubfreiheit wird somit bereits bei der Rohstoffzuführung gesichert. Analog wäre diese Rohstoffzuführung mit Wechselcontainern oder Big-Bags möglich, die oben auf die AKKA aufgesetzt werden.

Waagenzentriert (Komponenten und Rezepte zur Waage)

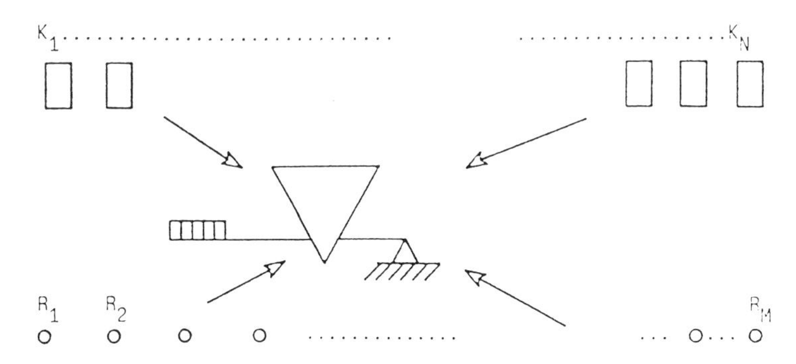

Komponentenzentriert (Waage zur Komponente)

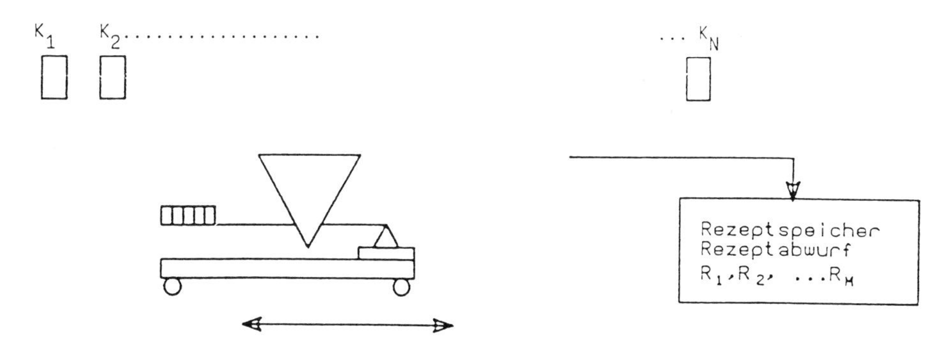

Modul–System (Pro Komponente je eine Waage)

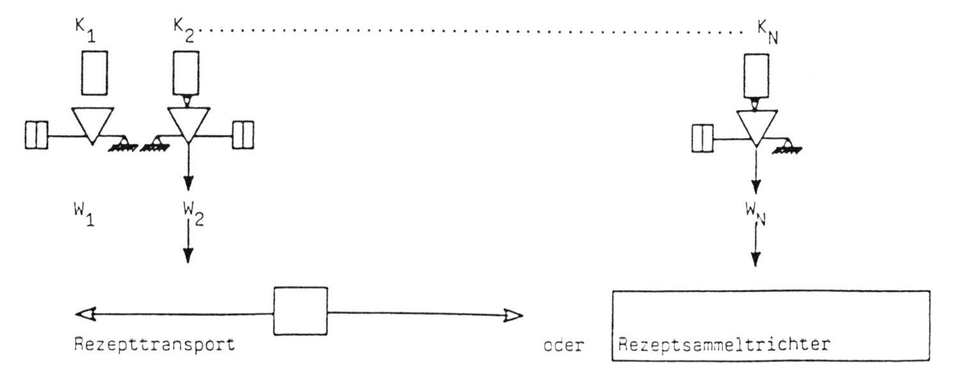

Bild 3: Konstruktive Varianten

Tafel 2

Räumliche Anordnung "Speicher"

1. Linear, einreihig: eine oder mehrere Ebenen
2. Linear, mehrreihig: eine oder mehrere Ebenen
3. Voll-/Halb-/Viertel-Kreis: eine/mehrere Ebenen
4. Paternosterprinzip
5. Regalsystem/stationär
6. Regalsystem: automatische Ein-/Auslagerung

Räumliche Anordnung "Waage"

1. Eine Waage: stationär/bewegt ohne Speicher
2. Eine Waage: mit Karusselspeicher
3. Eine Waage: mit Kasten/Gebindespeicher
4. Mehrere Waagen: Modulsystem

Räumliche Anordnung "Befüllung"

1. Direkt in die KKA
2. Indirekt über Gebinde (z.B. Kästen)
3. Von oben, von hinten, von vorn

Bild 4: Anlage für die Kleinkomponenten-Verwiegung in der Gummiindustrie

L = 26.000 mm
B = 6.000 mm
H = 6.550 mm inkl. Filter

Höhe Bedienerplattform: 2.800 mm

kn = 38 Komponenten (19 Doppelbehälter)

bB = Breite der Doppelbehälter
(zugleich Stellfläche Paletten) = 1000 mm

bW = Abstand zweier Waagen
(Waagenmitte bis Mitte) = 500 mm

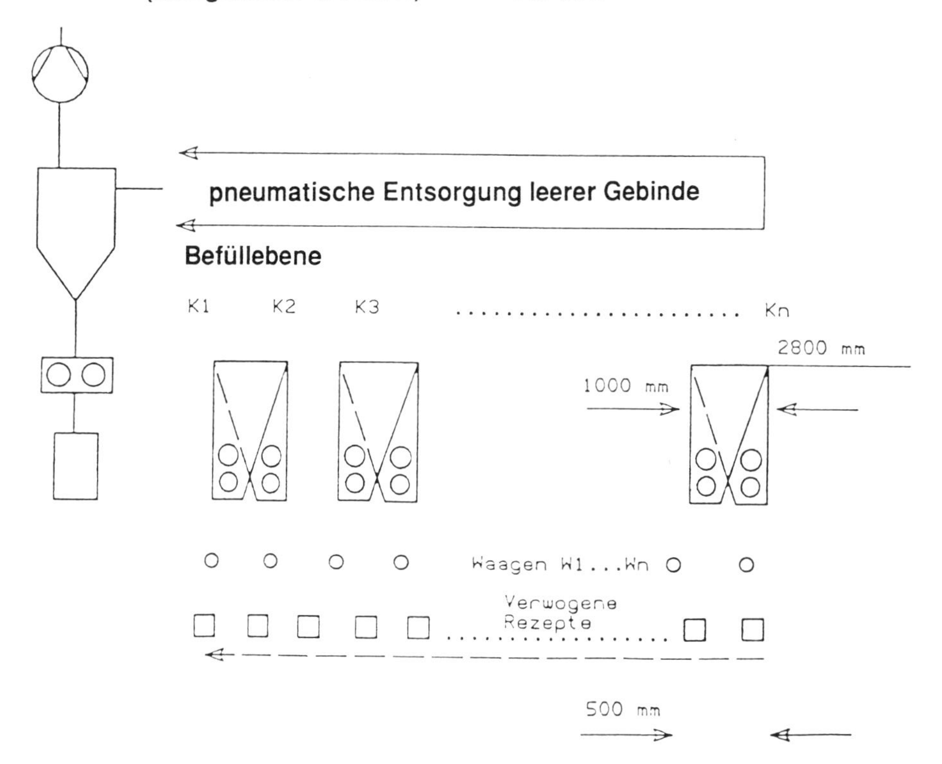

Bild 5: AKKA: Abmaße und Prinzip-Skizze

5.2 Verwiegung

Unterhalb der Einschüttebene sind 38 Vorrats-, Dosier- und Verwiegemodule aufgereiht (Bilder 5 und 6). Die 38 Behälter sind als 19 Doppelbehälter mit einer Breite von jeweils 1 m konzipiert. Aus dem Vorratsbehälter wird das Produkt über Doppelschnecken in eine Löffelwaage dosiert (Bild 7). Die Löffelwaage entleert die jeweilige Komponente K_N durch 180°-Drehung in die umlaufenden Rezeptbehälter. Nach Durchlaufen aller 38 Stationen ist der jeweilige Rezeptbehälter dann mit allen zum Rezept gehörigen Komponenten gefüllt. Je Komponente wird also einzeln verwogen. Es findet keinerlei Vermischung in der Waage statt.

Die Waagen erreichen eine Verwiegetoleranz von ± 8 bis ± 20 g, abhängig von Produktart und Komponentengewicht. Der Verwiegebereich endet bei 15 kg.

Jedes Modul ist mit einem eigenen Wiegerechner ausgestattet. Das Modulsystem führt also zu einem Baukastensystem, in dem 1, 2, ... usw. bis 38 Komponenten automatisiert werden können. Bisher installiert wurden Anlagen mit 38, 20 und 12 Komponenten. Die autarken Wiegerechner werden über ein Verbundsystem verknüpft (Bild 8).

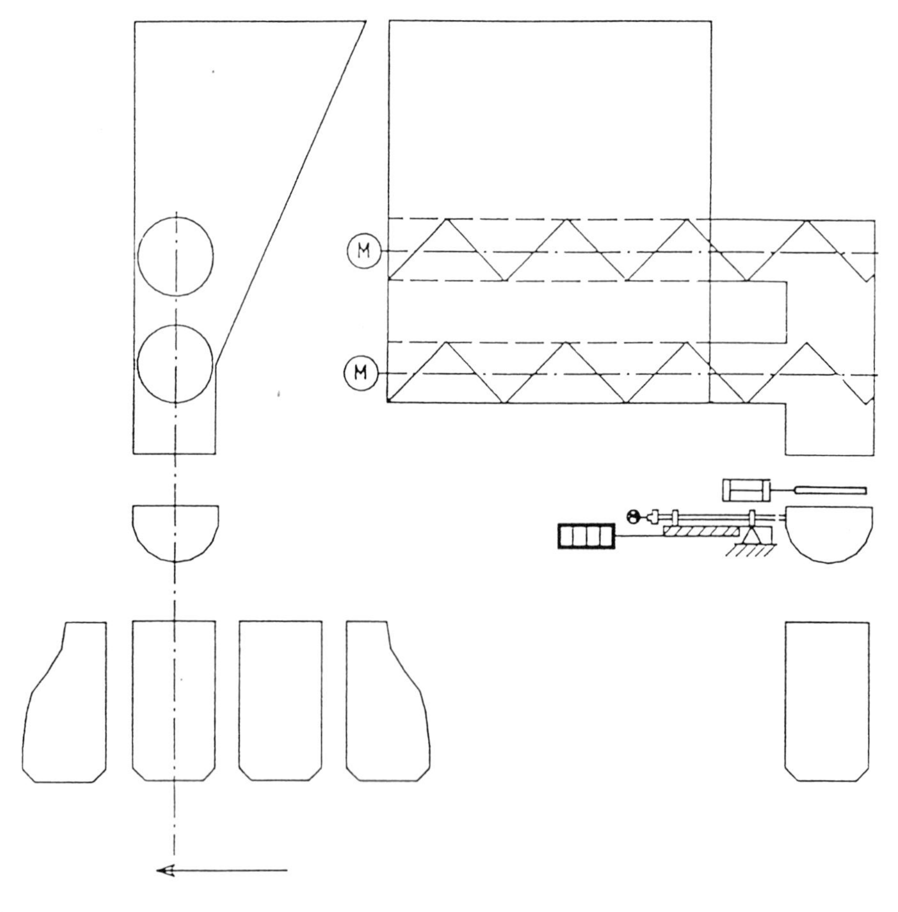

Bild 6: Modul

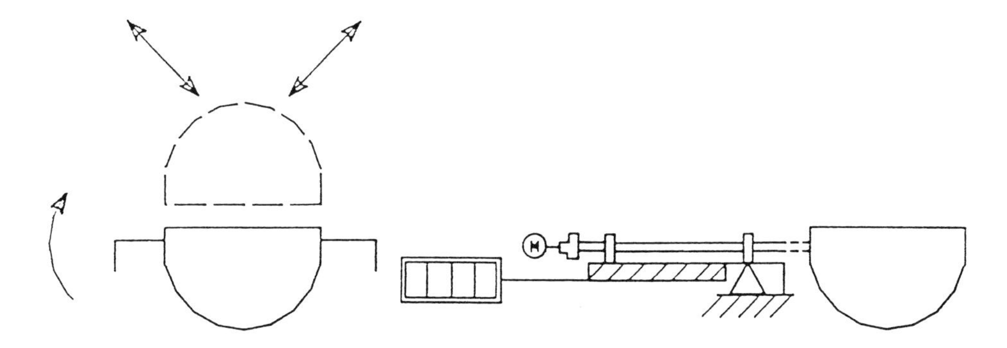

Bild 7: Drehlöffel-Waage

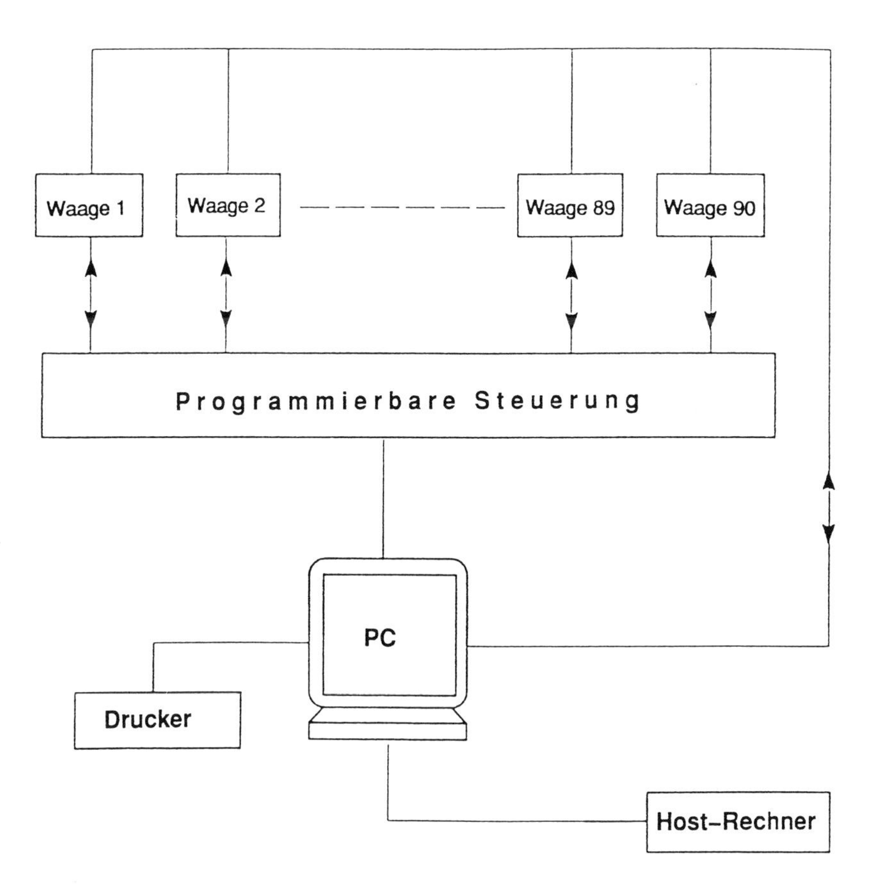

Bild 8: Verknüpfung der autarken Wiegerechner über ein Verbundsystem

5.3 ADV-Steuerung und Prozeßkontrolle

Leistungen der Einzelrechner:

- Speicherung bis zu 1000 Rezepturen
- Eingabe bis zu 99 Parameter je Komponente
- Grob-Fein-Dosierung
- Rampensteuerung, individuell für jeden Gewichtswert
- Anschluß an ein übergeordnetes Steuerungssystem (Leitrechner)
- Anschluß an einen Protokolldrucker

Leistungen des Verbundsystems:

- Rezepteingabe, Rezeptpflege und Rezeptänderungen während des Betriebes
- Voreingabe eines Tagesprogrammes mit der Möglichkeit, jederzeit eingreifen, unterbrechen und ein Rezept zwischenschieben zu können
- Darstellung der Rezepturen auf einem Bildschirm
- Zentrale Registrierung der Istwerte je Komponente
- Verbrauchsermittlung auf Grund von Istwerten
- Anschluß eines Druckers
- Erstellen von Statistiken
- Datenaustausch mit einer bauseitigen ADV-Anlage (Host)
- Speicherung von max. 1000 Störmeldungen

5.4 Rezepttransport

Die Komponenten werden in Rezeptbehälter dosiert. In diesem System erfolgt der Rezepttransport durch eine endlose Kette von lückenlos umlaufenden Behältern, in die PE-Beutel eingelegt werden. Umlaufende Schäferkästen, translatorisch bewegte Sammelbehälter oder eine ringförmige Anordnung der Module um einen stationären Sammelbehälter sind andere im Markt bekannte Möglichkeiten zum Rezepttransport oder Zwischenspeichern.

Nach dem Start der Behälterkette vergehen 19 min. bis das erste vollständig verwogene Rezept vorliegt. Dann beträgt die Taktzeit 30 s pro Rezept, mithin werden 120 Rezept-Chargen pro Stunde abgefüllt. Die Behälter durchlaufen eine Beutelschweißmaschine, eine Abwurfstation und gehen dann durch eine Kontrollverwiegung (Summenkontrolle). Bei Gutbefund wird der PE-Beutel mit einem Bar-Code für die weitere Produktionssteuerung versehen.

6. Zusammenfassung

Das Beispiel der AKKA-38 stellt eine Maximalkonfiguration dar, um die gesteckten Qualitätsziele zu erreichen:

1. Staubfreiheit: Materialzuführung, integrierte Entsorgung der Gebinde, Aspiration der Waagen und Verschweißung der fertigen Rezeptchargen verhindern weitestgehend Staubentwicklung.
2. Abfüllgenauigkeit.
3. Reproduzierbarkeit: Jede Komponente wird von einer ihr fest zugeordneten Waage separat verwogen. Je Komponente werden im Wiegerechner die Produktparameter gespeichert. Hohe Reproduzierbarkeit wird so gewährleistet. Toleranzen, bezogen auf 15 kg Skalenbereich, von ± 8 bis ± 20 g sind gesichert.
4. Dokumentation: Ist-Gewichte pro Rezept und Komponente, Speicherung von Störmeldungen, Kontrollverwiegung (Summenkontrolle).
5. Verhinderung von Produktverwechselung: Bar-Codesystem vom Wareneingang bis zur Eingabe in die Verarbeitungsmaschine.

Komponenten, die einen geringen Mengendurchsatz haben, und Kostenbetrachtungen machen es sinnvoll, neben dem dargestellten Vollautomaten auch technisch weniger aufwendige Lösungen zu verfolgen. Auch hier gilt das Grundfließbild. Anstelle der automatischen Dosierung tritt der Mensch, der mit ADV-Führung die Verwiegung von Hand vornimmt. Aus dem Verwiegezyklus wird er nur entlassen, wenn das System die Einhaltung der Toleranzen bestätigt und der Bediener den Arbeitsgang quittiert. Der Zugriff auf die jeweils zu verwiegende Komponente wird ebenfalls ADV-gestützt dokumentiert. Fehlzugriffe können durch Verriegelungen verhindert werden.

Schrifttum

[1] Bläsing, J.P.: Ishikawa-Diagramm – Problemanalyse. In: Programmhandbuch USOS, Abschnitt O, Hg.: J.P. Bläsing. gfmt Verlag, München 6/1989.

4. Dosierung mit Durchflußmeßsystemen

4.1 Schüttgutdosierung mit Durchflußmessung

Durchlaufdosiergeräte für Schüttgüter

Von H. HEINRICI [1])

1. Einleitung

Durchlaufdosiergeräte sind eine Kombination aus einem Durchlaufmeßgerät und einem regelbaren Zuteilorgan (Walzenschieber oder Förderschnecke). Durchlaufmeß- bzw. -dosiergeräte werden in verschiedenen Industriebereichen in unterschiedlichster Weise zum Messen und Dosieren von Schüttgutmassenströmen eingesetzt. Einige Anwendungsbeispiele sollen dies verdeutlichen:

- Chemische Industrie
  - Verladeanlagen
  - Extruderbeschickung im Hauptstrom
  - Rückgutmessung bei Granulaterzeugung
- Nahrungs- und Futtermittelindustrie
  - Mehlverarbeitung
  - Mischfutterherstellung
- Zementwerk
  - Rohmehldosierung
  - Flugaschedosierung
  - Filterstaubmessung bzw. -dosierung
- Sinteranlage
  - Rückgutdosierung
- Kraftwerk
  - Kalksteinmehldosierung für Rauchgasentschwefelung

2. Prinzipieller Aufbau und Signalverarbeitung

Die von einem Durchlaufmeßgerät gemessene Ist-Förderstärke wird in der Auswerteelektronik mit einem vorgegebenen Sollwert verglichen und die daraus resultierende Regeldifferenz auf einen Regler gegeben. Dieser Regler erhält von dem Zuteilorgan ein Stellungs- oder Drehzahlsignal und regelt damit den Zuteiler über eine Leistungsendstufe so, daß eine konstante Förderstärke erreicht wird (Bild 1).

Da bei Dosieraufgaben oft eine möglichst gute Genauigkeit gewünscht wird, werden Durchlaufdosiergeräte meist in Kombination mit Kontroll- und Korrektureinrichtungen eingesetzt.

3. Durchlaufmeßgeräte

3.1 Umlenkschurrenmeßgeräte

Physikalisches Meßprinzip

Der Schüttgutstrom wird zunächst auf einer Leitschurre vergleichmäßigt und beruhigt, um ihn dann möglichst stoßfrei auf eine gekrümmte Umlenkschurre zu leiten. Bei diesem Meßprinzip wird mit einer Kraftmeßzelle die Reaktionskraft an der Umlenkschurre gemessen, die durch die Fliehkraftwirkung des umgelenkten Schüttgutstromes entsteht [1]. Durchlaufmeßgeräte können daher nicht als Waagen bezeichnet werden. Die Meßkraft ist dem Massenstrom aber weitgehendst proportional. Vereinfacht kann sie beschrieben werden durch:

$$F \approx \dot{m} \cdot \varphi \cdot v \quad (1)$$

[1]) Dipl.-Ing. H. Heinrici, Carl Schenck AG, Darmstadt

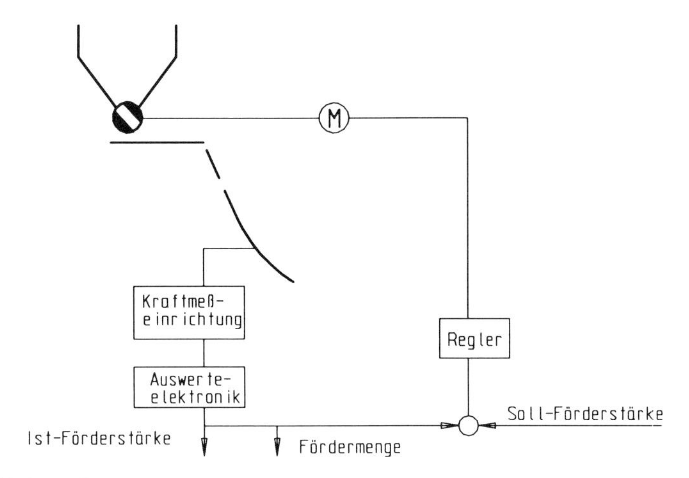

Bild 1: Durchlaufdosiergerät

Während der Umlenkwinkel φ eine konstante geometrische Größe ist, hängt die mittlere Schüttgutgeschwindigkeit v von dem Reibungskoeffizient zwischen Schüttgut und Leit- bzw. Meßschurre sowie den Einbaubedingungen (z.B. Fallhöhe) ab (Bild 2).

Signalverarbeitung

Das analoge Kraftmeßzellensignal wird im Auswertegerät verstärkt, digitalisiert, im Mikroprozessor verarbeitet und steht als Förderstärke $\dot{m}$ am Ausgang zur Verfügung. Mögliche Nichtlinearitäten der

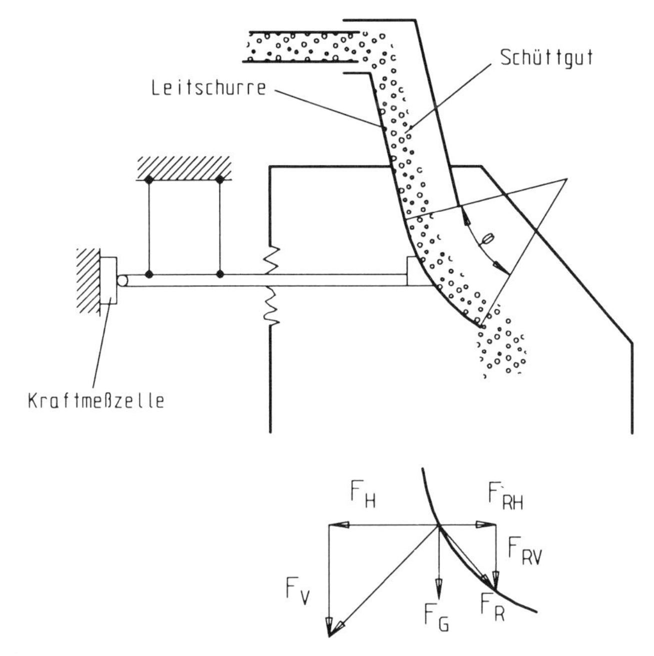

Bild 2: Umlenkschurrenmeßgerät

Meßeinrichtung können über eine Kennlinienkorrektur in der Auswerteeinrichtung korrigiert werden (vgl. Kapitel 3.4). Die Fördermenge m wird durch Integration der Förderstärke ermittelt.

In der Regel werden diese Durchlaufmeßgeräte mit Schüttgut justiert bzw. automatische Schüttgut-Kontrollmessungen durchgeführt. Bei den Kontrollverwägungen ist darauf zu achten, daß die Kontrollmengen und Kontrollzeiten ausreichend groß gewählt werden, um die notwendige Genauigkeit zu erreichen. In diesem Zusammenhang ist auch die Mechanik für das Abzweigen der Kontrollmengen, z. B. die Verstellgeschwindigkeit von Justierweichen sowie die Genauigkeit der anschließenden statischen Verwägung von besonderer Bedeutung.

Genauigkeitsbestimmende Einflüsse

Eine gleichbleibend gute Genauigkeit des Meßgerätes erfordert:

- konstante Schüttguteigenschaften, insbesondere gleichbleibende Reibungsverhältnisse zwischen
  - Schüttgut/Meßschurre, wenn Reibungskräfte nicht konstruktiv kompensiert;
  - Schüttgut/Leitschurre und
- konstante Schüttgutgeschwindigkeit an der Übergabestelle Leit-Umlenkschurre

Konstruktive Verwirklichung

Umlenkschurrenmeßgeräte sind so konzipiert, daß der schüttgutdurchflossene Raum mit der Umlenkschurre von der Kraftmeßeinrichtung getrennt ist. Dadurch werden Verstaubung und Verschleiß in der Kraftmeßeinrichtung verhindert. Darüber hinaus kann diese mit unterschiedlichen Schurrengeometrien kombiniert werden. Die Kraftmeßeinrichtung enthält eine Blattfeder-Parallelführung für die Horizontalkraftmessung an der Umlenkschurre. Taraveränderungen infolge Ablagerungen an der Meßschurre haben daher keinen Einfluß auf die Meßkraft (Bild 3).

Bei großen Förderstärken (50 bis 1000 t/h) werden Durchlaufmeßgeräte mit Vertikalkraftmessung eingesetzt. Die Meßschurre wird von einem drehbar gelagerten Rahmen getragen, der sich vertikal auf eine Kraftmeßzelle abstützt.

Diese robuste Konstruktion bietet den Vorteil, daß durch entsprechende Anordnung des Drehpunktes die Resultierende der Reibungskräfte durch diesen Drehpunkt geht. Damit haben die schüttgutabhängigen Reibungskräfte kaum Einfluß auf das Meßergebnis. Taraanbackungen, die bei diesem Meßprinzip einen Fehlereinfluß darstellen könnten, sind bei den großen Förderstärken aufgrund der

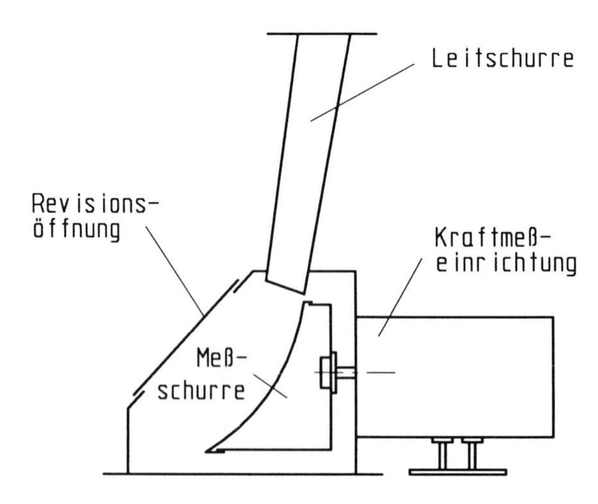

Bild 3: Umlenkschurrenmeßgeräte mit Horizontal-Kraftmessung

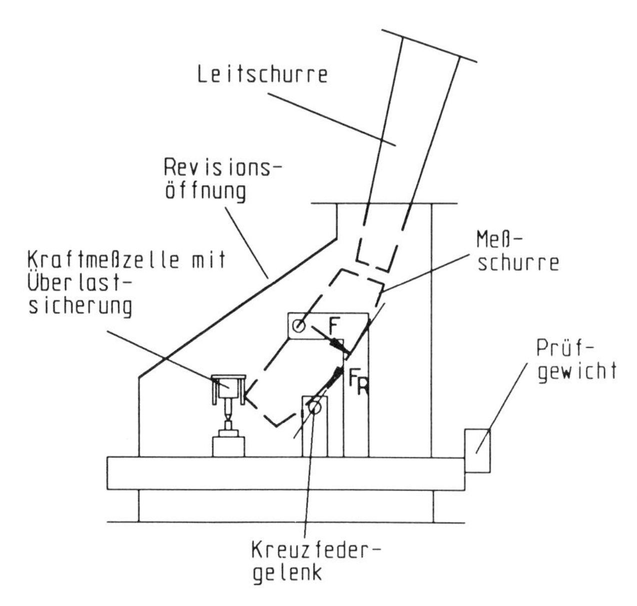

Bild 4: Umlenkschurrenmeßgerät mit Vertikalkraftmessung

hohen Schüttgutgeschwindigkeiten auf der Meßschurre kaum zu erwarten und sind im Vergleich zur Meßkraft betragsmäßig gering (Bild 4).

3.2 Prallplattenmeßgeräte

Physikalisches Meßprinzip

Als Durchlaufmeßgeräte werden auch Meßgeräte angeboten, welche die Reaktionskraftmessung an Prallplatten ausnutzen (Bild 5). Bei diesem Prinzip der Impulskraftmessung fällt das Schüttgut auf eine im Winkel α schräg angeordnete Prallplatte, wobei infolge des teilelastischen Stoßes eine Reaktionskraft entsteht. Die Horizontalkomponente dieser Reaktionskraft wird mit einem Meßaufnehmer gemessen [2].

Die Reaktionskraft ergibt sich zu

$$F \approx \dot{m} \cdot (1 + k) \cdot v \cdot \sin \alpha \qquad (2)$$

Die Stoßziffer k und die Auftreffgeschwindigkeit v sind schüttgutabhängige Größen.

Signalverarbeitung

Die Signalverarbeitung entspricht prinzipiell der oben beschriebenen des Umlenkschurrenmeßprinzips, auch wenn für die Kraftmessung unterschiedliche Meßeinrichtungen eingesetzt werden. Sie soll daher nicht näher betrachtet werden.

Genauigkeitsbestimmende Einflüsse

Von der Prallplatte wegfliegende Schüttgutteilchen können auf andere treffen, die dann nicht mehr auf die Prallplatte gelangen und demnach nicht erfaßt werden. Der dadurch entstehende Fehler nimmt mit steigender Förderstärke zu. Des weiteren wird die Meßgenauigkeit durch die Konstanz der Schüttguteigenschaften bestimmt. Die zu messende Reaktionskraft hängt von der Stoßziffer zwischen Schüttgutteilchen und Prallplatte ab.

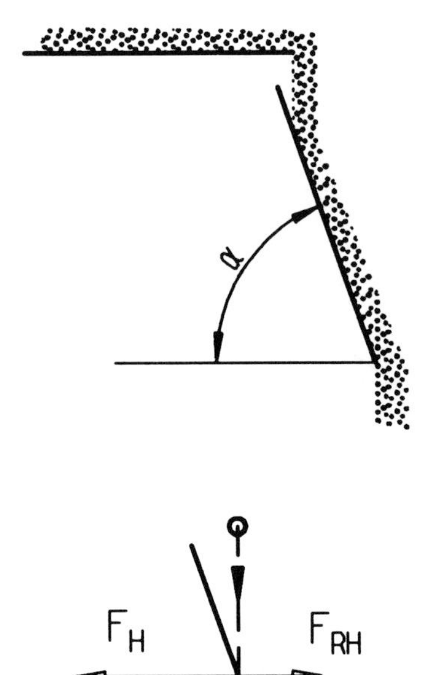

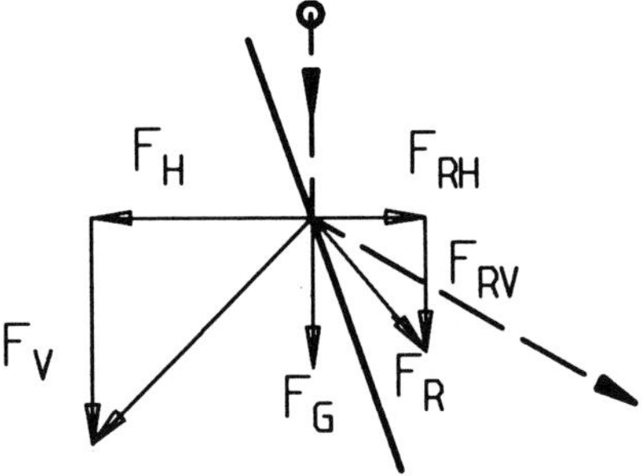

Bild 5: Prallplattenmeßgerät

Da auch bei diesem Meßprinzip Reibungskräfte auf die Prallplatte wirken, beeinflußt auch hier der Reibungskoeffizient zwischen Schüttgut und Prallplattenmaterial die Meßgenauigkeit.

Die Aufprallgeschwindigkeit hängt ab von der Fallhöhe und der Sinkgeschwindigkeit des Schüttgutes. Sie ist somit schüttgut- und förderstärkenabhängig.

Die Konstanz des Aufprallwinkels ist ebenfalls von Bedeutung für die Meßgenauigkeit.

Daher ist bei dem Impulskraftmeßprinzip mit größeren Meßfehlern bei veränderlichen Schüttguteigenschaften und schwankenden Förderstärken zu rechnen. Aus diesem Grunde werden auch diese Meßgeräte normalerweise mit Schüttgutkontrollverwiegungen justiert.

Konstruktive Verwirklichung

Bei den angebotenen Prallplattenmeßgeräten wird die Reaktionskraft in der Regel nicht mit einer Kraftmeßzelle und einer Blattfederparallelführung, sondern mit Meßfedern und einem induktiven Wegmeßsystem (Differentialtransformator) gemessen (Bild 6).

Die Prallplatte ist winkeleinstellbar auf einer Achse befestigt. Die Achse ihrerseits wird über ein Joch zwischen zwei Wellfederpaketen horizontal beweglich geführt. Die Stoßkraft des Schüttgutes verschiebt die Prallplatte horizontal gegen die Kraft der Well- und zweier zusätzlicher Schraubenfedern. Der dabei zurückgelegte Weg, welcher der Meßkraft proportional ist, wird mit einem Differentialtransformator gemessen. Da diese Auslenkung bis zu 2 mm beträgt, wird die Achse bei kleinen Geräten offen in den Schüttgutraum geführt. Zur Abdichtung kann Sperrluft eingesetzt werden. Bei größeren Meßgeräten sind Dichtungsmembranen vorgesehen. Die Meßeinrichtung stellt ein schwingungsfähiges System dar. Daher wird sowohl in horizontaler als auch in vertikaler Richtung ein Dämpfer eingebaut.

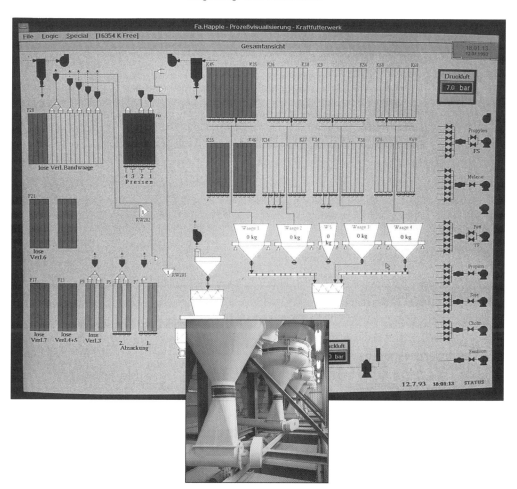

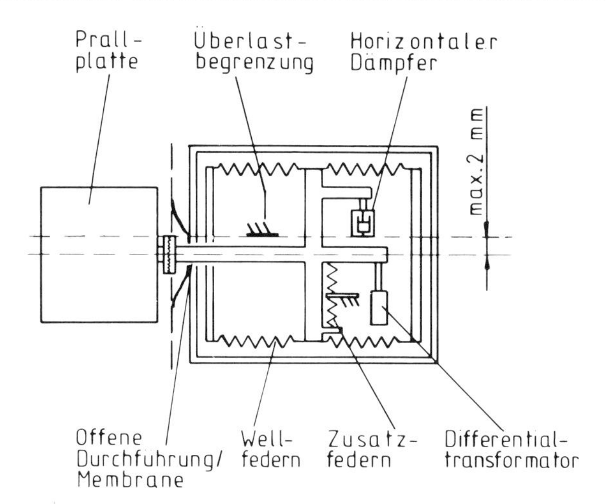

Bild 6: Aufbau des Prallplattenmeßgerätes

3.3 Massendurchfluß-Meßgerät nach dem Coriolis-Prinzip

Dieses Massendurchflußmeßgerät nutzt die Coriolis-Kraftmessung zur Bestimmung von Schüttgutmassenströmen. Dieses Meßprinzip wird schon seit längerer Zeit für Massendurchflußmessungen bei Flüssigkeiten mit hoher Genauigkeit eingesetzt und ist nun auch für Schüttgüter in der industriellen Anwendung eingeführt [3].

Der Vorteil des Coriolis-Prinzips ist, daß der Massenstrom direkt erfaßt werden kann. Schüttgutmechanische Eigenschaften des zu messenden Schüttguts, wie Reibwerte, Stoßziffer, Schüttgutdichte oder Feuchte, beeinflussen das Meßergebnis nicht, weshalb höchste Genauigkeitsanforderungen ohne Zusatzeinrichtungen erfüllt werden können.

Zur Verwirklichung des Meßprinzips dreht sich ein rotorförmiges Meßrad mit einer konstanten Winkelgeschwindigkeit. Der zu messende Schüttgutstrom wird diesem Meßrad von oben zugeführt und in radiale Richtung umgelenkt. Nach der Umlenkung wird das Schüttgut von den Leitschaufeln des Meßrades erfaßt. Hierbei wird es durch die Zentrifugalkraft in radialer Richtung beschleunigt (Bild 7).

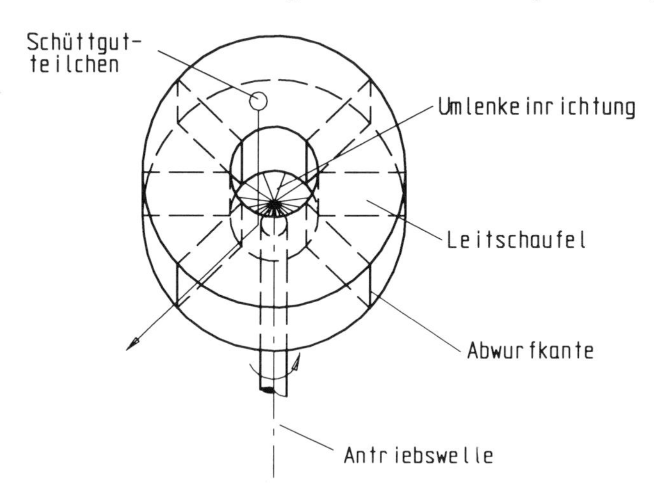

Bild 7: Coriolis-Meßprinzip für Schüttgüter

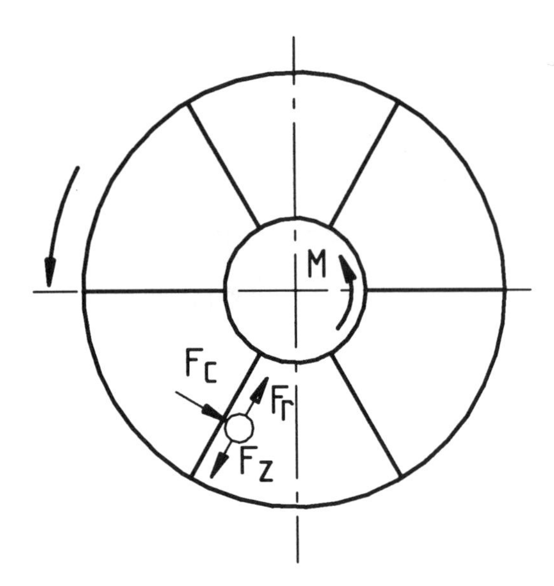

Bild 8: Kräfte bei der Bewegung der Partikel auf der Leitschaufel

Infolge der Rotation des Meßrades wirken also Zentrifugal-, Coriolis- und Reibkräfte auf die Schüttgutpartikel bei ihrer Bewegung über die Leitschaufeln (Bild 8).

Die Zentrifugalkraft vermindert um die entgegengesetzt wirkende Reibkraft wirkt in radialer Richtung. Die Corioliskraft dagegen wirkt in tangentialer Richtung und bewirkt ein Reaktionsmoment, das vom Antrieb ausgeglichen werden muß.

Die der Antriebswelle zugeführte Leistung entspricht dann der Energie, die dem Schüttgut bei dem Transport über die Leitschaufeln vermittelt wird (M : Antriebsmoment; ω : Winkelgeschwindigkeit) [4]:

$$E = \int M \cdot \omega \cdot dt = \int dE \tag{3}$$

Die Energie, die aufzuwenden ist, bis ein Partikel der Masse dm das Meßrad verläßt, ergibt sich zu:

$$dE = dm \cdot \omega^2 \cdot R_a^2 \tag{4}$$

Für das Drehmoment M, das gemessen werden kann, folgt aus beiden Gleichungen:

$$M = \dot{m} \cdot \omega \cdot R_a^2 \tag{5}$$

Gleichung (5) zeigt, daß das Drehmoment M direkt proportional zum Massenstrom $\dot{m}$ ist. Reibungskräfte zwischen Schüttgutteilchen und Meßrad oder auch zwischen Schüttgutschichten haben keinen Einfluß auf das Meßergebnis. Das Meßverfahren ist demzufolge geeignet, Schüttgutmassenströme mit hoher Genauigkeit von besser als $\pm$ 0,5 % bezogen auf die eingestellte Förderstärke zu erfassen, da im Unterschied zu den Reaktionskraft-Meßprinzipien keine von den Schüttguteigenschaften beeinflußte physikalische Größen in die Empfindlichkeit des Meßgerätes eingehen.

Signalverarbeitung

Das Meßrad wird von einem drehbar gelagerten Elektromotor angetrieben. Mit einer Drehmomentmessung wird das Antriebsmoment des Motors bzw. das Reaktionsmoment des Meßrades gemessen. Die Drehzahl wird mit einem digital arbeitenden Drehzahlaufnehmer überwacht und mit dem verstärkten Kraftmeßzellensignal multipliziert, so daß nach Gleichung (5) der Ist-Massenstrom direkt bestimmt ist. Die Integration der Förderstärke über die Zeit ergibt wiederum die Fördermenge (Bild 9).

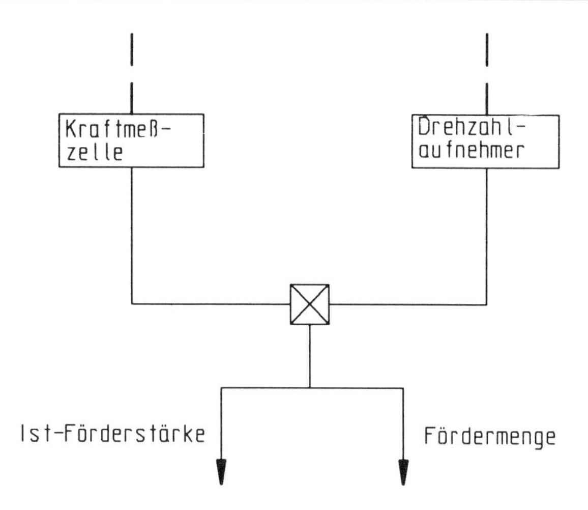

Bild 9: Signalverarbeitung Massendurchflußmeßgerät

Genauigkeitsbestimmende Einflüsse

Die Genauigkeit des Massendurchfluß-Meßgerätes wird durch eine drallfreie Schüttgutzuführung bestimmt. Der Vorteil des Coriolis-Prinzips ist dadurch gegeben, daß folgende Faktoren keinen Einfluß auf die Genauigkeit haben:

- veränderliche Schüttguteigenschaften
- Reibungskräfte
- Förderstärke
- Fallhöhe

Daraus resultiert auch die sehr gute Reproduzierbarkeit dieses Meßprinzips.

In Bild 10 ist der Istwert-bezogene Meßfehler über der Förderstärke für eine Versuchsreihe mit trockenem Quarzsand aufgetragen. In diesem Bereich von 2 bis 19 t/h wurde eine Genauigkeit von besser ± 0,5 % des Istwertes erreicht. Die gestrichelten Kurven stellen den Streubereich der Meßwerte dar. Für jede Förderstärke wurden jeweils 5 Messungen durchgeführt, die Streuungen lagen bei ca. ± 0,1 %.

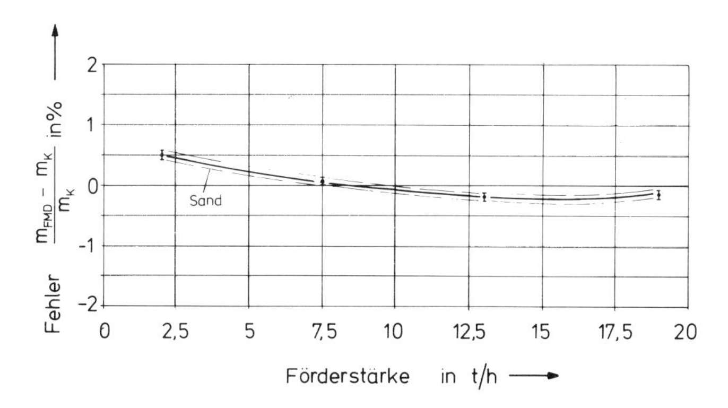

Bild 10: Genauigkeit des Coriolis-Massendurchflußmeßgerätes

Bei diesem Massendurchflußmeßgerät ist ein Verzicht auf Kalibrierung mit Schüttgut möglich. Das Gerät wird einfach über die Eingabe eines Gerätekennwertes vorjustiert. Bei höheren Genauigkeitsansprüchen wird die Vorjustage mit Schüttgutkontrollmessungen überprüft und korrigiert.

Konstruktiver Aufbau des Massendurchflußmeßgerätes nach dem Coriolis-Prinzip

Das Meßgerät ist ein staubdicht geschlossenes System. Das Schüttgut wird vertikal von oben dem Meßrad zugeführt. Der außermittige Einlauf beeinflußt das Meßergebnis nicht, da wie Gleichung (5) zeigt, nur der Punkt des Verlassens des Meßrades, d. h. der Außendurchmesser, von Bedeutung ist. Nach Verlassen des Meßrades wird das Schüttgut von dem Gehäuse wieder zusammengeführt. Der Antriebsmotor des Meßrades befindet sich oberhalb und außerhalb des Gehäuses. Dadurch ist eine so gute Kühlung des Motors gewährleistet, daß das Meßgerät auch bei höheren Schüttgut- und Umgebungstemperaturen eingesetzt werden kann (Bild 11).

Die Antriebseinheit mit Meßrad ist so drehbar gelagert, daß das Antriebsmoment des Motors bzw. das Reaktionsmoment des Meßrades reibungsfrei gemessen werden können. Die hohe Empfindlichkeit des Meßmoduls ermöglicht es dadurch, auch das Messen von kleinen Förderstärken unterhalb 1 t/h zu realisieren.

Über einen induktiven Frequenzabgriff wird die Drehzahl des Meßrades bestimmt. In der mikroprozessorgesteuerten Auswerteelektronik werden Drehzahl- und Kraftmeßzellensignal multipliziert, daraus der Massenstrom berechnet bzw. die Integration ausgeführt.

Die Auswerteelektronik überwacht den Schüttgutstrom auf Grenzwerte und liefert ein analoges Signal für die Förderstärke sowie Fördermengenimpulse für Zähler. Zusätzlich verfügt das Gerät über eine serielle Datenschnittstelle, über welche die Meßwerte auch seriell auf Rechner oder Betriebsdatenerfassungssysteme übertragen werden können. Weiterhin ist möglich, im Batchbetrieb zu chargieren und die Meßergebnisse über einen anzuschließenden Drucker auszugeben. Das Parametrieren des Gerätes erfolgt im bedienerfreundlichen Dialog. Auf diese Weise werden auch die erforderlichen Justageparameter eingegeben. Das Gerät ist nach Eingabe dieser Parameter kalibriert.

Einsatzbeispiele

Massendurchflußmeßgeräte sind genaue Meßsysteme zur Erfassung von Schüttgutströmen. Um diese hohe Genauigkeit zu gewährleisten, muß der Schüttgutstrom zum Messen definiert durch das Gerät hindurch geführt werden. Anbackungen von Schüttgut auf dem Meßrad und insbesondere im Ablaufbereich des Gehäuses würden den ungehinderten Schüttguttransport gefährden. Das Gerät ist daher für Schüttgüter einzusetzen, die frei fließend bis kohäsiv sind, ohne dabei aber zum Anbacken, Kleben oder Plastifizieren zu neigen.

Hier sind einige der häufigsten Einsatzbereiche aufgezählt:

- Messung und Dosierung von Pulvern und Granulaten in Extrusionsanlagen der Kunststoffindustrie sowie in Granulierstraßen und kontinuierlichem Mischerbetrieb in der chemischen Industrie
- Dosierung von Phosphaten im Bereich der Düngemittel- und Waschmittelindustrie
- Messung und Verladung von Flugaschen im Entsorgungsbereich von Kraftwerken und in Endlagerstätten
- Messung und Dosierung von Flugaschen in der Zementindustrie
- Dosierung von Stäuben metallurgischer Prozesse
- Messung von Getreideströmen in Müllereibetrieben

Aus diesen Beispielen werden drei Einzelfälle näher betrachtet:

Fall A:

Das Bild 12 zeigt das Coriolis-Massendurchflußmeßgerät (Bild 12 Pos. FMD) in einer LKW-Verladeanlage für Natriumsulfat. Die Aufgabe der Anlage ist es, die verladene Menge schon während des Beladevorgangs zu bestimmen, damit die Transportkapazität des Fahrzeugs möglichst gut ausgeschöpft

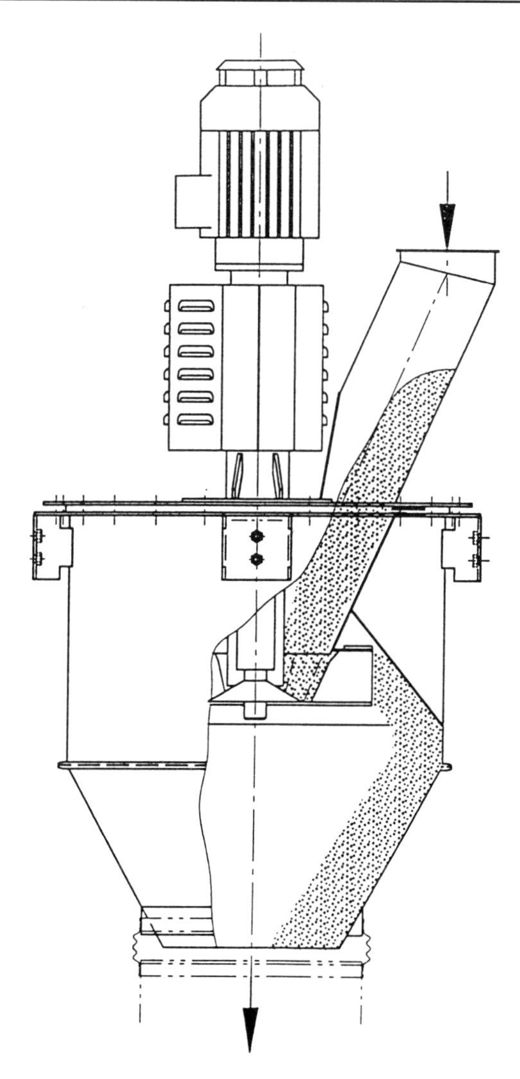

Bild 11: Massendurchflußmeßgerät nach dem Coriolis-Prinzip

werden kann. Die Fahrzeuge werden nach dem Beladen mit einer geeichten, statischen Waage kontrolliert und erhalten dort die Ladepapiere. Die einfache Integration in die Anlagen-Fördertechnik führt zu niedrigen Investitionskosten bei kurzen Amortisationszeiten durch den verbessert ausgenutzten Transportraum.

Fall B:

Das Coriolis-Massendurchflußmeßgerät bei der Kunststoffgranulierung oder -compoundierung zeigt Bild 13.

Base Powder und Additive werden in den Extruder dosiert. Die Dosierung der Additive geschieht mit Differentialdosierwaagen. Dies ist auch für das Base Powder möglich, der Einsatz des Massendurchfluß-

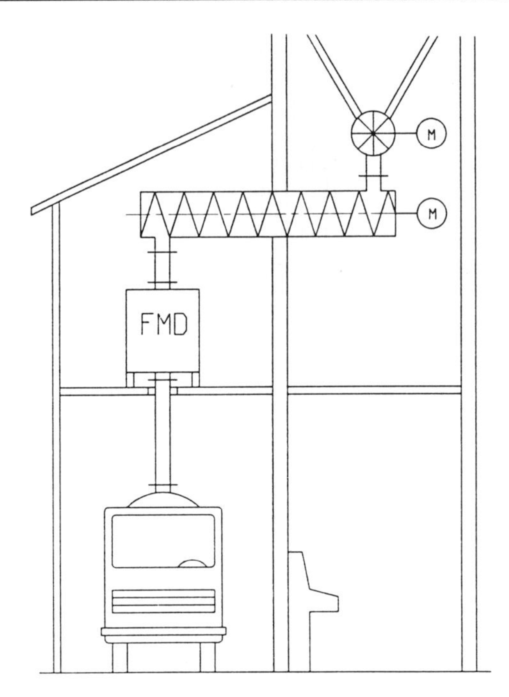

Bild 12: LKW-Verladeanlage (Schüttgut Natriumsulfat, Massenstrom ca. 30 t/h)

gerätes (Bild 13 Pos. FMD) bei den höheren Förderstärken der Hauptstromkomponente zeigt aber folgende Vorteile:

- kleine Abmessungen
- einfacher Aufbau
- Schutzgasüberlagerungen sind einfach und ohne Gefahr der Beeinflussung des Meßsystems zu realisieren
- keine umfangreiche Entstaubung nötig
- kostengünstig

Fall C:

Für das Verbringen von Flugasche nach unter Tage zur Verfüllung nicht mehr produzierender Bergwerksschächte wird Flugasche in einem kontinuierlichen Mischverfahren mit Bindemittel und Wasser gemischt. Ziel ist es, eine gleichbleibende Viskosität des Gemenges zu erreichen; die Flugasche-Komponente wird mit dem Coriolis-Massendurchflußmeßgerät gemessen. Dieser Meßwert dient als Führungsgröße für die beiden weiteren Komponenten. Das aufgrund des Meßprinzips schnelle, wenig gedämpfte Führungssignal stellt eine wesentliche Voraussetzung für die gewünschte geringe Schwankung der Gesamtviskosität des Feststoff-Flüssigkeitsgemischs dar.

3.4 Durchlaufmeßgeräte mit automatischer Kontroll- und Korrektureinrichtung

Die Genauigkeit von Durchlaufmeßgeräten läßt sich durch den Einsatz von Kontroll- und Korrekturmeßeinrichtungen verbessern. Dies gilt insbesondere für Umlenkschurren- und Prallplattenmeßgeräte, da die Genauigkeit dieser Meßprinzipien von den Schüttguteigenschaften und der Förderstärke abhängt (Bild 14).

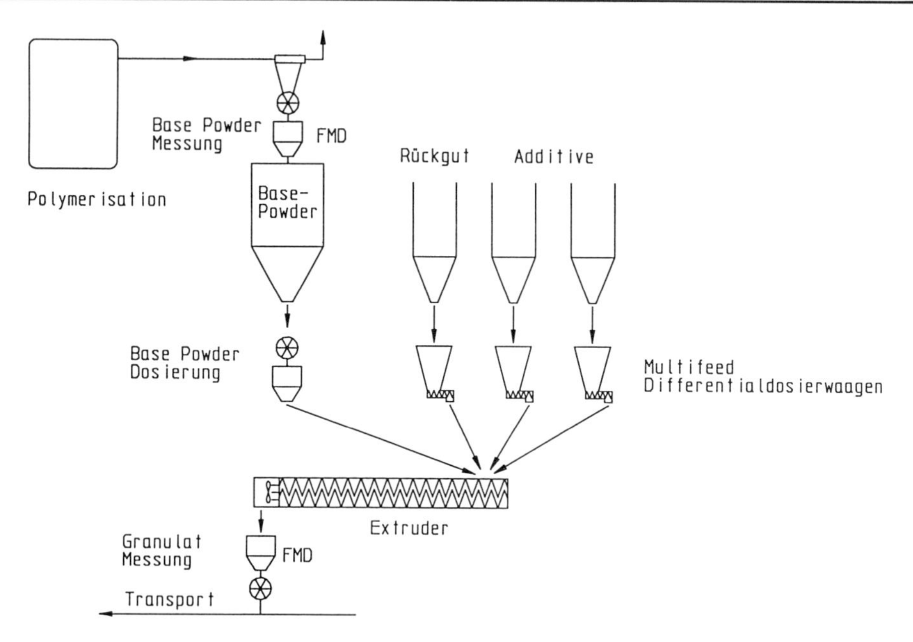

Bild 13: Kunststoffcompoundierung

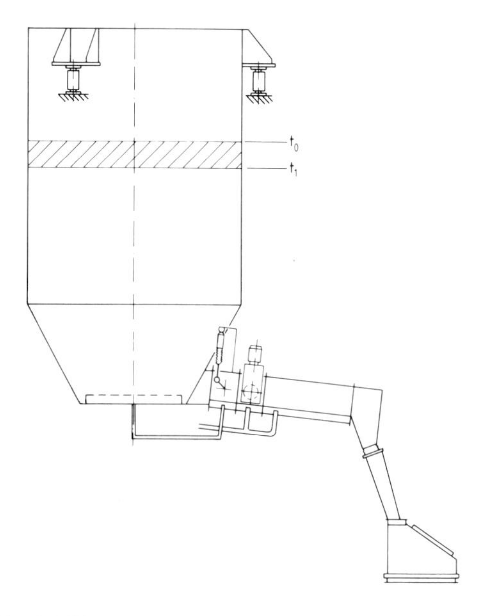

Bild 14: Kontroll- und Korrektureinrichtung

Zu diesem Zwecke wird der Vorbunker, aus dem das Durchlaufmeßgerät beschickt wird, auf Wägezellen gesetzt und statisch verwogen. In regelmäßigen Zeitabständen läuft dann ein automatischer On-Line-Kontroll- und Korrekturzyklus ab. Am Anfang und Ende dieses Zyklus wird das Gewicht des Vorbunkers gemessen und aus der Differenz die tatsächliche Förderstärke ermittelt. Dieser Wert wird von der elektronischen Auswerteeinrichtung mit dem Meßwert des Durchlaufmeßgerätes verglichen und bei einer Abweichung wird automatisch, ohne die Messung zu unterbrechen, eine Nachjustage durchgeführt.

Ein anderes Mittel zur Verbesserung der Meßgenauigkeit von Durchlaufmeßgeräten ist der Einsatz von elektronischen Linearisierungseinrichtungen. Die Kennlinie eines Durchlaufmeßgerätes, d.h. der Zusammenhang zwischen Fehler und Förderstärke, ist oft nicht linear. Ist diese Kennlinie für einen bestimmten Einsatz durch Kontrollmessungen bekannt, so kann sie nach Eingabe einiger Wertepaare durch Umrechnung in der elektronischen Auswerteeinrichtung linearisiert werden. Die Auswerteelektronik korrigiert dann die gemessene Förderstärke um den Betrag, der sich aus der linearisierten Kennlinie ergibt.

Voraussetzung für die sinnvolle Anwendung einer elektronischen Linearisierungseinrichtung ist aber, daß die Fehlerkennlinie sicher reproduzierbar ist.

3.5 Vergleich der Durchlaufmeßgeräte

Betrachtet man die Anwendungsmöglichkeiten der Durchlaufmeßgeräte, so sind neben den genauigkeitsbestimmenden Einflüssen besonders die Anforderungen an die Einplanung in eine Anlage von Interesse. In einer Matrixdarstellung werden hierzu die Vor- und Nachteile der Meßprinzipien dargestellt. Für

Tafel 1: Vergleich der Durchlaufmeßgeräte für Schüttgüter

	Prall-platten-meßgerät	Umlenk-schurren-meßgerät	Massen-durchfluß-meßgerät
Schüttgutverhalten			
- rieselfähig	++	++	++
- brückenbildend	++	++	++
- fluidisiert	++	++	++
- klebend	o	o	-
- abrasiv	o	+	o
Maximale Korngröße			
- 1 mm	++	++	++
- 5 mm	++	++	++
- 10 mm	+	+	o
- + 10 mm	o	o	-
Max. Schüttguttemperatur			
- Standardausführung	100 C	100 C	130 C
Bauseitige Einbindung			
- Stellbereich			
- 1 : 5	+	+	++
- 1 : 10	-	o	++
- geringe Bauhöhe	+	o	++
- geringe Förderlänge	+	+	+
- Kapselung			
- staubdicht	++/- *)	++	++
- gasdicht	++/- *)	++	++
Kalibrierung	+	+	++
Wartung			
- geringe Wartung der Mechanik	+	+	++
- wenig Instandhaltungsaufwand der Mechanik	+	+	++

*) typenabhängig

Tafel 2: Genauigkeitseinflüsse bei verschiedenen Durchlaufmeßgeräten

Schüttguteigenschaften	- -	-	o	+ +
Förderstärke	- -	o	o	+ +
Fallhöhe	-	+	+	+ +
Reibungskräfte	-	-	+	+ +
Taraveränderung	+ +	+ +	-	+ +
Anbackungen	o	o	o	o
Verschleiß	-	o	o	o

die in der Kopfzeile aufgeführten Durchlaufmeßgeräte ist eine +/– Bewertung für die Kriterien Schüttgutverhalten, bauseitige Einbindung, Kalibrierung und Wartung angegeben (Tafel 1) [5]:

Die genauigkeitsbestimmenden Einflußgrößen und die Meßgenauigkeit sind in Tafel 2 gegenübergestellt. Für die Umlenkschurrenmeßgeräte sind die auf dem Markt erhältlichen Versionen mit Horizontal- und Vertikalkomponentenmessung der Reaktionskraft aufgeführt. Die Einstufung reicht von —, sehr starker Einfluß, bis zu ++, sehr geringer Einfluß auf die Meßgenauigkeit.

Tafel 2 zeigt, daß bei Prallplatten- und in geringem Maße bei Umlenkschurrenmeßgeräten eine Reihe von Einflußfaktoren in engen Grenzen oder konstant gehalten werden müssen, um befriedigende Genauigkeiten zu erzielen. Das Coriolis-Massendurchflußmeßgerät ist dagegen deutlich unproblematischer und läßt sich daher einfacher in Anlagen integrieren.

Ein Umlenkschurrenmeßgerät für eine Nennförderstärke von 20 t/h kann in einem Meßbereich 1:5, d.h. bis hinab zu 4 t/h eingesetzt werden. Dabei besitzt es eine Meßgenauigkeit von ± 2% des Endwertes.

Die Genauigkeit kann auf ± 1% des Endwertes gesteigert werden, wenn eine Linearisierung und eine automatische Kontroll- und Korrektureinrichtung eingesetzt wird. Bei einem Einsatz des Meßgerätes für nur eine bestimmte Förderstärke kann unter den gleichen Voraussetzungen eine Genauigkeit von ± 1% des Istwertes garantiert werden.

Diese hohe Meßgenauigkeit kann mit dem Coriolis-Massendurchfluß-Meßgerät im Meßbereich 1:10, d.h. 2 bis 20 t/h erreicht werden. Hierdurch werden noch einmal die Vorteile dieses Meßprinzips deutlich.

4. Regelbare Zuteilorgane

Bei Durchlaufdosiergeräten kommen sowohl stellungs- als auch drehzahl- bzw. geschwindigkeitsgeregelte Zuteilorgane zum Einsatz.

Fluidisierte Schüttgüter, wie Rohmehl oder Zement, werden oft mit stellungsgeregelten Walzenschiebern dosiert. Die Kennlinie dieser Geräte wird durch den Walzenausschnitt bestimmt, welcher daher von besonderer Bedeutung ist (Bild 15).

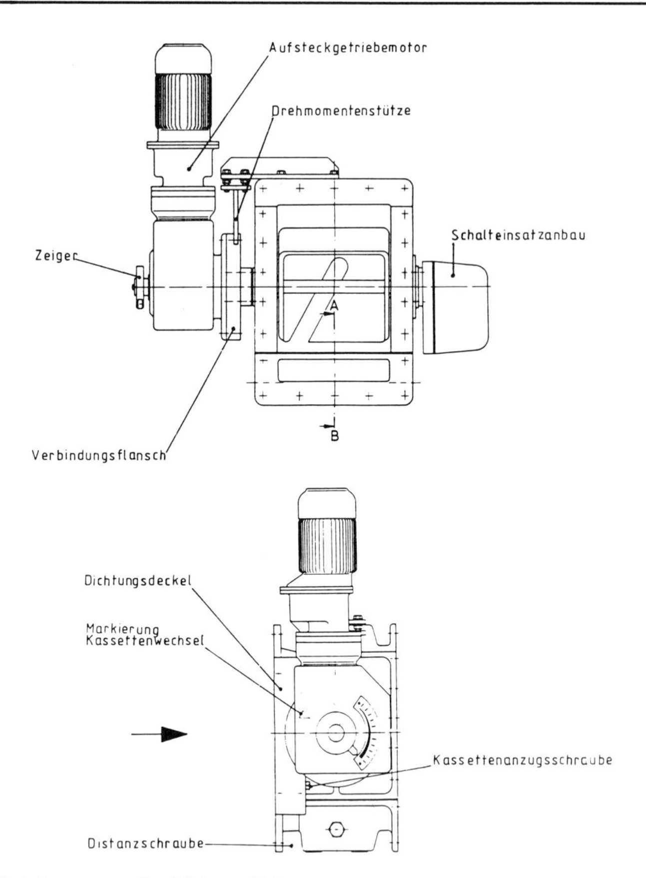

Bild 15: Dosieren mit stellungsgeregelten Walzenschiebern

Als Beispiele für drehzahl- bzw. geschwindigkeitsgeregelte Zuteilorgane sind Zellenradschleuse, Schwingrinnen und vor allem Dosierschnecken zu nennen.

Um einen möglichst optimalen Regelbereich zu erreichen, ist die Totzeit zwischen Zuteilorgan und Durchlaufmeßgerät möglichst klein zu halten.

Schrifttum

[1] Carl Schenck AG, Druckschrift Durchlaufmeßgerät.
[2] Endress + Hauser, Druckschrift Prallplattenmeßgerät.
[3] Carl Schenck AG, Druckschrift Coriolis-Meßgerät.
[4] Jost, G.: Meßsystem zum kontinuierlichen Wägen von Schüttgütern, chemie-anlagen + verfahren, 11/1987.
[5] Heinrici, H.: Messen und Dosieren von Schüttgutmassenströmen, wägen + dosieren, 5/92.

Dosierung von Schüttgütern durch Inline-Messung mit Korrelationsmethoden

Von R. SCHMEDT[1])

1. Einführung

Dosieren von Schüttgütern umfaßt das Erzeugen eines Schüttgutstromes, das Einstellen eines Sollwertes und das Messen der Fördermenge bzw. des Förderstromes [1].

Die Lösung dieser Aufgaben mit Hilfe mechanischer Förder- und Wägesysteme ist eine anspruchsvolle Aufgabe, an deren vielfältigen Lösungsmöglichkeiten Forschung und Industrie seit langer Zeit arbeiten.

Wesentlich jünger und weniger erschlossen ist das Dosieren von Schüttgütern mit pneumatischen Förderanlagen, in denen der Massenstrom direkt in der Förderleitung gemessen wird.

Der vorliegende Beitrag befaßt sich hauptsächlich mit dem meßtechnischen Teil des Dosierens von Schüttgütern und weniger mit der pneumatischen Förderung.

Der pneumatische Feststofftransport gewinnt zunehmend an Bedeutung. Typische Anwendungen sind die Kohlestaub-Dosierungen im Kraftwerksbereich und in der Zementindustrie. Da bisher kein geeignetes Inline-Meßverfahren für die pneumatische Förderung zur Verfügung stand, konnte nur der Feststoffeintrag in die pneumatische Förderleitung, z. B. mit Durchlaufdosiergeräten gemessen werden.

Da zwischen der Meßstelle und dem Feststoffeintrag in den Prozeß ein relativ langer Förderweg liegen kann, ist bei konstantem Feststoffeintrag noch kein konstanter Austrag in den Prozeß gewährleistet.

Bei diesen speziellen Zweiphasenströmungen (Gas/Feststoff) kommt die Korrelationsmeßtechnik zur Anwendung. Sie ist in der Lage, die Geschwindigkeit der dispersen Phase zu bestimmen. Zusammen mit einem geeigneten Konzentrationsmeßverfahren kann somit der Feststoffmassenstrom gemessen werden [2/3/4/5/6].

Auf den ersten Blick ist die Korrelationsdurchflußmessung ein faszinierend einfaches, absolutes Meßverfahren, abhängig nur vom Strömungsquerschnitt und vom Sensorabstand. Das komplette Meßsystem besteht aus einem Meßaufnehmer mit zwei Sensoren, die in einem bestimmten Abstand zueinander an der Strömung angeordnet werden und dem eigentlichen Korrelator. Das Grundprinzip der Kreuzkorrelationsmessung beruht auf einer Laufzeitmessung von inhomogenen, physikalischen Strömungseigenschaften zwischen den beiden Sensoren. Kennt man den Abstand der beiden Sensoren kann daraus die Strömungsgeschwindigkeit einfach berechnet werden.

2. Grundlagen der korrelativen Messung

Bild 1 zeigt eine grundsätzliche Anordnung zur Korrelationsmessung.

Die Signale y(t) und x(t) erhält man z. B. aus einer Messung von Schwankungen der Temperatur, Leitfähigkeit, Dielektrizitätskonstante, Permeabilität in der Strömung mit geeigneten Sensoren. Diese Schwankungsgrößen können in der Strömung künstlich erzeugt werden oder sind real in der Strömung vorhanden, wie bei den meisten Mehr-Phasen-Strömungen. Diese Schwankungsgrößen in der Strömung müssen für eine korrelative Messung von zufälliger, statistischer Natur sein. Die Kreuzkorrelationsmessung vergleicht die beiden detektierten Signale y(t) und x(t) auf Ähnlichkeit, die dann vorliegt, wenn der Abstand zwischen den beiden Sensoren nicht zu groß ist. Das in Strömungsrichtung erste Signal y(t) wird im Korrelator so lange verzögert, bis es mit dem zweiten Signal x(t) übereinstimmt. Diese Verzögerungszeit ist ein Maß für die Laufzeit der Turbulenzstruktur zwischen den beiden Sensoren. Unter idealen (theoretischen) Bedingungen, wie z. B. bei der in Bild 1 dargestellten

[1]) Dipl.-Ing. (FH) R. Schmedt, Endress & Hauser, Maulburg

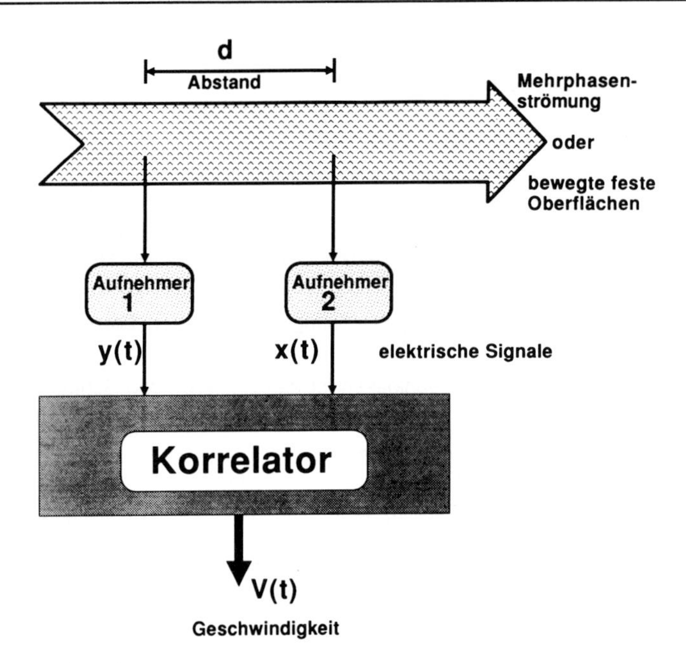

Bild 1: Prinzip der korrelativen Messung

Geschwindigkeitsmessung an festen Oberflächen mit einer eingefrorenen Struktur, sind diese beiden Signale identisch und um die Laufzeit zeitverschoben:

$$y(t) = x(t - T_m) \quad (1)$$

Die (Strömungs-) Geschwindigkeit erhält man dann aus der einfachen Beziehung

$$v = \frac{d}{T_m} \quad (2)$$

mit dem Abstand d zwischen den beiden Sensoren.

In der Praxis hat man es nicht mit derart ausgeprägten statistischen Signalen wie in Bild 2 zu tun. Man muß deshalb als spezielles, statistisches Auswertverfahren die Kreuzkorrelation verwenden.

Die gesuchte Laufzeit T_m erhält man als Abszissenwert für die Lage des ausgeprägten Maximums der Korrelationsfunktion. Der Ordinatenwert, der Kreuzkorrelationskoeffizient, errechnet sich durch Integration über die Zeit T (R_{xy},T(t) Kreuzkorrelationsfunktion, x(t-τ) 1. Signal, um τ verzögert; y(t) 2. Signal:

$$R_{xy,}T = \frac{1}{2T} \int_{-T}^{+T} x(t - \tau) \cdot y(t)dt \quad (3)$$

Aufgrund der endlichen Meßzeit entsteht eine statische Schwankung, welche durch die Varianz σ_v der Geschwindigkeit ausgedrückt werden kann (2.4).

$$\frac{\sigma_v^2}{v^2} = \frac{1}{T \cdot B} \left[\frac{2}{S/N} + \frac{1}{S/N^2}\right] \quad (4)$$

Nach Gleichung (4) kann dieser Fehler durch eine lange Meßzeit T, eine große Signalbandbreite B und ein großes Signal-/Rauschverhältnis S/N reduziert werden. In den meisten praktischen Anwen-

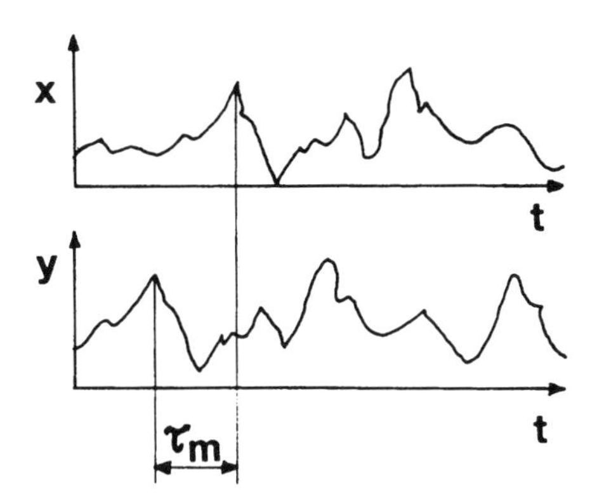

Bild 2: Grundsätzliche Funktion eines Korrelators

dungen sind lange Meßzeiten erwünscht. Deshalb werden für die Signalübertragung zum Korrelator große Signalbandbreiten und Signal-/Rausch-Verhältnisse benötigt.

Der in Gl. (3) definierte Korrelationskoeffizient wird üblicherweise in der normierten Form σ xy (T) verwendet, wobei

xy (T) = 100 % bedeutet: x (t) und y (t) sind identisch und nur zeitverschoben

xy (T) = – 100 % bedeutet: x (t) und y (t) sind identisch und um 180 phasenverschoben

xy (T) = 0 bedeutet: unabhängige Signale, keine Korrelation zwischen x (t) und y (t)

3. Korrelatorausführungen

In einem Korrelator müssen die in Bild 3 dargestellten Rechenschritte durchgeführt werden, wozu man ein einstellbares Verzögerungsglied, ein Multiplizierer und einen Integrator benötigt („Open-Loop"-Korrelator).

Dieser berechnet die komplette Kreuzkorrelationsfunktion und ist deshalb nicht so schnell, wie der „Closed-Loop"-Korrelator, dessen grundsätzlicher Aufbau Bild 4 zeigt. Dieser Korrelatortyp berechnet nur das Maximum der Kreuzkorrelationsfunktion, nicht die gesamte Funktion („Ein-Punkt"-Korrelator). Das Erreichen der maximalen Korrelation (Ähnlichkeit) und somit der gesuchten Laufzeit erfolgt durch die Berechnung der Steigung der Korrelationskurve (siehe Bild 4). Ist die gesuchte Laufzeit kleiner als die Verzögerungszeit, bei der die Korrelationsberechnung gerade stattfindet, so fällt die Korrelationskurve an der Stelle der Berechnung (negative Steigung). Ist die gesuchte Laufzeit größer als die aktuelle Verzögerungszeit im Korrelator, so steigt die Korrelationskurve an dieser Stelle an. Stimmen die Laufzeit der Mehrphasenströmung und die aktuelle Verzögerungszeit des Korrelators überein, ist die Steigung der Korrelationskoeffizienten gleich null.

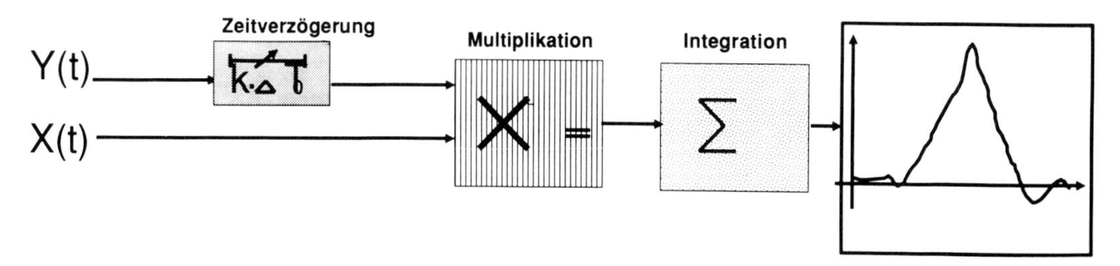

Bild 3: Prinzipieller Aufbau eines „Open-Loop"-Korrelators

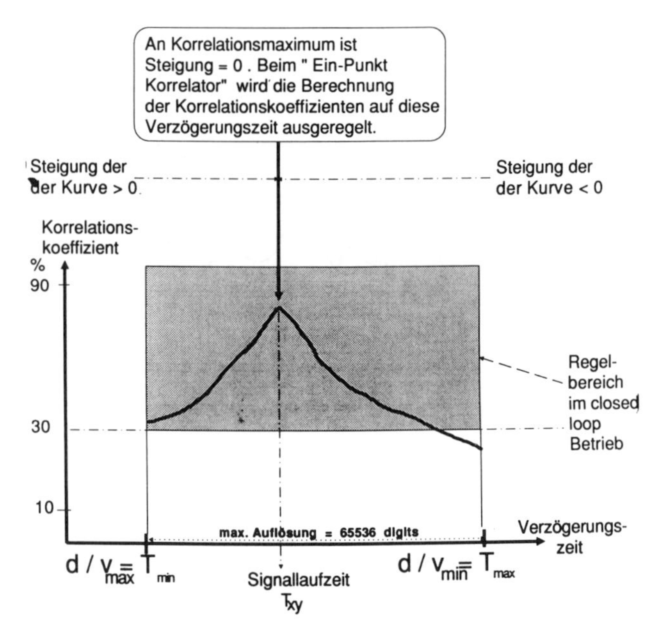

Bild 4: Kriterien zur Suche des Korrelationsmaximum beim „Closed-Loop"-Korrelator

Im Closed-Loop-Korrelator sorgt ein schneller Regelkreis dafür, daß die Verzögerungszeit praktisch immer mit der Laufzeit übereinstimmt. Damit kann die Verzögerungszeit zur Geschwindigkeitsberechnung gemäß Gleichung (2) genutzt werden.

Die Voraussetzung für die Funktion dieses Rechenalgorithmus ist eine sehr leistungsfähige Hardware. So besteht beispielsweise ein Closed-Loop-Korrelator aus zwei Mikrorechnern. Einer der beiden ist allein für den Closed-Loop-Regelkreis zuständig. Er kann Signale mit einer Frequenz von 1 MHz abtasten und den gewählten Geschwindigkeitsmeßbereich in mehr als 65.000 diskrete Schritte auflösen.

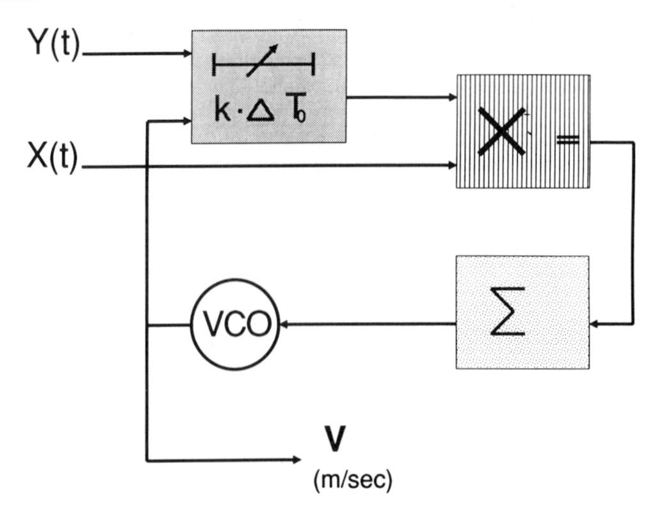

Bild 5: Prinzipieller Aufbau eines „Closed-Loop"-Korrelators

Ein Problem, das bisher den Einsatz der Korrelationsmeßtechnik eingeschränkt hat, ist der enorme Speicherplatzbedarf für die Berechnung der Kreuzkorrelationsfunktion. Für digitale Korrelatoren würde normalerweise eine Auflösung von 8 bis 12 bits für die Verarbeitung der Sensorsignale benötigt. Die Hauptgesichtspunkte bei der Entwicklung eines Korrelators für industrielle Anwendungen waren ausreichend kurze Meßzeiten und akzeptable Hardware-Kosten. Das Ergebnis war ein „Polaritäts-Korrelator", der nicht die analogen Signale x(t) und y(t), sondern die digitalisierten, binären Signale sign(x) und sign(y) korreliert. Anstelle des Multiplikationsglieds kann eine logische Äquivalenzverknüpfung treten.

Bei der Polaritätskorrelation wird die Form der Korrelationsfunktion verzerrt, der Ort des Maximums ändert sich allerdings nicht, wenn die Amplituden von x(t) und y(t) einer Gauß-Verteilung gehorchen. Da die in der Praxis vorkommenden Signale zumindest näherungsweise Gauß-verteilt sind, bedeutet das keine wesentliche Einschränkung.

4. Erzeugung und Eigenschaften der Sensorsignale

Ein Hauptvorteil der Korrelationsmeßtechnik ist, daß nur der zufällige Rauschanteil eines Signals verwendet wird, nicht dessen Amplitude, d.h., im Fall der Polaritätskorrelation wird nur die Information der Nulldurchgänge der Signale benötigt. Somit sind die Anforderungen an die Sensoren im Sinne der klassischen Meßtechnik gering. Die Sensoren können z.B. nicht-linear sein und Drifterscheinung aufweisen. Sogar elektronisches Rauschen in den Verstärkern hat nur Einfluß auf die Höhe des Signals, nicht auf die Lage des Korrelationsmaximums, da der Rauschanteil an beiden Signalen unkorreliert ist.

Trotzdem sind einige Anforderungen an die Sensoren zu beachten: Die Amplitude der zum Korrelator übertragenen Signale muß groß genug sein, um sicherzustellen, daß die Eingangskomparatoren für die Digitalisierung sicher schalten. Darüber hinaus ist eine große Bandbreite der Signale wichtig für ein ausgeprägtes Korrelationsmaximum (Bild 6).

Eine geringe Bandbreite hat ein breites Korrelationsmaximum zur Folge und damit starke statistische Schwankungen der gemessenen Laufzeit und Geschwindigkeit.

Im Prinzip kann jede physikalische Eigenschaft, die zufällig, stochastisch schwankt, für eine Korrelationsmessung verwendet werden, z.B. Temperatur, Druck, Leitfähigkeit, Permeabilität, Di-

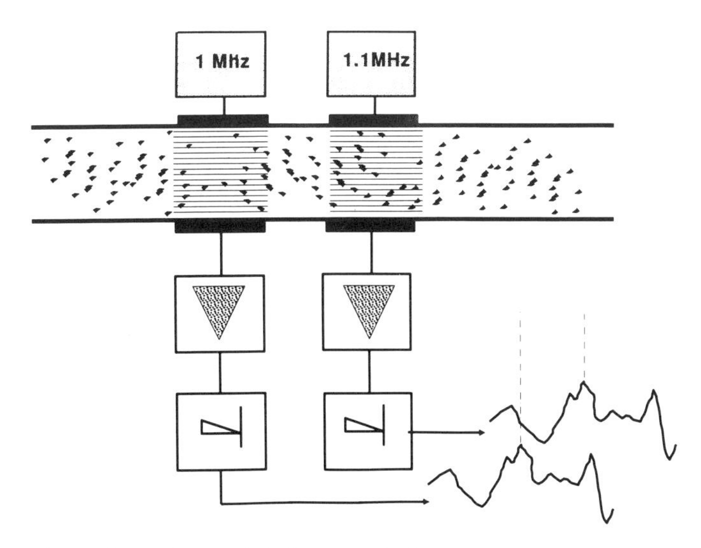

Bild 6: Einfluß der Bandbreite der Signale auf die Korrelationsfunktion

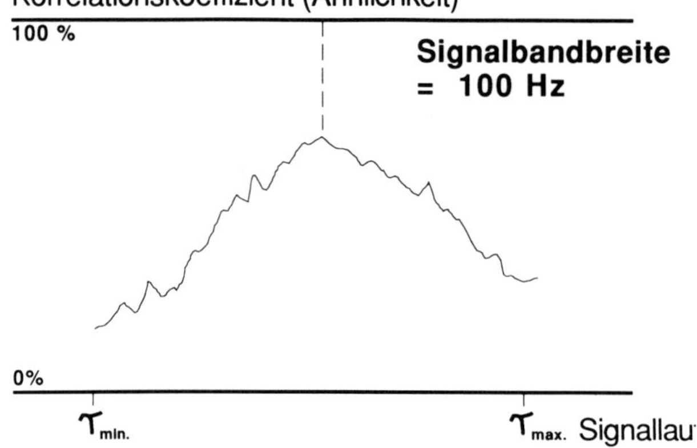

a)

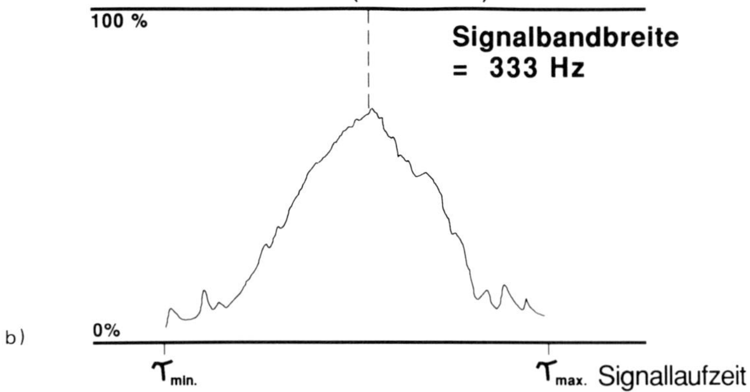

b)

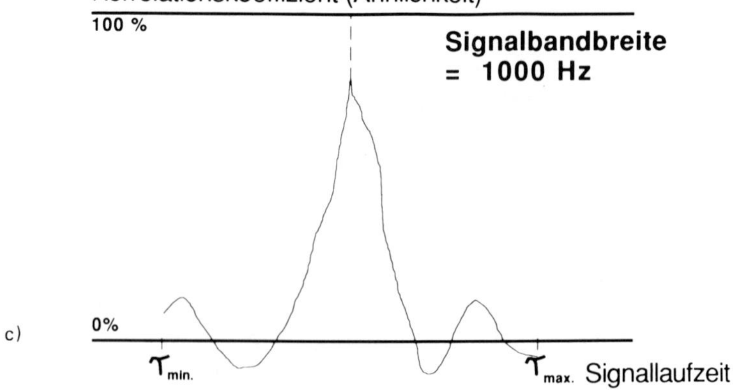

c)

Bild 7: Ultraschall-Sensoren zur Detektion von Feststoffpartikel oder Gasblasen in flüssigen Zweiphasenströmungen

elektrizitätskonstante. In der Praxis werden meistens Sensoren verwendet, die berührungslos messen, z. B. optische, kapazitive, elektrostatische, Ultraschall- bzw. Mikrowellen-Sensoren.

Bei flüssigen Zweiphasenströmungen (hydraulischen Transport von Feststoffen in Rohrleitungen oder bei Wasser-/Luftströmungen) können beispielsweise Ultraschallsensoren eingesetzt werden (Bild 7).

Je ein Ultraschallsender und -empfänger werden einander gegenüberliegend in die Rohrwand eingebaut oder aufgeklemmt. Die Sender werden üblicherweise mit 1 MHz-Träger am Empfänger ausgewertet. Die gemessene Geschwindigkeit ist ein über dem Querschnitt gemittelter, gewichteter Wert derjenigen Phase, welche die akustische Transmission stört.

5. Korrelative Durchsatzmessung von pneumatisch geförderten Feststoffen

In vielen Industriezweigen werden Feststoffe (Kohle, Zement, Kalkstein, Kunststoffgranulat oder Getreide) pneumatisch gefördert. Pneumatische Fördersysteme zeichnen sich durch leichten Einbau, niedrige Anlagenkosten, minimalen Bedienungsaufwand und durch die Möglichkeit der Kombination des Transports von Förder- und Verfahrensvorgängen aus. Die Nachteile, wie höhere Energiekosten und Verschleiß (speziell an Krümmern) konnten durch den vermehrten Einsatz der energetisch günstigen Dichtstromförderung und durch konstruktive und werkstofftechnische Weiterentwicklung abgeschwächt werden.

Bei allen Transport- und Fördervorgängen ist der Feststoff-Durchsatz die entscheidende Größe. Bei der Durchsatzmessung in pneumatischen Fördersystemen war man bisher darauf angewiesen, den Feststoff vor dem Einschleusen gravimetrisch oder volumetrisch mit entsprechenden Dosiersystemen zu erfassen. Die direkte Messung im Förderrohr war bisher nicht möglich, doch ist gerade diese Messung besonders dann wichtig, wenn sich die Förderung auf mehrere Rohrleitungen aufteilt [7] (Bild 8).

Aufgrund der meist langen Förderwege bei der pneumatischen Förderung ist die Messung an der Feststoffaufgabe mit großen Totzeiten behaftet und somit für regelungstechnische Aufgaben nur schlecht geeignet.

So ist es bei der Kohlestaubdosierung in Hoch- und Glasschmelzöfen oder im Kraftwerksbereich für einen optimalen Verbrennungsprozeß notwendig, die Verteilung des Kohlestaubs in den einzelnen Förderleitungen zu den Einblasstellen im Verbrennungsraum zu messen und zu steuern. Die Optimierung und Überwachung von pneumatisch beschickten Mahlanlagen oder Windsichtern ist ebenfalls eine verfahrenstechnische Aufgabe, welche mit In-Line-Messungen der Massenströme gelöst werden kann.

Mit der Korrelationsmeßtechnik steht ein System zur Verfügung, das in der Lage ist, den Feststoff-Durchsatz On-Line berührungslos in der pneumatischen Förderleitung zu messen.

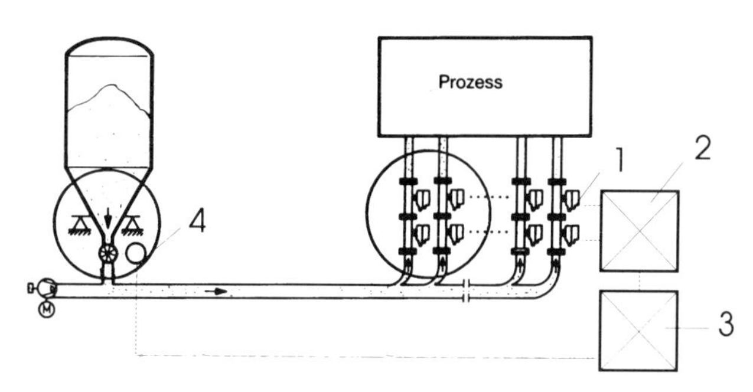

Bild 8: Korrelative Durchflußmessung von Feststoffströmen

Darüber hinaus sind Dichtstromfördersysteme, die mit hohen Feststoffbeladungen nahe an der Verstopfungsgrenze betrieben werden, überhaupt nur optimiert, und vor allem betriebssicher mit einer On-Line-Überwachung des Durchsatzes zu betreiben.

5.1 Aufbau einer korrelativen Meßlinie

Eine korrelative Meßlinie zur Durchsatzmessung beim pneumatischen Transport besteht aus (Bild 8) den beiden Meßaufnehmern und dem Korrelator. Die Frage, warum zwei Meßaufnehmer verwendet werden müssen, wird durch die Grundgleichung (5) für die Durchsatzmessung beim pneumatischen Transport beantwortet.

$$\dot{m} = \dot{V} \cdot \varrho_S \cdot C_V = v_S \cdot A \cdot \varrho_S \cdot C_V \tag{5}$$

mit $\dot{m}$ Massenstrom
$\dot{V}$ Volumenstrom
ϱ_S Feststoffdichte
C_V Feststoffkonzentration
A Rohrquerschnittsfläche
v_S Feststoffgeschwindigkeit

Im Gegensatz zur Durchflußmessung bei Einphasenströmungen muß nach Gleichung (5) bei Zweiphasenströmungen neben der Feststoffgeschwindigkeit eine zweite unabhängige Größe, die Feststoffkonzentration, gemessen werden.

Geht man von einer konstanten Feststoffdichte ϱ_S aus, so kann man für ein Rohr mit der Querschnittsfläche A die Größen A und ϱ_S zu einem Kalibrierfaktor K zusammenfassen:

$$\dot{m} = K \cdot v_S \cdot C_V \tag{6}$$

Der Konzentrationsmeßaufnehmer kann zusammen mit einem einfachen Meßumformer eine eigenständige Meßeinrichtung bilden, welche zur Beladungssteuerung oder -überwachung z. B. bei der pneumatischen Schiffsentladung von Betonit oder Zement eingesetzt werden kann. Der Korrelator berechnet aus den beiden Meßaufnehmern die mittlere Feststoffgeschwindigkeit und verknüpft diese nach Gleichung (4) zum Massendurchsatz m. Auch die Geschwindigkeitsmeßlinie kann separat

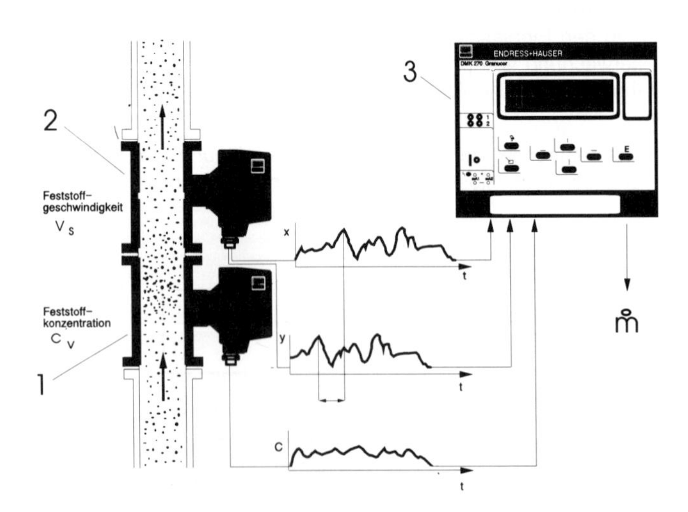

Bild 9: Schematischer Aufbau der Meßlinie

1 : Feststoffkonzentrationsmessung
2 : Feststoffgeschwindigkeitsmessung
3 : Korrelator

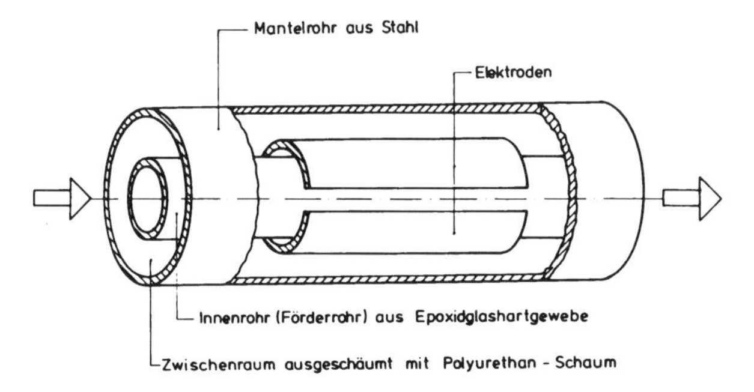

Bild 10: Mechanischer Aufbau der Meßaufnehmer

eingesetzt werden, aber erst alle drei Komponenten zusammen ergeben eine Meßlinie zur Durchsatzmessung (Bild 9).

Aufbau der Meßaufnehmer

Die Meßaufnehmer sind vom äußeren Erscheinungsbild her identisch und werden in die Förderleitung eingeflanscht. Es ergibt sich eine Gesamtmeßstrecke von nur einem halben Meter, da in bereits vorhandene pneumatische Fördersysteme einfach integriert werden kann (Nennweiten DN 15 bis DN 200, Druckstufe max. PN 40). Beide Meßaufnehmer sind als Meßkondensatoren aufgebaut (Bild 10).

Das Gas/Feststoffgemisch strömt durch das Innenrohr, das aus einem elektrisch nicht leitenden Epoxidglashartgewebe besteht, um auch bei abrasiven Medien hohe Standzeiten ermöglichen zu können.

Auf dem Innenrohr sind die Elektroden des Meßkondensators befestigt. Innenrohr und Elektroden befinden sich in einem Mantelrohr aus Stahl. Der Raum zwischen Innen- und Mantelrohr ist mit Polyurethan-Schaum ausgefüllt. Geschwindigkeits- und Konzentrationsaufnehmer unterscheiden sich in Elektrodenanordnung und Signalverarbeitung. Die Geschwindigkeitsmessung verwendet das Prinzip der Korrelationsmeßtechnik. Die beiden statischen Rauschsignale werden (Bild 11) in zwei Meßkondensatoren kapazitiv erzeugt.

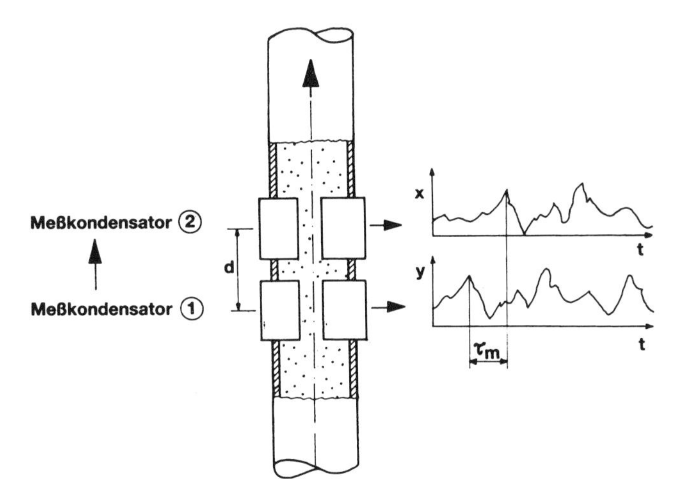

Bild 11: Prinzip der korrelativen Geschwindigkeitsmessung mit kapazitiven Aufnehmern

Die mit dem Gas transportierten Feststoffpartikel erzeugen im Meßkondensator eine Kapazitätsänderung (Dielektrikum). Da sich die Partikel nicht auf geradlinigen Bahnen durch das Meßrohr bewegen, sondern durch die Stöße untereinander und mit der Rohrwand eine zufällige Bewegung ausführen, erhält man das in Bild 11 dargestellte Rauschsignal. Ist der Abstand d zwischen den Meßkondensatoren nicht allzu groß, so hat die Struktur der Zweiphasenströmung (Anordnung der Partikel in der Strömung) eine gewisse Lebensdauer, so daß man am Meßkondensator 2 ein ähnliches Rauschsignal detektieren kann. Könnte man die Anordnung der Partikel auf dem Weg vom ersten zum zweiten Kondensator einfrieren, so wären beide Signale identisch (Korrelation 100 %). Ist der Abstand zwischen den beiden Kondensatoren bei realer Strömung zu groß gewählt, so tritt auf dem Weg eine derartige Vermischung der Partikel auf, daß keine Ähnlichkeit der Rauschsignale festgestellt werden kann (Korrelation 0 %). Bei optimalem Kondensatorabstand, der von dem Geschwindigkeitsbereich und der Abtastfrequenz des Korrelators abhängt, erhält man in der Praxis bei der pneumatischen Förderung Korrelationen von ca. 60–80 %.

Die erforderliche Verzögerungszeit T_m, die der Zeit entspricht, welche die Partikel vom Kondensator 1 zum Kondensator 2 brauchen, errechnet sich der Korrelator aus der Kreuzkorrelationsfunktion KKF, die gerade für diese Laufzeit T_m ein Maximum aufweist.

Aus der Laufzeit T_m kann nach Gleichung (2) die mittlere Feststoffgeschwindigkeit berechnet werden. Die korrelative Geschwindigkeitsmessung ist eine Absolutmessung und muß nicht kalibriert werden. Da hier nur der Wechselanteil der Signale ausgewertet wird, spielen die Amplituden der Signale keine Rolle, Drift- oder Alterungserscheinungen beeinflussen also die Messung nicht. Da der Sensorabstand direkt in die Geschwindigkeitsberechnung eingeht, ist dessen genaue Kenntnis für die Genauigkeit der Messung von großer Bedeutung. Für die Elektroden werden deshalb flexible Leiterplatten verwendet, auf denen die Elektrodenfelder exakt vorgegeben sind. Einer langausgedehnten Sendeelektrode stehen mehrere Empfängerelektroden gegenüber, die durch Schalter in der Vorortelektronik je nach Bedarf kombiniert werden können. So kann durch variablen Kondensatorabstand mit einem Meßaufnehmer ein sehr großer Geschwindigkeitsbereich von wenigen m/s (Dichtstromförderung) bis zu max. 100 m/s (Flugförderung) abgedeckt werden.

Wie bei jedem Geschwindigkeits- bzw. Durchflußmeßverfahren ist auch hier durch Wahl eines geeigneten Einbauortes im Fördersystem ein symmetrisches Strömungsprofil zu gewährleisten, so daß die richtige mittlere Feststoffgeschwindigkeit gemessen wird. Je nach Strömungsstörung (Krümmer, Reduzierungen oder Erweiterungen) sind Einlaufstrecken von ca. (10 bis 20) x Rohrinnendurchmesser einzuhalten. Bezüglich der Materialbeladung gibt es bei der beschriebenen Geschwindigkeitsmessung praktisch keine Einschränkung in pneumatischen Förderanlagen.

Konzentrationsmeßaufnehmer

Bei der kapazitiven Konzentrationsmessung wird nicht der Rauschanteil im Signal ausgewertet, sondern die absolute Kapazitätsänderung durch die Feststoffpartikel im Meßkondensator. Man benötigt (Bild 12) deshalb auch nur einen Meßkondensator, der die gesamte Länge des Meßrohres erfaßt, um nicht interessierende lokale Konzentrationsschwankungen auszumitteln.

Betrachtet man das Meßrohr bei reiner Gasströmung ohne Feststoff, so weist der Kondensator die Leerrohrkapazität C_o auf:

$$C_o = \frac{\varepsilon_0 \cdot b \cdot d_i}{d_i \dfrac{\pi}{4} + \dfrac{2_s}{\varepsilon_w}} \tag{7}$$

Wird der Feststoff mit dem Gas transportiert, ändert sich das Dielektrikum und die Kapazität C des Meßkondensators.

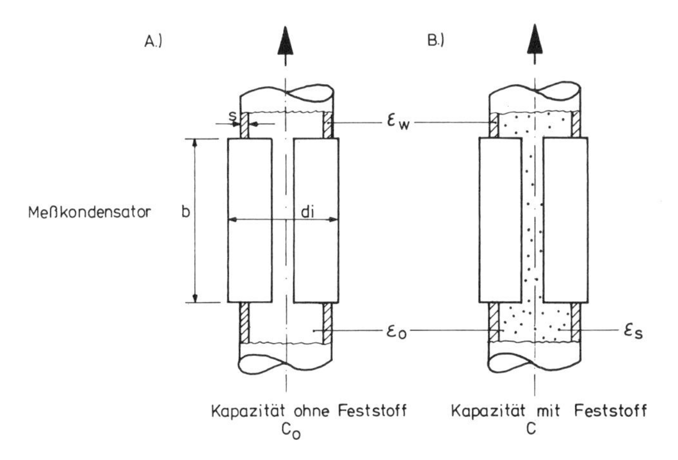

Bild 12: Prinzip der kapazitiven Konzentrationsmessung

b Breite der Kondensatorplatte
d_i Durchmesser des Kondensators
s Wanddicke des Innenrohres
ε_0 Dielektrizitätskonstante des Innenrohres
ε_W Dielektrizitätskonstante des Wandmaterials
ε_s Dielektrizitätskonstante des transportierten Feststoffes

Das Verhältnis

$$C/C_0 = 1 + \frac{1 - \frac{1}{\varepsilon_s}}{1 + \frac{2_s}{\frac{\pi}{4} d_i \cdot \varepsilon_w}} C_V \qquad (8)$$

ist proportional zur gesuchten Volumenkonzentration C_v.

Wegen der Abhängigkeit der Messung und den Dielektrizitätskonstanten ε_W und ε_0, von der spezifischen Geometrie des Meßrohres ist hier im Gegensatz zur Geschwindigkeitsmessung eine Kalibrierung mit dem verwendeten Fördergut notwendig.

Die Kapazitätsänderung $C-C_0$ ist sehr gering. Um eine störungsfreie Kapazitätsmessung zu gewährleisten, muß deshalb eine gewisse Mindestfeststoffbeladung, erfahrungsgemäß $>$ 5 kg Feststoff/kg Gas, vorliegen.

Außer bei der Takt-Schub-Förderung, einer indizierten Pfropfenförderung bei hohen Beladungen, die in bestimmten Industriezweigen eingesetzt wird, sind zwischen Dichtstrom- und Flugförderung liegende Förderzustände mit Strähnen-, Dünen- und Ballenbildung im allgemeinen unerwünscht, da sie häufig Pulsationen, Entmischungs- und Verstopfungserscheinungen mit sich bringen (Bild 13).

Die Korrelationsmeßlinie mit dem kapazitiven Konzentrationssensor deckt einen weiten Bereich der pneumatischen Förderung ab. Für die Applikation in der Propfenförderung sind spezielle Einbaukriterien einzuhalten. Im grau schraffierten Bereich, unter der Mindestbeladung von 5 kg Feststoff/kg Gas, ist eine Messung dann möglich, wenn das Material eine hohe Dielektrizitätskonstante hat und keine Ansatzbildung zeigt. Dies jedoch ist bei den meisten Feststoffen nicht der Fall.

Der Korrelator als Meßumformer für die Geschwindigkeitsmessung

Der in Bild 14 + 15 dargestellte Korrelator ist ein für den Industrieeinsatz konzipiertes Gerät mit Einsatz der µP-Technologie. Das Ergebnis ist ein preisgünstiges, kompaktes (19″ Kassette, 28 TE

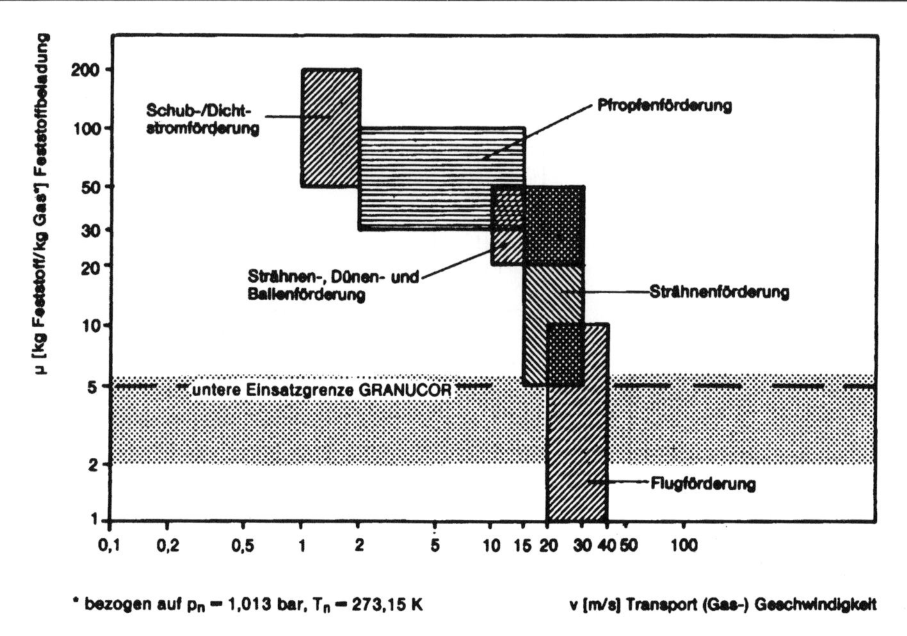

Bild 13: Förderzustände und Einsatzgrenzen der Korrelationsmeßtechnik

breit), einfach zu bedienendes Gerät, das durch eine Vielzahl von programmierbaren Parametern für jeden Einsatzfall optimiert werden kann.

– Über das vierzeilige Display können alle Meßgrößen gleichzeitig dargestellt werden. (Konzentrationen, Geschwindigkeit, Durchsatz und Gesamtmenge). Über zwei Analogausgänge und einen schnellen Zählausgang kann diese Information auch elektrisch ausgegeben werden.

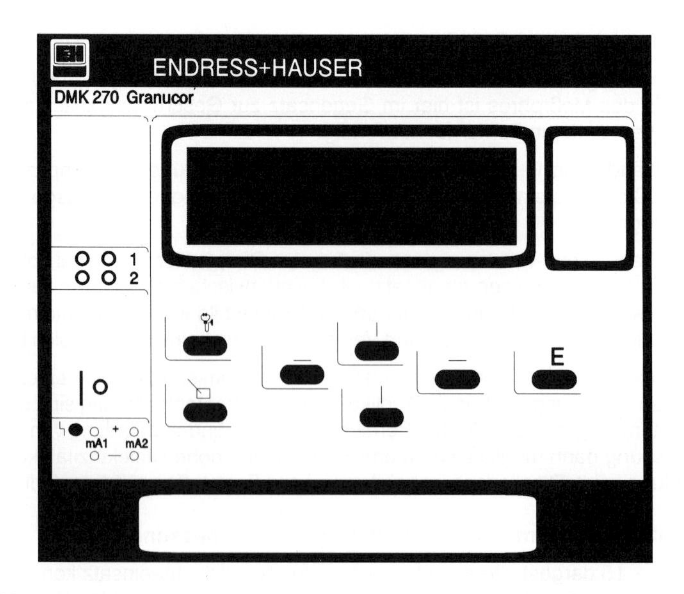

Bild 14: Korrelator

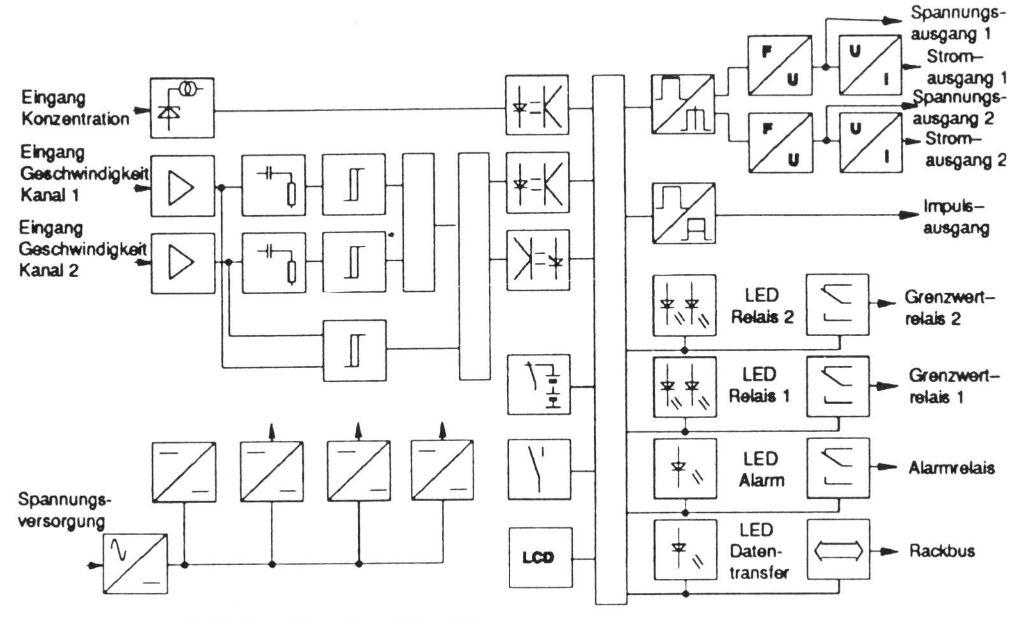

Bild 15: Blockschaltbild eines „Closed-Loop"-Korrelators

- Der Bediener wird mit Klartext geführt und über Warnungen und Fehler informiert.
- Sollte die Messung nicht linear sein, besteht die Möglichkeit zur Linearisierung im Korrelationsrechner.
- Beim Betrieb der Meßeinrichtung mit verschiedenen Schüttgütern können bis zu 8 Kalibrationskurven im Rechner abgelegt und über 3 binäre Eingänge wieder ausgewählt werden.
- Der Spannungsausgang 0/2 ... 10 V oder dem Stromausgang 0/4 ... 20 mA kann einem Stetigregler zugeführt werden, der einen Soll/Ist-Vergleich durchführt. Das Stellsignal wirkt dann auf das Stellglied z. b. das Zellenrad.

5.2 Installation, Kalibierung, Genauigkeit

Unter Berücksichtigung der Ein- und Auslaufstrecken sollte der Einbau der beiden Meßrohre, direkt aneinandergeflanscht möglichst in einem senkrechten oder wenigsten schrägen Abschnitt der Förderrohrleitung erfolgen. Damit wird gewährleistet, daß sich bei Stillstand der Anlage im Konzentrationsmeßaufnehmer kein Feststoff absetzt.

Eine Kalibrierung der gesamten Meßlinie ist nur für Absolutmessungen notwendig. Bei vielen Anwendungen, wo nur die Verteilung des Feststoffstromes auf einzelne Förderrohre interessiert und der Gesamtmassenstrom über einen Wägebunker bekannt ist, kann auf eine Kalibrierung ganz verzichtet werden, da angenommen werden kann, daß sich die Stoffeigenschaften des Gases oder des Feststoffes an den Meßstellen in den einzelnen Förderleitungen nicht unterscheiden.

Interessiert der absolute Massenstrom, so muß das Meßsystem in der Förderanlage mit dem jeweiligen Feststoff kalibriert werden (Wiegebunker).

Aufgrund der kapazitiven Erfassung der Feststoffkonzentration ergeben sich Fehlereinflüsse durch Feuchtigkeitsschwankungen im Feststoffstrom:

a) Für Anwendungen mit geringen Genauigkeitsanforderungen (z. B. 5 %) ist praktisch jedes rieselfähiges Schüttgut meßbar; Ausnahmen bestehen bei hygroskopischen Schüttgütern (z. B. Polyamide)

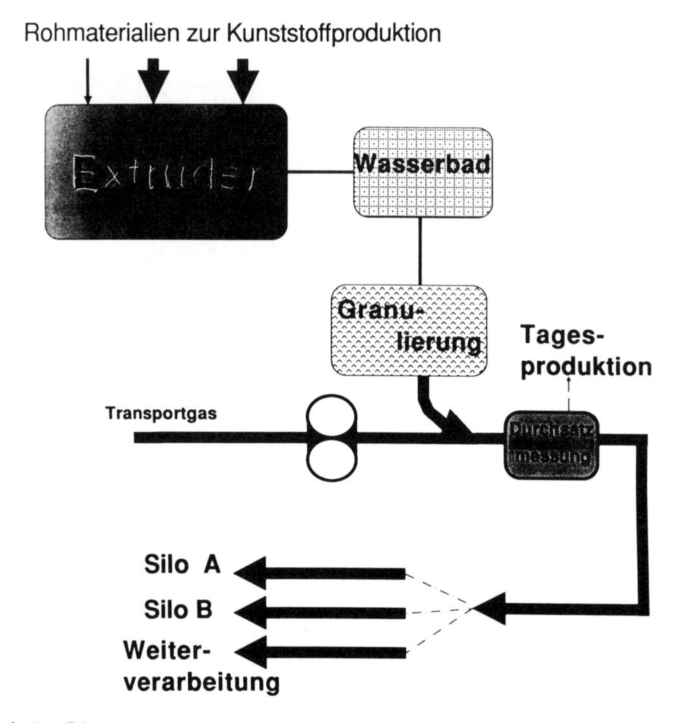

Bild 16: Meßaufgabe, Erfassung von Tagesproduktionsmenge

b) Bei Genauigkeitsanforderungen an die Massenstrommessung von besser ± 2 % ist eine Prüfung mit Schüttgut erforderlich, sofern nicht bereits Erfahrungen vorliegen. Werden mehrere Materialproben in der Versuchsanlage auf ihre Wirkung bezüglich der kapazitiven Konzentrationsmessung geprüft, kann die zu erwartende Genauigkeit spezifiziert werden.

c) Soll durch die In-Line-Messungen mit Korrelationsmeßtechnik eine Erhöhung der Kurzzeitdosiergenauigkeit oder exakte Regelung von Massenströmen mit einem Material erfolgen, welches in seinen Eigenschaften bezüglich der kapazitäten Messung schwanken kann (z. B. Kohle, Kalkmehl) so hat sich die permanente Korrektur der Kalibrierung mit Wäge- oder Prüfbunkern bewährt.

Die bisherigen Erfahrungen beim Einsatz im pneumatischen Transport haben gezeigt, daß bei annähernd konstanten Stoffdaten die Reproduzierbarkeiten von ± 1 bis 2 % erreicht werden können.

5.3 Anwendungen

Die Anwendungen des korrelativen Meßsystems läßt sich grob in folgende Aufgaben untergliedern:

a) Gesamtmengenbilanzierung über längere Zeiträume

Typisches Beispiel ist die Erfassung der Tagesleistung einer Produktionslinie für Kunststoffpellets. Das Produkt wird direkt nach dem Trockner durch eine pneumatische Förderanlage an mehrere Stellen im Betrieb gefördert (Bild 16).

Die kurzzeitigen Schwankungen in der Trocknerleistung beeinflussen die Meßgenauigkeit der Tagesproduktion praktisch nicht, da im Mittel eines Tages diese Leistung konstant ist.

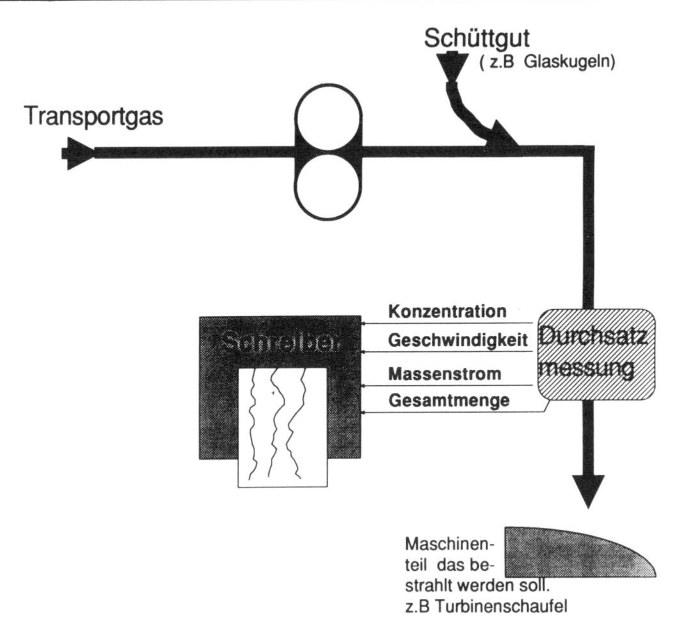

Bild 17: Oberflächenbehandlung von Maschinenteilen, z. B. Turbinenschaufeln

Bild 18: Korrelationsmeßsystem in Kohlestaubförderleitungen an einem Hochofen

b) Überwachung und Steuerung des Feststofftransportes

Eine Applikation hierzu ist die Oberflächenbehandlung von Maschinenteilen mit Strahlmitteln (Shot Peening). Die Transportkenngrößen werden aufgezeichnet und als Beleg für Qualität und Art der Oberflächenbehandlung benötigt (Bild 17).

c) Materialverteilung in pneumatischen Förderanlagen auf mehrere Leitungen (Bild 18)

Seine industrielle Bewährungsprobe bestand die korrelative Meßlinie erfolgreich an einem Hochofen. Zwei getrennte pneumatische Fördersysteme – eines mit Dichtstrom-, das andere mit Flugförderung betrieben – versorgen je 15 Förderleitungen mit einem Durchmesser von 16 mm zum Hochofen. Am Ende jeder Förderleitung befindet sich die in den Düsenstock eingeführte Lanze, aus der das Zweistoff-Gemisch Kohlenstaub/Trägergas im Hochofen mit Schallgeschwindigkeit austritt. Die gesamte Einblasrate wird für alle Kohlenstaubzuführungen (Blasformen) durch die Änderung des Betriebsdruckes im Fördersystem eingestellt. Die Einblasrate pro Blasform wird durch die Zugabe von Bypaßgas am Ende der Förderleitung derart geregelt, daß alle Blasformen mit gleicher Kohlenmenge versorgt werden. Dazu muß die geförderte Kohlemenge pro Förderleitung gemessen werden.

Die Meßaufnehmer wurden zwischen den Einblasgefäßen und dem Hochofen installiert, die Meßumformer befinden sich in einem sog. Meßcontainer in der Kohlestaub-Einblasanlage. Die gesamte Meßwerterfassung und Regelung läuft rechnergesteuert. Durch die Messung des Durchsatzes vor jeder einzelnen Lanze konnte mit hoher Genauigkeit eine Gleichverteilung des Kohlestaubes auf

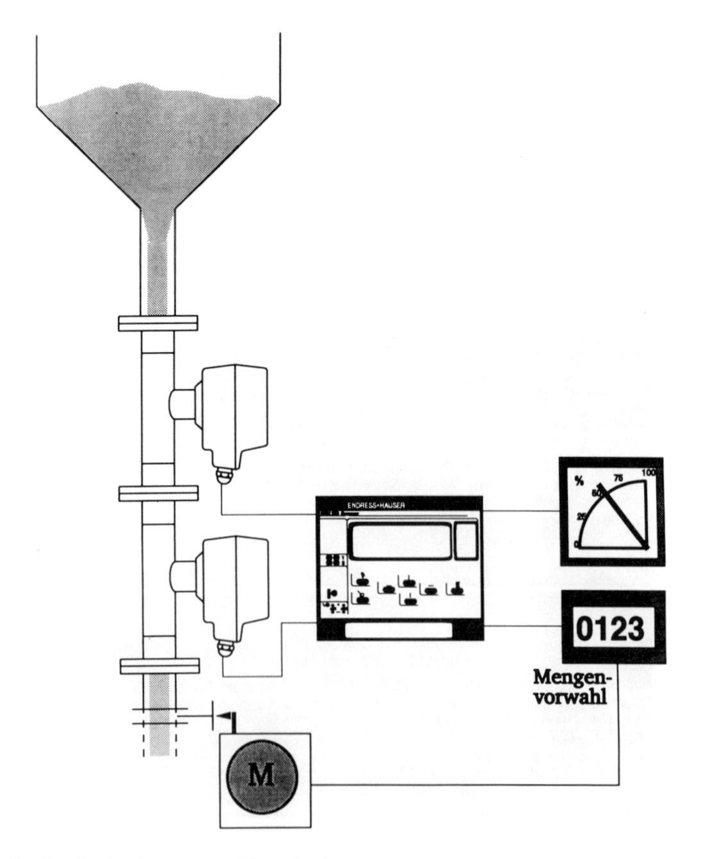

Bild 19: Korrelative Durchsatzmischung am Siloauslauf

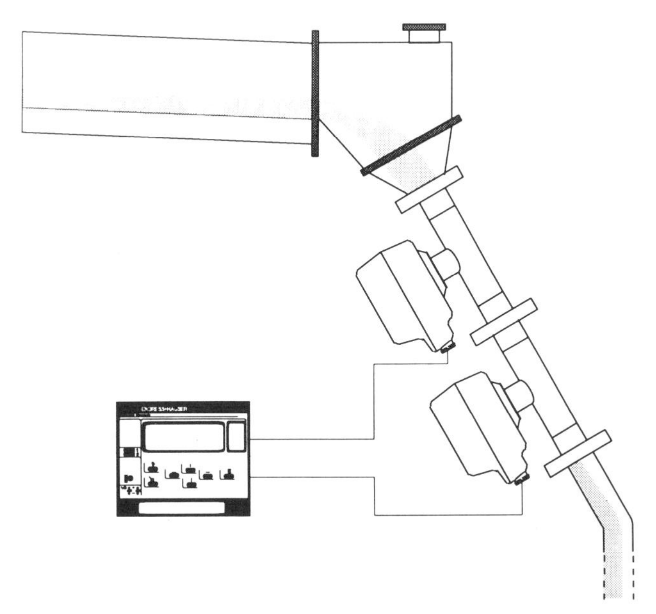

Bild 20: Korrelative Durchsatzmessung nach Luftförderrinnen

die 30 Lanzen erreicht werden. Das Ofenverhalten wird optimiert und ein wesentlich höherer Teil des Hochofenkoks durch billigere, gemahlene Rohfeinkohle ersetzt. Die Meßlinien sind hier seit über 3 Jahren störungsfrei im Einsatz.

Durch eine geregelte Brennstoffzufuhr kann jede Art Verbrennungsprozeß in bezug auf Wirkungsgrad, Energieeinsparung und primären Umweltschutz optimiert werden.

Durch die On-Line-Messung des Massendurchsatzes in jeder Förderleitung hat man jederzeit eine Information über den Wirkungsgrad der Anlage und kann jedem Brenner jeweils nur soviel Kohlestaub zuführen, wie der Verbrennungsprozeß benötigt.

Damit erreicht man einen sparsamen Brennstoffeinsatz und eine geringe Umweltbelastung durch reduzierte Emissionen.

d) Messungen von fluidisierten Schüttgütern an Siloausläufen oder nach Luftförderrinnen

Am Auslauf eines Bleicherdesilos ist die Meßlinie installiert. Es soll über das Öffnen und Schließen des Schiebers eine bestimmte Materialmenge entnommen werden. Wichtig ist ein möglichst ungestörter Fluß des fluidisierten Materials von der Meßstelle und ein Abschluß des Sensors nach unten durch einen Schieber (Bild 19).

In Bild 20 wird fluidisiertes Melaminpulver über eine lange Luftförderrinne zu einer LKW-Verladestelle gefördert. Die Fließgeschwindigkeit des Materials kann je nach Grad der Fluidisierung stark schwanken und muß somit gemessen werden.

Die Messung von Schüttgutströmen in nichtpneumatischen Förderungen ist nach bisherigen Erfahrungen auf fluidisierte Materialien beschränkt. Bei nicht fluidisiertem Schüttgut muß mit einem extrem stark ausgeprägten und auch schwankenden Strömungsprofil gerechnet werden.

Schrifttum

[1] Vetter, G.: Dosierverfahren in Messen, Steuern und Regeln in der chemischen Technik, Bd. 1, 3. Auflage, Springer-Verlag, 1980, S. 507–588.
[2] Mesch, F.: Geschwindigkeits- und Durchflußmessung mit Korrelationsverfahren, rtp 24 (1982) S. 73–82.
[3] Kipphan, H.: Bestimmung von Transportkenngrößen bei Mehrphasenströmungen mit Hilfe der Korrelationsmeßtechnik. Chem.-Ing. Tech. 49 (1977) S. 695–707.
[4] Al Rabeh R.H., J. Hemp: A new Method for Measuring the Flow Rate of Insulating Fluids. Int. Conf. on Adv. in Flow Measurement Techniques, Warwick, England, Sept. 1981.
[5] Green, R.G., Cuncliffe, J.M.: On-Line-Measurement of Two-Phase-Fluid Flow with a Frequency Modulated Capacitance Transducer, Int. Conf. on Adv. in Flow Measurement Techniques, Warwick, England, Sept. 1981.
[6] Fritsche, R.: Vergleich berührungsloser Geschwindigkeitsmeßverfahren an selbstleuchtenden und inkohärent beleuchtetem Walzgut. Dissertation, Universität Karlsruhe, 1979.
[7] Endress + Hauser Druckschrift, Technische Information GRANUCOR, TI 107/10.89/E+H Maulburg/D.

4.2 Fluiddosierung mit Durchflußmessung

Überblick der Durchflußmesser für Flüssigkeiten und Gase

Von H. HÄFELFINGER [1)]

1. Auswahlkriterien für Durchflußmeßgeräte

Einleitung

Die richtige Auswahl des optimalen Durchflußmeßgerätes für eine bestimmte Anwendung ist eine komplexe Angelegenheit. Die Wahl hängt weitgehend davon ab, welchen Stellenwert der individuelle Anwender verschiedenen Kriterien beimißt:

- Meßgenauigkeit
- Dynamikbereich
- Druckverlust
- Bedienungsfreundlichkeit
- Preis
- Installationskosten
- Unterstützung durch die Lieferfirma
- Vertrauen in die Meßmethode usw.

Der zunehmende Automatisierungsgrad, höhere Ansprüche an die Qualität der Endprodukte, bessere Wirtschaftlichkeit und Energieoptimierung der Fertigungsabläufe erfordern einen vermehrten Einsatz von Meßtechnik in modernen Produktionsbetrieben. Die klassischen verfahrenstechnischen Parameter wie Temperatur, Druck, Durchfluß (Volumen, Masse) und Höhenstand, spielen dabei eine zentrale Rolle.

Der nachfolgende Überblick befaßt sich ausschließlich mit der Volumen- und Massedurchflußmessung und beschreibt die in der Verfahrenstechnik am häufigsten eingesetzten Meßmethoden sowie deren Vor- und Nachteile.

Anforderungs- und Eigenschaftsprofil

An jede Durchflußmeßstelle werden definierte Anforderungen gestellt. Sie ergeben zusammengefaßt das Anforderungsprofil für das einzusetzende Meßgerät.

Jedes Durchflußmeßgerät hat ein bestimmtes Eigenschaftsprofil.

Liegen die Eigenschaften über den Anforderungen, so wird der Durchflußmesser schlecht ausgenützt. Die Meßstelle ist dann sehr zuverlässig, aber teuer.

Das Anforderungsprofil ergibt sich aus dem jeweiligen Einsatzfall, das Eigenschaftsprofil aus den Spezifikationen eines bestimmten Durchflußmeßgerätes.

Anforderungs- und Eigenschaftsprofile können in die Bereiche Meßtechnik, Prozeß und Umwelt aufgeteilt werden.

Tafeln 1-3 geben dazu wichtige Hinweise. Sie sind aber nicht für jeden Einsatzfall vollständig.

Zu beachten:

- Jede nicht spezifizierte Anforderung kann zum Versagen der Messung führen!
- Jede zusätzliche Anforderung kann erhebliche Kosten verursachen!

Die Tafeln dienen vor allem als Checklisten, um zu prüfen, ob bei der Problemstellung besondere Anforderungen vorliegen.

[1)] Dipl.-Ing. (FH) H. Häfelfinger, Endress & Hauser, Maulburg

Tafel 1: Auswahlkriterien für Durchflußmeßgeräte: Meßtechnik

A Meßtechnik	**Meßstelle**	**Meßgerät**
Parameter	Anforderung/SOLL	Eigenschaft/IST
Fehlergrenze	max./typ. .... %	max./typ. .... %
Reproduzierbarkeit	max./typ. .... %	max./typ. .... %
Linearität		
Einfluß von: Meßgenauigkeit Umgebungstemperatur Netzspannung Netzfrequenz *Alterung	 .... %/10K .... %/10K .... %/± 10% .... %/48 ... 53Hz .... %/a	 .... %/10K .... %/10K .... %/± 10% .... %/48 ... 53Hz .... %/a
*Lebensdauer	.... a	.... a
Q Maxima Meßbereich Q Minima		
Ausgangssignale		
Wartung zulässig/erforderlich		
Sicherheitstechnik (z.B. max. Sicherheit)		

* Hängt von Prozess- und Umweltbedingungen ab

Vergleiche verschiedener Meßsysteme

Detaillierte Vergleiche zwischen einer größeren Anzahl von Durchflußmeßsystemen würden zwangsläufig zu einer umfangreichen Arbeit ausarten und sich wahrscheinlich als Auswahlhilfe für den potentiellen Anwender kaum eignen. Aus diesem Grund beschränkt sich die Gegenüberstellung auf technische Daten sowie mediumsspezifische Kriterien (Tafel 4).

Tafel 2: Auswahlkriterien für Durchflußmeßgeräte: Prozess

B Prozess	**Meßstelle**	**Meßgerät**
Parameter	Anforderung/SOLL	Eigenschaft/IST
Meßstoff: beständige Werkstoffe abrasive Strömung Feststoffe, Fasern Viskosität Dichte Reynoldszahl Strömungsprofil		
Nenndruck	PN .... bar	PN .... bar
Nennweite	DN .... mm	DN .... mm
Hydraulische Anschlüsse		
Meßstofftemperatur Maxima Minima	.... °C .... °C	.... °C .... °C
Gasblasen		
Sedimentation (Ablagerung)		
Rohrleerlauf		
Pulsation stoßweise Förderung		
Rohrblockade zwingend ausgeschlossen		
Druckverlust	p_v = ... mbar	p_v = ... mbar

Tafel 3: Auswahlkriterien für Durchflußmeßgeräte: Umwelt

C Umwelt	**Meßstelle**	**Meßgerät**
Parameter	Anforderung/SOLL	Eigenschaft/IST
Umgebungstemperatur Q Maxima Q Minima	.... °C .... °C	.... °C .... °C
Feuchte		
Temperaturwechsel/Betauung		
Schutzart (DIN 40050)	IP	IP ....
Anwendungsklasse (DIN 40040)		
Netzspannung Maxima Minima		
Netzstörung		
Blitzschlag elektrische Störer		
Chemie der umgebenden Atmosphäre, beständige Werkstoffe		
mechanische Einwirkungen		
Bedienung/Ablesung		
Einwirkung unbefugter Personen		
Ex-Schutz		

Tafel 4: Vergleich verschiedener Meßsysteme

Eigenschaft	Magn.-indukt. Durchflussm.	Massen Durchflussm.	Vortex Durchflussm.	Drosselgeräte (Blenden)	Verdrängungs-durchflussm.	Turbinen Durchflussm.	Schwebekörper Durchflussm.	Ultraschall Durchflussm.
Genauigkeit	± 0,2 - 1% v.M.	0,2 - 0,3 v.M.	± 1% v.M. über Re = 20000	± 0,5 - 1% v.E.	± 0,2 - 0,5% v.M.	± 0,2 - 1% v.M.	± 2% v.E.	± 1 - 2% v.E.
Reproduzierbarkeit	± 0,1 - 0,2%	0,1 - 0,2%	± 0,2%	± 0,5%	± 0,02 - 0,05%	± 0,05 - 0,2%	± 1%	± 0,5%
Dynamik	100:1	10:1	40:1 Flüssigk. 15:1 Gas	4:1	10:1	10:1	10:1	20:1
Minimal Geschwindigkeit	unter 0,1 m/s	unter 0,1 m/s	Flüssigkeiten um 0,4 m/s	vom Max. Wert abhängig	0,2 m/s	0,8 m/s	0,5 m/s	0,1 m/s
Maximal Geschwindigkeit	12,5 m/s	10 m/s	9 m/s Flüssigk. 60 m/s Gas	8 m/s Flüssigk. 50 m/s Gas	5 m/s Flüssigk. 30 m/s Gas	9 m/s Flüssigk. 50 m/s Gas	8 m/s Flüssigk. 30 m/s Gas	10 m/s Flüssigk.[1] 60 m/s Gas[1]
Druckverlust	praktisch Null		1 - 2 Staudrücke	4 – 6 Staudrücke	1 - 2 Staudrücke	1 - 2 Staudrücke	1 - 2 Staudrücke	praktisch Null
Nennweiten	2,5 - 3000 mm	3 - 150 mm	15 - 300 mm	25 - 2000 mm	3 - 500 mm	5 - 500 mm Insertion auch grösser	3 - 100 mm	6 - 3000[1] mm
Kalibrierung	kalibriert	kalibriert	kalibriert, unkalibriert erhält.	unkalibriert	kalibriert	kalibriert	kalibriert/ unkalibriert	meist kalibriert
Signalausgänge	Analog, ser. S.*, Frequenz	Analog, ser. S.*, Frequenz, Puls	Analog, Puls	Analog, Puls	Analog oder Lokalanzeige	Frequenz	Analog oder Lokalanzeige	Analog oder Puls
Einsetzbar in	leitenden Flüssigkeiten	Flüssigkeiten und Gase	Flüssigkeiten Gas und Dampf	Flüssigkeiten Gas und Dampf	Flüssigkeiten oder Gase	Flüssigkeiten oder Gase	Flüssigkeiten oder Gase	Flüssigkeiten oder Gase
Temperaturlimite	-40 bis 180°C	-200 bis 240°C	-200 bis 400°C	-20 bis 500°C	10 bis 100°C	-100 bis 300°C	10 bis 100°C	10 bis 100°C
Maximal Drücke (Standard)	16/40 bar	40 bar	64 bar	24 bar	16 bar	40 bar	10 bar	10 bar

*** ser. S = Serielle Schnittstelle** **1) Abhängig von Geräteversion**

Tafel 5: Grobauswahl von Durchflußmeßgeräten für Flüssigkeiten

Eigenschaft der Flüssigkeit																																				
sauber	●	●	●	●	●	●	●	●	●																											
leicht verschmutzt										●	●	●	●	●	●	●	●	●																		
verschmutzt oder abrasiv																			●	●	●	●	●	●	●	●	●									
stark verschmutzt																												●	●	●	●	●	●	●	●	●
Viskosität unter 10 cSt	●			●			●			●			●			●			●			●			●			●			●			●		
Viskosität 10 bis 40 cSt		●			●			●			●			●			●			●			●			●			●			●			●	
Viskosität über 40 cSt			●			●			●			●			●			●			●			●			●			●			●			●
Durchmesser																																				
kleiner 25 mm	●	●	●							●	●	●							●	●	●							●	●	●						
25 bis 500 mm				●	●	●							●	●	●							●	●	●							●	●	●			
grösser 500 mm							●	●	●							●	●	●							●	●	●							●	●	●
Durchflussmessgerät																																				
Magnetischer Durchflussm.*	✓	✓	✓	✓	✓	✓	✓	✓	✓	✓	✓	✓	✓	✓	✓	✓	✓	✓	✓	✓	✓	✓	✓	✓	✓	✓	✓	✓	✓	✓	✓	✓	✓	✓	✓	✓
Massendurchflussmesser	✓	✓	✓	✓	✓	✓				✓	✓	✓	✓	✓	✓				O	O	O	O	O	O												
Vortex Durchflussmesser	✓	O		✓	O					✓	O		✓	O					✓	O		✓	O													
Ultraschall Laufzeit	✓	✓	✓	✓	✓	✓																														
Drosselgeräte	O	O	O	✓	✓	✓	✓	✓	✓	O	O	O	✓	✓	✓	✓	✓	✓	O	O	O	O	O	O	O	O	O									
Verdrängungsdurchflussm.	✓	✓	✓	✓	✓	✓																														
Schwebekörper	✓	✓		✓	✓					✓	✓		✓	✓																						
Turbinen	✓	✓	✓	✓	✓	✓				✓	✓	✓	✓	✓	✓																					

*nur wenn Flüssigkeit elektrisch leitend ist

● = Eigenschaft des Mediums

O = nur unter bestimmten Voraussetzungen (z.B. Spezialausführungen; nur bestimmte Nennweite)

✓ = geeignet

Grobauswahl von Durchflußmeßgeräten

Neben den allgemeinen Auswahlkriterien und dem Vergleich der verschiedenen Meßsysteme, wird von Anwenderseite oft ein Hilfsmittel für eine Grobauswahl von Durchflußmessern verlangt, um aus den Eigenschaften des Fluids (Verschmutzungsgrad, Temperatur, Viskosität, Druck, Volumen, Masse usw.) und den möglichen Rohrnennweiten eine schnelle Auswahl treffen zu können (Tafel 5 und 6).

Daneben gilt es allerdings bei der Detailauswahl die Beständigkeit mediumsberührender Teile des Meßgerätes z.B. Turbinenrotoren, Meßelektroden (MID), Meßblende usw. in chemisch belasteten Fluiden zu beachten.

2. Magnetisch-induktive Durchflußmesser (MID)

2.1. Meßprinzip des MID

Das Prinzip auf dem Faradayschen[1] Induktionsgesetz:

$$U_e = B \cdot l \cdot v \tag{1}$$

Das Gesetz bedeutet, daß in einem Leiter mit der Länge *(l)*, der mit der Geschwindigkeit *(v)* durch ein Magnetfeld mit der Stärke *(B)* bewegt wird, eine elektromotorische Kraft *(U_e)* induziert wird. Hält man das Magnetfeld B und die Leiterlänge l konstant, muß die induzierte Spannung proportional der Geschwindigkeit des Leiters sein.

Auf diesem Gesetz aufbauend, wurden in den Jahren 1939 - 1941 vom schweizer Pater Bonaventura Thürlemann, erstmals Geräte zur elektrischen Geschwindigkeitsmessung von Flüssigkeiten in geschlossenen Rohren gebaut und beschrieben [1].

Die Leiterlänge l ergibt sich bei magnetisch-induktiven Durchflußmessern aus der Distanz zwischen zwei Meßelektroden im Rohr und die induzierte Spannung U_e bei einem Magnetfeld mit konstanter Stärke B, aus der Fließgeschwindigkeit einer leitfähigen Flüssigkeit, z.B: Wasser, Abwasser, Klärschlamm, Milch, Bier, Wein, Spirituosen, Mineralwasser, Joghurt, Melasse, Säuren, Laugen, Pasten, Zellulose, Papierbrei, Fruchtkonzentrate.

Das Magnetfeld wird durch zwei Erregerspulen (Feldspulen) erzeugt, die mit Netzwechselspannung oder pulsierender Gleichspannung betrieben werden(I).

Der Abgriff der induzierten Spannung U_e erfolgt an zwei isoliert angebrachten Elektroden. Die Isolation zwischen Meßstoff, Elektroden und Metallrohr wird durch eine Auskleidung erreicht. Berücksichtigt man, daß die Induktion B und der Elektrodenabstand l konstante Werte sind, so ergibt sich (D Rohrinnendurchmesser):

$$U_e \sim v \sim Q \tag{2}$$

$$v = Q/A \text{ (Durchfluß/Querschnitt)} \tag{3}$$

$$U_e = \frac{B \cdot Q \cdot 4}{D^2 \cdot \pi} \tag{4}$$

Die induktive Durchflußmessung arbeitet unabhängig von Temperatur, Druck, Dichte und Viskosität der Flüssigkeit. Der Einfluß des Strömungsprofils auf das Meßergebnis ist minimal, weil ein wertigkeitsinvers angepaßtes Magnetfeld der Messung zugrunde liegt. Das Magnetfeld ist so ausgelegt, daß jeder Punkt innerhalb des Strömungsquerschnitts im Bereich der Elektrodenebene einen bestimmten Beitrag an die Meßspannung leistet (mV). Der Meßbereichsendwert erstreckt sich von etwa 0.3 bis 12m/s.

---

1) M. Faraday (1791-1867)

Tafel 6: Grobauswahl von Durchflußmeßgeräten für Gase

Eigenschaften der Gase																																				
sauber	●	●	●	●	●	●	●	●	●																											
leicht verschmutzt										●	●	●	●	●	●	●	●	●																		
verschmutzt																			●	●	●	●	●	●	●	●	●									
hohe Luftfeuchtigkeit																												●	●	●	●	●	●	●	●	●
Dichte > 60 kg/m^3	●			●			●			●			●			●			●			●			●			●			●			●		
Dichte 1 to 60 kg/m^3		●			●			●			●			●			●			●			●			●			●			●			●	
Dichte < 1 kg/m^3			●			●			●			●			●			●			●			●			●			●			●			●
Durchmesser																																				
kleiner 25 mm	●	●	●							●	●	●							●	●	●							●	●	●						
25 bis 500 mm				●	●	●							●	●	●							●	●	●							●	●	●			
grösser 500 mm							●	●	●							●	●	●							●	●	●							●	●	●
Durchflussmessgerät																																				
Vortex Durchflussmesser*				✓	✓	○							✓	✓	○							✓	✓	○							✓	✓	○			
Drosselgerät	○	○	○	✓	✓	✓	✓	✓	✓	○	○	○	✓	✓	✓	✓	✓	✓	○	○	○	○	○	○	○	○	○	○	○	○	○	○	○	○	○	○
Verdrängungsdurchflussm.	✓	✓	✓	✓	✓	✓																														
Schwebekörper	✓	✓	✓	✓	✓	✓				✓	✓	✓	✓	✓	✓																					
Turbinen	✓	✓	○	✓	✓	○				✓	✓	○	✓	✓	○													○	○		○	○				

*für Dampfmessung geeignet

● = Eigenschaft des Mediums

○ = nur unter bestimmten Voraussetzungen (z.B. Spezialausführung; nur bestimmte Nennweite)

✓ = geeignet

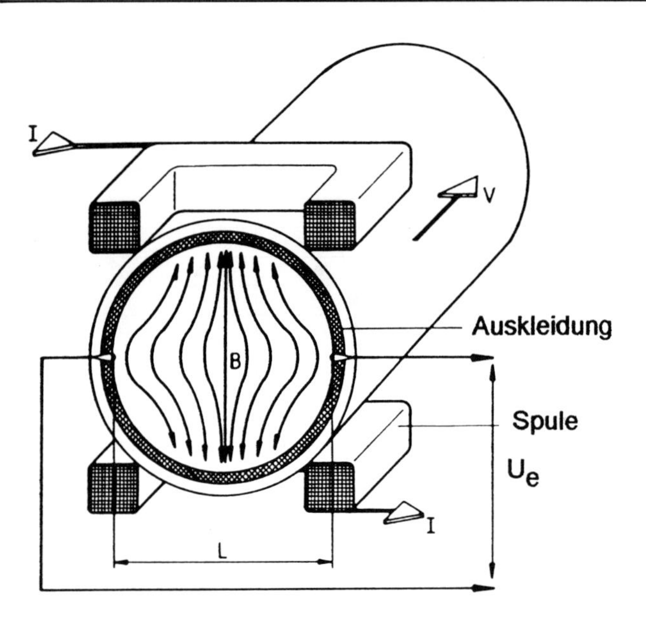

Bild 1: Meßprinzip des magnetisch-induktiven Durchflußmessers

Das Meßgerät ist prinzipiell an jeder beliebigen Stelle in das Rohrsystem einbaubar, idealerweise jedoch vertikal. Damit können asymmetrische Ablagerungen an den Elektroden sowie Isolation der Elektroden durch Lufteinschlüsse verhindert werden. Es ist ein Mindestabstand von drei bis fünf Rohrdurchmesser hinter turbulenzerzeugenden Elementen (Schieber, Ventile, Krümmer usw.) einzuhalten.

2.2. Geräteaufbau

Ein magnetisch-induktiver Meßaufnehmer besteht grundsätzlich aus einem nicht ferromagnetischen Rohr mit einer Auskleidung gegen das Rohrinnere, einer oder zwei Erregerspulen mit Magnetkern sowie zweier Elektroden. Die Geräte werden als Kompaktgeräte (Meßaufnehmer und Meßumformer bilden eine Einheit) oder als getrennte Einheiten (Meßumformer vom Aufnehmer getrennt, meist in der Warte) angeboten.

Das Meßrohr ist meist ein rostfreies Stahlrohr, ohne oder mit Flansche, nach verschiedenen Normen (DIN, ANSI usw.). Es können auch Kunststoffrohre verwendet werden.

Die Auskleidung hat die Funktion, das Meßrohr vom Medium zu isolieren. Sie entfällt beim Kunststoffrohr. Übliche Werkstoffe sind je nach Temperatur und Medium: Hart- oder Weichgummi, PU, PTFE/PFA, Emaille und Al_2O_3.

Die Elektroden dienen dem Signalabgriff und sind deshalb vom Meßrohr isoliert. Die Elektroden sind meist mediumsberührend (Ausnahme kapazitiver Signalabgriff). Es werden deshalb korrosionsfeste Materialien wie rostfreier Stahl, Hastelloy, Tantal, Titan, Platin/Iridium, Platin/Rhodium und chargierte Kunststoffe oder Graphit verwendet.

2.3. Anwendungen

Magnetisch-induktive Durchflußmeßgeräte werden in einem sehr weiten Nennweitenbereich von 2 bis 3000 mm angeboten.

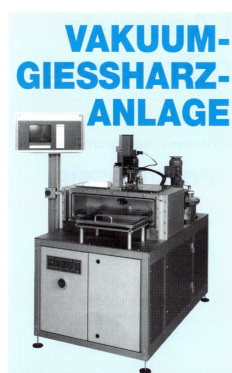

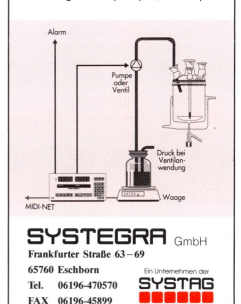

Bild 2: Kompaktgerät und MID mit getrenntem Meßumformer

Mit dem MID können alle wäßrigen Lösungen wie Wasser, Abwasser, Klärschlamm, Breie, Pasten, Säfte, Säuren und Laugen mit einer je nach Gerät unterschiedlichen minimalen Leitfähigkeitgrenze gemessen werden. Berücksichtigt man zudem die Tatsache, daß die Medien mechanisch nicht beansprucht werden, kein zusätzlicher Druckverlust durch das Meßgerät entsteht, sowie die sehr hohe Genauigkeit und Langzeitstabilität, so erscheint diese Meßmethode als praktisch ideal für leitfähige Medien.

Der Aufwand für Wartung ist vernachlässigbar, da bei den Systemen mit geschalteter Gleichfelderregung Nullpunktkorrekturen entfallen.

Moderne Systeme enthalten als zentrale Steuer- und Überwachungseinheit einen Mikroprozessor; damit konnten Forderungen nach mehr Bedienkomfort, Selbstüberwachung mit automatischer Fehlermeldung und Diagnose, sowie Anschlußmöglichkeiten an Prozeßleitsysteme (Serielle Schnittstelle) erfüllt werden.

Bereits gibt es auch schon Systeme welche für spezielle Meßaufgaben entwickelt wurden, z.B. spezielle Abfülldurchflußmesser [2]. Diese eignen sich, mit einer Abtastfrequenz bis 240 Hz, besonders für die Messung von dynamischen Vorgängen in einer Rohrleitung wie Dosierregelung, Messen nach Dosier- oder Kolbenpumpen, pulsierende Strömungen, sowie kurze Start-Stop Messungen in der Abfüllindustrie (Abfüllung kleiner Volumen).

2.4. AC/DC Magnetfelderregung

Wechselfeldsysteme

Induktive Durchflußmesser mit netzfrequenter (AC) Magnetfelderregung werden in letzter Zeit mehr und mehr von Geräten mit pulsierenden Gleichfeldern (DC) verdrängt. Dank der vergleichsweise einfachen Elektronik, haben sich die AC-Systeme jedoch bis heute einen kleinen Preisvorteil bewahren können.

Wegen dem "Nullpunktdrift" des Aufnehmers sind AC-Systeme nicht wartungsfrei. Der Nullpunkt muß bei stillstehendem Medium periodisch eingestellt werden.

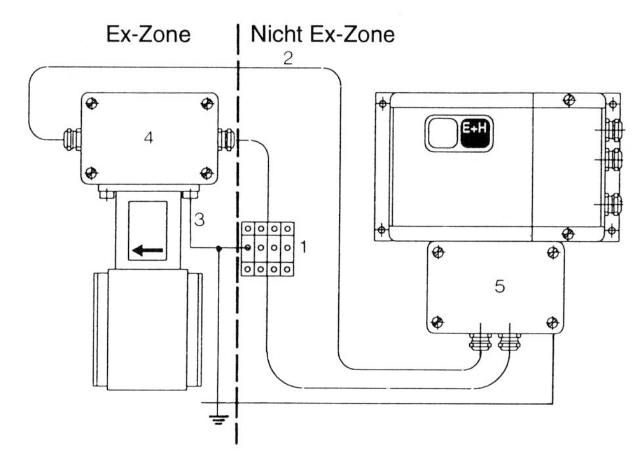

Bild 3: MID EEx-i/EEx-e
1-Zenerbarriere (Ex-i), 2-Magnetfeldspeisung (Ex-e), 3-Potentialausgleichsleitung (PAL), 4-Meßaufnehmer (in Ex-Zone), 5-Meßumformer (sichere Zone)

Pulsierende Gleichfeldsysteme

Die Magnetfelderregung mit geschaltetem Gleichfeld setzt sich immer stärker durch. Die großen Vorteile dieser Erregungsart sind:

- Automatische Eliminierung von sinusförmiger Störspannung
- Sehr geringe Leistungsaufnahme, die es ermöglicht, die Geräte mit Batterie zu betreiben
- Automatische Nullpunktkorrektur

Die Abtastfrequenz liegt häufig im Bereich von 15 bis 20 Hz.

Schnelle DC Geräte weisen jedoch Abtastraten bis zu 240 Hz auf. Damit lassen sich schnelle Veränderungen erfassen (Pulsierende Durchflüsse) oder kleine Volumen messen (Abfüllanlagen).

2.5. Explosionsschutz

EEx-i/EEx-e: Übliche explosionsgeschützte magnetisch-induktive Durchflußmesser bestehen aus einem Meßaufnehmer (innerhalb der Ex Zone 1 oder 2). Die Zündschutzart beträgt hierbei zumeist EEx-i (Eigensicherheit) für den Elektrodenkreis und EEx-e (erhöhte Sicherheit) für spannungsführende Teile wie Netzteil oder Magnetsystem.

Der Meßumformer ist außerhalb der Ex Zone untergebracht (Bild 3).

EEx-i: Meßaufnehmerspeisung und Signalübertragung erfolgen über eine einzige eigensichere Zweidrahtverbindung. Der gesamte Meßaufnehmer ist in der Zündschutzart Eigensicherheit EEx-i aufgebaut.

Der besondere Vorteil dieser Ausführung liegt in der erhöhten Sicherheit der gesamten Meßstelle (kein zündfähiges Potential im Ex-Raum), und daß keine Potentialausgleichsleitung zum Meßaufnehmer verlegt werden muß. Außerdem entfällt der größte Teil des Verkabelungsaufwandes, denn es ist lediglich eine zweiadrige Leitung zu ziehen[3].

2.6. Signalausgänge

Übliche MID-Ausgangssignale:

- Für Momentanwertanzeige: Stromausgang (0/4 bis 20mA), Frequenzausgang

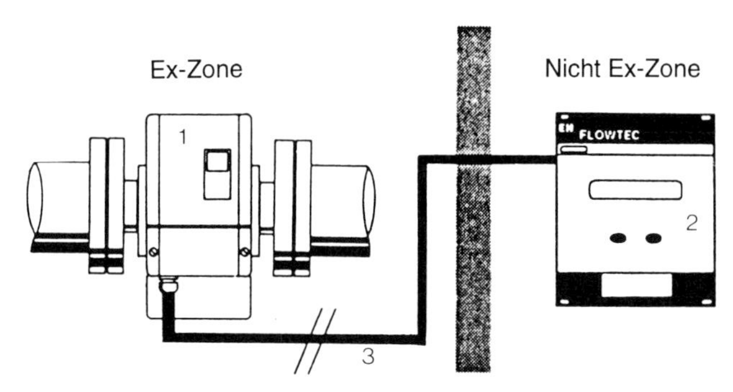

Bild 4: MID EEx-i
1-Meßaufnehmer, 2-Meßumformer, 3-Signal- und Speiseleitung

- Für Volumenanzeige: Impulsausgang
- Spezialfunktionen: Grenzwerte, Meßstoffüberwachung, Durchflußrichtungsanzeige, Störungsmeldung, Alarmmeldung (potentialfreie Kontakte)
- Serielle Schnittstellen (RS232, 422, 485)

2.7. Wo und was wird mit MID gemessen?

Chemie	Säuren, Laugen, Lösungsmittel, flüssige Zwischenprodukte, Kühlkreisläufe (Glycol)
Lebensmittelindustrie	Wasser, Bier, Wein, Spirituosen, Milch, Joghurt, Weichkäse, Fruchtsaft, Maische, Melasse, Zucker- und Salzlösungen, Blut, Wurstmasse
Maschinen/Metallindustrie	Pumpenprüfstände, Kühlwasser (Kokillenkühlung), Abwasser
Abwasser	Abwasser, Rohschlamm, pasteurisierter Schlamm, Neutralisationschemikalien, Ausfällmittel, Kalkmilch
Trinkwasser	Versorgungsnetze, Reservoir und Pumpstationen, Endverbraucher
Spanplattenindustrie	Messung und Dosierung von Leim
Textilindustrie	Wasser, Chemikalien, Bleichmittel, Textilfarben
Fotoindustrie	Fotoemulsion
Kraftwerke	Differenzmessung von Kühlkreisläufen, Wärmemengenmessung, (Fernheizungen)
Futtermittelindustrie	Wasser, Melasse, flüssiges Futtermittel
Wärme-/Kältemengen	In Verbindung mit einem Wärmerechner wird aus dem Produkt von ΔT, Vor-/Rücklauf und Durchflußmenge, die verbrauchte oder erzeugte Wärme-/Kältemenge gemessen

2.8. Vorteile, Einsatzgrenzen, Nachteile

Vorteile:

- Messung unabhängig von den physikalischen Eigenschaften des Mediums, wie Temperatur, Druck, Viskosität.
- Keine mechanisch bewegten Teile, dadurch praktisch verschleiß- und wartungsfrei.

- Keine Querschnittsverkleinerung, somit kein zusätzlicher Druckabfall.
- Geeignet für Flüssigkeiten mit starken Verunreinigungen, Schlämmen, Feststoffen.
- Großer Nennweitenbereich.
- Gute Linearität über großen Dynamikbereich.
- Weitgehende Strömungsprofilunabhängigkeit.
- Kurze Ein-/Auslaufstrecken
- Hohe Meßsicherheit

Einsatzgrenzen:

- Es können nur leitende Flüssigkeiten gemessen werden. Mindestleitfähigkeit ab ca.0.5 µS/cm.
- Ablagerungen im Meßrohr führen infolge der Querschnittsveränderung zu Meßfehlern.

Nachteile:

- Bei großen Nennweiten relativ hoher Meßstellenpreis.

3. Wirbeldurchflußmesser [1)]

3.1. Meßprinzip

Das Meßprinzip des Wirbeldurchflußmessers beruht auf der Karman`schen Wirbelstraße.

In einem strömenden Medium (Gas oder Flüssigkeit) entstehen hinter einem nicht stromlinienförmigen Staukörper (Bluff Body) Wirbel, mit einer zur Strömungsgeschwindigkeit direkt proportionalen Frequenz. Diese Frequenz wird mittels Sensor (z.B. kapazitiv oder piezoelektrisch) hinter der Abrißkante des Staukörpers gemessen und in einer weiteren Stufe elektronisch in ein skalierbares Analog- oder Digitalsignal umgewandelt.

Wirbeldurchflußmesser werden eingesetzt zur Messung von:

Gasen	z.B. Luft, Sauerstoff, Wasserstoff, Stickstoff, Kohlendioxid, Methan, Butan, Propan, Acetylen, Stadtgas, Erdgas
Flüssigkeiten	z.B. entmineralisiertes oder destilliertes Wasser, Alkohol, Speiseöle, niedrig viskose Kohlenwasserstoffe, Kondensat.
Dampf	z.B. Sattdampf, überhitzter Dampf.

1) auch als VORTEX-Durchflußmesser bekannt.

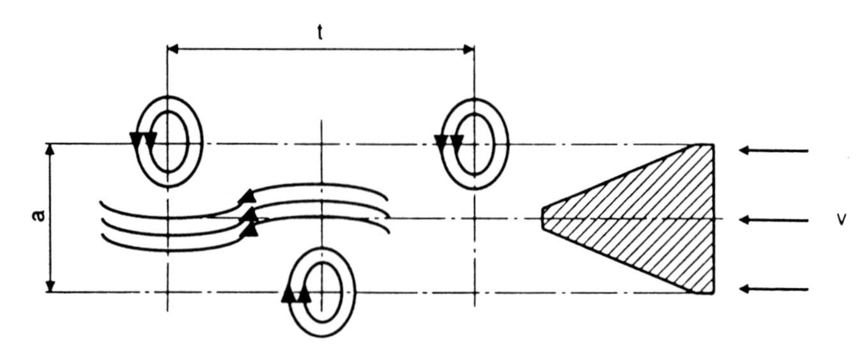

Bild 5: Karman'sche Wirbelstraße

3.2. Die Karman`sche Wirbelstraße

Die Karman'sche Wirbelstraße erhielt ihren Namen nach dem Physiker Theodor von Karman. Er hat den Mechanismus der Entstehung der Wirbel und der Wirbelstraße 1912 untersucht und festgestellt, daß zwischen Querabstand a und Längsabstand t der Wirbel ein festes Verhältnis besteht. Bei einem Kreiszylinder ist a/t beispielsweise 0.281.

Bereits 1513 berichtete Leonardo da Vinci über seine Beobachtungen von Systemen stationärer Wirbel in fließendem Wasser hinter einem Gegenstand. Seine Feststellungen dokumentierte er mit Skizzen.

Wissenschaftlich befaßte sich Strouhal 1878 mit der Wirbelstraße und stellte fest, daß ein Draht in einem Luftstrom in Schwingung versetzt wird. Die Frequenz dieser Schwingung ist proportional zur Strömungsgeschwindigkeit. Dieses Phänomen kann im Auto oder in einem Haus beobachtet werden: der Pfeifton des Windes, der durch die Ablösung der Wirbel verursacht wird, ändert sich mit der Windgeschwindigkeit.

Die Strömungskennzahl *(S)* in diesem Zusammenhang heißt "Strouhalzahl".

$$S = \frac{f \cdot d}{v} \qquad (5)$$

S - Wirbelablösefrequenz, *d* - Durchmesser des Widerstandskörpers, *v* - Anströmgeschwindigkeit des Fluids

Die Ablösung der Wirbel vom Widerstandskörper wird durch Grenzschichtvorgänge ausgelöst. Bis zum größten Durchmesser des Widerstandskörpers wird die Strömung beschleunigt und liegt deshalb an der Oberfläche des Körpers an. Mit der Verkleinerung der Abmessung des Widerstandskörpers tritt eine Verzögerung der Strömung ein. Damit neigt die Grenzschicht zur Ablösung. Bei stärkerer Verzögerung kann sogar eine Rückströmung eintreten. Dadurch entsteht ein Wirbel

Qualifizierte Wirbeldurchflußmesser benötigen eine Staukörperform bei der *S* über den Meßbereich konstant ist. Die Frequenz ist unabhängig von Druck, Temperatur und Dichte! Deshalb ist im Prinzip der gleiche Wirbeldurchflußmesser für Flüssigkeiten, Gase und Dämpfe verwendbar.

3.3. Konstruktion

Der Wirbeldurchflußmesser besteht aus Staukörper, Sensor, Meßrohr, Vorverstärker, Signalübertrager und Umformer.

Die Konstruktionen verschiedener Hersteller unterscheiden sich teilweise nur in zwei bis drei, manchmal aber in allen fünf Bauelementen

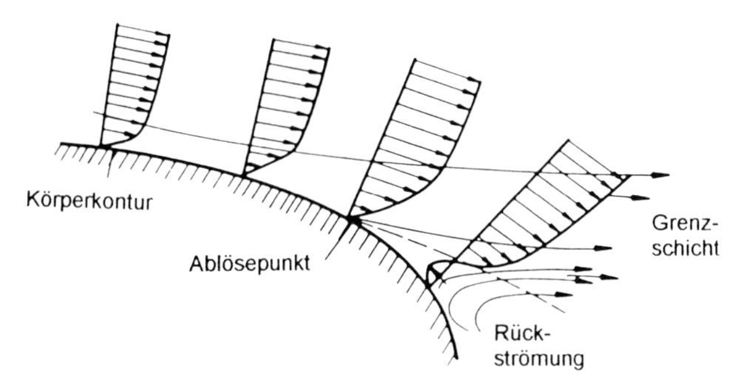

Bild 6: Wirbelentstehung am Widerstandskörper

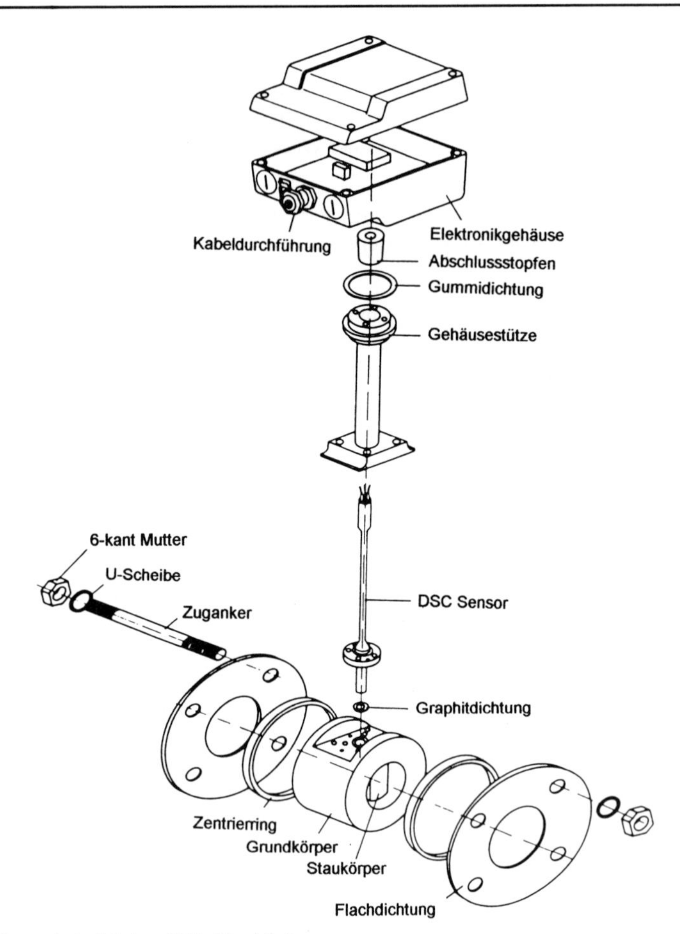

Bild 7: Ausführungsbeispiel eines Wirbeldurchflußmessers

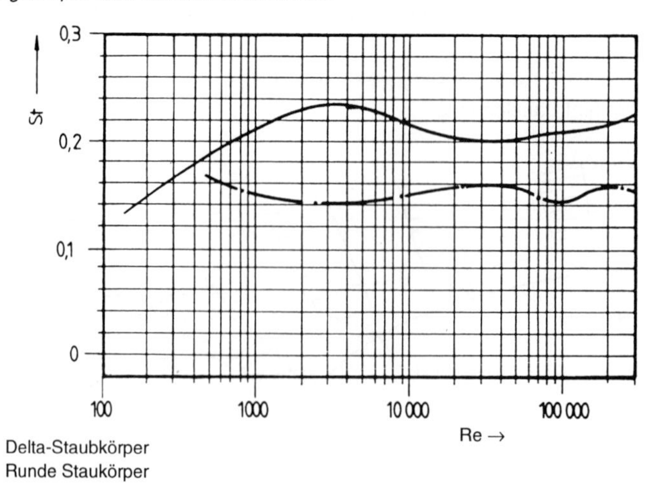

Bild 8: Typische Zusammenhänge St = f (Re)

3.4. Staukörper (Bluff body)

Bei strömendem Medium entstehen hinter dem Staukörper Wirbel. Die Linearität der Beziehung $v \sim f$ (Geschwindigkeit proportional zur Wirbelfrequenz) hängt von der Form und Abmessung des Staukörpers ab. Der Zusammenhang wird üblicherweise in einem Diagramm Strouhalzahl/Reynoldszahl oder Abweichung des Kalibrierfaktors zur Reynoldszahl aufgetragen.

Runde Staukörper

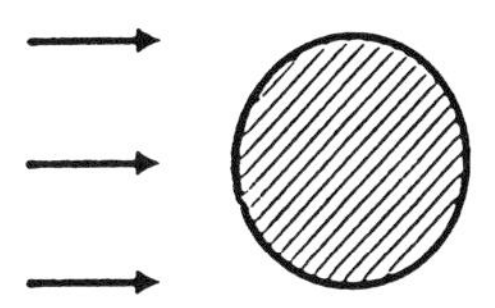

Die ersten Staukörper waren rund. Der Ablösepunkt des Wirbels wandert je nach Fließgeschwindigkeit nach vorne oder nach hinten. Dadurch ist auch die Frequenz nicht genau proportional zur Geschwindigkeit.

Deltaförmige Staukörper

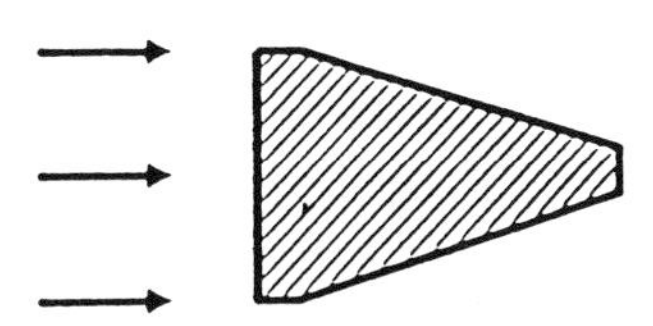

In umfangreichen Versuchen wurde nachgewiesen, daß die Linearität des deltaförmigen Staukörpers nahezu ideal ist. Die Wirbelabrißkante ist klar definiert. Druck- und Viskositätsunterschiede oder gar andere Aggregatszustände haben vernachlässigbaren Einfluß auf die Genauigkeit. Es existieren die verschiedensten Varianten dieses deltaförmigen Staukörpers. Diese Form wurde auch von der NASA intensiv untersucht.

Zweiteilige Staukörper

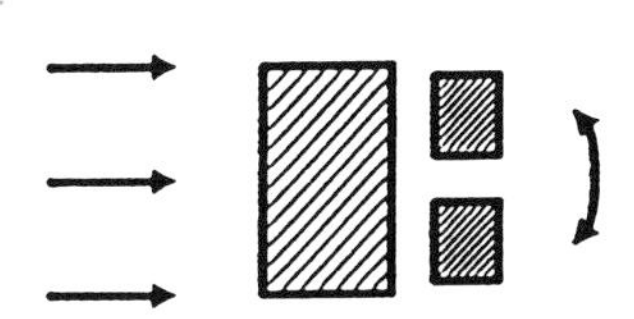

Ein Hersteller hat den Sensor mit dem "Bluff Body" verbunden. Der hintere Teil ist beweglich. Durch die Wirbel wird er in Torsionsschwingung versetzt. Ein anderer Anbieter hat zwei Staukörper hintereinander angeordnet. Damit wird der Druckabfall nahezu verdoppelt. Es entsteht ein stärkerer Wirbel (hydraulische Verstärkung). Dadurch können einfachere Sensoren und Vorverstärker verwendet werden.

Viereckige Staukörper

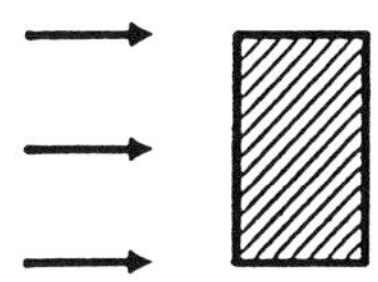

Zwei Anbieter haben an der einfachen Viereckform des Staukörpers bis heute festgehalten. Es ist anzunehmen, daß dieser Staukörper bei unterschiedlichen Mediumsdichten, Schwankungen in der Linearität zeigt.

3.5. Meßaufnehmer (Sensor)

Die Wirbelfrequenz an der Meßstelle wird mit einem geeigneten Sensor abgegriffen. Dabei gibt es Sensorarten welche für bestimmte Prozeßbedingungen Vorteile aufweisen (Bild 9).

	Thermistoren	Drucksensoren	Mechanische Sensoren	Dehnmeßstreifen	Piezosensoren	Ultraschallsensoren	Kapazitive Sensoren
hohe Geschwindigkeit	∅	∅	∅	∅	♣	♣	♣
kleine Geschwindigkeit (<0,3m/s)	♣	∅	∅	∅	∅	♣	♦
hohe Temperaturen (>300°C)	∅	∅	♣	∅	♣	∅	♣
tiefe Temperaturen (-150°C)	∅	∅	♣	∅	∅	∅	♣
Temperaturschocks	∅	∅	∅	∅	∅	♦	♣
leichte Verschmutzung	∅	♣	∅	♣	♣	♣	♣
Flüssigkeiten	♦	♣	♣	♣	♣	♦	♣
Gase	∅	∅	♦	∅	♣	∅	♣
Gase mit niedriger Dichte (<0,8kg/m^3)	♣	♦	∅	♦	♦	♣	♦
Gase mit mittlerer und hoher Dichte	♣	♦	∅	♣	♣	♣	♣

Bild 9: Überblick der Sensoren für Wirbeldurchflußmesser: ♣ idealer Einsatz, ♦ begrenzter Einsatz, ∅ Einsatz nicht möglich.

Bei den meisten Ausführungen weisen die Meßaufnehmer keine bewegten Teile auf und unterliegen demzufolge auch keinem Verschleiß, so daß der Wartungsaufwand minimal ist. In der flanschlosen Ausführung (65 mm Einbaulänge) ist direkter Austausch gegen Normmeßblenden möglich.

Tests [4] haben gezeigt, daß die meisten Ausführungen universell für die Messung von Flüssigkeiten, Gas und Dampf einsetzbar sind. Zu beachten ist die Abhängigkeit der Meßgenauigkeit von der Reynoldszahl und dem Strömungsprofil. Die Einlaufstrecken sind ähnlich wie bei Meßblenden vorzusehen.

3.6. Vorverstärker

Die Vorverstärker von Wirbeldurchflußmessern bestehen praktisch nur aus Filtern. Die meisten Geräte haben folgende Funktionen im Vorverstärker untergebracht:

- Wenn die detektierte Frequenz kleiner als f_{min} ist, wird "kein Durchfluß" angezeigt (Schleichmengenunterdrückung).
- Wenn weniger als ein gewisses Minimum an Impulsen pro Zeiteinheit - welche die vorher erwähnten Bedingungen erfüllen - registriert werden, wird "kein Durchfluß" angezeigt (Filtern von unregelmäßigen Vibrationen).
- Bei den meisten Typen von Sensoren sind zwei Signale verfügbar, aus denen ein Differenzsignal gebildet werden kann (Eliminierung von Temperatureinflüssen).

Jeder Anbieter hat seine eigenen Methoden um Signale von Störungen zu unterscheiden. Der Vorverstärker selbst hat einen sehr kleinen Stromverbrauch. Er ist deshalb auch oft in EEx-i (Eigensicherheit) erhältlich.

3.7. Signalübertragung, Meßumformer

Dreileiter waren bei Wirbeldurchflußmessern bis etwa 1983 die Norm. Da Meßblenden, die das Hauptsubstitutionspotential darstellen, meist mit Zweileiter-Verbindungen ausgeführt sind, hat man sich bemüht, auch Wirbeldurchflußmesser mit Zweileiter zu bauen. Es ist bekannt, daß in großflächigen Industriebetrieben die Signalleitungen teilweise fast gleich teuer sind wie die Meßaufnehmer selbst. Es ist deshalb von Vorteil, bestehende Leitungen verwenden zu können.

Für die Weiterverarbeitung der Sensorsignale stehen normalerweise auch Durchflußrechner zur Verfügung. Dazu gehören als weitere wichtige Elemente Temperatur- und Drucksensoren.

Bei Flowcomputern für Dampf ist das gesamte Mollierdiagramm abgespeichert. Mit Druck, Temperatur und Durchfluß ist die Verrechnung in Massedurchsatz möglich.

Signalausgänge:

- Analogausgang, Strom 0/4-20 mA oder Frequenzausgang (Ausnahme, 0-10V)
- Impulsausgang, Impulse pro Volumen oder Masseeinheit (Imp/m^3 oder Imp/t)
- Signalisierung von Zustand oder Alarm
- Serielle Schnittstelle (RS 232)

3.8. Vorteile, Einsatzgrenzen, Nachteile

Vorteile:

- Niedrige Installationskosten
- Großer Dynamikbereich
- Hohe Genauigkeit
- Langzeitstabil
- Linearität unabhängig von Dichte, Viskosität und Druck

- Alle üblichen Signalausgänge
- Verwendbar für Flüssigkeiten, Gas und Dampf
- Einfach auswechselbare Ersatzteile
- Kleiner Druckverlust

Einsatzgrenzen:

- Hochviskose Flüssigkeiten
- Nennweiten unter 15 mm
- Starke Pulsationen

Nachteile:

- Je nach Sensortyp verschieden
- Mißt erst ab Reynoldszahl 20.000 mit 1% vom Meßwert

4. Massedurchflußmessung nach dem Coriolis Prinzip

4.1. Funktion

Die Masse eines Körpers wird auf der Erde normalerweise durch Wägen bestimmt, indem man die Gewichtskraft im konstanten Erdschwerefeld mißt. Sie kann aber auch ermittelt werden, indem man die Beschleunigung mißt, die ein Körper unter dem Einfluß einer bekannten Kraft erfährt. Das zweite Newton'sche Gesetz liefert den Zusammenhang, aus dem dann die Masse berechnet werden kann.

Wenn die zu bestimmende Masse als Flüssigkeit durch ein Rohrsystem fließt, ist diese Lösung nicht möglich. Man behilft sich häufig, indem man den Volumendurchfluß und die Dichte mißt und daraus den Massenstrom bestimmt. Zur Bestimmung der Dichte benötigt man Temperatur und Druck.

Viele Versuche, den Massedurchfluß durch Messung von Kraft und Beschleunigung zu bestimmen, sind aus verschiedenen Gründen in der Vergangenheit fehlgeschlagen. Nur das Corioliskraftmeßprinzip konnte sich schließlich durchsetzen.

Coriolis-Kräfte treten in Systemen auf, die um eine Drehachse rotieren (Bild 10). Eine Person, welche auf einer sich drehenden Scheibe steht und sich genau radial vom Drehzentrum zum Rand bewegen möchte, muß sich gegen die Coriolis-Kraft lehnen, die versucht, sie von dieser kürzesten Route abzubringen. Die Coriolis-Kraft ist proportional zur Masse m bzw. dem Massenstrom $\dot{m}$, der Winkelgeschwindigkeit ω der Radialgeschwindigkeit v und der Schenkellänge l:

$$Fc = 2 \cdot m \cdot \omega \cdot v = 2\dot{m}\omega \cdot l \qquad (6)$$

Bei einem Massedurchflußmesser nach dem Coriolis Prinzip werden die einzelnen Massepartikel auf die genau gleiche Weise beeinflußt. In einem System mit zwei parallelen Rohren bewegen sich die Partikel einmal vom Drehzentrum weg (beim Systemeintritt) und einmal zum Drehzentrum hin (beim Systemaustritt). Die Wirkrichtung der auftretenden Coriolis-Kräfte ist deshalb ein- und auslaufseitig verschieden.

Die Drehbewegung wird erzeugt, indem die Rohre zum Schwingen in ihrer Resonanzfrequenz angeregt werden.

Induktive oder optische Sensoren dienen als Abgriff der ein- und auslaufseitigen Phasendifferenz der Rohrschwingungen. Diese Phasenverschiebung wird als Zeitintervall ΔT bestimmt und ist proportional zum Massedurchfluß (C_{CON} Gerätekonstante).

$$\dot{m} = C_{CON} \cdot \Delta t \qquad (7)$$

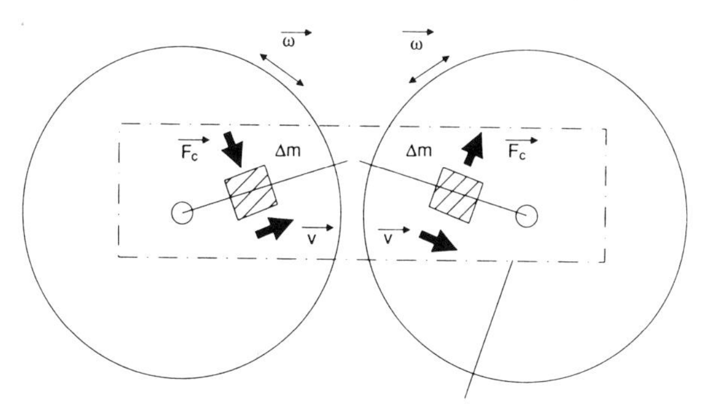

Schematische Darstellung eines Messrohres

Bild 10: Coriolis-Kraft im Drehsystem

Gebogene Meßrohre

Zwei gebogene Rohre werden mechanisch angeregt und schwingen ohne Massedurchfluß symmetrisch in Gegenphase.

Bei Massedurchfluß bewirkt die Corioliskraft eine "Verdrehung" der Rohre um den Winkel α, der dem Massedurchfluß proportional ist (Resonanzfrequenzen 80-140Hz).

Gerade Meßrohre

Durch elektromagnetische Anregung werden zwei gerade Rohre in Resonanzschwingung versetzt (Resonanzfrequenzen 700 - 1200 Hz). An zwei klar definierten Punkten nahe am Eingang und am Ausgang der Rohre befinden sich Infrarotsensoren, welche die Phasenlage der Schwingungen messen. Werden die Rohre nicht durchflossen, detektieren die beiden Sensoren phasengleiche Signale.

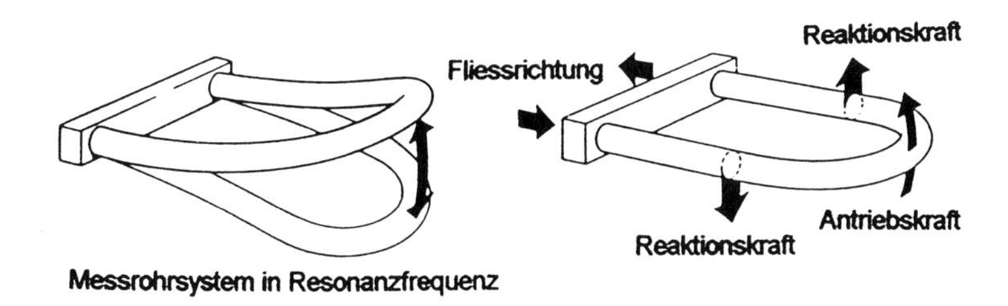

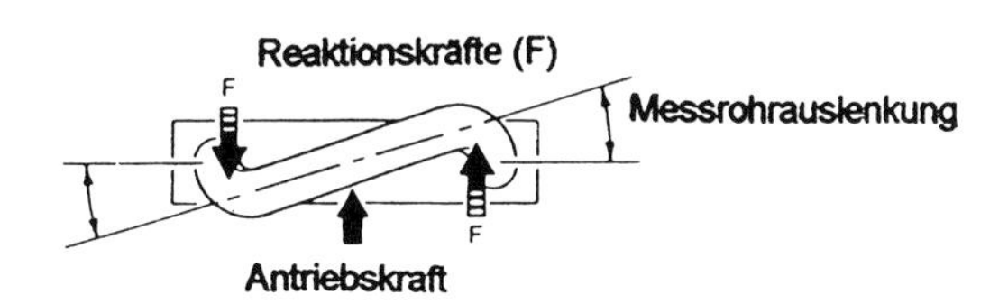

Bild 11: U-Rohr Coriolisprinzip [5]

Bild 12: Gerad-Rohr Coriolismeßprinzip [6]

Die Massepartikel, welche durch das System fließen, unterliegen einer zusätzlichen Querbeschleunigung (Coriolis Effekt).

Einlaufseitig werden die Rohrschwingungen durch diese Kräfte verzögert und im Bereich des Ausgangs beschleunigt. Dies verursacht eine Zeit- oder Phasenverschiebung zwischen ein- und auslaufseitiger Schwingung, die direkt proportional zum Massedurchfluß ist.

4.2. Konstruktion

Durch die Verwendung von zwei Rohren, die in Gegenphase schwingen, ist das System unabhängig von externen Einflüssen. Die Resonanzfrequenz von 700 bis 1200 Hz bei gleichzeitig sehr geringer Meßrohramplitude erfordert schnelle Schwingungssensoren mit einer hohen Auflösung.

Durch den Einsatz direkter Meßverfahren wird die Massedurchflußmessung technisch vereinfacht. Sie ist wesentlich vorteilhafter als die indirekte Methode mittels separater Messung von Volumendurchfluß und Dichte.

Das Meßprinzip ist unabhängig von Mediumseigenschaften wie Dichte, Viskosität und Temperatur.

Trotzdem können heutige Massedurchflußmesser nicht generell als Mehrphasen Durchflußmesser eingesetzt werden. Abhängig von der jeweiligen Applikation kann jedoch eine zweite Phase (Luft- oder Feststoffanteil, nicht gelöstes zweites Fluid) gemessen werden.

Die Coriolis Massedurchflußmesser arbeiten unbeeinflußt vom Strömungsprofil (keine geraden Ein- und Auslaufstrecken notwendig).

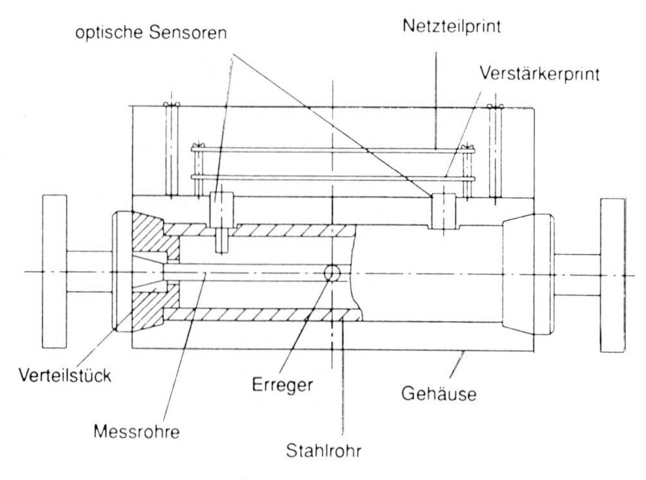

Bild 13: Ausführungsbeispiel eines Coriolisdurchflußmessers (Gerad-Rohr Prinzip)

4.3. Signalausgänge

Meist sind folgende Ausgänge bzw. Ausgangssignale erhältlich (kann von Hersteller zu Hersteller abweichen):

- 1. Analogausgang für Masse, Dichte, Temperatur, Feststoffkonzentration
- 2. Analogausgang für Masse, Dichte, Temperatur, Feststoffkonzentration
- 3. Analogausgang für Masse, Dichte, Temperatur, Feststoffkonzentration
- Impuls/Frequenzausgang (kg-,t-/Imp)
- 1 bis 3 Relaisausgänge für Alarm, Grenzwerte, Durchflußrichtungserkennung
- Serielle Schnittstelle (RS 232, 422, 485)

4.4. Vorteile, Einsatzgenzen, Nachteile

Vorteile:

- Messen von Massedurchfluß ohne Druck- und Temperaturkompensation
- Messung unabhängig von Viskosität, Dichte, Gas- und Feststoffgehalt des Mediums
- Minimaler Platzbedarf
- Hygienische bzw. aseptische Ausführungen möglich

Einsatzgrenzen:

- Hohe Temperatur
- Starke Vibrationen
- Gaseinschlüsse ohne Systemdruck

Nachteile:

- Bei einigen Ausführungen hoher Installationsaufwand
- Relativ hoher Preis
- Nullpunktdrift
- Für stark korrosive Medien eventuell Beständigkeitsprobleme

5. Ultraschalldurchflußmesser

5.1. Meßprinzip

Ultraschalldurchflußmesser basieren auf der Laufzeitmessung oder dem Dopplereffekt.

Wie aus Bild 14a+b ersichtlich, sendet ein Ultraschallwandler A (Sender) Signale in das bewegte Medium. Entsprechend den erwähnten Prinzipien werden die Signale moduliert und treffen anschließend auf einen Ultraschallwandler A oder B (Empfänger).

Dieser wandelt die Ultraschallsignale in elektrische Signale um. Eine nachgeschaltete Elektronik wertet die Signalinformation aus und bildet ein davon abhängiges Durchflußsignal.

Laufzeitmessung

Die von einem ruhenden Beobachter festgestellte Ausbreitungsgeschwindigkeit einer Schallwelle in einem bewegten Medium ist von dessen Geschwindigkeit abhängig. Für die in Bild 14a dargestellte Anordnung gilt der folgende Zusammenhang:

$$a_1 = a + v \cdot \cos(\Theta) \qquad (8)$$

$$a_2 = a - v \cdot \cos(\Theta) \quad mit\ v / a << 1 \qquad (9)$$

a_1 Ausbreitungsgeschwindigkeit des Schalls in Strömungsrichtung des Mediums für den ruhenden Beobachter.

a_2 Ausbreitungsgeschwindigkeit des Schalls gegen die Strömungsrichtung des Mediums für den ruhenden Beobachter.

a Ausbreitungsgeschwindigkeit des Schalls im ruhenden Medium (Wasser typ. 1.500 m/s)

v Örtliche Strömungsgeschwindigkeit des Mediums

Θ Winkel zwischen der Verbindungsgeraden (Wandler-Wandler)und der Strömungsrichtung

Die mittlere Strömungsgeschwindigkeit wird wie folgt definiert:

$$vm = 1/L \cdot \int_L \cdot vm \cdot d_L \tag{10}$$

vm Mittlere Strömungsgeschwindigkeit auf dem Pfad von A nach B.

L Abstand zwischen den beiden Ultraschallwandlern (Sender-Empfänger)

Daraus gilt für die zusammengesetzten Geschwindigkeiten a_1 und a_2 der Zusammenhang:

$$a_1 = a + vm \cdot \cos(\Theta) = L / t_1 \tag{11}$$

$$a_2 = a - vm \cdot \cos(\Theta) = L / t_2 \tag{12}$$

Aus den Laufzeiten von Schallimpulsen kann die mittlere Strömungsgeschwindigkeit nach (3) bestimmt werden.

Dopplereffekt

Trifft eine Schallwelle auf einen bewegten Körper (Inhomogenität in einem Medium) und wird von diesem zurückgeworfen, so tritt gegenüber der gesendeten Welle eine Frequenzverschiebung ein (Dopplereffekt).

Diese Gesetzmäßigkeit kann für die Durchflußmessung nach Bild 13b verwendet werden.

Theoretisch ergibt sich mit $f_1 - f_2 << 1$

Näherungsweise

$$f_1 - f_2 = 2 \cdot v \cdot f_1 \cdot \cos(\Theta) / a \tag{13}$$

f_1 - Sendefrequenz

f_2 - Empfangsfrequenz (s.a. Gl 12)

Aus der Frequenzdifferenz kann die Geschwindigkeit des reflektierenden Körpers bestimmt und daraus eine Durchflußgröße abgeleitet werden.

Wichtige Ausführungsformen

Die zur Zeit am häufigsten eingesetzten Ultraschalldurchflußmesser arbeiten nach dem Prinzip der **Laufzeitmessung**. Aus Gl. 11+ 12 ergibt sich:

$$vm = L / (2 \cdot \cos(\Theta)) \cdot (1/t_1 - 1/t_2) \tag{14}$$

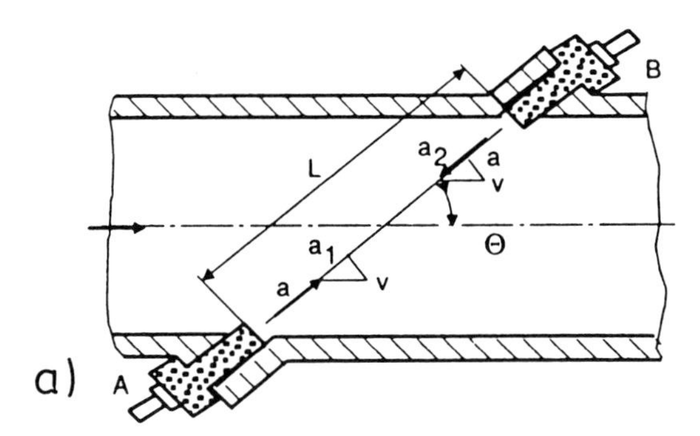

Bild 14a: Meßprinzip der Ultraschalldurchflußmessung (Laufzeit)

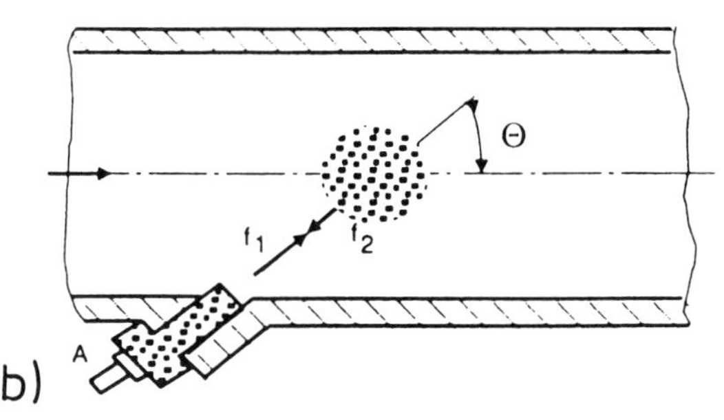

Bild 14b: Meßprinzip der Ultraschalldurchflußmessung (Dopplereffekt)

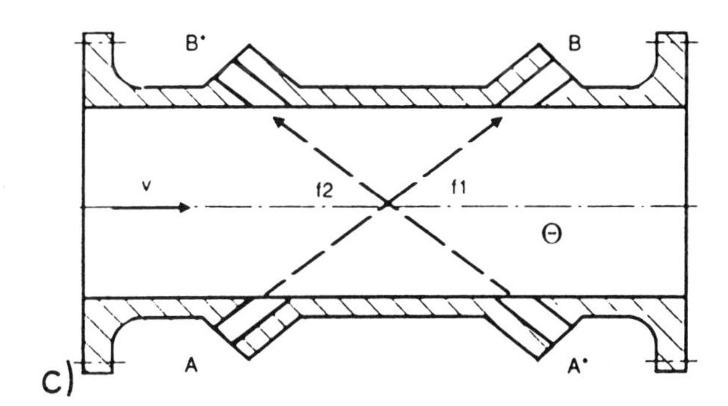

Bild 14c: Laufzeitmessung (Sing around)

Methode 1

In der Anordnung nach Bild 14a senden die Wandler A und B gleichzeitig einen Puls oder eine hochfrequente Pulsfolge. Anschließend werden die Wandler auf Empfang gestellt. Dies erlaubt die Bestimmung der Laufzeiten der beiden Pulse bzw. Pulsfolgen.

Ein Rechner bestimmt die Größe $(t_2 - t_1) / (t_1 \cdot t_2)$ und bildet nach Gl. (13) ein Ausgangssignal proportional zu vm. Zur Unterdrückung von Störungen sind Zeitfenster und Schwellwertdetektoren für die Empfangssignale üblich (Repetitionsfrequenz ca. 1 kHz).

Es besteht die Möglichkeit, zwei oder mehrere Meßstrecken nebeneinander im Rohr anzuordnen und dadurch Besonderheiten des Strömungsprofils zu berücksichtigen.

Methode 2

Der Durchflußmesser verfügt im Prinzip über zwei unabhängige Meßstrecken, die je über einen Sender (A bzw. A*) und einen Empfänger (B bzw. B*) verfügen. Jede Meßstrecke wird so betrieben, daß das Eintreffen eines Sendeimpulses am Empfänger beim Sender unmittelbar wieder einen neuen Sendeimpuls auslöst.

Dieses Verfahren wird deshalb "Sing around" oder Impulsfolgefrequenzverfahren genannt. Die Frequenz der Sendeimpulse ergibt sich bei diesem Verfahren umgekehrt proportional zu den Laufzeiten (Gl. 14).

Für die Geschwindigkeit *vm* ergibt sich:

$$vm = L / (2 \cdot \cos(\Theta)) \cdot (f_1 - f_2) \tag{15}$$

Falls durch ein Hindernis ein Empfangsimpuls ausfällt, veranlaßt die Elektronik selbständig die Auslösung eines neuen Sendeimpulses. Ein vermehrtes Auftreten von Hindernissen beeinträchtigt entsprechend die Qualität des Meßsignals.

Weitere Ausführungsformen

Bei **direkter Laufzeitmessung** senden die Wandler gleichzeitig einen Impuls oder eine Impulsfolge aus. Anschließend werden beide Wandler auf Empfang geschaltet und die Elektronik wertet die Laufzeitdifferenz der beiden Ultraschallsignale nach Gl. 16 aus.

Der Vorteil einer vereinfachten Auswertung wird gemindert durch die Notwendigkeit, die Abhängigkeit der Schallgeschwindigkeit von der Temperatur zu berücksichtigen.

$$vm = a_2 / (2 \cdot L \cdot \cos(\Theta)) \cdot (t_2 - t_1) \tag{16}$$

Bei der **Phasendifferenzmessung** wird die Phasenlage von Sende- und Empfangssignal mit Schallstrahlung gegen die Durchflußrichtung bestimmt. Der dabei ermittelte Phasendifferenzwinkel ist proportional zur Laufzeitdifferenz (Gl. 16).

Abdriftmethode

Die Auslenkung eines Ultraschallstrahles quer zur Durchflußrichtung ist proportional zu vm und umgekehrt proportional zu a. Die Signalabschwächung am Empfänger ist ein Maß für die Auslenkung. Über den akustischen Strahlungswiderstand wird die Schallgeschwindigkeit a bestimmt.

Dopplereffektmethode

Der Aufbau entspricht Bild 14b. Ausführungen mit zwei Wandlern sind möglich. Die Auswertung erfolgt nach (6). Wesentlich für die Funktion eines Dopplereffekt-Durchflußmessers ist das Vorhandensein von Inhomogenität im Medium, welche die Schallwellen ausreichend reflektieren.

Für eine vernünftige Unabhängigkeit vom Strömungsprofil ist es üblich, Wandler in besonderer Art anzuordnen und die Empfangssignale speziell auszuwerten.

Kreuzkorrelationsmethode

Zwei Meßstrecken befinden sich in einem definierten Abstand voneinander, senkrecht zur Durchflußrichtung in einer Ebene parallel zur Rohrachse. Durch Energieabsorptionsmessung gewinnt man zwei Signale, die einem Kreuzkorrelator zugeführt werden. Dieser berechnet daraus die Strömungsgeschwindigkeit des Mediums.

5.2. Aufbau der Durchflußmesser

Die **Wandler** bestehen aus polarisierten, piezoelektrisch-keramischen Werkstoffen (PbZr-Titanat) die in ein entsprechendes Wandlergehäuse eingebaut sind.

Die Einsatztemperaturen liegen zwischen -10 und 100°C (Sonderausführungen bis 260°C). Bei höheren Temperaturen tritt eine beschleunigte Alterung ein (Depolarisation).

Die Wandler sind entweder mediumsberührend oder außen am Rohr angebracht (Clamp on).

Bei mediumsberührenden Wandlern wird in der Regel das **Meßrohr** mitgeliefert und naß kalibriert. Dies führt bei diesen Bauarten zu kleineren Toleranzen.

5.3. Signalausgänge

- Stromausgang 0/4-20 mA
- Frequenzausgang
- Impulsausgang 0-2, bis 0-15 Hz
- Durchflußrichtungserkennung

5.4. Vorteile, Einsatzgrenzen, Nachteile

Vorteile:

- Große Nennweiten
- Kein zusätzlicher Druckverlust
- Spitzengeräte messen auch schnelle Durchflußänderungen
- Nachrüstbar
- Bei homogenen Medien, unabhängig von physikalischen Eigenschaften

Einsatzgrenzen:

- Meßunsicherheit
- Stark verunreinigte Medien
- Hohe Temperaturen (>100°C)
- Gestörtes Strömungsprofil
- Reynoldszahlabhängigkeit (Re >6000)

Nachteile:

- Strömungsprofilabhängigkeit da Messung auf einem Teil des Rohrquerschnitts
- Mäßige Genauigkeit bei beträchtlicher Abhängigkeit von der Beschaffenheit des Mediums
- Das Medium muß ausreichend akustisch transparent sein
- Ablagerungen auf Rohr/Wandler führen zu Meßfehlern und Ausfällen
- Dopplereffektmethode eher als Durchflußwächter anwendbar
- Hoher Preis bei beschränkter Leistung

6. Turbinendurchflußmesser

6.1. Anwendungen

Turbinendurchflußmesser werden für Meß-, Dosier- und Abfüllaufgaben in der Mineralölindustrie, der chemischen Industrie, sowie bei der Lebensmittelverarbeitung mit relativ niedrig-viskosen, nicht korrosiven Medien verwendet.

Größere Stückzahlen wurden bereits Ende des 19. Jahrhunderts zur Verrechnung in Trinkwasseranlagen eingesetzt. Typisch für diese Anwendungen sind heute Flügelrad- und Woltmannzähler mit mechanischer Übertragung der Rotordrehbewegung auf ein Zählwerk.

Für anspruchsvolle industrielle Anwendungen in Gasen und Flüssigkeiten sind Turbinenradmesser mit induktivem Signalabgriff einsetzbar. Sie besitzen einen größeren Meßbereichsumfang.

Bei entsprechender Ausführung und sorgfältiger Kalibrierung sind Meßunsicherheiten von 0.5% vom Meßwert erreichbar.

Turbinendurchflußmesser sind empfindlich gegen Verunreinigungen des Mediums. Faserige Feststoffe können zu Blockierung, kornförmige Feststoffe zu Beschädigungen des Rotors führen. Bei Lufteinschlüssen im Medium besteht die Gefahr des Überdrehens des Rotors, die Folgen davon sind häufig Lagerschäden.

6.2. Meßprinzip

In einem runden Rohr ist die Achse eines Schaufelrades parallel zur Durchflußrichtung ausgerichtet. Durch die Anstellung der Schaufeln um den Winkel β, gegenüber der Strömungsrichtung des Mediums, erhält das Schaufelrad ein Drehmoment.

Näherungsweise ist die Drehzahl des Schaufelrades proportional dem Durchfluß. Mit dem Schaufelwinkel β , dem Strömungsquerschnitt A, dem mittleren Rotorradius rm und der Rotordrehzahl n ergibt sich für den Volumenstrom Q:

$$v_m \cdot A = 2\pi \cdot n \cdot r_m \cdot \cot\beta \cdot A \qquad (17)$$

An der Nabe, den Schaufeln und der Grenzzone zwischen Schaufeln und Wandung entstehen hydraulische Verluste. Sie können bei optimaler Ausgestaltung dazu verwendet werden, die Linearität des Turbinendurchflußmessers im laminar-turbulenten Übergangsbereichs zu verbessern.

Die Viskositätseinflüsse werden mit einem Kalibrierfaktor $K = f\left(\frac{n}{v}\right)$ korrigiert (v kinematische Viskosität)

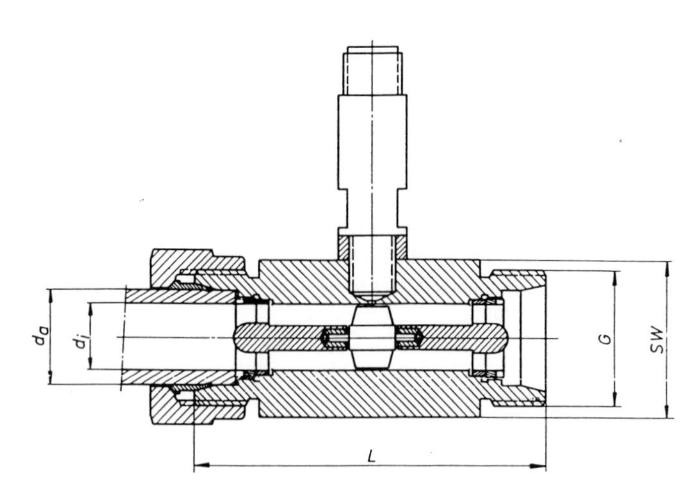

Bild 15: Aufbau eines Turbinendurchflußmessers mit Ermeto Anschlüssen [7]

$$Q = \frac{n}{K} \tag{18}$$

Der K-Faktor wird durch Kalibrierung bestimmt und ist viskositätsabhängig.

6.3. Ausführungsform

Der Aufnehmer besteht aus dem Turbinendurchflußmesser mit induktivem Signalabgriff und integriertem Strömungsgleichrichter (Bild 15). Turbinendurchflußmesser sind für den Einsatz in aggressiven Medien geeignet.

Man erkennt sechs wesentliche Elemente:

- Gehäuse mit Flansch
- Induktiver Abgriff
- Auskleidung
- Stütz-, Stell- und Distanzringe
- Stator mit Lager- und Strömungsgleichrichter
- Rotor mit Welle

Neben der Ausführungsform mit induktivem Abgriff gibt es auch solche mit mechanischem Abtrieb (Woltmannzähler, Flügelradzähler).

Die Umdrehung des Rotors wird über ein Kegelrad und eine Achse quer zur Durchflußrichtung auf ein Zählwerk mit Untersetzungs-/Justiergetriebe geführt. Die Durchflußmenge wird angezeigt. Der Drehmomentbedarf dieser Ausführungsform ist recht groß. Es resultieren Anlaufprobleme bei kleinen Durchflüssen und entsprechende Nichtlinearitäten. Diese Bauart ist deshalb erst ab Nennweite 80 üblich.

Als weitere Bauform gibt es Turbinendurchflußmesser, welche die Strömung im Gehäuse um 90° umlenken, bevor die Turbine beaufschlagt wird. Dadurch soll der Einfluß von gestörten Flüssigkeitsprofilen auf die Genauigkeit vermindert werden. Der Druckabfall über Geräte dieser Bauart ist erhöht.

Wesentliche Elemente für die Funktion und Lebensdauer des Turbinendurchflußmessers sind die Achs- und Lagermaterialien, wofür folgende Kombinationen üblich sind:

Gleitlager

- Hartmetall als Achsmaterial und als Lager PTFE-Komposition oder Aluminiumoxid.
- Kombination von Gleitlagern: Graphit, Bronze, Teflon, Edelsteine, Hartmetall (Karbide).

Kugellager

- Die Auswahl des Käfigmaterials ist von Bedeutung

Weitere Werkstoffe für Turbinendurchflußmesser

- Rostfreier Stahl
- Stahlguß für den Einsatz in Öl
- Aluminium
- Spritzguß in verschiedenen Kunststoffen

Bei der Auswahl des Durchflußmessers ist auf Grund dieses breiten Werkstoffspektrums unbedingt auf die Verträglichkeit der Konstruktionsmaterialien mit dem Medium zu achten.

6.4. Signalausgänge

- Stromausgang 0/4-20mA
- Impulsausgang

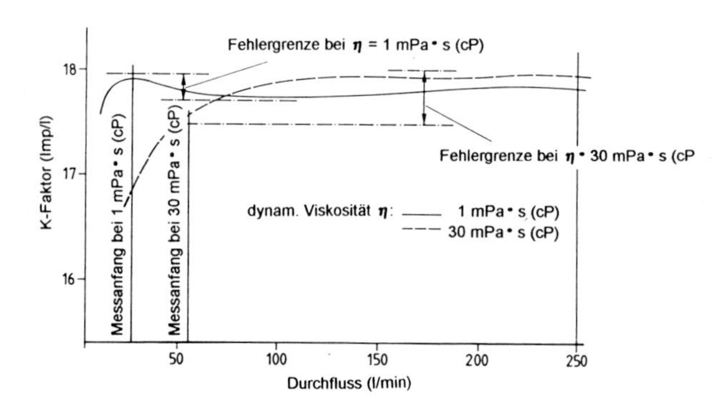

Bild 16: K-Faktor eines Turbinendurchflußmessers in Abhängigkeit von Durchfluß und Viskosität.

6.5. Vorteile, Einsatzgrenzen, Nachteile

Vorteile:

- Messung von nichtleitenden Medien möglich
- Hohe Genauigkeit bei definierten Bedingungen (Meßbereich, Viskosität)
- Betriebstemperaturen von -200°C bis +350°C, Beheizung der Geräte möglich.
- Druckstufen bis 640 bar. Sonderausführungen bis 2500 bar.

Einsatzgrenzen:

- Druckabfall bei verschmutzten Medien über Filter.
- Vibrationen (Lagerschäden).
- Nicht drehzahlbegrenzt. Vorsicht: keine Reinigung mit Preßluft.
- Gerade Ein- und Auslaufstrecken, 10 x DN vor, 5 x DN nach dem Durchflußmesser.

Nachteile:

- Die Viskosität muß bekannt sein und den vorgegebenen Bereich nicht verlassen.
- Meßbereich 10:1 bei gegebener Nennweite.
- Beschränkte Lebensdauer von Welle und Lager.
- Empfindlich gegenüber Drall in der Strömung (Strömungsgleichrichter).
- Bei verschmutzten Medien muß ein Filter vorgeschaltet werden.
- Bei erhöhten Genauigkeitsanforderungen bis 20 x DN gerade Einlaufstrecke.
- Die Leitungen müssen vor Inbetriebnahme gründlich gereinigt werden (Schweißperlen usw.).
- Lagerschäden bei Überschreitung der max. Rotordrehzahl möglich.

7. Verdrängungsdurchflußmesser

7.1. Ringkolbenzähler, Ovalradzähler

Ringkolben- und Ovalradzähler werden in Bereichen mit hohen Anforderungen an die Genauigkeit eingesetzt:

- Vorgeschriebene oder vereinbarte Verrechnung (z.B. Eichpflicht)
- Registrierung
- Dosierung

Als Medien kommen Produkte mit Viskositäten zwischen 0.3 bis 20.000 mPa.s (cP), besonders im nichtleitenden Bereich, in Frage.

Der Ringkolbenzähler eignet sich besonders für mittlere bis hohe Viskositätswerte, der Ovalradzähler für niedrige Viskositätswerte. Die Einlaufbedingungen sind unbedeutend.

Der Ringkolbenzähler ist robuster, erzeugt aber in vergleichbaren Anwendungen einen größeren Druckabfall als der Ovalradzähler.

Die Zähler sind gegenüber Verschmutzung empfindlich. Diese führt zu vorzeitiger Alterung, in extremen Fällen zur Blockierung des Zählers (Vorsicht Leitungsverschluß).

In diesen Fällen sind Filter vorzuschalten (Druckverlust).

Ovalradzähler sind gegenüber mechanischen Belastungen sehr empfindlich: keine Leitungsvibrationen, Pumpenstöße etc.

Eine Verdrängung dieser Durchflußmesser aus dem Bereich leitender Flüssigkeiten durch den induktiven Durchflußmesser ist zu erkennen.

Das **Meßprinzip** beruht auf dem Antrieb der beweglichen Meßkammerwände durch das Fluid, wodurch Teilvolumen abgetrennt und zum Ausgang befördert werden (Verdrängungsprinzip).

7.2. Ausführungsform Ringkolbenzähler

Der Ringkolbenzähler hat die Eigenschaft, daß sich der Durchfluß am Ein- und Auslauf nicht in jedem Augenblick entsprechen.

Diese Konstruktionsweise führt zu einer Geschwindigkeitsmodulation am Auslauf. Sekundäres Erscheinungsmerkmal ist das typische „Blubbern“ des Zählers bei hohen Durchflüssen.

Die Anwendungsmöglichkeit ist bezüglich der Viskosität des Mediums gegen oben, durch den maximal zulässigen Druckabfall über dem Zähler (Pasten), gegen unten durch die Leckverluste (Heizöl) begrenzt.

Der Ringkolbenzähler ist besonders geeignet, kleine Volumen sehr genau zu messen. Die Genauigkeit ist im obigen Rahmen weitgehend viskositätsabhängig.

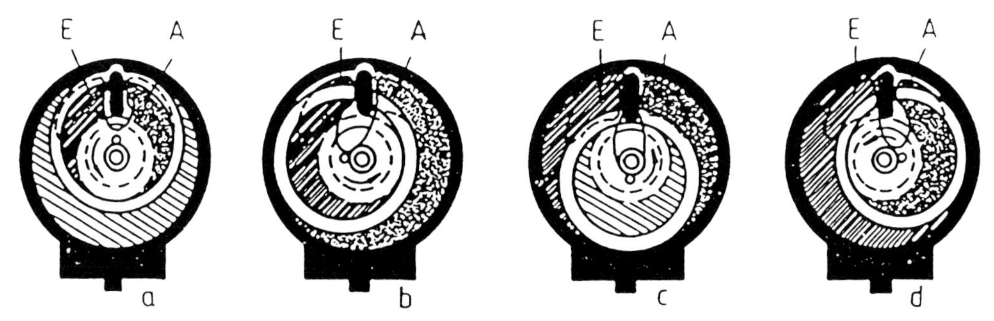

Bild 17: Funktionsweise eines Ringkolbenzählers

a Durch die Eintrittsöffnung (E) strömt die Flüssigkeit in den Innenraum des Ringkolbens und bewegt diesen durch den Druckunterschied in Pfeilrichtung.

b Das Volumen außerhalb des Ringkolbens wird verdrängt und tritt durch die Austrittsöffnung (A) aus. Durch die Eintrittsöffnung (E) strömt jetzt Flüssigkeit in den linken Außenraum.

c Der Innenraum des Ringkolbens ist völlig abgeschlossen. Die in den Außenraum einströmende Flüssigkeit bewegt den Ringkolben weiter.

d Das Volumen innerhalb des Ringkolbens kann durch die Austrittsöffnung (A) ausfließen.

Die Lebensdauer hängt von der Reinheit des Mediums ab. Ein- und Auslaufbedingungen sind unkritisch.

Gehäuse

Für industrielle Geräte wird rostfreier Stahl verwendet. Für besondere Anwendungen werden Auskleidungen angeboten.

Das Gehäuse läßt sich zum Reinigen oder zum Austausch des Ringkolbens öffnen. Bei speziellen Ausführungen kann die Meßkammer zur Reinigung besonders einfach geöffnet werden (Lebensmittelanwendungen).

Ringkolben

Der Werkstoff des Ringkolbens wird entsprechend der Anwendung so ausgewählt, daß bei gegebenem Medium, Ringkolbenmaterial und Gehäusematerial optimal aufeinander abgestimmt sind.

Der Kolben ist dabei das Verschleißteil. Werkstoffe für Ringkolben: Aluminium, PTFE, Bronze, Hartkohle, Titan, Polypropylen und Hartgummi.

7.3. Ausführungsform Ovalradzähler

Das wesentliche Merkmal des Ovalradzählers ist die Verzahnung der Räder. Durch die damit verbundene Kraftschlüssigkeit ergibt dies eine wirksame Unterdrückung der Leckverluste zwischen den Ovalrädern.

Die großen Flächen, auf die der Eingangsdruck wirkt, ergeben ein großes Drehmoment. Der Zähler zeigt ein ausgezeichnetes Anlaufverhalten.

Geringer Druckverlust, geringe Leckverluste und weitgehende Viskositätsunabhängigkeit sind wichtige Eigenschaften.

Um die Reibungsverluste an den Seitenwänden minimal zu halten, werden die Zähler so montiert, daß die Ovalräder horizontal liegen. Laufgeräusche werden, falls störend, durch Kunststoffovalräder vermindert. Der lineare Zusammenhang von Drehwinkel und Flüssigkeitsvolumen kann durch ein Ausgleichsgetriebe erreicht werden.

Die Ovalräder sind sehr empfindlich gegen verschmutzte Medien. Diese verursachen Verschleiß der Verzahnung/Dichtflächen, Lagerschäden und Zählerblockierung. Wichtige Vorsichtsmaßnahmen sind das Vorschalten von Filtern. Für beladene und hochviskose Medien (>150 mPa s) sind Sonderverzahnungen üblich. Ein- und Auslaufbedingungen sind unkritisch.

Werkstoffe für Ovalräder sind: Grauguß, Cr Ni Mo-Stähle, Stahlguß und Bronze.

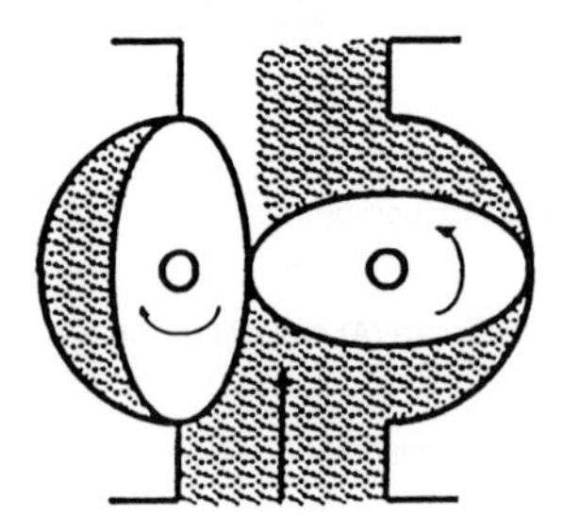

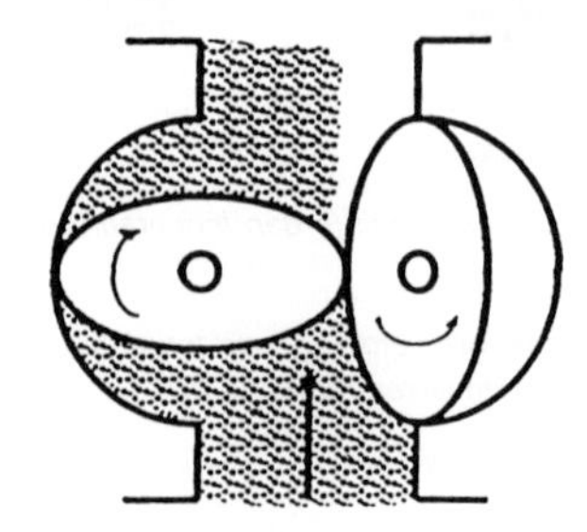

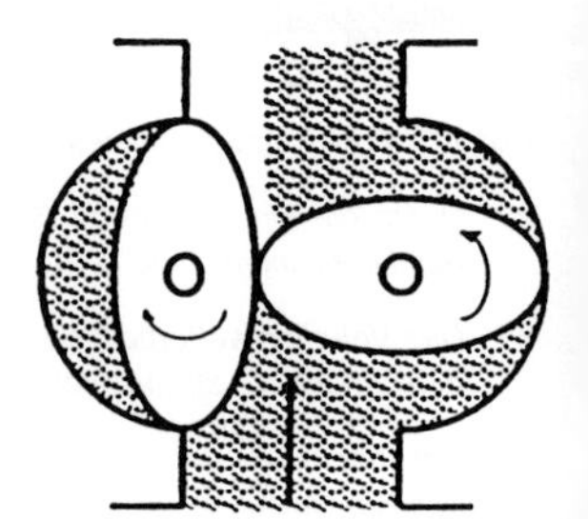

Bild 18: Funktion des Ovalradzählers. Wechselweiser Betrieb der Ovalräder.

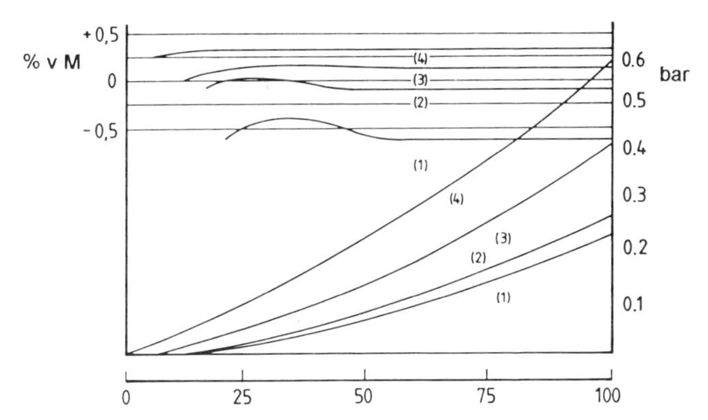

Bild 19: Genauigkeit und Druckabfall in Abhängigkeit der Viskosität für den Ovalradzähler (1) - 0.4cP (2) - 1cP (3) - 3cP (4) - 20cP

7.4. Signalausgänge

- Üblich sind mechanische Zählwerke
- Sonderausführungen mit Analogausgang, Impulsausgang

7.5. Vorteile, Einsatzgrenzen, Nachteile

Vorteile:

- Messung von nichtleitenden Medien
- Hohe Genauigkeit, speziell Ovalradzähler
- Unempfindlichkeit gegen Ein- und Auslaufbedingungen
- In weiten Grenzen viskositätsunabhängig
- Anwendungen bis 180°C
- Einbaulage beim Ringkolbenzähler beliebig
- Verwendung im eichpflichtigen Verkehr möglich

Einsatzgrenzen:

- Verschmutzung
- Pulsierende Strömung (Lagerschäden)
- Temperatur, max. 180°C
- Große Volumenströme

Nachteile

- Hoher Preis
- Empfindlichkeit gegen Verschmutzung, Druckabfall durch vorgeschaltete Filter
- Störung kann zum Verschluß der Leitung führen
- Bei chemisch aggressiven Medien ist die mechanische Reibung eine zusätzliche Belastung
- Beim Einsatz im Freien besteht Gefahr des Einfrierens (Vereisung)

8. Schwebekörperdurchflußmesser

8.1. Meßprinzip

Bei nicht sehr viskosen Flüssigkeiten und großer Geschwindigkeit übertrifft der Wirbel- oder Druckwiderstand eines angeströmten Körpers den Reibungswiderstand um mehrere Größenordnungen. Der Reibungswiderstand ist also bei Kräftebetrachtungen vernachlässigbar.

Der Schwebekörperdurchflußmesser besteht aus einem sich in Strömungsrichtung erweiternden Meßrohr und dem Schwebekörper. Diese Anordnung ergibt für den Körper einen von seiner Lage im Meßrohr abhängigen c_w-Wert. Beim angeströmten Körper bildet die aus dem Wirbelwiderstand resultierende Kraft und der Masse des Körpers ein Gleichgewicht. Der Körper verstellt sich also im Meßrohr so, bis der c_w-Wert dem erwähnten Gleichgewicht entspricht.

$$F_w = c_w \cdot A_k \cdot \rho m \cdot v^2 / 2 \tag{19}$$

$$F_g = g(\rho k - \rho m)\, V_k \tag{20}$$

F_w Kraft des strömenden Mediums auf den Körper

c_w Widerstandsbeiwert (abhängig von der Geometrie des Körpers und der Reynoldszahl)

A_k Größter Querschnitt des Körpers senkrecht zur Strömungsrichtung (Hauptspant)

ρm Dichte des Mediums

v Geschwindigkeit des Mediums (ungestört)

F_g Gewicht des Körpers (abzüglich Auftrieb)

ρk Dichte des Körpers

V_k Volumen des Körpers

Aus (19) und (20) ergibt sich für v:

$$v = \sqrt{\frac{2 \cdot g \cdot V_k}{c_w \cdot A_k}} \cdot \sqrt{\frac{(\rho k \cdot \rho m)}{\rho m}} \tag{21}$$

8.2. Ausführungsformen

Das Meßrohr hat innen eine Kegelform und trägt Führungsrippen für den Körper. Außen trägt das Rohr eine Skala zur direkten Ablesung.

Bei Metallausführungen wird die Lage des Körpers magnetisch auf eine Anzeigevorrichtung übertragen oder induktiv ausgelesen und in eine der Lage entsprechende elektrische Größe umgeformt (Fernanzeige).

Spitzengeräte sind mit Mikroprozessoren ausgerüstet. Die Ein- bzw. Ausgaben sind über eine Tastatur bzw. Display möglich.

Als Werkstoffe für das Meßrohr (auch Innenauskleidung) sind Stahl, Edelstahl, Kunststoffe (PP, PTFE), Glas oder Hartgummi üblich.

8.3. Verschiedene Schwebekörper

Bei rotierenden Schwebekörpern (a) ist eine direkte Funktionskontrolle möglich

Der Schwebekörper (b) ist speziell viskositätsunabhängig

Der Schwebekörper (c) erreicht eine Veränderung des Meßbereichs um +30%, ist aber viskositätsabhängiger als (b).

Für die einzelnen Schwebekörper müssen Korrekturkurven für den Viskositätseinfluß angewendet werden (Bild 21).

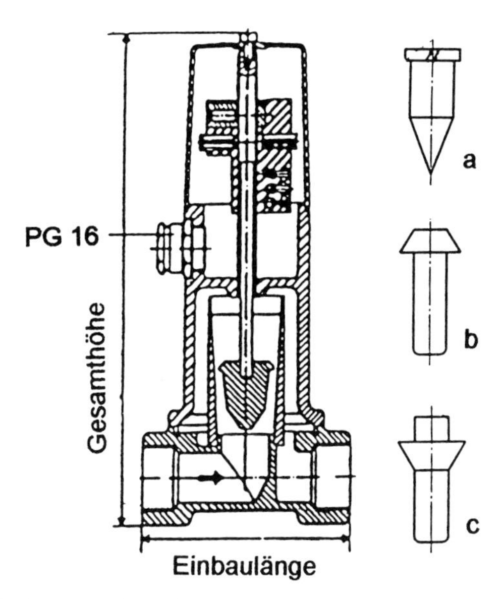

Bild 20: Schwebekörperdurchflußmesser mit verschiedenen Schwebekörperformen

Die Stabilisierung des Körpers im Meßrohr erfolgt durch den eigenen Drall, die Innenwand, durch Führungsstäbe im oder durch den Körper.

Für den Körper werden eine Vielzahl von Werkstoffen verwendet, da über die Dichte nach (20) der Bereich des Systems eingestellt werden kann: Rostfreier Stahl, Tantal, Glas, synthetischer Saphir, Kunststoffe (PE, PTFE, Hartgummi, PVC), Monel und Nickel, sowie Sonderlegierungen.

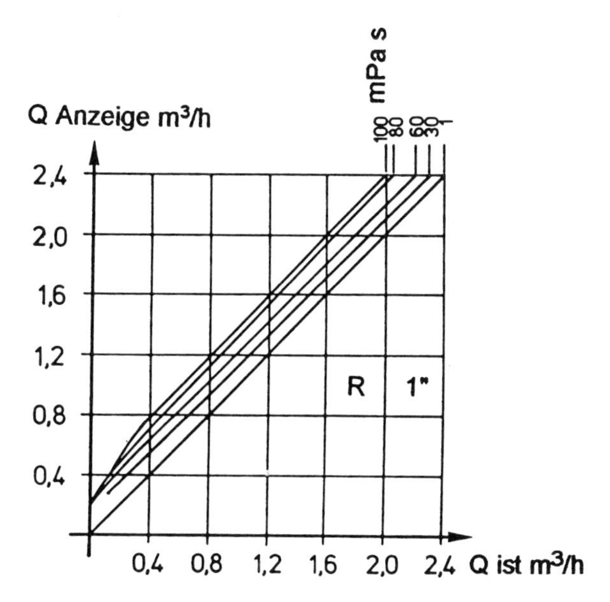

Bild 21: Beispiel einer Korrekturkurve für den Viskositätseinfluß

8.4. Technische Daten, Signalausgänge

Meßtoleranz	1 ... 5% v.E.; typ. 2% v.E.
Meßbereich	10:1
Druckverlust	10 ... 500 mbar; typ. 100 mbar
Nennweiten	DN 0,16 ... 100 (max. 200)
Temperaturbereich	100°C, 150°C (max. 200°C)
Viskosität	<200 mPas
	<700 mPas (Werkskalibrierung)

- Standardausführung ohne Signalausgang
- Ausführungen mit Analog-Fernanzeige
- Spezielle Ausführungen mit allen gängigen Ausgängen

8.5. Vorteile, Einsatzgrenzen, Nachteile

Vorteile:

- Preiswerte Ausführungsformen bei mäßigen Ansprüchen
- Einfache Funktion
- Austauschbarkeit (teilweise DIN)
- Einfache Montage
- Überlastbarkeit, kaum Leitungsverschluß

Einsatzgrenzen:

- Beladene Medien
- Wechselnde Medien: Variable physikalische Eigenschaften
- Viskosität <200 mPas
- Preis und Leistung für DN25 und elektrischem Ausgang mit MID vergleichbar

Nachteile:

- Abhängigkeit von den physikalischen Eigenschaften des Mediums: Dichte, Viskosität, Temperatur
- Funktionsstörungen bei Medien die mit Feststoffen beladen sind
- Abnützung kaum erfaßbar
- Bescheidene Genauigkeit
- Preis, bei größeren DN und Fernablesung

9. Wirkdruckverfahren

9.1. Wirkungsweise von Drosselgeräten

Unter einem Drosselgerät versteht man die Einschnürung einer Rohrleitung: aufgrund der Querschnittsabnahme tritt eine Geschwindigkeitszunahme ein, die eine Druckabsenkung zur Folge hat.

Die Druckabsenkung zwischen dem normalen Rohrquerschnitt A_D und dem verengten Querschnitt A_d bezeichnet man als Wirkdruck oder Δp. Zwischen dem durch das Drosselgerät strömenden Volumen bzw. Massenstrom und dem Wirkdruck besteht ein Zusammenhang.

$$Q = a \cdot \varepsilon \cdot A_d \sqrt{\frac{2 \cdot \Delta p}{\rho}} = a \cdot \varepsilon \cdot \beta \cdot A_D \sqrt{\frac{2 \cdot \Delta p}{\rho}} \tag{22}$$

$$\dot{m} = a \cdot \varepsilon \cdot A_d \sqrt{2 \cdot \Delta p \cdot \rho} = a \cdot \varepsilon \cdot \beta \cdot A_D \sqrt{2 \cdot \Delta p \cdot \rho} \tag{23}$$

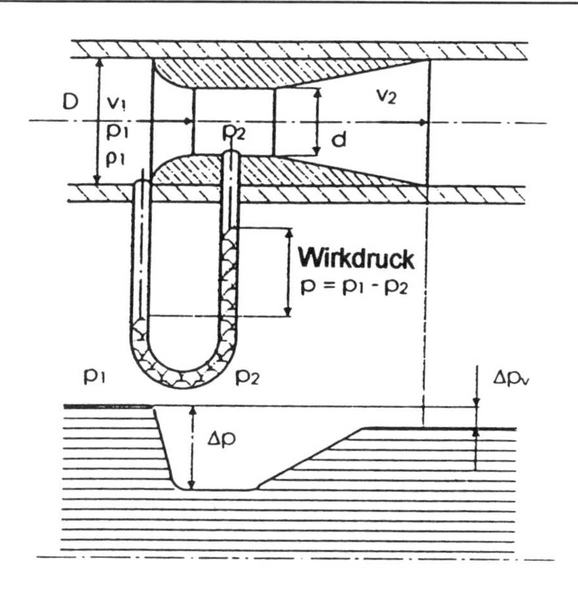

Bild 22: Wirkdruckprinzip

Q Volumenstrom

$\dot{m}$ Massenstrom

a Dimensionslose Durchflußzahl $a = f\,(\text{Re})$

ε Dimensionslose Expansionszahl ($\varepsilon = 1$ für Flüssigkeiten)

A_d Öffnungsquerschnitt des Drosselgerätes

A_D Rohrquerschnitt

β Dimensionsloses Öffnungsverhältnis $\beta = A_d/A_0$

Δp Wirkdruck $\Delta p = P_1 - P_2$

ρ Dichte des Mediums vor dem Drosselgerät

Außer dem Wirkdruck tritt noch ein bleibender Druckverlust Δpv auf, der von der Bauart des Drosselgerätes und vom Quadrat des Volumenstromes abhängt. Dieser bleibende Druckverlust ist jedoch wesentlich geringer als der Wirkdruck, da ein großer Teil der Strömungsenergie wieder in Druckenergie umgewandelt wird.

$$\Delta p_v = b \cdot \Delta p \tag{24}$$

Der Korrekturfaktor b ist abhängig vom Öffnungsverhältnis und Bauform (Bild 23).

Als Drosselgerät sollte man nach Möglichkeit eines der folgenden, in DIN 1952 "Durchflußmessung mit genormten Düsen, Blenden und Venturidüsen" Geräte vorsehen.

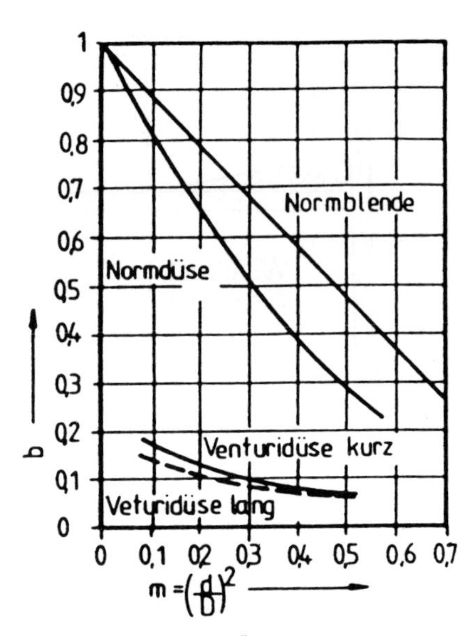

Bild 23: Korrekturfaktor (DIN 1952) in Abhängigkeit vom Öffnungsverhältnis m

9.2. Durchflußmessung mit Blenden, Düsen, Venturirohren nach DIN 1952

Normdüsen nach DIN 1952 werden für Rohrdurchmesser D zwischen 50 und 500 mm und für Öffnungsverhältnisse m von 0,2 ... 0,64 eingesetzt (Bild 25a).

Die Entnahme des Wirkdruckes erfolgt an Einzelanbohrungen mit dem Durchmesser a oder an ringförmigen Schlitzen mit der Schlitzbreite a. Der Wert von a liegt je nach Größe von D und m zwischen 1 und 10 mm (DIN 1952). Die Durchflußzahlen können, abhängig von der Reynolds-Zahl und vom Öffnungsverhältnis m, aus DIN 1952, Tafel 3, entnommen werden. Die Expansionszahl ist abhängig vom Druckverhältnis p_2/p_1, Öffnungsverhältnis m und Isentropenexponent C aus DIN 1952, Tafel 4.

Normventuridüsen (Bild 24b) bestehen aus einem düsenförmigen Einlaufteil, dessen geometrische Abmessungen mit denen der Normdüse übereinstimmen, einem zylindrischen Teil (Einschnürung) von Durchmesser d und einem Diffusor mit dem Erweiterungswinkel $\varphi/2$.

Der bleibende Druckverlust Δp_V ist wesentlich geringer als bei Normblende und Normdüse. Normventuridüsen werden vor allem zur Messung von Volumenströmen von Flüssigkeiten verwendet. Die Geräteabmessungen liegen in folgenden Grenzen: D = 65 ... 500 mm, d $\geq$ 50 mm, β = 0,1 ... 0,6, p = 0,04 $\cdot$ d = 2 ... 10 mm, $\varphi/2<15°$.

Die Durchflußzahlen α sind in der DIN 1952 angegeben, die Expansionszahlen ε sind identisch mit denen der Normdüse. Die Abmessungen und Beiwerte nichtgenormter Drosselgeräte können aus der VDI-Regel 2040 "Berechnungsgrundlagen für die Durchflußmessung mit Drosselgeräten" oder der umfangreichen Fachliteratur entnommen werden.

Die **Normblende** (Bild 24c) besteht aus einer ebenen Scheibe mit kreisrunder scharfkantiger Einlauföffnung und den zugehörigen Fassungsringen. Diese Ringe enthalten die Druckentnahmebohrungen oder -schlitze.

Normblenden werden vorwiegend zur Messung von Gas- und Dampfmasseströmen verwendet. Die Messung ist relativ genau, es entsteht aber ein recht hoher bleibender Druckverlust Δpv.

Der Rohrdurchmesser D liegt im Bereich von 50 ... 1000 mm, das Öffnungsverhältnis m zwischen 0,05 und 0,64.

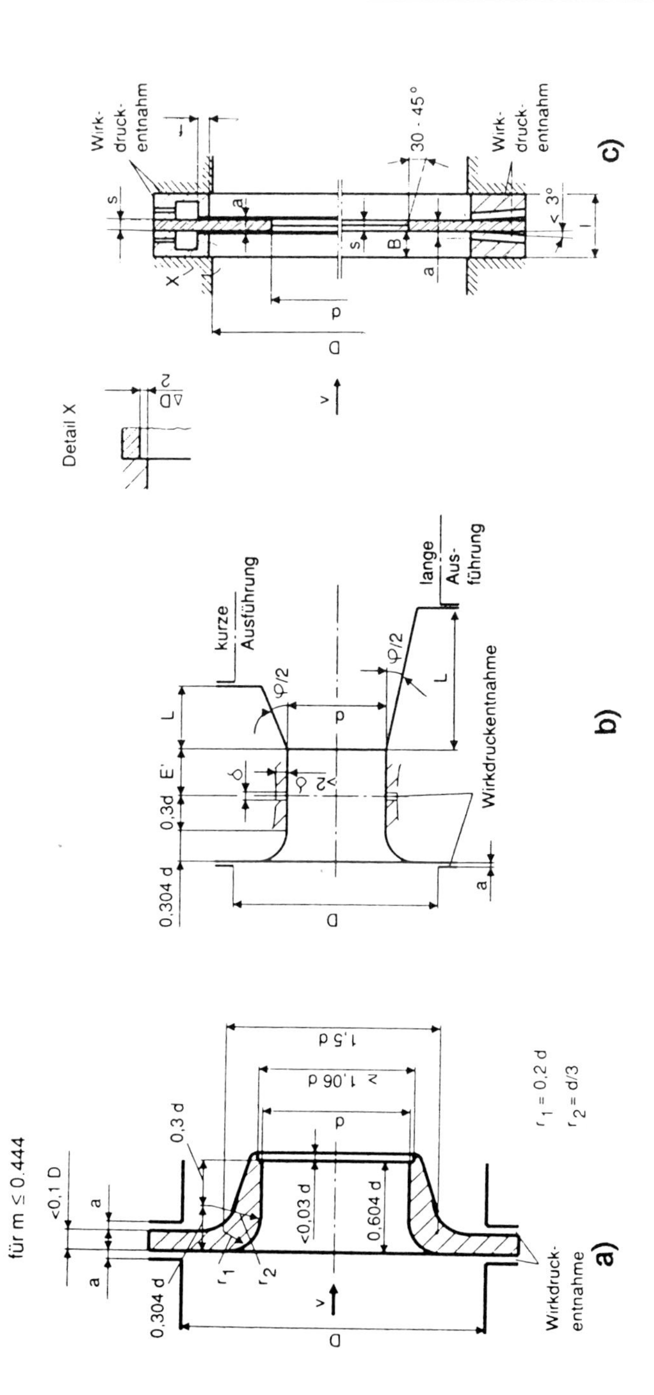

Bild 24: Wirkdruckmeßverfahren, a) Normdüse, b) Normventuridüse, c) Normblende

Für die Blendendicke s sollte $0.005 \cdot D \leq s \leq 0.05 \cdot D$ eingehalten werden, für $s > 0{,}02 \cdot D$ wird die Öffnung unter 30 ... 45° angeschrägt.

Drosselgeräte sind äußerst empfindlich gegen Störungen in der Zulauf- und Ablaufströmung. Rohreinbauten, die solche Störungen verursachen können, wie Krümmer, T-Stücke, Schieber und Ventile, müssen deshalb durch genügend lange gerade Rohrstrecken vom Drosselgerät getrennt sein.

Die Länge der geraden Einlaufstrecke sollte je nach Art der Störung zwischen 5 und 80 D betragen; die Länge der Auslaufstrecke zwischen 4 und 8 D.

Die richtige Anordnung und Auswahl der Wirkdruckmeßgeräte, Wirkdruckleitungen, Armaturen, Abscheidegefäße und Spüleinrichtungen findet sich in der VDE/VDI-Richtlinie 3512 "Meßanordnungen Durchflußmessung mit Drosselgeräten".

Als Wirkdruckmesser werden neben U-Rohr-Manometern vor allem Schwimmermanometer und Ringwaagen verwendet, die so konstruiert sind, daß die Wurzel aus dem Wirkdruck Δp gerätemäßig gezogen und der Volumenstrom direkt angezeigt wird.

9.3. Vorteile, Einsatzgrenzen, Nachteile

Vorteile

- Keine beweglichen Teile
- Erhältlich in einem großen Bereich von DN und Öffnungsverhältnis
- Für die meisten Gase und Flüssigkeiten geeignet
- Preis steigt nur unwesentlich mit steigender Nennweite
- Allgemein bekannt und akzeptiert

Einsatzgrenzen

- Meßbereichsumfang auf 4:1 begrenzt
- Genauigkeit ist limitiert

Nachteile

- Wurzelabhängigkeit von Wirkdruck und Durchfluß
- Dichte- und Druckschwankungen beeinflussen das Meßergebnis
- Genauigkeit stark beeinflußt von Abnützung und Beschädigung der Einschnürung
- Meßergebnis stark von Herstellungssorgfalt abhängig
- Hoher bleibender Druckverlust
- Viskosität schränkt Meßbereich ein
- Verlangt viel Unterhalt
- Installation ist zeitraubend und teuer
- Hohe Unterhaltskosten

Schrifttum

[1] B. Thürlemann, Universität Freiburg i. Ue. (1941): Methode zur elektrischen Geschwindigkeitsmessung von Flüssigkeiten
[2] Technische Information (TI 007/4.89/06) Speedmag, Endress+Hauser
[3] Technische Information (TI 008/D/06) Eximag, Endress+Hauser
[4] Evaluation Report (E 2538 T 88) SIREP-WIB
[5] Druckschrift (RH 12.301) Rosemount
[6] Technische Information (TI 013/D/06) m-point, Endress+Hauser
[7] Druckschrift (HME, HMF 1987) Küppers

Kontinuierliche und diskontinuierliche Dosierung von Flüssigkeiten und Gasen mit Durchflußregelsystemen

Von W. STÜBER[1])

1. Meßverfahren

Eine Reihe Beiträge dieses Buches zeigen, daß sich Dosierprobleme mit verschiedenen Geräten oder Gerätekombinationen lösen lassen (Bild 1). Dieser Abschnitt soll sich hauptsächlich mit der Dosierung von Flüssigkeiten und Gasen in Durchflußregelkreisen beschäftigen, wie sie häufig in der Verfahrenstechnik erforderlich sind. Im Gegensatz zu den volumetrischen Dosiergeräten, die ohne Meßwerterfassung arbeiten, enthalten Durchflußregelsysteme stets eine Meßeinrichtung. Die wichtigsten Meßeinrichtungen für Flüssigkeiten und Gase werden an anderer Stelle ausführlich behandelt. Es werden daher hier die übrigen Komponenten des Regelkreises behandelt und aufgezeigt, welche Geräte zur Verfügung stehen und üblicherweise in den Durchflußregelkreisen der Verfahrenstechnik eingesetzt werden.

Da es bei Verhältnisdosierungen spezielle Regelkreisaufbauten gibt, die mit digitaler Meßwerterfassung arbeiten, um eine höhere Mischgenauigkeit zu erzielen, soll hier auf den Unterschied zwischen analogen und digitalen Meßverfahren eingegangen werden.

Ein analoges Meßverfahren liefert ein dem Durchfluß proportionales Signal von z.B. 0,2 bis 1 bar oder 4 bis 20 mA, während digitale Meßverfahren Impulse oder Frequenzen liefern, die den Teilvolumina oder dem Durchfluß proportional sind. Digitale Signale lassen sich über größere Entfernungen übertragen, ohne daß Übertragungsfehler auftreten, da der Informationsinhalt nicht vom Signalpegel abhängt. Die größeren Vorteile liegen jedoch darin, daß auch eine längere Speicherung dieser Signale ohne jeden Informationsverlust möglich ist und sich genaue Rechenoperationen mit ihnen vornehmen lassen.

---

[1]) Dipl.-Ing. W. Stüber, Fischer & Porter, Göttingen

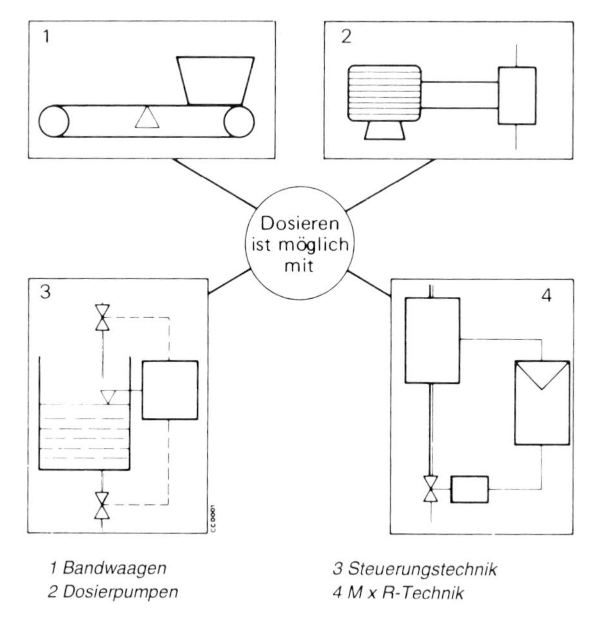

1 Bandwaagen
2 Dosierpumpen
3 Steuerungstechnik
4 M x R-Technik

Bild 1: Möglichkeiten der Dosierung

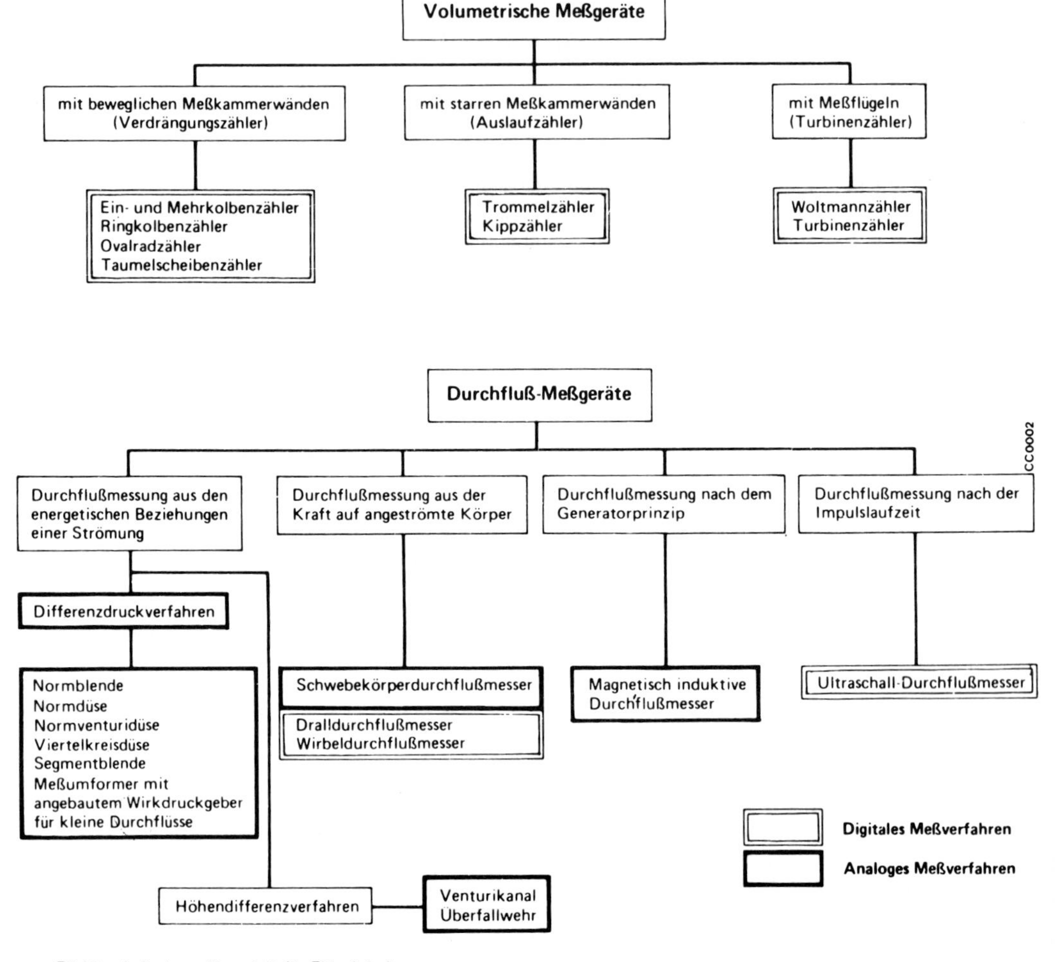

Bild 2: Aufnehmerübersicht für Flüssigkeiten

Bild 2 gibt uns eine Übersicht der verschiedenen Durchflußaufnehmer und zeigt, ob diese ein digitales oder analoges Meßsignal produzieren. Die heutige Elektronik kann Signale in jede Richtung umsetzen, allerdings muß hier mit zusätzlichen Fehlern, z. B. durch den Analog/Digitalwandler, gerechnet werden. Bei modernen Reglern oder Regelsystemen ist durchaus auch eine Mischung beider Meßverfahren ohne Probleme möglich.

2. Regelsysteme

Zunächst soll ein grundsätzlicher Regelkreis betrachtet und die wichtigsten Begriffe und Bezeichnungen, die sich eingebürgert haben, hier genannt werden:

Meßort
der Regelgröße ist der Ort des Regelkreises, an dem der Wert der Regelgröße erfaßt wird.

Stellort
ist der Ort des Regelkreises, in dem das Stellglied in den Prozeß eingreift.

Regelgröße
ist die Größe in der Regelstrecke, die zum Zwecke des Regelns erfaßt und der Regeleinrichtung zugeführt wird. Sie ist damit Ausgangsgröße der Regelstrecke und Eingangsgröße der Regeleinrichtung.

Führungsgröße
ist eine von der betreffenden Regelung unmittelbar nicht beeinflußte Größe, die der Regelung von außen zugeführt wird und der die Regelung in vorgegebener Abhängigkeit folgen soll.

Stellgröße
ist die Ausgangsgröße der Regeleinrichtung und zugleich Eingangsgröße der Regelstrecke. Durch sie kann die Regelgröße in erwünschter Weise beeinflußt werden.

Störgrößen
sind alle von außen wirkenden Größen, soweit sie die beabsichtigte Beeinflussung der Regelung beeinträchtigen.

Istwert
ist der Wert, den eine Größe im betrachteten Zeitpunkt tatsächlich hat.

Sollwert
ist der Wert, den eine Größe im betrachteten Zeitpunkt unter festgelegten Bedingungen haben soll.

Regelabweichung
ist die Differenz zwischen Regelgröße und Führungsgröße.

Proportionalbereich
ist der Bereich, um den sich die Regelgröße bei festem Wert der Führungsgröße ändern muß, um die Stellgröße über den Stellbereich zu ändern. Heute wird anstatt des Proportionalbereiches auch häufig der Proportionalbeiwert oder Übertragungsbeiwert Kp des Reglers angegeben. Er gibt das Verhältnis zwischen normierter Stellgrößenänderung und hervorrufender normierter Regelgrößenänderung bei konstanter Führungsgröße an.

Nachstellzeit
ist die Zeit, welche bei einer Sprungantwort benötigt wird, um auf Grund der Integralwirkung eine gleichgroße Stellgrößenänderung zu erzielen, wie sie infolge des Proportionalbereiches entsteht.

Vorhaltzeit
ist die Zeit, um welche die Anstiegsantwort einer PD-Regeleinrichtung einen bestimmten Wert der Stellgröße früher erreicht als eine entsprechende P-Regeleinrichtung.

Bild 3 zeigt den Aufbau eines Durchflußregelkreises mit dem dazugehörigen Blockschaltbild. Die Hauptkomponenten dieses Regelkreises sind die Regelstrecke, die den Prozeß, den Meßwertaufnehmer und das Stellglied beinhalten sowie der Regler oder die Regeleinrichtung.

In einem Regelkreis ist immer ein geschlossener rückwirkungsfreier Wirkungsablauf vorhanden, mit dem Prozeß als Teil des Kreises. Die zu regelnde Größe wird fortlaufend durch eine Meßeinrichtung erfaßt, das Meßsignal wird der Regeleinrichtung zugeführt und hier ständig mit der Führungsgröße verglichen. Stellt die Regeleinrichtung eine Abweichung zwischen Führungsgröße und Regelgröße fest, beeinflußt sie über ein Stellgerät die Regelgröße so, daß die Regelabweichung zwischen Regel- und Führungsgröße möglichst klein oder Null wird.

Nach ausreichender Optimierung ist solch ein Regelkreis ein relativ stabiles Rückführsystem gegenüber äußeren und inneren Einwirkungen, bei unzureichender Optimierung kann er jedoch sehr schnell zu Schwingungen neigen, die sich nachteilig auf den Prozeß auswirken können.

Zunächst sollen aus dem Regelkreis die Regler oder Regeleinrichtungen näher betrachtet werden. Wir unterscheiden sie hier aufgrund ihrer Meßwerterfassung, ihrer Arbeitsweise und ihres Aufbaus in unstetige Regler, stetige Regler und Prozeßleitsysteme. Bild 4 zeigt eine Aufgliederung der verschiedenen Reglertypen.

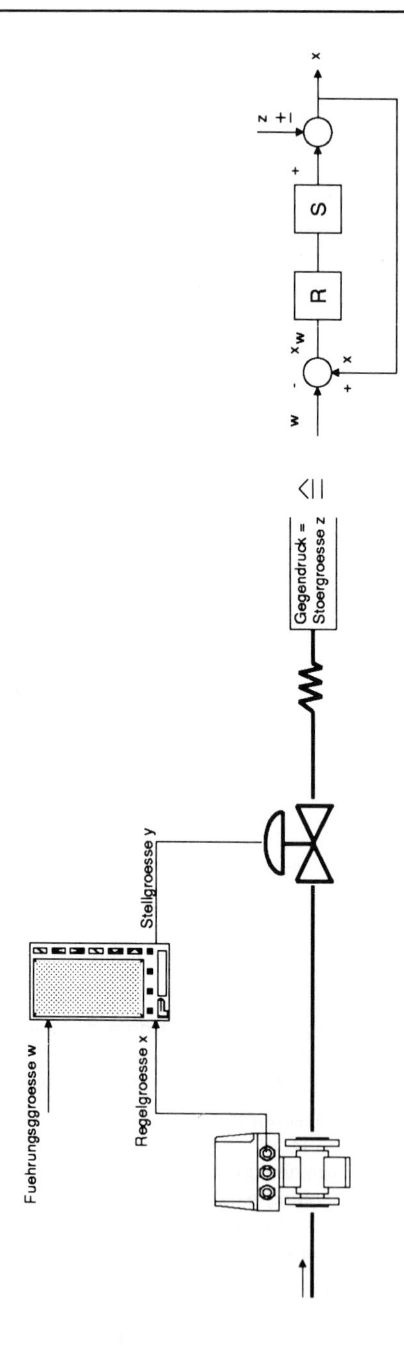

Bild 3: Regelkreis

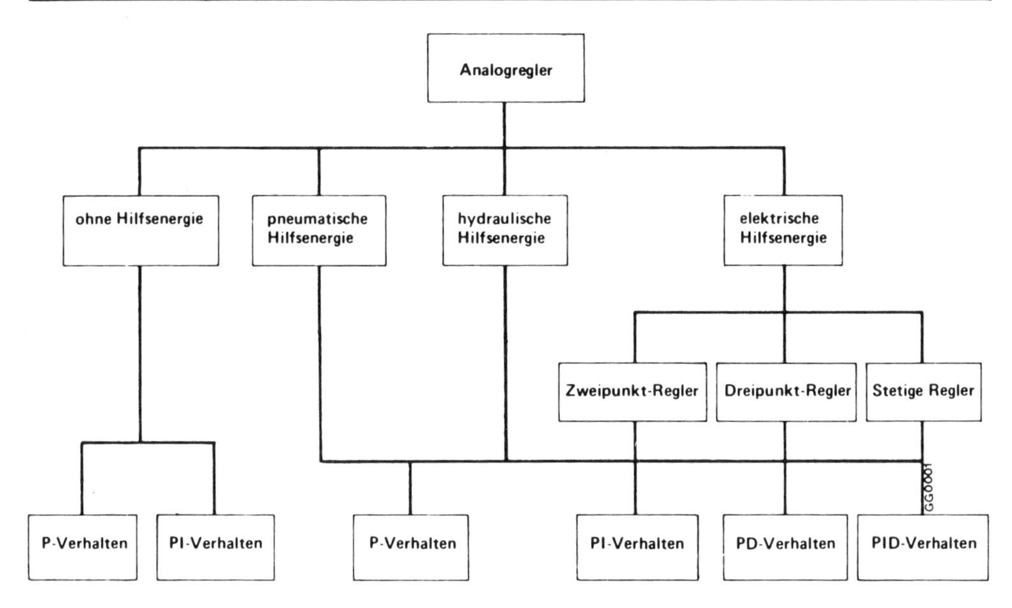

Bild 4: Übersicht Analogregler

Bei den Reglern ohne Hilfsenergie muß der Fühler die Kraft zur Betätigung des Stellgliedes aufbringen. Die Regler werden hauptsächlich für Druck- oder Temperaturregelungen eingesetzt, sind für Dosierregelungen jedoch unbedeutend und sollen daher an dieser Stelle nicht weiter behandelt werden.

Unstetige Regler haben zwar eine Reihe von Anwendungen, jedoch sind sie für Dosier- oder Mischungsregelungen ohne größere Bedeutung.

Bis vor wenigen Jahren wurden für Standardregelungen hauptsächlich analoge Regler eingesetzt. Dabei wurde für ähnliche Anwendungen sowohl mit pneumatischen als auch mit elektrischen Analogreglern gearbeitet. Die Auswahl geschah lediglich nach Gesichtspunkten der Hilfsenergie, des Ex-Schutzes, des Wartungspersonals usw. Obwohl diese Regler auch heute noch häufig eingesetzt werden, soll sich dieser Bericht hauptsächlich mit den moderneren Digitalreglern oder Prozeßleitsystemen befassen.

3. Besondere Probleme bei Mischungsregelungen

Bei Mischungsregelungen ist im Gegensatz zu kontinuierlichen Einkomponentendosierungen auf einige besondere Dinge zu achten.

Bild 5 zeigt die Sprungantwort eines normalen Reglers. Diese Regler haben das Bestreben, den Prozeß so zu beeinflussen, daß nach einer Sollwertänderung oder nach Auftreten einer Störgröße die Regelgröße möglichst schnell wieder den Sollwert erreicht. In der Übergangsphase der Regelgröße von Q1 nach Q2 ergibt sich eine Regelabweichung, die durch den schraffierten Bereich gekennzeichnet ist.

Bei einer Mischungsregelung würde die Mischung jetzt im Zeitraum t1 – t2 fehlerhaft sein und nicht der Spezifikation entsprechen. Bei kontinuierlichen Regelungen über einen langen Zeitraum mögen diese Fehler vernachlässigbar sein, bei kürzeren Misch- oder Dosiervorgängen im Chargenbetrieb können hier jedoch erhebliche Fehler auftreten. Um solche Fehler während einer Übergangsphase nachträglich zu korrigieren, muß also eine Fehlerspeicherung im Regler stattfinden. Darum wurden für solche Aufgaben spezielle Regler mit digitaler Meßwerterfassung, sogenannte „Blend-

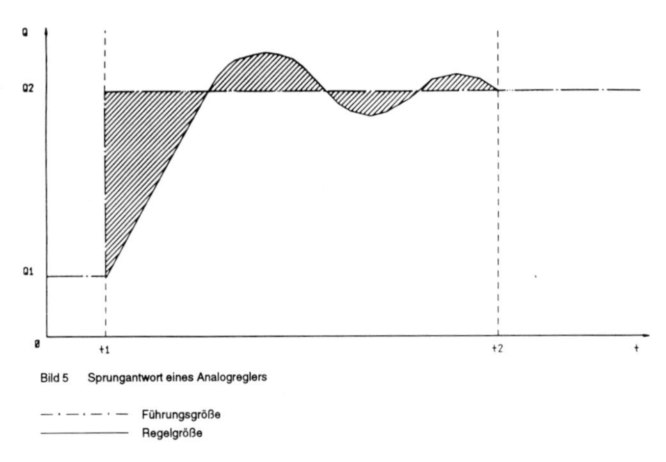

Bild 5: Sprungantwort eines Analogreglers

Line-Regler", entwickelt. Bei diesen Reglern läßt sich, bedingt durch die digitale Meßwertverarbeitung, eine genaue Fehlerberechnung und Fehlerspeicherung durchführen.

4. Regler mit digitaler Meßwerterfassung (Blend-Line-Regler)

Anhand der Bilder 6 und 7 soll die Funktion eines Blend-Line-Reglers erläutert werden.

Die Regel- und Führungsgrößensignale liegen als digitale Impulse oder Frequenzen vor. Diese Impulse werden im Regler einer Impulsauswahlschaltung zugeführt. Die Impulsauswahlschaltung überprüft, ob gleichzeitig mit einem Führungsgrößenimpuls ein Regelgrößenimpuls eintrifft. Trifft jetzt beispielsweise ein Regelgrößenimpuls in der Impulsauswahlschaltung ein, ohne daß innerhalb einer vorbestimmten Zeit ein Führungsgrößenimpuls eintrifft, so wird von dieser Impulsauswahlschaltung der Regelgrößenimpuls als Additionsimpuls an einen Vorwärts-Rückwärtszähler weiter-

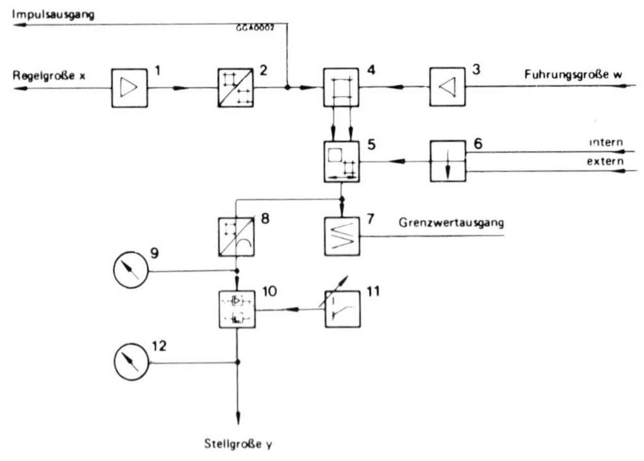

Bild 6: Blockschaltbild eines Blend-Line-Reglers

1 *Impulsverstärker Regelgröße x*
2 *Impulsverdoppler*
3 *Impulsverstärker Führungsgröße w*
4 *Impulsauswahlschaltung*
5 *Vorwärts-Rückwärtszähler*
6 *Löscheinheit*
7 *Grenzwertmelder*
8 *Digital-Analog-Umsetzer*
9 *Regelabweichungsanzeiger*
10 *PI-Regelverstärker*
11 *Leitgerät*
12 *Stellgrößenanzeiger*

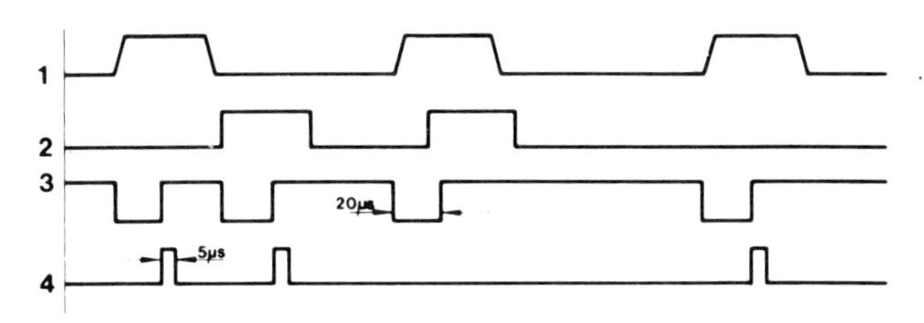

Bild 7: Impulsdiagramm eines Blend-Line-Reglers
1 Regelgröße
2 Führungsgröße
3 Zeitbasis
4 Vor- und Rückwärtszähler (Eingangsimpulse)

gegeben. Gibt die Impulsauswahlschaltung einen Führungsgrößenimpuls an den Zähler weiter, so wirkt dieser subtrahierend. Damit ist der Zählerinhalt also die aufintegrierte Regelabweichung.

Der Zählerinhalt wird durch einen Digital-Analog-Umsetzer als analoge Größe an den eigentlichen elektrischen Regler weitergegeben. In Abhängigkeit von den eingestellten Regelparametern erfolgt dann eine Änderung der Stellgröße, und zwar so, daß der Zählerinhalt möglichst Null wird.

Bei diesem Beispiel-Regler hat der dem Zählerinhalt proportionale Ausgang des Digital-Analog-Umsetzers einen Ausgangsstrom von 12 mA, wenn der Zählerinhalt Null ist. Ergibt sich eine Abweichung von +512 bit, so steigt der Ausgangsstrom auf 20 mA, bei –512 bit stellt sich ein Ausgangsstrom von 4 mA ein. Bei zu großen Zählerinhalten lassen sich von dem Gerät auch noch Alarme generieren.

Diese Geräte werden ausschließlich für Durchflußregelungen eingesetzt und sind daher auch nur mit PI-Verhalten ausgeführt. Die Stellgröße ist ein eingeprägter Strom von 4 bis 20 mA.

Es ist zu beachten, daß ein Blend-Line-Regler nicht für Temperatur- oder Füllstandsregelungen eingesetzt werden darf. Wenn zum Beispiel solch ein Regler für eine Behälterstandsregelung verwendet würde und der Füllstand für längere Zeit aus verfahrenstechnischen Gründen eine negative Regelabweichung hätte, würden in dieser Zeit viele Führungsgrößenimpulse den Regler erreichen. Diese Impulse würden vom Speicher festgehalten. Wenn nun wieder genügend Flüssigkeit zur Verfügung steht, läuft mit großer Wahrscheinlichkeit der Behälter über, da der Regler ohne Berücksichtigung des Istzustandes die gespeicherte Regelabweichung auf Null zu bringen versucht.

Das bestimmende Element des Blend-Line-Reglers ist also nicht der analoge Regler, sondern das digitale Meßwerterfassungssystem mit dem Vorwärts-Rückwärtszähler. Der Zählerinhalt wird vom Regler auf ± 1 Impulse ausgeregelt. Der Zähler hat einen maximalen Fehler von einem Teilvolumen, welches einem Impuls entspricht. Bei kleiner Impulswertigkeit und entsprechender Chargenlänge verliert dieser Fehler an Bedeutung.

Bild 8 zeigt vergleichsweise die Übergangsfunktion eines konventionellen Reglers und eines Reglers mit digitaler Meßwerterfassung. Der konventionelle Regler hat zwar seinen Sollwert schneller erreicht, da der Regler mit digitaler Meßwerterfassung jedoch die Fehler speichert und den Fehlerspeicher nachträglich auf 0 ausregelt, ist diesem Regler bei Mischungsregelungen der Vorzug zu geben.

Das Prinzip der Blend-Line-Regelung wird heute noch so angewandt, wie vorher beschrieben, jedoch hat sich die Hardware dieser Regler in den letzten Jahren erheblich geändert. Heute werden für solche Anwendungsfälle vornehmlich voll digital arbeitende Regler eingesetzt, wie sie im nächsten Abschnitt ausführlich beschrieben werden.

Um die Genauigkeit von Mischungsregelungen noch zu erhöhen, können hier die beschriebenen Regler mit digitaler Meßwerterfassung durch Rechengeräte für Druck-, Temperatur- sowie Prozeßkompensation oder durch andere digitale Geräte ergänzt werden.

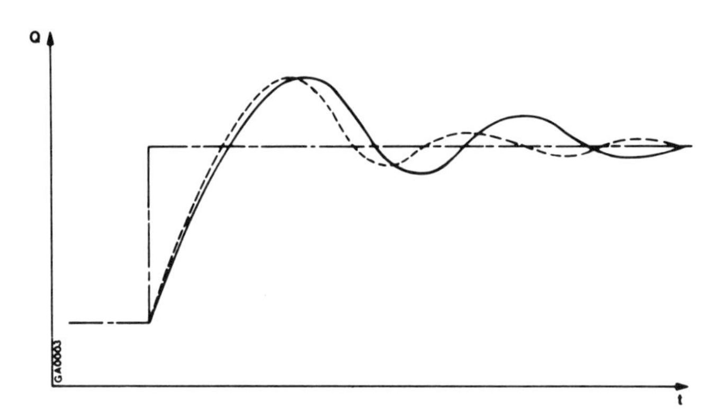

Bild 8: Regelflächen für analoge und digitale Verhältnisregelungen nach einer Sprungfunktion der Führungsgröße
— · — Führungsgröße
– – – – Analoge Verhältnisregelung
——— Digitale Verhältnisregelung

5. Digitale Regler auf Mikroprozessorbasis

Die Analogregler und auch die zuletzt beschriebenen Regler mit digitaler Meßwerterfassung werden in den letzten Jahren von digitalen Reglern auf Mikroprozessorbasis verdrängt. Diese Regler sind konfigurierbar, programmierbar oder beides und können daher einfache als auch komplizierte Regelaufgaben durchführen. Bei komplizierten Regelaufgaben lassen sich mit diesen Geräten oft erhebliche Kosteneinsparungen erzielen. Die Regler arbeiten intern voll digital, können aber sowohl analoge als auch digitale Meßwertsignale verarbeiten. Die Aufgabe eines konventionellen Analogreglers kann ein digitaler Regler meistens ohne Programmier- oder Konfigurieraufwand bewältigen. Bild 9 zeigt einen solchen Digitalregler [1], der als Verhältnisregler konfiguriert wurde. Der Regler verfügt standardmäßig über 4 Analogeingänge, 2 Analogausgänge, 2 Binäreingänge und 2 Binärausgänge, die beliebig vom Programm angesprochen werden können. Im Bedarfsfall läßt sich das Gerät auf 8 Analogeingänge, 4 Analogausgänge und bis zu 20 Binärein-/Ausgänge aufrüsten, so daß von ihm auch reglernahe Steuerungen ausgeführt werden können. Da der Regler frei programmierbar ist, lassen sich auch Fehlerspeicher ähnlich wie beim zuvor beschriebenen Blend-Line-Regler realisieren. Die Regelabweichung, die aus der analog erfaßten Regelgröße und der Führungsgröße gebildet wird, wird dabei vorzeichenrichtig integriert und vom Regler auf 0 geregelt. Die Fehlerspeicherung erfolgt rein digital. Dadurch existieren hier keine Genauigkeitsprobleme, wie sie bei rein analoger Fehlerspeicherung (z. B. in Kondensatoren) auftreten können.

Um die Genauigkeit weiter zu erhöhen und Fehler bei der Analog/Digitalwandlung auszuschließen, können digitale Regler auch mit Frequenz- oder Impulseingängen ausgerüstet werden. Da jedoch alle Regler ihre Eingänge zyklisch abtasten, in diesem Fall z. B. alle 0,1 Sekunde, kann es passieren, daß Impulse, die vom Meßwertaufnahmer kommen, nicht erfaßt werden und somit die Fehlerspeicherung nicht korrekt ist. Um aber die Vorteile der digitalen Meßwerterfassung auszunutzen, läßt sich dieser Regler mit einem Eingangsregister ausrüsten, das unabhängig von der Zykluszeit jeden Impuls erfaßt und zwischenspeichert.

Da der Regler über mehrere Eingänge und eine hohe Rechenkapazität verfügt und dabei frei programmierbar ist, können auch Aufgaben wie Druck-, Temperatur- und Prozeßkompensation sowie Integration und Steuerungsaufgaben für z. B. Chargenbetriebe von ihm mit erledigt werden. Bei den Analogreglern oder den Reglern mit digitaler Meßwerterfassung waren für diese Aufgaben Zusatzgeräte erforderlich, die hier entfallen können.

Die meisten Digitalregler verfügen heute auch über einen eingebauten Selbstoptimierungsalgorithmus.

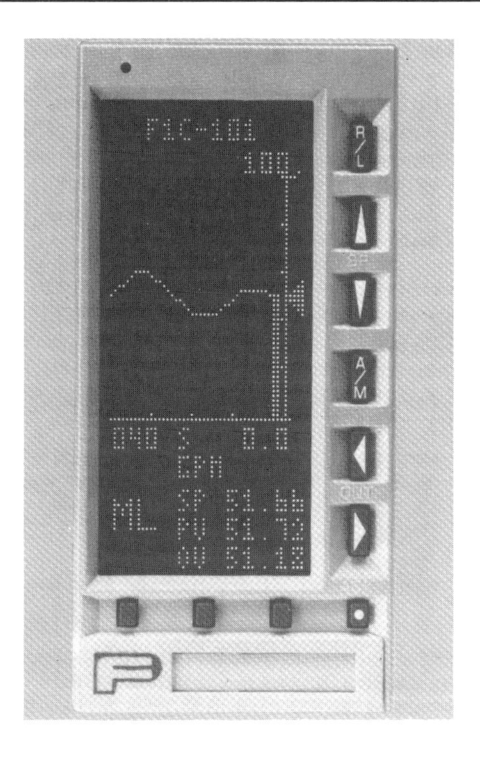

Bild 9: Digitalregler

Außerdem besitzen viele der angebotenen Regler eine Schnittstelle, über die die Kommunikation zu anderen Geräten möglich ist. Der hier beschriebene Regler ist z. B. serienmäßig mit einer RS485-Schnittstelle ausgerüstet, über die er im ASCII-Modus mit einer Geschwindigkeit von 9600 baud oder in einem leistungsfähigen Binär-Modus mit 28800 baud kommunizieren kann.

Optional läßt sich der Regler zusätzlich mit einer Schnittstelle für einen 2 Mbaud-Bus ausrüsten, auf dem ein CSMA/CD-Protokoll gefahren wird. Im ASCII-Modus läßt sich etwa ein Meßwert pro Sekunde über die Schnittstelle übertragen. Daher läßt sich in der Regel auf diese Art kein größeres System aufbauen, sondern die Schnittstelle wird lediglich zur Konfiguration oder Programmierung der Regler genutzt. Auch das Auslesen von Protokolldaten, bei denen die Zeit keine große Rolle spielt, ist machbar. Im Binär-Modus oder über die Hochgeschwindigkeits-Busschnittstelle lassen sich 60 Meßwerte und mehr pro Sekunde aus einem Regler lesen oder in ihn hineinschreiben. Daher lassen sich über solche Schnittstellen die Regler zu leistungsfähigen Systemen vernetzen, die dann auch aufwendige Mehrkomponentenregelungen oder komplette Chargenprozesse abarbeiten können.

Die erste Stufe zur Systemvernetzung ist die Verbindung der Regler über einen Bus, ohne eine Leitstation darüber zu setzen. Die Regler können so miteinander Daten austauschen, ohne daß unflexible Hardware-Verbindungen notwendig wären, die vorher genau geplant werden und bei neuen Anforderungen an den Prozeß aufwendig geändert werden müßten. Die Kommunikationsmöglichkeit hat den Vorteil, daß z. B. Analysenwerte oder gemeinsame Führungsgrößen nur einmal in das verbundene System eingebracht werden müssen, dann jedoch von allen Geräten gemeinsam genutzt werden können. Außerdem ist es bei Mehrkomponentenregelungen leicht möglich, Einstellüberprüfungen wie z. B. eine 100 %-Prüfung vorzunehmen oder notwendige Verriegelungen durchzuführen.

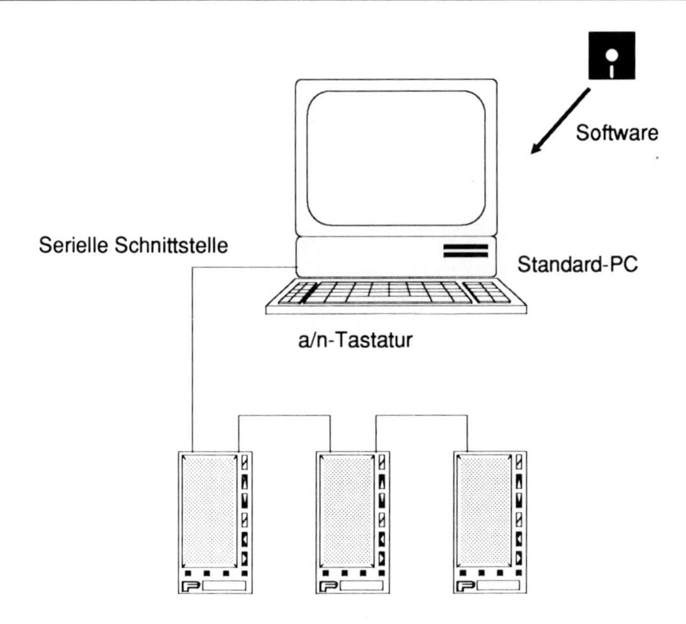

Bild 10: Standard-PC als Leitstation

Über die seriellen Schnittstellen RS485/RS425 lassen sich viele Regler auch an einen Personal-Computer ankoppeln, der dann, mit einem speziellen Softwarepaket ausgerüstet, als Leitstation dienen kann. Solche Software-Pakete sind als 3rd-Party-Software auf dem Markt zu kaufen. Bekannt sind solche Pakete wie „The Fix", „Genesis" und viele andere. Diese Pakete enthalten Schnittstellentreiber für Regler bzw. Steuerungen und lassen sich an die verschiedensten Fabrikate anpassen.

Bei diesen einfachen Systemen, bei denen keine erhöhten Anforderungen an die Verfügbarkeit gestellt wird, erfolgt die Bedienung des Prozesses entweder über eine Maus in Verbindung mit Softkeys oder aber über die normale PC-Tastatur (Bild 10).

Für viele Anwendungen, vor allem in Produktionsbereichen, werden jedoch auch hohe Anforderungen an die Verfügbarkeit der eingesetzten Geräte oder Systeme gestellt. Auch im Laborbereich soll aber ein aufwendiger Versuch nicht durch die Störung einer Automatisierungskomponente oder durch eine Programmstörung abgebrochen werden müssen. Es dürfen auch keine wertvollen Daten verlorengehen. Die Standard-PC mit ihren individuellen Programmen erfüllen in vielen Fällen diese Anforderungen nicht. Um diese geforderte Verfügbarkeit zu erreichen, haben sich die verschiedenen Anbieter allerlei Lösungen einfallen lassen.

Zunächst ist die Auswahl des PC für die jeweilige Anforderung wichtig, aber auch die Ergänzung des PC mit geeigneter Hard- und Software.

Beispielsweise [2] wird der PC durch einen sogenannten SUPERVISOR (Hard- und Softwarepaket) ergänzt. Der PC ist somit mit einem Co-Rechner ausgerüstet, der alle Kommunikations- und Steuerungsaufgaben mit den Reglern unabhängig vom PC-Programm übernimmt. Ein definiertes Anfahrverhalten nach Spannungsausfall ist damit ebenfalls gesichert. Der SUPERVISOR dient hauptsächlich als intelligente Schnittstelle zum PC, den Reglern, zu einer funktionellen Bedientastatur oder zu speicherprogrammierbaren Steuerungen, die in das System integriert werden können. Die Kommunikation zu den Reglern kann über die RS485-Schnittstelle erfolgen oder optional über den früher schon erwähnten 2 Mbaud-Bus.

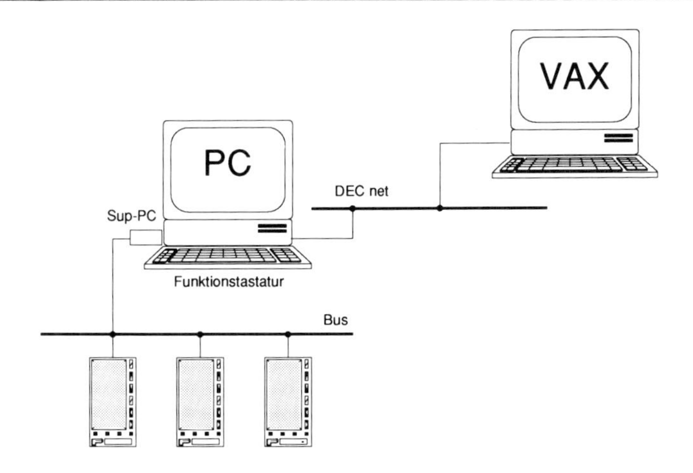

Bild 11: Mögliche μDCI-Konfiguration

Software zur Darstellung der Prozeßgrößen oder zur Bedienung der Regler über den Bildschirm ist auf der Karte nichtflüchtig hinterlegt. Die einzelnen Module brauchen damit nur noch parametriert werden. Programmierkenntnisse sind nicht erforderlich; über ein integriertes Grafikpaket lassen sich auch auf einfache Weise komfortable, dynamische Fließbilder erstellen, über die auch der Prozeß direkt bedient werden kann.

Über den PC läßt sich auch eine Schnittstelle zur Außenwelt erreichen. So bieten viele Hersteller auch Hard- und Software an, um mit übergeordneten Rechnern wie z. B. anderen zu kommunizieren, im Fall des hier beschriebenen Systems über eine DEC-net-Kopplung.

Über eine solche Konfiguration können direkt von der Betriebsleitebene Vorgaben für Rezepte usw. in das Prozeßleitsystem hinunter gegeben werden oder z. B. Werte für Qualitätssicherungsmaßnahmen ausgelesen werden (Bild 11).

6. Prozeßleitsysteme

Die bisher beschriebenen Systeme werden in der Produktion bei Kleinanlagen für in sich abgeschlossene Prozesse oder für Insellösungen eingesetzt oder aber auch in Labor- und Forschungsbereichen. In den letzteren Bereichen ist es gerade notwendig, kleine und kompakte Anlagen zu haben, da der vorhandene Platz oft beschränkt ist. Außerdem stehen für diese Bereiche nur begrenzte Mittel zur Realisierung der Leittechnik zur Verfügung. Eine aufwendige Prozeßleittechnik würde hier oft schon den Gesamtetat für die vollständige Laborausrüstung verbrauchen. Da man jedoch auch hier nicht auf die Vorteile und Flexibilität der Rechnertechnik verzichten möchte, bieten diese Kleinsysteme eine Alternative.

Ab einer gewissen Anlagengröße wird jedoch auch der Einsatz von großen Prozeßleitsystemen wirtschaftlich. Die Grenze für den Übergang ist jedoch nicht fest zu ziehen, sondern je nach der Art der Prozesse variabel. Bei einem kontinuierlichen Prozeß, bei dem nur Regel- und Rechenaufgaben durchzuführen sind, können mit einem Kleinleitsystem ohne weiteres 80 Regelkreise mit über 200 Ein-/Ausgängen realisiert werden, ohne daß die Übersichtlichkeit leidet. Bei einem Chargenprozeß mit hohem Steuerungsanteil ist die Grenze bei etwa 25–30 Regelkreisen und ca. 100 Binär-Ein-/Ausgängen zu ziehen.

Prozeßleitsysteme bieten durch ihre Flexibilität, durch die Möglichkeit, Steuer- und Regelfunktionen gleichzeitig auszuführen und miteinander auf einfache Weise softwaremäßig zu verknüpfen sowie durch ihre Rechenmöglichkeiten und ihre dabei relativ einfache Konfigurationsoberfläche bereits bei Einsatz von kleineren Ausbaustufen erhebliche Vorteile.

So können bereits bei Systemen, die lediglich aus einer Prozeß- und einer Bedieneinheit bestehen, Mehrkomponentenregelungen oder komplette Chargenprozesse realisiert werden, bei denen sich das Leitsystem aus einem Grundrezept alle erforderlichen Parameter für verschiedene Chargen selbst errechnen und selbsttätig sämtliche Regel- und Steuerfunktionen abarbeiten kann. Die Steuerungsabläufe sowie die Prozeßparameter können dabei variabel und im Rezept hinterlegt sein.

Um es dem Anwender möglichst einfach zu machen, liegen die Funktionen der Prozeßleitsysteme in vorprogrammierten Controlware-Modulen vor, die lediglich parametriert und softwaremäßig miteinander verknüpft werden müssen.

Mischungsregelungen nach dem In-Line-Blending-Prinzip und digitale Meßwerterfassung bereiten bei diesen Systemen wegen der zyklischen Abtastung aller Ein- bzw. Ausgänge manchmal Probleme. Bei der zyklischen Abtastung setzt man voraus, daß sich das Prozeßsignal zwischen zwei Abtastungen nicht ändert. Diese Annahme bereitet keine Probleme, wenn nur eine Regelgröße auf einem konstanten Wert gehalten werden soll, da der Regler bei kleinen Abweichungen immer wieder den Fehler ausregelt. Sollen jedoch Mischungsfehler erfaßt und gespeichert werden zwecks späterer Ausregelung, ist bei Einsatz solcher Systeme für diese Aufgaben darauf zu achten, daß Eingangskarten vorhanden sind, die Impulsfolgen von 10 kHz und mehr erfassen, aber auch diese Impulse unabhängig von der Zykluszeit der Systeme zwischenspeichern können, so daß kein Impuls in der Pause zwischen zwei Abtastungen verloren geht.

Ein dezentrales Prozeßleitsystem besteht grundsätzlich aus mindestens einer prozeßnahen Komponente und mindestens einer Bedienstation. Bei der prozeßnahen Komponente handelt es sich um die Grundeinheit des Systems, die alle Regel- und Steuerfunktionen unabhängig von anderen Systemkomponenten vornimmt. Die prozeßnahe Komponente kann schon über Schnittstellen zu speicherprogrammierbaren Steuerungen, Analysengeräten, Wägesystemen oder zu Einzelreglern verfügen. Damit der Bediener den Prozeß beobachten oder in ihn eingreifen kann, muß solch eine prozeßnahe Komponente grundsätzlich durch eine Bedien- und Beobachtungsstation ergänzt werden. Der Ausfall einer Bedienkonsole darf jedoch nicht zur Störung der prozeßnahen Komponente führen, so daß im Notfall ein Prozeß auch ohne Bedienkonsole sicher zum Ende oder in eine sichere Lage geführt werden kann.

Die einzelnen Einheiten eines Prozeßleitsystems kommunizieren über ein oder mehrere Bussysteme miteinander. Die dabei verwendeten Bussysteme sind jedoch leider von Hersteller zu Hersteller verschieden. Teilweise werden ganz speziell vom jeweiligen Hersteller entwickelte Bussysteme, teilweise weit verbreitete, von verschiedenen Anwendern benutzte Systeme wie z.B. „Ethernet" eingesetzt. Ebenso sieht es mit den für die Kommunikation verwendeten Busprotokollen aus. Der Trend in der Automatisierungstechnik geht zur Zeit in Richtung offener und standardisierter Netzwerke und Protokolle, die dem ISO/OSI-Schichtenmodell entsprechen. Auch werden heute für die Bedien- und Beobachtungssysteme häufig Standardrechner mit Standard-Betriebssystemen wie z.B. UNIX eingesetzt. Das hat für die Hersteller den Vorteil, daß sie am schnellen Fortschritt der Rechnertechnik auf wirtschaftlicher Weise teilhaben können, was bei Eigenentwicklungen zumeist nicht der Fall wäre. Für den Anwender ergibt sich neben den dadurch niedrigeren Kosten noch der erhebliche Vorteil, daß er auf dem Markt erhältliche Standardsoftware für weiterführende Aufgaben relativ problemlos in das Prozeßsystem einbinden kann. Diese standardisierten Systeme sind außerdem offen für die Einbindung in andere Netzwerke.

Als Beispiel soll hier das 1992 auf dem Markt eingeführte Prozeßleitsystem DCI SYSTEM SIX [3] beschrieben werden (Bild 12).

Die Basis dieses Systems bilden die dezentralen Automatisierungseinheiten (Bild 12, DCU3200). Diese Grundeinheiten führen eigenständig alle prozeßnahen Regel-, Rechen- und Steueraufgaben aus. Bei den Steuerungsaufgaben kann es sich sowohl um Verknüpfungs- als auch um Ablauf- oder Batchapplikationen handeln. Eine Automatisierungseinheit kann bis zu 92 Regelkreise und insgesamt bis zu 1000 Analog- und Binärein-/-ausgänge abarbeiten und miteinander verknüpfen. Die Zentraleinheit dieser prozeßnahen Komponente basiert auf einer 32-Bit CPU Typ Motorola 68030, einem arithmetischen Co-Prozessor und aktuell einem 4 Mbyte-DRAM Speicher. Das Netzteil sowie die

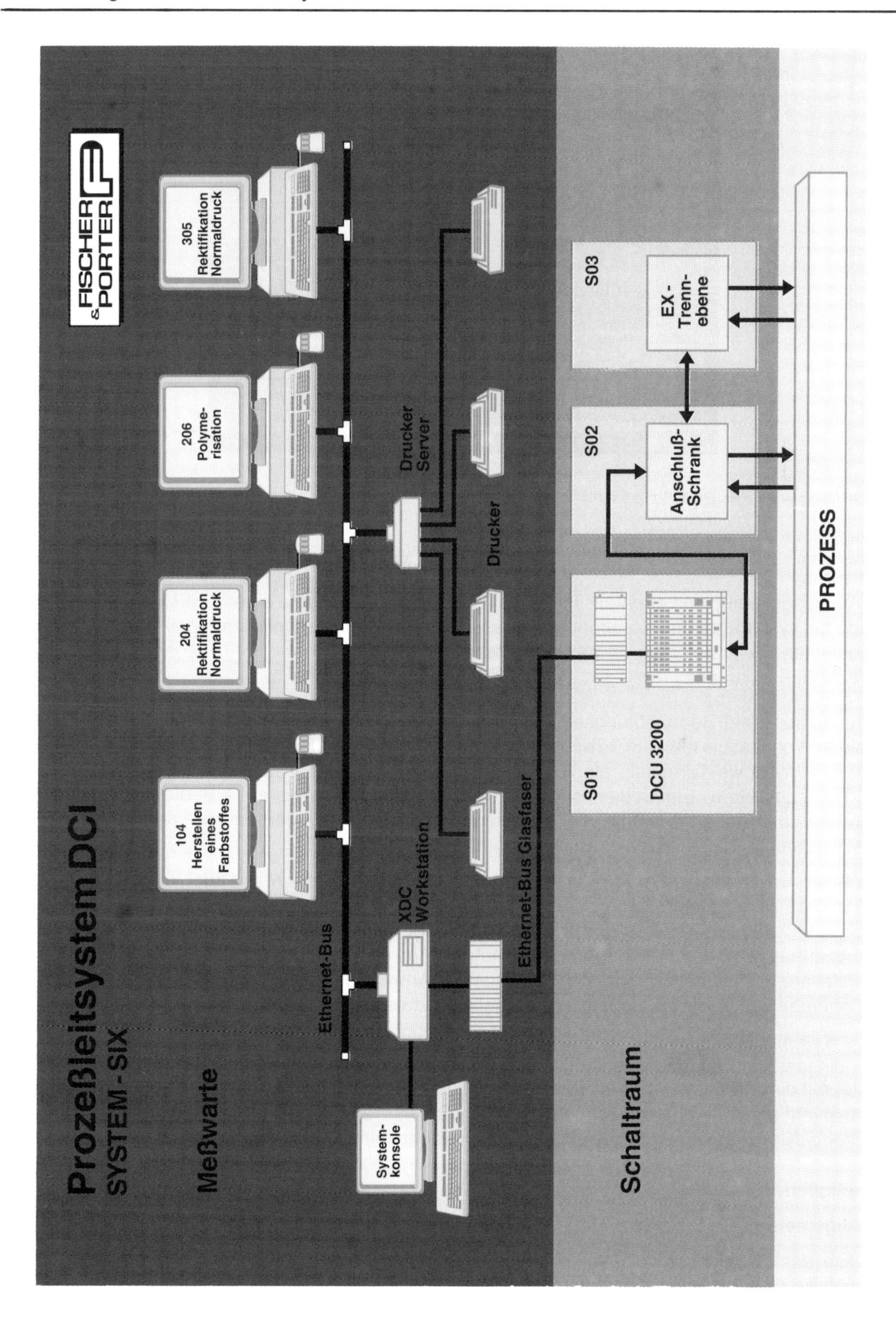

Bild 12: Aufbau der Bedien- und Beobachtungseinheit XDC 3200

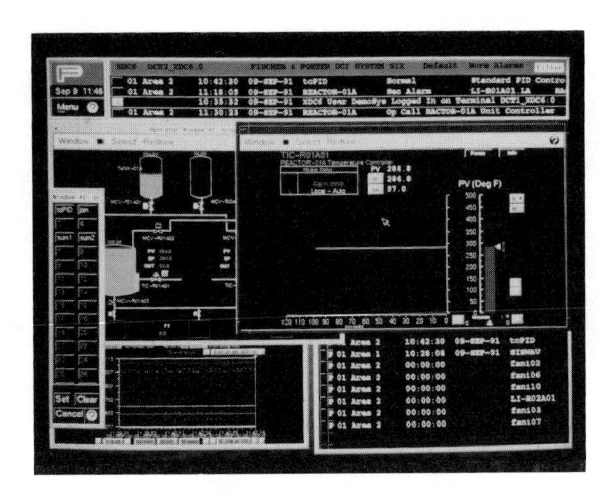

Bild 13: Beispiel für eine Bedienoberfläche

Ein-/Ausgangskarten sind ebenfalls intelligent und verfügen über eine eigene CPU. Für die Kommunikation mit systemfremden Komponenten lassen sich die Einheiten mit Kommunikationsschnittstellen ausrüsten. Zentraleinheit, Spannungsversorgungen und auch die Ein/Ausgangskarten lassen sich redundant aufbauen.

Die Bedien- und Beobachtungseinheit (Bild 12, XDC3200) ist modular aufgebaut und besteht aus einer Workstation mit RISC-Technologie und ebenfalls einer 32-Bit-CPU (MIPS-R 3000) und bis zu 5 X-Windows-Terminals als Bedienplätzen. Die Workstation arbeitet mit einem Standard-UNIX-Betriebssystem. Ein Bediener kann auf einem Bildschirm bis zu 4 Bedienfenster geöffnet haben und über Maus oder Rollkugel in hierarchischen Darstellungen oder in freien Grafiken den Prozeß bedienen. Bild 13 zeigt ein Beispiel der Bedienoberfläche.

Will der Anwender eigene Applikationsprogramme oder auf dem Markt zur Verfügung stehende Programme für Spezialaufgaben einsetzen, steht ihm hierfür als weitere Einheit ein Data Management Center (DMC 3200) zur Verfügung. Diese Station verfügt über ein Kommunikationsprogramm zu den prozeßnahen Komponenten und einem für den Anwender offenen UNIX-Betriebssystem. Über eine Software-Schnittstelle lassen sich auch aus den Anwenderprogrammen alle in den prozeßnahen Komponenten vorhandenen Meßstellen symbolisch adressieren.

Als Kommunikationssystem wird ein Standard-Ethernet-Netzwerk nach der Norm ANSI/IEEE 802.3 eingesetzt, das sowohl einfach als auch redundant ausgeführt werden kann. Das Netzwerk arbeitet mit einer Geschwindigkeit von 10 Mb/s und benutzt als Kommunikationsprotokoll TCP/IP. Es entspricht damit dem ISO/OSI-sieben Schichten-Referenz-Modell. Am Netzwerk können bis zu 32 Automatisierungseinheiten sowie 10 Bedienstationen mit je 5 Bedienplätzen arbeiten.

7. Stellglieder

7.1 Allgemeines

Nach der Meßeinrichtung und der Regeleinrichtung müssen nun noch die Stellglieder einer genauen Betrachtung unterzogen werden.

Das Stellglied ist jener Teil des geschlossenen Regelkreises, über den die Regeleinrichtung in den Prozeß eingreift. Das Stellglied beeinflußt den Prozeß in Abhängigkeit des vom Regler kommenden Signals, das als Stellgröße y bezeichnet wird.

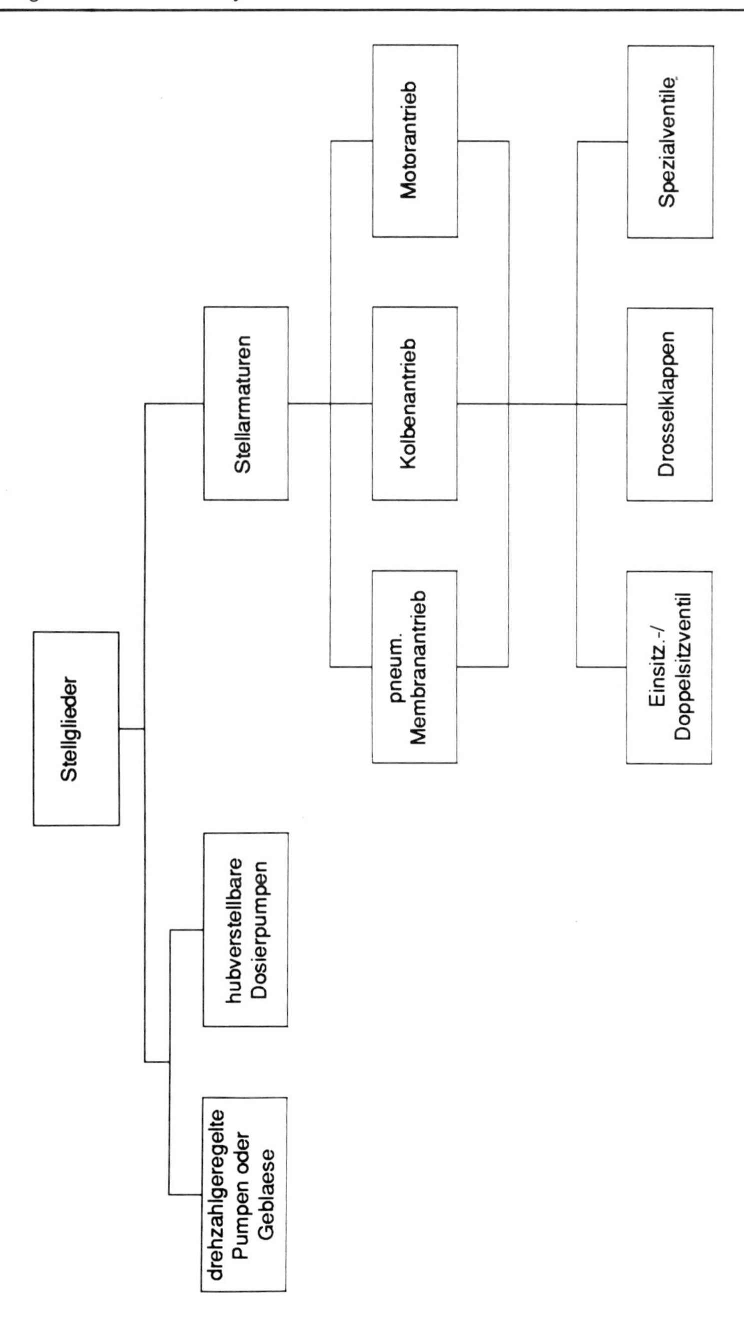

Bild 14: Übersicht Stellglieder

Die Stellglieder in der Prozeßindustrie können grundsätzlich in zwei Gruppen eingeteilt werden. Zur ersten Gruppe gehören drehzahlgeregelte Pumpen und Gebläse. Durch die Drehzahlregelung wird bei diesen Stellgeräten dem Prozeß nur soviel Energie zugeführt, wie zur Überwindung von Rohrleitungs- und Apparatewiderständen erforderlich ist. Die moderne Leistungselektronik bietet hier einige Möglichkeiten, z. B. Kompaktantriebe, bestehend aus Gleichstrommotor und Thyristorsteller, Frequenzumrichter für Drehstrommotore usw. Es sollte selbst bei kleineren Antrieben geprüft werden, ob sich die evtl. höheren Investitionen nicht durch Energieeinsparungen in absehbarer Zeit amortisieren (Bild 14).

Die zweite Gruppe umfaßt die Stellarmaturen, z. B. Einsitz-, Doppelsitz- und oder Spezialventile, die für bestimmte Medien erforderlich sind. Für große Nennweiten werden oft aus Preisgründen Drosselklappen eingesetzt. Die Armaturen werden mit pneumatischen Membran-, Kolben- oder elektrischen Motorantrieben ausgerüstet.

Die Stellarmaturen haben den Nachteil, daß die Einstellung des erforderlichen Durchflusses durch Verändern des hydraulischen Widerstandes erfolgt. Da die Auslegung des Förderaggregates auf den maximalen Durchfluß erfolgen muß, findet immer eine Widerstandserhöhung bei Verminderung des Durchflusses statt, so daß in jeder Stellarmatur Energieverluste auftreten. Die Vorteile der Stellarmaturen sind ihre Robustheit, die relativ einfache Wartung und der Preis.

Sofern die Änderung des Volumenstroms durch andere Maßnahmen, z. B. Hubverstellung bei Dosierpumpen, erreicht werden kann, sind auch derartige Aggregate als Stellgetriebe verwendbar.

Maßgebend für die Auswahl eines Stellgliedes sind die Einsatzbedingungen. Hierbei sind folgende Werte besonders zu beachten: Volumenstrom, Druck, zulässiger Differenzdruck bei voll geöffnetem Stellglied (nur für Armaturen), Temperatur, Zähigkeit, Feststoffgehalt und verwendbare Werkstoffe bei den vorgegebenen Medien.

7.2 Hinweise zur Auswahl und Dimensionierung

Bei der Verwendung von drehzahlgeregelten Antrieben ist darauf zu achten, daß die Stellgröße des Reglers in einem möglichst großen Bereich zur Verfügung steht. Dieses bereitet bei Maschinen mit Zwangsförderung, z. B. Kolbenpumpen, keine Schwierigkeiten, weil Drehzahl und Volumenstrom in einem fast linearen Verhältnis zueinander stehen. Bei Kreiselpumpen ist dieser lineare Zusammenhang nicht gegeben. Es muß erst eine bestimmte minimale Drehzahl erreicht werden, bevor die Förderung beginnt. In vielen Anwendungsfällen hat der am Antrieb sitzende Drehzahlregler ein Eingangssignal mit einem Einheitsbereich von 0 bzw. 4 bis 20 mA. Dieser Bereich entspricht der Pumpendrehzahl von 0 bis 100 %. Die Kreiselpumpe ist aber aufgrund der physikalischen Gesetze nicht in der Lage, von der Drehzahl Null an zu fördern. Durch diese Gegebenheit wird in diesem Fall der Stellbereich des Durchflußreglers eingeengt und bei der Kennlinienwahl muß diese Einschränkung beachtet werden.

In den meisten Regelkreisen für die Dosierung von Flüssigkeiten und Gasen werden in der Prozeßtechnik als Stellglieder Armaturen verwendet und daher sollen diese hier auch ausführlicher behandelt werden.

Bei den Armaturen wird die Dimensionierung nach dem k_v-Wert vorgenommen. Der k_v-Wert ist ein Tabellenwert der Ventilhersteller; er bedeutet den Durchfluß m^3/h Wasser bei einer Temperatur von 5 bis 30 °C, der bei einem Druckverlust von 1 bar durch das Stellglied bei dem jeweiligen Hub H hindurchgeht. Alle Hersteller von Regelventilen und Drosselklappen geben in ihren technischen Unterlagen diese Werte an.

Leider werden auch heute noch Fehler bei der Auslegung von Stellgliedern gemacht. Nachstehend sollen daher einige der häufigsten Fehler aufgezählt werden:

- Statt dem maximalen Durchfluß wird der normale Durchfluß angegeben.
- Bei der Berechnung erfolgt ein Zuschlag, wodurch das Stellglied zu groß gewählt wird und es daher häufig nur im unteren Bereich arbeitet.

Tafel 1: Formeln für die Berechnung des k_v-Wertes

Druckverlust	k_v	für Flüssigkeit	für Gas mit Temp.-Korrektur	für Dämpfe	für Sattdampf und Naßdampf
$\Delta p < \frac{p_1}{2}$ $\left(p_2 > \frac{p_1}{2}\right)$	k_v	$= \frac{Q}{31{,}6}\sqrt{\frac{\varrho_1}{\Delta p}}$	$= \frac{Q_N}{514}\sqrt{\frac{\varrho_N \cdot T_1}{\Delta p \cdot p_2}}$	$= \frac{\dot{m}}{31{,}6}\sqrt{\frac{v''}{\Delta p}}$	$= \frac{\dot{m}}{31{,}6}\sqrt{\frac{v'' \cdot X}{\Delta p}}$
$\Delta p > \frac{p_1}{2}$ $\left(p_2 < \frac{p_1}{2}\right)$	k_v	$= \frac{Q}{31{,}6}\sqrt{\frac{\varrho_1}{\Delta p}}$	$= \frac{2\ Q_N}{514 \cdot p_1}\sqrt{\varrho_N \cdot T_1}$	$= \frac{\dot{m}}{31{,}6}\sqrt{\frac{2v''}{p_1}}$	$= \frac{\dot{m}}{31{,}6}\sqrt{\frac{v'' \cdot X \cdot 2}{p_1}}$

Es bedeuten:

- k_v — Ventilkoeffizient — m³/h
- k_{vs} — Nenn-k_v-Wert einer Ventilbaureihe beim Nennwert H_{100} (voll geöffnet) — m³/h
- $k_{v\,max}$ — ($k_{v\,min}$) – Ventilkoeffizient bei maximal (minimal) zu regelndem Durchfluß — m³/h
- Q_{max} — (Q_{min}) – maximal (minimal) zu regelnder Durchfluß — m³/h
- $\dot{m}_{max}$ — ($\dot{m}_{min}$) – maximal (minimal) zu regelnder Gewichtsdurchfluß — kg/h
- Q_N — Volumendurchfluß von Gasen im Normzustand (0 °C, 1013 mbar) — m³/h
- p_1 — absoluter Druck vor dem Stellglied (bei Q_{max} oder G_{max}) — bar
- p_2 — absoluter Druck nach dem Stellglied (bei Q_{max} oder G_{max}) — bar
- $\Delta p_{Q\,max}$ — ($\Delta p_{Q\,min}$) – Differenzdruck $p_1 - p_2$ bei Q_{max} (Q_{min}) — bar
- ϱ_1 — Dichte des Stoffes im Betriebszustand T_1 und p_2 — kg/m³
- ϱ_N — Dichte von Gasen im Normzustand — kg/m³
- v'' — spez. Dampfvolumen bei T_1 und p_2 oder – falls $\Delta p > \frac{p_1}{2}$ – bei $\frac{p_1}{2}$ — m³/kg
- T_1 — Absolute Temperatur des Stoffes vor dem Stellgerät — K
- X — trockener Sattdampfgehalt im Naßdampf — ($0 < X \leqq 1$)

- Der zulässige Druckverlust des voll geöffneten Ventils wird nicht aus den Prozeßdaten ermittelt, sondern aus Angst vor Energieverlusten zu klein angegeben. Die Folge ist, daß das Ventil zu groß gewählt und dadurch der Stellbereich eingeschränkt wird.
- Bei kompressiblen Medien stimmen die Druck- und Temperaturangaben nicht mit den wirklich vorhandenen Prozeßdaten überein.
- Die Volumenvergrößerung durch Nachverdampfung wird nicht berücksichtigt.
- Viskositätseinflüsse werden nicht berücksichtigt.

Bei der Auslegung eines Ventils sollte in keinem Fall auf die Berechnung des k_v-Wertes verzichtet werden. Für eine einfache Berechnung kann der interessierte Anwender von den verschiedenen Ventilherstellern Ventilrechenschieber erhalten. Viele Hersteller bieten ebenfalls PC-Programme an, die den Anwender bei der Auslegung führen und dadurch Fehler vermindern. Tafel 1 [4] zeigt einige Formeln zur Berechnung des K_v-Wertes.

Die Praxis hat gezeigt, daß ein Ventil gut dimensioniert ist, wenn ca. ein Drittel des Gesamtdruckabfalls der Regelstrecke für das Regelventil zur Verfügung steht. Wird ein zu großer Druckabfall auf den Rohrleitungen vor und hinter dem Ventil nicht berücksichtigt, kann es unter anderem zu den unangenehmen Folgen kommen, daß sich die Kennlinienform des Ventils verändert, die Kreisverstärkung der Gesamtanordnung unlinear wird und dadurch Stabilitätsprobleme auftreten (siehe auch Abschnitt 7.4 „Kennlinien von Stellarmaturen). Der Nenndurchfluß sollte etwa bei 65 % des Maximaldurchflusses liegen.

Daß sehr unterschiedliche Drücke an den Regelarmaturen auftreten können, soll anhand der beiden folgenden Bilder verdeutlicht werden.

Bild 15a zeigt ein System, bestehend aus Pumpe, Regelventil und einem Apparat (z. B. Wärmetauscher). Die Verhältnisse hier sind ziemlich unproblematisch, wenn ein genügend großer Druckverlust für das Regelventil zur Verfügung steht. Bei dem Durchfluß von 0 % und dem Gegendruck P_G hat der Differenzdruck am Regelventil den Wert P_{v0}. Dieser Differenzdruck ist größer als der Differenzdruck P_{100} bei einem Durchfluß von 100 %. Es ist hier darum erforderlich, die Antriebskräfte zu überprüfen, damit das Ventil auch sicher schließt. Dies muß besonders bei nichtentlasteten Einzelsitzventilen und bei Antrieben, die einseitig federbelastet sind, beachtet werden.

Ist für eine Durchflußregelung eine apparative Anordnung nach Bild 15b gegeben, ist die Dimensionierung nicht einfach. Im günstigsten Fall steht der Druck P_{a1} zur Verfügung. Da hier von der Voraussetzung ausgegangen wird, daß der Behälter diskontinuierlich gefüllt wird, steht im ungünstigsten Fall nur der Druck P_{a2} an. Daraus ergibt sich für das Regelventil beim Durchfluß von 100 % ein Differenzdruck von P_{v1} bzw. P_{v2}. Diese beiden Werte weichen aber stark voneinander ab. Da hier außer dem Widerstand des Regelventils nur die Rohrleitungswiderstände P_{L3} bzw. P_{L4} und keine Apparatewiderstände vorhanden sind, muß das Regelventil über ein großes Stellverhältnis verfügen.

7.3 Bauformen von Stellarmaturen

Für die Auswahl der Bauform von Stellarmaturen sind die Größe des maximalen Durchflusses (gleichbedeutend mit dem k_v-Wert) und die Eigenschaften des Fluids von Bedeutung. Um eine schnelle Übersicht zu geben, sind in Bild 16 für die einzelnen Bauformen in einem Balkendiagramm die möglichen Nennweiten und k_v-Werte eingetragen. Die Tafel gibt die gebräuchlichsten Armaturen der Prozeßregeltechnik wieder. Es gibt jedoch daneben auch noch eine Reihe von Spezialarmaturen für bestimmte Gebiete.

Bild 17 zeigt konstruktive Details der in Bild 16 genannten Stellarmaturen.

An dieser Stelle sollen noch einige Hinweise für die Auswahl der einzelnen Bauarten gegeben werden, da der richtige Einsatz des Stellgliedes ja mit entscheidend ist für die Dosiergüte. Störungen lassen sich vermeiden, wenn für einen speziellen Einsatzfall die richtige Bauform ausgewählt wurde.

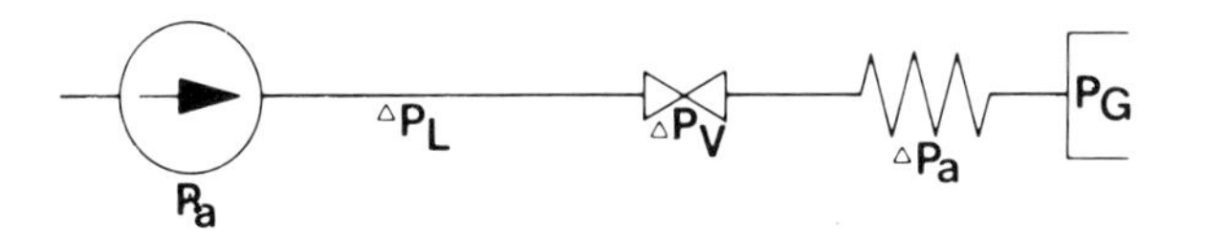

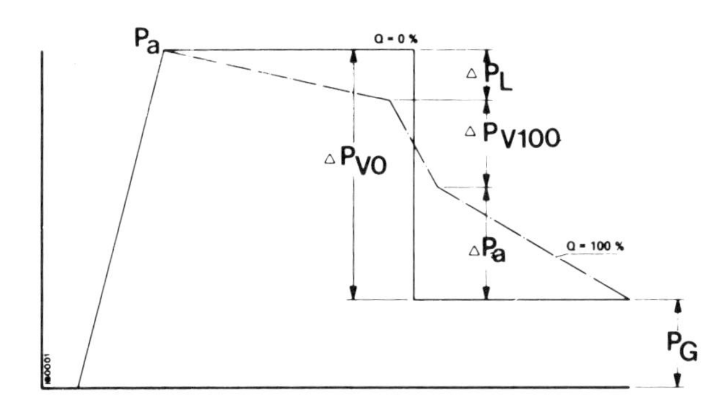

Bild 15 a Druckverhältnisse in einem System mit Pumpe

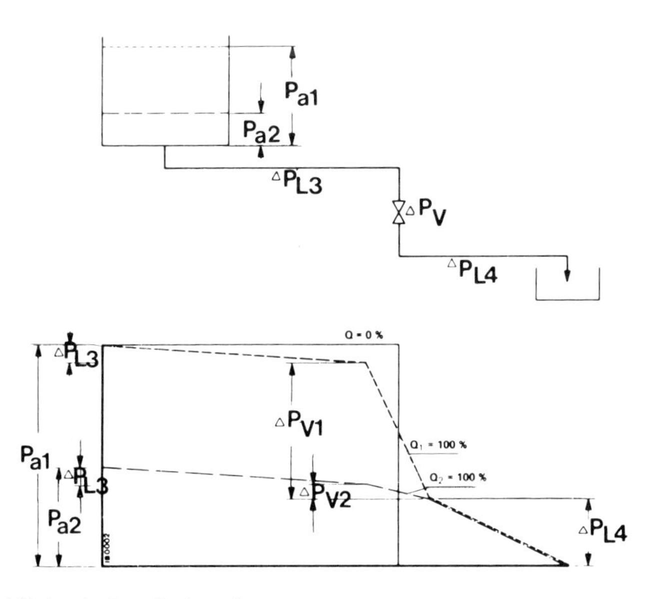

Bild 15 b Druckverhältnisse in einem System mit schwankender Zulaufhöhe

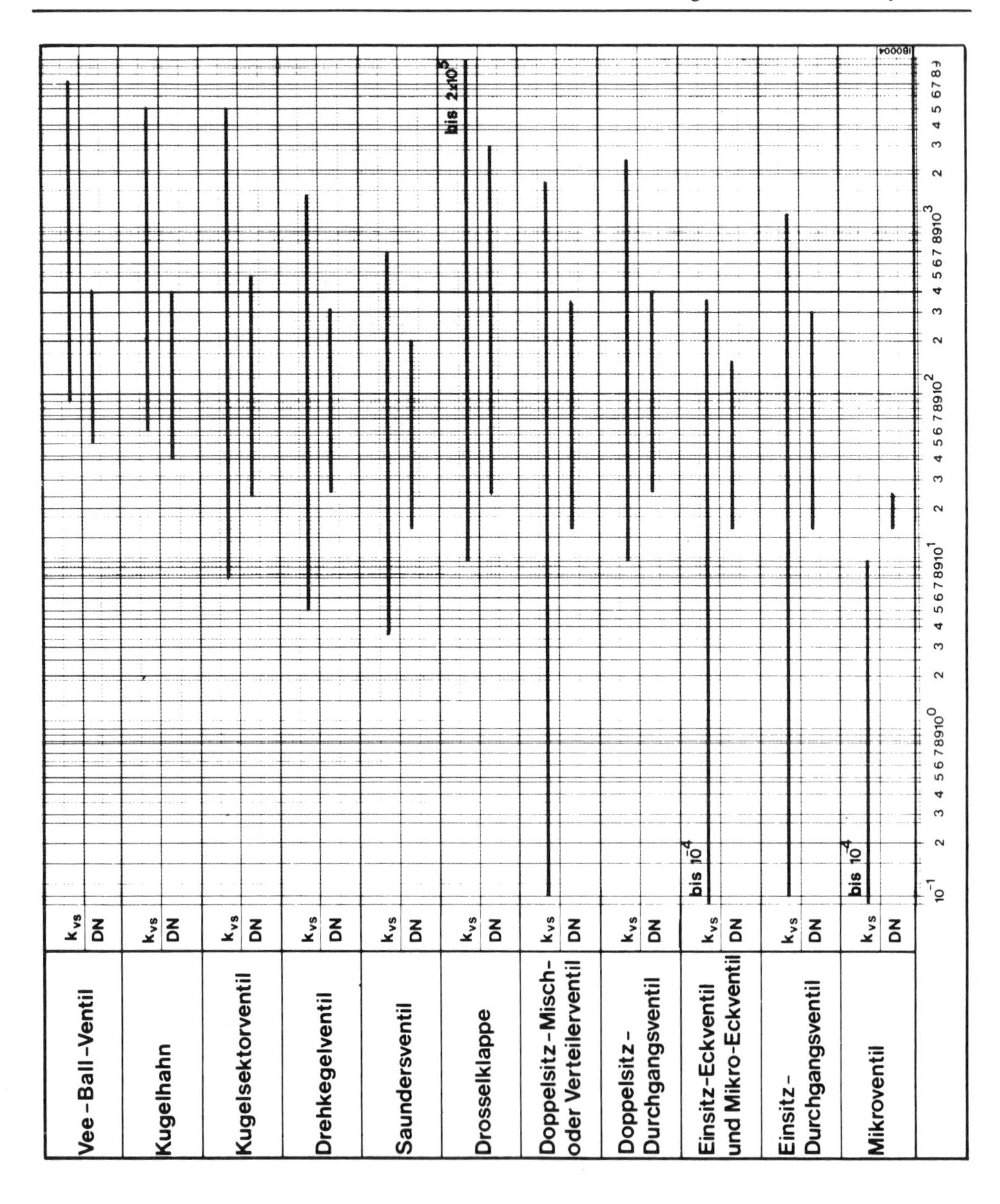

Bild 16: Nennweite und kv-Wert von Stellarmaturen

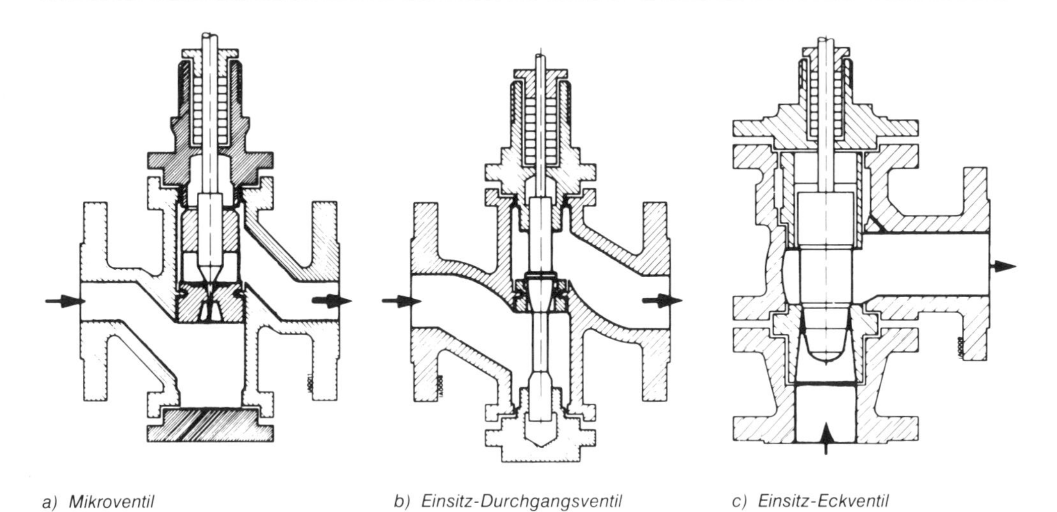

a) Mikroventil

b) Einsitz-Durchgangsventil

c) Einsitz-Eckventil

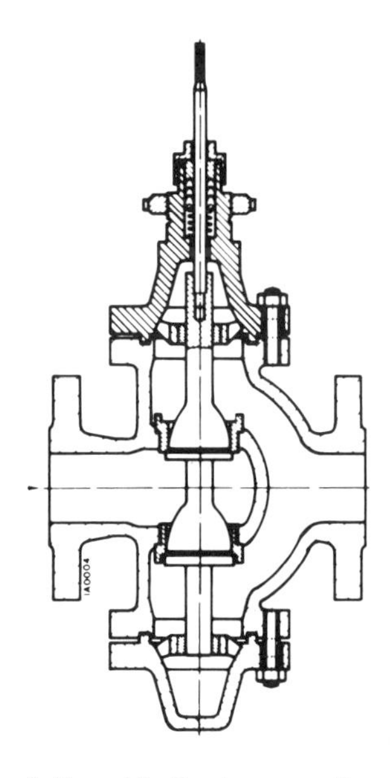

d) Doppelsitz-Durchgangsventil

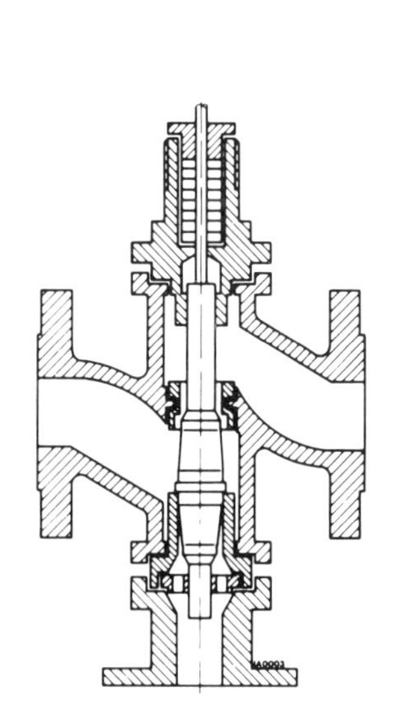

e) Doppelsitz-Misch- oder Verteilerventil

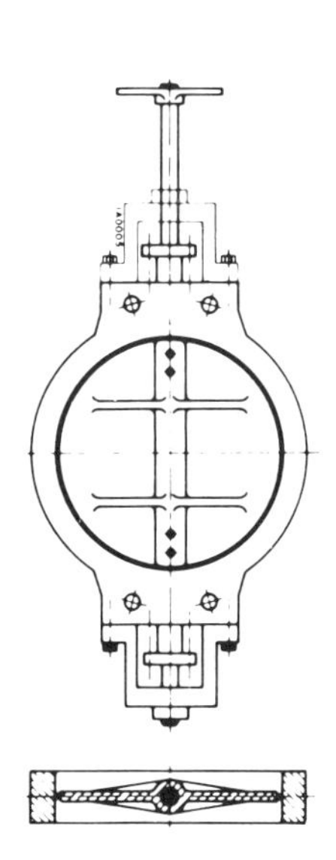

f) Drosselklappe

Bild 17: Bauformen von Stellarmaturen

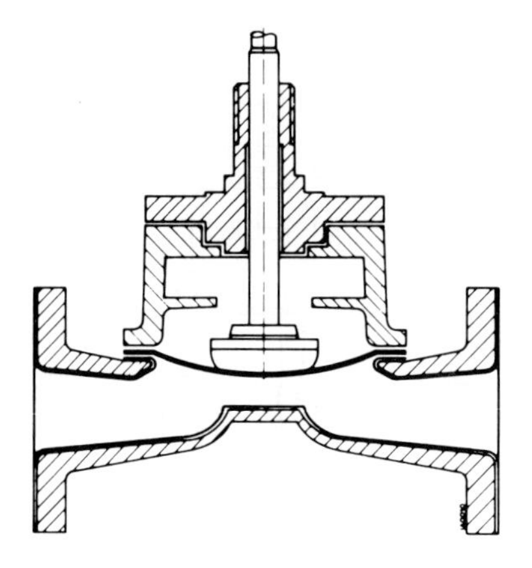

g) Saundersventil

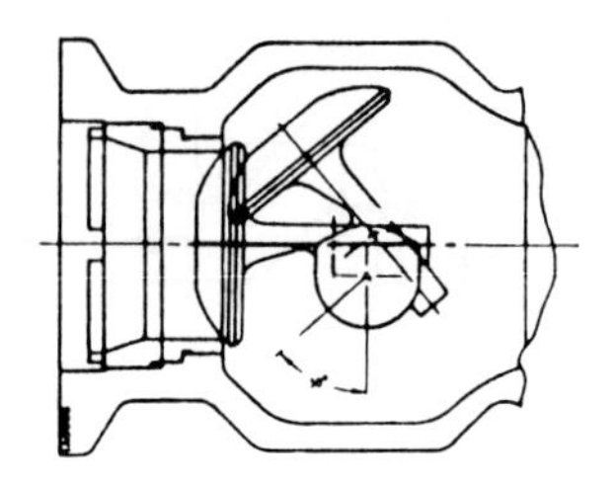

h) Drehkegelventil

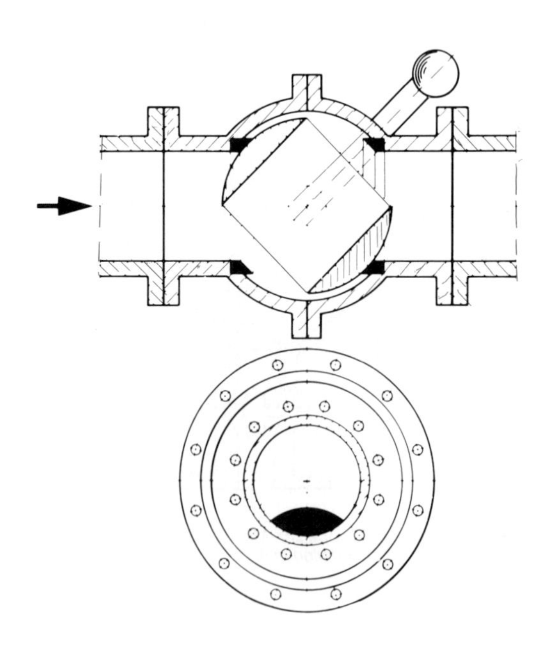

i) Kugelhahn

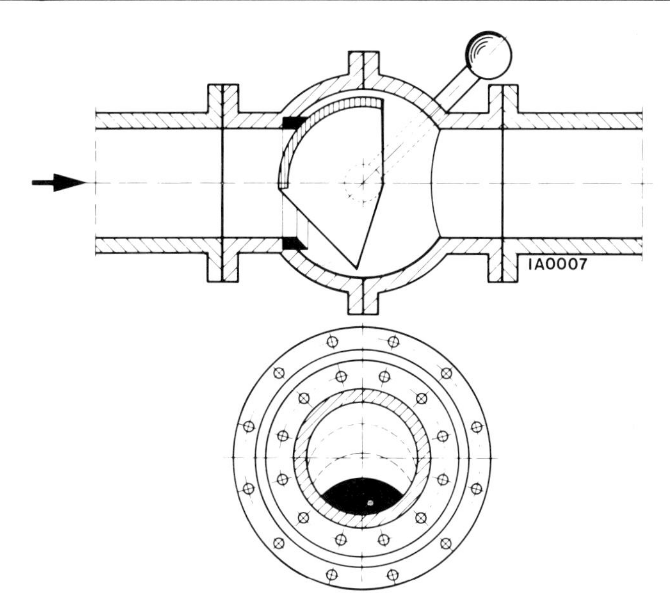

k) Kugelsektorventil

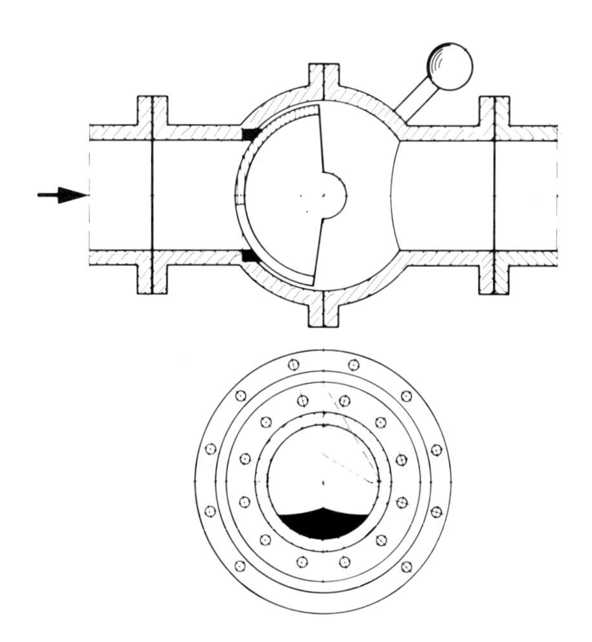

l) VEE-Ball-Ventil

Bei allen Fluiden ohne Feststoffanteile und Kristallisationserscheinungen werden Einsitz- und Doppelsitzdurchgangsventile, Mikroventile und Drosselklappen bevorzugt. Bei hohen Differenzdrükken werden vorwiegend Einsitz-Eckventile oder auch Doppelsitzventile verwendet. Sind hohe oder extrem tiefe Temperaturen vom Fluid her gegeben, werden die Ventile mit Verlängerungsstücken und/oder Kühlrippen ausgerüstet. Handelt es sich bei den Medien um gefährliche, giftige oder an der Atmosphäre sofort kristallisierende Stoffe, werden die Ventile mit Faltenbalg-Dichtung ausgerüstet.

Wenn Feststoffanteile im Medium enthalten sind, können nur Spezialventile (Saunders-, Vee-Ball-, bzw. Drehkegelventil) verwendet werden. In manchen Fällen ist auch der Einsatz eines Einsitz-Durchgangsventils mit einseitiger Schaftführung möglich. Es kann auch ein Einsitz-Eckventil angewendet werden, wenn in diesem Fall der Eingang am waagerechten Stutzen angeschlossen wird. Bei den beiden zuletzt genannten Bauarten ist darauf zu achten, daß keine Toträume vorhanden sind, die sich mit Feststoffen füllen und dann die Bewegung und Funktion des Ventils einschränken können.

Auf die Sicherheitsstellung von Stellarmaturen muß abschließend noch hingewiesen werden. Elektrische Stellantriebe bleiben bei Ausfall der Hilfsenergie in der letzten Stellung stehen. Diese Antriebe haben entweder eine elektro-magnetische Bremse oder ein selbstsperrendes Schneckengetriebe.

Stellarmaturen mit zweiseitig wirkenden pneumatischen Kolbenantrieben bleiben im allgemeinen ebenfalls in der letzten Stellung stehen, wenn die Hilfsenergie ausfällt. Bei diesen Antrieben kann im Extremfall durch den Stoffstrom eine Verstellung des Stellgliedes erfolgen, wenn keine Verblockrelais angebaut sind.

Bei den pneumatischen Membran- und Kolbenantrieben mit eingebauter Feder wird das Stellglied bei Ausfall der Hilfsenergie in eine vorbestimmte Endstellung gefahren. Damit werden gefährliche Prozeßsituationen vermieden. Die gewünschte Sicherheitsstellung muß bereits bei der Bestellung der Armatur angegeben werden. Die meisten Membranantriebe lassen sich heute jedoch auch umkehren.

7.4 Kennlinien von Stellarmaturen

In kritischen Fällen oder bei problematischen Regelkreisen sollte auch der Kennlinienverlauf bei der Auswahl der Regelarmatur berücksichtigt werden.

Damit der Regler optimal eingreifen kann, sollte die Kreisverstärkung des Regelkreises über den ganzen Arbeitsbereich möglichst gleich sein. Nichtlineare Kennlinien verändern die Kreisverstärkung. Eventuelle Nichtlinearitäten im Regelkreis lassen sich aber auch durch eine sinnvoll gewählte Nichtlinearität der Ventilkennlinie so kompensieren, daß sich die Kreisverstärkung des Regelkreises nur wenig ändert und damit der Kreis über den ganzen Bereich stabil bleibt. Bei modernen digitalen Reglern läßt sich jedoch auch dem Reglerausgang eine Kennlinie überlagern, so daß auch hierüber eine Anpassung erfolgen kann. Eine weitere Möglichkeit bei nichtlinearen Kreisen ist der Einsatz von selbstadaptierenden Reglern. Diese Möglichkeit findet allerdings nur bei sehr komplizierten Verhältnissen ihre Anwendung.

Unter der Kennlinie von Stellarmaturen versteht man die Abhängigkeit des k_v-Wertes vom Hub bei Ventilen oder des Drehwinkels bei Drosselklappen bzw. Kugelventilen. Damit eine einheitliche Darstellung erreicht wird, sollen die k_v-Werte in Prozent des k_v-Wertes bei Nennhub und der Hub in Prozent des Nennhubes H_{100} angegeben werden.

Bei den Stellarmaturen haben sich die gleichprozentige oder logarithmische und die lineare Kennlinie in der Praxis bewährt (VDI/VDE-Richtlinie 2173).

Die gleichprozentige Grundkennlinie ist dadurch gekennzeichnet, daß zu gleichen Änderungen des Stellhubes H gleichprozentige Änderungen des k_v-Wertes gehören. Die Änderungen des k_v-Wertes beziehen sich dabei immer auf den vorhergehenden Wert.

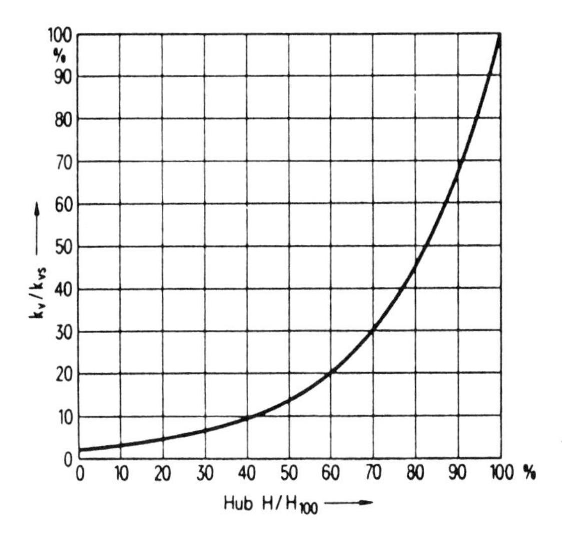

Gleichprozentige Grundkennlinie

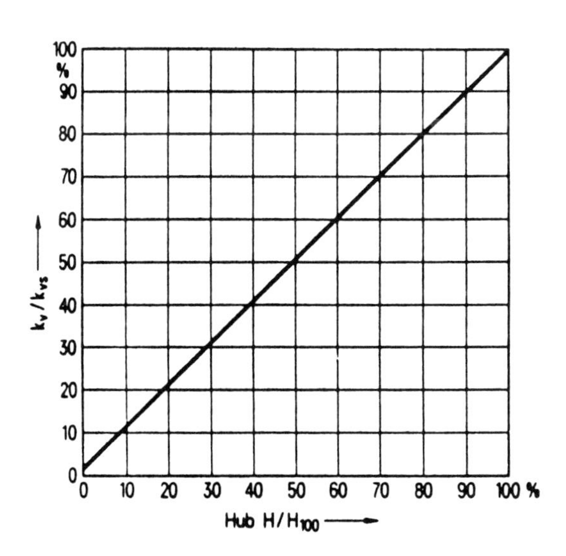

Lineare Grundkennlinie

k_{vs}/k_{vo} = theoretisches Stellverhältnis

Bild 18: Kennlinien von Stellventilen mit k_{vs}/k_{vo} = 50

Die lineare Kennlinie ist dadurch gekennzeichnet, daß zu gleichen Änderungen des Stellhubes H gleiche Änderungen des k_v-Wertes gehören.

Bild 18 zeigt die lineare und die gleichprozentige Kennlinie.

Außer der gleichprozentigen und der linearen Kennlinie gibt es noch weitere Kennlinienformen, die meist durch die Konstruktion der Armatur bedingt sind (Bild 19).

Das Hauptproblem des Anwenders ist:

1. Welche Kennlinie soll gewählt werden und
2. kann ggf. eine vorhandene bauformbedingte Kennlinie ohne Eingriff in die Stellarmatur verändert werden.

Wie bereits oben erwähnt soll die Kennlinie eines Ventils möglichst nicht die Kreisverstärkung des Regelkreises verändern, da ein üblicher Regler nur für eine bestimmte Kreisverstärkung optimal eingestellt werden kann. Unter gleichen Lastbedingungen wird diese Bedingung von der linearen Kennlinie erfüllt. Verändern sich jedoch beispielsweise durch Rohrleitungsverluste bei einer Verstellung die Druckverhältnisse am Ventil, und das ist in fast allen Durchflußregelkreisen der Fall, verformt sich die lineare Grundkennlinie zu einer ungünstiger verlaufenden Betriebskennlinie, während die gleichprozentige Kennlinie etwa ihren gleichprozentigen Verlauf beibehält oder sich in Richtung einer linearen Kennlinie verändert.

Grob betrachtet kann also gesagt werden, daß bei isobaren Verhältnissen am Ventil eine lineare Kennlinie vorzusehen ist. Solche Verhältnisse finden sich bei vielen Druckregelkreisen. Verändern sich jedoch die Druckverhältnisse am Ventil, das ist z. B. der Fall bei vielen Durchflußregelkreisen, ist die gleichprozentige Kennlinie vorzuziehen.

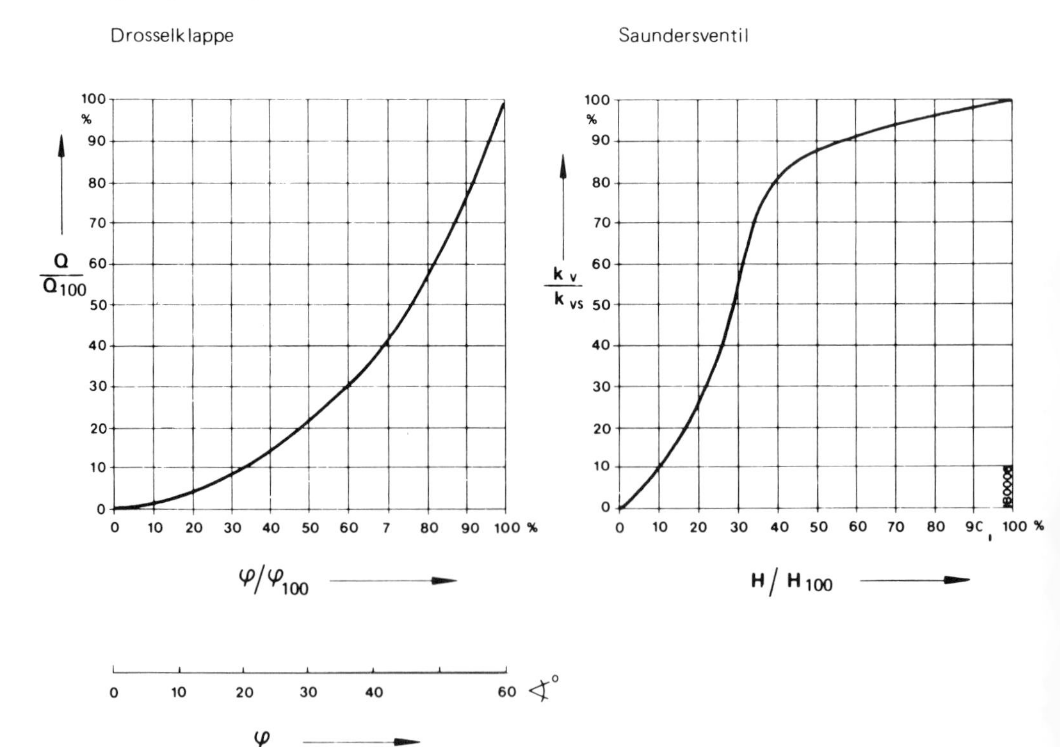

Bild 19: Kennlinien der Drosselklappe und des Saunders-Ventils

Eine Beeinflussung und damit Änderung der Kennlinie ist möglich durch konstruktive Maßnahmen beim Anbau des Antriebes an die Stellarmatur, z. B. durch besondere Ausführung des Hebelgestänges oder durch Stellungsregler, die hauptsächlich zur Überwindung der Hysterese an pneumatische Stellantriebe angebaut werden. Die Stellungsregler verwenden eine Kurvenscheibe für die Abtastung des Stellgliedhubes. Durch Veränderung der Kurvenscheibe lassen sich die Kennlinien verändern. Der einfachste Weg ist heute jedoch, eine ungünstige Ventilkennlinie über die Ausgangskennlinie eines modernen Reglers zu kompensieren.

7.5 Stellverhältnis

Soll die Regelgröße über einen größeren Bereich geregelt werden, muß auch das Stellverhältnis der Armaturen betrachtet werden.

Die Kennlinie einer Armatur beginnt bei k_{vs} (Nenn-k_v-Wert 100 ± 10 % Nennhub H_{100}). Weiter muß sie mindestens bis zu einem Hub von 10 % innerhalb der Neigungstoleranz verlaufen. Unterhalb eines Mindesthubes, der höchstens bei 10 % Hub liegen darf, kann die Neigungstoleranz abweichen. Der kleinste k_v-Wert, welcher die Bedingung der Neigungstoleranz erfüllt, wird mit k_{vr} bezeichnet. Man kann daher für das Stellverhältnis, das auch Regelbarkeit genannt wird, k_{vs}/k_{vr} angeben.

Die Begrenzung des Stellverhältnisses ist dadurch gegeben, daß bei einem Hub von 0 % immer noch ein bestimmter k_v-Wert gegeben ist, der z. B. Leckmengen zuläßt. Es soll an dieser Stelle der häufig gegebene Hinweis wiederholt werden, daß Stellventile nur in Ausnahmefällen und auch dann nur durch Zusatzelemente als Absperrorgane verwendet werden können. Das Stellverhältnis ist bei gleichen Bauarten von Hersteller zu Hersteller verschieden. Welche Bedeutung das Stellverhältnis in der Praxis hat, läßt sich auch aus Bild 5 ersehen.

Aus den technischen Daten verschiedener Hersteller wurden die nachstehend aufgeführten Stellverhältnisse für die einzelnen Bauarten entnommen.

Bauart	**Stellverhältnis**
Mikroventil	25:1 bis 10:1
Einsitz-Durchgangsventil	50:1 bis 20:1
Einsitz-Eckventil	50:1 bis 10:1
Doppelsitz-Durchgangsventil	50:1 bis 30:1
Doppelsitz-Misch-/Verteilerventil	50:1 bis 30:1
Drosselklappe	25:1
Saundersventil	– –
Drehkegelventil	100:1
Kugelsektorventil	30:1
Kugelhahn	90:1
Vee-Ball-Ventil	90:1

Sollte mit dem Stellverhältnis einer Armatur in einem Anwendungsfall nicht der gesamte erforderliche Regelbereich abzudecken sein, gibt es die Möglichkeit, durch Verwendung von zwei parallelen Armaturen und zwei Stellungsreglern im Teilbereichsbetrieb (split range) eine Vergrößerung des Stellverhältnisses zu erreichen. Bei dieser Betriebsart arbeitet der Stellungsregler 1 z. B. im Signalbereich 4 bis 12 mA und der Stellungsregler 2 im übrigen Signalbereich bis 20 mA. Die Stellungsregler nehmen dabei auch gleichzeitig eine Signalverstärkung vor, so daß die Antriebe der Stellventile wieder mit dem ganzen Signalbereich beaufschlagt werden. Diese Anpassung kann mit pneumatischen oder elektro-pneumatischen Stellungsreglern vorgenommen werden. Moderne Regler mit zwei Ausgängen oder Regelsysteme können jedoch schon in ihren Ausgängen eine split-range-Anpassung vornehmen, dadurch kann die Standardeinstellung bei den Stellungsreglern beibehalten werden.

8. Aussagen zur Dosiergenauigkeit

Bei der Dosierung von Flüssigkeiten und Gasen in Regelkreisen müssen für kontinuierliche und diskontinuierliche Verfahren sowie für analoge und digitale Meßwertverarbeitung unterschiedliche Betrachtungen angestellt werden.

Bei kontinuierlichen Verfahren mit analogen Reglern können Fehler im Sollwertgeber, Fehler in der Istwertmessung und Driftfehler des Reglers nicht ausgeregelt werden und gehen voll in die Genauigkeit ein. Die Fehler der einzelnen Geräte werden von den Herstellern angegeben und der daraus resultierende wahrscheinliche Gesamtfehler läßt sich nach dem Fehlerfortpflanzungsgesetz errechnen. Die Fehler des richtig ausgelegten Stellorgans tragen nicht zum Gesamtfehler bei, da sie durch die Meßwerterfassung an den Regler zurückgemeldet werden und von ihm ausgeregelt werden.

In den Gesamtdosierfehler gehen jedoch auch noch Fehler ein, die durch die Übergangsfunktion beim Anfahren oder bei Auftreten einer Störgröße entstehen. Der sich hieraus ergebende Fehler wird bei konventionellen Regelungen nicht ausgeregelt und läßt sich sehr schwer vorausberechnen, da er im wesentlichen vom Verhalten der Regelstrecke und von der Optimierung des Regelkreises abhängig ist. Diese Fehler mögen bei kontinuierlichen Dosierungen vernachlässigbar sein, spielen jedoch eine große Rolle bei diskontinuierlicher Betriebsweise.

Hier ist es darum empfehlenswert, digitale Regler oder Regler mit digitaler Meßwerterfassung mit Fehlerspeicherung einzusetzen. Werden die Meßwerte digital erfaßt, regeln diese Geräte den gespeicherten Fehler nach einer Übergangsfunktion auf $\pm$ 1 Impuls aus. Da die Sollwerte digital eingegeben werden, treten auch keine Fehler durch den Sollwertgeber auf. Bei kleiner Impuswertigkeit und genügend langer Chargenzeit werden die reglerbedingten Fehler vernachlässigbar und der Gesamtfehler wird im wesentlichen durch die Meßwerterfassung bestimmt. Bei analoger Meßwerterfassung müssen noch die Fehler des Analog-Digitalwandlers berücksichtigt werden.

Bild 20 zeigt die Abhängigkeit des Fehlers von Chargengröße und Impulswertigkeit (Dosiervolumen pro Impuls).

Bei den Meßwertaufnehmern sollte beachtet werden, ob der angegebene Fehler auf den Meßwert oder auf den Meßbereichsendwert bezogen ist.

Dosierfehler lassen sich reduzieren, wenn eine Temperaturkompensation bei Flüssigkeiten oder eine Temperatur- und Druck-Kompensation bei Gasen durchgeführt wird. Die Kompensation läßt sich bei modernen digitalen Reglern ohne zusätzliche Rechengeräte durchführen.

Zwangsweise sind Kosten für Meßgeräte mit kleiner Fehlergrenze höher als für Geräte mit größeren Fehlergrenzen. Daher sollte für jede Anwendung geprüft werden, ob die kleinen Fehlergrenzen

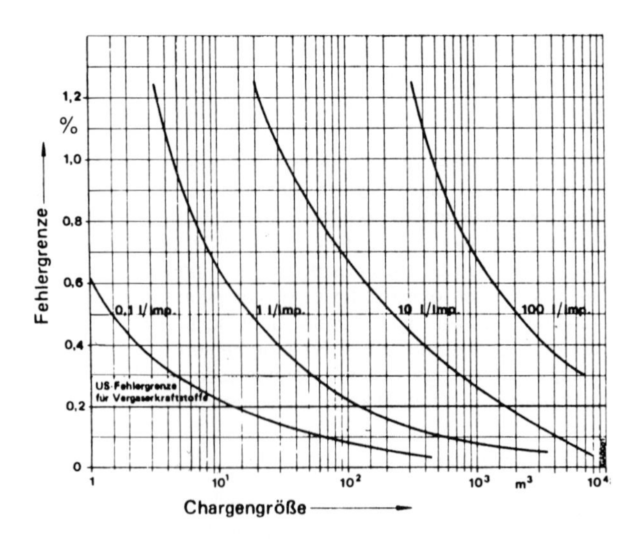

Bild 20: Dosierfehler in Abhängigkeit von Chargengröße und Impulswertigkeit

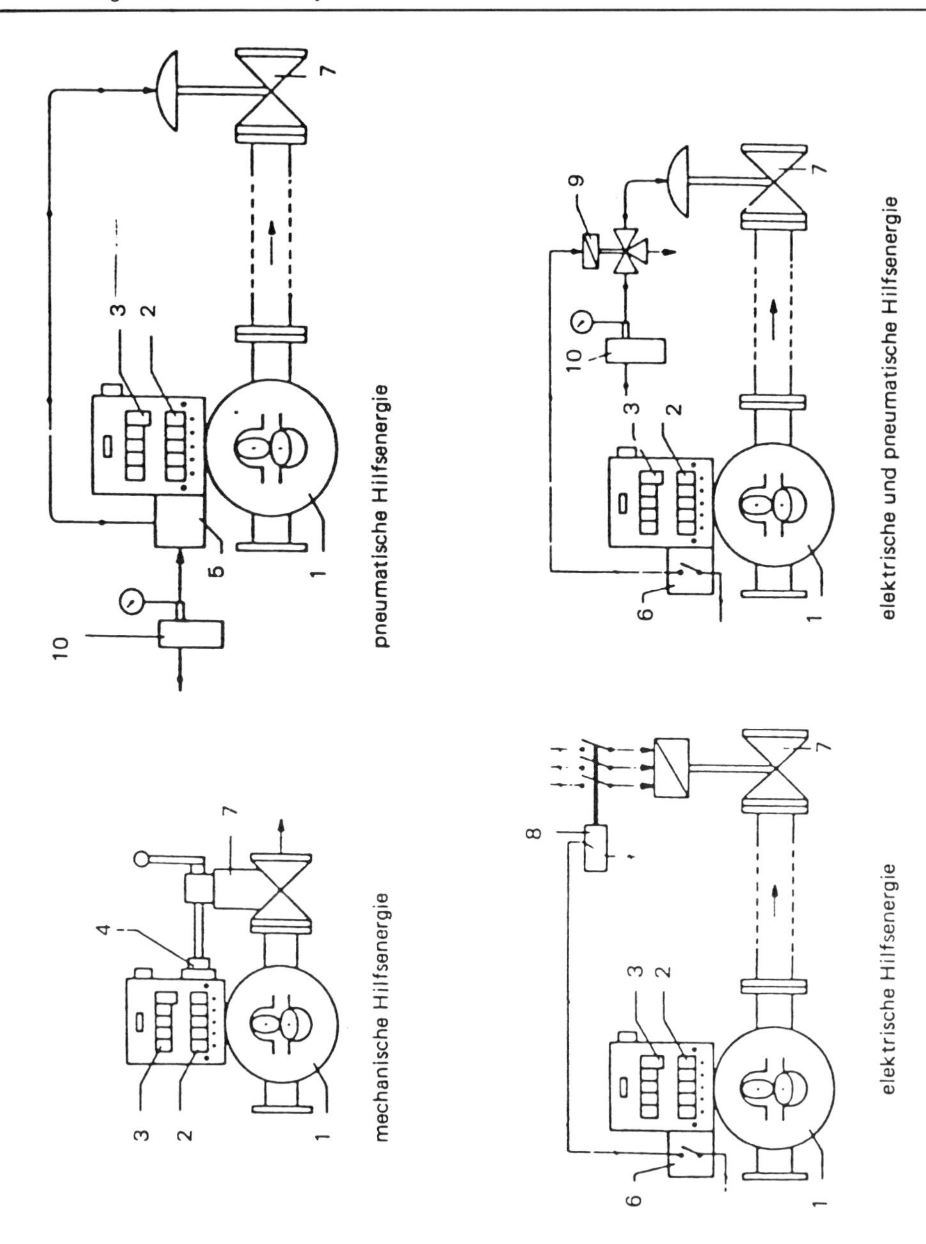

Bild 21: Prinzipschaltungen von Chargensteuerungen mit Volumenzählern und verschiedener Hilfsenergie

1 Ovalradzähler
2 Mengeneinstellwerk
3 Rollenzählwerk
4 mechanischer Stufenschalter
5 pneumatischer Stufenzähler
6 elektrischer Stufenschalter
7 Absperrorgan
8 Schaltschutz
9 Magnetdreiwegeventil (Umsteuerventil)
10 Druckminderer für Luft

einzuhalten sind, oder nur eine gute Reproduzierbarkeit erforderlich ist. Die Reproduzierbarkeit ist in den meisten Fällen weitaus leichter zu erreichen und somit auch kostengünstiger.

9. Ausführungsmöglichkeiten von Regelkreisen

9.1 Chargensteuerungen mit Volumenzählern

Relativ einfach lassen sich Flüssigkeiten diskontinuierlich mit Volumenzählern (Ovalrad-, Ringkolbenzählern) oder magnetisch-induktiven Durchflußmessern dosieren, indem man diese mit einem Mengeneinstellwerk oder auch Vorwahlzähler versieht. Die Mengeneinstellwerke bieten die Möglichkeit, die Chargengröße einzustellen und geben Befehl zur Beendigung des Dosiervorgangs. Bei einigen magn.-induktiven Durchflußmessern sind diese Vorwahlzähler mit den entsprechenden Abschaltkontakten bereits im Meßumformer integriert. Bild 21 zeigt einige Prinzipschaltungen mit Volumenzählern bei verschiedenen Hilfsenergien.

Bei vielen dieser Anordnungen ist es möglich, bei Erreichen eines Vorkontaktes das Stellglied teilweise zu schließen und somit eine Feinstromdosierung zu erreichen.

Da die Volumenzähler eine relativ hohe Genauigkeit haben, ist ein kleiner Fehler bei der Dosierung zu erwarten, wenn eine kurze Schließzeit des Stellgliedes oder eine entsprechend lange Feinstromdosierung erreicht werden kann.

Nachteile dieser Anordnung bestehen darin, daß die Zähler bei jeder Charge bedient werden müssen. Eine Zentralisierung bei mehreren Komponenten bedeutet oft eine umständliche Rohrleitungsführung. Mit dieser Anordnung läßt sich auch kein konstanter Volumenstrom über die Dosierzeit erreichen, ebenso läßt sich nicht automatisch erfassen, ob eine Komponente durch eine Störung ganz ausbleibt.

Setzt man anstelle der Volumenzähler Durchflußmeßgeräte ein, kommt man zu ähnlichen Vor- und Nachteilen wie bei den vorher beschriebenen Anordnungen. Eine Zentralisierung läßt sich hier jedoch leichter durchführen, der Dosierfehler ist nach der Genauigkeit der eingesetzten Geräte unterschiedlich.

Bild 22 zeigt den prinzipiellen Aufbau von Chargendosierungen mit Durchfluß-Meßgeräten am Beispiel des induktiven Durchflußmessers.

Am einfachsten kann man eine Charge abmessen, indem man an ein Volumen- oder Massestrommeßgerät einen Vorwahlzähler anschließt, über einen elektrischen oder pneumatischen Kontakt läßt sich bei Erreichen des eingestellten Volumens die Absperrarmatur schließen. Wird vom Meßgerät nur ein analoges Signal abgegeben, kann für die Chargenabmessung ein Integrator mit Vorwahlzähler eingesetzt werden.

Liegt vom Meßgerät ein digitales Signal mit einer entsprechenden Bürde vor, kann direkt ein Vorwahlzähler angeschlossen werden. Man unterscheidet hier addierende und subtrahierende Vorwahlzähler. In beiden Fällen wird bei Erreichen der entsprechenden Vorwahl der Kontakt bestätigt. Voraussetzung für diese Konfiguration ist, daß der Aufnehmer Impulse abgibt, die eine dekadische Impulswertigkeit haben. Die Impulswertigkeit kann z. B. 1 l/Impuls bzw. ein Teil oder ein Vielfaches dieser Einheit sein.

Ist eine dekadische Impulswertigkeit nicht gegeben, muß eine Normierungseinheit oder ein Teiler zwischen Aufnehmer oder Meßumformer und Vorwahlzähler geschaltet werden.

9.2 Durchflußregelsysteme im kontinuierlichen und diskontinuierlichen Einsatz

Es werden Schaltungen gezeigt, mit denen eine Konstanthaltung des Durchflusses ermöglicht wird. Zusätzlich werden die Besonderheiten der einzelnen Schaltungen erläutert. Der Vorwahlzähler für die Bestimmung der Chargengröße ist bei der Chargendosierung erforderlich.

Die Schaltung in Bild 23a besteht aus einer Normblende, einem Differenzdruck-Meßumformer, einem Analog-Regler mit PI-Verhalten und einem Regelventil. Wie man aus der Fehlergrafik, die nur eine schematische Darstellung ist, entnehmen kann, können im unteren Meßbereich große Feh-

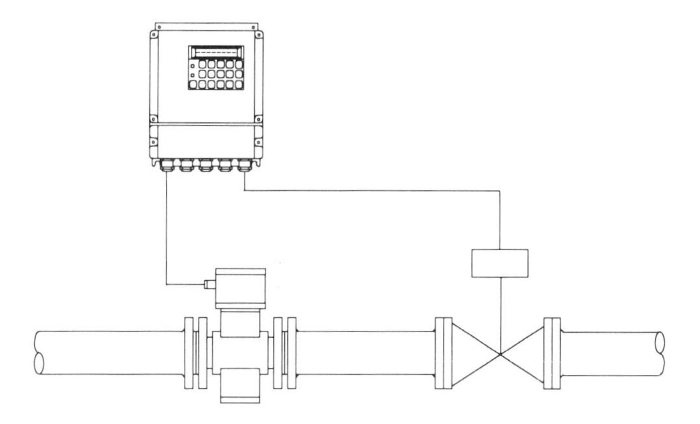

a) magnetisch-induktiver Durchflußmesser

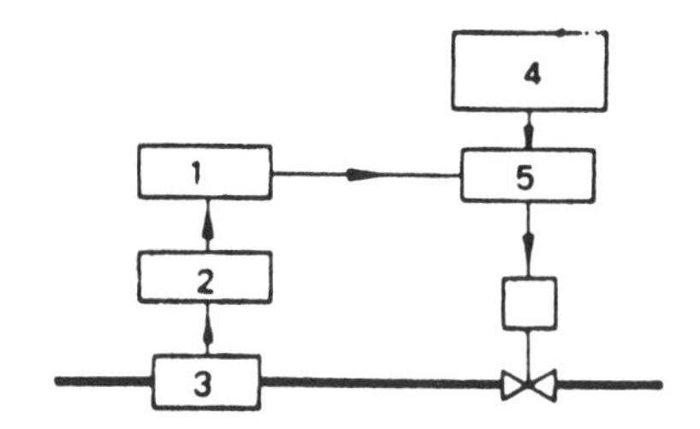

b) Prinzipschaltbild
1 Vorwahlzähler
2 Normierungseinheit
3 Durchflußmesser
4 Befehlseingabe
5 Steuerelement/Stellorgan

Bild 22: Chargendosierung mit Durchflußmeßgeräten

ler entstehen. Diese sind bedingt durch den Wirkdruck der Normblende, welche z.B. erst bei 70 % des Nenn-Durchflusses einen Wirkdruck von 49 % des Nenndruckes erzeugt. Der Regelkreis erhält dadurch eine unlineare Verstärkung. Der Regler dürfte darum im unteren Bereich nur schwach eingreifen (großer Proportionalbereich) und könnte im oberen Bereich stärker eingreifen (kleinerer Proportionalbereich). In dieser Schaltung wird daher der Regelbereich stark eingeschränkt.

Durch Hinzufügen eines Radiziergerätes (Bild 23b) können zwar die Wirkdrücke der Normblende im unteren Bereich nicht angehoben werden, aber der Regler kann über den ganzen Bereich mit der gleichen Verstärkung betrieben werden. Durch diese Maßnahme wird eine Verbesserung der Regelgüte im unteren Bereich erreicht. Wenn für diese Schaltung elektronische Geräte verwendet werden, ist es möglich, die Radizierung im Speisegerät oder im Meßumformer selbst durchzuführen. Bei Einsatz von modernen digitalen Reglern oder Regelsystemen kann Meßumformerspeisung und Linearisierung direkt von diesen Einheiten vorgenommen werden.

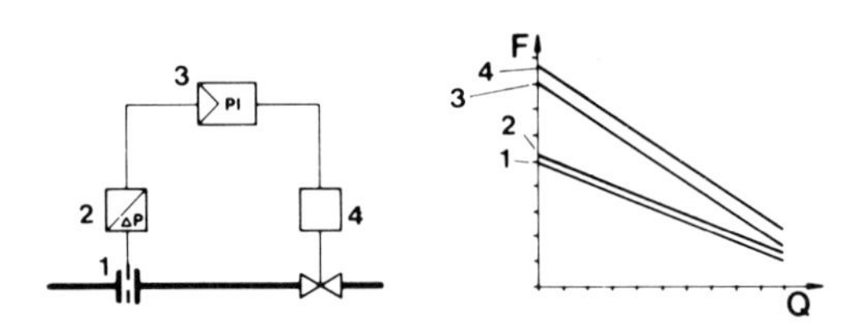

1 Normblende
2 Differenzdruck-Meßumformer
3 Analogregler
4 Stellglied

a) Analoge Durchflußregelung mit Normblende ohne Radizierung

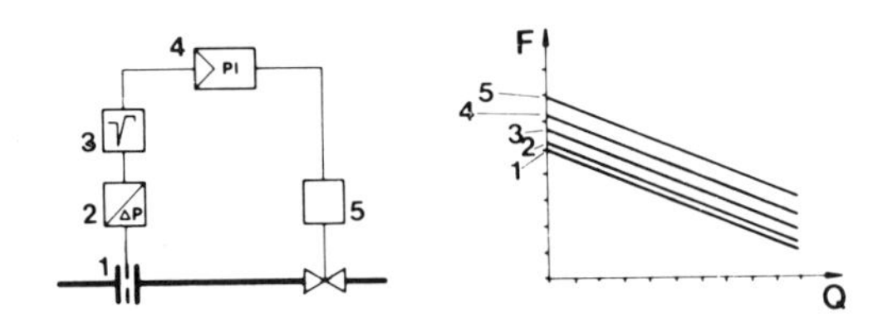

1 Normblende
2 Differenzdruck-Meßumformer
3 Radiziergerät
4 Analogregler
5 Stellglied

b) Analoge Durchflußregelung mit Normblende und Radizierung

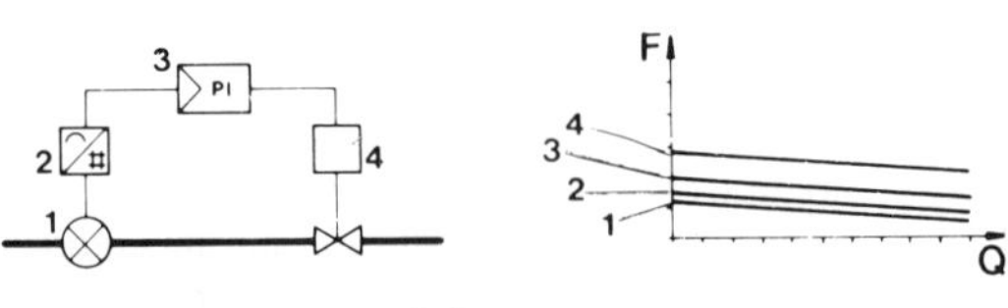

1 Turbinen-Durchflußmesser
2 Digital-Analog-Umsetzer
3 Analogregler
4 Stellglied

c) Analoge Durchflußregelung mit einem Turbinendurchflußmesser

Bild 23: Durchflußregelsysteme für kontinuierlichen und diskontinuierlichen Einsatz

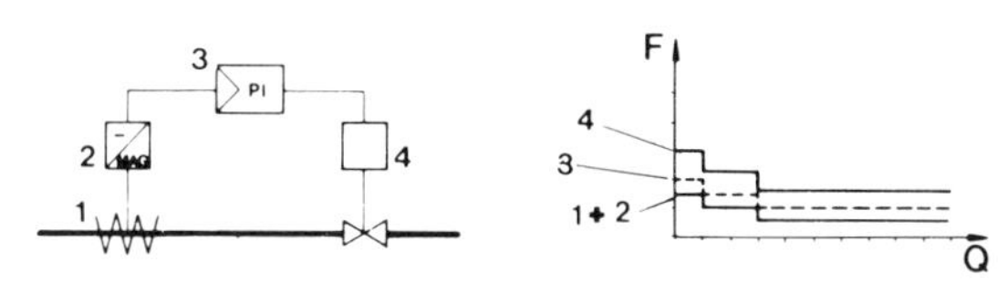

1 Aufnehmer des induktiven Durchflußmessers
2 Meßumformer für den IDM
3 Analogregler
4 Stellglied

d) Analoge Durchflußregelung mit magnetisch-induktivem Durchflußmesser

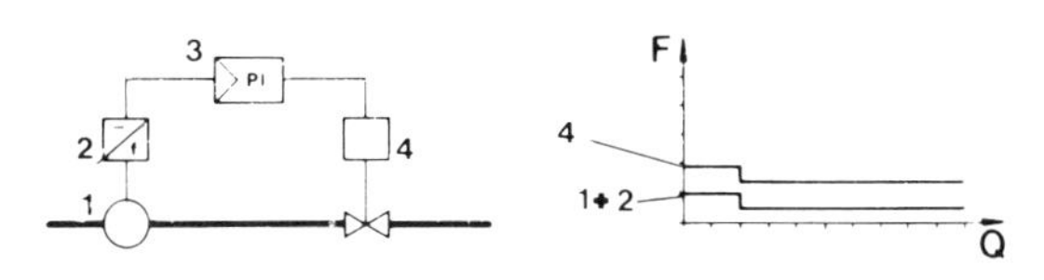

1 Drall-Durchflußmesser
2 Meßumformer für den DDM
3 Digitalregler
4 Stellglied

e) Digitale Durchflußregelung mit Dralldurchflußmesser

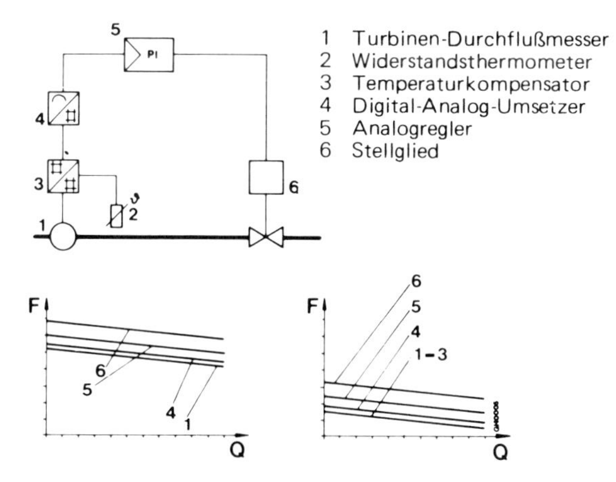

f) Analoge Durchflußregelung mit Dralldurchflußmesser

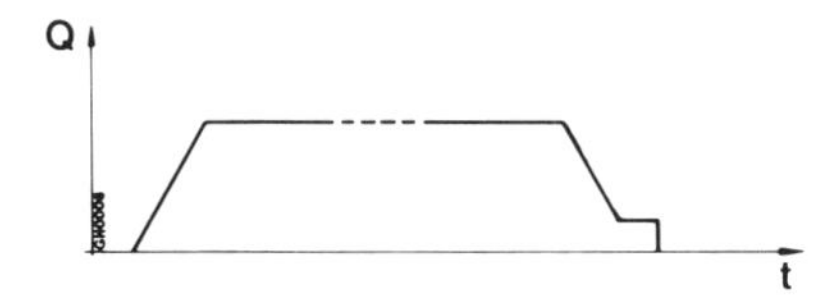

Bild 24: Zeitdiagramm für Chargenregelung mit Rampenfunktion

Bild 23c zeigt eine analoge Durchflußregelung unter Verwendung eines Turbinenradzählers. Da dieser Durchflußmesser ein lineares Ausgangssignal mit kleinem Fehler abgibt und der erforderliche Digital-Analog-Umsetzer zum Anschluß an den Analogregler nur einen kleinen Zusatzfehler bedingt, ergibt sich für diesen Kreis eine hohe Regelgenauigkeit.

Eine weitere Verbesserung läßt sich erzielen, wenn ein Meßgerät eingesetzt wird, welches einen auf den Meßwert und nicht auf den Endwert bezogenen Fehler hat. Als Beispiel wird hier der Regelkreis mit einem magnetisch-induktiven Durchflußmesser gezeigt (Bild 23d).

Die höchste Genauigkeit bei einer durchflußgeregelten Chargendosierung läßt sich erreichen, wenn ein Regler mit digitaler Meßwerterfassung in Kombination mit einem Durchfluß-Meßgerät eingesetzt wird, welches einen auf den Meßwert bezogenen Fehler hat (Bild 23e). Es soll an dieser Stelle darauf hingewiesen werden, daß der Regler mit digitaler Meßwerterfassung und Fehlerspeicherung bis auf einen maximalen Fehler von ± 1 bit ausregelt.

Mit dem Bild 23f soll schließlich deutlich werden, daß durch Temperaturkompensation eine Verbesserung der Dosiergenauigkeit erreicht werden kann. Eine direkte Massestrommessung bietet auch ohne Temperaturkompensation die gleichen Vorteile.

Wenn es aus verfahrenstechnischen Gründen erforderlich ist, das An- und Abfahren nach einer bestimmten Funktion vorzunehmen (Bild 24), lassen sich auch hierfür geeignete Gerätekombinationen zusammenstellen. Heutige Digitalregler können diese Funktion oft ohne Zusatzgeräte ausführen.

9.3 Kontinuierliche Mehrkomponenten Mischungsregelung (Inline Blending)

In der Dosiertechnik ergibt sich häufig die Notwendigkeit, nicht nur eine Komponente zu verarbeiten, sondern es müssen Mischungen hergestellt werden. Durch den Prozeß wird bestimmt, ob der Mischvorgang in einer Rohrleitung oder in einem Behälter erfolgen muß. Diese Mischungsregelungen, die auch Verhältnisregelungen genannt werden, können nach Bild 25 ausgeführt werden.

In Bild 25a ist eine einfache Zweikomponenten-Regelung dargestellt. Diese Schaltung kann mit analogen und digitalen Geräten ausgeführt werden. Der Verhältnissteller und der Regler können auch in einem Gerät zusammengefaßt sein. Der Durchfluß der Mischung folgt den Schwankungen der Komponente A. Damit ist sichergestellt, daß das gewählte Verhältnis eingehalten wird, ein konstanter Durchfluß am Ausgang wird jedoch nicht erreicht. Bei dieser Schaltung ist noch bei der Verhältniseinstellung zu beachten, daß die Komponente B nur auf die Komponente A bezogen wird und nicht auf die Mischung.

Unterliegt die Führungsgröße Schwankungen und soll am Ausgang ein konstanter Durchfluß eingehalten werden, dann muß auch diese Führungsgröße geregelt werden. Bei einer konventionellen Analogregelung (auch mit Digitalreglern) ist die Schaltung nach Bild 25b und bei Reglern mit digitaler Meßwerterfassung und Fehlerspeicherung (Blendline Reglern) die Schaltung nach Bild 25c auszuführen. Schaltung 23c hat den Vorteil, daß die Einzelkomponenten direkt in Prozent zur Gesamtmischung eingestellt werden können. Soll die Komponente B ein Prozentsatz der Mischung sein, läßt sich auch die Schaltung nach Bild 25d ausführen. Auch hier haben jedoch Schwankungen des Durchflusses der Komponente A Einfluß auf den Durchfluß der Mischung. Weiterhin ist zu beachten, daß die Komponente B klein gegenüber der Komponente A sein muß, da sonst mit Stabilitätsproblemen zu rechnen ist.

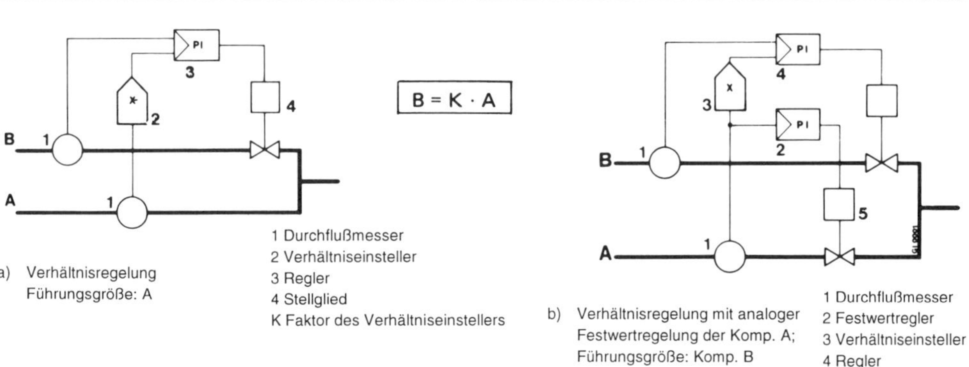

1 Durchflußmesser
2 Verhältniseinsteller
3 Regler
4 Stellglied
K Faktor des Verhältniseinstellers

a) Verhältnisregelung
Führungsgröße: A

1 Durchflußmesser
2 Festwertregler
3 Verhältniseinsteller
4 Regler
5 Stellglieder

b) Verhältnisregelung mit analoger Festwertregelung der Komp. A; Führungsgröße: Komp. B

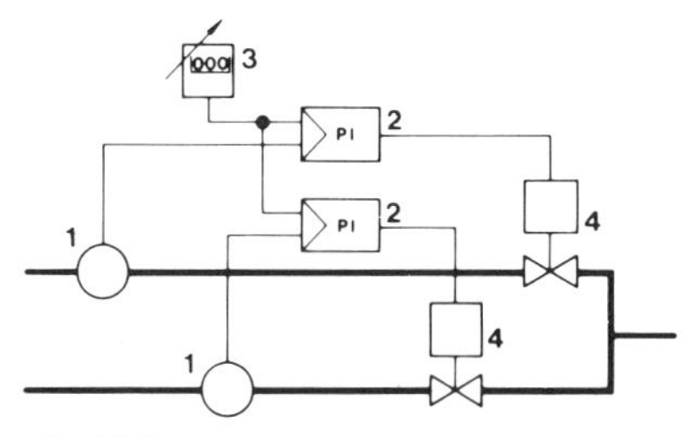

1 Durchflußmesser
2 Digitalregler mit Verhältniseinsteller
3 Leitgenerator zur Sollwerteinstellung
4 Stellglieder

c) Verhältnisregelung mit Digitalreglern

1 Durchflußmesser
2 Regler
3 Verhältniseinsteller
4 Stellglied
K Faktor des Verhältniseinstellers

d) Verhältnisregelung
Führungsgröße: Mischung (A + B)

Bild 25: Verhältnisregelungen

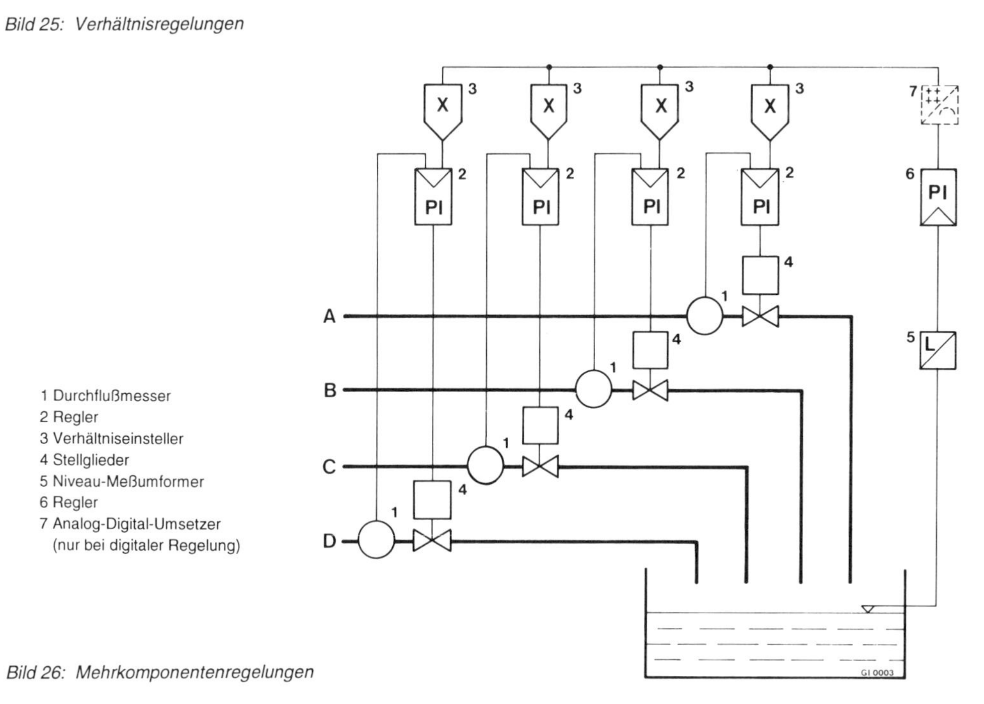

1 Durchflußmesser
2 Regler
3 Verhältniseinsteller
4 Stellglieder
5 Niveau-Meßumformer
6 Regler
7 Analog-Digital-Umsetzer
(nur bei digitaler Regelung)

Bild 26: Mehrkomponentenregelungen

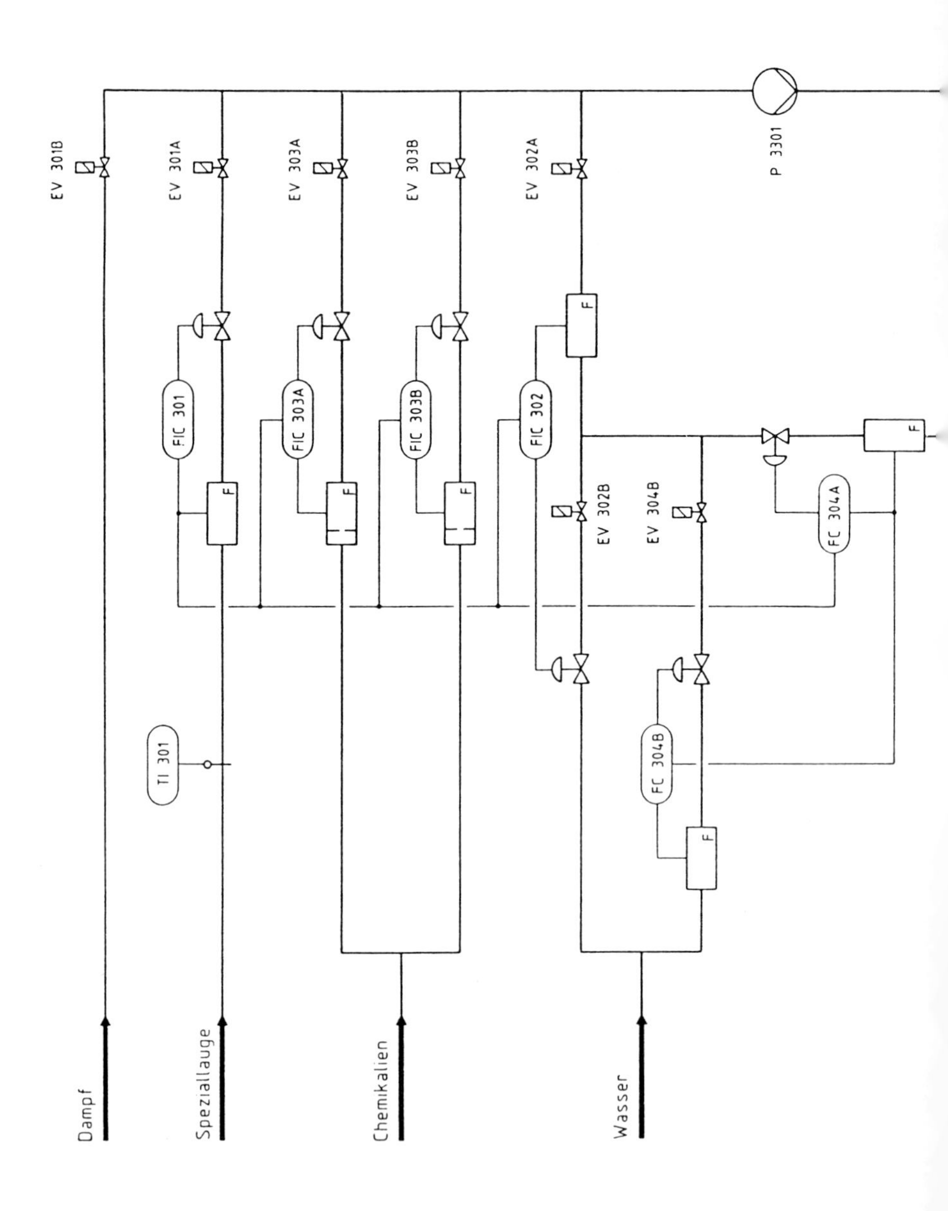

Bild 27: Schema einer Mischungsregelung von Speziallauge

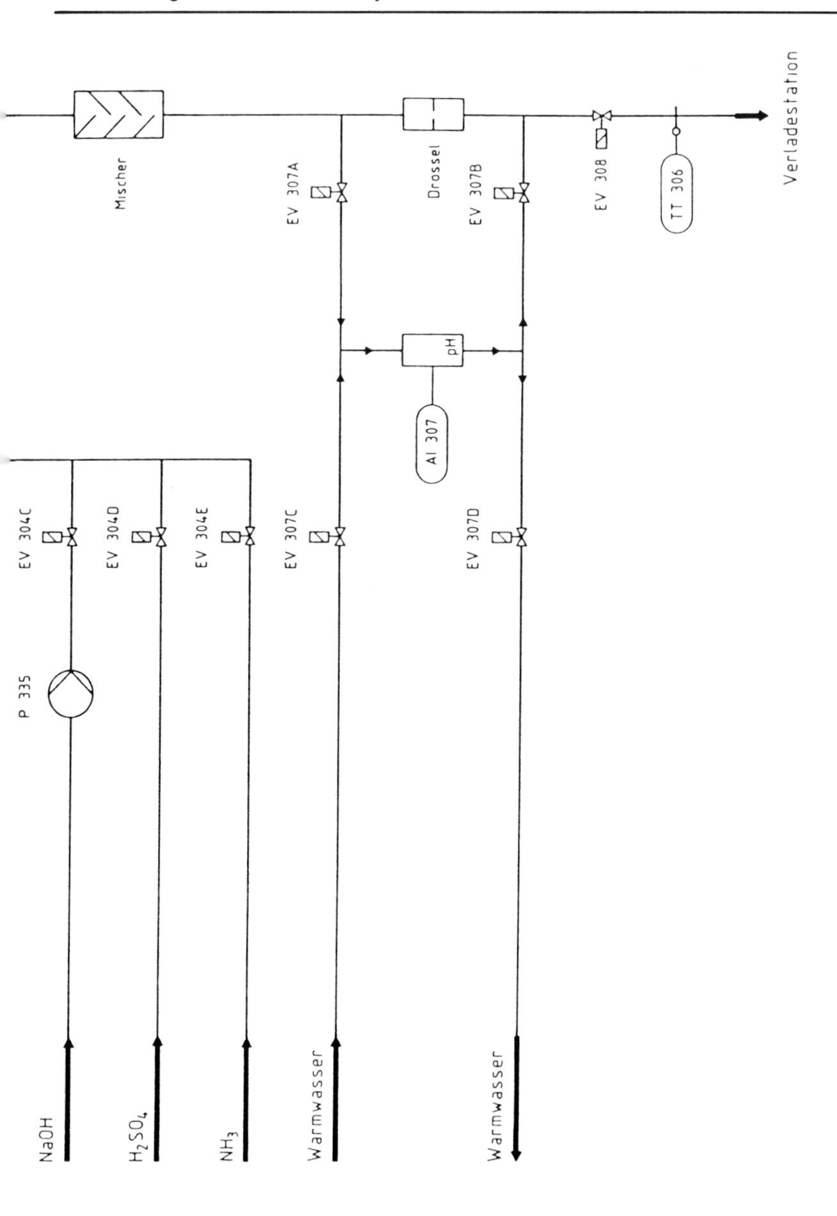
Mischer
Drossel
Verladestation
EV 307A
EV 307B
EV 308
TT 306
pH
AI 307
EV 304C
EV 304D
EV 304E
EV 307C
EV 307D
P 335
NaOH
H_2SO_4
NH_3
Warmwasser
Warmwasser

Bei Blendline-Reglern oder modernen Digitalreglern lassen sich die einzelnen Komponenten, wie bereits oben erwähnt, direkt in Prozent der Gesamtmischung angeben. Bei analogen Verhältniseinstellern arbeitet man gewöhnlich mit Faktoren zur Führungsgröße. Die Erfahrung hat gezeigt, daß die zweite Version oft zu Schwierigkeiten bei der Bedienung durch das Betriebspersonal führt, vor allem dann, wenn ungleiche Meßbereiche vorhanden sind und das Verhältnis häufig verstellt werden muß. Daher sind Verhältniseinstellungen der ersten Methode vorzuziehen.

Das Bild 26 zeigt eine Mehrkomponenten-Mischungsregelung. Diese Regelung kann wieder mit analogen und Blendline-Reglern ausgeführt werden. Das Niveau des Behälters dient hier als Führungsgröße und wird durch den Führungsregler konstant gehalten. Es ist zu beachten, daß für den Niveauregler kein Regler mit Fehlerspeicherung verwendet werden darf. Der Speicher würde bei großen oder lang anhaltenden Regelabweichungen zum Überfüllen oder zur völligen Entleerung des Behälters führen. Bei einigen Digitalreglern lassen sich die einzelnen Geräte durch einen Bus miteinander verbinden. Das hat den Vorteil, daß auf einfache Weise übergeordnete Überwachungen wie z.B. 100%-Prüfungen durchgeführt werden können.

9.4 Chargenregelung mit Mikrocomputersystemen

Um noch weiter vermaschte Dosiersysteme aufzubauen, bedarf es entweder eines verbundenen Systems aus Einzelreglern oder man baut diese Systeme mit Hilfe von Multifunktionseinheiten der bereits beschriebenen Prozeßleitsysteme auf.

Bild 27 zeigt das Schema einer Regelung zum Mischen von Speziallauge. Bei der hier gezeigten Anlage konnte aufgrund der so ausgeführten Regelungstechnik auf Mischbehälter verzichtet werden. Das Produkt wird direkt in den Tankwagen gefahren. Für das gewünschte Endprodukt wurde vom Bediener über die Bedienstation ein Rezept mit den wesentlichen Daten eingegeben. Nach diesem Rezept und der Beschaffenheit der Hauptkomponente ist die Automatisierungseinheit in der Lage, sich die Mengen der Zusatzkomponenten selbst zu errechnen. Sie kann ebenfalls die Chemikalien zur pH-Einstellung selbsttätig auswählen und in der erforderlichen Menge dosieren. Nach dem Misch- und Verladevorgang wird eine Reinigung der Anlage automatisch vorgenommen. Für Kunden und Hersteller wird nach Ende jeder Charge je ein Protokoll ausgedruckt.

Die Automatisierung dieser Anlage wurde mit einer prozeßnahen Komponente und einer Bedieneinheit realisiert. Sollten an solch einer Anlage weitere Anforderungen gestellt werden, wie z.B. automatische Rezeptladung oder Datenspeicherung für Qualitätssicherungsaufgaben, sind die Möglichkeiten hierfür in den Leitsystemen entweder schon enthalten oder lassen sich durch zusätzliche Komponenten relativ problemlos erreichen. Bei diesen zusätzlichen Komponenten kann es sich im einfachen Fall um einen Personal-Computer, im aufwendigeren Fall um eine Workstation handeln. Schnittstellen und unterstützende Software sind für diese Fälle vorhanden.

9.5 Chargenregelung mit Einzelreglern

Mit dem Bild 28 soll die Leistungsfähigkeit des modernen digitalen Reglers demonstriert werden. Das Schema zeigt eine Mischungsregelung von 6 Komponenten für eine Emulgieranlage. Die zu dosierenden Stoffe Wasser und Seife werden hier über magnetisch induktive Durchflußmesser erfaßt, die restlichen nicht leitfähigen Komponenten über Ovalradzähler. Die Komponenten Bitumen und Zuschlagstoff 1 werden über Dosierpumpen gestellt, während bei den restlichen Komponenten Regelventile als Stellgeräte eingesetzt werden. Als Regeleinrichtung dienen 4 digitale Regler, die frei programmierbar sind und zur Kommunikation untereinander über einen Hochgeschwindigkeitsbus miteinander verbunden sind. Drei der Regler sind als 2-fach-Regler für Blendline-Betrieb konfiguriert, während der vierte Regler als Leitgenerator dient. Auf eine übergeordnete Leitstation wurde verzichtet. Alle Vorgabewerte brauchen grundsätzlich nur an einer Stelle eingegeben werden und werden je nach Bedarf über den Bus an die übrigen Geräte weitergegeben. Gleiches gilt für die Meßwerterfassung.

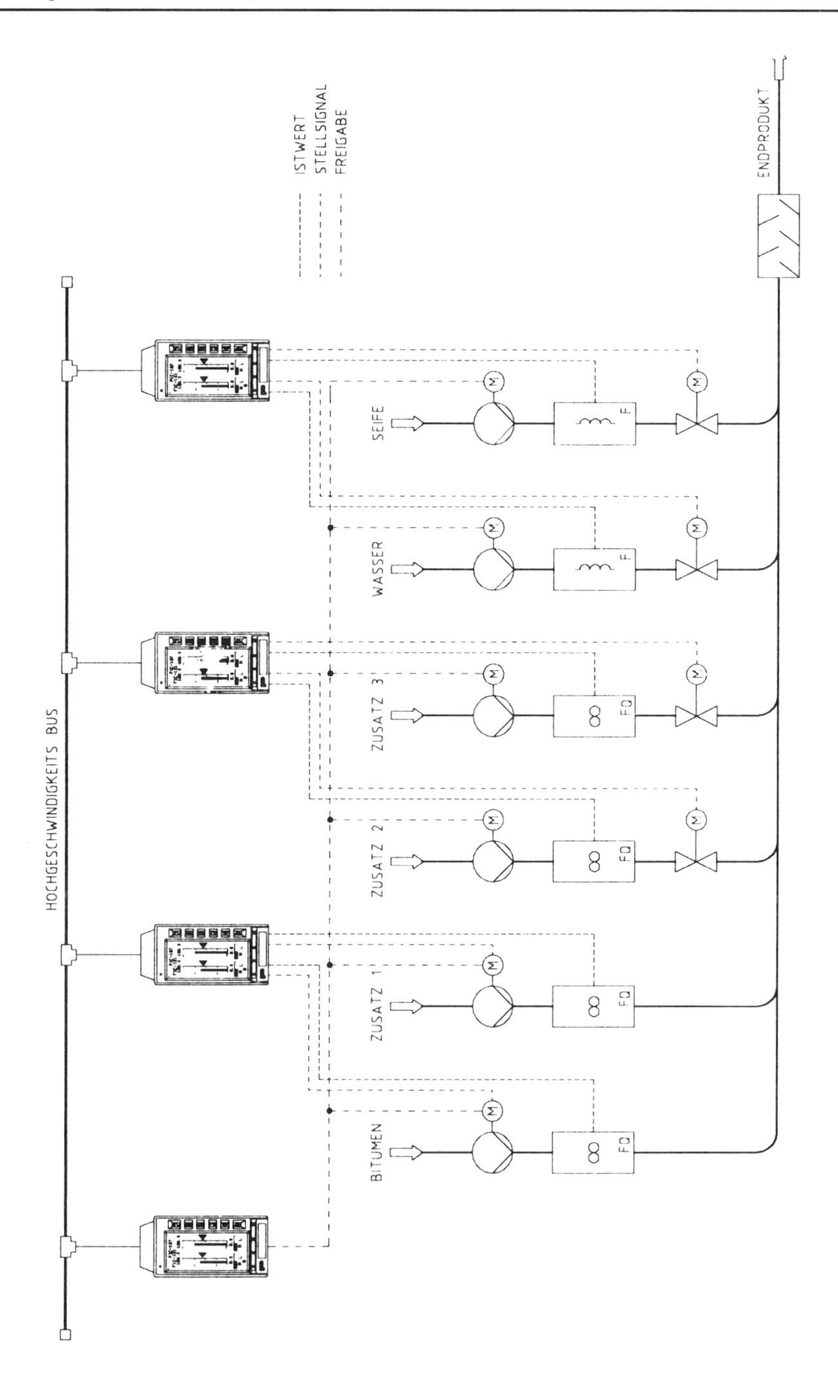

Bild 28: Blend-Line-Regelung mit Digital-Reglern

Alle Istwerte der Durchflußmesser werden als Impulssignale auf die Regler geschaltet. Abweichungen von den digital eingestellten Sollwerten werden durch die Regler erfaßt und nach dem Blend-Line-Prinzip in Fehlerspeichern gespeichert, um nachträglich abgearbeitet zu werden. Weil die Ovalradzähler in diesem Fall nur niedrige Frequenzen (ca. 15 Hz) als Istwertsignal lieferten, bereitete dies zunächst Probleme bei der Regelung. Da die Regler mit ihrer zyklischen Abtastung (in diesem Fall alle 0,5 sec) in jedem Abtastzyklus die Frequenzen auf ± 1 Impuls erfassen können, kam es hier zu scheinbaren Regelgrößenschwankungen von über 10 %, obwohl das wirkliche Istwertsignal stabil stand. Eine laufende Mittelwertberechnung über ein paar Sekunden schaffte hier Abhilfe.

Soll eine Phase gestartet werden, können am Leitgenerator zunächst in einem Textmodul die Komponenten markiert werden, die in dieser Charge dosiert werden sollen. Nur die Pumpen für diese gewählten Komponenten erhalten vom Leitgenerator eine Freigabe. Danach kann auf ein weiteres Display geschaltet und die Gesamtchargenmenge in Tonnen oder m^3 eingegeben werden. Außerdem kann der gewünschte Gesamtdurchfluß in m^3/h vorgegeben sowie die Dichten der einzelnen Komponenten und Zeiten für An- und Abfahrrampen eingegeben werden. Die Verhältnisse der Einzelkomponenten zur Gesamtmenge sowie die Regelabweichungsgrenzwerte lassen sich an den jeweiligen Reglern für diese Komponente einstellen. Die Chargenmengen der Einzelkomponenten werden automatisch errechnet. Wird nun eine Charge über eine Freigabetaste gestartet, fährt der Leitgenerator alle Komponenten nach einer Rampe auf ihre Endsollwerte. Die Anlage bleibt in diesem Zustand, bis ein Grenzwert kurz vor Erreichen der Endmenge erreicht wurde. Danach wird der Sollwert für den Gesamtdurchfluß wieder nach einer Rampe heruntergefahren; bei Erreichen des Endwertes werden die Pumpen abgeschaltet und die Ventile geschlossen. Ist während der Dosierung eine Komponente gestört und ruft einen Regelabweichungsalarm hervor, wird ebenfalls der Gesamtsollwert automatisch solange verringert, bis die Regelabweichung ausgeglichen ist. Wächst jedoch der Regelabweichungsfehler trotzdem weiter an, wird automatisch die gesamte Charge gestoppt.

Schrifttum

[1] Fischer & Porter Produktmitteilung „Micro-DCI-Prozeßregelstation 53MC5000" – TI 11.1-15/d-02/91.
[2] Fischer & Porter Produktmitteilung „Micro-DCI-Supervisor-PC" – TI 11.1-14/d-09/89.
[3] Kammann, B.: „DCI-System-Six, das neue Prozeßleitsystem von Fischer & Porter" – Automatisierungstechnische Praxis (atp) 34 (1992) Heft 5.
[4] Siemens Stellgeräte. Katalog MP34-1982.

Trends bei der Kommunikation in der Prozeßautomatisierung

Von K.W. BONFIG[1])

1. Einleitung

Bei Dosierverfahren werden Volumen oder Massen von Schüttgütern oder Fluiden möglichst genau erfaßt und gemessen. Diese Messungen bilden die Grundlage für die Beurteilung, Steuerung und Regelung komplexer Prozesse in einem bestimmten Betriebszustand oder für die Dosierung umfangreicher und komplexer Rezepturen. Sie müssen nicht nur selbsttätig ablaufen, sondern auch schnell in Echtzeit (real time) und on line vorgenommen werden. Eine genaue Dosierung bildet die notwendige Voraussetzung für die Prozeßautomatisierung und für die Erzeugung einer gleichmäßigen Qualität der hergestellten Produkte. Weitere wünschenswerte Zielgrößen sind die Verringerug des Energie- und Rohstoffverbrauchs und die Reduktion der Umweltbelastung.

Bei den Dosierverfahren werden die zu messenden Größen in ein elektrisches Meßsignal umgeformt. Dieses wird aufbereitet und verstärkt und kann dann über größere Entfernungen übertragen, fernaufgezeichnet, mit anderen Werten verknüpft und als Eingangsgröße eines Prozeßleitsystems dienen.

Als elektrisches Meßsignal kommen analoge Ströme und Spannungen, analoge Frequenzen und digitale Impulsfolgen in Betracht. Aus einer analogen Frequenz läßt sich sehr einfach und genau über eine entsprechende Torzeit ein digitales Signal gewinnen. Die nachfolgenden Geräte eines Automatisierungssystems müssen jeweils an die Eingangssignale angepaßt sein.

Vor etwa 25 Jahren hat sich auf Drängen der Anwender die analoge 4 bis 20 mA bzw. 0 bis 20 mA-Schnittstelle für die Automatisierung von verfahrens- und fertigungstechnischen Industrieanlagen durchgesetzt. Das vom Sensor gewonnene Signal wird in einen eingeprägten Gleichstrom umgewandelt und über eine elektrische Leitung vom Meßort zur zentralen Warte bzw. zum Prozeßrechner oder dem Prozeßleitsystem übertragen. Damit konnten unterschiedlichste Sensoren, Aktoren, Meßgeräte und Baugruppen verschiedener Hersteller ohne zusätzlichen Aufwand zu einem einheitlichen System zusammengeschaltet werden. Der Anwender wurde damit von einzelnen Herstellern unabhängig, die Ersatzteilhaltung konnte reduziert und die Anlagen beliebig nachgerüstet werden.

Andererseits dringt bei modernen Sensoren immer mehr die Digitaltechnik zur Signalaufbereitung vor und zur Verbesserung der Meßeigenschaften wird das ursprünglich analoge Sensorsignal immer frühzeitiger in eine digitale Information gewandelt. Im Zuge dieser Entwicklung enthalten heute bereits zahlreiche Sensoren eigene, angepaßte Mikroprozessoren. Diese Sensoren werden als „intelligent" bzw. „smart" bezeichnet. Es kommt besonders auf die Reproduzierbarkeit der Kennlinie an, da z. B. Linearisierungen digital erfolgen können und bei Anordnungen mit Sensor im Sensor sich die erfaßten Störeinflüsse digital kompensieren lassen.

Nachdem intelligente Sensoren mit digitaler Signalverarbeitung und Mikroprozessoren ausgerüstet sind, kann die volle Leistungsfähigkeit dieses Konzeptes nur durch eine bilddirektionale, digitale Kommunikation über einen Feldbus ausgeschöpft werden. Seit Jahren wird intensiv auf diesem Gebiet gearbeitet und es liegen mehrere konkurrierende und inzwischen genormte Konzepte vor. Zur Zeit befinden wir uns gerade an der Schwelle dieser stürmischen Entwicklung. Die internationale Normung hat allerdings noch erhebliche Probleme zu lösen, die auch aus unterschiedlichen Interessen der Beteiligten herrühren. Als Zwischenschritt und in Konkurrenz dazu wird auch die SMART-Technik, insbesondere nach dem HART-Protokoll, angeboten. Sie ist kompatibel mit der analogen, unidirektionalen Signalübertragung über einzelne Leitungspaare mit analogen 0 bis 20 mA bzw. 4 bis 20 mA Signalen. Bei der SMART-Technik werden dem analogen Signal mittelwertfreie, kleine Steuersignale überlagert, über die auch ein gewisser Dialog möglich ist und über den z. B. Meßbereiche verstellt und Statussignale übertragen werden können.

---

[1]) Prof. Dr.-Ing. K.W. Bonfig, Institut für Meßtechnik, Universität GH Siegen, Siegen

2. Konventionelle Kommunikation

Bei der konventionellen Kommunikation erfolgt die Signalübertragung über einzelne Leitungspaare mit analogen 0 bis 20 mA bzw. 4 bis 20 mA-Signalen. Von der Warte oder dem Prozeßleitsystem gibt es zahlreiche Punkt zu Punkt Verbindungen für die analoge Signalübertragung.

Die wichtigsten Eigenschaften einer konventionellen Kommunikation sind:

- Die Informationsübertragung läuft immer nur in einer Richtung. Von den Sensoren zum Prozeßleitsystem und von diesem zu den Stellgliedern.
- Von der zentralen Warte oder dem Prozeßleitsystem aus gehen Signalübertragungskabel ins Feld, zwei oder mehr Leitungen zu jedem Meßaufnehmer und zu jedem Stellgerät. Hoher Verdrahtungsaufwand.
- Die analogen Signale haben nur einen geringen Informationsinhalt. Sie stehen aber ständig an und bedingen damit eine hohe Verfügbarkeit des Gesamtsystems.
- Durch den hohen Verdrahtungsaufwand kann eine problemlose permanente Hilfsenergieversorgung der Sensoren und Aktoren realisiert werden.
- Die Umsetzung der vielen analogen Signale in das digitale Prozeßleitsystem ist aufwendig. Sie muß entweder zeitmultiplex erfolgen oder jedes Signal benötigt eine eigene Schnittstelle mit Analog-/Digitalumsetzer.
- Die analoge Signalübertragung wird durch die zunehmende Zahl von Signalen und Informationen bei modernen Anlagen immer kostenaufwendiger. Gründe sind sicht nur die Kabelführungen, sondern auch die Montagekosten der Unterverteiler bzw. Rangierverteiler.

Bild 1 zeigt die typische Struktur von Punkt zu Punkt-Verbindungen bei konventioneller Kommunikation.

Moderne Feldgeräte wie Sensoren und Aktoren enthalten heute zunehmend bereits Mikroprozessoren und eine interne digitale Meßsignalaufbereitung, Störgrößenkompensation, Linearisierung, Selbstüberwachung usw. In diesen Fällen ist es natürlich äußerst unwirtschaftlich, die ursprünglich meist analoge Meßgröße zu digitalisieren, dann die Meßwertverarbeitung im Sensor durchzuführen, anschließend wieder eine Digital/Analog-Wandlung vorzunehmen, das analoge Signal zu übertragen und am Eingang des Prozeßleitsystems wieder zu digitalisieren.

Durch das Vordringen der Digitaltechnik hat sich die Informationsverarbeitung grundlegend gewandelt und diese Technik erlaubt heute zusätzliche Funktionen, die mit analogen Systemen niemals wirtschaftlich hätten realisiert werden können.

Früher erfolgten im wesentlichen Einzelmessungen mit entsprechenden Meßgeräten. Bereits die Durchführung von Meßreihen und die Auswertung der Ergebnisse erforderten einen hohen Zeit- und

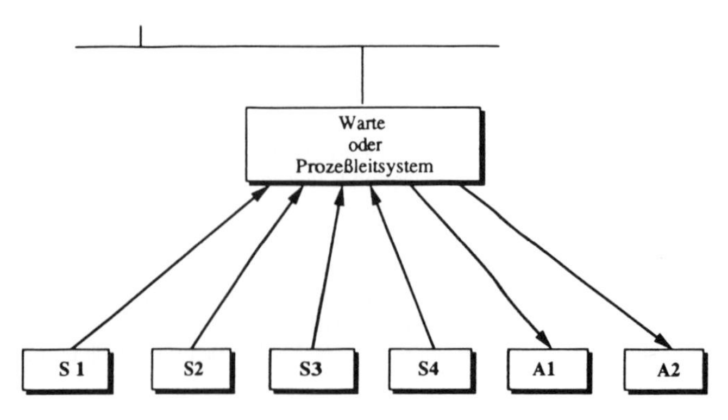

Bild 1: Sensoren und Aktoren

Personalaufwand. Mit der modernen Digitaltechnik können Messungen ohne Eingriffe des Bedienungspersonals automatisch durchgeführt, die Meßwerte aufgezeichnet und gespeichert sowie nach unterschiedlichen Gesichtspunkten zu beliebigen Zeiten ausgewertet werden.

3. Struktur von Bussystemen

Bei einem Bussystem sind alle Geräte an eine Leitung angeschlossen und müssen alle einzeln adressierbar sein, damit sich die Datenströme auf dem Bus nicht vermischen. Mit den entsprechenden Anschlußeinheiten (Interfaces) lassen sich normale Standardgeräte verwenden, das bedeutet, daß man relativ preisgünstige Geräte im System verwenden kann. Aus Belastbarkeitsgründen und wegen der Laufzeiten ist die Zahl der anschließbaren Geräte nicht beliebig, kann jedoch relativ hoch sein. Wenn eine größere Zahl von Verbindungsleitungen zwischen den einzelnen Geräten geführt ist, können z.B. ganze Datenworte oder Bytes mit einem Takt übertragen werden, es handelt sich dann um einen parallelen Bus. Wenn größere Entfernungen zu überbrücken sind, wird es natürlich kostspielig mit vielen parallelen Verbindungsleitungen zu arbeiten. Selbstverständlich können alle Abläufe auch seriell, das heißt zeitlich nacheinander, im einfachsten Fall auch über ein einziges Leitungspaar übertragen werden. Es handelt sich dann um einen seriellen Bus.

Prinzipiell können die Busleitungen linien- oder sternförmig oder in einem geschlossenen Ring verlegt werden.

Ein weiteres Unterscheidungsmerkmal ist auch durch die Entfernungen gegeben, die ein Kommunikationsnetz bzw. ein Bussystem überbrücken muß. Die Spanne reicht von einigen Metern bis zu weltumspannend. Bleibt das Netz auf den Bereich einer Produktionsanlage beschränkt, spricht man von einem „lokalen Netz", abgekürzt „LAN" (Local Area Network). Die Entfernungen gehen von einigen Metern bis Kilometern. Netze für größere Entfernungen werden als „Weitverkehrs-Netze", abgekürzt (WAN) (Wide Area Network) bezeichnet. Das am weitesten verbreitete WAN ist das öffentliche Telefonnetz, das neben der Übertragung von Sprache auch die Übermittlung von Daten (z.B. FAX) erlaubt.

4. Lokale Meßnetze

Es gibt eine große Zahl sehr unterschiedlicher Bus-Systeme für lokale Meßnetze. Die Busse unterscheiden sich nicht nur in ihren Protokollen und Diensten, sondern auch in der angewandten Technik. Man findet für diese Anwendungen sowohl serielle als auch parallele Busse.

Für die Meßtechnik ist der wichtigste Parallel-Bus der IEC-625-Bus, der in der Laborautomatisierung zu einem Standard geworden ist, aber auch für andere Aufgaben einsetzbar ist.

4.1 IEC-625-Bus

Dieser byteserielle und bitparallele Bus umfaßt 16 Leitungen. Davon dienen 8 Leitungen als Datenbus zur Datenübertragung, 3 Leitungen für den Übergabetransfer und 5 Leitungen für die Schnittstellensteuerung.

Bild 2 zeigt die Busstruktur des IEC-625-Bus.

Die amerikanische Norm IEEE 488 stimmt damit in allen Punkten wie elektrische und mechanische Festlegungen, Codes und Datenformate überein, bis auf unterschiedliche Steckerverbindungen.

Die an den Bus angeschlossenen Geräte können drei verschiedene Grundfunktionen enthalten

- Talker, d.h. Daten aussenden
- Listener, d.h. Daten empfangen
- Controller, d.h. den Bus und die Datenübertragung steuern.

Diese Fähigkeiten treten oft auch kombiniert bei einem Gerät auf. Ein Digital-Voltmeter ist zum Beispiel Listener zum Empfang der Fernsteuersignale und wird dann zum Talker um die gemessenen Werte an den Tischrechner zurückzugeben. Der Rechner ist in der Regel ein Gerät, das Controller, Listener und Talker-Funktion vereinigt. Da alle Geräte am Bus parallel geschaltet sind, müssen drei Grundregeln eingehalten werden:

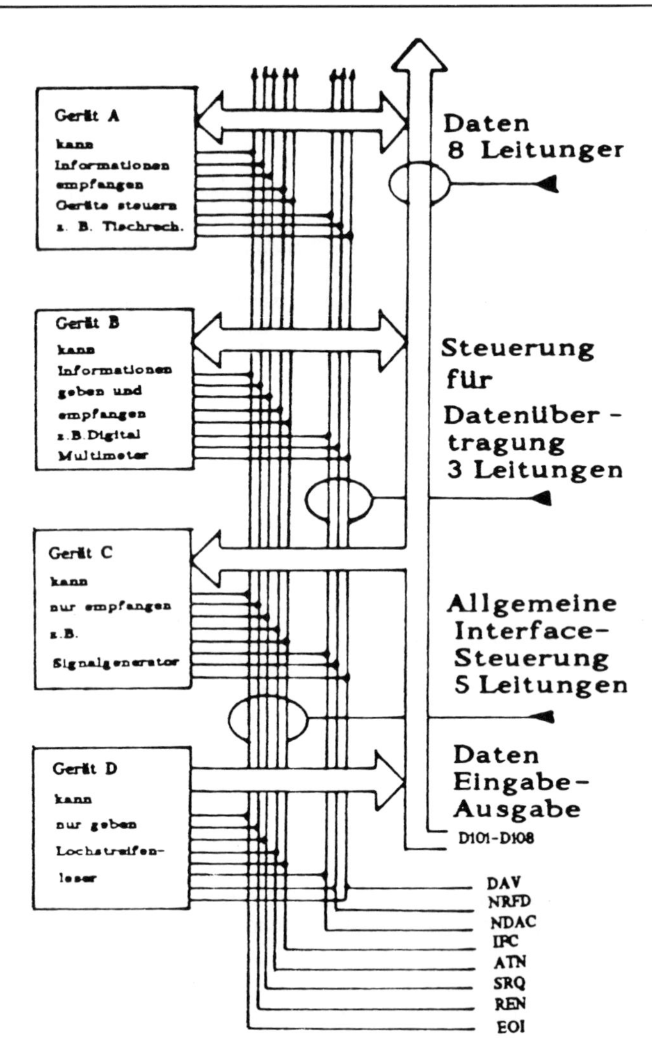

Bild 2: Busstruktur des IEC-625-Bus

- Nur ein Controller kann auf dem Bus tätig sein und nur dieser hat Zugriff zum Controll-Bus (REN, IFC).
- Zu einem Zeitpunkt darf nur ein Sender (Talker) aktiv sein, gleichzeitig können jedoch mehrere Empfänger (Listener) aktiv sein.
- Alle Geräte werden vom Controller in den entsprechenden Zustand (Talk oder Listen) geschaltet.

Der Bus ist ein rein passives Kabel. Die Buselektronik ist jeweils in den Geräten untergebracht. Der Interface-Bus arbeitet mit TTL-Pegeln in der sogenannten „Negativ True"-Logik, d.h. logisch Null entspricht dem hohen Lokik-Pegel.

Am Markt gibt es eine Vielzahl von Meßgeräten, die IEC-625-Busanschlüsse besitzen. Beispiele sind Digitalmultimeter, programmierbare Strom- und Spannungsquellen, Funktionsgeneratoren und Oszilloskope. Der Controller ist meist ein PC mit zugehöriger Interfacekarte und Softwaretreiber.

4.2 Weitere lokale Netze

Für größere Entfernungen und eine größere Zahl angeschlossener Geräte gibt es als lokale Netze meist serielle Busse mit vielen firmenspezifischen Ausführungen unterschiedlicher Eigenschaften. Einige sind genormt oder befinden sich in der Normung, z. B. Ethernet, PROWAY C, Token Ring und PVD-Bus. Diese Netze wurden ursprünglich für die Bürokommunikation entwickelt, sind aber auch universell einsetzbar.

Ein spezielles lokales Netz stellen die verschiedenen Feldbusse dar, auf die in einem eigenen Kapitel eingegangen wird.

5. Feldbusse

Bei jedem Feldbus ist die Aufgabe gestellt, Feldgeräte, Sensoren, Aktoren usw. mit übergeordneten Stationen wie z. B. Prozeßleitrechnern oder speicherprogrammierbaren Steuerungen (SPS) zu verbinden.

Bild 3 zeigt die hierarchische Struktur einer vollautomatischen Produktion bzw. Fertigung.

Im folgenden Bild 4 ist dargestellt, welche Hierarchie-Ebenen ein Feldbus versorgen soll.

Wichtige Forderungen an einen Feldbus sind neben einem geringeren Verdrahtungsaufwand die Möglichkeit eines bidirektionalen Informationsflusses zu und von jedem angeschlossenen Sensor oder Aktor. Außerdem darf das Anschließen von Geräten an den Bus keine Rückwirkung auf andere Busteilnehmer haben. Auch der Ausfall einzelner Geräte am Bus darf seine Funktion nicht beeinträchtigen. Eine einheitliche Anschlußtechnik soll den Einsatz und Austausch von Geräten verschiedener Hersteller möglich machen und erleichtern. Die einzelnen Teilnehmer sollen erdfrei und galvanisch getrennt mit dem Bus verbunden sein. Um Verkabelungsaufwand zu sparen sollte eine Zweidrahtleitung als Buskabel ausreichend sein (serielles Bussystem). Für spezielle Einsatzfälle wird auch gewünscht, daß der Feldbus in der Schutzart „Eigensicher" ausgeführt wird, in anderen Fällen besteht der Wunsch, daß auch der Versorgungsstrom für Sensoren und Aktoren über das Buskabel zugeführt wird.

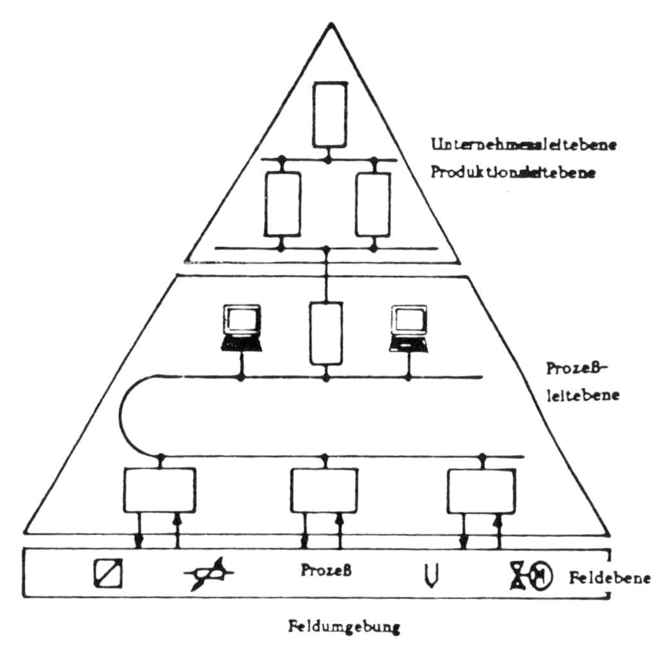

Bild 3: Hierarchische Struktur

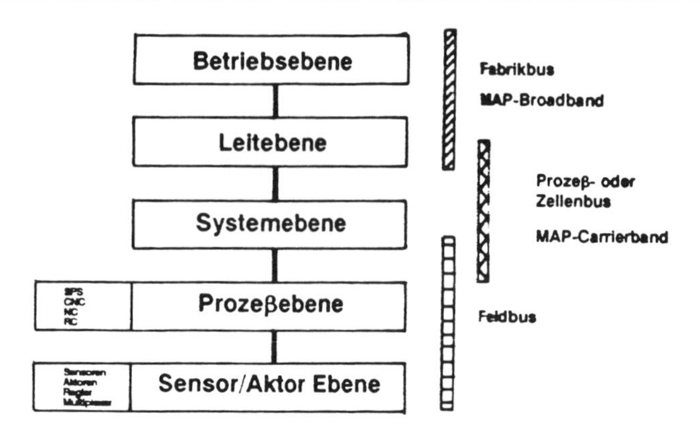

Bild 4: Hierarchie-Ebenenmodell zur Einordnung von Bussystemen

Die ursprüngliche Aufgabenstellung für einen Feldbus war, ihn für die Vernetzung auf der Sensor/Aktorebene einzusetzen und alle Sensoren und Aktoren auf einfache Weise anzukoppeln. Inzwischen wurden die Aufgaben auch auf die Kommunitation zur Prozeßebene und zur Systemebene (Bild 4) erweitert. Dies führte zu veränderten Konzepten gegenüber einem reinen Sensor/Aktorbus.

5.1 Der PROFIBUS

Beim PROFIBUS können aktive und passive Geräte angeschlossen werden. Aktive Teilnehmer, die als Master bezeichnet werden, können Nachrichten ohne externe Aufforderung auf den Bus geben, in dem Zeitraum, in dem sie im Besitz der Buszugriffsberechtigung, des Tokens, sind. Passive Teilnehmer, die Slaves, dürfen nur empfangene Nachrichten quittieren oder auf Anfrage eines Masters Nachrichten an diesen übermitteln.

Beim PROFIBUS handelt es sich um ein Multi-Master-System. Der kontrollierte Buszugriff wird mittels einer hybriden Buszugriffsmethode geregelt, d.h. denzentral wird das Token-Passing eingesetzt und zentral wird nach dem Master-Slave-Prinzip verfahren (Bild 5).

Es erfolgt beim PROFIBUS die Weitergabe der Zugriffsberechtigung auf den Bus über das sogenannte Token-Passing. Der Token (die Sendeberechtigung) wird von aktiven Teilnehmern zum nächsten aktiven Teilnehmer in numerisch aufsteigender Adreßfolge mit dem Token-Telegramm weitergegeben. Zur Schließung des logischen Rings leitet der Teilnehmer mit der höchsten Adresse den Token an den Teilnehmer mit der niedrigsten Adresse weiter.

Der Teilnehmer, der aktuell im Besitz des Token ist, hat das Recht, auf den Bus zuzugreifen. Dieser Zugriff muß dabei nicht einmalig sein. Wie oft der aktive Teilnehmer den Bus benutzen darf, hängt von verschiedenen zeitlichen Randbedingungen ab. Die Token-Soll-Umlaufzeit, welche als Parameter vorzugeben ist, wird von jedem Master mit seiner gemessenen tatsächlichen Tokenumlaufzeit verglichen.

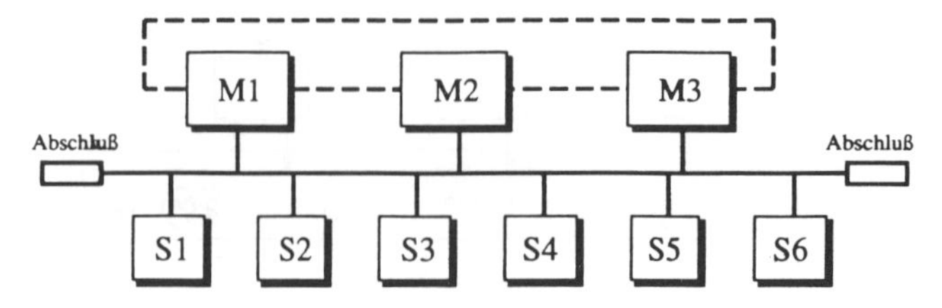

Bild 5: Multi-Master-System mit logischem Token-Weitergabe-Ring

In jedem Fall hat der Master das Recht, mindestens eine hochpriore Nachrichtensequenz abzuwickeln (beim PROFIBUS existieren zwei verschiedene Prioritäten). Der Master hat die Möglichkeit, weitere Nachrichten zu versenden, solange die Token-Soll-Umlaufzeit nicht überschritten wird. Auf diese Weise wird die Nutzungsdauer der Busbelegung optimiert.

5.2 Der P-NET-Bus

Bei dem Bussystem P-NET handelt es sich um ein von der dänischen Firma PROCES-DATA seit 1984 entwickeltes und dem Anwender lizenzfrei zur Verfügung gestelltes Bussystem. Der Lizenzgeber stellt als einzige Bedingung, daß er namentlich genannt wird.

Das P-NET ist ein Multi-Master-System, welches zusätzlich in der Lage ist, mehrere Multi-Master-Systeme zu einem Netz zu verbinden. Zur Abgrenzung gegenüber anderen Bussystemen wird deshalb im folgenden von Bussegmenten gesprochen (Bild 6).

Grundsätzlich unterscheidet das P-NET-System zwischen zwei verschiedenen Arten von Teilnehmern am Bus: den Mastern und den Slaves. Die Kommunikation zwischen Master und Slave besteht immer aus einem Anruf und einer sofortigen Antwort, wodurch ein Slave nie mehr als einen Anruf zu beantworten hat und ein Master nie auf mehr als eine Antwort wartet. Die Ausnahme ist lediglich durch einen Rundruf gegeben. In diesem Fall werden gleichzeitig alle Slaves angerufen, aber es wird keine Rückantwort erwartet.

Ein besonderes Leistungsmerkmal des P-NET ist die Fähigkeit zur Vernetzung von Bussegmenten. Die sogenannten Controller gehören zu den Mastern, haben jedoch zwei Schnittstellen, an denen sie als Master tätig sein können. Damit lassen sich sehr leicht mehrere Bussegmente und Netze miteinander verbinden.

Die Kommunikation zwischen den Bussegmenten wird direkt von Entwicklungswerkzeugen unterstützt und ist ohne großen Aufwand möglich. Die Pfadfestlegung durch das Netz kann entweder offline durch einen Compiler erfolgen oder dynamisch während des laufenden Betriebs konfiguriert werden. Ein Controller kann auch als Gateway zu anderen Bussystemen verwendet werden. Master können im Kommunikationsprozeß auch die Funktion eines Slaves übernehmen, wodurch auch die Kommunikation zwischen Mastern möglich ist. Die Buszugriffsberechtigung ist durch den im folgenden beschriebenen Mechanismus deterministisch festgelegt und kann als „virtuelles Token-Passing" bezeichnet werden.

Die Buszuteilung erfolgt zyklisch in aufsteigender Form, entsprechend der Numerierung der einzelnen Masterstationen. Das System arbeitet auch bei Ausfall eines oder mehrerer Master. Jeder Datentransfer besteht aus einem Anruf von einem Master und einer Antwort von einem Slave. Im Antwortblock ist die erste Nummer die Nummer des Masters, der den Anruf gemacht hat. Allen anderen Einheiten ist diese Information über den Bus zugänglich. Mit Hilfe dieser Nummer findet in jedem Master eine Berechnung statt. Diese Nummer wird von der eigenen Nummer, welche jeder Master hat, abgezogen. Das Ergebnis ist ein Wert, welcher in einen Zähler geladen wird. Der Master, der als letzter den Bus benutzt hat,

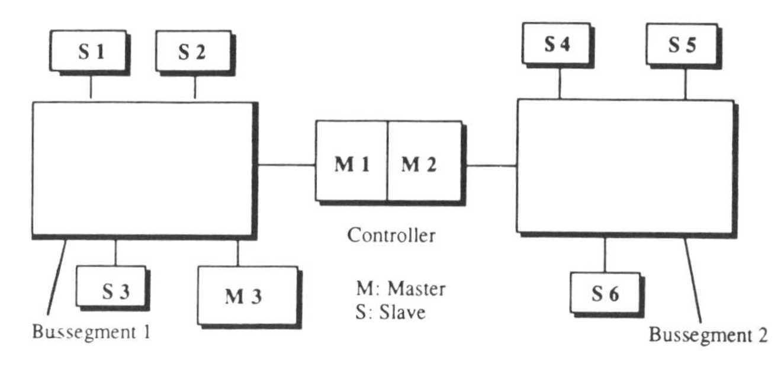

Bild 6: P-NET bestehend aus zwei Bussegmenten

setzt seinen Zähler auf die maximale Anzahl der Master am Bus. Anschließend werden die Zählerstände dekrementiert und derjenige Master darf den Bus benutzen, der als erster „Null“ erreicht. Diese erneute Busbelegung stoppt auch gleichzeitig alle Zähler in allen anderen Mastern.

Die Busbelegung ist für die Fälle optimiert, in denen der Master, der im Besitz der Berechtigung zum Senden ist, davon keinen Gebrauch macht. Der berechtigte Master hat 5 Takte Zeit, um zu senden. Macht er von seinem Recht keinen Gebrauch, geht dieses auf den nächsten Master über, weil dessen Zähler abgelaufen ist.

Durch die genaue Vorgabe der Zeiten, in denen der Bus von den einzelnen Teilnehmern benutzt werden kann (bestimmt durch die maximale Telegrammlänge und die „Tokenweitergabe“), ist eine genaue Berechnung des erneuten Zugriffs (worst-case-Bedingung) für jeden einzelnen Teilnehmer möglich.

Wird das System neu gestartet oder ein neuer Master dem Bus zugefügt, wird der Zähler mit der Nummer des jeweiligen Masters geladen. Der Master darf erst auf den Bus zugreifen, wenn sein Zähler zweimal „Null“ erreicht hat. Dieser Mechanismus arbeitet ausreichend, damit nicht mehrere Master gleichzeitig auf den Bus zugreifen.

5.3 Der Interbus S

Der Interbus S ist als Datenring mit zentralem Master-Slave-Zugriffsverfahren realisiert, wobei der Bus-Master gleichzeitig die Kopplung an das überlagerte Steuerungssystem realisiert. Dieser zentrale Master fragt zyklisch alle Teilnehmer ab. Dadurch ist auch die Zugriffszeit sehr kurz und genau definiert (Bild 7).

Ein Teilnehmer empfängt an seinem Eingang Daten und sendet diese am Ausgang zum nächsten Teilnehmer weiter. Auf Grund der geometrischen Plazierung der Teilnehmer am Ring kann die Vergabe eines Busadresse an den einzelnen Teilnehmer entfallen. Durch das zyklische Ansprechen aller gleichberechtigten Busteilnehmer gibt es keine Prioritätsüberlegungen und es liegen definierte, gleiche Abtastintervalle vor, die bei Regelungsaufgaben besonders erwünscht sind. Der Interbus-S ist besonders schnell, arbeitet ähnlich einem Schieberegister und ist für eine Teilnehmerzahl von 32 pro Segment ausgelegt. Insbesondere bei Regelung von drehzahlveränderlichen Antrieben hat er sich durchgesetzt, ist jedoch wegen seiner Einfachheit auch als Sensor/Aktorbus geeignet.

5.4 Der Bitbus

Der Bitbus wurde von der Firma Intel entwickelt und seit 1984 im Markt eingeführt. Aufgrund seiner relativ langen Marktanwesenheit hat es der Bitbus zu einer ansehnlichen Verbreitung, besonders in der Fertigungstechnik und bei speicherprogrammierbarem Steuerungen gebracht und besitzt dadurch einen hohen Bekanntheitsgrad.

Der Bitbus ist ein serieller Bus mit einer hierarchischen Struktur, d. h. es existiert nur ein Master, der alle Vorgänge auf dem Bus kontrolliert. Die Hierarchie kann mehrere Ebenen umfassen, indem ein Slave

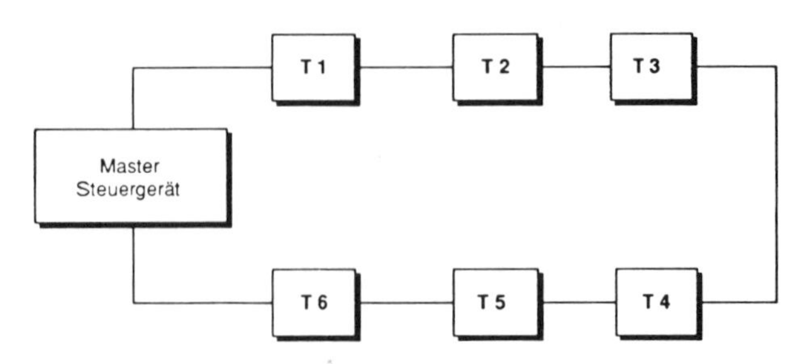

Bild 7: INTERBUS S, ein Sensor/Aktorbus

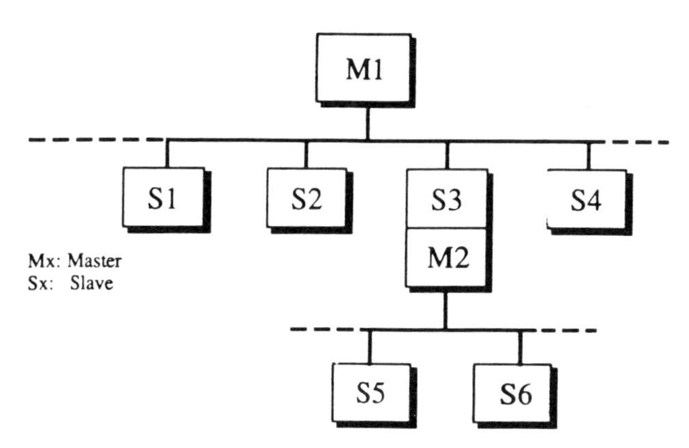

Bild 8: Bitbus mit zwei Hierarchieebenen

an einem Bus höherer Ebene mit einem Master für den Bus der nächst niedrigeren Ebene verbunden sein kann (Bild 8).

Die Betriebssystemsoftware unterstützt direkt nur eine Hierarchieebene. Es ist Aufgabe des jeweiligen Anwenderprogramms, den Zugang zu den verschiedenen Hierarchieebenen durchzuführen. Die Realisierung einer Lösung ist damit implementierungsabhängig, nicht übertragbar und stellt jeweils eine Sonderausführung dar.

5.5 Der CAN-Bus

CAN ist die Abkürzung für Controller Area Network. Es handelt sich um ein serielles Bussystem, das von den Firmen Bosch und Intel für die Zusammenschaltung von Mikroprozessoren, Aktoren und Sensoren in Automobilen entwickelt wurde. Die Komponenten dieses Systems sind als preisgünstige Standardbausteine verfügbar. In der Automobilindustrie werden hohe Anforderungen bezüglich Temperaturbereich, Umweltbelastungen, Störfestigkeit und Zuverlässigkeit gestellt. Deshalb wird dieses Bussystem auch für zahlreiche andere Anwendungen, insbesondere im Maschinenbau eingesetzt.

Bei CAN wird eine Multi-Master-Buszugriffstechnik vorgesehen. Dadurch müssen besondere Maßnahmen bei Buszugriffskonflikten getroffen werden, wenn zwei oder mehr Teilnehmer gleichzeitig auf den Bus senden wollen. Im Konfliktfall erhält eine Nachricht nach Abschluß der vorangegangenen Nachricht die Buszuteilung, wenn ihre Priorität hoch genug ist.

Es können aber auch durch eine Single Master Struktur oder ein logisches Tokensystem (VAN, ABUS) Buszugriffskonflikte von vornherein ausgeschlossen werden.

5.6 Der DIN-Meßbus

Der DIN-Meßbus ist ein seit September 1989 genormter serieller Bus (DIN 66349). Zuständig für die Normung war der Ausschuß „Länge und Gestalt" im DIN. Dabei flossen Erfahrungen von Anwendern, darunter Meßgerätehersteller, der deutschen Automobilindustrie und der Physikalisch-Technischen Bundesanstalt (PTB) ein. Der DIN-Meßbus war ursprünglich dafür gedacht, die Datenübermittlung im Bereich der Meß- und Prüftechnik zu unterstützen. Über dieses Einsatzgebiet hinaus erfolgt mittlerweile auch der Einsatz im Sensor/Aktorbereich. Er wird von der PTB für eichpflichtige Geräte mit einer Datenschnittstelle im Asynchronbetrieb empfohlen und stellt damit ein eichfähiges Datenübertragungssystem dar.

Beim DIN-Meßbus handelt es sich um einen reinen Master-Slave-Bus mit nur einem Master (Leitstation). Von einer langen Hauptleitung zweigen Stichleitungen ab, die zu den einzelnen Slaves (Teilnehmern) führen (Bild 9). Er besitzt ein geschirmtes vieradriges Kabel mit galvanischer Trennung der Teil-

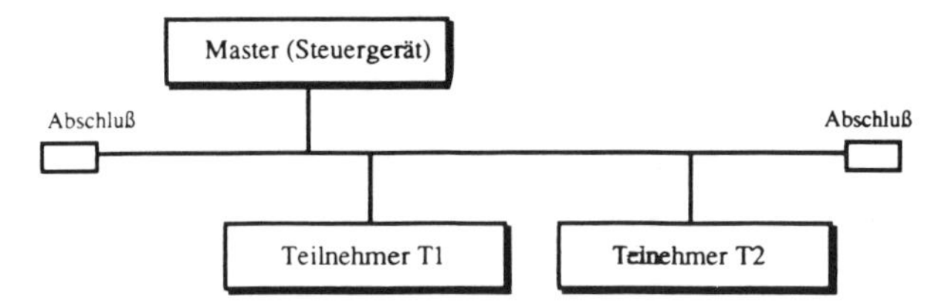

Bild 9: Busstruktur des DIN-Meßbus

nehmer und ist vollduplexfähig. Auch eine Spannungsversorgung von Teilnehmern ohne eigene Stromversorgung über den Bus ist möglich. Durch die Vollduplexfähigkeit sind Sende- und Empfangskanal zwischen Master und Slave getrennt, so daß auch im Störungsfall dieser durch ein Reset behoben oder gemeldet werden kann.

5.7 SMART-Technik

Seit einigen Jahren sind sogenannte SMART-Feldgeräte auf dem Markt (Bild 10), die einerseits eine analoge 4 bis 20 mA Standard-Schnittstelle besitzen, bei denen andererseits dem analogen Signal mittelwertfreie, kleine Steuersignale aufmoduliert sind, über die z. B. auch Meßbereiche verstellt werden können. Mit diesen Steuersignalen ist bei stark eingeschränktem Funktionsumfang auch eine bidirektionale Nachrichtenübermittlung möglich.

Meist wird heute das Frequence Shift Keying-Verfahren (FSK) verwendet, wobei der logischen „O" 2200 Hz entsprechen und der logischen „1" 1200 Hz. Dem eingeprägten Stromsignal auf der Zweidrahtleitung, das den Meßwert repräsentiert, wird auf dem gleichen Kabel das Kommunikationssignal als mittelwertfreie Wechselspannung mit niedriger Amplitude überlagert. Im Mikroprozessor des Meß- oder Stellgerätes wird diese Information entschlüsselt und umgesetzt. Dieser Dialog kann mit einem sogenannten Handbediengerät oder Hand Held Communicator oder einem PC erfolgen, der an das Kabel z. B. in der Warte angeklemmt wird. Das Aufmodulieren auf das vorhandene analoge Signal kann mit einem Kondensator oder bei gleichzeitiger galvanischer Entkopplung mit einem Übertrager erfolgen. Smart-Feldgeräte werden üblicherweise mit Punkt zu Punkt-Verbindungen verdrahtet, es gibt aber auch

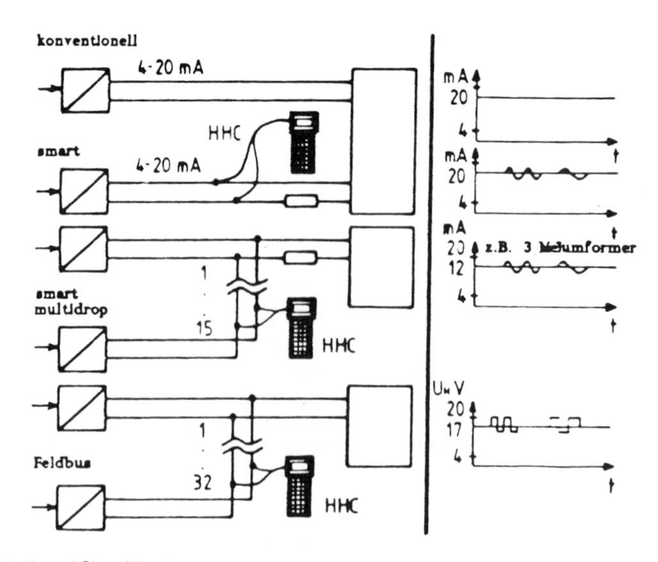

Bild 10: Aufbautechnik und Signalübertragung

eine selten angewendete sogenannte Multidrop-Variante, bei der mehrere Geräte an eine Leitung anschließbar sind. Handbediengeräte und SMART-Feldgeräte waren zunächst firmenspezifische Lösungen, bei denen die einzelnen Komponenten nicht gegeneinander austauschbar sind. Die Firma Rosemount verwendete für ihre SMART-Geräte das sogenannte HART-Protokoll. Diesem Protokoll, das kein Feldbus hat, haben sich in jüngster Zeit zahlreiche weitere Firmen angeschlossen und sich in der HART-User Group vereinigt. Ziel ist dabei eine generelle Austauschbarkeit von Komponenten. Der Funktionsumfang ist jedoch sehr unterschiedlich und teilweise auch herstellerspezifisch.

5.8 ASI-Technik

Das ASI-Projekt wurde erst 1992 begonnen und hat sich die Aufgabe der Entwicklung eines Aktor/Sensor-Interface für sehr einfache, rein binäre Feldgeräte gestellt. Dieses System hat eine Master-Slave Struktur, bei der alle Aktivitäten vom Master ausgehen.

5.9 SERCOS-Technik

Das SERCOS-Interface wurde für die schnelle Informationsübertragung bei numerischen Steuerungen entwickelt. Das System arbeitet nach dem Master-Slave-Prinzip, wobei alle Teilnehmer zu einem Ring geschaltet und jeweils mit Lichtwellenleitern verbunden sind.

5.10 Der FIP-Bus

Die Abkürzung FIP bedeutet ursprünglich Factury Instrumentation Protocol und wurde später für Flux Information Processus umbenannt. Es handelt sich um einen französischen Standard, der auch von italienischen Firmen übernommen wurde. Der FIP-Bus hat einen Master, auch Bus Arbiter genannt, der jedoch redundant ausgeführt sein kann. Dieser verwaltet den Buszugriff nach dem Delagated Token Prinzip, indem er den Teilnehmern nacheinander den delegated Token gibt. Dieser Teilnehmer gibt seine Daten auf den Bus und der Master sowie andere Teilnehmer, welche Interesse an diesen Daten haben, können mithören. Sobald die Daten des Teilnehmers am Bus sind, fällt der delegated Token wieder an den Master zurück, der ihn jetzt dem nächsten Teilnehmer gibt.

5.11 Der FAIS-Bus

Das Factory Automation Interconnection System FAIS wurde in Zusammenarbeit von 30 maßgeblichen japanischen Firmen seit 1987 für Anwendungen mit Realzeitbedingungen entwickelt, um es praktisch zu implementieren und durch entsprechende Produkte auf dem Weltmarkt zu unterstützen. FAIS verwendet das Token Passing und ist für Koaxialkabel und Lichtwellenleiter spezifiziert.

5.12 Der IEC-Feldbus

Zuständig für die weltweite Normung von einem oder mehreren Feldbus-Systemen ist die IEC (International Electrotechnical Commission), die sich seit 1985 mit diesem Thema beschäftigt. Es wird sehr intensiv an dem geplanten internationalen Standard gearbeitet, wobei sich der Einigungsprozeß als äußerst schwierig und zeitraubend gestaltet. Der Termin für die Fertigstellung wurde mehrfach nach hinten verschoben und wird derzeit für das Jahr 1994 erwartet.

6. Ausblick

Von besonderer Bedeutung für die Automatisierung ist der Feldbus. Dieser kann intelligente Sensoren und Aktoren, die bei einer komplexen Anlage im Feld verteilt sind, miteinander und mit dem Prozeßleitsystem verbinden. Dann werden nicht mehr viele Punkt zu Punkt-Verbindungen von den einzelnen Meßstellen (meist mit Zweidrahtleitungen) zum Prozeßleitsystem geführt, sondern diese Einzelverdrahtungen werden durch ein Busnetz ersetzt.

Gegenüber der analogen 4...20 mA bzw. 0...20 mA-Schnittstelle, bei der nur jeweils eine Information in eine Richtung übertragen werden kann, bietet ein Bussystem erhebliche Vorteile. Hier ist Dialogbetrieb möglich mit z. B. Meßbereichs- oder Funktionsumschaltung. Über die Software können beispielsweise Meßspannen, Radizierungen, Kennlinien, Abtastzyklen usw. eingestellt und eine erforderliche Wartung überwacht und gemeldet werden.

Der Durchbruch beim Feldbuseinsatz wird erst kommen, wenn eine große Zahl von für die Meß- und Steuerungsaufgaben in der Verfahrenstechnik und Fertigungstechnik erforderlichen intelligenten Sensoren und Aktoren am Markt verfügbar ist. Voraussetzung hierfür ist, daß ein oder mehrere Feldbusse international genormt sind und sich durchzusetzen beginnen, oder daß ein Bus zum Quasistandard geworden ist. Zur Zeit befinden wir uns gerade an der Schwelle dieser stürmischen Entwicklung. Einerseits werden die Normungsarbeiten intensiv vorangetrieben, andererseits bieten bereits Halbleiterfirmen fertige Busbausteine an (z. B. CAN Controller Area Network), die als Netzinterface als Standard-Chip verfügbar sind. Die Standardisierung auf dem Gebiet der Feldbusse ist zur Zeit stark im Fluß. Derzeit werden unterschiedliche Vorschläge in Pilotanlagen installiert und mit ihrem praktischen Einsatz Erfahrungen gesammelt.

Entscheidend dafür, welche Bus-Systeme sich durchsetzen werden, sind die Anwender. Diese werden dafür sorgen, daß es in einigen Jahren nur noch eine überschaubare Anzahl von verschiedenen Bussystemen für die unterschiedlichen Aufgabenstellungen geben wird. Sie eröffnen dann auch mit entsprechenden Marktanteilen und Stückzahlen die Möglichkeit, eine Vielzahl von Geräten unterschiedlicher Hersteller über ein gemeinsames Bus-System miteinander zu verbinden und zusammenzuschalten. Auch bei bereits installierten Anlagen mit firmenspezifischen Bussystemen wird es möglich sein, diese durch Gateways an den übergreifenden Feldbus anzukoppeln.

Schrifttum

[1] Bonfig, K.W.: Bus-System – quo vadis? Messen & Prüfen, Heft 12, Dezember 1990.
[2] Schwaier, A.: Der Bus in der industriellen Meßtechnik. Messen & Prüfen, Heft 12, Dezember 1990.
[3] Schlingmann, H.: Feldbus in der chemischen Verfahrenstechnik. Messen & Prüfen, Heft 12, Dezember 1990.
[4] Patzke, R.: Ursprung und Ziel des DIN-Meßbus. Messen & Prüfen, Heft 12, Dezember 1990.
[5] Stamm, K.: Feldbus im Automobil. Messen & Prüfen, Heft 12, Dezember 1990.
[6] Lawrenz, W.: Auto-Busse – die Lösung für die Meßtechnik? Messen & Prüfen, Heft 12, Dezember 1990.
[7] Stoppok, C. und Sturm, H.: Vergleichende Studie von verfügbaren und in Entwicklung befindlichen Feldbussen für Sensor und Aktorsysteme. VDI/VDE-Technologiezentrum Informationstechnik, Berlin, August 1990.
[8] Pfleger, J.A.H.: Kommunikationssystem Feldbus, atp, Heft 5, Mai 1986.
[9] Frehse, K.P. und Haase, H.J.: Kommunikation im Feld. Siemens-Ausstellerseminar auf der INTERKAMA 89.
[10] Daunke, W. und Granados, F.: Kommunikation im unteren Leistungsbereich. Siemens-Ausstellerseminar auf der INTERKAMA 89.
[11] Schneider, F.: Lokale und verteilte Meßnetze. Meßlab. 90, Kongreßband, Network, Hagenburg, 1990.
[12] Lawrenz, W.: Auto-Busse – Die neue Chance für die Meßwertübertragung. Meßlab. 90, Kongreßband, Network, Hagenburg 1990.
[13] Wanser, K.: Entwicklungen der Feldinstallation und ihre Beurteilung. atp, Heft 5, Mai 1985.
[14] Bonfig, K.W.: Sensoren und Sensorsysteme. Expert-Verlag, Ehningen, 1991.
[15] Vogelsang, E. und Wuttig, H.: Feldbus – aktueller Stand der Normungsaktivitäten. Messen & Prüfen, Heft 9, September 1989.
[16] Pfleger, J.A.: Feldbus in der Verfahrenstechnik, atp 31, Heft 4, April 1989.
[17] Saenger, F., Theis, M., Wiesner, M.: Konformitätstest – ein notwendiger Schritt für den Profibus auf dem Weg zur offenen Kommunikation im Feldbereich. atp 33, Heft 1, Januar 1991.
[18] Hofmann, E.: Profibus: Projektziele erreicht. atp 32, Heft 12, Dezember 1990.
[19] Janssen, U.: Dezentrale Meßdatenerfassung und -verarbeitung mit IBM-Industriecomputer über Bitbus, MessComp 1988, Tagungsband, Network, Hagenburg.
[20] Dams, U. und Döring, J.: Langzeitmeßtechnik in Feldbusnetzwerken. MessComp 1989, Tagungsband, Network, Hagenburg.
[21] Patzke, R.: Serielle Busse für die Meßdatenübermittlung. MessComp 1989, Tagungsband, Network, Hagenburg.
[22] Wagner, U.: Meßdatenübertragung in Qualitätskontrolle und Fertigung mit dem neuen Feldbus Standard DIN 66348, Teil 2 (DIN-Meßbus). MessComp 1989, Tagungsband, Network, Hagenburg.
[23] Buss, W.: Multikanal Meßdatenerfassung am Beispiel eines kombinierten PC-VME-Bus-Systems. MessComp 1989, Tagungsband, Network, Hagenburg.
[24] Lindner, K.P.: Digitale Kommunikation – Anforderungen an die Mensch-Maschine-Schnittstelle. MessComp 1990, Tagungsband, Network, Hagenburg.
[25] Lawrenz, W.: Auto-Busse – die Lösung für die Meßtechnik. MessComp 1990, Tagungsband, Network, Hagenburg.
[26] Watson, K.: Feldbus in prozeßtechnischen Anlagen. MessComp 1990, Tagungsband, Network, Hagenburg.
[27] Patzke, R.: Einbindung des DIN-Meßbus in Konzepte der Fabrikautomatisierung. MessComp 1990, Tagungsband, Network, Hagenburg.
[28] Gut, B.: Eigensichere Feldmeßgeräte im digitalen Dialog mit übergeordneten Bussystemen. MessComp 1991, Tagungsband, Network, Hagenburg.
[29] Voits, M.: Profibus – ein offenes und standardisiertes Feldbuskonzept. MessComp 1991, Tagungsband, Network, Hagenburg.
[30] Patzke, R.: Echtzeitverarbeitung mit seriellen Bussystemen, MessComp 1991, Tagungsband, Network, Hagenburg.

[31] Borst, W.: Der Feldbus in der Maschinen- und Anlagentechnik. Franzis-Verlag, München 1992.
[32] Schwörer, T.: Ein praktischer Weg zur Integration von Feldmeßgeräten in industrielle Netzwerke. MessComp 1992, Tagungsband, Network, Hagenburg.
[33] Thuselt, F.: Standardisierte Sensor-Schnittstellen durch PROFIBUS-Profile. MessComp. 1992, Tagungsband, Network, Hagenburg.
[34] Seifart, M., Rauchhaupt, L., Beikirch, H.: Leistungsvergleich von Bussystemen der Sensor-/Aktorebene, MessComp. 1992, Tagungsband, Network, Hagenburg.
[35] Lawrenz, W.: Messen und Regeln mit CAN-vernetztem, modularem Steuersystem. MessComp 1992, Tagungsband, Network, Hagenburg.
[36] Patzke, R.: Abtastung und Kommunikation auf seriellen Bussystemen. MessComp 1992, Tagungsband, Network, Hagenburg.
[37] Rupp, W.: DIN-Meßbus – Realisierung in der Praxis. MessComp 1992, Tagungsband, Network, Hagenburg.
[38] Patzke, R.: Einfluß der Manufacturing Message Specification (MMS) auf vernetzte Meßgeräte. Mess Comp 1993, Tagungsband, Network, Hagenburg.
[39] Hennemann, M.: Integration von Feldmeßgeräten in industrielle Netzwerke. MessComp 1993, Tagungsband, Network, Hagenburg.
[40] Rauchhaupt, L., Seifart, M., Beikirch, H.: Ist der CAN-Bus echtzeitfähig? MessComp 1993, Tagungsband, Network, Hagenburg.
[41] Uphoff, J.: Netzwerkmanagement-Standard-Software für CAN. MessComp 1993, Tagungsband, Network, Hagenburg.
[42] Böttcher, J.: Engineering mit Feldbussen. MessComp 1993, Tagungsband, Network, Hagenburg.
[43] Bonfig, K.W.: Sensoren und Mikroelektronik, Expert-Verlag, Ehningen, 1993.
[44] Drahten, H.: Der Feldbus aus der Sicht des Anwenders. atp 33, Heft 2, Februar 1991.

Massedurchflußmessung mit Hilfe der Coriolis-Kraft

Von C. VAN DOORN und T. HINZMAN[1])

1. Einleitung

Durchflußmesser, die direkt den Massestrom messen, sind seit ihrer Einführung auf dem europäischen Markt im Jahre 1980 immer stärker in den Vordergrund getreten. Der Name Micro Motion (Herstellername) ist zum Begriff für Massedurchflußmeßgeräte geworden, die mit U-förmigen Meßrohren ausgerüstet sind. Der genannte Hersteller stellte 1977 in den USA den Massedurchflußmesser Typ A vor. Dieses Gerät war in erster Linie für den Laborbetrieb gedacht.

Im Jahre 1978 wurde das erste Gerät (Typ B) für den industriellen Einsatz vorgestellt. Im gleichen Jahr wurde das erste Patent für ein Massedurchflußmeßgerät erteilt, das nach dem Coriolis-Prinzip arbeitet.

1980 wurde ein weiteres Patent erteilt, das die Messung einer Zeitdifferenz zur Auswertung der durchflußabhängigen Corioliskräfte beinhaltet. Im Jahre 1981 wurde die nächste Generation der Massedurchflußmeßgeräte, (Typ C) vorgestellt. Dieses Gerät zeichnete sich durch erhebliche Verbesserungen hinsichtlich der Signalaufnehmer (induktiv anstatt optisch) sowie der Sicherheit und der Zuverlässigkeit aus.

Bereits 1983 wurde der Typ D eingeführt. Hierbei handelt es sich um die heute auf dem Markt befindliche Version eines Massedurchflußmessers mit U-förmigen Doppelmeßrohren. Dieses Gerät ist gegenüber all den vorhergehenden Ausführungen wesentlich unempfindlicher gegenüber externen Vibrationen und bezüglich Betriebssicherheit und Zuverlässigkeit weiter verbessert.

Diese Generation ist einfacher und kostengünstiger zu installieren und wird direkt in eine Rohrleitung eingebaut. Für diese Geräte-Vision wurde im Jahre 1985 ein Patent erteilt.

2. Meßverfahren

Alle bisher bekannten Versionen arbeiten nach dem gleichen Meßprinzip. U-förmig gebogene Meßrohre werden elektromagnetisch in Schwingungen versetzt, um die bei einer durch das Rohr strömenden Masse verursachten Corioliskräfte auswerten zu können.

Die mechanischen Hauptkomponenten des Sensors sind das Meßrohr und die Prozeßblöcke, an die das Meßrohr angeschlossen ist (Bild 1).

Das Meßrohr ist an den Prozeßblöcken befestigt, wie ein freihängender Träger. Für das Meßrohrsystem können zwei Achsen definiert werden. Die erste Achse „A" ist die Rotationsachse. Es

[1]) C. van Doorn und T. Hinzman, Brooks Instruments, Veenendaal, NL

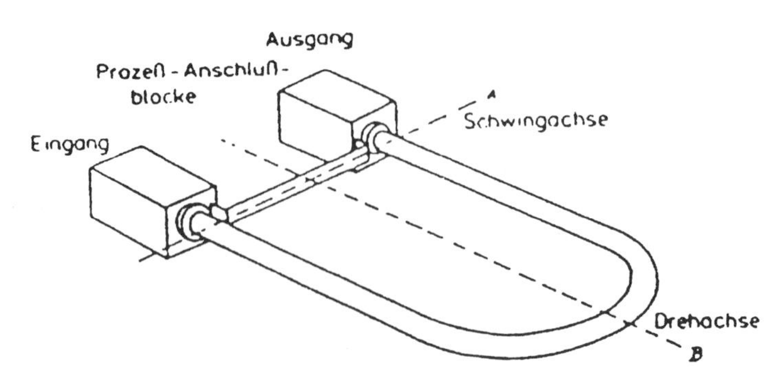

Bild 1: Komponenten des Massedurchflußmessers

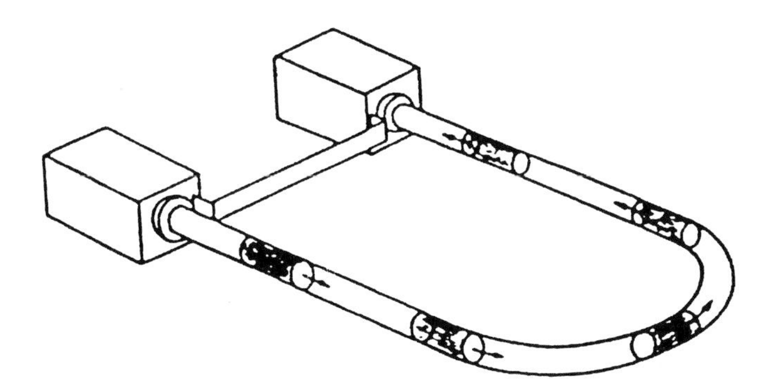

Bild 2: Masseabschnitte fließen durch das U-förmige Meßrohr

ist die Achse, um die das Meßrohr schwingt bzw. rotiert. Die andere Achse ist die Drehachse „B". Eine Rotation um diese Achse ist abhängig von der Masse, die durch das Meßrohr fließt.

Die gesamte Flüssigkeit eines Rohrleitungssystems, an welches das Meßgerät angeschlossen ist, wird durch das Meßrohr geleitet. Die zylindrischen Abschnitte stellen eine Masseeinheit dar, die sich durch das Rohr bewegt (Bild 2).

Die normale Fließrichtung ist, wie in diesem Bild angedeutet, die rechte Seite „Einlauf" und die linke Seite „Auslauf". Diese Fließrichtung wird auch in den folgenden Beschreibungen und Abbildungen beibehalten.

Das Meßrohr wird mit seiner natürlichen Resonanzfrequenz wie eine Stimmgabel über eine magnetische induktive Antriebseinheit in Schwingung versetzt (Bild 3).

Die Frequenz, mit der die Rohre schwingen, liegt zwischen 60 und 120 Hz, abhängig von der Größe der Meßrohre (Gerätetype) und der Produktdichte. Mit zunehmender Gerätegröße sinkt die Resonanzfrequenz. Frequenzen nahe dem Bereich 50–60 Hz werden vermieden, um Störungen von normalen elektrischen Antrieben und Anlagenteilen auszuschließen.

Die Amplitude der Resonanzschwingung ist kleiner als 1 mm. Dieser eng begrenzte Bereich für die Schwingungsamplitude vermeidet übermäßige Materialbeanspruchung in der Nähe der Schwingachse. Die Schwingungsbelastung liegt weit unterhalb der Materialelastizitätsgrenze. Die Vibration der Meßrohre mit ihrer Resonanzfrequenz minimiert die notwendige Energie, um das Rohr in Schwingung zu halten.

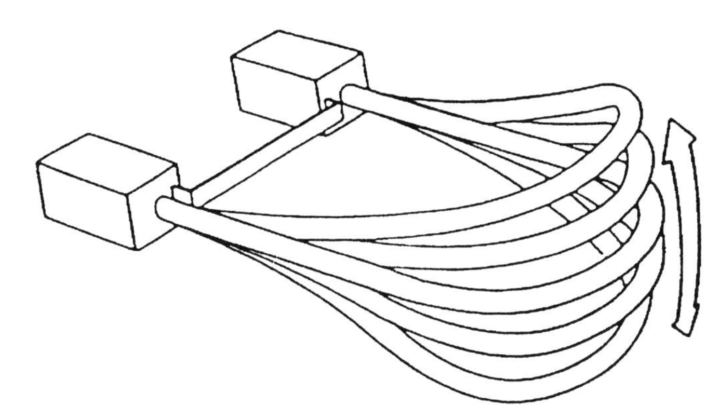

Bild 3: Schwingbewegung des Meßrohres

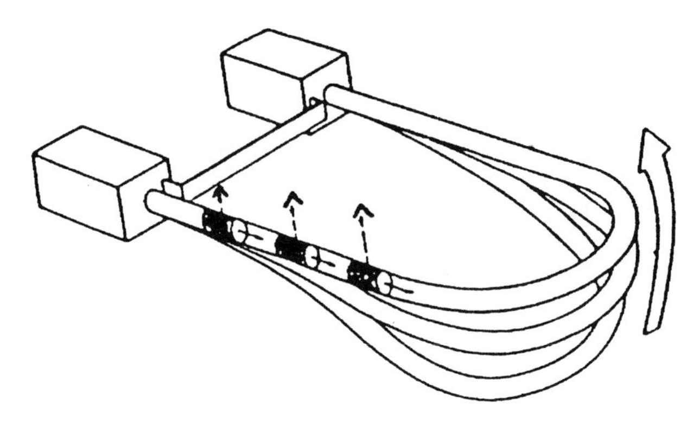

Bild 4: Vertikale Beschleunigung wirkt auf die Masseabschnitte im Einlauf-Rohrschenkel

Bild 4 zeigt die Bewegung eines Flüssigkeitsabschnittes in der Einlaufseite des Meßrohres in Verbindung mit der Schwingung, hier dargestellt in der Aufwärtsbewegung. Während der Aufwärtsbewegung des Meßrohres fließt der Flüssigkeitsabschnitt mit einer konstanten Fließgeschwindigkeit von der Schwingachse in Richtung U-Bogen weiter. Die Fließbewegung ist hier angedeutet durch Pfeile in Fließrichtung.

Durch die Aufwärtsbewegung des Meßrohres erfährt auch die Flüssigkeit, die sich innerhalb des Rohres befindet, eine vertikale Geschwindigkeit, angedeutet durch gestrichelte Pfeile. Die auf die Flüssigkeitspartikel wirkende vertikale Geschwindigkeit steigt von der Drehachse zum U-Bogen hin in der Einlaufseite an.

Die zeitliche Änderung der vertikalen Geschwindigkeit wird auch Coriolisbeschleunigung genannt, wie sie typischerweise in rotierenden Systemen und bei radialer Massenpunkbewegung auftritt. In diesem Fall ist das rotierende System das harmonisch schwingende Meßrohr. Die Coriolisbeschleunigung ist dargestellt durch strichpunktierte Pfeile (Bild 5).

Da das Meßrohr durch seine Bewegung einerseits auf die Flüssigkeit drückt, drückt diese andererseits zurück auf das Rohr. Nach dem dritten Newtonschen Gesetzt gilt, daß für jede Kraftwirkung eine gleiche Wirkung in Gegenrichtung erfolgt (Bild 6).

Dies ist angedeutet durch die nach unten zeigenden Pfeile. Die auf die Flüssigkeit in der Einlaufrohrseite einwirkende Gegenkraft ist äquivalent zum Betrag der Masse, die sich in der Einlaufrohrseite befindet, multipliziert mit der vertikalen Beschleunigung.

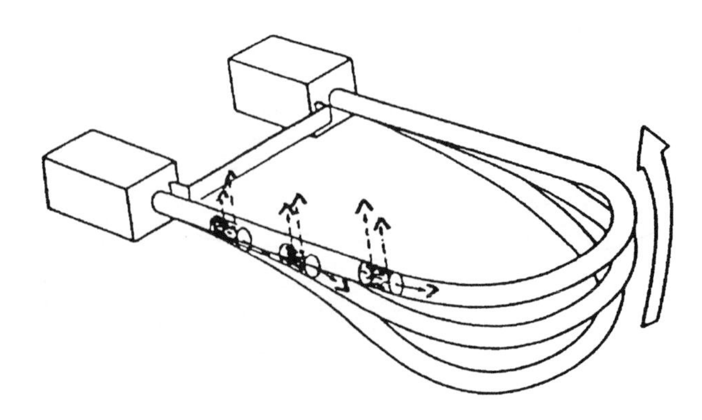

Bild 5: Aus vertikaler Beschleunigung resultierende Coriolis-Beschleunigung, strichpunktierte Pfeile

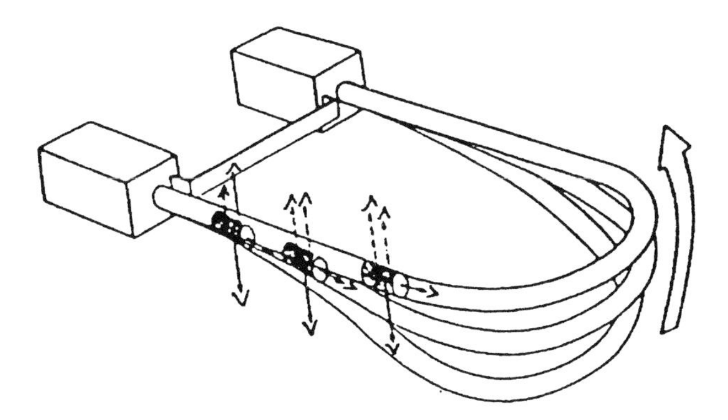

Bild 6: Der Coriolis-Beschleunigung entgegengesetzt wirkende Kraft, nach unten zeigende Pfeile

In der Auslaufrohrseite nimmt die vertikale Geschwindigkeit der Flüssigkeit vom U-Bogen hin zur Schwingachse ,,A'' ab (Bild 7).

Fließt nun der Flüssigkeitsabschnitt von einem Punkt des Rohres, der sich schneller bewegt, zu einem Punkt, der sich langsamer bewegt, wird auch die Flüssigkeit, in vertikaler Richtung gesehen, abgebremst. Die Verringerung der vertikalen Geschwindigkeit ist durch die gestrichtelten Pfeile dargestellt. Die strichpunktierten Pfeile in dieser Abbildung stellen die negative Beschleunigung oder Abbremsung des Meßrohres dar, die wiederum abhängig ist von der Verringerung der vertikalen Geschwindigkeit und dieser entgegengerichtet (Bild 8).

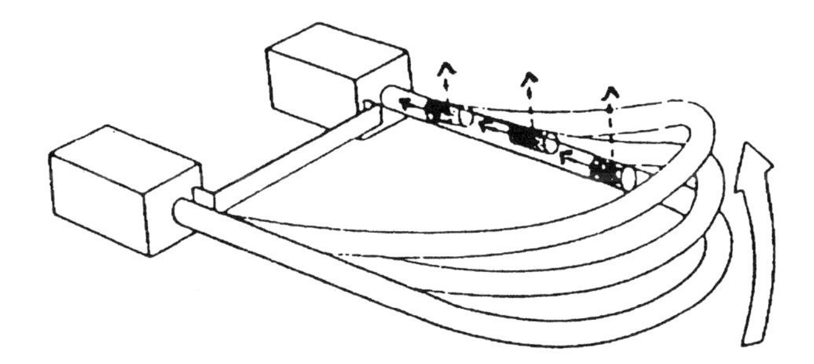

Bild 7: Abnehmende vertikale Beschleunigung im Auslauf-Rohrschenkel

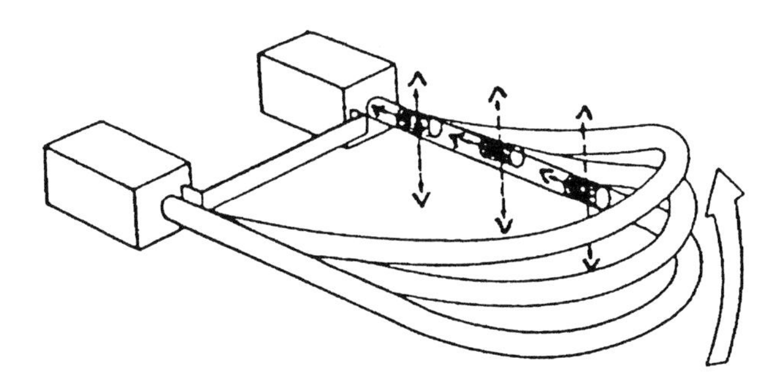

Bild 8: Resultierende negative Coriolis-Beschleunigung im Auslaufrohrschenkel, strichpunktierte Pfeile

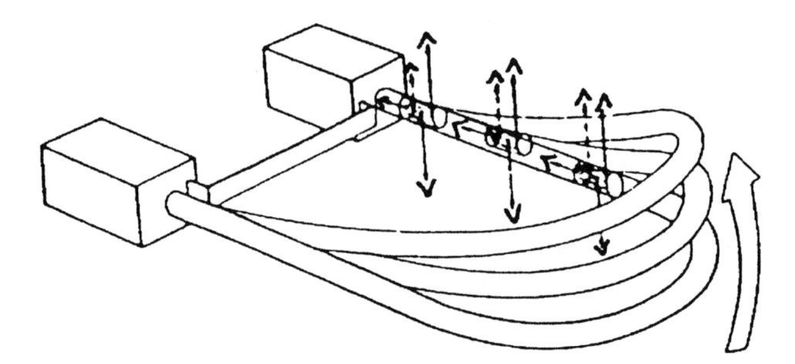

Bild 9: Der negativen Coriolis-Beschleunigung entgegengesetzt wirkende Kraft, nach oben zeigende durchzogene Pfeile

Da die Flüssigkeit, in vertikaler Richtung gesehen, verlangsamt wird, wirken Kräfte der sich verlangsamenden Flüssigkeit auf die Oberseite des Meßrohres. Die Flüssigkeit drückt zurück auf das Rohr und beschleunigt dieses in Richtung der Rohrbewegungsrichtung (Bild 9). Diese Gegenkraft wird durch die nach oben zeigenden Pfeile dargestellt.

Das Ergebnis der auf den Ein- und Auslaufrohrschenkelseiten entgegengesetzt wirkenden Kräfte ist eine Verdrehung des Meßrohres um die Drehachse (Bild 10).

Die Größe des entstehenden Drehwinkels ist direkt proportional zum Massedurchfluß. Durch Messung des auftretenden Drehwinkels erhält man ein massedurchflußproportionales Meßergebnis. In der obigen Abbildung ist dargestellt, wie sich das Meßrohr um die Drehachse „B" verdreht, wenn das Rohr sich in der Aufwärtsbewegung befindet. Die Rohrverdrehung ist gegen den Uhrzeigersinn gerichtet. Das erklärt sich dadurch, daß sich die Flüssigkeitskräfte laut den vorausgegangenen Erläuterungen in den beiden Rohrschenkeln entgegengesetzt verhalten. Die Flüssigkeitskräfte in der Einlaufrohrseite wirken entgegengesetzt der Bewegungsrichtung des Rohres, während sie auf der Auslaufrohrseite in die Bewegungsrichtung des Rohres wirken.

Bewegt sich das Meßrohr abwärts, tritt eine Verdrehung im Uhrzeigersinn auf (Bild 11).

Das mechanische Verhalten dieses Einzelrohrs kann auch auf Systeme mit Doppelrohr-Aufbau übertragen werden. Die Seitenansicht eines Doppelrohr-Sensors des Typs D25 ist aus Bild 12 ersichtlich.

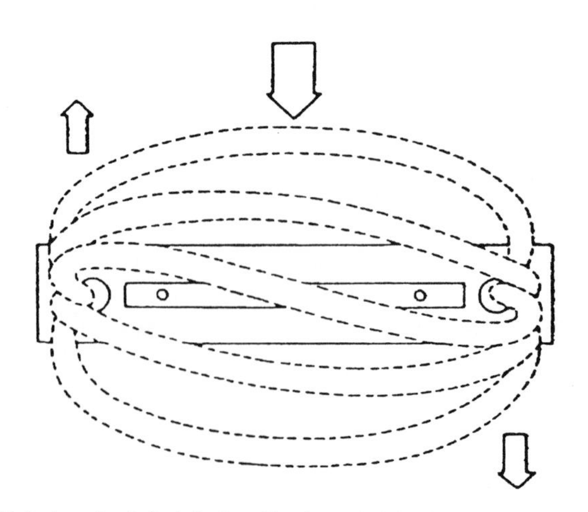

Bild 10: Verdrehung des Meßrohres durch Coriolis-Beschleunigung bei der Aufwärtsbewegung

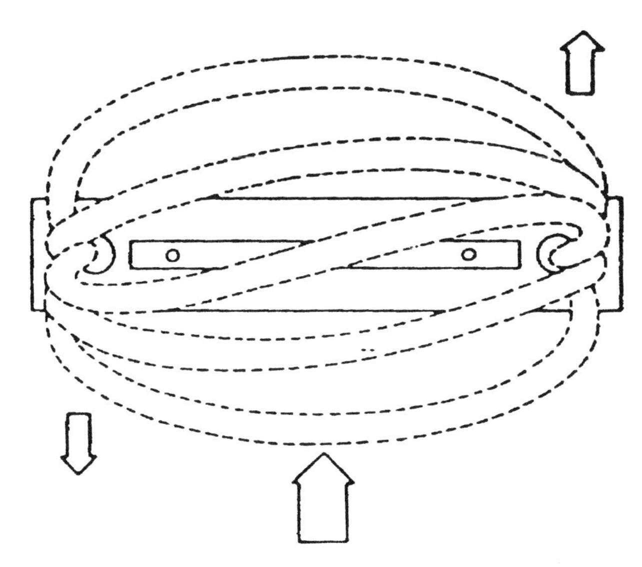

Bild 11: Verdrehung des Meßrohres bei der Abwärtsbewegung

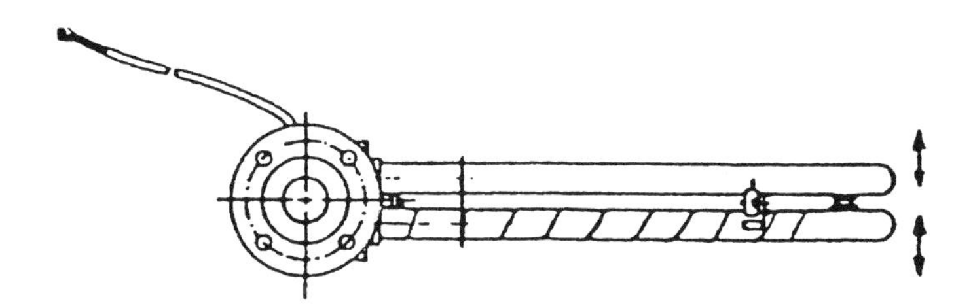

Bild 12: Seitenansicht eines Doppelrohrsensors

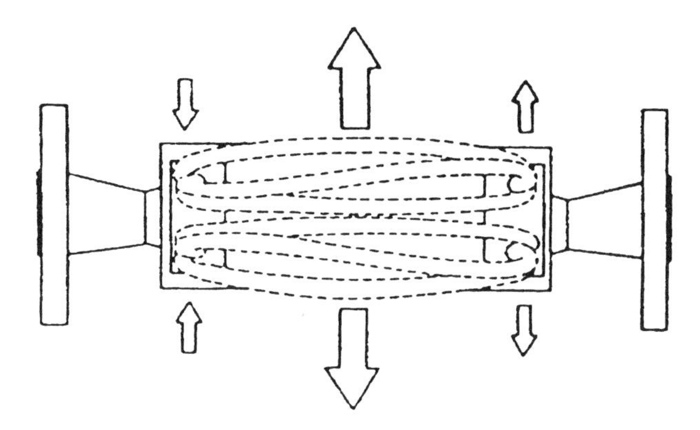

Bild 13: Verdrehung der Rohre beim Doppelrohrsensor, Bewegung der Rohre voneinander weg

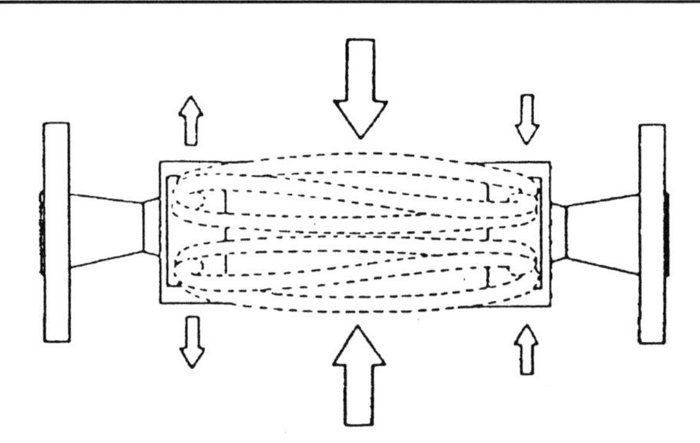

Bild 14: Verdrehung der Rohre, Bewegung aufeinander zu

Beide Rohre schwingen entgegengesetzt zueinander mit einer Phasenverschiebung von 180 °C. Beide Rohre arbeiten in ähnlicher Weise wie die zwei Zinken einer Stimmgabel. Durch die entgegengesetzte Schwingungsrichtung der Rohre werden Vibrationsprobleme durch Ausgleich der Scher- und Drehmomentkräfte am Drehpunkt weitestgehend vermieden. Betrachtet man die Doppelrohrversion aus Blickrichtung des U-Bogens, wird das gegensinnige Verhalten der beiden Meßrohre unter Durchflußbedingungen sichtbar (Bild 13, 14).

Jedes einzelne Meßrohr arbeitet in der gleichen Art und Weise, wie es bei dem Einzelrohr beschrieben wurde. Das obere Rohr bewegt sich aufwärts, und deshalb verdreht es sich entgegen dem Uhrzeigersinn. Das untere Rohr verdreht sich im Uhrzeigersinn, da es sich abwärts bewegt. Während des Meßprozesses werden die Drehwinkel von beiden Rohren summiert.

Der größte Drehwinkel wird erhalten, wenn beide Meßrohre ihre Ruhelage (Nullachse) passieren. Bewegen sich die Rohre aufeinander zu, so ändert sich der Auslenkungswinkel der Rohre. Das obere ist im Uhrzeigersinn, das untere gegen den Uhrzeigersinn ausgelenkt.

3. Meßsignalaufnahme

Das Signal, der an beiden Rohrschenkeln angebrachten magnetisch-induktiven Aufnehmer ist sinusförmig. Die Amplitude liegt bei ca. 300 mV SS. Schwingen die Rohre, ohne das Produkt durchfließt (keine Corioliskräfte und keine Drehwinkel), schwingen beide Rohre in der parallelen Lage zueinander um 180 °C phasenverschoben. Die aufgenommenen Sinussignale haben untereinander keine zeitliche Verschiebung.

Fließt Fluid durch die Rohre, treten Corioliskräfte auf, die Rohre schwingen mit einem Drehwinkel zueinander, der proportional zum Massedurchfluß ist. An den beiden Aufnehmern werden daher Signale aufgenommen, die eine entsprechende Phasenverschiebung aufweisen (Bild 15).

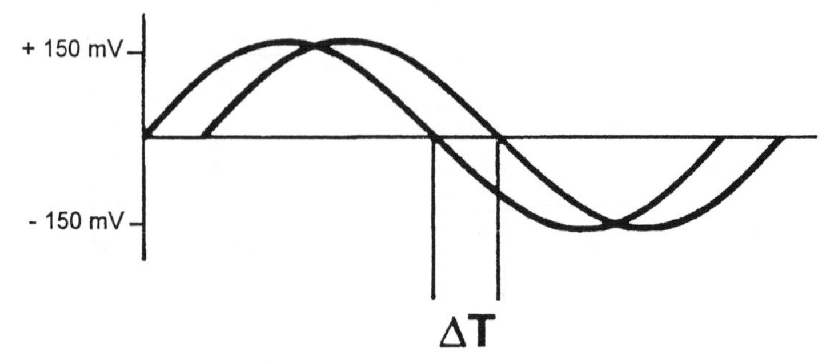

Bild 15: Phasenverschobene Aufnehmer-Signale

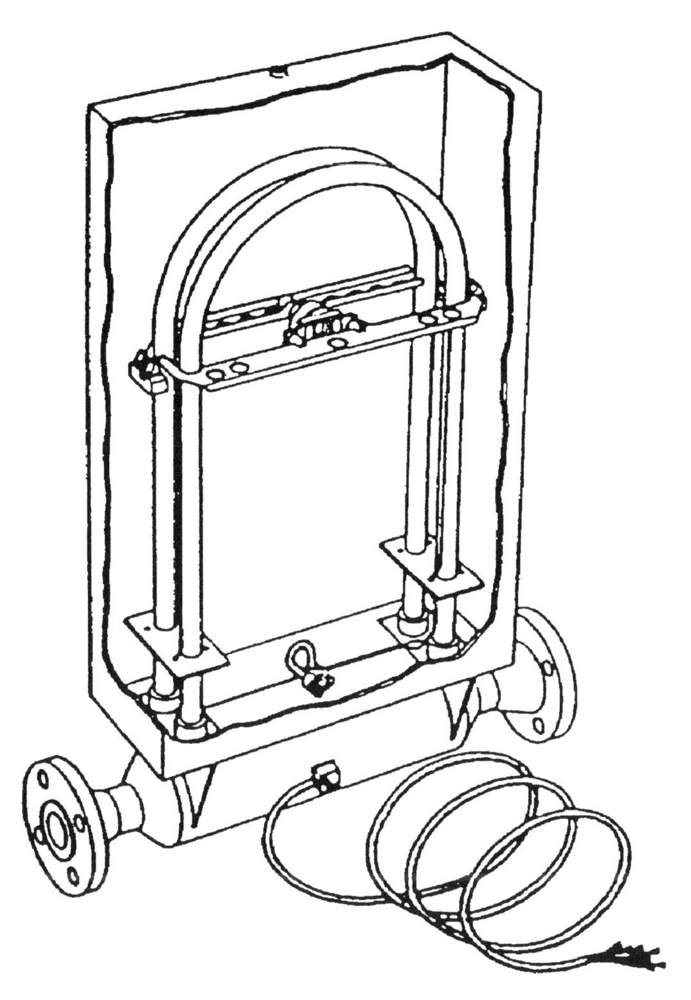

Bild 16: Sensor vom Typ D im Schnitt

Über die nachgeschaltete Elektronik wird die gemessene Zeitdifferenz zwischen den beiden Aufnehmersignalen in Standardsignale umgesetzt.

4. Aufbau des Sensors

Am Beispiel eines Doppelrohrsensors wird der Geräteaufbau in Bild 16 und 17 dargestellt.

5. Auswerteelektronik

Die Auswerteelektronik ist ein mikroprozessorgesteuerter Transmitter. Der Transmitter bildet in Verbindung mit dem Massedurchflußsensor das komplette Massedurchflußmessersystem.

Der Transmitter wandelt die sehr kleinen Durchflußsignale vom Sensor in 4-20 mA und in Impuls-Frequenz-Ausgangssignale um. Das 4-20 mA-Signal kann zur Übertragung von Durchfluß-Temperatur oder -Dichte verwendet werden. Bei dem Frequenz-Ausgangssignal handelt es sich immer um ein Durchflußsignal. Zusätzlich ermöglicht die Auswerteelektronik die Digitalkommunikation

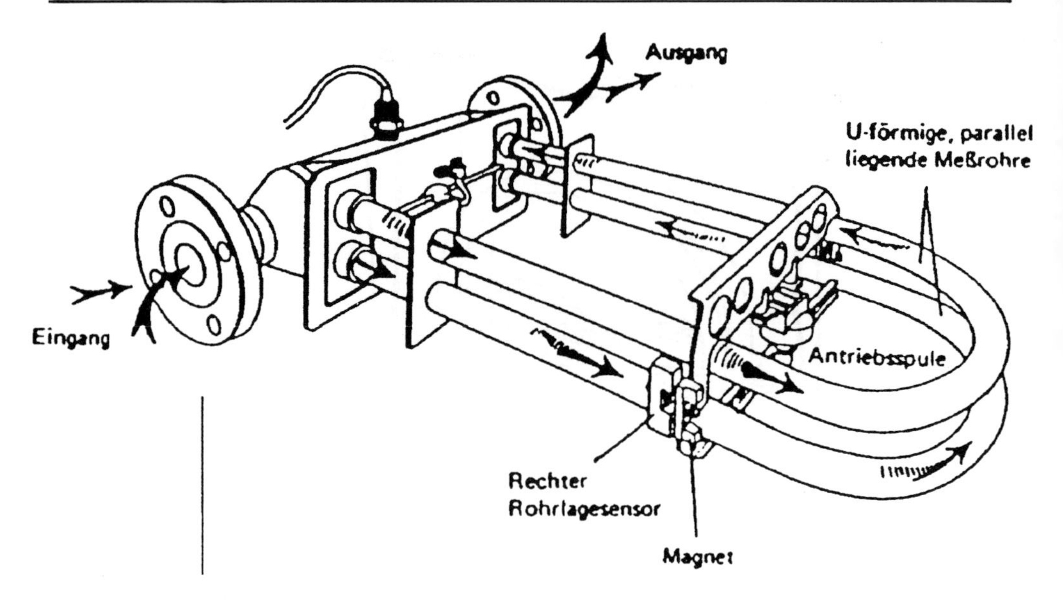

Bild 17: Aufbau und Einzelteile eines Sensors Typ D

mittels HART-Protokoll, entweder über Bell 202 oder über RS 485 (wählbar). Bell 202 ist ein dem Stromausgang (4-20 mA) überlagertes HART-Protokoll-kompatibles Signal (FSK). Wahlweise kann RS 485 als Träger für die Digitalkommunikationen verwendet werden.

Funktionstheorie

Die Auswerteelektronik mißt die Signale des linken und rechten Geschwindigkeitsdetektors am Sensorrohr (an den Sensorrohren). Zur Verringerung von Störsignalen und Erhöhung der Meßwertauflösung werden die Eingangssignale digital gefiltert. Diese Eingangsdaten werden dann mit dem Durchfluß-Kalibrierfaktor und der gemessenen Temperatur in Massedurchflußdaten umgewandelt. Die Antriebselektronik erzeugt eine Ozillatorspannung, um die Sensorrohre in Schwingung zu versetzen. Die Oszillatorfrequenz stimmt mit der natürlichen Resonanzfrequenz des Sensors überein, so daß die Meßstoffdichte über die Resonanzfrequenz des Sensors berechnet werden kann. Ein Temperaturverstärker wandelt den Widerstand eines am Sensor montierten Platin-RTD in eine lineare Spannung (d.h. 5 mV/°C) um. Diese Spannung wird für die Digitalisierung, die Temperaturkompensation des Sensors und als Ausgangssignal für die Peripheriegeräte: Dichtemeßsystem (DMS), Netto-Durchflußcomputer (NFC) und Netto-Öl-Computer (NOC) verwendet.

Die Temperaturkompensation arbeitet mit einer Auflösung von 0,1 °C im Bereich von 240 °C bis 450 °C.

Datenkommunikation

Der Transmitter ist für die Kommunikation mit anderen Digitalsystemen auf der Grundlage des HART-Protokolls ausgelegt. Die Systemverbindung wird über die mA-Ausgangsklemmen des Transmitters vorgenommen.

Alternativ steht auch eine Datenschnittstelle RS 485 zur Verfügung. Diese wird durch Steckbrücken auf dem Prozeßorboard aktiviert und ist mit dem Transmitterprotokoll kompatibel.

Fehleranalyse und Diagnose

Das HART-Handterminal ermöglicht die direkte Konfiguration und den Zugriff auf die Diagnoselogik des Transmitters. Die Kommunikation mit der Auswerteelektronik kann dabei von einem beliebigen Punkt in der Stromausgangsschleife (4-20 mA) aus erfolgen. Das Stromausgangssignal wird nicht beeinflußt.

Das HART-Terminal ist nicht modell- oder typengebunden und kann zur Kommunikation mit jeder RFT-Auswerteelektronik, oder zur Kommunikation mit jedem anderen SMART-fähigen Transmitter eingesetzt werden.

Zur Anzeige des Betriebszustandes (4 Zustände) des Massedurchflußsystems dient eine LED.

6. Gerätedaten

Die Meßunsicherheit der Doppelrohr-Durchflußmesser beträgt ± 0,2 % vom Meßwert ± Nullpunktstabilität.

Über die verfügbare Typenpalette können bis heute Meßbereiche von 0–50 g/min bis zu 0–680 t/hr abgedeckt werden.

Die Temperatureinsatzgrenzen liegen bei 240 °C bzw. 425 °C. Je nach Typ sind Betriebsdrücke bis 393 bar möglich. Die Geräte weisen aufgrund ihrer Konzeption – „keine Einbauten und Querschnittsverengungen" – relativ geringe Druckverluste auf.

Eingesetzt werden die Geräte praktisch in allen Industrie- und Forschungsbereichen. Als Einsatzgrenzen sind zu nennen:

- Zweiphasen-Strömung (Flüssigkeit-Gas), in denen Phasentrennung auftritt, also keine Homogenität gewährleistet ist;
- Materialkompatibilität des Meßrohres mit dem zu messenden Produkt;
- Niedrige Vordrücke in Verbindung mit extrem hohen Produktviskositäten.

Ansonsten können die Geräte praktisch überall eingesetzt werden, sie messen alle Produkte, die durch die Geräte gefördert werden können.

Entwicklungstrends

Seit der Einführung des ersten auf dem Coriolis-Prinzip basierenden Massedurchflußmeßgerätes, im Jahre 1977, sind heute mehr als 120.000 Meßgeräte erfolgreich im Einsatz. Dennoch wachsen die Anforderungen bezüglich geringeren Druckverlustes, höherer Genauigkeit und noch weiter erhöhter Sicherheit stetig.

Das Druckabfall-/Genauigkeits-Problem

Das Problem des Druckabfalls hat keinen direkten Einfluß auf die Genauigkeit des Meßgeräts. Auch bei einem großen Druckabfall mißt das Gerät den Massedurchfluß genau. Doch kann das Druckabfallproblem bei bestimmten Bedingungen die Einsatzmöglichkeit des Meßgerätes einschränken.

Wenn der Druckabfall ein Problem für den Prozeß ist, entscheidet sich der Anwender meistens für ein größeres Meßgerät, das dann im unteren Bereich betrieben wird. Hierdurch wird der Druckabfall zwar verringert, allerdings wegen des „Problems der Nullstabilität" auf Kosten der Genauigkeit. Größere Rohre sind starrer und verdrehen sich bei der gleichen Massedurchflußrate nicht so stark wie kleinere Rohre mit höherem Druckabfall (Coriolis-Meßprinzip). Daher muß der Druckabfall mit der Genauigkeit des Meßgeräts gekoppelt werden.

Die technische Lösung

Zur Optimierung wurden die beiden Probleme – Druckabfall und Nullstabilität – näher betrachtet. Die Lösung, bestand darin, daß man eine höhere „mechanische Verstärkung" bzw. ein stärkeres Signal aus dem Gerät herausholen müßte. Gleichzeitig wurde auch erkannt, daß eine empfindlichere und stabilere Elektronik für die Messung des Signals notwendig war.

Mit Computersimulation wurde die den oben gestellten Zielen entsprechende Rohrgeometrie erhalten. Die Rohrgeometrie für die kleineren Nennweiten ähnelt einem Dreieck und weicht somit von dem herkömmlichen U-förmigen Rohr ab.

Einsatz von ASIC

Gleichzeitig wurde eine Verbesserung der Elektronik zur Verarbeitung des Analogsignals erzielt. Wenn sich die Empfindlichkeit wesentlich verbessern ließe, würde sich hieraus die Möglichkeit zur Messung kleinerer Rohrverdrehungen ergeben. Dies wiederum würde zu einer erhöhten Genauigkeit der Coriolis-Meßgeräte am unteren Ende der Skala führen.

Die Signale der Geschwindigkeitssensoren werden über Analogschaltungen erfaßt, die in der Regel eine Tendenz zur Drift über der Zeit aufweist, und für die weitere Verarbeitung berücksichtigt und überwacht werden muß.

Das Resultat war eine anwendungsspezifische integrierte Schaltung (ASIC), die als „Drei-Kanal-ASIC" bezeichnet wird. Bei dem Drei-Kanal-ASIC) wird ein Referenzkanal zur regelmäßigen Prüfung der anderen beiden Kanäle eingesetzt. Auf diese Weise läßt sich ermitteln, ob ein Driften vorliegt und gegebenenfalls eine entsprechende Korrektur vorgenommen muß.

Der Grund für eine derartig präzise Messung in der Elektronik des Massedurchflußmeßgeräts ergibt sich aus folgendem: Am oberen Ende des Durchflußbereichs beträgt die Zeitdifferenz zwischen den beiden Sensorsignalen etwa 60 μs. Bei einer Herabsetzung von 100:1 ergibt sich hieraus eine Differenz von 0,6 μs am unteren Ende des Massedurchflußbereichs, d. h. von 600 ns*).

Zur Messung von 600 ns mit einer Genauigkeit von ± 0,4 % μs wird eine Auflösung von ± 2,4 μs benötigt. Integrierte Schaltungen, die derartig kleine Zeitdifferenzen erfolgreich messen sollen, müssen besonders sorgfältig entworfen werden.

---

*) 1 ns (Nano-sekunde) = 10^{-9} s

Bild 18: Neue Durchflußsensoren in Dreiecksform

Der Transmitter

Der Massendurchflußsensor ist von der Elektronik getrennt angeordnet. Die gesamte Meß- und Regelelektronik befindet sich im Transmitter, der für die Vor-Ort-Montage in einem wasserdichten Alugußgehäuse nach IP-65 erhältlich ist. Das Gehäuse ist Cenelec zugelassen und exgeschützt für Klasse EExd (ib) IIC T6 gefährdete Bereiche.

Es wird auch eine rackfähige Version des Transmitters zur Installation in Meßwarten angeboten. Die Version für Rackmontage besitzt eine lokale Anzeige.

Der Benutzer kann gleichzeitig zwei Messungen vom Transmitter erhalten, da gleichzeitig zwei unabhängig voneinander konfigurierende Analogausgänge (0-20 mA bzw. 4-20 mA) zur Verfügung stehen. Diese beiden Ausgänge können zur Anzeige von Durchfluß, Dichte oder Temperatur benutzt werden.

Das Massedurchflußmeßgerät besitzt ein Platin-RTD zur genaueren Temperaturmessung. Die Temperatursonde befindet sich nicht direkt in der Flüssigkeit. Sie ist zur Kompensation von Änderungen der Federkonstante auf der Oberfläche des Rohrs montiert.

Außerdem ist ein Impuls-Frequenzausgang vorhanden, der bis auf 10.000 Hz skaliert werden kann, falls der Benutzer die totalisierte Menge (Masse/Volumen) auf diese Weise darstellen möchte.

Alle Prozeßparameter können unabhängig voneinander gedämpft werden. Ein stark pulsierender Durchfluß kann damit über ein geglättetes Ausgangssignal dargestellt werden.

Zusätzlich zum Analog- und Frequenzausgang ist Digitalkommunikation über Bell 202, oder über RS 485 möglich. Neben dem HART-Protokoll steht das Modbus-Protokoll zur Kommunikation über RS 485 zur Verfügung.

Verbesserte Leistung

Es ist nützlich, die neue Reihe (Dreieck) mit der bisherigen Ausführung (Doppelrohr-Sensor) zu vergleichen.

Die Fehlerreduzierung wird im Grunde durch die stark verbesserte Nullstabilität erreicht. Diese ist um den Faktor 4 gegenüber der D-Reihe verbessert worden.

Die Genauigkeit der Massedurchflußmessung für Modell D ist ± 0,20 % ± Nullstabilität. Bei der neuen Serie beträgt sie ± 0,15 % ± Nullstabilität verbessert.

Der wesentliche Vorteil zeigt sich in dem Meßbereichsverhältnis von 80:1 gegenüber 20:1 für die D-Reihe.

Durch den niedrigeren Druckverlust kann in den meisten Fällen der volle Meßbereich ausgenutzt werden.

Die Genauigkeit der Dichtemessung ist auf ± 0,0005 g/cm^3 verbessert worden. Diese Genauigkeit ist gleichwertig oder besser als die Genauigkeit für das Modell D in Verbindung mit dem Dichtemeßsystem (DMS) angegeben. Die Genauigkeit der Dichtemessung bei Modell D in Verbindung mit dem DMS beträgt ± 0,002 bis ± 0,0005 g/cm^3.

Die Temperaturauflösung konnte ebenfalls verbessert werden, d.h. 0,1 °C mit einer Genauigkeit von ± 0,5 °C ± 0,25 % Ablesung. Die Genauigkeit der Temperaturmessung beim Modell D wird mit ± 1,0 °C ± 0,5 % Ablesung angegeben.

Mit der Einführung der neuen Serie wird also die hochgenaue Messung von Massedurchfluß und Meßstoffdichte erreicht.

Gasdurchflußmessung und -Regelung kleiner Massenströme nach dem thermo-dynamischen Prinzip

Von C. VAN DOORN[1])

1. Warum Massendurchflußmessung?

Der Massenstrom stellt eine grundlegende Ausgangsgröße dar. Er ist unabhängig von Prozeßvariablen wie Temperatur und Druck, Durchflußprofil und Viskosität.

Für genaue Durchfluß-Messungen ist das Massendurchfluß-Meßprinzip sehr gut geeignet. Dies gilt ganz besonders für Gase, deren Volumina stets abhängig von Druck und Temperatur sind.

Die Basismethode, Massen zu messen, ist das Auswiegen, doch ist diese sehr aufwendig, insbesondere für Gase. Beim thermischen Massendurchflußmesser wendet man die thermodynamischen Eigenschaften eines Gases an.

Eine technische Lösung, den Massenstrom zu erfassen, zeigt Bild 1. Kernstück dieses Systems bildet ein sehr kleines Rohr, auf dem 3 Wicklungen aufgebracht wurden.

Die Wicklungen T1 und T2 bestehen aus temperaturabhängigem Widerstandsdraht und dienen als Thermistoren zur Bestimmung der Temperaturdifferenz T2-T1. Zwischen beiden Thermistoren ist die Heizwicklung angebracht. Thermistor T1 mißt die Temperatur am Anfang des Rohres, Thermistor T2 am Ende, nach dem Aufheizen. Durch das Rohr fließt der Gas-Massenstrom Qm.

Über die Heizwicklung erfährt der Massenstrom eine Aufheizung und es gilt die Beziehung:

$$Qm = Wh \cdot Cp \cdot (T2 - T1) \cdot C \quad (1)$$

Der Heiz-Wärmestrom (Wh) ist bekannt, weil die aufgenommene elektr. Heizleistung gemessen und konstant gehalten wird. Die Wärmekapazität Cp eines Gases ist in weiten Bereichen unabhängig von Änderungen der Prozeßvariablen wie Druck oder Temperatur. Der Massenstrom Qm ist proportional zur Temperaturänderung. Dies gilt nur für einen konstanten Cp-Wert. Dieser differiert aber bei den verschiedenen Gasen, d. h. jedes Gas hat einen charakteristischen Cp-Wert.

[1]) C. van Doorn, Brooks Instruments, Veenendaal, NL

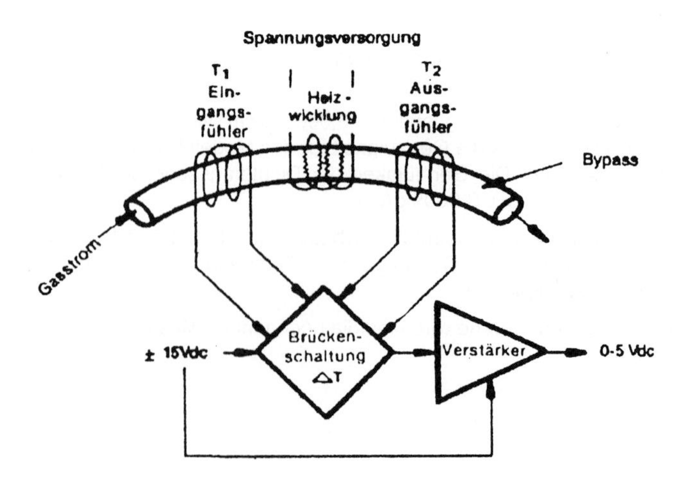

Bild 1: Körper-Funktionsprinzip

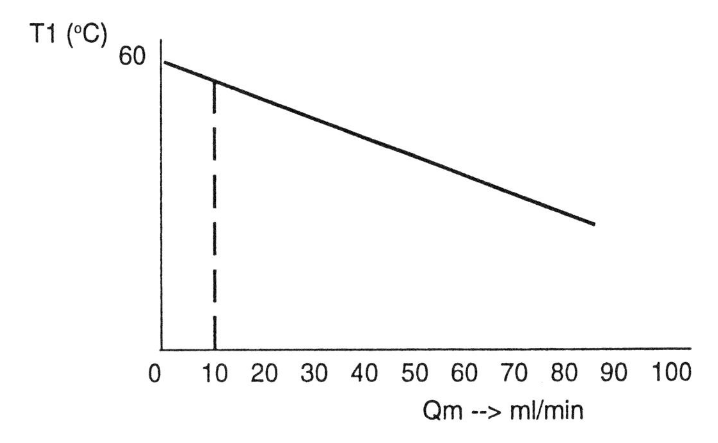

Bild 2: Temperatur T1 in Abhängigkeit vom Durchfluß Qm

2. Temperatur-Charakteristik der Thermistoren T1 und T2

Wenn kein Gas fließt, steht an beiden Thermistoren etwa die gleiche Temperatur an (ungefähr 30 °C über der Gastemperatur).

Bild 2 zeigt den Temperatur-Durchfluß-Verlauf am Eingang des Sensors T1. Die Temperatur fällt proportional mit dem Durchfluß. Der Zusammenhang ist nahezu linear.

Der Temperaturverlauf am Austritt des Sensors (T2) zeigt zunächst ein Ansteigen der Temperatur (Bild 3), hervorgerufen durch die Energie-Aufnahme des Massenstroms aus der Heizentwicklung. Da die Heizleistung konstant ist, ergibt sich ein linearer Zusammenhang für einen begrenzten Massenstrombereich. Mit zunehmender Massenstromgeschwindigkeit nehmen stets weniger Gasmoleküle die konstant zugeführte Energiemenge auf und die (ΔT) Temperaturmessung wird nicht mehr proportional zum Masse-Durchfluß. Der Durchfluß wird deswegen limitiert.

Um größere Durchflüsse messen zu können, wird der Gesamtstrom aufgespalten. Der Hauptstrom fließt durch ein laminar wirkendes Bereichselement, der für die Messung wirksame Nebenstrom über die Kapillare.

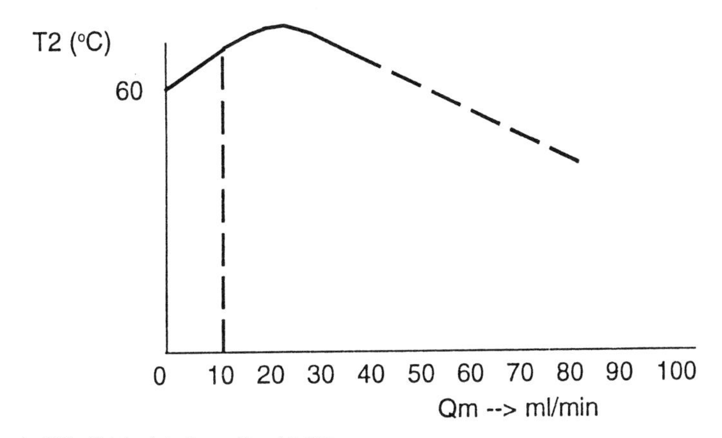

Bild 3: Temperatur T2 in Abhängigkeit vom Durchfluß Qm

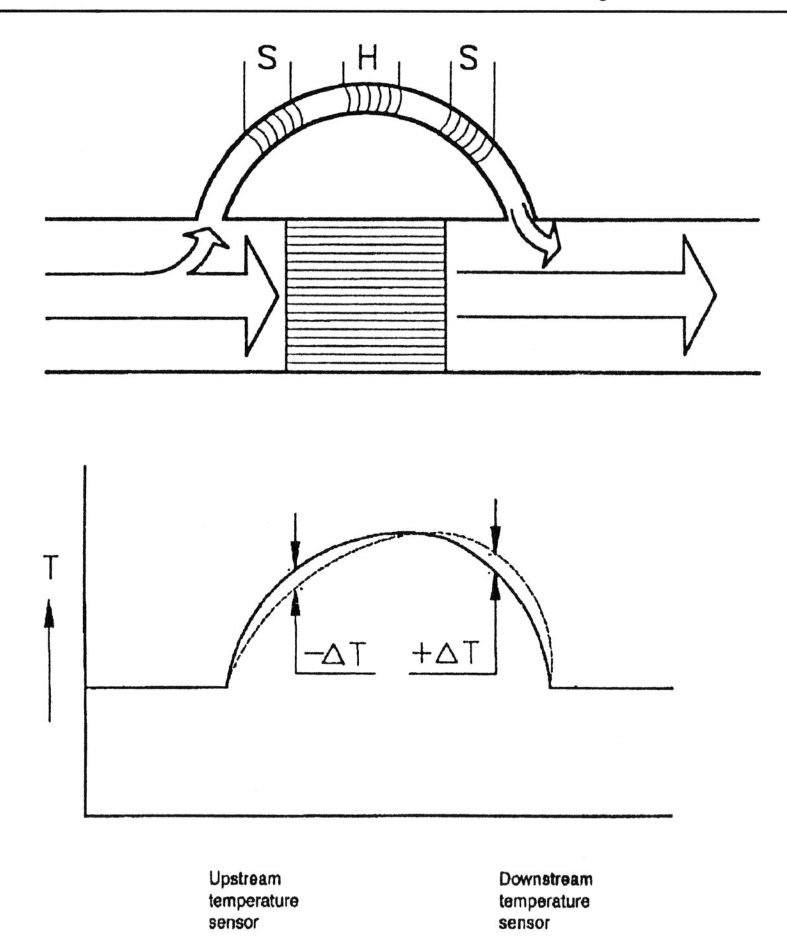

Bild 4: Laminarer Bypass

Für die Meßmethode ist es zwingend erforderlich, daß das Strömungsprofil im Haupt- wie im Nebenstrom laminar verläuft. Nur so kann eine ausreichende Linearität des Druckabfalls hergestellt werden, um vom Nebenstrom auf den Gesamtstrom schließen zu können.

Der Nebenstrom wird durch Einfügen eines Bereichs-Elementes in den Hauptstrom erzeugt.

Dieses Element ist so ausgebildet, daß ein laminarer Strom entsteht.

Laminare oder turbulente Strömungsform sind durch die Reynoldszahl aufgegeben:

$$Re = \frac{V \cdot d}{\nu} \tag{2}$$

d = Durchmesser eines Rohres (m)
V = mittlere Geschwindigkeit des Fluids
ν = Viskosität

Ist die Reynolds-Zahl unter 2300 gilt das Strömungsprofil als laminar, über 4000 als turbulent. Das Sensor-Meßrohr hat einen relativ geringen Innendurchmesser, und durch seine U-förmige

Anordnung besteht ein großes Längen-/Durchmesserverhältnis. Bei einem laminaren Strom hängt der Druckabfall ΔP an einem Rohr ab von:

$$\Delta P = \frac{128 \cdot \nu \cdot L \cdot Qv}{\pi \cdot d^4} \quad (3)$$

L = Länge des Rohres (m)
Qv = Volumenstrom

Der Gesamtdurchmesser des Laminar-Strömungsteilers (Bereichs-Element) ist im Verhältnis zu seiner Länge klein.

Durch die Verwendung mehrerer solcher Laminar-Strömungsteiler-Elemente wird ein ausreichend großer Durchfluß gewährleistet. Je größer die Anzahl ist, desto größer kann der Gesamtdurchfluß sein. Durchflußbereiche von 3 ml_n/min bis zu 2000 $m^3{}_n$/h sind verfügbar.

3. Größenbestimmung von Massendurchflußmessern

Für die Bestimmung der theoretischen Kapazität eines Massendurchflußmessers mit anderen Gasen muß ein Umrechnungsfaktor verwendet werden. Dieser Umrechnungsfaktor wird durch Multiplikation des Cp-Wertes des neuen Gases ermittelt. Das Ergebnis wird dann in Relation zu dem kalibrierten Gas gesetzt (Luft zum Beispiel).

Anwendungsbeispiel:

Luft Cp = 29,13 J/mole.K
Helium Cp = 20,967 J/mole.K

Der Umrechnungsfaktor (K) wird dann

$$K = \frac{Cp \cdot Luft}{Cp \cdot Helium}$$

$$K = \frac{29{,}13}{20{,}967} = 1{,}39$$

Der Durchfluß für Luft, wie er in den Kapazitätstabellen für die einzelnen Gerätetypen aufgeführt ist, wird mit dem Umrechnungsfaktor multipliziert. So erhält man für das o.g. Beispiel das Luftäquivalent für Helium, das für die Auswahl des richtigen Kapazitätswertes wichtig ist. Wo es möglich ist, wird die Kalibrierung unter Prozeßbedingungen durchgeführt, um die Forderung nach genauester Dosierung erfüllen zu können. Werkseitig stehen dafür eine Vielzahl von Gasen zur Verfügung. Bei toxischen Gasen kalibriert man mit inerten Gasen unter Berücksichtigung eines Umrechnungsfaktors. Für die Kalibrierung ist es notwendig, die späteren Betriebsparameter wie

- Gasart
- Betriebsdruck
- Eintrittsdruck
- Austrittsdruck
- Betriebstemperatur
- Durchfluß (in NORM-Einheiten)

zu kennen. Die genaue Kenntnis garantiert ein einwandfreies Arbeiten.

Neben den „normalen" Anwendungen gibt es vielfältige Einsatzmöglichkeiten mit besonderen Anforderungen. Der Einsatz für korrosive oder explosive Gase sowie Anwendungen in Reinräumen erfordern neben der sonst ausreichenden Kalibration weiterreichende Maßnahmen. Diese Rahmenbedingungen sollten vor jeder Auslegung einer Anwendung geprüft werden. Bild 5 zeigt einen Massendurchflußregler als geschnittenes Modell dargestellt.

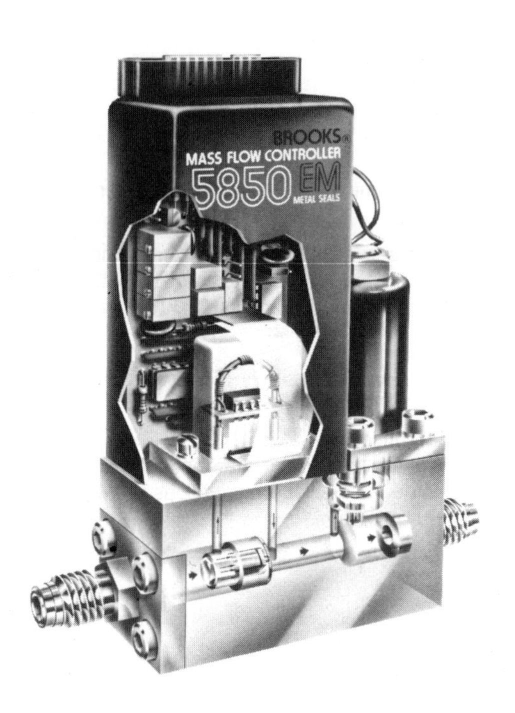

Bild 5: Thermodynamischer Massendurchflußregler

Typische Spezifikationen für thermische Massendurchflußmesser

Genauigkeit	1 % einschließlich der Nicht-Linearität, bezogen auf Meßbereichs-Endwert oder Momentanwert (herstellerabhängig)
Wiederholgenauigkeit	0,2 % bezogen auf Momentanwert
Temperatur-Empfindlichkeit	0,02 %/°C
Meßbereich	20 : 1
Dämpfung	0–10 s
Durchflußraten	0–3 ml_n/min bis zum 2000 $m^3{}_n$/h

4. Die Durchfluß-Regelung von Gasen

Die Massendurchflußmesser werden in der Hauptsache mit integriertem Regelventil als Massendurchflußregler verwendet.

Ein extern angelegter Sollwert, verbunden mit der – auf das Gerät montierten – PID Regler Elektronik, wird mit dem Istwert des Massendurchflußmessers verglichen.

Abhängig von der Differenz zwischen Ist- und Sollwert wird das Regelventil angesteuert, bis sich ein Gleichgewicht einstellt.

Die Regelcharakteristik (Bild 6) des PLD-Reglers zeigt vernachlässigbares Über-/Unterschwingen von Durchfluß und Signal bei Sollwertänderung. Mit den heutigen Möglichkeiten der

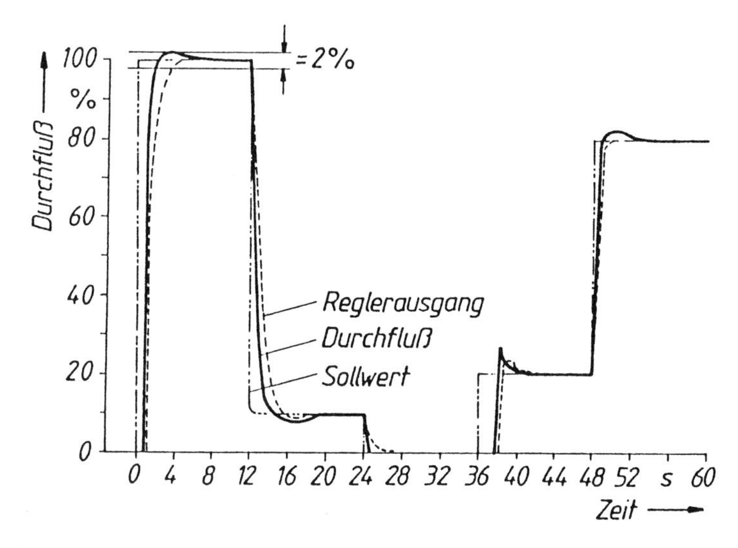

Bild 6: Regelcharakteristik

modernen Elektronik ist die Regelcharakteristik individuell anzupassen. Man kann Prozesse sehr schnell (< 3 s) oder mit Hilfe von Rampenfunktionen sehr langsam ausregeln.

Das Regelventil ist ein Magnet-Regelventil, mit dem kleine Gasmengen zuverlässig geregelt werden können (Bild 7). Diese Ventilkonstruktion sind für Anwendung für Flußraten von 3 ml_n/min bis zu 100 l_n/min (Endwert Bereich).

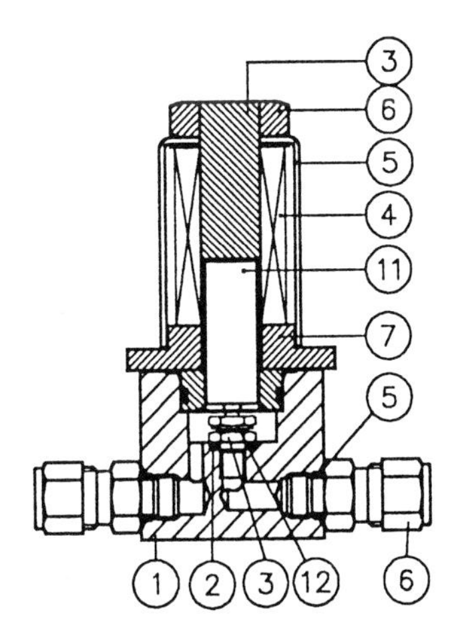

Bild 7: Magnet-Regelventil

1 Körper
2 O-Ring (unter der Blende) Viton oder Teflon
3 Blende
4 Kappe
5 O-Ring (Anschlußstück)
6 Anschlußstück
7 Verbindungsring
8 Spule
9 Ventilstange (Zusammenstellung)
10 Mutter
11 Ventilkegel
12 Sitz, Viton, Teflon oder Kalrez

Vorteile dieser Konstruktion sind:

- kürzeste Ansprechzeit
- sehr große Auflösung
- keine Friktion
- kompakte Bauart
- lieferbar in stromlos geschlossen oder stromlos offen
- geringer Bedarf an Hilfsenergie

Als Nachteil ist zu nennen:

- Öffnungsgrad ist nicht proportional zur Steuerspannung
- Öffnungsgrad ist nicht einer bestimmten Steuerspannung zuzuordnen

Der Ventilsitz besteht aus einem Elastomer. Die freigegebene Höhe des Ventilsitzes über der Düsenbohrung bestimmt den Durchfluß. Die magnetische Kraft hebt den Tauchanker bzw. den Ventilsitz von der Düse ab. Die Rückholfeder, der angelegte Betriebsdruck sowie die Düsenbohrung beeinflussen das Maß dieser Kraft.

Bei größeren Durchflußraten (bis zu 1000 l/min) kommt ein pilotgesteuertes Ventil zur Anwendung.

Vorteile:

- Kompakte Bauart
- großer dynamischer Bereich
- geringer Bedarf an Hilfsenergie
- preisgünstig

Im Vergleich mit motorgesteuerten Ventilen ist diese Version ungleich schneller; Über-/Unterschwingen ist vernachlässigbar. Nachteilig auch hier ist die Nichtlinearität von Öffnungsgrad und Steuerspannung. Dies ist auch sekundär, da im Regelkreis Gleichgewicht von Soll- und Istwert sehr schnell erreicht wird und die jeweilige Ventilposition sich automatisch einstellt. Über das als Pilotventil wirkende Magnetventil wird ein Steuerdruck für das Hauptventil erzeugt. Durch ihn fließt der Hauptstrom in axialer Richtung ab. Der Hauptstromventilkegel ist fest montiert; die dazugehörige Düse ist mit einem Edelstahlfaltenbalg fest verbunden, dessen Membran einen Teil des Ventilraums abdeckt. Der Steuerdruck des Magnetventils wirkt auf das Innere des Faltenbalges; je nach Differenzdruck öffnet oder schließt das Hauptventil entsprechend. Soll- und Istwert werden in einem Regler mit PID-Eigenschaften verglichen; die Abweichung beträgt weniger als 0,1 %.

Es besteht die Möglichkeit bis zu 10 verschiedene Kalibrierkurven in der Elektronik zu speichern und somit ein System für mehrere Gase einzusetzen. Neben diesen grundlegenden Eigenschaften besteht die Möglichkeit zur Kommunikation mit übergeordneten Ebenen. Für diese Kommunikation stehen verschiedene Schnittstellen, wie RS 232 oder RS 485 zur Verfügung. Die Baud-Rate für den Informationsaustausch sollte sehr hoch sein, um in schnellen Regelkreisen keine Zeitprobleme zu verursachen.

Die µP gesteuerte Elektronik ermöglicht eine Meßgenauigkeit von 1 % des **Meßwertes**. Der wichtigste Faktor für ein Meßsystem ist die Nullpunktstabilität. Bei einem thermischen Meßsystem ist die Geometrie des Sensors bestimmend für diesen Faktor. Diese Eigenschaft kann nur durch extrem ausgefeilte Fertigungstechnologien und Verwendung von Bauteilen höchster Güte sichergestellt werden.

Wie schon erläutert, ist ein wesentlicher Punkt bei der Anwendung von Gasdurchflußreglern die Optimierung der Regelcharakteristik. Steigerungsmöglichkeiten bietet die Optimierung im laufenden Prozeß. Sämtliche Eigenschaften des Gerätes führen zur Reduzierung der Gesamtkosten einer Anwendung, da vielfältige Optionen eine optimale Applikationsanpassung erlauben.

5. Größenbestimmung für das Regelventil

Die Massendurchflußregler wurden entwickelt für die zuverlässige Regelung kleiner und kleinster Gasströme.

Allgemein wird die Regelventilgröße nach der K_v-Wert Bestimmung durchgeführt. K_y ist definiert als der Durchflußstrom in m^3/h (Wasser) bei einer Druckdifferenz von 1 bar und voll geöffnetem Ventil.

Für die richtige Größenbestimmung von Gasdurchflußregler werden folgende Angaben benötigt:

Eintrittsdruck: P1 bar
Austrittsdruck: P2 bar
Temperatur des Mediums: T in ° Kelvin
Maximaler Durchfluß: Q m^3/h
Dichte: ϱ kg/m^3_n

Der Normzustand des Gases (n) entspricht 1013 mbar/0°C bzw. 273 K.

Zunächst muß durch Vergleich von P1 und P2 ermittelt werden, ob über- oder unterkritische Verhältnisse vorliegen:

Wenn das Druckverhältnis $P2/P1 > 0{,}5$ ist, wird die Regelung überkritisch.

Der K_v-Wert wird dann nach der Formel:

$$K_v = \frac{Qmax}{514} \cdot \sqrt{\frac{\varrho \cdot T}{(P1 - P2) \cdot P2}} \qquad (4)$$

gefunden.

Ist dagegen $P1/P2 < 0{,}5$ so ist die Regelung unterkritisch.

Der K_v-Wert wird dann nach der Formel:

$$K_v = \frac{Qmax}{257 \cdot P1} \sqrt{\varrho \cdot T} \qquad (5)$$

ermittelt.

6. Kalibrierung von Gassystemen

Für die Kalibrierung kleiner Gas-Durchflüsse gibt es verschiedene Methoden. Eine davon ist die volumetrische Erfassung; sie ist mit dem hier abgebildeten Volumeter-Kalibrator sehr zuverlässig (Bild 8).

In einem präzise gefertigten Glaszylinder bewegt sich ein Kolben, unter dem sich das Gas ansammelt. Neben dem Zylinder ist wiederum eine genaue Skala angebracht. Die Abdichtung des Kolbens gegen den Glaszylinder erfolgt über einen Quecksilber-O-Ring, der nahezu reibungslos entlang der Zylinderwandung und dem Kolben in sich rollt. Die Bewegungszeit des aufsteigenden Kolbens wird ein Maß für die Durchflußrate. Der genannte Volumeter hat eine Genauigkeit von ± 0,2 % von Meßwert und kann eichamtlich überprüft werden.

Die ermittelte Durchflußrate muß auf standardisierte Maßeinheiten zurückgeführt werden, d.h. auf Maßeinheiten, die für einen bestimmten Druck und eine bestimmte Temperatur gelten. Hierfür ist es erforderlich, die Druckerhöhung im Volumeter durch das Kolbengewicht und die inneren Druckverluste zu kennen.

Ein standardmäßiges U-Rohr-Manometer am Eingang des Volumeters erlaubt die gesamte Druckerhöhung in mm/Ws oder mbar zu erfassen.

Die Druckerhöhung wird zum Barometer-Druck der Außenatmosphäre addiert. Darüber hinaus ist es wichtig, die Gas-Temperatur am Eingang des Volumeters zu erfassen. Beide Werte, Gas-Temperatur und Barometer-Druck sowie Volumetergegendruck werden in eine Korrektur-Rechnung eingebracht, um auf standardisierte Maßeinheiten zu kommen.

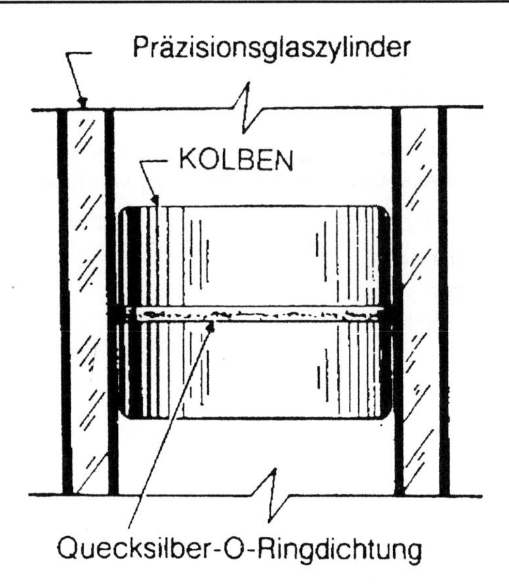

Bild 8: Volumeter-Kalibrator

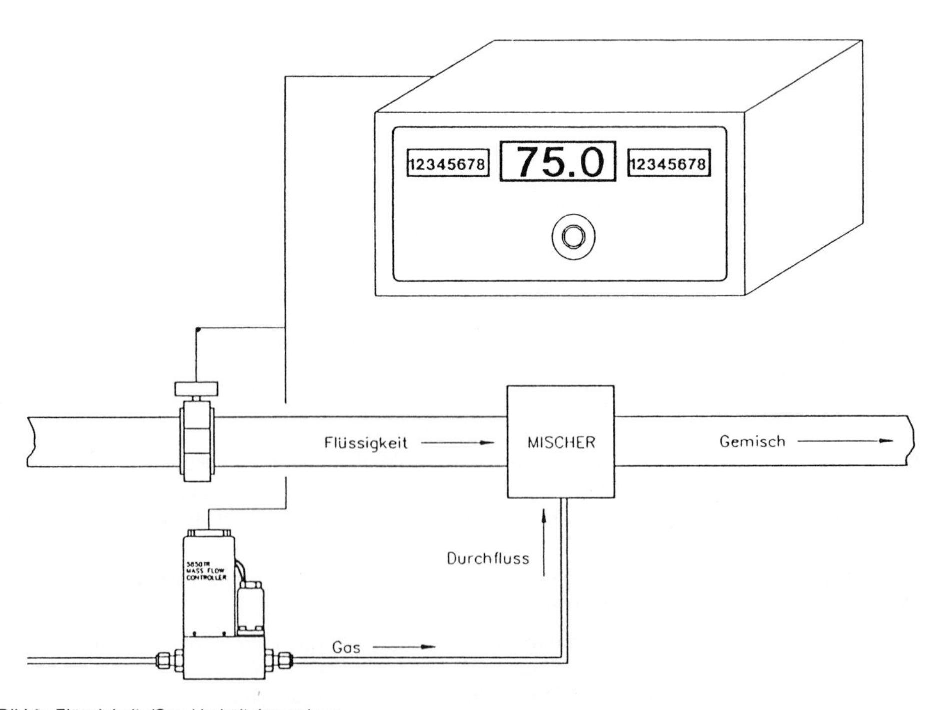

Bild 9: Flüssigkeits/Gas-Verhältnisregelung

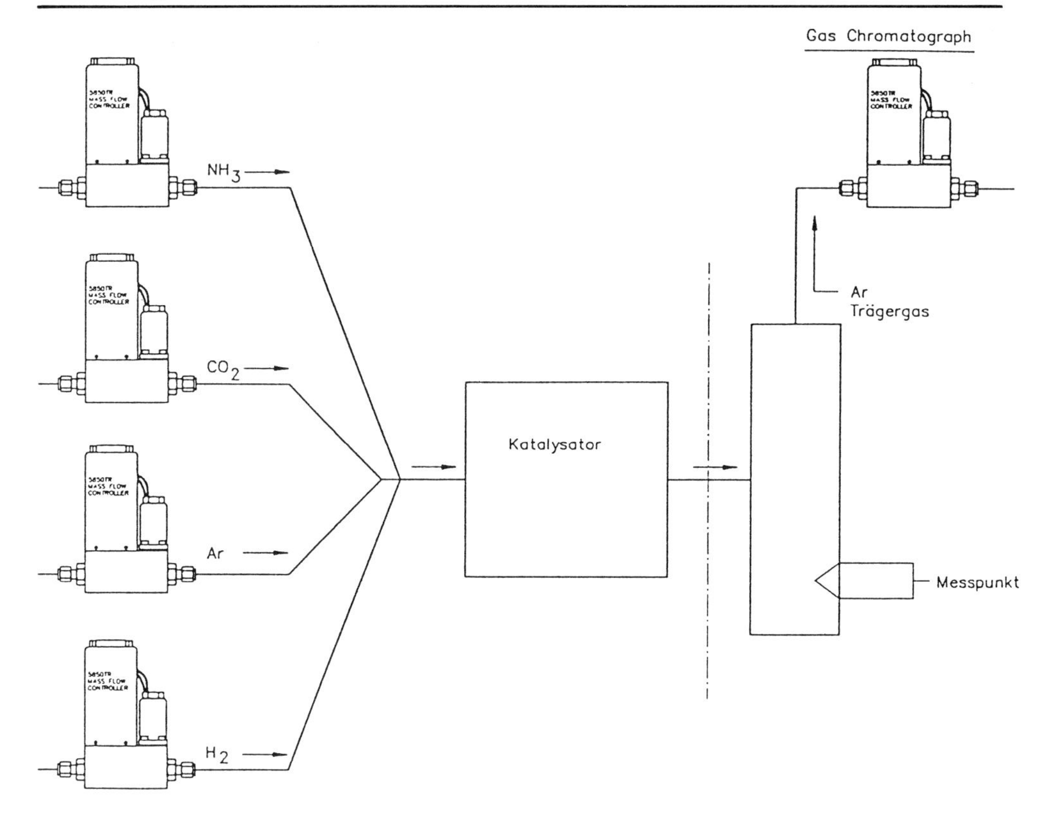

Bild 10: Herstellung von Testgasgemischen (Analysatorkalibrierung)

Hier ein Beispiel:

$$Vn = \frac{Pi \cdot Tn}{Vi \cdot Ps \cdot Ti} \qquad (6)$$

wobei gilt:

Vn Volumen bei Normalliter-Bedingungen
Vi gemessenes Volumen im Volumeter
Ps Druck von 1013 mbar
Pi Volumeter-Gegendruck + Barometerdruck
Tn die Normallitertemperatur von 273 °K
Ti die am Volumeter gemessene Gastemperatur

Man unterscheidet allgemein zwei Maßeinheiten:

- Standardliter – für T = 20 °C oder 293 K und p = 1013 mbar
- Normalliter – für T = 0 °C oder 273 K und p = 1013 mbar

7. Anwendungen

Die Flüssigkeits/Gas-Verhältnisregelung (Bild 9) wird für die Herstellung von Eiscreme, Bier, Schaumgummi oder Butter verwendet. Die Rezepturdosierung verschiedener Gaskomponenten zur Kalibrierung zeigt Bild 10.

Messung kleiner pulsierender Flüssigkeitsströme mit Coriolisdurchflußmessern

Von G. VETTER und S. NOTZON[1])

1. Einleitung

Bei der Dosierung kleiner Flüssigkeitsströme (< 100 kg/h) ergeben sich häufig pulsierende Betriebsbedingungen, da in diesem Dosierstrombereich eingesetzte Verdrängenpumpen eine zeitlich abhängige Verdrängung aufweisen.

Die volumetrische Dosierung mit rotierenden und oszillierenden Verdrängerpumpen ist im untersten Dosierstrombereich stark eingeschränkt, was häufig die Messung des pulsierenden Massenstromes notwendig macht [1, 2, 3].

Coriolisdurchflußmesser eignen sich als genaue Massenstrommesser hervorragend zur Messung kleiner Flüssigkeitsströme; ihre Eignung zur Messung pulsierender Ströme wurde jedoch in der Vergangenheit häufig in Frage gestellt. Vor diesem Hintergrund wurden die Störungen des Coriolisdurchflußmessers bei pulsierender Strömung näher untersucht.

Die Untersuchungen bauen auf frühere Ergebnisse zur Messung kleiner pulsierender Dosierströme auf [5].

2. Grundlagen zur Coriolisdurchflußmessung bei stationärer und pulsierender Strömung

Der Coriolisdurchflußmesser (CDM) ist in seiner heutigen Form mit schwingendem Meßrohr erst knapp zwei Jahrzehnte alt, hat sich aber schnell als universelles Massenstrommeßgerät etabliert. Der CDM ist weitgehend unabhängig von Druck, Temperatur und Viskosität und kann auch Fluide mit kleinen Anteilen von Gas und Feststoff erfassen. Er ist ein direkter Massenstrommesser und kann prinzipiell auch zur Fluiddichtebestimmung verwendet werden.

Das Meßverfahren beruht auf Corioliskräften, welche als Trägheitskräfte in rotierenden bzw. oszillierenden Systemen entstehen.

Es gibt eine ganze Reihe von Bauformen, die alle nach dem gleichen Prinzip arbeiten und sich hinsichtlich Meßbereich, Entleerbarkeit, Oszillationsfrequenz, Signalstärke und Druckverlust unterscheiden; auch die Patentlage hat zu Ausführungsvarianten geführt [9].

Die Meßgenauigkeit der Geräte liegt typischerweise bei ± 0,3 % über eine Spanne von 1 : 10. Die kleinsten meßbaren Ströme liegen aktuell bei 300 g/h.

2.1 Funktionsprinzip am Beispiel des U-Rohr-Typs

An der häufigsten Ausführungsform mit U-förmigen Meßrohr (Bild 1) werden über eine elektromagnetische Spule vertikale Meßrohrschwingungen erzeugt. Die Anregungsfrequenz wird dabei mit einem Regelkreis der Eigenfrequenz (Nickfrequenz) des Rohres nachgeführt, wodurch die Anregungsenergie minimiert wird. Die Nickfrequenz ω_1 des flüssigkeitsgefüllten Meßrohres ist ein Maß für die Dichte des Fluids.

Die Corioliskräfte stehen senkrecht auf den Vektoren der Strömungs- und Winkelgeschwindigkeit. Sie besitzen jeweils im Ein- und Ausflußschenkel des Meßrohres entgegengesetzte Vorzeichen und bewirken eine Torsion des Meßrohres. Der Torsionswinkel ϑ ist proportional zum Massendurchsatz und wird über die Phasenverschiebung Δt zweier Wegaufnehmersignale (W1 und W2) bestimmt.

Die vom Sensor kommenden Signale werden schmalbandig mit der Meßrohrfrequenz gefiltert, die massenstromproportionale Zeitdifferenz Δt durch Impulszählung ermittelt. Eine zusätzliche Meßgröße ist die Temperatur des Meßrohres, mit der temperaturabhängige Einflußgrößen (E-Modul) korrigiert werden können.

[1]) Prof. Dipl.-Ing. G. Vetter und Dr.-Ing. S. Notzon, Lehrstuhl für Apparatetechnik und Chemieanlagenbau, Universität Erlangen, Erlangen

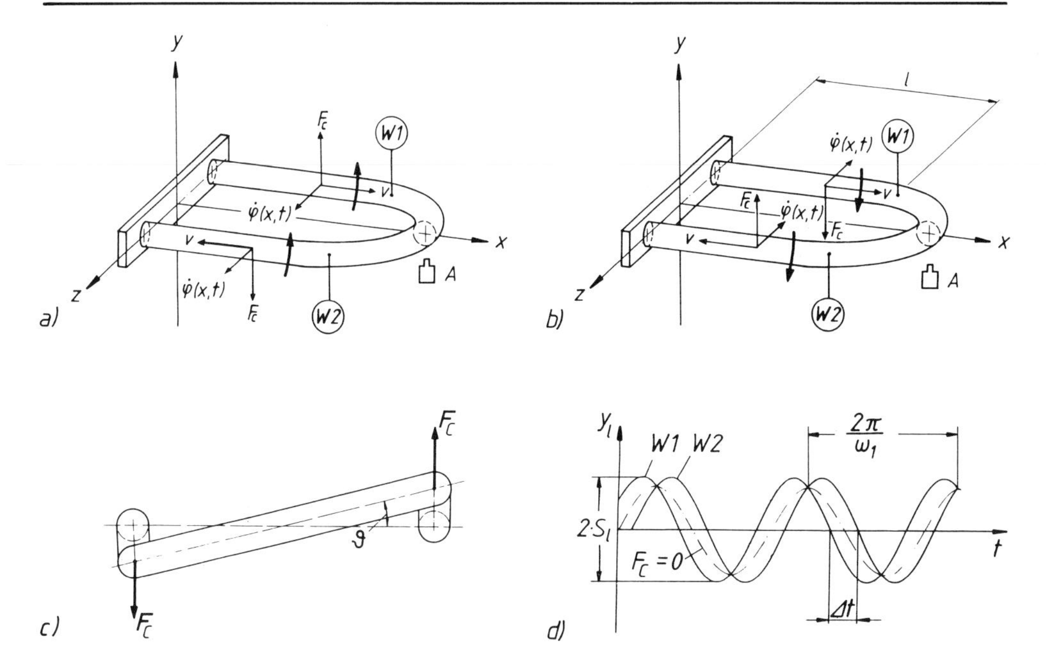

Bild 1: Funktion des Coriolisdurchflußmessers am Beispiel eines U-Rohr-Typs
a) Meßrohr, Corioliskräfte bei der Aufwärtsbewegung
b) bei der Abwärtsbewegung c) Torsion des Meßrohres d) Sensorsignale
A Meßrohrantrieb (Tauchspulenerreger)

Die Phasendifferenz wird über eine einstellbare Zeitbasis T_0 gemittelt, mit der Durchflußmesser-konstante C_{DFM} multipliziert, mit der Meßrohrtemperatur korrigiert und angezeigt.

$$\dot{m} = C_{DFM} \cdot \Delta t \tag{1}$$

Die Durchflußmesserkonstante C_{DFM} enthält die Geometrie und Federsteifigkeit der Rohrschleife und wird für jedes einzelne Gerät vom Hersteller kalibriert.

Für die Untersuchungen wurden zwei Coriolisdurchflußmesser des U-Rohr-Typs mit unterschiedlichen Meßbereichen ausgewählt (Tafel 1). Das größere Gerät (CDM-B) war dabei als Doppelrohr-sensor ausgeführt.

Tafel 1: Untersuchte Durchflußmesser

	CDM-A	CDM-B
Typ	D6	D25
Hersteller	MICRO MOTION	MICRO MOTION
Meßumformer	RFT 9712	RFT 9729
Kleinster Meßbereich	3 kg/h	100 kg/h
Größter Meßbereich	18 kg/h	2200 kg/h

2.2 Stationäre Durchflußkennlinie (Gerätekonstante)

Für kleine Coriolisauslenkungen läßt sich die Deformation des Meßrohres auf eine statische Torsion um die x-Achse zurückführen (Bild 2).

Die Corioliskräfte auf ein beliebiges Fluidelement δm im Rohr lassen sich als

$$\delta F_c = 2\, \upsilon\, \varphi\, (x, t)\, \delta m \tag{2}$$

formulieren und wirken als Streckenlast auf das U-Rohr. Die Streckenlast ist eine Funktion der laufenden Ortskoordinate x und der Zeit t und läßt sich näherungsweise als

$$p_c\,(x, t) = \dot{m}\, S_l\, \omega_1\, \cos\omega_1 t \left\{ \frac{6\,x}{l^2} - 3\,\frac{x^2}{l^3} \right\} \tag{3}$$

angegeben [9]; S_l ist dabei der Schwingungsausschlag am Einbauort der Sensoren ($x = l$).

Bei der Deformation der Rohrschleife tritt in jedem Rohrquerschnitt eine Überlagerung von Biegung und Torsion auf. Durch Lösung der Differentialgleichung für die Biegelinie (4) ergibt sich die Durchbiegung des Meßrohres an jeder Stelle und zu jeder Zeit. Bei bekannter U-Rohr-Geometrie folgt nach Einsetzen der Randbedingungen die Bestimmungsgleichung für die Durchflußmesserkonstante (8) [9].

$$p_c(x, t) = E_S\, I_Y\, \frac{\partial^4 w}{\partial\, x^4} + \frac{4}{a^2}\, G_S\, I_P\, \frac{\partial^2 w}{\partial\, x^2} \tag{4}$$

Konstanten:

$$\lambda = \frac{2}{a} \cdot \sqrt{\frac{1}{1 + \nu_S}} \tag{5}$$

$$C_1 = -\,\frac{\left(3 + \frac{6}{\lambda^2\, l^2}\right) \cos\lambda l}{\lambda^2\, l} \qquad C_2 = -\,\frac{\left(3 + \frac{6}{\lambda^2\, l^2}\right) \sin\lambda l}{\lambda^2\, l} \tag{6}$$

$$C_3 = -\,\frac{\left(3 + \frac{6}{\lambda^2\, l^2}\right) \sin\lambda\, l}{\lambda^3\, l} \qquad C_4 = -\,\frac{\left(3 + \frac{6}{\lambda^2\, l^2}\right) \cos\lambda l}{\lambda^4\, l} \tag{7}$$

Durchflußmesserkonstante:

$$C_{DFM} = \frac{\dot{m}}{\Delta t} = \frac{E_S\, I_Y}{2\left(-\frac{C_1}{\lambda} \cos\lambda l - \frac{C_2}{\lambda^2} \sin\lambda l + \frac{3l}{4\lambda^2} + \frac{3}{\lambda^4 l} + C_3 l + C_4\right)} \tag{8}$$

Sie ist unabhängig vom Massenstrom und nimmt mit den Daten der Geometrie (D, d, a, l) und des Werkstoffs (E_S, ν_S) einen konstanten Wert an. Es zeigt sich, daß die rechnerische Ermittlung von C_{DFM} gut mit der experimentellen Kalibrierkonstanten übereinstimmt. Die Durchflußmesser-Kennlinie $\dot{m}$ (Δt) ist linear.

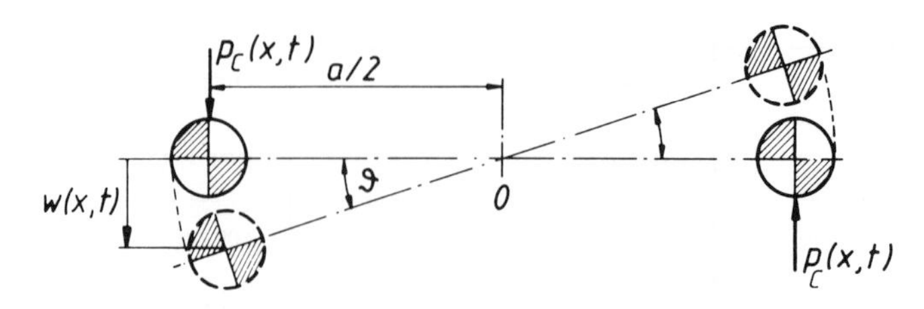

Bild 2: Biegung und Torsion des Meßrohres aufgrund von Corioliskräften

Mit den Gleichungen (1), (3) und (8) sind die Möglichkeiten der Temperaturkompensation der Geometrie- und Werkstoffwerte offengelegt. Die vereinfachte Analyse der Durchflußkennlinie $\dot{m}$ (Δt) läßt natürlich noch die Wirkung von Fluiddaten im Detail offen, die mit der Ankopplung der Corioliskräfte zusammenhängen.

2.3 Verhalten bei pulsierender Strömung

Die Linearität der Kennlinie ist ein wichtiges Ergebnis für den dynamischen Betrieb, da Unlinearitäten bei pulsierender Strömung zu systematischen Meßfehlern (Mittelungsfehlern) führen. Der CDM mittelt den pulsierenden Massenstrom richtig.

Pulsierende Strömungen führen zu pulsierenden Corioliskräften und damit zu einer erzwungenen Schwingung des Meßrohres um die x-Achse.

Dabei lassen sich drei Fälle unterscheiden:

Bei kleinen Pulsationsfrequenzen – weit unterhalb der ersten Eigenfrequenz – folgt der CDM der Pulsation verzögerungsfrei. Durch eine geeignete Glättung des Signals erhält man den korrekten Mittelwert des Massenstroms.

Bei hohen Pulsationsfrequenzen – außerhalb von Resonanzgebieten – kann das Meßrohr wegen seiner Trägheit der Pulsation nicht folgen. Daß Meßergebnis bleibt von der Pulsation unbeeinflußt, der Mittelwert wird auch hier fehlerfrei angezeigt.

Im Resonanzfall, wenn die Pulsationsfrequenz mit einer Eigenfrequenz des Meßrohres übereinstimmt, treten sehr große Amplituden auf. Meßfehler sind zu erwarten.

2.4 Mechanische Resonanzen des Meßrohres

Die Schwingungen des Meßrohres bei pulsierender Strömung können als elektrische Spannung an den beiden induktiven Aufnehmern des Durchflußmessers abgegriffen werden. Um Aussagen über das dynamische Verhalten des Meßrohres zu erhalten, wird die Sensorspannung als Funktion der Pulsationsfrequenz gemessen und als Frequenzgang $U_2(f)$ aufgezeichnet. Durch Beobachtung der Meßrohrschwingung mit einer Stroboskoplampe kann in Resonanzgebieten der Schwingungsmodus festgestellt werden.

Wie die Frequenzgangmessung und die Beobachtung des Meßrohres zeigen, durchläuft das Meßrohr des CDM-A im untersuchten Frequenzbereich drei stark überhöhte Resonanzzustände (Bild 3).

Die erste Eigenschwingungsform ist die bereits bekannte Nickschwingung (f_{E1}) um die z-Achse. Sie hat eine Eigenfrequenz von ca. 80 Hz und wird auch als Antrieb für die oszillierende Bewegung des Meßrohres benutzt. Da hier keine Torsion des U-Rohres auftritt, ist bei einer Anregung des Meßrohres mit dieser Frequenz kein Meßfehler zu erwarten.

Ebenso ohne Fehlereinfluß wird eine Resonanzschwingung in der x-z-Ebene (f_{E2}) bleiben, die mit 127,5 Hz sehr nahe an der Torsionseigenschwingung liegt und deshalb im Frequenzgang nur schwer zu erkennen ist. Auch sie hat keine Momentenwirkung um die x-Achse.

Ausgeprägt ist die 130 Hz Eigenfrequenz (f_{E3} Coriolisfrequenz) als Resonanzschwingung um die x-Achse (Bild 3c). Sie geht in die gleiche Richtung wie der Meßeffekt, ist jedoch viel größer, wodurch ein großer Meßfehler bei dieser Frequenz zu erwarten ist.

2.5 Anregungsmechanismen bei pulsierender Strömung

Störungen des CDM bei der Messung pulsierender Strömung entstehen durch eine Schwingungsanregung des Meßrohres mit der Coriolisfrequenz. Die Anregung kann durch äußere mechanische Kräfte über Gehäuse bzw. Rohrleitung oder durch Corioliskräfte bzw. Strömungskräfte im Inneren des Gerätes erfolgen.

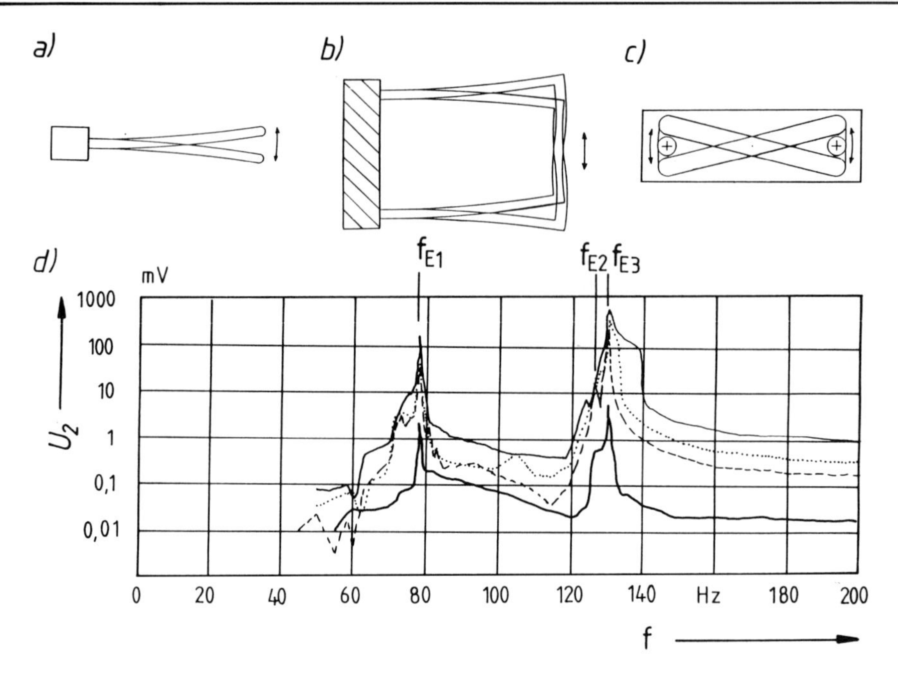

Bild 3: Eigenschwingungsformen und Frequenzgang des CDM-A
a) Biegeschwingung vertikal f_{E1} = 77,5 Hz
b) Biegeschwingung horizontal f_{E2} = 127,5 Hz
c) Torsionsschwingung f_{E3} = 130 Hz – Coriolisfrequenz
d) Frequenzgang des CDM-A-Meßrohres bei unterschiedlicher Pulsation (—— 7 % --- 13 % .... 25 % —— 75 %)
Meßrohrantrieb A ausgeschaltet, gemessen mit Aufnehmer W2

Mechanische Schwingungserregung durch äußere Kräfte

Durch mechanische Schwingungen der Anschlußrohrleitungen oder der Befestigungselemente kann der CDM gestört werden, wenn die Erregerfrequenz in den Bereich der Coriolisfrequenz gerät. Die Schwingungen bzw. Anlagenvibrationen werden durch Maschinen jeglicher Art, mechanische Stöße, Gebäudeschwingungen etc. hervorgerufen. Hauptschwingungserreger sind Pumpen, vor allem dann, wenn sie unmittelbar an den CDM angeschlossen sind.

Derartige Störungen lassen sich vermeiden, indem die Anschlußrohre in kurzem Abstand vom CDM fixiert werden, der Durchflußmesser fest mit einer großen Masse verbunden oder das Gerät schwingungsmäßig von der Restanlage entkoppelt ist. Eine mechanische Schwingungsanregung durch äußere Kräfte läßt sich in der Praxis fast immer umgehen und wurde daher nicht näher betrachtet.

Pulsierende Corioliskräfte

Die Corioliskräfte sind der primäre Schwingungserreger für das CDM-Meßrohr. Wie bereits erwähnt, führen pulsierende Massenströme zu pulsierenden Corioliskräften und zu einer unmittelbaren Anregung des Meßrohres mit großen Amplituden im Resonanzpunkt.

Die oben beschriebenen Abhilfemaßnahmen greifen hier nicht, da die Störungsursache im Meßprinzip selber liegt. Das Meßrohr ist daher schutzlos den pulsierenden Corioliskräften ausgesetzt. Dies gilt im übrigen für alle Bauformen von Coriolisdurchflußmessern.

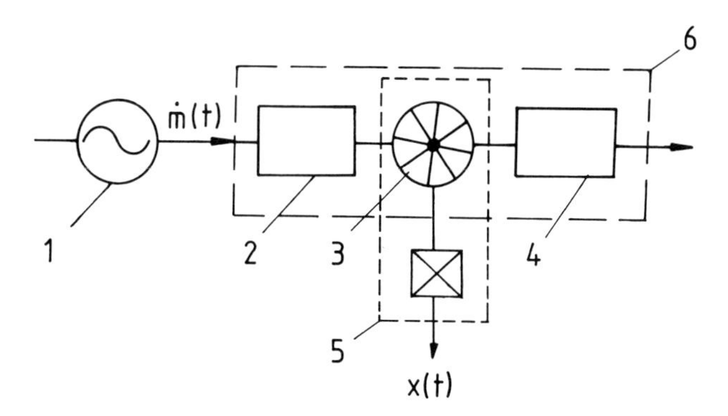

Bild 4: Pulsationsquelle und hydraulisches System
1 – Pulsationsquelle
2,4 – Rohrleitungssystem
3 – Durchfluß-Aufnehmer
5 – Durchflußmesser
6 – Hydraulisches System

Pulsierende Strömungskräfte (Schüttelkräfte)

Schüttelkräfte sind unausgeglichene Strömungskräfte. Sie treten durch ungleichmäßig verteilte Massen und durch Unsymmetrien der Meßrohrschleife auf und sind in der Regel klein. Da jedoch auch die Corioliseffekte klein sind und die Meßrohrstruktur schwingungsempfindlich ist, können auch Strömungseffekte zu einer Schwingungsanregung und damit zu Meßfehlern führen.

Schüttelkräfte hängen von der Fertigungsgenauigkeit ab, sind für jedes einzelne Gerät unterschiedlich groß und nur schwer zu quantifizieren. Da in der Regel mit abnehmender Baugröße auch die relative Fertigungsgenauigkeit abnimmt, sind Schüttelkräfte eine typische Störungsursache für kleine Baugrößen.

3. Der Coriolisdurchflußmesser im hydraulischen System

Der Durchflußmesser darf nicht getrennt von der Anlage betrachtet werden, sondern ist integraler Bestandteil eines hydraulischen Systems.

Die Pulsation (Bild 4) wird von der Quelle über das zwischengeschaltete Rohrleitungssystem auf den Durchflußmesser übertragen. Alle hydraulischen Komponenten treten dabei in Wechselwirkung, wobei sich im allgemeinen ein komplexes Schwingungsgeschehen ergibt. Nur in einfachen Fällen, z. B. bei Pulsationen in einem unendlich langen Rohr konstanten Querschnitts, lassen sich analytische Lösungen angeben.

Pulsationen entstehen durch Fluideigenschwingungen bei schnellen Öffnungs- und Schließbewegungen von Ventilen, durch Druckschwankungen in der Anlage und durch den periodisch schwankenden Förderstrom oszillierender und rotierender Verdrängerpumpen. Auf die Pulsation der Verdrängerpumpen als Hauptschwingungserreger wird im folgenden näher eingegangen.

3.1 Pulsationsquellen

Oszilliernde Verdrängerpumpen

Die Förderströme von Einzylinder-Kolben- und -Membranpumpen pulsieren aufgrund ihrer zeitlich abhängigen Verdrängung zwischen Null und Maximum. Bei einem Feder-Nocken-Triebwerk zum Beispiel ergibt sich aus der Kinematik der Hubbewegung ein sinusförmiger Kolbengeschwindigkeitsverlauf $v_K(t)$ (Bidl 5 a). Daraus resultiert ein halbsinusförmiger Förderstromverlauf mit Förderlücken von der Größe π (ohne Phasenanschnitt).

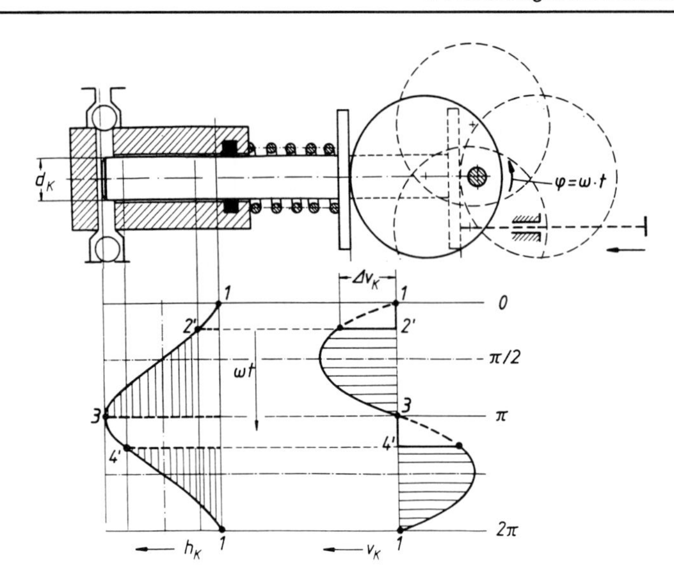

Bild 5: Zeitlicher Verdrängungsverlauf einer Einzylinder-Kolbenpumpe mit Feder-Nocken-Triebwerk (mit Phasenanschnitt)
1 – 2' Kompression
2' – 3 Förderung
3 – 4' Rückexpansion
4' – 1 Ansaugen

Die Hubverstellung erfolgt bei Feder-Nocken-Triebwerken durch Verstellen des unteren Totpunktes (verstellbarer Anschlag) wodurch eine phasenangeschnittene Kurve entsteht. Auch die Kompressibilität von Fluid und Arbeitsraumwänden kann einen Phasenanschnitt bewirken, wenn bei hohen Gegendrücken der Kolben erst die Kompressibilitäten überwinden muß, ehe er das Fluid gegen den Druck auf der Auslaßseite ausschiebt.

Führt man für den zeitlichen Verdrängungsverlauf einer Einzylinderpumpe eine Fouriertransformation durch, so ergibt sich im Amplituden-Spektrum der Frequenzinhalt der Pulsationen. Das Spektrum besteht aus Grund- und Oberschwingungen, deren Amplitude mit der Frequenz abnimmt (Bild 6).

Ein Phasenanschnitt des Verdrängungsverlaufes führt zu einer Verstärkung der Oberschwingungen (Bild 6b). Die Grundfrequenzen oszillierender Verdrängerpumpen sind typischerweise niederfrequent (1 bis 3 Hz).

Zur Förderung mittlerer Volumenströme werden zur Verminderung von Pulsationen vielfach mehrzylindrige Kolben- und Membranpumpen eingesetzt. Am häufigsten sind Dreizylinder- (Triplex-) Pumpen, bei denen die Kolben mit einem Phasenversatz von 120 °C arbeiten. Typische Grundfrequenzen liegen dann in der Größenordnung von 30 Hz.

Rotierende Verdrängerpumpen

Der Förderstrom rotierender Verdrängerpumpen pulsiert in der Regel mit höherer Frequenz und kleinerer Amplitude als der oszillierender Verdrängerpumpen. Die Pulsationsfrequenz ergibt sich aus der Zahl der Verdrängerkammern pro Umdrehung und der Drehzahl.

Einen Extremfall stellen Zahnradpumpen dar, weil diese aufgrund des periodischen Zahneingriffs aus geometrischen Gründen pulsieren.

Die Volumenstrompulsation (Bild 6c) besteht aus parabolischen Segmenten, die sich nach einer Zahnteilung wiederholen [7].

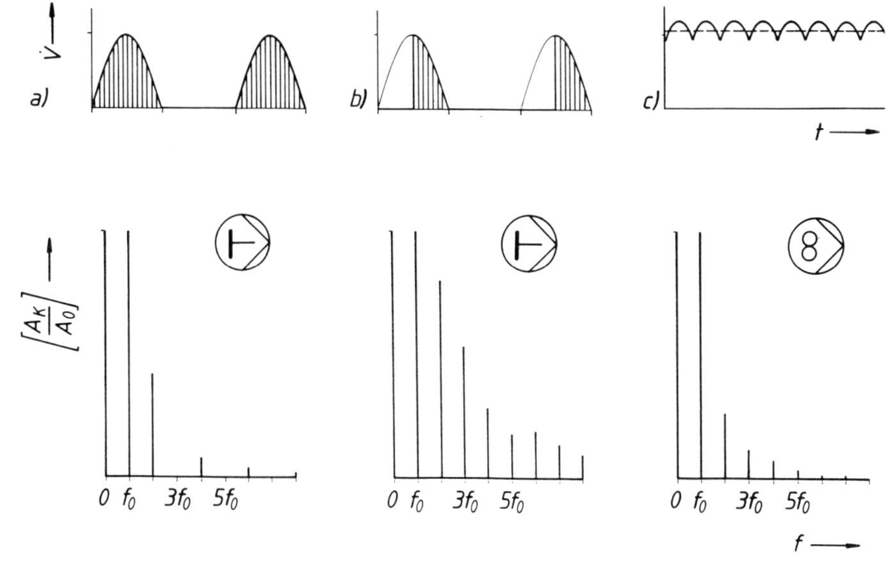

Bild 6: Förderstrompulsation oszillierender und rotierender Verdrängerpumpen
a) Zeitlicher Volumenstromverlauf und Spektrum, Einzylinderpumpe ($f_0 = n/60$)
b) wie a) mit Phasenanschnitt durch Elastizitätseinflüsse oder Hubverstellung
c) Zeitlicher Volumenstromverlauf und Spektrum, Zahnradpumpe ($f_0 = n \cdot z/60$)

Das Pulsation-Spektrum zeigt nur kleine Oberschwingungsanteile. Typische Frequenzen für die Grundschwingung liegen im Bereich von 100 bis 200 Hz.

3.2 Pulsation im hydraulischen System

Das Fluid in der Rohrleitung ist als elastisches Kontinuum ein schwingungsfähiges System, das aufgrund seiner Frequenzcharakteristik eine Abschwächung bzw. Verstärkung einzelner Frequenzen des Anregungsspektrums bewirkt. Der Frequenzinhalt ändert sich dabei jedoch prinzipiell nicht.

Die Ausbreitung von Pulsationen im Rohrleitungssystem läßt sich im reibungsfreien Fall mit den Wellengleichungen beschreiben (c Schallgeschwindigkeit im Rohr):

Geschwindigkeitspulsation $$\frac{\partial^2 v}{\partial t^2} = c^2 \frac{\partial^2 v}{\partial x^2} \qquad (9)$$

Druckpulsation $$\frac{\partial^2 p}{\partial t^2} = c^2 \frac{\partial^2 p}{\partial x^2} \qquad (10)$$

Die Übertragung der Pulsation in der Rohrleitung hängt von der „Akustik" des gesamten Rohrleitungssystems ab. Der Zusammenhang zwischen Druck- und Volumenstrompulsation kann als charakteristische Impedanz des Rohrleitungssystems angegeben werden.

$$\partial p = Z_L \cdot \partial \dot{V} \qquad (11)$$

Die charakteristische Impedanz Z_L ist eine komplexe Größe und hängt von den Geometriedaten des Rohrleitungssystems und von den Fluideigenschaften ab.

Die exakte Berechnung der in einer Rohrleitung auftretenden Druck- und Geschwindigkeitsamplituden ist mit numerischen Methoden – z. B. mit dem Charakteristikenverfahren – unter Berücksichtigung des Fluidreibungseinflusses hinreichend genau möglich [4, 6, 10].

Zur genauen Ermittlung der Pulsationsamplituden am Einbauort des Coriolisdurchflußmessers ist daher in der Regel eine Computeranalyse notwendig.

Extrema hinsichtlich der auftretenden Amplituden stellen Fluidresonanzen dar. Stimmt eine Eigenfrequenz der Fluidsäule in der Rohrleitung mit der Frequenz im Energiespektrum überein, so kommt es zu einer Aufschaukelung der Pulsation mit sehr großen Druck- und Geschwindigkeitsamplituden. Für den Coriolisdurchflußmesser bedeutet dies eine extreme Pulsationsbeanspruchung.

In einigen Fällen, wenn Reflexionen ausgeschlossen sind, gelingt auch eine einfache analytische Lösung der Wellengleichungen. Die charakteristische Impedanz des unendlich langen (reflexionsfreien) Rohres berechnet sich dann zu:

$$Z_{L\infty} = \frac{\varrho\, c}{A_R} \tag{12}$$

Durch den einfachen Zusammenhang in (12) wird diese Methode auch zur Bestimmung der Volumenstrompulsation von Pumpen herangezogen, indem die einfach zu messende Druckpulsation in die Volumenstrompulsation umgerechnet wird [8]. In diesem Fall ergibt sich zwischen der Druckpulsation Δp und der Volumenstrompulsation $\Delta\dot{V}$ der Zusammenhang:

$$\Delta p = \frac{\varrho\, c}{A_R} \cdot \Delta\dot{V} \tag{13}$$

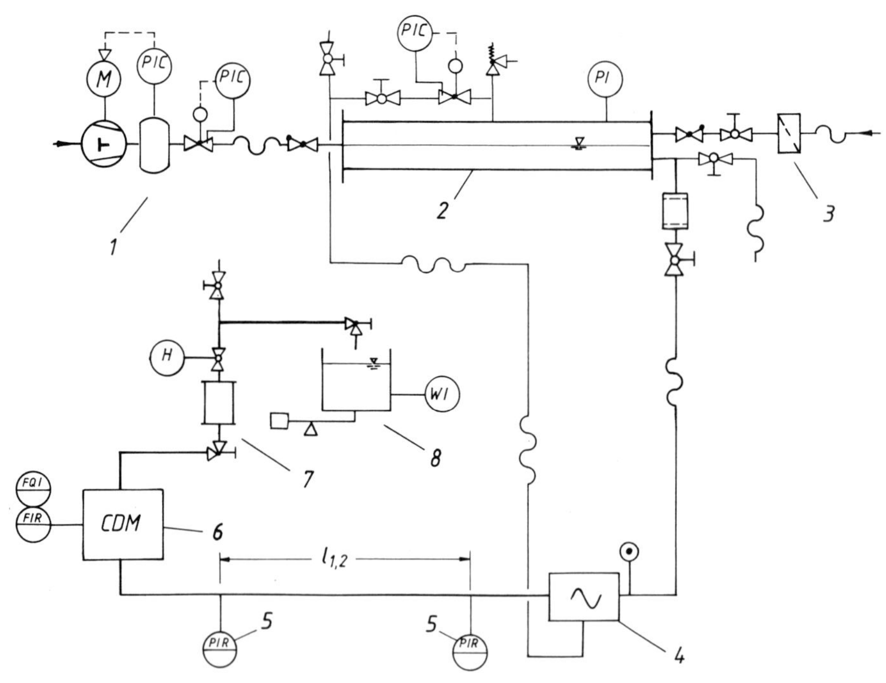

Bild 7: Versuchseinrichtung mit monofrequenter Pulsation
1 – Kompressor (Luft)
2 – Druckbehälter
3 – Wasserversorgung
4 – Pulser
5 – Druckmessung
6 – Coriolisdurchflußmesser
7 – Reflexionsfreier Rohrleitungsabschluß
8 – Referenzwägung

Diese Umrechnungsgleichung wird bei den nachfolgenden Untersuchungen zur Bestimmung der Pulsationsamplitude genutzt.

4. Experimentelle Untersuchungen

4.1 Monofrequente Pulsation

4.1.1 Versuchseinrichtungen

Mit der Versuchsanlage (Bild 7) ist es möglich, den Coriolisdurchflußmesser mit einer monofrequenten, sinusförmigen Pulsation zu betreiben und die Störungen des Gerätes in Abhängigkeit von Frequenz, Amplitude und mittlerem Durchsatz zu ermitteln.

Der Vorratsbehälter 2 wird mit Wasser aus dem Leitungsnetz 3 befüllt. Ein Preßluft-Ladesystem 1 erlaubt die Einstellung des Behälterdruckes und somit eines mittleren Massenstromes $\bar{\dot{m}}$. Im Rohrleitungssystem befindet sich der Pulser 4.

Ein elektrodynamischer Schwinger erzeugt die Pulsation und überträgt die mechanische Schwingung mit einem (druckausgeglichenen) Faltenbalg auf das Fluid. Die Pulsation ist weitgehend sinusförmig (Bild 8). Frequenz und Amplitude können unabhängig voneinander eingestellt werden.

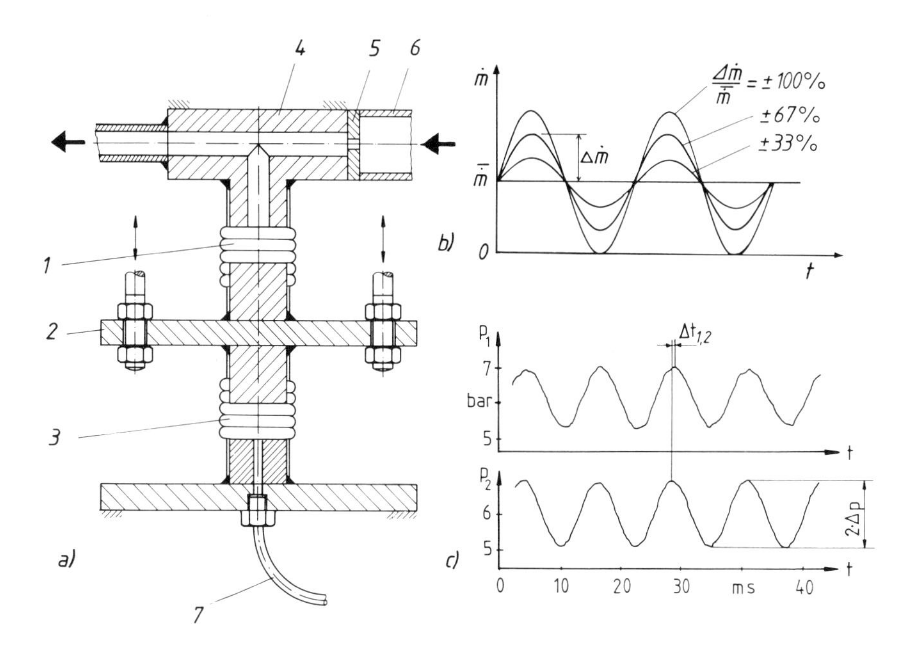

Bild 8: Details zur Pulsationserregung a) Pulser b) Massenstrompulsation
c) Drucksignale im reflexionsfreien Fall ($\bar{\dot{m}}$ = 155 g/min)
1 Faltenbalg, fluidseitig
2 Schwingungsbetätigung
3 Faltenbalg, preßluftseitig
4 T-Stück
5 Blende
6 Schlauchanschluß
7 Preßluftanschluß

Massenstrompulsation

Die Massenstrompulsation wird durch Umrechnung aus der Druckpulsation bestimmt [8]. Dazu muß das Rohr mit einem reflexionsfreien Leitungsabschluß 7 versehen und die Druckpulsation mit piezoelektrischen Drucksensoren 5 gemessen werden.

$$\Delta \dot{m} = \frac{\Delta p}{c} A_R \tag{15}$$

Die Einstellung der Reflexionsfreiheit erfolgt mit einer feineinstellbaren Abschlußdrossel. Die Reflexionsfreiheit wird an den beiden Druckmeßstellen kontrolliert, die zwei nahezu identische Druckwellen ergeben. Die Identität der Drucksignale ist eine hinreichende Bedingung für Reflexionsfreiheit.

Aus der Zeitverschiebung der Drucksignale findet man übrigens die Schallgeschwindigkeit.

$$c = \frac{l_{1,2}}{\Delta t_{1,2}} \tag{16}$$

Meßfehler

Die Untersuchungen beschränken sich im wesentlichen auf die Bestimmung des mittleren Meßfehlers, der für die meisten Anwendungsfälle allein maßgeblich ist. Bei unterschiedlicher Pulsation wird der Meßfehler E des Durchflußmessers 6 mit der Waage 8 ermittelt. Dabei werden während einer Zeitbasis Δt von ca. 1 – 10 min Wäge- (m_W) und Durchflußmesser-Signal (m_{CDM}) aufsummiert. Dazu besitzt der Coriolisdurchflußmesser eine Totalisator-Elektronik.

$$E = \frac{m_W - m_{CDM}}{m_W} \tag{14}$$

4.1.2 Experimentelle Ergebnisse bei monofrequenter Pulsation

Betreibt man in beschriebener Weise den Coriolisdurchflußmesser (CDM-A) mit monofrequenter Pulsation, so zeigt sich ein kleiner relativer Meßfehler über den gesamten Meßbereich, der nicht

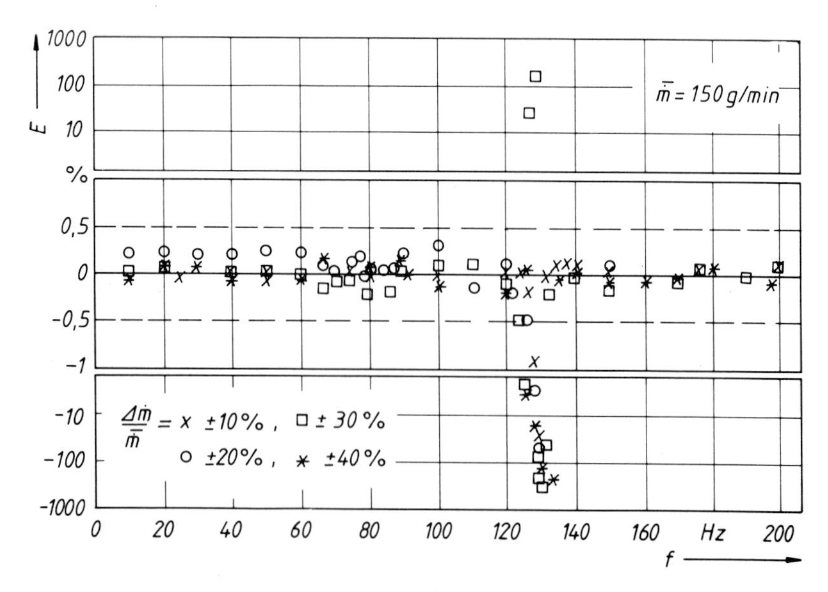

Bild 9: Relativer Meßfehler des Coriolisdurchflußmessers CDM-A bei verschiedenen Pulsationszuständen. (Oberer und unterer Teil des Diagramms sind logarithmisch skaliert)

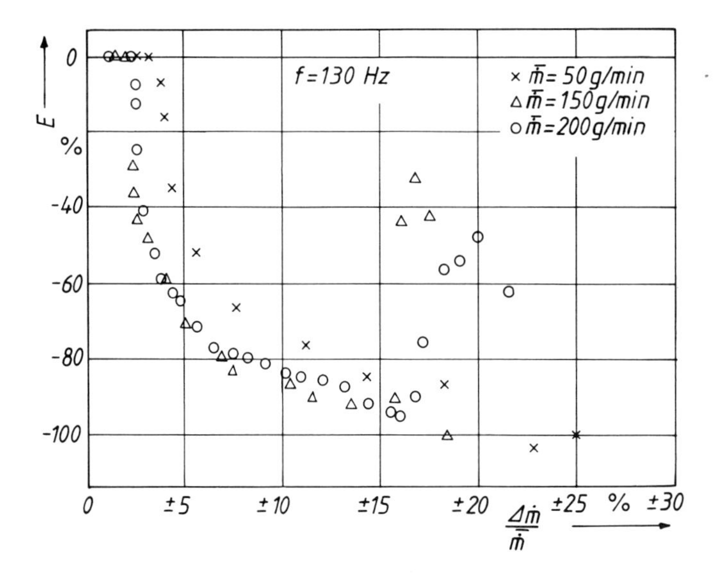

Bild 10: Meßfehler beim Coriolisdurchflußmesser CDM-A im Resonanzpunkt

merklich pulsationsabhängig ist (Bild 9). Bei der Coriolisfrequenz (~ 130 Hz) springt der Meßfehler auf sehr große Werte. Es liegt hier ein Resonanzzustand vor, der sich auch bei größeren Anregungsamplituden am Gerät durch Geräusche bemerkbar macht.

Der Amplitudeneinfluß auf den Meßfehler im Resonanzfall zeigt (Bild 10), daß geringe Erregungsamplituden mit Resonanzfrequenz bereits erhebliche Störungen bewirken, die um so rasanter sind, je größer der Durchfluß des Gerätes ist. Andererseits weisen Ungleichförmigkeitsgrade des Durchflußstromes von 1–2% noch kein wesentliches Störpotential auf. Der Fehler hat bei kleinen bis mäßigen Amplituden einen systematischen Verlauf und ist negativ.

Sehr kleine Anregungsamplituden im Resonanzpunkt führen zunächst zu keinerlei (mittleren Fehlern), da sich die angefachte Torsions-Schwingung dem Meßsignal in Form einer Sinuswelle überlagert (Kurve 1, Bild 11). Die Mittelung des Durchflusses über den Totalisator führt aufgrund der linearen Kennlinie zum richtigen Ergebnis.

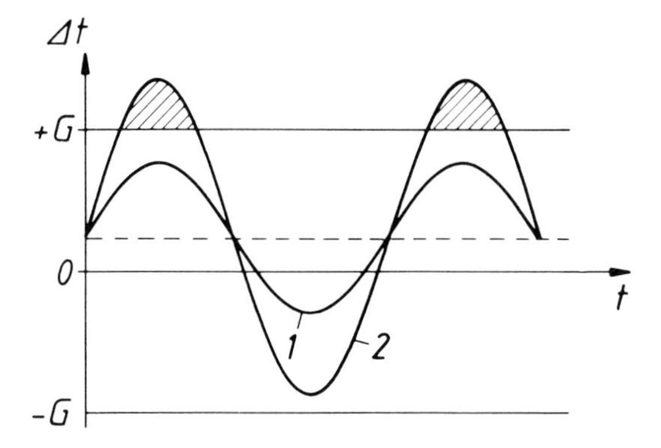

Bild 11: Massenstromsignale bei Resonanz
+G – oberer Grenzwert
–G – unterer Grenzwert

Überschreitet bei großen Anregungsamplituden das Resonanzsignal die Meßbereichsgrenze (+ G), so schneidet die Elektronik die darüberliegenden Meßwerte ab, und es ergeben sich negative Meßfehler (Kurve 2, schraffierter Bereich in Bild 11).

Mit zunehmendem mittleren Massenstrom überschreitet das Signal früher die Meßbereichsgrenze, wodurch die Grenzamplitude abnimmt.

Aus den Untersuchungsergebnissen bei monofrequenter Pulsation folgt, daß Resonanzen mit der Coriolisfrequenz in jedem Fall vermieden werden müssen, gleichgültig welcher Herkunft die Erregungsschwingungen auch sind. Sind Resonanzen unvermeidlich, so muß ein geringer Pulsationsgrenzwert von ca. ± 2 % in Kauf genommen werden.

4.2 Meßfehler und Störungen bei polyfrequenter Pulsation (Pumpenbetrieb)

In nachfolgenden Versuchsreihen wurden Coriolisdurchflußmesser mit verschiedenen Verdrängerpumpen betrieben, wobei polyfrequente Anregungsverhältnisse vorlagen. Für zwei Pumpenbauarten (Einzylinder-Kolbenpumpe/Zahnradpumpe) werden nachfolgend die wesentlichen Ergebnisse wiedergegeben.

4.2.1 CDM und Einzylinder-Kolbenpumpe

Die Kolbendosierpumpe ist durch Phasenanschnitt über einen einstellbaren Anschlag (s. a. Bild 5) hubverstellbar ($h_K/h_{K,100}$). Betreibt man den Coriolisdurchflußmesser (CDM-A) mit der Kolbendosierpumpe und starrer, kurzer Stahlrohrleitung, so zeigt der CDM sehr große Fehler, die Maximalwerte von −160 % erreichen (Bild 12).

Je höher Drehzahl, Phasenanschnitt und verbundene Druckstöße desto größer wird auch der Meßfehler.

Zur Klärung dieses Verhaltens wurden die Drucksignale im Arbeitsraum der Pumpe aufgenommen und das Frequenzspektrum der Druckverläufe mit einem FFT-Analysator ausgewertet (Bild 13).

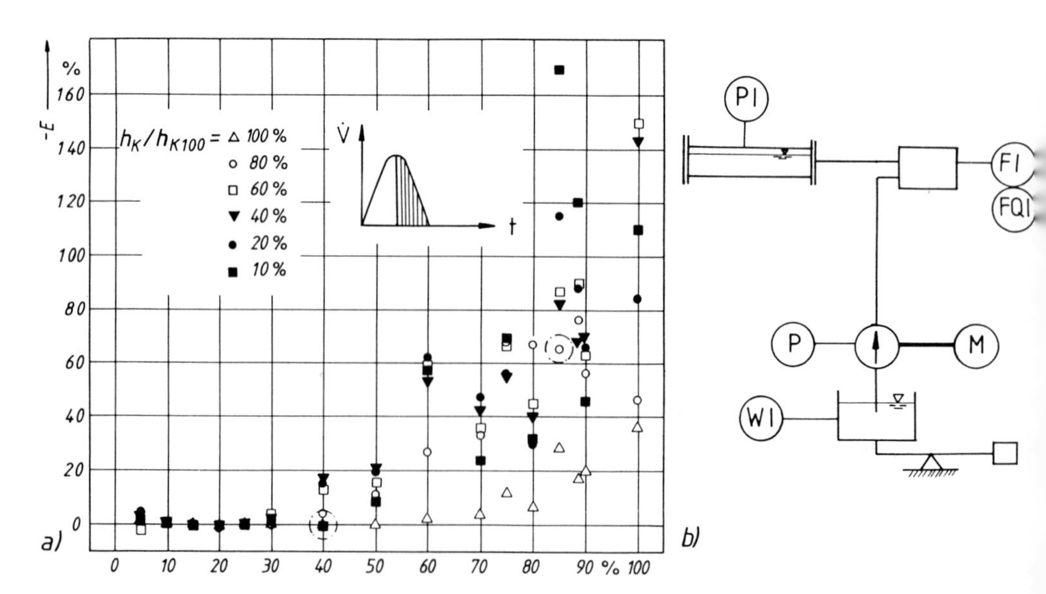

Bild 12: CDM-A mit einer Einzylinder-Kolbenpumpe bei ausgeprägten Druck-Stößen
a) Meßfehler
b) Installation

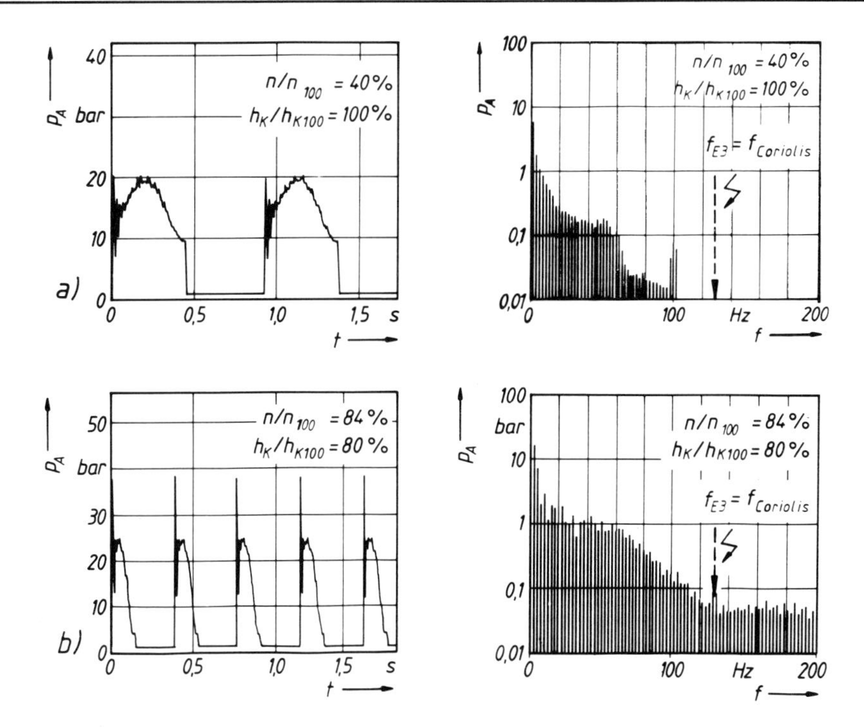

Bild 13: Arbeitsraumdruck-Signale einer Einzylinder-Kolbenpumpe, bei bestimmter Installation, $f_{Coriolis} \approx 130$ Hz

Bei mäßiger Drehzahl und verschiedenem Phasenanschnitt enthält das Drucksignal zu Beginn der Förderung einen deutlich sichtbaren, aber kleinen Druckstoß (Bild 13a). Das Spektrum zeigt, daß der Stoß Frequenzanteile bis ca. 100 Hz enthält. Diese Frequenzen sind nicht in der Lage, das Meßrohr in seiner Coriolisfrequenz anzuregen, und es ergeben sich daher keine pulsationsbedingten Meßfehler.

Bei höheren Drehzahlen ergibt sich ein deutlich stärkerer Druck-Stoß (Bild 13b), der so steil ausgeprägt ist, daß die Coriolisfrequenz (siehe Pfeil) angeregt wird. Das Spektrum zeigt aktive Frequenzen von 200 Hz und darüber.

Die sehr geringe Amplitude der 52. Oberschwingung der Pumpe reicht in diesem Fall aus, den CDM empfindlich zu stören.

Verwendet man im übrigen statt der starren Rohrleitung eine flexible Kunststoffrohrleitung als Verbindung zwischen CDM und Kolbenpumpe, so treten die oben genannten Fehler nicht auf; das flexible Rohr wirkt in diesem Fall als Pulsationsdämpfer.

Bei Dosieranlagen mit Kolbenverdrängerpumpen und Coriolisdurchflußmessern müssen also Druckstöße mit hochfrequenten Schwingungserregungskomponenten durch Dämpfungsmaßnahmen verhindert werden.

Die gezeigten Meßergebnisse spiegeln sich im **analogen Ausgangssignal** des CDM wieder.

Das analoge Ausgangssignal gibt im fehlerfreien Fall den Förderstrom der Kolbenpumpe gedämpft wieder (Bild 14). Bei stufenweiser Verstellung der Zeitkonstanten des Filters von 0,2 bis 12,8 s verringert sich die Ausgangsamplitude bis auf Null. Der Mittelwert des Ausgangssignals stimmt bei Vollhub mit dem tatsächlichen mittleren Massenstrom überein.

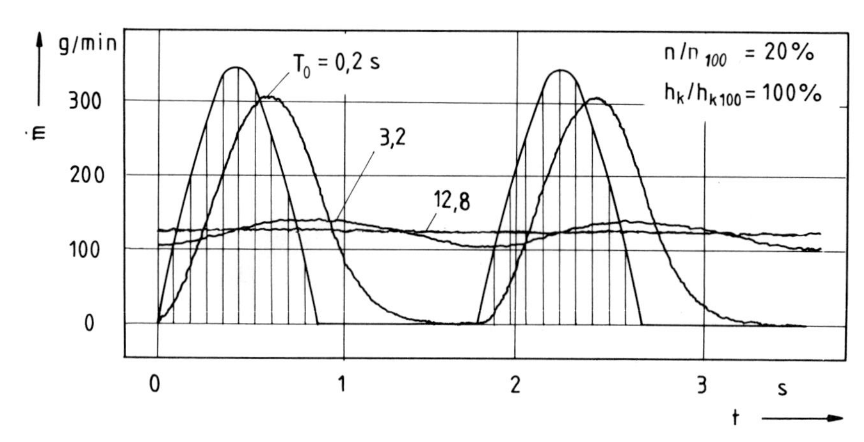

Bild 14: Analoges Ausgangssignal des CDM-A bei unterschiedlichen Zeitkonstanten der Dämpfung

Im Teilhubbetrieb kommt es bei höheren Drehzahlen zu den beschriebenen Meßfehlern, die sich im analogen Ausgangssignal bemerkbar machen. Bei konstantem Kolbenhub und schrittweiser Erhöhung der Drehzahl erkennt man eine zunehmende Verzerrung des Meßsignals (Bild 15). Die strenge Periodizität des Signals geht bei hohen Drehzahlen verloren, die Meßwerte schwanken irregulär und der Mittelwert der Messung stimmt nicht mehr mit dem Istwert überein.

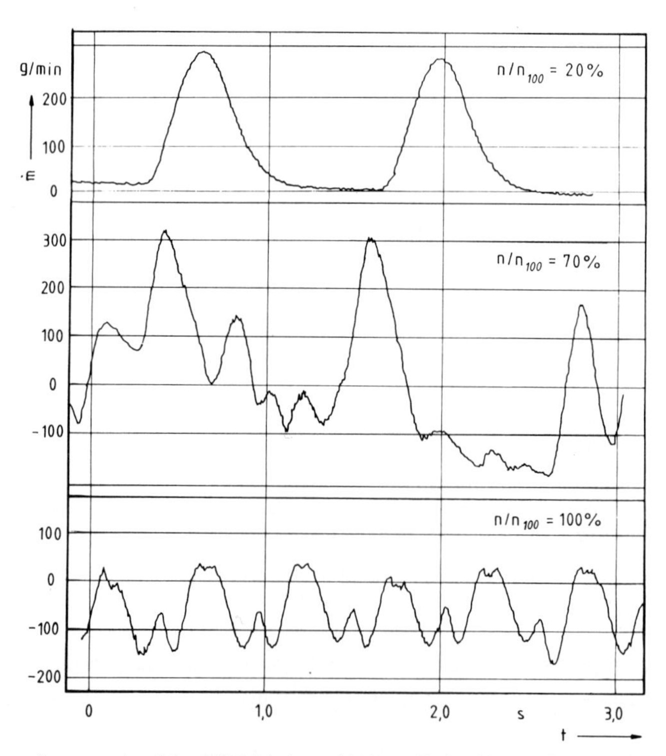

Bild 15: Analoges Ausgangssignal des CDM-A bei verschiedenen Drehzahlen der Einzylinder-Kolbenpumpe, $h_K/h_{K,100} = 60\,\%$, $T_0 = 0{,}2$ s

4.2.2 CDM und Zahnradpumpe

Verbindet man den Coriolisdurchflußmesser mit einer Zahnradpumpe über eine kurze starre Rohrleitung, so erreicht man unterkritischen Betrieb, d. h. die wesentlichen Erregungsschwingungen bleiben unterhalb der ersten Eigenfrequenz der Flüssigkeitssäule in der Rohrleitung.

Im Betrieb zeigen sich bei zwei Pumpendrehzahlen (Pulsationsfrequenzen) deutliche Resonanzfehler. Da der untersuchte Coriolisdurchflußmesser zwei Meßrohre mit leicht unterschiedlicher Masse aufweist, verursacht jedes der Meßrohre mit seiner Torsions (Coriolis)-Eigenfrequenz (194 und 208 Hz) einen Meßfehler (Bild 16).

Im nächsten Beispiel ist die Kontinuums-Eigenfrequenz der Rohrleitung auf die Coriolisfrequenz abgestimmt. Dazu ist im untersuchten Fall eine größere Rohrleitungslänge (ca. 5 m) erforderlich. Die Erregerfrequenz, die Eigenfrequenz der Fluidsäule und die Eigenfrequenz des Meßrohres treffen bei 194 bzw. 208 Hz zusammen und es ergeben sich erwartungsgemäß große Meßfehler (Bild 17).

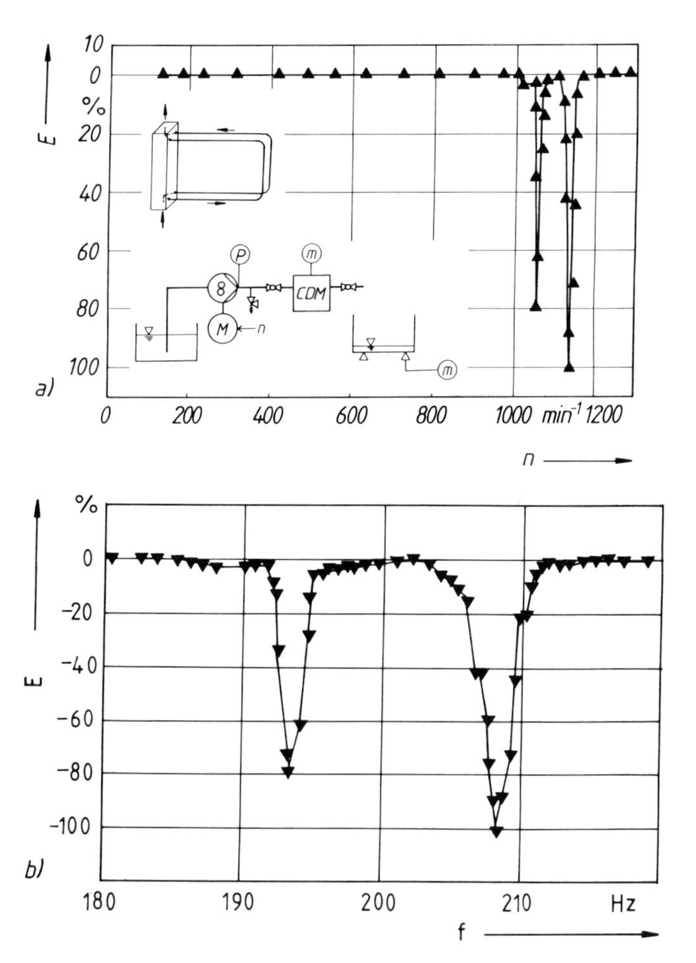

Bild 16: Resonanzstörungen am Coriolisdurchflußmesser (CDM-B) mit Zahnradpumpe bei unterkritischer Installation
a) Über die Drehzahl
b) vergrößert über die Pumpengrundfrequenz aufgetragen

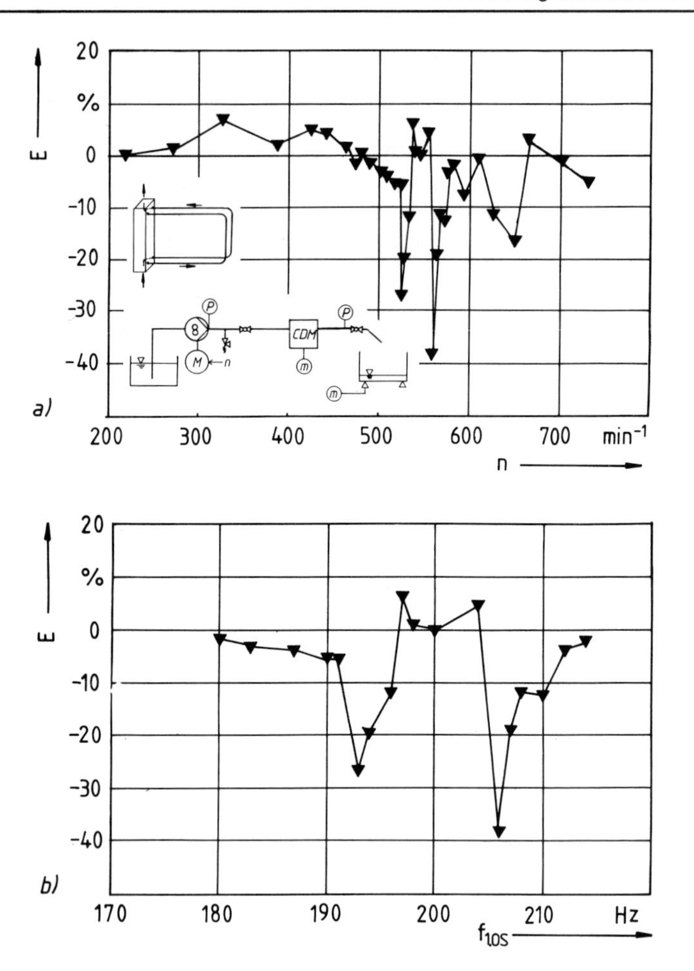

Bild 17: Resonanzstörungen am Coriolisdurchflußmesser (CDM-B) mit Zahnradpumpe bei kritischer Installation
a) Über die Drehzahl
b) über die Frequenz der ersten Pumpenoberschwingung aufgetragen

Man erkennt über den großen Drehzahlbereich noch weitere Störbereiche, die weniger markant zu Tage treten und durch erhöhte Meßfehler des CDM gekennzeichnet sind. Offenbar sind noch weitere Wechselwirkungen mit Fluidschwankungen sowie mechanische Erregungen von der Rohrleitungs- und Befestigungstruktur wirksam.

Man erkennt also, daß der CDM von Zahnradpumpen sehr leicht gestört werden kann, wenn die Pulsationsgrundfrequenz in die Nähe der Coriolisfrequenz gelangt. Besonderes Augenmerk muß dabei auch auf die Kontinuumseigenschaften gelegt werden, da im Fall von Fluidresonanzen auch die Oberschwingungen der Zahnradpumpe dem CDM gefährlich werden können.

5. Vermeidung resonanzbedingter Fehler

Um die Störungen des Coriolisdurchflußmessers durch corioliskraft- und strömungserregte Eigenschwingungen wirkungsvoll zu verhindern, bieten sich folgende Ansatzpunkte:

Geräteseitig

- Minimierung unausgeglichener Kräfte
- Anheben der Meßrohreigenfrequenzen

Pumpenseitig

- Kritische Drehzahlbereiche vermeiden
- Vermeidung stoßartiger Förderprozesse
- Verwendung pulsationsarmer Pumpen

Anlagenseitig

- Fluidresonanzen, die mit der Coriolisfrequenz des Meßrohres zusammenfallen unbedingt vermeiden
- Einbau von Pulsationsdämpfern (Absorptionsdämpfer)
- Verwendung von Resonatoren (akustische Filter), die auf die Coriolisfrequenz abgestimmt sind

Insbesondere den geräteseitigen Abhilfemaßnahmen sind Grenzen gesetzt, da die Erhöhung der Eigenfrequenzen immer auf eine Versteifung des Meßrohres und somit auf eine Verkleinerung des Corioliseffektes hinausläuft. Bei den verschiedenen Bauformen ist das Erregungsfrequenzniveau allerdings sehr unterschiedlich.

Die größten Chancen, auftretende Resonanzfehler zu beseitigen, liegen im Einsatz geeigneter Pulsationsdämpfer, da die Resonanz relativ hochfrequenten Schwingungen (50 ÷ 1000 Hz) voraussetzt und hydraulische Filter im hochfrequenten Bereich besonders wirksam sind. Zur Auslegung sind allerdings leistungsfähige numerische Berechnungsverfahren erforderlich [4, 6, 10].

6. Danksagung

Die Untersuchungen wurden von der Deutschen Forschungsgemeinschaft im Rahmen des Sonderforschungsbereiches SFB 222 „Heterogene Systeme bei hohen Drücken“ gefördert, wofür die Autoren sich herzlich bedanken.

Der Fa. Brooks B.V., NL-Veenendaal wird für die kostenlose Überlassung der Coriolisdurchflußmesser sowie das Interesse an den Untersuchungen gedankt.

7. Zusammenfassung

Bei der Dosierung kleiner Flüssigkeitsströme in der Verfahrenstechnik kommen häufig Verdrängerpumpen mit pulsierendem Förderstrom zum Einsatz. Zur Messung kleiner Massenströme bieten sich aufgrund ihrer hervorragenden Eigenschaften Coriolisdurchflußmesser an. Die Eignung zur Messung pulsierender Massenströme wurde jedoch in der Vergangenheit häufig bezweifelt.

Es wird gezeigt, daß Coriolisdurchflußmesser schwingungsempfindliche Geräte sind, die allgemein durch äußere Einflüsse und speziell durch pulsierende Massenströme gestört werden können.

Im Resonanzpunkt, wenn die Anregungsfrequenz die charakteristische Eigenfrequenz (Coriolisfrequenz) des Meßrohres trifft, reichen bereits sehr kleine Pulsationsamplituden (ca. ± 2 %) aus, den CDM empfindlich zu stören. Die dabei auftretenden Meßfehler erreichen sehr große Werte. Der mittlere Massenstrom wird im Resonanzfall systematisch zu klein angezeigt.

Durch oszilliernde Verdrängerpumpen tritt in der Regel keine Resonanzanregung auf, da übliche Pulsationsfrequenzen weit unterhalb der Eigenfrequenzen (50 – 1000 Hz) aller Coriolisdurchflußmesser liegen. Bei stoßbehafteter Förderung, die z. B. bei Pumpen mit Feder-Nocken-Triebwerken oder bei hohen Drücken auftritt, ist jedoch eine Störung von Coriolisdurchflußmessern – abhängig vom Installationsfall – möglich.

Rotierende Verdrängerpumpen erreichen mit ihren meist hohen Anregungsfrequenzen sehr leicht die Coriolisfrequenzen, was zu empfindlichen Störungen der Durchflußmessung führen kann. Hauptstörfrequenz ist die Pumpengrundfrequenz; kommen Fluidresonanzen hinzu, so sind jedoch auch die Oberschwingungen der Pulsation in der Lage, den CDM zu stören. Dies wurde anhand von Versuchen mit einer Zahnradpumpe gezeigt.

Die Maßnahmen zur geräteseitigen Vermeidung von Resonanzstörungen sind beschränkt, da das Meßrohr pulsierenden Corioliskräften sowie Schüttelkräften schutzlos ausgeliefert ist. Man ist daher auf pumpen- und anlageseitige Abhilfemaßnahmen angewiesen, die auf die Vermeidung und Dämpfung von Pulsationen zielen.

8. Formelzeichen

a	mm	Schenkelabstand CDM
A_0	m^3/h	Amplitude der Pumpengrundschwingung
A_K	m^3/h	Amplitude der K-ten Oberschwingung
A_R	mm^2	Rohrinnenquerschnitt
c	m/s	Schallgeschwindigkeit im Rohr
C_1	m	Integrationskonstante
C_2	m	Integrationskonstante
C_3	m^2	Integrationskonstante
C_4	m^3	Integrationskonstante
C_{DFM}	kg/s^2	Durchflußmesserkonstante
d	mm	Innendurchmesser, Meßrohr
d_k	mm	Kolbendurchmesser
D	mm	Außendurchmesser, Meßrohr
E_S	N/mm^2	E-Modul (Stahl)
E	%	relativer Meßfehler (v. M.)
f	Hz	Frequenz
f_0	Hz	Grundfrequenz
f_{1OS}	Hz	Frequenz der 1. Oberschwingung
$f_{E1,\,E2,\,E3}$	Hz	Eigenfrequenzen
F_C	N	Corioliskraft
G_S	N/mm^2	Schubmodul (Stahl)
h_K	mm	Kolbenhub
$h_{K,\,100}$	mm	Maximaler Kolbenhub
I_Y	mm^4	axiales Flächenträgheitsmoment des Rohres
I_P	mm^4	polares Flächenträgheitsmoment des Rohres
l	mm	Länge, Meßrohrschenkel
$l_{1,2}$	m	Abstand Drucksensoren
m_{CDM}	kg	Integraler Durchfluß, CDM
m_W	kg	Anzeigewert der Referenzwaage
$\dot{m}$	kg/h	Massenstrom
$\bar{\dot{m}}$	kg/h	mittlerer Massenstrom
n	min^{-1}	Drehzahl, Hubfrequenz
n_{100}	min^{-1}	maximale Drehzahl, maximale Hubfrequenz
p	bar	Druck
p_C	N/mm	Coriolisstreckenlast
S_l	mm	max. Schwingungsausschlag bei $x = 1$
t	s	Zeit
T_0	s	Zeitkonstante der Dämpfung
v	m/s	Strömungsgeschwindigkeit
v_K	m/s	Kolbengeschwindigkeit
$\dot{V}$	m^3/h	Volumenstrom
w	mm	Durchbiegung aufgrund F_C
W1	mm	Schwingungsausschlag, Sensor 1
W2	mm	Schwingungsausschlag, Sensor 2

x	mm	Ortskoordinate
y_l	mm	Schwingungsweg des U-Rohres bei x = 1
z	–	Zähnezahl
Z_L	Ns/m^5	charakteristische Impedanz
$Z_{L\infty}$	Ns/m^5	charakteristische Impedanz des unendlich langen Rohres
$\Delta\dot{m}$	kg/h	Massenstromamplitude
Δp	bar	Druckamplitude
Δt	s	Phasenverschiebung der Sensorsignale
$\Delta t_{1,2}$	s	Laufzeit der Druckwelle
$\Delta\dot{V}$	l/min	Volumenstromamplitude
Δv_K	m/s	Geschwindigkeitssprung
δF_C	kg	Fluidmassenelement
ϑ	rad	Torsionswinkel des U-Rohres
λ	mm^{-1}	Konstante
ν_S	–	Poissonsche Querkontraktionszahl (Stahl)
ϱ	kg/m^3	Fluiddichte
φ	°	Kurbelwinkel
$\dot{\varphi}$	rad/s	Winkelgeschwindigkeit
ω	sec^{-1}	Kreisfrequenz
ω_1	sec^{-1}	Nick-Kreisfrequenz

Schrifttum

[1] Vetter, G.; Fritsch, H.; Müller, A.: Einflüsse auf die Dosiergenauigkeit oszillierender Verdrängerpumpen. Aufbereitungstechnik (1974) 1, S. 1 ff.
[2] Vetter, G.: Ausführungskriterien und Störeinflüsse bei oszillierenden Dosierpumpen, aus: Jahrbuch Pumpen 1. Ausgabe (Hrsg. G. Vetter) Vulkan-Verlag Essen 1987, S. 521 ff.
[3] Fritsch, H.; Jarosch, J.: Einflußparameter auf die Genauigkeit von Dosierpumpen. Chem.-Ing.-Tech. 58 (1986) 3, S. 242 ff.
[4] Vetter, G.; Seidl, B.: Druckschwingungen durch oszillierende Verdrängerpumpen in Rohrleitungssystemen. Chem.-Ing.-Tech. 65 (1993) 6, S. 677–692.
[5] Vetter, G.; Christel, W.: Durchflußkontrolle kleiner Dosierpumpen bei stetiger und pulsierender Strömung. Chem.-Ing.-Tech. 60 (1988) 9, S. 672 ff.
[6] Vetter, G.; Schweinfurter, F.: Computation of Pressure Pulsation in Piping Systems with Reciprocating Displacement Pumps, 3'rd. Joint ASCE/ASME MECH. Conf. San Diego USA, 1989, S. 21–31.
[7] Hagen, K.: Volumenverhältnisse, Wirkungsgrade und Druckschwankungen in Zahnradpumpen. Dissertation TH Stuttgart 1958.
[8] Theissen, H.: Volumenstrompulsation von Kolbenpumpen, Ölhydraulik und Pneumatik 24 (1980) 8, S. 588–591.
[9] Notzon, S.: Zur Messung kleiner pulsierender Dosierströme. Dissertation Universität Erlangen 1993.
[10] Vetter, G.; Kellner, A.: Druckschwingungen in Rohrleitungen durch oszillierende Verdrängerpumpen – Vergleich von Messung und Rechnung. 3R International 23 (1984) 12, S. 572–580.

5. Gestaltung und Anwendungen

Systemtechnik der Schüttgutdosierung[2])

Von H. GERICKE[1])

1. Begriffliche Grundlagen

System wird hier verstanden als eine Anzahl von Elementen und Teilen, die so kombiniert werden, daß sie eine Produktionseinheit ergeben. Diese umfaßt eine Kombination von Vorrichtungen im Sinne eines organisatorischen Aufbaus wie auch den koordinierten Ablauf der einzelnen Verfahren, damit ein gesamtes Verfahren ergebend.

Systemtechnik bedeutet die Gesamtheit der Maßnahmen, die notwendig sind, um den Aufbau und Ablauf des Systems so zu gestalten und im laufenden, auch länger dauernden Betrieb zu beherrschen, daß das gewünschte Produktionsergebnis erzielt wird.

Systemtechnik bei der Schüttgutdosierung bedeutet, daß Vorrichtungen und/oder Verfahren zum Dosieren von Schüttgütern ein oder mehrere Elemente des Systems darstellen. Somit ist die Schüttgutdosierung im Rahmen des Gesamtsystems zu betrachten.

Zur Systemtechnik gehört auch die Beherrschung der inneren und äußeren Einflüsse und betrieblichen Gegebenheiten, die in den Geräten selbst und von außen auf diese und deren Funktion einwirken.

Die organisatorische Ordnung bezieht sich

- einerseits auf den Aufbau der Systemteile. Solche Systeme werden oft als Anlage bezeichnet. Die Anlagenteile sind als Systemaufbau, z. B. im Fließbild, gezeigt (Bild 1).
- andererseits auf den Prozeßablauf, der bei richtiger Funktion der einzelnen Teile vor sich gehen soll. Bild 2a zeigt den Regelkreis, Bild 2b den Ablauf einer Mehrkomponenten-Chargendosierung. Der maßstäbliche Aufstellungsplan (Bild 2c) macht deutlich, daß ein korrektes Fließbild allein noch nicht den funktionsfähigen Prozeßverlauf für Schüttgüter garantiert. Hier sind richtige Neigungswinkel, Querschnitte usw. entscheidend für das Fließverhalten der Güter.

Das erwähnte Erreichen des Produktionszieles ist immer mit der Einhaltung einer Anzahl Haupt- und Nebenbedingungen verknüpft. Diese beziehen sich auf den Wirkungsgrad, den Energieverbrauch, die Emissionen, die Investitions- und Betriebskosten, die Rentabilität des Verfahrens, auf Unfallschutz, Produktqualität, Produktveränderungen und -verlust usw. Auch als mechanische Verfahrenstechnik ist sie natürlich abhängig von physikalischen und chemischen Vorgängen. Gerade die Einhaltung der Haupt- und Nebenbedingungen, die sich u. a. für den Dosiervorgang stellen, ist nur in der Betrachtung des ganzen Systems denkbar.

Wir alle wissen, daß unzählige Pannen bei der Erstellung und Inbetriebnahme von Produktionsanlagen nur deshalb entstehen, weil bei der Gesamtprojektierung und der Auswahl der einzelnen Teile, wie z. B. der Dosiereinrichtung und des Dosierverfahrens, der Systemaufbau und -ablauf zu wenig betrachtet wurde, sei es aus Unverständnis, Geheimhaltungsgründen, Unkenntnis von Produktverhalten, wegen Änderung von Ausgangsprodukten oder wegen Umgebungseinflüssen. Es sind vermeidbare, aber auch nicht vermeidbare – da nicht voraussehbare – Faktoren.

Zur Beherrschung der nicht voraussehbaren Faktoren, die sich während der Inbetriebnahme oder im laufenden Betrieb auswirken, ergibt sich eine weitere Forderung:

Das System und seine Teile seien so flexibel zu gestalten, daß Änderungen im apparativen Aufbau und ebenso im Prozeßablauf möglichst schnell und mit geringem Aufwand möglich sind. Diese Flexibilität kostet oft anfänglich mehr Geld, macht sich aber später bezahlt.

---

[1]) Dr. H. Gericke, GERICKE AG, CH-Regensdorf

[2]) Erstveröffentlichung: „wägen + dosieren" 3/1992, Verlagsgesellschaft Keppler-Kirchheim mbH, Mainz

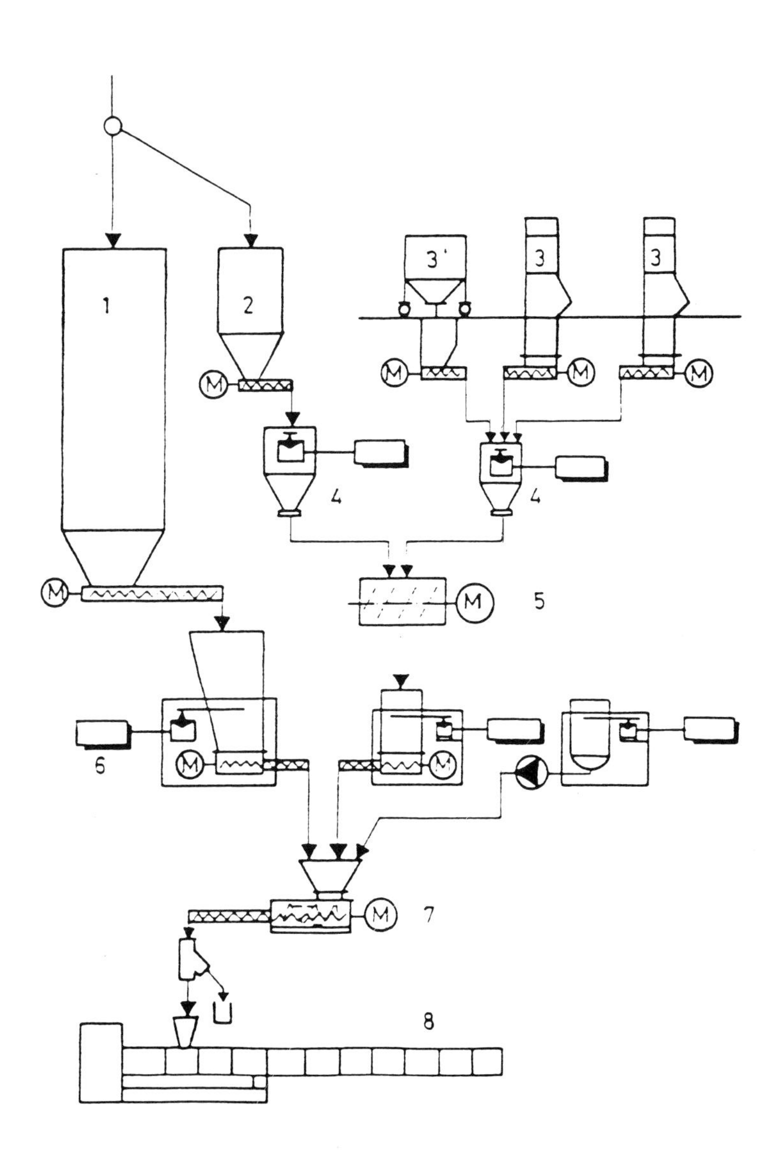

Bild 1: 1 Polymer
2 Bypass-Trägerstrom-Polymer
3 Additive Pigmente
4 Behälterwaagen
5 Chargenmischer
6 Kont. Dosierwaagen
7 Kont. Durchlaufmischer
8 Extruder

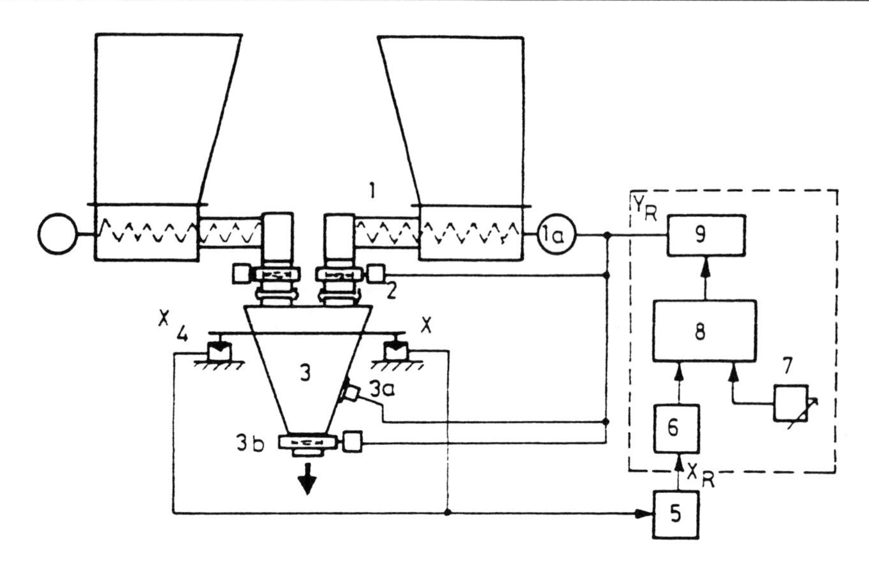

Bild 2 a: Regelkreis einer diskontinuierlichen Dosierung in Mehrkomponentenwaage (netto), x Regelgröße, x_R Reglereingangsgröße, y_R Reglerausgangsgröße. Stellglieder: Dosierorgan 1 mit Stellantrieb 1 a, Abschlußorgan 2. Meßstrecke: Wägebehälter 3 mit Entleerungshilfe 3 a oder Füllgebinde, Abschlußorgan 3 b, Meßwerterfassung 4, Meßwertumformer 5, automatische Tarierung 6, Sollwerteingabe 7, Regler 8 (Soll-Ist-Vergleich), Stellantriebsregler 9

2. Systemanalyse

Der erste Schritt der Systemtechnik besteht in der Regel in der Systemanalyse, somit in der Untersuchung des Gesamtproblems und seiner Zerlegung in Einzelprobleme. Auch bei der Problemanalyse sind zu unterscheiden:

- die Analyse des Systemaufbaus und mithin der gesamten Anlage, ihrer Bauteile, darunter auch der Dosiervorrichtungen.
- die Analyse des Prozeßablaufes als Ganzes und der Teilabläufe.

Wir wissen, daß zwar ein einzelnes Gerät gut und mit den gewünschten Betriebsdaten arbeiten kann, beispielsweise im Technikumsdosierversuch, daß aber die mechanischen oder elektrischen Schnittstellen zum darüber und darunter befindlichen beziehungsweise vor- und nachgeschalteten Organ sowohl im apparativen Aufbau als im Produktionsablauf Schwierigkeiten verursachen können.

Es wird an die Notwendigkeit erinnert, den Dosiervorgang (Bild 3) an zwei Stellen zu betrachten, an der Schnittstelle A zwischen Dosiergutvorrat und Dosiergerät, d. h. bei der Gutentnahme sowie an der Schnittstelle B zwischen Dosiergerät und dosierter Einrichtung (Gutabgabe) beziehungsweise zwischen Dosierverfahren und dosiertem Verfahren.

Die Systemanalyse soll uns zur Aufzeigung der möglichen Lösungen führen. Deren überraschende Vielfalt wird am Beispiel der Aufbereitung von Mischchargen dargestellt.

Wo und wie soll die Dosierung und Wägung der Komponenten vorgenommen werden? Bild 4 zeigt die Zerlegung der Gesamtaufgabe in Einzelprobleme, die Bilder 5 a – f die Lösungsvarianten.

Die Beurteilung der Lösungen unterliegt einer Anzahl Kriterien, die in vorliegendem Fall u. a. umfassen: Komponentenzahl, Komponentengröße, verlangte Genauigkeit beziehungsweise maximale Abweichung der Komponenten, insbesondere der kleinsten Komponenten, Durchsatzleistung pro Zeitperiode, die räumlichen Verhältnisse.

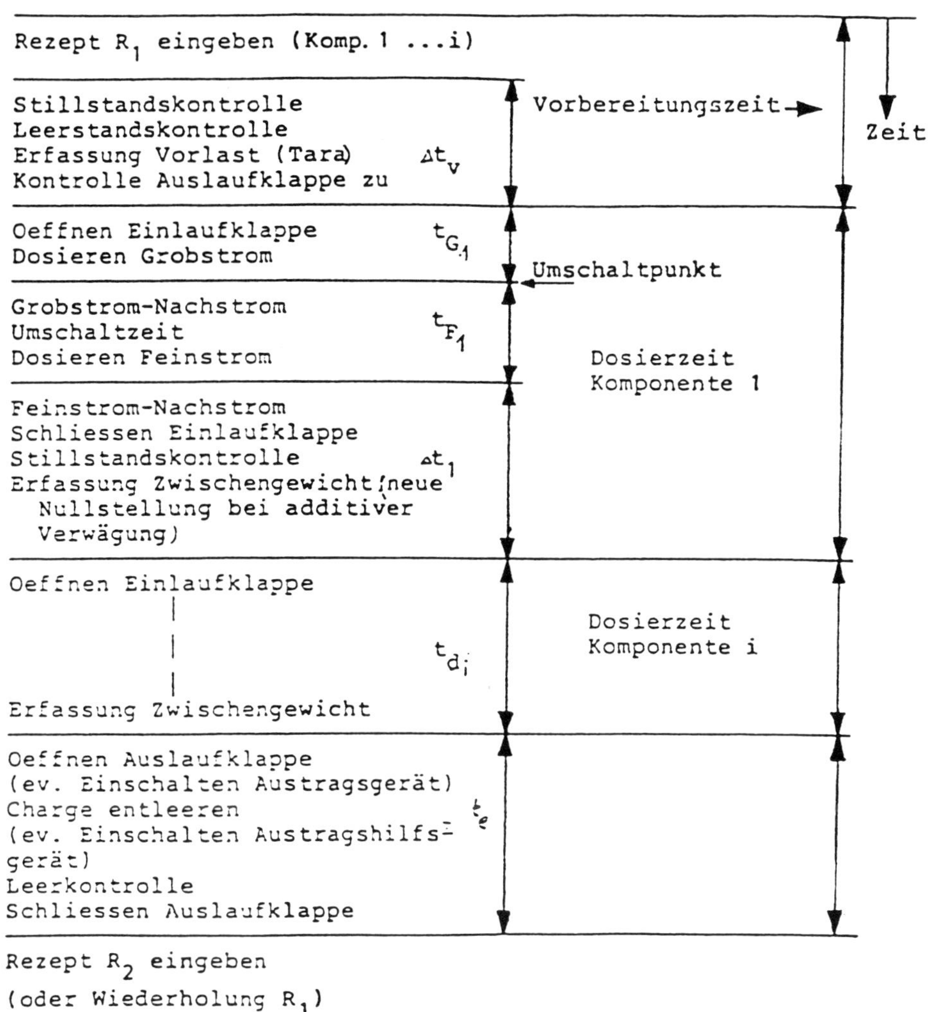

Bild 2b: Ablauf eines Wägezyklus zur Gemengeverwiegung (pro Waage)

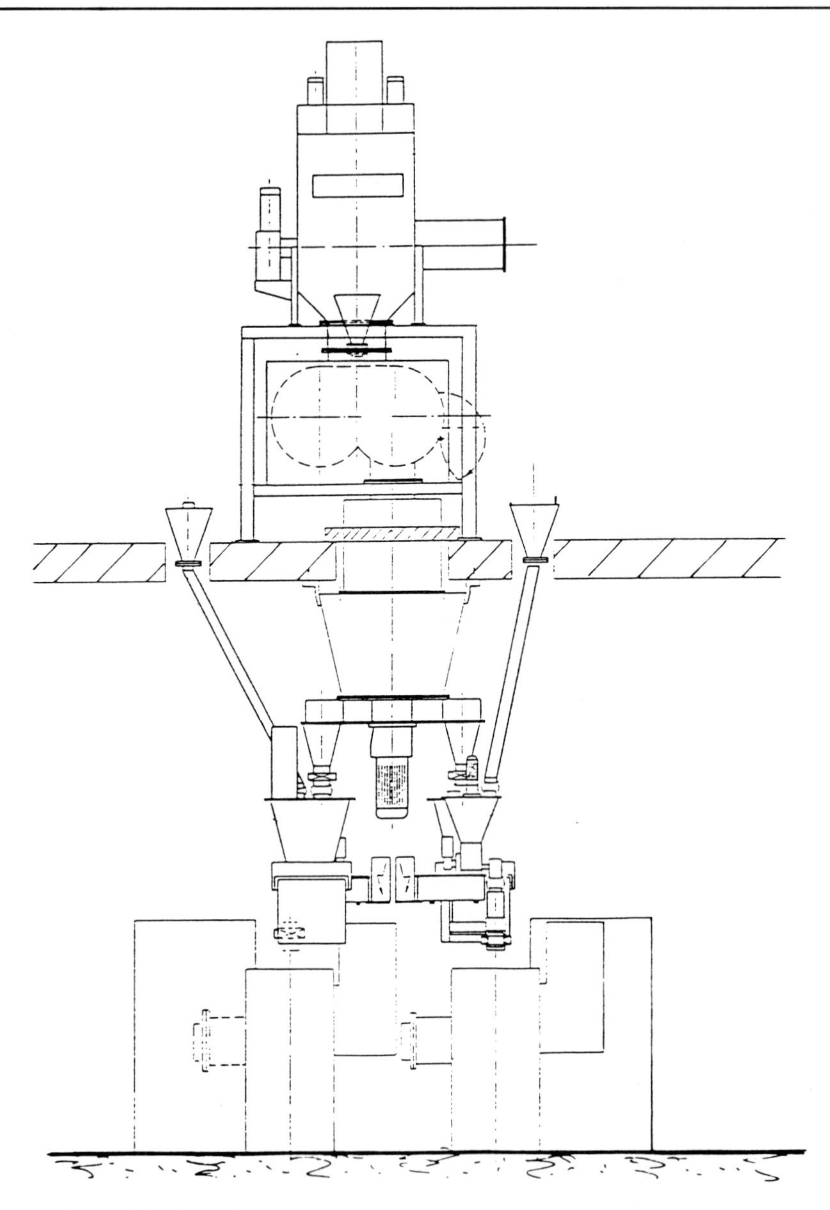

Bild 2c: Beispiel eines Aufstellungsplanes

Die zulässigen Fehler sind als Systemfehler zu betrachten, die entscheidend sind für die Qualität des Produktes im Gebinde beziehungsweise beim Verbraucher. Dazu ist die Zerlegung des Systemfehlers in die einzelnen Fehler notwendig. Bilder 6 und 7.

Vorteilhaft ist ein Durchdenken und Überprüfen der möglichen Störungen im Betriebsablauf und auch des Auftretens von unerwünschten Nebenerscheinungen bei jeder Lösungsvariante. Besonders relevante Störmöglichkeiten sind durch Versuche zu überprüfen.

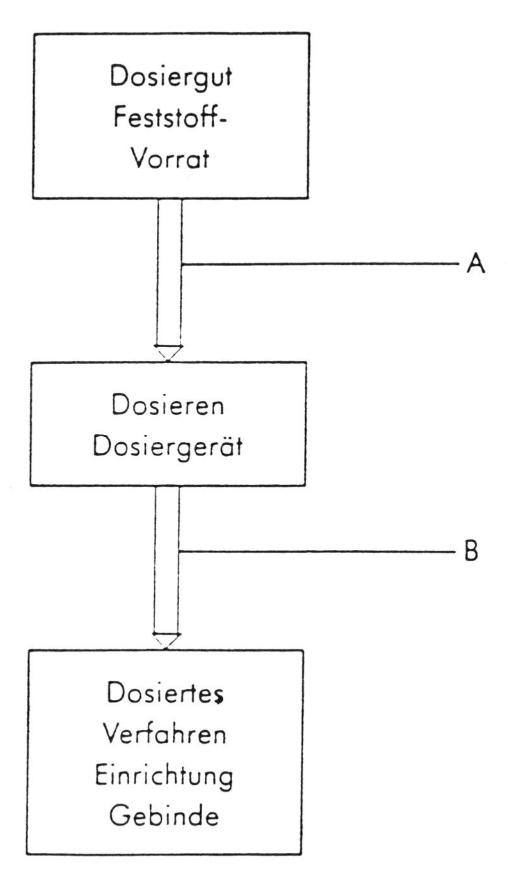

Bild 3: Wichtige Schnittstellen

Mögliche Störfaktoren im erläuterten Beispiel sind apparatebedingt (durch die Bauart), dosiergutbedingt, umgebungsbedingt oder eine Kombination dieser Faktoren. Störungen können basieren auf:

- Ausbleiben oder schlechtes Nachfließen des Gutes, Brückenbildung oder Blockieren im Dosiergeräteeinlauf.
- Zusetzen durch Anhaften an dem Dosierorgan wegen der Guteigenschaften oder wegen aufsteigender Dämpfe und hoher Umgebungsfeuchtigkeit.
- Blockieren des Dosiergerätes selbst.
- Rückstau nach dem Dosiergerät.
- Nicht freies Spielen der flexiblen Verbindungen im gewogenen Teil.
- Durchschießen von (fluidisiertem) Gut.
- Schubweiser Gutaustritt.
- Zu hohe oder zu tiefe Umgebungstemperaturen.
- Maximale volumetrische Durchsatzgrenze erreicht.
- Unterschreiten der unteren Kapazitätsgrenze bezüglich meßbarer Masse- bzw. Gewichtsdifferenzen.
- Äußere Einflüsse durch Schwingungen, Luftstöße, Luftzug, Druckschwankungen.

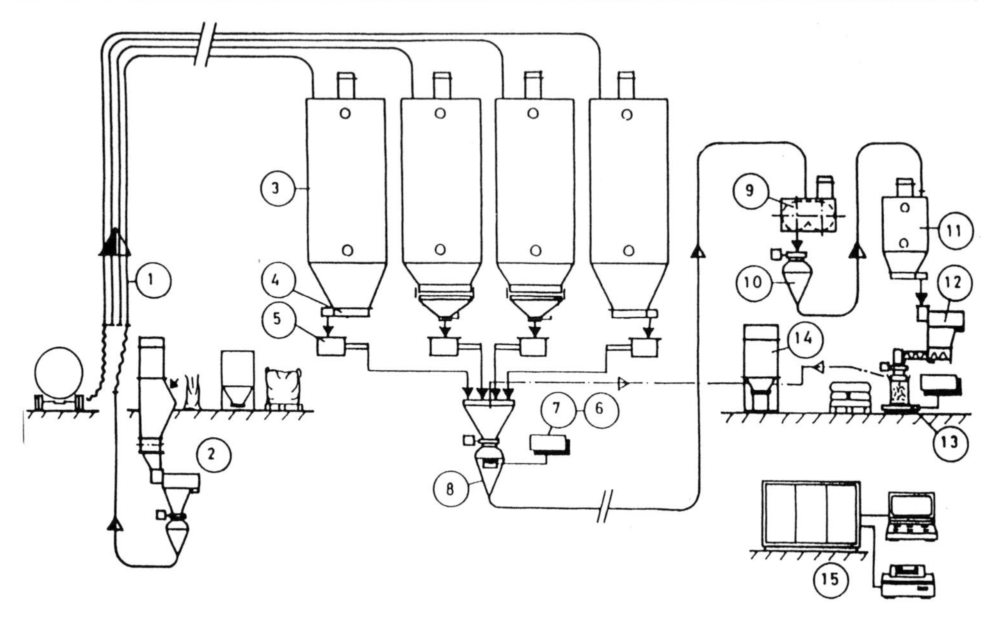

Bild 4: Mischchargenaufbereitung. Siebbeschickung 1, Kontrollsichtung 2, Lagerung 3, Austragen 4, Dosieren 5, Wägen und Regeln 6. u. 7, Fördern 8, Mischen 9, Fördern 10, Zwischenlagern 11, Dosieren 12, Gebinde Wägen 13, Staubabsaugung 14, Steuerung 15

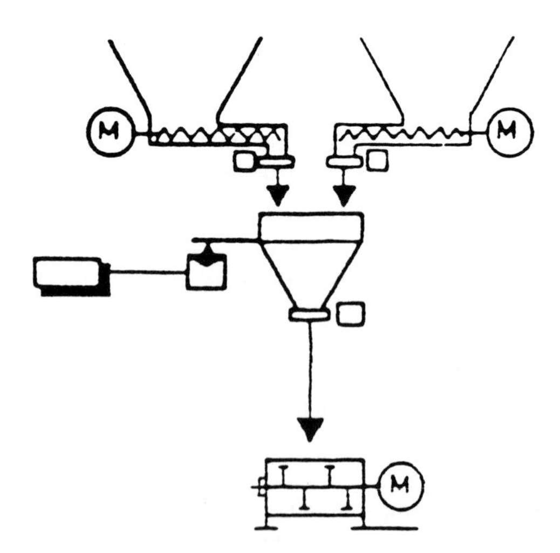

Bild 5a: Var. A
Positiv-Netto-Dosierung
Dosierung in ein Wägegefäß. Abgrenzung durch eine Bruttowägung bei der Befüllung, ev. Kontrolle durch Nettowägung bei der Entleerung in das Gebinde oder in den Prozeß (Mischer)

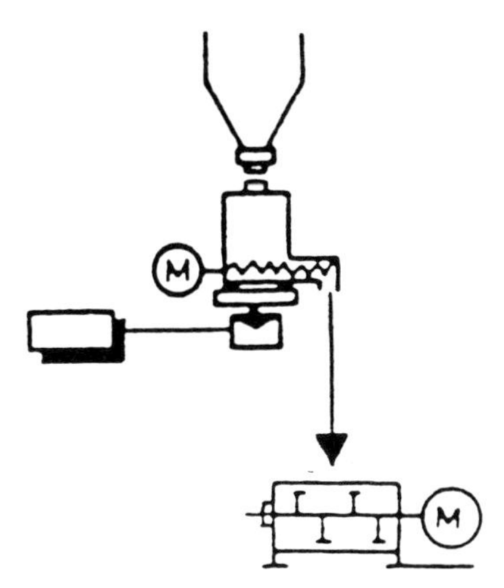

Bild 5 b: Var. B
Negativ-Netto-Dosierung
Entnahmedosierung, bei der das Dosiergerät gleichzeitig gewogen wird. Für jede Komponente ist ein Dosier- und Wägeorgan erforderlich.

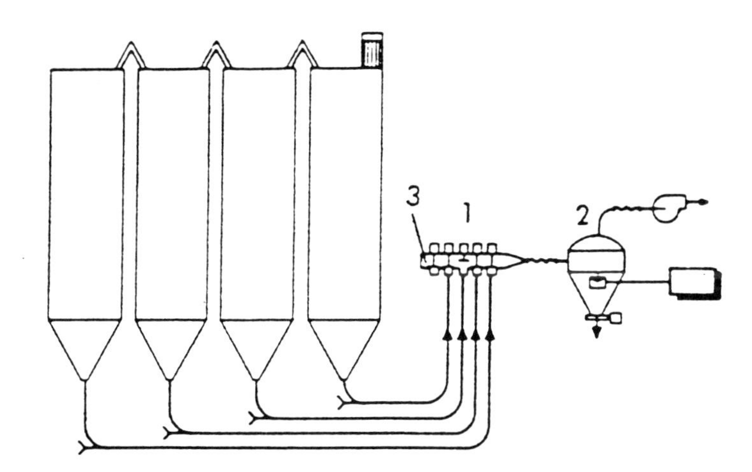

Bild 5 c: Var. C
Pneumatische Dosierung im Saugbetrieb. Ventilweiche 1, Wägebehälter 2, Falschluftventil 3

- Verschmutzung, Cross-Contamination.
- Hygieneanforderungen.
- Anforderung bezüglich Explosions- und Verpuffungsschutz.

Bedeutung des Dosierens als Teil des Systems

Die Beurteilung des Dosierens als Systemteil erschöpft sich nicht in der Überprüfung auf Fehlerbeschränkung und Störungselimination. Auch die früher verbreitete Auffassung, das Dosieren sei lediglich eine Hilfsoperation, wurde dank neuer Technologien in Dosierung und Prozeßverfahren korrigiert. Zu den wichtigen Aufgaben des Dosierens von Schüttgütern gehören:

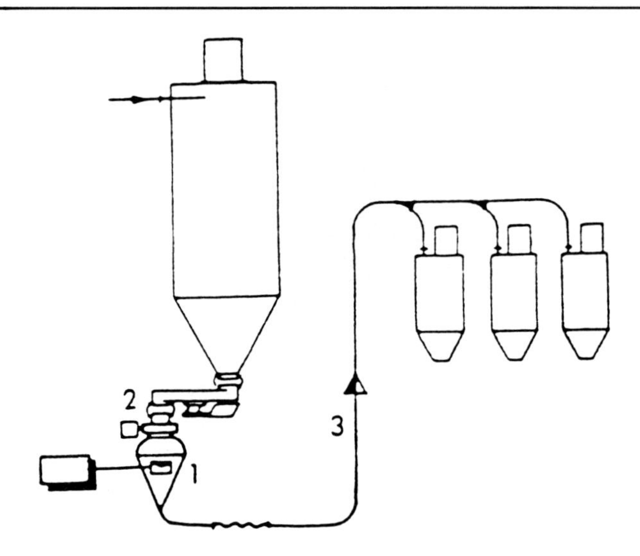

Bild 5d: *Var. D*
Dosierwägung im pneumatischen Fördersender 1 mit Dosiergerät 2 und Förderung 3

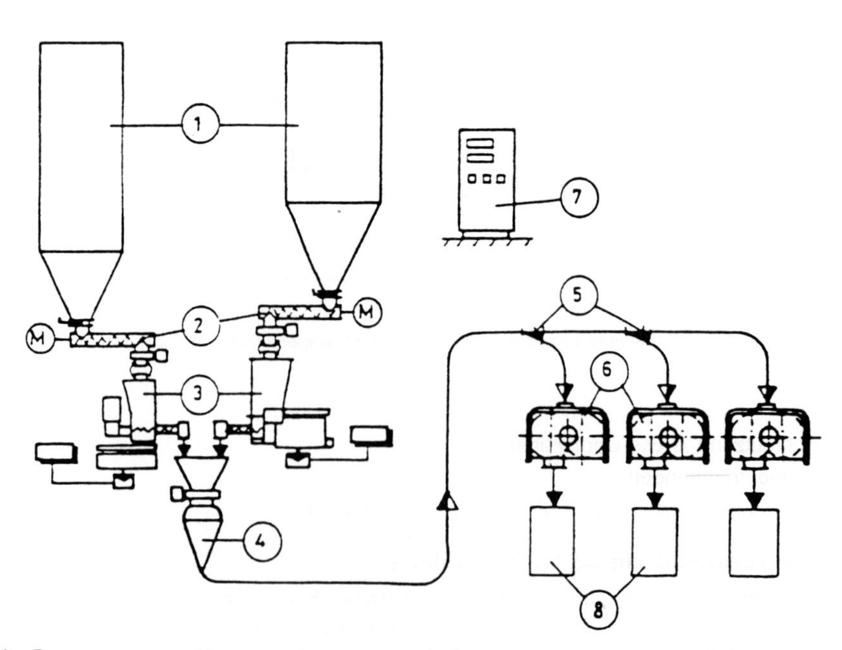

Bild 5e: *Var. E*
Negativdosierwägung der Komponenten

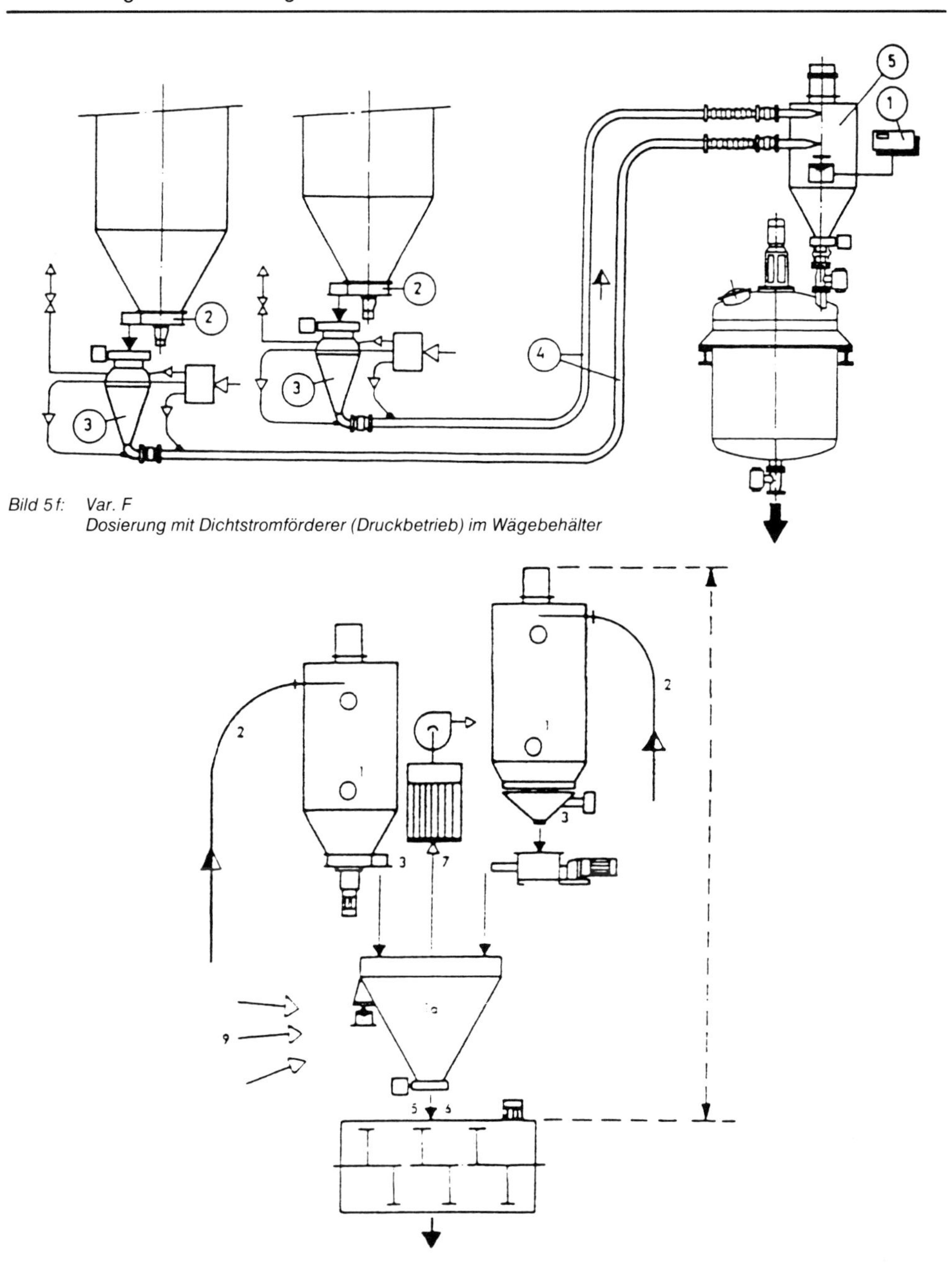

Bild 5 f: *Var. F*
Dosierung mit Dichtstromförderer (Druckbetrieb) im Wägebehälter

Bild 6: *Betrachtungsbereich für den Systemfehler im diskontinuierlichen System*
Vorratssilo 1 über der Dosierwaage oder Behälterwaage 1 a, Befüllung 2 des Silos (bei pneumatischer Befüllung Systemart und Fluidisierungsgrad), Austragsorgan 3 am Silo oder Zwischenbehälter, Zwischensilo 4 oder Zwischentrichter unmittelbar über dem Dosiergerät, mit flexiblen Verbindungen, Produktabgabe 5, mit flexiblen Verbindungen auf die nachfolgende Verarbeitungsmaschine, eventuelle Druckschwankungen, aufsteigende Dämpfe 6 etc., herrührend von der nachgeschalteten Apparateeinheit, Staubabsaugung 7 ohne Flächenausgleich in Vertikalrichtung, Schutzgasüberlagerung 8 mit Druckschwankungen ohne Flächenausgleich, Umgebung 9 (Staub, Feuchtigkeit, Schwingungen, Erschütterungen, Temperatur, Luftzug, Wind)

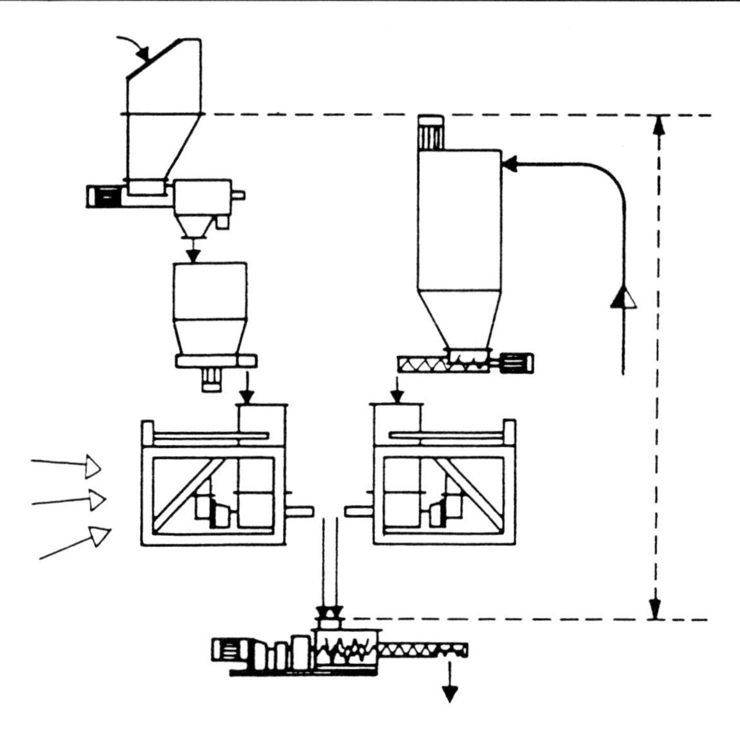

Bild 7: Betrachtungsbereich für den Systemfehler im kontinuierlichen System

1. Dosieren zur Verbindung verschiedener Verfahrensschritte eines Systems zur Prozeßautomation.
2. Dosieren als Stellglied der Prozeß-Steuerung und -Regelung.
3. Dosieren als Teil der Betriebs- und Prozeßdatenerfassung (Durchsatzmengen und Produktzusammensetzung) für Prozeßkontrolle, Registrierung, Speicherung, Bilanzierung.
4. Dosieren als Teil der Rezepturerstellung in Mehrkomponentensystemen. Entscheidung, ob diskontinuierlicher oder kontinuierlicher Betrieb.

Diese Funktionen des Dosierens führen zu Forderungen, die sich einerseits an das Dosiergerät und das Dosierverfahren und andererseits an die anderen im System vorhandenen Geräte und Verfahren zur Schüttgutbehandlung und -verarbeitung richten.

Im folgenden sollen einzelne Punkte noch näher erläutert werden.

3. Dosieren zur Verbindung verschiedener Verfahrensschritte eines Systems zur Prozeßautomation

Die Automation von Prozessen ist in vielen Fällen nur mit Hilfe der gesteuerten oder geregelten Dosierung möglich (Bild 8).

Zu beachten ist die Möglichkeit, zusätzliche Funktionen direkt mit dem Dosierer auszuführen. Solche nützlichen oder notwendigen Neben- oder Hilfsfunktionen ergeben sich aus der fließbildlichen Betrachtung des Systems (Bild 9).

In der Praxis wichtige Beispiele der Prozeßautomation mit Hilfe des Dosierers zeigen:

Bild 9 a und 9 b: Reaktorbeschickung volumetrisch mit pneumatischer Nachfüllung;

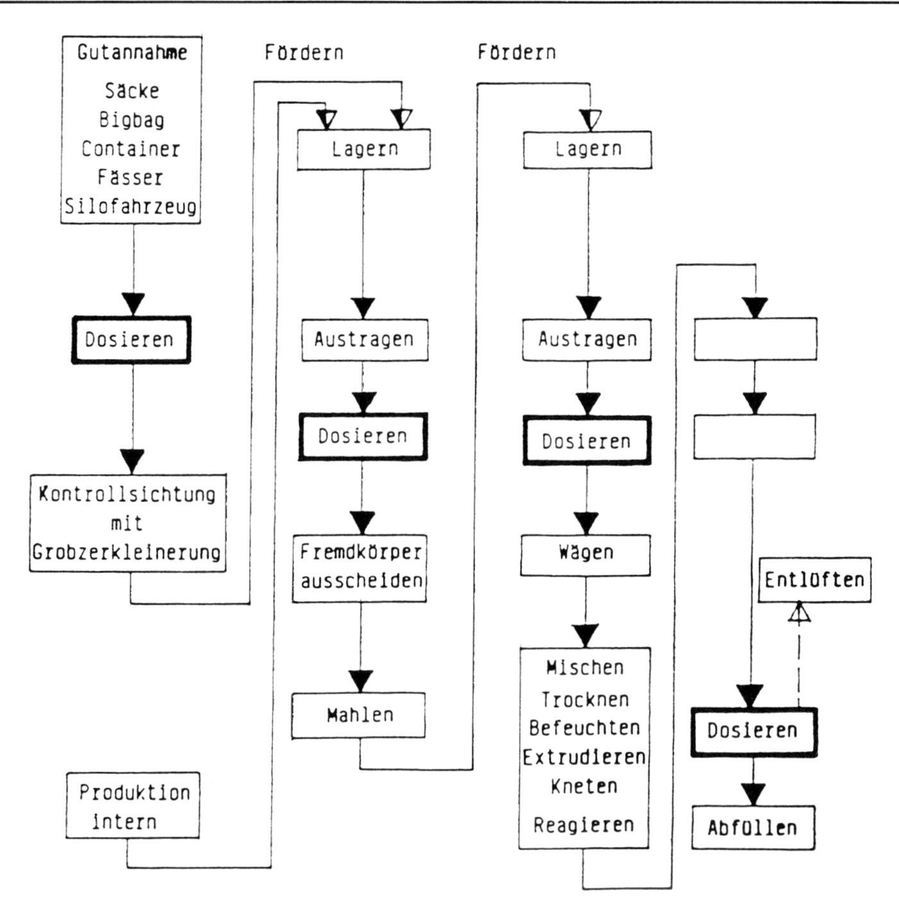

Bild 8: Dosieren zur Verbindung der Verfahrensschritte im Prozeß-System zur Automation

Kontinuierliche Mehrkomponentendosierung mit Dosierwaage auf kontinuierlichem Mischer und Extruder;

Kontinuierliche gravimetrische Dosier- und Mischanlage für verschiedene Produktionsanlagen (Bild 10).

4. Dosieren als Stellglied für die Prozeß-Steuerung und -Regelung

Eingriffe in das Prozeß-System können an einem oder mehreren Einzelelementen des Systems erfolgen. Die richtige Wahl dieser Stellglieder ist wichtig, sonst besteht Gefahr, daß die Ergebnisse der Eingriffe die Erwartungen nicht erfüllen. Als Beispiel kann eine Nichtlinearität des Stellgliedes genannt werden. Bei der Steuerung wird das Resultat verfälscht, falls diese Nichtlinearität nicht bekannt ist und auch nicht einprogrammiert wird. Bei einer Regelung können Instabilitäten im geregelten System auftreten.

Dosiervorgang in einem System bietet sich als solches Stellglied an. Die Dosierstärke, aber auch deren Anfahr- und Verstellrampe oder auch andere Prozeßparameter eines Dosierprozesses können eine Änderung im Prozeßablauf verursachen und müssen mit den übrigen Verfahrensschritten kompatibel gehalten werden.

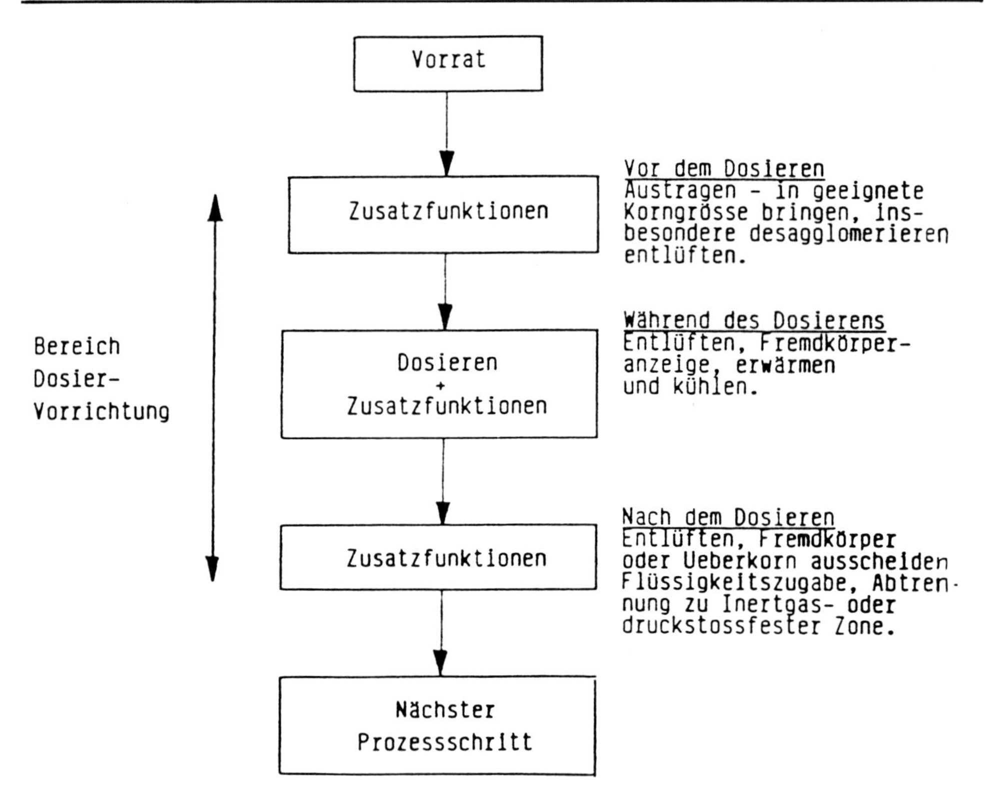

Bild 9: Zusatzfunktionen in Verbindung mit dem Dosieren

Die Fortschritte in der gravimetrischen geregelten Dosierung, insbesondere die Langzeitzuverlässigkeit, Langzeitgenauigkeit und Langzeitlinearität der Differentialdosierwaagen, haben das Dosieren als Prozeß-Stellglied aufgewertet. Dieses zählt nun zu den wichtigsten Stellgliedern. Die Rückmeldung des Istwertes bei der gravimetrischen Dosierung dient auch zur Prozeßüberwachung.

Die Bedeutung des Dosierens als Stellglied geht auch daraus hervor, daß es nicht nur Eingriffe in einem Teilprozeß ermöglicht (s. Bild 11), sondern auch als Stellglied einer Gesamtprozeßsteuerung funktionieren kann (Bild 12).

Aus Bild 11 ist ersichtlich, wie ein volumetrisches Dosiergerät als Stellglied einer Prozeßregelung funktionieren kann. Die Drehzahl des Dosiergerätes dient als Meldung über den Ist-Zustand des Prozesses.

Die gravimetrische Dosierwaage auf Bild 12 beeinflußt den Ausgang (z. B. die Produktqualität oder die Leistung) eines komplexeren Gesamtprozesses, der durch ein Leitsystem mit mehreren Eingängen für diverse Regelgrößen überwacht wird.

Ein nun schon klassischer Fall ist die automatische lastabhängige Mühlendosierung (Bild 13).

Die Messung der Farbe (Helligkeit) des Extrudates wird zur geregelten Dosierung der Farbkomponente bei der Extruderdosierung herangezogen.

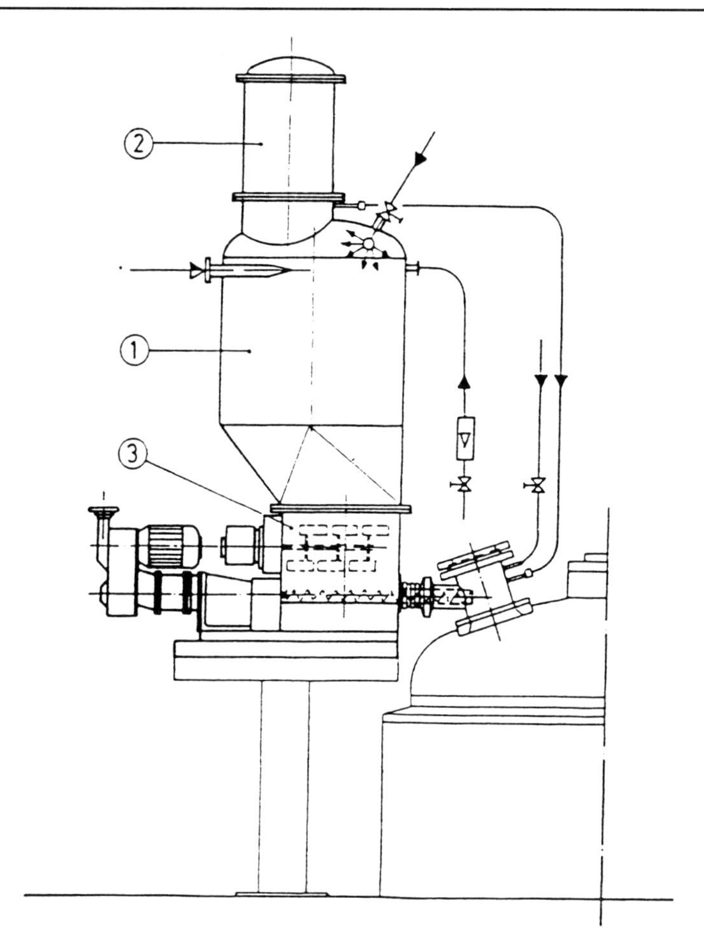

Bild 9 a): ① *Silo*
② *Filter*
① *Dosiergerät*

5. Dosieren als Teil der Betriebs- und Prozeßdatenerfassung

Während im Chargenprozeß die Chargenwaage die Meßdaten liefert, werden diese im kontinuierlichen Prozeß als Massenstrom-Istwerte vom gravimetrischen Dosiergerät geliefert. Diese gewichts- oder massenstromgeregelte Dosierung wird an Stelle der volumetrischen Dosierung für die Verfolgung von zwei Zielen eingesetzt:

1. Erzeugung eines Ist-Stromes in engen Toleranzen um den vorgegebenen Sollwert. Wesentlich ist, daß dieser geringe Dosierfehler eingehalten wird:
   - über längere Zeit, d. h. über Stunden und Tage
   - auch bei Gütern mit stark schwankender Schüttdichte oder variablen Fließeigenschaften sowie bei kohäsiven und/oder schießenden Pulvern.
   - auch für kleine Dosierströme (einige Kilogramm pro Stunde bis wenige Gramm pro Stunde).

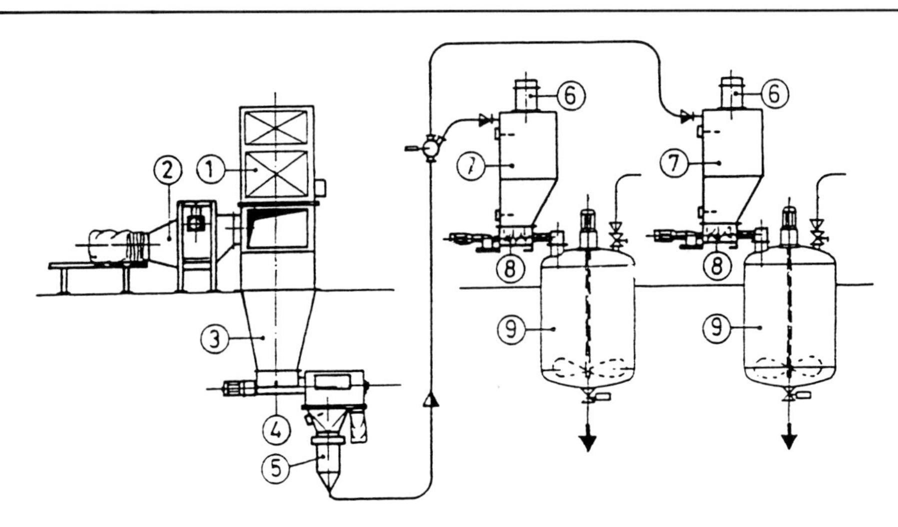

Bild 9 b): ① *Sackaufschüttfilter*
② *Leersackkompaktor*
③ *Trichter*
④ *Siebmaschine*
⑤ *Kompaktschubförderer*
⑥ *Filter*
⑦ *Trichter*
⑧ *Präzisionsdosiergerät*
⑨ *Rührwerk*

2. Rückmeldung der tatsächlich dosierten Menge, ausgedrückt in Masse- bzw. Gewichtseinheiten.

Das Erreichen dieser beiden Ziele bietet wichtige Vorteilewie:

- Qualitätsverbesserung des Endproduktes.
- Einsparung an teuren Komponenten.
- Bessere Führung des Prozesses, auch zur Gewährleistung höherer Sicherheit, Prozeßüberwachung, Durchflußkontrolle, Beitrag an die Alarmorganisation, Signalisierung oder Hinweise auf Störungsquellen.
- Registrierung, Ausdruck, Speicherung und Übertragung der dosierten Mengen oder von Störungen an Prozeßleit- und Informationssysteme.

6. Dosieren als Teil der Rezepturerstellung in Mehrkomponentensystemen

Entscheidung, ob kontinuierlicher oder diskontinuierlicher Betrieb.

Die Entscheidung, ob kontinuierlicher, diskontinuierlicher oder kombinierter Betrieb kann nur nach Analyse des gesamten Systems getroffen werden. Die Dosierfunktion spielt dabei eine maßgebende Rolle. Die Fortschritte in der kontinuierlichen geregelten Dosiertechnik, insbesondere durch die Differentialdosierwaagen, haben oft den Übergang zur kontinuierlichen Dosierung ermöglicht.

Tendenziell gelten folgende Kriterien:

Diskontinuierliches (Chargen) Verfahren

Größere Anzahl Komponenten
Kleinere Mengen und Leistungen
Häufige Produkt-, Rezeptur-Komponentenwechsel

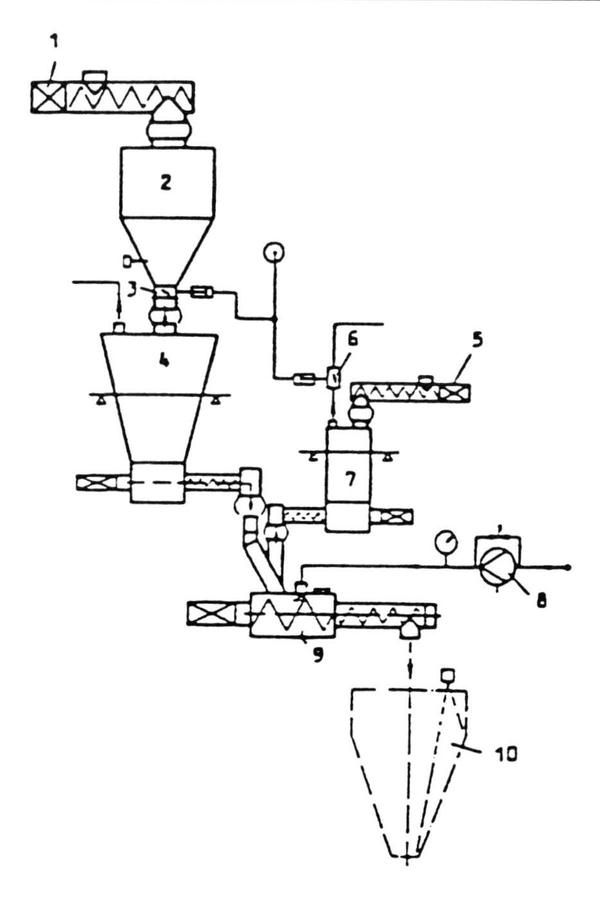

Bild 10: Kontinuierliche, gravimetrische Dosier- und Mischanlage für Gelierzucker-Produktion

1 Wiederbefüllschnecke für Kristallzucker
2 Vorlagebehälter
3 Absperrklappe
4 Differentialdosierwaage
5 Wiederbefüllschnecke für Geliermittel
6 Entlüftungsklappe
7 Differentialdosierwaage
8 Volumetrische Flüssigkeitsdosierung (Pumpe)
9 Kontinuierliche Mischer
10 Abfüllmaschine für Gelierzucker

Kontinuierliches Verfahren

Geringe Anzahl Komponenten
Größere Leistungen (Durchsätze)
Wenig Produktwechsel

Wichtige Kriterien sind die Möglichkeiten der Meß- und Regeltechnik.

Zur Rezeptaufbereitung werden dazu folgende Funktionen ausgeführt.

1. Eingabe der Rezepturen und deren Speicherung, Möglichkeit für deren Änderung und Verwaltung.

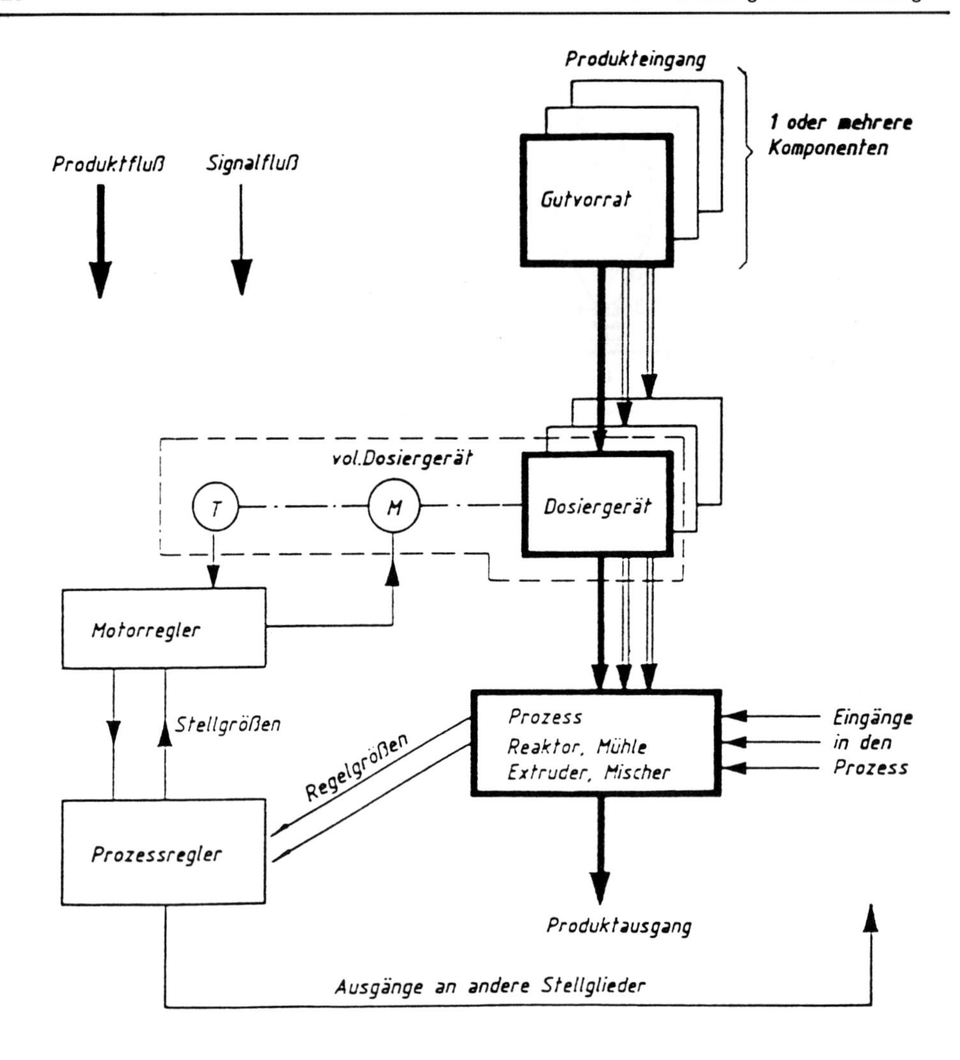

als Eingänge für Prozessregler (Regelgrößen) können dienen :

- Temperatur
- Stromaufnahme
- Signal des Farbcomputers
- pH Wert
- Feuchtigkeit
- Druck
- Resultate einer chemischen oder physikalischen Analyse
  usw.

Bild 11: Dosieren als Stellglied einer Prozeßregelung

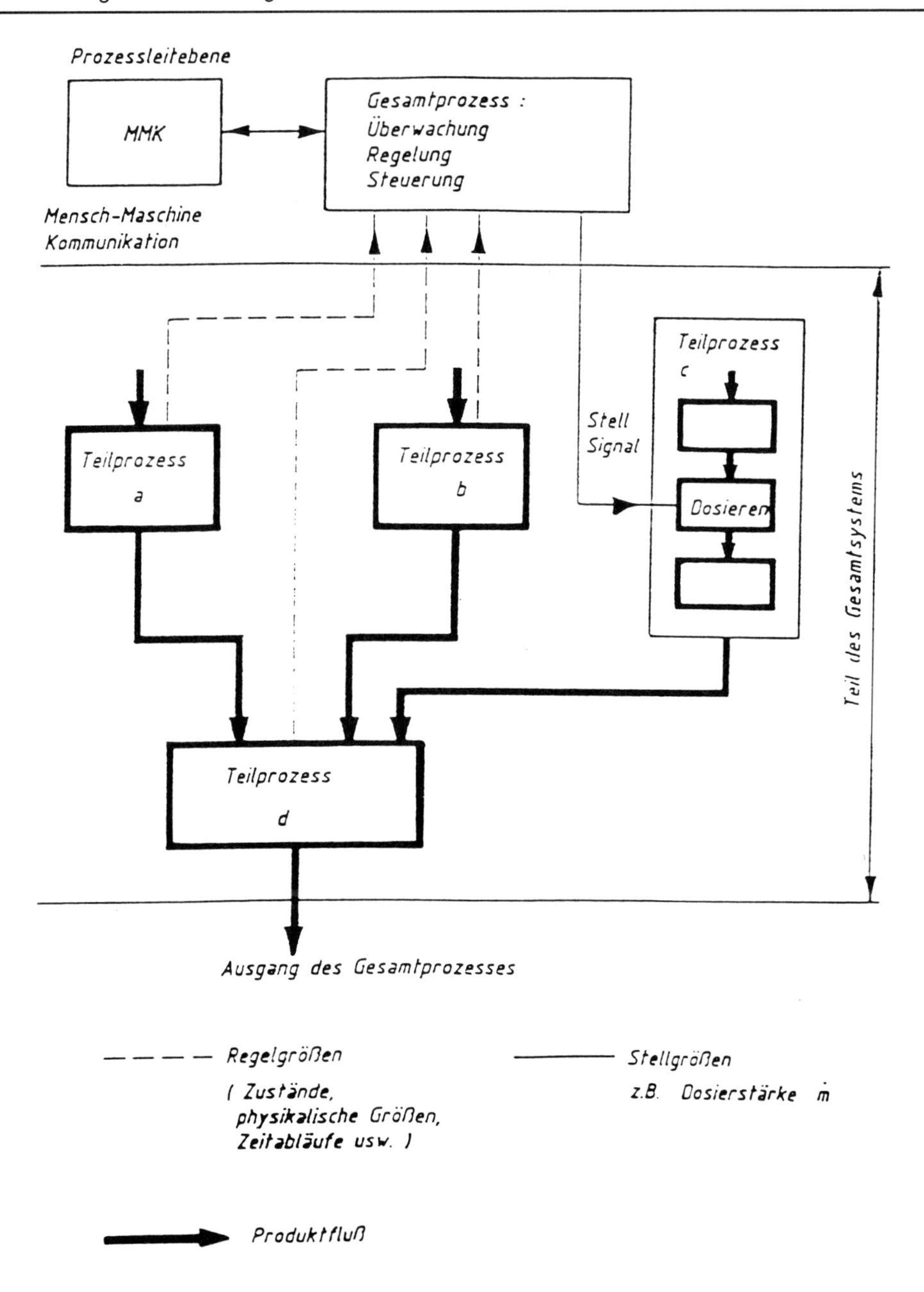

Bild 12: Dosieren als Stellglied für die Gesamtprozeßsteuerung

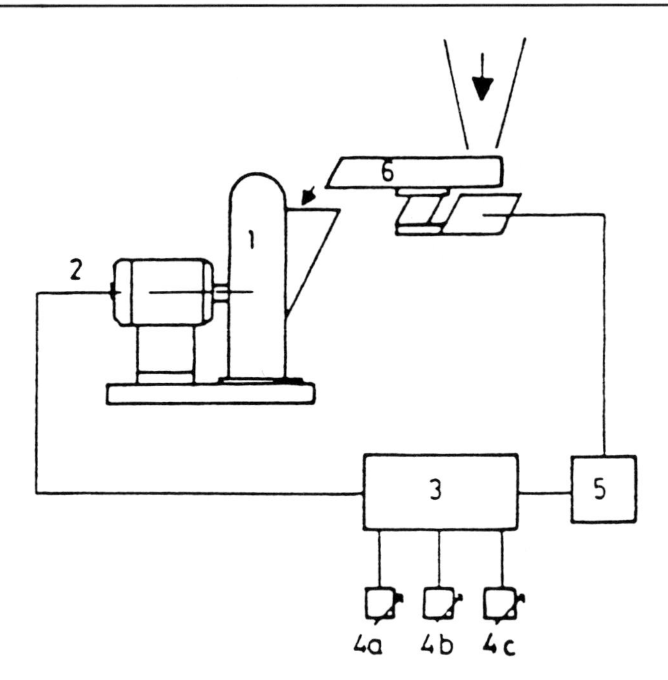

Bild 13: Lastabhängige Mühlendosierung. Mühle 1, Motorstrom 2, Regler 3, wählbare Mühlenstromsollwerte 4 a, b, c, Steller 5, Stellglied 6 (Vibrationsdosierer, Schneckendosierer)

Dabei ist wichtig, was (welcher Parameter) zu solch einem Rezept gehört:

- Soll-Dosierstrom
- Anfahr- und Verstellrampen
- Schüttgutdichte, Befüllzeiten

und Umschaltpunkte, Befüllung, Kompensationsparameter, Reglerparameter, Charakteristika der Dosiergeräte etc., die von den Produkteigenschaften abhängig sind.

- Prozeßanforderungen wie zulässige Genauigkeitstoleranzen der einzelnen, den Prozeß in diversen Betriebszuständen beschreibenden Parameter.

2. Abruf eines Rezeptes und Eingabe in den Aufbereitungsprozeß.
3. Vorübergehende Änderung des Rezeptes aufgrund von während der Produktion geänderten Produkt- und Prozeßdaten.
4. Dosierfunktion

4.1 Diskontinuierlich mit Grob- und Feinstrom, erhöhte Abschalt- und Dosiergenauigkeit durch Nachstromkorrektur, kontinuierliche Verzögerung der Drehzahl, Abregelverfahren über Dosierrestmenge oder Dosierrestzeit (Bild 14).

4.2 Kontinuierlich mit drei möglichen Varianten:

- Jede Komponente wird autonom, ohne Abhängigkeit von anderen Komponenten eingestellt.
- Jede Komponente wird in einem bestimmten Verhältnis zur Dosierleistung des gesamten Systems eingestellt (Bild 15).
- Eine Komponente dient als führende Komponente (Master); eine oder mehrere Komponenten sind geführte Komponenten (Slave).

Wenn sich der Ist-Dosierstrom der führenden Komponente ändert, werden die Soll-Dosierströme der geführten Komponenten im gleichen Verhältnis geändert.

Rohrleitungen in verfahrenstechnischen Anlagen

Herausgegeben von der GVC VDI-Gesellschaft Verfahrenstechnik und Chemieingenieurwesen und der VDI-Gesellschaft Werkstofftechnik
Bearbeitet von Bernd Thier

1993, 200 Seiten, zahlr. Abb. u. Tab.,
Format DIN A 4, gebunden
DM 98,- / öS 765,- / sFr 98,-
ISBN 3-8027-2706-1

Das Buch enthält die zum Teil überarbeiteten Vorträge der von den Herausgebern veranstalteten Vortrags- und Diskussionstagung "Rohrleitungstechnik" im November 1992 in Baden-Baden.
Für die in den Bereichen der Anlagenplanung, des Anlagenbaus sowie des Betriebs und der Instandhaltung von Anlagen tätigen Ingenieure und Techniker stellt dieses Buch ein aktuelles und informatives Nachschlagewerk für die Praxis dar.

Inhalt:
- Regelwerk
- Rechnergestützte Rohrleitungsplanung
- Werkstoffe und Rohrleitungsfertigung
- Rohrleitungsverlegung und Montage
- Qualitätssicherung von Rohrleitungen
- Betrieb, Überwachung und Instandhaltung

VULKAN VERLAG
Fachinformation aus erster Hand
Postfach 10 39 62 · 45039 Essen
Tel. (0201) 8 20 02-14 · Fax (0201) 8 20 02-40

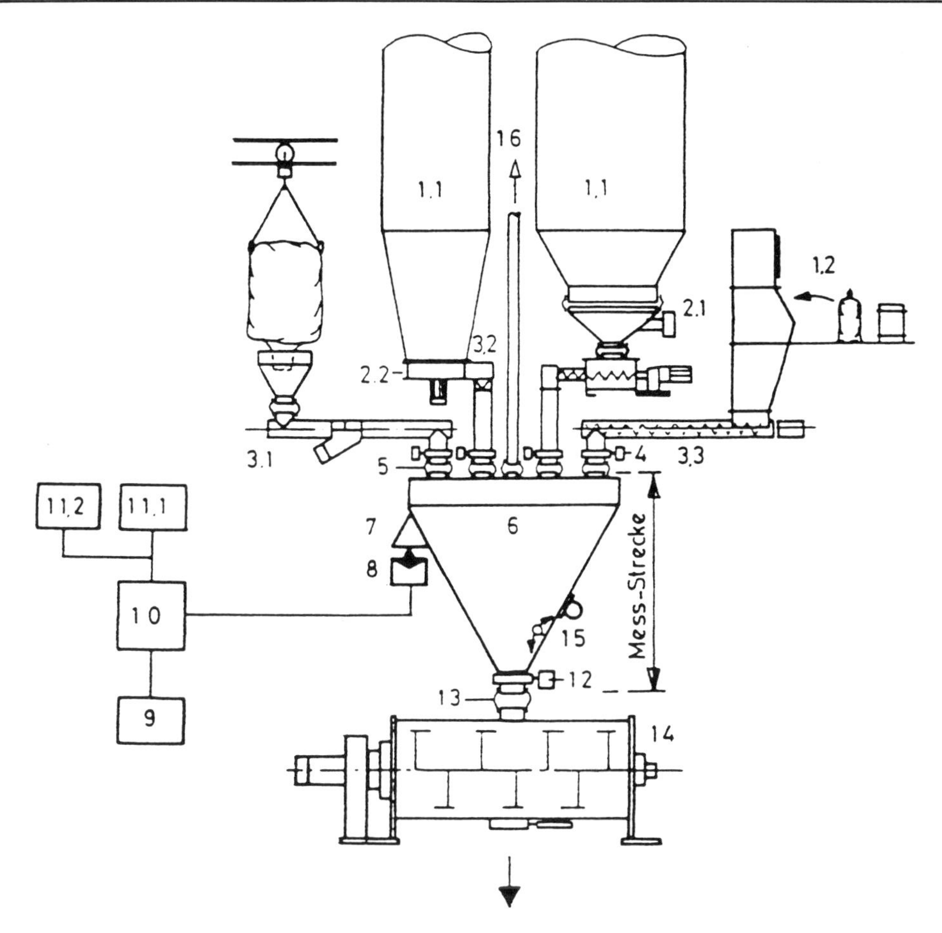

Vorratssilo 1.1 oder Gebinde 1.2, Austragsorgane 2.1, 2.2, Dosierorgane 3.1., 3.2, 3.3, Abschlußorgane 4, flexible Verbindungen 5, Wägebehälter 6, Gewichtskrafteinleitung 7, Gewichtskraftaufnehmer 8, Sollwertvorgabe 9, Wägeauswertung und Regelung 10, Meßwertanzeige oder -ausgabe 11.1, Registrierung, Drucker 11.2, Abschlußorgan 12, flexible Verbindung 13, nachfolgender Behälter, Mischer, Reaktor, Container usw. 14, Entleerungshilfe 15, Staubabsaugung bzw. Entlüftung 16

Bild 14: Behälterwaage

7. Schlußfolgerungen

Zur Nutzung der Chancen und zur Vermeidung von Fehlern bei den Dosiervorgängen in einem verfahrenstechnischen Prozeß muß das Prozeß-System als Ganzes und in seine Einzelteile zerlegt betrachtet werden. Dabei ist der apparative Aufbau einschließlich Meß- und Regeltechnik wie auch der betriebliche Ablauf zu untersuchen. Sowohl die einzelnen Verfahrensstufen wie z. B. das Dosieren für sich als auch deren Schnittstellen an Verfahrenseintritt- und -austritt müssen richtig konzipiert sein.

Dosieren wird daher immer mehr zu einer der Schlüsselfunktionen in der Verfahrenstechnik. Die Ausschöpfung des im Dosieren enthaltenen Potentials wird in Zukunft in größerem Maße ermöglichen:

- eine Verbesserung des Prozeßablaufes, seines Wirkungsgrades, der Qualität des Endproduktes, des Schutzes von Umgebung und Bedienungspersonal.

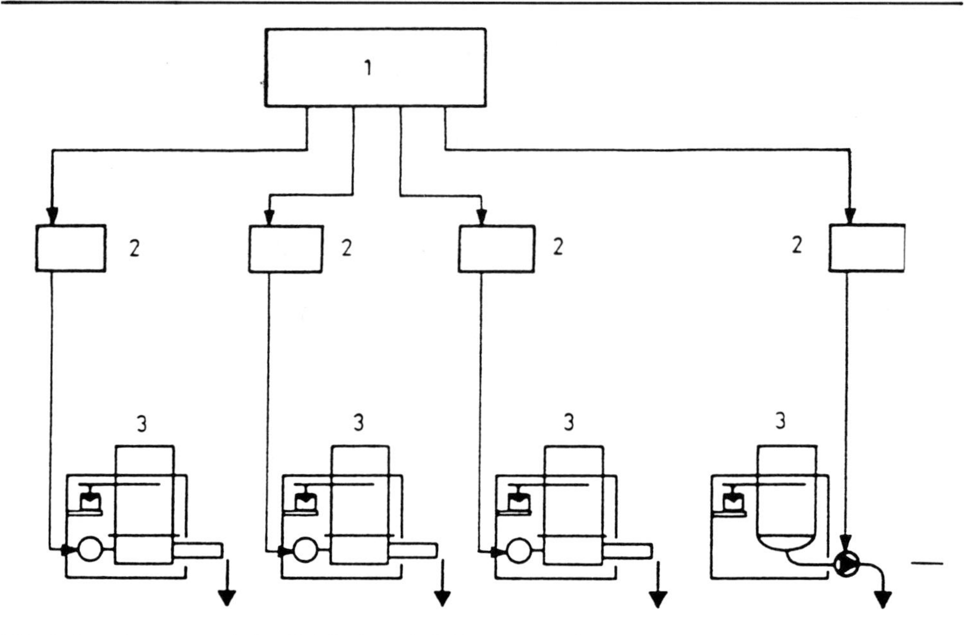

Bild 15: Rezepturdosierung. Leitgerät 1, Dosierregler 2, Dosierwaagen 3

- eine verfeinerte Meß- und Regeltechnik im Prozeß-System, zur Prozeßkontrolle, Störungsüberwachung und -elimination, Datenerfassung und -kommunikation.
- Qualitätssicherung und Qualitätsnachweis.

Schrifttum

[1] Gericke, H.: Dosieren von Feststoffen (Schüttgütern). Gericke GmbH (Hrsg.). Rielasingen 1989.
[2] Schavilje, R.: Auslegungskriterien für eine kontinuierliche gravimetrische Dosier- und Mischanlage. Verfahrenstechnik 24 (1990) Nr. 6, S. 78–86.

Modulartechnik bei der Schüttgutdosierung: ein neues Konzept in der Bewährung[2])

Von M.O. ROHR[1])

Ein Unternehmen der Dosiertechnik muß sich in der heutigen Zeit einiges einfallen lassen, um für den Absatzmarkt attraktiv zu bleiben. Dies zeigt bereits, warum die Forderung „Nahe beim Kunden" heute lebenswichtig geworden ist. Denn nur wenn wir nahe genug beim Kunden sind, kennen wir seine Wünsche, seine Pläne und die Aufgaben, die er auf wirtschaftliche Art zu erfüllen hat. Und nur, wenn wir nahe genug sind, wissen wir, ob er wirklich zufrieden ist.

Dies soll andeuten, daß diese Forderungen ernstzunehmen sind. Wir wissen, daß einige der Anforderungen an Geräte der Dosiertechnik immer bleiben werden, z. B. Genauigkeit, Zuverlässigkeit, leichte Handhabung, kurze Stillstandzeiten, um nur einige zu nennen. Wir wissen aber auch, daß andere Anforderungen rasch wechseln können, z. B. Produktionsgrößen, Dosier-Leistungen, Schüttgutarten, Automationsvorgaben, Qualitätsnachweis, Produktegarantien oder Lieferzeit-Vorgaben.

1. Modular bauen – ein Modetrend oder eine wirtschaftliche Denkweise?

Die Anforderungen der Kunden aus vielen Industriesektoren wurden zusammengetragen und gewertet. Schnell war klar, daß wirtschaftliche Lösungen nur durch die Entwicklung einer modularen Bauweise erarbeitet werden können. Unter modularer Bauweise verstehen wir das Bestimmen einer minimalen Zahl von Geräte-, Regel- und Wägemodulen, um damit eine maximale Zahl von Lösungsalternativen realisieren zu können.

Jeder, der komplexe Verfahrensprozesse betreibt, kennt den Stellenwert der präzisen und prozeßabhängigen Dosiergeräte, der Überwachung (sprich Regelung) und der Kommunikation. Damit ist schon klar, daß sich die modulare Bauweise über alle Komponenten einer Dosieranlage erstrecken muß.

Eine Dosiereinrichtung ist folgendermaßen strukturiert:

- Dosiergeräte-Mechanik und Material-Handling
- Wägetechnologie, inkl. Übertragung der Wägesignale
- Bedienung, Regelung, Kommunikation

Zusätzlich:

- Test- und Prüfeinrichtungen für die Qualitätssicherung
- Peripheriegeräte
- Servicegeräte

Im Jahre 1989 haben wir die Familie der Modular-Dosierer an der Kunststoffmesse in Düsseldorf vorgestellt. Viele Anwendungen sind seit diesem Zeitpunkt realisiert worden. Einige werden in diesem Bericht noch vorgestellt. Wie zur Achema 1991 ersichtlich war, hat sich das Modular-Konzept als „die Lösung" im Markt durchgesetzt. Dies ist eine Bestätigung des Konzepts.

2. Nutzen – Betrachtungen an Hand von ausgesuchten Eigenschaften der Modular-Dosierkomponenten

2.1 Gewinn an Flexibilität durch Modular-Dosierer

Die Modular-Dosierer, von denen hier hauptsächlich die Rede ist, arbeiten nach dem Prinzip der Differential-Dosierung. Bild 1 zeigt den Grundaufbau unserer Modular-Differentialdosierwaage und Bild 2 zeigt die Modular-Reihe.

---

[1]) M.O. Rohr, K-TRON, CH–Niederlenz

[2]) Bemerkung des Herausgebers: Beitrag von M.O. Rohr Universität Erlangen 1991 für die Zwecke dieses Buches angepaßt

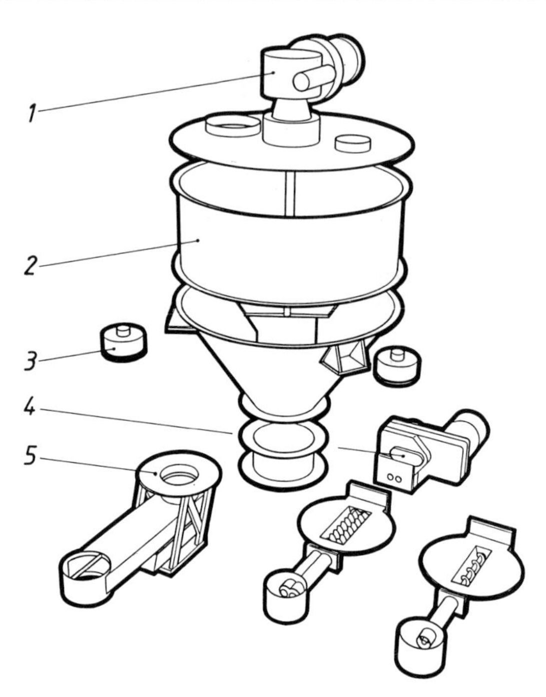

Bild 1: Modular-Differential-Dosierwaage
1 Vertikal-Rührwerk; 2 Zyl. Behälter, Erweiterung; 3 Wägemodul; 4 Getriebe; 5 Antriebsmotor; 5 Dosierbasis

Wie ist diese Lösung entstanden?

Studieren wir die Anforderungen, die von den Kunden gestellt werden. Zuerst wird es sie interessieren, wie diese Anforderungen gesammelt wurden. Wir haben drei Wege beschritten:

1. Direkte Kontakte mit wichtigen Kunden
2. Tel-Umfragen
3. Fokus-Gruppen

Die Liste der Anforderungen mußte natürlich auch nach den wirtschaftlichen Aspekten und nach den neuen technologischen Möglichkeiten aus der Sicht des Dosiergeräte-Herstellers gewertet werden.

Wie am Anfang erwähnt, sind verschiedene Anforderungen sozusagen „Evergreens". Wir wollen hier aber von den neuen, für den Anwender existenzwichtigen Anforderungen sprechen. Wir haben sie folgendermaßen zusammengefaßt:

Betriebe auf der ganzen Welt müssen immer öfter kleinere Fabrikationslose in einem raschen Wechsel produzieren. Das hängt oft mit der neuen Beschaffungs-Philosophie „Just in time" zusammen. Die Auswirkungen gehen quer durch alle Industrien. Die Aufträge, die man sich früher durch hohe Preise vom Leibe hielt, sind heute das tägliche Brot, aber nicht mehr zu hohen Preisen. Die Betriebe müssen sich entsprechend neu einrichten. Das bedeutet Einsatz von zweckmäßigen Geräten und die Einführung einer sinnvollen Automation.

Auf Dosiergeräte bezogen, hat das folgende Auswirkungen:

- Kleinere Produktionslose müssen gefahren werden. Das bedeutet:
  - häufiger Umrüsten
  - häufiger Reinigen

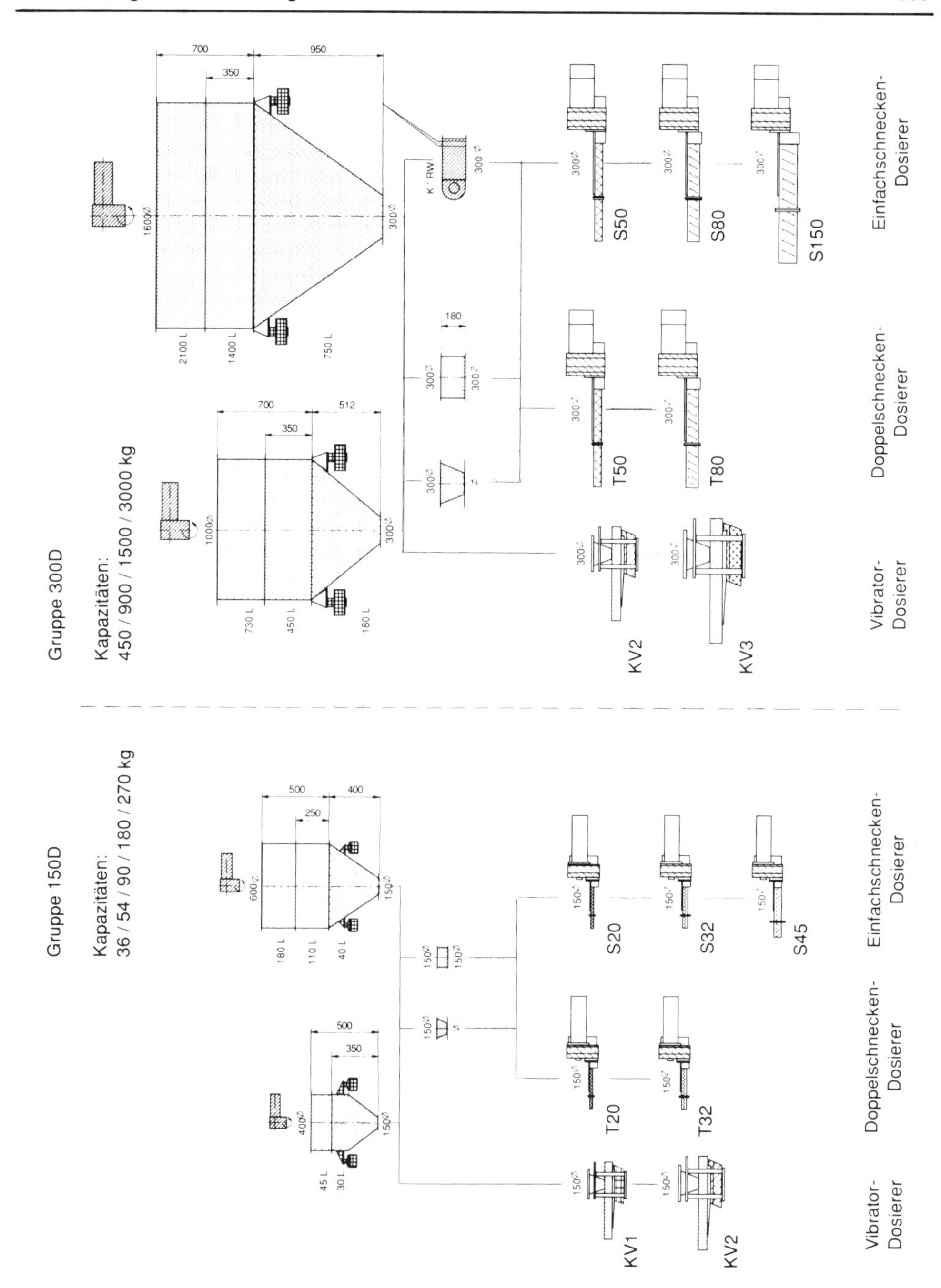

Bild 2: Konfigurations-Schema eines Herstellers [1]

  - häufiger Rezepturen ändern
  - häufiger Einfahrtests fahren
  - zuverlässige Datenerfassung
- Die verlangten Lieferzeiten der Kunden sind kurz und die Kosten müssen trotzdem minimal sein. Das bedeutet:
  - Dosiergeräte müssen äußerst flexibel sein
  - Das Betriebs-Personal muß selbständig handeln können
  - Die Handhabung muß einfach sein
  - Kontrollmöglichkeiten müssen vorgesehen sein
  - Der Automationsgrad muß optimal sein
  - Die Qualität muß gewährleistet sein

An Hand der Bilder 1 & 2 wird gezeigt, wie wir diese Anforderungen umgesetzt haben. Sehen wir uns zuerst einmal die Möglichkeiten an. Je nach Anforderung können an einer Modular-Differentialdosierwaage folgende Modelle umgerüstet werden:

- Dosierschnecken-Module
- Dosier-Module
- Anzeigemodule
- Getriebe-Module
- Behälter-Module
- Wägemodule
- Rührwerk-Module
- Regelmodule
- Steuermodule
- Kombinationsmodule

Es ist leicht verständlich, daß gewisse Module oft umgerüstet werden, während andere nur bei größeren Umbauten zum Zuge kommen. Wo immer möglich, sind die Module mit Schnellverschlüssen befestigt. Diese können je nach Wunsch mit einem Werkzeug oder von Hand geöffnet werden. Ein wichtiger Teil der Lösung ist, daß alle Umrüstungen an der Produktionslinie in Ihrem Betrieb ohne Probleme durch das Betriebspersonal ausgeführt werden können. Eine umgerüstete Dosierwaage muß nicht mehr geprüft werden. Eine Differential-Dosierwaage mißt ja den Gewichtsverlust über eine bestimmte Zeit unabhängig vom Gesamtgewicht. Nach einer Umrüstung muß die Waage jedoch neu tariert werden, damit der Regler weiß, bei welchem Gewicht der Schüttgutbehälter nachgefüllt werden muß. Dazu genügt aber ein einfacher Tastendruck auf der Bedienungseinheit.

Fassen wir die Punkte zusammen, die mit dem Einsatz von Modular-Dosierern zu einem Gewinn an Flexibilität führen:

- Ein Modulwechsel ermöglicht eine Speziallösung mit Standardteilen
- Module können zwischen verschiedenen Dosierern ausgetauscht werden (Mehrfachnutzung, Ersatzteilhaltung)
- Bei Bedarf können einzelne Module dazugekauft werden (Nutzungserweiterung)
- Module benötigen wenig Lagerplatz

„Nur wenn man eine Arbeit versteht, kann man sie richtig tun"; dieser Satz gilt auch für das Betriebspersonal des Anwenders. Deshalb erfordern modulare Geräte, auch eine „modulare" Ausbildung. Entsprechende internationale Ausbildungsprogramme sind von großer Bedeutung.

2.2 Gewinn an Produktionszeit

Es können sich also durch neue Anforderungen an ihre Produktion, die unproduktiven Nebenzeiten wesentlich vergrößern. Die durch den Betrieb von Dosiergeräten verursachten Nebenzeiten sind:

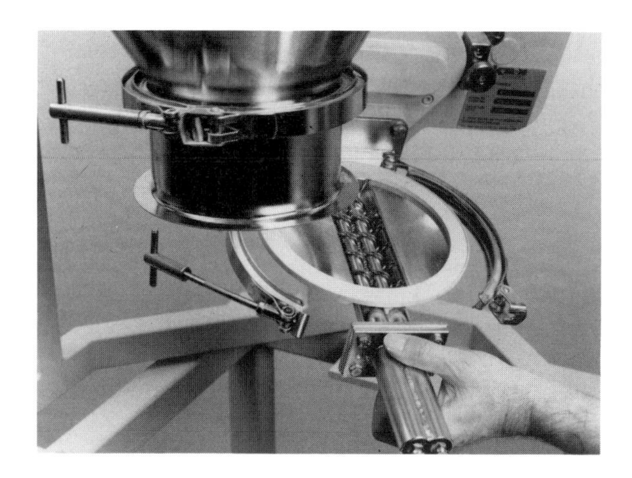

Bild 3: Modular-Differentialdosierwaage in Reinigungsstellung

- Reinigungszeit
- Wartungszeit
- Zeit, um Rezepturen zu wechseln
- Umrüstzeit
- Zeit für Kontrollen und Servicearbeiten
- Verlustzeiten, z. B. durch Hineinfallen eines Fremdkörpers

Verschiedene Eigenschaften der Modular-Dosierer verkürzen einige der genannten Nebenzeiten wesentlich. Noch nicht gesprochen wurde von der Reinigung der Geräte. Es war ein kleiner Schritt, das Dosiermodul noch zusätzlich mit einem Drehbolzen so zu verbinden, daß nach dem Öffnen des Schnellverschlusses die ganze Einheit einfach ab- oder weggeschwenkt werden kann (Bild 3). Wiederum nur eine Angelegenheit von Sekunden, um alle mit Schüttgut berührten Teile ausspülen zu können. Diese Wegschwenkmöglichkeit kann auch Retter in der Not sein, wenn ein Fremdkörper in den Behälter gefallen ist.

Als Nebenzeit wurde auch die Zeit für Kontrollen und Servicearbeiten genannt. Um die Funktion einer Dosierwaage zu prüfen, werden üblicherweise zwei Verfahren angewendet. Es sind dies die statische Kontrolle durch Gewichteauflegen und eine Kontrolle der Kurzzeitgenauigkeit durch Ablenken des Dosierstromes auf eine Kontrollwaage während einer bestimmten Zeit. In einem modernen modularen Regelsystem ist es aber auch möglich, sich mit einem Laptop und einem Kontroll-Karten-Modul direkt in den Regel-Bus einzuschalten und diverse Rohdaten der Regelung zu erfassen. Damit kann jede Waage „on-line" über kurze oder längere Zeit überprüft werden (Bild 4). Zum Beispiel können die Schnittstellen-Protokolle überwacht werden oder die Daten der Wägemodule können einzeln abgelesen werden. Es ist selbstverständlich auch möglich, einen Istwert-Schreiber an eine Dosierwaage anzuschließen, um über eine beliebig lange Zeit den Dosiervorgang zu überwachen. Diese Einrichtung lohnt sich speziell für Anwender, die viele Dosierwaagen im Einsatz haben. Vorsorgliche Kontrollen oder Einsatz bei einer Störung, in beiden Fällen kommt der Anwender rasch zum Ziel. Damit wurde angedeutet, welche Möglichkeiten hier verborgen sind. Das Stichwort heißt: „Statistische Prozeßkontrolle" (s. Abschnitt „Qualitätssicherung").

Fassen wir also wieder zusammen, durch welche Eigenschaften ein großer Gewinn an Produktionszeit zustande kommt:

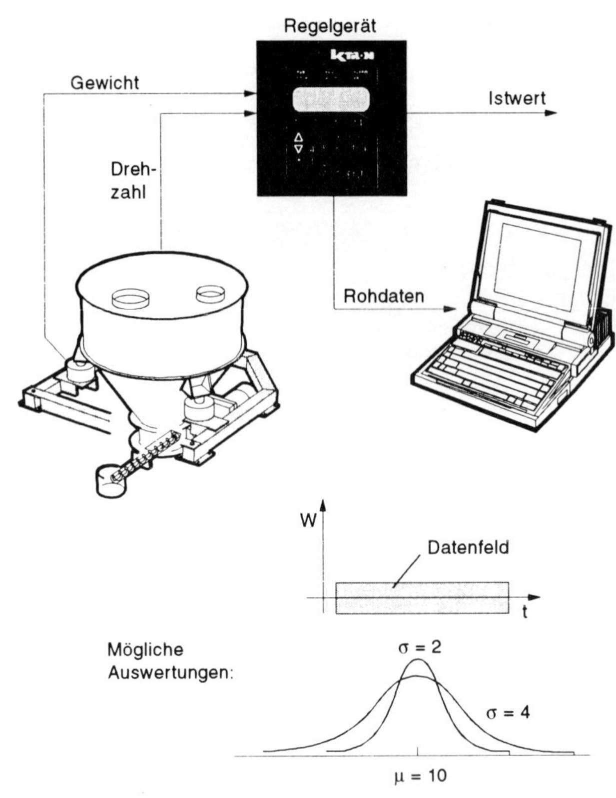

Bild 4: „On Line"-Kontrollen

- Einfaches Wegschwenken des Dosiermoduls ermöglicht eine schnelle Reinigung (Bild 3 & 5)
- Schnelles Einrichten des gewünschten Leistungsbereiches durch einfaches Wechseln eines Getriebemoduls (enorm großer Gesamtbereich)
- Leicht zugängliche Module erleichtern die Wartung
- Module ermöglichen kurze Umrüstzeiten (Bild 6)
- Das modulare Regelsystem erlaubt eine rasche Kontrolle oder eine effiziente Fehlersuche mit einem Servicemodul
- Die einfache Bedienung macht einen Rezepturwechsel einfach
- Beim Umrüsten auf eine neue Dosierleistung kann der Schüttgutvorrat mit einem Behältermodul entweder erweitert oder verkleinert werden. Eleganter ist es, lediglich den Nachfüll-Zyklus anzupassen und damit den Schüttgutvorrat konstant zu halten. Die Regelung mit dem entsprechenden Wägesystem erlaubt bis 60 Nachfüllungen pro Stunde ohne Genauigkeitseinbuße.
- Das Gerät kann rasch demontiert werden, wenn z. B. eine Prozeß-Störung durch Fremdkörper das notwendig macht

2.3 Gewinn durch Reduzierung der Investitionskosten

Angenommen, es sei entschieden, daß eine Investition in eine Dosieranlage getätigt wird, so bleibt immer noch sehr viel Entscheidungsspielraum bis zu einem Kaufentscheid. Um Investitionskosten wirklich beurteilen zu können, müssen die zu erwartenden Betriebskosten möglichst gut abgeschätzt werden. Darin können Faktoren wie: Stillstandszeiten, Materialverluste, Personalausbildungszeiten und vor

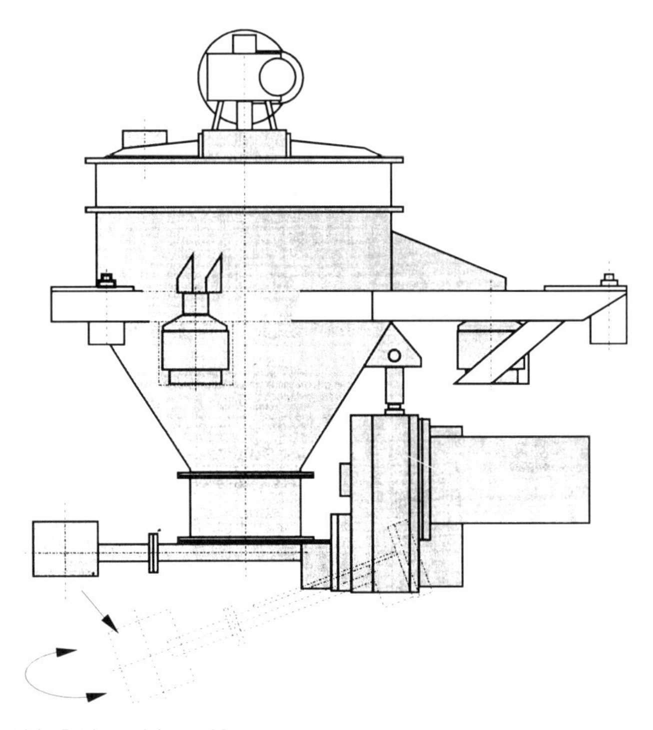

Bild 5: Reinigungszeit im Dosiermodul etwa 90 sec.

allem auch die Abschätzung der künftigen Marktentwicklung enthalten sein. Diese Ausführungen sind sicher nicht neu, sie sind aber wesentlich für die Beurteilung von Modular-Dosierern.

Wenn man also anstelle von drei Differential-Dosierwaagen eine Modular-Differentialdosierwaage mit einem oder zwei Dosiermodulen einsetzen kann, so sind die Investitionskosten reduziert. Und wenn man mit geeigneten Modulen näher an die optimale technische Lösung herankommt, so vermeidet man ganz einfach mögliche Störungen und verbessert so auch die Betriebskosten.

Die im Einzelfall wirkenden Vorteile müssen überlegt werden.

2.4 Gewinn durch hohen Automationsgrad

Wie wir heute schon öfters gesehen haben, hat ein Betrieb zwei Möglichkeiten. Entweder werden die Produktionslinien freiwillig automatisiert oder die Konkurrenz zwingt etwas später dazu. Automatisieren kann heißen, eine Produktionslilnie möglichst weitgehend von menschlichem Fehlverhalten zu befreien und sie durch elektronische Mittel zu überwachen. Umrüstungen werden durch Befehls- und Anweisungskonserven störungsfrei vorprogrammiert. Statistische Datenabfragen sind jederzeit möglich.

Der interessanteste Ort ist natürlich die Schnittstelle „Mensch-Maschine" [1]. Einige häufige Eingaben und Abfragen:

- Wahl der Sprache
- Rezeptur-Eingabe
- Aktuelle Daten ausdrucken
- Eingabewerte ändern
- Eingaben am K-Commander oder am Leitrechner

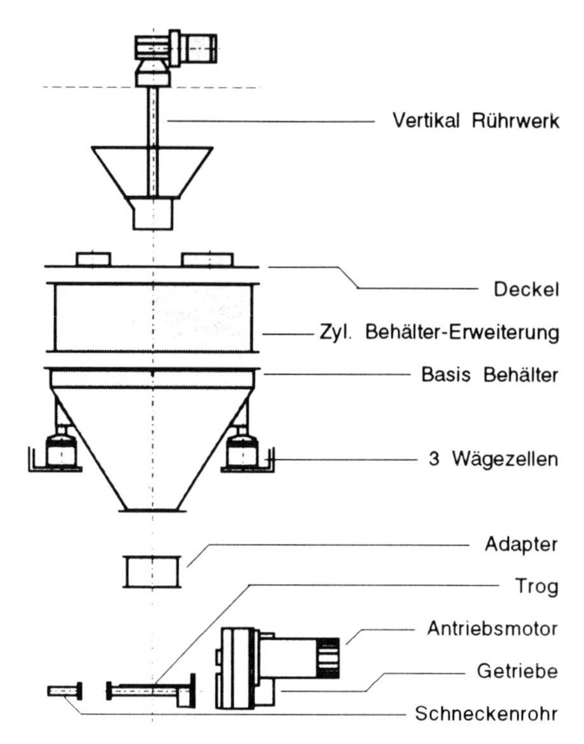

Bild 6: Zeitbedarf für die Umrüstung des Dosiermoduls etwa 10=15 min.

- Eingaben und Abfragen per Modem
- Anwender-Programmierungen (Text, Sprache, Seitenkonfiguration u. a.)
- Statistische Prozeßkontrolle

Viele Vorteile der Automatisierung verhindern Störungen, die in der Vergangenheit noch als normal betrachtet wurden. Natürlich haben Automaten auch Störungen. Deshalb ist es ja so wichtig, daß die Störungssuche genau so gut geplant ist, wie die Regelgeräte selbst. Es wird hier nochmals auf die Abfragemöglichkeit per Modem verwiesen.

Über alles gesehen bewirkt die Automatisierung eine wesentliche Leistungssteigerung, eine Vereinfachung der Bedienung und vielleicht das Wichtigste: eine hohe gleichbleibende Qualität des Endproduktes. Zusätzlich hat man die Gewähr, auf zukünftige Anforderungen vorbereitet zu sein.

2.5 Gewinn durch Kommunikation

Noch vor einigen Jahren war der Datenfluß eines Prozesses relativ limitiert.

Mit der heutigen Kommunikationstechnik sind enorm viel mehr Möglichkeiten gegeben. Mit geschickt angewendeten Regel-Algorithmen kann eine Anlage auf alle denkbaren Prozeßabläufe ,,richtig'' reagieren. Die Sender und Empfänger von Signalen können sich selber überwachen und gewünschte Aktionen auslösen.

Wir haben am Anfang festgestellt, daß sich die modulare Bauweisen über alle Komponenten einer Dosieranlage erstrecken muß. In der Komponente ,,Regeltechnik'' sprechen wir zusätzlich von Ebenen (Bild 7). Es wird kurz gezeigt, wie die modulare Bauweise hier zum Tragen kommt.

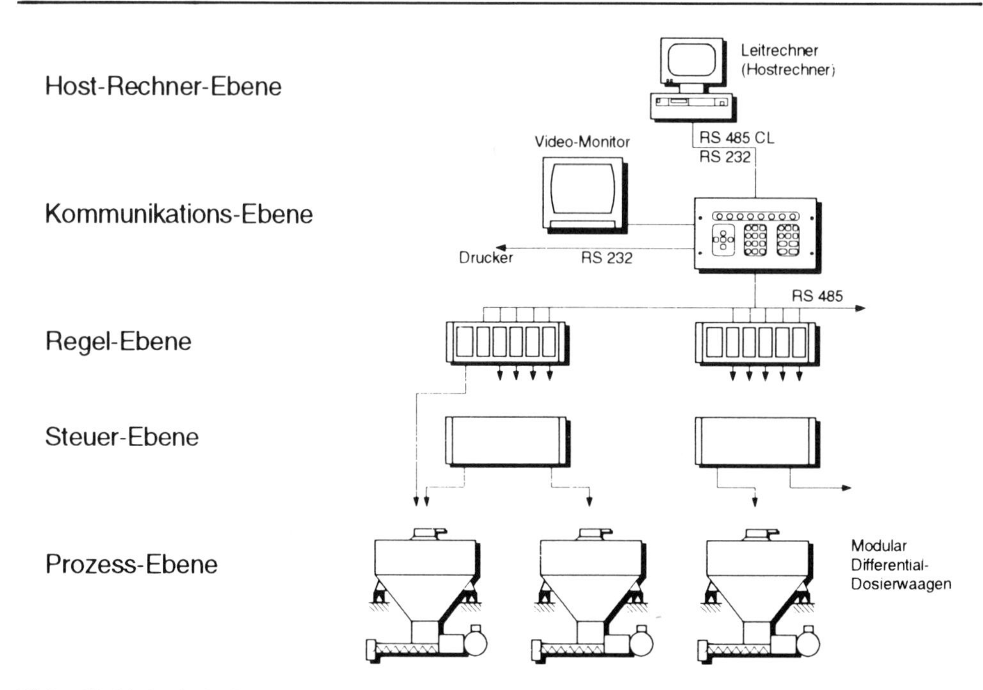

Bild 7: Modularität in der Regelung

Kommunikations-Ebene (Mensch/Maschine):
Monitor als Modul
Fernanzeige als Modul

Regel-Ebene:
Regelkarten als Module
Software-Baustein als Modul

Rechner-Ebene:
Schnittstellen-Protokoll als Modul
K-Link Kommunikations-Hardware als Modul

Mit diesem Hintergrund werden einige Themen aus der Kommunikationstechnik unserer Modular-Dosieranlagen angeschnitten.

Im Eingabezentrale-Display kann der „Operator“ die Seitengestaltung ändern, genau so, wie es ihm am besten paßt. Er kann eigene Texte einfügen, er kann eigene Abläufe in eine Tastenfunktion programmieren und vieles mehr.

Selbstadaption im Regelsystem [**1**]

Nach Eingabe der Zielgröße „Sollwert“ und dem Start der Anlage erfaßt der Regler selbständig relevante Anfangswerte. Sofort beginnt ein Regel-Algorithmus zu spielen, um nach möglichst kurzer Zeit auf die Zielgröße zu kommen. Der Regler überwacht dann dauernd die Qualität des Regelverhaltens und nimmt Korrekturen vor. So gesagt, tönt das sehr einfach. Darin steckt aber viel Forschung sowie eine intensive Zusammenarbeit mit Hochschul-Instituten. Es wurden neue Regel- und Filtertechnologien entwickelt, die ihre praktische Erprobung in den Versuchslokalen fand.

Kommunikation der Wägesignale

Die Wägetechnologie ist ein fester Bestandteil der Dosierung. Die geforderte Qualität der Signale und deren sichere Übertragung auch unter schlechten Umgebungsbedingungen müssen gewährleistet sein, um eine optimale Dosierung zu erreichen.

Alle Wägemodule arbeiten nach der „Smart Force Technologie". Jedes Wägemodul besitzt einen eigenen Prozessor für die Aufbereitung der Wägesignale. Nach der elektronischen Linearisierung bei der Herstellung ist das reproduzierbare Verhalten über den ganzen zulässigen Temperaturbereich in einem eigenen EEPROM abgespeichert. Die Wägesignale werden über die Schnittstelle RS 485 an den Regler übertragen. Das Wägesignal wird rückbestätigt, womit allfällige Störimpulse sofort erkannt werden. An den RS 485 Bus einer einzelnen Regelkarte können bis 12 Wägemodule angeschlossen werden.

Kommunikation mit Leitsystemen

Das Dosiersystem soll sich mit möglichst kleinem Aufwand in ein Automatisierungskonzept integrieren lassen.

Mit der Entwicklung eines speziellen Kommunikationsmoduls „K-Link" wurde eine neue Möglichkeit des Anschlusses an SPS Steuerungen geschaffen. Damit kann ein Dosiersystem ohne den bisher gewaltigen Programmieraufwand für Spezialtreiber mit dem Leitrechner kommunizieren.

Qualitätssicherung

Der Anwender interessiert sich vor allem für eine Methode, die ihm erlaubt, seinen Prozeß im kontinuierlichen Betrieb so zu überwachen, daß „on line" Korrekturen schon vor der Alarm-Situation ausgelöst werden können. Zu diesem Zweck muß der Dosieranlagen-Regler die geeigneten Parameter statistisch überwachen und die entsprechenden Rohdaten laufend dem Leitrechner zur Verfügung stellen. Wichtig ist dabei, wie diese Rohdaten generiert und gefiltert werden. Dies muß an Hand von Modellen kundenangepaßt auf einfache Art entwickelt werden können.

Diese Methode ist ein Teil der statistischen Prozeßführung SPC („Statistical Process Control"). Damit ist es möglich, den Nachweis der Qualitätsleistung zu erbringen. Zusätzlich erlaubt es aber auch eine laufende Qualitätsverbesserung, da die Abläufe im Prozeß besser bekannt und verstanden werden können.

Diese auf den Anwender angepaßte Methode hilft vor allem bei der Einführung und Erfüllung von Qualitätsnormen, wie z. B. ISO 9001/EN 29001. Der erfahrene Dosieranlagen-Hersteller kann hier ein wichtiger Partner sein.

Die Einhaltung der folgenden Faktoren bestimmt normalerweise im Dosierbereich die Qualität eines Endproduktes:

Rezepttreue

Prüfvorschriften

Zeitabläufe

Das Dosiersystem muß also bezüglich dieser Faktoren prüfbar sein. Die periodische Kontrolle der statischen Systemgenauigkeit einer Dosierwaage ist wohl immer noch notwendig, genügt aber oft nicht mehr für die Qualitätssicherung wie sie heute gefordert wird.

Als ersten Schritt wurden zusammen mit der Forschungsabteilung eines multinationalen Unternehmens Hardware- und Software-Module für den Einsatz in externen Rechnern (Laptops usw.) entwickelt, um damit gezielt fliegende „on line" Kontrollen über beliebige Zeitabschnitte vornehmen zu können. Damit können bereits wertvolle Erkenntnisse über den Prozeß gewonnen werden. Diese sind auch dann nützlich, wenn, schrittweise, eine statistische Prozeßführung eingeführt werden soll.

In einem zweiten Schritt erfolgte die Implementierung dieser Software-Module für die statistische Prozeßführung in das Regelsystem. Dies ist ein laufender Prozeß, der schrittweise mit den wachsenden Anforderungen der Anwender erfolgt.

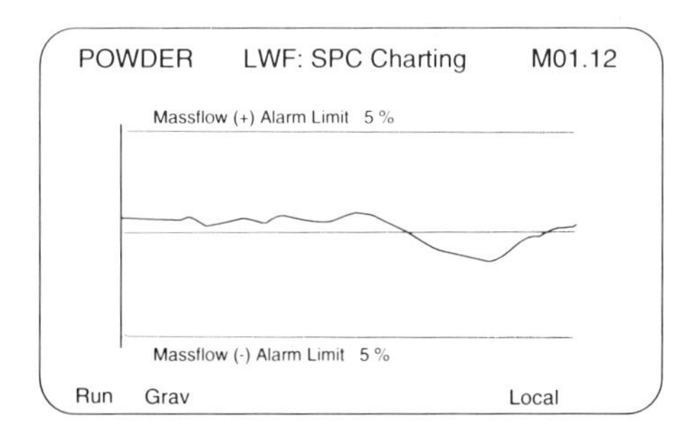

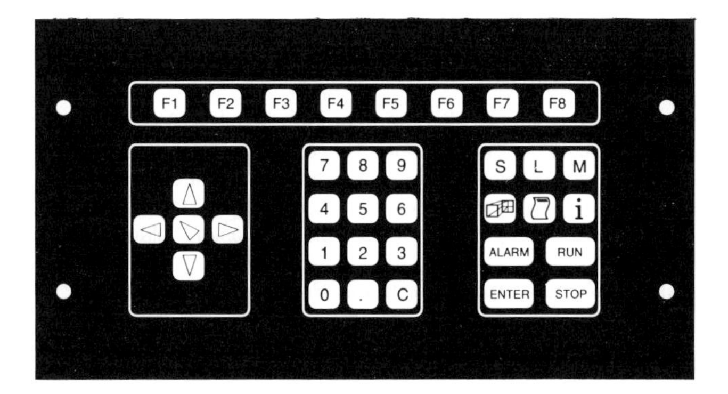

Bild 8: Istwert-Trend

Auf dem Eingabezentrale-Display kann z. B. der Istwert-Trend aus einer Graphik abgelesen werden. Bild 8 zeigt ein sogenanntes „Shift Window". Die Größe des „Shift Window" ergibt die maximal verfügbare Zeit für das Erfassen von Daten, bis die vorherigen Daten in den Speicher gehen. In diesem Beispiel werden 5 Datensätze verfolgt. Der Bildschirm erlaubt 25 „updates". Die „update" Zeit ist hier zwei mal die Anzahl der gewählten Datensätze, also 2 x 5 = 10. Multipliziert mit der Anzahl „updates", also 10 x 25, sagt aus, daß wir auf dem Bildschirm einen Zeitraum von 250 sec. überblicken.

Dies ist nur ein Beispiel. In der statistischen Prozeßführung können alle relevanten Variablen, die überwacht werden sollen, bestimmt werden. Auch kann gewählt werden, welche Variablen unter welchen Bedingungen verändert werden sollen. Einige Begriffsdefinitionen sollen zur Information nachfolgend aufgeführt werden.

Arithmetischer Mittelwert am Beispiel „Istwert":

Summe von 5 „Istwerten" geteilt durch 5

Spannweite:

Die größte Differenz zwischen dem größten und dem kleinsten Wert einer Gruppe von 5 Werten, z. B. ist bei folgender Gruppe:
100.58/100.25/99.85/100.00/100.10
die Spannweite: 100.58 − 99.85 = 0.73

„Werte-Erfassungszeitpunkt":

Bestimmt den Zeitpunkt, in dem statistische Werte erfaßt und gespeichert werden

„Datensatz":

Speicherplatz für alle statistischen Punkte.

Darin können bei einer Dosieranlage enthalten sein:
Istwert
Dosierfaktor
Drehzahl
Stellbefehl
Zeitinformation
Sollwert
Gewicht

„Daten-Intervall":

Zeit zwischen zwei „Werte-Erfassungszeitpunkten".
Dieser Zeitwert kann auf zwei Arten eingegeben werden: direkt oder berechnet, d. h. abhängig vom verfügbaren Speicherplatz im „Shift Window".

„Daten-Zelle":

Speicherplatz für einen „Datensatz".

Die frühzeitige „on line" Korrektur ist eine Anforderung, die mit SPC erfüllt werden kann. Mit der Eingabezentrale, um darauf zurückzukommen, können die erfaßten Datensätze zusätzlich auf einer steckbaren RAM-Karte gespeichert werden. Diese RAM-Karte kann mit einem entsprechenden Modul in einen PC eingelesen werden. Die Daten werden hier nach Wunsch statistisch weiter verarbeitet. Damit ist auch die Anforderung an einen lückenlosen Nachweis der Dosier-Abläufe in einem Prozeß erfüllt.

3. Dosier-Lösungen mit Modulardosierern in der Praxis

In den ersten 18 Monaten seit der Einführung wurden weltweit mehr als 300 Modular-Dosierer ausgeliefert. Immer waren es die neuen Vorteile, die den Ausschlag gaben.

Bild 9: Anwendung in der Waschmittelindustrie

Bild 9 zeigt eine Betriebsaufnahme aus der Waschmittel-Industrie mit 12 Modular-Differentialdosierwaagen. Diese Anlage ersetzt die bisher eingesetzten konventionellen Dosiergeräte. Es wurde darauf geachtet, daß alle Austragsmodule für die Reinigung leicht zugänglich sind. Die Anlage läuft im 24 Stunden-Betrieb. Durch den rascheren Schüttgutwechsel konnte die Monatsleistung wesentlich gesteigert werden.

Bild 10 zeigt eine Phantom-Zeichnung einer einbaubereiten Modular-Differentialdosierwaage.

Welche Industrien haben sich in diesem Zeitabschnitt für Modular-Dosierer entschieden? In erster Linie natürlich die Kunststoffindustrie. Interessant auch, daß innerhalb dieser Industrie die Entwicklungslaboratorien den schnellen Produktwechsel besonders schätzten. Die Lebensmittel-Industrie kam an zweiter Stelle. Auch hier gab meistens die Flexibilität den Ausschlag. Dann folgte die Reinigungsmittel-Industrie und dann die vielen chemischen Betriebe, die nicht mehr so eindeutig zu gliedern sind. Diese Aufzählung zeigt natürlich auch, welche Industrien in dieser Zeit investieren konnten.

Am Anfang der Ausführungen habe ich aufgezählt, wie wir eine Dosiereinrichtung strukturieren. Alle Punkte sind in der Gewinn- und Nutzenbetrachtung behandelt worden, außer einem. Das ist der Punkt „Peripheriegeräte". Damit ist auch das „Engineering" von ganzen Anlagenteilen angesprochen. Dies ist aber für sich wieder ein großes Thema, das speziell behandelt werden muß.

Es wurde gezeigt, daß Modular-Dosierer viele Vorteile aufweisen, die sich direkt in „mehr Ertrag" umsetzen lassen. Es wird aber noch viele Anwendungen geben, in denen die bisher eingesetzten Do-

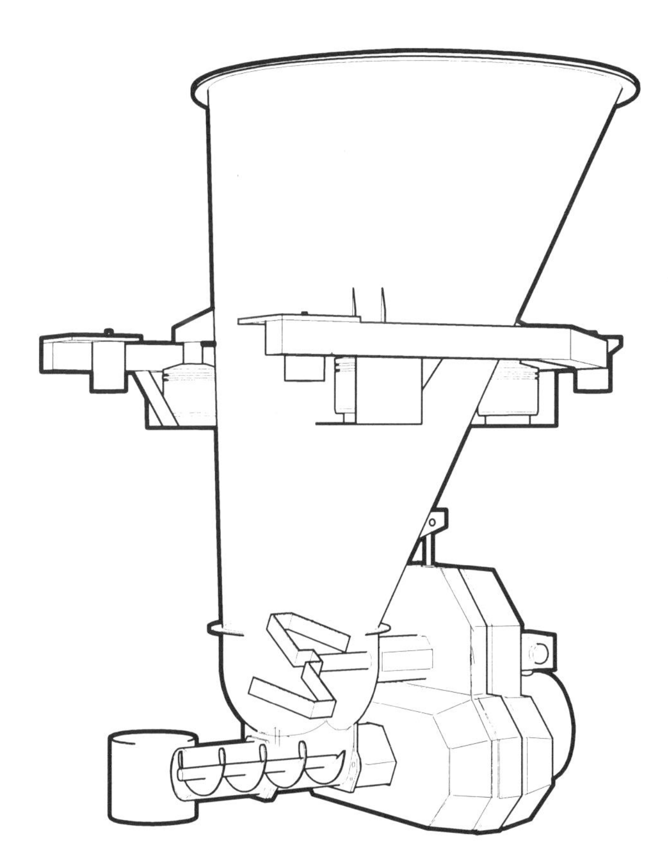

Bild 10: Phantomzeichnung einer einbaubereiten Dosierwaage

siergeräte genau richtig sind. Dies deshalb, weil sie für definierte Fälle entwickelt wurden. Das höchste Ziel eines Dosiergeräte-Lieferanten darf deshalb nur sein, die für den Kunden wirtschaftlichste Lösung zu erarbeiten. Je umfangreicher sein Programm an Standard-Komponenten ist, um so leichter wird ihm das fallen.

Schrifttum

[1] NN: Druckschrift K-TRON-SODER; DOSIERLÖSUNGEN, KS-HB 106d

Neues Wechselkassettensystem für das Dosieren aus flexiblen Großbehältern

Von J. THIELE [1)]

Flexible Intermediate Bulk Container (FIBC, Big Bags) sind in zahlreichen Industriezweigen, speziell in der Baustoffindustrie, in der chemischen Industrie und der Nahrungsmittelindustrie als rationelle Großpackmittel gebräuchlich. Mit FIBC, die u.a. hinsichtlich der Beschaffungskosten erhebliche Vorteile gegenüber festen Silos bieten, können große Schüttgutmengen nicht nur kostengünstig transportiert werden, flexible Großbehälter erweisen sich als zweckmäßig auch für die Lagerung von Schüttgütern und ihre Dosierung in Prozesse.

Für den letztgenannten Zweck wurden Behälter-Entleertechniken entwickelt, mit denen der Inhalt präzise dosiert abgezogen werden kann. Daraus entstanden ist als neue Entwicklung des Greif-Werkes, Lübeck, das FIBC-Wechselkassettensystem. Es beruht auf der Überlegung, daß bei Prozessen, in die verschiedene, häufiger wechselnde Stoffkomponenten zu dosieren sind, mit der Big-Bag-Technik darauf verzichtet werden kann, für jede der Komponenten eine eigene Silozelle einschließlich kostspieliger Dosiertechnik zu installieren. Es muß jeweils nur der Behälter mit der gewünschten Komponente in die Entleerstation eingesetzt werden. Im Extremfall genügt damit eine einzige FIBC-Entleerstation für beliebig viele einzutragende Stoffe. Aus praktischen Gründen wird die Zahl der Entleerstationen natürlich auf die Komponentenzahl und die Wechselhäufigkeit abzustimmen sein (Bild 1). FIBC sind von Haus aus aber nicht dazu bestimmt, am Entleerort mehrfach umgesetzt zu werden und zwischendurch Teilmengen ihrer Füllung abzugeben. Durch die Wechselkassettentechnik waren die FIBC mit zwei ergänzenden Eigenschaften auszustatten, nämlich leichter, schneller Wechselbarkeit der Behälter in den Stationen unter Verwendung normaler Flurfördermittel sowie der Möglichkeit des mechanischen Verschließens der Behälter nach Teilentnahmen.

1. Pneumatisch betätigter FIBC-Verschluß

Die zweiteilige Wechselkassette besteht aus einem vierseitigen Rahmengestell und dem FIBC-Traggeschirr. Das Gestell hat die Grundrißabmessungen 1500 x 1500 mm und kann durch seine ausziehbaren, aus Vierkantrohren 80 x 80 mm gefertigten Eckstiele auf unterschiedliche Höhen - typisch sind 3000 bis 3400 mm - und damit auf verschiedene FIBC-Größen eingestellt werden. Das Traggeschirr ist ein leichter Rohrrahmen mit festen oder verstellbaren Haken zum Einhängen der Anhängeschlaufen des Big Bags und mit oberseitig angebrachten Taschen, in die Gabelstaplerzinken eingeschoben werden können.

In seinem unteren Teil enthält das Gestell einen Absetztrichter, der nach oben offen, nach unten durch einen Flachschieber verschlossen und von der Seite durch eine zweiflügelige Tür zugänglich ist. In Höhe des oberen Trichterrandes sind Gabeltaschen in das Gestell eingeschweißt, mit denen die komplette Kassette zum Transport durch einen Gabelstapler aufgenommen werden kann.

Zum Einhängen eines FIBC wird das dank seines geringen Gewichtes manuell leicht hantierbare Traggeschirr auf den flexiblen Behälter aufgelegt, und die Anhängeschlaufen werden über die Haken gestreift. Danach nimmt der Gabelstapler den Rahmen mit dem Big Bag auf und setzt ihn in der Kassette ab (Bild 2). Zentrierecken an den höhenverstellbaren Traggeschirr-Auflagern erleichtern diesen Vorgang.

Für die Verwendung im Wechselkassettensystem üblicher Ausführung vorgesehen sind Mehrwege-FIBC mit Bodenauslauf. Dieser schlauchförmige, mit einem Bindeband verschlossene Behälteransatz wird beim Einhängen des FIBC in den Trichter abgesenkt und kann, mit Zugriff durch die Trichter-Seitentüren aufgeschnürt werden. In der Praxis hat sich gezeigt, daß je nach Fließeigenschaften des Behälter-Füllgutes die Auslauf-Verschnürung bereits gelöst werden kann, wenn der Behälter-Auslauf so weit in den Trichter eingetaucht ist, daß das Schnürband noch von oben her erreichbar ist.

[1)] Dipl.-Ing. J. Thiele, Greifwerk Maschinenfabrik GmbH, Lübeck

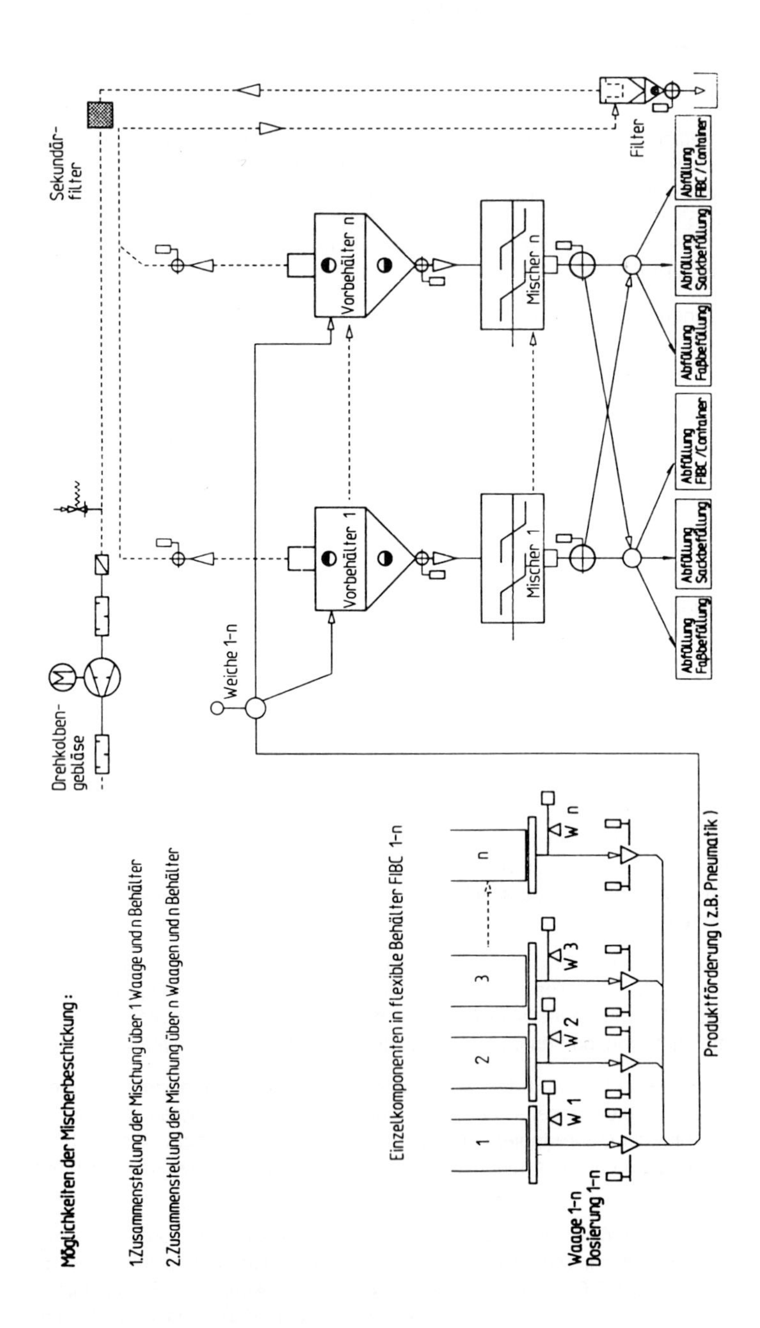

Bild 1: Schema einer aus FIBC-Wechselkassetten beschickten Dosier- und Mischanlage mit den Ausstattungs-Varianten 1...n Dosierstationen für 1...n Komponenten

Bild 2: Mit Hilfe des Traggeschirrs wird der FIBC in die Kassette eingehängt

Bild 3: Schneller Wechselkassetten-Austausch zur Veränderung der Komponenten

Bild 4: Pneumatikzylinder für die Betätigung der Wechselkassetten-Verschlußschieber

2. Diskontinuierlich abwägen oder kontinuierlich abziehen

Die Entleerstation wird durch ein gleichfalls in Stahlrohrbauweise hergestelltes Tischgestell von ca. 1400 mm Höhe gebildet, auf das die Wechselkassette zentriert aufgesetzt werden kann (Bild 3). Dabei legt sich die Auslauföffnung des Kassetten-Verschlußschiebers abgedichtet auf die Einlauföffnung der in die Station eingebauten Abzug- und Dosiervorrichtung, die als Dosierschnecke, Dosierrinne oder Dosierband ausgebildet sein kann. Die Standardausführung der Entleerstationen hat eine 1200 mm lange Schnecke mit 120 mm Durchmesser, mit einem Rührwerk im Einlauf und einer pneumatisch betätigten Dosierklappe am Auslauf. Auf dem Tisch angebracht ist ferner der Antrieb für den Verschlußschieber der FIBC-Kassette. Er besteht aus zwei achsparallel montierten Druckluft-Zylindern, die über eine Kuppelstange miteinander verbunden sind (Bild 4). Die Stange wird beim Absetzen der Kassette von einer Klaue am Flachschieber umgriffen und überträgt die Stellbewegung der Zylinder auf das Verschlußorgan. Die Dosiervorrichtung und die aufgesetzte Wechselkassette bilden den wägenden Teil des Systems und stützen sich über vier DMS-Wägezellen auf der Tischkonstruktion ab.

Das Gewichtssignal der Wägezellen wird in einer Wägeelektronik ausgewertet, die über den Antrieb und die Dosierklappe der Schnecke den Materialabzug aus dem Big Bag im Fein- und Grobstrom steuert. Die Gewichtsabnahme der Kassette entspricht der ausgetragenen Stoffmenge. Mit dieser Technik der subtraktiven Verwiegung können beliebig viele Chargen-Komponenten nacheinander oder, in Anlagen mit mehreren Entleerstationen, gleichzeitig diskontinuierlich abgewogen werden. Ebenso ist aber auch die Regelung eines stetigen Austragstromes, also die kontinuierliche Dosierung möglich.

Zusätzlichen Nutzen bietet hierbei die seit kurzem für die Big-Bag-Wägung verfügbare Unterteilung des Gesamtwägebereiches in Subbereiche mit unterschiedlicher Teilung. So kann z.B. ein Wägebereich 0...500 kg mit 50-g-Teilungsschritten eingerichtet werden, während der Bereich 0...2000 kg mit d = 200 Gramm geteilt ist.

Die FIBC-Wechselkassettentechnik erlaubt die unterschiedlichsten Konfigurationen von Dosieranlagen und ihre Integration in verfahrenstechnische Abläufe. Die hinsichtlich der Füllgutarten erwiesene Vielseitigkeit der Big Bags ist auch hierbei nutzbar; die Wechselkassetten-Dosierung kann für alle fließfähigen Schüttgüter angewandt werden. Welche Rationalisierungspotentiale dabei freigesetzt werden können, zeigt ein Beispiel, aus der Lebensmittelindustrie.

3. Sechs Komponenten in parallelem Abzug

Die in einem Teeverarbeitungswerk installierte, auf eine Dosier- und Mischleistung von 3 t/h ausgelegte Anlage besteht aus zwölf Entleerstationen, die in zwei Sechserreihen nebeneinander angeordnet sind. Die Anzahl der Stationen ergab sich daraus, daß bis zu sechs Komponenten gleichzeitig in eine Mischung zu dosieren sind und unterbrechungsfreier und zugleich flexibler Betrieb gesichert werden sollte. So können jeder Komponente zwei Stationen zugeordnet werden, und während aus der einen Station dosiert wird, erfolgt in der anderen der Austausch des geleerten Behälters gegen einen vollen. Ebenso ist es aber auch möglich, zugleich zu dosieren und in den nicht aktiven Stationen bereits die Behälter für eine nachfolgende, andere Mischung bereitzustellen.

Die Dosierschnecken der Entleerstationen tragen auf einen zwischen den beiden Stationsreihen verlegten Kastengurtförderer aus, der das Material auf ein unter ca. 50° aufsteigendes Kastenband übergibt, welches eine Siebmaschine mit integriertem Metallabscheider beschickt. Über den anschließenden Klappenkasten kann der Materialstrom zwischen den beiden installierten Mischern umgeschaltet werden. Die Mischer entleeren ein Stockwerk tiefer direkt in Absackwaagen und eine Befüllstation für Big Bags.

Zur Anlage gehören 24 Wechselkassetten, mit denen für alle Komponenten eine ausreichende Bestückungsreserve zur Verfügung steht. Als Fördermittel für das Handling der FIBC und der Kassetten wird ein deichselgeführter Batterie-Gabelhubstapler mit 3 t Nutzlast und 5 m Hubhöhe eingesetzt.

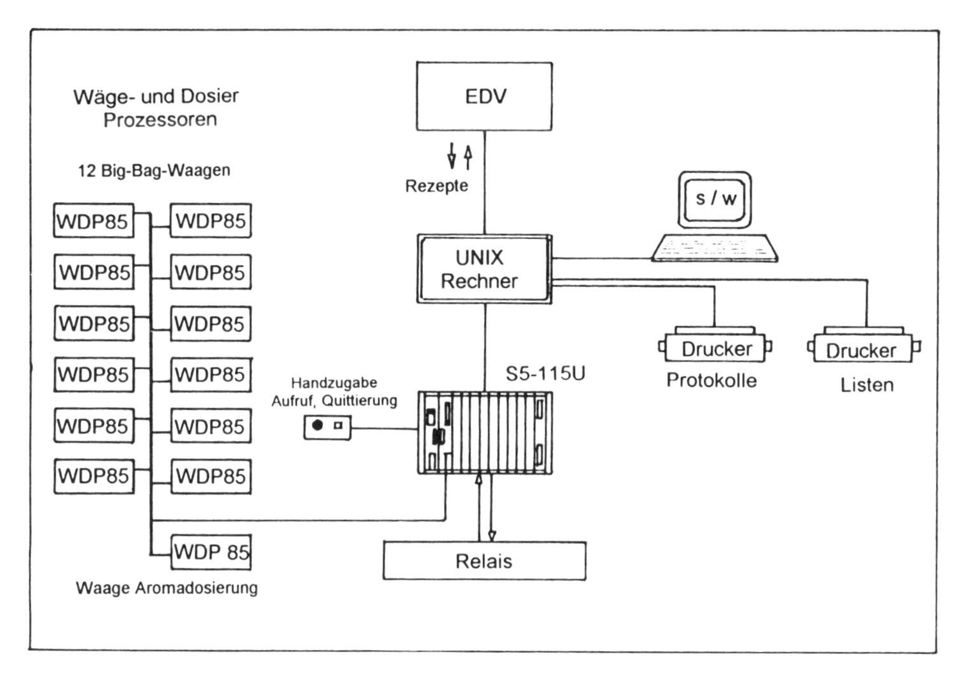

Bild 5: Konfiguration der Steuerung für eine Früchtetee-Dosier- und Mischanlage

Das Steuerungssystem für zwölf Big-Bag-Dosierstationen und eine Bodenwaage zur Dosierung flüssiger Additive besteht aus 13 auf Parallelbetrieb programmierten Wäge- und Dosierprozessoren des Typs Datapond 85, einer speicherprogrammierbaren Steuerung S 5-135 U und einem Tower-PC, der im Betriebssystem Unix arbeitet und mit Farbmonitor, Tastatur und zwei Matrixdruckern als Bediener-Schnittstellen ausgerüstet ist (Bild 5). Über den Unix-Rechner ist die Steuerung mit dem Zentralrechner des Betriebes gekoppelt, aus dem die Anlage ihre Mischungsrezepte bezieht. An die SPS angebunden ist ferner eine Handzugabe-Station, bestehend aus einem akustisch/optischen Signalgeber und einer Quittungstaste.

4. Reduzierte Anlagekosten, gesteigerte Produktivität

Der Rechner übt über die unmittelbare Anlagensteuerung hinaus die Funktionen einer Betriebsverwaltung aus. Er erfaßt die im Zwischenlager verfügbaren Materialkomponenten und die Belegung der im Betrieb umlaufenden Mehrwege-FIBC, so daß jederzeit Überblick über die Bestände besteht. Bei Unterschreitung der festgesetzten Lager-Mindestbestände gibt der Rechner Materialanforderungen aus. Jederzeitiger Nachweis der hergestellten Mischungen nach Zusammensetzung und Gesamtmenge wird durch die Chargen- und Datenprotokollierung erreicht. Der Abgleich dieser Informationen mit den Daten aus der Komponentenverwaltung ergibt die Roh- und Fertigwarenbilanz. Das implementierte Fehlermeldeprogramm erleichtert im Falle einer Anlagenstörung die Lokalisierung der Ursache und die Wiederinstandsetzung der Anlage.

Bei der Konzipierung der Dosier- und Mischanlage wurde besonderer Wert auf leichte Bedienbarkeit und größtmögliche Sicherheit gegen Bedienungsfehler gelegt. Der Rechner überprüft nach dem Zyklusstart, das Vorhandensein aller benötigten Komponenten in den Dosierstationen und stellt auch fest, ob die bereitgestellten Komponentenmengen zur Herstellung der Charge ausreichen. Für den Fall, daß während der Dosierung Materialmangel auftreten kann, hat der Anlagenführer die Option, der betreffenden Komponente eine zweite, entsprechend belegte Station zuzuweisen, auf die die Anlage nach Restentleerung der ersten automatisch umschaltet. Wird die Option nicht wahrgenommen, hält die Dosierung nach der Restentleerung an, und die Steuerung fordert zur Auswechselung des leeren Behälters gegen einen gefüllten auf. Nach erfolgtem Austausch und Quittungssignal läuft die Dosierung weiter. Bei sehr geringer Fehlmenge besteht eine dritte Möglichkeit darin, die Differenz zu quittieren und die Chargierung unter Verzicht auf die ausgegangene Komponente fortzusetzen. Ebenso ist der Abbruch der Mischung möglich.

Dosieranlagen nach dem Greif-FIBC-Wechselkassettensystem können, über den geringen Investitionsaufwand hinaus, zu erheblichen Einsparungen an Personalkosten beitragen. In der beschriebenen Anwendung verlangte die frühere überwiegend manuelle Arbeitsweise unter Verwendung von 25-kg-Säcken einen Personaleinsatz von drei bis vier Mitarbeitern. Seit der Umstellung bedient der Anlagenführer allein den gesamten Ablauf, einschließlich der Auswechselung der Big Bags.

Bildnachweis: Bild 5 Bran & Lübbe, Heidelberg; übrige Bilder Greif-Werk Maschinenfabrik GmbH, Lübeck

Rührwerke zur Verbesserung des Schüttgutflusses bei Schneckendosiergeräten

Von G. VETTER und H. WOLFSCHAFFNER[1])

1. Einleitung

Schnecken finden als Abgrenzungsorgan in volumetrisch und gravimetrisch arbeitenden Dosiergeräten Anwendung. Wegen der zwangsweisen Agitation des Verdrängungsquerschnittes und der guten Sperrwirkung eignen sich Schnecken für kohäsive, adhäsive sowie auch fluidisierbare Schüttgüter als universelle Problemlösung [1, 2, 3].

Die schüttgutmechanische Auslegung von kontinuierlich arbeitenden volumetrischen oder gravimetrischen Schneckendosiergeräten wird durch einige wesentliche Gesichtspunkte geprägt [4, 5]:

a) Die Schüttgutdichte soll trotz der Einflüsse von Füllhöhe und Art der Befüllung möglichst konstant bleiben [6].
b) Dem Schüttgut sollte durch ausreichende Verweilzeit Gelegenheit zur Entlüftung gegeben werden.
c) Für das Schüttgut ist die geeignete Schnecke auszuwählen.
d) Guter Schüttgutfluß im Dosierbehälter ist permanent zu realisieren.

Besondere Bedeutung hat der Schüttgutfluß im Schneckeneinzugsbereich, da bei schlechtem Schüttgutfluß die Dosierung selbst in der geregelten Dosierphase von Differentialwaagen nicht störungsfrei stattfinden kann.

Prinzipiell sind Dosiergerätebehälter Silos; es kann **Massen- oder Kernfluß** mit Fließstörungen wie Schlot- und Brückenbildung auftreten, die in erster Linie durch genügend große Austrittsquerschnitte zu verhindern sind [7].

Für Schneckendosiergeräte ist Massenfluß wegen stetigerem Schüttgußfluß und besserem Verweilverhalten vorzuziehen und jegliche Brückenbildung selbstverständlich zu vermeiden.

Der kritische Austrittsquerschnitt bei Schneckendosiergeräten ist der **Schneckendurchmesser d_S**, der zur Vermeidung von Brückenbildung größer als die zu erwartende Brückenspannweite d_B sein muß. Allerdings ist der Schneckendurchmesser durch den Dosierstrom festgelegt und bei kohäsiven Schüttgütern meist zu klein, um Brücken zu verhindern.

[1]) Prof. Dipl.-Ing. G. Vetter, Lehrstuhl für Apparatetechnik und Chemiemaschinenbau, Universität Erlangen, Erlangen, Dr.-Ing. H. Wolfschaffner, Pfister Konti Technik GmbH, Augsburg
s. Kap. 2.1 dieses Buches (Beitrag G. Vetter und R. Flügel)

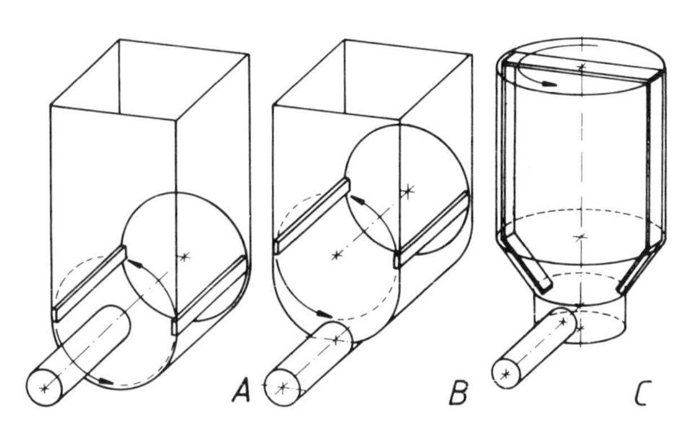

Bild 1: Anordnung von Rührwerken: A horizontal-konzentrisch; B horizontal-obenliegend; C vertikal; D seitlich liegend

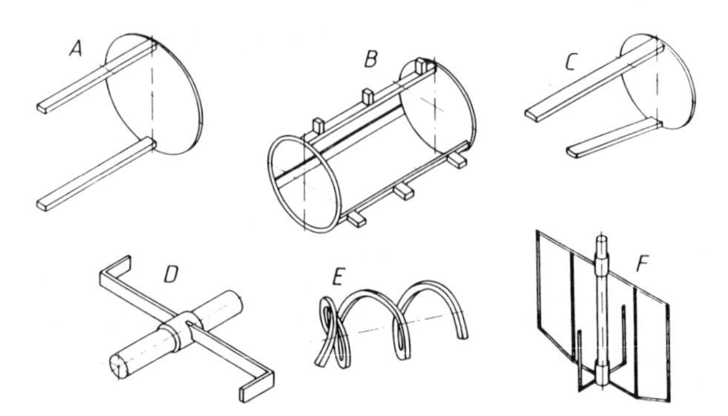

Bild 2: Verschiedene Rührerformen; A Stabrührer; B Zinkenrührer; C Stabrührer, geschränkte Arme; D Paddelrührer; E Wendelrührer; F Stabrührer, vertikal

Zur Zerstörung der Brücken werden daher neben Vibration bzw. mechanischer Bewegung des Gerätes oder der Behälterwände meistens unterschiedlich angeordnete, hauptsächlich horizontale Rührwerke verwendet (Bild 1).

Die Rührer zeigen **zahlreiche Geometrievarianten** (Bild 2). Meist werden Mehrstabrührer, mit und ohne Zinken oder Anstellung, durch das Schüttgut bewegt. Manche Ausführungen sollen neben Schüttgutfluß bzw. Brückenzerstörung auch axiale Vergleichmäßigung bewirken.

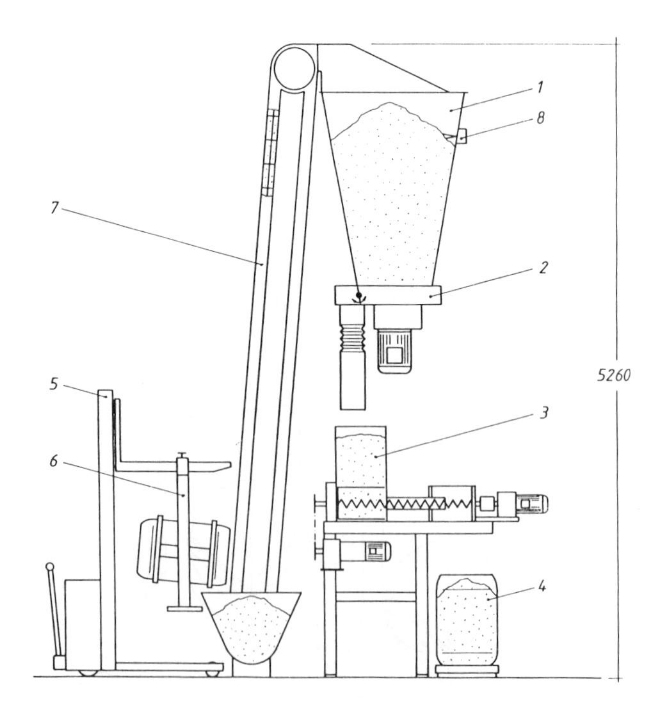

Bild 3: Versuchskreislauf
1Vorratssilo; 2 Rührwerksaustragsapparat; 3 Schneckendosiergerät; 4 Faß; 5 Gabelstapler; 6 Faßhebezeug; 7 Scheibenförderer; 8 Füllstandsgeber

Zur Wirkung der Rührwerke bei kohäsiven Schüttgütern ist bekannt, daß sie mit wachsender Rührerdrehzahl den Schüttgutfluß von totaler Stagnation durch Brückenbildung in Massenfluß überführen. Gutfließende Schüttgüter benötigen dagegen keine Fließhilfen.

In den folgenden Erläuterungen wird behandelt:

- die **phänomenologische Klärung der Einflußgrößen** auf die Rührwirkung;
- die **Ableitung von Auslegungsrichtlinien**.

2. Methodik und Versuchseinrichtungen (Bild 3)

Das Schneckendosiergerät (3) wurde aus einem Silo (1) mit untenliegendem Rührwerksaustragsapparat (2) befüllt, das dosierte Schüttgut in Kunststoffässern (4) aufgefangen und anschließend nach Bedarf mit einem Scheibenförderer (7) zurückgefördert. Dosierstrom und -konstanz wurden mit einer computergestützten Wägeanlage ermittelt.

Das Versuchsgerät zeigte ein Maximum an Flexibilität (Entkoppelung von Rührer- und Schneckenantrieb, stufenlos verstellbar). Es wird hier nur über die Wirkung **geometrisch einfacher Stabrührer** berichtet.

Modular waren konzentrische und obenliegende Rührer (Bild 1 A und B) mit verschiedenen Dosierbehältereinsätzen realisierbar, die zur Beobachtung der Schüttgutbewegungen teiltransparent ausgeführt waren.

Wichtiger Gegenstand der Untersuchungen war die Beobachtung des Schüttgutflusses im Dosierbehälter.

Das Abzugsverhalten längs des Dosiergerätes wurde durch Beobachtungen der Schüttgutoberfläche festgestellt (Bild 4 a und b), wobei Fließstörungen, wie Schlot- und Trichterbildung, protokolliert wurden.

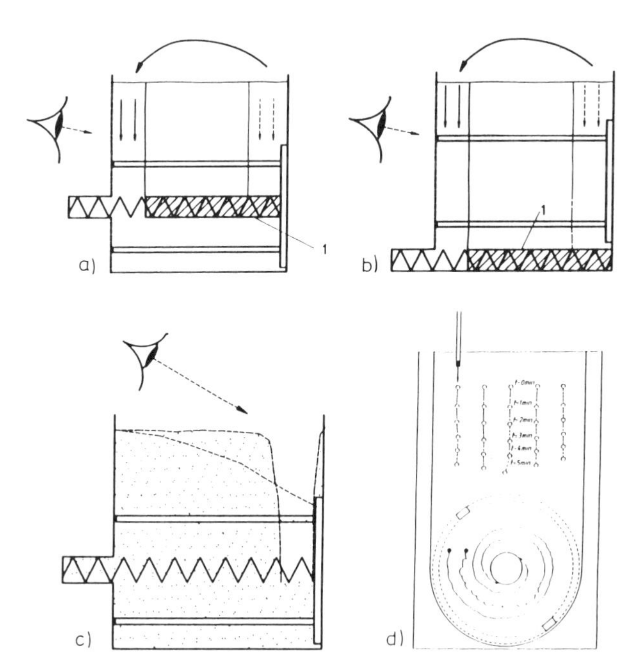

Bild 4: Beobachtung des Schüttgutflusses unter Rührerwirkung: a) Schüttgutoberfläche; b) durch transparente Frontplatte (Tracer)
Einzugszone durch transparente Frontplatte (Teilabdeckung): c) konzentrischer Rührer; d) obenliegender Rührer

Die Beobachtung interner Schüttgutbewegungen erfolgte durch die transparente Frontplatte des Dosierbehälters (Bild 4c und d). Neben dem Nachzeichnen von Rissen, Fließ- und Stagnationsbereichen auf Kunststoff-Folien, erfolgte Videoaufzeichnung der Schüttgutbewegungen im Aufgabebehälter und Rührwirkungskreis über Farbstoff-Tracer.

Große Bedeutung hat der **Schüttgutfluß in der Haupteinzugszone**, die bei Schnecken konstanter Steigung in der Regel bei den hinteren Gängen liegt und beim Versuchsgerät durch die Rührerlagerung verdeckt und damit der Beobachtung entzogen war (Bild 4). Um die Haupteinzugszone zur Beobachtung hinter die transparente Frontplatte zu bringen, wurde die Schnecke von hinten her abgedeckt, wobei knapp zwei Schneckengänge frei blieben, was erfahrungsgemäß der Haupteinzugszone der Schnecke entspricht.

Für die Untersuchungen wurde je ein gut- und ein schlechtfließendes Schüttgut verwendet (Bild 5). Das **schlechtfließende Schüttgut Kalksteinmehl** zeichnet sich durch hohe Verdichtbarkeit und Druckfestigkeit aus. Aufgrund seines ff_C-Wertes von 1,7 gehört Kalksteinmehl zu den schlechtfließenden Schüttgütern.

Das **gutfließende Schüttgut Rauchgasgips** ist nur schwach verdichtbar und mit einem ff_C-Wert von 12 ein freifließendes Schüttgut.

3. Phänomenologie der Rührerwirkung

Die Untersuchungsergebnisse werden zweckmäßig am Beispiel des schlechtfließenden Schüttgutes erklärt. Da das Verhalten von horizontalen obenliegenden und konzentrischen Rührern zum Teil gleich ist, wird die Darstellung hauptsächlich auf das konzentrische Rührwerk konzentriert [9].

Rührerdrehzahl n_R

Betrachtet man den Extremfall $n_R = 0$ (Bild 6a), was dem Betrieb ohne Rührer entspricht, so beobachtet man kurz nach dem Einschalten des Gerätes das Erliegen des Dosierstromes durch Brückenbildung (für Kalksteinmehl: berechnete Brückenspannweite 330 mm, Schneckendurchmesser 48 mm!).

Bereits bei geringer Rührerdrehzahl stellt sich sofort stark zunehmender Schüttgutaustrag ein. Durch weitere Steigerung der Rührerdrehzahl strebt der Dosierstrom einem Grenzwert entgegen, der durch das begrenzte Schneckenaufnahmevolumen und die begrenzte Verdichtbarkeit des Schüttgutes erklärbar ist.

Je höher die Schneckendrehzahl (Abzugsgeschwindigkeit) ist, um so mehr Rührerdrehzahl wird zum Erreichen des Grenzwerts benötigt.

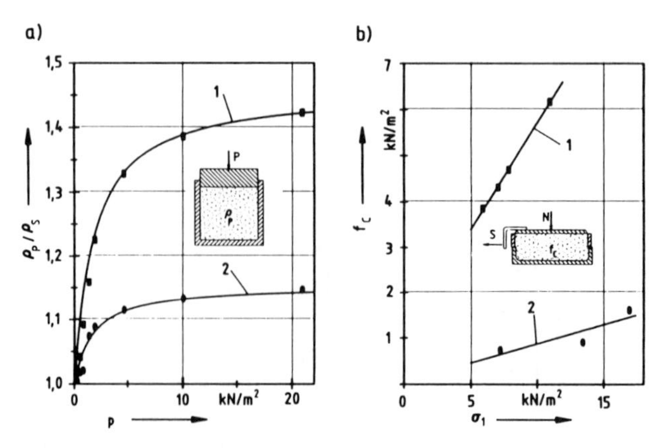

Bild 5: Schüttgutdaten: a) Kompression; b) Druckfestigkeit
1 Kalksteinmehl; 2 Rauchgasgips

Mischsysteme und Mischertypen

Autoren: H.-P. Wilke, R. Buhse, K. Groß
1991, 226 Seiten, mit zahlr. Abb.
DM 98,- / öS 765,- / sFr 98,-
ISBN 3-8027-2160-8

Nach einer gründlichen Einführung in die technischen Grundlagen werden sämtliche Mischsysteme und Mischertypen beschrieben. Bei allen Produkten gibt es gleiche oder sehr ähnlich Hauptmerkmale. Diese dienen als Grundlage für die Beschreibung der Geräte und bieten dem Benutzer des Handbuches eine gute Vergleichsmöglichkeit. Sie sind jeweils auf der einer rechten Buchseite zu finden. Auf der gegenüberliegenden Seite werden bei vielen Mischern weitere Details vermittelt, zum Teil in Form von bildlichen, graphischen oder tabellenhaften Darstellungen. Ein Stichwortverzeichnis hilft dem Anwender bei der Suche nach dem benötigten Teilbereich der Mischtechnik seines Anwendungsfeldes. Ein Glossar sowie Angaben zu weiterführender Literatur sind ebenfalls enthalten.

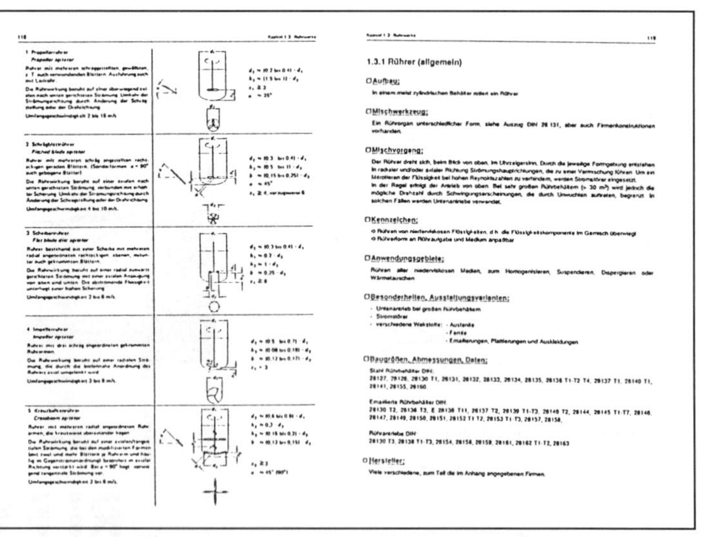
1.3.1 Rührer (allgemein)

Aufbau:

Mischwerkzeug:

Mischvorgang:

Kennzeichen:

Anwendungsgebiete:

Besonderheiten, Ausstattungsvarianten:

Baugrößen, Abmessungen, Daten:

Hersteller:

VULKAN VERLAG Postfach 10 39 62 45039 Essen

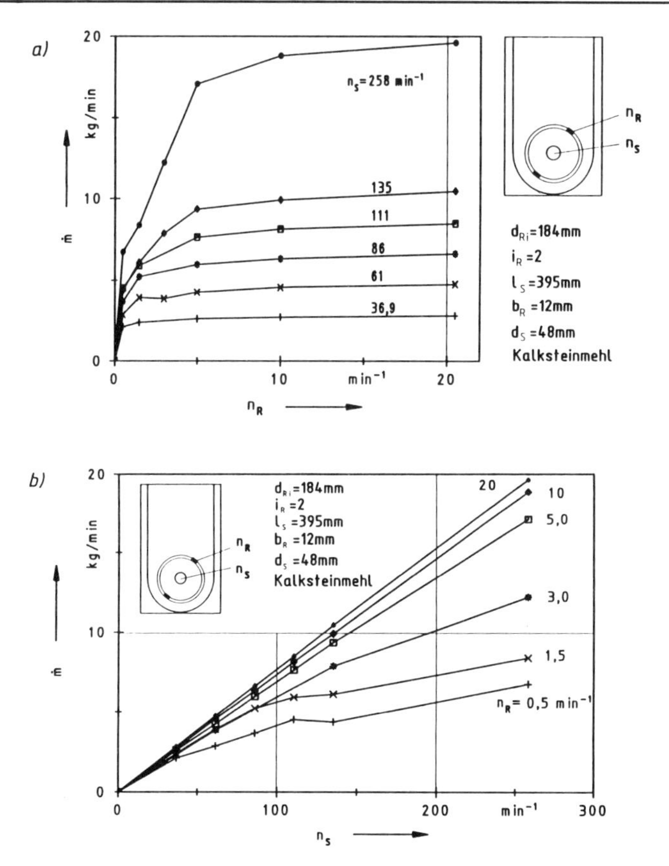

Bild 6: Einfluß von Schnecken- und Rührerdrehzahl auf den Dosierstrom
a) Rührerkennlinien; b) Dosierkennlinien

Die Dosierkennlinien (Bild 6 b) zeigen, daß unterhalb einer bestimmten Rührerdrehzahl die Rührerwirkung nicht ausreicht, um eine dem rein volumetrischen Transport entsprechende lineare Kennlinie zu erhalten.

Schüttgutfluß im Dosierbehälter

Mit Schüttgutflußbeobachtungen findet man, von stillstehendem Rührer ausgehend, mit erhöhter Rührerdrehzahl folgende ineinander übergehende Fließtypen (Bild 7):

- **Brücke über der Schnecke**
- **Instabiler Kernfluß**
- **stabiler Kernfluß**
- **Übergangszustand zwischen Kern- und Massenfluß**
- **Massenfluß**

Ohne Rührerbetrieb wird **Brückenbildung** (Bild 7 b) über der Schnecke beobachtet und übrigens mit gewissen Streuungen auch theoretisch prognostiziert [6, 8]; es wird lediglich das gerade in der Schnecke befindliche Schüttgut ausgetragen.

Bei ganz niedrigen Rührerdrehzahlen stellt sich **instabiler Kernfluß mit interner Lochbildung** (Bild 7 c) ein. Der Schüttgutfluß findet ausschließlich in einer schmalen, nach unten sich **birnenförmig**

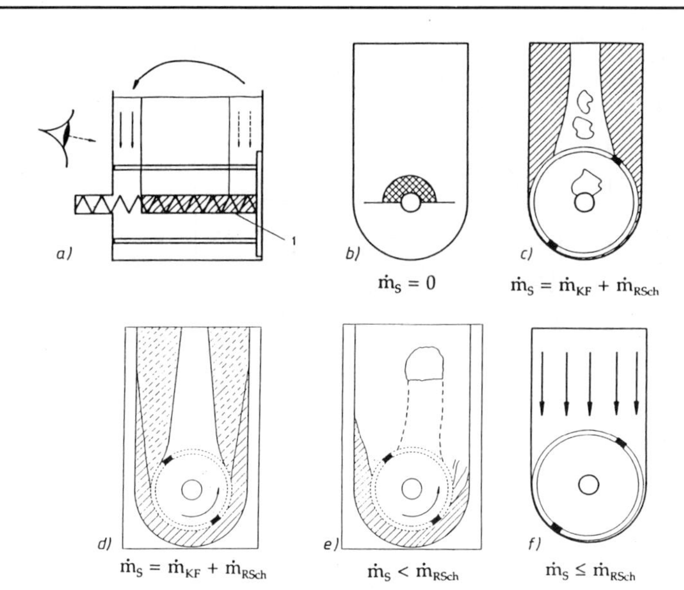

Bild 7: Verschiedene Fließtypen: a) Beobachtungsquerschnitt; b) Brücke über der Schnecke; c) instabiler Kernfluß; d) stabiler Kernfluß; e) Übergangszustand; f) Massenfluß

öffnenden Kernflußzone statt, die etwa in der Behältersymmetrieachse liegt. Schüttgut außerhalb dieses Fließbereiches stagniert. Der Schüttgutfluß selbst ist zeitlich **instationär**: Der Rührer wirft die Brücke über der Schnecke durch seine verdrängende Wirkung ein, es bilden sich oberhalb wieder Brücken, was zu internen Hohlräumen führt. Bei seiner weiteren Bewegung induziert der Rührer fortlaufend Spannungen und Risse, welche Brücken und Hohlräume wieder zum Einsturz bringen, wodurch sich ein „stotternder" Schüttgutfluß schlechter Konstanz ergibt. Dosierdifferentialwaagen können durch solche Einsturzstöße empfindlich gestört werden.

Erhöhung der Rührerdrehzahl führt zu **stabilem Kernfluß** (Bild 7 d); Randbereiche bewegen sich nur wenig. Im Gegensatz zu instabilem Kernfluß ist hier der Schüttgutfluß gleichmäßig und wird nicht durch intermittierende Brückenbildung unterbrochen. Stabiler Kernfluß tritt nur in einem sehr schmalen Band der Rührerdrehzahl auf.

Zwischen Kern- und Massenfluß bildet sich ein **Übergangszustand** (Bild 7 e) aus, der durch einen permanenten und in seiner Lage stabilen Hohlraum gekennzeichnet ist. Darüberliegendes Schüttgut bricht in den Hohlraum nach und fließt unten in einer kernflußähnlichen Fließzone ab. Dennoch ist im gesamten Dosierbehälterquerschnitt Schüttgutbewegung festzustellen. Der Übergangszustand tritt jedoch nur selten auf und besitzt deshalb keine auslegungsrelevante Bedeutung.

Weitere Steigerung der Rührerdrehzahl führt zu **Massenfluß** (Bild 7 f). Das Schüttgut wird über **den kompletten Dosierbehälterquerschnitt aktiviert** und fließt ohne interne Lochbildung zum Rührerwirkungskreis, wird dort erfaßt und innerhalb des **homogen gefüllten Rührerwirkungskerns** durch den Rührer in die Schnecke verdrängt.

Die Geschwindigkeitsverteilung ist teilweise **unsymmetrisch**, wobei Schüttgußfluß bevorzugt an der Seite der Rühreraufwärtsbewegung stattfindet.

Zugängliche Schneckenlänge l_S

Neben der Rührerdrehzahl erweist sich die zugängliche Schneckenlänge als wichtiger Parameter, wobei mit größerer Schneckenlänge höherer Dosierstrom erzielt wird (Bild 8 a). Aus Beobachtungen am transparenten Dosierrohr und an der Schüttgutoberfläche geht hervor, daß größere Schnecken-

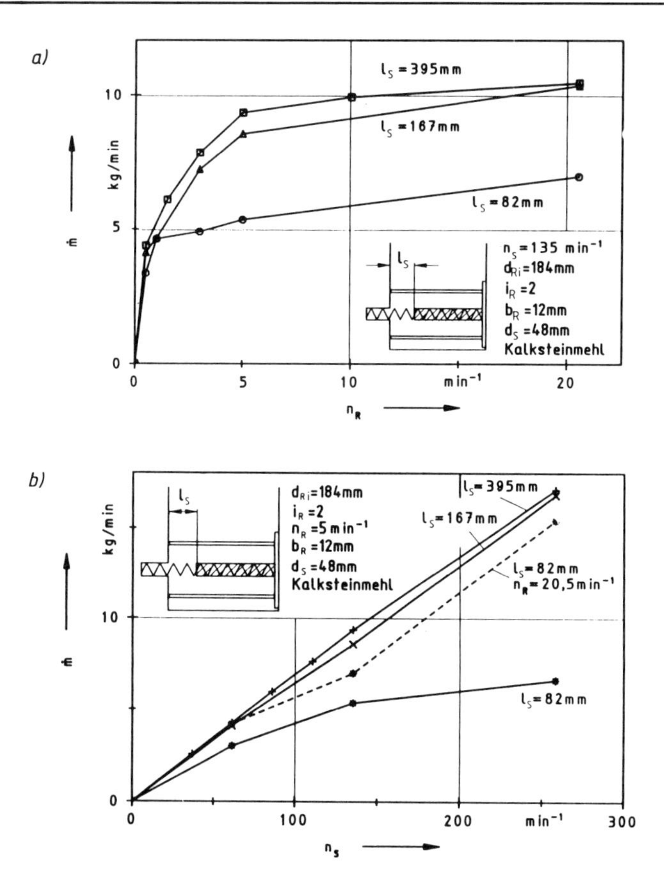

Bild 8: Einfluß der zugänglichen Schneckenlänge auf den Dosierstrom
a) Rührerkennlinien; b) Dosierkennlinien

länge besonders bei niedrigen Rührerdrehzahlen vorteilhaft ist, da dort **Befüllstörungen** in der Haupteinzugszone durch zusätzliche Befüllmöglichkeit wieder ausgeglichen werden.

Folgerichtig wird bei längerer Schnecke bessere Linearität zwischen Stellgröße (Schneckendrehzahl) und Dosierstrom erzielt (Bild 8b).

Beobachtungen der Schüttgutoberfläche zeigen unabhängig von der wirksamen Schneckenlänge bei kleinsten Rührerdrehzahlen im hinteren Bereich **Schlotbildung**. Hiermit werden Erfahrungen bestätigt, wonach sich trotz Rührer die Schnecke bevorzugt in den hinteren 1 bis 2 Gängen befüllt.

Bei höheren Rührerdrehzahlen zeigen Beobachtungen im Rührerwirkungskern (Bild 9), daß bei der längeren wirksamen Schnecke das Schüttgut hinter der Frontplatte zunehmend rotiert und somit kaum noch Befüllung stattfindet. Da aber in diesem Beobachtungsquerschnitt nach wie vor Schüttgut im Dosierbehälter nach unten fließt, entsteht die Schlußfolgerung, daß die Schnecke zwar auch mit Rührer ungleichmäßig (bevorzugt im hinteren Bereich) abzieht, der Rührer jedoch durch interne Umverteilung am Rührerwirkungskreis axial gleichmäßigen Schüttgutabzug herstellt.

Rührergeometrie

Als Geometrieparameter der einfachen Stabrührer wurden Stabanzahl i_R, Blattbreite b_R und Rührerdurchmesser d_{Rw} untersucht.

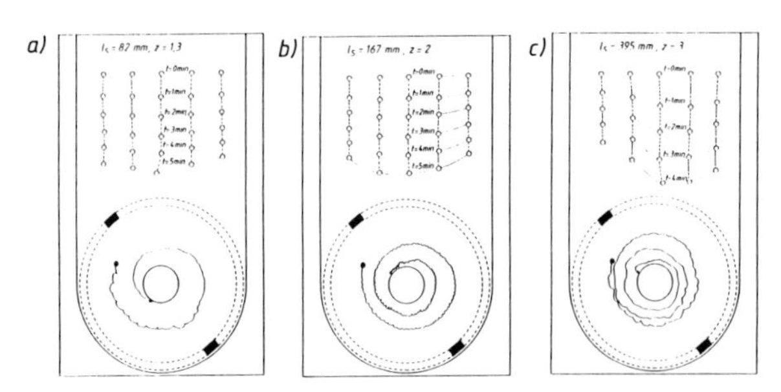

Bild 9: Tracerbeobachtungen hinter der Frontplatte bei verschiedenen Abdeckungslängen: a) l_S = 82 mm; b) l_S = 167 mm; c) l_S = 395 mm

Stabanzahl i_R

Bei allen Schneckendrehzahlen liefert das Rührwerk mit zwei Stäben (Bild 10) den höheren Dosierstrom, wobei die Unterschiede bei kleinen Rührerdrehzahlen besonders stark sind. Ferner werden dort Dosierstrompulsationen mit der Rührerfrequenz beobachtet. Offensichtlich spielt hier die Anzahl der Rührereignisse eine Rolle. Bei höheren Rührerdrehzahlen wird der Einfluß der Stabanzahl geringer.

Analog zur höheren Austragsleistung wird bei größerer Stabanzahl die Mindestrührerdrehzahl für Massenfluß erniedrigt (Tafel 1).

Blattbreite b_R

Die bisherigen Beobachtungen weisen darauf hin, daß die Wirkung des Rührers auf Schüttgutverdrängung beruht. Erwartungsgemäß zeigt ein Rührer mit breiterem Blatt den höheren Dosierstrom (Bild 11). Der große Dosierstrom beim breitesten Rührer im hohen Rührerdrehzahlbereich entsteht, weil die über die Schneckenbefüllung hinaus wirkende Verdrängung in Verdichtung umgesetzt wird.

Da der Rührer mit der größeren Blattbreite auch größere Schüttgutverdrängung bei kleineren Drehzahlen besitzt, wird die Schnecke auch bei kleineren Rührerdrehzahlen schon besser befüllt. Dadurch wird eine zusätzliche Befüllungsmöglichkeit durch Brückeneinstürze verhindert, was zum früheren Einsetzen von Massenfluß beim breiteren Rührer führt (Tafel 1).

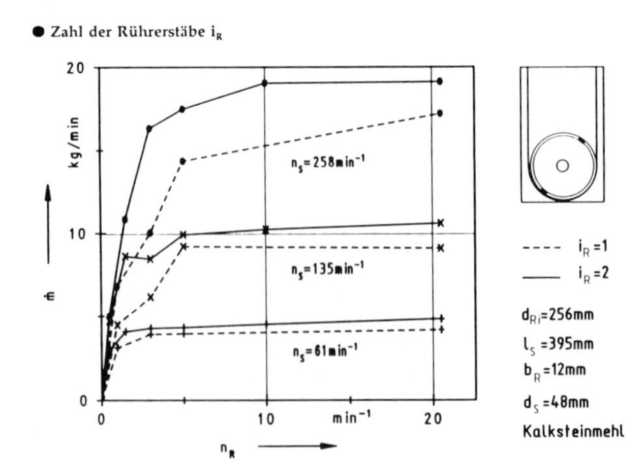

Bild 10: Einfluß der Rührerstabanzahl i_R auf den Dosierstrom

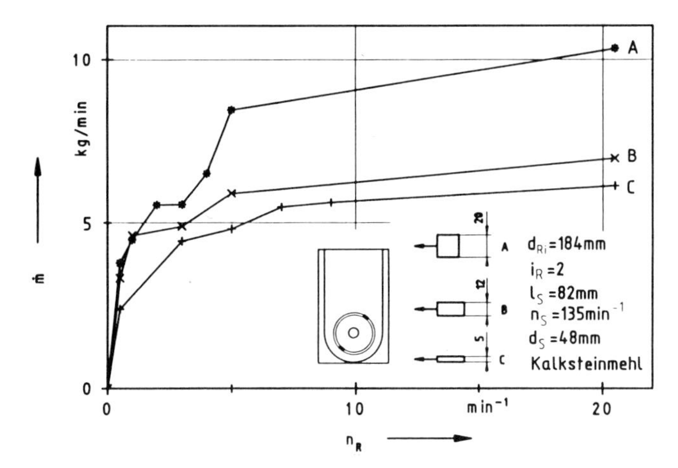

Bild 11: Einfluß der Rührerblattbreite b_R auf den Dosierstrom

Tafel 1: Mindestrührerdrehzahlen zum Erreichen von Massenfluß für verschiedene Stabanzahlen und Blattbreiten

b_R	i_R=1		i_R=2	
	n_S=61min^{-1}	n_S=135min^{-1}	n_S=61min^{-1}	n_S=135min^{-1}
5mm	17	17-21	7	9
12mm	7	9	5	5
20mm	4	5	4	4

Rührerdurchmesser d_{RW}

Der Rührerdurchmesser beeinflußt den Dosierstrom (Bild 12) in dem Sinne, daß größerer Durchmesser vor allem im unteren Drehzahlbereich höhere Austragsleistung bewirkt. Bei niedrigeren Rührerdrehzahlen herrscht nämlich Kernfluß, die Schnecke ist primär unterversorgt und wird im wesentlichen durch die brückeneinwerfende Wirkung des Rührers befüllt. Die Wirkung des größeren Rührers entsteht durch stärker aktivierte Randbereiche, wodurch dort mehr Schüttgut abgezogen wird, was wiederum zur Instabilität von Brücken führt. Weiter nimmt die volumetrische Rührerverdrängung mit größerem Durchmesser zu.

Dadurch wird beim Rührer mit größerem Durchmesser Massenfluß bei niedrigerer Rührerdrehzahl erzielt (Tafel 2).

Dosierkonstanz

Als Maß für die Streuung des Dosierstromes während einer bestimmten Zeitbasis wird der Variationskoeffizient mit einer bestimmten Zeitbasis ermittelt.

Mit zunehmender Rührerwirkung (Rührerdrehzahl) verbessert sich erwartungsgemäß die Dosierkonstanz (Bild 13). Es ist ein deutlicher Zusammenhang mit den Fließtypen zu erkennen. Eine extrem schlechte Dosierstromkonstanz herrscht beim instabilen Kernfluß, da die Schnecke schwankend befüllt wird. Beste Dosierkonstanz bewirkt dagegen Massenfluß. Die Feststellungen treffen prinzipiell bei allen Schneckenlängen zu; längere Schnecke führt aber generell zu besserer Dosierkonstanz.

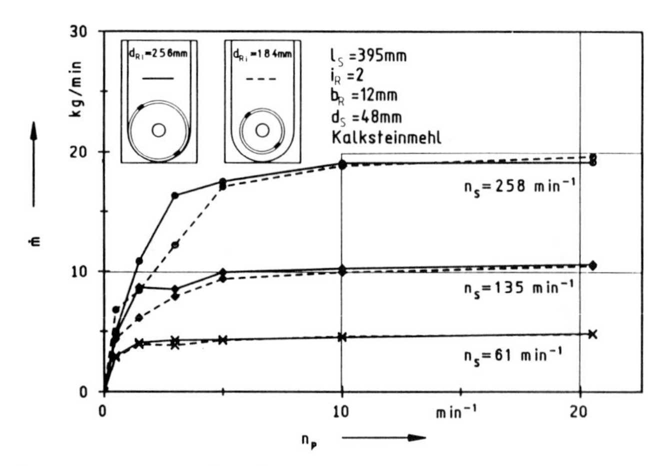

Bild 12: Einfluß des Rührerdurchmessers auf den Dosierstrom

Tafel 2: Mindestrührerdrehzahlen für Massenfluß bei unterschiedlichen Durchmessern (b_R = 12 mm, i_R = 2)

	n_S=61min⁻¹	n_S=135min⁻¹	n_S=258min⁻¹
d_{Ri}=184mm	5	5	5
d_{Ri}=256mm	2	5	3

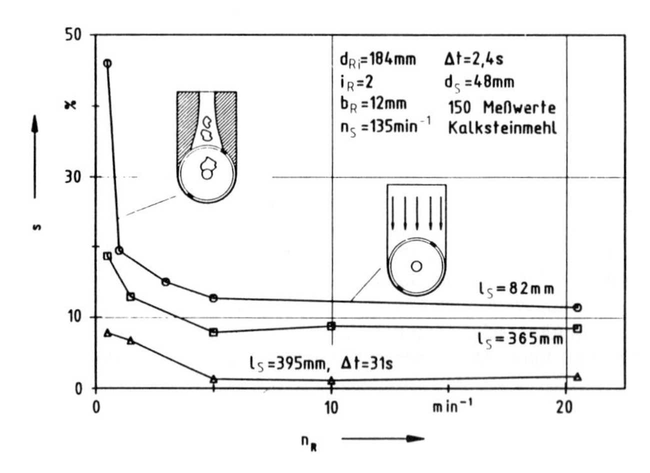

Bild 13: Einfluß von Rührerdrehzahl/Schneckenlänge und Fließprofil auf die Dosierkonstanz

4. Modellvorstellungen

Aus den Untersuchungen folgen Modellvorstellungen und Auslegungsvorschriften für horizontale (konzentrische bzw. obenliegende) Rührwerke in Schneckendosiergeräten. Die experimentellen Beobachtungen ergeben als Voraussetzung für gute Dosierungskonstanz ungestörten Schüttgutfluß im Dosierbehälter und möglichst vollgefüllte Schnecke. Die Vermeidung von Abwurfpulsationen als weitere Voraussetzung wird hier nicht weiter betrachtet, muß aber durch die Gestaltung des Schneckenabwurfs erzielt werden. Von den drei auslegungsrelevanten Fließmustern ist eigentlich allein Massenfluß anzustreben (Bild 7f).

Bei Kernfluß setzt sich der ausgetragene Dosierstrom $\dot{m}_S$ aus dem Zustrom im Kernflußbereich $\dot{m}_{KF}$ (unter Brückeneinstürzen und Gravitationswirkung) und dem aktiven Schüttguttransport des Rührers $\dot{m}_{R,Sch}$ zusammen.

Bei Massenfluß wird die Schnecke allein durch den aktiven Schüttguttransport des Rührers befüllt, wodurch zusätzlicher Zustrom durch Kernfluß unterbunden wird. Durch zu geringe Wandabstützung und Aktivierung des gesamten Querschnittes bewegt sich das Schüttgut im Block zum Rührer und wird dort „abgefräst“.

Auslegung für Massenfluß

Beobachtungen haben gezeigt, daß beim Eintreten von Massenfluß die Schnecke mit lockerem Schüttgut mit Schüttdichte ϱ_{Sch} ziemlich gefüllt ist, was zu folgender Modellvorstellung führt: Der aktive Schüttguttransport des konzentrischen Rührers an seiner oberen Halbschale (Schnittstelle zum Dosierbehälter) muß bei Massenfluß der Austragsleistung der Schnecke bei Schüttdichtebedingungen entsprechen[2]).

Da Massenfluß schon in der Haupteinzugszone vorliegen soll, muß der Rührer bereits in diesem kurzen Abschnitt genügend Schüttgut transportieren, um die Schnecke zu füllen (Bild 14a, rechts oben). Die relevante Wirklänge des Rührers ist also durch die Länge der Haupteinzugszone der Schnecke l_e vorgegeben, die mit 2 Schneckengängen abgeschätzt wird. Der Schüttguttransport durch Rührerverdrängung ergibt sich nach den experimentellen Ergebnissen approximativ nach Gl. (1). Der Massenstrom $\dot{m}_{S,\varrho Sch}$ bei gerade gefüllter Schnecke ergibt sich aus axialer Transportgeschwindigkeit v_{ax}, Verdrängungsquerschnitt A_{fw} und Schüttdichte ϱ_p nach Gl. (2) [6].

$$\dot{m}_{R,Sch} = \frac{1}{2} (d_{Ra}^2 - d_{Ri}^2) \frac{\pi}{4} i_R l_e n_R \varrho_p \tag{1}$$

$$\dot{m}_{S,\varrho Sch} = v_{ax} A_{fw} \varrho_{Sch} \tag{2}$$

Mit $\dot{m}_{S,\varrho Sch} = \dot{m}_{R,Sch}$ bei Einsetzen von Massenfluß ergibt sich die erforderliche Mindestrührerdrehzahl $n_{R,MF}$.

$$n_{R,MF} = \frac{2\, v_{ax} A_{fw} \varrho_{Sch}}{(d_{Ra}^2 - d_{Ri}^2) \frac{\pi}{4} i_R l_e \varrho_p} \tag{3}$$

Beim obenliegenden Rührer (Bild 1 b) ist $\dot{m}_{R,Sch}$ ebenfalls nach Gl. (1) zu bestimmen, weil kein Unterschied bezüglich der Schnittstelle zum Dosierbehälter besteht.

Das Modell wurde für beide Rührerkonfigurationen mit experimentellen Werten verglichen. Aus Betriebszuständen, bei denen gerade Massenfluß eingetreten ist, ergeben sich zugehörige Parameterkollektive und Mindestrührerdrehzahlen. Für diese Einstellungen wurden über Rührerverdrängung und Dosierstrom der Schnecke bei Schüttdichte die theoretischen Mindestrührerdrehzahlen nach dem Modell ermittelt.

Bild 14 zeigt für eine große Zahl Betriebszustände am Verhältnis aus experimentell und rechnerisch nach dem Modell ermitelter Mindestrührerdrehzahl, daß die Modellvorstellung zur Rührerauslegung für Massenfluß als eine konservative Voraussage geeignet ist.

Auslegung für volle Schnecke

Es gibt Anwendungsfälle, die nicht unbedingt Massenfluß fordern. Für zufriedenstellende Dosierkonstanz sollte aber die Schnecke im Dosierbehälter voll gefüllt werden. Das hierfür vorgeschlagene Modell unterscheidet sich vom Massenflußmodell im Prinzip nur durch den Abgrenzungsort. Während beim Massenflußmodell der Abgrenzungsort die Einzugszone (die hinteren zwei Schneckengänge) ist,

[2]) s. Kap. 3.2 dieses Buches

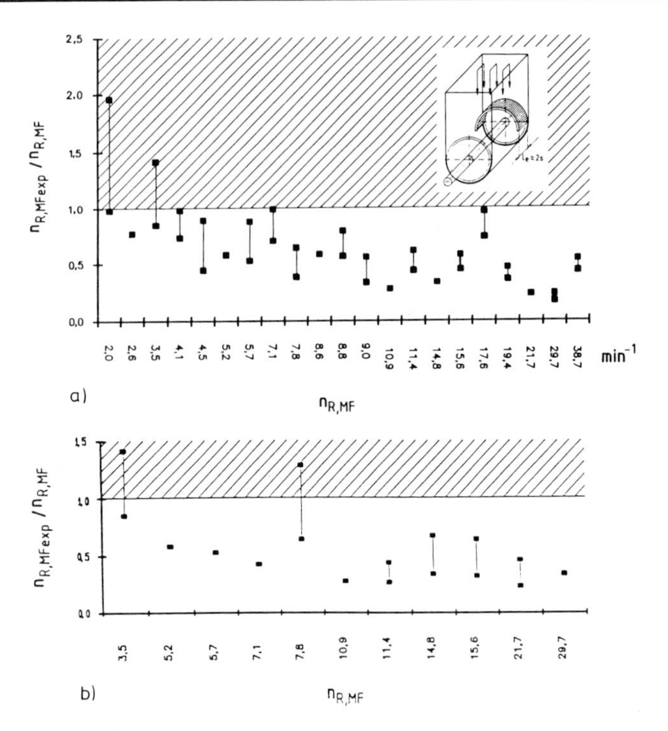

Bild 14: Modellverifizierung zur Rührerauslegung für Massenfluß
a) horizontaler konzentrischer Rührer
oben rechts: Schüttguteintrag durch den Rührer
b) horizontaler obenliegender Rührer

liegt dieser beim Modell für volle Schnecke erst am Eintritt der Schnecke ins Dosierrohr. Das Kriterium für volle Strecke, das längs der Schnecke vom Massenfluß abweichende Fließmuster zuläßt, liefert in der Regel niedrigere Rührerdrehzahl n_R[2]).

Zusatzbedingung bei obenliegendem Rührer gegen Pulsation

Der obenliegende Rührer befüllt die Schnecke pulsierend. Um Dosierstrompulsationen zu unterbinden, muß zusätzlich zur volumetrischen Rührerverdrängung eine bestimmte zeitliche Wirkbilanz herrschen (Bild 15):

- Befindet sich ein Rührerblatt in der aktiven Wirkzone (Winkelbereich γ), wird die Schnecke auf ihrer ganzen Länge während der aktiven Wirkzeit $t_{R,a}$ befüllt (Bild 15a).
- Verläßt der Rührer die aktive Wirkzone, so tritt er in die passive Wirkzone ein (Bild 15b) und weitere Schneckenbefüllung unterbleibt durch Brückenbildung. Die Schnecke entleert sich jedoch in der passiven Wirkzeit $t_{R,p}$ mit axialer Transportgeschwindigkeit v_{ax}.
- Ist die Schnecke im Dosierbehälter leergelaufen bevor ein Rührerstab wieder in die aktive Wirkzone eingetreten ist ($t_{R,p} > t_{S,l}$), entsteht Dosierstrompulsation (Bild 15c).

Zur Verhinderung von Pulsationen muß also die aktive Rührerzeit $t_{R,a}$ größer als die Schneckenleerlaufzeit $t_{S,l}$ sein. Beobachtungen haben gezeigt, daß der Rührer im Bereich von $\gamma = \pi/2$ seine volle Wirkung zeigt, womit sich ein Kriterium für die Mindestrührerdrehzahl gegen Pulsation ergibt:

---

[2]) s. Kap. 3.2 dieses Buches

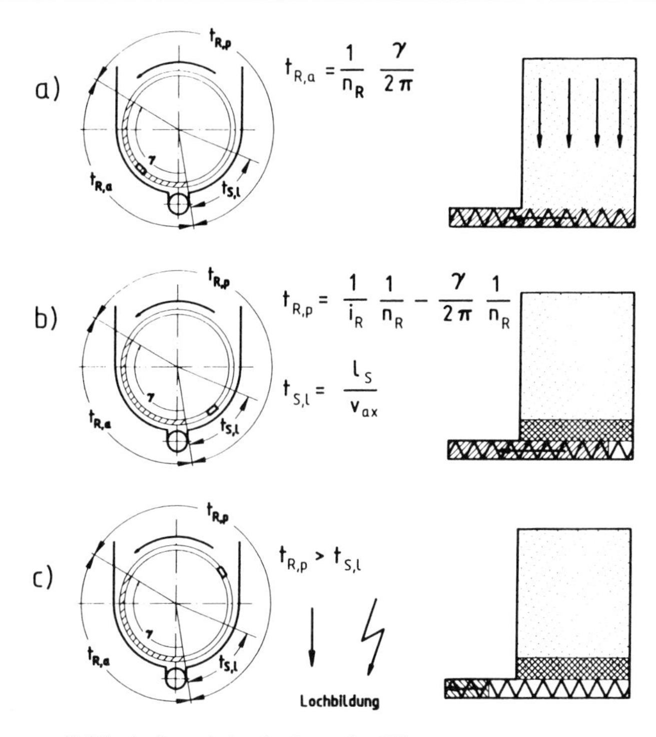

Bild 15: Entstehung von Befüllpulsationen beim obenliegenden Rührer

$$n_{R,Puls} \geq \frac{\upsilon_{ax}}{l_S}\left(\frac{1}{i_R} - \frac{1}{4}\right) \tag{4}$$

Das Kriterium hat nur Bedeutung für $i_R < 4$; bei $i_R \geq 4$ ergeben sich entweder $n_R = 0$ oder negative, also nicht relevante, Rührerdrehzahlen.

5. Symbolverzeichnis

Symbol	Bedeutung	Einheit
A_{Sch}	Schneckenförderquerschnitt	m^2
A_{fw}	wirksamer Transportquerschnitt	m^2
b_R	Rührerblattbreite	m
d_B	Brückenspannweite	m
d_{Rw}	Rührerdurchmesser	m
d_{Ra}	Rühreraußendurchmesser	m
d_{Ri}	Rührerinnendurchmesser	m
d_S	Schneckendurchmesser	m
f_C	Druckfestigkeit	kN/m^2
ff_C	Fließfaktor	–
g	Gravitationskonstante	m/s^2
i_R	Rührerarmanzahl	–
l_S	zugängliche Schneckenlänge	m
l_e	Länge der Einzugszone	m
$\dot{m}$, $\dot{m}_D$	Dosierstrom	kg/min

$\dot{m}_{exp}$	experimenteller Dosierstrom	kg/min
$\dot{m}_{KF}$	Dosierstrombeitrag aus Kernfluß	kg/min
$\dot{m}_{R,vol}$	volumetrischer Rührermassenstrom	kg/min
$\dot{m}_{R,Sch}$	Rührermassenstrom an der Schnittstelle zum Rührerwirkkreis	kg/min
$\dot{m}_S$	Schneckenmassenstrom	kg/min
$\dot{m}_{S,\varrho Sch}$	Dosierstrom bei gerade voll gefüllter Schnecke	kg/min
n	Drehzahl	min^{-1}
n_R	Rührerdrehzahl	min^{-1}
$n_{R,krit}$	kritische Rührerdrehzahl	min^{-1}
$n_{R,puls}$	Mindestrührerdrehzahl gegen Dosierstrompulsation bei obenliegendem Rührer	min^{-1}
$n_{R,\eta V,\varrho Sch=1}$	Mindestrührerdrehzahl für voll gefüllte Schnecke	min^{-1}
$n_{R,MF}$	Mindestrührerdrehzahl für Massenfluß	min^{-1}
$n_{R,MF,exp}$	Experimentelle Mindestrührerdrehzahl für Massenfluß	min^{-1}
n_S	Schneckendrehzahl	min^{-1}
s	Ganghöhe	m
t	Zeit	s
$t_{R,a}$	aktive Wirkzeit	min
$t_{R,p}$	passive Wirkzeit	min
$t_{S,l}$	Schneckenleerlaufzeit	min
v_{ax}	axiale Transportgeschwindigkeit	m/min
γ	Winkel der aktiven Rührerzuförderung	–
Δt	Zeitbasis	min
ϱ	Dichte	kg/m^3
ϱ_{Sch}	Schüttdichte	kg/m^3
ϱ_r	reale Dichte	kg/m^3
η_v	volumetrischer Wirkungsgrad	–
ε	Füllgrad	–
ϱp	Dichte unter Druck ϱ	kg/m^3

Schrifttum

[1] Vetter, G.: Dosieren von festen und fluiden Stoffen. Chem. Ing. Tech. 57 (1985) 5, S. 395.
[2] Vetter, G.: Systematik und Dosiergenauigkeit der Dosierverfahren für Stoffkomponenten. Wägen + Dosieren Nr. 6/1990, S. 7–19, Nr. 1/1991, S. 2–13.
[3] Vetter, G., Wolfschaffner, H.: Entwicklungslinien der Schüttgutdosiertechnik. Chem. Ing. Tech. 62 (1990) 9, S. 695.
[4] Vetter, G., Wolfschaffner, H.: Zur schüttgutmechanischen Auslegung von Dosier-Differentialwaagen, Vortrag beim Jahrestreffen der Verfahrensingenieure, Köln, September 1991.
[5] Vetter, G., Fritsch, D., Wolfschaffner, H.: Schüttgutmechanische Gesichtspunkte bei der Auslegung von Schneckendosiergeräten. Chem. Ing. Tech. 62 (1990) 3, S. 224.
[6] Vetter, G., Fritsch, D.: Zum Einfluß der Zulaufbedingungen von Schneckendosierern auf Dosierstromschwankungen. Chem. Ing. Tech. 58 (1986) 4, S. 685.
[7] Molerus, O.: Schüttgutmechanik, Springer-Verlag, Berlin 1985.
[8] Fritsch, D.: Zum Verhalten volumetrischer Schneckendosiergeräte für Schüttgüter. Dissertation Universität Erlangen-Nürnberg 1988.
[9] Wolfschaffner, H.: Zur Wirkung von Rührwerken auf den Schüttgutfluß in Schneckendosiergeräten. Dissertation Universität Erlangen-Nürnberg 1992.

Dosierungen für die Kunststoffcompoundierung und Rahmenbedingungen für gravimetrische Dosiersysteme

Von M. SANDER[1])

1. Einleitung

Immer mehr wird in der Kunststoff-Compoundierung Wert auf fexible Anlagen und hohe Qualität der unterschiedlichen Endprodukte gelegt. Der Auswahl des Extruders oder Kneters wird sehr viel Zeit gewidmet. Die „notwendige" Dosierung wird erst nach der Entscheidung für „die Maschine" beschafft.

Die vorliegende Abhandlung soll dem Anlagenplaner als Hilfe zur Auswahl und Aufstellungsplanung der Dosierung dienen, um einen Automatisierungsprozeß so optimal wie möglich zu gestalten. Die beste Extrusionsanlage kann nicht in der gewünschten Qualität produzieren, wenn die Dosieranlage funktionsuntüchtig ist.

Die Ausführungen gelten selbstverständlich nicht nur für die Kunststoff-Industrie, sondern auch für alle anderen Industriebereiche, in denen Dosierwaagen eingesetzt werden.

[1]) Dipl.-Ing. M. Sander, Brabender Technologie, Duisburg

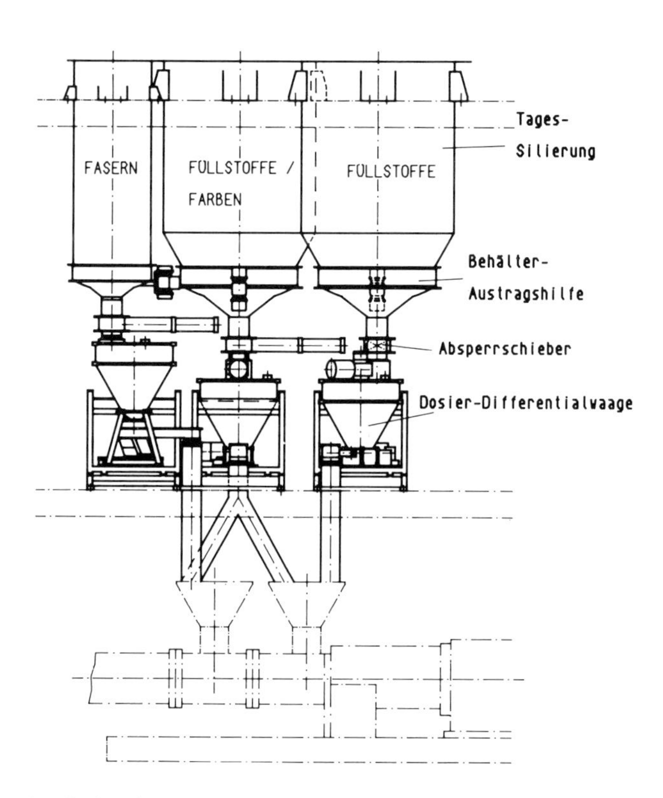

Bild 1: Seitenansicht einer Dosieranlage

2. Dosierungen für die Kunststoff-Compoundierung

2.1 Generelles Anforderungsprofil

Eine typische Kunststoff-Compoundieranlage besteht aus 3–8 Dosierstationen, die sich wie folgt beschreiben lassen:

Polymer, z. B. PP, PE, HDPE, LDPE, ABS
Polymer oder Rubber, z. B. EPDM, EVA oder PP, PE
Füllstoffe, z. B. Talkum, Kreide, Calciumcarbonat
Füllstoffe
Additive, z. B. Flammschutzmittel, Hitzestabilisatoren
Farbpigmente, z. B. TiO_2, Eisenoxid, Ruß
Glas- oder Kohlefaser
Flüssigkeiten, z.B. Peroxid, Silan, Öl

Bild 1 zeigt einen Ausschnitt aus einer Compoundieranlage mit drei Dosierungen (Additive, Füllstoffe und Glasfaser). Es ist zu erkennen, wie beengt die Platzverhältnisse für eine solche Anlage sein können. Werden aufgrund der Produktion von Spezialcompounds die Durchsatzleistungen der Extrusionsanlagen geringer, so verschlechtern sich die Platzverhältnisse für die Dosierungen um so mehr. Dies bringt erhebliche Probleme bei einer Prozeßautomatisierung mit sich.

Aufgrund der kleineren Produktionslose wird eine Minimierung der Produktumstellungszeiten (Reinigungs- und Anpaßzeiten) immer wichtiger. Um hierfür optimale Dosiersysteme anbieten zu können, wurden die traditionellen Dosier-Differentialwaagen weiterentwickelt. Die neuen modular aufgebauten Dosier-Differentialwaagen erfüllen das veränderte Anforderungsprofil; daher wird im nachfolgenden ausschließlich diese Technik diskutiert. Die modular aufgebauten Dosier-Differentialwaagen werden ausschließlich in der hängenden Bauform angeboten. Diese Bauform bietet als Vorteile leichte Zugänglichkeit der wägetechnischen Elemente und Selbststabilisierung bei Störeinflüssen von außen. Nachteilig ist die je nach Hersteller begrenzte Zugänglichkeit zum Dosiergerät.

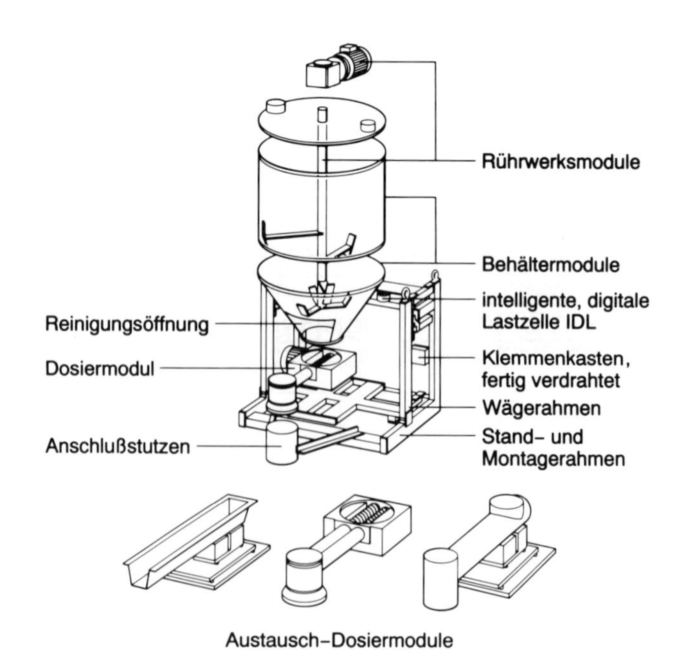

Bild 2: Beispiel für eine Dosier-Differentialwaage in modularer Bauform

Innerhalb der hängenden Bauform wird wiederum zwischen den Vollastwägesystemen und den Hybrid oder auch tarakompensierten Systemen unterschieden. Bei den Vollastsystemen wird der Wägebehälter, an den das Dosiermodul angeflanscht wird, direkt auf drei Wägezellen montiert. Dementsprechend wird sowohl das Gewicht des gesamten Dosiergerätes als auch das des zu dosierenden Produktes verwogen. Bei den tarakompensierten Wägesystemen wird das Dosiergerät auf einen Wägerahmen aufgebaut, der wiederum über ein System von Lenkern an einem Standrahmen, der zur Aufnahme der Wägezelle dient, befestigt ist. Mittels des Lenkersystems wird die Taralast kompensiert; es wird nur das Produkt, das sich im Wägebehälter befindet, verwogen.

Ein wesentlicher Vorteil ist allen modular aufgebauten Dosier-Differentialwaagen gemeinsam: die Verfügbarkeit der verschiedensten Dosiermodule, wie

- Dosier-Vibrationsrohre
- Dosier-Schnecken
- Dosier-Doppelschnecken
- Dosier-Vibrationströge.

Als Wägezellen werden sowohl DMS-Wägezellen als auch digitale Schwingsaitenzellen eingesetzt.

Der Lieferumfang einer Dosier-Differentialwaage ist herstellerspezifisch, sollte jedoch die folgenden Positionen mit enthalten:

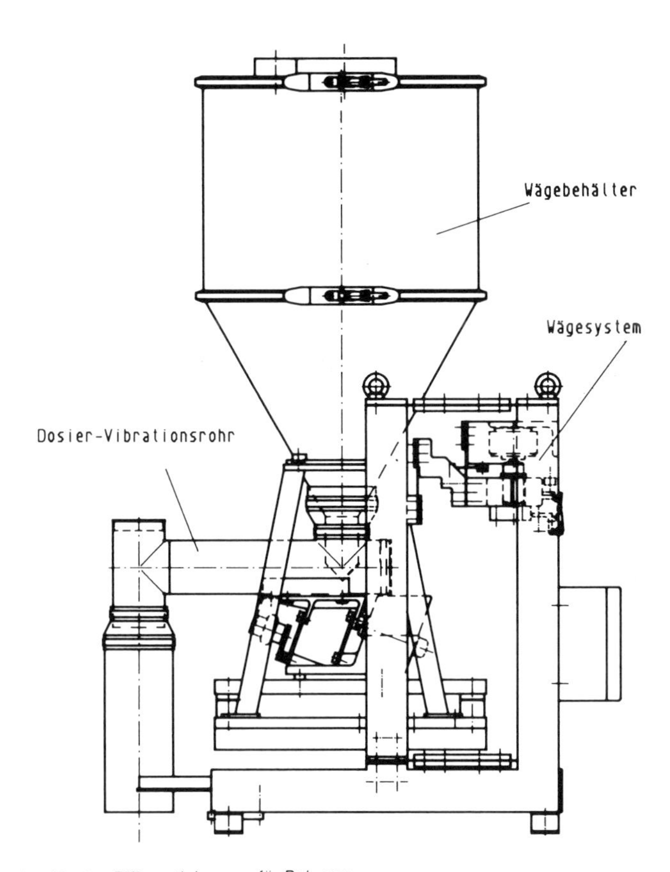

Bild 3: Beispiel einer Dosier-Differentialwaage für Polymer

- einen Unterstützungs- oder Standrahmen
- den vertikalen Auslauf
- den Festpunkt am vertikalen Auslauf
- die interne Verkabelung
- die Montage des Dosiergerätes in das Wägesystem.

Dieser Lieferumfang vereinfacht sowohl die Montage als auch die Inbetriebsetzung der Dosierwaage, was wiederum zu geringeren Kosten der Gesamtanlage und damit zu einer Verbesserung der Rentabilität der Investition führt.

2.2 Polymerdosierung

Die Polymerdosierung stellt an die Dosierwaage die geringste Anforderung. Die meisten Polymere (PP, PE, LDPE, MDPE) können als freifließende Pulver oder Granulate gekennzeichnet werden. Produktwechsel treten selten auf; besondere Anforderungen an die Reinigung werden nicht gestellt. Als Dosierorgane können sowohl Dosiervibrationsrohre oder -rinnen als auch Dosierschnecken eingesetzt werden. Die Auswahl des Dosierorganes ist herstellerspezifisch.

Aufgrund der guten Fließeigenschaften der Polymere können die Dosierwaagen häufiger befüllt werden. Werden die Nachfülleinrichtungen korrekt dimensioniert, so können Befüllzyklen von 30–40/h realisiert werden.

2.3 Füllstoff-, Additiv- und Farbstoffdosierung

Die Dosierwaagen für diese Produkte sind durch hohe Flexibilität und optimale Reinigungsausführung gekennzeichnet. Aufgrund der unterschiedlichsten Fließeigenschaften der Produkte (von schießend bis brückenbildend) müssen die Dosierwerkzeuge (die Dosierschnecken) häufig gewechselt werden. Werden über eine Dosierstation zusätzlich wechselweise Füllstoffe oder Farbpigmente dosiert, so kann ein Umbau von Einzelschnecken- auf Doppelschneckendosierer notwendig werden.

Bild 4: Beispiel einer Dosier-Differentialwaage für schwerfließende Produkte

Bedingt durch die beengten Platzverhältnisse in den meisten Compoundieranlagen ist die Zugänglichkeit zur Dosierwaage eingeschränkt. Werden die einzelnen Dosierungen nicht verschiebbar oder drehbar angeordnet, so ist eine schnelle Reinigung oder ein schneller Umbau nicht möglich. Die in Bild 4 beispielhaft gezeigte Dosierwaage zeigt einen von vielen möglichen Lösungsansätzen für die Reinigung und den Umbau des Dosiermodules. Für die Trockenreinigung wird die Reinigungsöffnung verwendet. Ein Staubsauger kann problemlos angesetzt werden. Werden Farbpigmente dosiert und muß die Dosierwaage naß gereinigt werden, so kann die gezeigte Ausführung (Hub-, Schwenkvorrichtung) den Ausbau der einzelnen zu reinigenden Module erleichtern. Je nach Hersteller können die Antriebsmotoren im Wägesystem verbleiben oder werden mit abgebaut.

Optimal kurze Reinigungszeiten und eine optimale Reinigung vereinfachen den automatischen Betrieb einer Dosier- und damit einer Extrusion- oder Mischanlage.

2.4 Glas- oder Kohlefaserdosierung

Werden im Compoundierprozeß Glasfasern dosiert, so wird inzwischen in vielen Fällen Schnittglasfaser verwendet. Da die unterschiedlichsten Fasersorten erhältlich sind, ist es sinnvoll die minimalen Anforderungen an diese zu definieren, bevor die Dosierwaagen besprochen werden. Eine gut dosierbare Glasfaser muß eine max. Länge von 6–8 mm haben, eine gute Oberflächengüte (Schlichte) aufweisen, durch eine entsprechende Bearbeitung eine gute Härte aufweisen und gut gebündelt sein.

Diese Kriterien sind nicht nur für die Dosierwaagen, sondern auch für den Betrieb des Extruders wichtig, um einen Einzug der Faser in den Extruder zu gewährleisten.

Dosierwaagen für Glas- oder Kohlenstoffasern zeichnen sich durch einige Konstruktionsmerkmale aus. So werden meist Dosier-Vibrationströge als Dosierwerkzeuge eingesetzt. Die Wägebehälter besitzen vielfach einen Entlastungskegel oder sind so gebaut, daß der Auslauf des Behälters von der Produktsäule entlastet ist. Dies ist notwendig, da sowohl Glas- als auch Kohlenstoffasern zum Verschachteln unter dem Druck der Materialsäule neigen. Zusätzlich zu diesen Maßnahmen

Bild 5: Beispiel für die flexible, modulare Reinigungs-Dosier-Differentialwaage

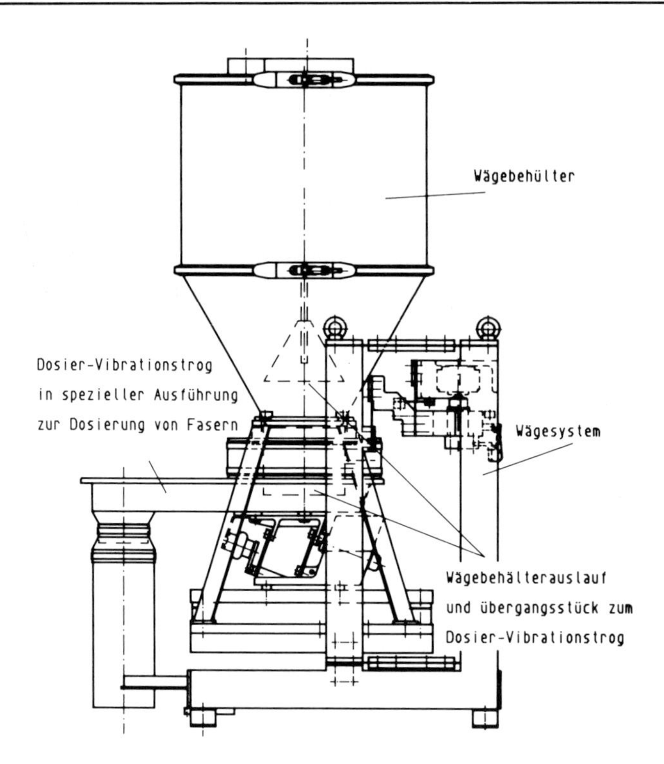

Bild 6: Beispiel einer Dosier-Differentialwaage für Fasern

werden die Übergangsstücke zum Vibrationstrog speziell ausgeformt. Hier sind verschiedene Lösungen zu finden, die jedoch alle dazu dienen sollen, die Fasern so zu beschleunigen, daß in diesem sehr begrenzten Bereich keinerlei Materialstauungen auftreten. Bei den Dosierwerkzeugen selbst haben sich im wesentlichen zwei Varianten durchgesetzt:

- Dosier-Vibrationstrog ohne mechanische Einbauten (1)
- Dosier-Vibrationstrog mit mechanischen Einbauten (2).

Bei der Variante (1) wird der Vibrationstrog relativ lang ausgeführt, um ein Ausrichten und Vergleichmäßigen der Fasern in der Dosierstrecke zu erreichen. Bei Variante (2) wird dies mittels der Faserrechen erreicht. Inwieweit sich ein Aufspleißen der Faser durch Variante (1) oder (2) ergibt, muß immer wieder in Dosierversuchen getestet werden.

Die Grenzen der Dosierung liegen heute bei ca. 1 kg/h im unteren Leistungsbereich und bei ca. 1000 kg/h als maximale Leistung, wobei die maximale Leistung nicht durch das Dosiergerät, sondern durch fehlende Nachfülleinrichtungen für die Dosierwaagen bestimmt wird. Bei größeren Leistungen wird eine Dosierbandwaage mit Dosierrinne als Aufgabegerät eingesetzt.

2.5 Flüssigkeitsdosierung

Vielfach wird in Compoundierprozessen zu den Feststoffen eine Flüssigkeit, z. B. Peroxid oder Öl in den Extruder eindosiert. Hierbei wird in den seltensten Fällen eine Dosier-Differentialwaage eingesetzt. Die Gründe hierfür sind ausschließlich auf der Kostenseite zu finden. Vielfach wird entweder rein volumetrisch dosiert oder es werden Massendurchfluß-Meßgeräte eingesetzt. Die Vor- und Nachteile dieser Techniken sollen im nachfolgenden diskutiert werden.

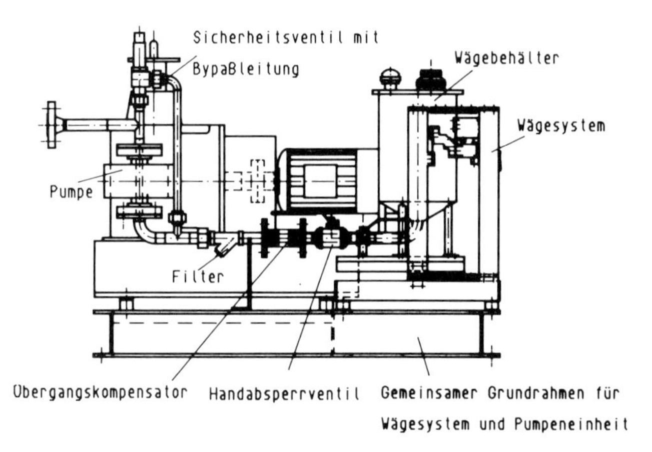

Bild 7: Beispiel einer Dosier-Differentialwaage für Flüssigkeiten

Rein Volumetrisch arbeitende Pumpen weisen systembedingte Fehler auf, wobei diese je nach Pumpentyp – oszillierende Pumpen (Kolben-, Membranpumpen) und rotierende Verdrängerpumpen (Zahnradpumpen) – zu unterscheiden sind. Diese sind bei

1. oszillierenden Pumpen
   - Eintrittsverluste
   - Kompressibilitätsverluste
   - geringe Leckverlustean Kolben und Ventilen
   - Elastizitätsverluste der Flüssigkeiten
   - Druckänderungen am Austritt;
2. rotierenden Pumpen
   - innere Spaltverluste (groß bei außengelagerten Zahnradpumpen)
   - ungleiches Verdrängervolumen
   - Verluste durch Verschleiß (erhöht ebenfalls die Spaltverluste)
   - höhere Kavitationsverluste.

Zu diesen Fehlern addieren sich bei beiden Pumpenarten noch die Fehler, die durch die Dichteänderung der Flüssigkeiten entstehen (Druck, Temperatur, Viskosität etc.). Durch diese Einflüsse ist – gleich welche Pumpe gewählt wird – die Dosiergenauigkeit bei Langzeitmessungen nicht zufriedenstellend. Der Anwender wird diese Dosiersysteme permanent neu abgleichen müssen. Bei toxischen Stoffen bedingt dies einen erheblichen Aufwand. Aus diesem Grund wird vielfach ein Massendurchfluß-Meßgerät eingesetzt. Diese Systeme zeigen systembedingte Schwächen, die im wesentlichen

- in der Einengung im Einstellbereich
- in einem trägeren Ansprechverhalten
- in einem minimal erfaßbaren Massenstrom

liegen. Können diese Nachteile nicht akzeptiert werden, so werden Dosier-Differentialwaagen eingesetzt, selbst wenn der Preis doppelt so hoch ist.

Die Dosierwaagen selbst bestehen aus dem eigentlichen Wägesystem, in das der Wägebehälter eingebaut ist, und der Pumpeneinheit, die mit den oben diskutierten Pumpen ausgerüstet ist.

Der verfahrenstechnische Aufwand bei den Dosierwaagen für Flüssigkeiten ist erheblich größer als bei den Feststoffdosierungen. So kann

- der Wägebehälter bzw. das gesamte Dosiersystem beheizt und isoliert sein
- der Wägebehälter speziell ausgeformt sein (spezielle Auslaufzone)
- ein Inertgasanschluß vorgesehen werden.

Von besonderer Wichtigkeit ist nicht zuletzt die Dosierpumpe selbst. Für diese gilt:

- Sie muß nach den Kriterien des Pumpenherstellers ausgewählt werden.
- Kolbenpumpen werden, wenn möglich, nur nach Drehzahl geregelt.
  Hubverstellungen werden, wenn aufgrund eines hohen Verstellbereiches notwendig, nur einmal für jeden Bereich vorgenommen.
- Ein Vordruck über den Behälter zur Pumpe kann aus wägetechnischen Gründen nicht aufgegeben werden.
- Zahnradpumpen können weit über den sonst üblichen und anerkannten Bereich von 1:5 betrieben werden. Die Veränderung der Spaltverluste bei unterschiedlichen Drehzahlen wird durch die Gewichtserfassung ausgeglichen.
- Alle Pumpen können nur dann gegen Druck arbeiten, wenn sie vom Wägesystem völlig entkoppelt werden.

Werden die vorgenannten Punkte beachtet, ist die Auswahl der Pumpen und deren Peripherie wie bei jeder anderen volumetrischen Dosierstation vorzunehmen (z.B. Druckhalteventil bei Kolbenpumpen, Bestimmung der Förderleistungsquerschnitte usw.). Dies bedingt, daß der Pumpenhersteller zu Rate gezogen werden muß.

Für spezielle Bereiche lassen sich durch Auswahl von geeigneten Dosierpumpen, Antriebsmotoren und Tachometern Dosiergenauigkeiten von ca. 0,2 % erreichen.

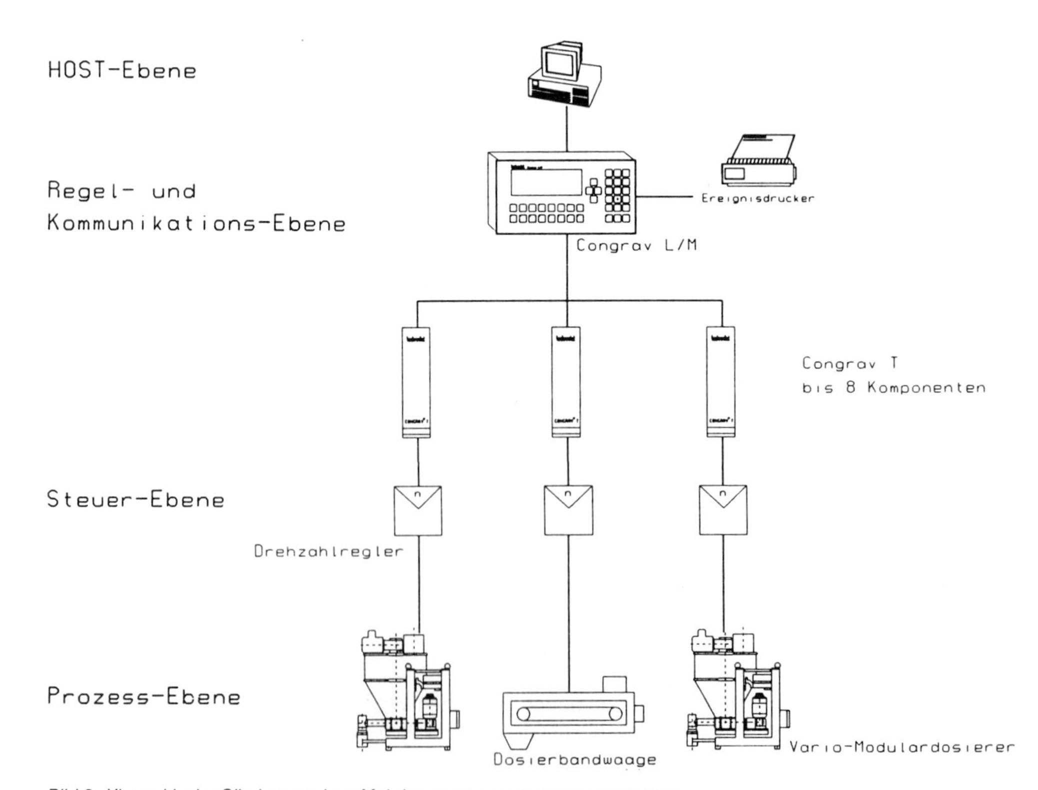

Bild 8: Hierarchische Gliederung eines Mehrkomponentensteuerungssystemes

3. Anbindung von Steuerungssystemen für Dosierwaagen an Leitrechner

In Compoundieranlagen wird die Erfassung der Produktionsdaten aufgrund der Anforderung der DIN ISO 9000 immer wichtiger. Der Nachweis der Produktionsgüte ist häufig der erste Ansatz zur Produktionsautomatisierung, die beide Bereiche der Anlagentechnik – die Steuerungstechnik und die mechanische Installation – umfaßt.

Ein Steuerungssystem kann wie in Bild 8 dargestellt in die verschiedenen Regel-, Steuer-, Bedien- und Kommunikationsebenen unterteilt werden. Es wird hier die Kommunikationsebene betrachtet, da diese für den Bediener unter dem Gesichtspunkt der Automatisierung immer wichtiger wird. Zusätzlich beschränkt sich die Betrachtung auf Mehrkomponentensteuerungen.

Die erwähnte Erfassung aller Produktionsdaten kann nach dem derzeitigen Stand der Technik auf zwei verschiedenen Arten erfolgen.

1. Erfassung der Daten in einem Statistikspeicher in der Waagensteuerung
2. Erfassung der Daten in einem zentralen Leitrechnersystem

Bild 9 zeigt den Aufbau einer Mehrkomponentensteuerung. Der Datentransfer erfolgt aus der zentralen Rechner-CPU in den Statistikspeicher. Das Problem dieser Methode liegt jedoch in der begrenzten Kapazität dieses Speichers. Dies bedingt nach relativ kurzer Zeit ein Überschreiben der erfaßten Daten. Um hier Abhilfe zu schaffen, werden die Dosierwaagensteuerungen an die Leitrechner mittels einer seriellen Schnittstelle angekoppelt. Analogsignale werden, um den Istwert der Dosierung aufzuzeichnen, wegen der Ungenauigkeit der Wandlung nicht mehr verwendet. Deshalb beziehen sich alle weiteren Betrachtungen ausschließlich auf den Leitrechneranschluß mittels einer seriellen Schnittstelle.

Jeder Hersteller von Dosierwaagen-Steuerungen hatte die Vielfalt an seriellen Schnittstellen, respektive an verschiedenen Protokollen zu beherrschen. So gab es für fast jeden Leitrechner verschiedene Schnittstellenprotokolle. Bei der Vielfalt der Leitrechnersysteme kann nachvollzogen werden, daß ca. 10–15 verschiedene Schnittstellenprotokolle pro Programmversion einer Dosierwaagen-Steuerung zu erstellen waren. Weiterhin arbeiten die Leitrechner selbst mit unterschiedlichen seriellen Schnittstellen wie z. B. Current Loop 20 mA, RS 232 C, RS 422, RS 485 etc.

Hieraus folgt zusätzlich eine unterschiedliche hardwaremäßige Bestückung der Waagesteuerung. Diese Vielfalt erfordert dringend eine Standardisierung.

In Europa hat sich eine Schnittstellenprozedur quasi als Standardlösung aufgrund der hohen Verbreitung herauskristallisiert. Dies ist die SIEMENS-Prozedur R 3964. Diese Prozedur kann inzwischen nicht nur mehr von SIEMENS-Rechnern verarbeitet werden. Leitrechner von Honeywell, Allen Bradley, Modicon sind ebenfalls in der Lage mittels entsprechender Interfacemodule mit dieser Schnittstellenprozedur zu arbeiten. Um die anderen Prozeduren in die Dosierwaagen-Steuerungen zu laden, ohne die Software dieser Systeme ändern zu müssen, wurden sog. Kommunikationsprozessoren entwickelt, welche die Kommunikation mit dem Leitrechner abarbeiten, zur Waagensteuerung aber immer die gleiche ‚Sprache‘ verwenden. Diese Module können (Bild 9) entweder in die Steuerung integriert oder als separates Modul geliefert werden. Die Problematik der verschiedenen Schnittstellentypen wird vielfach nicht durch andere hardwaremäßige Bestückung der Dosierwaagen-Steuerung gelöst, sondern durch den Einsatz von externen Wandlermodulen. Hierdurch reduziert sich der Aufwand in der Waagensteuerung selbst.

Vielfach wird heute die Lösung bevorzugt, daß die gesamte Dosieranlage über die Leitrechner-Schnittstelle bedient wird. Dies bedingt für die Dosierwaagen-Steuerung, daß die Befehle „Start/Stop/Verriegelung/Alarm“ bevorzugt behandelt werden müssen. Sollwertänderungen sollten ähnlich schnell abgearbeitet werden. Hieraus resultiert für die Waagensteuerung ein neues Anforderungsprofil. Der Refresh der Daten an der Schnittstelle muß extrem schnell erfolgen. Ist der Datentransfer in der Steuerung rein seriell aufgebaut, so kann es bei hohem Datenanfall zu problematischen Zeitverzögerungen kommen. Daher ist es sinnvoll, Verriegelungen, die aus Alarmzuständen resultieren, die zu einer Zerstörung von Anlagenteilen führen, hardwaremäßig zu verriegeln. Neu eingeführte Steuerungssysteme versuchen die oben geschilderten Zeitprobleme durch den Einsatz von BUS-

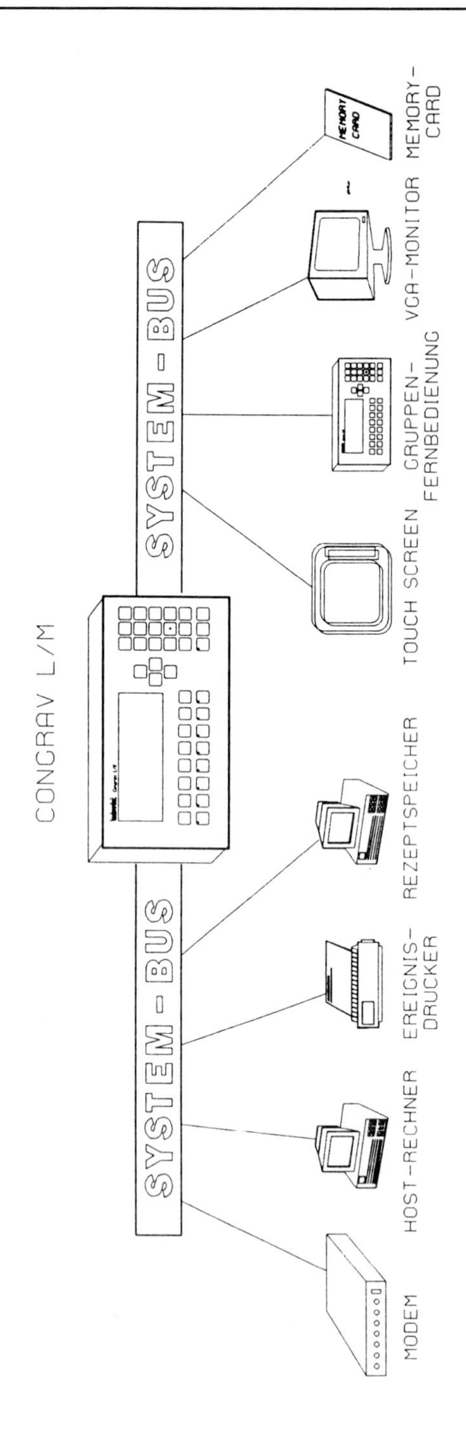

Bild 9: Beispiel für den internen Aufbau einer Mehrkomponentensteuerung

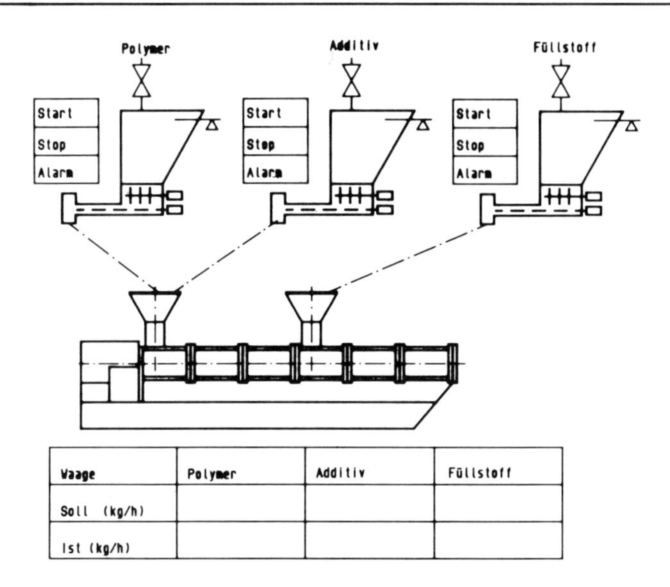

Waage	Polymer	Additiv	Füllstoff
Soll (kg/h)			
Ist (kg/h)			

Bild 10: Beispiel einer Visualisierung einer Dosier-Differentialwaage im Compoundierprozeß

Systemen zur internen Kommunikation zu beheben. Inwieweit dies hierdurch möglich ist, kann nur die Erfahrung der Praxis zeigen.

Wird die Bedienung der Compoundieranlage in einem Leitrechner zusammengefaßt, so wird eventuell dem Gesichtspunkt der Anlagenvisualisierung zu wenig Aufmerksamkeit gewidmet. Es wird eine zu „kleine" Steuerung eingesetzt werden, die eine Visualisierung der Anlage nicht zuläßt. Der Bediener hat keinen Kontakt mehr zur Anlage.

Bild 10 zeigt die Visualisierung einer Dosieranlage, die dem Betreiber Einblick in die Anlage gewährt. Änderungen im Anlagenzustand werden durch Farbumschläge angezeigt. Die Aufmerksamkeit des Bedienungspersonals wird wieder auf „die Anlage" gelenkt. Forschungen an automatisierten Leitständen, die um 1975 begannen, zeigten, daß Bedienfehler bei schlecht automatisierten Leitständen drastisch zugenommen hatten. In diesem Zusammenhang sei auf die entsprechende Fachliteratur verwiesen.

4. Rahmenbedingungen für den Einsatz von Dosier-Differentialwaagen

4.1 Grundlagen

Häufig wird bei der Projektierung von Dosieranlagen das Hauptaugenmerk auf die Auslegung der Dosierwaagen gelegt. Diese werden als einzelne losgelöste Anlagenkomponenten betrachtet. Wesentliche Probleme können jedoch durch eine fehlerhafte Integration in den gesamten Prozeß entstehen. Für die Planung der Anlage muß die Dosierwaage deshalb als Teil des gesamten Systems betrachtet werden. Die Analyse eines Dosiersystems zeigt, daß verschiedene Störgrößen auf eine Dosierwaage einwirken.

Wie in Bild 11 dargestellt können auf Dosier-Differentialwaagen folgende Störgrößen einwirken:

1. Die Befüllung
2. Die Befülleitung und deren Anbindung
3. Die Entlüftung
4. Die Umwelteinflüsse
5. Die Falleitung zum Extruder, Kneter, Mischer oder anderen Anlagenteilen.

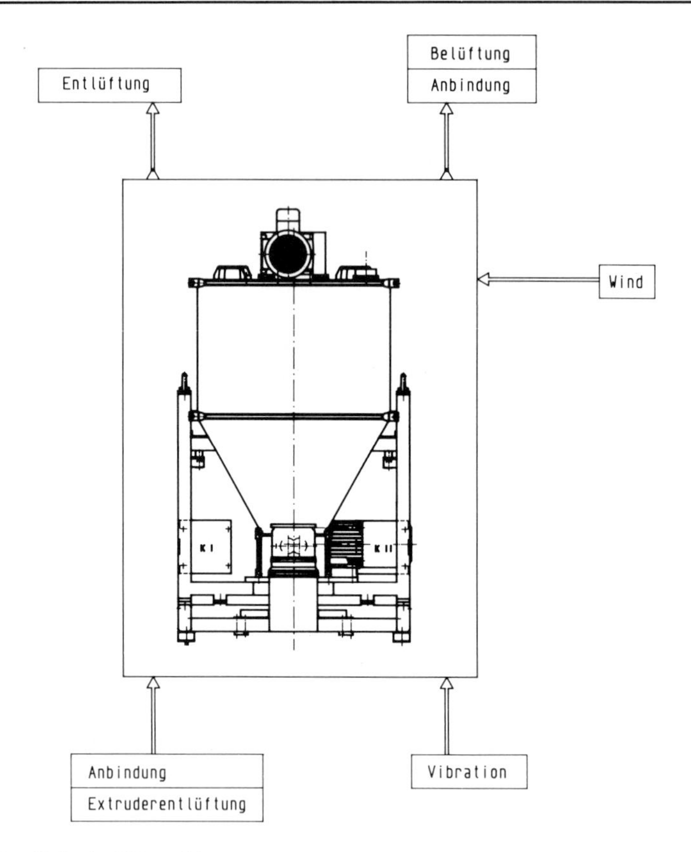

Bild 11: Störgrößen für Dosier-Differentialwaage

In die Praxis übertragen bedeutet dies, daß die Silierung und Austragung des Schüttgutes aus dem Silo optimiert, Absperrschieber bestmöglichst plaziert, die Entlüftung der Wägebehälter prozeßgerecht gestaltet, Wind und Vibrationen minimiert und zuletzt auch noch die Falleitung zu den nachgeschalteten Anlagenkomponenten produkt- und prozeßgerecht gestaltet werden müssen.

Dies alles hat der Planungsingenieur zu gewährleisten, um eine betriebssicher und störungsfrei arbeitende Dosieranlage zu erhalten.

Anhand des in Bild 12 gezeigten Dosiersystems werden die erwähnten Einflußgrößen untersucht, sowie Optimierungen aufgezeigt.

4.2 Die Befüllung

Generell gibt es keine bindenden Auslegungskriterien für die Befüllung einer Dosier-Differentialwaage, jedoch haben sich gemeinsame Rahmenbedingungen herauskristallisiert.

Je besser die Fließeigenschaften des Schüttgutes und je höher die kontinuierliche Leistung der Dosierwaage, desto öfter kann diese befüllt werden. Je nach Hersteller und Bauform der Dosierwaage werden bis zu 60 Befüllungen pro Stunde realisiert. Werden die Fließeigenschaften der Schüttgüter schlechter, so sollte die Anzahl der Nachfüllungen reduziert werden; hierbei wird teilweise die Dosierwaage nur noch 10mal pro Stunde befüllt (beispielsweise bei Glasfasern). Wesentlich ist jedoch, daß das Verhältnis zwischen volumetrischer und gravimetrischer Dosierphase 1:10 nicht

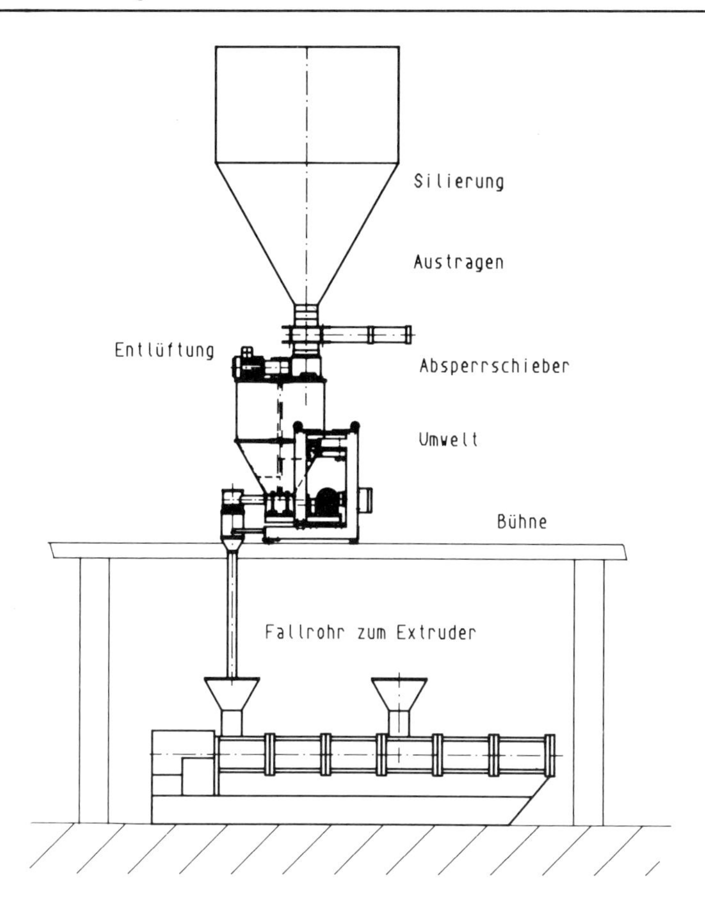

Bild 12: Dosiersystem

unterschreitet. Um dieses Verhältnis zu realisieren, müssen sowohl das Silo als auch die Austragung des Schüttgutes produktgerecht gestaltet werden.

Für freifließende Produkte wie (Polymergranulate) kann die in Bild 13 gezeigte Anordnung eingesetzt werden. Die Dosier-Differentialwaage wird direkt unter dem Silo aufgestellt, um die Länge der Falleitung zu reduzieren. Fehler werden häufig bei der Schieberanordnung begangen, sofern sich aus baulichen Gründen das Silo nicht direkt oberhalb der Dosierwaage anordnen läßt. Der Befüllschieber wird weiter an das Silo angeflanscht. Der nun resultierende Abstand zwischen Schieber und Dosierwaage kann dazu führen, daß sich bereits kurz nachdem die Dosierwaage die Befüllung gerade registriert hat, so viel Produkt in der Befülleitung befindet, so daß eine Überfüllung des Wägebehälters nicht mehr vermieden werden kann.

Werden die Fließeigenschaften der zu dosierenden Produkte schlechter, so muß der Vorratsbehälter mittels Austraghilfen entleert werden. Die gebräuchlichsten sind

- Behälter-Austragvorrichtungen, die nach dem Vibrationsprinzip arbeiten
- Austragrührwerke
- Bridge-Breaker
- Luftdüsen

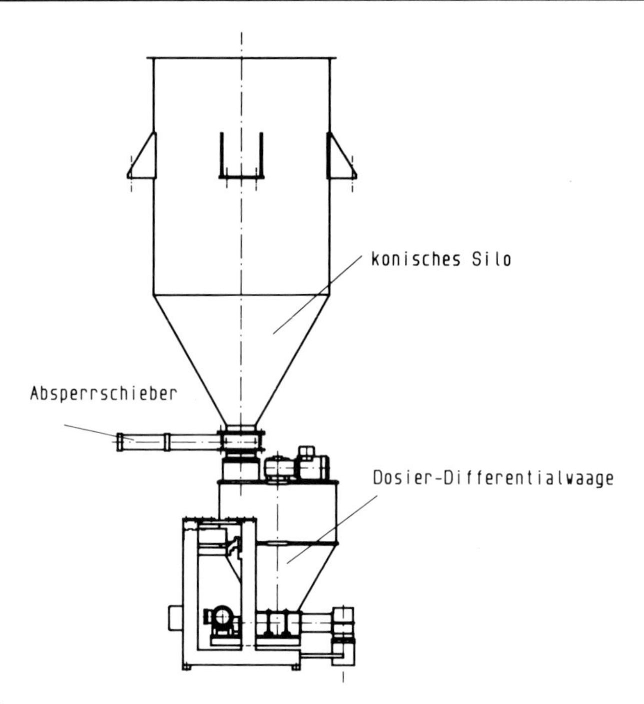

Bild 13: Beispiel für eine direkte Befüllung aus dem konischen Silo

Diese Austraghilfen sollen dazu dienen

- eine Produktbewegung und Austragung über den gesamten Siloquerschnitt zu erreichen, damit sich keine toten Zonen bilden und hier Probleme geschaffen werden,
- eine Vergleichmäßigung und Konditionierung des Schüttgutstromes zu erreichen,
- den Auslauf des Silos von der Produktsäule zu entlasten bzw. Brückenbildung im Siloauslauf zu vermeiden.

Werden die genannten Systeme bewertet, so ist festzustellen, daß Luftdüsen und Bridge-Breaker die geringste Verbreitung haben und häufig nur bei falsch dimensionierten Silos bzw. nachträglich als Austraghilfe an vorhandene Silos angebaut werden. Durch den Einsatz von Luftdüsen kann je nach Produkt die Schüttdichte reduziert und die Fließeigenschaften von brückenbildend in schließend geändert werden. Beide Effekte sind nicht erwünscht und führen häufig zu Problemen für die Dosierwaage. Aus den vorgenannten Gründen werden die zuerst aufgeführten Systeme bevorzugt eingesetzt. Welchem Austragsystem der Vorzug zu geben ist, hängt vom Schüttgut, den Austragleistungen und der Silogeometrie ab. Wichtig festzustellen ist, daß die Austragsysteme in ihrer Leistung mindestens 10fach größer als die kontinuierliche Waagenleistung ausgelegt werden müssen, um eine entsprechend kurze Befüllzeit zu erreichen. Werden Behälter-Austragvorrichtungen, die nach dem Vibrationsprinzip arbeiten eingesetzt, sollte zusätzlich eine Gegenstrombremse für den Vibrationsantrieb eingeplant werden, da sonst wie bei allen Vibrationsantrieben beim Abstoppen die Resonanzfrequenzbereiche durchlaufen werden. Hierdurch können unzulässig hohe Belastungen für die Silo- und Gebäudestrukturen auftreten. Die Waagen selbst können durch die erhöhten Schwingamplituden der Bühnen in unzulässige Schwingungen versetzt werden; das auszutragende Schüttgut kann im Auslaufbereich der Austraghilfe verdichtet werden.

Werden die Austraghilfen zur Befüllung einer Dosier-Differentialwaage eingesetzt, so sollte zu Beginn der Befüllung zuerst der Schieber geöffnet und danach die Austraghilfe gestartet werden. Wird die Befüllung beendet, so sollte die Befülleinrichtung umgekehrt verschaltet werden.

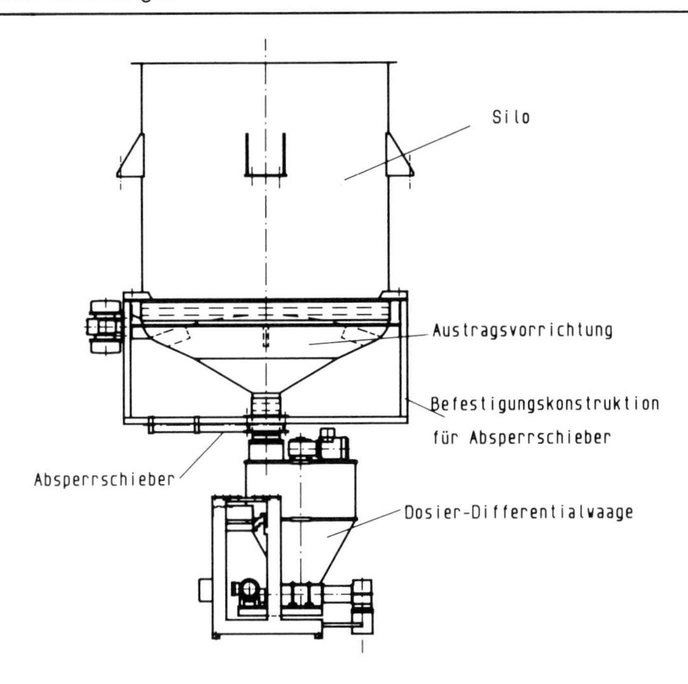

Bild 14: Beispiel für die Befüllung einer Dosier-Differentialwaage mit einer Austragshilfe

Die in Bild 14 dargestellte Anlage berücksichtigt die Kommentare. Zusätzlich ist zu erkennen, daß der Absperrschieber nicht direkt an der Austraghilfe montiert, sondern separat abgestützt ist, um eine Überlastung der Austraghilfe zu vermeiden.

Die Austraghilfen können sowohl an konische als auch an zylindrische Silos montiert werden. Für die Auswahl der Siloform ist nur das Schüttgut und das geforderte Vorratsvolumen relevant. Für normal rieselfähige bis brückenbildende Pulver werden konische, für Glasfasern oder extrem brückenbildende Pulver werden zylindrische Silos eingesetzt werden.

Werden mehrere Waagen über größere Tagesbehälter beschickt, so können diese nicht immer direkt oberhalb der Dosierwaage angeordnet werden. Werden Pulver dosiert, so ist es nicht immer ratsam die Falleitung zur Dosierwaage schräg anzuordnen. Um dies zu vermeiden werden Förderschnecken zur Befüllung von Dosier-Differentialwaagen eingesetzt. In Bild 15 ist eine solche Anordnung dargestellt. Für die Auslegung der Förderschnecke gilt das gleiche wie für die gezeigte Austraghilfe; sie muß eine mindestens 10fach höhere Förderleistung als die Dosierwaage aufweisen.

In Technikumsanlagen werden die Dosierwaagen vielfach handbefüllt. Hierdurch wird ein großer Bedienaufwand notwendig, eine Kleinproduktion meistens unmöglich. Die in Bild 16 gezeigte Dosieranlage stellt einen Lösungsansatz dar. Die Dosierwaage für niedrige Durchsätze wird automatisch befüllt, dies erfüllt die Anforderung eines automatisierten Produktionsprozesses. Die Dosierschnecke hat einen Vorratsbehälter für wenige Stunden. Mittels einer Schnellschlußklappe wird der Schüttgutstrom abgesperrt. Bei einer solchen Anordnung kann ein einziger Bediener eine Dosieranlage mit vier bis fünf Komponenten bedienen. Bei der Auslegung der Dosierwaage kann Wert auf hohe Genauigkeit bei niedrigen Durchsätzen gelegt werden. Es müssen keine Kompromisse geschlossen werden.

Wesentlich für eine gute Befüllung der Dosierwaage ist neben den erläuterten Bauelementen auch der Befüllschieber selbst. Als Befüllschieber werden Drehklappen, Flachschieber oder Schwenk-

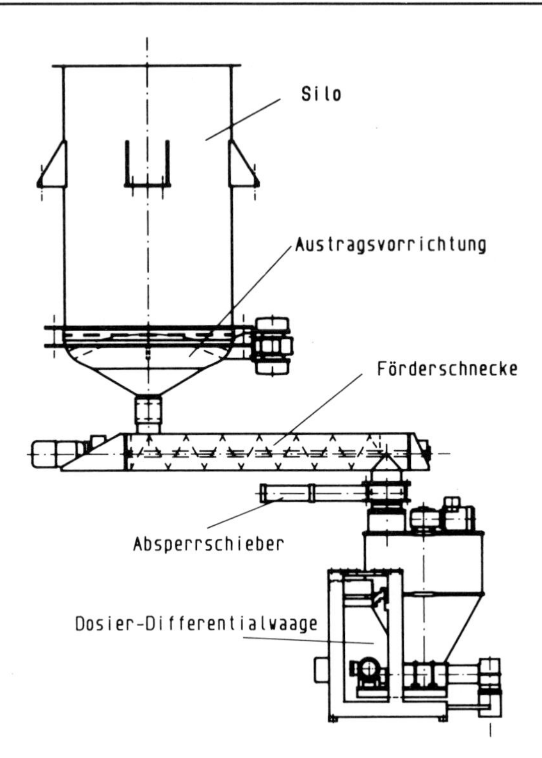

Bild 15: Beispiel für die Befüllung einer Dosier-Differentialwaage mit einer Förderschnecke

schieber eingesetzt. Die Auswahl des jeweiligen Schiebers ist produktabhängig. Für Granulate und freifließende Pulver können Drehklappen eingesetzt werden. Flach- und Schwenkschieber werden für alle übrigen Feststoffe eingesetzt. Werden Flachschieber für Fasern oder abrasive Pulver eingesetzt, so muß in diese ein Verschleißschutz eingesetzt werden. Für Schwenkschieber ist dies nicht notwendig. Die Schieber sollten grundsätzlich mit Schnellentlüftungsventilen ausgerüstet werden, um ein Überfüllen des Wägebehälters durch ein zu langsames Schließen des Schiebers zu vermeiden. Die Auslegung der Schieberquerschnitte erfolgt analog zu der Auslegung der Befüllleitung. Die Befülleitung selbst wird über flexible Manschetten (Kompensatoren) an den Wägebehältern der Dosierwaage angeschlossen.

Die inzwischen am weitesten verbreitete Methode stellt der dargestellte Stufenkompensator dar. Eine Verschmutzung des Kompensators ist quasi ausgeschlossen. Der Einfaltenbalg ist die konventionelle Lösung. Um eine Verschmutzung des Einfaltenbalges zu vermeiden, sollte die Befüllleitung konisch eingezogen und bis in den Einfaltenbalg verlängert werden. Nur bei Befülleitungen mit einem Durchmesser von mehr als 700 mm werden Membranen als Übergangskompensatoren eingesetzt. Es muß hierbei auf eine exakte horizontale Ausrichtung geachtet werden, da sonst ein Kraftnebenschluß entsteht, der zur Verfälschung der Wägung führen kann, da unerwünschte vertikale Kraftkomponenten aus einer Schrägstellung der Membran resultieren können.

4.3 Die Entlüftung

Während der Befüllung des Wägebehälters muß dafür gesorgt werden, daß die verdrängte Luft aus dem Wägebehälter entweichen kann, ohne daß es zu einer zu langen Materialberuhigungszeit aufgrund von Entlüftungsprozessen kommt.

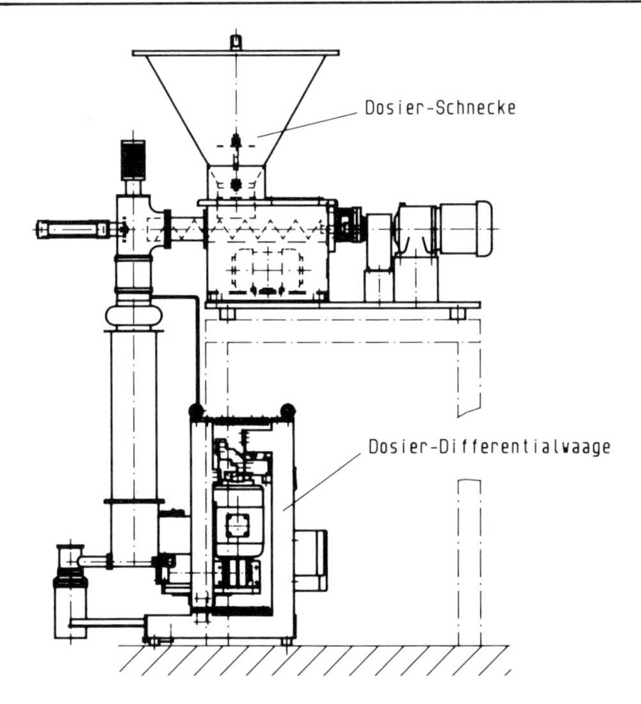

Bild 16: Zwischensilierung mit einer Dosier-Schnecke

Die einfachste, allerdings auch selten noch bei neuen Anlagen erlaubte Methode, stellt die einfache Entlüftung in die Umgebung dar. Erheblich besser ist die Entlüftung über einen Staubfiltersack oder eine Staubfilterpatrone. Jedoch sind diese Arten sehr wartungsintensiv, da sich beide Entlüftungselemente relativ schnell mit dem in der durchströmenden Luft enthaltenen Staub zusetzen. Werden diese dann nicht gereinigt, kommt es zwangsläufig zur Störung der Dosierwaage.

Soll der Reinigungsaufwand vermieden werden, so sollte ein Anschluß an ein zentrales Filtersystem vorgenommen werden. Als sehr gute Lösung hat sich der sogenannte ,,China-Hat'' erwiesen, da kein Unterdruck vom Entlüftungssystem zur Dosierwaage durchschlagen kann. Während der Entleerungsphase des Wägebehälters strömt Umgebungsluft in diesen. Muß aufgrund der Produktvorschriften ein geschlossenes System zur Entlüftung verwendet werden, so wird die Entlüftungsleitung über einen Übergangskompensator direkt an den Wägebehälter angeschlossen. In diesem Fall muß systemintern dafür gesorgt werden, daß Luft während der Entleerungsphase in den Wägebehälter einströmt, kein Unterdruck im System entsteht und die Abreinigung des Filters nicht als Druckwelle zur Dosierwaage durchschlägt.

Um diese Effekte zu vermeiden, werden Absperrklappen in die Entlüftungsleitungen integriert.

4.4 Der Anschluß an nachgeschaltete Prozeßelemente

Im Normalfall wird versucht, die unterhalb der Dosier-Differentialwaage angeordneten Aggregate separat zu entlüften, um somit ein Durchziehen von Reaktionsgasen oder -dämpfen durch das Dosiersystem zu vermeiden. Jedoch läßt sich dies nicht immer in ausreichendem Maße erreichen.

Kommt es zur Bildung eines Rückdruckes in den Falleitungen zum Extruder, so wird der Auslauf durch die aus dem Rückdruck entstehende Kraft angehoben. Es kommt zu einer Verfälschung des Wägesignales. Abhilfe kann in begrenztem Maße die in Bild 17, rechts gezeigte Druckkompensation

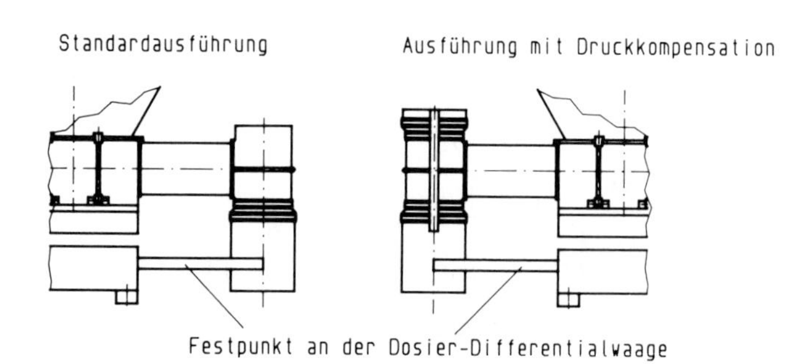

Bild 17: Auslaufvarianten von Dosier-Differentialwaagen

am vertikalen Auslauf der Dosierwaage schaffen. Der Rückdruck stützt sich nun gegen eine festgesetzte Platte und nicht mehr gegen das Wägesystem. Dieses kann sich aufgrund der flexiblen Anbindung frei bewegen. Damit dieses System fehlerfrei arbeitet, muß die Fläche des Festpunktes exakt gleich der Querschnittsfläche der Falleitung sein, da sonst weiterhin vertikale Kraftkomponenten gegen das Wägesystem wirken.

Ist nicht auszuschließen, daß Metallteile über die Befüllung in das Dosiersystem und damit bis zum Extruder gelangen können, so empfiehlt es sich oberhalb des Extruders einen Metalldetektor anzuordnen. Ein einfacher Magnet ist in vielen Fällen nicht ausreichend. Allen Metalldetektoren ist jedoch eine große Bauhöhe gemeinsam, die den Anlagenplaner vielfach dazu zwingt, von einer optimalen Aufstellung abzuweichen (siehe auch Kapitel 5).

4.5 Stickstoff-Überlagerung

Bestimmte Produkte ändern unter Einfluß von Luftsauerstoff ihre Eigenschaften. Dies ist selbstverständlich unerwünscht, da die Produktqualität des Endproduktes nicht mehr gewährleistet werden kann. In diesen Fällen ist eine Spülung des gesamten Dosiersystems mit einem Inertgas notwendig. Vielfach wird ausschließlich das Tagessilo mit dem Inertgas überlagert. Durch den so erzeugten

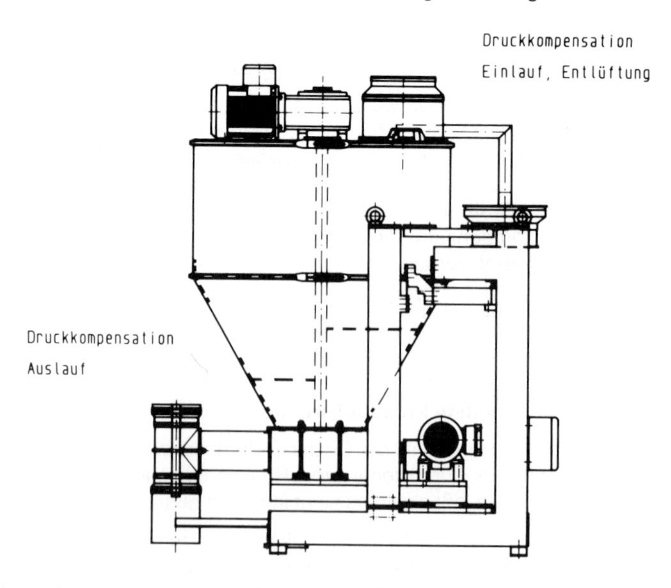

Bild 18: Beispiel einer Druckkompensation am Einlauf und Auslauf

Überdruck wird der Luftsauerstoff aus dem Tagessilo verdrängt. Die Entlüftungsleitung der Dosierwaage wird zu diesem Behälter geschlossen zurückgeführt. Ist sichergestellt, daß keine Druckschwankungen auftreten, welche die Dosierwaage beeinflussen können, müssen keine weiteren Maßnahmen an der Dosierwaage vorgenommen werden.

Ist dies nicht sichergestellt, muß die Dosierwaage gegen diese Druckschwankungen geschützt werden. In diesem wie auch im Fall der direkten Spülung der Dosierwaage mit einem Inertgas müssen sowohl der Einlauf, die Entlüftung und der Auslauf druckkompensiert werden. Eine solche Ausführung zeigt Bild 18. Die Druckkompensation der Entlüftungsleitung kann durch eine rechtwinklige Abzweigung derselben aus dem Wägebehälter vermieden werden.

Entscheidend für eine ordnungsgemäße Funktion der Druckkompensation ist die Gleichheit der Flächen A und A*. Während der Befüllphase strömt mit dem Produkt das Inertgas ein. Es resultiert hieraus ein zusätzlicher Druckaufbau und eine Druckänderung im Wägebehälter. Der Druck wird sich nun durch die Befüllöffnung gegen die Schieberfläche und die Deckelfläche des Wägebehälters abstützen. Fehlt die gegengleiche Abstützfläche für die Befüllöffnung, so werden sich Differenzkräfte in horizontaler Richtung ergeben, welche die Wägung negativ beeinflussen. Gleichzeitig kann sich bei Fehlen dieser Fläche die Waage nach der Befüllung nicht mehr stabilisieren. Im ungünstigsten Fall kann das gesamte Wägesystem zu Schwingungen angeregt werden.

Hat die so auszurüstende Dosierwaage einen Standrahmen, so kann die Druckkompensation relativ einfach angebaut werden. So wird beispielsweise die Dosierfläche A* am Standrahmen montiert, die Verbindung zum Behälter über ein festes Rohr und einen Übergangskompensator geschaffen. Sind entsprechende Rahmenkonstruktionen nicht vorhanden, so muß die Gegenfläche A* bauseits abgestützt werden.

Für die Inertgasspülung bzw. die möglichen Spüldrucke lassen sich keine absoluten Werte angeben. Für Dosierwaagen mit Dosierleistungen von bis zu 50 kg/h sollten nach Erfahrungen Spüldrucke von nicht mehr als 10–20 mm Ws realisiert werden. Bei höheren Dosierleistungen können größere Spüldrucke aufgebaut werden.

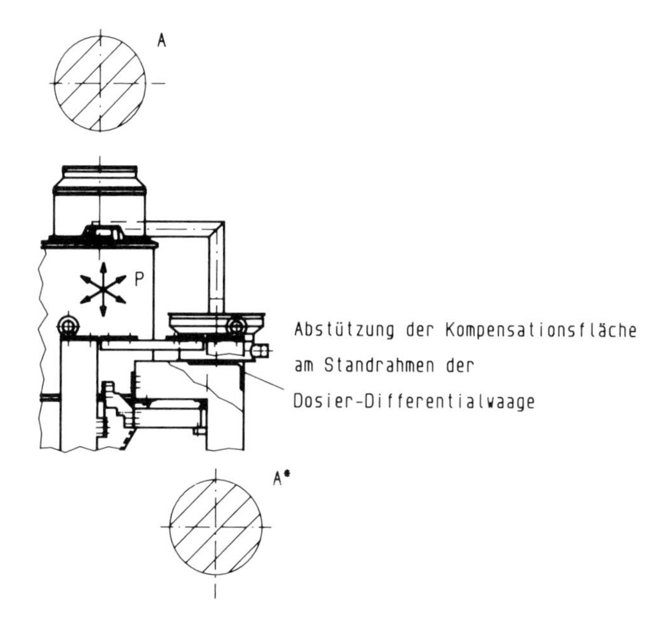

Bild 19: Detail der Druckkompensation aus Bild 18

5. Anlagenplanung und praktische Projektierungshinweise

5.1 Anlagenplanung

Nach der verfahrenstechnischen Auslegung einer Compoundier- oder Mischanlage, die mit der Auslegung der Verarbeitungsmaschine, der Dosieranlage und der Peripherie zu diesen Anlagen endet, beginnt die Planung der Dosieranlage. Der Anlagenplaner hat hierbei vielfältige Aufgabenstellungen zu erfüllen. Die Anlage soll optimal zugänglich, kompakt, flexibel, sicher, günstig in den Installations- und Betriebskosten sein. All dies ist zusammen nicht zu realisieren. So werden die Gebäude durch die automatische Befüllung, die Bedienhöhe für den Operator, eine separate Befüllbühne, eine separate Abhängung der Befüllschieber, die Waagengröße, die Fahr- oder Drehgestelle, einen Sammeltrichter, einen Metallabscheider erhöht. Verbreitert wird die Anlage durch eine große Anzahl an Waagen, die Waagengröße, evtl. Sammel- oder Mischschnecken, die Eindosierung in verschiedene Einläufe des Extruders und einen freien Zugang für Service.

Wird die Gesamtanlage geplant, so muß für jede Dosierlinie die Konzeption für das Befüllen des Tagesilos, das Tagessilo, die Austragung des Schüttgutes aus dem Tagessilo, eine evtl. Zwischenförderung, die Dosierung und die Zuführung der Produkte zum Extruder erstellt werden. In dieser Planungsphase des Projektes sollten die Dosierwaagenhersteller in die Anlagenplanung mit eingebunden werden. Als Mindestanforderung sollte dem Dosierwaagenhersteller zur Aufgabe gemacht werden, die Befüllung der zu liefernden Waagen verbindlich auszulegen, um so Schwierigkeiten während der Inbetriebnahme der Dosierwaagen vorzubeugen. Ein Einschluß der Befüllanlage in den Leistungsumfang des Dosierwaagenherstellers vermeidet eine kritische Schnittstelle und bringt für den Betreiber in vielen Fällen eine größere Sicherheit.

5.2 Praktische Projektierungsbeispiele

Bisher sind die einzelnen Dosierwaagen mit ihren Befüllsystemen als losgelöste Einheiten betrachtet worden. Die Aufgabe des Anlagenplaners ist nun, diese Einheiten zu einer funktionstüchtigen Mehrkomponentenanlage zusammenzufügen.

Bild 20 zeigt eine Dosieranlage mit 5 Komponenten, bei der ein freifließendes Granulat und vier schwerfließende Pulver dosiert werden sollen. Die ursprüngliche Planung sah aus Gründen einer übersichtlichen Aufstellung vor, daß alle Dosierwaagen in eine Förderschnecke eindosieren sollten. Zusätzlich wurden extreme Genauigkeiten für die Dosierung gefordert, wobei der Meßpunkt am Extrudereinlauf festgelegt war. Für die Farbpigmentdosierung wurde kundenseitig ein täglicher Wechsel des Farbpigmentes vorgegeben. Unter diesen Gesichtspunkten konnte die Aufstellungs-

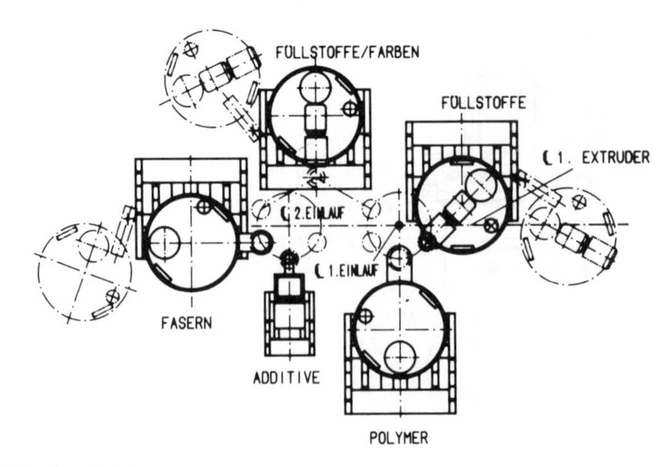

Bild 20: Draufsicht einer Mehrkomponentendosieranlage in einem Compoundierprozeß

planung des Kunden nicht akzeptiert werden. Es wurde gemeinsam das im Bild 20 gezeigte Konzept erarbeitet. Zur Erfüllung der Dosiergenauigkeitsforderung wurde die Förderschnecke durch Fallrohre ersetzt. Dies wurde durch ein Versetzen der Dosierwaagen und durch Ausnutzen der Drehbarkeit der Dosiergeräte innerhalb des Wägesystemes möglich. Um eine optimale Reinigung zu ermöglichen, wurden die Reinigungsöffnungen jeweils zur offenen Seite des Wägerahmens angeordnet. Mittels der Hub-/Schwenkvorrichtungen werden die Deckelmodule mit den Rührwerksantrieben ausgeschwenkt, verbleiben aber dennoch im Wägesystem. Im Gegensatz zu herkömmlichen Aufstellungen, ist die Zugänglichkeit optimal. Die bisher notwendigen verfahrbaren Grundgestelle oder Drehkränze sind nun nicht mehr notwendig. Die Investitionskosten sind geringer. Fehlerrisiken werden minimiert. Die Farbpigmentwaagen wurden, um den Anforderungen nach einer optimal kurzen Produktumstellzeit nachzukommen, mit kompletten Austauschdosiermodulen ausgerüstet (s. a. Bilder 4 und 5).

Farbpigmente werden häufig direkt aus Mischbehältern den Dosierwaagen zugeführt. Dieses stellt jedoch keine sichere Methode dar. Um eine sichere Befüllung der Farbpigmentdosierung zu erreichen, werden Schneckendosierer als Zwischenbehälter und Befüllorgane eingeplant. Damit auch diese optimal schnell auf ein neues Produkt umgestellt werden können, werden sie ebenfalls so ausgeführt, daß die produktberührenden Teile problemlos von den Antrieben abgebaut werden können, so daß ein zweites bereits gereinigtes Austauschelement eingesetzt werden kann.

Anstelle der Mischbehälter wurden vielfach feste, geschlossene Container eingesetzt. Zusätzlich wird versucht für Füllstoffe oder Elastomergranulate ein Außensilo zu vermeiden. In diesen Fällen werden meistens ,,BIG-BAG's" als Transportbehälter eingesetzt. Viele Anwender gehen davon aus, daß mit geeigneten Austrag- bzw. Entleersystemen direkt die Dosierwaagen beschickt werden können. Container-Entleersysteme können eventuell für Dosierwaagen mit niedrigen Durchsätzen von ca. 10–150 kg/h für eine direkte Befüllung eingeplant werden. Bei größeren Durchsätzen oder dem Einsatz von BIG-BAG-Entleerstationen sollten Zwischenbehälter eingeplant werden.

Werden Zwischenbehälter eingeplant und sind die Gebäudehöhen vorgegeben, so lassen sich nicht immer Aufstellungen wie in Bild 20 gezeigt realisieren. In einem solchen Fall sind Förderschnecken oder Schwingförderer als Zwischenförder- und Sammelelemente unterhalb der Dosierwaagen einzuplanen. Bei dem Einsatz von Förderschnecken ist auf eine korrekte Dimensionierung der Schnecke selbst zu achten. Hier muß für die Auslegung der Förderschnecke darauf geachtet werden, ob Granulate mitzufördern sind. Ist dies der Fall, so ist der Spalt zwischen der Schnecke selbst und der Wandung des Schneckenrohres entsprechend auszulegen. Lange Förderschnecken sollten mehrfach gelagert werden, um ein Durchbiegen der Schnecke selbst und damit verbunden ein Schleifen der Schnecke an der Wandung des Schneckenrohres zu vermeiden. Ist eineZwischenförderung ausschließlich für freifließende Granulate auszulegen, so kann ein Schwingförderer (Vibrationsrohr) eingesetzt werden. Es ist jedoch darauf zu achten, daß dieser Schwingförderer weder die gesamte Waagenbühne noch einzelne Dosierwaagen in unzulässige Schwingung versetzt. Aus diesem Grunde sollte dieser von der Waagenbühne entkoppelt werden. Die Dosierwaagen sollten über sowohl vom Schwingförderer als auch von der Dosierwaage entkoppelten Rohrstücken mit diesem staubdicht verbunden werden. Die Beispiele verdeutlichen die zu Anfang dieses Kapitels aufgestellte These, daß es sinnvoll ist, die Dosierwaagenhersteller zu diesem Zeitpunkt der Planung miteinzuschalten, um von deren „Know-how" zu profitieren.

Schrifttum

[1] Vetter, G.: Messen, Steuern und Regeln in der chemischen Technik, Bd. 1 Betriebsmeßtechnik, 3. Auflage, Springer Verlag Berlin, Heidelberg, New York 1980.
[2] Krambock, W.: Dosieren in der Kunststoffaufbereitung mit festen und flüssigen Komponenten, in: Dosieren in der Kunststofftechnik, VDI-Verlag Düsseldorf 1978.
[3] Vetter, G.: Dosieren von festen und fluiden Stoffen, Chem. Ing. Tech. 57 (1985) S. 395 ff.
[4] Hauptkorn, A.: Brabender-Druckschrift Dosier-Differentialwaagen, Dosierbandwaagen, systembedingte Vor- und Nachteile, 1987.
[5] Sander, M.: Brabender-Druckschrift Weigh-Feeder-Seminar, 1990.
[6] Welsch, R.: Brabender-Druckschrift Dosieren von Fasern, Stäuben und Flüssigkeiten, 1987.

Dosieren von Flüssigkeiten mit Dosierpumpen und Dosiersystemen

Von H. FRITSCH[1])

1. Einführung

Der Einzug der Prozeßautomatisierung in fast alle Bereiche der verfahrenstechnischen Industrie verlangt von modernen Dosiereinrichtungen, daß sie über einfache Schnittstellen in den Gesamtprozeß integrierbar sind und innerhalb einer vorgegebenen Fehlerbandbreite mit hoher Zuverlässigkeit dosieren. Da jede nicht rechtzeitig erkannte Störung u. U. hohe Kosten verursachen kann (verdorbenes Produkt und seine Entsorgung), ist die zuverlässige und schnelle Erkennung einer sich anbahnenden Fehldosierung äußerst wichtig. Durch zunehmendes Umweltbewußtsein und Verschärfung der Gesetze zur Verminderung von Emissionen haben leckfreie Systeme in den letzten Jahren auch in der Dosiertechnik stark an Bedeutung gewonnen.

Beschränkt man sich auf das Dosieren von Flüssigkeiten, sind die klassischen Problemlösungen entweder *Dosiersysteme*, bestehend aus Pumpe, Durchflußmesser, Regler- und Stellgerät (Bild 1 b) oder *Dosierpumpen*, die bekanntlich die wesentlichen Einzelfunktionen, die für eine Dosierung erforderlich sind, in einem kompakten Gerät vereinigen (Bild 1 c). So gesehen ist auch die Dosierpumpe ein „Dosiersystem". Beide Lösungen decken heute ein großes Bedarfsspektrum ab. Vor allem die Dosierpumpe hat sich, dank ihrer hohen Genauigkeit, Sicherheit und Zuverlässigkeit, in den letzten Jahrzehnten ein weites Anwendungsfeld erschlossen.

Da es technische Geräte, die absolute Zuverlässigkeit garantieren, nicht gibt, versucht man durch geschickte Kombination von Geräteeigenschaften die Fehlerwahrscheinlichkeit so weit zu reduzieren (um mehrere Zehnerpotenzen!), daß sich ein äußerst hohes Maß an Zuverlässigkeit realisieren läßt. Um derartige Dosiersysteme für die unterschiedlichen Aufgabenstellungen optimal auslegen zu können, ist es notwendig, sich zunächst einen Überblick über die Eigenschaften der verschiedenen Dosiereinrichtungen und der zur Anwendung kommenden Einzelgeräte zu verschaffen.

2. Genauigkeit und Zuverlässigkeit von Dosiereinrichtungen

Die Störanfälligkeit von Dosiersystemen oder Dosierpumpen läßt sich nur abschätzen, wenn man den Einfluß der wichtigsten Parameter auf die Genauigkeit und Zuverlässigkeit der Dosierung kennt.

Bild 1 zeigt einige Prinzipien der Flüssigkeitsdosierung mit und ohne Meßredundanz, wie sie heute angewendet werden. Bei allen einfachen (redundanzfreien) Dosiersystemen sind Genauigkeit und Zuverlässigkeit der Dosierung von einem einzigen Gerät (Durchflußmesser oder Dosierpumpe oder Stoffwertsensor) abhängig. Eine Fehldosierung bleibt – falls nicht an einer anderen Stelle im Prozeß noch eine Kontrolle erfolgt – unerkannt. Trotzdem sind solche einfachen Systeme weit verbreitet. Der Grund: Es gibt viele Dosieraufgaben, die günstige Randbedingungen (harmloses Fluid, geringe Druck- und Temperaturschwankungen, günstiger Dosierstrombereich etc. ...) für eine hohe Zuverlässigkeit der „messenden" Einzelkomponente bieten. Man vertraut dem Durchflußmesser oder der Dosierpumpe oder irgendeinem Sensor, weil man aus Erfahrung weiß, daß Fehldosierungen praktisch nicht auftreten und deshalb der höhere Investitionsaufwand für eine Meßredundanz nicht gerechtfertigt ist.

2.1 Einflußparameter auf den Dosierstrom und die Dosiergenauigkeit bei modular aufgebauten Dosiersystemen

Es wird davon ausgegangen, daß die verwendeten Pumpen keine Dosierpumpen sind und deshalb nur genau fördern, wenn sie im Regelkreis arbeiten (Bild 1 b). Solche Dosiersysteme werden vorzugsweise eingesetzt bei niedrigen Förderdrücken, mittleren bis großen Dosierströmen und kleinen bis mittleren Regelbereichen. Ein wichtiger Punkt, auf den man hierbei achten sollte, ist die

---

[1]) Dipl.-Ing. H. Fritsch, LEWA, Leonberg

[1]) s. Kap. 2.2 dieses Buches (Beitrag G. Vetter)

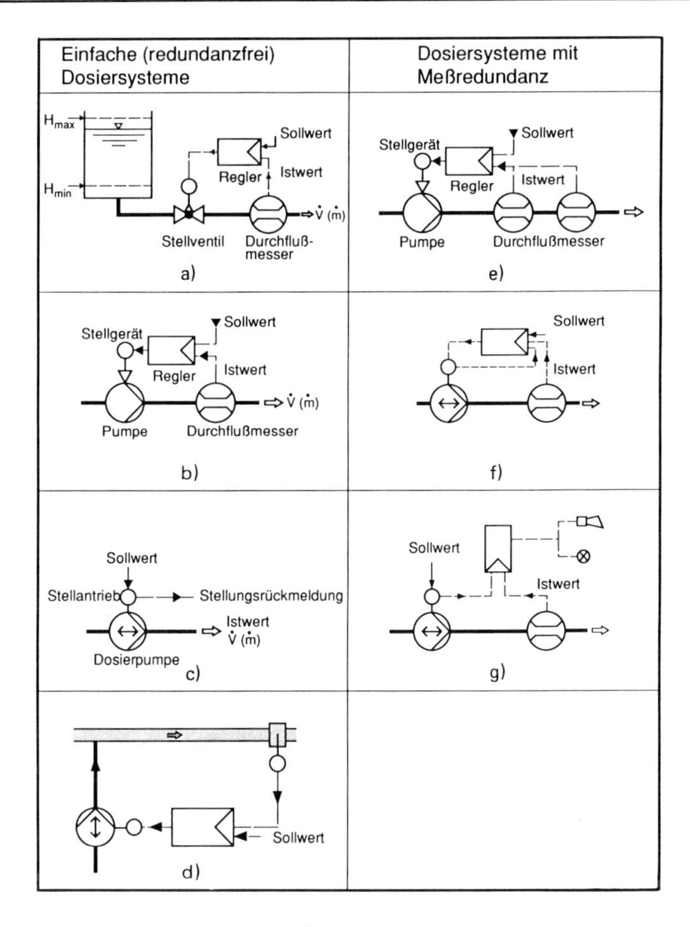

Bild 1: Prinzipien der Flüssigkeitsdosierung (Auswahl)

Sicherstellung der Regelstabilität innerhalb der vorgegebenen Einsatzgrenzen. Instabilitäten des Regelkreises können vor allem bei kleinen Dosierströmen (untere Grenze des Regelbereiches) oder auch durch Schwankungen des Druckniveaus auftreten, besonders dann, wenn Pumpen mit flacher Kennlinie (Bild 2) verwendet werden.

Weiter ist zu beachten, daß die Zuverlässigkeit der Dosierung von der Zuverlässigkeit der Einzelgeräte, Durchflußmesser und Regler, abhängt. Eine Störung an einem dieser Geräte wird – jedenfalls so lange der Regelkreis funktionsfähig bleibt – nicht erkannt, was dann zu Fehldosierungen führt, die in ihrem Ausmaß nicht abschätzbar sind.

Da die Fehlerwahrscheinlichkeit bei einem Regler normalerweise viel geringer ist als bei Durchflußmessern, kann man sich bei der Beurteilung der Dosier-Zuverlässigkeit auf den Durchflußmesser konzentrieren.

Wenn es auf höchste Zuverlässigkeit ankommt, hilft man sich durch redundante Meßwerterfassung, beispielsweise durch den Einsatz von zwei voneinander unabhängig messender, möglichst nach unterschiedlichen Prinzipien funktionierender Meßgeräte (Bild 1 e).

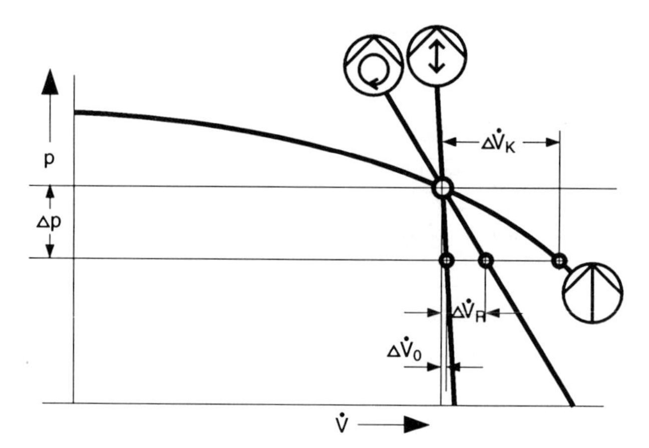

Bild 2: Typische Kennlinien ($\dot{V}$-p-Linien) für oszillierende Verdrängerpumpe, rotierende Verdrängerpumpe und Kreiselpumpe

2.2 Einflußparameter auf den Dosierstrom und die Dosiergenauigkeit von Dosierpumpen (Kompakt-Dosiersysteme)

Für den Dosierstrom (Volumenstrom) $\dot{V}$ einer Dosierpumpe gilt die bekannte Gleichung [1].

$$\dot{V} = V_h \cdot i \cdot n \cdot \eta_V \qquad (1)$$

Der – nur bei Verdrängerpumpen relevante – volumetrische Wirkungsgrad η_V wird üblicherweise als Produkt des Elastizitätsgrade η_E mit dem Gütegrad η_G dargestellt [1].

$$\eta_V = \eta_E \cdot \eta_G \qquad (2)$$

Für die meisten Pumpenarten, die als Dosierpumpen einsetzbar sind, läßt sich sowohl der Elastizitätsgrad als auch der Gütegrad analytisch formulieren [2].

$$\eta_E = 1 - \left(A \frac{h_{100}}{h} - B\right) p \qquad (3)$$

$$\eta_G = 1 - \left(C \frac{p}{\eta} \cdot \frac{n_{100}}{n} + \frac{V_R}{V_h}\right) \qquad (4)$$

Da für typische Dosierpumpen (= oszillierende Verdrängerpumpen) der Konstruktionsparameter C nahezu Null ist und die Rückströmverluste V_R bei richtig ausgelegten Pumpenventilen vernachlässigbar klein sind, lassen sich Gütegrade realisieren, die sehr nahe bei dem Idealwert $\eta_G = 1$ liegen. Für den volumetrischen Wirkungsgrad oszillierender Verdrängerpumpen erhält man damit

$$\eta_V \approx \eta_E = 1 - \left(A \frac{h_{100}}{h} - B\right) p \qquad (5)$$

Hierbei sind die Parameter A und B von der konstruktiven Ausführung der Pumpe sowie von der Kompressibilität des Förderfluids und der Hydraulikflüssigkeit abhängig[1]). Aus Gleichung (5) ist erkennbar, daß der volumetrische Wirkungsgrad einer oszillierenden Verdrängerpumpe um so geringer wird, je höher der Förderdruck (p) und je kleiner die eingestellte Hublänge (h) sind. Für $\eta_E = 0$ wird auch $\dot{V} = 0$. Jede Dosierpumpe hat somit eine Grenzhublänge $h_0 > 0$, bei der sie aufhört, zu fördern. Die Dosierflüssigkeit wird dann nur noch im Pumpenarbeitsraum auf Förderdruck komprimiert

[1]) siehe Beitrag Vetter dieses Buches

und wieder auf Saugdruck entspannt, ohne daß ein Fördervorgang stattfindet. Aus Gleichung (5) ergibt sich für die Grenzhublänge h_0 ($\eta_E = 0$) die Beziehung:

$$h_0 = \frac{Ap}{1 + Bp} h_{100} \tag{6}$$

Das bedeutet, daß für die Einstellung des Dosierstromes nicht die gesamte Hublänge h_{100}, sondern nur der Hublängenbereich $h_{100} - h_0$ nutzbar ist.

Man beachte, daß die durch den volumetrischen Wirkungsgrad bedingte Verminderung des Förderstromes bei oszillierenden Verdrängerpumpen im wesentlichen auf Elastizitäten im Pumpenarbeitsraum zurückzuführen ist und deshalb nahezu keine Auswirkung auf den energetischen Wirkungsgrad der Pumpe hat [3].

Rotierende Verdrängerpumpen haben keine Ventile ($V_R = 0$) und die Elastizitätseinflüsse sind i. a. vernachlässigbar ($A \approx 0$, $B \approx 0$). Damit ergibt sich für ihren volumetrischen Wirkungsgrad wenn, man laminare Strömung*) in den Spalten vorausgesetzt [3].

$$\eta_V \approx 1 - C \frac{p}{\eta} \cdot \frac{n_{100}}{n} \tag{7}$$

Im Gegensatz zur oszillierenden Verdrängerpumpe wirkt sich der volumetrische Wirkungsgrad rotierender Verdrängerpumpe voll auf den energetischen Wirkungsgrad aus, da Leckströme zwischen Druck- und Saugraum stets Leistungsverluste sind.

Ob eine rotierende Verdrängerpumpe als Dosierpumpe einsetzbar ist, hängt im wesentlichen von ihren Spaltverlusten (C, η, p) und dem Regelbereich (n_{100}/n_{min}) ab (Bild 3). Vor allem zähe Flüssigkeiten können bei nicht zu hohen Förderdrücken von rotierenden Verdrängerpumpen noch ziemlich genau und auch sehr zuverlässig dosiert werden. Der Förderstrom einer rotierenden Verdrängerpumpe wird Null wenn $Cpn_{100}/\eta n = 1$) ist (bzw. negativ falls $Cpn_{100}/\eta n > 1$).

Für jede Pumpe kann man, unter Berücksichtigung der üblichen Schwankungen der Randbedingungen (Druck, Temperatur), eine Fehlerkurve in Abhängigkeit vom Volumenstrom (oder Massenstrom) angeben [4], (Bild 4).

Eine Dosierpumpe (Bild 1 c) ist dadurch gekennzeichnet, daß ihr Dosierfehler Σ innerhalb des gewünschten Regelbereiches R kleiner ist als der zulässige Dosierfehler Σ_{zul} (Bild 4, Fehlerkurve I). Pumpen mit größerer Fehlerbandbreite (Fehlerkurve II) dürfen nur dann für Dosierzwecke verwendet werden, wenn man sie in geschlossene Regelkreise (Bild 1 b) einbindet.

*) Bei turbulenter Strömung, d. h. dünnflüssigen Förderfluiden, sind rotierende Verdrängerpumpen normalerweise nicht mehr als Dosierpumpen verwendbar.

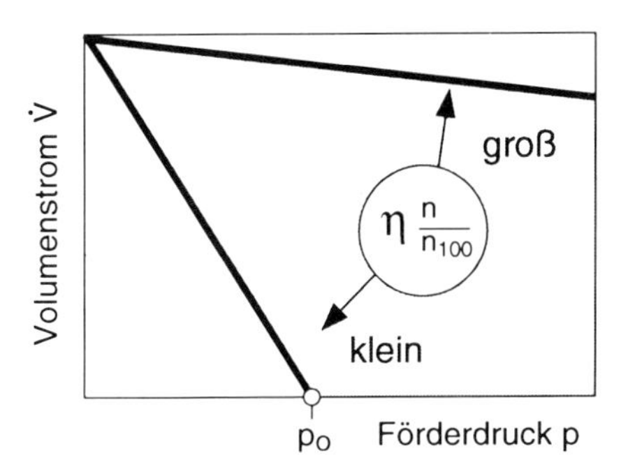

Bild 3: Einfluß von Viskosität, Drehzahl und Förderdruck auf die Kennlinie einer rotierenden Verdrängerpumpe

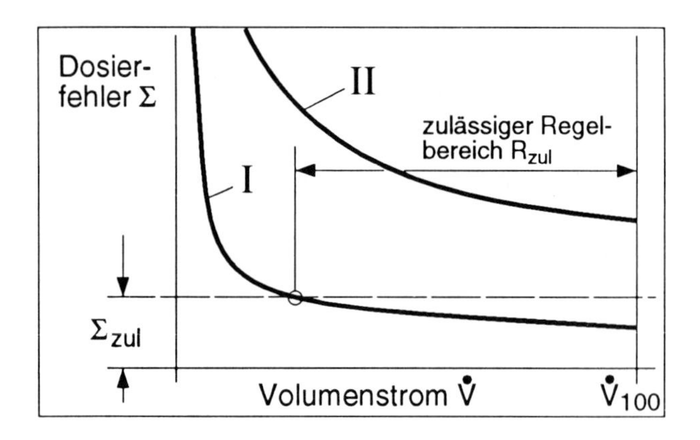

Bild 4: Dosierfehler in Abhängigkeit vom Volumenstrom (I = Dosierpumpe, II = andere Pumpenarten)

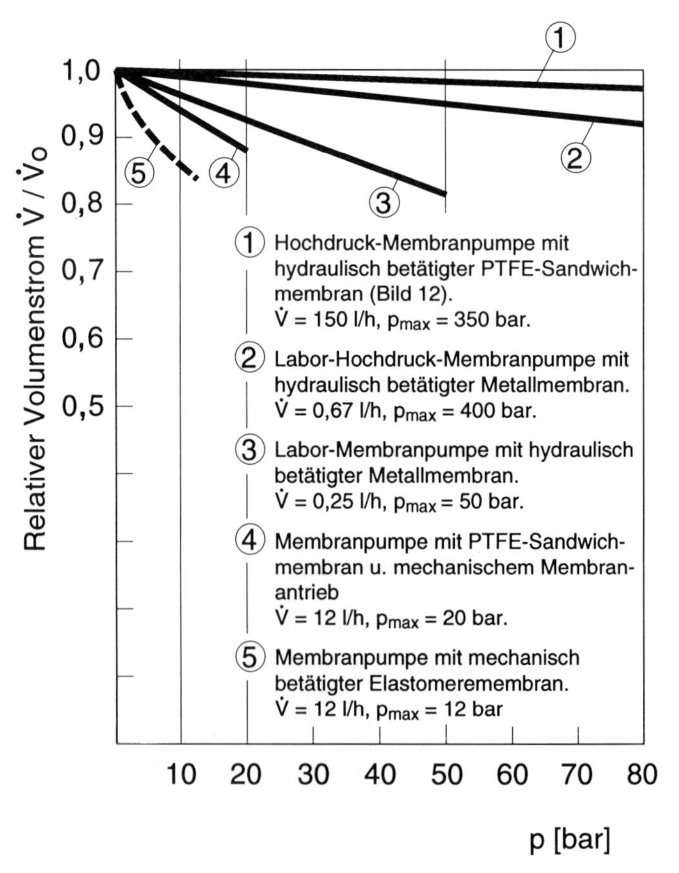

Bild 5: Kennlinien verschiedener Membrandosierpumpen

Um hohe Dosiergenauigkeit zu erreichen, braucht man Pumpen mit möglichst drucksteifer Kennlinie. Die Druckabhängigkeit der Pumpenkennlinie wird im wesentlichen vom Prinzip und der Ausführungsqualität einer Dosierpumpe bestimmt. Bei Membranpumpen unterscheidet man zwei Grundprinzipien: Konstruktionen mit mechanisch (direkt) angetriebener Membran und solche mit hydraulisch angetriebener Membran. Letztere haben nicht nur eine deutlich drucksteifere Kennlinie als Konstruktionen mit mechanischem Membranantrieb, es lassen sich – da die Membran stets druckausgeglichen arbeitet – auch viel höhere Drücke (bis ca. 3000 bar) und höhere Leistungen (bis ca. 1000 kW) realisieren. In Bild 5 sind die Kennlinien $\dot{V}$ (p) von verschiedenen Membranpumpenausführungen gegenübergestellt.

Der Förderstrom von Dosierpumpen kann durch zwei voneinander unabhängige „Stellgrößen" – die Hublänge h und die Hubfrequenz n – variiert werden. Von beiden Stellgrößen ist er linear abhängig (Bild 6).

Nutzt man die Stellgrößen Hublänge und Hubfrequenz voll aus, lassen sich außerordentlich große Stellbereiche (mehr als 1:100) mit hoher Dosiergenauigkeit realisieren. Die Linearität zwischen Dosierstrom und Stellgrößen erlaubt zudem eine einfache elektrische oder pneumatische Ansteuerung und eine problemlose Einbindung in Regelkreise.

3. Zuverlässigkeit von Dosierpumpen

Aufgrund der zahlreichen Parameter, die den Dosierfehler beeinflussen können, ist es schwierig, eine sichere Prognose zu stellen, wie zuverlässig eine Dosierpumpe innerhalb einer vorgegebenen Fehlerbandbreite arbeitet. Reine Flüssigkeiten lassen sich, dank der stabilen, von äußeren Randbedingungen kaum abhängigen Pumpenkennlinien (Bild 2), nicht nur genau, sondern auch außerordentlich zuverlässig dosieren, wie viele Beispiele aus der Praxis belegen.

Es gibt allerdings eine Reihe von Prozeßparameter (z.B. Gas- oder Feststoffanteile im Förderfluid, Belagbildung oder Sedimentation aus dem Förderfluid im Pumpenarbeitsraum, große Schwankungen des Druck- oder Temperatur-Niveaus, große Viskositätsschwankungen, sehr kleine Dosierströme etc.), welche die Zuverlässigkeit der Dosierung beeinträchtigen können. Je nachdem in wel-

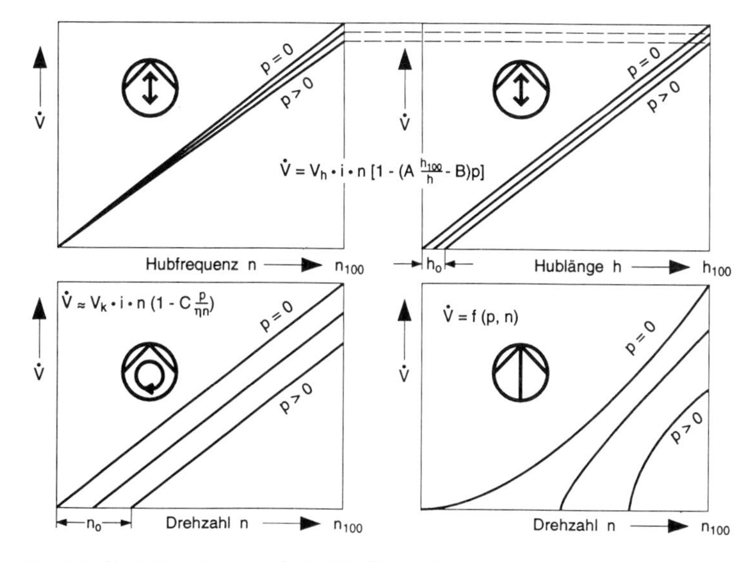

Bild 6: Volumenstrom in Abhängigkeit von der Stellgröße für verschiedene Pumpenarten

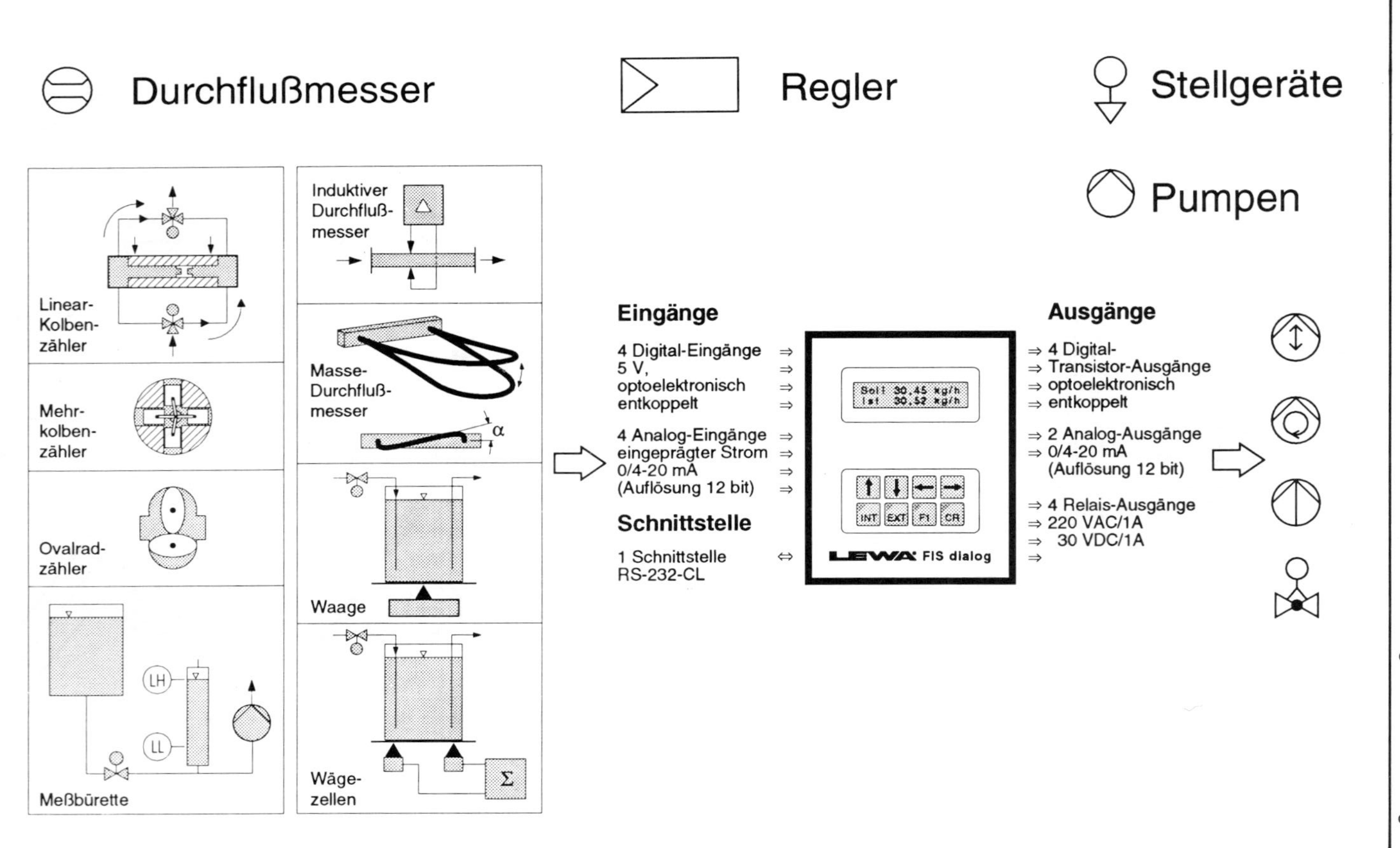

Bild 7: Der universelle Regler FIS Dialog

chem Ausmaß sich solche Störgrößen im Einzelfall auswirken und welche Konsequenzen daraus entstehen, ist zu empfehlen oder sogar zu fordern, daß man die Dosierpumpe in einen Regelkreis einbindet oder mittels Durchflußmesser überwacht.

4. Einbindung der Dosierpumpe in Regelkreise

Im Gegensatz zu Dosiersystemen konventioneller Bauart, bei denen die Pumpe zwingend im Regelkreis betrieben werden muß, damit die verlangte Dosiergenauigkeit eingehalten werden kann (Bild 4/II), ist die Überwachung von Dosierpumpen innerhalb des zulässigen Stellbereiches normalerweise nicht erforderlich (Bild 4/I). Wenn Dosierpumpen in Regelkreise integriert werden, dann aus den zuvorgenannten Gründen.

Ein wichtiges Kriterium für die Beurteilung, ob sich der Aufwand, Dosierpumpen im Regelkreis zu betreiben lohnt, ist, daß der zur Ist-Wert-Erfassung verwendete Sensor (Durchflußmesser, Stoffwertsensor) unter Berücksichtigung aller Randbedingungen eine geringere Störanfälligkeit aufweist als die Dosierpumpe. Wie Beispiele aus der Praxis zeigen, ist diese Forderung nicht immer mit vertretbarem Kostenaufwand erfüllbar. In solchen Fällen bietet die Kombination der mit Meßeigenschaften ausgestatteten Dosierpumpe mit einem Durchflußmesser eine elegante und preiswerte Möglichkeit, Abweichungen vom erlaubten Dosierfehler zuverlässig festzustellen. Dieses „interne Kontrollsystem" wird im Abschnitt 5.2 noch genauer erläutert.

4.1 Einfache Regelkreise mit Dosierpumpen

Aufgebaut sind solche Regelkreise wie konventionelle Dosiersysteme (Bild 1 b). Die Dosierpumpe übernimmt dabei lediglich die Funktionen des Förderorgans (Pumpe) und des Stellgerätes (Hubverstellung). Meßeigenschaften werden von ihr nicht verlangt. Als Meßgerät werden bei direkter Regelung Durchflußmesser, bei indirekter Regelung geeignete Stoffwertsensoren verwendet (Bild 1 d).

Um solche Regelkreise durch Kombination der Einzelmodule Pumpe, Stellgerät, Regler und Durchflußmesser flexibel an die unterschiedlichsten Dosieraufgaben anpassen zu können, wurde ein universell einsetzbarer Regler entwickelt, welcher das gesamte Software-Paket für alle Arten von durchflußgeregelten Dosiersystemen und Gerätekombinationen enthält (Bild 7). Im Gegensatz zu üblichen PID-Reglern erlaubt der adaptive Regler „FIS dialog" die Programmierung der Pumpenkennlinie durch wenige Parameter. Die Ist-Kennlinie wird dabei automatisch ermittelt und laufend an die aktuellen Betriebsbedingungen angepaßt. Dadurch können Sollwert-Veränderungen in kürzester Zeit direkt und genau angefahren werden (Bild 8).

Warum man auch bei geschlossenen Regelkreisen häufig Dosierpumpen und keine anderen (billigeren) Pumpen einsetzt, hat mehrere Gründe:

- Bei kleinen Dosierströmen und hohen Förderdrücken gibt es praktisch keine Alternative zur Dosierpumpe (= ozillierende Verdrängerpumpe).
- Die steife Q-H-Kennlinie der Dosierpumpe (Bild 2) gewährleistet eine hohe Regelstabilität innerhalb eines sehr großen Regelbereiches.
- Das in der Dosierpumpe integrierte Stellgerät (elektrische oder pneumatische Hubverstellung) erlaubt eine kompakte Bauweise des Gesamtsystems.
- Das Spektrum der dosierbaren Fluide ist bei keiner anderen Pumpe so groß wie bei der Dosierpumpe.
- Dosierpumpen sind als Membranpumpen sehr „umweltbewußt" (leckfrei; hoher energetischer Wirkungsgrad, d. h. niedriger Energieverbrauch; geringe Drehzahl, d. h. geräuscharm).

Man beachte, daß die Einhaltung der vorgeschriebenen Dosiergenauigkeit bei einfachen Regelkreisen (Bild 1 b) allein von der Genauigkeit und Zuverlässigkeit des Durchflußmessers abhängt. Wenn der Durchflußmesser falsch mißt, ergeben sich Fehldosierungen, die nicht erkannt werden, auch wenn z. B. die Dosierpumpe genau und störungsfrei arbeitet!

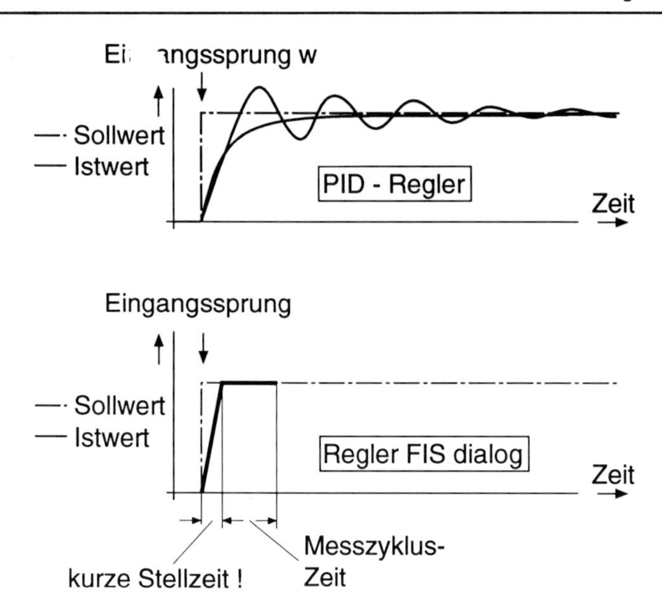

Bild 8: Zeit- und Regelverhalten von Regelkreisen

Trotz dieses prinzipiellen Mangels werden Dosierpumpen zunehmend in Regelkreise integriert. Der Grund: Es gibt inzwischen eine große Palette an Volumen- und Massenstrom-Meßgeräten auf dem Markt, die es gestattet, das passende (ausreichend genau und zuverlässig funktionierende) Fabrikat für den Einzelfall auszuwählen. Bild 9 zeigt als Beispiel ein solches Dosiersystem für Anwendungen im Chemie-Labor.

Letztlich ist es eine Frage des Vertrauens (und eine Frage der Kosten), ob man eine Dosierpumpe im Steuerbetrieb oder eingebunden in einen Regelkreis bevorzugt.

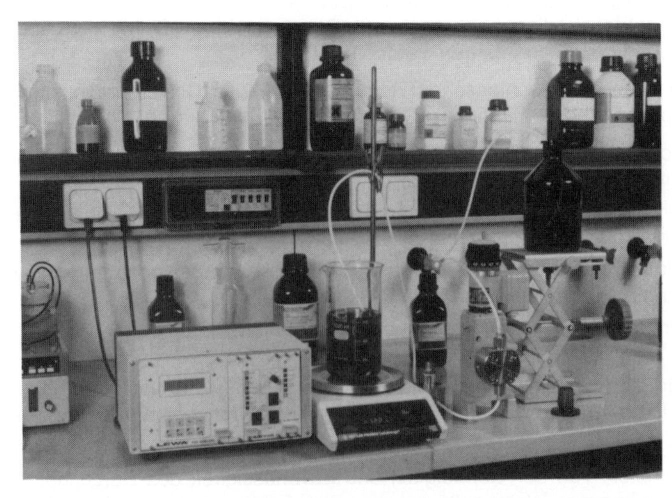

Bild 9: Modulares Dosiersystem im geschlossenen Regelkreis, bestehend aus: Magnet-Membrandosierpumpe, Waage und Regler FIS Dialog. Stellgröße ist die Hubfrequenz (= Impulsfolge) der Dosierpumpe

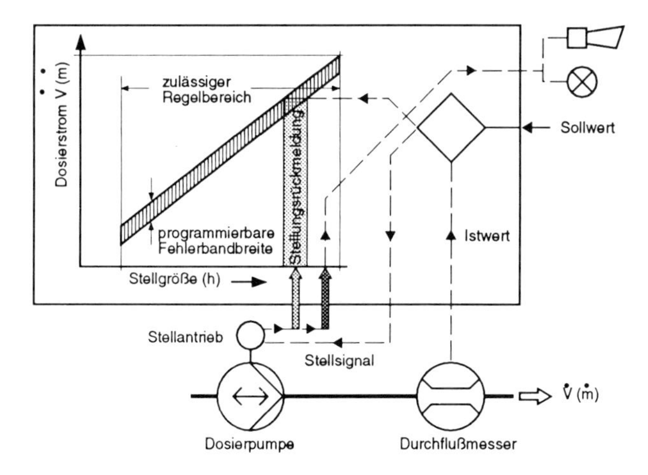

Bild 10: Dosiersystem mit programmierbarer Dosierstromkontrolle im geschlossenen Regelkreis

Um den Regler auch für die interne Dosierstromkontrolle einsetzen zu können, bietet er die Option, die zulässige Fehlerbandbreite einzuprogrammieren. Wird sie überschritten, erfolgt eine Störmeldung. Damit lassen sich – wie nachstehend beschrieben – sehr kompakte und preisgünstige „meßredundante" Dosiersysteme realisieren.

4.2 Dosiersysteme mit programmierbarer Dosierstromkontrolle

Die Grundidee bei diesen Systemen ist, daß man die „Meßeigenschaften" der Dosierpumpe nutzt, um Redundanz zu erzeugen. Die Verknüpfung mit dem Durchflußmesser ist auf zweierlei Arten möglich.

a) *Im geschlossenen Regelkreis:* Der Dosierstrom wird primär vom Durchflußmesser bestimmt, die Dosierpumpe kontrolliert, ob die Meßwerte des Durchflußmessers „plausibel" sind (Bild 10)

b) *Als offenes System (Steuerbetrieb):* Der Dosierstrom wird primär von der Dosierpumpe über die Steuergröße „Sollwert" vorgegeben und vom Durchflußmesser lediglich kontrolliert (Bild 11)

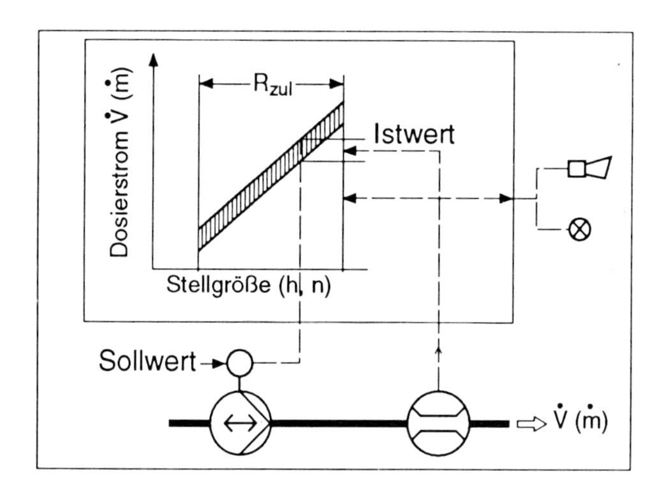

Bild 11: Dosiersystem mit programmierbarer Dosierstromkontrolle als offenes System (Steuerbetrieb)

In beiden Fällen wird eine Störung signalisiert, wenn das kontrollierende Gerät (Dosierpumpe oder Durchflußmesser) Dosierstromabweichungen feststellt, die außerhalb der einprogrammierten Fehlerbandbreite liegen. Die Kombination Dosierpumpe – Durchflußmesser hat die Qualität einer echten Meßredundanz (Bild 1 e), wenn die Dosierpumpe im vorgesehenen Regelbereich bezüglich Genauigkeit und Zuverlässigkeit mit üblichen Durchflußmessern vergleichbar ist.

5. Probleme bei der Meßwerterfassung und -auswertung

5.1 Meßzykluszeit

Die Meßzykluszeit spielt bei der sequentiellen Messung pulsierender Dosierströme (Bild 12) eine große Rolle. Da die Meßzeitpunkte normalerweise unabhängig von der Pulsationsfrequenz des Dosierstromes sind, muß man bei extremer Förderstrompulsation, wie sie z. B. bei Magnet-Dosier-

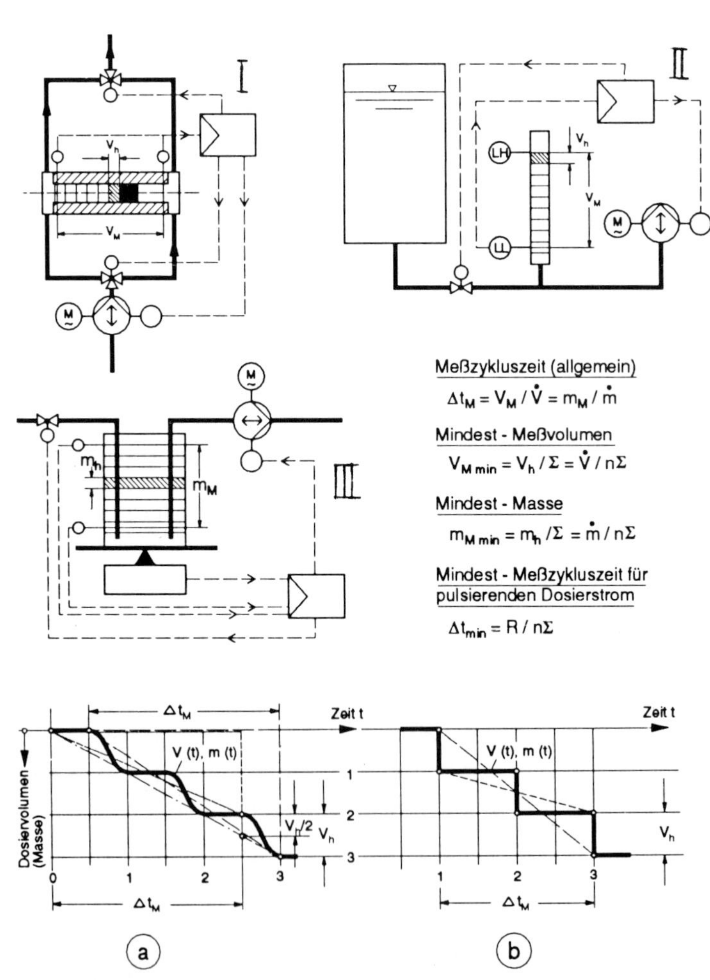

Bild 12: Meßzyklus in Abhängigkeit von der zeitlichen Volumen- bzw. Gewichtsabnahme bei sequentieller Dosierstrom-Messung
a Dosierpumpe mit harmonischer Kinematik, b Dosierpumpe mit unstetiger Kinematik (Magnetpumpe), I Linearkolbenzähler, II Meßbürette, III Waage/Wägezelle

pumpen vorliegen kann, mit einem maximal möglichen Meßfehler von $\pm V_h$ rechnen (Bild 12b). Pumpen mit harmonischer Verdrängerkinematik haben einen max. Meßfehler von $\pm V_h/2$ (Bild 12a). Um eine Dosiergenauigkeit von $\pm \Sigma$ einzuhalten, ist im Fall b ein Mindest-Meßvolumen (-masse) erforderlich von

$$V_{M\,min} = V_h/\Sigma = \dot{V}/n\Sigma \qquad (8)$$
$$(m_{M\,min} = m_n/\Sigma = \dot{m}/n\Sigma)$$

Für die Meßzykluszeit gilt allgemein:

$$\Delta t_M = V_M/\dot{V}, = m_M/\dot{m} \qquad (9)$$

Daraus ergibt sich eine Mindest-Meßzykluszeit für (extrem) pulsierende Dosierströme und unter Berücksichtigung des Regelbereiches R von

$$\Delta t_{M\,min} = R/n\Sigma \qquad (10)$$

Die Meßzykluszeit wird also um so länger, je kleiner die Pulsationsfrequenz des Dosierstromes (= Hubfrequenz der Dosierpumpe) und je höher die verlangte Dosiergenauigkeit sind. An einem konkreten Beispiel soll dies deutlich gemacht werden.

Beispiel: Eine Dosierpumpe soll im Bereich R = 10 : 1 geregelt werden. Die verlangte Genauigkeit (Σ) beträgt $\pm$ 1 % = $\pm$ 0,01. Die maximale Hubfrequenz (n) ist 180 min^{-1} = 3 Hz.

$$t_{M\,min} = 10/n\,\Sigma = 10/3 \cdot 0{,}01 = 330\text{ s} = \underline{\underline{5\text{ min }30\text{ s}}}$$

Bei Prozessen, die eine schnelle Anpassung des Dosierstromes an ein vorgegebenes Veränderungsprofil verlangen, braucht man eine hohe Regeldynamik. Das bedeutet (auch) kurze Meßzykluszeiten. Die Meßzykluszeit läßt sich stark reduzieren (im Grenzfall um den Faktor Σ), wenn die Meßzeitpunkte mit der Pulsationsfrequenz des Dosierstromes synchronisiert werden (Bild 13). Relativ einfach realisieren läßt sich dies bei der sequentiellen Wägung, indem man (z. B. mittels Kontaktgeber) die Synchronisation über die Pumpendrehzahl herstellt. Eine Synchronisation ist nicht möglich, wenn die Meßmarken fest vorgegeben sind, wie z. B. beim Linearkolbenzähler oder bei der Meßbürette (Bild 12).

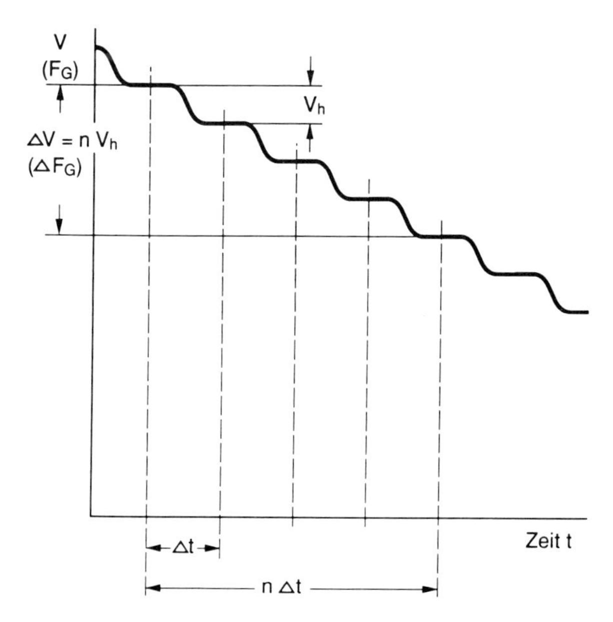

Bild 13: Synchronisation zwischen Pumpendrehzahl und Meßzeitpunkt

5.2 Meßwertauflösung

Die Meßwertauflösung (N) spielt gelegentlich bei der sequentiellen Gewichtsmessung, vor allem bei großen Meßbereichen (M) und kleinen Dosierströmen ($\dot{m}$) eine Rolle. Die kleinste Einheit (ΔM), in die sich der Meßbereich (M) auflösen läßt, beträgt

$$\Delta M = M/N \tag{11}$$

Um den Dosierfehler Σ nicht zu überschreiten, muß eine Mindestmenge (m_{min}) gemessen werden von

$$m_{min} = \Delta M/\Sigma = M/\Sigma N \tag{12}$$

Mit Gl. (9) ergibt sich die Meßzykluszeit

$$\Delta t_{M\,min} = m_{min}/\dot{m} = M/\Sigma N\dot{m} \tag{13}$$

Auch hier soll an einem Beispiel gezeigt werden, welche Konsequenzen sich in Grenzfällen ergeben können.

Beispiel: Zu dosieren ist ein Massenstrom zwischen 0,1 und 1,0 kg/h (Regelbereich 1:10). Der Meßbereich der verwendeten Wägezelle beträgt 0–5 kg. Verlangte Dosiergenauigkeit: $\Sigma = \pm 1\,\% \mathrel{\hat{=}} \pm 0{,}01$. Meßwertauflösung des Reglers: 12 bit ($\mathrel{\hat{=}} N \approx 4000$). Im ungünstigsten Fall (kleinster Dosierstrom $\dot{m}$) erhält man:

$$\Delta t_{M\,min} = M/\Sigma N\dot{m} = 5/0{,}1 \cdot 4000 \cdot 0{,}1 = \underline{\underline{1{,}25\ h}}$$

d. h. eine Meßzykluszeit, die für die meisten Dosieraufgaben viel zu lang ist. Um sie zu verkürzen, kann entweder der Meßbereich verkleinert werden, oder man muß Geräte benutzen, die eine höhere Meßwertauflösung haben.

Formelzeichen

A	Verdrängerquerschnitt
C	Konstruktionsparameter
h	Hublänge
h_{100}	maximale Hublänge
h_0	Grenzhublänge
i	Anzahl der Pumpenzylinder
$\dot{m}$	Massenstrom
n	Hubfrequenz
p	Förderdruck
R	Stellbereich
V_h	Hubvolumen
$\dot{V}$	Volumenstrom
V_R	Rückströmvolumen in den Ventilen je Arbeitsspiel
V_M	Meßvolumen
η	dynamische Zähigkeit des abzudichtenden Fluids
η_V	Fördergrad
η_E	Elastizitätsgrad
η_G	Gütegrad
Σ	maximaler Dosierfehler
σ	mittlerer Dosierfehler
δ_{TF}	auf das Hubvolumen bezogener Schadraum im Förderraum
δ_{TH}	auf das Hubvolumen bezogener Schadraum im Hydraulikraum
δ_T	auf das Hubvolumen bezogener Schadraum einer Kolbenpumpe
χ_F	Kompressibilität der Förderflüssigkeit
χ_H	Kompressibilität der Hydraulikflüssigkeit
λ	Elastizitätskonstante des Pumpenkopfes
ϱ	Dichte des Förderfluids

Schrifttum

[1] Vetter, G., Fritsch, H., Müller, A.: ,,Einflüsse auf die Dosiergenauigkeit oszillierender Verdrängerpumpen". Aufbereitungs-Technik 1/74, S. 16–27.
[2] Fritsch, H., Jarosch, J.: ,,Einflußparameter auf die Genauigkeit von Dosierpumpen". CIT Heft 3 (1986), S. 242–243 (Synopse Nr. 1464).
[3] Fritsch, H.: ,,Der volumetrische und der energetische Wirkungsgrad von Verdrängerpumpen", Chemie-Technik, 20. Jahrgang (1991), Nr. 12, S. 44–51.
[4] Fritsch, H.: ,,Genau und zuverlässig dosieren mit Dosierpumpen und Dosiersystemen", chemie-anlagen + verfahren, 6/92, S. 19–29.

Dosierpumpen für hochviskose Klebstoffe

Von E. SCHLÜCKER[1])

1. Einleitung

Im Zuge der ständig zunehmenden Mechanisierung und Automatisierung von Produktionsprozessen dringt die Klebetechnik immer mehr in Bereiche vor, die bisher fast ausschließlich den klassischen Verbindungsarten wie Schweißen und Löten vorbehalten waren. Grundlage dieser Entwicklung ist eine ständige Verbesserung der Klebstoffeigenschaften und die Erweiterung des Klebstoff-Anwendungsspektrums. Die Vorteile des Klebens gegenüber den klassischen Fügetechniken sind:

- Verbindung unterschiedlicher Materialien wie Glas, Keramik, Kunststoffe und Metall. Daraus resultiert die Klasse der Verbundwerkstoffe.
- Oft erhebliche Gewichts- und Volumeneinsparung.
- Volle Ausnutzung der Festigkeit, da im Gegensatz zu anderen Fügeverfahren keine ausgeprägten Spannungsspitzen auftreten.
- Keine thermische Beeinträchtigung von Werkstoff oder Bauteil.
- Gleichzeitige Dichtfunktion wird erzielt.
- Korrosionsschutz und Erhöhung der Festigkeit bei Kombination mit anderen Verbindungstechniken wie Punktschweißen, Nieten, Bördeln.
- Schall- und schwingungsdämpfend.

Der Ausnutzung dieser Vorteile sind durch die geringe Festigkeit, schwierige Berechnung, eingeschränkten Temperatureinsatzbereich oder ungünstiges Alterungsverhalten Grenzen gesetzt.

Die Umsetzung der genannten Vorteile in wirtschaftliche und sichere Produktionsprozesse ist jedoch nur möglich, wenn der Pumpen- und Anlagenbau individuelle zuverlässige Lösungen zur Klebstoffdosierung und -applikation zur Verfügung stellen kann.

2. Anforderungen an Dosiertechnik

Klebstoff-Dosieranlagen müssen ein Höchstmaß an Dosiergenauigkeit, schonender Förderung und Lebensdauer erreichen. Dies bedeutet die Beherrschung der klebstoffspezifischen apparate- und pumpentechnischen Schwierigkeiten, die sich besonders in automatisierten Produktionsprozessen (z. B. CNC- oder robotergesteuerte Applikation) als nachteilig erweisen:

- starker Pumpen- und Anlagenverschleiß
- Dosierfehler (Förderstromschwankung und -unterbrechung, Anfahrfehler)
- Rezepturfehler und Mischungsfehler
- Kleberausgasung oder Verdampfung in der Förderpumpe
- Schädigung des Klebstoffes durch Scherung und Überhitzung
- Strömungstoträume (lokale Alterung, bzw. Aushärtung)

Aufgrund dieser Schwierigkeiten und vor dem Hintergrund höchst unterschiedlicher Eigenschaften der heute verwendeten Industrieklebstoffe sind von der Dosier- und Anlagentechnik eine Vielzahl auf den jeweiligen Klebstoff abgestimmter Lösungen gefordert.

3. Für die Dosierung wichtige Klebstoffeigenschaften

Die Viskosität liegt zwischen ca. 35 mPas (Methylat) und über 1000 Pas (Butylkautschuk). Klebstoffe weisen newtonsche, strukturviskose, dilatante, viskoelastisch-plastische oder/und thixotrope Fließeigenschaften auf.

---

[1]) Dr.-Ing. E. Schlücker, Lehrstuhl Apparatetechnik und Chemiemaschinenbau, Universität Erlangen, Erlangen

[2]) s. Kap. 2.2 dieses Buches (Beitrag G. Vetter)

Anlagentechnisch bedeutsam ist die Einteilung in Einkomponenten- (1K) und Zweikomponenten (2K)-Klebstoffsysteme:

1K-Klebstoffe: Die Aushärtung kann durch Feuchteeinwirkung, Erwärmung, Luft, UV-Bestrahlung, Metallkontakt, Trocknung oder Abkühlung erfolgen. Während der Klebstoff bei Lagerbedingungen aufgrund chemischer Blockierung monatelang stabil bleiben kann, muß bei der Verarbeitung darauf geachtet werden, daß beispielweise durch Reibungswärme keine Vernetzungsvorgänge in der Anlage eingeleitet werden. Bei feuchtehärtenden Klebern muß durch geeignete Sperrflüssigkeiten vor dynamischen Dichtungen ein Eindringen von Luftfeuchtigkeit verhindert werden.

2K-Klebstoffe: 2K-Systeme härten durch Reaktion der beiden Komponenten aus. Die Vernetzungsgeschwindigkeit bei der Polymerisation oder Polyaddition sowie die Eigenschaften der Verklebung hängen stark von der Einhaltung der Rezeptur (Mischungsverhältnis) und einer innigen Vermischung ab. Hier ist eine Dosier- und Mischtechnik gefordert, die auch bei Mischungsverhältnissen $< 1/100$ hohe Genauigkeit und Homogenität erreicht. Übliche Maßnahmen hierzu sind synchronisierte Dosierpumpen und dynamische Mischer.

Daneben ist noch ein erhöhter steuerungstechnischer Aufwand erforderlich. Im Gegensatz zu 1K-Systemen, wo die Aushärtung erst nach der Applikation beginnt, muß bei 2K-Systemen nach dem Mischen die Topfzeit beachtet werden (Überwachung von Stillstandszeiten). Vor Überschreiten der Topfzeit muß der Mischer mit Reinigungsflüssigkeit gespült werden.

Die gemeinsame Schwierigkeit bei 1K- und 2K-Systemen stellen verschiedenste **Füllstoffe** dar. Die meist verwendeten Schüttgüter sind: Ruß, Talkum, Kreide, verschiedene Silikate, Quarz und Korund. Die Partikel sind in der Regel feinkörnig ($< 1\ \mu m$), verursachen Verschleiß und fordern die gezielte Auswahl verschleißfester Werkstoffe.

Klebstoff-Dosieranlagen

Der Verfahrensablauf in einer Klebstoffdosieranlage sieht folgende Schritte vor:

- Aufbereitung des Klebstoffes (Entlüften, Homogenisierung)
- Förderung aus dem Vorratsbehälter
- Dosieren
- Mischen (bei 2K-Klebstoffen)
- Klebstoffapplikation
- Steuern und Überwachen

Die hohe Viskosität läßt meist kein selbsttätiges Ansaugen der Dosierpumpe zu. Zur Vermeidung von Dampf- oder Gasblasen muß das Dosiersystem aufgeladen werden. Bei niedrig- bis mittelviskosen Komponenten (bis 50 Pas) geschieht dies oft mit Druckgas-beaufschlagten Behältern. Bei Verwendung getrockneter Gase (Luft, Stickstoff, Kohlendioxid) sind diese auch für feuchtereagierende Klebstoffe geeignet.

Bei hochviskosen Klebstoffen werden, insbesondere bei der Verarbeitung großer Dosiermengen, mechanische Faßpressen oder Faßpumpen verwendet, um den zur Versorgung der Dosieraggregate nötigen Förderdruck zu erzeugen.

In Bild 1 ist das Schema einer Faßpumpe dargestellt, die hochviskose Fluide direkt aus einem Standard-Faß zur Auftragsstelle bzw. Dosierpumpe fördert oder als zentrale Materialversorgung eingesetzt werden kann. Der Hubzylinder (1) hebt und senkt das an einer Traverse befestigte Pumpenaggregat und erzeugt den nötigen Druck auf die mit einer doppelten Abstreifdichtung versehene Folgeplatte (3). Dadurch wird das Material der in der Faßpumpe integrierten pneumatisch angetriebenen, doppelt wirkenden Kolbenpumpe (2) zugeführt. Damit können Fluidviskositäten bis 5000 Pas bei Drücken bis 350 bar verarbeitet werden. Bei noch höherer Viskosität (schwerfließende, hochviskose Butyle, Haftschmelzkleber, Dichtungsmassen, PUR-Schmelzkleber) werden Faßschmelzer eingesetzt (Bild 2). Das Gerät kann mit Zahnradpumpe, Kolben- oder Schneckenpumpe ausgeführt werden. Bei einer Version ohne Pumpe erfolgt die Förderung über den pneumatisch oder (für besonders hohe Leistungen) hydraulisch einstellbaren Stempeldruck.

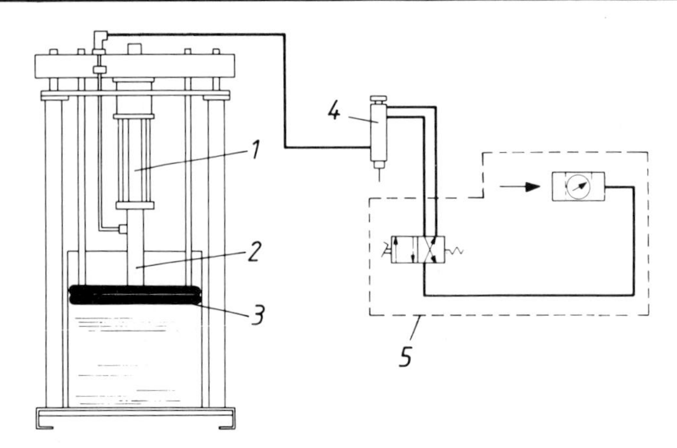

Bild 1: Dosieranlage mit hydraulischer Faßpresse [8]: 1 Hydraulikkolben, 2 Fluiddurchführung, 3 Folgeplatte mit Abstreifdichtung, 4 hydraulisch angesteuerter Dosierer, 5 Hydraulikanlage

Bei feststoffgefüllten Fluiden muß, falls Sedimentationsgefahr besteht, das Fluid in den Behältern ständig in Bewegung gehalten werden. Eventuell dabei eingetragenes Gas muß durch intermittierenden Vakuumbetrieb entfernt werden.

In der einfachsten Ausführung einer Dosieranlage werden die durch eine Faßpresse oder -pumpe druckbeaufschlagten Kleber direkt zu Dosier- oder Auslaßventilen gefördert. Da es sich hierbei jedoch um keine genaue volumetrische Dosierung handelt, kann keine hohe Dosiergenauigkeit erreicht werden.

Bild 2: Beheizbare Folgeplatte eines Faß-Schmelzers [10]: 1 Heizplatte

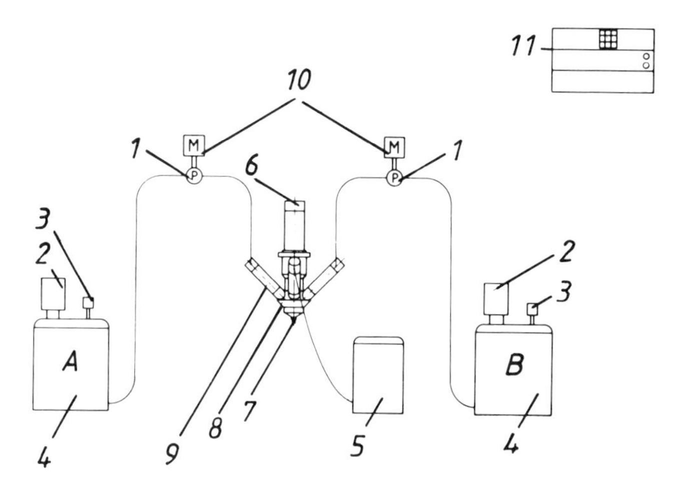

Bild 3: Zweikomponenten Misch- und Dosieranlage [1]: A/B Komponenten, 1 Dosierer, 2 Rührer, 3 Füllstandsanzeige, 4 Behälter, 5 Reiniger-Behälter, 6 Mischmotor, 7 Auslaßdüse, 8 Mischkopf, 9 Ventile

Eine genaue Mengendosierung ist nur über eine volumetrische Zwangsdosierung mit Hilfe volumetrischer Dosierpumpen möglich.

Zwischen Dosierpumpe und Dosierkopf mit Applikationsdüse sollte zur Vermeidung von Störungen eine möglichst feste und kurze Rohrleitung installiert sein. Dies führt in der Regel dazu, daß Dosierpumpe und -kopf als Einheit hergestellt werden.

Bei Zweikomponentensystemen sind zwei Dosieranlagen parallel aufgebaut (Bild 3, A, B). Die Zusammenführung der beiden Komponenten sollte dabei möglichst nah an der Applikationsdüse (7) erfolgen (Topfzeit, Elastizität des Klebers). Allerdings muß mit statischen oder dynamischen Mischern (Bild 3, Pos. 8, Bild 4) für homogene Vermischung gesorgt werden. Düse, Mischer und eventuell notwendige Rückschlagventile (9) sind meist eine kompakte Einheit.

Ein wichtiger anlagentechnischer Aspekt ist die Applikationsart: Punktauftrag, raupenförmiger Auftrag, flächiger Auftrag und Vergießen.

Je nach Applikationsart muß der Auslaß als Düse, Sprühdüse oder Walze für Flächenauftrag ausgeführt werden.

Um zu verhindern, daß ein Nachtropfen des Klebstoffes auftritt, wird das Auslaßventil so gestaltet, daß beim Schließvorgang eine Volumenvergrößerung stattfindet, wodurch ein Rücksaugeffekt erzielt wird.

Bei anspruchsvollen Aufgabenstellungen sind automatisierte rechnergesteuerte Prozesse Standard.

4. Dosierpumpenauswahl

Die Entscheidung für einen bestimmten Pumpentyp hängt von der Kleber-Viskosität, dem Volumenstrom, der Abrasivität der Füllstoffe sowie der Automatisierung der Dosieraufgabe (Chargen- oder kontinuierliche Dosierung, Verhältnisdosierung, Dosiergenauigkeit) ab.

Daneben sind noch Reinigungsfähigkeit, Ansaug- bzw. Förderverhalten und natürlich der Preis Entscheidungskriterien.

Hauptsächlich werden Zahnrad- oder Langhub-Kolbendosierpumpen (großes Hub/Durchmesser-Verhältnis) mit geregelten Antrieben verwendet (Bild 5, a, b, c; Tafel 1), in selteneren Fällen auch Kreis-

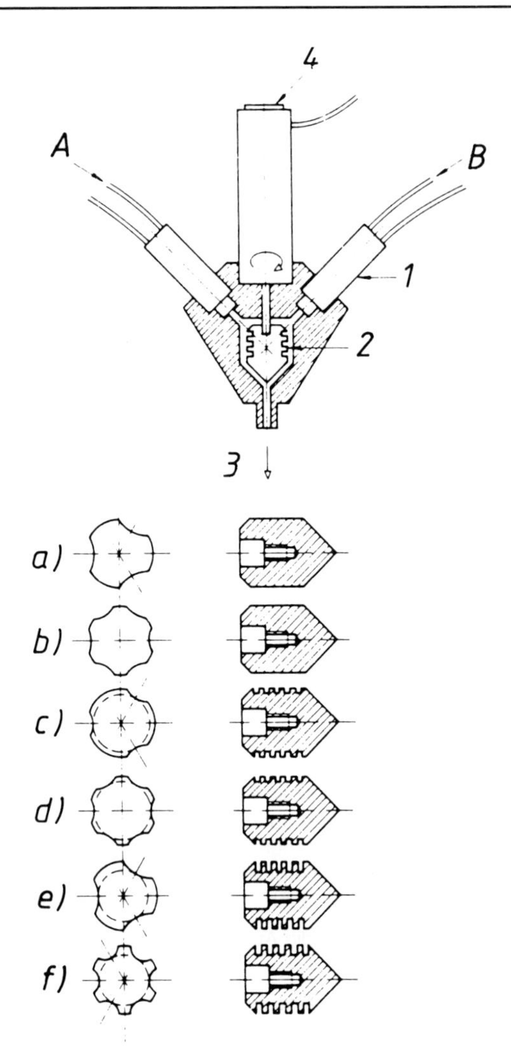

Bild 4: Dynamischer Mischer [2]: A/B Komponenten, 1 Dosierventile, 2 Rührer, 3 Auslaßventil, 4 Rührermotor, a/b Spaltrührer für geringe Mengen, c/d Übergang zu dickflüssigen Stoffen, e/f Stachelrührer für dickflüssige Stoffe

kolbenpumpen (für äußerst scherempfindliche Medien) oder Exzenterschneckenpumpen. Die üblichen Drehzahlen von Zahnradpumpen liegen im Bereich bis 100 U/min, das pro Umdrehung geförderte Volumen reicht von 0,1 cm^3 bis ca. 20 cm^3. Übliche Hubvolumina von Kolbenpumpen betragen 10 bis einige 100 cm^3. Die maximalen Hubfrequenzen liegen bei 60–80 1/min. Die Pumpendrehzahlen und -hubfrequenzen müssen so gewählt sein, daß eine hohlraumfreie (blasenfreie) Befüllung des Pumpenraumes gewährleistet ist. Pumpenbauart, Hub- bzw. Drehzahl und die Leistungsparameter des Ladesystems stehen in engem Zusammenhang.

Während mit Kolbenpumpen unabhängig vom Fluid nahezu beliebige Förderdrücke (bis 1000 bar) erreicht werden können, ist bei den Zahnradpumpen aufgrund der Leckströme über die Spaltdichtungen an den Stirn-, Flanken- und Seitenflächen druckabhängig eine minimale Viskosität einzuhalten. Großer Druck und geringe Viskosität verursachen große Leckverluste.

Tafel 1: Anwendungsbereiche verschiedener Pumpenbauformen; KB Kolbenpumpe, AZP Außen-Zahnrad-Pumpe, IZP Innen-Zahnrad-Pumpe

Anforderung	KB	AZP	IZP
maximale Viskosität [mPas]	$> 10^5$	$< 5 \cdot 10^4$	$< 5 \cdot 10^4$
Füllstoffe [μm]	< 140	(< 20)	(< 20)
maximales Verdrängungsvolumen pro Hub (H) / Umdrehung (U) [cm^3]	≤ 800/H	0.1–20/U	0.1–20/U
Dosiergenauigkeit	> ±0.1 %	> ±0.5 %	> ±0.5 %
diskontinuierliche Dosierung	x		
kontinuierliche Dosierung		x	x
Verhältnisdosierung	x	(x)	(x)
maximaler Druck [bar]	< 1000	< 300	< 100

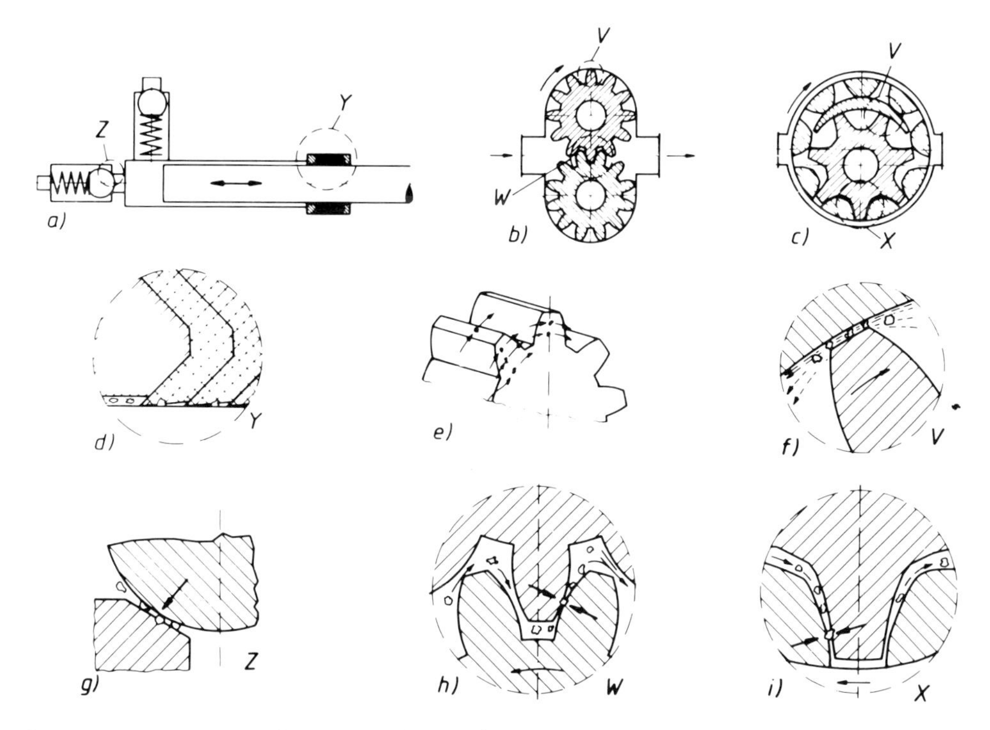

Bild 5: Verschiedene Klebstoffdosierer und Verschleißmechanismen: a Kolbendosierer, b Außenzahnradpumpe, c Innenzahnradpumpe, d=i Verschleißmechanismen

Außen- bzw. innenverzahnte Zahnradpumpen haben wegen der Preisunterschiede (Außenzahnradpumpe billiger) und den unterschiedlichen Funktionsweisen charakteristische Anwendungsbereiche. Typisch ist, daß außenverzahnte Ausführungen für höhere Drücke geeignet sind, während Innenzahnradpumpen schonender fördern. Verzahnungstypen mit treibendem Eingriff sind verschleißempfindlich.

Kolbenpumpen zeigen aufgrund ihrer volumetrischen Genauigkeit, Verschleißunempfindlichkeit und der möglichen Betriebsparameter größte Anwendungsflexibilität, sind aber wegen der gesteuerten Linearantriebe teuer.

5. Verschleiß

Die den Verschleiß verursachenden Füllstoffe werden eingesetzt, um bestimmte Klebstoffeigenschaften (elektrische und optische Eigenschaften, Gewicht, Volumenstabilität) zu erzielen oder diese zu verbilligen.

Verwendet werden Kreide, Talkum, Quarzmehl, Korund, verschiedene Silikate und Glashohlkugeln (zur Gewichtsreduzierung). Verschleißbestimmend sind je nach Verschleißart Größe, Form und Härte der Partikel.

In Pumpen finden hauptsächlich drei Verschleißarten statt [6, 7]. Während Spaltorgane (Ventile, Bild 5, g) und der Eingriff von Zahnflanken (Bild 5, h, i) stampfende Beanspruchung (Stampfverschleiß) erfahren, tritt an gleitenden Dichtungen (Bild 5, d) Spalten und Zahnflanken Gleitverschleiß und an allen Spalten eventuell zusätzlich Strömungs- bzw. Strahlverschleiß auf (Bild 5, e, f). Selbstverständlich sind auch alle Kombinationen dieser Verschleißarten möglich.

Während bei Gleitverschleiß aufgrund der abweisenden Wirkung eher die kleineren Partikel wirken, sind bei Stampf- und Strahlverschleiß bevorzugt die größeren Partikel schädlich. Erfahrungsgemäß sind für Zahnradpumpen Grenzen durch Partikelgrößen und -härte gesetzt, z. B. für Kreide (Mohs-Härte 3) bei 50 μm, für Quarzmehl (Mohs-Härte 7) bei 10 μm [1], hierbei ist allerdings schon mit erhöhtem Verschleiß zu rechnen. Klebstoffe mit sehr abrasiven Füllstoffen (z. B. Korund: Mohs-Härte 9) bleiben Kolbenpumpen vorbehalten. Die Grenze der Partikelgröße bei Kolbenpumpen ist erreicht, wenn keine sichere Ventilfunktion mehr gewährleistet werden kann.

Zusätzlicher Verschleiß bei außenverzahnten Zahnradpumpen entsteht durch das Verdrängen des Fluides aus der Zahnlücke (Quetschraum).

Innenverzahnte unterscheiden sich im Funktionsprinzip nicht von den außenverzahnten Zahnradpumpen, die Zahnflankenpressung ist aber aufgrund der Zahnform geringer, was bei feinkörnigen Partikeln die geringere Verschleißempfindlichkeit bewirkt.

Im Hinblick auf den Verschleiß der Zahnräder ist auch die Verwendung von Zahnradpumpen mit zwei über Außengetriebe getriebene Zahnrädern in Betracht zu ziehen. Diese entsprechen Kreiskolbenpumpen mit Zahnflügeln und weisen definierte Abstände zwischen den Zahnflanken auf; daher sind sie für die Förderung partikelbeladener Medien bis zu gewissen Partikelgrößen günstiger. Die Spalte führen jedoch zu innerer Leckage, weshalb diese Pumpen nur für hohe Viskosität und einen beschränkten Druckbereich einsetzbar sind.

Um den Verschleiß zu minimieren, sollte allgemein

Werkstoffhärte $>$ **Partikelhärte** (Verschleißtieflage) [6, 7]

gelten.

Mit harten, verschleißbeständigen Werkstoffen (Stellite, harte Stähle, Keramik, Sinterhartmetalle etc.) sind jedoch auch hohe Herstellkosten verbunden.

Die verschleißanfälligen Bauteile erreichen (klebstoff- und anlagenabhängig) Standzeiten von 3–12 Monaten. Dies sind Betriebserfahrungen, die in Form von Wartungsempfehlungen an Kunden weitergegeben werden. An verbesserten Ausführungen mit hoher Verschleißresistenz wird ständig gearbeitet.

6. Konstruktive Gestaltung

Die größten konstruktiven Anstrengungen zielen auf die Vermeidung des Verschleißes. Die Verwendung hochwertiger verschleißfester Werkstoffe ist daher oft eine Selbstverständlichkeit. Allerdings werden harte Werkstoffe nur gezielt, beispielsweise für **Wellen**schutzhülsen oder **Gehäuse**brillen (Bild 6), in Zahnradpumpen eingesetzt (leichte Auswechselbarkeit).

Kolben und Ventilteile lassen sich leicht mit Hartstoffen panzern oder massiv ausführen.

Als **Kolben- und Wellendichtungen** haben sich vorwiegend V-Manschetten-Packungen (mit üblicherweise 4 Elementen) aus glasfasergefülltem PTFE bewährt.

Der **Quetschströmung bei Zahnradpumpen** begegnet man durch Druckentlastungsnuten im Zahngrund. Neben der Reduzierung der Strömungsgeschwindigkeit (geringerer Verschleiß) erreicht man dadurch auch eine schonendere Förderung des Klebers (kleinere Scherbeanspruchung) und die Verringerung der axialen Lagerkräfte.

Hochviskose Fluide erfordern möglichst widerstandsfreien Einlauf. Großflächige Einlaufkanäle (Bild 7, 1) sind daher eine Selbstverständlichkeit. Zusätzlich sind zur sicheren Befüllung der Zahnlücken in Zahnradpumpen die Einlaufbereiche teilweise sichelförmig ausgearbeitet (Bild 7, 2). Zahnradpumpen für hochviskose Kleber leiten sich prinzipiell aus der Fördertechnik von Kunststoffschmelzen ab (Austrag-, Spinnpumpen) [2].

Eine weitere Zielsetzung ist die **Vermeidung der Aushärtereaktion in der Pumpe**. Kurze Verweilzeiten des Klebers in der Pumpe, dichte Systeme und kurze Rohrleitungen zwischen Pumpe und Dosierkopf bzw. bei 2K-Systemen zwischen Mischer und Applikationsdüse sind daher wesentlich. Außerdem muß eine gute Spülung und Reinigungsfähigkeit gewährleistet sein.

Kurze Verweilzeiten erlauben keine Toträume und kein Anbacken an der Pumpenwand. Bei Kolbenpumpen wird dies durch günstige Anordnung der Saug- bzw. Druckbohrung erreicht. Die rechtwinklige Anordnung an den jeweils entgegengesetzten Seiten des Pumpenraumes (Bild 8, Pos. 3 und 4) und der geringe Schadraum im oberen Totpunkt bewirken gute Durchspülung. Zur Vermeidung stehender Randschichten, die dann zu Anbackungen an den Wänden des Pumpenraumes führen, sollten glatte Oberflächen (elektropolierte Dosierkammern) realisiert werden.

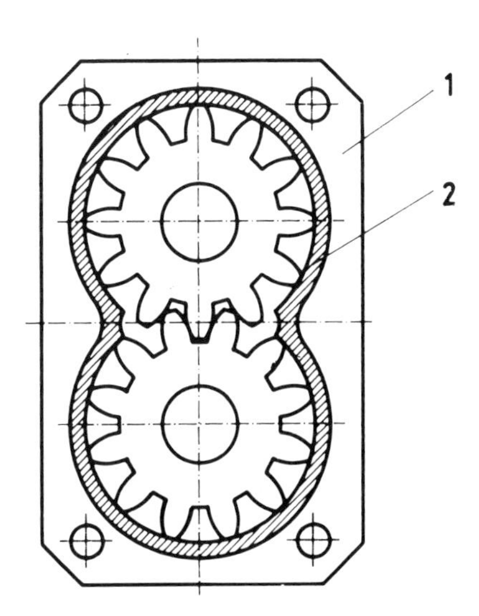

Bild 6: Brillenkonstruktion einer Zahnradpumpe: 1 Pumpengehäuse, 2 Verschleißschutzbrille aus Hartstoff

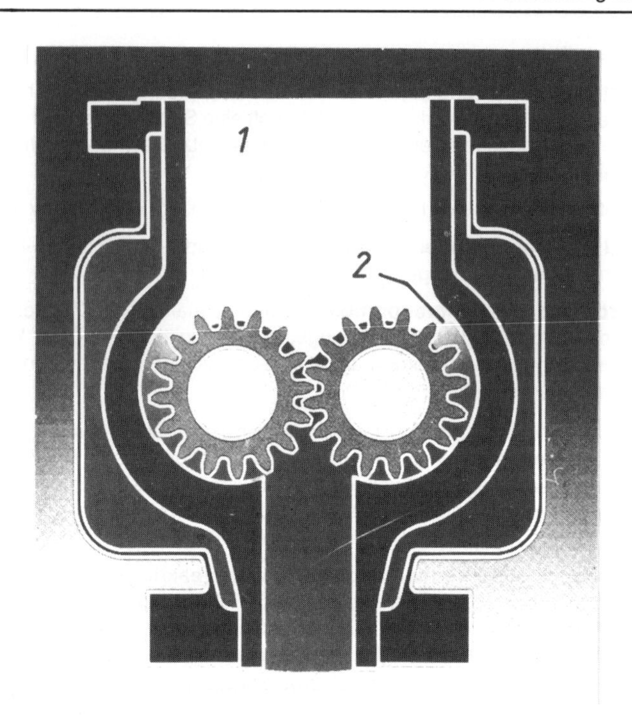

Bild 7: Schema einer Zahnradpumpe für Klebstoffe [11]: 1 großer Saugkanal, 2 Einlaufsicheln

Außerdem muß der Kontakt mit der Umgebungsluft verhindert werden (Feuchtigkeitshärter). Da an der Kolbenabdichtung grundsätzlich mit einer Unterwanderung der Dichteelemente gerechnet werden muß, wird hier die Dichtungsrückseite mit Flüssigkeitsabsperrung gesichert. Die Ein- und Auslaßventile werden bei hohen Viskositäten stets pneumatisch, hydraulisch oder magnetisch betätigt (Bild 9).

Gute Reinigungsfähigkeit erreicht man mit demontierbaren Inline-Ventilen (Bild 9, 5). In allen anderen Fällen muß für gute Spülbarkeit von Pumpe, Mischer und Dosierkopf gesorgt werden.

7. Dosiergenauigkeit

Die Dosiergenauigkeit von Zahnradpumpen wird im wesentlichen durch die Spaltverluste bestimmt. Der Dosierstrom ist linear von der Drehzahl abhängig [1]), wobei die durch die Leckage in den Spalten verursachte Verschiebung der Kennlinie aus dem Ursprung mit steigender Druckdifferenz und zunehmendem Verschleiß zunimmt (Bild 10). Dagegen werden die Leckströme und damit auch die Parallelverschiebung der Kennlinie mit zunehmender Viskosität geringer.

Die Dosiergenauigkeit von Zahnradpumpen liegt im Bereich von ± 2 %, in besonders optimierten Anlagen werden ± 0,5 % erreicht [1]. Aufgrund der Präzision der Fertigung nehmen hier Spinnpumpen in Hinblick auf Druck und Qualität der Kennlinie eine herausragende Stellung ein.

Die Leckverluste von Kolbenpumpen sind aufgrund der Dichtheit des Arbeitsraumes verschwindend klein, das Verdrängungsvolumen ist also genau definiert. Die Kolbenpumpe liefert daher eine höhere Genauigkeit, die aber nur gewährleistet werden kann, wenn die zur Steuerung der Arbeitsraumöffnungen benötigten Ventile genau arbeiten. Hochviskose Stoffe können Schließverzögerungen und damit unvollständige Zylinderfüllung verursachen. Dies ist der Grund für die bevorzugte Verwendung zwangsgesteuerter Ventile. Exakte Ventilsteuerung reduziert außerdem verschleißbedingte Störungen.

---

[1]) siehe Beitrag G. Vetter, Kapitel 2 dieses Buches

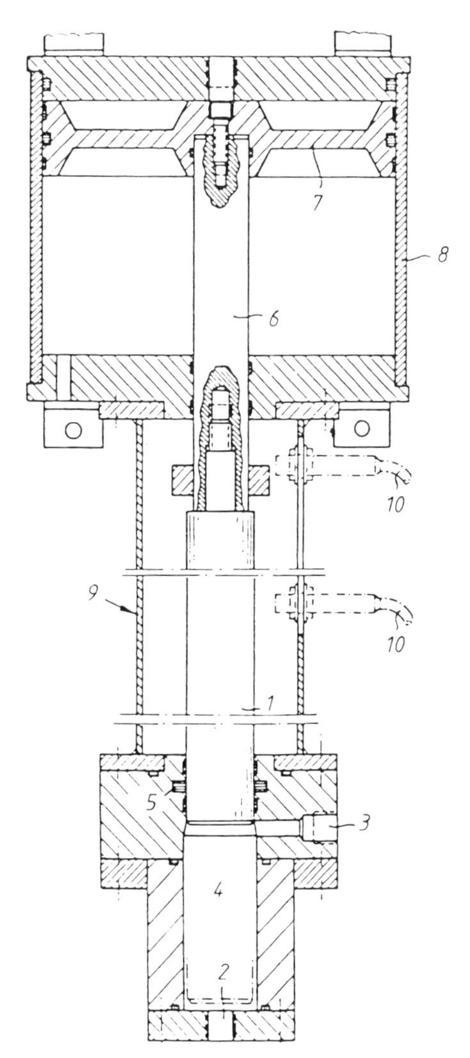

Bild 8: Proportionalkolbendosierer [13]: 1 Kolben, 2 Saugkanal, 3 Druckkanal, 4 Pumpenraum, 5 Dichtung, 6/7/8 Pneumatik- oder Hydraulikzylinder, 9 Gehäuse für Sperrflüssigkeit, 10 Endschalter

Mit Kolbenpumpen kann bei optimaler Ventilfunktion eine Dosiergenauigkeit von ± 0,1 % erreicht werden.

Neben den genannten Einflußfaktoren müssen natürlich bei Genauigkeitsbetrachtungen auch die Elastizität des Klebstoffes bzw. eventuelle Gaseinschlüsse berücksichtigt werden.

8. Regelungsmöglichkeiten und Dosierstromüberwachung

Bei Zahnradpumpen kann der Dosierstrom nur über eine einzige Stellgröße, die Drehzahl, variiert werden. Bei Kolbenpumpen ist sowohl über Hubfrequenz als auch über die Hublänge eine Regelung möglich. Für genaue Klebstoffdosierung werden Kolbenpumpen bevorzugt, bei denen das zeitliche Verdrängungsvolumen mit Endlagenabtastung (Bild 8, Pos. 10) oder über Kolbenwegregelung mit hochauflösenden digitalen Weggebern eingestellt und überwacht wird.

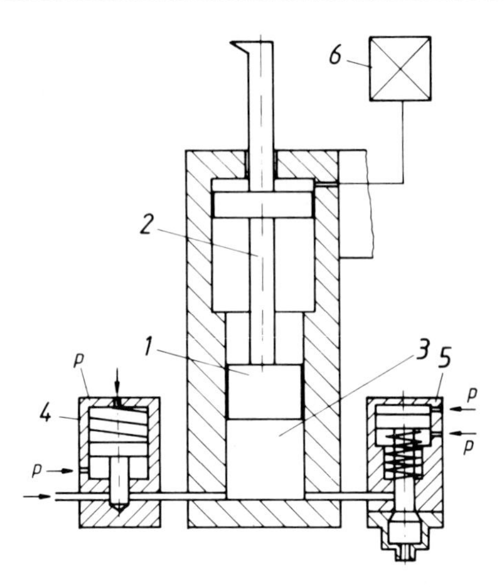

Bild 9: Kolbendosierer mit gesteuerten Inline-Ventilen [1]: 1 Kolben, 2 Hydraulikkolben, 3 Förderraum, 4/5 gesteuerte Inline-Ventile, 6 Hydrauliksteuerung

Eine weniger aufwendige Möglichkeit ist die Steuerung mit düsenverstellbarem Auslaßventil. Die Ausflußrate wird über den Öffnungsgrad der Düse bestimmt. Dies erfordert allerdings die klebstoffabhängige Kalibrierung der Auslaßdüse. Es kommen hier pneumatisch angetriebene Kolbenpumpen, aber auch Zahnradpumpen zum Einsatz.

Bei komplexen Anlagen mit hohen Genauigkeitsanforderungen werden in der Regel Mikroprozessorsteuerungen mit fest eingegebenen Betriebsprogrammen eingesetzt, die durch einen freiprogrammierbaren Teil auf die speziellen Belange des Anwenders zugeschnitten werden können. Wichtige Funktionen sind: Drehzahlverstellung der Pumpenantriebe, Hubeinstellung bei Kolbenpumpen, Drucküberwachung, Vor- und Nachlaufzeiten des Mischers, Mischerdrehzahl, Temperaturüberwachung, Spülautomatik und Topfzeitüberwachung.

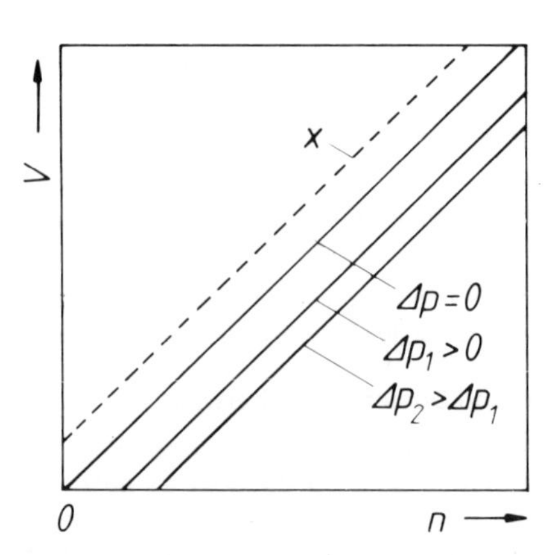

Bild 10: Kennlinien von Zahnradpumpen: x Vordruck

Optimal für eine genaue Dosierregelung wäre die kontinuierliche Überwachung des Klebstoffvolumenstromes vor der Auftragsdüse. Bislang existiert aber noch kein brauchbares Durchflußmeßverfahren, das bei den zur Klebstoffdosierung typischen Randbedingungen (hohe Viskosität, partikelgefüllte Medien, Viskositätsabhängigkeit des Druckes, geringe Volumenströme etc.) geeignet ist.

Zahnradvolumenzähler sind wie Zahnradpumpen empfindlich gegen grobkörnige Partikel, weil diese die Bewegung der Zahnräder behindern oder Verschleiß und damit zunehmende Meßungenauigkeiten verursachen können. Ein Vorteil der Zahnradvolumenzähler ist allerdings, daß die beiden Räder nicht in treibendem Eingriff stehen und damit wesentlich geringere Zahnflankenpressungen als bei Zahnradpumpen auftreten. Da außerdem kein Druckgradient anliegt, sind die Spaltverluste klein. Der Zahnradvolumenzähler ist daher genauer als eine Zahnradpumpe und folglich auch für deren Überwachung geeignet.

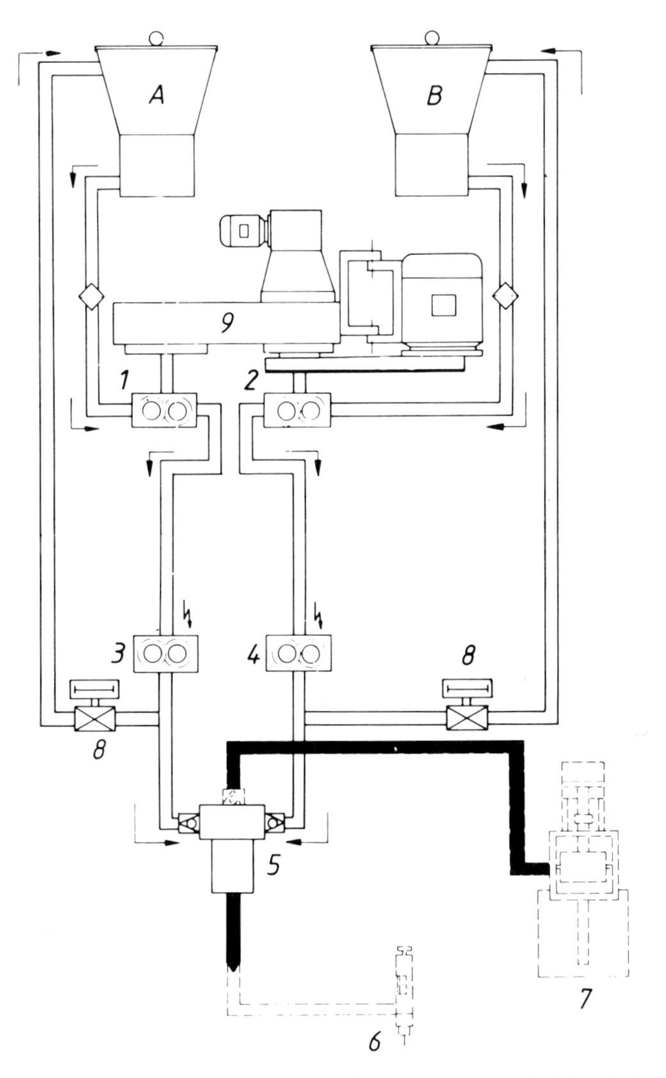

Bild 11: Dosieranlage mit Rezirkulation [9]: A/B Komponenten, 1/2 Dosierpumpen, 3/4 Zahnradvolumenzähler, 5 Mischstation, 6 Auslaßventil, 7 Spülmittelpumpe, 8 Rezirkulation, 9 Mischungsregelung

Eine Neuentwicklung zur Dosierstromüberwachung stellt ein neues Ultraschall-Durchflußmeßverfahren dar, das auf dem Doppler-Effekt beruht. Das berührungslose Verfahren mißt unabhängig von Viskosität und Inhomogenitäten wie Gasblasen oder Feststoffpartikel.

Häufig wird der Volumenstrom auch einfach durch eine gravimetrische Vor- oder Zwischenkontrolle überprüft, indem das Material über ein Ventil entnommen und die Menge ausgewogen wird (Kalibrierung).

9. Dosieranlagen

a) Bei Punkt- oder Schlußapplikation des Klebstoffes müßte die gesamte Anlage im Applikationstakt intermittierend betrieben werden. Daraus resultieren durch den ständigen Beschleunigungs- und Abbremsvorgang Dosierfehler. Abhilfe stellt hier eine Rezirkulationsleitung dar.

In Bild 11 ist schematisch eine **Zweikomponenten-Dosieranlage nach dem Rezirkulationsprinzip** dargestellt, bei der die beiden Komponenten in den Auftragspausen (zwischen den Schüssen oder beim Wechsel der zu verklebenden Teile) in den Behälter zurückgeleitet werden. Die Stoffströme werden mit Zahnradvolumenzählern kontrolliert. Wird die zulässige Dosiertoleranz überschritten, regelt die Steuerung die Dosierpumpen nach, bzw. es wird ein akustisches Signal ausgelöst.

b) Bei Zweikomponenten-Systemen müssen die Komponenten in bestimmtem Verhältnis dosiert werden.

Die Rezepturdosierung wird bei Zahnradpumpen durch eine dem Mischungsverhältnis entsprechende Drehzahlvorgabe erreicht, weshalb für jede Komponente ein drehzahlregelbarer Antrieb nötig ist. Weniger aufwendig ist die mechanische Kopplung der Dosierpumpen über Zahnrad-, Ketten- oder Riemengetriebe.

Bei Kolbenpumpen kann das Mischungsverhältnis beispielsweise mit Hebelsystemen, die von einem gemeinsamen pneumatischen oder hydraulischen Linearantrieb bewegt werden, stufenlos verstellt werden.

Bild 12 zeigt ein Hebelsystem, bei dem eine horizontale Verschiebung des die Dosierer tragenden Schlittens eine gegenläufige Veränderung der Kolbenhübe bewirkt. Bei sehr unterschiedlichen Do-

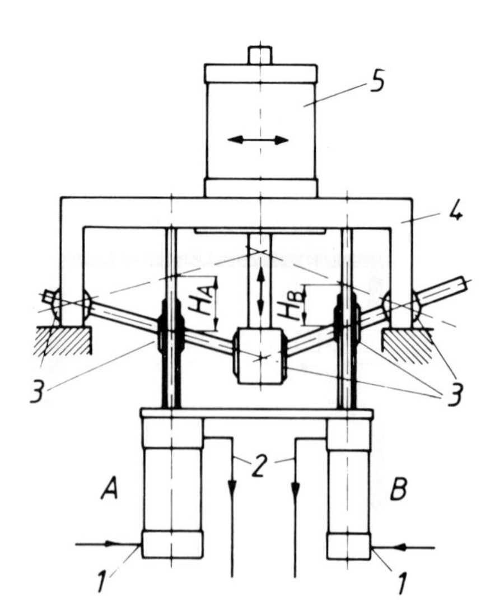

Bild 12: Hubverstellbares Hebelsystem zur Verhältnisdosierung [8]: A/B Kolbendosierer, 1 Saugleitung, 2 Druckleitung, 3 Kugelgelenke, 4 Gestell, 5 horizontal traversierbarer Hubzylinder (Linearantrieb), $H_{A,B}$ Hublängen

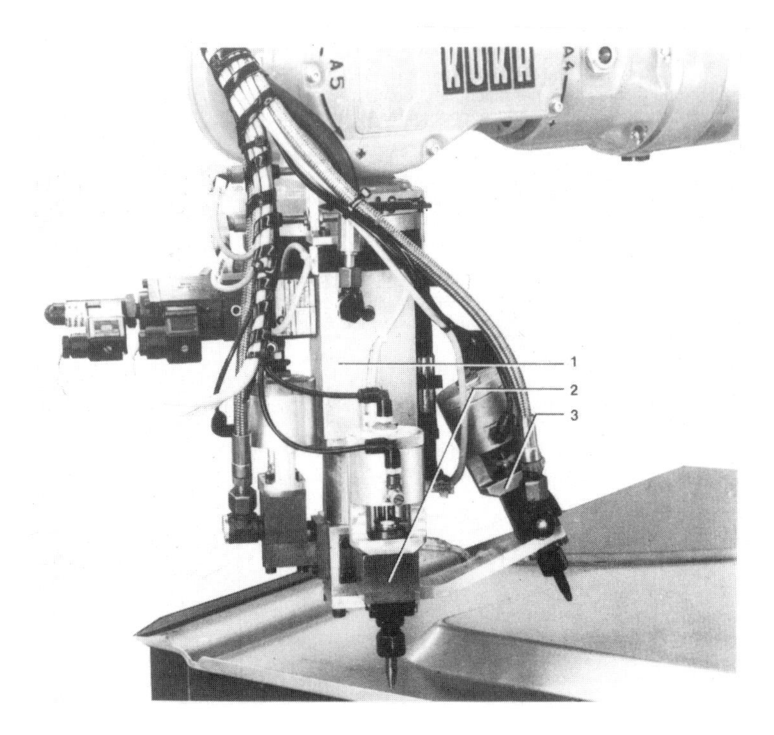

Bild 13: Industrieroboter mit Auftragskopf und zwei winklig zueinander angeordneten Auslaßventilen [12]: 1 hydraulisch betätigter Volumendosierer, 2 Auslaßventil I, 3 Auslaßventil II

sierströmen werden für die Komponenten Pumpen mit verschieden großen Hubvolumina eingesetzt, über das Hebelsystem kann eine stufenlose Feinabstimmung vorgenommen werden.

c) Der Entwicklungsstand der Klebstofftechnik wird an der automatisierten Verklebung von Pkw-Verglasungen mit Industrierobotern deutlich (Bild 13).

Als Klebstoff wird beispielsweise ein einkomponentiger feuchtigkeitshärtender Polyurethankleber (> 1000000 mPas) verwendet [4].

Um einen lückenlosen Produktionsprozeß zu erreichen, sind auf dem Roboterarm zwei abwechselnd arbeitende Kolbendosierpumpen montiert.

Die Befüllung der Dosierer erfolgt mit einer hydraulischen Doppelfaßpumpe (Faßwechsel ohne Betriebsstopp möglich). Als flexible Verbindung zwischen Faßpumpe und Dosierer werden Hochdruckschläuche mit Endlos-Drehdurchführungen am Dosierer verwendet.

Die beiden Kolbendosierer speisen Auslaßdüsen, die direkt am Ausgang der Dosierer montiert sind. Um beim Applikationsstopp ein Nachtropfen zu verhindern, wird ein Auslaßventil mit Rücksaugeffekt verwendet.

Zur mikroprozessorgesteuerten Dosierstromüberwachung und -regelung sind die Kolbendosierer mit einem digitalen Maßstab (12 Bit Auflösung des Kolbenhubes) ausgestattet. Zusätzlich sind in der Anlage noch unter anderem folgende Steuerfunktionen installiert: Kleberaupenüberwachung mit Lichtschranke, Erkennen von Bauteillagen und Werkstückhandhabung (statt Werkzeughandhabung).

Schrifttum

[1] Ivanfi, P.: Verarbeitung von Ein- und Mehrkomponenten-Kleb- und Dichtstoffen. Sonderdruck aus Adhäsion 3/88.
[2] Endlich, W.: Kleb- und Dichtstoffe in der modernen Technik. Vulkan-Verlag Essen, 1990.
[3] Krazer, M.: Kleben, Dichten, Fügen und Handhaben mit Robotern. Technica 22/1989, S. 27–34, Industrie-Verlag AG, Zürich.
[4] Meyer, H.R., Lange, F.J.: Raupen legen – Klebmittel und Dichtstoff mit Hilfe von Robotern auftragen. Maschinenmarkt 49/1988, S. 58–62.
[5] Vetter, G.: Dosieren in der Verfahrenstechnik. Wägen und Dosieren 1–3/1980.
[6] Störk, U.: Verschleiß selbsttätiger Ventile oszillierender Verdrängerpumpen mit abrasiven Suspensionen. Universität Erlangen-Nürnberg, Dissertation 1988.
[7] Vetter, G., Klotzbücher, G.: Einige tribologische Grundlagenuntersuchungen zum abrasiven Gleit- und Strahlverschleiß von Pumpenwerkstoffen. Konstruktion 45 (1993) H. 11, S. 371–378.
[8] N.N.: Zweikomponenten-Verarbeitungssystem VARIO-MIX, Druckschrift 3/90.2, Hilgert und Kern GmbH Mannheim.
[9] N.N.: Mehrkomponenten-Verarbeitungssystem VARI-O-MIX. Druckschrift 3/91.2, Hilgert und Kern GmbH Mannheim.
[10] N.N: Faßschmelzer DG 201, Fa. Meltex Lüneburg.
[11] N.N: Austragspumpe, PU 15 (d), Fa. Barmag AG Remscheid.
[12] N.N: Automatische Fertigungssysteme mit Robotern zum Kleben, Dichten und Konservieren. Fa. KUKA Augsburg, 1992.
[13] N.N: Bulletin Proportional-Dosierer. Fa. Intec Bielenberg GmbH & Co., Kerpen-Türnich.

Abfüll- und Dosiertechnik, mit magnetisch-induktiver Durchflußmessung

Von F. OTTO[1])

1. Vorwort

Zukunftsorientierte und rationelle Abfüll- und Dosieranlagen mit übergeordneter Rezeptursteuerung, Reinigungsablaufsteuerungen, Betriebsdatenerfassung und Anbindung an den Produktionsleitrechner können mit einer magnetisch-induktiven Durchflußmessung (IDM) realisiert werden. Damit werden gegenüber Kolbenfüllmaschinen oder Abfüll- und Dosiereinrichtungen mit Vorwahlzähler oder Waage Qualitätsverbesserungen, Produktivitätssteigerungen sowie Kostenreduzierungen erreicht.

Gegenüber den herkömmlichen Systemen ist ein direkter Zugriff für notwendige Korrekturen im Prozeßablauf bei der IDM-Durchflußmessung möglich, die Reproduzierbarkeit wird verbessert und somit Sicherheitsüberfüllungen verringert.

Ferner reduzieren sich durch die große IDM-Meßbereichspanne und der CIP/SIP-Reinigungsfähigkeit der Geräte die Umrüstzeiten der Abfüll- und Dosieranlagen sowie deren Wartungsvorgänge.

2. Applikationsbeispiele

In allen Industriezweigen werden magnetisch-induktive Durchflußmesser (IDM) seit vielen Jahren erfolgreich eingesetzt. Die Vielfalt der zu messenden Produkte in diesen Branchen ist mit diesem Meßsystem nahezu unbegrenzt. Durch das glatte freie Meßrohr ohne bewegliche Teile können die Produkte ohne Auswirkungen auf ihre Struktur abgefüllt bzw. dosiert werden. Diese schonende Behandlung ermöglicht die Abfüllung aus einem mit Stickstoff- oder Sterilluftpolster beaufschlagten Vorlagebehälter. Ferner kann mit einer drehzahlgeregelten Pumpe konstanter Durchfluß erreicht, und direkt aus dem Vorratstank abgefüllt bzw. dosiert werden.

Basierend auf der NEU zur Verfügung stehenden kleinsten NENNWEITE DN 1 mm wird der IDM verstärkt Einzug in die Pharma-, Parfümerie- und Kosmetik- sowie der Chemie-Industrie halten. Jahrzehntelange Erfahrung auf dem Gebiet der IDM-Technik ermöglichten den erfolgreichen Vorstoß in diese Grenzbereiche. Seine Vorteile gegenüber Kolbenfüllern oder anderen Abfüll- und Dosiersystemen sind deutlich erkennbar und werden die Einführung dieser Technik beschleunigen.

Pharma-, Parfümerie- und Kosmetik-Industrie

Dialyse-Flüssigkeiten, Hustensäfte, Cremes, Pasten oder eine Vielzahl anderer Produkte werden im Pharmaziebereich auf IDM-Anlagen abgefüllt.

In der Parfümerie- und Kosmetikindustrie werden Shampoo, Geels, Wasch-, Dusch- und Körperlotionen, Konzentrate, Cremes, Pasten, Breie und andere flüssige Produkte dosiert und abgefüllt (Bild 1).

Auch EEx-Applikationen können mit einem IDM-System abgedeckt werden.

Chemische Industrie

In der Chemischen Industrie werden beispielsweise Reinigungs- sowie Desinfektionsmittel, Säuren, Laugen und wasserlösliche Farben abgefüllt bzw. in Mischprozessen zudosiert (auch EEx-Applikationen).

Ferner werden aus umwelt- oder verpackungstechnischen Gründen flüssige Waschmittel und Weichspülkonzentrate in Folienbeutel abgefüllt.

---

[1]) Dipl.-Ing. (FH) F. Otto, Fischer & Porter, Göttingen

Bild 1: 16-Kopf-Linearfüller für die Shampoo-Abfüllung (Druckhalterregelung, Zentralverstellung und Füllsystemüberwachung mit Meßumformerdialogeinheit)

Getränkeindustrie

Alkoholfreie Getränke, Biere sowie Konzentrate werden auf Anlagen mit bis zu 16 Füllköpfen abgefüllt. Auch hier übliche eichpflichtige Applikationen (z. B. KEG-Faßbefüllung mit Bier oder Getränkesirup, Bierwürze- bzw. Konzentratmessungen) können mit IDMs gelöst werden.

Für die Getränkeindustrie kann unter anderem die Befüllung von Bierfässern (KEGs) mit kohlensäurehaltigen Getränken; Abfüllung von Wässern, Säften, Aromen, Konzentraten, Weinen, Schnäpsen und Likören (ausreichende Leitfähigkeit vorausgesetzt) aufgeführt werden.

Ein weiterer Einsatzbereich ist die Schlauchbeutelabfüllung (Bag in Box).

Nahrungsmittel- und Milchindustrie

Eine der ersten Branche, welche magnetisch-induktive Meßsysteme für Abfüll- und Dosierzwecke einsetzten war die Milchindustrie. Die Vielzahl der in der Milchindustrie abzufüllenden Produkte, hohe Auslastung der Anlagen, Reduzierung der Umrüst- und Wartungszeiten sowie die Möglichkeit einer CIP-Reinigung sprechen für diese IDM-Technik.

Die schonende Produktbehandlung beim Abfüllvorgang ermöglicht zum Beispiel, im Gegensatz zu Kolbendoseuren, die Abfüllung von mit Stickstoff (homogen verteilt) aufgeschlagenen Produkten.

Es werden mittlerweile Milch, Sahne, Rahm, Quark, Joghurt, Käse und Desserts mit IDM-Systemen, auch geschichtet z. B. Quark mit Frucht unterlegt, abgefüllt (Bild 2).

Dasselbe gilt für Majonnaise, Ketchup, Suppen, Spinat, Soßen, Dressings und eine Vielzahl an weiteren pastösen Produkten, die in Klein- bzw. Großgebinde abgefüllt werden.

3. Grundlagen der Abfüll- und Dosiertechnik

3.1 IDM-Meßprinzip

Die Grundlage der magnetisch-induktiven Durchflußmessung ist das Faradaysche Induktionsgesetz (Mindestleitfähigkeit 0,5 μS/cm). Das Meßrohr muß voll gefüllt sein. Luft- oder Gaseinschlüsse werden als Volumen mitgemessen, was einen Meßfehler bedeutet.

Bild 2: Abfüllstation mit 24 Füllköpfen für Molkereiprodukte

Das Fluid fließt durch das ausgekleidete Meßrohr, welches senkrecht zur Fließrichtung von einem Magnetfeld (B = magnetische Induktion) durchsetzt wird. Die dabei im Meßstoff erzeugte Spannung (Ue) ist proportional zur mittleren Fließgeschwindigkeit (v) und wird durch zwei diametral angeordnete Elektroden (D = Elektrodenabstand) abgegriffen. Die gedachte Verbindungslinie dieser Elektroden steht senkrecht zur Fließrichtung und dem Magnetfeld (Bild 3).

$$Ue \approx B \cdot D \cdot v \quad (1)$$

Wird berücksichtigt, daß die magnetische Induktion B und der Elektrodenabstand D konstante Werte sind, so ergibt sich $Ue \approx v$.

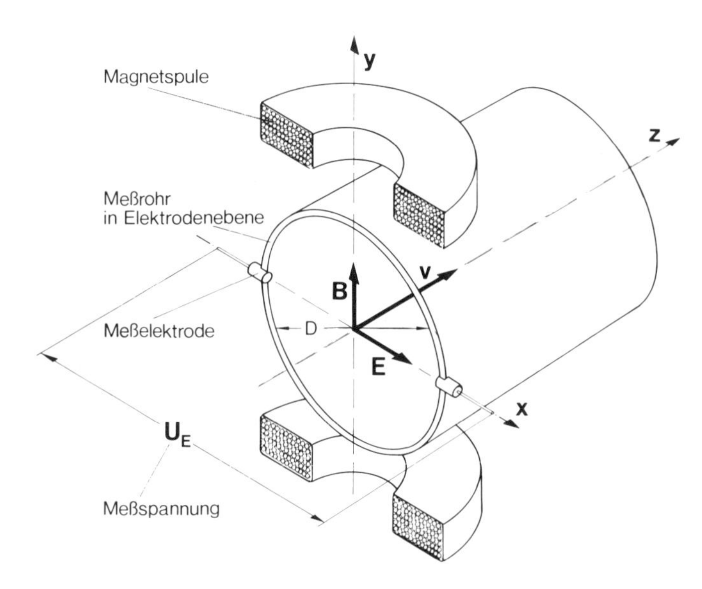

Bild 3: IDM-Meßprinzip

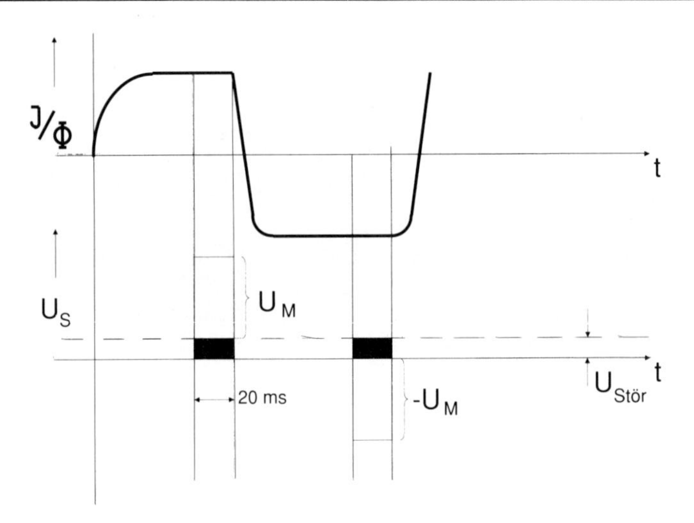

Bild 4: Meßsignalerfassung bei Gleichfeldtechnik

Der Volumendurchfluß $q_v = \frac{D^2 \cdot \pi \cdot v}{4}$

ist proportional und linear zur Meßspannung Ue.

Die erzeugte Meßspannung wird im Meßumformer in normierte analoge und digitale Signale umgewandelt.

Gleichfeldtechnik

Bei der geschalteten Gleichfeldtechnik (Bild 4) wird die Erreger-Gleichspannung für 80 ms an die beiden Feldspulen angelegt. Ist das Magnetsystem eingeschwungen und im Zustand der idealen Gleichstromerregung, wird zur Erfassung der Meßspannung Us für die Zeitdauer von 20 ms ein Meßfenster geöffnet. Die Summe aus echter Signalspannung Um und eventueller Störspannungen Ust ergibt die Meßspannung Us, welche gespeichert wird.

Anschließend wird die Erregerspannung umgepolt und die Meßspannung Us in gleicher Weise wie vorher erfaßt. Während die vom Magnetfeld unbeeinflußte Störspannung Ust in der Phasenlage unverändert bleibt, hat die Signalspannung Um ihr Vorzeichen umgekehrt. Nachdem der gespeicherte Wert abgerufen ist, kommt es zur Subtraktion der beiden Signalspannungen

$$Us = (Um + Ust) - (-Um + Ust) = 2 \cdot Um \quad (2)$$

Durch die Eliminierung der Störspannungen ist der Systemnullpunkt festgelegt. Man erhält ferner das doppelte Meßsignal, welches eine Erhöhung der Meßgenauigkeit zur Folge hat.

Da man von dem 20 ms geöffneten Meßfenster auf den Durchfluß schließt (Bild 4), ist als Voraussetzung für den Einsatz von Gleichfeldgeräten ein konstanter und von der Konsistenz des Fluids her gleichbleibender Durchfluß notwendig.

Somit können nur bei Abfüll- oder Dosierprozessen mit Meßzeiten über 5–10 Sekunden Gleichfeldgeräte eingesetzt werden.

Wechselfeldtechnik

Geräte mit Wechselfeldtechnik wurden weiterentwickelt, indem die Vorteile der Mikroprozessor-Meßumformertechnik genutzt werden [1]. Mit dem „MAG-SM“ für Durchflußerfassung bei Kolbenpum-

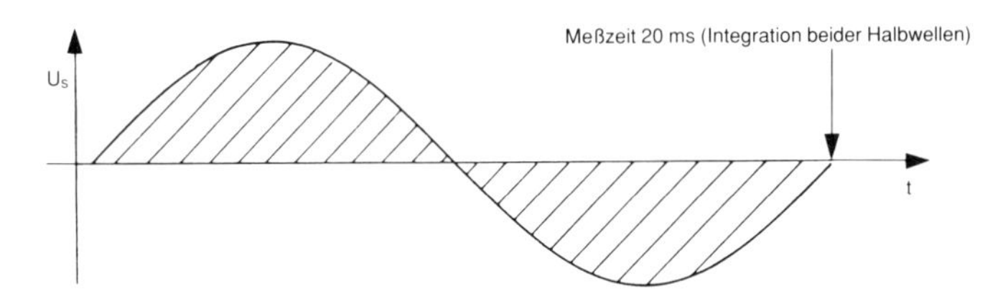

Bild 5: Meßsignal bei Wechselfeldtechnik

penbetrieb und Mehrphasenstoffen sowie dem Füll-MAG für Abfüll- und Dosiervorgänge steht ein innovativer IDM zur Verfügung, der mit mikroprozessorgesteuertem Meßumformer zuverlässig die eingehenden Signalspannungen verarbeitet (Bild 5).

Im Gegensatz zur Gleichfeldtechnik wird das Meßsignal aufintegriert. Man erfaßt zu jedem Zeitpunkt den momentanen Durchfluß. Diese Art der Meßwerterfassung ist besonders für Kurzzeitmessungen oder bei sich schnell und oft ändernden Volumenströmen für eine genaue Messung erforderlich. Damit können dann Durchflußmessungen mit pulsierenden Pumpen oder bei schnellen diskontinuierlichen (Abfüll) Vorgängen durchgeführt werden.

Somit bieten IDM mit Wechselfeldtechnik folgende Vorteile:

- CIP-Reinigungsfähigkeit und Sterilisation
- schnelle Ansprechzeit. Anwendbar für kurze Meßvorgänge (Abfüllzeiten $\geq$ 0,5 s) bis hin zu Langzeitdosierungen bzw. -Abfüllungen.
- Reproduzierbarkeit $\leq +/-0{,}2\,\%$ vom Meßwert.
- Messung von pulsierenden Durchflußströmen (für Kolbenpumpenbetrieb geeignet).
- Messung von Mehrphasenfluiden.
- digitale Software-Filter zur Störunterdrückung, pulsationsfreier Stromausgang mit kurzer Ansprechzeit.
- Mikroprozessortechnik.
- Nennweiten DN 1 bis DN 1000.

3.2 Gerätetechnische Ausführung

- Messung kleinster Mengen (ml) bis hin zu Großgebinden (hl)
- Anpassungsmöglichkeiten an unterschiedliche Meßbedingungen
- minimaler Verschleiß, kurze Reparatur- und Stillstandszeiten sowie geringe Betriebs- und Wartungskosten

Besondere Merkmale eines IDM-Abfüllsystems

- Verringerung der Sicherheitsüberfüllungen
- Nennweiten von DN 1 mm bis DN 400 mm
- Eingabe von 4 verschiedenen Abfüllmengen mit jeweils Vor- und Endkontakt sowie Mengenvorwahl über Meßumformertastatur, ext. Schalter, SPS, oder Sensor für Behältergrößenerkennung
- Start-Stop-Eingang zur Prozeßsteuerung
- Automatische Nachlaufmengenerfassung und Korrektur mit programmierbarer Mittelwertbildung
- Programmierbare Über- und Unterfüllgrenze
- Automatische Sicherheitsabschaltung über max. Abfüllzeit
- Druckerprotokolle für die statistische Auswertung
- Eichamtlich zugelassen
- EEx-Ausführung nach Europanorm

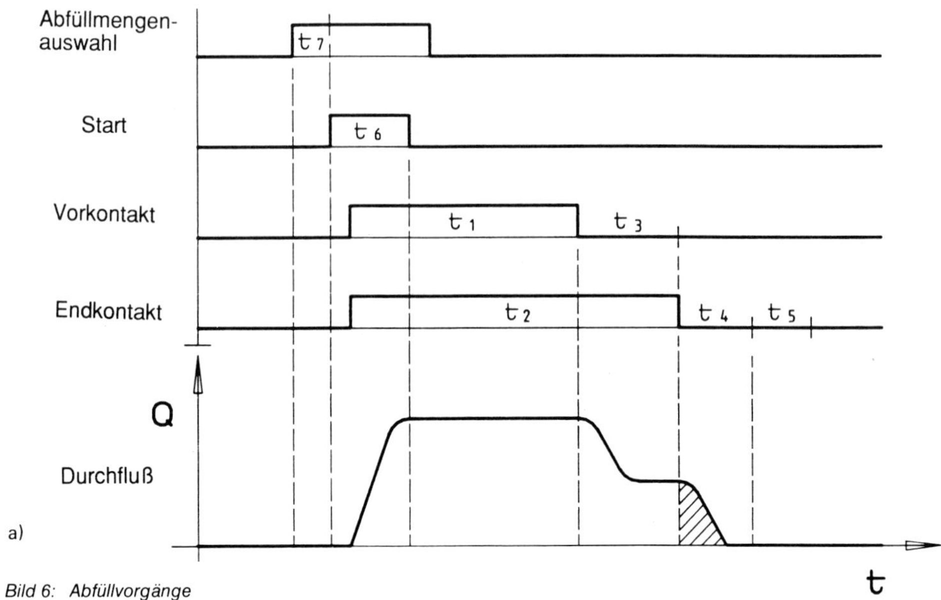

Bild 6: Abfüllvorgänge

a) Zweistufig (Grob-/Feinstrom)
t1 = Abfüllzeit mit max. Durchfluß (Vorkontaktmenge)
t2 = Abfüllzeit (Endkontaktmenge)
t3 = Feindosierung t2=t1
t4 = Nachlaufmengenerfassung, programmierbar, 0=2 s
t5 = Automatischer Nullpunkt, max. 1 s, kann durch Start unterbrochen werden
t6 = Start der Abfüllung, tmin 20 ms
t7 = Abfüllmengenauswahl, tmin 2 ms vor Startsignal

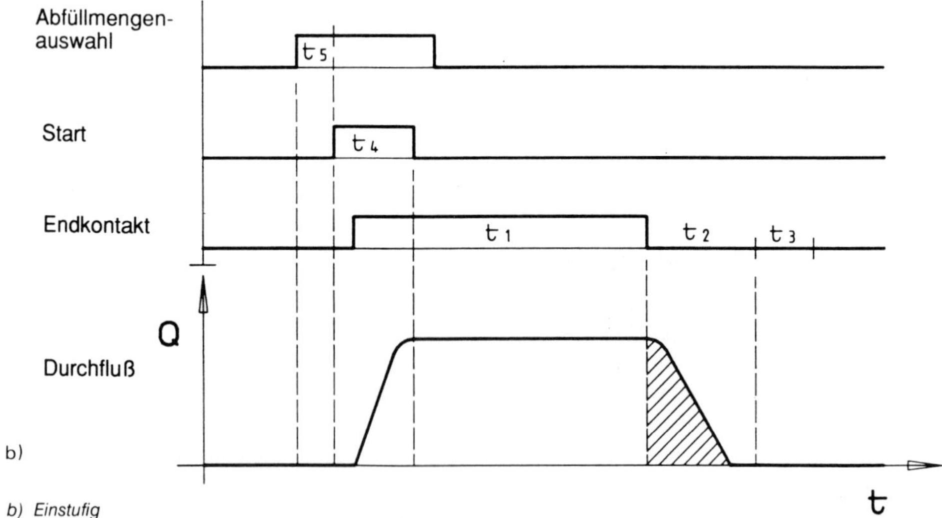

b) Einstufig
t1 = Abfüllzeit mit max. Durchfluß (Endkontaktmenge)
t2 = Nachlaufmengenerfassung, programmierbar, 0=2 s
t3 = Automatischer Nullpunkt, (1 s), kann durch Start unterbrochen werden
t4 = Start der Abfüllung, tmin 20 ms
t5 = Abfüllmengenauswahl, tmin 2 ms vor Startsignal

Ein- bzw. zweistufiger Abfüllvorgang

Durch das Schließverhalten des Ventils ergibt sich, bedingt durch die Ventilschließzeit, eine Nachlaufmenge. Diese wird nach Erreichen der eingestellten Abfüllmenge und Schließen des Ventils, durch einen vom Meßumformer gesetzten Endkontakt von der Meßumformerelektronik gemessen und über einen Algorithmus korrigiert. Um die Nachlaufmenge wird bei der nachfolgenden Abfüllung der Endkontakt früher gesetzt. Somit werden sich kontinuierlich ändernde Nachlaufmengen erkannt und automatisch korrigiert. Die Streuung der Nachlaufmenge ist letztlich entscheidend für die Reproduzierbarkeit der Abfüllung. Durch Verwenden des Vorkontaktes (Zweistufiger Abfüllvorgang mit Grob/Feinstrom Bild 6 a) und damit Reduzierung des Volumenstromes kann die Nachlaufmenge verringert und somit die Reproduzierbarkeit verbessert werden. Voraussetzung ist jedoch eine annähernd gleiche Füllkurve, die vom Ventil, Vordruck, Anlagenkonzept und Produkt abhängig ist.

Bei sehr kurzen Abfüll- und Dosierzeiten (< ca. 5 s) empfiehlt es sich jedoch, die Steuerung des Ventils nur über den Endkontakt (Einstufiger Abfüllvorgang, Bild 6 b) vorzunehmen. Vor- sowie Endkontakt sind frei programmierbar.

Meßumformer

Ausgeführt ist der Meßumformer als 19″-Kassetteneinschub, Schutzart IP 00 oder Feldgehäuse mit Tür, Schutzart IP 65.

Meßumformer für Abfüll- und Dosiervorgänge werden in Wechselfeldtechnik, unter Nutzung der Mikroprozessortechnik, ausgeführt. Schnelle Ansprechzeiten, zuverlässige Signalverarbeitung, stabiler Nullpunkt sowie speziell für diese Applikationen zugeschnittene Software zeichnen das Meßsystem aus. Die Schalteingänge in Optokopplerausführung sowie Schaltausgänge als Relais oder Optokoppler sind galvanisch getrennt [2].

Ausführung des IDM-Durchflußaufnehmers (Bild 7)

Es kann zwischen aseptischer Rohrverschraubung, Zwischenflansch, Tri-Clamp und Flansch als Prozeßanschluß gewählt werden. Die Aufnehmer sind in Edelstahl ausgeführt, erreichen die Schutzart IP 67, sind bis zu einer Stunde mit max. 150 °C bedämpfbar und entsprechen somit jeden Anforderungen eines CIP-Reinigungsverfahrens [1].

Ein wesentliches Merkmal des Systems ist die Kompatibilität der Meßumformerelektronik. Durch Konfigurierung der benötigten Nennweite aus einer im Meßumformer hinterlegten Nennweitentabelle können alle Durchflußmessergrößen und -Ausführungen mit demselben Meßumformer betrieben wer-

Bild 7: Durchflußaufnehmer in Edelstahlausführung [1]

a) Aseptische Rohrverschraubung
b) Zwischenflanschausführung
c) Tri-Clamp-Ausführung
d) Flanschausführung

den. Ein Austausch irgend einer Komponente ist problemlos, ohne Verschlechterung der Genauigkeit möglich, da Aufnehmer und Meßumformer nicht zusammengehörig kalibriert werden müssen.

3.3 Konzeption von Anlagen

Die Genauigkeit bzw. Reproduzierbarkeit der Anlage bestimmen:

- das Anlagenkonzept,
- das Abfüllventil sowie
- das Durchflußmeßsystem

Kann man mit der Meßumformerelektronik sowie der Software einige systembedingte Fehler kompensieren, so steht und fällt eine Abfüllung mit der Güte des Ventils (Ansprechzeit, Schließverhalten), und der Druck- bzw. Niveauregelung (Bild 8).

Neben den vorher schon angesprochenen Vorteilen der magnetisch-induktiven Durchflußmessung kommt hinzu, daß mit IDMs ein wesentlich größerer Meßbereich, vergleichsweise zu Meßkolben, abgedeckt werden kann. Es entfallen somit zum Teil die Umrüstkosten. Ferner kann mit diesem System eine Korrektur während des Abfüllprozesses direkt durchgeführt werden. Fehlfüllungen würden nicht erst zeitverzögert durch nachgeschaltete Kontrolleinrichtungen erkannt und korrigiert. Somit werden Über- bzw. Unterfüllungen vermieden und Produkt- und Kosteneinsparungen sowie Qualitätsverbesserungen erzielt.

Eine vollautomatische Abfüllstraße, von der Produktzuführung bis zur Verpackungseinheit, kann realisiert werden. Über Meßumformerelektronik und Software ist eine Leerrohrerkennung, Produktausschleusung, Rückflußmengenerfassung sowie eine Statistik über abgefüllte Mengen und Stückzahlen möglich.

Bild 8: Durchflußaufnehmer mit Vorlagebehälter sowie Druck- und Niveau-Halteregelung, CIP-Reinigungsfähig

Abfüllanlagen werden als Reihen- oder Rundfüller mit einem oder mehreren Füllköpfen (bisher max. 24) gebaut. Die Problematik bei rotierenden Rundfüllern, der Datenübertragung aus der Anlage heraus zu einer zentralen Bedienstation, ist gelöst. Die Daten werden per Funk, über eine Lichtstrecke oder veredelte Schleifringkontakte sicher übertragen. Die Hilfsenergie wird nach wie vor über Schleifringe zugeführt.

Bei der Rohrleitungsführung ist darauf zu achten, daß die vorgeschriebenen Ein- und Auslaufstrekken eingehalten werden. Um Pulsationen durch Schläuche in der Rohrleitung zu vermeiden, werden die Füllköpfe mit einem starren Rohrleitungsnetz versehen. Sind dennoch Schlauchverbindungen aus Gründen der Flexibilität notwendig, sollten hier stahlgeflechtverstärkte Schläuche zum Einsatz kommen. Rückfluß in der Produktzuführungsleitung kann durch das Heben und Senken des Füllkopfes entstehen, wenn zwischen Füllkopf und der Füllspiegelhöhe (Schäumen des Produktes) immer der gleiche Abstand eingestellt werden muß. Abhilfe kann geschaffen werden, indem man den Füllkopf fest positioniert und den Behälter auf und ab bewegt. Im anderen Fall muß die automatische Nachlaufmengenerfassung sowie Nullpunktkorrektur ausgeschaltet und der Nullpunktabgleich bei kurzzeitigem Anlagenstillstand extern gestartet werden.

Bei der elektrischen Installation ist darauf zu achten, daß die Signal- und Erregerstromkabel abgeschirmt zu verlegen sind. Meßumformer und weitere Elektronik sollten nicht in unmittelbarer Nähe von Leistungsteilen (Thyristorsteuerungen, Schaltschütze, Gleichrichter, Transformatoren) installiert sein.

Eine Anbindung der IDM-Systeme an einen PC oder ein Prozeßleitsystem ist generell möglich.

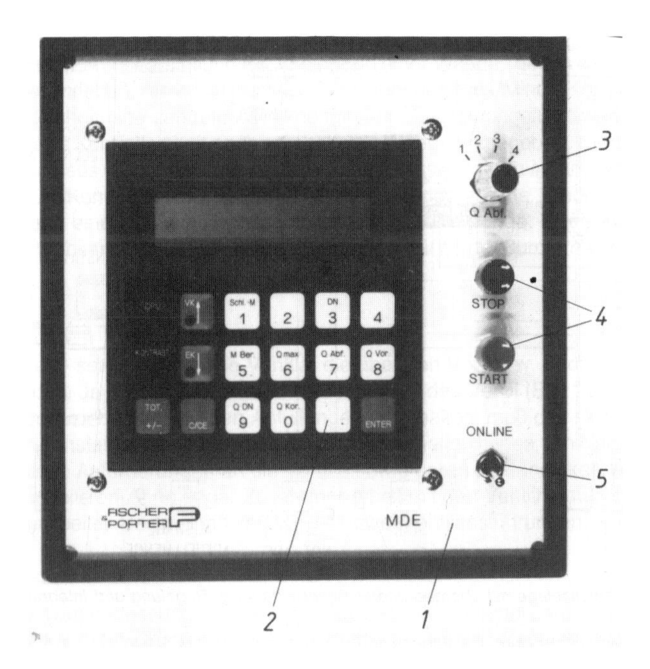

Bild 9: Meßumformerdialogeinheit [3]

1 Schalttafeleinbaugehäuse
2 Bedientastatur mit Display
3 Abfüllmengenauswahlschalter
4 Start-/Stoptaster
5 ONLINE-/OFFLINE Schalter

Datentransfer (Bild 16)

Das Schema soll die Kommunikation zwischen den einzelnen Baugruppen bildlich verdeutlichen.

Vorgehensweise beim Betrieb

Kommunikation vom PC zur Supervisor-Karte

1. Rezept erstellen und abspeichern (Abfüllparameter und Reinigungsparameter)
2. Rezept auswählen und in die Supervisor-Datenbasis laden.
3. Erstellte Datenbasis in den Supervisor laden.

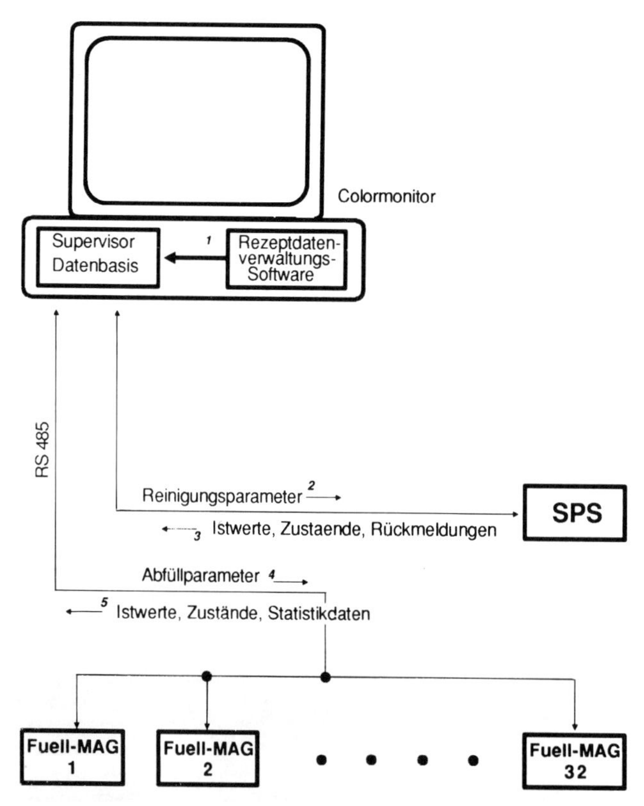

Bild 16: Kommunikationsschema

1 *Laden der abgespeicherten Rezepte in den Supervisor-PC. Unter einem Rezept versteht man einen festen Parameter-Datensatz, der in Abhängigkeit von dem abzufüllenden Produkt und eventuell zugehöriger Reinigungsprozedur verschiedene Werte beinhaltet.*

2 *Übertragung der Reinigungsparameter aus einer erstellten Matrix (Ventilkombination, Spülzeiten).*

3 *Rückmeldungen von der SPS zum Supervisor-PC (Ventilstellungen, momentaner Stand des Reinigungszyklusses).*

4 *Laden der Abfüllparameter (Meßbereich, Kalibrierfaktor, Abfüllmenge, Vorkontaktmenge, Über- und Unterfüllgrenzen) in die über eine RS485-Schnittstelle mit dem Supervisor-PC verbundenen IDM-Meßumformer.*

5 *Rückmeldung der Istwerte (Momentdurchfluß und Füllmenge), ferner der Zustände des Abfüllprozesses (Startkontakt-Abfüllung, Stopkontakt-Füllende, Auswahl der Abfüllmenge, Fehlermeldungen) sowie Statistikdaten (Gesamtabfüllmenge, Gesamtanzahl der Unter- bzw. Überfüllungen).*

Kommunikation vom Supervisor-PC zu den IDM-Meßsystemen

1. Abfüllparameter in die IDM-Meßsysteme laden.
2. Start des Abfüllvorganges.

Kommunikation vom Supervisor-PC zur SPS

1. Reinigungsparameter an die SPS übergeben.
2. Start des Reinigungsprogrammes.

Menüführung mit Funktionstasten

Das sogenannte Schnellbedienungssystem mit Menüs und Funktionstastenmakros vereinfacht die Handhabung und das Arbeiten mit diesem System enorm.

Schrifttum

[1] Fischer & Porter Druckschrift „Füll-MAG/MAG-SM"
[2] Fischer & Porter Spezifikation „Füll-MAG"
[3] Fischer & Porter Spezifikation „Meßumformerdialogeinheit"
[4] Fischer & Porter Spezifikation „μDCI-System"
[5] Fischer & Porter Spezifikation „Prot.-Drucker DOCUPRINT"

Maßnahmen zur Qualitätssicherung an kontinuierlichen Waagen

Von B. ALLENBERG[1])

1. Einführung

Mit Einführung der ISO 9000–9004 als Norm zum Aufbau eines Qualitätssicherungssystems verstärkt sich der Druck auf die Unternehmen, diesen Standard in ihrer Produktion zu verwirklichen. Die Norm beschreibt allgemein die Unternehmensstruktur, Abläufe von der Entwicklung über Beschaffung, Fertigung, Prüfungen, Montage bis zur Inbetriebnahme sowie die Handhabung der Dokumente gemäß dem Qualitätskreis in Bild 1.

Da es sich um eine auf alle Produkte anwendbare Norm handelt, enthält sie keine branchenspezifischen Richtlinien und Verfahrensvorschriften, sondern legt fest, daß diese entsprechend der Anforderungen des jeweiligen Prozesses unter Berücksichtigung der Wirtschaftlichkeit der Maßnahme vom Betreiber einer Anlage zu definieren und anschließend einzuhalten sind.

Bei industriellen Prozessen werden die Rohstoffe kontinuierlich dosiert oder verwogen. Für die Verwiegung im eichpflichtigen Verkehr, meist mit Bandwaagen, sind die spezifischen Prüfrichtlinien bereits festgelegt. Im vorliegenden Beitrag werden nun mögliche Maßnahmen für Dosierbandwaagen und Differentialdosierwaagen diskutiert.

Die Qualität des Endproduktes wird von dem Verhältnis der Gewichtsanteile der Rohkomponenten zueinander entscheidend geprägt. Zu unterscheiden ist der kontinuierliche Betrieb, in dem das Verhältnis durch die Genauigkeit der Dosierwaagen bestimmt ist und das An- und Abfahren der Anlage, das oft wegen der schlechten Beherrschung des Prozesses in diesem Zustand auch bei korrekter Dosierung zu Qualitätseinbußen beim Endprodukt führt. Entsprechend sind die Eigenschaften ‚Dosiergenauigkeit‘ und ‚Betriebssicherheit‘ bei kontinuierlichen Dosierwaagen die qualitätsrelevanten Größen, die es in einem nach ISO 9000 ff. zu zertifizierenden Prozeß sicherzustellen gilt. Bild 2 zeigt diese Fundamente der Qualitätssicherung und die darauf aufbauenden Überwachungen. Wo es notwendig ist werden statistische Verfahren gefordert, die in letzter Zeit an Bedeutung gewinnen. Sie sind unter der Bezeichnung SPC (= Statistische Prozeß-Führung) bekannt.

Bei den qualitativ hochwertigen Prozessen ist meist ein Dosierfehler kleiner 0,5 % gefordert, weshalb nur gravimetrische Dosierverfahren zum Einsatz kommen können. Wegen des variablen Schüttgewichts können volumetrische Dosierer in diese Genauigkeitsklasse nicht vorstoßen. Im

[1]) Dr. B. Allenberg, Schenck AG, Darmstadt

Bild 1: Qualitätskreis nach DIN ISO 9000–9004

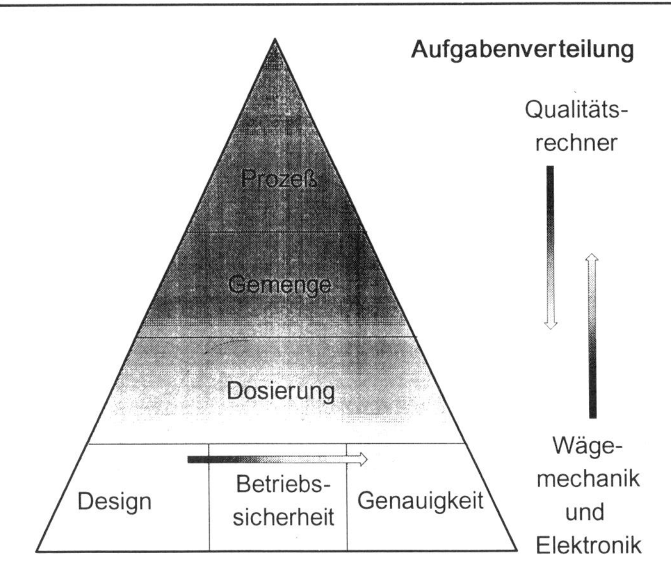

Bild 2: Ebenen der Qualitätssicherung für Dosierwaagen

vorliegenden Beitrag wird auf gravimetrische Dosiersysteme eingegangen, wobei Teilaspekte der Ausführungen zur Betriebssicherheit auch auf volumetrische Dosierungen anwendbar sind.

Der letzte Abschnitt zeigt Werkzeuge auf, die es erlauben, die zuvor beschriebenen Maßnahmen kostengünstig durchzuführen. Hier sind PC-basierte Systeme auf dem Vormarsch, die Expertensysteme für die Diagnose, Protokollierung der Dosierwaagenqualität und eine komfortable Einstellung der Waagenparameter beinhalten.

2. Waagendesign – die Grundlage der Qualität

Die entscheidenden Eigenschaften einer Dosierstation, hier speziell im Bereich der Betriebssicherheit und der Prüfbarkeit der Genauigkeit, werden bereits bei der Entwicklung des Geräts festgelegt. Erste Priorität muß die Vermeidung von Betriebsstörungen haben. Unvermeidliche Störungen, insbesondere im rauhen Industriealltag und über lange Betriebszeiten, müssen zuverlässig detektiert werden, und die Waage muß auf das erkannte Problem adäquat reagieren, z. B. mit Abschaltung sowie ihren Zustand dokumentieren. Auf die spezifischen Prüfroutinen wird im Zusammenhang mit dem jeweiligen Dosiersystem eingegangen. Bild 3 zeigt das notwendige Vorgehen.

Die bauseitigen Prüfmöglichkeiten müssen bereits bei den ersten Planungen einer neuen Installation auf der Basis der vom Waagenhersteller vorbereiteten Funktionen vorgesehen werden. Die Qualität der Prüfung wird weitgehend von der Erfahrung bei der Ausarbeitung des Prüfverfahrens und den von der Waage zur Verfügung gestellten Funktionen im Spannungsfeld der in Bild 4 dargestellten Einflüsse bestimmt. Die Waagenhersteller bieten daher bereits während der Angebotsausarbeitung einen intensiven Dialog mit dem Betreiber an, der zu dem kostengünstigsten und effektivsten Verfahren unter Berücksichtigung der bauseitigen Randbedingungen und der vorgedachten Funktion führt.

Wegen des Mangels an Applikationserfahrung und dem hohen Implementierungsaufwand für die Programmierung müssen Einzelrealisierungen im zentralen Leitsystem im allgemeinen als uneffektiver angesehen werden.

Die genaue Spezifikation der Dosierwaage ist vom Anwender und vom Hersteller der Waage jeweils auf Vollständigkeit und Realisierbarkeit gemäß Bild 5 zu überprüfen. Ggf. wird der Hersteller

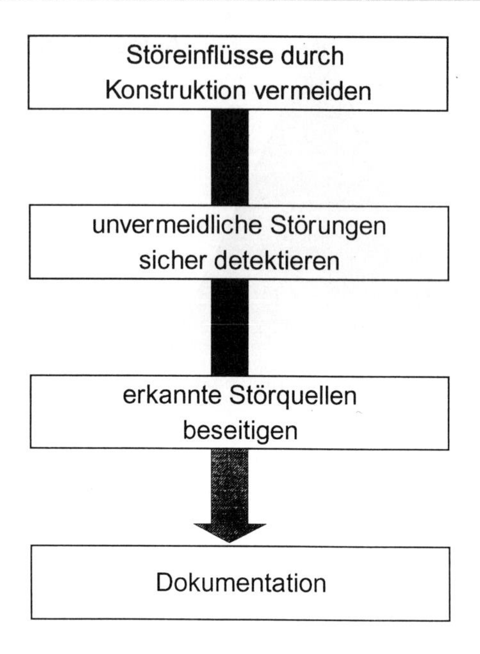

Bild 3: Vorgehen zur effektiven Sicherung der Qualität

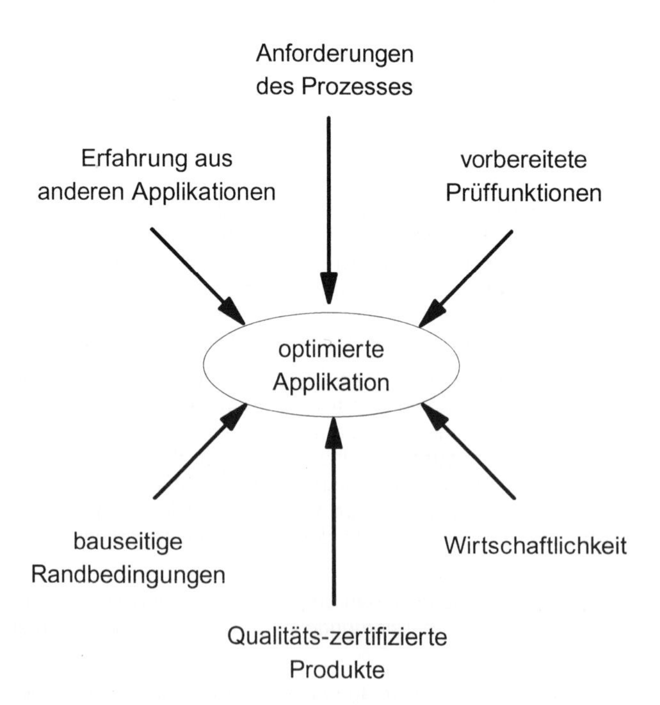

Bild 4: Einflüsse bei der Wahl der Prüfverfahren

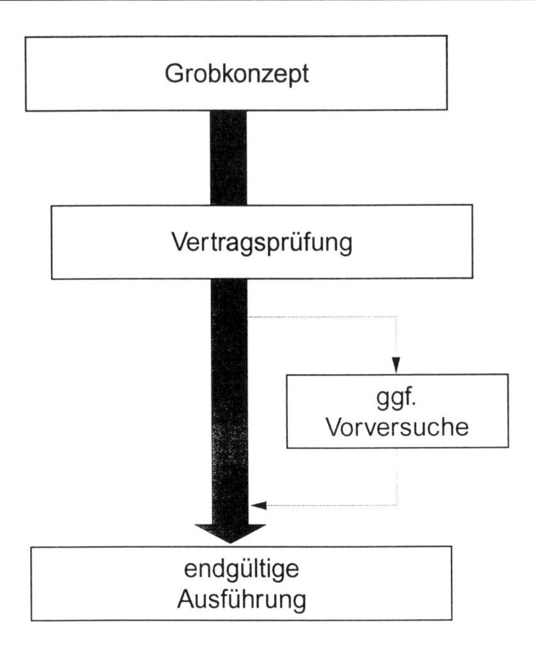

Bild 5: Vorgehen bei der Realisierung

für spezielle Schüttgüter Materialversuche in seinem Schüttgutlabor fahren, um die materialberührenden Komponenten aus den zur Verfügung stehenden Modulen optimal auszuwählen.

Die Grundlage für eine sichere Inbetriebnahme einer kontinuierlichen Waage ist die übersichtliche Gestaltung der Kommunikation zwischen der Waage und dem Bediener. Bei dem für eine effektive Qualitätssicherung notwendigen Funktionsumfang einer Waage benötigt diese zahlreiche Einsteller zur Adaption der vorhandenen Funktionen an die spezielle Applikation. Dialoge in Klartext, klare und übersichtliche Gruppierung der Einsteller sowie eine graphische Darstellung ihrer Wirkungsweise helfen Fehler bei Inbetriebnahme und Service zu vermeiden. Vermehrt kommen hier PC-gestützte Programmpakete zum Einsatz.

3. Betriebssicherheit – erhöhte Qualität kontinuierlicher Prozesse

3.1 Redundante Signale – die preiswerte QS-Alternative

Um im Kostenwettbewerb zu bestehen, sind insbesondere solche Funktionen von der Qualitätssicherung gefordert, die von mehreren Quellen unabhängig verfügbare Information für Plausibilitätsprüfungen nutzt.

Typisches Beispiel einer solchen Funktion ist die Justage auf der Basis vorkalibrierter Komponenten der Waage, wie in Bild 6 gezeigt. Hierbei kann die vollständige Justage aufgrund bekannter Parameter vorgenommen werden. Ein anschließend aufgebrachtes Prüfgewicht oder eine Materialkontrolle sind redundant und erlauben damit die Überprüfung des korrekten Einbaus – ein Schritt zur Qualitätssicherung bei der Inbetriebnahme.

3.2 Detaillierte Fehlererkennung – Wartung wird planbar

Bei einer prozessorgestützten Wägeelektronik moderner Bauart kann man die integrierte Diagnose der monokausalen Betriebsstörungen bis auf die Modulebene erwarten. Besonders hervorzuheben sind hier Systeme, die sich ankündigende Probleme insbesondere im Bereich der Mechanik

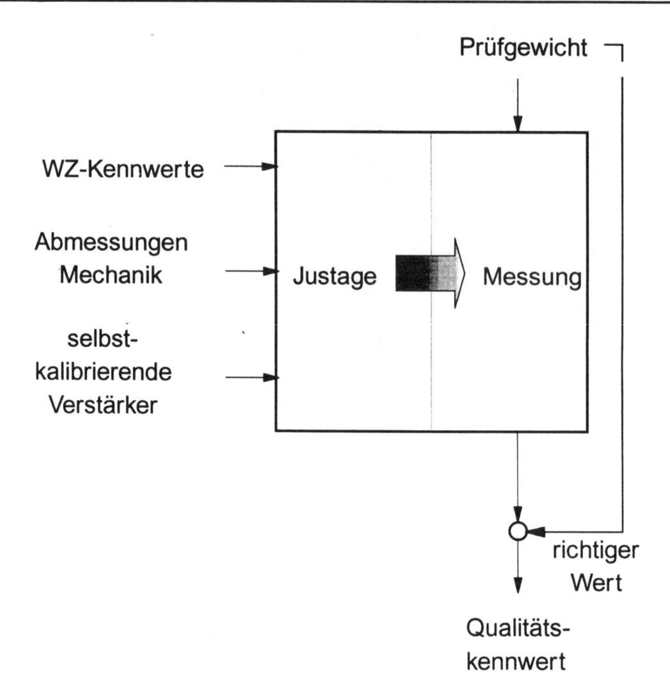

Bild 6: Redundanz durch theoretische Justage

bereits vor einem Totalausfall melden und somit eine Einplanung von Wartungsarbeiten beim nächsten Stillstand ermöglichen.

Bei Dosierbandwaagen mit dem BIC-System (BIC = Belt Influence Compensation [1]), dessen Aufgabe es ist, den unvermeidlichen Einfluß des Wägebandes auf das Wägeergebnis adaptiv zu kompensieren, liefert der vorhandene Sensor sowohl Informationen über die Bandposition in Laufrichtung als auch in Querrichtung. Bereits vor einem unzulässig weiten seitlichen Bandablauf warnt das System und erlaubt so die Korrektur der Bandposition im laufenden Betrieb. Zusätzlich erlaubt der gleiche Sensor die Überwachung des Bandschlupfs und damit der Dosiergenauigkeit.

3.3 Die Pheripherie – Überwachung betriebsrelevanter Funktionen

In sehr vielen Fällen ist die Ursache von Problemen bei der Dosierung auf Unregelmäßigkeiten im Waagenumfeld zurückzuführen. Die Überwachung der Zusatzaggregate durch die Waage selbst hat den Vorteil, daß die Kombination interner Zustände der Waage und externer Ereignisse zur detaillierteren Diagnose verwendet werden kann. Auch hier liegt der Vorteil einer in der Waage realisierten Lösung in der preiswerten Verfügbarkeit der Überwachung, die sonst oft erst nach den ersten schlechten Erfahrungen nachgerüstet wird.

Beispielhaft sei hier auf die Überwachung von Klappen bei Differentialdosierwaagen nach Bild 8 verwiesen. In der einfachsten Ausführung wird die Waage mittels einer Klappe befüllt, wenn der Behälterfüllstand einen Mindestwert unterschreitet.

Dieser Betriebszustand ist bei Differentialwaagen besonders kritisch, da während der Befüllung prinzipbedingt keine Messung der Förderstärke am Waagenauslaß möglich ist und die Waage im volumetrischen Betrieb arbeitet. Um eine sichere Befüllung zu gewährleisten, sind aufwendige Steuerungen der Hilfsaggregate im Umfeld notwendig. Bild 9 zeigt hierzu ein Beispiel.

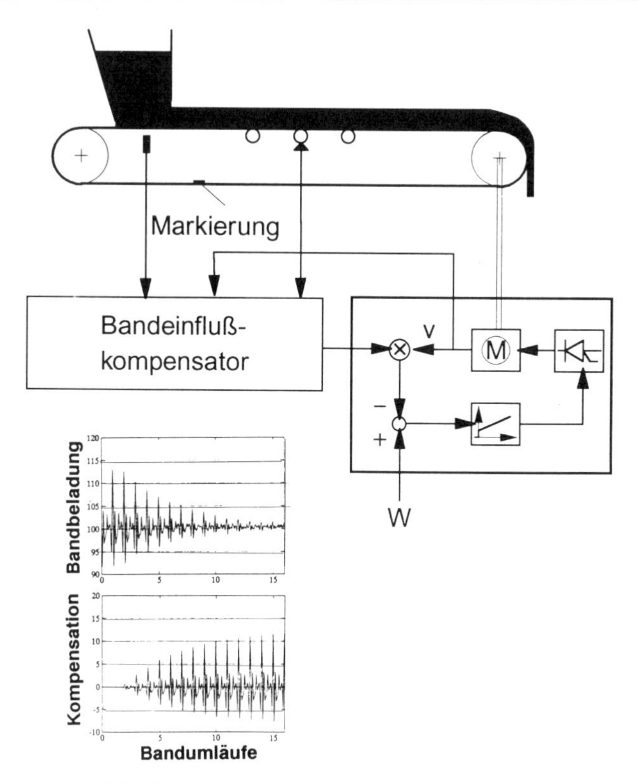

Bild 7: Bandeinflußkompensation BIC – Prinzip und Wirkung

Bei der Auslegung der Waage wird darauf geachtet, die Füllphase möglichst kurz zu halten. Nach dem Befehl zum Öffnen der Füllklappe ist daher zu überwachen, daß sie auch wirklich geöffnet ist und der Befüllvorgang tatsächlich eingesetzt hat. Ein Versagen der Klappe würde zwar auch über die nicht eintretende Gewichtszunahme des Wägebehälters erkannt werden, dies allerdings oft zu spät. Zudem ist mit diesem Verfahren zu erkennen, ob die Klappenlaufzeit sich durch Verschleiß oder Verschmutzung unzulässig verlängert hat. Aus dieser Information läßt sich für den nächsten Stillstand eine Überprüfung und Instandsetzung einplanen. Nach Abschluß der Befüllung wird die Klappe wieder geschlossen und nach einer Wartezeit in den gravimetrischen Betrieb übergegangen. Sollte die Klappe trotz des empfangenen Schließbefehls nicht geschlossen sein, so ist mit erheblichen Dosierfehlern im gravimetrischen Betrieb zu rechnen. Bild 10 zeigt das Prinzip. Für einen sicheren Betrieb ist somit auch der geschlossene Zustand der Klappe zu überwachen. Zusätzlich sind modellgestützte Verfahren bekannt [1], die aus der Messung des Behältergewichts während und nach der Befüllung eine Diagnose der Klappe vornehmen.

3.4 SPC – Kennwerte belegen die Fähigkeit des Dosierprozesses

Jede technische Realisation stellt einen Kompromiß zwischen dem technisch Machbaren und dem vom Prozeß Geforderten unter Berücksichtigung der Wirtschaftlichkeit dar. Im Grenzgebiet sind statistische Verfahren gefordert, da kurzzeitig Prozeßparameter auch außerhalb der spezifizierten Grenzen zulässig sind. Im hier interessierenden Zusammenhang ist das Meß- und Dosierergebnis einer Waage als Prozeß zu betrachten, das zufälligen Einflüssen aus dem Waagenumfeld unterliegt, z.B. den Eigenschaften des Schüttguts. Der dosierte Schüttgutfluß ist damit kleinen statistischen Schwankungen unterworfen, die bei hohen Anforderungen an die Dosierung überwacht werden müssen.

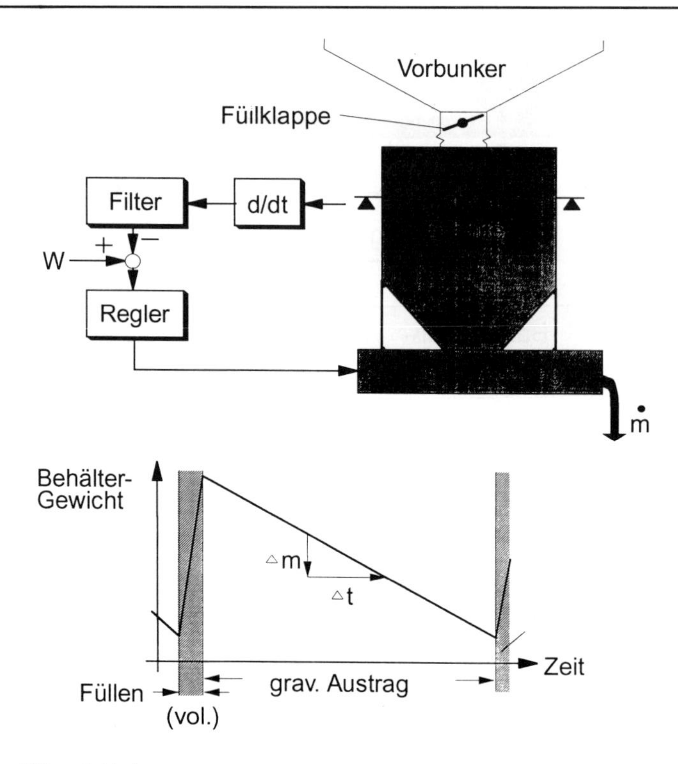

Bild 8: Prinzip der Differentialdosierwaage

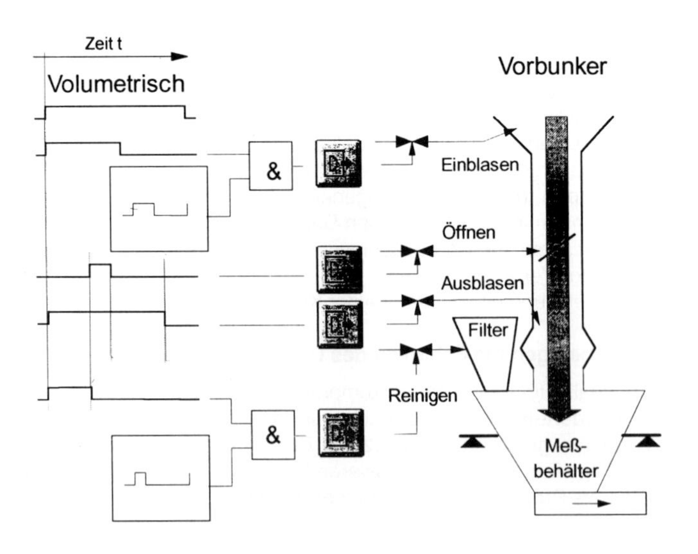

Bild 9: Steuerung der Waagenperipherie zur Befüllung

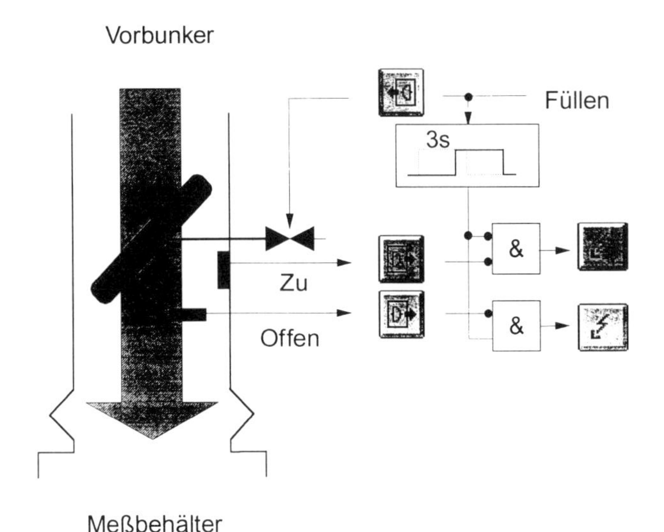

Bild 10: Überwachung der Klappenfunktion

Zur Darstellung der Prozeßeigenschaften statistischer Prozesse wird z. B. die in Bild 11 abgebildete Qualitätsregelkarte herangezogen, in der der Mittelwert und die Differenz zwischen dem maximalen und minimalen Wert während eines gleitenden Beobachtungsfensters (Spannweite) über der Zeit aufgetragen sind.

Zur Beurteilung des Verhaltens des Mittelwertes $\bar{x}$ werden Eingriffs- oder Spezifikationsgrenzen herangezogen. Die Eingriffsgrenzen (obere Grenze OEG, untere Grenze UEG) beschreiben ein um den Mittelwert des ungestörten Prozesses zentriertes Band, dessen Breite das n-fache, häufig das 6-fache, der Standardabweichung s des Prozesses beträgt. Da bei einem normalverteilten Zufallsprozeß über 99,7 % der Ergebnisse des Prozesses innerhalb dieses Bandes liegen, kann von einem Wert außerhalb des Bandes mit großer Sicherheit auf eine Unregelmäßigkeit im Prozeß geschlossen werden.

Während die Eingriffsgrenzen über die Standardabweichung aus dem Prozeß selbst ermittelt werden, leitet man die Spezifikationsgrenzen (OSG und USG) aus der erforderlichen Produktqualität ohne Rücksicht auf den Herstellprozeß ab und prüft den realisierten Prozeß anschließend auf Einhaltung der Grenzen. Dabei stellt der Prozeßfähigkeitsindex c_p ein Wahrscheinlichkeitsmaß dafür dar, daß ein Prozeßergebnis bei optimaler Einstellung des Mittelwerts des Prozesses außerhalb der Grenzen liegen. Für eine konkrete Einstellung des Mittelwertes ermittelt der c_{pk}-Wert die Fähigkeit des Prozesses in bezug auf die dem Mittelwert am nächsten liegende und daher kritische Grenze. Die Analyse der statistischen Kennwerte und der Qualitätsregelkarte nach Bild 11 obliegt dem Qualitätsauditor, der Zusatzinformation aus dem Waagenumfeld in Bewertung und Prozeßkorrektur einfließen läßt.

Im Bereich der kontinuierlichen Dosierwaagen werden statistische Methoden seit längerem zur Bestimmung von Dosiergenauigkeit und -konstanz verwandt. Über eine Kontrollwaage nach Bild 13 werden dabei mehrere Proben einer festen Dauer aus dem Dosierstrom gemessen, deren Mittelwert als Dosiergenauigkeit und deren Standardabweichung als Dosierkonstanz bezeichnet werden. Darüber hinaus sind heute auch statistische Analysen der aufgetretenen Ereignismeldungen bekannt, die eine Aussage über die Betriebssicherheit zulassen. Die statistischen Kennwerte werden in der Wägeelektronik für die zeitlich abgekoppelte Dokumentation und Darstellung zwischengespeichert. Weitere softwaregestützte Werkzeuge, ein Beispiel zeigt Bild 14, und das Auditorenteam bestimmen daraus nach Bild 12 ggf. die notwendigen Korrekturmaßnahmen.

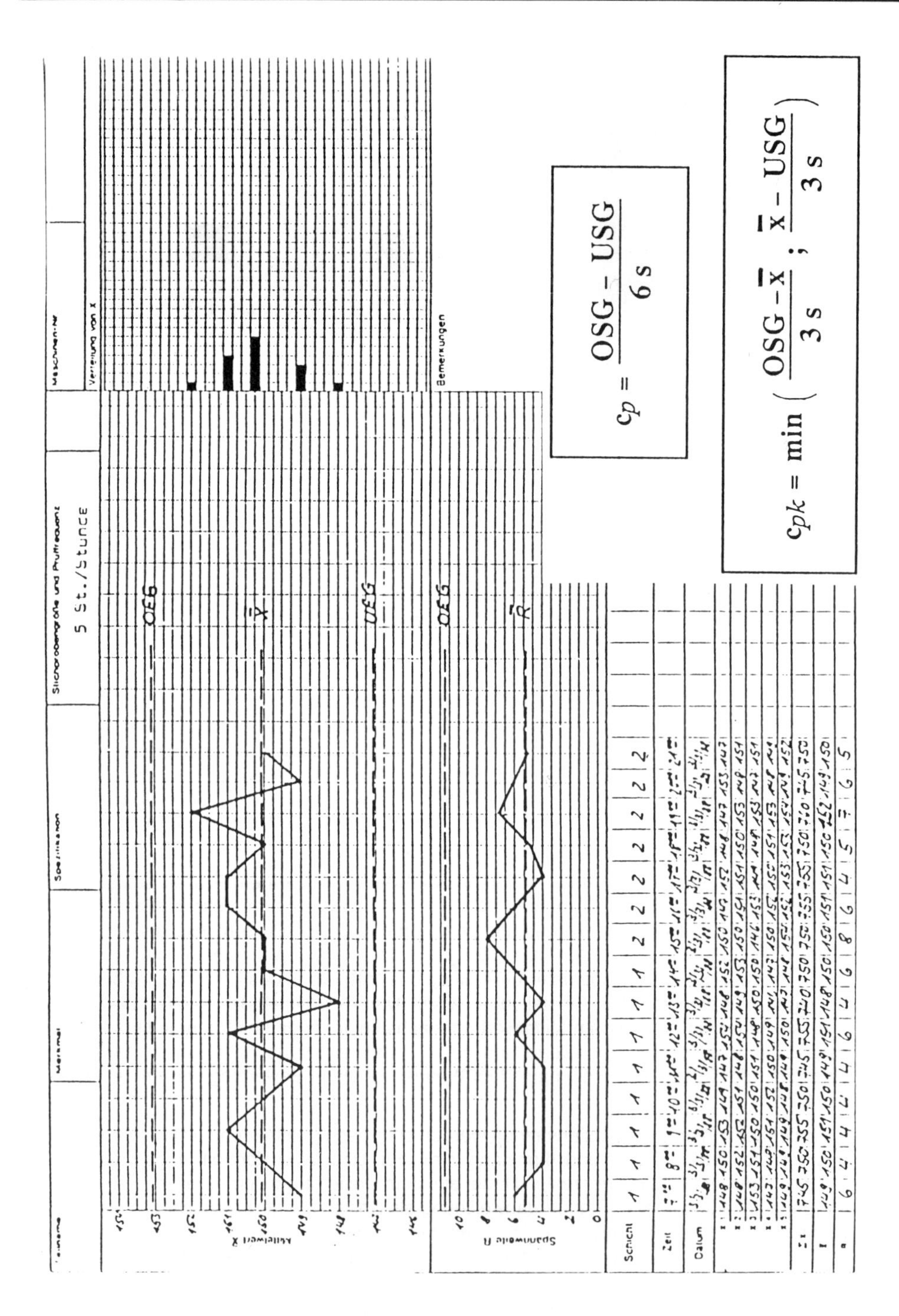

Bild 11: Qualitätsregelkarte und Prozeßfähigkeit

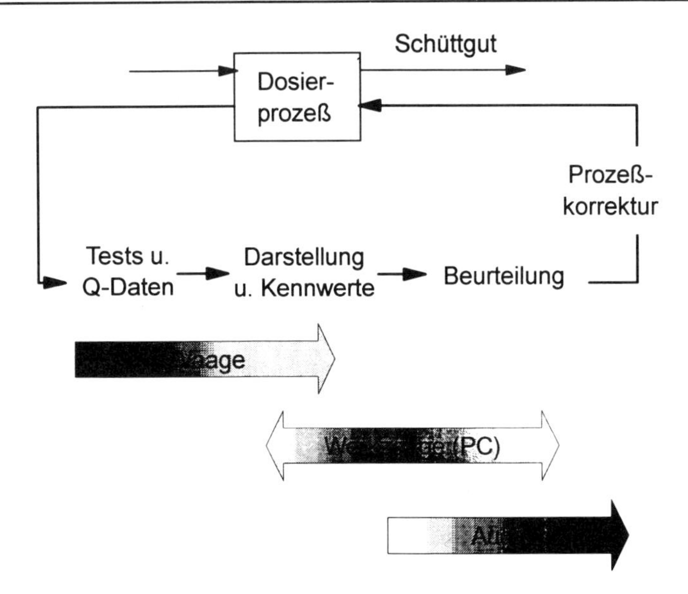

Bild 12: Der Qualitätsregelkreis

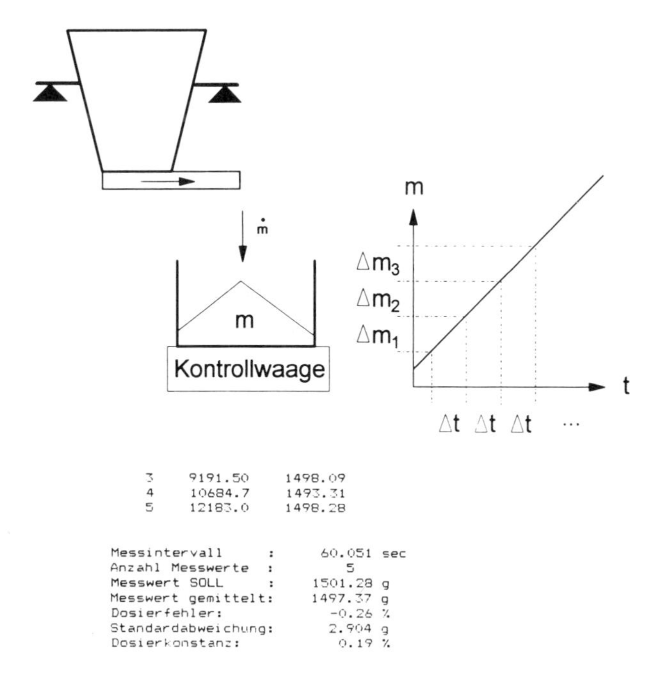

Bild 13: Funktion der Kontrollwaage

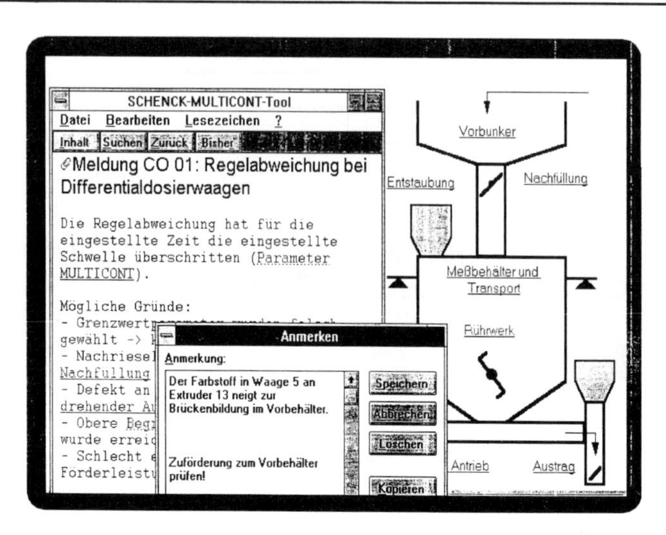

Bild 14: Diagnose mit Hilfe von Expertenwissen

4. Prüfverfahren für Dosierbandwaagen

Für Dosierbandwaagen in Applikation mit höchsten Genauigkeitsansprüchen hat sich die On-Line-Materialkontrolle nach Bild 15 durchgesetzt.

Dabei werden Vorratsbehälter und Aufgabetrichter zusammen mit der Waage verwogen, wobei diese statische Wägung für größere Kontrollmengen als deutlich genauer als das Ergebnis der kontinuierlichen Waage angesehen werden kann. Trägt die Waage Schüttgut aus, so verringert sich das Gesamtgewicht der Anordnung. Aus dem Vergleich der Gewichtsabnahme des Behälters und dem Fortschritt des Fördermengenzählers während eines bestimmten Zeitintervalls läßt sich die Genauigkeit der kontinuierlichen Waage überprüfen. Der besondere Vorteil einer On-Line-Kontrolle besteht darin, daß, ohne Unterbrechung der Förderung in der laufenden Produktion, ständig Kontrollwerte erzeugt werden. Damit wird die Waage nahezu lückenlos überwacht, und etwa auftretende Probleme können die Qualität des Endproduktes nicht auf längere Zeit beeinträchtigen. Da die Kontrollwaage ein Prüfmittel im Sinne der ISO 9000 darstellt, ist sie ihrerseits einer Prüfung zu unterziehen. Dies geschieht durch Belastung mit einem bekannten Prüfgewicht.

Das Ergebnis solcher Kontrollwägungen erlaubt die Korrektur der kontinuierlichen Waage. Hierbei ist es gemäß Bild 16 notwendig, das Kontrollergebnis zunächst einer Plausibilitätskontrolle zu unterziehen. Sowohl die Differenz zwischen zwei Korrekturen als auch die kumulierte Korrektur seit der Inbetriebnahme sind bezüglich der Spezifikationsgrenzen zu überwachen, da große Abweichungen auf Fehler der Kontrollwaage oder auf gravierende Fehler der Dosierwaage hindeuten, die zur Gewährleistung eines sicheren Betriebs zunächst beseitigt werden müssen.

Die Aufzeichnung der Kontrollergebnisse in Form der bekannten Qualitätsregelkarte erlaubt die statistische Untersuchung des Verhaltens. Mit Hilfe der Varianz der Ergebnisse lassen sich ungewöhnliche Sprünge schneller als mit festen Grenzen erkennen, Der Trend zeigt langsam wachsende Verschmutzungen und ermöglicht eine Vorhersage des Verhaltens in der Zukunft.

Eine mit ausreichender Rechenkapazität, optimierten Signalwegen, der Bandeinflußkompensation (BIC) und der Dosierung am Abwurfpunkt (DAP, Bild 17) ausgerüstete Waagenelektronik [2, 3] erlaubt heute bereits eine ausreichende Genauigkeit mit sehr kleinen Kontrollmengen, die nur das in 1,5 Minuten von der kontinuierlichen Waage geförderte Schüttgut fassen. Kontrollen mit noch kleineren Mengen detektieren grobe Dosierfehler, wie sie z. B. durch verklemmte Schüttgutpartikel im Bereich der Wägemechanik auftreten können.

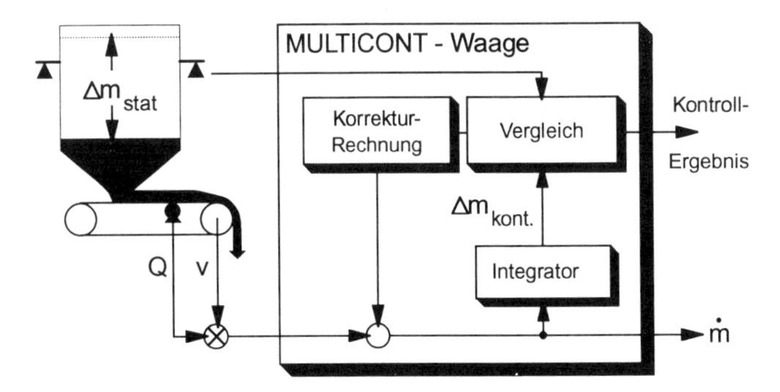

Bild 15: On-Line Materialkontrolle

Neben Werten für die Dosiergenauigkeit über längere Zeiträume wird besonders in Prozessen der chemischen Industrie zunehmend auch die Kurzzeitkonstanz der Dosierung, bekannt als Dosierkonstanz, von Bedeutung. Die Hersteller von Dosierbandwaagen tragen dem Rechnung durch den Einsatz der Bandeinflußkompensation BIC (Bild 7) und die Dosierung auf den Abwurfpunkt DAP (Bild 17) [2], die jede für sich eine deutliche Verbesserung bewirken. Die tatsächlich erreichte Dosierkonstanz läßt sich über den Kontrollmeßbehälter feststellen, indem die Varianz mehrerer während der Kontrolle genommenen Teilmessungen wie bei einer Kontrollwaage (Bild 13) gebildet wird. Hierdurch werden das Regelverhalten der Waage und der Schüttgutabzug aus dem Vorbehälter überprüft. Bild 18 zeigt typische Ergebnisse einer praktischen Dosierung.

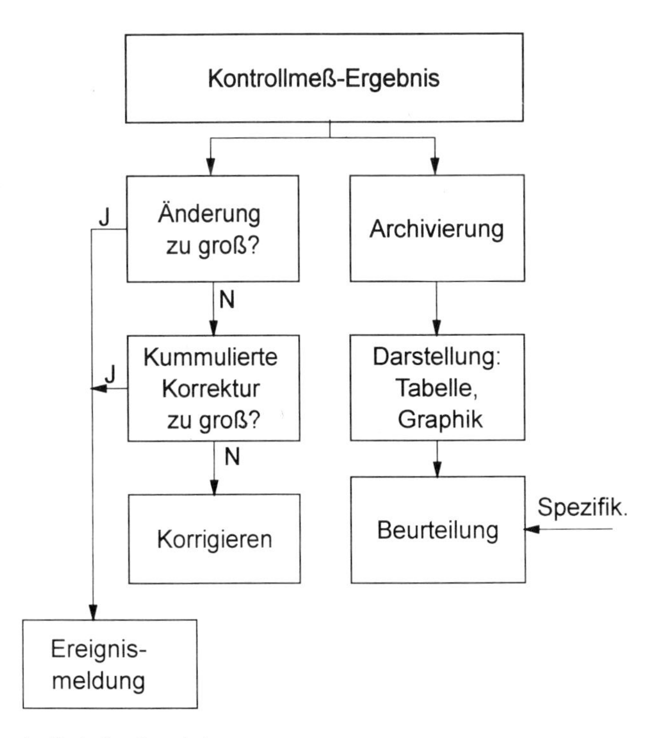

Bild 16: Verarbeitung der Kontrollmeßergebnisse

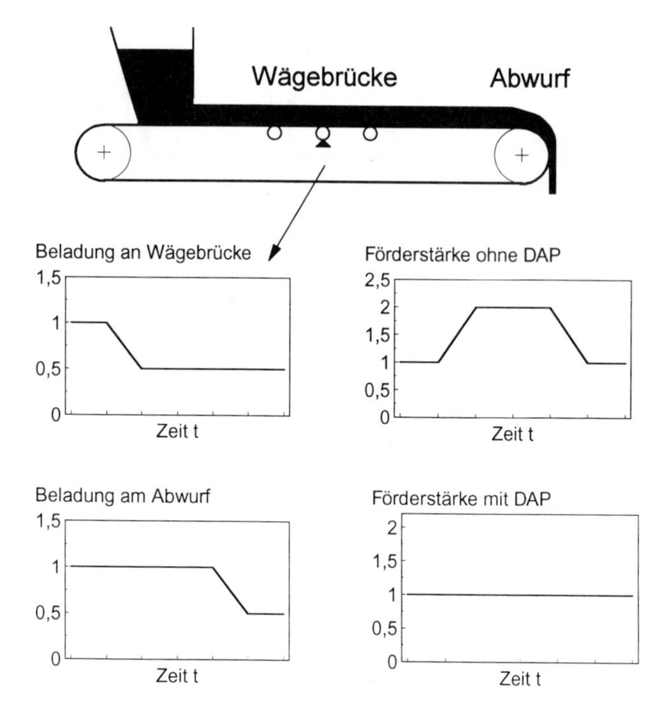

Bild 17: Prinzip der Dosierung am Abwurfpunkt (DAP)

4.1 Getrennte Prüfung dere Systemkomponenten

Erlauben die bauseitigen Randbedingungen den Einsatz einer On-Line Materialkontrolle nicht, so können die Einzelteile der Dosierwaage getrennt überwacht werden. Da eine Dosierbandwaage die Förderstärke I aus dem Produkt der Bandbelastung q und der Bandgeschwindigkeit v bestimmt, ist das Augenmerk auf die Messung dieser beiden Komponenten zu richten.

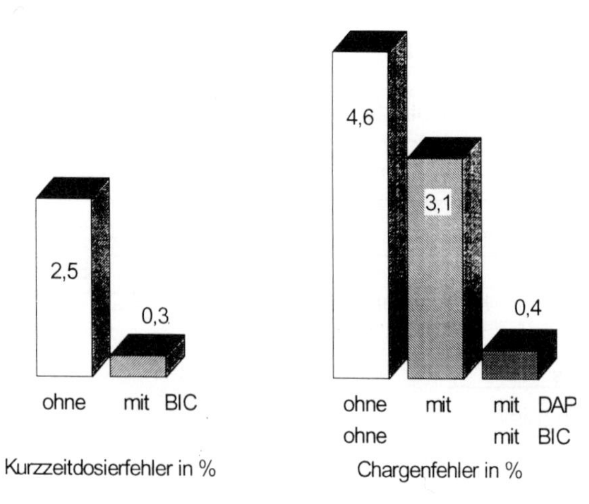

Bild 18: Dosierversuche mit/ohne BIC und DAP

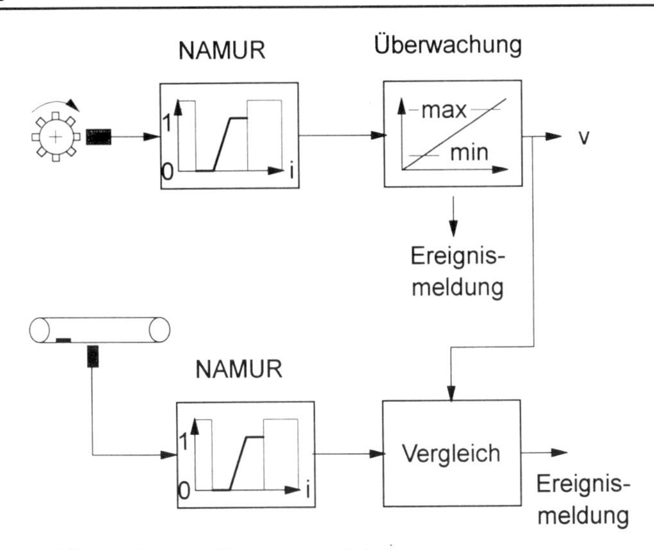

Bild 19: Messung und Überwachung der Bandgeschwindigkeit

Die Bandgeschwindigkeit wird üblicherweise mit einem Sensor am Antriebsmotor oder einer der Rollen der Waage bestimmt. Neben der Überwachung des Meßaufnehmers über die Einhaltung der von NAMUR definierten Grenzen gemäß Bild 19, werden Ausfälle und Störungen über Grenzwerte detektiert. Zusätzlich ermöglicht die oben beschriebene Schlupfüberwachung mit Hilfe des Bandlaufsensors eine Detektion von Rutschen zwischen dem Band und der Hauptgeschwindigkeitsmessung. Im allgemeinen kann die Geschwindigkeitsmessung jedoch als sehr zuverlässig angesehen werden.

Die Gewichtsmeßstation wird heute auf der Basis der Daten vorkalibrierter Komponenten justiert. Kontollen der Justage sind nur im Off-Line-Betrieb ohne Schüttgut möglich. Als für die meisten Fälle ausreichend wird die Überprüfung des Nullpunktes angesehen, da die meisten Störungen sich hier eindeutig abbilden. Die Waagenelektronik bietet Nullstellprogramme, die nur zur Kontrolle als auch zusätzlich zur Korrektur benutzt werden können. Die Prüfergebnisse sind mit dem Zeitpunkt der Prüfung zu dokumentieren. Auch hier liefern Qualitätsregelkarten wichtige Informationen über ungewöhnliche Zustände und unzulässige Driften.

Meist wird noch die Möglichkeit angeboten, die Waage mit einem Prüfgewicht zu kontrollieren. Dazu wird ein bekanntes Gewicht auf die Wägebrücke gebracht und die angezeigte Materialmenge über mehrere Bandumläufe bestimmt. Neben der reinen Kontrolle ist auch hier die automatische Korrektur möglich.

Auf der Basis einer korrekten Erfassung der Istförderstärke kann nur die Überprüfung der Dosierregelung mit Hilfe der Regelabweichung vorgenommen werden. Neben den bekannten Verfahren über absolute Grenzen und Toleranzzeiten für die entsprechende Ereignismeldung, liefern heute einige Waagen eine statistische Auswertung mit Mittelwert und Varianz zum Aufbau einer SPC.

In Applikation für kontinuierliche Chargierungen bilden Dosierkonstanz und -genauigkeit die Grundlage für die Chargengenauigkeit. Auch hier werden die Ergebnisse durch den Einsatz von BIC (Bild 7) und DAP (Bild 17), [1] und [2], entscheidend verbessert. Die Genauigkeit der Charge wird weiterhin durch die richtige Wahl des Abschaltzeitpunktes für die Dosierung bestimmt. Moderne Systeme berechnen mit einem Verfahren nach Bild 20 die entscheidenden Zeitpunkte aus der statistischen Auswertung der Ergebnisse der vorangegangenen Chargen. Der Chargierprozeß wird somit stets im Optimalpunkt seiner Fähigkeit betrieben. Häufig ist es notwendig, den Zustand der Waage und durchgeführte Wartungen zusammen mit jeder Charge zu dokumentieren.

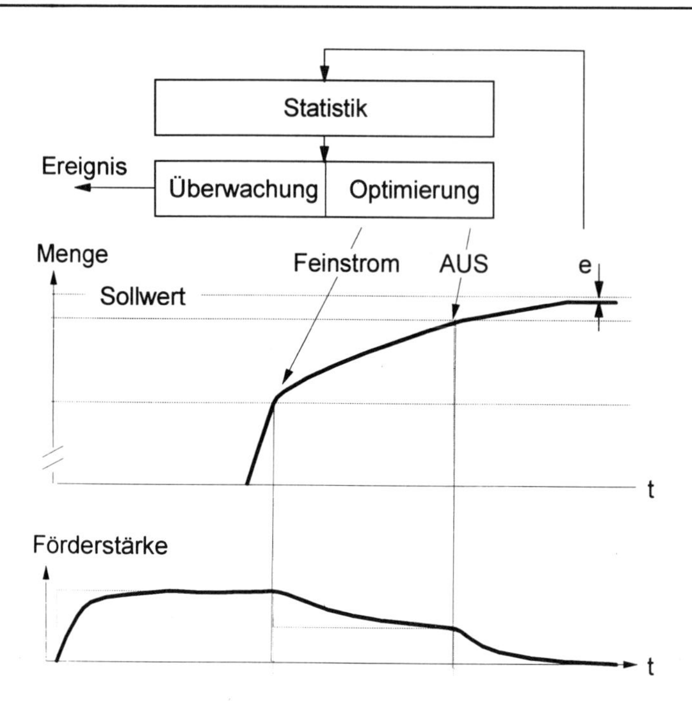

Bild 20: Optimierung und Überwachung der Chargierung

5. Differentialdosierwaagen

5.1 Test mit Kontrollwaage – Sicherheit für alle Dosierphasen

Zahlreiche Prozesse, speziell in der chemischen Industrie, erfordern hohe Dosiergenauigkeit und -konstanz. Die Qualität der Dosierwaagen mit meist kleinen Nennförderstärken wird hier Off-Line mittels Kontrollwaage nach Bild 13 zyklisch geprüft. Dazu wird das von der kontinuierlichen Waage geförderte Schüttgut in einem verwogenen Kontrollbehälter aufgefangen. Aus der Gewichtsdifferenz zwischen äquidistanten Zeitpunkten ergibt sich eine Folge von Meßwerten, deren Mittelwert die Dosiergenauigkeit und deren Standardabweichung die Dosierkonstanz darstellen. Das Verfahren hat den Vorteil, daß auch die bei Differentialdosierwaagen notwendige volumetrische Dosierphase während der Befüllung des Meßbehälters bei der Untersuchung mitberücksichtigt wird.

5.2 Getrennte Prüfung der Systemkomponenten

Kann wegen der bauseitigen Randbedingungen keine Kontrollwägung erfolgen, z.B. weil der Prozeß nicht unterbrochen werden darf, so ist die Prüfung der Einzelkomponenten durchzuführen. Dazu sind zunächst die genauigkeitsbestimmenden Größen zu identifizieren.

Die Istförderstärke I einer Differentialwaage errechnet sich bei einem Aufbau gemäß Bild 8 aus dem Behältergewicht G nach $I = dG/dt$. Die darin enthaltene Zeitmessung ist heute auf Quarzbasis sehr genau und zuverlässig, und auch der korrekte Lauf aller Programmteile einer Waage wird intern überwacht. Die Qualitätssicherung kann sich somit auf die Gewichtsmessung konzentrieren.

Hier bietet sich das Prüfgewichtsverfahren an. Dazu wird bei stehendem Austrag der Waage ein bekanntes Gewicht aufgelegt und nach einer kurzen Wartezeit wieder abgenommen. Über den zuvor der Waage bekanntgemachten korrekten Wert berechnet sie die Abweichung. Erkannte Fehler dienen der Überprüfung der Montage bei der Inbetriebnahme, da die Waage durch die kalibrierten

Komponenten ohne Prüfgewicht bereits vollständig justiert ist (Bild 6). Die einfach auszuführende Kontrolle wird vom Betriebspersonal während Stillständen durchgeführt. Das zwischengespeicherte Ergebnis dient dem Wartungspersonal zur Beurteilung und Dokumentation des Waagenzustands. Auch hier leistet die graphische Aufarbeitung der Ergebnisse in Form von Qualitätsregelkarten wertvolle Dienste bei der statistischen Auswertung.

Ist die Wiegegenauigkeit sichergestellt, so verbleibt es, die Dosiergenauigkeit zu prüfen. Da die Differentialdosierwaage einen sehr ähnlichen Aufbau wie eine Kontrollwaage nach Bild 13 aufweist, bietet es sich an, das gleiche Prüfverfahren für die Qualität der Dosierung zu verwenden. Dazu wird das Behältergewicht während der gravimetrischen Phase äquidistant abgetastet, die jeweilige Veränderung des Füllgewichts ermittelt und ins Verhältnis zu der jeweiligen Sollmenge gesetzt. Mittelwert und Standardabweichung der Fehler ergeben wiederum Dosiergenauigkeit und -konstanz als Maß für die Dosierqualität. Das hier beschriebene Konzept stellt in vielen Fällen eine Alternative zur vollständigen Kontrollmessung dar.

6. Das Gemenge – Überwachung auf zuverlässiger Basis

Kontinuierliche Dosierwaagen werden meist zur Bildung eines Gemenges aus mehreren Schüttgütern eingesetzt. Obwohl aus Sicht des Betreibers die Einhaltung der Gemengeanteile das ausschlaggebende Qualitätsmerkmal ist, muß die Qualitätssicherung mit den oben beschriebenen Prozeduren auf Waagenebene beginnen. Bild 2 verdeutlicht diesen Zusammenhang. Zur Überprüfung der Gemengezusammensetzung kann dann auf die zuverlässigen und überwachten Werte der Waage zurückgegriffen werden. Die noch verbleibende Qualitätssicherungsaufgabe ist nun kein wägespezifisches Problem mehr, sondern kann mit den in den meisten Leitsystemen heute vorgehaltenen Standardprozeduren effektiv gelöst werden.

7. Werkzeuge – Qualitätssicherung wirtschaftlich realisiert

Viele der genannten Funktionen für die Qualitätssicherung sind bereits auf der Ebene der Waagenelektronik implementiert. Die Qualitätsdaten stehen als Serviceanzeigen und an den seriellen Schnittstellen zur Verfügung. Die manuelle Verarbeitung in Form von Tabellen und Graphiken kann heute jedoch nicht mehr als zeitgemäß angesehen werden. Daher werden die qualitätsrelevanten Daten zyklisch aus der Waage in einen leistungsfähigen Kleinrechner, z. B. einen PC, eingelesen. Kommt, wie in Bild 21 dargestellt, eine Datenfernübertragung zwischen dem Qualitätsdatenrechner und der Wägeelektronik zum Einsatz, so kann der Rechner die Datensammlung selbständig, zentral und ohne menschlichen Irrtum vornehmen.

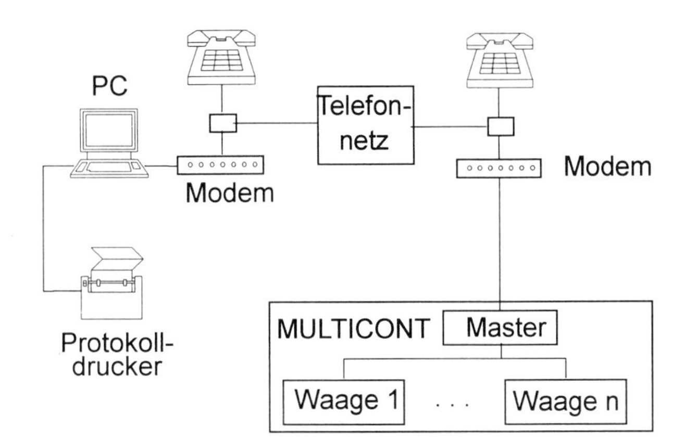

Bild 21: Zugriff auf die Waage mittels Datenfernübertragung

Qualitätsprotokoll Waage

Allgemeine Angaben

Meßstelle:	M9345.8453.01	Hersteller:	Schenck
Standort:	Extruder 18	Typ:	Multifeed
Schüttgut:	PE-Granulat	Fabr. Nr.:	4711
Prüfzyklus:	6 Monate	Nennleistung:	30 kg/h
Letzte Prüfung:	17.6.93 09:30h	Dosierhub:	20 kg
Aktuelle Prüfung:	17.6.93 11:00h		

Prüfmittel:

Prüfgewichte Nr.:	15 = 5 kg	Kontrollwaage:	keine

Statische Prüfung mit Gewicht

Basislast [kg]	Datum Zeit	Sollwert [kg]	Zul. Abweichung [%]	Steigend		Fallend	
				Istwert [kg]	Abweichung [%]	Istwert [kg]	Abweichung [%]
11	17.6.93 10:03	5	0.1	5.001	0.02	4.999	-0.02
10	17.6.93 14:05	5	0.1	5.003	0.06	4.998	-0.04
15	17.6.93 18:07	5	0.1	4.998	-0.04	5.002	0.04
13	17.6.93 22:01	5	0.1	5.001	0.02	5.001	0.02

Qualitätsregelkarte für statische Genauigkeit

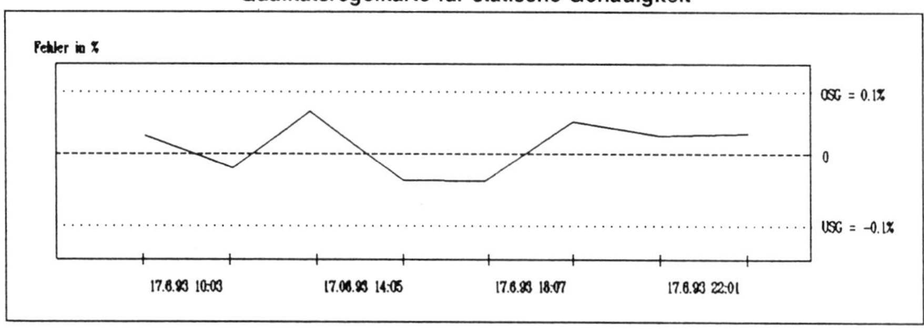

Dynamische Prüfung vom 17.6.93 23:00

Mittlerer Sollwert Massestrom:	10.34 kg/h	Probenanzahl:	10
Meßperiode:	1 min		

	OSG	Istwert		OSG	Istwert
Abs. Dosierkonstanz	0.05 kg/h	0.04 kg/h	Abs. Dosierfehler	0.05 kg/h	0.01 kg/h
Rel. Dosierkonstanz	0.5 %	0.4 %	Rel. Dosierfehler	0.5 %	0.1 %

Gesamtergebnis

Prüfergebnisse liegen innerhalb der Toleranz:	ja X	nein
Eingriff erforderlich:	ja	nein X
Prüfer:	H. Günster	

Bild 22: Beispiel eines applikationsspezifisch konfigurierten Protokolls

Der PC archiviert die Daten, erstellt übergeordnete Auswertungen und errechnet zusätzliche, statistische Kennwerte. Applikationsspezifische Qualitätsprotokolle dokumentieren den Zustand der Waage zu beliebigen Zeitpunkten. Aus den aufgenommenen Meßdaten erstellt der PC Qualitätsregelkarten mit den spezifizierten Grenzwerten automatisch. Da unternehmensweit Standards für die Form des Dokuments bestehen, muß auf die einfache Anpassung an die Aufgabe vor Ort Wert gelegt werden. Bild 22 zeigt das Beispiel eines solchen applikationsspezifisch konfigurierten Protokolls.

Neben der reinen Dokumentation bieten einige Systeme auch den Zugriff auf Expertenwissen bei der Analyse der Qualitätsdaten, z.B. bei der Ursachenforschung für aufgetretene Ereignismeldungen. Gegenüber den bisher üblichen und nicht auf die Wägetechnik zugeschnittenen Lösungen in Leitsystemen, z.B. in einem Ereignismeldesystem, bietet sich hier die Möglichkeit, das Wissen aus sehr vielen Applikationen der Waagen bei der Diagnose effektiv zu nutzen. Der Experte vor Ort kann auch sein Spezialwissen in die Wissensbasis leicht einbringen (vgl. Bild 14). Der Vorteil vor allem für den nur im seltenen Fehlerfall mit der Waage beschäftigten Techniker liegt auf der Hand: er erstellt eine sichere Diagnose in deutlich verkürzter Zeit. Dem verstärkten Trend zur Rationalisierung der Instandhaltung durch Bildung von zentralisierten Abteilungen wird durch den möglichen Zugriff auf alle Waagendaten per Datenfernübertragung entsprochen, d.h. viele der In Bild 12 dargestellten Arbeitsgänge werden effektiv unterstützt. Die in [4] angesprochene Vision eines zentralen Ingenieurarbeitsplatzes mit Zugriff auf alle Daten der Prozeßperipherie wird damit über das allgemein verfügbare Telefonnetz realisiert. Im Bedarfsfall erhält der Techniker zuverlässige Informationen und Diagnosevorschläge, die ihm die Mitnahme der richtigen Hilfsmittel ermöglichen und viele Fahrten völlig überflüssig machen oder doch zumindest in ihrer Dringlichkeit verschieben. Damit werden die Instandhaltungseinsätze besser planbar.

8. Zusammenfassung

Grundlage einer effektiven Qualitätssicherung für kontinuierliche Waagen ist das Waagendesign, das die langjährige Applikationserfahrung in Zuverlässigkeit und Prüfbarkeit für einen sicheren Betrieb und höchste Genauigkeit umsetzt. Die Waage selbst benötigt eine Funktionalität, die es ihr erlaubt, unvermeidbare Betriebsstörungen möglichst frühzeitig, vollständig detaillert und dabei wirtschaftlich zu erfassen. Hochentwickelte Systeme erlauben zusätzlich die Erhöhung der Dosier-

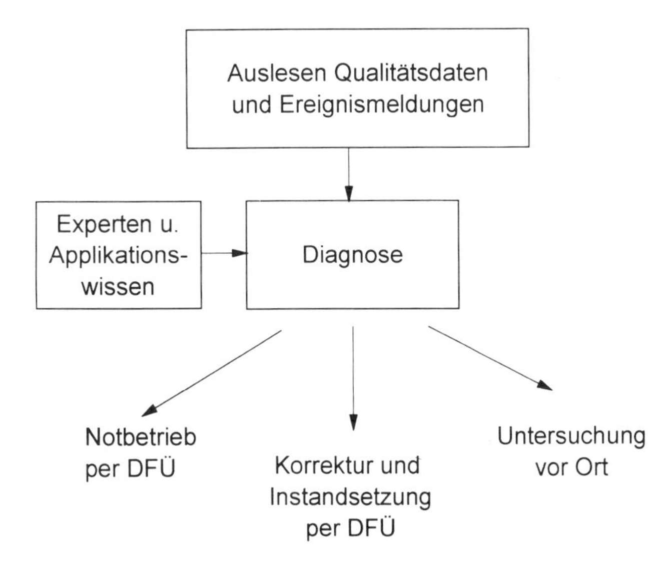

Bild 23: Ablauf von Serviceeinsätzen

genauigkeit und die gleichzeitige Überwachung der ordnungsgemäßen Funktion. Für den jeweiligen Waagentyp existieren Kontrollverfahren mit Schüttgut, die eine vollständige Überwachung der Dosiergenauigkeit in einem Schritt und teilweise in der laufenden Produktion erlauben. Die Abschätzung der Zuverlässigkeit eingesetzter Meßverfahren ermöglicht den Entwurf von Komponentenprüfungen, die in vielen Fällen Fehler rechtzeitig erkennen lassen. Bedienerfreundliche Dialoge über PC-basierte Werkzeuge erhöhen die Sicherheit gegen Fehlbedienung und beschleunigen den Zugriff im Bedarfsfall. Datenfernübertragung schafft die Basis für eine kostengünstige Zentralisierung von Qualitätssicherung und Instandhaltung.

Schrifttum

[1] Allenberg, B.; Jost, G.: Kurzzeitgenauigkeit und Betriebssicherheit bei der Schüttgutdosierung – Fortschritte durch Smart Control Strategies, wägen + dosieren, 22. Jg. 3/92, S. 12–17

[2] Allenberg, B.: BIC – der neue Weg zu höchster Dosiergenauigkeit für Schüttgüter, Zement-Kalk-Gips, 1993

[3] Allenberg, B.: Requirements on continuous weighers in a quality assurance system, Bulk Solids Handling, Vol. 2, 1993, S. 314–318

[4] Möckel, B.; Scheiding, W.: Der Ingenieurarbeitsplatz, integraler Bestandteil des EMR-Betreuungskonzepts der Zukunft, Automatisierungstechnische Praxis 1/93, S. 52–57 und 2/93, S. 109–111

Autorenverzeichnis

Dr. B. Allenberg
Carl Schenck AG
Landwehrstr. 55
64293 Darmstadt

Dr.-Ing. K.W. Bonfig
Universitätsprofessor
Institut für Meßtechnik
Fachbereich 12, Elektrotechnik
Hölderlinstr. 3
57068 Siegen

Prof. Dr. H. Bruckschen
Kanzerhof
47447 Moers

C. van Doorn
Brooks Instruments
Groeneveldselaan 6
NL–3900 AB Veenendaal

Dipl.-Ing. R. Flügel
Universität Erlangen
Institüt für Verfahrenstechnik
Lehrstuhl für Apparatetechnik
und Chemiemaschinenbau
Cauerstr. 4
91058 Erlangen

Dipl.-Ing. H. Fritsch
Lewa Herbert Ott GmbH & Co.
Ulmer Str. 10
71229 Leonberg

Dr. H. Gericke
Gericke AG
Althardstr. 120
CH–8105 Regensdorf

Dipl.-Ing. H. Häfelfinger
Endress & Hauser
Postfach 12 61
79689 Maulburg

Dipl.-Ing. (FH) H. W. Häfner
Pfister Konti Technik GmbH
Postfach 41 01 20
86068 Augsburg

Dipl.-Ing. H. Heinrici
Carl Schenck AG
Landwehrstr. 55
64293 Darmstadt

Dr. Ing. K. Hlavica
c/o Gericke AG
Althardstr. 120
CH–8105 Regensdorf

T. Hinzman
Brooks Instruments
Groeneveldselaan
NL–3900 AB Veenendaal

Dr. G. Jost
Carl Schenck AG
Landwehrstr. 55
64293 Darmstadt

Dipl.-Ing. (FH) E. Nagel
Carl Schenck AG
Landwehrstr. 55
64293 Darmstadt

Dr.-Ing. St. Notzon
Universität Erlangen
Institut für Verfahrenstechnik
Lehrstuhl für Apparatetechnik
und Chemiemaschinenbau
Cauerstr. 4
91058 Erlangen

Dipl.-Ing. (FH) F. Otto
Fischer & Porter GmbH
Postfach 18 43
37079 Göttingen

J. Paetow
Greinstr. 8c
64291 Darmstadt

M. Rohr
K-TRON Soder AG
CH–5702 Niderlenz

Dipl.-Ing. (FH) G. Rogge
K-TRON Deutschland GmbH
Postfach 17 42
63557 Gelnhausen

Dipl.-Ing. M. Sander
Brabender Technologie KG
Postfach 35 01 38
47055 Duisburg

Dipl.-Ing. R. Schmedt
Endress & Hauser
Postfach 12 61
79689 Maulburg

Dr.-Ing. E. Schlücker
Anette-Kolb-Str. 5
91056 Erlangen

R.- Stöckli
K-TRON Soder AG
CH–5702 Niederlenz

Dipl.-Ing. (FH) W. Stüber
Fischer & Porter GmbH
Postfach 18 43
37008 Göttingen

Dipl.-Ing. J. Thiele
Greifwerk Maschinenfabrik
GmbH
Kronsförder Landstr. 177
23560 Lübeck

Prof. Dr.-Ing. G. Vetter
Universität Erlangen
Institut für Verfahrenstechnik
Lehrstuhl für Apparatetechnik
und Chemiemaschinenbau
Cauerstr. 4
91058 Erlangen

Dr.-Ing. H. Wolfschaffner
Pfister Konti Technik GmbH
Postfach 41 01 20
86068 Augsburg

Stichwortverzeichnis

C

D

E

F

G

H

I

J

K

N

O

P

Q

W

Z

Inserentenverzeichnis

A

ALLDOS Eichler GmbH
Postfach 12 10
D-76318 Pfinztal
Reetzstr. 85
D-76327 Pfinztal
Tel. (0 72 40) 61-0
Fax (0 72 40) 61-1 77 .... A 29, nach S. 556

ANAG A. Nussbumer AG
Bonnstr. 18
CH-3186 Düdingen
Tel. (00 41-37) 43 26 26
Fax (00 41-37) 43 30 85 .... A 7, nach S. 190

ARBO-ANALOGTECHNIK SA
Via Circonvallazione 12
CH-6952 Canobbio (Lugano)
Tel. (0041-91) 52 68 41
Fax (0041-91) 51 38 30 .... A 18, nach S. 308

B

Bleymehl Reinraumtechnik
Industriestr. 7
D-52459 Inden-Pier
Tel. (0 24 28) 40 25/40 26
Fax (0 24 28) 33 37 .... A 17, nach S. 308; A 29, nach S. 556

Brabender Technologie KG
Postfach 35 01 38
D-47032 Duisburg
Kulturstr. 55-73
D-47055 Duisburg
Tel. (02 03) 99 84-0
Fax (02 03) 99 84-164 .... A 17, nach S. 308

D

DEUTSCHE METROHM GMBH & CO.
Postfach 11 60
D-70772 Filderstadt
In den Birken 3
D-70794 Filderstadt
Tel. (07 11) 7 70 88-0
Fax (07 11) 7 70 88-55 .... A 13, nach S. 272

Otto Dieterle Maschinenbau GmbH & Co.
MUCKI Hebe- und Kippgeräte
Postfach 87
D-59381 Ascheberg
Lüdinghauser Str. 42-46
D-59387 Ascheberg
Tel. (0 25 93) 8 81
Fax (0 25 93) 72 57 .... A 5, nach S. 144

E

EICHHOLZ Technische Anlagen GmbH & Co. KG
Kolpingstr. 1
D-48480 Schapen
Tel. (0 54 58) 93 09-0
Fax (0 54 58) 75 70 .... A 1, nach S. 84

ELSTET AGSternenfeldstr. 40
CH-4127 Birsfelden
Tel. (0041-61) 3 13 13 13
Fax (0041-61) 3 13 13 83 .... A 12, nach S. 250

F

FRICKE ABFÜLLTECHNIK GmbH + Co
Kirchplatz 1
D-32547 Bad Oeynhausen
Tel. (0 57 31) 2 02 45
Fax (0 57 31) 2 63 25 .... nach S. 166

FRISTAM PUMPENF. STAMP KG (GMBH & CO)
Kampchaussee 56
D-21033 Hamburg
Tel. (0 40) 7 25 56-0
Fax (0 40) 72 55 61 66
Tx. 21 78 04 .... A 4, nach S. 118

G. + K. Fuchs GmbH
Schüttgutdosierung
Bremig 8
D-51674 Wiehl
Tel. (0 22 62) 9 11 01
Fax (0 22 62) 9 23 28 .... A 18, nach S. 308

G

Gather Industrie GmbH
Postfach 10 06 09
D-40806 Mettmann
Auf dem Hüls 18
D-40822 Mettmann
Tel. (0 21 04) 77 07-0
Fax (0 21 04) 77 07 50 .... A 15, nach S. 284

Gericke GmbH
Dosier-, Förder- u. Mischanlagen
Postfach 11 69
D-78235 Rielasingen
Max-Eyth-Str. 1
D-78239 Rielasingen
Tel. (0 77 31) 59 09-0
Fax (0 77 31) 20 06 .... A 11, nach S. 250

Greif-Werk Maschinenfabrik GmbH
Postfach 11 83
D-23501 Lübeck
Kronsforder Landstr. 177
D-23560 Lübeck
Tel. (04 51) 53 03-0
Fax (04 51) 53 03-2 33 .... A 27, nach S. 530

GSA-Ges. für Steuerungs- und Anlagentechnik GmbH
Postfach 10 04 62
D-72336 Balingen
Tel. (0 74 33) 26 07-0
Fax (0 74 33) 26 07-10 .... A 10, nach S. 228

H

Happle GmbH & Co.
Maschinenfabrik
Postfach 11 64
D-89258 Weißenhorn/Bayern
Nikolaus-Thoman-Str. 5-7
D-89264 Weißenhorn/Bayern
Tel. (0 73 09) 81-0
Fax (0 73 09) 8 13 14 .... A 19, nach S. 346

Hauck Verfahrenstechnik GmbH
Postfach 14
D-67163 Waldsee
Ludwigstr. 172
D-67165 Waldsee
Tel. (0 62 36) 5 41 36
Fax (0 62 36) 5 57 46 .... A 18, nach S. 308

HAVER & BOECKER
Drahtweberei und Maschinenfabrik
Postfach 33 20
D-59282 Oelde
Carl-Haver-Platz
D-59302 Oelde
Tel. (0 25 22) 30-0
Fax (0 25 22) 30-403 .... A 25, nach S. 472

I

Industrie Technik GmbH
Schüttguttechnologie + Anlagenbau
Hauptstr. 5
D-61203 Reichelsheim-Heuchelheim
Tel. (0 60 35) 45 88
Fax (0 60 35) 42 60 .... A 6, nach S. 144

J

JESCO Dosiertechnik GmbH & Co. KG
Postfach 10 01 64
D-30891 Wedemark
Am Bostelberg 19
D-30900 Wedemark
Tel. (0 51 30) 58 02-0
Fax (0 51 30) 58 02 68 .... A 27, nach S. 530

K

Walter Krause GmbH
Postfach 29
D-74399 Walheim
Tel. (0 71 43) 80 44-0
Fax (0 71 43) 80 44-44 .... A 20, nach S. 346

K-Tron Soder AG
Industrie Lenzhard
CH-5702 Niederlenz
Tel. (0041-64) 50 71 71
Fax (0041-64) 52 02 32 .... A 3, nach S. 118

L

LEWA Herbert Ott GmbH + Co
Postfach 15 63
D-71226 Leonberg
Ulmenstr. 10
D-71229 Leonberg
Tel. (0 71 52) 14-0
Fax (0 71 52) 14-303 .... A 10, nach S. 228

M

Mühlviertler Elektronik
Ing. Franz Glaser
Postfach 8
Glasau Nr. 38
A-4191 Vorderweißenbach
Tel. (0043-7219) 61 35
Fax (0043-7219) 61 35 .... A 28, nach S. 530

MVA Mess- und Verfahrenstechnik GmbH
Am Kirchhölzl 7
D-82166 Gräfelfing
Tel. (0 89) 85 20 16
Fax (0 89) 85 41 36 7 .... A 25, nach S. 472

P

Petro Gas Ausrüstungen
Werner Wollmann KG
Attilastr. 89
D-12247 Berlin
Tel. (0 30) 7 74 40 33
Fax (0 30) 7 74 40 25 .... A 2, nach S. 84

PFISTER GMBH
Postfach 41 01 20
D-86068 Augsburg
Stätzlinger Str. 70
D-85165 Augsburg
Tel. (08 21) 79 49-279
Fax (08 21) 79 49-270 .... A 9, nach S. 228

R

Rapido Wägetechnik
Postfach 01 01 06
D-01435 Radebeul
Gartenstr. 63
D-01445 Radebeul
Tel. (03 51) 70 72 60
Fax (03 51) 70 72 18 .... A 20, nach S. 346

S

Sartorius AG
D-37070 Göttingen
Tel. (05 51) 3 08-2 59
Fax (05 51) 3 08-5 33 .... A 5, nach S 144

Schäffer-Verfahrenstechnik
Postfach 11 52
D-86670 Thierhaupten
St.-Vitusstr. 33
D-86672 Thierhaupten
Tel. (0 82 76) 6 69
Fax (0 82 76) 18 97 .... A 8, nach S. 190

Scheugenpflug Gießharztechnik
Gewerbepark 14
D-93333 Neustadt/Donau
Tel. (0 94 45) 74 27
Fax (0 94 45) 24 53 .... A 21, nach S. 384

Seybert & Rahier GmbH + Co. Betriebs-KG
Postfach 12 51
D-34374 Immenhausen
Sera-Str.
D-34376 Immenhausen
Tel. (0 56 73) 50 20
Fax (0 56 73) 50 25 5 .... A 23, nach S. 438

SYSTEGRA GMBH
Frankfurter Str. 63-69
D-65760 Eschborn
Tel. (0 61 96) 47 05 70/71
Fax (0 61 96) 4 58 99 .... A 21, nach S. 384

System-technik GmbH
Lechwiesenstr. 21
D-86899 Landsberg
Tel. (0 81 91) 33 59-0
Fax (0 81 91) 33 59-22 .... A 8, nach S. 190

T

Tylan General GmbH
Kirchhoffstr. 8
D-85386 Eching
Tel. (0 81 65) 95 11-0
Fax (0 81 65) 6 13 99 .... A 1, nach S. 84

V

Vulkan-Verlag GmbH
Postfach 10 39 62
D-45039 Essen
Hollestr. 1g
D-45127 Essen
Tel. (02 01) 8 20 02-0
Fax (02 01) 8 20 02-40 .... A 6, A 14, A 16, A 22, A 23, A 24

Inserenten-Lieferungs- und Leistungsverzeichnis

Abfülltechnik

ANAG A. Nussbumer AG
CH-3186 Düdingen................. A 7, nach S. 190
ELSTET AG
CH-4127 Birsfelden.............. A 12, nach S. 250
Greif-Werk Maschinenfabrik GmbH
D-23560 Lübeck................... A 27, nach S. 530
HAVER & BOECKER
Drahtweberei und Maschinenfabrik
D-59302 Oelde..................... A 25, nach S. 472
Industrie Technik GmbH
Schüttguttechnologie + Anlagenbau
D-61203 Reichelsheim-Heuchel
heim...................................... A 6, nach S. 144
Walter Krause GmbH
D-74399 Walheim................. A 20, nach S. 346
Petro Gas Ausrüstungen
Werner Wollmann KG
D-12247 Berlin......................... A 2, nach S. 84

Auflockerer

Schäffer-Verfahrenstechnik
D-86672 Thierhaupten............ A 8, nach S. 190

Austrageapparate

ANAG A. Nussbumer AG
CH-3186 Düdingen................. A 7, nach S. 190
Happle GmbH & Co.
Maschinenfabrik
D-89264 Weißen-
horn/Bayern .... A 19, nach S. 346
Industrie Technik GmbH
Schüttguttechnologie + Anlagenbau
D-61203 Reichelsheim-Heuchel-
heim...................................... A 6, nach S. 144

Behälterwaagen

GSA-Ges. für Steuerungs- und
Anlagentechnik GmbH
D-72336 Balingen................. A 10, nach S. 228
Happle GmbH & Co.
Maschinenfabrik
D-89264 Weißen-
horn/Bayern .... A 19, nach S. 346
HAVER & BOECKER
Drahtweberei und Maschinenfabrik
D-59302 Oelde..................... A 25, nach S. 472
PFISTER GMBH
D-85165 Augsburg................. A 9, nach S. 228
Rapido Wägetechnik
D-01445 Radebeul............... A 20, nach S. 346

Beschickungsanlagen

Otto Dieterle Maschinenbau GmbH & Co.
MUCKI Hebe- und Kippgeräte
D-59387 Ascheberg............... A 5, nach S. 144

Chargendosierung

ALLDOS Eichler GmbH
D-76327 Pfinztal................... A 29, nach S. 556
ELSTET AG
CH-4127 Birsfelden.............. A 12, nach S. 250
Walter Krause GmbH
D-74399 Walheim................. A 20, nach S. 346
MVA Mess- und Verfahrenstechnik GmbH
D-82166 Gräfelfing............... A 25, nach S. 472

Dispenser

Gather Industrie GmbH
D-40822 Mettmann............... A 15, nach S. 284

Dosieranlagen

ALLDOS Eichler GmbH
D-76327 Pfinztal................... A 29, nach S. 556
ANAG A. Nussbumer AG
CH-3186 Düdingen................. A 7, nach S. 190
ARBO-ANALOGTECHNIK SA
CH-6952 Canobbio
(Lugano)............................... A 18, nach S. 308
Otto Dieterle Maschinenbau GmbH & Co.
MUCKI Hebe- und Kippgeräte
D-59387 Ascheberg............... A 5, nach S. 144
EICHHOLZ Technische Anlagen
GmbH & Co. KG
D-48480 Schapen.................... A 1, nach S. 84
ELSTET AG
CH-4127 Birsfelden.............. A 12, nach S. 250
Gather Industrie GmbH
D-40822 Mettmann............... A 15, nach S. 284
Gericke GmbH
Dosier-, Förder- u. Mischanlagen
D-78239 Rielasingen............ A 11, nach S. 250
GSA-Ges. für Steuerungs- und
Anlagentechnik GmbH
D-72336 Balingen................. A 10, nach S. 228

Dosierbandwaagen

Dosierdifferentialwaagen

Dosiergeräte

Dosierhähne

Dosierkolbenpumpen

Dosiermembranpumpen

Dosierpumpen

Industrie Technik GmbH
Schüttguttechnologie + Anlagenbau
D-61203 Reichelsheim-Heuchelheim .... A 6, nach S. 144
Schäffer-Verfahrenstechnik
D-86672 Thierhaupten........... A 8, nach S. 190

Durchflußmesser, für Gase

Tylan General GmbH
D-85386 Eching .... A 1, nach S. 84

Durchflußregelung

Tylan General GmbH
D-85386 Eching .... A 1, nach S. 84

Entnahmewaagen

GSA-Ges. für Steuerungs- und Anlagentechnik GmbH
D-72336 Balingen................ A 10, nach S. 228
Happle GmbH & Co. Maschinenfabrik
D-89264 Weißenhorn/Bayern .... A 19, nach S. 346
Rapido Wägetechnik
D-01445 Radebeul .... A 20, nach S. 346

Fachliteratur

Vulkan-Verlag GmbH
D-45127 Essen
.... A 6, A 14, A 16, A 22, A 23, A 24

Fluiddosierung

LEWA Herbert Ott GmbH + Co
D-71229 Leonberg .... A 10, nach S. 228

Förderspiralen

EICHHOLZ Technische Anlagen GmbH & Co. KG
D-48480 Schapen .... A 1, nach S. 84

Gravimetrische Dosierung

ARBO-ANALOGTECHNIK SA
CH-6952 Canobbio (Lugano).............................. A 18, nach S. 308
ELSTET AG
CH-4127 Birsfelden............. A 12, nach S. 250
Gericke GmbH
Dosier-, Förder- u. Mischanlagen
D-78239 Rielasingen........... A 11, nach S. 250
GSA-Ges. für Steuerungs- und Anlagentechnik GmbH
D-72336 Balingen................ A 10, nach S. 228
HAVER & BOECKER
Drahtweberei und Maschinenfabrik
D-59302 Oelde.................... A 25, nach S. 472
K-Tron Soder AG
CH-5702 Niederlenz.............. A 3, nach S. 118
PFISTER GMBH
D-85165 Augsburg .... A 9, nach S. 228
Rapido Wägetechnik
D-01445 Radebeul .... A 20, nach S. 346
SYSTEGRA GMBH
D-65760 Eschborn .... A 21, nach S. 384

Hochdruckdosierpumpen

LEWA Herbert Ott GmbH + Co
D-71229 Leonberg .... A 10, nach S. 228

Kammerdosierer

Schäffer-Verfahrenstechnik
D-86672 Thierhaupten........... A 8, nach S. 190
System-technik GmbH
D-86899 Landsberg............... A 8, nach S. 190

Kleinkomponentenverwiegung

ANAG A. Nussbumer AG
CH-3186 Düdingen................ A 7, nach S. 190
GSA-Ges. für Steuerungs- und Anlagentechnik GmbH
D-72336 Balingen................ A 10, nach S. 228
Happle GmbH & Co. Maschinenfabrik
D-89264 Weißenhorn/Bayern .... A 19, nach S. 346
PFISTER GMBH
D-85165 Augsburg .... A 9, nach S. 228

Leittechnik

HAVER & BOECKER
Drahtweberei und Maschinenfabrik
D-59302 Oelde.................... A 25, nach S. 472
SYSTEGRA GMBH
D-65760 Eschborn .... A 21, nach S. 384

Magnetpumpen

JESCO Dosiertechnik GmbH & Co. KG
D-30900 Wedemark .... A 27, nach S. 530
Seybert & Rahier GmbH + Co. Betriebs-KG
D-34376 Immenhausen........ A 23, nach S. 438

Mehrfach-Dosierpumpen

JESCO Dosiertechnik GmbH & Co. KG
D-30900 Wedemark .... A 27, nach S. 530
LEWA Herbert Ott GmbH + Co
D-71229 Leonberg .... A 10, nach S. 228
Petro Gas Ausrüstungen
Werner Wollmann KG
D-12247 Berlin .... A 2, nach S. 84
Seybert & Rahier GmbH + Co. Betriebs-KG
D-34376 Immenhausen........ A 23, nach S. 438

Meßtechnik

Mühlviertler Elektronik
Ing. Franz Glaser
A-4191 Vorderweißenbach... A 28, nach S. 530

Mikrodosierpumpen

LEWA Herbert Ott GmbH + Co
D-71229 Leonberg .... A 10, nach S. 228
Petro Gas Ausrüstungen
Werner Wollmann KG
D-12247 Berlin .... A 2, nach S. 84

Modulartechnik

Brabender Technologie KG
D-47055 Duisburg .... A 17, nach S. 308
LEWA Herbert Ott GmbH + Co
D-71229 Leonberg .... A 10, nach S. 228

Prozeßsteuertechnik

Happle GmbH & Co.
Maschinenfabrik
D-89264 Weißen-
horn/Bayern .... A 19, nach S. 346

Räumradschleusen

Schäffer-Verfahrenstechnik
D-86672 Thierhaupten............ A 8, nach S. 190
System-technik GmbH
D-86899 Landsberg................ A 8, nach S. 190

Rezepturdosierung

GSA-Ges. für Steuerungs- und
Anlagentechnik GmbH
D-72336 Balingen................. A 10, nach S. 228
Hauck Verfahrenstechnik GmbH
D-67165 Waldsee................. A 18, nach S. 308
LEWA Herbert Ott GmbH + Co
D-71229 Leonberg .... A 10, nach S. 228
Mühlviertler Elektronik
Ing. Franz Glaser
A-4191 Vorderweißenbach... A 28, nach S. 530

Rillendosier

Gericke GmbH
Dosier-, Förder- u. Mischanlagen
D-78239 Rielasingen............ A 11, nach S. 250

Schlauchpumpen

Petro Gas Ausrüstungen
Werner Wollmann KG
D-12247 Berlin .... A 2, nach S. 84

Schneckendosierer

ARBO-ANALOGTECHNIK SA
CH-6952 Canobbio
(Lugano)............................... A 18, nach S. 308
EICHHOLZ Technische Anlagen
GmbH & Co. KG
D-48480 Schapen .... A 1, nach S. 84
G. + K. Fuchs GmbH
Schüttgutdosierung
D-51674 Wiehl .... A 18, nach S. 308
Happle GmbH & Co.
Maschinenfabrik
D-89264 Weißen-
horn/Bayern .... A 19, nach S. 346
JESCO Dosiertechnik GmbH & Co. KG
D-30900 Wedemark .... A 27, nach S. 530
Schäffer-Verfahrenstechnik
D-86672 Thierhaupten............ A 8, nach S. 190
System-technik GmbH
D-86899 Landsberg................ A 8, nach S. 190

Schneckenzuteiler

Industrie Technik GmbH
Schüttguttechnologie + Anlagenbau
D-61203 Reichelsheim-Heuchel-
heim....................................... A 6, nach S. 144
Schäffer-Verfahrenstechnik
D-86672 Thierhaupten............ A 8, nach S. 190

Schüttgutdosierung

ANAG A. Nussbumer AG
CH-3186 Düdingen................. A 7, nach S. 190
Otto Dieterle Maschinenbau GmbH & Co.
MUCKI Hebe- und Kippgeräte
D-59387 Ascheberg .... A 5, nach S. 144
EICHHOLZ Technische
Anlagen GmbH & Co. KG
D-48480 Schapen .... A 1, nach S. 84
G. + K. Fuchs GmbH
Schüttgutdosierung
D-51674 Wiehl .... A 18, nach S. 308
Gericke GmbH
Dosier-, Förder- u. Mischanlagen
D-78239 Rielasingen............ A 11, nach S. 250
GSA-Ges. für Steuerungs- und
Anlagentechnik GmbH
D-72336 Balingen................. A 10, nach S. 228
Happle GmbH & Co.
Maschinenfabrik
D-89264 Weißen-
horn/Bayern .... A 19, nach S. 346
Walter Krause GmbH
D-74399 Walheim................. A 20, nach S. 346
K-Tron Soder AG
CH-5702 Niederlenz.............. A 3, nach S. 118
Mühlviertler Elektronik
Ing. Franz Glaser
A-4191 Vorderweißenbach... A 28, nach S. 530
PFISTER GMBH
D-85165 Augsburg .... A 9, nach S. 228
Schäffer-Verfahrenstechnik
D-86672 Thierhaupten............ A 8, nach S. 190

System-technik GmbH
D-86899 Landsberg................ A 8, nach S. 190

Schüttgutmechanik

ANAG A. Nussbumer AG
CH-3186 Düdingen................. A 7, nach S. 190
EICHHOLZ Technische
Anlagen GmbH & Co. KG
D-48480 Schapen.................... A 1, nach S. 84
Happle GmbH & Co.
Maschinenfabrik
D-89264 Weißen-
horn/Bayern......................... A 19, nach S. 346
Industrie Technik GmbH
Schüttguttechnologie + Anlagenbau
D-61203 Reichelsheim-Heuchel-
heim...................................... A 6, nach S. 144
Walter Krause GmbH
D-74399 Walheim................. A 20, nach S. 346

Steuerungstechnik

Greif-Werk Maschinenfabrik GmbH
D-23560 Lübeck................... A 27, nach S. 530

Systemtechnik

HAVER & BOECKER
Drahtweberei und Maschinenfabrik
D-59302 Oelde..................... A 25, nach S. 472
Schäffer-Verfahrenstechnik
D-86672 Thierhaupten............ A 8, nach S. 190
Scheugenpflug Gießharztechnik
D-93333 Neustadt/Donau..... A 21, nach S. 384

Verdrängerdosierpumpen

FRISTAM PUMPEN F. STAMP KG
(GMBH & CO)
D-21033 Hamburg.................. A 4, nach S. 118
Seybert & Rahier GmbH + Co.
Betriebs-KG
D-34376 Immenhausen........ A 23, nach S. 438

Verpackungstechnik

Greif-Werk Maschinenfabrik GmbH
D-23560 Lübeck................... A 27, nach S. 530

Vibrationsdosier

ARBO-ANALOGTECHNIK SA
CH-6952 Canobbio
(Lugano)............................... A 18, nach S. 308

Volumetrische Dosierung

ANAG A. Nussbumer AG
CH-3186 Düdingen................. A 7, nach S. 190
ELSTET AG
CH-4127 Birsfelden.............. A 12, nach S. 250
Gericke GmbH
Dosier-, Förder- u. Mischanlagen
D-78239 Rielasingen............ A 11, nach S. 250
HAVER & BOECKER
Drahtweberei und Maschinenfabrik
D-59302 Oelde..................... A 25, nach S. 472
Scheugenpflug Gießharztechnik
D-93333 Neustadt/Donau..... A 21, nach S. 384
SYSTEGRA GMBH
D-65760 Eschborn............... A 21, nach S. 384

Wägeelektronik

ANAG A. Nussbumer AG
CH-3186 Düdingen................. A 7, nach S. 190
GSA-Ges. für Steuerungs- und
Anlagentechnik GmbH
D-72336 Balingen................. A 10, nach S. 228
Mühlviertler Elektronik
Ing. Franz Glaser
A-4191 Vorderweißenbach... A 28, nach S. 530
Rapido Wägetechnik
D-01445 Radebeul............... A 20, nach S. 346

Wägetechnik

Greif-Werk Maschinenfabrik GmbH
D-23560 Lübeck................... A 27, nach S. 530

Wägezellen

System-technik GmbH
D-86899 Landsberg................ A 8, nach S. 190

Zahnradpumpen

Petro Gas Ausrüstungen
Werner Wollmann KG
D-12247 Berlin......................... A 2, nach S. 84

Zellenraddosierer

ANAG A. Nussbumer AG
CH-3186 Düdingen................. A 7, nach S. 190
Gericke GmbH
Dosier-, Förder- u. Mischanlagen
D-78239 Rielasingen............ A 11, nach S. 250
Schäffer-Verfahrenstechnik
D-86672 Thierhaupten............ A 8, nach S. 190

Zellenraddosierer

System-technik GmbH
D-86899 Landsberg................ A 8, nach S. 190

Notizen